# LS Kursstufe

LAMBACHER SCHWEIZER

Mathematisches Unterrichtswerk
für das Gymnasium
Ausgabe Baden-Württemberg

erarbeitet von
Gerhard Bitsch
Hans Freudigmann
Günther Reinelt
Jörg Stark
Ingo Weidig
Manfred Zinser

Ernst Klett Verlag
Stuttgart Düsseldorf Leipzig

**An der Entstehung des Gesamtwerkes waren weiterhin beteiligt:**
Manfred Baum, Gerhard Brüstle, Heidi Buck, Rolf Dürr, Detlef Lind, Rolf Reimer, Hartmut Schermuly, Siegfried Schwehr, Maximilian Selinka, Günther Taetz, Peter Zimmermann

**Bildquellenverzeichnis:**
AKG, Berlin: S. 102, 190.1, 190.2, 217 – Bibliothèque municipale de Caen: S. 247.1 – Corbis, Düsseldorf: S. 42 (Bettmann), 140 (Niall Benvie), 145 (Michael S. Yamashita), 153.3 (Wolfgang Kaehler) – Das Fotoarchiv, Essen: S. 101 – Deutsches Museum, München: S. 32, 90.1, 90.2, 113, 114, 116, 128, 291 – ESA/ESOC, Darmstadt: S. 46 – Europäische Zentralbank, Frankfurt: S. 217 – European Southern Observatory, Garching: S. 142 – FOCUS, Hamburg: S. 127, 149 – Fotofinder: S. 153.4 (Volkmar Schulz/Keystone) – Fotosearch: S. 153.2 (Corbis/RF) – Gebrüder Haff GmbH, Pfronten: S. 74 – Dr. Rupert Hochleitner, München: S. 260 – La Geometrie, Leyden: S. 261 – Mauritius, Mittenwald: S. 61.2 (AGE), 111 (Spectrum), 137 (Pigneter) – Cira Moro, Stuttgart: S. 153.5, 218, 247.2 – Picture-Alliance, Frankfurt: S. 61.1 (dpa), 227 (dpa) – Postwertzeichenarchiv, Bonn: S. 225.2 (Höchtlen, München) – Prof. Dr. Lothar Rother, Schwäbisch Gmünd: S. 154 – Solarsiedlung am Schlierberg, Freiburg: S. 200 – Staatsgalerie, Stuttgart; © VG Bild-Kunst, Bonn 2004: S. 137 – STUDIO X, Limours: S. 80 (Gamma) – Eberhard Theophel, Gießen: S. 100 – Universitätsbibliothek, Basel: S. 225.1 – Württembergische Landesbibliothek, Stuttgart: S. 210 – Zuckerfabrik Digital, Stuttgart: S. 194



1. Auflage 1 7 6 | 2010 2009 2008 2007

Alle Drucke dieser Auflage können im Unterricht nebeneinander benutzt werden, sie sind untereinander unverändert. Die letzte Zahl bezeichnet das Jahr dieses Druckes.

Internetadresse: http://www.klett-verlag.de



Zeichnungen: U. Bartl, Weil der Stadt; H. Günthner, Stuttgart; R. Hungreder, Leinfelden.
Umschlaggestaltung: Alfred Marzell, Schwäbisch Gmünd.
DTP-Satz: topset Computersatz, Nürtingen; FRIEDRICHmediengestaltung, Seelze.
Druck: Druckhaus Götz GmbH, Ludwigsburg. Printed in Germany.

ISBN 3-12-732110-4

# Inhaltsverzeichnis

# Zum Aufbau des Buches

Jedes Kapitel umfasst

- mehrere Lerneinheiten,
- vermischte Aufgaben,
- Kapitelrückblick,
- Aufgaben zum Pflichtteil,
- Aufgaben zum Wahlteil,
- Referate.

- Zu Beginn jeder Lerneinheit stehen **hinführende Aufgaben**. Sie bereiten den Gedankengang der Lerneinheit vor. Sie sollen die Schülerinnen und Schüler zum Nachdenken anregen. Da sie als Angebot gedacht sind, nehmen sie keine Information zum jeweiligen Lerninhalt vorweg und bieten somit den Unterrichtenden die methodische Freiheit.

  Der anschließende **Informationstext** (Lehrtext) beschreibt den mathematischen Inhalt der Lerneinheit. Vielfach werden auch ergänzende Informationen gegeben.

| |
|---|
| Im Kasten wird das wesentliche **Ergebnis** (z. B. in Form einer Definition oder eines Satzes) festgehalten. |

In den anschließenden vollständig bearbeiteten **Beispielen** werden Begriffsbildungen erläutert und wichtige mathematische Verfahren bzw. grundlegende Aufgabentypen der Lerneinheit vorgestellt. Diese Beispiele bieten den Schülerinnen und Schülern besondere Hilfen für das selbstständige Lösen von Aufgaben.

Der **Aufgabenteil** bietet ein reichhaltiges Auswahlangebot. Die Aufgaben reichen von Routineaufgaben zum Einüben von Fertigkeiten und Darstellungsweisen über zahlreiche Aufgaben im mittleren Schwierigkeitsbereich bis zu schwierigen Aufgaben, die besondere Leistungen verlangen. Zahlreiche Aufgaben zu Sachsituationen helfen, Beziehungen zwischen der Mathematik und ihren Anwendungen aufzuzeigen.
Wo es aufgrund der besseren Übersicht oder im Sinne eines schnelleren Zugriffs sinnvoll erscheint, werden die Aufgaben durch Zwischenüberschriften gegliedert.

Aufgaben mit roter Aufgabenziffer sollen ohne GTR bearbeitet werden.

Aufgaben mit unterlegter Aufgabenziffer (z. B. **8**) sollen mit dem Computer bearbeitet werden.

- In den **vermischten Aufgaben** werden zusätzliche Übungsaufgaben angeboten. Ferner finden sich dort Aufgaben, welche die Zusammenhänge zwischen den einzelnen Lerneinheiten eines Kapitels herstellen.

- In den Aufgaben zum **Pflichtteil** finden Sie Aufgaben, die ohne Hilfsmittel und GTR gelöst werden sollen. Die Lösungen dieser Aufgaben stehen am Ende des Buches.

- In den Aufgaben zum **Wahlteil** finden Sie Aufgaben, die auch mit dem GTR gelöst werden können. Die Lösungen dieser Aufgaben stehen am Ende des Buches.

- Den Abschluss eines jeden Kapitels bilden die Vorschläge für Referate.

# Zur Konzeption des Buches

Der vorliegende Band des Lehrwerkes Lambacher-Schweizer umfasst den Stoff der Analysis und der Analytischen Geometrie für die Klassen 12 und 13. Er enthält damit alle für die Abiturvorbereitung notwendigen Inhalte.

**Moderner Mathematikunterricht**

Das Lehrbuch lässt der Lehrerin bzw. dem Lehrer genügend Freiheit, den Unterricht nach eigenen Vorstellungen methodisch zu gestalten. Gerade die Einstiegsaufgaben zu jeder Lerneinheit geben den Schülerinnen und Schülern die Möglichkeit, Fragestellungen und Problemlösestrategien zu den nachfolgenden Inhalten zu entwickeln. Die geeignete methodische Vorgehensweise bleibt dabei der Lehrerin bzw. dem Lehrer überlassen.

Die Integralrechnung baut wesentlich auf der Idee auf, von der momentanen Änderungsrate einer Größe auf die Gesamtänderung der Größe zu schließen. Dadurch werden mithilfe der Integralrechnung bisher nicht erschlossene Bereiche zugänglich.
Verbindungen zu Gebieten außerhalb der Mathematik werden bei vielen Sachzusammenhängen aufgezeigt, die mit mathematischen Methoden behandelt werden. Durch die Vielzahl von Modellierungen wird der Zusammenhang zwischen realen Fragestellungen und ihren Lösungsmöglichkeiten durch die Mathematik aufgezeigt. Insbesondere durch Funktionsanpassungen zu vorgegebenen Daten und Messreihen eröffnen sich eine Reihe von Möglichkeiten, anwendungsbezogene Fragestellungen im Unterricht aufzugreifen. Dabei werden unter anderem auch die Grenzen aufgezeigt.

**Andere Aufgaben im Mathematikunterricht**

Das bisherige Aufgabenmaterial wird ergänzt durch veränderte und erweiterte Aufgaben, die einen stärker Verständnis fördernden Unterricht unterstützen. Bei diesen Aufgaben stehen insbesondere folgende Intentionen im Vordergrund:
- Förderung der Problemlösefähigkeit
- Förderung der Kreativität
- Förderung der Sprachkompetenz und Argumentationsfähigkeit
- Entwicklung der Fähigkeit zur Mathematisierung und Modellierung
- Besseres Verständnis von Zusammenhängen und Regeln
- Fähigkeit zur Bewertung und Reflexion.

In diesem Lehrbuch werden Sie auch offene Aufgaben finden. Die offene Aufgabe zeichnet sich durch folgende Eigenschaften aus:
- sie hat mehrere Lösungen oder besitzt mehrere Lösungswege
- sie ist keine Routineaufgabe
- die Aufgabe kann von Schülerinnen und Schülern weitgehend selbstständig bearbeitet werden, wobei nicht alle gleich weit kommen müssen.

### Einsatz des grafikfähigen Taschenrechners

Im Unterricht bietet der GTR Einsatzmöglichkeiten bei Funktionsuntersuchungen, bei heuristischen Überlegungen, die durch Daten und deren Darstellung unterstützt werden. Sein Einsatz dient der Veranschaulichung von Sachverhalten, entlastet von zeitaufwändigen algorithmischen Tätigkeiten (z.B. bei Gleichungen, bei linearen Gleichungssystemen, bei der Auswertung numerischer Integrale und Tätigkeiten im Zusammenhang mit praxisbezogenen Problemstellungen).

Die derzeit angebotenen grafikfähigen Taschenrechner verschiedener Hersteller bzw. verschiedener Modelle einer Produktreihe unterscheiden sich in der Funktionalität und der Bedienung nicht wesentlich, aber dennoch so weit, dass eine einheitliche Funktionsbeschreibung nicht möglich und im Sinne zukünftiger Entwicklungen auch nicht sinnvoll erscheint.

Die Beispiele in diesem Buch wurden mit dem TI83 bearbeitet.
Als Anhang ab Seite 324 sind die wichtigsten GTR-Verfahren mit dem TI83 und dem Casio CFX-9850GB zusammengestellt.

### Schülerreferate

Mit einem Referat erbringen Schülerinnen und Schüler den Nachweis, dass sie eine Themenstellung selbstständig erfassen, aufarbeiten und ihre Ergebnisse in einem Vortrag vor der Klasse mündlich präsentieren können. Am Ende jedes Kapitels stehen Vorschläge für Referate. Es gibt natürlich auch Lerneinheiten des Pflichtstoffes, die sich als Referate eignen. Folgende Lerneinheiten können z.B. als Referat vergeben werden:
Rauminhalte von Rotationskörper,
Mittelwerte von Funktionen,
Numerische Integration - Die Fassregel von KEPLER,
Wachstums- und Zerfallsvorgänge in rekursiver Darstellung,
Eigenschaften von Folgen,
Funktionsuntersuchungen mit dem GTR,
Das NEWTON-Verfahren,
Teilverhältnisse,
Vektorielle Darstellung von Geraden.

### Projektorientiertes Arbeiten

Dieses Lehrbuch enthält drei Vorschläge für Projekte:
- FIBONACCI
- Bevölkerungswachstum
- Modellierung mit Matrizen.

Diese drei Themen sind jeweils nach Aspekten gegliedert, die von einzelnen Schülerinnen und Schülern oder Lerngruppen bearbeitet werden können. Die Schülerinnen und Schüler sollen mithilfe der Quellen ihre Fähigkeiten zur Informationsbeschaffung und Informationsverarbeitung vertiefen. Damit wird die Medienkompetenz gefördert.

Ein an der Projektmethode orientiertes Arbeiten könnte z.B. den folgenden Ablauf haben:
- Themenfindung: Unterschiedliche Aspekte werden ausgewählt.
- Planungsphase: Jede Schülerin bzw. jeder Schüler wählt einen Aspekt zur Bearbeitung aus und macht sich über mögliche Schwerpunktsetzungen Gedanken. Ein Plan für die Vorgehensweise wird erstellt und schriftlich fixiert.
- Arbeitsphase: Die Gruppen arbeiten nach Plan, den sie bei Bedarf modifizieren. Informationsquellen sind Bücher oder das Internet.
- Präsentationsphase: Die Ergebnisse können in einem Vortrag präsentiert werden. Gegebenenfalls wird vereinbart, dass eine schriftliche Ausarbeitung oder eine Zusammenfassung für andere Gruppen erstellt wird.
- Reflexionsphase: Im Sinne der Zielsetzung des projektorientierten Arbeitens sollte abschließend eine Reflexion über Arbeitsabläufe, Schüler- und Lehrertätigkeit und auch über die Ergebnisse stattfinden.

# 1 Folgen; arithmetische und geometrische Folgen

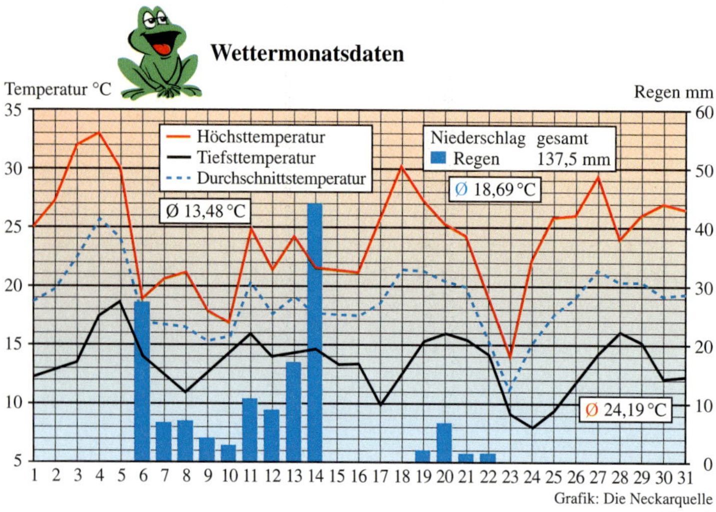

Fig. 1

**1** a) Beschreiben Sie Besonderheiten der grafischen Darstellung von Fig. 1.
b) Handelt es sich bei den Zuordnungen
(1) Tagesnummer ⟶ Höchsttemperatur
(2) Tagesnummer ⟶ Regenmenge
jeweils um eine Funktion?
c) Ist es korrekt, die Messpunkte für die Temperaturhöchstwerte durch Strecken zu verbinden?

**2** Denken Sie sich ein rechteckiges Blatt Papier der Größe 1 dm² wiederholt gefaltet. Wie groß ist seine Fläche nach 2-maligem, 4-maligem bzw. 10-maligem Falten? Wie viele Schichten liegen dann jeweils aufeinander?

In diesem Kapitel soll der Begriff des Grenzwertes einer Funktion bei Annäherung an eine Stelle $x_0$ sowie für x gegen unendlich unabhängig von der Anschauung mathematisch korrekt gefasst werden. Dies geschieht mithilfe von Zahlenfolgen.

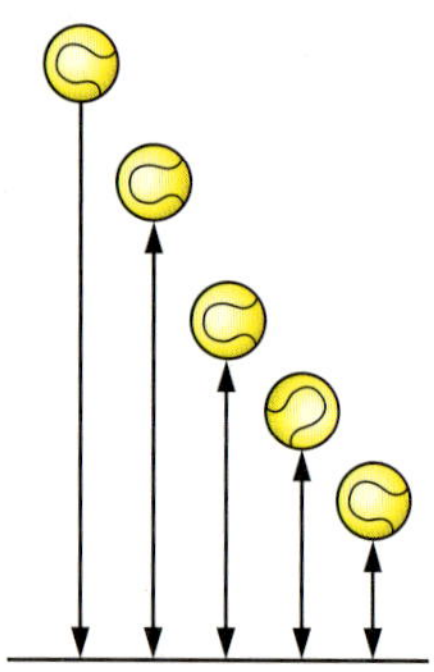

Fällt ein Ball aus der Höhe h (in Meter) auf einen glatten Boden und erreicht er nach jedem Aufprall wieder das 0,8fache der vorherigen Höhe, so kann man diesem Vorgang eine Folge von Zahlen wie folgt zuordnen:

Höhe nach dem 1. Aufprall: $h_1 = h \cdot 0{,}8$
Höhe nach dem 2. Aufprall: $h_2 = h_1 \cdot 0{,}8$
...
Höhe nach dem n-ten Aufprall: $h_n = h_{n-1} \cdot 0{,}8$.

Hier ist die Höhe nach dem n-ten Aufprall berechenbar, wenn man die (n – 1)-te Höhe kennt. Man spricht von einer **rekursiven Darstellung der Zahlenfolge**.
Man kann aber $h_n$ auch direkt angeben:

$h_1 = h \cdot 0{,}8$
$h_2 = h_1 \cdot 0{,}8 = (h \cdot 0{,}8) \cdot 0{,}8 = h \cdot 0{,}8^2$,
$h_3 = h_2 \cdot 0{,}8 = (h \cdot 0{,}8^2) \cdot 0{,}8 = h \cdot 0{,}8^3$,
$h_n = h_{n-1} \cdot 0{,}8 = (h \cdot 0{,}8^{n-1}) \cdot 0{,}8 = h \cdot 0{,}8^n$.

In diesem Fall erhält man eine **explizite Darstellung der Zahlenfolge**. Hierbei ist zu jedem $n \in \mathbb{N}^*$ der Wert $h_n$ direkt berechenbar. Den Graphen zeigt Fig. 2.

*Im Folgenden ist*

$\mathbb{N}^* = \{1; 2; 3; \ldots\}$
$\mathbb{N} = \{0; 1; 2; \ldots\}$

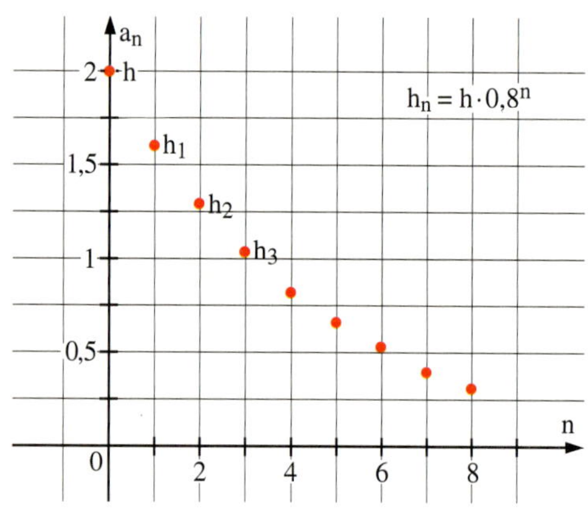

Fig. 2

***Beachten Sie:***
*Besonders bei Anwendungen ist es manchmal zweckmäßig, auch $\mathbb{N}$ als Definitionsmenge zuzulassen.*

**Definition:** Hat eine Funktion f als Definitionsmenge die Menge $\mathbb{N}^*$ oder eine unendliche Teilmenge von $\mathbb{N}^*$, so nennt man f eine **Zahlenfolge**. Der Funktionwert f(n) wird mit $a_n$ bezeichnet und heißt das n-te Glied der Folge. Für die Funktion f schreibt man $(a_n)$.

***Geometrische Folge:***

$a_1$
$a_2 = a_1 \cdot q$
$a_3 = a_2 \cdot q$
$= a_1 \cdot q \cdot q$
$= a_1 \cdot q^2$
$a_4 = a_3 \cdot q$
$= a_1 \cdot q^2 \cdot q$
$= a_1 \cdot q^3$
...
$a_n = a_{n-1} \cdot q$
$= a_1 \cdot q^{n-1}$

***Arithmetische Folge:***

$a_1$
$a_2 = a_1 + d$
$a_3 = a_2 + d$
$= a_1 + d + d$
$= a_1 + 2 \cdot d$
$a_4 = a_3 + d$
$= a_1 + 2 \cdot d + d$
$= a_1 + 3 \cdot d$
...
$a_n = a_{n-1} + d$
$= a_1 + (n-1) \cdot d$

Die Höhen des Balles bilden eine Folge $(h_n)$ mit $h_n = h \cdot 0{,}8^n$, $n \geqq 1$ und dem Anfangswert h. Aufeinander folgende Glieder dieser Folge haben den konstanten Quotienten $q = \frac{h_{n+1}}{h_n} = 0{,}8$. Zählt man den Anfangswert h als 1-tes Folgenglied, ergibt sich $h_n = h \cdot 0{,}8^{n-1}$, $n \geqq 1$.

Es gibt aber auch Folgen $(a_n)$, bei denen die Differenz aufeinander folgender Glieder konstant ist, also $a_n - a_{n-1} = d$ ist.
Dies ist z. B. bei der Folge $(2n + 1)$ aller ungeraden Zahlen der Fall.
Für solche Folgen gilt: $a_n = a_1 + (n-1) \cdot d$
(vgl. Rand).

Eine Folge
a) $(a_n)$ mit $a_n = a_1 \cdot q^{n-1}$, $a_1 \neq 0$, $q \neq 0$, $n \geqq 1$, heißt **geometrische Folge** mit dem Anfangsglied $a_1$ und dem Quotienten q.
Eine rekursive Beschreibung ist $a_n = q \cdot a_{n-1}$ mit dem Anfangsglied $a_1$.
b) $(a_n)$ mit $a_n = a_1 + (n-1) \cdot d$, $d \neq 0$, $n \geqq 1$, heißt **arithmetische Folge** mit dem Anfangsglied $a_1$ und der Differenz d.
Eine rekursive Beschreibung ist $a_n = a_{n-1} + d$ mit dem Anfangsglied $a_1$.

**Bemerkung:**
Bei Anwendungen ist bei geometrischen Folgen auch die explizite Darstellung
$a_n = a \cdot q^n$, $n \geqq 1$ mit dem Anfangswert a nützlich (vgl. die Höhen des Balles auf S. 10), entsprechend bei arithmetischen Folgen:
$a_n = a + n \cdot d$, $n \geqq 1$, Anfangswert a
(vgl. Beispiel 2).

**Beispiel 1:** (Explizit gegebene Zahlenfolge)
Erstellen Sie zu der Zahlenfolge $(a_n)$ mit
$a_n = \frac{n + (-1)^n}{n}$, $n \in \mathbb{N}^*$, eine Wertetafel und den Graphen.
Um welche Zahl schwanken die Glieder $a_n$?
Lösung:

| 1 | 2 | 3 | 4 | 5 | 6 | 7 | 8 | 9 | 10 |
|---|---|---|---|---|---|---|---|---|---|
| 0 | $\frac{3}{2}$ | $\frac{2}{3}$ | $\frac{5}{4}$ | $\frac{4}{5}$ | $\frac{7}{6}$ | $\frac{6}{7}$ | $\frac{9}{8}$ | $\frac{8}{9}$ | $\frac{11}{10}$ |

Die Glieder schwanken um den Wert $a = 1$.

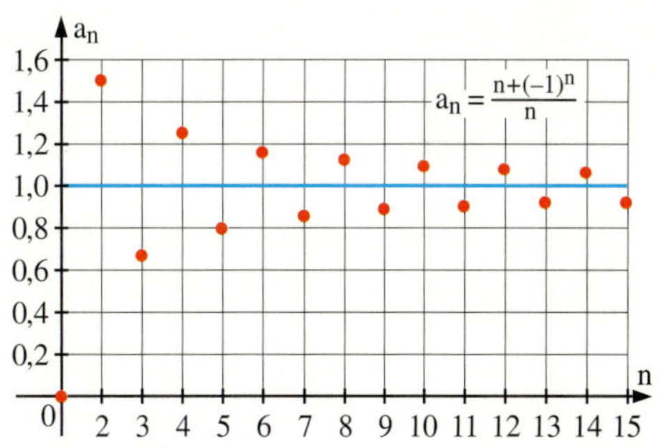

Fig. 1

**Beispiel 2:** (Arithmetische Folge)
Der Preis einer Zeitungsanzeige setzt sich zusammen aus dem Preis d je Zeile sowie einem Grundpreis a. Bestimmen Sie den Preis einer n-zeiligen Anzeige, wenn eine 3-zeilige Anzeige 64 € und eine 12-zeilige Anzeige 118 € kostet.
Lösung:
Ist $p_n$ der Preis (in €) einer n-zeiligen Anzeige, so gilt:

$$p_n = a + d \cdot n.$$

Weiterhin gilt: $p_3 = a + d \cdot 3 = 64$ (1)
$p_{12} = a + d \cdot 12 = 118.$ (2)
Subtraktion dieser beiden Gleichngen ergibt $9 \cdot d - 54$; also ist $d = 6$.
Aus Gleichung (1) folgt dann $a = 46$.
Eine n-zeilige Anzeige kostet also $(46 + 6 \cdot n)$ €.

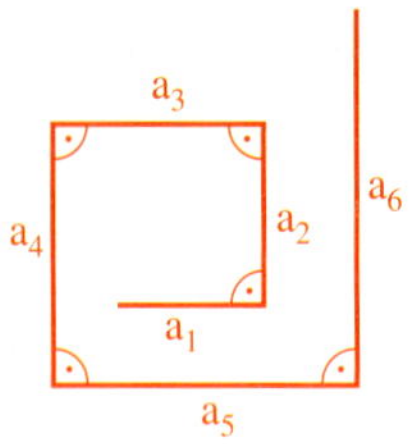

Fig. 1

**Beispiel 3:** (Geometrische Folge; Einsatz eines GTR)
Bei einer Spirale wie in Fig. 1 ist die erste Strecke 2 cm lang, jede folgende ist 1,2-mal so lang wie die vorhergehende Strecke.
a) Geben Sie eine explizite und eine rekursive Darstellung für die Streckenlängen an.
b) Wie lang ist die Strecke nach dem 10. Knick?
Lösung:
a) Da jede folgende Strecke 1,2-mal so lang ist wie die vorhergehende, handelt es sich bei den Streckenlängen (in cm) um eine geometrische Folge mit dem Anfangsglied $a_1 = 2$ und dem Quotienten $q = 1{,}2$. Also ist $a_n = 2 \cdot 1{,}2^{n-1},\ n \geqq 1$ eine explizite und $a_n = 1{,}2 \cdot a_{n-1},\ a_1 = 2$ eine rekursive Darstellung für die Streckenlängen.
b) Gibt man eine dieser Darstellungen in den GTR ein (Fig. 3; Fig. 4), kann man sich eine Wertetabelle (Fig. 5) anzeigen lassen. Es ist $a_{11} \approx 12{,}38$.
Also ist die Strecke nach dem 10. Knick ungefähr 12,38 cm lang.

*Mit dem GTR kann man auch die Summe der ersten 11 Folgenglieder berechnen (Fig. 2). Sie beträgt ungefähr 64,30 cm.*

Fig. 2

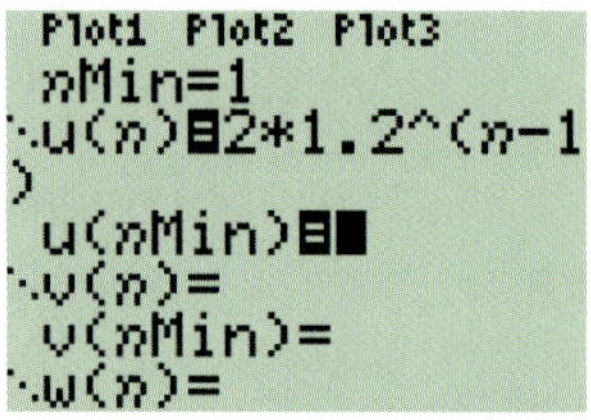

Fig. 3

Fig. 4

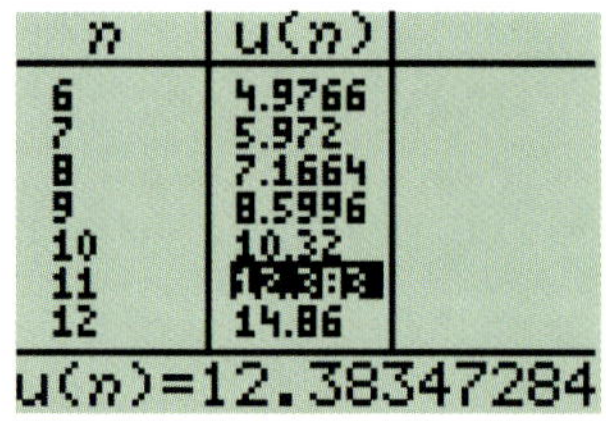

Fig. 5

## Aufgaben

**3** Berechnen Sie die ersten 10 Glieder der Zahlenfolge und zeichnen Sie einen Graphen.
a) $a_n = \frac{2n}{5}$ b) $a_n = \frac{1}{n}$ c) $a_n = (-1)^n$ d) $a_n = \left(\frac{1}{2}\right)^n$ e) $a_n = \sin\left(\frac{\pi}{2} \cdot n\right)$
Beschreiben Sie das Verhalten für große Werte von n.

**4** Berechnen Sie die ersten zehn Glieder der rekursiv dargestellten Zahlenfolge $(a_n)$.
Geben Sie eine explizite Darstellung der Folge an.
a) $a_1 = 1;\ a_n = 2 + a_{n-1}$ b) $a_1 = 1;\ a_n = 2 \cdot a_{n-1}$ c) $a_1 = \frac{1}{2};\ a_n = \frac{1}{a_{n-1}}$.
d) $a_1 = 2;\ a_n = a_{n-1} + 2 \cdot n + 1$ e) $a_1 = 5;\ a_n = -a_{n-1}$ f) $a_1 = 0;\ a_n = a_{n-1} + 2 \cdot (n+1)$

**5** Gegeben ist die Folge $(a_n)$ mit $a_n = \sqrt{a_{n-1}} - 0{,}25$ mit $a_1 = 1;\ n = 2, 3, 4, \ldots$
a) Berechnen Sie die ersten Glieder der Zahlenfolge und erstellen Sie einen Graphen.
b) Können Sie für große Werte von n eine Annäherung an einen festen Wert feststellen?

**6** Intelligenztests bestehen zu einem Teil darin, aus den ersten Folgengliedern eine Bildungsvorschrift für weitere Glieder zu ermitteln. Ermitteln Sie entsprechend eine Bildungsvorschrift für $a_n$ und berechnen Sie jeweils $a_{10}$ und $a_{20}$. Wie verhält sich die Folge für große n?

| | $a_1$ | $a_2$ | $a_3$ | $a_4$ | $a_5$ |
|---|---|---|---|---|---|
| a) | 1 | −2 | 3 | −4 | 5 |
| b) | 0 | $\frac{1}{2}$ | $\frac{2}{3}$ | $\frac{3}{4}$ | $\frac{4}{5}$ |
| c) | 16 | −8 | 4 | −2 | 1 |
| d) | −4 | −1 | 2 | 5 | 8 |
| e) | 3 | $4\frac{1}{2}$ | $3\frac{2}{3}$ | $4\frac{1}{4}$ | $3\frac{4}{5}$ |

*Wie intelligent ist eine solche Aufgabe aus mathematischer Sicht?*

**7** Gegeben ist eine Funktion f für $x > 0$. Durch Einschränkung der Definitionsmenge auf eine geeignete Teilmenge von $\mathbb{N}^*$ erhält man eine Folge $(a_n)$. Was können Sie über das Verhalten der Folge für große n aussagen?
a) $f(x) = \frac{1}{2}x + 4$ b) $f(x) = -\frac{1}{x - 4{,}5}$ c) $f(x) = x + \frac{5x}{3x + 6}$ d) $f(x) = |x - 0{,}5|$

**8** Bestimmen Sie die Folgenglieder $a_7$ und $a_{10}$ für eine arithmetische Folge $(a_n)$ mit
a) $a_1 = 2$ und $a_5 = 14$ b) $a_1 = 3$ und $a_6 = 15$ c) $a_2 = 2$ und $a_6 = -23$
d) $a_4 = 6$ und $a_6 = 18$ e) $a_3 = -6$ und $a_6 = 8$ f) $a_5 = -9$ und $a_9 = -17$.

**9** Bestimmen Sie die Folgenglieder $g_6$ und $g_8$ für eine geometrische Folge $(g_n)$ mit
a) $g_1 = 4;\ g_4 = 108$ b) $g_1 = 3;\ g_5 = \frac{243}{16}$ c) $g_2 = 50;\ g_5 = 6250$
d) $g_2 = 0{,}1;\ g_4 = 2{,}5$ e) $g_4 = -\frac{2}{7};\ g_7 = -\frac{2}{728}$ f) $g_3 = -1{,}2;\ g_7 = -0{,}00192$.

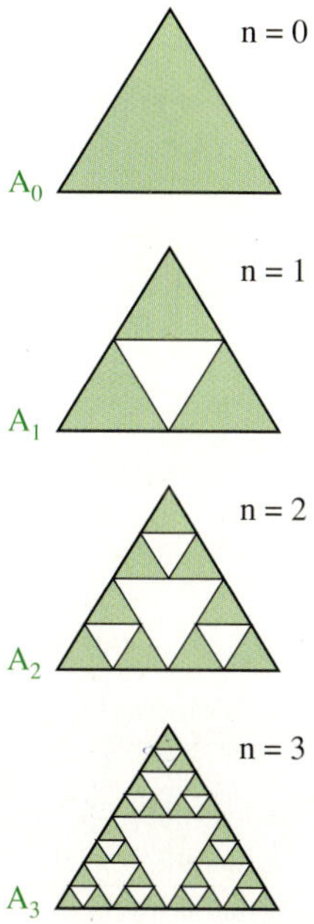


Fig. 1

*Die Flächen stammen von dem polnischen Mathematiker* WACLAW SIERPINSKI *(1916).*

**10** Ein Konto weist am 1. Januar ein Kapital $K_0$ auf und wird jährlich mit p % verzinst.
a) Wie groß ist das Kapital $K_n$ auf dem Konto nach n Jahren?
b) Wann hat sich das Kapital $K_0$ auf dem Konto verdoppelt für $p = 2{,}5$ bzw. für $p = 5$?

**11** Die Entwicklung eines Films kostet 1,60 € und zusätzlich jedes Papierbild 0,23 €. Es sei $p_n$ der Preis für die Bearbeitung eines Films mit n Aufnahmen. Geben Sie eine explizite Beschreibung der Folge $(p_n)$ an und berechnen Sie damit die Folgenglieder $p_{20}$, $p_{36}$ und $p_{72}$.

**12** 1972 betrug der Ölverbrauch $2{,}7 \cdot 10^9$ t; damals wurde prognostiziert, dass der Verbrauch jährlich um 5,1 % steigen werde. Welche Prognose des Ölverbrauchs ergibt sich damit für das Jahr $1972 + n$? Welches wirtschaftspolitische Ereignis hat die Prognose 1973 wertlos gemacht?

**13** Durch radioaktiven Zerfall verliert das Isotop $^{137}Cs$ jährlich 2,3 % seiner Masse.
a) Wie viel Prozent der ursprünglichen Masse $m_0$ sind nach n Jahren noch vorhanden?
b) Nach wie vielen Jahren sind noch 1 % der ursprünglichen Masse $m_0$ vorhanden?

**14** Der in Fig. 1 bzw. Fig. 3 für $n = 0; 1; 2; 3$ dargestellte Vorgang wird fortgeführt.
a) Bestimmen Sie in Fig. 3 für $l_0 = 1$ die Länge $l_n$ der roten Strecke nach n Schritten.
b) Bestimmen Sie in Fig. 1 für $A_0 = 1$ den Inhalt $A_n$ der grünen Fläche nach n Schritten.

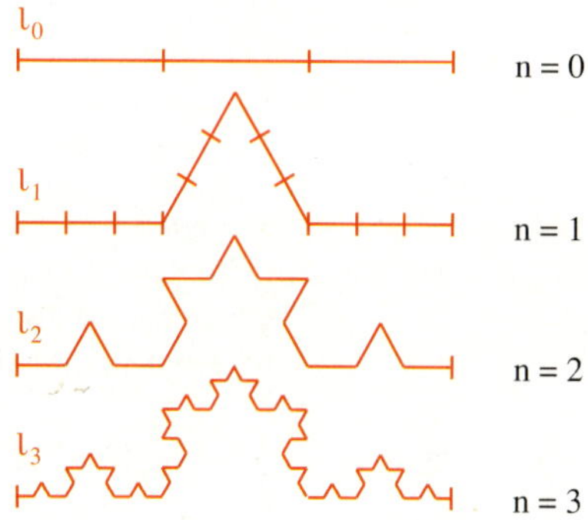


*Die Kurven stammen von dem schwedischen Mathematiker* HELGE VON KOCH *(1904)*

Fig. 3

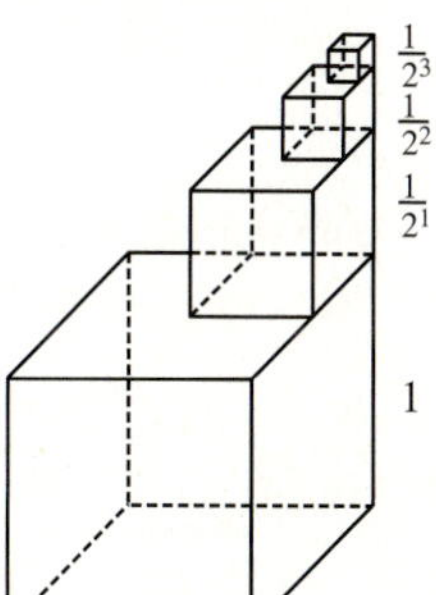


Fig. 2

**15** Von zwei gleich großen Würfeln der Kantenlänge 1 wird einer in 8 gleich große Würfel zerlegt und einer der dabei erhaltenen Würfel wie in Fig. 2 auf den anderen gestellt. Dieses Verfahren wird wiederholt.
a) Berechnen Sie das Volumen des entstandenen Körpers nach der 1. (2., 3.) Teilung.
b) Geben Sie das n-te Glied der Zahlenfolge $(V_n)$ an, die jedem n das Volumen $V_n$ zuordnet.

**16** Eine Ware mit dem heutigen Preis 1,00 € wird durch eine jährliche Inflation von konstant 5 % laufend teurer.
a) Berechnen Sie zu einer Inflationsrate von 5 % und einer beliebigen Jahreszahl n den zugehörigen Warenpreis und erstellen Sie einen Graphen für die ersten 20 Jahre.
b) Berechnen Sie den Zeitraum, nach dem sich der Preis der Ware verdoppelt hat.

# 2 Wachstums- und Zerfallsvorgänge in rekursiver Darstellung

**1** Frau Maier möchte sparen. Sie ist bereit, jeweils am Beginn eines Jahres 3000 € bei einer Laufzeit von 5 Jahren auf ein Konto einzuzahlen. Von ihrer Bank lässt sie sich zwei Vorschläge für die Anlage des Geldes machen.
Vorschlag 1: Das Geld wird jährlich mit einem Zinssatz von 4 % verzinst.
Vorschlag 2: Das Geld wird jährlich mit einem Zinssatz von 3,6 % verzinst; zusätzlich wird ihr bei der letzten Zahlung ein Betrag von 10 % dieser Zahlung gutgeschrieben.
Für welchen Vorschlag soll sich Frau Maier entscheiden, um am Ende der Laufzeit ein möglichst großes Kapital zu besitzen?

*Beispiele für spezielle Wachstumsvorgänge:*
*(1) lineares Wachstum:*
$B(t) = 104$
$B(t-1) = 100$
$B(t) = B(t-1) + 4$

*(2) exponentielles Wachstum:*
$B(t) = 104$
$B(t-1) = 100$
$B(t) = 1{,}04 \cdot B(t-1)$

*(3) beschränktes Wachstum:*
$B(t) = 104$
$B(t-1) = 100$
$S = 200$
$B(t) = B(t-1) + 0{,}04(S - B(t-1))$

*Man nennt die Änderungsrate in den Sonderfällen (1) und (2) Wachstumsrate.*

Denkt man sich bei Wachstums- bzw. Zerfallsvorgängen eine gewisse Zeitspanne in gleich große Zeitschritte eingeteilt, ergibt sich der Bestand $B(t)$ einer Größe nach t Zeitschritten aus dem Bestand $B(t-1)$ nach $t-1$ Zeitschritten und der Änderungsrate des Bestandes im nächsten Zeitschritt. Für die Entwicklung gilt also die rekursive Darstellung:
$B(t) = B(t-1) + \text{Änderungsrate}$.
Dabei hängt die Änderungsrate vom jeweils betrachteten Wachstums- bzw. Zerfallsvorgang ab. In Sonderfällen ist sie
(1) konstant (lineares Wachstum),
(2) proportional zum Bestand $B(t-1)$ (exponentielles Wachstum),
(3) proportional zum Sättigungsmanko $S - B(t-1)$ (beschränktes Wachstum).

**Spezielle Wachstums- bzw. Zerfallsvorgänge in rekursiver Darstellung:**

| | | |
|---|---|---|
| lineares Wachstum: | $B(t) = B(t-1) + m$ | m: Wachstumsrate |
| exponentielles Wachstum: | $B(t) = B(t-1) + p \cdot B(t-1)$ | p: Wachstumsrate |
| | $= (1+p) \cdot B(t-1) = a \cdot B(t-1)$ | a: Wachstumsfaktor |
| beschränktes Wachstum: | $B(t) = B(t-1) + k \cdot [S - B(t-1)]$ | k: Proportionalitätsfaktor<br>S: Schranke |

**Beispiel:**
Bei einem Sparvertrag zahlen die Großeltern bei der Geburt ihres Enkels Max 5000 € auf ein Konto ein, für das der feste Zinssatz 3,5 % vereinbart wurde.
a) Mit welchem Betrag kann Max an seinem 18. Geburtstag rechnen?
b) Ab dem 1. Geburtstag zahlen die Eltern zusätzlich jährlich 300 € auf das Konto von Max. Mit welchem Betrag kann Max nun an seinem 18. Geburtstag rechnen?
Lösung: (mit GTR)
a) Es ist $u(0) = 5000$. Das Anwachsen des Kapitals kann durch die rekursive Darstellung $u(n) = u(n-1) + 0{,}035 \cdot u(n-1) = 1{,}035 \cdot u(n-1)$ mit $n \geqq 1$ beschrieben werden.
Für $n = 18$ liefert der GTR: $u(18) \approx 9\,287{,}45$.
Max kann nun also an seinem 18. Geburtstag mit 9 287,45 € rechnen.

*Zu a): Mit der Formel* $B(t) = B(0) \cdot a^t$ *ergibt sich das gleiche Endkapital:*
$B(18) = 5000 \cdot 1{,}035^{18} \approx 9287{,}45$

b) Es ist weiterhin $u(0) = 5000$.
Das Anwachsen des Kapitals bei dieser Art der Anlage kann durch die rekursive Darstellung $u(n) = u(n-1) + 0{,}035 \cdot u(n-1) + 300 = 1{,}035 \cdot u(n-1) + 300$ mit $n \geqq 1$ beschrieben werden.
Für $n = 18$ liefert der GTR: $u(18) \approx 16\,637{,}35$.
Bei jährlichen Zuzahlungen von 300 € durch die Eltern kann Max an seinem 18. Geburtstag mit 16 637,35 € rechnen.

## Aufgaben

**2** Zu Beginn eines Jahres wird auf ein Konto ein Startkapital von 1000 € eingezahlt. Der vereinbarte Zinssatz beträgt 3 %. Nach einem Jahr wird dann jeweils jährlich zusätzlich 100 € auf dieses Konto eingezahlt.
a) Welche rekursive Darstellung beschreibt die jährliche Folge der Kontostände?
b) Wie ist der Kontostand 5 Jahre nach Einzahlung des Startkapitals?
c) Nach wie vielen Jahren sind erstmals mehr als 3000 € auf dem Konto?

**3** Herr Müller legt für seinen Enkel zu Beginn eines Jahres ein Konto an und zahlt 10 000 € ein. Der Zinssatz beträgt 2,5 %. Nach einem Jahr hebt der Enkel jeweils zu Jahresbeginn 800 € von dem Konto ab.
a) Notieren Sie eine rekursive Darstellung für die Entwicklung des Kontostandes.
b) Geben Sie den Kontostand nach 8 Jahren an.
c) Nach wie vielen Jahren ist das Konto leer?

*Die Summe aus Zinsen und Tilgung einer Zahlungsperiode heißt **Annuität**.*

**4** Ein Kredit von 60 000 € soll bei einem Zinssatz von 5 % durch gleiche Raten (Zinsen und Tilgung) von 8 000 € zum jeweiligen Jahresende zurückgezahlt werden.
a) Ermitteln Sie mithilfe einer Tabelle wie in Fig. 1 die Restschulden zu Beginn eines Jahres.

| Restschuld | Zinsen | Tilgung | Annuität |
|---|---|---|---|
| 60 000 | 3000 | 5000 | 8000 |
| 55 000 | 2750 | 5250 | 8000 |
| 49 750 | | | |

Fig. 1

b) In den meisten Fällen wird zu Beginn des letzten Jahres die noch bestehende Restschuld bis zum nächsten Termin weiterverzinst und dann einschließlich Zinsen als Abschlussannuität zurückgezahlt. Wie hoch ist diese?
c) Geben Sie für die Restschulden zu Beginn eines Jahres eine rekursive Darstellung an.

**5** Der Holzbestand eines Waldes wird heute auf rund 40 000 Festmeter (fm) geschätzt mit einer jährlichen Zuwachsrate von 3 %.
a) Geben Sie eine rekursive und eine explizite Darstellung für die Entwicklung der Holzmenge dieses Waldes an.
b) Nach wie vielen Jahren kann man rund 15 000 fm schlagen, ohne den ursprünglichen Bestand zu verringern?

***Zigarettenrauchen ist die wichtigste Ursache für Lungenkrebs und übertrifft dabei in seiner Bedeutung alle möglichen anderen Einflussfaktoren zusammengenommen.***
*Uchtenhagen/Zieglgänsberger: Suchtmedizin, S. 48*

**6** Bei einem starken Raucher gelangt täglich etwa 0,02 mg Nikotin ins Blut. Andererseits wird von der im Blut vorhandenen Nikotinmenge täglich 1 % vom Körper abgebaut. Bei einem starken Raucher wird an einem bestimmten Tag 0,5 mg Nikotin im Blut gemessen.
a) Wie entwickelt sich bei diesem Raucher die Nikotinmenge im Blut seit der Messung?
b) Eine Nikotinmenge im Blut von 1 mg gilt als ein „kritischer Wert". Nach wie vielen Tagen ist dieser Wert erreicht?
c) Bei der Entwicklung der Nikotinmenge im Blut handelt es sich um einen speziellen Wachstumsvorgang. Ermitteln Sie die zugehörigen Konstanten.
d) Skizzieren Sie den Verlauf der Nikotinentwicklung.

**7** Ein Land mit 40 Millionen Einwohnern hat einen Bevölkerungsschwund von jährlich 0,5 %. Während jedes Jahres werden aber 30 000 Zuwanderer aufgenommen.
a) Geben Sie eine rekursive Darstellung für die Entwicklung der Einwohnerzahl an.
b) Nach wie vielen Jahren ist die Einwohnerzahl unter 35 Millionen gesunken?
c) Wie wird sich die Einwohnerzahl langfristig entwickeln? Zeichnen Sie einen Graphen.

# 3 Eigenschaften von Folgen

**1** Gegeben sind die Zahlenfolgen $(a_n) = \left(\frac{1}{n}\right)$, $(b_n) = \left(-\frac{1}{n}\right)$, $(c_n) = (n)$, $(d_n) = \left(3 + \frac{1}{n}\right)$, $(e_n) = ((-1)^n)$, $(f_n) = \left(1 - \frac{1}{2n}\right)$, $(g_n) = (1 + n^2)$.
Sortieren Sie die Folgen nach gemeinsamen Eigenschaften, die Sie für wichtig halten.

Bei Zahlenfolgen sind drei Eigenschaften besonders wichtig.
(1) Zahlenfolgen können wie Funktionen monoton sein, d. h. mit wachsendem n werden die Folgenglieder entweder größer oder kleiner.
(2) Ihre Glieder können möglicherweise nur in einem endlichen Intervall [s; S] liegen.
(3) Zahlenfolgen können sich einem so genannten Grenzwert beliebig annähern.
Eigenschaft (1) und (2) werden im Folgenden behandelt, Eigenschaft (3) im nächsten Paragraphen.
In der Zahlenfolge $(a_n)$ mit $a_n = 0{,}8^n$ werden die Folgenglieder laufend kleiner (Fig. 1), d. h. es ist $a_{n+1} < a_n$ für alle $n \in \mathbb{N}^*$. Für die Zahlenfolge $(b_n)$ mit $b_n = (-1)^n$ gilt dies nicht.

*Streng monoton steigend:*
*Es geht immer bergauf:*

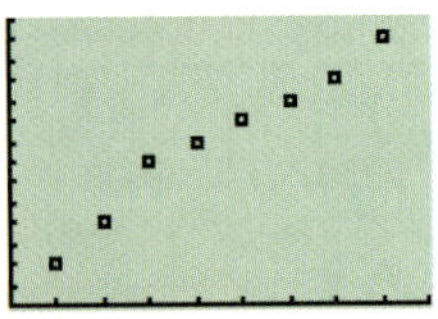

*Monoton fallend:*
*Es geht bergab oder bleibt eben:*

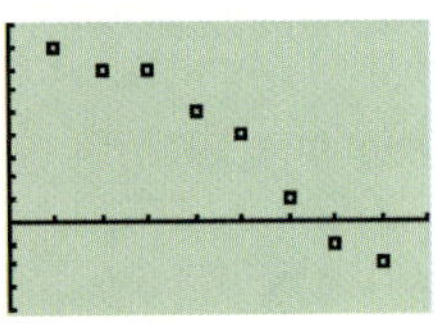

*Beschränkt:*
*Kein Glied überschreitet S oder unterschreitet s*

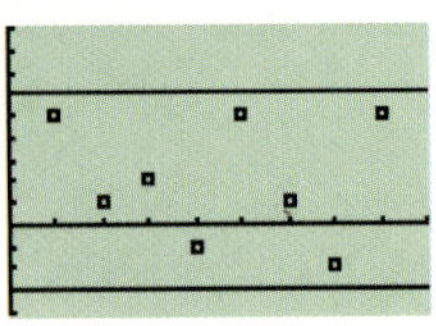

**Definition 1:** Eine Zahlenfolge $(a_n)$ heißt
**monoton steigend** (zunehmend), wenn für alle Folgenglieder $a_{n+1} \geqq a_n$ ist,
**monoton fallend** (abnehmend), wenn für alle Folgenglieder $a_{n+1} \leqq a_n$ ist.

Bemerkung: Das Wort **streng** wird vorangestellt, wenn das Gleichheitszeichen nicht gilt.

Die Zahlenfolge $(a_n)$ mit $a_n = 0{,}8^n$ hat noch eine weitere Eigenschaft: Alle ihre Glieder sind größer als $s = 0$ und kleiner oder gleich $S = 1$. Es gilt also $s < a_n \leqq S$.
Die Ungleichung gilt auch für andere Werte von s und S; z. B. gilt $-0{,}4 \leqq a_n \leqq 1{,}4$ für alle $n \in \mathbb{N}^*$ (Fig. 1).

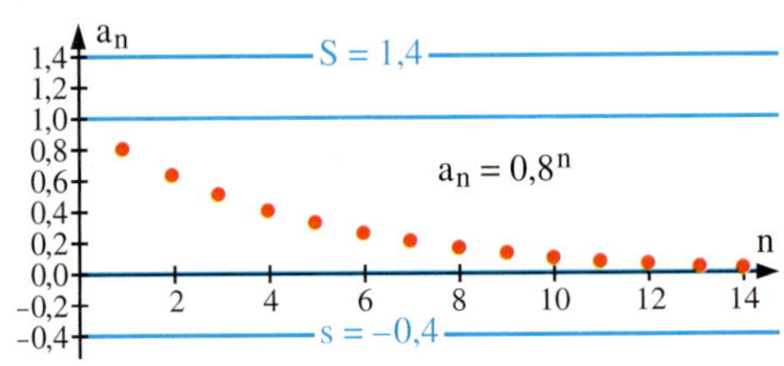


Fig. 1

**Definition 2:** Eine Zahlenfolge $(a_n)$ heißt
**nach oben beschränkt**, wenn es eine Zahl S gibt, sodass für alle Folgenglieder $a_n \leqq S$ ist,
**nach unten beschränkt**, wenn es eine Zahl s gibt, sodass für alle Folgenglieder $a_n \geqq s$ ist.
S nennt man eine obere Schranke, s eine untere Schranke der Folge.
Eine nach oben und unten beschränkte Folge heißt **beschränkte Folge**.

**Bemerkung:** Zum Nachweis der Monotonie und Beschränktheit einer Folge in rekursiver Darstellung benötigt man das Beweisverfahren der vollständigen Induktion (vgl. Seite 31).

**Beispiel 1:** (Monotonie und Beschränktheit)
Untersuchen Sie die Folge $(a_n)$ mit $a_n = \frac{2}{n}$ auf Monotonie und Beschränktheit.
Lösung:
Da $\frac{2}{n+1} < \frac{2}{n}$ ist für alle $n \in \mathbb{N}^*$, ist $(a_n)$ streng monoton fallend.
Wegen der strengen Monotonie ist $(a_n)$ z. B. durch $S = a_1 = 2$ nach oben beschränkt; wegen $a_n \geqq 0$ ist $(a_n)$ auch nach unten beschränkt mit z. B. $s = 0$. Damit ist $(a_n)$ beschränkt.

*Der Graph der Folge in Fig. 1 ist nicht streng monoton; wieso?*

**Beispiel 2:** (Nachweis der Monotonie mithilfe der Differenz)
Gegeben ist die Zahlenfolge $(a_n)$ mit $a_n = \frac{1-2n}{n}$, $n \in \mathbb{N}^*$.
a) Zeichnen Sie mit dem GTR einen Graphen.
b) Untersuchen Sie $(a_n)$ auf Monotonie und Beschränktheit.
Lösung:
a) $a_n = \frac{1-2n}{n} = \frac{1}{n} - 2 = -2 + \frac{1}{n}$ (Fig. 1)
b) Um die Monotonie nachweisen zu können, bildet man die Differenz $a_{n+1} - a_n$:
$a_{n+1} - a_n = \left(-2 + \frac{1}{n+1}\right) - \left(-2 + \frac{1}{n}\right) = -\frac{1}{n(n+1)}$.
Sie ist negativ für alle $n \in \mathbb{N}^*$; daher ist $a_{n+1} < a_n$;
$(a_n)$ ist streng monoton fallend.
Die Folge ist auch beschränkt:
Eine obere Schranke ist $S = a_1 = -1$;
eine untere Schranke ist $s = -2$, da $a_n = -2 + \frac{1}{n} > -2$ ist für alle $n \in \mathbb{N}^*$.

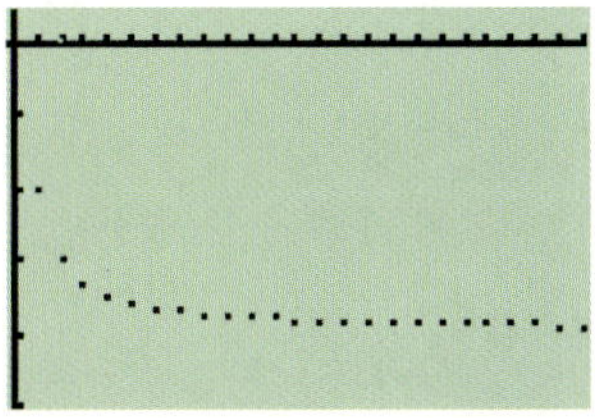
Fig. 1

## Aufgaben

*Hat eine Folge $(a_n)$ nur positive Glieder, so ist manchmal folgendes Kriterium für die Monotonie nützlich: Ist $\frac{a_{n+1}}{a_n} \geqq 1$ $\left(\frac{a_{n+1}}{a_n} \leqq 1\right)$ für alle $n \in \mathbb{N}^*$, so ist $(a_n)$ monoton steigend (monoton fallend)*

*Sind Monotonie und Beschränktheit unabhängige Eigenschaften einer Zahlenfolge?*

**2** Untersuchen Sie die Folge $(a_n)$ auf Monotonie und Beschränktheit.
a) $a_n = 1 + \frac{1}{n}$ b) $a_n = \left(\frac{3}{4}\right)^n$ c) $a_n = (-1)^n$ d) $a_n = 1 + \frac{(-1)^n}{n}$ e) $a_n = 2$

**3** a) $a_n = \frac{8n}{n^2+1}$ b) $a_n = \frac{n^2}{100} + n$ c) $a_n = \frac{1}{\sqrt{n}}$ d) $a_n = \frac{1+5n^2}{n(n+1)}$ e) $a_n = \sin(\pi \cdot n)$

**4** Kreuzen Sie die zugehörige Eigenschaft an.

| Folge $(a_n)$ mit | $a_n = n$ | $a_n = (-1)^n \cdot n$ | $a_n = \frac{(-1)^n}{n}$ | $a_n = \sqrt{n^2+1}$ |
|---|---|---|---|---|
| nach oben beschränkt | | | | |
| nach unten beschränkt | | | | |
| beschränkt | | | | |
| monoton | | | | |

Können Sie eine Aussage über das Verhalten von $(a_n)$ für größer werdendes n machen?

**5** Zum Test der Bauchspeicheldrüse wird in diese 0,2 g eines Farbstoffs gespritzt und dessen Ausscheidung gemessen. Eine gesunde Bauchspeicheldrüse scheidet in jeder Minute 4 % des noch vorhandenen Farbstoffes aus. Dabei sei $f_n$ der nach n Minuten noch vorhandene Farbstoff (in g) in der Bauchspeicheldrüse.
a) Geben Sie eine explizite und eine rekursive Darstellung der Folge $(f_n)$ an.
b) Zeigen Sie, dass die Folge $(f_n)$ streng monoton fällt und nach unten beschränkt ist.
c) Ist eine Bauchspeicheldrüse gesund, wenn nach 30 min noch 0,1 g des Farbstoffs vorhanden ist?

**6** Geben Sie jeweils 3 Zahlenfolgen in expliziter Darstellung an, die
a) monoton steigend sind,
b) monoton fallend sind,
c) nicht monoton sind,
d) nicht nach oben beschränkt sind,
e) streng monoton fallend und nach unten beschränkt sind,
f) streng monoton steigend und nicht nach oben beschränkt sind,
g) streng monoton steigend und nach oben beschränkt sind.

# 4 Grenzwert einer Folge

**1** Gegeben ist die Zahlenfolge $(a_n)$ mit $a_n = \frac{2n-1}{n}$.

a) Erstellen Sie mit dem GTR eine Wertetabelle und einen Graphen für $1 \leqq n \leqq 20$.

b) Welchem Wert g scheinen sich die Glieder der Folge anzunähern?

*Die Abweichung der Zahl x von einer Zahl a ist $|x - a|$.*

c) Ermitteln Sie mit dem GTR die kleinste Folgennummer, ab der das zugehörige Folgenglied sich um weniger als $10^{-3}$ vom Wert g unterscheidet. Überprüfen Sie das Ergebnis durch eine Rechnung.

Bei Zahlenfolgen $(a_n)$ soll das Annähern der Folgenglieder $a_n$ an eine Zahl g im Folgenden analysiert und definiert werden. Der Gedankengang wird an einem Beispiel erläutert.

Bei der Zahlenfolge $(a_n)$ mit $a_n = \frac{n+(-1)^n}{n} = 1 + \frac{(-1)^n}{n}$, $n \in \mathbb{N}^*$, nähern sich die Glieder mit wachsender Nummer n der Zahl 1 (Fig. 1). Das bedeutet, dass der Abstand $|a_n - 1| = \left|\frac{(-1)^n}{n}\right| = \frac{1}{n}$ der Folgenglieder von der Zahl 1 laufend kleiner wird.

*Alle Folgenglieder $a_n$ mit einer Nummer größer als 20 haben von 1 einen kleineren Abstand als 0,05. Es ist nämlich*
$|a_n - 1| = \frac{1}{n} < 0{,}05$
*für* $n > \frac{1}{0{,}05} = 20$

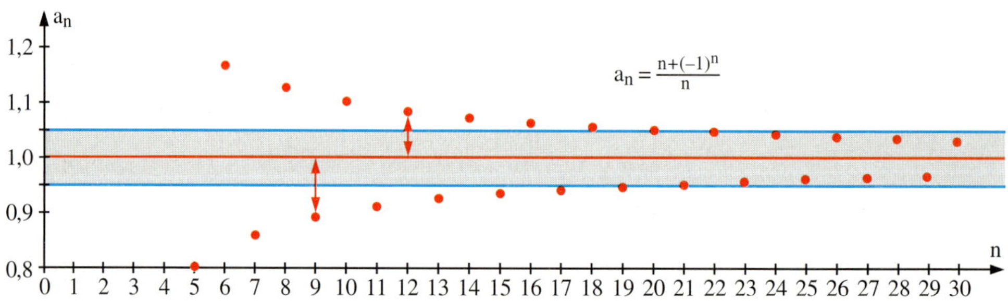

Fig. 1

Man kann sogar angeben, für welche Nummern der Abstand kleiner ist als eine vorgegebene Zahl ε. Ist z. B. $\varepsilon = 0{,}01$, so ergeben sich aus $|a_n - 1| = \frac{1}{n} < \frac{1}{100}$ die Nummern $n > 100$.
Für $\varepsilon = 10^{-10}$ ist dies für $n > 10^{10}$ der Fall. Entsprechend haben für irgendein positives ε wegen $|a_n - 1| = \frac{1}{n} < \varepsilon$ alle Folgenglieder mit den Nummern $n > \frac{1}{\varepsilon}$ einen kleineren Abstand als ε von 1.
Dies sind **fast alle** Folgenglieder. Unter „fast alle" versteht man dabei, dass nur endlich viele die Bedingung nicht erfüllen.

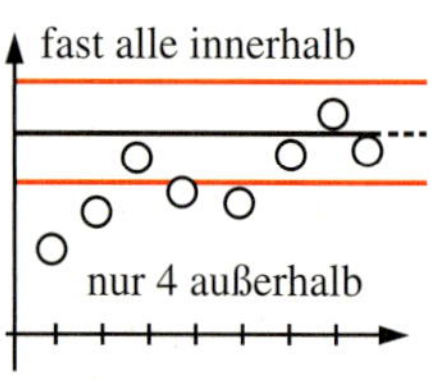


**Definition:** Eine Zahl g heißt **Grenzwert** der Zahlenfolge $(a_n)$, wenn bei Vorgabe irgendeiner positiven Zahl ε **fast alle** Folgenglieder die Ungleichung $|a_n - g| < \varepsilon$ erfüllen.
Fast alle bedeutet dabei, dass es nur endlich viele Ausnahmen gibt.

**Bemerkung:** Zum Nachweis, dass fast alle Glieder $a_n$ die Ungleichung $|a_n - g| < \varepsilon$ erfüllen, muss man nur eine Nummer angeben können, ab der alle Glieder die Ungleichung erfüllen.

Man schreibt für den Grenzwert g einer Zahlenfolge $(a_n)$ kurz

*limes (lat.): Grenze*

$g = \lim\limits_{n \to \infty} a_n$ (gelesen: g ist der Limes von $a_n$ für n gegen unendlich) oder auch

$a_n \to g$ **für** $n \to \infty$ (gelesen: $a_n$ geht gegen g für n gegen unendlich).

*convergere (lat.): zusammenlaufen*
*divergere (lat.): auseinander laufen*

Folgen, die einen Grenzwert haben, nennt man **konvergente** Folgen.
Folgen ohne Grenzwert nennt man **divergente** Folgen.
Hat eine Folge $(a_n)$ den Grenzwert 0, so nennt man $(a_n)$ **Nullfolge**.

*Bei der Folge $(a_n)$ mit*
$a_n = (-1)^n + \frac{1}{n}$
*liegen unendlich viele Glieder beliebig nahe bei 1 und unendlich viele beliebig nahe bei –1. Damit ist die Folge divergent.*

Eine Folge $(a_n)$ kann höchstens einen Grenzwert haben. Fig. 1 zeigt nämlich, dass bei zwei vermuteten Grenzwerten $g_1$ und $g_2$ mit $g_1 > g_2$ und der Wahl von $\varepsilon = \frac{g_1 - g_2}{2}$ nur noch endlich viele Glieder nahe genug bei $g_1$ liegen können, wenn fast alle in der Nähe von $g_2$ liegen.

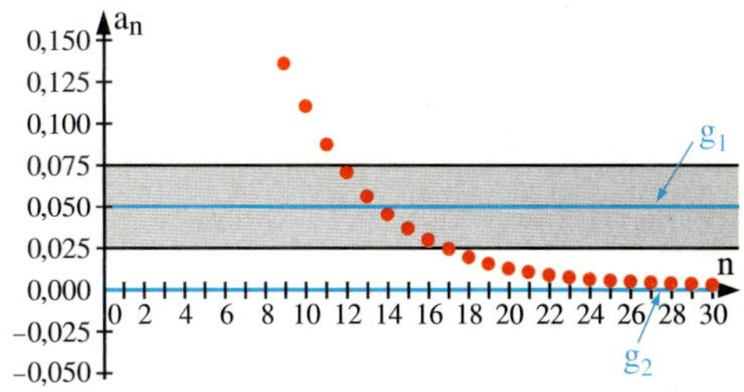

Fig. 1

**Satz 1:** Eine Zahlenfolge kann höchstens einen Grenzwert haben.

*Mit der Definition des Grenzwertes kann man keinen Grenzwert berechnen, wohl aber nachprüfen, ob eine Zahl Grenzwert einer Folge ist oder nicht.*

Zum Nachweis eines Grenzwertes kann folgende Aussage sehr nützlich sein:
$(a_n)$ hat genau dann den Grenzwert g, wenn $(a_n - g)$ eine Nullfolge ist. Die Aussage stimmt mit der Definition des Grenzwertes überein, da $|a_n - g| < \varepsilon$ mit $|(a_n - g) - 0| < \varepsilon$ äquivalent ist. Für den Nachweis der Konvergenz mithilfe der Definition muss eine konkrete Vermutung für g vorliegen. Man kann die Konvergenz aber auch ohne eine Vermutung nachweisen.

**Satz 2:** Wenn eine Folge **monoton und beschränkt** ist, dann ist sie auch **konvergent**.

*Der Beweis für monoton fallende und nach unten beschränkte Folgen verläuft völlig analog.*

Beweis (für monoton steigende und nach oben beschränkte Folgen):
$(a_n)$ sei monoton steigend und nach oben beschränkt. Dann gibt es eine obere Schranke S, für die gilt $a_n \leqq S$ für alle $n \in \mathbb{N}^*$. Unter den oberen Schranken S von $(a_n)$ ist die kleinste obere Schranke g, deren Existenz durch die so genannte Vollständigkeit von $\mathbb{R}$ gegeben ist, der Grenzwert von $(a_n)$. Gibt man nämlich irgendeine positive Zahl $\varepsilon$ vor, so ist $g - \varepsilon$ keine obere Schranke von $(a_n)$ mehr. Damit gibt es sicher ein Folgenglied $a_{n_0}$ mit $g - \varepsilon < a_{n_0} < g$. Da $(a_n)$ monoton steigend ist, gilt $g - \varepsilon < a_{n_0} \leqq g$ für alle $n > n_0$. Dies besagt aber, dass für fast alle Folgenglieder gilt: $-\varepsilon < a_n - g < 0$ oder $|a_n - g| < \varepsilon$. Damit ist nach Definition g Grenzwert der Folge $(a_n)$.

*Eine **Intervallschachtelung** reeller Zahlen ist eine Folge von Intervallen*
$I_n = \{x \mid a_n \leqq x \leqq b_n;\ x \in \mathbb{R}\}$
*mit den Eigenschaften*
*(1) $a_n \leqq b_n$ für alle $n \in \mathbb{N}^*$*
*(2) Die Folge $(a_n)$ ist monoton steigend.*
*(3) Die Folge $(b_n)$ ist monoton fallend.*
*(4) $(b_n - a_n)$ ist eine Nullfolge.*

**Vollständigkeit von $\mathbb{R}$:**
Jede nach oben beschränkte nicht leere Teilmenge von $\mathbb{R}$ besitzt in $\mathbb{R}$ ein Supremum.
Erläuterungen:
Gegeben ist eine nicht leere Menge reeller Zahlen, etwa $M = \{x \mid -2 < x < 6\}$. Dann heißt S eine **obere Schranke** von M, wenn für alle $x \in M$ gilt: $x \leqq S$. Für M sind etwa $S = 100$ oder $S' = \sqrt{37}$ obere Schranken. Die kleinste aller möglichen Schranken wird als **Supremum** der Menge M bezeichnet. So ist das Supremum von M die Zahl 6. Für $M' = \{x \mid 0 < x \leqq 6\}$ fällt das Supremum von M mit dem Maximum zusammen.
Dass die Menge $\mathbb{Q}$ der rationalen Zahlen nicht vollständig ist, zeigt das Beispiel der Menge $M = \{x \mid x^2 < 2,\ x \in \mathbb{Q}\}$. Da es keine rationale Zahl mit $x^2 = 2$ gibt, gibt es auch keine rationale Zahl, die Supremum der Menge M sein kann. Im Bereich der reellen Zahlen $\mathbb{R}$ hat M aber eine kleinste obere Schranke, nämlich $\sqrt{2}$.

Es lässt sich zeigen, dass zur Vollständigkeit folgende Aussagen äquivalent sind:
(1) Jede monotone und beschränkte Folge reeller Zahlen ist konvergent (s. obiger Beweis).
(2) Zu jeder Intervallschachtelung $[a_n; b_n]$ reeller Zahlen gibt es genau eine innere Zahl $c \in \mathbb{R}$ mit der Eigenschaft $a_n \leqq c \leqq b_n$ für alle $n \in \mathbb{N}^*$.

*$\frac{3}{2}$ ist nicht Grenzwert dieser Zahlenfolge, da für ein ε mit ε > 0 der Reihe nach folgt:*

$(*)\ \left|\frac{2n-1}{n+1} - \frac{3}{2}\right| < \varepsilon$

$\frac{n-5}{2n+2} < \varepsilon$

$n - 5 < 2n\varepsilon + 2\varepsilon$

$n \cdot (1 - 2\varepsilon) < 2\varepsilon + 5$

$n < \frac{2\varepsilon + 5}{1 - 2\varepsilon}$,

*sofern ε < 0,5 ist. Damit erfüllen für kleines ε nur endlich viele Glieder die Bedingung (*).*

**Beispiel 1:** (Gewinnen und Überprüfen einer Vermutung)
Stellen Sie eine Vermutung über den Grenzwert der Zahlenfolge $(a_n)$ mit $a_n = \frac{2n-1}{n+1}$ auf und überprüfen Sie diese mithilfe der Definition.
Lösung:
Der Graph und die Tabelle (Fig. 2) führen zu der Vermutung: $g = 2$.
Zur Überprüfung dieser Vermutung gibt man sich ein positives ε vor und berechnet die Abweichung von $g = 2$: $\left|\frac{2n-1}{n+1} - 2\right| < \varepsilon$. (1)
Diese Ungleichung muss nach n aufgelöst werden. Man erhält die folgenden äquivalenten Ungleichungen:

$$\left|\frac{-3}{n+1}\right| < \varepsilon;$$
$$\frac{3}{n+1} < \varepsilon;$$
$$n + 1 > \frac{3}{\varepsilon};$$
$$n > \frac{3}{\varepsilon} - 1.$$

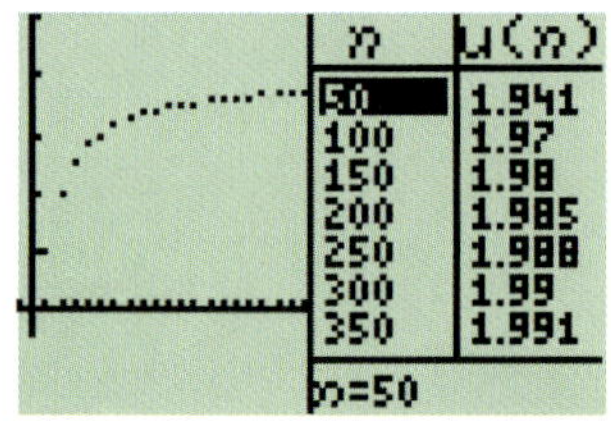

Fig. 2

Damit erfüllen fast alle Folgenglieder $a_n$ mit Nummern größer als $\frac{3}{\varepsilon} - 1$ die Bedingung (1).

*Folgen, deren Glieder Brüche mit konstantem Zähler sind und deren Nenner eine positive Potenz von n ist, sind Nullfolgen, z. B.*
$\left(\frac{1}{n}\right), \left(\frac{3}{n^2}\right), \left(\frac{1}{\sqrt{n}}\right), \left(\frac{3}{4n^{\frac{3}{2}}}\right), \ldots$

**Beispiel 2:** (Nullfolgen)
Zeigen Sie, dass die Folge $(a_n)$ mit $a_n = q^n$ ; $|q| < 1$ eine Nullfolge ist.
Lösung:
Man wählt ein beliebiges positives ε. Dann gilt
$|q^n - 0| < \varepsilon$ bzw. $|q|^n < \varepsilon$.
Logarithmieren ergibt:
$n \cdot \log|q| < \log(\varepsilon)$.
Wegen $\log|q| < 0$ ergibt sich daraus: $n > \frac{\log(\varepsilon)}{\log|q|}$.
Somit weichen alle Folgenglieder mit Nummern größer als $\frac{\log(\varepsilon)}{\log|q|}$ weniger als ε von 0 ab.

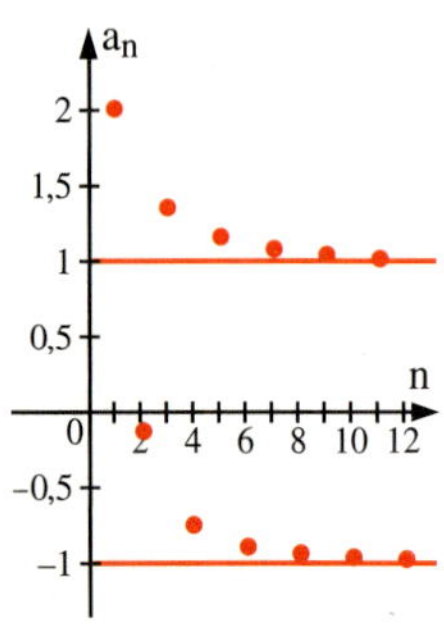

Fig. 1

**Beispiel 3:** (Nachweis mit Nullfolge)
Untersuchen Sie, ob die Folge $(a_n)$ einen Grenzwert hat.
a) $a_n = \frac{3 + (-1)^n n^2}{n^2}$ b) $a_n = \sqrt{a + \frac{1}{n}}$; $a \geqq 0$
Lösung:
a) Es ist $\frac{3 + (-1)^n n^2}{n^2} = \frac{3}{n^2} + (-1)^n$. $\left(\frac{3}{n^2}\right)$ ist eine Nullfolge, $((-1)^n)$ liefert die Werte 1 und –1.
Es liegen beliebig viele Glieder nahe bei 1 wie auch bei –1 (Fig. 1). $(a_n)$ ist also divergent.
b) Vermutung: $\lim\limits_{n \to \infty} \sqrt{a + \frac{1}{n}} = \sqrt{a}$.
Aus $\sqrt{a + \frac{1}{n}} - \sqrt{a} = \frac{\left(\sqrt{a + \frac{1}{n}} - \sqrt{a}\right) \cdot \left(\sqrt{a + \frac{1}{n}} + \sqrt{a}\right)}{\left(\sqrt{a + \frac{1}{n}} + \sqrt{a}\right)} = \frac{\frac{1}{n}}{\sqrt{a + \frac{1}{n}} + \sqrt{a}}$ und $0 < \frac{\frac{1}{n}}{\sqrt{a + \frac{1}{n}} + \sqrt{a}} < \frac{\frac{1}{n}}{2\sqrt{a}}$ folgt:
$0 < \sqrt{a + \frac{1}{n}} - \sqrt{a} < \frac{1}{2n\sqrt{a}}$. Da $\left(\frac{1}{2n\sqrt{a}}\right)$ eine Nullfolge ist, gilt $\lim\limits_{n \to \infty} \sqrt{a + \frac{1}{n}} = \sqrt{a}$.

*$a_1 = 0{,}1$*
*$a_2 = 0{,}11$*
*$a_3 = 0{,}111$*
*$a_4 = 0{,}1111$*
…
*Was ist wohl der Grenzwert?*

**Beispiel 4:** (Konvergenz einer monotonen und beschränkten Folge)
Zeigen Sie, dass die Folge $(a_n)$ mit $a_n = \frac{1}{10^1} + \frac{1}{10^2} + \frac{1}{10^3} + \ldots + \frac{1}{10^n}$ konvergent ist.
Lösung:
Die Folge ist monoton steigend, da $a_{n+1} - a_n = \frac{1}{10^{n+1}} > 0$ ist. Die Folge ist nach oben beschränkt wegen $0 < a_n < 1$ für alle $n \in \mathbb{N}^*$.
Damit ist die Folge nach Satz 2 konvergent.

## Aufgaben

**2** Erstellen Sie mit dem GTR eine Wertetabelle und einen Graphen der Folge $(a_n)$.
Ab welchem Folgenglied ist die Abweichung vom vermuteten Grenzwert weniger als 0,1?
Bestätigen das Ergebnis rechnerisch.

a) $a_n = 1 + \frac{1}{3n}$   b) $a_n = 4 \cdot \left(\frac{1}{3}\right)^{n-1}$   c) $a_n = \frac{6n+2}{3n}$   d) $a_n = \frac{3n^2}{n^2+5}$   e) $a_n = \frac{1+\sqrt{n}}{2+\sqrt{n}}$

**3** Ermitteln Sie rechnerisch die Glieder der Zahlenfolge $(a_n)$, die um weniger als 0,1 von 1 abweichen.

a) $a_n = \frac{1+n}{n}$   b) $a_n = \frac{n^2-1}{n^2}$   c) $a_n = 1 - \frac{100}{n}$   d) $a_n = \frac{n-1}{n+2}$   e) $a_n = \frac{2n^2-3}{3n^2}$

**4** Zeigen Sie mithilfe der Definition, dass die Folge $\left(\frac{1-2n}{3n}\right)$ konvergent ist. Von welchem Glied ab unterscheiden sich die Folgenglieder vom Grenzwert um weniger als $\frac{1}{100}$ bzw. $10^{-6}$?

**5** Zeigen Sie, dass die Differenzenfolge $(a_n - g)$ eine Nullfolge ist.

a) $\left(\frac{3n-2}{n+2}\right)$; $g = 3$   b) $\left(\frac{n^2+n}{5n^2}\right)$; $g = 0{,}2$   c) $\left(\frac{2^{n+1}}{2^n+1}\right)$; $g = 2$   d) $\left(\frac{3\cdot 2^n+2}{2^{n+1}}\right)$; $g = \frac{3}{2}$

*Zu Aufgabe 6: Besteht ein Zusammenhang zwischen Nichtbeschränktheit und Konvergenz von Folgen?*

**6** Ordnen Sie den Astenden Folgen mit den an den Ästen angegebenen Eigenschaften zu.

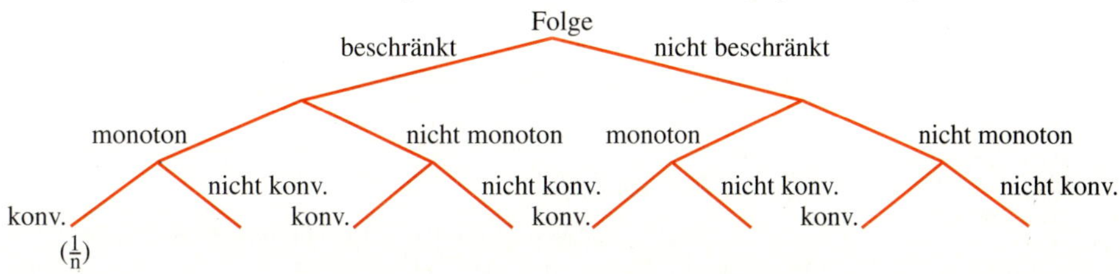


**7** Weisen Sie nach, dass die Zahlenfolge $(a_n)$ nicht konvergent ist.

a) $a_n = 1 + n^2$   b) $a_n = (-1)^n \cdot (n+2)$   c) $a_n = \frac{n^2+1}{n+2}$   d) $a_n = 2 - (1 + (-1)^n)$

**8** Zeigen Sie durch Nachweis der Monotonie und der Beschränktheit, dass die Folge $(a_n)$ konvergent ist. Stellen Sie eine Vermutung über ihren Grenzwert auf und bestätigen Sie diese.

a) $a_n = \frac{n+1}{5n}$   b) $a_n = \frac{\sqrt{5n}}{\sqrt{n+1}}$   c) $a_n = \frac{n\sqrt{n}+10}{n^2}$   d) $a_n = \frac{n}{n^2+1}$

**9** Gegeben ist die Folge $(a_n)$ mit
$a_n = 1 + \frac{1}{2} + \frac{1}{3} + \frac{1}{4} + \ldots + \frac{1}{n}$.

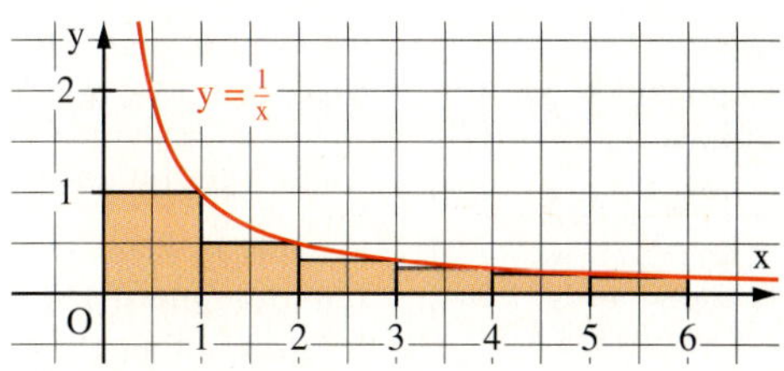


a) Zeigen Sie: $(a_n)$ ist monoton steigend.
b) Berechnen Sie mithilfe eines Computerprogramms $a_{100}$, $a_{1000}$, $a_{10000}$ und $a_{100000}$ und versuchen Sie, eine Aussage über die Konvergenz der Folge zu machen.
c) Zeigen Sie, dass gilt $\frac{1}{n+1} + \frac{1}{n+2} + \ldots + \frac{1}{2n} > \frac{1}{2}$ für alle $n \in \mathbb{N}^*$.
d) Das Folgenglied $a_n$ kann man in der Form schreiben

$$a_n = 1 + \frac{1}{2} + \left(\frac{1}{3}+\frac{1}{4}\right) + \left(\frac{1}{5}+\frac{1}{6}+\frac{1}{7}+\frac{1}{8}\right) + \left(\frac{1}{9}+\frac{1}{10}+\ldots+\frac{1}{16}\right) + \left(\frac{1}{17}+\frac{1}{18}+\ldots+\frac{1}{32}\right) + \left(\frac{1}{33}+\frac{1}{34}+\ldots+\frac{1}{64}\right) + \ldots$$

Zeigen Sie mithilfe dieser Darstellung und der Aussage von Aufgabenteil c), dass $a_n$ nicht beschränkt ist. Was wissen Sie damit über die Konvergenz von $(a_n)$?
e) Was zeigt Ihr CAS-System an, wenn Sie eingeben, es solle der Grenzwert von $(a_n)$ berechnet werden? Was schließen Sie daraus?

# 5 Grenzwertsätze

**1** Gegeben ist die Zahlenfolge $(a_n)$ mit $a_n = \frac{9n^2+4}{3n^2}$.

a) Weisen Sie nach, dass die Zahlenfolge den Grenzwert 3 hat.

b) Schreiben Sie den Bruch als Summe zweier Brüche und schließen Sie dann auf den Grenzwert.

c) Erweitern Sie Zähler und Nenner mit $\frac{1}{n^2}$ und zeigen Sie, dass Sie auch so auf den Grenzwert $g = 3$ schließen können.

Die Definition des Folgengrenzwertes ermöglicht nicht die Berechnung von Grenzwerten. Sie dient lediglich dazu, den Nachweis zu führen, ob eine Folge die Zahl g als Grenzwert hat oder nicht. Es wird ein Verfahren vorgestellt, Grenzwerte von Folgen zu berechnen.

*Die konstante Folge $(a_n)$ mit $a_n = a$ hat den Grenzwert a, da für alle Folgenglieder bei vorgegebener Abweichung $\varepsilon > 0$ gilt: $|a - a| < \varepsilon$.*

Die Folge $(a_n)$ mit $a_n = \frac{2n+10}{5n}$ hat den Grenzwert $\frac{2}{5}$, da die Folge $\left(\frac{2n+10}{5n} - \frac{2}{5}\right) = \left(\frac{2}{n}\right)$ eine Nullfolge ist. Man kann aber $a_n = \frac{2n+10}{5n}$ auch zerlegen in $a_n = \frac{2}{5} + \frac{2}{n}$. Die Folge $(a_n)$ kann somit aufgefasst werden als Summe der konstanten Folge und einer Nullfolge. Von den Grenzwerten dieser Einzelfolgen kann man auf den Grenzwert der Summenfolge schließen:

$$\lim_{n\to\infty} \frac{2n+10}{5n} = \lim_{n\to\infty}\left(\frac{2}{5} + \frac{2}{n}\right) = \lim_{n\to\infty} \frac{2}{5} + \lim_{n\to\infty} \frac{2}{n} = \frac{2}{5} + 0 = \frac{2}{5}.$$

Dieses Vorgehen ist zulässig und lässt sich sogar verallgemeinern:

**Satz: (Grenzwertsätze)**
Sind die Folgen $(a_n)$ und $(b_n)$ konvergent und haben sie die Grenzwerte a und b, so sind auch die Folgen $(a_n \pm b_n)$, $(a_n \cdot b_n)$ und, sofern $b_n \neq 0$ und $b \neq 0$ sind, auch die Folge $\left(\frac{a_n}{b_n}\right)$ konvergent. Es gilt:

$$\lim_{n\to\infty} (a_n \pm b_n) = \lim_{n\to\infty} a_n \pm \lim_{n\to\infty} b_n = a \pm b,$$

$$\lim_{n\to\infty} (a_n \cdot b_n) = \lim_{n\to\infty} a_n \cdot \lim_{n\to\infty} b_n = a \cdot b,$$

$$\lim_{n\to\infty} \frac{a_n}{b_n} = \frac{\lim\limits_{n\to\infty} a_n}{\lim\limits_{n\to\infty} b_n} = \frac{a}{b}, \quad b_n \neq 0 \text{ und } b \neq 0.$$

*Prüfen Sie an Zahlenbeispielen nach:*

*Es ist für alle reellen Zahlen x und y stets:*
$|x + y| \leqq |x| + |y|$

Beweis (beispielhaft für die Summe von Grenzwerten):
Nach Voraussetzung gilt $\lim\limits_{n\to\infty} a_n = a$ und $\lim\limits_{n\to\infty} b_n = b$, d.h. bei beliebig vorgegebenem positivem ε gilt für fast alle Folgenglieder $|a_n - a| < \frac{\varepsilon}{2}$ und $|b_n - b| < \frac{\varepsilon}{2}$. (Da ε eine beliebige positive Zahl ist, kann man ε auch durch $\frac{\varepsilon}{2}$ ersetzen. $\frac{\varepsilon}{2}$ ist dann ebenfalls eine beliebige positive Zahl.)
Daraus ergibt sich

$$|(a_n + b_n) - (a + b)| = |(a_n - a) + (b_n - b)| \leqq |a_n - a| + |b_n - b| < \frac{\varepsilon}{2} + \frac{\varepsilon}{2} = \varepsilon.$$

Damit haben fast alle Summenfolgen-Glieder $a_n + b_n$ von der Summe $a + b$ eine kleinere Abweichung als ein beliebig vorgegebener Wert ε. Die Summenfolge $(a_n + b_n)$ hat somit den Grenzwert $a + b$.

**Bemerkung:** Ist eine Folge konvergent mit dem Grenzwert g, so gilt:

$$\lim_{n\to\infty} a_n = \lim_{n\to\infty} a_{n-1} = g.$$

Hiermit lässt sich häufig der Grenzwert einer rekursiv definierten Folge bestimmen.

*Man erweitert bei Brüchen Zähler und Nenner mit dem Kehrwert der höchsten auftretenden Potenz von n.*

**Beispiel 1:** (Anwendung der Grenzwertsätze)
Berechnen Sie den Grenzwert der Zahlenfolge $(a_n)$ für $a_n = \frac{4n^2-17}{3n^2+n}$.
Lösung:
Es ist $a_n = \frac{4n^2-17}{3n^2+n} = \frac{4-\frac{17}{n^2}}{3+\frac{1}{n}}$. Wegen $\lim\limits_{n\to\infty} 4 = 4$, $\lim\limits_{n\to\infty} \frac{17}{n^2} = 0$, $\lim\limits_{n\to\infty} 3 = 3$, $\lim\limits_{n\to\infty} \frac{1}{n} = 0$ gilt

$$\lim_{n\to\infty} a_n = \lim_{n\to\infty} \frac{4-\frac{17}{n^2}}{3+\frac{1}{n}} = \frac{\lim\limits_{n\to\infty} 4 - \lim\limits_{n\to\infty} \frac{17}{n^2}}{\lim\limits_{n\to\infty} 3 + \lim\limits_{n\to\infty} \frac{1}{n}} = \frac{4-0}{3-0} = \frac{4}{3}.$$

**Beachten Sie:**
*Bei dieser Methode zur Bestimmung des Grenzwertes einer rekursiv beschriebenen Folge muss die Konvergenz gesichert sein.*

**Beispiel 2:** (Bestimmung des Grenzwertes einer konvergenten rekursiv beschriebenen Folge)
Die Folge $(a_n)$ mit $a_1 = 3$ und $a_n = \frac{a_{n-1}^2+1}{a_{n-1}+2}$ ist konvergent mit dem Grenzwert g.
Bestimmen Sie g.
Lösung:
Da die Folge $(a_n)$ den Grenzwert g hat, gilt: $\lim\limits_{n\to\infty} a_n = \lim\limits_{n\to\infty} a_{n-1} = g$.
Mithilfe der Grenzwertsätze ergibt sich:

$$\lim_{n\to\infty} a_n = \lim_{n\to\infty} \frac{a_{n-1}^2+1}{a_{n-1}+2} = \frac{\left(\lim\limits_{n\to\infty} a_{n-1}\right)^2+1}{\left(\lim\limits_{n\to\infty} a_{n-1}\right)+2}.$$

Also gilt $g = \frac{g^2+1}{g+2}$ oder $g^2 + 2g = g^2 + 1$ und folglich $g = \frac{1}{2}$.

## Aufgaben

**2** Zerlegen Sie die Folge $(a_n)$ in eine konstante Folge plus eine Nullfolge und geben Sie ihren Grenzwert an.
a) $a_n = \frac{8+n}{4n}$ b) $a_n = \frac{8+\sqrt{n}}{4\sqrt{n}}$ c) $a_n = \frac{8+2^n}{4\cdot 2^n}$ d) $a_n = \frac{6+n^4}{\frac{1}{4}n^4}$ e) $a_n = \frac{4+n^3}{n^3}$

**3** Berechnen Sie den Grenzwert der Zahlenfolge $(a_n)$ durch Umformen und Anwenden der Grenzwertsätze.
a) $a_n = \frac{1+2n}{1+n}$ b) $a_n = \frac{7n^3+1}{n^3-10}$ c) $a_n = \frac{n^2+2n+1}{1+n+n^2}$ d) $a_n = \frac{\sqrt{n}+n+n^2}{\sqrt{2n}+n^2}$ e) $a_n = \frac{n^5-n^4}{6n^5-1}$
f) $a_n = \frac{\sqrt{n+1}}{\sqrt{n+1}+2}$ g) $a_n = \frac{(5-n)^4}{(5+n)^4}$ h) $a_n = \frac{(2+n)^{10}}{(1+n)^{10}}$ i) $a_n = \frac{(1+2n)^{10}}{(1+n)^{10}}$ j) $a_n = \frac{(1+2n)^k}{(1+3n)^k}$

**4** Bestimmen Sie den Grenzwert.
a) $\lim\limits_{n\to\infty} \frac{2^n-1}{2^n}$ b) $\lim\limits_{n\to\infty} \frac{2^n-1}{2^{n-1}}$ c) $\lim\limits_{n\to\infty} \frac{2^n}{1+4^n}$ d) $\lim\limits_{n\to\infty} \frac{2^n-3^n}{2^n+3^n}$ e) $\lim\limits_{n\to\infty} \frac{2^n+3^{n+1}}{2\cdot 3^n}$

**5** Bestimmen Sie wie in Beispiel 2 den Grenzwert der rekursiv beschriebenen Folge $(a_n)$, wenn die Existenz des Grenzwertes von $(a_n)$ gesichert ist.
a) $a_1 = 0$; $a_n = \frac{2}{5}a_{n-1} - 2$ b) $a_1 = -2$; $a_n = -\frac{2}{3}a_{n-1} + 4$ c) $a_1 = -\frac{1}{2}$; $a_n = \frac{1-a_{n-1}}{2+a_{n-1}}$
d) $a_1 = 1$; $a_n = \frac{2-a_{n-1}^2}{3+a_{n-1}}$ e) $a_1 = -4$; $a_n = \sqrt{a_{n-1}+4}$ f) $a_1 = 4$; $a_n = \sqrt{\frac{8}{a_{n-1}}}$

**6** Untersuchen Sie die rekursiv beschriebene Folge $(a_n)$ für verschiedene Startwerte $a_1$ auf einen Grenzwert.
a) $a_n = a_{n-1}^2$ b) $a_n = -\frac{1}{7}a_{n-1}^2 + a_{n-1} + \frac{1}{7}$ c) $a_n = \frac{a_{n-1}^2+2}{2\cdot a_{n-1}}$

**Beachten Sie:**
$\lim\limits_{n\to\infty} \sqrt{a+h_n} = \sqrt{a}$,
*wenn $(h_n)$ eine Nullfolge ist.*

**7** Formen Sie den Term um und berechnen Sie den Grenzwert.
a) $\lim\limits_{n\to\infty} \left(\sqrt{n+1} - \sqrt{n}\right)$ b) $\lim\limits_{n\to\infty} \left(\sqrt{n}\cdot(\sqrt{n+1} - \sqrt{n})\right)$ c) $\lim\limits_{n\to\infty} \left(\sqrt{n^2-n} - n\right)$
(Hinweis: Verwenden Sie eine binomische Formel.)

# 6 Grenzwerte von Funktionen für $x \to \pm\infty$

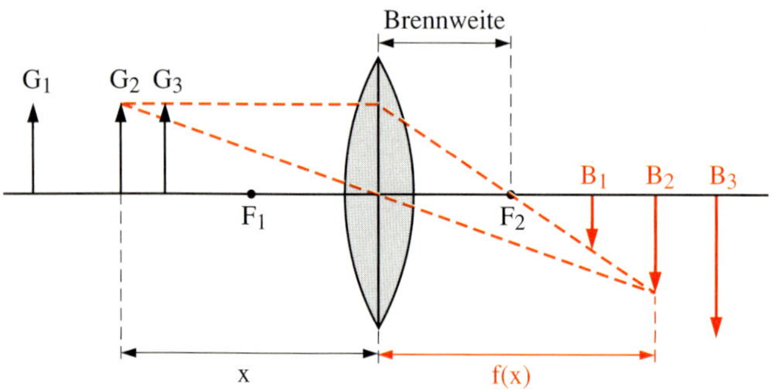

Fig. 1

**1** Für die Gegenstandsweite x und die Bildweite f(x) (jeweils in cm) einer Fotolinse mit der Brennweite 5 cm gilt nach der Linsengleichung für $x > 5$: $f(x) = \frac{5x}{x-5}$ (Fig. 1).

a) Berechnen Sie die Bildweiten für $x = 6, 7, \ldots$ bis 10. Wie verhält sich diese Folge $(f(x_n))$, wenn die Gegenstandsweiten größer werden?

b) Wie verhält sich die Folge $(f(x_n))$, die entsteht, wenn man $x_1 = 10$ setzt und diesen Wert bei jedem Schritt verdoppelt $(x_{n+1} = 2x_n)$?

Vielfach ist es notwendig, das Verhalten einer Funktion f für $x \to \infty$ oder $x \to -\infty$ zu untersuchen. Dies geschieht mithilfe von Folgen. Setzt man bei einer Funktion f mit einer rechts unbeschränkten Definitionsmenge für x nacheinander 1, 2, 3, ... ein, so entsteht eine Folge f(1), f(2), f(3), ... von Funktionswerten. Man nennt die Folge (n) Urbildfolge und die Folge (f(n)) Bildfolge.

Für die Funktion f mit $f(x) = \frac{2x+4}{x+3}$ mit der Definitionsmenge $D_f = \mathbb{R}\setminus\{-3\}$ beispielsweise erhält man mit der Urbildfolge $(n^2)$ die Bildfolge $\left(\frac{2n^2+4}{n^2+3}\right)$, $n = 1; 2; 3; \ldots$

Wegen $\frac{2n^2+4}{n^2+3} = \frac{2+\frac{4}{n^2}}{1+\frac{3}{n^2}}$

ergibt sich mithilfe der Grenzwertsätze der Grenzwert $g = 2$ für $n \to \infty$ (Fig. 2).

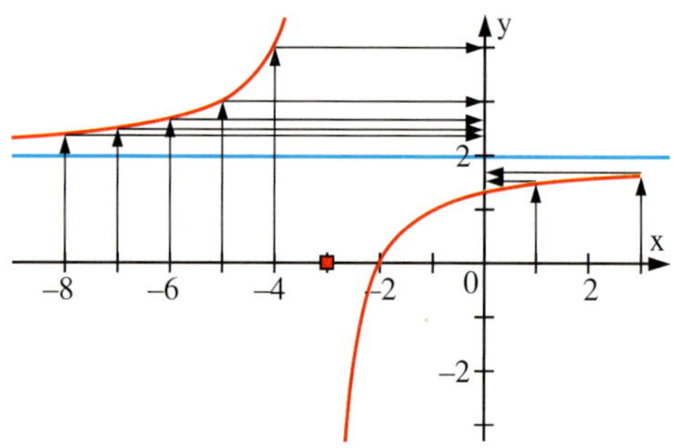

Fig. 2

*Für Fig. 3:*
*Y1 = (2X + 4)/(X+3)*
*L1 = seq(10^n,n,0,6)*
*L2 = Y1(L1)*

In Fig. 3 enthält die Liste L1 die Urbildfolge $(10^n)$ und die Liste L2 die zugehörige Bildfolge für die Funktion f mit $f(x) = \frac{2x+4}{x+3}$.

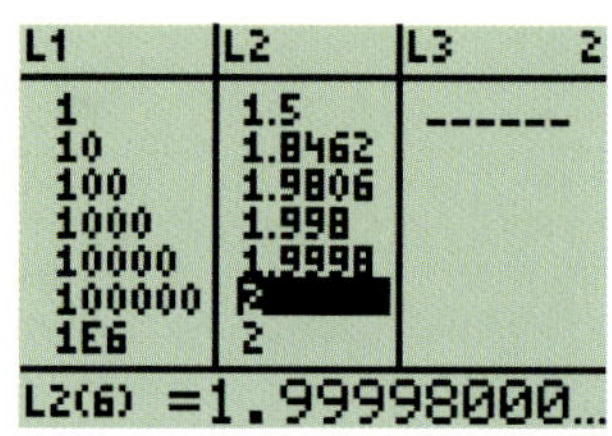

Fig. 3

Die Tabelle bestätigt den Grenzwert $g = 2$ für $n \to \infty$. Wählt man andere nach oben unbeschränkte Urbildfolgen, so ändert sich der Grenzwert der Bildfolge nicht (vgl. Aufgabe 2a).

Für alle Folgen $(x_n)$ mit $x_n \to \infty$ ist der Grenzwert der Bildfolge $(f(x_n))$ derselbe. Auch für nach unten beschränkte Urbildfolgen ist der Grenzwert der Bildfolge 2 (vgl. Aufgabe 2b).

**Definition:** Eine Zahl g heißt **Grenzwert der Funktion f für $x \to +\infty$ ($x \to -\infty$)**, wenn für jede Urbildfolge $(x_n)$ mit $x_n \to +\infty$ ($x_n \to -\infty$) und $x_n \in D_f$ die Bildfolge $(f(x_n))$ den Grenzwert g hat. Man schreibt dann

$$\lim_{x \to +\infty} f(x) = g \quad \text{bzw.} \quad \lim_{x \to -\infty} f(x) = g.$$

Der Graph der Funktion f mit $\lim\limits_{x \to +\infty} f(x) = g$ nähert sich mit zunehmendem x der Geraden mit der Gleichung $y = g$ beliebig dicht an, genauer:

$\lim\limits_{x \to +\infty} (f(x) - g) = 0.$

Man nennt deshalb die Gerade mit der Gleichung $y = g$ eine **Asymptote** des Graphen.

**Beispiel 1:** (Grenzwertbestimmung durch Umformung)

Untersuchen Sie, ob der Grenzwert $\lim\limits_{x \to -\infty} \frac{3x^2 - x}{x^2}$ existiert.

Lösung:

Es ist $\frac{3x^2 - x}{x^2} = \frac{3 - \frac{1}{x}}{1}$. Da $\left(\frac{1}{x_n}\right)$ eine Nullfolge ist für jede Folge $(x_n)$ mit $x_n \to -\infty$, gilt wegen der Grenzwertsätze für Folgen: $\lim\limits_{x \to -\infty} \frac{3x^2 - x}{x^2} = \lim\limits_{x_n \to -\infty} \frac{3 - \frac{1}{x_n}}{1} = 3.$

*Der formale Nachweis für die Divergenz kann auf zwei Arten erfolgen.*
*1. Man gibt zwei Urbildfolgen an, deren Bildfolgen verschiedene Grenzwerte besitzen.*
*2. Man gibt eine Urbildfolge an, deren zugehörige Bildfolge keinen Grenzwert besitzt.*

**Beispiel 2:** (kein Grenzwert)

Zeigen Sie, dass f mit $f(x) = \sin(x)$ keinen Grenzwert für $x \to +\infty$ besitzt.

Lösung:

Formaler Nachweis:

Wählt man die Folge $\left(n \cdot \frac{\pi}{2}\right)$ mit $n \in \mathbb{N}^*$, so erhält man die Bildfolge $\sin\left(n \cdot \frac{\pi}{2}\right)$, die nacheinander die Werte 1; 0; –1; 0 annimmt; sie besitzt keinen Grenzwert (Fig. 1).

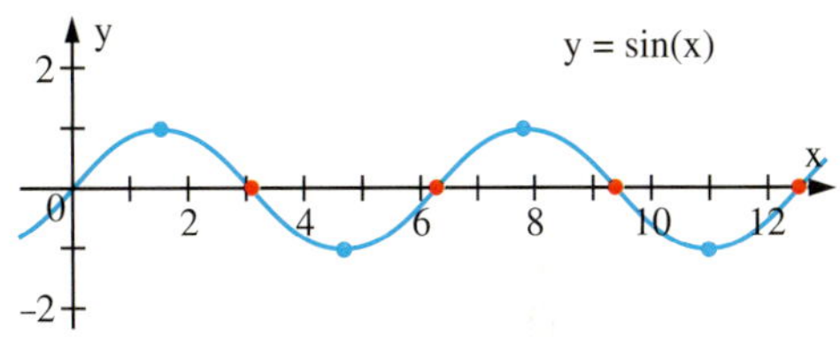


Aus dem Graphen ist unmittelbar ersichtlich, dass $\lim\limits_{x \to \infty} \sin(x)$ nicht existieren kann.

Fig. 1

*Mit den Urbildfolgen $(n \cdot \pi)$ bzw. $\left(\frac{\pi}{2} + 2n\right)$ erhält man die Bildfolgen (0) bzw. (1).*

## Aufgaben

**2** Gegeben sei die Funktion f mit $f(x) = \frac{2x + 4}{x + 3}$ und $D_f = \mathbb{R} \setminus \{-3\}$.

a) Zeigen Sie mithilfe der Grenzwertsätze, dass für die Urbildfolgen $(n)$, $\left(\sqrt{n}\right)$, $(2n - 1)$, $(3^n)$ und $(n^n)$ die zugehörigen Bildfolgen den Grenzwert 2 haben.

b) Wählen Sie nach unten unbeschränkte Urbildfolgen und zeigen sie, dass sich für die zugehörigen Bildfolgen ebenfalls der Grenzwert 2 ergibt.

**3** Geben Sie die Grenzwerte für $x \to +\infty$ und (wenn möglich) für $x \to -\infty$ an.

a) $f(x) = \frac{2}{x + 1}$ b) $f(x) = \frac{1}{\sqrt{x}}$ c) $f(x) = \frac{x^3}{x^5} - 3$ d) $f(x) = \frac{4}{x + \sqrt{x + 1}} + \frac{1}{3}$ e) $f(x) = \frac{1}{2^x + 1}$

**4** Berechnen Sie die Grenzwerte für $x \to +\infty$ und (wenn möglich) für $x \to -\infty$. Erweitern Sie dazu die Terme geeignet, um die Grenzwertsätze für Folgen anwenden zu können.

a) $f(x) = \frac{6x + 5}{4 + 3x}$ b) $f(x) = \frac{2x^3 + 4x}{3x^3 + 6x + 1}$ c) $f(x) = \frac{\sqrt{x} - 8}{\sqrt{x}}$ d) $f(x) = \frac{x + 12}{2x^2 - 1}$ e) $f(x) = \frac{2x - 19}{\sqrt{x^2 + 19}}$

**5** Untersuchen Sie das Verhalten von f für $x \to +\infty$ und (wenn möglich) für $x \to -\infty$.

a) $f(x) = \frac{x^2 + 4x + 1}{x^2 + x - 1}$ b) $f(x) = \frac{x^4 - x^2}{6x^4 + 1}$ c) $f(x) = \frac{x^4 - x^2}{6x^5 - 1}$ d) $f(x) = \frac{x^4 + x^2}{5x^3 + 3}$ e) $f(x) = \frac{\sqrt{x - 8}}{\sqrt{x}}$

f) $f(x) = \frac{(3 + x)^2}{(3 - x)^2}$ g) $f(x) = \frac{(3 + x)^3}{(3 - x)^3}$ h) $f(x) = \frac{3^{x-1}}{3^x - 1}$ i) $f(x) = (3 + 6^x) \cdot 3^{-x}$

**6** Nennen Sie je zwei Funktionen f mit dem Grenzwert g für $x \to +\infty$ bzw. für $x \to -\infty$.

a) $g = 0$ b) $g = 2$ c) $g = \sqrt{3}$ d) $g = -1$ e) $g = -\frac{1}{4}$

**7** Zeigen Sie, dass $f(x) = \sin\left(\frac{1}{x}\right)$ mit $\mathbb{D}_f = \mathbb{R} \setminus \{0\}$ Grenzwerte besitzt für $x \to +\infty$ und für $x \to -\infty$.

# 7 Grenzwerte von Funktionen für $x \to x_0$

*Es gibt verschiedene Möglichkeiten.*

**1** Untersuchen Sie das Verhalten der Funktion f mit $f(x) = \frac{x^2-9}{(x-3)(x-4)}$ in der Nähe der Stellen $x_0 = 3$ und $x_1 = 4$.

Man muss das Verhalten einer Funktion f in der Nähe der Stelle $x_0$, an der sie nicht definiert ist, kennen, wenn man ihren Funktionsverlauf beschreiben will. Dies geschieht mithilfe von Folgen. Das Vorgehen wird an einem Beispiel erläutert.
Die Funktion f mit $f(x) = \frac{2x^2-8}{(x-2)(x+3)}$, $D_f = \mathbb{R} \setminus \{2; -3\}$, ist an den Stellen $x_0 = 2$ und $x_1 = -3$ nicht definiert. Damit existieren nur die Funktionswerte f(2) bzw. f(−3) nicht, jedoch alle Funktionswerte in unmittelbarer Umgebung dieser Stellen. Um das Verhalten zunächst für $x \to 2$ zu untersuchen, betrachtet man Urbildfolgen $(x_n)$ mit $x_n \neq 2$ und $x_n \to 2$ und bestimmt die Grenzwerte der zugehörigen Bildfolgen. In Fig. 1 sind Beispiele aufgeführt.

| Urbildfolge | $\left(2+\frac{1}{n}\right)$ | $\left(2-\frac{1}{n}\right)$ | $\left(2+\frac{(-1)^n}{n^2}\right)$ | $(2+(0{,}6)^n)$ | $\left(\frac{4n^2+3n+1}{2n^2}\right)$ |
|---|---|---|---|---|---|
| Bildfolge | $\frac{2\cdot\left(4+\frac{1}{n}\right)}{5+\frac{1}{n}}$ | $\frac{2\cdot\left(4-\frac{1}{n}\right)}{5-\frac{1}{n}}$ | $\frac{2\cdot\left(4+\frac{(-1)^n}{n^2}\right)}{5+\frac{(-1)^n}{n^2}}$ | $\frac{2\cdot(4+0{,}6^n)}{5+0{,}6^n}$ | $\frac{2\cdot\left(8+\frac{3}{n}+\frac{1}{n^2}\right)}{10+\frac{3}{n}+\frac{1}{n^2}}$ |
| Grenzwert | $\frac{8}{5}$ | $\frac{8}{5}$ | $\frac{8}{5}$ | $\frac{8}{5}$ | $\frac{8}{5}$ |

Fig. 1

Es zeigt sich, hier und in Fig. 2, dass für diese Folgen $(x_n)$ der Grenzwert der Bildfolge $\frac{8}{5}$ ist.
Das Verhalten an der Stelle $x_1 = -3$ untersucht man z. B. mithilfe der Urbildfolge $\left(-3+\frac{1}{n}\right)$.
Man erhält die nach unten unbeschränkte Bildfolge $(2-2n)$. Für die Urbildfolge $\left(-3-\frac{1}{n}\right)$ hingegen erhält man die nach oben unbeschränkte Bildfolge $(2+2n)$ (Fig. 3).

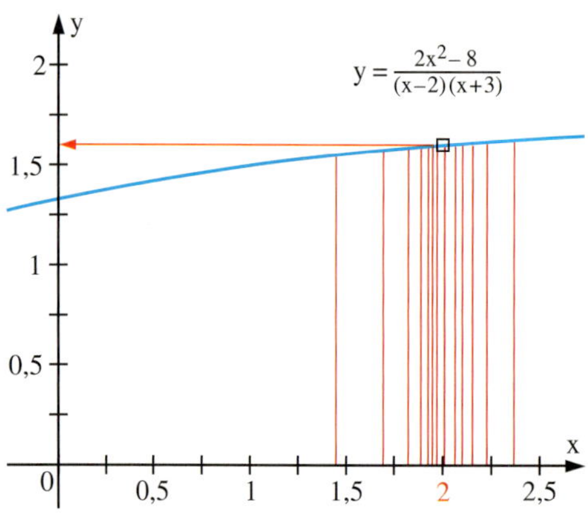


Fig. 2

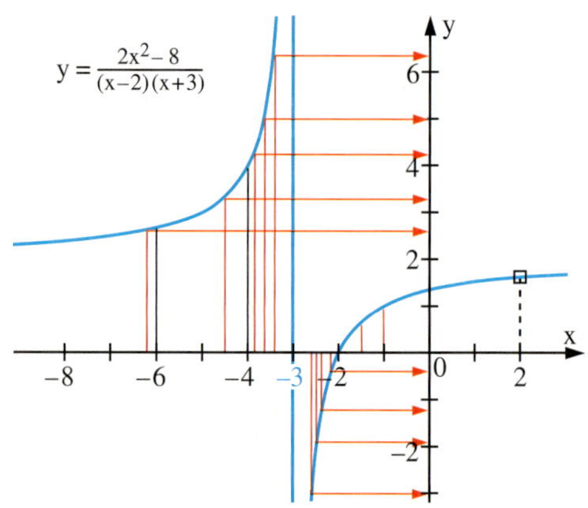


Fig. 3

*Damit man Folgen $(x_0)$ mit $x_n \to x_0$ bilden kann, muss es beliebig nahe bei $x_0$ Zahlen geben, die zu $D_f$ gehören. Dazu muss $x_0$ entweder zur Definitionsmenge gehören oder eine ausgeschlossene isolierte Stelle sein wie z. B. bei $D_f = \mathbb{R} \setminus \{x_0\}$.*

**Definition:** Eine Zahl g heißt **Grenzwert der Funktion f für $x \to x_0$**, wenn für jede Urbildfolge $(x_n)$ mit $x_n \in D_f$ und $x_n \to x_0$ die Bildfolge $(f(x_n))$ den Grenzwert g hat.
Man schreibt dann

$$\lim_{x \to x_0} f(x) = g.$$

Da der Grenzwert von Funktionen auf den von Folgen zurückgeführt wird, gelten die Grenzwertsätze für Folgen auch für Funktionen.

> **Satz:** Hat für $x \to x_0$ die Funktion u den Grenzwert a und die Funktion v den Grenzwert b, dann hat für $x \to x_0$ die Funktion
> (1) $u + v$ den Grenzwert $a + b$ (3) $u \cdot v$ den Grenzwert $a \cdot b$
> (2) $u - v$ den Grenzwert $a - b$ (4) $\frac{u}{v}$ den Grenzwert $\frac{a}{b}$, falls $b \neq 0$ ist.

Versucht man mit dem GTR Funktionswerte an Definitionslücken zu berechnen, liefert dieser eine Fehlermeldung (Fig. 1, Wertetabelle für die Funktion f mit $f(x) = \frac{2x^2 - 8}{(x-2)\cdot(x+3)}$).
Fig. 2 zeigt eine Wertetabelle der Funktion f für x-Werte in der Umgebung von 2.
Sie bestätigt den Grenzwert 1,6 für $x \to 2$.
Im Graphen von f (Fig. 3) markiert der GTR das „Loch“ an der Stelle 2 nicht (vgl. Seite 26, Fig. 2 und Fig. 3). In der Nähe der Stelle –3 entsteht der Eindruck einer senkrechten Asymptote.
Die Erklärung für beide „Ungereimtheiten“ ist:
In der Grafikansicht des GTR werden diskret berechnete Punkte in Bildpunkten (Pixel) dargestellt. Dazwischenliegende Bildpunkte werden linear verbunden.

*Für Fig. 2:*
*$Y_1 =$*
*$(2X^2 - 8)/((X-2)*(X+3))$*
*$L1 =$*
*$seq(2 + (-10)$^$(-X),X,0,6)$*
*$L_2 = Y_1(L_1)$*

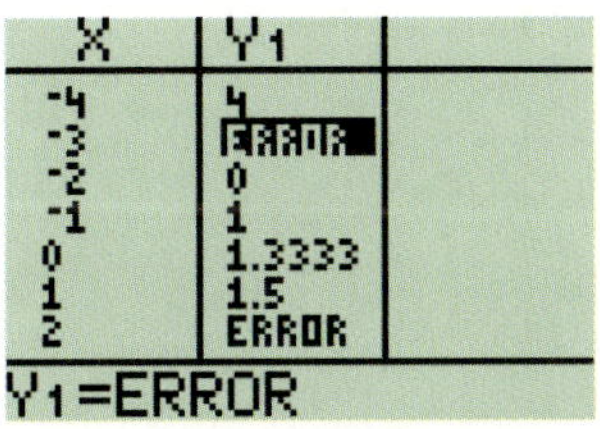

Fig. 1

Fig. 2

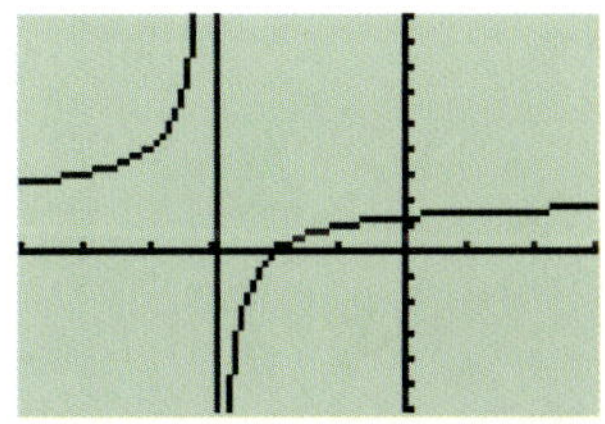
Fig. 3

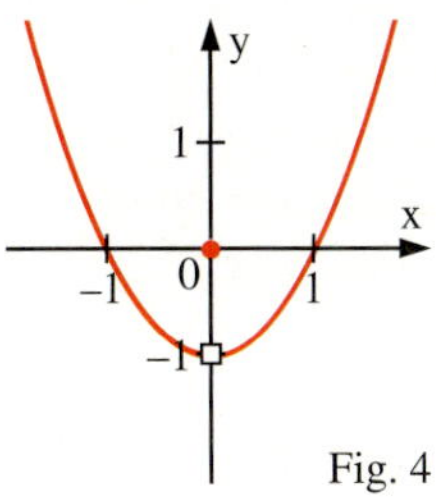

Fig. 4

**Beispiel 1:** (Grenzwert ungleich Funktionswert)
Untersuchen Sie, ob die Funktion f mit $f(x) = \begin{cases} x^2 - 1 & \text{für } x \neq 0 \\ 0 & \text{für } x = 0 \end{cases}$ an der Stelle $x_0 = 0$ einen Grenzwert besitzt.
Lösung:
Für jede Nullfolge $(x_n)$ gilt: $\lim\limits_{x \to 0}(x^2 - 1) = \lim\limits_{x_n \to 0}(x_n^2 - 1) = -1$. Damit existiert der Grenzwert der Funktion an der Stelle $x_0 = 0$. Dieser stimmt aber nicht mit dem Funktionswert $f(0) = 0$ an dieser Stelle überein (Fig. 4).

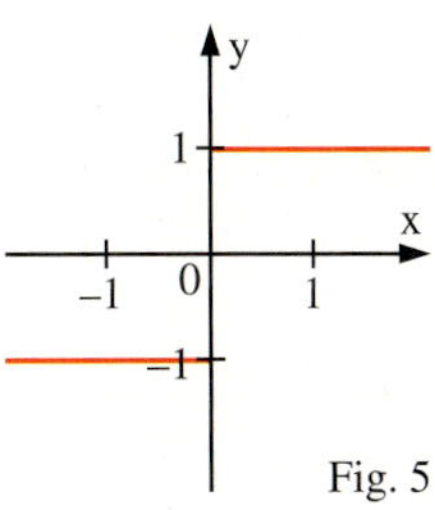

Fig. 5

**Beispiel 2:** (Kein Grenzwert)
Wie verhält sich die Funktion f mit $f(x) = \frac{|x|}{x}$ für $x \to 0$?
Lösung:
Für alle Nullfolgen $(x_n)$ mit $x_n > 0$ haben die Bildfolgen den Grenzwert 1. Für alle Nullfolgen $(x_n)$ mit $x_n < 0$ haben die Bildfolgen den Grenzwert –1, da $\frac{|x|}{x} = \frac{-x}{x} = -1$ ist.
Damit existiert kein Grenzwert für $x \to 0$ (Fig. 5).

*Haben für alle Folgen $(x_n)$ mit $x_n > x_0$ die Bildfolgen $(f(x_n))$ denselben Grenzwert $g_r$, so sagt man auch, f besitze einen **rechtsseitigen Grenzwert** an der Stelle $x_0$.*
*Entsprechendes gilt für den **linksseitigen Grenzwert** an einer Stelle $x_0$.*

**Beispiel 3:** (Umformung und Grenzwertsätze)
Bestimmen Sie: $\lim\limits_{x \to -2} \frac{x^2 - 4}{x + 2}$.
Lösung:
Für jede Folge $(x_n)$ mit $x_n \to -2$ strebt sowohl der Zähler als auch der Nenner gegen 0; das Verhalten des Quotienten ist nicht ohne weiteres zu erkennen.
Umformung aber ergibt: $\frac{x^2 - 4}{x + 2} = \frac{(x+2)\cdot(x-2)}{x+2} = x - 2$ für $x \neq -2$.
Damit erhält man: $\lim\limits_{x \to -2} \frac{x^2 - 4}{x + 2} = \lim\limits_{x \to -2}(x - 2) = -4$.

## Aufgaben

*Wir markieren Punkte, die zum Graphen gehören, durch •, und diejenigen, die nicht zum Graphen gehören, durch □.*

**2** Die Figur zeigt den Graphen einer Funktion f. Ermitteln Sie $\lim\limits_{x \to x_0} f(x)$ für die angegebene Stelle $x_0$, wenn er existiert.

a)

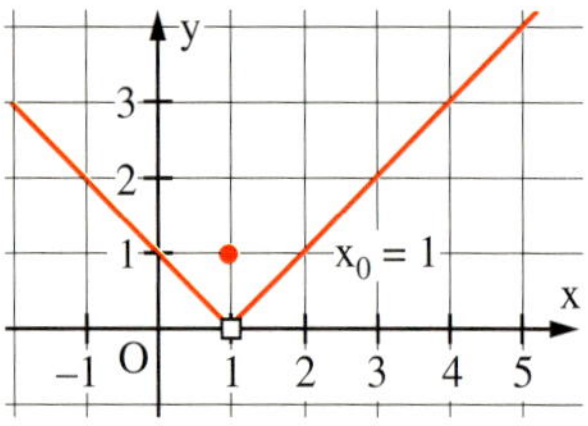


b)

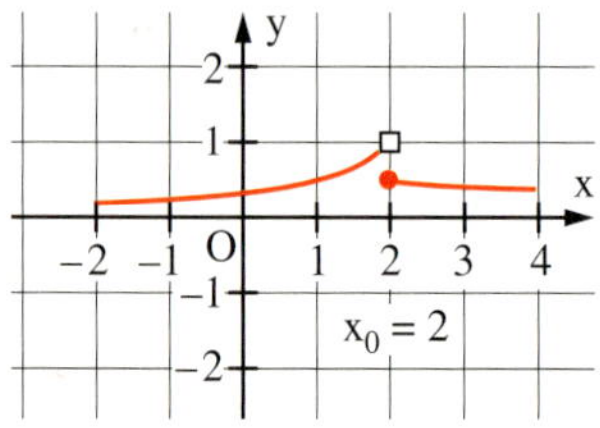


c)

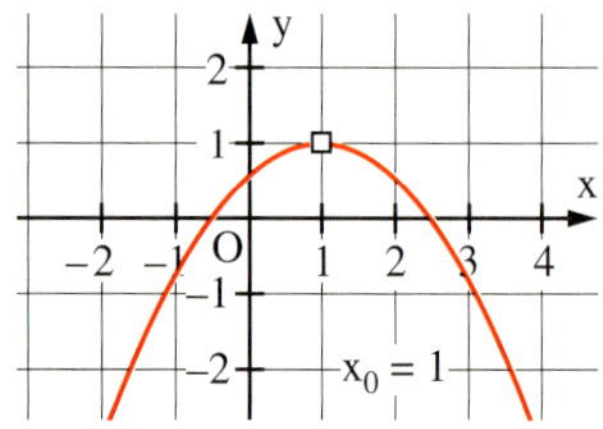


**3** Die Figur zeigt den Graphen einer Funktion f. Für welche Werte von $x_0$ existiert der Grenzwert der Funktion f für $x \to x_0$?

a)

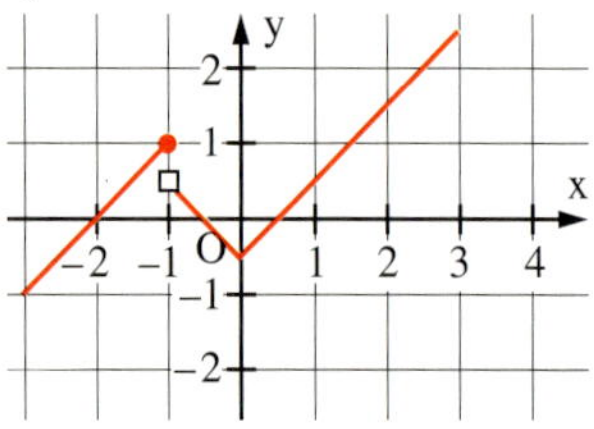

b)

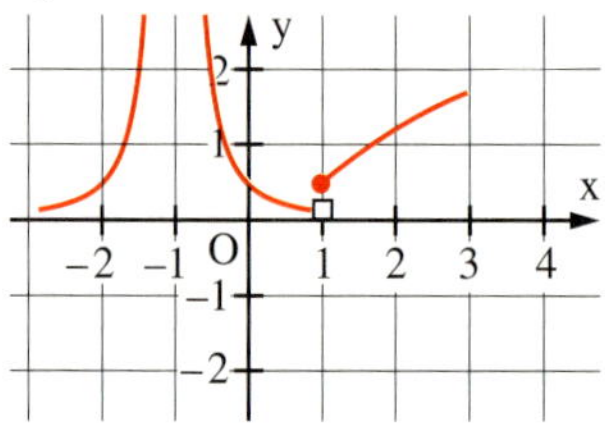

c)

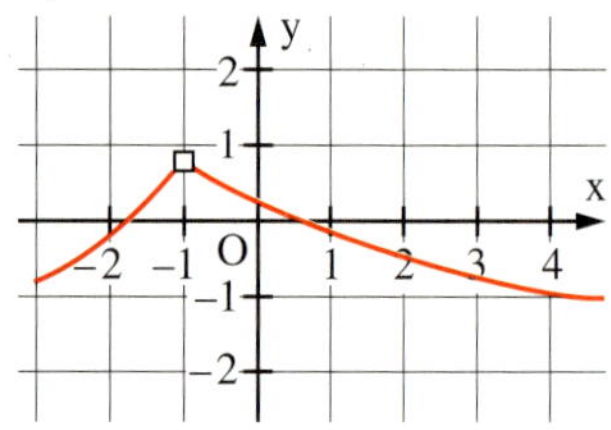

*Es gibt auch sehr schwierig zu bestimmende Grenzwerte:*

$\lim\limits_{x \to 0} \frac{\sin(2x)}{\sin(x)}$

$\lim\limits_{x \to 0} \frac{\sin(2x)}{\sin(3x)}$

$\lim\limits_{x \to 0} \frac{\sin(2x)}{\tan(x)}$

$\lim\limits_{x \to 0} \frac{\sin(2x)}{x}$

*Versuchen Sie es einmal mit Kopf oder GTR!*

**4** Die Funktion f mit $f(x) = \frac{\sqrt{x+3} - \sqrt{3}}{x}$; $x \neq 0$ hat an der Stelle 0 einen Grenzwert g. Ermitteln Sie mit dem GTR einen auf zwei Stellen gerundeten Näherungswert für g.

**5** a) Zeigen Sie, dass die Funktion f mit $f(x) = \frac{1}{(x+2)^4}$ für $x \to -2$ keinen Grenzwert hat.

b) Wie weit muss man sich der Stelle −2 nähern, damit die Funktionswerte von f größer als 10 000 sind?

**6** Untersuchen Sie, ob die Funktion f an den Definitionslücken Grenzwerte besitzt. Skizzieren Sie den Graphen von f.

a) $f(x) = \frac{x}{x-1}$  b) $f(x) = \frac{x^2-1}{x-1}$  c) $f(x) = \frac{x^3-1}{x-1}$  d) $f(x) = \frac{x^2-a^2}{x-a}$  e) $f(x) = \frac{x^4-16}{x-2}$

**7** Berechnen Sie den Grenzwert mithilfe der Grenzwertsätze für Funktionen.

a) $\lim\limits_{x \to 5} (x^2 - 2x)$  b) $\lim\limits_{x \to -3} (x^4 - 5x^2 + 10)$  c) $\lim\limits_{x \to -2} \left(x^3 - \frac{1}{x}\right)$  d) $\lim\limits_{x \to -3} \left(\frac{10}{x^3} + x - \frac{20}{x}\right)$

**8** Existiert der Grenzwert $x \to x_0$ an der „Nahtstelle“ $x_0$?

a) $f(x) = \begin{cases} x^2 & \text{für } x \leqq 3 \\ 12 - x & \text{für } x > 3 \end{cases}$  b) $f(x) = \begin{cases} x^2 + 4x & \text{für } x \leqq -1 \\ 2^x - 3 & \text{für } x > -1 \end{cases}$

*Deuten Sie den Grenzwert geometrisch!*

**9** Zeichnen Sie in ein Koordinatensystem den Graphen von f sowie einige Sekanten $P_0P_n$ mit $P_0(x_0|f(x_0))$ und $P_n(x_0+h_n|f(x_0+h_n))$; $(h_n)$ ist eine beliebige Nullfolge (Fig. 1). Berechnen Sie den Grenzwert der Steigungen $m_{P_0P_n}$ der Sekanten für $n \to \infty$.

a) $f(x) = x^2$, $x_0 = 2$  b) $f(x) = \frac{1}{x}$, $x_0 = -3$

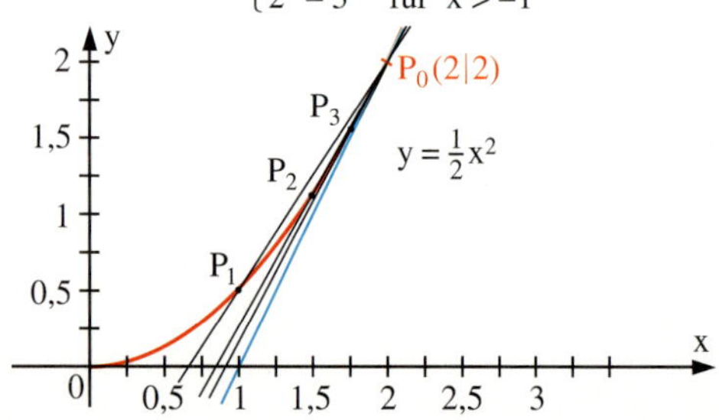


Fig. 1

# 8 Stetigkeit und Nullstellensatz

**1** Ein Reiter macht sich morgens um 8.00 Uhr auf, um in einem hoch auf einem Berg gelegenen Ort Freunde zu besuchen. Er verbringt dort den Abend und übernachtet in einem Gasthaus. Am nächsten Morgen reitet er wieder die gleiche Route zurück, allerdings schneller, da es weite Strecken nur bergab geht. Er startet wieder pünktlich um 8.00 Uhr.
Gibt es eine Stelle auf seiner Route, an der er beim Hinreiten zur gleichen Tageszeit vorbeikommt wie beim Zurückreiten?

Weiß man von einer Funktion f nur, dass sie in einem Intervall [a; b] definiert und dass $f(a) < 0$ und $f(b) > 0$ ist, so kann man daraus schließen, dass es eine Stelle $x_0$ mit $a < x_0 < b$ gibt mit $f(x_0) = 0$, wenn f eine wichtige Eigenschaft hat: Der Graph von f darf z. B. keine Sprünge machen (Fig. 1). Dies ist bei stetigen Funktionen immer der Fall. Stetige Funktionen wurden bereits früher betrachtet. Jetzt wird die Stetigkeit jedoch exakt definiert.

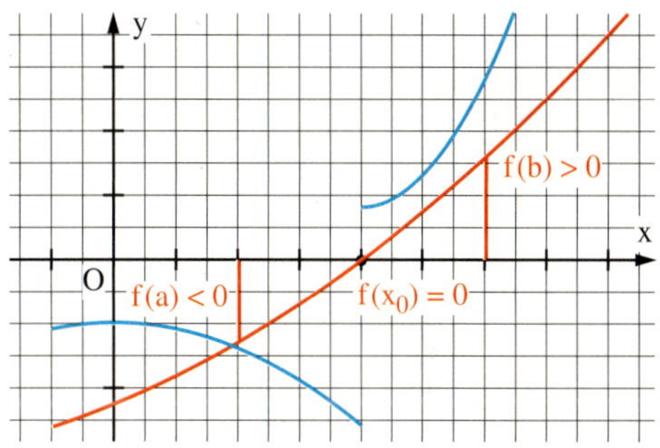


Fig. 1

**Definition:** Eine Funktion f mit der Definitionsmenge $D_f$ heißt **an der Stelle $x_0 \in D_f$ stetig**, wenn der Grenzwert der Funktion f für $x \to x_0$ mit dem Funktionswert $f(x_0)$ übereinstimmt, d. h. wenn gilt: $\lim\limits_{x \to x_0} f(x) = f(x_0)$.

$\lim\limits_{x \to x_0} x^2 = \lim\limits_{x \to x_0} (x \cdot x)$
$= \lim\limits_{x \to x_0} x \cdot \lim\limits_{x \to x_0} x$
$= x_0 \cdot x_0 = x_0^2$

Wegen $\lim\limits_{x \to x_0} c = c$ ist jede konstante Funktion f mit $f(x) = c$ an jeder Stelle $x_0 \in \mathbb{R}$ stetig.
Auch die Funktion $f(x) = x$ ist an jeder Stelle $x_0 = \mathbb{R}$ stetig, da $\lim\limits_{x \to x_0} x = x_0$ ist. Nach den Grenzwertsätzen (Seite 27) gilt für zwei an der Stelle $x_0$ stetige Funktionen f und g, dass auch ihre Summe, ihre Differenz, ihr Produkt und ihr Quotient (falls die Nennerfunktion an der Stelle $x_0$ von 0 verschieden ist) an der Stelle $x_0$ stetig sind. Daraus ergibt sich unmittelbar, dass z. B. die Quadratfunktion f mit $f(x) = x^2$ für $x \in \mathbb{R}$ oder die Kehrwertfunktion g mit $g(x) = \frac{1}{x}$ für $x \neq 0$ stetige Funktionen an jeder Stelle $x_0$ ihrer Definitionsmenge sind.
Sogar alle Funktionen f mit

$$f(x) = a_n x^n + a_{n-1} x^{n-1} + \ldots + a_2 x^2 + a_1 x + a_0$$

mit reellen Koeffizienten und $n \in \mathbb{N}$ sind an jeder Stelle $x_0 = \mathbb{R}$ stetig. Ferner lässt sich daraus schließen, dass alle Funktionen g mit

$$g(x) = \frac{a_n x^n + a_{n-1} x^{n-1} + \ldots + a_2 x^2 + a_1 x + a_0}{b_m x^m + b_{m-1} x^{m-1} + \ldots + b_2 x^2 + b_1 x + b_0}$$

mit reellen Koeffizienten und $n, m \in \mathbb{N}$ an jeder Stelle $x_0 \in \mathbb{R}$, die nicht Nennernullstelle ist, stetig sind.
Ist eine Funktion f an allen Stellen eines Intervalls [a; b] stetig, so nennt man **f stetig auf dem Intervall [a; b]**.

**Satz:** (Nullstellensatz von BOLZANO)
Ist eine Funktion f auf dem abgeschlossenen Intervall [a; b] stetig und haben f(a) und f(b) unterschiedliche Vorzeichen, so hat f im Intervall [a; b] mindestens eine Nullstelle.

BERNHARD BOLZANO (1781–1848) schrieb 1816 eine Arbeit mit dem Titel: „Rein analytischer Beweis des Lehrsatzes, daß zwischen je zwey Werthen, die ein entgegengesetztes Resultat gewähren, wenigstens eine reelle Wurzel der Gleichung liege."

Beweis: (Intervallhalbierung)
Es sei $a_0 = a$ und $b_0 = b$. Ferner sei f im Intervall $I_0 = [a_0; b_0]$ stetig und es sei $f(a_0) < 0$ und $f(b_0) > 0$ (Fig. 1). Für den Mittelpunkt des Intervalls $[a_0; b_0]$ mit $m_0 = \frac{a_0 + b_0}{2}$ gilt dann $f(m_0) > 0$ oder $f(m_0) < 0$ oder $f(m_0) = 0$. Ist $f(m_0) = 0$, so ist mit $m_0$ eine Nullstelle gefunden und der Beweis beendet. Ist $f(m_0) > 0$, so wählt man ein neues Intervall $I_1 = [a_1; b_1]$ mit $a_1 = a_0$ und $b_1 = m_0$.

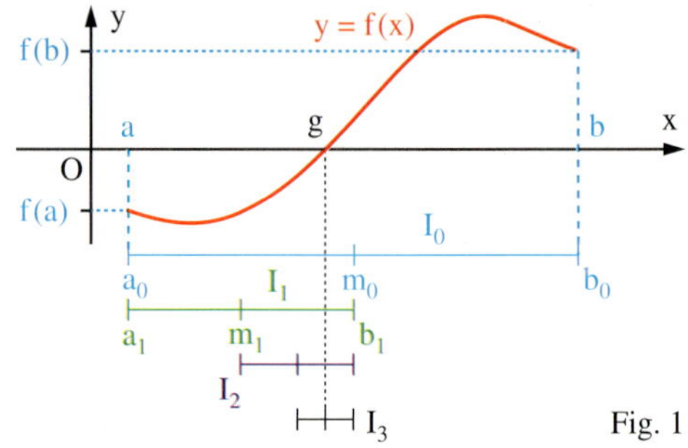

Fig. 1

Ist $f(m_0) < 0$, so wählt man hingegen als Intervall $I_1 = [a_1; b_1]$ mit $a_1 = m_0$ und $b_1 = b_0$. Da $f(a_1) < 0$ und $f(b_1) > 0$ ist, verfährt man mit dem Intervall $I_1$ wie mit dem Intervall $I_0$ und erhält ein Intervall $I_2 = [a_2; b_2]$ mit denselben Eigenschaften wie $I_0$ usw. Man erhält eine Folge von Intervallen $I_n = [a_n; b_n]$, $n = 0; 1; 2; 3; \dots$ mit folgenden Eigenschaften:

- Die Folge $(a_n)$ der linken Intervallenden $a_n$ ist monoton steigend.
- Die Folge $(b_n)$ der rechten Intervallenden $b_n$ ist monoton fallend.
- Die Folge $(b_n - a_n)$ mit $b_n - a_n = \frac{b_0 - a_0}{2^n}$ ist eine Nullfolge.

Aus diesen Eigenschaften ergibt sich: $a_n < b_1$ und $b_n > a_1$ für alle $n \in \mathbb{N}$, d. h. die Folgen $(a_n)$ und $(b_n)$ sind monoton und beschränkt. Wegen $b_n - a_n \to 0$ für $n \to \infty$ besitzen beide den gleichen Grenzwert g. Aus der Stetigkeit von f folgt zudem $\lim\limits_{a_n \to g} f(a_n) = f(g)$ und $\lim\limits_{b_n \to g} f(b_n) = f(g)$. Da aber $f(a_n) < 0$ und $f(b_n) > 0$ ist für alle $n \in \mathbb{N}$, folgt $f(g) = 0$.

Die Funktion g mit $g(x) = \begin{cases} \frac{x^2-4}{2x-4} & \text{für } x \neq 2 \\ 4 & \text{für } x = 2 \end{cases}$ hingegen ist an der Stelle $x_0 = 2$ nicht stetig.

Beispiel 1: (Nachweis der Stetigkeit)
Untersuchen Sie die Funktion f mit
$f(x) = \begin{cases} \frac{x^2-4}{2x-4} & \text{für } x \neq 2 \\ 2 & \text{für } x = 2 \end{cases}$ auf Stetigkeit in $x_0 = 2$.
Lösung:
Es ist $\lim\limits_{x \to 2} \frac{x^2-4}{2(x-2)} = \lim\limits_{x \to 2} \left(\frac{1}{2}x + 1\right) = 2 = f(2)$.
Damit ist f an der Stelle $x_0 = 2$ stetig (Fig. 2).

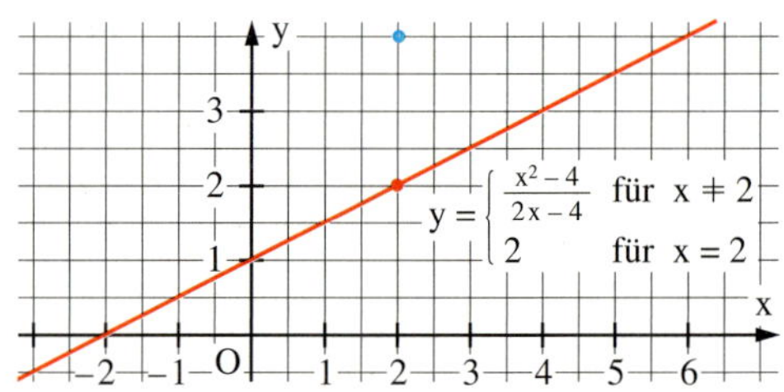

Fig. 2

Beispiel 2: (Anwendung des Nullstellensatzes)
Zeigen Sie, dass die Funktion f mit $f(x) = x^4 + x - 4$ im Intervall [1, 2] eine Nullstelle hat.
Lösung:
Es ist $f(1) = -2 < 0$ und $f(2) = 14 > 0$. Da f im Intervall [1, 2] stetig ist, hat f nach dem Nullstellensatz in diesem Intervall mindestens eine Nullstelle.

## Aufgaben

2 Untersuchen Sie die Funktion f an der Stelle $x_0$ auf Stetigkeit.

a) $f(x) = \begin{cases} \frac{x-3}{x^2-9} & \text{für } x \neq 3 \\ \frac{1}{6} & \text{für } x = 3 \end{cases}$; $x_0 = 3$
b) $f(x) = \begin{cases} \frac{x^3+8}{x+2} & \text{für } x \neq -2 \\ 10 & \text{für } x = -2 \end{cases}$; $x_0 = -2$

3 Weisen Sie nach, dass die Funktion f mit $f(x) = \frac{x^3 - 1}{x}$ für alle x mit $x_0 \neq 0$ stetig ist.

4 Begründen Sie, dass die Funktion f im angegebenen Intervall eine Nullstelle hat.
Führen Sie die tatsächliche Berechnung der Nullstelle mit dem GTR durch.

a) $f(x) = x^3 - 3x^2 - 3$; [3; 4]
b) $f(x) = \frac{1}{x} - x^3 - 2$; [−2; −1]
c) $f(x) = \frac{x^3 - 2x + 5}{x - 1}$; [−3; −2]

# 9 Das Beweisverfahren der vollständigen Induktion

Fig. 1

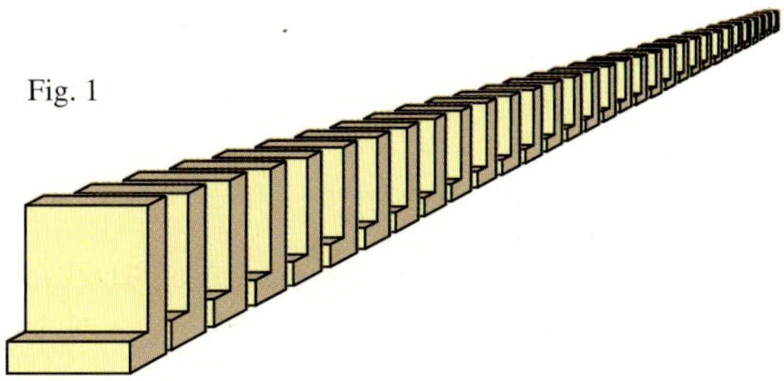

Fig. 2

**1** L-förmige „Dominosteine" wie in Fig. 1 können nur über eine Kante kippen, wenn man sie anstößt. Dann allerdings kippen sie leicht. Die Steine werden in einer sehr langen Reihe aufgestellt (Fig. 2).
a) Es sollen alle Steine gekippt werden. Wie kann man dies möglichst einfach erreichen? Worauf muss man in diesem Fall beim Aufstellen der Steine achten?
b) Wie kann man ganz einfach alle Steine bis auf die ersten 5 Steine umkippen?

$1 = 1^2$
$1 + 3 = 2^2$
$1 + 3 + 5 = 3^2$
$1 + 3 + 5 + 7 = 4^2$
$1 + 3 + 5 + 7 + 9 = 5^2$

Möchte man beweisen, dass eine Aussage wie die Formel $1 + 3 + \ldots + (2n + 1) = (n + 1)^2$ für alle natürlichen Zahlen $n \in \mathbb{N}$ gilt, so stößt man auf Schwierigkeiten. Zwar kann man die Formel für jede beliebige Zahl $k \in \mathbb{N}$ durch Nachrechnen beweisen, aber ein Beweis für alle natürlichen Zahlen kann so nicht geführt werden.
Bemerkenswert ist aber die Beobachtung, dass man die Formel z. B. für $k = 50$ viel einfacher beweisen kann, wenn diese bereits für $k = 49$ als richtig erkannt wurde. Wenn nämlich
$1 + 3 + \ldots + (2 \cdot 49 + 1) = (49 + 1)^2$ gilt, ist
$1 + 3 + \ldots + (2 \cdot 49 + 1) + (2 \cdot 50 + 1) = (49 + 1)^2 + (2 \cdot 50 + 1) = 50^2 + 2 \cdot 50 + 1 = (50 + 1)^2$.
Diese Überlegungen lassen sich sogar auf jede beliebige Zahl $k \in \mathbb{N}$ übertragen. Ist nämlich
$1 + 3 + \ldots + (2 \cdot k + 1) = (k + 1)^2$, so gilt
$1 + 3 + \ldots + (2 \cdot k + 1) + (2 \cdot (k + 1) + 1) = (k + 1)^2 + 2 \cdot (k + 1) + 1 = ((k + 1) + 1)^2$.
Damit kann nun gezeigt werden, dass die Gültigkeit der Formel in $\mathbb{N}$ „kein Ende hat". Denn für $k = 0$ gilt die Formel offensichtlich und somit auch für $k = 1$. Dann gilt die Formel für $k = 2$, also auch für $k = 3$ usw. Demnach gilt die Formel für alle Zahlen $n \in \mathbb{N}$ (Fig. 3).
Dies führt zu folgendem Beweisverfahren:

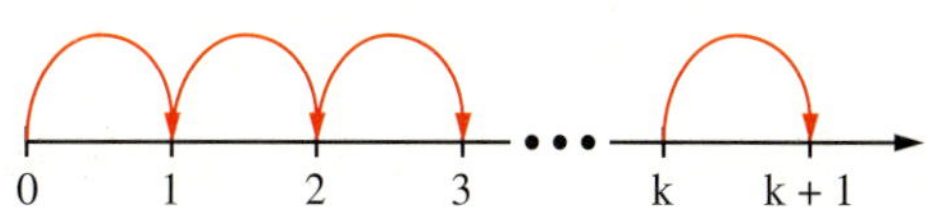


Fig. 3

*inducere* (lat.): *hineinführen*

**Das Beweisverfahren der vollständigen Induktion**
Eine Aussage gilt für alle natürlichen Zahlen $n \in \mathbb{N}$ mit $n \geqq a \in \mathbb{N}$, wenn gezeigt werden kann:
(I) Induktionsanfang: Die Aussage gilt für $n = a$.
(II) Induktionsschritt: Wenn man annimmt, dass die Aussage für eine Zahl $k \in \mathbb{N}$ mit $k \geqq a$ gilt, so kann bewiesen werden, dass die Aussage auch für die nachfolgende Zahl $k + 1$ gilt.

Im Induktionsschritt muss nicht gezeigt werden, dass die betrachtete Aussage für k gilt. Vielmehr wird die Aussage für k als richtig vorausgesetzt und verwendet, um die Gültigkeit für $k + 1$ nachzuweisen.
Manche Aussagen gelten zwar nicht für alle $n \in \mathbb{N}$, aber für alle $n \in \mathbb{N}$ mit $n \geq a$. Sie können bewiesen werden, indem man statt 0 als Induktionsanfang die Zahl $a \in \mathbb{N}$ wählt (Fig. 4).

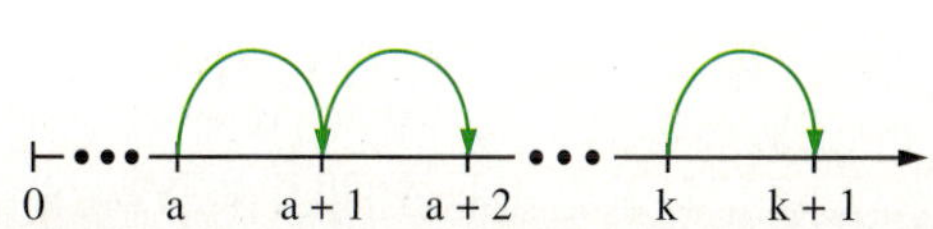


Fig. 4

**Ungleichung von BERNOULLI**

*Diese Ungleichung wie auch die auf der nächsten Seite gelb unterlegten Summenformeln für Potenzen (auch noch höheren Grades) stammen von JACOB BERNOULLI (1654–1705) aus der berühmten Basler Gelehrtenfamilie.*

**Beispiel 1:** (Beweis durch vollständige Induktion; Summenformel)
Zeigen Sie, dass für alle $n \in \mathbb{N}$ gilt: $2^0 + 2^1 + 2^2 + \ldots + 2^n = 2^{n+1} - 1$.
Lösung:
Beweis durch vollständige Induktion:
(I) Induktionsanfang: Für $n = 0$ ist die Aussage wahr, da $2^0 = 2^{0+1} - 1$ ist.
(II) Induktionsschritt: Es sei $k \in \mathbb{N}$ und man nimmt an, dass die Aussage für k gilt.
Dies besagt: $2^0 + 2^1 + 2^2 + \ldots + 2^k = 2^{k+1} - 1$.
Damit muss gezeigt werden, dass auch $2^0 + 2^1 + 2^2 + \ldots + 2^k + 2^{k+1} = 2^{(k+1)+1} - 1$ gilt.
Dies ergibt sich so: $2^0 + 2^1 + 2^2 + \ldots + 2^k + 2^{k+1} = (2^0 + 2^1 + 2^2 + \ldots + 2^k) + 2^{k+1}$
$= (2^{k+1} - 1) + 2^{k+1} = 2 \cdot 2^{k+1} - 1 = 2^{(k+1)+1} - 1$.
Somit gilt die Aussage auch für $k + 1$; also ist die Aussage für alle $n \in \mathbb{N}$ wahr.

**Beispiel 2:** (Vollständige Induktion mit geändertem Induktionsanfang; Ungleichung)
Zeigen Sie, dass für alle $n \in \mathbb{N}$ mit $n \geqq 2$ und jedes $x \in \mathbb{R}$ mit $x > -1$ und $x \neq 0$ gilt:
$\mathbf{(1 + x)^n > 1 + n \cdot x}$.
Lösung:
Beweis durch vollständige Induktion:
(I) Induktionsanfang: Für $n = 2$ ist die Aussage wahr, da sich mit der 1. binomischen Formel für $x \neq 0$ ergibt: $(1 + x)^2 = 1 + 2x + x^2 > 1 + 2x$.
(II) Induktionsschritt: Es sei $k \in \mathbb{N}$ und man nimmt an, dass die Aussage für k gilt.
Dies besagt: $(1 + x)^k > 1 + k \cdot x$, und damit muss $(1 + x)^{k+1} > 1 + (k + 1) \cdot x$ gezeigt werden.
Dies ergibt sich so: $(1 + x)^{k+1} = (1 + x)(1 + x)^k > (1 + x)(1 + k \cdot x)$
$= 1 + (k + 1)x + kx^2 > 1 + (k + 1)x$,
da $1 + x > 0$ ist für $x > -1$. Somit gilt die Aussage auch für $k + 1$.
Damit ist gezeigt, dass die Aussage für alle $n \in \mathbb{N}$ mit $n \geqq 2$ wahr ist.

**Beispiel 3:** (Monotonie einer Folge in rekursiver Beschreibung)
Zeigen Sie, dass die Folge $(a_n)$ mit $a_0 = -\frac{1}{2}$ und $a_{n+1} = \sqrt{a_n + 1}$ streng monoton zunehmend ist.
Lösung:
Beweis durch vollständige Induktion:
(I) Induktionsanfang: Für $n = 0$ ist die Aussage wahr, denn es ist $a_0 = -\frac{1}{2} < a_1 = \sqrt{\frac{1}{2}}$.
(II) Induktionsschritt: Es sei $k \in \mathbb{N}$ und man nimmt an, dass die Aussage für k gilt. Dies besagt $a_{k+1} > a_k$ und damit muss $a_{k+2} > a_{k+1}$ gezeigt werden.
Dies ergibt sich so: $a_{k+2} = \sqrt{a_{k+1} + 1} > \sqrt{a_k + 1} = a_{k+1}$. Also gilt die Aussage auch für $k + 1$.
Damit ist gezeigt, dass die Aussage für alle $n \in \mathbb{N}$ gilt.

**Beispiel 4:** (Beweis durch vollständige Induktion; Beschränktheit einer Folge in rekursiver Beschreibung)
Untersuchen Sie die Zahlenfolge $(a_n)$ mit $a_0 = 0$ und $a_{n+1} = \frac{1}{2}a_n + 4$ auf Beschränktheit.
Lösung:
Behauptung: Die Folge $(a_n)$ ist beschränkt mit $0 \leqq a_n \leqq 8$ für alle $n \in \mathbb{N}$.
Beweis durch vollständige Induktion:
(I) Induktionsanfang: Für $n = 0$ ist die Aussage wahr, denn es ist $a_0 = 0$.
(II) Induktionsschritt: Es sei $k \in \mathbb{N}$ und man nimmt an, dass die Aussage für k gilt.
Dies besagt $0 \leqq a_k \leqq 8$. Dann ist $a_{k+1} = \frac{1}{2}a_k + 4 \geqq 4$ und $a_{k+1} = \frac{1}{2}a_k + 4 \leqq \frac{1}{2} \cdot 8 + 4 = 8$.
Somit gilt die Aussage auch für $k + 1$.
Damit ist gezeigt, dass die Aussage für alle $n \in \mathbb{N}$ wahr ist.

$a_0 = 0$
$a_1 = 4$
$a_2 = 6$
$a_3 = 7$
$a_4 = 7{,}5$
$a_5 = 7{,}75$
$a_6 = 7{,}875$
$a_7 = 7{,}9375$
$a_8 = \ldots$

## Aufgaben

**2** Zeigen Sie mit vollständiger Induktion, dass für alle $n \in \mathbb{N}$ mit $n \geqq 1$ gilt:

a) $2 + 4 + 6 + \ldots + 2n = n(n+1)$

b) $3 + 7 + 11 + \ldots + (4n-1) = n(2n+1)$

c) $1 + 4 + 7 + \ldots + (3n-2) = \frac{1}{2}n(3n-1)$

**Summenformeln für Potenzen**

a) $1 + 2 + 3 + \ldots + n = \frac{1}{2}n(n+1)$

b) $1^2 + 2^2 + 3^2 + \ldots + n^2 = \frac{1}{6}n(n+1)(2n+1)$

c) $1^3 + 2^3 + 3^3 + \ldots + n^3 = \frac{1}{4}n^2(n+1)^2$

d) $1^4 + 2^4 + 3^4 + \ldots + n^4 = \frac{1}{30}n(n+1)(2n+1)(3n^2+3n-1)$

**3** Beweisen Sie mit vollständiger Induktion die gelb unterlegten „Summenformeln für Potenzen“ für $n \geqq 1$.

**4** Zeigen Sie, dass für alle $n \in \mathbb{N}$ im angegebenen Bereich gilt:

a) 8 teilt $9^n - 1$; $n \in \mathbb{N}^*$

b) 6 teilt $n^3 - n$; $n \geqq 2$

c) 9 teilt die Summe der dritten Potenzen von drei aufeinander folgenden natürlichen Zahlen.

*Die „unvollständige Induktion“ im Alltag, nämlich der Schluss von wenigen Beispielen auf die Gesamtheit, führt häufig zu Problemen in der Gesellschaft. Einige Beispiele:*
*– Die Politiker sind bestochen.*
*– Die Schüler sind heute unfähig sich zu konzentrieren.*
*– Die Beamten sind faul.*
*Dabei wird das Wort „die“ synonym für „alle“ verwendet.*

**5** Beweisen Sie durch vollständige Induktion.

a) $2^n > 4n$ für alle $n \geqq 5$

b) $n^2 > 2n + 1$ für $n \geqq 3$

c) $3^n > n^2$ für $n \geqq 1$

d) $1 + a + a^2 + \ldots + a^n < \frac{1}{1-a}$ für $0 < a < 1$ und alle $n \in \mathbb{N}^*$.

**6** Zeigen Sie durch vollständige Induktion.

a) $1 + x + x^2 + \ldots + x^n = \frac{x^{n+1}-1}{x-1}$ für $n \in \mathbb{N}^*$

b) $(a+d)+(a+2d)+(a+3d)+\ldots+(a+nd)$
$= na + \frac{n(n+1)}{2} \cdot d$ für $n \geqq 1$ und beliebige Zahlen $a, d \in \mathbb{R}$.

**7** Beweisen Sie durch vollständige Induktion den Satz, dass in einem konvexen n-Eck ($n \geqq 3$) die Winkelsumme $(n-2) \cdot 180°$ beträgt. Dabei heißt ein n-Eck konvex, wenn sämtliche Innenwinkel kleiner als 180° sind.

Fehlschlüsse gibt es bei der vollständigen Induktion nur, wenn man den Induktionsschritt oder den Induktionsanfang vergisst oder sich verrechnet.

a) Jemand behauptet: Für alle $n \in \mathbb{N}^*$ ist $p(n) = n^2 + n + 11$ eine Primzahl.
Der Induktionsanfang $p(1) = 13$ ist richtig. Weitere Einsetzungen bis 9 erweisen sich als richtig. Trotzdem ist die Aussage falsch. Für $n = 10$ liegt keine Primzahl vor.

b) Jemand behauptet: Für alle $n \in \mathbb{N}^*$ ist $1 + 2 + 3 + \ldots + n = \frac{n(n+1)}{2} + 3$.
Der Induktionsschritt ist richtig:
Wenn $1 + 2 + 3 + \ldots + k = \frac{k(k+1)}{2} + 3$ richtig ist, folgt $1 + 2 + 3 + \ldots + k + (k+1)$
$= \frac{k(k+1)}{2} + 3 + (k+1) = \frac{(k+1)(k+2)}{2} + 3$.
Vergisst man den Induktionsanfang (für $n = 1$ ist $1 \neq 4$), so hält man die obige offensichtlich falsche Aussage für richtig.

*Hinweis zu c):*
*Die Formel hat das Aussehen $\frac{n}{an+b}$.*

*Hinweis zu d):*
*Die Formel hat das Aussehen $\frac{n(n+a)(n+b)}{c}$.*

**8** Berechnen Sie für einige natürliche Zahlen n die Summen und stellen Sie dann eine Vermutung über Ihre „Summenformel“ auf. Untersuchen Sie Ihre Formel mithilfe der vollständigen Induktion auf ihre Gültigkeit.

a) $1 + 2 + 3 + 4 + \ldots + (2n-1)$

b) $\frac{1}{1\cdot 2} + \frac{1}{2\cdot 3} + \frac{1}{3\cdot 4} + \frac{1}{4\cdot 5} + \ldots + \frac{1}{n(n+1)}$

c) $\frac{1}{1\cdot 3} + \frac{1}{3\cdot 5} + \frac{1}{5\cdot 7} + \frac{1}{7\cdot 9} + \ldots + \frac{1}{(2n-1)(2n+1)}$

d) $1\cdot 2 + 2\cdot 3 + 3\cdot 4 + 4\cdot 5 + n\cdot(n+1)$

**9** Für $n \geqq 1$ ist n! definiert durch $n! = 1\cdot 2\cdot 3\cdot\ldots\cdot n$. Ermitteln Sie einen einfachen Term für die Summe $1\cdot 1! + 2\cdot 2! + 3\cdot 3! + \ldots + n\cdot n!$ und beweisen Sie die Gültigkeit Ihrer Formel durch vollständige Induktion.
(Hinweis: Vergleichen Sie die Summe mit $(n+1)!$.)

**10** Die Ungleichung von BERNOULLI lässt sich noch verbessern. Zeigen Sie, dass für $x \geqq 0$ und $n \geqq 2$ gilt: $(1+x)^n \geqq 1 + n \cdot x + \frac{1}{2}(n-1)\,n \cdot x^2$.

**11** Die Folge $(a_n)$ ist durch eine rekursive Beschreibung gegeben. Berechnen Sie einige Folgenglieder und stellen Sie eine Vermutung über die explizite Beschreibung von $(a_n)$ auf. Beweisen Sie zunächst Ihre Vermutung mit vollständiger Induktion. Beweisen Sie ohne vollständige Induktion, dass sich aus der expliziten Beschreibung die rekursive Beschreibung ergibt.

a) $a_1 = 1$ und $a_n = a_{n-1} + 8(n-1)$
b) $a_1 = 0$ und $a_{n+1} = a_n + 2(n-1)$
c) $a_1 = 2$, $a_2 = 5$ und $a_n = 2a_{n-1} - a_{n-2}$
d) $a_1 = 1$ und $a_n = 3 \cdot a_{n-1}$

**12** Eine Folge $(a_n)$ wird rekursiv beschrieben durch $a_1 = 2$ und $a_2 = 3$ sowie $a_n = 3a_{n-1} - 2a_{n-2}$. Bestimmen Sie eine explizite Beschreibung von $(a_n)$ und zeigen Sie die Übereinstimmung beider Beschreibungen durch vollständige Induktion.

**13** Die Folge $(a_n)$ ist durch eine rekursive Beschreibung gegeben. Berechnen Sie die ersten acht Folgenglieder. Zeigen Sie mit vollständiger Induktion, dass die Folge beschränkt ist. Beweisen Sie damit die Monotonie der Folge und ermitteln Sie dann den Grenzwert.

a) $a_1 = -2$ und $a_n = \frac{1}{3}a_{n-1} + 3$
b) $a_1 = 2$ und $a_n = \frac{1}{2}(a_{n-1} + 6)$
c) $a_1 = 4$ und $a_n = \frac{1}{5}a_{n-1}^2$
d) $a_1 = 2$ und $a_n = \frac{a_{n-1}^2 + 1}{2a_{n-1}}$

**14** a) Zeigen Sie mit vollständiger Induktion, dass die rekursiv gegebene Folge mit $a_1 = 1$ und $a_n = 3 - \frac{1}{a_{n-1}}$ beschränkt ist und monoton wächst. Ermitteln Sie dann den Grenzwert der Folge.

b) Zeigen Sie mit vollständiger Induktion, dass die rekursiv gegebene Folge mit $a_1 = 2$ und $a_n = \frac{1}{3 - a_{n-1}}$ beschränkt ist mit $0 < a_n \leqq 2$ und monoton fällt. Ermitteln Sie dann den Grenzwert der Folge.

**15** Gegeben ist die Folge $(a_n)$ mit $a_1 = \sqrt{2}$ und $a_n = \sqrt{2 + a_{n-1}}$.
Zeigen Sie, dass die Folge beschränkt ist und monoton wächst. Ermitteln Sie dann den Grenzwert der Folge.

**16** Ein Rechteck (Fig. 1) wird durch n Geraden in Dreiecke, Vierecke, Fünfecke usw. zerlegt.
Wie viele Teile entstehen höchstens?
Beweisen Sie Ihre Vermutung.
Anleitung: Wie viele Schnittpunkte hat eine neu hinzukommende Gerade höchstens?

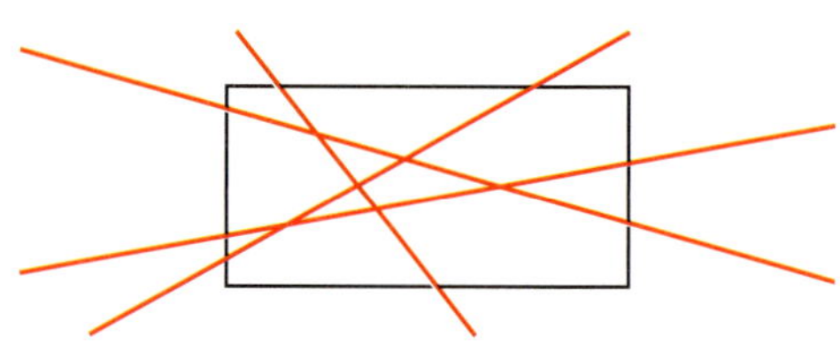

Fig. 1

**17** 1950 wurde von LEO MOSER in *Mathematics Magazine* folgendes Problem veröffentlicht:
Verbindet man n Punkte der Kreislinie auf alle möglichen Arten, so entstehen $a_n$ Gebiete (Fig. 2).
a) Bestimmen Sie $a_2$, $a_3$ und $a_4$. Welche Vermutung für $a_n$ liegt nahe?
b) Überprüfen Sie Ihre Vermutung mit $a_5$ und $a_6$.

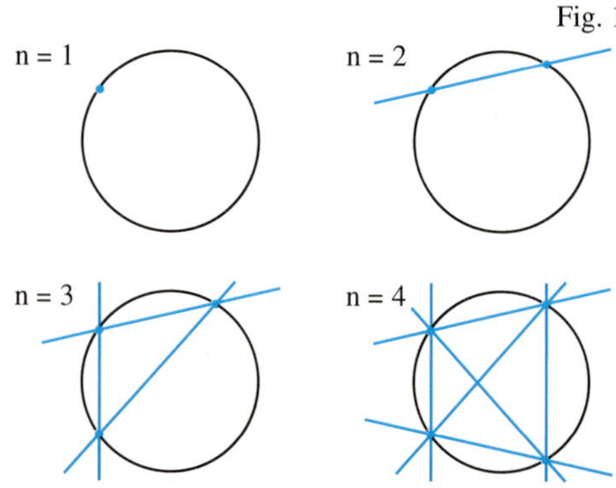


Fig. 2

*Und so sieht die Lösung des moserschen Problems aus:*
$a_n = n + \binom{n}{4} + \binom{n-1}{2}$
$= \frac{1}{24}(n^4 - 6n^3 + 23n^2 - 18n + 24)$

# 10 Vermischte Aufgaben

## Folgen

**1** Gegeben ist die Folge $(a_n)$ mit $a_n = \frac{4n-4}{2n}$.
a) Erstellen Sie mit dem GTR eine Wertetabelle; zeichnen Sie einen Graphen.
Welchem Wert scheinen sich die Glieder der Folge mit zunehmendem n anzunähern?
b) Weisen Sie mithilfe der Definition nach, dass die Folge den vermuteten Grenzwert hat.
c) Ab welchem Folgenglied weichen diese um weniger als 0,001 vom Grenzwert ab?

**2** Untersuchen Sie die Zahlenfolge $(a_n)$ auf Monotonie und Beschränktheit.
a) $a_n = \sqrt{n+1}$ b) $a_n = \frac{n+1}{n}$ c) $a_n = \frac{n+1}{n+2}$ d) $a_n = \left(\frac{2}{3}\right)^n$ e) $a_n = \sqrt[n]{a}$ mit $a > 1$

**3** Vergleichen Sie die genannten drei Möglichkeiten zum Beweis der Konvergenz einer Folge hinsichtlich der tatsächlichen Ermittlung des Grenzwertes einer Folge.

Drei Möglichkeiten zum Beweis der Konvergenz einer Folge:
1) Nachweis der Monotonie und Beschränktheit, dann Satz 2 auf Seite 19.
2) Mit den Grenzwertsätzen (Seite 22) gelangt man zu bekannten Folgen und deren Grenzwerten.
3) Durch Vorüberlegungen findet man eine Vermutung über den Grenzwert g, dann Nachweis mithilfe der Definition (Seite 18).

**4** Untersuchen Sie die Zahlenfolge $(a_n)$ auf Konvergenz.
a) $a_n = \frac{n}{n^2-3}$ b) $a_n = \frac{n^2-7n-1}{10n^2-7n}$
c) $a_n = \frac{(-1)^n}{n^2}$ d) $a_n = = \frac{2^{n+1}}{2^n+1}$
e) $a_n = \frac{1-\sqrt{n}}{\sqrt{n}+1}$ f) $a_n = \sqrt{n+1} - \sqrt{n}$

**5** Eine Stahlkugel, die aus 1 m Höhe vertikal auf eine Stahlplatte fällt, erreicht nach dem Auftreffen 95 % der vorherigen Höhe (Fig. 2).
a) Welche Höhe erreicht die Kugel nach dem fünften Aufschlag noch?
b) Nach wie vielen Aufschlägen erreicht sie gerade noch die halbe Höhe?
c) Welchen Weg hat die Kugel bis zum fünften Aufschlag zurückgelegt?

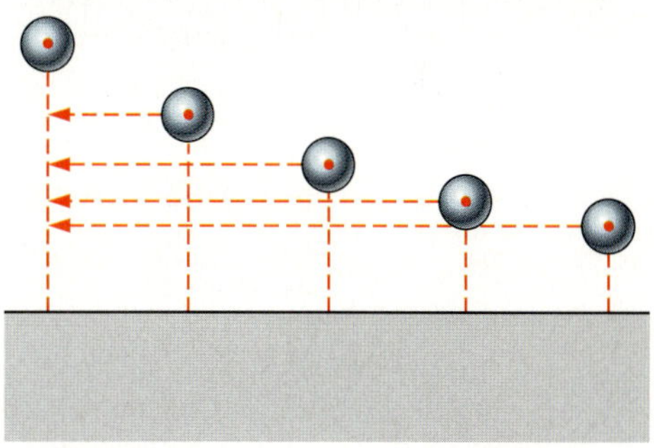
Fig. 2

**6** Ein Quadrat der Seitenlänge 1 m wächst wie in Fig. 3 angedeutet. Täglich kommt eine Generation neuer Quadrate hinzu. Die täglich hinzukommenden Quadrate haben nur noch $\frac{1}{3}$ der Seitenlänge der vorangegangenen Generation.
a) Zeigen Sie, dass der Flächeninhalt den Grenzwert 1,5 $m^2$ hat.
b) Berechnen Sie die Länge des Randes der Quadratpflanze nach der 5-ten Generation.
In welcher Generation hat der Rand eine Länge von 1 km?

*Zu Aufgabe 6:*

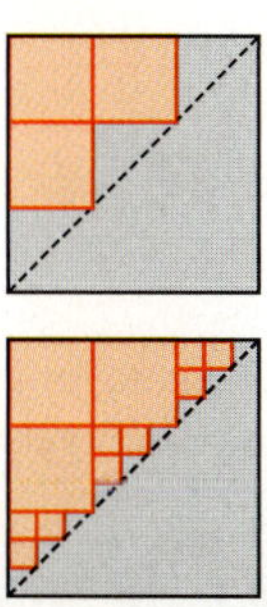
Fig. 1

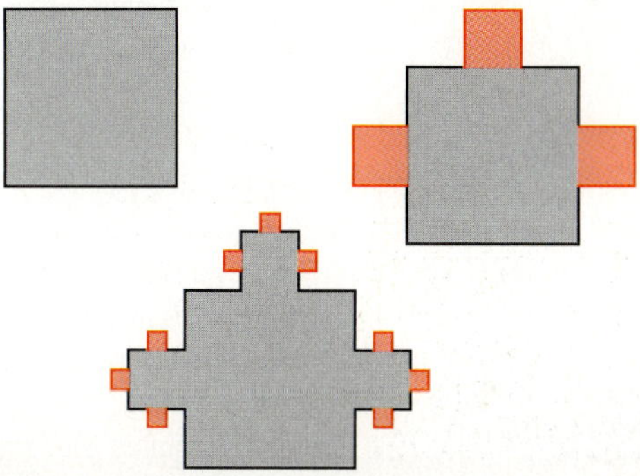
Fig. 3

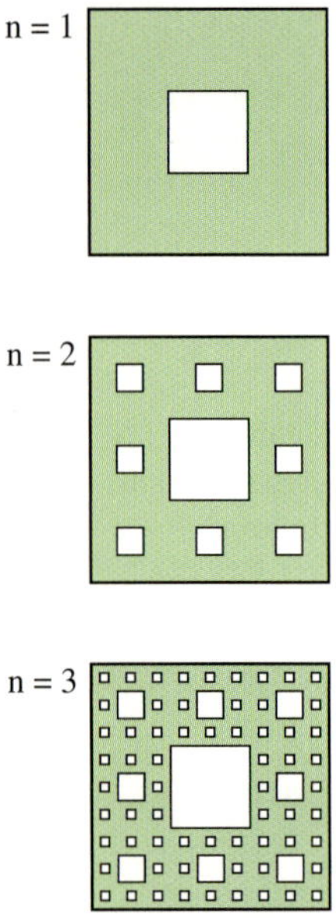

Fig. 2

**7** a) Die Folge $(q_n)$ der Quadratzahlen wird in Fig. 1 veranschaulicht; sie beginnt für $n \geqq 1$ mit 1; 4; 9; 16; ... Geben Sie eine rekursive und dann eine explizite Beschreibung von $(q_n)$ an.
b) Bearbeiten Sie entsprechend zu a) die Folgen $(d_n)$, $(f_n)$ und $(s_n)$ der Dreiecks-, Fünfecks- und Sechseckszahlen.

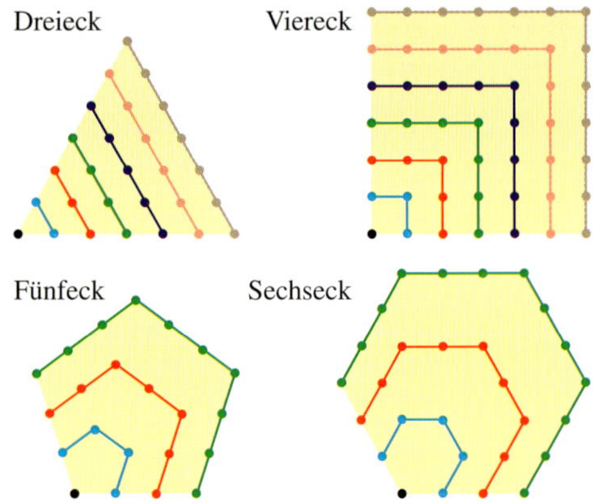

Fig. 1

**8** Der in Fig. 2 für n = 1; 2; 3 dargestellte Vorgang wird fortgesetzt für n = 4; 5; ... Beschreiben Sie für $A_1 = 1$ rekursiv und explizit die Folge $(A_n)$, welche den Flächeninhalt $A_n$ der n-ten Figur angibt.

**9** Gegeben ist die Folge $(a_n)$ durch $a_1 = 3$ und $a_n = 7 - \frac{6}{a_{n-1}}$.
a) Untersuchen Sie die Folge mithilfe von Monotonie und Beschränktheit auf Konvergenz.
b) Welchen Grenzwert vermuten Sie? Beweisen Sie diese Vermutung.
c) Bearbeiten Sie a) und b) für die Folge $(a_n)$ mit $a_1 = 4$ und $a_n = \frac{1}{10}a_{n-1}^2 + \frac{9}{10}$.

**10** Auf einem Konto mit dem festen Zinssatz von 3,5 % befinden sich am Jahresbeginn 100 €. Geben sie eine rekursive Beschreibung für den Kontostand zu Beginn jedes folgenden Jahres an, nachdem die Zinsen gutgeschrieben wurden und
a) 50 € eingezahlt und dann 60 % des Kapitals von dem Konto abgehoben werden,
b) 60 % des Kapitals von dem Konto abgehoben und dann 50 € eingezahlt werden,
c) 50 % des Kapitals auf das Konto noch zusätzlich eingezahlt und 60 € abgehoben werden.

## Grenzwerte bei Funktionen

**11** Berechnen Sie die Grenzwerte der Funktion f für $x \to +\infty$ und $x \to -\infty$, sofern sie existieren.
a) $f(x) = \frac{2x^3 + x}{3x^4}$ b) $f(x) = \frac{(x+1)^2}{x^2+1}$ c) $f(x) = \frac{2\sqrt{x+1}}{\sqrt{x}}$ d) $f(x) = \frac{(x+1)^2}{\sqrt{x^4+1}}$

**12** Zeigen Sie, dass sich aus $\lim\limits_{x \to x_0} x = x_0$ mithilfe der Grenzwertsätze ergibt:
a) $\lim\limits_{x \to x_0} (x+1)^2 = (x_0 + 1)^2$ b) $\lim\limits_{x \to x_0} \frac{4x-1}{x^2+1} = \frac{4x_0 - 1}{x_0^2 + 1}$ c) $\lim\limits_{x \to x_0} \frac{x+1}{x^2-1} = \frac{1}{x_0 - 1}$ für $x_0 \in \mathbb{R} \setminus \{-1; 1\}$.

**13** Berechnen Sie.
a) $\lim\limits_{x \to 2} \frac{(x-2)^2}{x-2}$ b) $\lim\limits_{x \to 2} \frac{x^2-4}{x-2}$ c) $\lim\limits_{x \to 2} \frac{x-2}{x^2-4}$ d) $\lim\limits_{x \to 2} \frac{x^2-4}{x^4-16}$ e) $\lim\limits_{x \to 2} \frac{x^2-2}{x^4-4}$ f) $\lim\limits_{x \to 2} \frac{x^4-16}{x^5-32}$

**14** An welcher bzw. welchen Stellen ist die Funktion f nicht definiert? Untersuchen Sie das Verhalten der Funktion f in der Nähe dieser Stellen.
a) $f(x) = \frac{x^2 - 2x + 1}{x - 1}$ b) $f(x) = \frac{3x^2 + 11x - 4}{x^2 - 16}$ c) $f(x) = \frac{x^4 - 1}{x^2 - 1}$ d) $f(x) = \frac{x^6 - 1}{x^2 - 1}$
e) $f(x) = \frac{x^4 - 9}{x^2 - 3}$ f) $f(x) = \frac{x^2 + 2x - 8}{x^2 - 5x + 6}$ g) $f(x) = \frac{x^2 + \frac{3}{4}x + \frac{1}{8}}{x^2 + \frac{1}{2}x}$ h) $f(x) = \frac{\sqrt{x} - 1}{\sqrt{x - 1}}$

**15** a) Zeichnen Sie den Graphen der Funktion f mit $f(x) = \sqrt{x}$.
b) $P(a|b)$ mit $a \neq 0$ sei ein beliebiger Punkt des Graphen. Berechnen Sie die Steigung $m_{OP}$ der Sekante OP in Abhängigkeit von a. Wie verhält sich $m_{OP}$ für $a \to 0$? Deuten Sie das Ergebnis am Graphen.
c) Berechnen Sie $\lim\limits_{x \to +\infty} m_{OP}$. Deuten Sie das Ergebnis am Graphen.

**16** a) Gegeben ist der Graph der Funktion f mit $f(x) = \frac{1}{x+1}$. In einem Punkt $P(u|f(u))$ des Graphen sind die Parallelen zu den Koordinatenachsen gezeichnet; sie bilden mit den Koordinatenachsen ein Rechteck. Bestimmen Sie seinen Inhalt und berechnen Sie den zugehörigen Grenzwert für $u \to \infty$.
b) Bearbeiten Sie die Fragestellung von Aufgabenteil a) für die Funktion g mit $g(x) = \frac{1}{x^2+1}$.
c) Bearbeiten Sie die Fragestellung von Aufgabenteil a) für die Funktion h mit $h(x) = \frac{1}{\sqrt{x}+1}$.

**17** a) Zeigen Sie am Beispiel der in $x_0 = 2$ unstetigen Funktionen f und g, dass die Summe unstetiger Funktionen nicht unbedingt unstetig sein muss.
$f(x) = \begin{cases} x & \text{für } x < 2 \\ x^2 & \text{für } x \geqq 2 \end{cases}$; $g(x) = \begin{cases} -1 & \text{für } x < 2 \\ -x-1 & \text{für } x \geqq 2 \end{cases}$.
b) Versuchen Sie ein Beispiel zu finden, das zeigt, dass das Produkt zweier in $x_0$ unstetiger Funktionen nicht wieder in $x_0$ unstetig sein muss.

**18** Untersuchen Sie die Funktion f mit $f(x) = \begin{cases} 1 & \text{für } x \in \mathbb{Q} \\ 0 & \text{für } x \in \mathbb{R} \setminus \mathbb{Q} \end{cases}$ auf Stetigkeit an einer selbst gewählten Stelle $x_0$.

**19** Verschaffen Sie sich einen Überblick über den Graphen der Funktion f. Bestimmen Sie mithilfe des Graphen alle Intervalle $[z;\, z+1]$, $z \in \mathbb{Z}$, in denen Nullstellen von f auftreten. Berechnen Sie die Nullstellen von f mithilfe des GTR auf 4 Dezimalen genau.
a) $f(x) = x^4 + x^3 - x - 4$
b) $f(x) = \frac{1}{2}x^3 - 4 - \frac{5}{x}$
c) $f(x) = \frac{1}{2}x^2 - 4 - \frac{5}{x} + \frac{7}{x^2-1}$
d) $f(x) = \sqrt{x+1} - \frac{1}{2}x$

*Betrachten Sie für Aufgabe 20 die Funktion $d(\alpha)$, die auf dem durch Berlin verlaufenden Breitenkreis jedem Längengrad $\alpha$ die Temperaturdifferenz der gegenüberliegenden Punkte zuordnet.*

**20** Beweisen Sie folgende Aussage.
Auf dem durch Berlin verlaufenden Breitenkreis (Fig. 1) gibt es zwei gegenüberliegende Punkte mit exakt gleicher Temperatur.

**21** Zeigen Sie durch vollständige Induktion für $n \geqq 1$, dass man n verschiedene Gegenstände auf $1 \cdot 2 \cdot 3 \cdot \ldots \cdot (n-1) \cdot n$ verschiedene Arten anordnen kann.

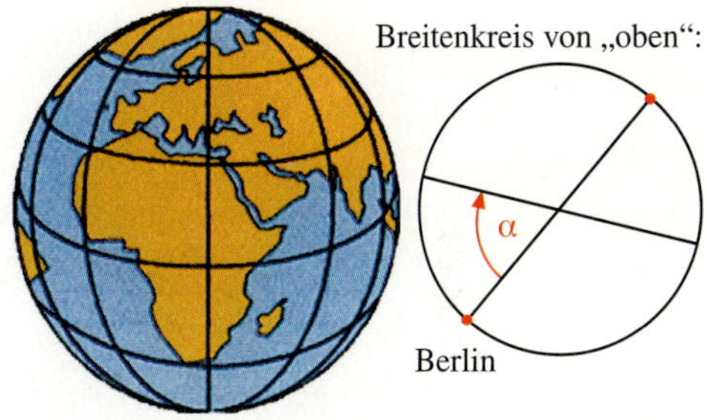

Fig. 1

**22** Weisen Sie mithilfe der vollständigen Induktion nach, dass die folgende Aussage gilt, oder suchen Sie eine natürliche Zahl, für die die Aussage falsch ist.
a) $p(n) = n^2 - n + 41$ ist für alle natürlichen Zahlen $n \geqq 1$ eine Primzahl.
b) Die Ungleichung $\frac{1}{n+1} + \frac{1}{n+2} + \frac{1}{n+3} + \ldots + \frac{1}{2n} > \frac{13}{24}$ gilt für alle natürlichen Zahlen $n \geqq 2$.
c) $\sin(\alpha) + \sin(2\alpha) + \sin(3\alpha) + \ldots + \sin(n\alpha) = n \cdot \sin\left(\frac{n+1}{2}\alpha\right) \cdot \cos\left(\frac{n-1}{2}\alpha\right)$ gilt für alle Winkel $\alpha$ und alle natürlichen Zahlen $n \geqq 1$.

**23** Zeigen Sie, dass für die offensichtlich falsche Aussage „$n = n + 1$“ der Induktionsschritt richtig ist.

**24** Geben Sie eine „Formel“ an, nach der Sie die Anzahl $a_n$ der Diagonalen eines n-Ecks berechnen können (Fig. 2).
Beweisen Sie die gefundene Formel.

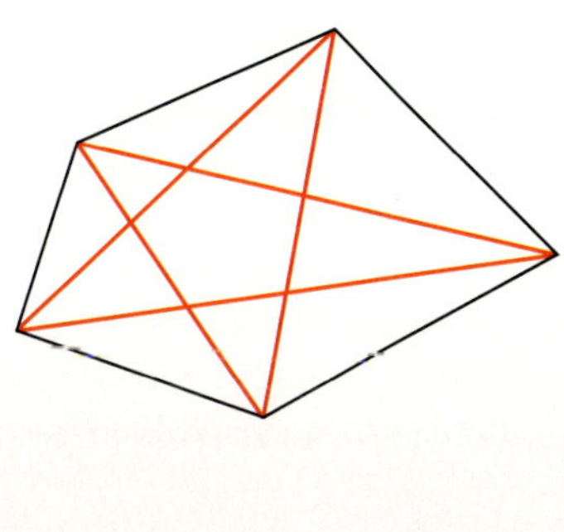
Fig. 2

**Zahlenfolge**
Hat eine Funktion f als Definitionsmenge die Menge $\mathbb{N}^*$ oder eine unendliche Teilmenge von $\mathbb{N}^*$, so nennt man f eine Zahlenfolge. Der Funktionswert f(n) wird mit $a_n$ bezeichnet.
Eine Folge $(a_n)$ kann explizit oder rekursiv beschrieben werden.

*Folge der Quadratzahlen: 1; 4; 9; 16; 25; …*
*Explizite Beschreibung:* $a_n = n^2$
*Rekursive Beschreibung:*
$a_1 = 1$ *und* $a_n = a_{n-1} + 2n - 1$

**Eigenschaften von Folgen**
Eine Folge $(a_n)$ heißt
monoton steigend, wenn $a_{n+1} \geqq a_n$ gilt für jedes $n \in \mathbb{N}^*$;
monoton fallend, wenn $a_{n+1} \leqq a_n$ gilt für jedes $n \in \mathbb{N}^*$;
nach oben beschränkt, wenn $a_n \leqq S$ gilt für jedes $n \in \mathbb{N}^*$;
nach unten beschränkt, wenn $a_n \geqq s$ gilt für jedes $n \in \mathbb{N}^*$.

*Die Folge* $(a_n)$ *mit* $a_n = \frac{3n-1}{2n}$ *für* $n \geqq 1$ *ist monoton steigend, da gilt:*
$a_{n+1} - a_n = \frac{3(n+1)-1}{2(n+1)} - \frac{3n-1}{2n} = \frac{1}{2n(n+1)} > 0$;
*nach oben beschränkt, da gilt:*
$a_n = \frac{3n-1}{2n} = \frac{3}{2} - \frac{1}{2n} < \frac{3}{2}$;

**Grenzwert einer Zahlenfolge**
Eine Zahl g heißt Grenzwert der Zahlenfolge $(a_n)$, wenn bei Vorgabe irgendeiner positiven Zahl ε fast alle Folgenglieder die Ungleichung $|a_n - g| < \varepsilon$ erfüllen. Fast alle bedeutet dabei, dass es nur endlich viele Ausnahmen gibt.
$(a_n)$ heißt dann konvergent. Man schreibt: $g = \lim\limits_{n \to \infty} a_n$.

Eine Folge mit dem Grenzwert 0 heißt Nullfolge.
Eine monotone und beschränkte Folge ist konvergent.

*1 ist Grenzwert der Zahlenfolge* $(a_n)$ *mit* $a_n = 1 + \frac{1}{n}$, *da* $\left|\left(1 + \frac{1}{n}\right) - 1\right| < \varepsilon$ *ist für alle* $n > \frac{1}{\varepsilon}$.
*Es sind nur endlich viele natürliche Zahlen kleiner als die Zahl* $\frac{1}{\varepsilon}$, *fast alle sind größer.*
*Damit ist* $\lim\limits_{n \to \infty} a_n = \lim\limits_{n \to \infty} \left(1 + \frac{1}{n}\right) = 1$.

**Geometrische Folge**
Die Folge $(a_n)$ mit $a_n = a_1 \cdot q^{n-1}$ heißt geometrische Folge;
eine geometrische Folge mit $|q| < 1$ ist eine Nullfolge.

*Die geometrische Folge mit* $a_n = 2 \cdot \left(\frac{1}{4}\right)^{n-1}$ *kann auch rekursiv beschrieben werden:*
$a_1 = 2$ *und* $a_n = \frac{1}{4} \cdot a_{n-1}$.

**Grenzwertsätze**
Haben zwei konvergente Folgen $(a_n)$ und $(b_n)$ die Grenzwerte a und b, so gilt:

$$\lim_{n \to \infty} (a_n \pm b_n) = \lim_{n \to \infty} a_n \pm \lim_{n \to \infty} b_n = a \pm b$$
$$\lim_{n \to \infty} (a_n \cdot b_n) = \lim_{n \to \infty} a_n \cdot \lim_{n \to \infty} b_n = a \cdot b$$
$$\lim_{n \to \infty} \frac{a_n}{b_n} = \frac{\lim\limits_{n \to \infty} a_n}{\lim\limits_{n \to \infty} b_n} = \frac{a}{b}, \quad b_n \neq 0 \text{ und } b \neq 0$$

*Mit den Grenzwertsätzen kann man Grenzwerte berechnen:*
$$\lim_{n \to \infty} \frac{2n^2 - \sqrt{n} + 6}{n^2} = \lim_{n \to \infty} \left(2 - \frac{1}{\sqrt{n^3}} + \frac{6}{n^2}\right) =$$
$$= \lim_{n \to \infty} 2 - \lim_{n \to \infty} \frac{1}{n\sqrt{n}} + \lim_{n \to \infty} \frac{6}{n^2} = 2 + 0 + 0 = 2$$

**Grenzwerte von Funktionen für $x \to x_0$**
Eine Zahl g heißt Grenzwert der Funktion f für $x \to x_0$, wenn für jede Urbildfolge $(x_n)$ mit $x_n \in D_f$, $x_n \neq x_0$ und $x_n \to x_0$ die Bildfolge $(f(x_n))$ denselben Grenzwert g hat. Man schreibt: $\lim\limits_{x \to x_0} f(x) = g$.

*Gesucht ist* $\lim\limits_{x \to -2} \frac{x^2 + 3x + 2}{x + 2}$.
*Man wählt eine beliebige Zahlenfolge* $(x_n)$ *mit* $x_n \to -2$. *Dann gilt für die Bildfolge:*
$$\lim_{x_n \to -2} \frac{x_n^2 + 3x_n + 2}{x_n + 2} = \lim_{x_n \to -2} \frac{(x_n + 1)(x_n + 2)}{x_n + 2} =$$
$$\lim_{x_n \to -2} (x_n + 1) = \lim_{x_n \to -2} x_n + \lim_{x_n \to -2} 1 = -2 + 1 = -1$$

**Das Beweisverfahren der vollständigen Induktion**
Eine Aussage gilt für alle natürlichen Zahlen $n \in \mathbb{N}$ mit $n \geqq a \in \mathbb{N}$, wenn gezeigt werden kann:
(I) Induktionsanfang: Die Aussage gilt für $n = a$.
(II) Induktionsschritt: Wenn man annimmt, dass die Aussage für eine Zahl $k \in \mathbb{N}$ mit $k \geqq a$ gilt, so kann bewiesen werden, dass die Aussage auch für die nachfolgende Zahl $k + 1$ gilt.

*Behauptung:* $1 + 3 + 5 + \ldots + (2n - 1) = n^2$ *für jedes* $n \in \mathbb{N}$ *mit* $n \geqq 1$.
*Beweis durch vollständige Induktion:*
*(I) Für* $n = 1$ *gilt* $1 = 1^2$.
*(II) Aus* $1 + 3 + \ldots + (2k - 1) = k^2$ *folgt*
$1 + 3 + \ldots + (2k - 1) + (2k + 1) = k^2 + 2k + 1$
$= (k + 1)^2$. *Damit ist die Beh. bewiesen.*

**1** a) Was versteht man unter einer Nullfolge? Geben Sie ein Beispiel an.
b) Zeigen Sie, dass die Folge $(a_n)$ mit $a_n = \frac{1}{n+4}$ eine Nullfolge ist.

**2** Die Folge $(a_n)$ ist eine Nullfolge. Untersuchen Sie die Folge $(b_n)$ auf Konvergenz. Geben Sie gegebenenfalls den Grenzwert an.
a) $b_n = 2 + a_n$  b) $b_n = 2 \cdot a_n$  c) $b_n = \frac{2}{a_n}$  d) $b_n = \frac{2}{2 + a_n}$

**3** a) Nennen Sie Eigenschaften von Zahlenfolgen.
b) Welche Eigenschaften hat die Folge $(a_n)$ mit $a_n = 1 - \left(\frac{5}{9}\right)^n$? Begründen Sie diese.

**4** Gegeben ist die Folge $(a_n)$ mit $a_n = \frac{2n+1}{n}$.
a) Berechnen Sie die ersten 6 Folgenglieder und zeichnen Sie einen Graphen.
b) Begründen Sie, dass die Folge konvergent ist, und geben Sie den Grenzwert g an.
c) Ab welchem Folgenglied ist die Abweichung vom Grenzwert g kleiner als 0,001?

**5** Geben Sie eine rekursiv beschriebene Folge an und berechnen Sie weitere drei Folgenglieder.

**6** Geben Sie eine Folge an,
a) die den Grenzwert 3 hat,
b) die divergent ist,
c) die einen Grenzwert hat, aber nicht monoton ist,
d) die streng monoton fallend ist,
e) die nach oben beschränkt ist und streng monoton wächst.

**7** Ist die Aussage wahr? Argumentieren Sie.
a) Hat eine Folge den Grenzwert 0, so muss sie unendlich viele negative Glieder haben.
b) Eine Folge mit nur negativen Gliedern kann keine positive Zahl als Grenzwert haben.
c) Die Folge $((-1)^n)$ hat zwei Grenzwerte.
d) Eine nicht monotone Folge kann beschränkt und konvergent sein.

**8** Berechnen Sie den Grenzwert mithilfe der Grenzwertsätze.
a) $\lim\limits_{n\to\infty}\left(2 - \frac{1}{\sqrt{n}}\right)$  b) $\lim\limits_{n\to\infty}\frac{6n+9}{2n+1}$  c) $\lim\limits_{n\to\infty}\frac{5n+9}{2n^2-5}$  d) $\lim\limits_{n\to\infty}\frac{0{,}5^n+9}{0{,}9^n+1}$

**9** Auf einem Konto mit einem festen Zinssatz von 5,2 % befinden sich zu Beginn eines Jahres 2500 €.
a) Geben Sie für das Guthaben nach 5 Jahren einen Term an.
b) Am Ende eines jeden Jahres werden 200 € abgehoben. Geben Sie für die Entwicklung des Kontostandes eine rekursive Darstellung an.

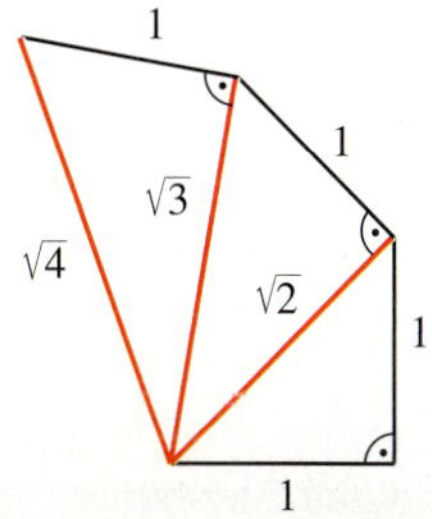

Fig. 1

**10** Fig. 1 zeigt die ersten Glieder der so genannten „Quadratwurzelschnecke“. Geben Sie eine explizite und eine rekursive Darstellung für die Folgenglieder der Quadratwurzelschnecke an.

**11** Bestimmen Sie den Grenzwert.
a) $\lim\limits_{x\to 0}\frac{6x-4x^2}{4x+3x^2}$  b) $\lim\limits_{h\to 0}\frac{(4+h)^2-16}{h}$  c) $\lim\limits_{x\to 2}\frac{(x-2)^2}{x^2-4}$  d) $\lim\limits_{x\to -3}\frac{x^2+2x-3}{2x^2+2x-12}$

**12** Berechnen Sie den Grenzwert der Funktion f für $x \to +\infty$.
a) $f(x) = 4 + \frac{1}{x}$  b) $f(x) = \frac{x^2+\sqrt{3}}{2x^2}$  c) $f(x) = \frac{x^2+2x}{2x^3+1}$  d) $f(x) = \frac{2+\sqrt{x}}{2\sqrt{x}}$

# Aufgaben zum Wahlteil

**1** In Fig. 1 werden die Halbkreisbögen nach rechts immer weiter fortgesetzt. Ermitteln Sie rechnerisch den ersten Halbkreisbogen, dessen Länge 1 Millionstel der Länge des Anfangsbogens ist.

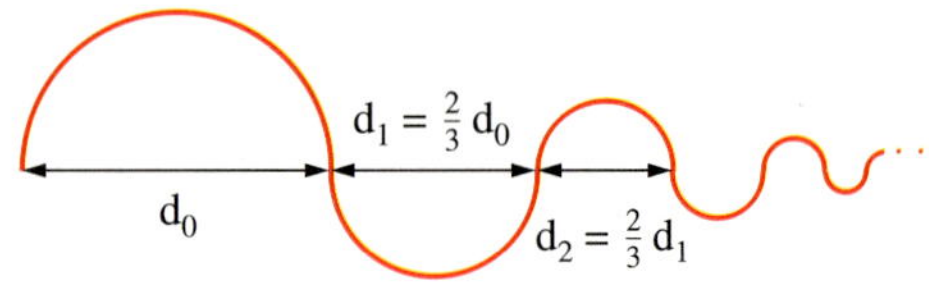


Fig. 1

**2** Ein Land hat zurzeit 5 Millionen Einwohner. Die Wachstumsrate beträgt 1 %; außerdem hat das Land jährlich 10000 Einwanderer. Berechnen Sie die Einwohnerzahlen nach 10 bzw. 20 Jahren, wenn sich die Entwicklung der Einwohnerzahl in diesen Zeiträumen nicht ändert.

**3** Ein Autotank fasst 60 Liter Dieselkraftstoff. Er wurde mit verunreinigtem Diesel der Marke SLE vollgetankt. Da der Motor Probleme macht, will der Besitzer in Zukunft den Tank nur mit gutem Kraftstoff der Marke ELO füllen. Nachdem 40 Liter des minderen Kraftstoffs verbraucht sind, tankt er 40 Liter Markenkraftstoff. Nachdem er vom vollen Tank 40 Liter verbraucht hat, tankt er wieder den Kraftstoff von ELO usw.

a) Wie viel Liter des SLE-Kraftstoffs befinden sich nach 3-maligem bzw. 5-maligem Tanken von ELO-Kraftstoff noch im Tank?

b) Wie oft muss getankt werden, bis der Anteil des SLE-Kraftstoffs auf höchstens 0,01 Liter im Tank gefallen ist? Ermitteln Sie diese Zahl zunächst mithilfe einer Tabelle und dann rechnerisch durch Lösen einer Ungleichung.

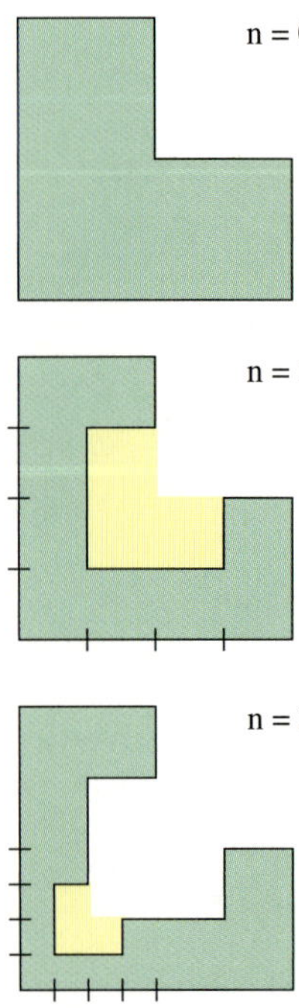


Fig. 2

**4** In Fig. 2 besitzt die linke Fläche den Inhalt $a_1 = 3$ und den Umfang $b_1 = 8$, die mittlere, grüne Fläche den Inhalt $a_2$ und den Umfang $b_2$, die nächste grüne Fläche den Inhalt $a_3$ und den Umfang $b_3$ usw. Bestimmen Sie eine explizite und eine rekursive Beschreibung der Folgen $(a_n)$ und $(b_n)$.

**5** a) Wie ist der Grenzwert einer Zahlenfolge definiert?

b) Zeigen Sie mithilfe dieser Definition, dass die Folge $(a_n)$ mit $a_n = \frac{5-3n}{n+1}$ konvergent ist.

**6** Gegeben ist die Folge $(a_n)$ durch $a_1 = 4$ und $a_n = \sqrt{3 + a_{n-1}}$.

a) Ermitteln Sie die ersten Folgenglieder jeweils auf 4 Stellen gerundet und zeichnen Sie einen Graphen.

b) Zeigen Sie, dass die Folge konvergent ist.

c) Ermitteln Sie den Grenzwert der Folge.

**7** Gegeben ist die Funktion f mit $f(x) = \frac{2x^2 - x - 6}{x^2 - 3x + 2}$.

a) Ermitteln Sie die Definitionsmenge von f.

b) Untersuchen Sie das Verhalten der Funktion f in der Nähe der Definitionslücken und für $x \longrightarrow +\infty$.

c) Zeichnen Sie den Graphen von f.

**8** Beweisen Sie:
Die Folge $(a_n)$ mit $a_n = \frac{1}{n^2} + \frac{2}{n^2} + \frac{3}{n^2} + \ldots + \frac{n}{n^2}$ hat den Grenzwert $g = \frac{1}{2}$.

**9** Beweisen Sie durch vollständige Induktion:
Für $n \in \mathbb{N}$ gilt: $1 + \frac{1}{2} + \frac{1}{2^2} + \ldots + \frac{1}{2^n} = 2 - \frac{1}{2^n}$.

**10** Beweisen Sie durch vollständige Induktion.

a) Für $n \geqq 5$ ist $n < 2^{n-2}$.

b) Für $n \geqq 1$ ist $2^{3n} - 1$ durch 7 teilbar.

## Web-Diagramme

**Themenbereiche:**
1) Konvergenz einer rekursiv definierten Folge als Fixpunktproblem
2) Fixpunkt als Schnittpunkt der 1. Winkelhalbierenden mit dem Graphen der Rekursionsfunktion.
3) Web-Diagramme mit dem GTR (Fig. 1)

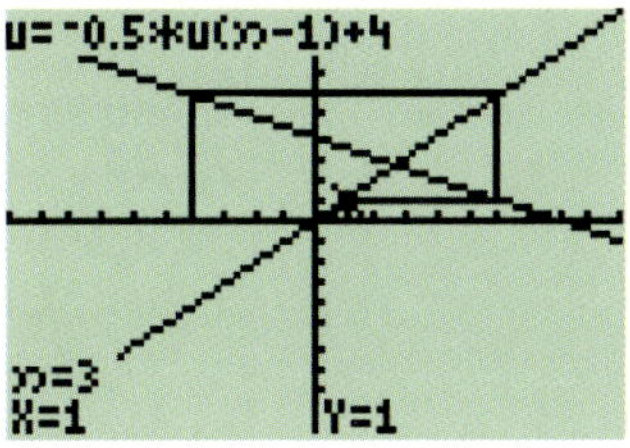

Fig. 1

**Literatur:**
1) Handbuch zum GTR
2) LS Analysis Leistungskurs, Klett Nr. 73216

## Geometrische Reihen

**Themenbereiche:**
1) Definition einer geometrischen Reihe
2) Summenformel für eine geometrische Reihe
Beispiele wie: Gesamtmenge der Reiskörner für den Erfinder des Schachspiels; sog. Rentenendwertformel
3) Konvergenz einer geometrischen Reihe
Auswahl von Beispielen wie:
Achilles und die Schildkröte (Fig. 2);
Quadrat in Quadrat (Fig. 3)

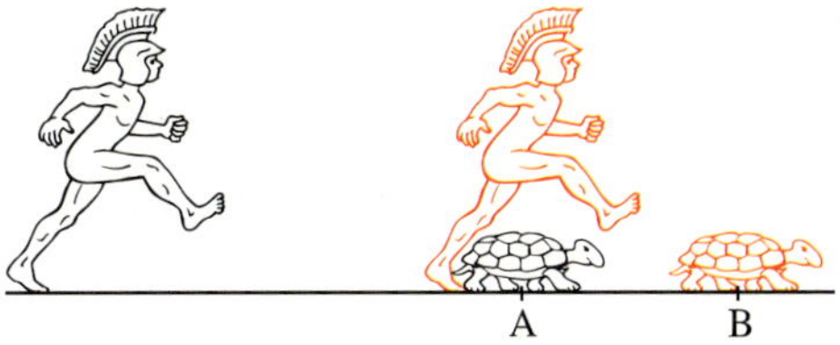

Fig. 2

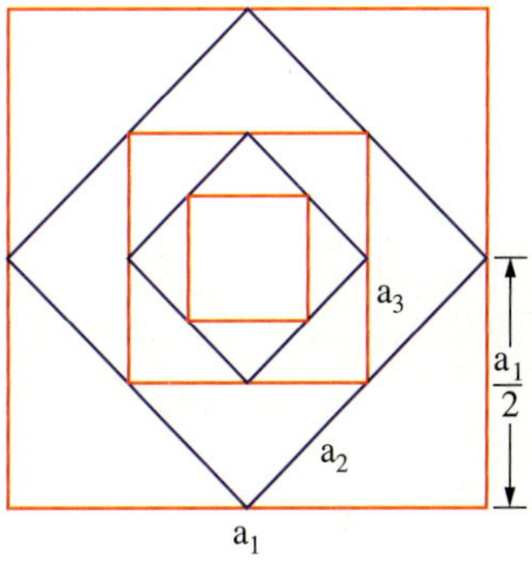

Fig. 3

**Literatur:**
1) LS Analysis Leistungskurs, Klett Nr. 73216
2) Rüdeger Baumann, Analysis 1, Klett Nr. 739512

**Stichworte für Internetrecherche:**
Geometrische Folge; geometrische Reihe; Achilles und die Schildkröte; Zenons Paradoxon; Paradoxes; Rentenendwertformel

## Die harmonische Reihe und das Bücherstapelproblem

**Themenbereiche:**
1) Die harmonische Reihe: Definition und Namengebung
2) Beweis für die Divergenz der harmonischen Reihe; Nachweis mit oder ohne vollständige Induktion
3) Darlegung und Lösung des sog. Bücherstapelproblems (Fig. 4)

**Literatur:**
1) Blickensdörfer-Ehlers u. a.: Analysis 1
Ein Lehr- und Arbeitsbuch für Studienanfänger; Springer-Verlag
2) Trinkaus: Probleme? Höhere Mathematik!; Springer-Verlag

**Stichworte für Internetrecherche:**
Harmonische Reihe; infinite overhanging problem; book-stacking problem; paradoxes

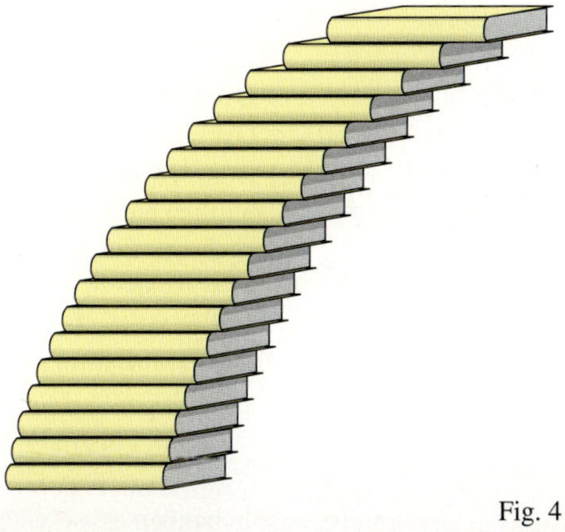
Fig. 4

# Fibonacci

**Einführung**

Leonardo von Pisa (ca. 1170 – ca. 1250) mit dem Beinamen Fibonacci ist einer der bedeutendsten Mathematiker des europäisch-lateinischen Mittelalters. Er erkannte die große Überlegenheit des indisch-arabischen Dezimalsystems über das schwerfällige römische System. In seinem Buch „Liber abbaci" verwendet er konsequent die indisch-arabische Notation und machte so die neue Zahlschreibweise in Westeuropa bekannt. Das Buch enthält unter anderem typische Aufgaben des damaligen Kaufmanns,

Leonardo von Pisa

Zinsrechnungen, arithmetische Reihen, lineare und quadratische Gleichungen, Quadratwurzeln und einiges über Kubikwurzeln. Die so genannte „Kaninchenaufgabe" ist nur eine von vielen Aufgaben in diesem Buch. Ein Projekt „Fibonacci" könnte also das Gesamtwerk „Liber abbaci" und seine Bedeutung für die folgenden Jahrhunderte in den Vordergrund stellen oder aber mehr Gewicht legen auf die so genannte Fibonacci-Folge, deren Ursprung die „Kaninchenaufgabe" ist.
Nachfolgend sind neun Aspekte zum Thema „Fibonacci" aufgelistet, in denen zwar die Bedeutung des „Liber abbaci" angesprochen wird, das Hauptaugenmerk aber auf die Fibonacci-Folge gelegt ist. Mit den ersten fünf Aspekten sollten sich alle Schülerinnen und Schüler beschäftigen.

**Zum Sprachgebrauch**

Unter der Fibonacci-Folge versteht man heute die rekursiv definierte Folge $(a_n)$ mit $a_1 = 1$, $a_2 = 1$ und $a_{n+2} = a_n + a_{n+1}$ für $n \geqq 1$. Die Folgenglieder der Fibonacci-Folge heißen Fibonacci-Zahlen und werden auch mit $F_1$; $F_2$; $F_3$; ... bezeichnet; entsprechend schreibt man für die Fibonacci-Folge dann $(F_n)$.
Auch bei einer Folge $(a_n)$ mit anderen Anfangswerten, aber gleicher Rekursionsvorschrift, also mit $a_1 = a$, $a_2 = b$, $a_{n+2} = a_n + a_{n+1}$ und $a, b \in \mathbb{R}$, spricht man von einer Fibonacci-Folge. Speziell für $a = 2$ und $b = 1$ (oder $a = 1$ und $b = 3$) heißt die Folge auch Lucas-Folge, die Folgenglieder dann Lucas-Zahlen. Diese werden mit $L_1$; $L_2$; L3; ... bezeichnet, die Lucas-Folge entsprechend mit $(L_n)$.

**Quellen**

Der „Liber abbaci" ist in mehreren Handschriften überliefert. Die einzige Ausgabe in Buchform ist in Deutschland sehr schwer zugänglich (zu finden ist das Buch z. B. in den Universitätsbibliotheken von Freiburg und Göttingen):

- Scritti di Leonardo Pisano.
  Ausgabe in Latein von Baldassarre Boncompagni, Vol. 1: Liber abbaci; Rom 1857.
- I. E. Sigler, Fibonacci's Liber Abbaci
  A Translation into Modern English of Leonardo Pisano's Book of Calculation,
  Springer Verlag 2002
- Heinz Lüneburg, Leonardi Pisani Liber Abbaci oder Lesevergnügen eines Mathematikers; 2., überarbeitete und erweiterte Auflage, BI-Wissenschaftsverlag 1993. (Bei diesem Buch handelt es sich nicht um eine Übersetzung des Liber Abbaci, sondern um ausführliche und

überaus hilfreiche Kommentare zum Liber Abbaci auf der Grundlage der Ausgabe von Boncompagni; vgl. auch die Buchbesprechung in der Zeitschrift „Didaktik der Mathematik", 22. Jahrgang (1994), Seite 318, sowie den Artikel „Leonardos Iterationsverfahren zur Berechnung der Kubikwurzel" in der gleichen Zeitschrift, 21. Jahrgang (1993), Seite 317.) LS, Analysis, Leistungskurs Baden-Württemberg, Seite 101 ff.

- Rüdeger Baumann, Analysis 1; Ein Arbeitsbuch mit Derive; Stuttgart: Klett, Seite 92 ff.
- Thomas Koshy, FIBONACCI and LUCAS Numbers with Applications, 1. Auflage – Oktober 2001, John Wiley (Das Buch ist ein Standardwerk, der Preis beträgt zur Zeit rund 130 Euro.)
- Internet: Offizielle Webseite der 1963 gegründeten FIBONACCI Association: http://www.mscs.dal.ca/ Fibonacci/ Von dieser Adresse ausgehend findet man umfangreiche Materialien zu sehr vielen Aspekten des Themas „ FIBONACCI".

Die folgenden beiden Bücher über den Goldenen Schnitt enthalten auch Kapitel über FIBONACCI-Zahlen:

- A. Beutelspacher und B. Petri, Der Goldene Schnitt; BI-Wissenschaftsverlag 1988
- Hans Walser, Der Goldene Schnitt; Teubner Verlagsgesellschaft 1993

**Aspekte**

**1. Aspekt: LEONARDO VON PISA, genannt FIBONACCI**

Von LEONARDO VON PISA sind fünf Abhandlungen überliefert. Die bedeutendste ist der „Liber abbaci".

Mögliche Aufgabenstellungen:

- Leben und Werk des LEONARDO VON PISA
- Wichtige Inhalte des „Liber abbaci"
- Bedeutung des „Liber abbaci" für die damalige Zeit und für die folgenden Jahrhunderte
- Darlegung einiger Aufgaben aus dem „Liber abbaci"

**2. Aspekt: Die „Kaninchenaufgabe"**

Die „Kaninchenaufgabe" ist nur eine von vielen Aufgaben im „Liber abbaci". Die sich ergebende Zahlenfolge wurde später von dem französischen Mathematiker EDOUARD LUCAS (1842 – 1891) FIBONACCI-Folge genannt. Im Laufe der Zeit wurden andere Situationen erdacht, die auf die gleiche Zahlenfolge führen.

Mögliche Aufgabenstellungen:

- Text der "Kaninchenaufgabe"; Rekursionsvorschrift und Anfangswerte
- Grafische Aufbereitung der wohl ersten Rekursion in der Mathematikgeschichte
- Berechnung der ersten FIBONACCI-Zahlen $F_n$ bis zu einem vorgegebenen Index n; Untersuchung, nach wie vielen Monaten eine bestimmte Gesamtzahl von Kaninchen überschritten wird.
- Suchen nach anderen Situationen, die ebenfalls auf die Folge ($F_n$) der FIBONACCI-Zahlen führen; vgl.: http://www.matheprisma.uni-wuppertal.de

**3. Aspekt: LUCAS-Zahlen**

Der französische Mathematiker EDOUARD LUCAS (1842 – 1891) war Professor an verschiedenen Gymnasien in Paris. Er veröffentlichte sehr viele Artikel auf dem Gebiet der Zahlentheorie, gab aber auch ein klassisches vierbändiges Werk über Unterhaltungsmathematik heraus. Das Spiel „Der Turm von Hanoi" veröffentlichte er unter einem Pseudonym und stellte es 1889 auf der Weltausstellung in Paris vor.

EDOUARD LUCAS untersuchte 1878 eine Folge mit der gleichen Rekursionsvorschrift wie bei der FIBONACCI-Folge, aber mit den Startwerten 2 und 1 (in dieser Reihenfolge).
Es gibt mehrere Beziehungen, mit denen man LUCAS-Zahlen aus FIBONACCI-Zahlen berechnen kann. Hier geht es um das Aufstellen von Vermutungen, die später mit den expliziten Formeln für die FIBONACCI- bzw. LUCAS-Zahlen bewiesen werden können (vgl. den 6. Aspekt).

Mögliche Aufgabenstellungen:
- Leben und Werk des EDOUARD LUCAS
- Definition der LUCAS-Folge $(L_n)$; Berechnung der ersten LUCAS-Zahlen $L_1$; $L_2$; $L_3$; ...
- Vergleich der FIBONACCI-Zahlen mit den LUCAS-Zahlen: Berechnung von LUCAS-Zahlen aus FIBONACCI-Zahlen; Vermutungen

**4. Aspekt: Berechnung höherer Glieder der FIBONACCI-Folge; zugehörige „Quotientenfolge"; Übertragung auf FIBONACCI-Folgen mit beliebigen Anfangswerten**

Während die FIBONACCI-Zahlen selbst sehr schnell wachsen, scheinen die Quotienten aufeinander folgender Glieder der FIBONACCI-Folge gegen eine feste Zahl zu streben. Entsprechendes vermutet man für FIBONACCI-Folgen mit beliebigen Anfangswerten.
Für rechnerische Untersuchungen mit höheren Folgengliedern werden Hilfsmittel benötigt (Tabellenkalkulation; Computer-Algebra-Systeme).

Mögliche Aufgabenstellungen:
- Berechnung höherer Glieder einer FIBONACCI-Folge
- Untersuchung der Folge $\left(\frac{F_{n+1}}{F_n}\right)$, die durch Quotientenbildung aufeinander folgender FIBONACCI-Zahlen entsteht; Veranschaulichung; Vermutung
- Berechnung von Gliedern einer FIBONACCI-Folge mit beliebigen Anfangswerten; Untersuchung der zugehörigen „Quotientenfolge"; Vermutung

**5. Aspekt: Gemeinsame Eigenschaft aller FIBONACCI-Folgen; die Zahl $\Phi$**

Der theoretische Nachweis, dass die Quotientenfolge $\left(\frac{F_{n+1}}{F_n}\right)$ einen Grenzwert hat, ist nicht leicht. Setzt man aber voraus, dass der Grenzwert existiert, kann man diesen auf verschiedene Arten ermitteln.

Mögliche Aufgabenstellungen:
- FIBONACCI-Folgen bzw. Quotientenfolgen im Zusammenhang mit Monotonie und Beschränktheit
- Ermittlung des Grenzwertes $\Phi$ der Folge $\left(\frac{F_{n+1}}{F_n}\right)$ mithilfe von Termumformungen unter der Voraussetzung, dass der Grenzwert existiert
- Aufsuchen von FIBONACCI-Folgen $a_1$, $a_2$, $a_1+a_2$, ..., die mit einer geometrischen Zahlenfolge $a, a \cdot q, a \cdot q^2, ...$ übereinstimmen; Folgerung für den Grenzwert Folge $\left(\frac{F_{n+1}}{F_n}\right)$
- Quotientenfolgen bei FIBONACCI-Folgen mit beliebigen Anfangswerten

**6. Aspekt: Die Formel von BINET**

Der französische Mathematiker J. P. M. BINET (1786 –1856) bewies 1843 eine Formel, die es gestattet, einen Zusammenhang zwischen dem Grenzwert $\Phi$ und den FIBONACCI-Zahlen herzustellen. Ein entsprechender Zusammenhang besteht zwischen dem Grenzwert $\Phi$ und den LUCAS-Zahlen. Da es einen Zusammenhang zwischen den Folgengliedern einer FIBONACCI-Folge mit beliebigen Anfangswerten und den FIBONACCI-Zahlen gibt, lassen sich sogar die Folgenglieder dieser beliebigen FIBONACCI-Folge direkt berechnen (also ohne Rekursion).

Mögliche Aufgabenstellungen:
- Darlegung des Problems; Angabe der Formel; Berechnung einiger FIBONACCI-Zahlen mit der Formel; Interpretation der Formel
- Beweise der Formel von BINET
- Entsprechende Formel für LUCAS-Zahlen
- Zusammenhang zwischen den Gliedern einer beliebigen FIBONACCI-Folge mit den FIBONACCI-Zahlen $F_1$; $F_2$; $F_3$; ...;
  Berechnung von Folgengliedern einer beliebigen FIBONACCI-Folge mit dieser Formel.

**7. Aspekt: Beziehungen zwischen FIBONACCI-Zahlen**
Es gibt viele Beziehungen zwischen Gliedern der FIBONACCI-Folge. Speziell die Identität $F_{n+1} \cdot F_{n-1} - F_n^2 = (-1)^n$ lässt sich dazu verwenden, geometrische Puzzles (man spricht auch von geometrischen Paradoxien) zu konstruieren. Die Auflösung einer solchen Paradoxie ist z. B. mit den Strahlensätzen möglich (vgl. LS 9, Baden-Württemberg, Seite 118).

Mögliche Aufgabenstellungen:
- Summe der ersten n FIBONACCI-Zahlen
- Summe der ersten n FIBONACCI-Zahlen mit ungeradem Index
- Summe der ersten n FIBONACCI-Zahlen mit geradem Index
- Summe der Quadrate der ersten n FIBONACCI-Zahlen
- Suche nach weiteren Beziehungen und Anwendungen bei Puzzles

**8. Aspekt: FIBONACCI-Zahlen in der Botanik**
Auch die Botanik ist ein überraschendes Anwendungsfeld für FIBONACCI-Zahlen.

Mögliche Aufgabenstellungen:
- Untersuchungen am Fruchtstand einer Sonnenblume
- Untersuchung der Anordnung der Schuppen bei Ananas und Tannenzapfen
- Untersuchung der Blattanordnung bei Bäumen (Phyllotaxis)
  (R. Behr, Neue Erkenntnisse über die Mathematik der Pflanzenblattstellung (Phyllotaxis); Der mathematische und naturwissenschaftliche Unterricht, Jahrgang 47 (1994), Heft 2, Seite 67 – 73)

**9. Aspekt: Der Goldene Schnitt und die Zahl Φ**
Überraschenderweise wird man bei der Untersuchung des Goldenen Schnitts auf dieselbe Zahl geführt, welche sich als Grenzwert der Quotientenfolge der FIBONACCI-Zahlen ergibt. Da im Zusammenhang mit dem Goldenen Schnitt viele Fragestellungen möglich sind, kann man für diesen Aspekt verschiedene Gruppen von Schülerinnen und Schülern bilden. Die Definition und die verschiedenen Konstruktionen zum Goldenen Schnitt sollten aber alle Teilnehmer behandeln.

Mögliche Aufgabenstellungen:
- Definition des Goldenen Schnitts
- Konstruktionen zum Goldenen Schnitt
- Der Goldene Schnitt und das regelmäßige Fünfeck
- Goldene Rechtecke und platonische Körper
- Die goldene Spirale
- Der Goldene Schnitt in der Architektur

Literatur:
- LS 9, Baden-Württemberg, Seite 180 ff.
- Johanna Heitzer, Spiralen, ein Kapitel phänomenaler Mathematik, Stuttgart: Klett

# 1 Die erste und die zweite Ableitung einer Funktion

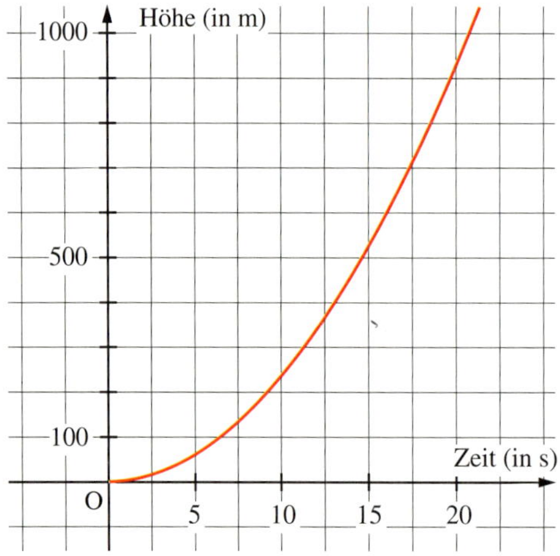

Fig. 1

**1** Bei einem Raketenstart wurde die Höhe h der Rakete über dem Erdboden in Abhängigkeit von der Zeit t seit dem Start aufgezeichnet.

a) Welche Höhe hat die Rakete 15 Sekunden nach dem Start erreicht?

b) Bestimmen Sie die mittleren Geschwindigkeiten in den Zeitintervallen [0; 15], [5; 15], [10; 15], [12; 15] sowie in den Intervallen [15; 20] und [15; 17].

c) Erläutern Sie, wie man die Momentangeschwindigkeit der Rakete 15 s nach dem Start näherungsweise bestimmen kann.

d) Skizzieren Sie den Graphen der Geschwindigkeit-Zeit-Funktion dieses Startvorgangs.

Die Abhängigkeit einer Größe von einer anderen Größe kann man oft mithilfe einer Funktion erfassen. Dabei versteht man unter einer Funktion f eine Vorschrift, die jeder reellen Zahl x aus einer Menge D genau eine reelle Zahl $f(x)$ zuordnet.

*Für $h > 0$ betrachtet man das Intervall $[x_0; x_0 + h]$.*

*Für $h < 0$ betrachtet man das Intervall $[x_0 + h; x_0]$.*

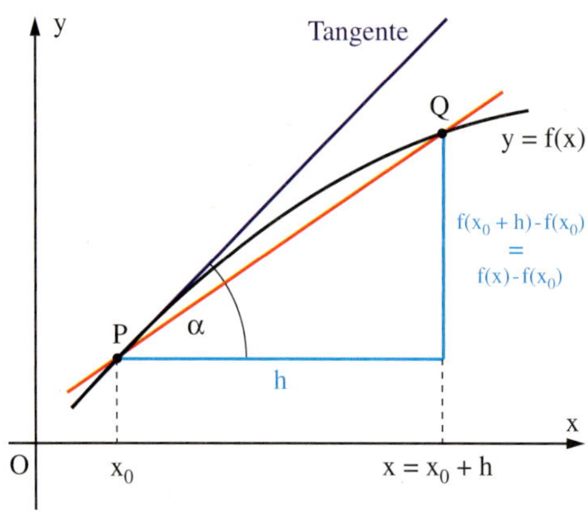

Fig. 2

Das Änderungsverhalten einer Funktion f auf einem Intervall $[x_0; x_0 + h]$ (Fig. 2) kann beschrieben werden durch die mittlere Änderungsrate $m(h) = \frac{f(x_0 + h) - f(x_0)}{h}$. Diesen Term nennt man auch **Differenzenquotient**. Er gibt die Steigung der Geraden durch die Punkte $P(x_0|f(x_0))$ und $Q(x_0 + h|f(x_0 + h))$ an. Hat der Differenzenquotient für $h \to 0$ einen Grenzwert, so heißt f an der Stelle $x_0$ **differenzierbar**. Diesen Grenzwert nennt man die momentane Änderungsrate oder die **Ableitung** von f an der Stelle $x_0$ und schreibt dafür $f'(x_0)$.

Setzt man $x = x_0 + h$, so hat der Differenzenquotient die Form $m(x) = \frac{f(x) - f(x_0)}{x - x_0}$. Die Ableitung $f'(x_0)$ erhält man nun als Grenzwert für $x \to x_0$.

Die Gerade t durch den Punkt $P(x_0|f(x_0))$ mit der Steigung $f'(x_0)$ heißt **Tangente** an den Graphen von f im Punkt P. Für den Steigungswinkel α der Geraden t gilt: $\tan(\alpha) = f'(x_0)$.

Ordnet man jeder Stelle $x_0$, an der f differenzierbar ist, die Ableitung $f'(x_0)$ zu, so erhält man die **Ableitungsfunktion** f′ der Funktion f.

Für die Ableitung der Funktion f an der Stelle $x_0$ gilt $\quad \mathbf{f'(x_0) = \lim\limits_{h \to 0} \frac{f(x_0 + h) - f(x_0)}{h}}$

oder mit $x = x_0 + h$ $\quad \mathbf{f'(x_0) = \lim\limits_{x \to x_0} \frac{f(x) - f(x_0)}{x - x_0}}$.

*Wichtige Funktionen und ihre Ableitungsfunktionen*

| $f(x)$ | $f'(x)$ |
|---|---|
| $c\ (c \in \mathbb{R})$ | $0$ |
| $x$ | $1$ |
| $x^2$ | $2x$ |
| $x^3$ | $3x^2$ |
| $\frac{1}{x}$ | $-\frac{1}{x^2}$ |
| $\frac{1}{x^2}$ | $-\frac{2}{x^3}$ |
| $\sqrt{x}$ | $\frac{1}{2\sqrt{x}}$ |
| $\sin(x)$ | $\cos(x)$ |
| $\cos(x)$ | $-\sin(x)$ |

Mithilfe des Differenzenquotienten kann nicht nur für jede differenzierbare Funktion f und jede Stelle $x_0 \in D_f$ die Ableitung $f'(x_0)$ berechnet werden, sondern es können auch Ableitungsregeln bewiesen werden. Solche Regeln ermöglichen häufig eine wesentlich schnellere Bestimmung der Ableitung als über den Differenzenquotienten.

| | | |
|---|---|---|
| Für $f(x) = x^z$ $(z \in \mathbb{Z}\setminus\{0\})$ gilt: | $\mathbf{f'(x) = z \cdot x^{z-1}}$. | **Potenzregel** |
| Für $f(x) = g(x) + h(x)$ gilt: | $\mathbf{f'(x) = g'(x) + h'(x)}$. | **Summenregel** |
| Für $f(x) = c \cdot g(x)$ mit $c \in \mathbb{R}$ gilt: | $\mathbf{f'(x) = c \cdot g'(x)}$. | **Faktorregel** |

Mithilfe der Ableitung einer Funktion f lassen sich Extremstellen von f bestimmen.
Notwendige Bedingung für eine innere Extremstelle ist $f'(x) = 0$.
Hinreichende Bedingungen für eine innere Extremstelle $x_0$ kann man mit einem Vorzeichenwechsel von $f'(x)$ oder unter Verwendung der zweiten Ableitung formulieren.

*Notwendige Bedingung für eine Extremstelle:* *$f'(x_0) = 0$.*

*1. hinreichende Bedingung für lokales Maximum (lokales Minimum):* *$f'(x_0) = 0$ und $f'(x)$ hat bei $x_0$ einen VZW von + nach – (von – nach +).*

*2. hinreichende Bedingung für lokales Maximum (lokales Minimum):* *$f'(x_0) = 0$ und $f''(x_0) < 0$ ($f''(x_0) > 0$).*

*Notwendige Bedingung für eine Wendestelle:* *$f''(x_0) = 0$.*

*1. hinreichende Bedingung für eine Wendestelle:* *$f''(x_0) = 0$ und $f''(x)$ hat bei $x_0$ einen VZW.*

*2. hinreichende Bedingung für eine Wendestelle:* *$f''(x_0) = 0$ und $f'''(x_0) \neq 0$*

Wichtigstes Hilfsmittel bei der Untersuchung des Krümmungsverhaltens des Graphen einer im Intervall I differenzierbaren Funktion ist der sog. Monotoniesatz:
Ist $f'(x) > 0$ ($f'(x) < 0$) in einem Intervall I, dann ist f streng monoton zunehmend (abnehmend) in I.
Wendet man diesen Satz auf die 2. Ableitung einer Funktion an, ergibt sich:
Ist $f''(x) > 0$ ($f''(x) < 0$) in I, dann ist $f'$ streng monoton zunehmend (abnehmend) in I.
Wenn aber $f'$ streng monoton zunehmend (abnehmend) in I ist, handelt es sich bei dem Graphen von f um eine Linkskurve (Rechtskurve).
Eine innere Stelle $x_0$ von I heißt Wendestelle von f, wenn im zugehörigen Punkt der Graph von einer Linkskurve in eine Rechtskurve übergeht oder umgekehrt.
Bei einem solchen Übergang hat $f'$ bei $x_0$ einen lokalen Extremwert (Fig. 1).
Wendestellen einer Funktion f können also als lokale Extremstellen der Ableitungsfunktion $f'$ ermittelt werden.

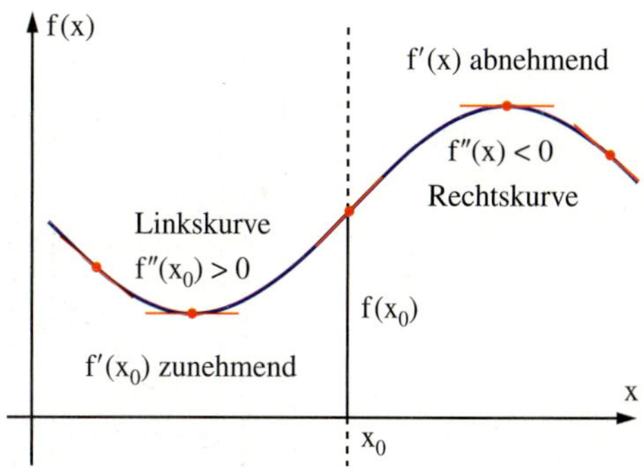

Fig. 1

Bei Anwendungen kann der Begriff der Ableitung häufig als momentane Änderungsrate einer Größe interpretiert werden. So hat bei einem Bewegungsvorgang die mittlere Änderungsrate $\frac{s(t) - s(t_0)}{t - t_0}$ des Weges s die Bedeutung einer mittleren Geschwindigkeit im Intervall $[t_0; t]$, der zugehörige Grenzwert für $t \to t_0$ die einer Momentangeschwindigkeit zur Zeit $t_0$.

| Größe | Momentane Änderungsrate der Größe |
|---|---|
| Weg s in $[t_1; t_2]$ | Geschwindigkeit v |
| Geschwindigkeit v | Beschleunigung a |
| Länge L in $[t_1; t_2]$ | Wachstumsgeschwindigkeit w |
| Schadstoffausstoß E in $[t_1; t_2]$ | Momentaner Schadstoffausstoß e |
| Durchflussmenge D in $[t_1; t_2]$ | Momentane Durchflussmenge d |

Wird die Zeit t in Sekunden und der Weg s in Meter gemessen, hat die mittlere Änderungsrate von s die Einheit $\frac{m}{s}$. Die Momentangeschwindigkeit als Grenzwert dieser Änderungsraten hat dann ebenfalls die Einheit $\frac{m}{s}$. Dies gilt allgemein: Die mittlere Änderungsrate einer Größe und der zugehörige Grenzwert haben immer die gleiche Einheit.

*Die Temperatur nimmt beim Vorheizen zu, aber mit abnehmender Intensität (vgl. Fig. 1).*

**Beispiel 1:** (Interpretation einer Ableitung)
Ein Herd wird zum Backen vorgeheizt, bis er eine vorgesehene Endtemperatur erreicht hat. Die Temperatur im Herd (in °C) in Abhängigkeit von der Zeit t (in Minuten) kann durch eine Funktion $T: t \mapsto T(t)$ beschrieben werden.
a) Welches Vorzeichen hat $T'(t)$? Skizzieren Sie einen möglichen Graphen von T.
b) Interpretieren Sie die Aussagen $T(5) = 80$ und $T'(10) = 2$.
Lösung:
a) Da die Temperatur während des Vorheizens immer zunimmt, ist $T'(t) > 0$.
Fig. 1 zeigt einen möglichen Graphen von T.
b) Die Aussage $T(5) = 80$ besagt:
Fünf Minuten nach dem Beginn des Vorheizens beträgt die Temperatur im Herd 80 °C.
Die Aussage $T'(10) = 2$ besagt:
Zehn Minuten nach dem Beginn des Vorheizens beträgt die momentane Temperaturzunahme 2 °C pro Minute, d. h., bei gleichbleibender Temperaturzunahme würde die Temperatur in der nächsten Minute um 2 °C zunehmen.

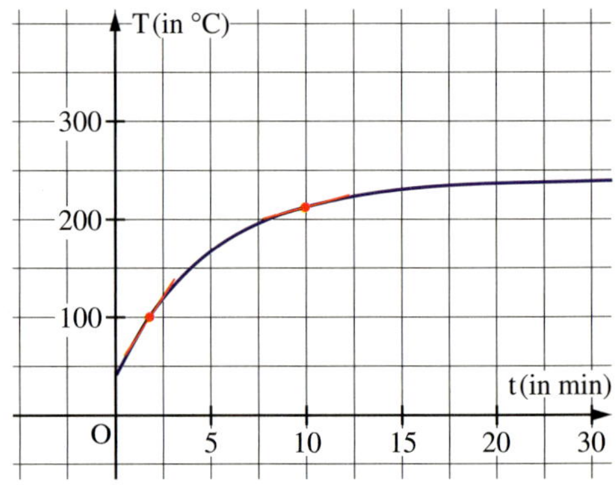

Fig. 1

**Beispiel 2:** (Bedeutung von $f'(x)$ und $f''(x)$)
Gegeben ist der Graph einer Funktion f mit den markierten Punkten A, B , C, D und E (vgl. Fig. 2). Für welche dieser Punkte gilt:
a) $f'(x)$ und $f''(x)$ sind ungleich null und haben das gleiche Vorzeichen?
b) Mindestens zwei von $f(x)$, $f'(x)$ und $f''(x)$ sind null?
Lösung:
a) In den Punkten B, C und D ist $f'(x) = 0$.
In A sind $f'(x) < 0$ und $f''(x) > 0$ (Linkskurve); in E sind $f'(x) < 0$ und $f''(x) < 0$ (Rechtskurve)
Die Bedingungen sind nur in E erfüllt.
b) In B gilt: $f(x) = 0$ und $f'(x) = 0$;
in D gilt: $f'(x) = 0$ und $f''(x) = 0$;
in C gilt: $f(x) \neq 0$, $f'(x) = 0$ und $f''(x) < 0$.
Die Bedingungen sind nur in B und D erfüllt.

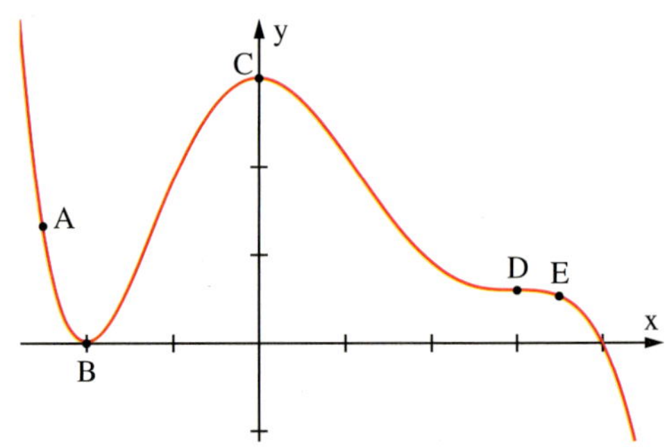

Fig. 2

## Aufgaben

**2** a) Die Funktion $s: t \mapsto s(t)$ (t in Sekunden; s(t) in Meter) beschreibt den zurückgelegten Weg eines Körpers vom Startpunkt ($t = 0$).
Interpretieren Sie $s(3) = 45$, $s'(3) = 15$ und $s''(3) = 10$. Geben Sie jeweils die Einheit an.
b) Die Funktion $f: t \mapsto f(t)$ (t in Jahren; f(t) in Millionen) beschreibt die Zahl der Einwohner in Deutschland seit dem Jahr 1995.
Interpretieren Sie $f(5) = 82{,}0$ und $f'(6) = -0{,}1$. Geben Sie jeweils die Einheit an.
c) Die Funktion $g: x \mapsto g(x)$ beschreibt die Baukosten (in €) eines Gebäudes in Abhängigkeit vom umbauten Raum (in $m^3$).
Interpretieren Sie $g(300) = 100\,000$ und $g'(300) = 500$. Geben Sie jeweils die Einheit an.

**3** Zeichnen Sie den Graphen einer Funktion f mit den angegebenen Bedingungen. Was lässt sich über die Vorzeichen von $f'(x)$ und $f''(x)$ sagen?

a) Der Graph ist für alle $x \in \mathbb{R}$ eine Linkskurve und streng monoton steigend.
b) Der Graph ist für alle $x \in \mathbb{R}$ eine Rechtskurve und streng monoton steigend.
c) Der Graph ist für alle $x \in \mathbb{R}$ eine Linkskurve und streng monoton fallend.
d) Der Graph ist für alle $x \in \mathbb{R}$ eine Rechtskurve und streng monoton fallend.

**4** Gegeben ist der Graph einer Funktion f. Notieren Sie, ob $f(x)$, $f'(x)$ und $f''(x)$ in den markierten Punkten positiv, negativ oder null ist.

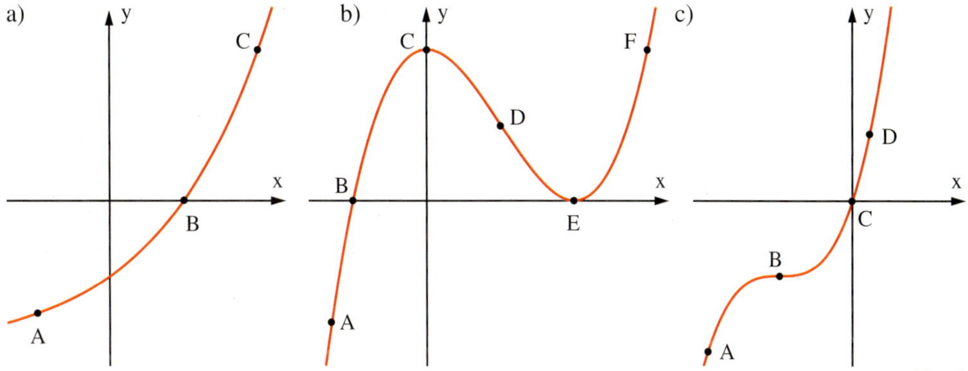


Fig. 1

**5** Fig. 2 zeigt den Graphen der Ableitungsfunktion f′ einer Funktion f im Intervall $0 \leqq x \leqq 5$. Ermitteln Sie die Extremstellen und die Wendestellen von f.
Begründen Sie Ihre Antworten.

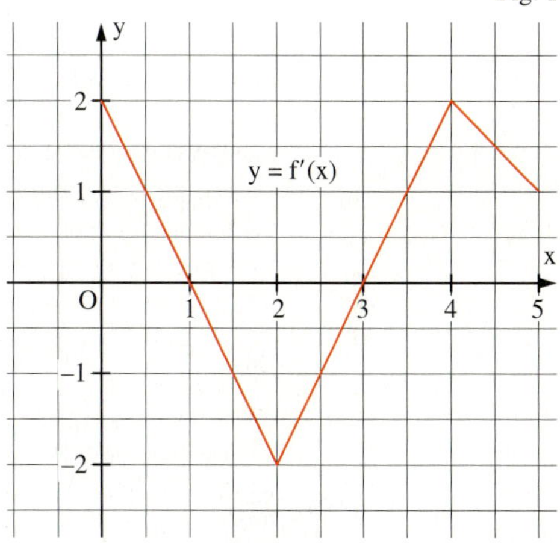


Fig. 2

**6** Eine Badewanne wird mit Wasser gefüllt. Nach dem Baden wird der Stöpsel gezogen und die Wanne läuft leer.
a) Skizzieren Sie für die Wassermenge in der Wanne in Abhängigkeit von der Zeit einen möglichen Graphen.
b) Was lässt sich über die Ableitung der zugehörigen Funktion in den einzelnen Zeitabschnitten sagen?

**7** Die Funktion f mit der Definitionsmenge D erfüllt die angegebenen Bedingungen. Skizzieren Sie einen möglichen Graphen von f.

a) $f(1) = 2,\ f'(1) = 0,\ f''(x) > 0$ für alle $x \in D$
b) $f(3) = 1,\ f'(3) = 1,\ f''(x) < 0$ für alle $x \in D$

**8** Eine stetige Funktion f mit der Definitionsmenge $\mathbb{R}$ hat folgende Eigenschaften:
(1) $f'(x) > 0$ für alle $x \in \mathbb{R}$, (2) $f''(x) < 0$ für alle $x \in \mathbb{R}$, (3) $f(3) = 1$, (4) $f'(3) = \frac{1}{2}$.

a) Skizzieren Sie einen möglichen Graphen von f im Intervall $-2 \leqq x \leqq 6$.
b) Geben Sie das Verhalten von $f(x)$ für $x \to -\infty$ an.
c) Wie viele Nullstellen hat f? Was kann man über deren Lage aussagen?
d) Ist $f'(1) = 1$ möglich? Ist $f'(1) = \frac{1}{4}$ möglich?
Begründen Sie Ihre Antworten.

# 2 Funktionsuntersuchungen mit dem GTR

**1** Nennen Sie notwendige und hinreichende Kriterien für Extrem- bzw. Wendestellen. Wie kann man mit Ihrem GTR eine Funktion auf Wendestellen untersuchen?

Bei der Untersuchung einer gegebenen Funktion möchte man einen Überblick über die wichtigsten Eigenschaften der Funktion und des zugehörigen Graphen erhalten.
Dabei interessieren insbesondere:

| | |
|---|---|
| Symmetrie; | Periodizität; |
| Schnittpunkte mit den Koordinatenachsen; | Extrem- und Wendepunkte; |
| Verhalten für $x \to \infty$ und $x \to -\infty$; | Asymptoten. |

Nicht alle diese Eigenschaften sind bei einer zu untersuchenden Funktion vorhanden. So haben z. B. die Graphen ganzrationaler Funktionen keine Asymptoten. Hingegen treten diese häufig bei Graphen von Funktionen auf, deren Term die Variable x im Nenner aufweist.
Das Auftreten einer Periode ist kennzeichnend für Sinus- und Kosinusfunktionen.
Wird bei einer Funktionsuntersuchung kein GTR verwendet, zeichnet man den Graphen erst nach Kenntnis charakteristischer Punkte wie z. B. Extrem- oder Wendepunkte.
Bei Verwendung des GTR ist das Vorgehen anders:
Man wird mit dem Zeichnen des Graphen beginnen. Für die Wahl der Fenstereinstellung sind Kenntnisse über Eigenschaften der Funktionenklasse hilfreich, zu der die vorgegebene Funktion gehört.

**Beispiel 1:** (Wahl des Fensters)
Gegeben ist die Funktion f mit $f(x) = x^3 + 12x^2 - 20$. Stellen Sie den Graphen von f in einem geeigneten Fenster dar. Welche Überlegungen führen zu Ihrer Lösung?
Lösung:

Fenster 1:

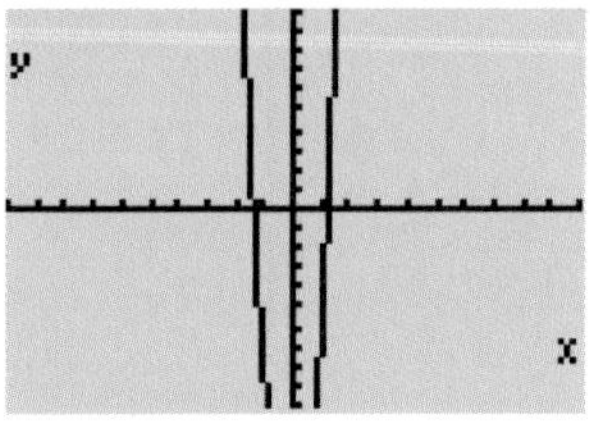


[−10; 10] x [−10; 10]
Xscl = 1; Yscl = 1

Fenster 2:

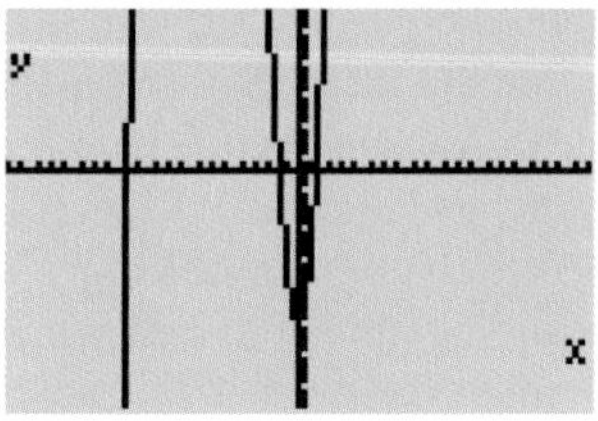


[−20; 20] x [−30; 20]
Xscl = 1; Yscl = 1

Fenster 3:

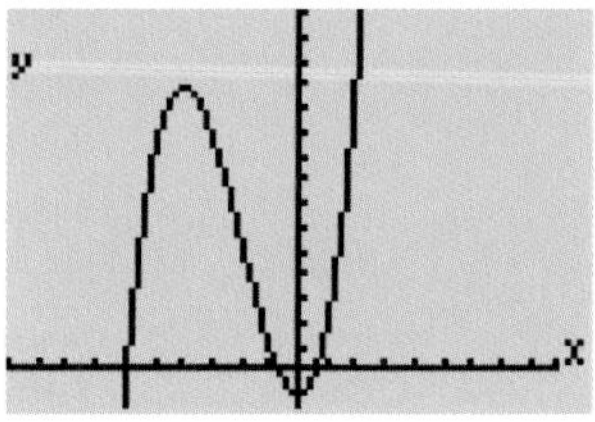


[−20, 20] x [−30; 300]
Xscl = 2; Yscl = 20

Der Graph im Fenster 1 (Standardfenster) zeigt nur zwei der drei möglichen Schnittpunkte mit der x-Achse bei einer ganzrationalen Funktion vom Grad 3.
Deshalb wurden im Fenster 2 die Ausschnitte vergrößert.
Um wichtige Teile des Graphen zu erkennen, wurde im Fenster 3 der y-Ausschnitt im positiven Bereich nochmals vergrößert; zur besseren Übersicht wurden die Markierungen auf den Achsen nicht so eng gesetzt.
Um die Fläche besser auszunutzen, wurde im Fenster 4 der x-Ausschnitt nochmals verändert.

Fenster 4:

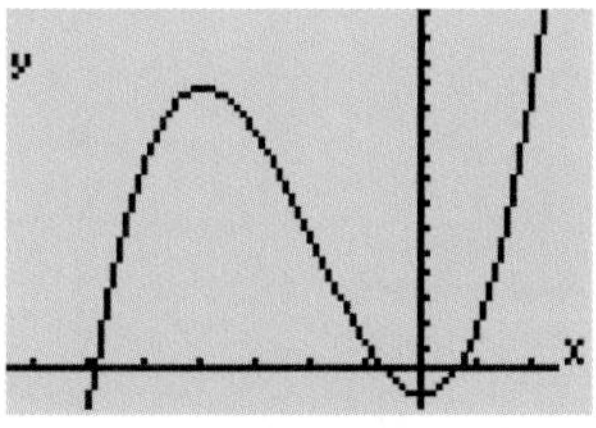


[−15; 5] x [−30; 300]
Xscl = 2; Yscl = 20

**Beispiel 2:** (Funktionsuntersuchung mit dem GTR)
Untersuchen Sie mit dem grafikfähigen Taschenrechner den Graphen der Funktion f mit $f(x) = 4x^4 - 7x^2 + 4x + 6$.
Lösung:

**1. Graph:**
Fig. 1 zeigt den Graphen bei Standardeinstellung des Fensters. Als ganzrationale Funktion vom Grad 4 hat der Graph maximal zwei Wendepunkte. Fig. 1 zeigt also schon alle charakteristischen Punkte, die aber bei der Einstellung von Fig. 2 deutlicher sichtbar werden.

**2. Eigenschaften des Graphen:**
Der Graph der Funktion f hat zwei Schnittpunkte mit der x-Achse, einen Hochpunkt und zwei Tiefpunkte sowie zwei Wendepunkte. Am Funktionsterm erkennt man, dass $S(0|6)$ der Schnittpunkt mit der y-Achse ist.

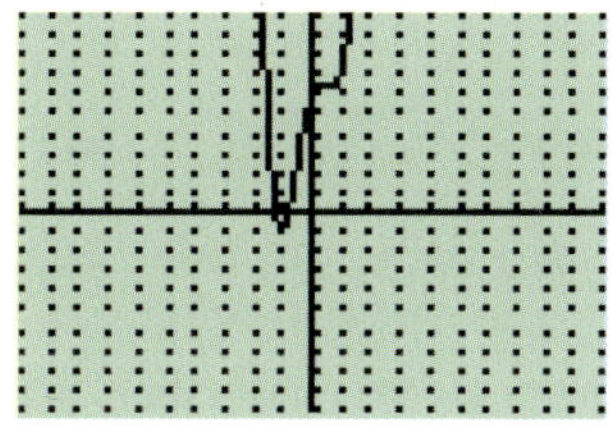
[–10; 10] x [–10; 10] Fig. 1

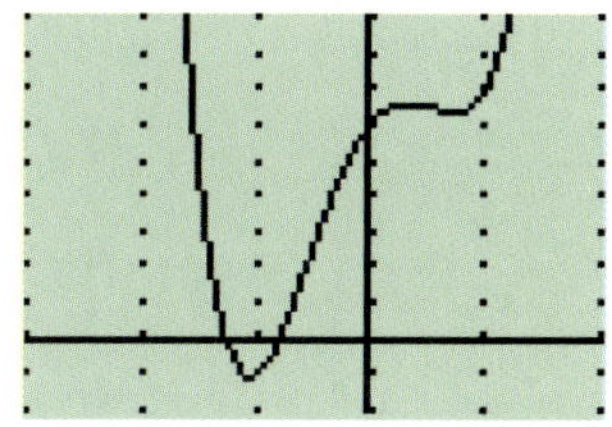
[–3; 2] x [2; –9] Fig. 2

**3. Schnittpunkte mit der x-Achse:**
Mithilfe des zero-Befehls (Fig. 3) erhält man näherungsweise (Fig. 4): $N_1(-1{,}27|0)$.
Als weiteren Schnittpunkt mit der x-Achse erhält man: $N_2(-0{,}79|0)$.

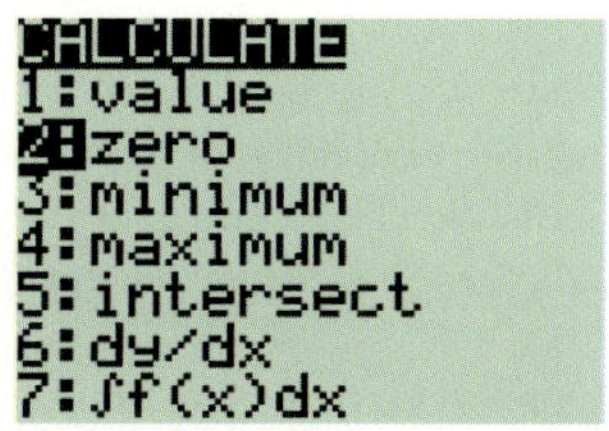

Fig. 3

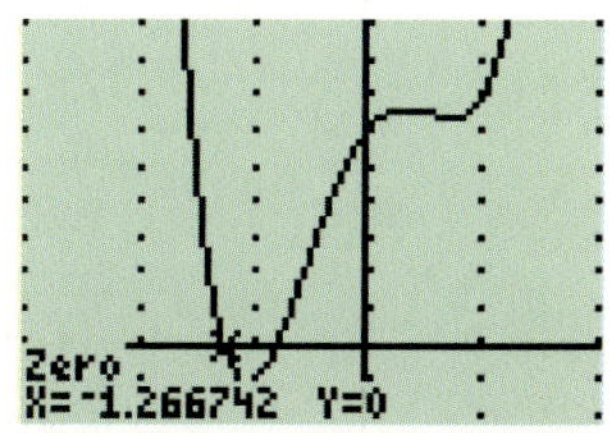

Fig. 4

**4. Extrempunkte:**
Mithilfe des minimum-Befehls erhält man näherungsweise : $T_1(-1{,}05|-1{,}06)$ (Fig. 5), $T_2(0{,}73|6{,}33)$.
Mit dem maximum-Befehl ergibt sich: $H(0{,}32|6{,}61)$.

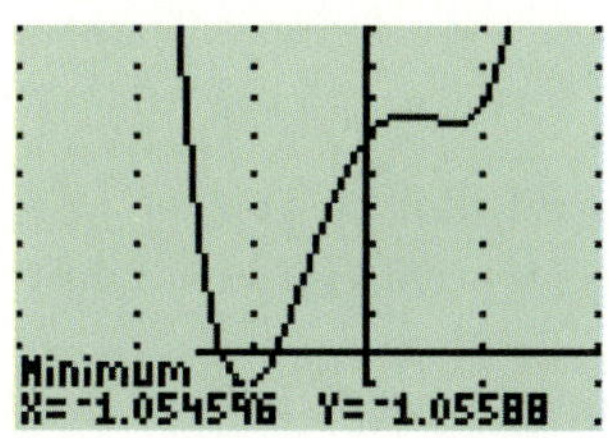

Fig. 5

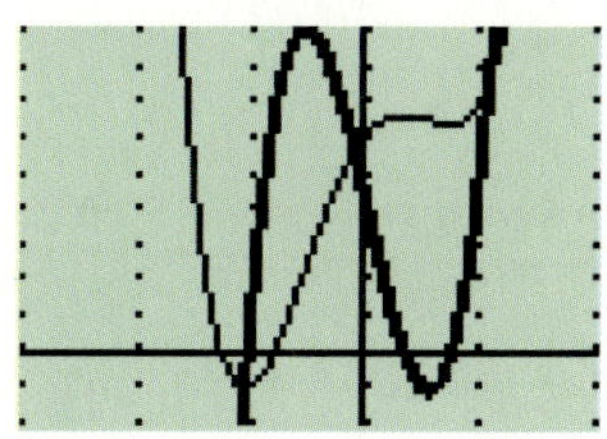
Fig. 6

Fig. 6 enthält zusätzlich den Graphen der 1. Ableitung: $Y_2 = \text{nDeriv}(Y_1,X,X)$.
Mit ihr lässt sich der Vorzeichenwechsel an den Extremstellen bestätigen.

***Beachten Sie:***
*Die y-Werte der Wendepunkte müssen mit Y1(...) noch berechnet werden.*

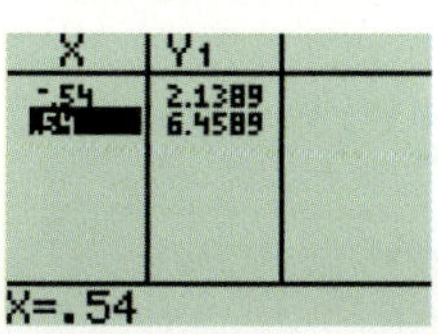


**5. Wendepunkte:**
Wendestellen kann man ermitteln, indem man (Fig. 7) $Y_2$ auf Extremstellen (Fig. 8) und die 2. Ableitung $Y_3 = \text{nDeriv}(Y_2,X,X)$ auf Vorzeichenwechsel untersucht: $W_1(-0{,}54|2{,}14)$; $W_2(0{,}54|6{,}46)$.

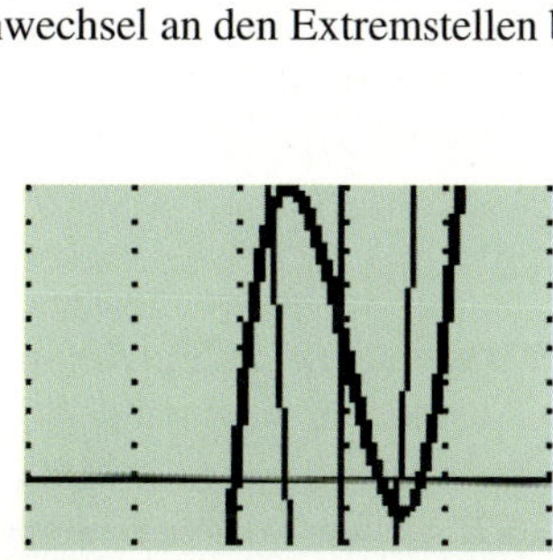
Fig. 7

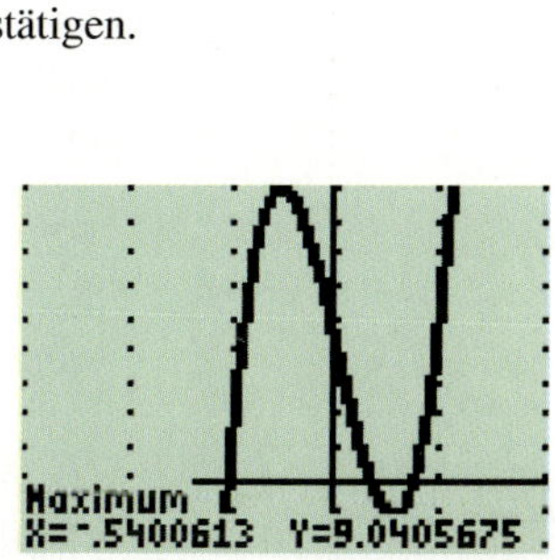

Fig. 8

## Aufgaben

**2** Zeichnen Sie mit dem GTR den Graphen der Funktion f mit $f(x) = x^4 - 3x^3 + x^2 - 1$ in den angegebenen Fenstern. Geben Sie Vor- und Nachteile des jeweiligen Fensters an.

| Fenster 1: | Fenster 2: | Fenster 3: |
|---|---|---|
| $-5 \leqq x \leqq 5$; Xscl = 1 | $-0{,}5 \leqq x \leqq 0{,}5$; Xscl = 0,1 | $1{,}5 \leqq x \leqq 2{,}5$, Xscl = 0,1 |
| $-10 \leqq y \leqq 10$; Yscl = 1 | $-1{,}2 \leqq y \leqq -0{,}8$; Yscl = 0,1 | $-6 \leqq y \leqq -4$; Yscl = 0,2 |

*Wie können Sie mit Ihrem GTR die eventuell vorhandene Symmetrie eines Graphen überprüfen?*

**3** Untersuchen Sie den Graphen der Funktion f mit dem GTR.
a) $f(x) = -x^3 + 25x + 15$  b) $f(x) = 3x^5 - 5x^3 + 2x$
c) $f(x) = x^4 - 3x^2 + x$  d) $f(x) = 200 - 10x^2 + 0{,}02x^3$

**4** a) $f(x) = 2^x - x^2$  b) $f(x) = x^3 - 3^x$  c) $f(x) = 0{,}5 \cdot 3^x - 2^x$

**5** a) $f(x) = \frac{1}{x^2+9}$  b) $f(x) = \frac{x}{x^2+9}$  c) $f(x) = \frac{x+6}{x-9}$

**6** a) Zeichnen Sie ohne Verwendung des GTR Graphen der Funktion f mit $f(x) = |x - c|$ für verschiedene Werte von $c \in \mathbb{R}$. Überprüfen Sie Ihre Ergebnisse mit dem GTR.
b) Zeichnen Sie den Graphen der Funktion g mit $g(x) = |x - 1| + |x - 2|$ und überprüfen Sie diesen mit dem GTR.

**7** Gegeben sind die Funktionen f und g mit $f(x) = 2^x$ bzw. $g(x) = x^4$.
a) Zeichnen Sie Graphen von f und g bei verschiedenen Fenstereinstellungen.
Welche Funktion wächst schneller für große Werte von x?
b) Ermitteln Sie die Koordinaten des Schnittpunktes S der beiden Graphen.

**8** Nennen Sie verschiedene Möglichkeiten, wie man mit dem GTR einen Näherungswert für die Lösung einer Gleichung ermitteln kann.
Führen Sie diese Möglichkeiten durch für die Gleichung
a) $3x^3 + 3x^2 - 7x = -5$  b) $\sqrt{x} = x - 5$  c) $2^x + x^3 - x - 4 = 0$
d) $\frac{5x}{x^2+4} = x + 1$  e) $\sin(x) + \frac{1}{x} - 4 = 0$  f) $\cos(x) = x^2 - \frac{1}{x}$.

**9** Gegeben ist die Funktion f. Berechnen Sie $f'(x_0)$ mit dem GTR.
a) $f(x) = 2x^4 + x^3 - 1$; $x_0 = 1$  b) $f(x) = \frac{1}{2} \cdot 3^x$; $x_0 = -1$  c) $f(x) = x - 3 + \frac{2}{x}$; $x_0 = -3$

**10** Gegeben ist die Funktion f. Berechnen Sie mit dem GTR die Stelle, an denen die Funktion f die Steigung m hat.
a) $f(x) = x^4 - 2x + 4$; $m = 1{,}5$  b) $f(x) = \frac{1}{x} - x^4 - 2$; $m = 2{,}5$  c) $f(x) = -\frac{2}{x^2} + x$; $m = -1$

**11** Gegeben ist die Funktion f. Skizzieren Sie mithilfe des GTR Graphen von f und f′ in ein gemeinsames Koordinatensystem.
a) $f(x) = x^3 - 2x^2 + 1$  b) $f(x) = 2 \cdot \sqrt{x} - x$  c) $f(x) = \frac{1}{x} + 2$

**12** a) Gegeben ist eine Funktion f und ein Punkt P auf der x-Achse. Von P aus soll die Tangente an den Graphen von f gezeichnet werden. Beschreiben Sie anhand einer Figur ein Verfahren zur Bestimmung des Berührpunktes.
b) Führen Sie das Verfahren mit dem GTR durch für den Punkt $P(1|0)$ und die Funktion f mit $f(x) = \frac{1}{4}x^3 - x^2 + x + 1$.
c) Wie ändert sich Ihr Verfahren, wenn der Punkt P nicht auf der x-Achse liegt?
Führen Sie die Rechnungen durch für $P(1|2)$ und der Funktion f aus Teilaufgabe b).

**13** Gegeben ist die Funktion f mit $f(x) = \frac{6}{x^2+2}$.

a) Zeichnen Sie mithilfe des GTR einen Graphen von f.

b) Ermitteln Sie die Gleichungen der Tangente und der Normale im Punkt $P(1|?)$ ohne GTR. Überprüfen Sie die Ergebnisse mit dem GTR.
Welche Winkel schließen die Tangente und die Normale jeweils mit der x-Achse ein?

c) Der Graph von f schneidet den Graphen der Funktion g mit $g(x) = 2 - x^3$ im Punkt S. Ermitteln Sie mit dem GTR die Koordinaten von S.

**14** Für welchen Punkt Q auf dem Graphen der Funktion f mit $f(x) = \sqrt{x}$ ist der Abstand zum Punkt $P(1|2)$ am kleinsten?

**15** Fig. 1 zeigt die gegenseitige Lage der Orte A, B und C. Im Punkt P soll eine gemeinsame Kläranlage gebaut werden. Wie ist P zu wählen, damit die Leitungen möglichst kurz werden?

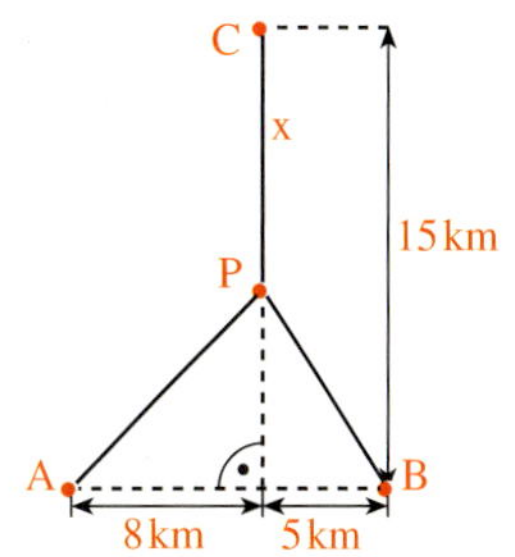

Fig. 1

**16** Ein Mann befindet sich im Punkt A am Ufer eines Flusses und möchte in kürzester Zeit zum Punkt C auf der anderen Seite (Fig. 2). Mit einem Boot legt er pro Minute 90 Meter zurück, zu Fuß auf der Gegenseite des Flusses sind es pro Minute 150 Meter. Welchen Punkt P sollte er ansteuern (ohne Berücksichtigung der Fließgeschwindigkeit des Wassers)?

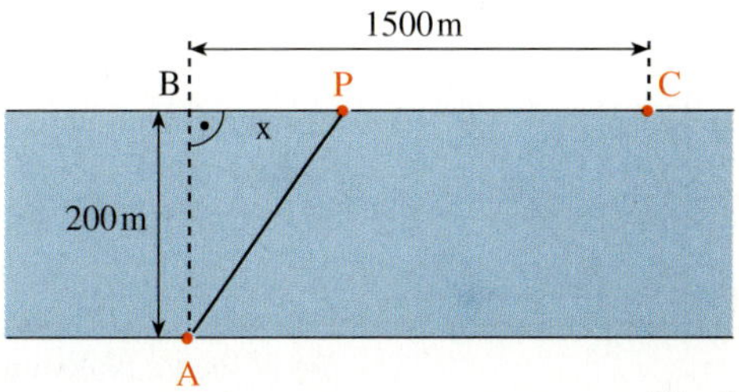

Fig. 2

**17** Ein rechteckiger Raum (Fig. 3) hat eine Wand von 10 m Länge. Die gegenüberliegende Wand mit der Mitte M hat den Abstand d (in m). In den Ecken A und B sind zwei Lampen gleicher Leuchtintensität angebracht. Eine lichtempfindliche Pflanze soll im Punkt P (auf Lampenhöhe) so platziert werden, dass sie möglichst wenig Licht abbekommt.
(Die Lichtintensität I aufgrund einer Lichtquelle ist proportional zur Stärke der Lichtquelle und umgekehrt proportional zum Quadrat des Abstandes von der Lichtquelle.)

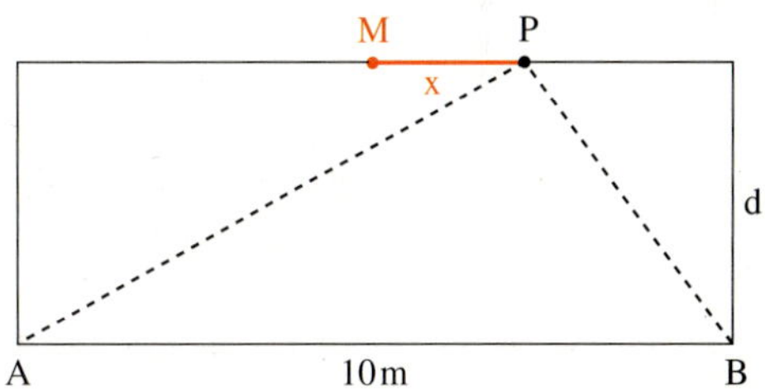

Fig. 3

a) Stellen Sie die Lichtintensität I im Punkt P als Funktion von x mit dem Parameter d auf; setzen Sie dabei den Proportionalitätsfaktor auf 1.

b) Berechnen Sie die Lichtintensität I für $d = 4$; 5; 9; 10 jeweils für $x = 0$; $\pm 1$; $\pm 2$; $\pm 3$; $\pm 4$; $\pm 5$. Welches überraschende Ergebnis gewinnen Sie aus diesen Berechnungen?

c) Zeichnen Sie mit dem GTR Graphen der Funktion I für die Parameter $d = 5$; 6; 8 in ein Darstellungsfenster. Welche Erkenntnis über die Lage von P gewinnen Sie aus diesen Graphen?

d) Zwischen $d = 5$ und $d = 10$ gibt es einen Übergangswert für d, bei dem sich die Lage von P abrupt ändert. Ermitteln Sie hierfür mit dem GTR einen Näherungswert.

e) Den Übergangswert für d kann man ohne Differenzialrechnung exakt berechnen, indem man $I(0) = I(5)$ setzt. Lösen Sie die zugehörige Gleichung.

# 3 Das NEWTON-Verfahren

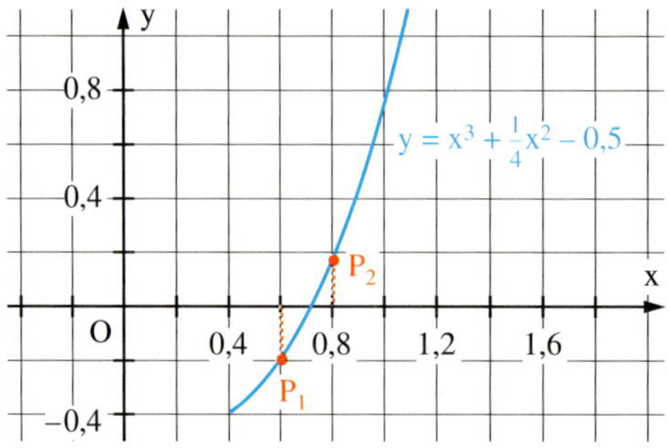


Fig. 1

**1** Gegeben ist die Funktion f mit $f(x) = x^3 + \frac{1}{4}x^2 - 0,5$.

a) Die Punkte $P_1(0,6|-0,194)$ und $P_2(0,8|0,172)$ liegen auf dem Graphen von f. Wie kann man mithilfe der angegebenen Koordinaten einen Näherungswert für die Nullstelle von f ermitteln (Fig. 1)?

b) Welche andere Möglichkeit sehen Sie, einen Näherungswert für die Nullstelle der Funktion f zu bestimmen?

Hat eine Funktion f in einem Intervall eine Nullstelle, erhält man mit dem GTR für diese einen Näherungswert (z. B. mit dem Zero-Befehl). Für die Funktion f mit $f(x) = x^5 - 2x^3 - 2$ ergibt sich $x \approx 1,583$. Im Folgenden wird ein rechnerisches Verfahren dargestellt, wie man einen solchen Näherungswert ermitteln kann.

Bei ganzrationalen Funktionen f kann man relativ einfach feststellen, ob die Gleichung $f(x) = 0$ überhaupt eine Lösung hat und in welchem Intervall die Lösung liegt. Hierzu versucht man zwei Stellen a und b aus der Definitionsmenge $D_f$ zu ermitteln, für die f(a) und f(b) verschiedene Vorzeichen haben (Fig. 2). In diesem Fall hat f in [a; b] mindestens eine Nullstelle.

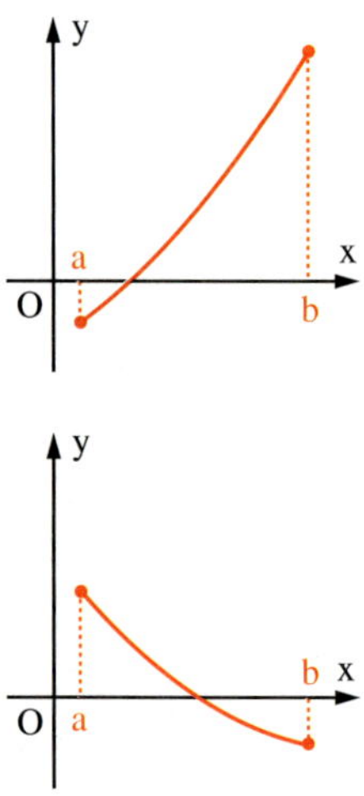


Fig. 2

Es sei $x_0 \in [a; b]$ ein Näherungswert für die gesuchte Nullstelle x* (Fig. 3). Bei dem **NEWTON-Verfahren** ersetzt man in einer Umgebung von $x_0$ den Graphen von f durch die Tangente im Punkt $P_0(x_0|f(x_0))$ und berechnet die Stelle $x_1$, an der die Tangente die x-Achse schneidet. In vielen Fällen ist $x_1$ ein besserer Näherungswert für x* als $x_0$. Wiederholt man dieses Verfahren, erhält man (unter gewissen Voraussetzungen) eine Folge $x_0, x_1, x_2 \dots$ von immer besseren Näherungswerten für x*.

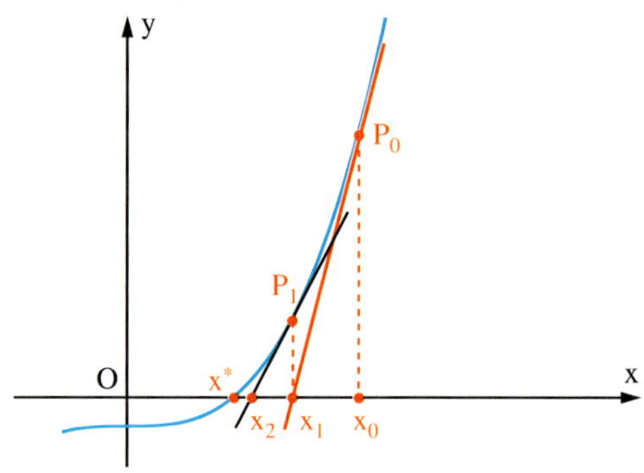


Fig. 3

Diese geometrischen Überlegungen führen zu den folgenden Schritten.

1) Aufstellung der Gleichung der Tangente im Punkt $P_0$:
Ist f differenzierbar, so ergibt sich als Gleichung der Tangente in $P_0$: $y = f(x_0) + f'(x_0)(x - x_0)$.

2) Berechnung der Stelle, an der die Tangente die x-Achse schneidet:
Aus $f(x_0) + f'(x_0)(x - x_0) = 0$ mit $f'(x_0) \neq 0$ folgt $x = x_0 - \frac{f(x_0)}{f'(x_0)}$. Diesen x-Wert bezeichnet man mit $x_1$.

Mit $x_1$ als neuem Startwert lassen sich die Schritte 1) und 2) wiederholen, usw.

*iterare (lat.): wiederholen*

Hat die differenzierbare Funktion f eine Nullstelle, so kann man diese näherungsweise mit dem NEWTON-Verfahren ermitteln. Die Iterationsvorschrift mit dem Startwert $x_0$ lautet:

$$x_{n+1} = x_n - \frac{f(x_n)}{f'(x_n)}, \quad n \in \mathbb{N}.$$

**Beispiel 1:** (Kettenregel)
Leiten Sie ab und vereinfachen Sie das Ergebnis. Berechnen Sie f′(2) und überprüfen Sie das Ergebnis mit dem GTR.

a) $f(x) = (5-3x)^4$  b) $f(x) = \sin\left(x+\frac{\pi}{2}\right)$  c) $f(x) = \frac{3}{(x^2-1)^2}$

Lösung:

a) f(x) ist eine Potenz.
Damit ist die äußere Funktion $u(v) = v^4$; $u'(v) = 4v^3$;
innere Funktion ist $v(x) = 5-3x$; $v'(x) = -3$.
Ableitung von f:
$f'(x) = u'(v)\cdot v'(x) = 4u^3\cdot(-3) = -12\cdot(5-3x)^3$;
Ableitung an der Stelle 2: $f'(2) = -12\cdot(5-3\cdot 2)^3 = 12$;
der GTR bestätigt mit $f'(2) \approx 12{,}0001$ dieses Ergebnis (vgl. Fig. 2).

Fig. 1

*Zu Beispiel 1b):*
*Wegen* $\sin\left(x+\frac{\pi}{2}\right) = \cos(x)$
*und* $\cos\left(x+\frac{\pi}{2}\right) = -\sin(x)$
*gilt also*
***(cos (x))′ = −sin (x).***

b) f(x) ist eine Sinusfunktion: $u(v) = \sin(v)$; $u'(v) = \cos(v)$;
$v(x) = x+\frac{\pi}{2}$; $v'(x) = 1$;
$f'(x) = u'(v)\cdot v'(x) = \cos\left(x+\frac{\pi}{2}\right)\cdot 1 = \cos\left(x+\frac{\pi}{2}\right) = -\sin(x)$;
$f'(-2) = -\sin(2) \approx -0{,}9093$;
der GTR liefert ebenso $f'(2) \approx -0{,}9093$ (vgl. Fig. 2).

Fig. 2

c) f(x) kann man als 3faches einer Potenz schreiben:
$f(x) = 3\cdot(x^2-1)^{-2}$. Also ist
$u(v) = 3\cdot v^{-2}$, $u'(v) = -6v^{-3}$; $v(x) = x^2-1$, $v'(x) = 2x$;
$f'(x) = -6(x^2-1)^{-3}\cdot 2x = -\frac{12x}{(x^2-1)^3}$;
$f'(2) = -\frac{12\cdot 2}{(2^2-1)^3} \approx -0{,}8889$;
der GTR liefert ebenso $f'(2) \approx -0{,}8889$ (vgl. Fig. 2).

**Beispiel 2:** (Berechnung einer momentanen Änderungsrate)
Nach dem Eintauchen eines Steins in einen ruhig daliegenden See breiten sich die Wellen in konzentrischen Kreisen aus. Bei einem Radius von 4 m wächst der Radius mit einer Rate von $1{,}2\,\frac{m}{s}$. Mit welcher Rate vergrößert sich der Flächeninhalt zu diesem Zeitpunkt?

Lösung:
Der Radius und damit der Flächeninhalt hängt von der Zeit t (in s) ab:

$$A(t) = \pi\cdot[r(t)]^2.$$

Nach der Kettenregel gilt: $A'(t) = 2\pi\cdot r(t)\cdot r'(t)$.
Also folgt: $A'(t) = 2\pi\cdot 4\cdot 1{,}2 \approx 30{,}2$ $\left(\text{in } \frac{m^2}{s}\right)$.

Der Flächeninhalt ändert sich zu dem betrachteten Zeitpunkt mit einer Rate von rund 30,2 Quadratmeter pro Sekunde.

## Aufgaben

**2** Vervollständigen Sie die Tabelle.

| | f(x) = u(v(x)) | v(x) | u(v) | v′(x) | u′(v) | u′(v(x)) | f′(x) |
|---|---|---|---|---|---|---|---|
| | $(5x-1)^3$ | $5x-1$ | $v^3$ | 5 | $3v^2$ | $3(5x-1)^2$ | $15(5x-1)^2$ |
| a) | $(2x+3)^2$ | $2x+3$ | $v^2$ | 2 | $2v$ | $2(2x+3)$ | $4(2x+3)$ |
| b) | $\frac{2}{(2x+1)^2}$ | $2x+1$ | $2v^{-2}$ | 2 | $-4v^{-3} = -\frac{4}{v^3}$ | $-\frac{4}{(2x+1)^3}$ | $-\frac{8}{(2x+1)^3}$ |
| c) | $\cos(2x+1)$ | $2x+1$ | $\cos(v)$ | 2 | $-\sin(v)$ | $-\sin(2x+1)$ | $-2\sin(2x+1)$ |
| d) | $\sqrt{5-x^2}$ | $5-x^2$ | $\sqrt{x}$ | $-2x$ | $\frac{1}{2\sqrt{x}}$ | $\frac{1}{2\sqrt{5-x^2}}$ | $-\frac{2x}{2\sqrt{5-x^2}} = -\frac{x}{\sqrt{5-x^2}}$ |

$f(x) = \sin x$
$f'(x) = \cos x$
$f''(x) = -\sin x$
$f'''(x) = -\cos x$
$f^{IV}(x) = -\sin x$
$f^{V}(x) =$

*Wetten, dass Ihnen dieser Fehler auch einmal unterläuft?*

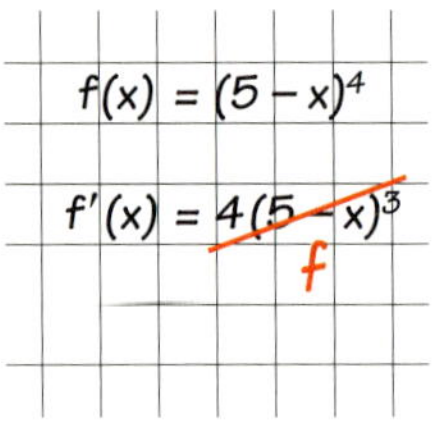


*Eine Teilaufgabe geht auch ohne Kettenregel!*

**3** Leiten Sie ab und vereinfachen Sie das Ergebnis.

a) $f(x) = \left(\frac{1}{3}x + 2\right)^2$ b) $f(x) = \frac{1}{18}(3x + 2)^6$ c) $f(x) = \frac{1}{8}\left(\frac{1}{2} - x^2\right)^7$ d) $f(x) = (3 - x)^2$

e) $f(x) = (x + x^2)^2$ f) $h(x) = (2 - 3x + x^2)^3$ g) $h(x) = (1 - x + x^3)^2$ h) $f(x) = (x\sqrt{2} - x^2)^2$

**4** a) $f(x) = (8x - 7)^{-1}$ b) $f(x) = 2(5 - x)^{-1}$ c) $f(x) = (15x - 3)^{-2}$ d) $f(x) = \left(\frac{1}{2}x - 5x^3\right)^{-3}$

e) $f(x) = \frac{1}{(x-2)^2}$ f) $g(t) = \frac{3}{(5-t)^2}$ g) $f(x) = \frac{1}{2(x-7)^3}$ h) $g(t) = \frac{5}{(t^2-1)^2}$

**5** a) $f(x) = \sqrt{3x}$ b) $f(x) = \sqrt{1 + 2x}$ c) $g(x) = \sqrt{1 - x^2}$ d) $h(r) = \sqrt{7r - r^2}$

**6** a) $f(x) = \sin(2x)$ b) $f(x) = \sin(2x - \pi)$ c) $f(x) = 2\cos(1 - x)$ d) $f(x) = \frac{1}{3}\sin(x^2)$

**7** a) $f(x) = (ax^3 + 1)^2$ b) $f(x) = \frac{3a}{1 + x^2}$ c) $f(x) = \frac{1}{a + bx}$

d) $s(t) = \frac{a}{(bt+1)^2}$ e) $f(x) = \sqrt{ax - 1}$ f) $g(x) = \sqrt{t^2x + 2t}$

g) $f(x) = \sin(ax^2)$ h) $f(x) = \sin((ax)^2)$ i) $f(x) = (\sin(ax))^2$

geht nicht

**8** Leiten Sie zweimal ab.

a) $f(x) = (4x - 7)^3$ b) $f(x) = \frac{3}{5 - x}$ c) $f(x) = \frac{1}{(x-5)^3}$ d) $f(x) = \frac{1}{4}\sin(2x + 1)$

**9** Leiten Sie ab und vereinfachen Sie das Ergebnis. Berechnen Sie die Ableitung an der angegebenen Stelle $x_0$ und überprüfen Sie das Ergebnis mit dem GTR.

a) $f(x) = \left(1 + \sqrt{x}\right)^2;\ x_0 = 25$ b) $f(x) = \left(2\sqrt{x} - x\right)^3;\ x_0 = 16$

c) $f(x) = 2\left(x^2 - 3\sqrt{x}\right)^2;\ x_0 = 9$ d) $f(x) = \frac{1}{(x^3 - x)^2};\ x_0 = 4$

e) $f(x) = x^3 + \sin(3x);\ x_0 = \frac{\pi}{3}$ f) $f(x) = \cos\left(\frac{1}{4} - x\right) + x;\ x_0 = 1$

g) $f(x) = \frac{1}{\sin(x)};\ x_0 = \frac{\pi}{2}$ h) $f(x) = \frac{1}{x^2} + \sin\left(\frac{1}{x}\right);\ x_0 = 2$

i) $f(x) = \sqrt{\sin(x)};\ x_0 = \frac{\pi}{4}$

jo wir schaffen das!

**10** Eine Rohrleitung soll von A nach B verlegt werden. Die Verlegekosten betragen entlang der Straße 300 € pro Meter und über die Straße 500 € pro Meter.

a) Bestimmen Sie den Punkt D so, dass die Kosten der Verlegung von A über D nach B möglichst gering werden (nur notwendige Bedingung).

b) Vergleichen Sie die minimalen Kosten mit den Kosten bei geradliniger Verlegung von A nach B bzw. von A über C nach B.

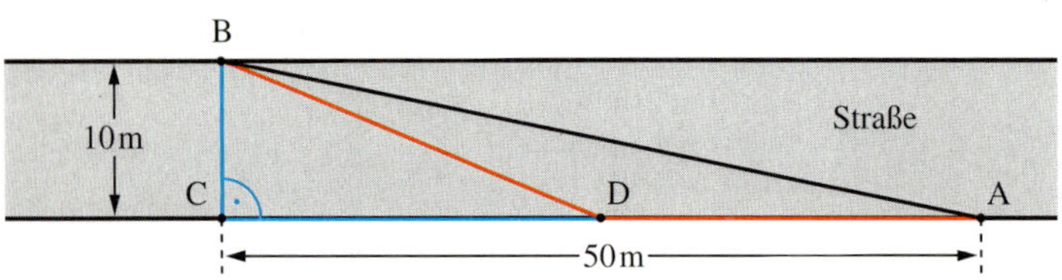


Fig. 1

**11** a) Begründen Sie: Die Funktion f mit $f(x) = g(x^2)$ hat die Ableitung $f'(x) = 2x \cdot g'(x^2)$.

b) Leiten Sie entsprechend ab: $f_1(x) = g(3x)$; $f_2(x) = g(1 - x)$; $f_3(x) = g\left(\frac{1}{x}\right)$.

**12** In einen kegelförmigen Behälter (Fig. 2) mit dem Radius $R = 10\,cm$ und der Höhe $H = 30\,cm$ werden pro Sekunde $20\,cm^3$ Wasser gefüllt. Die Höhe des Wasserspiegels und das Volumen des Wassers im Behälter hängen also von der Zeit t ab.

a) Ermitteln Sie die Zuordnung $h(t) \mapsto V(t)$.

b) Während des Füllvorgangs steigt der Wasserspiegel unterschiedlich schnell. Wie schnell steigt dieser in dem Augenblick, in dem das Wasser im Behälter 5 cm hoch steht?

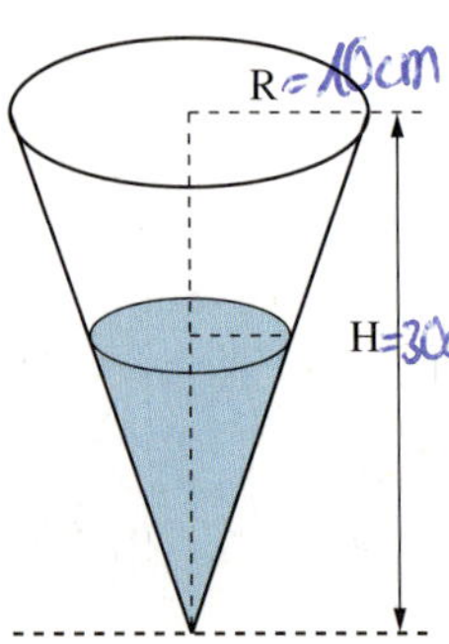


Fig. 2

# 7 Vermischte Aufgaben

**1** Gegeben ist der Graph einer Funktion f. Skizzieren Sie Graphen von f′ und f″.

a) b) c)

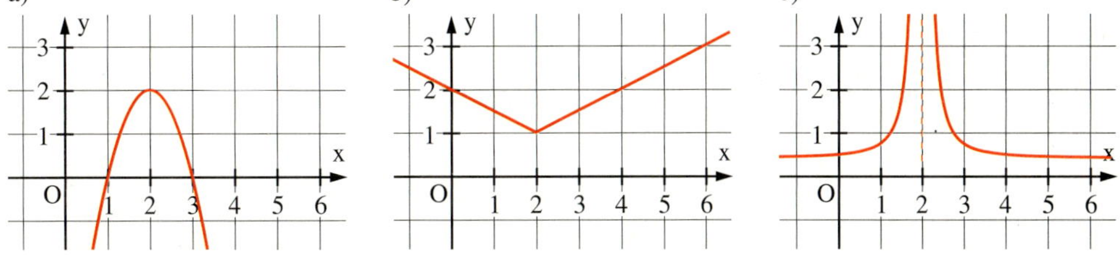


Fig. 1

**2** Fig. 2 zeigt den Graphen von f′ einer Funktion f.

a) Für welche Werte von x hat der Graph von f eine waagerechte Tangente?

b) In welchen Intervallen hat der Graph von f Tangenten mit positiven (negativen) Steigungen?

c) Für welche Näherungswerte von x hat der Graph von f Wendepunkte?

d) Der Graph von f geht durch den Ursprung. Skizzieren Sie einen Graphen von f.

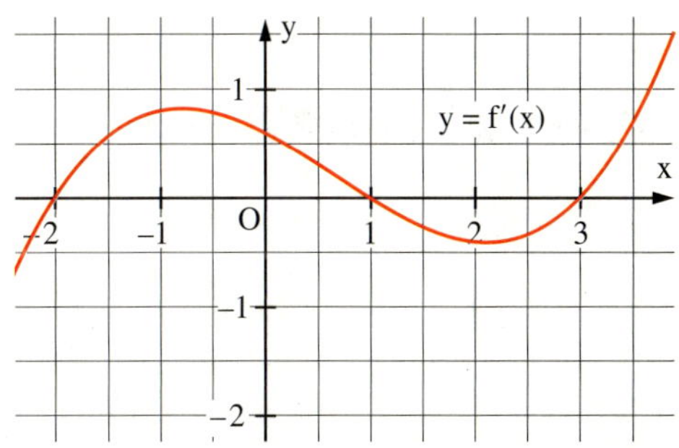


Fig. 2

**3** Für eine Funktion f gilt: $f(1) = 1$ und $f'(1) = 1$. Skizzieren Sie einen möglichen Graphen von f, für den gilt

a) $f'(x) < 1$ für $x < 1$ und $f'(x) > 1$ für $x > 1$
b) $f'(x) > 1$ für $x < 1$ und $f'(x) < 1$ für $x > 1$
c) $f'(x) < 1$ für alle $x \neq 1$
d) $f'(x) > 1$ für alle $x \neq 1$.

**4** Untersuchen Sie den Graphen der Funktion f mit dem GTR.

a) $f(x) = \frac{1}{50} \cdot x^2 \cdot (3x^2 - x + 5)$
b) $f(x) = \frac{1}{20} \cdot x^3 \cdot (x - 4)^2 + 1$
c) $f(x) = \frac{1}{500} \cdot x^3 \cdot (x^2 - 36) - 4$
d) $f(x) = \frac{1}{5} \cdot (x + 2) \cdot [5 - (x - 1)^4]$

**5** Leiten Sie ab.

a) $f(x) = \left(x + \frac{1}{x}\right)^4$
b) $f(x) = \sqrt{x^2 + 1}$
c) $f(x) = \sin(1 + x^3)$
d) $f(x) = \frac{1}{\sin(2x + \pi)}$

**6** Fig. 3 zeigt Graphen der Funktionen f und g. Es sei $h(x) = f(g(x))$ und $k(x) = g(f(x))$. Ermitteln Sie $h'(1)$ und $k'(4)$.

**7** Gegeben ist die Funktion f mit $f(x) = x^3 - 9x^2 - 25x$.

a) Untersuchen Sie ohne den GTR den Graphen von f.

b) In welchen Punkten auf dem Graphen von f geht die Tangente in diesen Punkten durch den Ursprung?

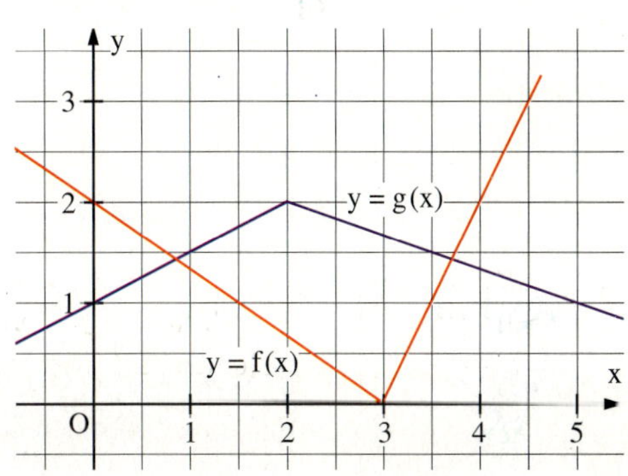


Fig. 3

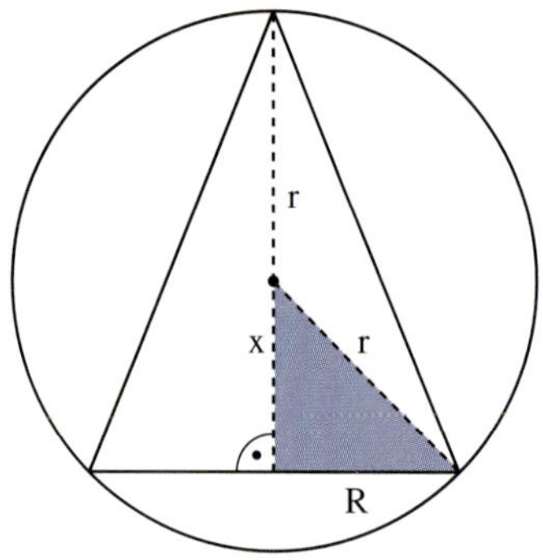

Fig. 1

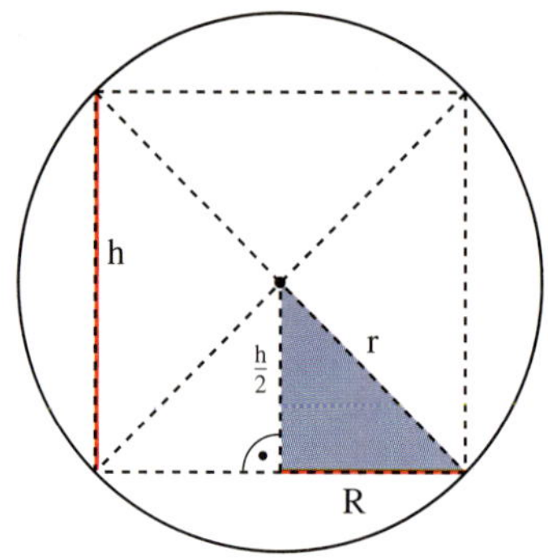

Fig. 2

**8** Einer Kugel mit dem Radius $r = 6$ cm soll ein Kegel einbeschrieben werden (Fig. 1).

a) Zeigen Sie, dass für das Volumen gilt: $V(x) = \frac{1}{3} \cdot \pi \cdot (36 - x^2) \cdot (6 + x)$; $0 \leqq x \leqq 6$.

b) Bestimmen Sie das maximale Kegelvolumen.

**9** Einer Kugel mit dem Radius $r = 9$ cm soll ein Zylinder einbeschrieben werden, dessen Inhalt ein Viertel des Kugelinhaltes beträgt (Fig. 2). Welche Höhe h und welchen Radius R hat der Zylinder?

**10** Ein Spielzeugfabrikant kann x Spielzeugkästen pro Tag herstellen. Die Kosten für x Kästen berechnen sich nach der Funktion k mit $k(x) = 300 + 12 \cdot x + 0{,}2 \cdot x^{\frac{3}{2}}$ (k(x) in Euro).
Jeden Kasten verkauft er für 18,99 €.
Wie viele Kästen sollte er pro Tag herstellen, um einen maximalen Gewinn zu erzielen?

**11** a) Welche Funktion f hat als Graphen einen Halbkreis mit Radius r (Fig. 3)?

b) Einem Halbkreis mit Radius $r = 3$ cm wird ein zur y-Achse symmetrisches Rechteck einbeschrieben. Betrachtet wird die Funktion A, die jedem x den Flächeninhalt A(x) des Rechtecks zuordnet (Fig. 4).
Geben Sie die Zuordnung für A an.
Ermitteln Sie zunächst mit dem grafikfähigen Taschenrechner den Wert von x, für den der Flächeninhalt des einbeschriebenen Rechtecks maximal wird.

c) Wie gehen Sie vor, um ohne GTR diesen Wert von x zu ermitteln? Führen Sie die Rechnung durch.

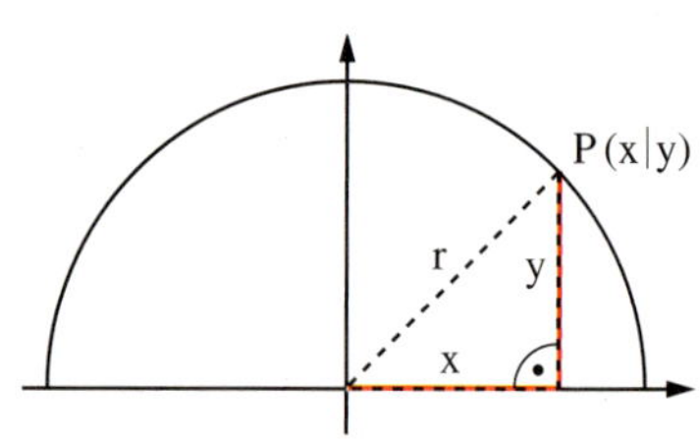

Fig. 3

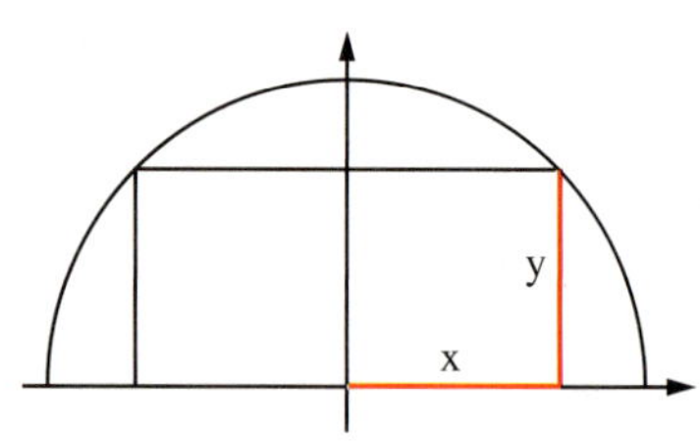

Fig. 4

**12** Ein Körper bewegt sich auf einer Geraden. Die Entfernung s (in m) vom Startpunkt nach t Sekunden kann durch die Funktion s mit $s(t) = 2t^3 - 8t^2 + 6t$ beschrieben werden.

a) Welche Geschwindigkeit hat der Körper nach t Sekunden?

b) Wann ist der Körper in Ruhe? Wo befindet er sich dann?

c) In welchen Zeiten bewegt sich der Körper in positiver Richtung?

d) Wann bewegt sich der Körper mit der geringsten Beschleunigung?

e) Wo befindet sich der Körper nach 5 Sekunden? Welchen Weg hat er dann insgesamt zurückgelegt?

| *Schuhgröße* | *Innenlänge (in cm)* |
|---|---|
| *42* | *25,7* |
| *34* | *22,0* |
| *35* | *22,1* |
| *33* | *19,5* |
| *35* | *21,8* |
| *33* | *20,5* |
| *34* | *22,0* |
| *33* | *20,8* |
| *34* | *21,5* |
| *34* | *21,0* |
| *33* | *20,5* |
| *39* | *24,5* |
| *39* | *24,8* |
| *39* | *24,3* |
| *42* | *25,8* |
| *42* | *26,0* |
| *19* | *12,2* |
| *21* | *13,0* |

Fig. 1

**13** Mit einem Stahlband wurde von 18 Schuhen zwischen den Größen 19 und 42 die Innenlänge y (in cm) gemessen, Fig. 1 zeigt das Ergebnis.
a) Ermitteln Sie die Gleichung der Regressionsgeraden.
b) Eine Verkäuferin erinnert sich an die Formel
„Schuhlänge = doppelte Schuhgröße durch drei“.
Ist diese Formel für die angegebenen Daten näherungsweise erfüllt?

**14** Bei einer Bakterienkultur wurde die Anzahl der Bakterien ermittelt.

| t (in min.) | 0 | 1 | 2 | 3 | 4 | 5 |
|---|---|---|---|---|---|---|
| Anzahl (in Zehntausend) | 10 | 21 | 38 | 85 | 151 | 320 |

a) Führen Sie eine Funktionsanpassung durch.
b) Wie viele Bakterien sind es nach 7 Minuten, wie viele eine Minute vor Beobachtungsbeginn?

**15** Bei dem so genannten allometrischen Wachstum haben unterschiedliche Teile eines Organismus verschiedene Wachstumsgeschwindigkeiten (vgl. Seite 57). So nimmt z. B. bei einer Ameise während des Wachstums der Kopf im Vergleich zum Hinterleib überproportional zu. Für den Durchmesser x des Hinterleibs und dem Durchmesser y des Kopfes erhielt der Biologe HUXLEY 1932 die folgenden Messwerte.

| x (in mm) | 4,5 | 6,0 | 9,8 | 11,0 | 13,0 |
|---|---|---|---|---|---|
| y (in mm) | 2,9 | 5,0 | 12,0 | 14,8 | 21,3 |

Allometrisches Wachstum kann durch eine Funktion f mit $f(x) = a \cdot x^b$ beschrieben werden.
Erläutern Sie zwei Verfahren, wie man die Konstanten a und b ermitteln kann.
Führen Sie beide Verfahren mit den angegebenen Messwerten durch.

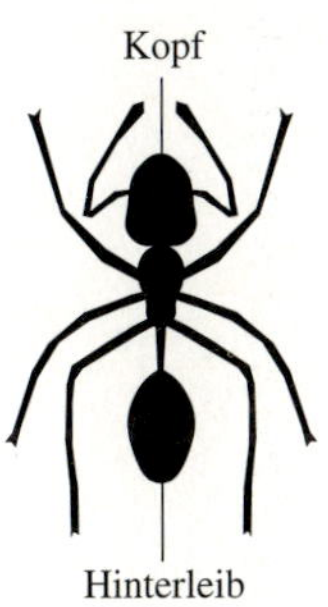


*Allometrisches Wachstum (vom griechischen „alloios“ für „verschieden“ bzw. „mit verschiedenem Maß“ im Gegensatz zu „isometrisch“ für „mit selbem Maß“)*

**16** Die Graphik in Fig. 2 zeigt die Entwicklung der Stromproduktion durch Windkraft in Deutschland seit 1990 (aus „*Stuttgarter Zeitung*“ vom 3. 9. 2003).
Führen Sie unterschiedliche Funktionsanpassungen durch und interpretieren Sie Ihre Ergebnisse.

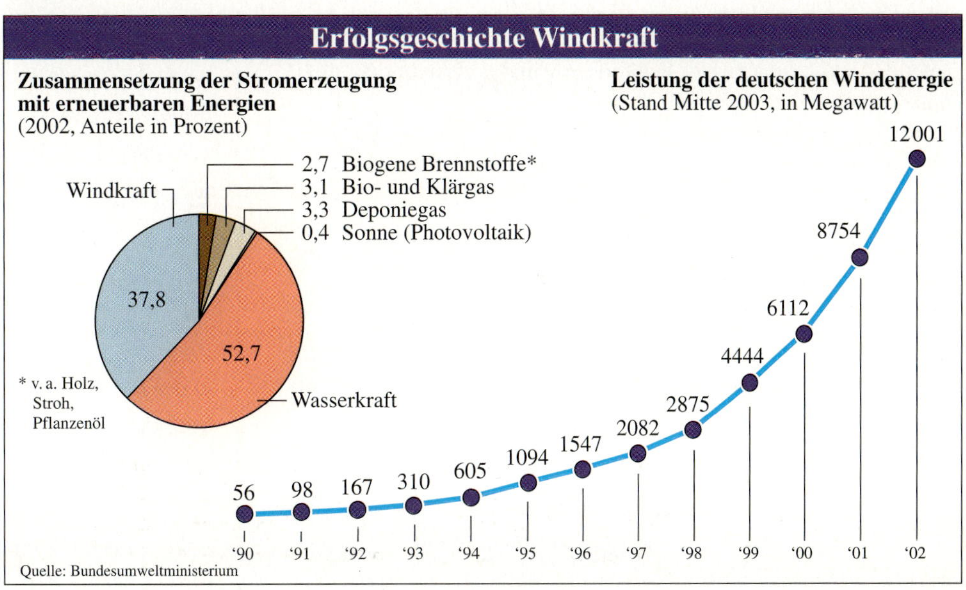


Fig. 2

**Bedeutung von $f''(x)$ (Linkskurve; Rechtskurve)**

Steigt $f'(x)$ für größer werdende x von negativen zu positiven Werten, so ist $f''(x)$ positiv und der Graph von f ist eine Linkskurve. Fällt $f'(x)$ für größer werdende x von positiven zu negativen Werten, so ist $f''(x)$ negativ und der Graph von f ist eine Rechtskurve.

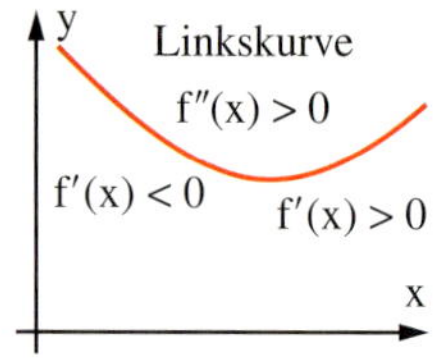


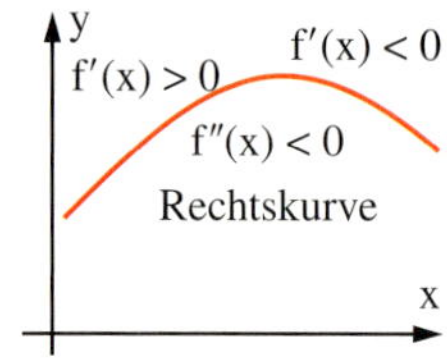


**Funktionsuntersuchung**

Folgende Eigenschaften einer Funktion sind von Interesse:
Symmetrie, Periodizität,
Schnittpunkte mit den Koordinatenachsen,
Extrem- und Wendepunkte,
Verhalten für $x \to +\infty$ und $x \to -\infty$, Asymptoten.

**Näherungsverfahren zur Berechnung einer Nullstelle (NEWTON-Verfahren)**

Gegeben ist eine im Intervall [a; b] differenzierbare Funktion f mit $f(a) \cdot f(b) < 0$. Gesucht ist eine Lösung $x^* \in [a; b]$ der Gleichung $f(x) = 0$.

Ist $x_0 \in [a; b]$ ein Näherungswert für $x^*$, so kann man $x_0$ sukzessive verbessern durch die Iterationsvorschrift:

$x_{n+1} = x_n - \frac{f(x_n)}{f'(x_n)}$ mit $n \in \mathbb{N}$.

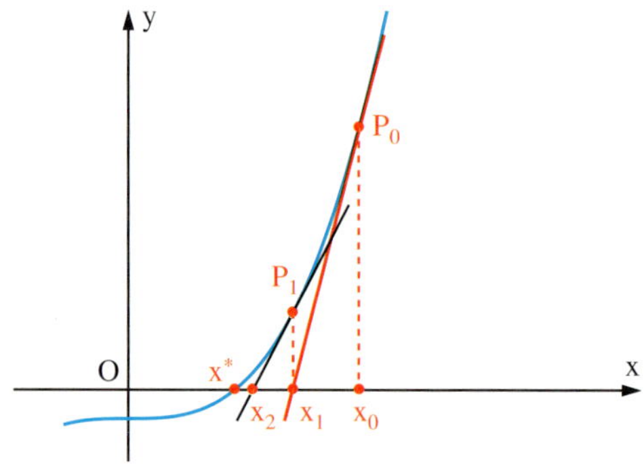


**Funktionsanspassung**

Bei einer Funktionsanpassung soll durch gezeichnete Punkte der Graph einer Funktion gelegt werden. Hierzu wählt man zunächst einen passenden Funktionstyp; die gesuchten Parameter ermittelt der GTR nach der Methode der kleinsten Fehlerquadrate.

| x | 0 | 1 | 2 | 3 | 4 |
|---|---|---|---|---|---|
| y | 1,0 | 1,5 | 2,7 | 4,1 | 6,7 |

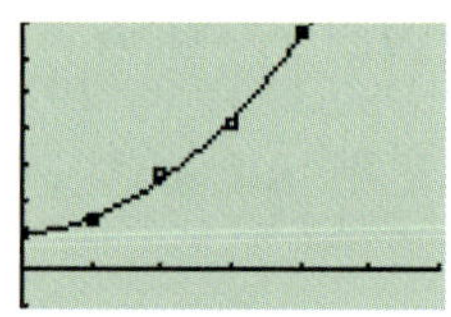

*$y = ax^2 + bx + c$*
*$a \approx 0{,}31$*
*$b \approx 0{,}14$*
*$c \approx 1{,}03$*

**Verkettung zweier Funktionen**

Unter der Verkettung zweier Funktionen v und u versteht man die Funktion $u \circ v$: $x \mapsto u(v(x))$.

Man erhält den Funktionsterm von $u \circ v$, indem man den Term $v(x)$ der „inneren" Funktion für die Variable der „äußeren" Funktion u einsetzt.

Dabei gilt im Allgemeinen: $u \circ v \neq v \circ u$.

Umgekehrt lässt sich oft eine komplizierte Funktion f als Verkettung von einfacheren Funktionen u und v auffassen mit $u \circ v = f$ (Zerlegung einer Verkettung).

*$u$: $x \mapsto \frac{2}{x-1}$; $v$: $x \mapsto 3x^2$*

*Es ist $u(v(x)) = \frac{2}{v(x)-1} = \frac{2}{3x^2-1}$.*

*Verkettung $u \circ v$: $x \mapsto \frac{2}{3x^2-1}$*

*Es ist $v(u(x)) = 3 \cdot (u(x))^2 = 3\left(\frac{2}{x-1}\right)^2 = \frac{12}{(x-1)^2}$*

*Verkettung $v \circ u$: $x \mapsto \frac{12}{(x-1)^2}$*

*Zerlegung der Funktion $f$: $x \mapsto 2\sqrt{4-x}$ in die Funktionen $v$: $x \mapsto 4-x$ und $u$: $x \mapsto 2\sqrt{x}$ mit $f = u \circ v$.*

**Ableitung von Verkettungen (Kettenregel)**

Ist $f = u \circ v$ eine Verkettung zweier Funktionen, so gilt:

$$\mathbf{f'(x) = u'(v(x)) \cdot v'(x).}$$

*$f(x) = 4(5 - x^2)^3$*
*$v(x) = 5 - x^2$; $v'(x) = -2x$*
*$u(x) = 4x^3$; $u'(x) = 12x^2$*
*$f'(x) = 12(5 - x^2)^2 \cdot (-2x) = -24x(5 - x^2)^2$*

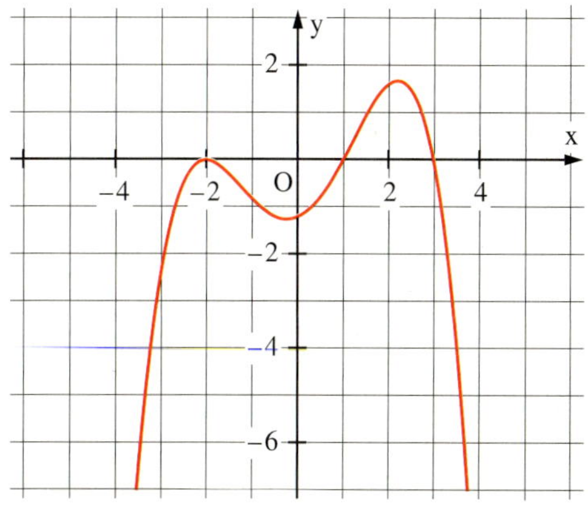

Fig. 1

**1** Fig. 1 zeigt einen Graphen einer Funktion f. Übertragen Sie den Graphen näherungsweise in Ihr Heft und skizzieren Sie ins gleiche Koordinatensystem einen Graphen der Funktion f′.

**2** In die Behälter von Fig. 2 fließt Wasser, wobei die Zuflussrate konstant ist.
a) Skizzieren Sie für jeden Behälter einen Graphen, der die Abhängigkeit der Höhe des Wasserspiegels von der Zeit beschreibt.
b) Welche inhaltliche Bedeutung hat in diesem Zusammenhang eine Wendestelle?

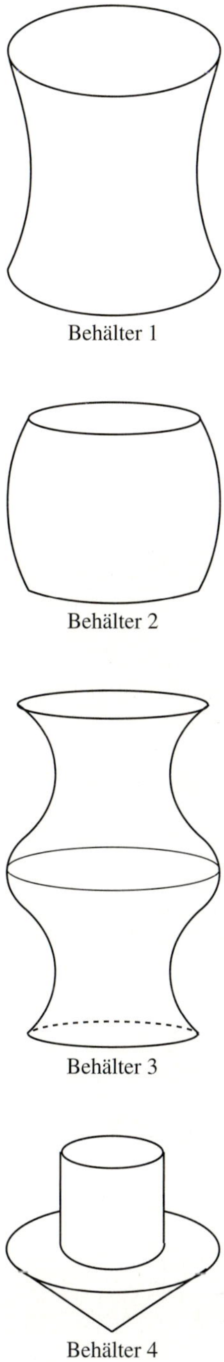

Fig. 2

**3** Ein Fluss entspringt auf einer Höhe von 400 m über NN (Normal Null) und fließt nach 370 km ins offene Meer. Die Funktion h beschreibt die Höhe (in m) des Flussufers über NN in Abhängigkeit von der Entfernung x (in km) von der Quelle.
a) Skizzieren Sie einen möglichen Graphen von h.
b) Erläutern Sie, was in diesem Fall die Ableitung h′ inhaltlich bedeutet.
c) Was lässt sich über das Vorzeichen von h′ aussagen? In welcher Einheit werden Funktionswerte von h′ gemessen?

**4** Skizzieren Sie den Graphen einer Funktion f in einem Intervall [a; b], deren erste und zweite Ableitung in diesem Intervall
a) positiv sind
b) negativ sind.

**5** Die Tabelle zeigt Wertetabellen der Funktionen f und g.
Erstellen Sie Wertetabellen der Funktionen $g \circ f$ und $f \circ g$.

| x | −3 | −2 | −1 | 0 | 1 | 2 | 3 | 4 |
|---|---|---|---|---|---|---|---|---|
| f(x) | 4 | 2 | 1 | 2 | 1 | 0 | 2 | 3 |
| g(x) | −3 | 0 | −1 | −2 | −1 | 0 | −2 | −3 |

**6** a) Gegeben ist ein Würfel mit der Kantenlänge a. Ermitteln Sie eine Formel für das Volumen des Würfels in Abhängigkeit von der Oberfläche.
b) Gegeben ist ein Kreis mit dem Radius r. Ermitteln Sie eine Formel für den Flächeninhalt des Kreises in Abhängigkeit vom Umfang.

**7** Gegeben sind die Funktionen u und v. Bestimmen Sie die Funktionen $u \circ v$ und $v \circ u$. Geben sie jeweils die maximale Definitionsmenge an.
a) $u(x) = 2x - 1;\ v(x) = 3x$
b) $u(x) = \frac{1}{x^3};\ v(x) = x^2 + 2$
c) $u(x) = \frac{1}{x^2 - 1};\ v(x) = \sqrt{x + 1}$

**8** Die Funktion f mit $f(x) = \frac{1}{x}$ wird wiederholt mit sich selbst verkettet. Dabei sei z. B. $f_3(x) = f(f(f(x)))$. Ermitteln Sie
a) $f_3(2)$
b) $f_5(-1)$
c) $f_{10}(5)$
d) $f_{100}(20)$

**9** Die Funktion f kann als Verkettung $u \circ v$ aufgefasst werden. Geben Sie geeignete Funktionen u und v an.
a) $f(x) = (2x - 5)^3$
b) $f(x) = -\frac{2}{(x + 1)^4}$
c) $f(x) = \frac{1}{2(x^2 + 1)^2}$
d) $f(x) = 3\sqrt{2x^2 + 1}$

**10** Leiten Sie ab und vereinfachen Sie das Ergebnis.
a) $f(x) = 2(4 - 3x^2)^4$
b) $f(x) = \frac{8}{(5 - 4x)^2}$
c) $f(x) = \cos(x^2)$
d) $f(x) = \frac{1}{\sin(x)}$

# Aufgaben zum Wahlteil

**1** Fig. 1 zeigt einen Graphen. Geben Sie näherungsweise die x-Werte der Wendepunkte von f an, wenn Fig. 1 der Graph
a) von f′ ist,  b) von f″ ist.

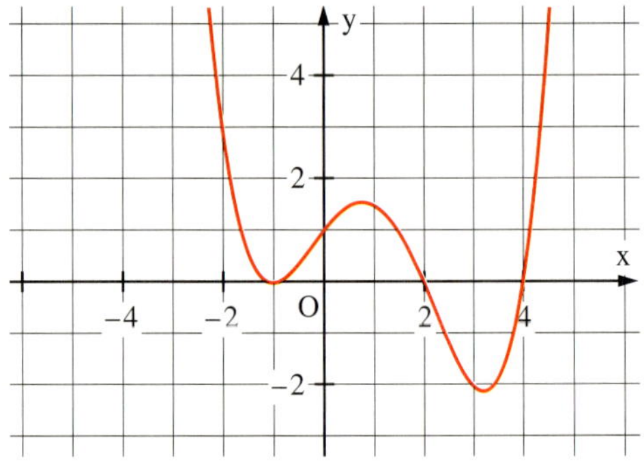
Fig. 1

**2** Die Funktion f erfüllt die Bedingungen:
(1) $0 \leqq f(x) \leqq 2$ für $0 \leqq x \leqq 2$,
(2) $f(x) = x$ für $x = 0$, $x = 1$ und $x = 2$,
(3) $f'(x) = 0$ für $x = 0$ und $x = 1$,
(4) $f'(2) = 1$.
Skizzieren Sie einen möglichen Graphen von f.

**3** Untersuchen Sie den Graphen der Funktion f mit dem GTR.
a) $f(x) = \frac{1}{x^2} - \frac{1}{x}$  b) $f(x) = 1 + \frac{1}{x-1} + \frac{1}{x+1}$

**4** Fig. 2 zeigt den Graphen einer Funktion f. Mit dem NEWTON-Verfahren sollen die Nullstellen von f bestimmt werden. Erläutern Sie mithilfe der Figur, wie sich die Folge der Iterationswerte entwickelt, wenn man 1 (0; −1; −2; −3) als Startwert wählt.

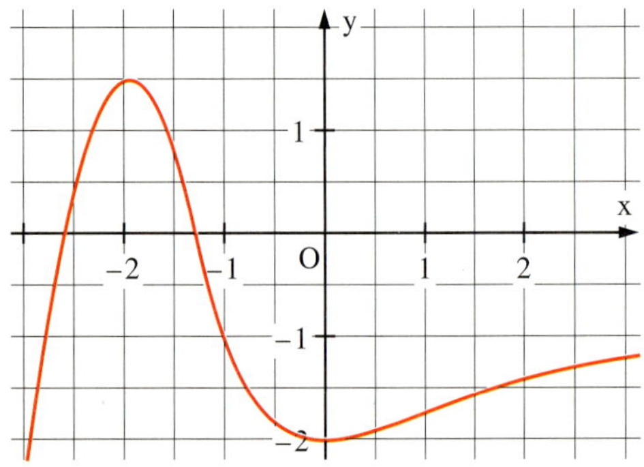
Fig. 2

**5** Ein Körper bewegt sich auf der x-Achse. Die Entfernung s (in m) vom Ursprung zur Zeit t (in s) kann beschrieben werden durch $s(t) = 2t^3 - 5t^2 - 4t + 3$.
a) Ermitteln Sie zum Zeitpunkt $t = 1$ den Ort und die Geschwindigkeit.
b) Zu welchen Zeitpunkten durchläuft der Körper den Ursprung?
c) Wie weit entfernt sich der Körper zwischen diesen Zeitpunkten vom Ursprung höchstens?

**6** Bei einer Scholle nimmt während des Wachstums das Gewicht im Vergleich zur Länge überproportional zu (allometrisches Wachstum). Für die Länge x (in cm) und das Gewicht y (in Gramm) einer Scholle erhielt man die folgenden Messwerte.

| x | 23,5 | 26,5 | 29,5 | 32,5 | 35,5 | 38,5 | 41,5 | 44,5 | 47,5 |
|---|---|---|---|---|---|---|---|---|---|
| y | 124 | 174 | 236 | 308 | 391 | 500 | 623 | 808 | 1039 |

a) Beschreiben Sie, wie man einen Funktionsterm für die Abhängigkeit zwischen x und y ermitteln kann.
b) Führen Sie das von Ihnen gewählte Verfahren mit den angegebenen Messwerten durch.

**7** Ein Wassertrog von 2 m Länge hat die Form eines senkrechten Prismas; der Querschnitt ist ein gleichseitiges Dreieck mit der Seitenlänge 50 cm (Fig. 3).
In den Trog werden pro Sekunde 2 Liter Wasser gefüllt.
a) Ermitteln Sie die Zuordnung $h(t) \mapsto V(t)$.
b) Wie schnell steigt der Wasserspiegel in dem Augenblick, wo das Wasser im Trog 30 cm hoch ist?

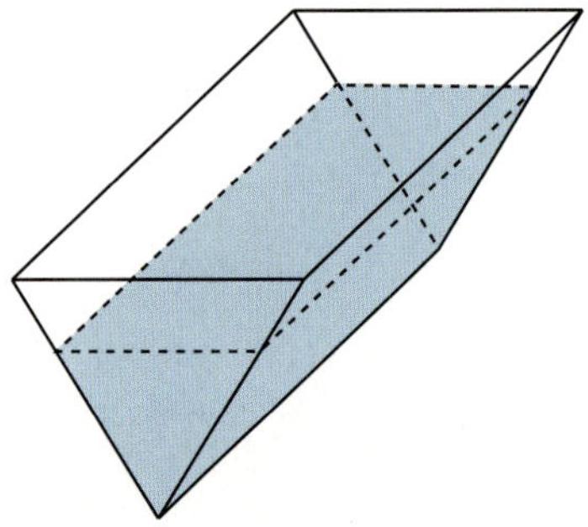
Fig. 3

## Untersuchungen an ganzrationalen Funktionen 3. Grades

**Themenbereiche:**

1) Eine ganzrationale Funktion f dritten Grades
mit $f(x) = -\frac{1}{9}x^3 + x^2 - \frac{15}{9}x + 1$
hat die Extremstellen 1 und 5 sowie die Wendestelle 3.
Was lässt sich über die gegenseitige Lage dieser drei Stellen sagen?
Gilt diese Aussage auch für andere Funktionen 3. Grades?

2) Eine ganzrationale Funktion f dritten Grades hat die Form $f(x) = a \cdot x^3 + b \cdot x^2$. Untersuchungen über die gegenseitige Lage von Nullstelle, Extrem- und Wendestelle.

3) Eine ganzrationale Funktion f dritten Grades hat die Nullstellen 1, 3 und 4 (Fig. 1). Welche besondere Lage hat die Tangente im Punkt $P(2|f(2))$? Verallgemeinerungen?

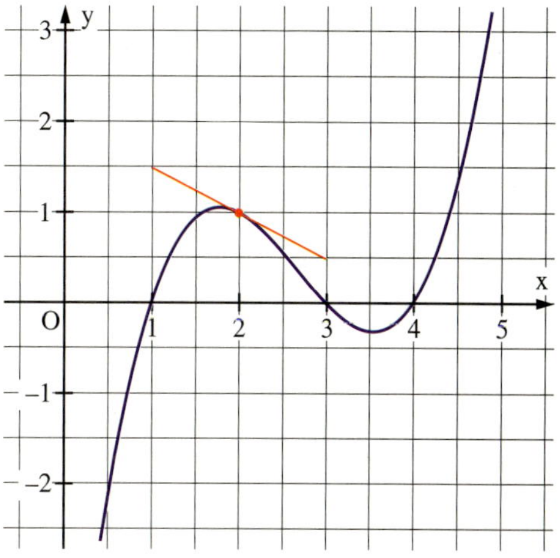


Fig. 1

## Übergangsbögen

Beim Bau einer Bahnlinie ist ein Übergangsbogen von A nach B zu entwerfen. Die Richtungen, mit denen die Gleise in A bzw. in B ankommen, liegen fest und sind durch die dick ausgezogenen Linien dargestellt (Fig. 2).

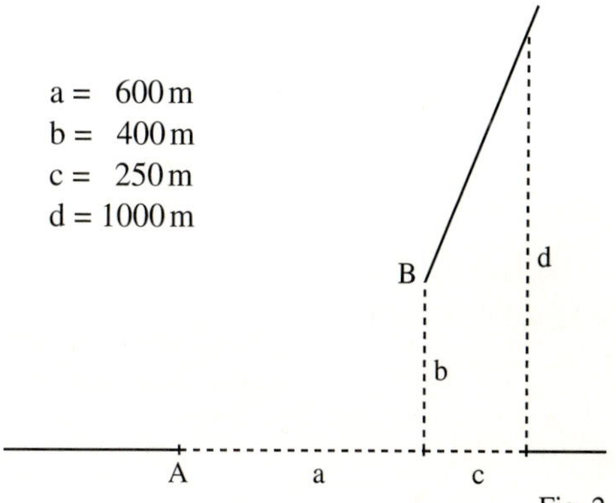


Fig. 2

**Literatur:**

W. Kroll: Übergangsbögen
Der mathematische und naturwissenschaftliche Unterricht, 54. Jahrgang (2001), Heft 7, Seite 435–439
(vgl. auch die dort angegebene Literatur)

## Allometrisches Wachstum

**Themenbereiche:**

1) Definition von allometrischem Wachstum
2) Beispiele; Berechnung der Konstanten mit dem GTR
3) Die Differenzialgleichung des allometrischen Wachstums und deren Lösung
4) Eine Anwendung: Der Brustumfang als Ersatzwaage beim Rind

*Beim allometrischen Wachstum stehen die relativen Wachstumsgeschwindigkeiten eines Teiles y und eines Teiles x (oder auch des Gesamtkörpers) in einem konstanten Verhältnis.*

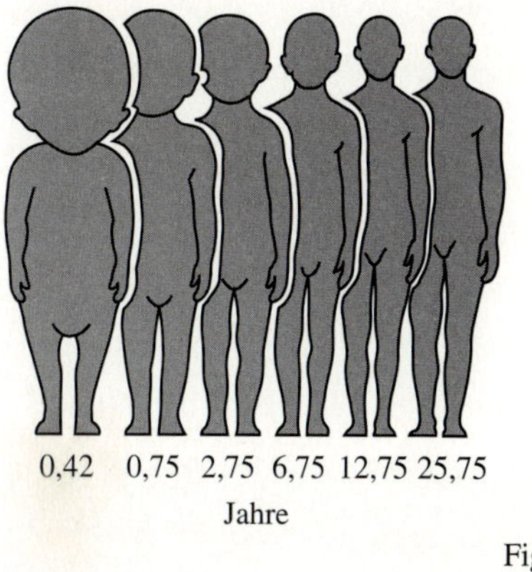


Fig. 3

**Literatur:**

1) T. A. McMahon, J. T. Bonner, Form und Leben
Spektrum der Wissenschaft, Heidelberg
2) Eduard Batschelet, Einführung in die Mathematik für Biologen
Springer Verlag
3) C. Strutz, E. Hümmer, Der Brustumfang als Ersatzwaage beim Rind
Praxis der Mathematik, 45. Jahrgang (2003), Heft 1, Seite 13–16

**Stichworte für Internetrecherche:**
allometrisches Wachstum, Allometrie, allometric growth

# 1 Beispiele, die zur Integralrechnung führen

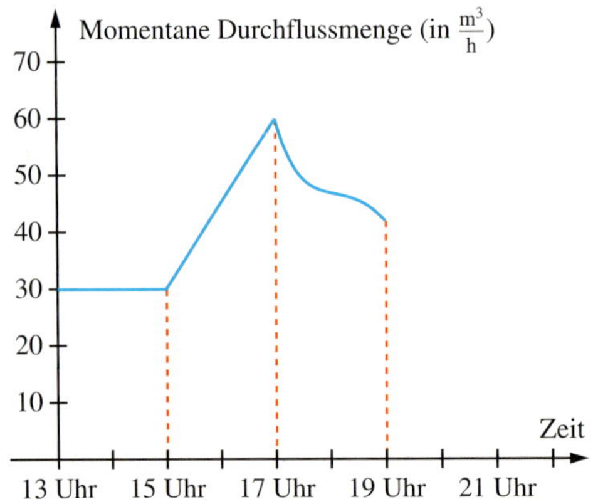

Fig. 1

**1** Die Messstelle einer Ölpipeline zeigt zu jedem Zeitpunkt die momentane Durchflussmenge an (Fig. 1). Sie wird mithilfe eines im Rohr befestigten Propellers bestimmt.
a) Wie viel Erdöl floss zwischen 13 Uhr und 15 Uhr durch die Pipeline? Wie lässt sich dieses Ergebnis in Fig. 1 veranschaulichen?
b) Bearbeiten Sie die Fragen aus a) für die Zeitspanne von 15 Uhr bis 17 Uhr.
c) Auch für den Zeitraum von 17 Uhr bis 19 Uhr soll die geförderte Ölmenge veranschaulicht werden. Stellen Sie eine Vermutung auf.

| *Bisher:* | *Jetzt:* |
|---|---|
| ***Differenzial-rechnung*** | ***Integral-rechnung*** |

*Beide Gebiete werden auch unter dem Namen **Infinitesimalrechnung** zusammengefasst.*

Im bisherigen Gang der Analysis war die Ableitung ein zentraler Begriff, mit deren Hilfe man die momentane Änderungsrate einer Größe bestimmen konnte. Im Folgenden wird in einen neuen Problemkreis eingeführt, bei dem man umgekehrt von der momentanen Änderungsrate einer Größe auf die Gesamtänderung der Größe schließen muss.

Im Kamin eines Kraftwerks wird ständig die in der Abluft enthaltene Menge eines Schadstoffs gemessen. Fig. 2 zeigt ein dazugehöriges Messdiagramm. Aus einem solchen Diagramm kann man die Gesamtmenge des ausgetretenen Schadstoffs bestimmen.

*__Momentane Änderungsrate__ ist ein Oberbegriff für z. B.*
*Momentane Durchflussmenge,*
*Momentaner Schadstoffausstoß,*
*Momentangeschwindigkeit,*
*Momentane Wachstumsrate,*
*Momentane Abflussmenge*

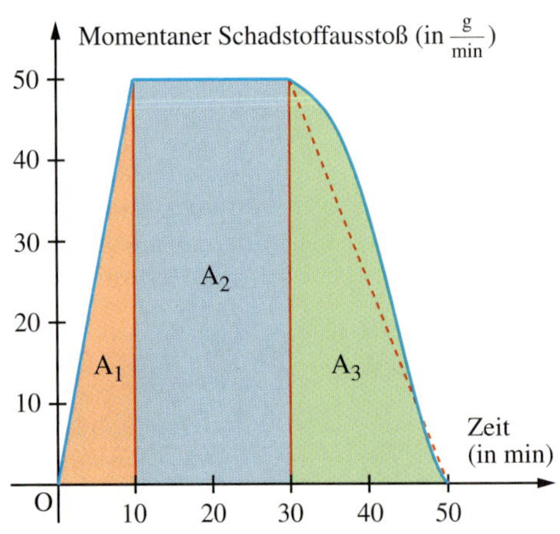

Fig. 2

Am einfachsten erhält man die im Zeitraum von 10 min bis 30 min entwichene Schadstoffmenge $M_2$ (in g):
$M_2 = 20 \cdot 50 = 1000$.
Dies entspricht dem Flächeninhalt $A_2$.
Die im Zeitraum von 0 min bis 10 min ausgetretene Menge $M_1$ ist die gleiche, die bei einem zehnminütigen konstanten Schadstoffausstoß von $25\,\frac{g}{min}$ zusammengekommen wäre.
Für $M_1$ (in g) gilt: $M_1 = 10 \cdot 25 = 250$.
Dies entspricht dem Flächeninhalt $A_1$.
Es liegt die Vermutung nahe, dass die gesuchte Schadstoffmenge dem Inhalt der unter der Kurve liegenden Fläche entspricht.
Somit kann man die zwischen 30 min und 50 min ausgetretene Schadstoffmenge bestimmen, indem man $A_3$ berechnet. Nähert man den Graphen durch ein Geradenstück an, ergibt sich für $M_3$ (in g) näherungsweise: $M_3 \approx 20 \cdot 25 = 500$.

*Die momentane Änderungsrate „bewirkt" die Gesamtänderung.*

Kennt man die momentane Änderungsrate einer Größe, so kann man die Gesamtänderung der Größe (Wirkung) als **Flächeninhalt unter einer Kurve** deuten. Deshalb sucht man nach Methoden zur Bestimmung solcher Flächeninhalte.

*Die zu bestimmende Größe ist der zurückgelegte Weg. Die Änderungsrate dieser Größe ist die Geschwindigkeit. Sie bewirkt die Ortsveränderung.*

**Beispiel 1:** (Geschwindigkeit und zurückgelegte Strecke)

a) Berechnen Sie anhand des Geschwindigkeit-Zeit-Diagramms in Fig. 1 die im Zeitraum von 0 s bis 20 s zurückgelegte Strecke s. Deuten Sie das Ergebnis in Fig. 1.

b) Bestimmen Sie näherungsweise die im Zeitraum von 20 s bis 30 s zurückgelegte Strecke.

Lösung:

a) Im Zeitraum von 0 s bis 15 s gilt für die zurückgelegte Strecke $s_1$ (in m):

$s_1 = 15 \cdot 20 = 300.$

Im Zeitraum von 15 s bis 20 s beträgt die Durchschnittsgeschwindigkeit $10\,\frac{m}{s}$.

Für $s_2$ (in m) gilt: $s_2 = 5 \cdot 10 = 50.$

Den zurückgelegten Teilstrecken entsprechen die Flächeninhalte $A_1$ bzw. $A_2$.

b) Der Teilstrecke $s_3$ entspricht der Flächeninhalt $A_3$. Zur näherungsweisen Berechnung von $s_3$ nähert man den Graphen durch ein Geradenstück an. Es ergibt sich

$s_3 \approx \frac{1}{2} \cdot 10 \cdot 15 = 75.$

Insgesamt gilt $s \approx 425\,\text{m}$.

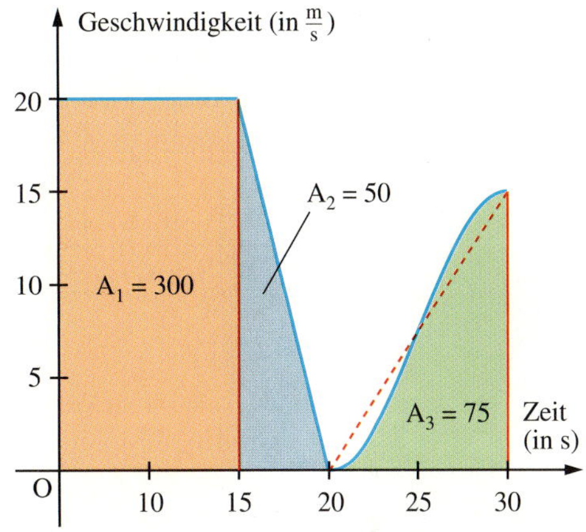

Fig. 1

*In Fig. 2 wird die verdunstete Wassermenge zwischen 10 Uhr und 12 Uhr als Inhalt eines Rechtecks veranschaulicht. Man hätte die Messpunkte auch mit Geradenstücken verbinden können. Dabei wird die verdunstete Wassermenge als Inhalt eines Trapezes veranschaulicht. Die Inhalte des Rechtecks und des Trapezes sind gleich.*

**Beispiel 2:** (Änderungsraten als Tabellenwerte gegeben)

Pflanzen verdunsten über die Blattoberflächen Wasser. Bei einer Sonnenblume wurde dieser Wasserverlust im Verlauf eines Sommertages bestimmt.

| Uhrzeit | 0 | 2 | 4 | 6 | 8 | 10 | 12 | 14 | 16 | 18 | 20 | 22 |
|---|---|---|---|---|---|---|---|---|---|---|---|---|
| Mom. Verlustrate $\left(\text{in } \frac{g}{h}\right)$ | 0,3 | 0,3 | 0,9 | 2,1 | 4,8 | 9,6 | 14,7 | 15,6 | 7,2 | 3,0 | 1,5 | 0,6 |

a) Stellen Sie die Messwerte in einem Koordinatensystem dar. Erläutern Sie, wie man die im Tagesverlauf von der Sonnenblume verdunstete Wassermenge veranschaulichen kann.

b) Bestimmen Sie näherungsweise die an diesem Tag verdunstete Wassermenge.

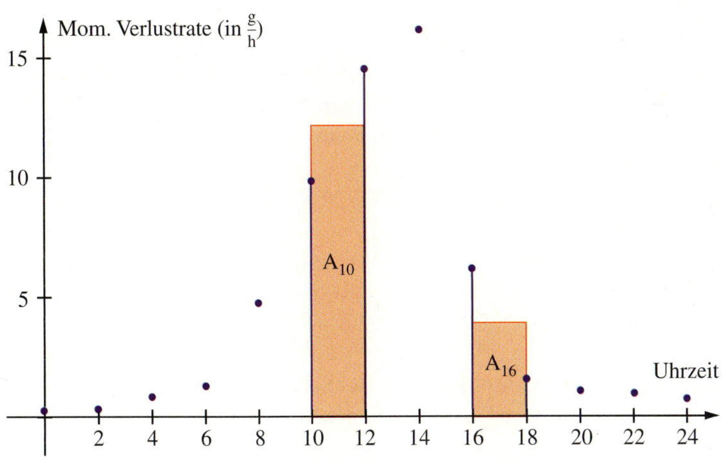

Fig. 2

Lösung:

a) Fig. 2 zeigt eine Darstellung der Messwerte in einem Koordinatensystem.

Veranschaulichung der verdunsteten Wassermenge z. B. im Zeitraum von 10 Uhr bis 12 Uhr:

Der Wasserverlust (in g) ist größer als $2 \cdot 9{,}6 = 19{,}2$ und kleiner als $2 \cdot 14{,}7 = 29{,}4$.

Als Näherungswert kann man den Mittelwert $(19{,}2 + 29{,}4) : 2 = 24{,}3$ nehmen. Dies entspricht dem Flächeninhalt $A_{10}$ in Fig. 2.

Entsprechend kann man den Wasserverlust z. B. im Zeitraum von 16 Uhr bis 18 Uhr näherungsweise durch den Flächeninhalt $A_{16}$ veranschaulichen.

b) Für den gesamten Wasserverlust W der Sonnenblume (in g) gilt:

$W = 2 \cdot \frac{0{,}3 + 0{,}3}{2} + 2 \cdot \frac{0{,}3 + 0{,}9}{2} + 2 \cdot \frac{0{,}9 + 2{,}1}{2} + \ldots + \frac{2 \cdot 1{,}5 + 0{,}6}{2} + 2 \cdot \frac{0{,}6 + 0{,}3}{2} = 121{,}2.$

Der gesamte Wasserverlust beträgt näherungsweise 121,2 g.

## Aufgaben

**2** a) Berechnen Sie in Fig. 1 die von 16 Uhr bis 18 Uhr zurückgelegte Strecke s.
b) Bestimmen Sie in Fig. 2 näherungsweise die von 7 Uhr bis 9 Uhr zurückgelegte Strecke s.

*Zum Ausmessen von Flächeninhalten gibt es besondere Geräte, die so genannten* **Planimeter**. *Nach Umfahren der Fläche mit einem Stift kann man den Flächeninhalt näherungsweise ablesen.*

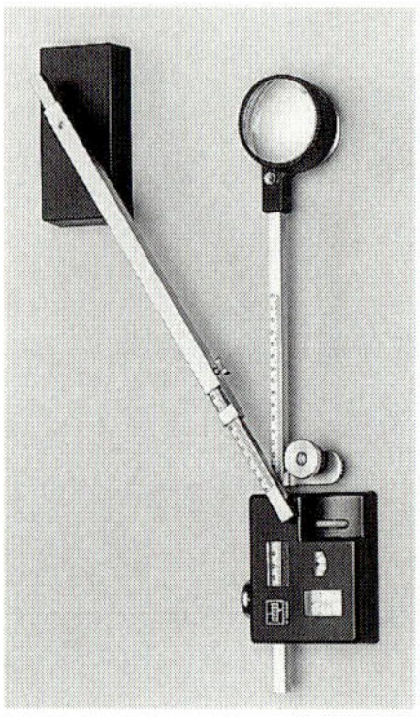

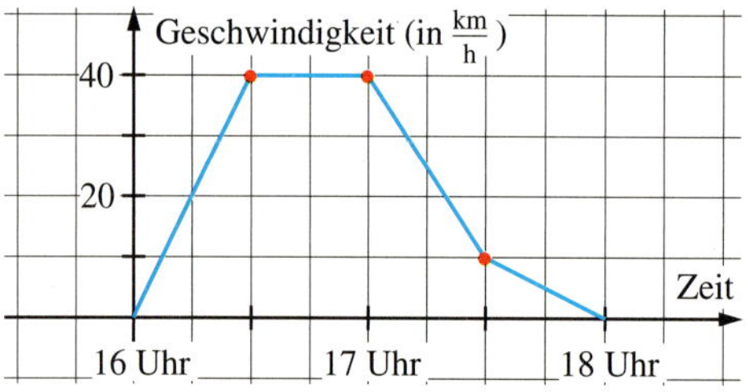

Fig. 1

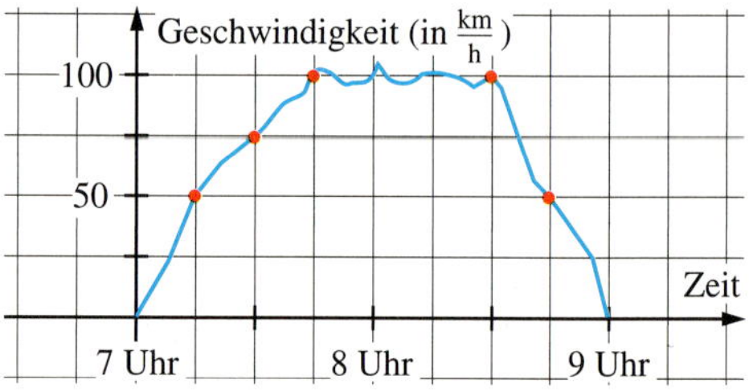

Fig. 2

**3** Aus dem Pegelstand eines Flusses kann auf die Abflussmenge pro Zeit geschlossen werden. Bestimmen Sie näherungsweise die am 14.3.04 abgeflossene Wassermenge (Fig. 3).

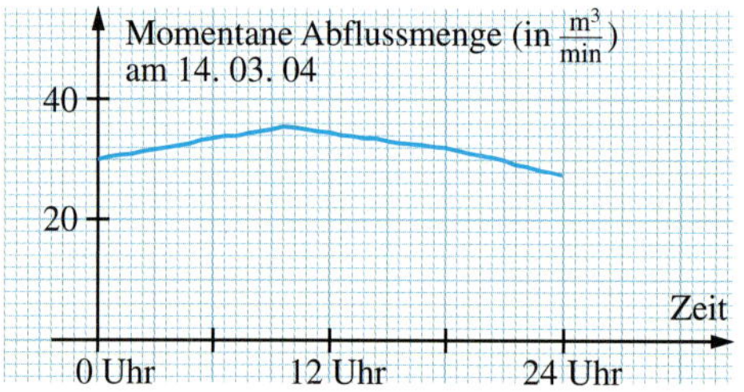

Fig. 3

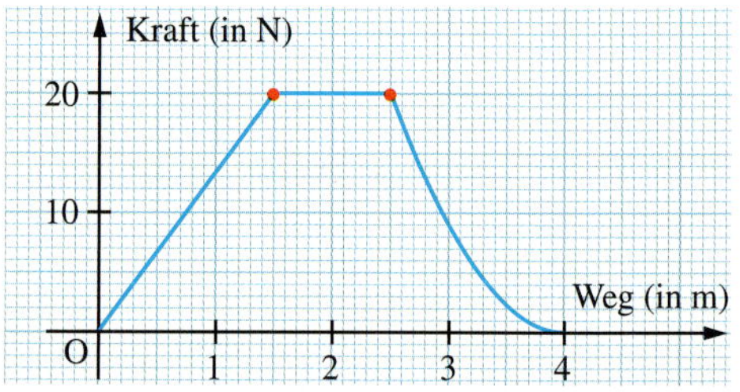

Fig. 4

**4** a) Ein Auto wird 50 m mit der konstanten Kraft $F = 300\,N$ angeschoben. Zeichnen Sie ein F-s-Diagramm und deuten Sie darin die verrichtete Arbeit $W = F \cdot s$.
b) Bestimmen Sie näherungsweise die verrichtete Arbeit in Fig. 4.

**5** Familie Schröder plant, ihr Hausdach auf einer Fläche von $30\,m^2$ mit Solarzellen zu bedecken. Um zu wissen, ob sich eine solche Investition lohnt, messen sie mit einem Leihgerät an einem Frühlingstag die auf $1\,dm^2$ des Daches einfallende Sonnenenergie.

| Uhrzeit | 6 | 7 | 8 | 9 | 10 | 11 | 12 | 13 | 14 | 15 | 16 | 17 | 18 |
|---|---|---|---|---|---|---|---|---|---|---|---|---|---|
| Leistung $\left(\text{in } \frac{J}{s}\right)$ | 1 | 1 | 2 | 2 | 3 | 5 | 6 | 7 | 6 | 4 | 2 | 1 | 1 |

Der Wirkungsgrad von Solarzellen liegt bei etwa 10 %. Bestimmen Sie näherungsweise die Energiemenge, die man an diesem Tag mit der installierten Anlage hätten nutzen können. Geben Sie diese Energie in kWh (Kilowattstunden) an. Es gilt: 1 kWh = 3 600 000 J.

***Leistung** ist die momentane Änderungsrate der Energie.*
$\frac{J}{s} = \frac{\text{Joule}}{\text{Sekunde}}$

***Beispiel für Energieverbrauch***

| | |
|---|---|
| *Kühlschrank* | *2 kWh/d* |
| *Herdplatte* | *2 kWh/h* |
| *1 kg Wäsche waschen* | *0,5 kWh* |
| *Lampe* | *0,1 kWh/h* |

**6** Nach einem Gewitterregen wurde gemessen, wie stark die Schüttung einer Quelle von diesem Niederschlag beeinflusst wurde. Dazu wurde zu verschiedenen Zeiten vor und nach Beginn des Gewitterregens die von der Quelle geschüttete Wassermenge gemessen.

| Zeit nach Beginn (in min.) | –20 | –10 | 0 | 10 | 20 | 25 | 30 | 35 | 45 | 55 | 70 |
|---|---|---|---|---|---|---|---|---|---|---|---|
| Mom. Schüttung $\left(\text{in } \frac{l}{s}\right)$ | 5 | 5 | 5 | 5 | 9 | 14 | 14 | 8 | 6 | 5 | 5 |

Bestimmen Sie näherungsweise die durch den Gewitterregen zusätzlich geschüttete Wassermenge.

# 2 Näherungsweise Berechnung von Flächeninhalten

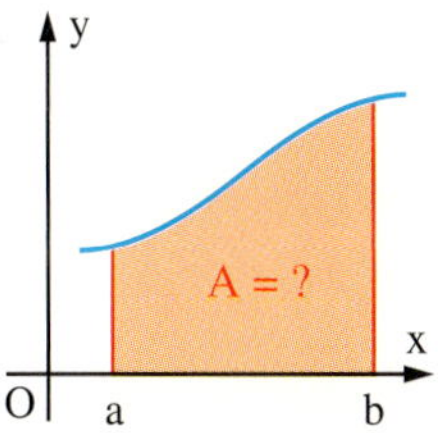

Fig. 1

**1** Zeichnen Sie den Graphen der Funktion f mit $f(x) = \sqrt{x}$. Färben Sie die von folgenden Linien begrenzte Fläche: die x-Achse, die Gerade mit der Gleichung $x = 4$ und den Graphen von f. Wie kann man den Inhalt A dieser Fläche näherungsweise berechnen?

Im Folgenden wird eine Methode zur näherungsweisen Berechnung der Inhalte von Flächen entwickelt, die vom Graphen einer stetigen Funktion f mit $f(x) \geqq 0$, der x-Achse und den Parallelen zur y-Achse mit den Gleichungen $x = a$ und $x = b$ begrenzt werden.
Eine solche Fläche beschreibt man auch so: Die Fläche zwischen dem Graphen von f und der x-Achse über dem Intervall [a; b].

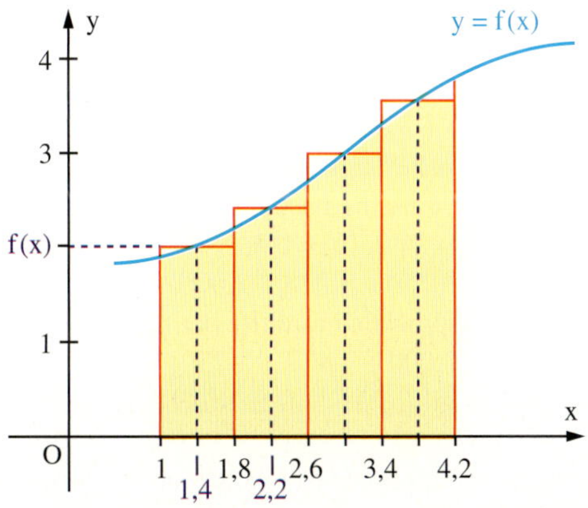

Fig. 3

Zur näherungsweisen Ermittlung des Inhaltes A solcher Flächen nähert man diese durch Rechtecke an. Dazu zerlegt man z. B. in Fig. 3 das Intervall [1; 4,2] in 4 gleich breite Teilintervalle der Breite $\frac{4,2-1}{4} = 0,8$ (Fig. 3).
Wählt man als Höhen der Rechtecke jeweils die Funktionswerte z. B. an den Intervallmitten, so ergibt sich:
$S_4 = 0,8 \cdot f(1,4) + 0,8 \cdot f(2,2) + 0,8 \cdot f(3) + 0,8 \cdot f(3,8)$.
$S_4$ ist ein Näherungswert für den gesuchten Flächeninhalt A.
Eine andere Wahl als die Intervallmitten zur Bestimmung der Rechteckshöhen ergibt einen anderen Näherungswert für A.

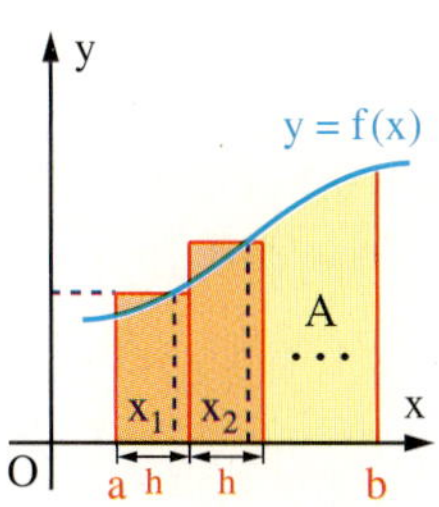

Fig. 2

Gegeben ist die stetige Funktion f mit $f(x) \geqq 0$ für $x \in [a; b]$. Zur näherungsweisen Berechnung des Inhaltes A der Fläche zwischen dem Graphen von f und der x-Achse über dem Intervall [a; b] kann man so vorgehen:

1. Man wählt eine feste Zahl n und unterteilt das Intervall [a; b] in n Teilintervalle der Breite $h = \frac{b-a}{n}$.
2. Aus jedem Teilintervall wählt man eine Stelle $x_i$ für $i = 1, 2, \ldots, n$ und berechnet den zugehörigen Funktionswert $f(x_i)$.
3. Man berechnet als Näherungswert für den Flächeninhalt die **Zerlegungssumme**
$\mathbf{S_n = h \cdot f(x_1) + h \cdot f(x_2) + \ldots + h \cdot f(x_n) = h \cdot [f(x_1) + f(x_2) + \ldots + f(x_n)]}$.

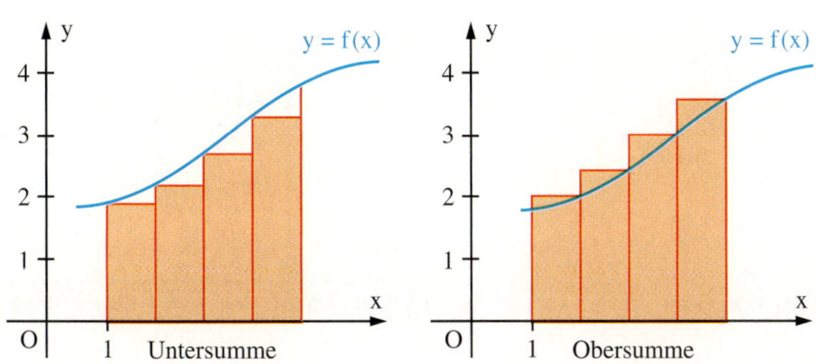

Fig. 4

**Beachten Sie:** Zur Berechnung eines Näherungswertes von A ist jede Stelle $x_i$ im zugehörigen Teilintervall möglich. Soll dagegen A „nach unten“ bzw. „nach oben“ abgeschätzt werden, wählt man für die Höhe jedes Rechtecks den kleinsten bzw. den größten Funktionswert (Fig. 4).
Die zugehörigen Zerlegungssummen heißen **Untersumme $U_4$** bzw. **Obersumme $O_4$**.
Es gilt: $U_4 \leqq A \leqq O_4$.

*Auch wenn kein Graph verlangt ist, sollten Sie sich vor der Rechnung anhand einer Skizze einen Überblick verschaffen.*

**Beispiel 1:** (Näherungsweise Berechnung und Abschätzung eines Flächeninhaltes)
Gegeben ist die Funktion f mit $f(x) = -0{,}25\,x^2 + 4$.
a) Bestimmen Sie mithilfe einer Zerlegungssumme $S_6$ näherungsweise den Inhalt A der Fläche zwischen dem Graphen von f und der x-Achse über [0; 3].
b) Schätzen Sie den Flächeninhalt A mithilfe der Ober- und Untersumme ab.
Lösung:
a) Für h gilt: $h = \frac{3-0}{6} = 0{,}5$.
Wählt man für $x_i$ aus jedem Teilintervall jeweils die Mitte, ergibt sich die folgende Tabelle.

| $x_i$ | 0,25 | 0,75 | 1,25 | 1,75 | 2,25 | 2,75 |
|---|---|---|---|---|---|---|
| $f(x_i)$ | 3,984 | 3,859 | 3,609 | 3,234 | 2,734 | 2,109 |

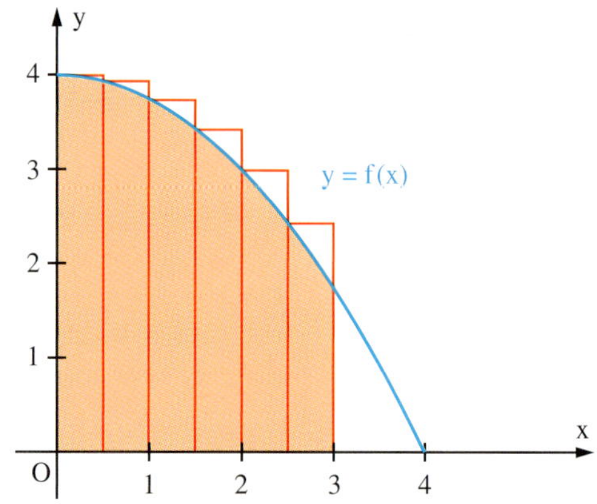

Fig. 1

*Falls der Taschenrechner bei der Berechnung der Obersumme z. B. 10,282 anzeigt, darf man zur Abschätzung nicht auf 10,28 runden, sondern muss 10,29 verwenden.*

Für $S_6$ gilt: $S_6 \approx 0{,}5 \cdot [3{,}984 + 3{,}859 + 3{,}609 + 3{,}234 + 2{,}734 + 2{,}109] \approx 9{,}76$.
Der gesuchte Flächeninhalt beträgt näherungsweise $A \approx 9{,}76$.
b) Zur Berechnung der Obersumme muss in diesem Fall für $x_i$ jeweils der linke Rand jedes Teilintervalls gewählt werden, also $x_1 = 0$, $x_2 = 0{,}5$, …, $x_6 = 2{,}5$ (Fig. 1).
Es gilt: $O_6 \approx 0{,}5 \cdot [4{,}000 + 3{,}938 + 3{,}750 + 3{,}438 + 3{,}000 + 2{,}438] \approx 10{,}29$.
Die Untersumme $U_6$ ergibt sich entsprechend mithilfe der rechten Intervallränder:
$U_6 \approx 0{,}5 \cdot [3{,}937 + 3{,}750 + 3{,}437 + 3{,}000 + 2{,}437 + 1{,}750] \approx 9{,}15$.
Für den gesuchten Flächeninhalt A gilt: $9{,}15 \leqq A \leqq 10{,}29$.

**Beispiel 2:** (Näherungsweise Bestimmung eines Flächeninhaltes mit dem GTR)
Gegeben ist die Funktion f mit $f(x) = \frac{4}{x} + x$. Bestimmen Sie einen Näherungswert für den Inhalt der Fläche zwischen dem Graphen von f und der x-Achse über dem Intervall [1; 3]. Berechnen Sie dazu mithilfe des GTR eine Zerlegungssumme $S_{20}$.
Lösung:
In Fig. 2 ist der Graph von f abgebildet. Die Breite jedes Rechteckes ist $\frac{3-1}{20} = 0{,}1$. Für die Höhe wählt man z. B. jeweils den Funktionswert am linken Rand. Die zugehörige Zerlegungssumme $S_{20}$ kann man rekursiv aufsummieren (Fig. 3):

*u(0) = Inhalt des 1-ten Rechtecks.*
*u(1) = u(0) + Inhalt des 2-ten Rechtecks*
*…*
*u(n) = u(n – 1) + Inhalt des n-ten Rechtecks*

$u(0) = 0{,}1 \cdot f(1) = 0{,}5$; $u(1) = u(0) + 0{,}1 \cdot f(1{,}1)$;
$u(n) = u(n-1) + 0{,}1 \cdot f(1 + n \cdot 0{,}1)$.
Das Folgenglied $u(19) = 8{,}43$ ist ein Näherungswert für den gesuchten Flächeninhalt (Fig. 4).
Da der Graph im Intervall [1; 3] offensichtlich nicht monoton ist, handelt es sich bei diesem Näherungswert weder um eine Untersumme noch um eine Obersumme.

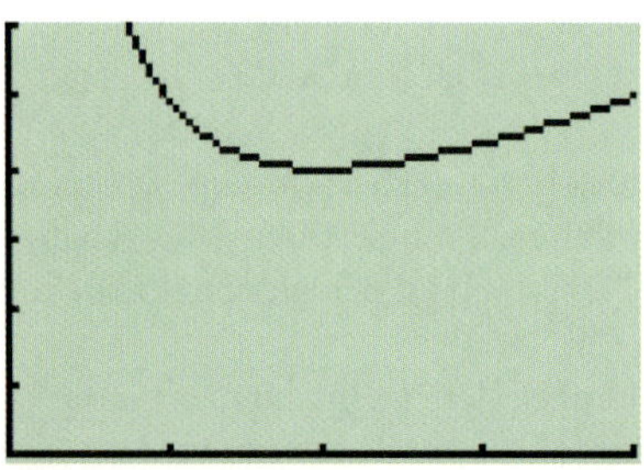
Xscl = 1; Yscl = 1
Fig. 2

Fig. 3

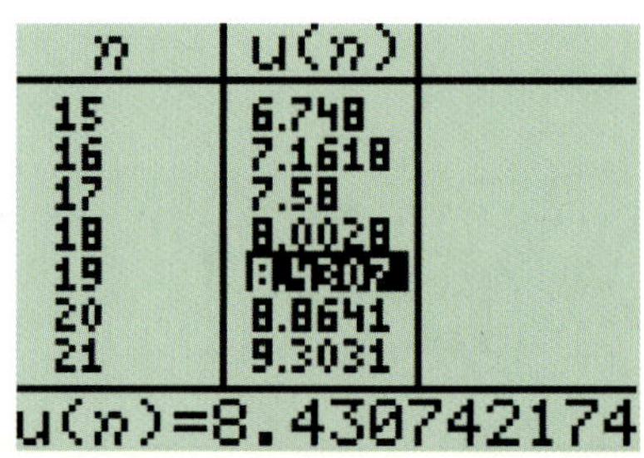

Fig. 4

## Aufgaben

**2** Zeichnen Sie den Graphen der Funktion f und markieren Sie mit Farbe die Fläche zwischen dem Graphen von f und der x-Achse über dem Intervall [a; b]. Bestimmen Sie mithilfe einer Zerlegungssumme $S_6$ näherungsweise den Inhalt A dieser Fläche.
a) $f(x) = x + 1$; $a = 1$; $b = 4$ b) $f(x) = x^2$; $a = 0$; $b = 3$

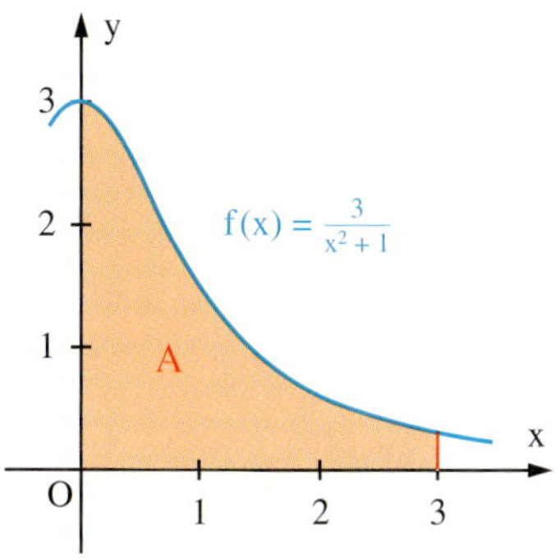


Fig. 1

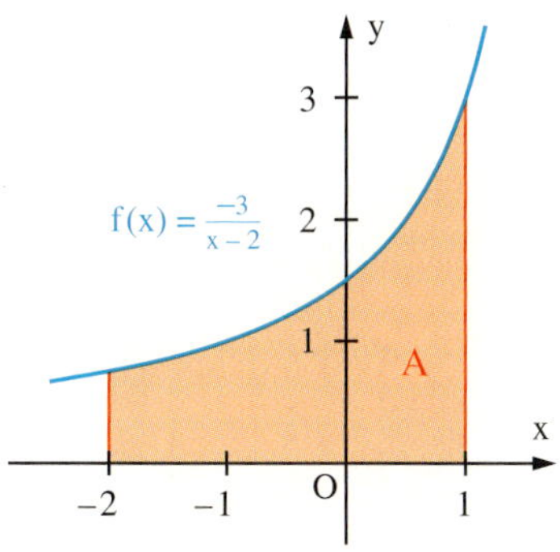


Fig. 2

**3** Schätzen Sie den Inhalt der Fläche zwischen dem Graphen von f und der x-Achse über [a; b] mithilfe der Ober- und Untersumme $O_8$ bzw. $U_8$ ab.
a) $f(x) = 0{,}25x^2 + 2$; $a = 0$; $b = 4$
b) $f(x) = -0{,}5x^2 + 5$; $a = 1$; $b = 3$

**4** Geben Sie einen Näherungswert für den Inhalt A der gefärbten Fläche in Fig. 1 bzw. Fig. 2 an und schätzen Sie A ab. Verwenden Sie dazu eine Zerlegung in 6 Teilintervalle.

**5** a) Geben Sie eine Funktion f an, für die auf dem Intervall [0; 2] gilt: $U_{100} = U_{200}$.
b) Bei welcher Art von Funktionen erhält man die Untersumme, indem man für die Höhe jedes Rechtecks den Funktionswert am jeweils rechten Intervallrand nimmt?
c) Für jede auf einem Intervall [a; b] definierte Funktion f gilt: $U_{40} \geqq U_{20}$. Begründen Sie diese Aussage.

*Für das Berechnen einer Zerlegungssumme kann man auch mit seq(...) die Folge der Rechtecksinhalte definieren und mit sum(...) aufsummieren.*

**6** Schätzen Sie mithilfe des GTR den Inhalt der Fläche zwischen dem Graphen von f und der x-Achse über [a; b] ab. Bestimmen Sie dazu die Untersumme $U_{20}$ und die Obersumme $O_{20}$.
a) $f(x) = \sqrt{1 + x^2}$; $a = 0$; $b = 4$ b) $f(x) = x^3 - 3x + 2$; $a = -1$; $b = 1$

**7** Skizzieren Sie für $0 \leqq x \leqq \pi$ den Graphen der Funktion f mit $f(x) = \sin(x)$. Schätzen Sie den Inhalt A der Fläche zwischen dem Graphen von f und der x-Achse über dem Intervall [0; π] ab. Welchen genauen Wert für A vermuten Sie?

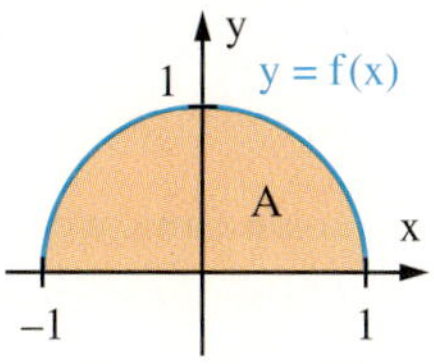


Fig. 3

**8** Der Graph der Funktion f mit $f(x) = \sqrt{1 - x^2}$ ist ein Halbkreis mit dem Radius 1 (Fig. 3). Der Flächeninhalt dieses Halbkreises beträgt $A = \frac{1}{2}\pi r^2 = \frac{1}{2}\pi$. Bestimmen Sie einen Näherungswert für die Zahl π.

**9** Mithilfe von Zerlegungssummen kann man auch Rauminhalte berechnen. Dazu zerlegt man z. B. einen Kegel in Scheiben gleicher Dicke (Fig. 4). Bestimmt man entsprechend wie bei Flächeninhalten die Obersumme $O_{12}$, erhält man einen Näherungswert für den Rauminhalt des Kegels. Die kleinste Scheibe hat den Radius 0,25 und die Dicke 0,5, also das Volumen $0{,}5 \cdot \pi \cdot 0{,}25^2$. Für $O_{12}$ gilt:
$O_{12} = 0{,}5\,[\pi \cdot 0{,}25^2 + \pi \cdot 0{,}5^2 + \ldots + \pi \cdot 3^2]$.
a) Berechnen Sie $O_{12}$.
b) Berechnen Sie $U_{12}$ und vergleichen Sie mit dem genauen Wert, der mit der Formel $V = \frac{1}{3}\pi \cdot r^2 \cdot h$ berechnet werden kann.

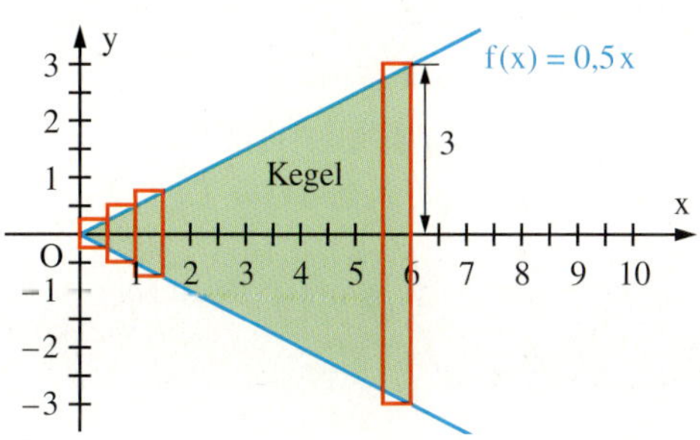


Fig. 4

**!** *Bei der Untersumme $U_{12}$ hat die kleinste Scheibe das Volumen 0.*

# 3 Bestimmung von Flächeninhalten

**1** Es soll der Inhalt A der Fläche zwischen dem Graphen von f mit $f(x) = x^2$ und der x-Achse über [0; 2] bestimmt werden.

a) Zeigen Sie, dass für die Obersumme $O_{10}$ gilt: $O_{10} = \frac{2^3}{10^3}[1^2 + 2^2 + 3^2 + \ldots + 10^2]$.

b) Geben Sie eine entsprechende Formel für $O_n$ an. Wie kann man A damit genau erhalten?

Bisher wurde der Flächeninhalt unterhalb einer Kurve nur näherungsweise bestimmt. Mit der folgenden Methode kann man den Flächeninhalt genau ermitteln.

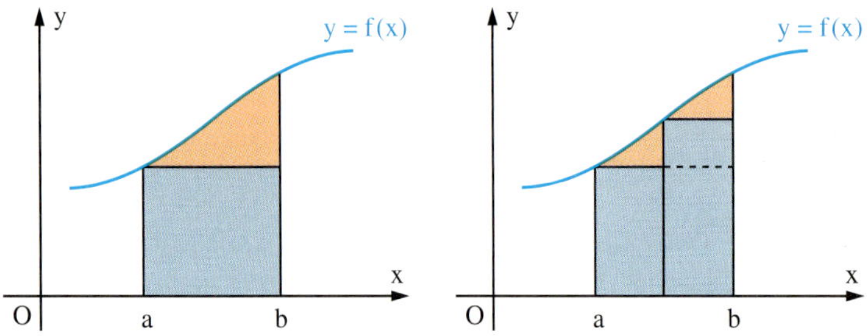

Fig. 1

Bildet man z. B. die Untersumme $U_n$ und vergrößert die Zahl der Rechtecke, wird die Abweichung vom gesuchten Flächeninhalt im Allgemeinen kleiner (rot in Fig. 1). Es liegt also nahe, das Intervall [a; b] in immer kleinere Teilintervalle zu unterteilen und die sich ergebenden Untersummen $U_n$ auf einen Grenzwert für $n \to \infty$ zu untersuchen.

*Eine nützliche Formel:*
*Aus*

$$\begin{array}{l} 1 + 2 + \ldots + z \\ + z + (z-1) + \ldots + 1 \\ \hline (z+1) + (z+1) + \ldots + (z+1) \end{array}$$

*folgt:*
$1 + 2 + \ldots + z = \frac{1}{2}z(z+1)$.
*Ist $z = n-1$, dann gilt:*
$1 + 2 + \ldots + (n-1) = \frac{1}{2}n(n-1)$.

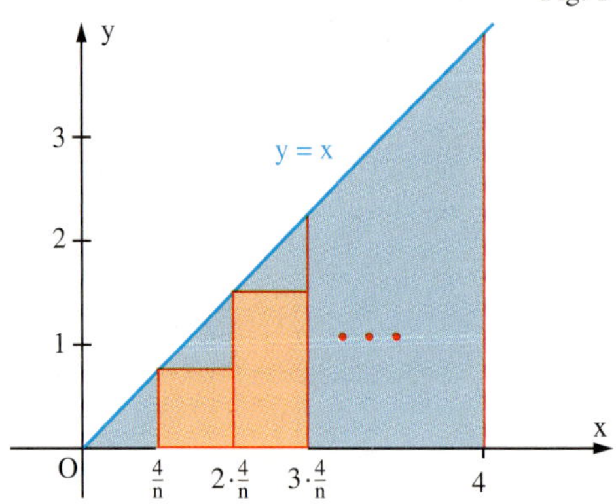

Fig. 2

Das Verfahren wird am Beispiel der Funktion f mit $f(x) = x$ (Fig. 2) mit dem bekannten Flächeninhalt $A = 8$ erläutert.
Bei n gleichbreiten Rechtecken gilt für $a = 0$ und $b = 4$:

$$U_n = \frac{4}{n}\left[0 + \frac{4}{n} + 2\cdot\frac{4}{n} + \ldots + (n-1)\cdot\frac{4}{n}\right]$$
$$= \frac{16}{n^2}[1 + 2 + 3 + \ldots + (n-1)].$$

Wegen $1 + 2 + 3 + \ldots + (n-1) = \frac{1}{2}n(n-1)$ folgt:

$$U_n = \frac{16}{2}\cdot\frac{n}{n}\cdot\frac{n-1}{n} = 8\,\frac{n-1}{n} = 8\left(1 - \frac{1}{n}\right).$$

Somit ist $\lim\limits_{n\to\infty} U_n = 8$.

Man kann zeigen, dass bei einer stetigen Funktion f jede Zerlegungssumme $S_n$ einen Grenzwert für $n \to \infty$ hat. Außerdem ergibt sich unabhängig von der Wahl der Stellen $x_i$ immer derselbe Grenzwert. Dieser Grenzwert ist der gesuchte Flächeninhalt.

*Hier ist $f(x_i)$ keine Zahl, sondern ein Term mit der Variable n.*

Gegeben ist die stetige Funktion f mit $f(x) \geqq 0$ für $x \in [a; b]$. Zur Ermittlung des Inhaltes A der Fläche zwischen dem Graphen von f und der x-Achse über dem Intervall [a; b] geht man so vor:

1. Man unterteilt das Intervall [a; b] in n Teilintervalle der Breite $h = \frac{b-a}{n}$.
2. Aus jedem Teilintervall wählt man eine Stelle $x_i$ für $i = 1, 2, \ldots, n$ und berechnet den zugehörigen Funktionswert $f(x_i)$.
3. Man berechnet die Zerlegungssumme $S_n = h\cdot f(x_1) + h\cdot f(x_2) + \ldots + h\cdot f(x_n)$ in Abhängigkeit von n.
4. Man ermittelt den Grenzwert der Zerlegungssumme $S_n$ für $n \to \infty$.

*Da f stetig ist, kann man die Bestimmung des Flächeninhalts mit einer beliebigen Zerlegungssumme durchführen.*

*Zur Bestimmung dieses Flächeninhalts ist folgende Summenformel notwendig:*
$1^2 + 2^2 + 3^2 + \ldots + z^2 = \frac{1}{6}z(z+1)(2z+1)$.

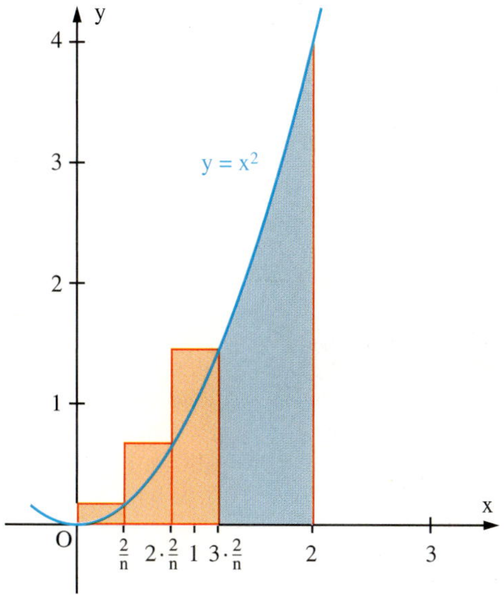


Fig. 1

**Beispiel:** (Bestimmung eines Flächeninhalts)
Bestimmen Sie den Flächeninhalt A der Fläche zwischen dem Graphen der Funktion f mit $f(x) = x^2$ und der x-Achse über dem Intervall [0; 2] als Grenzwert einer Zerlegungssumme.
Lösung:
Man teilt das Intervall [0; 2] in n Teile der Breite $\frac{2}{n}$. Dann gilt z. B. für $O_n$:

$$O_n = \frac{2}{n}\left[\left(\frac{2}{n}\right)^2 + \left(2\cdot\frac{2}{n}\right)^2 + \ldots + \left(n\cdot\frac{2}{n}\right)^2\right]$$
$$= \frac{2^3}{n^3}[1 + 2^2 + 3^2 + \ldots + n^2].$$ Wegen
$$1^2 + 2^2 + 3^2 + \ldots + z^2 = \frac{1}{6}z(z+1)(2z+1)$$
folgt (siehe Randspalte):
$$O_n = \frac{8}{n^3}\cdot\frac{1}{6}\cdot n(n+1)(2n+1) = \frac{4}{3}\cdot\frac{n+1}{n}\cdot\frac{2n+1}{n}$$
$$= \frac{4}{3}\left(1 + \frac{1}{n}\right)\left(2 + \frac{1}{n}\right).$$
Somit ist $\lim\limits_{n\to\infty} O_n = \frac{4}{3}\cdot 2 = \frac{8}{3}$.
Der gesuchte Flächeninhalt ist $A = \frac{8}{3}$.

## Aufgaben

**2** Bestimmen Sie den Inhalt der Fläche zwischen der Parabel mit $y = x^2$ und der x-Achse über dem Intervall [a; b].
a) $a = 0;\ b = 1$ b) $a = 0;\ b = 3$ c) $a = 0;\ b = 10$

**3** Zeigen Sie, dass im Beispiel bei Verwendung der Untersumme der errechnete Grenzwert der gleiche ist wie bei der Verwendung der Obersumme.

*Bei Aufgabe 4 wird folgende Summenformel benötigt:*
$1^3 + 2^3 + 3^3 + \ldots + z^3 = \frac{1}{4}z^2(z+1)^2$.

**4** a) Zeichnen Sie den Graphen der Funktion f mit $f(x) = x^3$. Der Graph, die x-Achse und die Gerade mit der Gleichung $x = 2$ begrenzen eine Fläche. Bestimmen Sie ihren Inhalt als Grenzwert der Obersumme $O_n$. (Anleitung: Benutzen Sie die Formel auf der Randspalte.)
b) Zeigen Sie, dass man bei Verwendung der Untersumme denselben Grenzwert wie in a) erhält.

**5** Berechnen Sie den Inhalt der gefärbten Fläche mithilfe des Ergebnisses des Beispiels.
a)

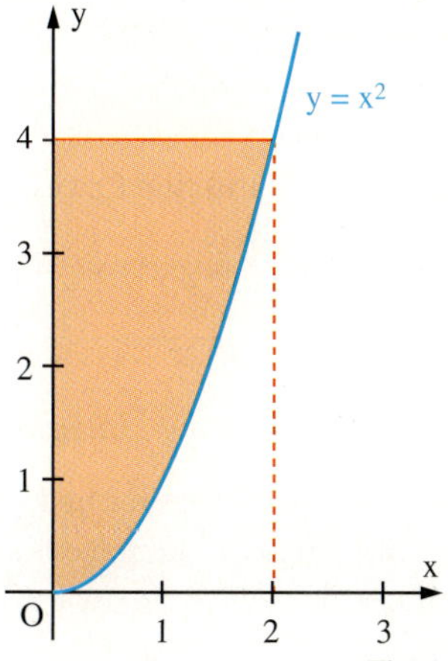


Fig. 2

b)

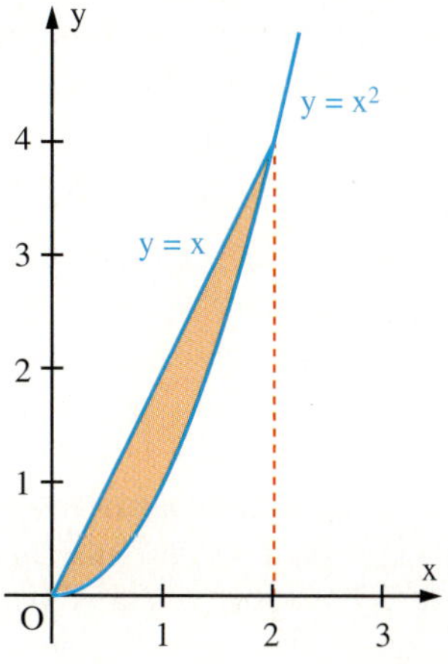


Fig. 3

c)

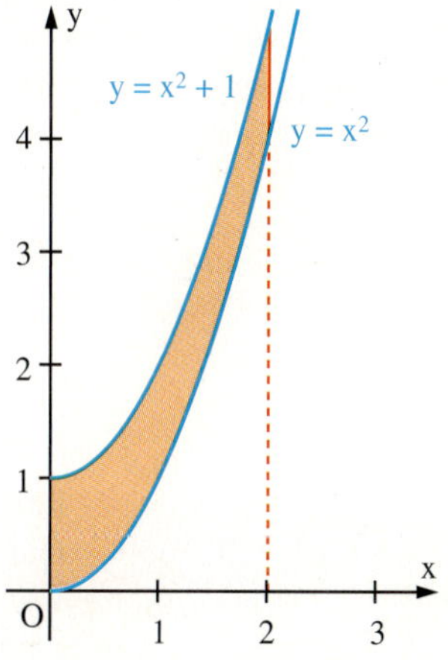


Fig. 4

# 4 Einführung des Integrals; Integralfunktion

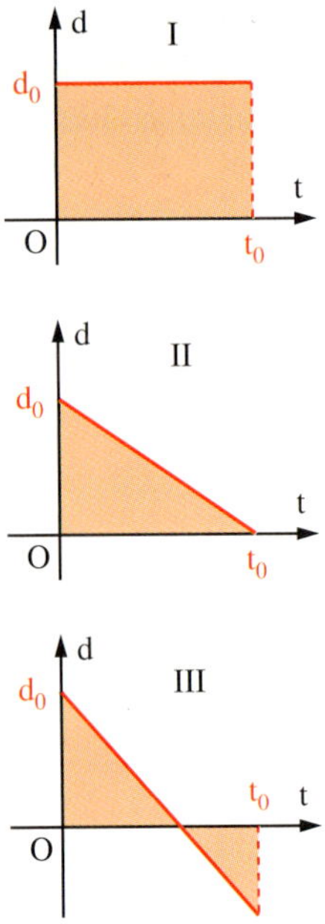

Fig. 1

**1** In einem Gezeitenkraftwerk strömt bei Flut das Wasser in einen Speicher und bei Ebbe wieder heraus. Das durchfließende Wasser treibt dabei Turbinen zur Stromerzeugung an. Die momentane Durchflussmenge d (in $\frac{m^3}{s}$) des Wassers in den Speicher kann man messen. Die Graphen in Fig. 1 zeigen Beispiele dafür, wie sich d mit der Zeit ändert.

a) Beschreiben Sie in I, II und III den Verlauf von d. Was besagt es, wenn der Graph unterhalb der t-Achse verläuft?

b) Welche anschauliche Bedeutung hat jeweils der Inhalt der gefärbten Fläche?

Für die Bestimmung des Flächeninhaltes unter dem Graphen einer stetigen Funktion f über dem Intervall [a; b] wurde bisher $f(x) \geqq 0$ vorausgesetzt. Im Folgenden wird auch $f(x) < 0$ sowie $a > b$ zugelassen.

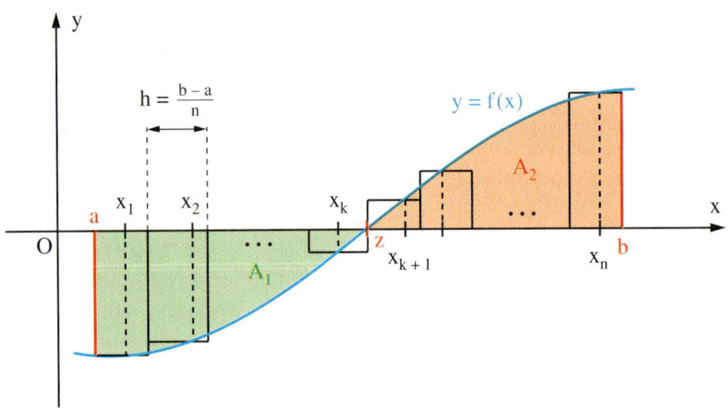

Fig. 2

In Fig. 2 ist $f(x) \leqq 0$ für $x \in [a; z]$ und $f(x) \geqq 0$ für $x \in [z; b]$. Deshalb haben die Summanden einer Zerlegungssumme $S_n$ über [a; b] verschiedene Vorzeichen:

$$S_n = \underbrace{hf(x_1) + \ldots + hf(x_k)}_{\leqq 0} + \underbrace{hf(x_{k+1}) + \ldots + hf(x_n)}_{\geqq 0}.$$

Der Grenzwert $\lim\limits_{n \to \infty} S_n$ gewichtet $A_1$ mit einem negativen Vorzeichen und $A_2$ mit einem positiven Vorzeichen.

Es gilt: $\lim\limits_{n \to \infty} S_n = -A_1 + A_2$. Man nennt $\lim\limits_{n \to \infty} S_n$ den **orientierten Flächeninhalt**.

Im Fall $a > b$ ändert die Summe $S_n$ und der Grenzwert $\lim\limits_{n \to \infty} S_n$ lediglich das Vorzeichen.

*Die Integralschreibweise wurde von GOTTFRIED WILHELM LEIBNIZ (1646–1716) eingeführt.*
*Das Zeichen ∫ ist aus einem S (von summa) entstanden; dx steht für die immer kleiner werdenden Intervalle.*

**Definition 1:** Die Funktion f sei auf dem Intervall I stetig und $a, b \in I$. Für jedes $n \in \mathbb{N}^*$ sei $S_n$ eine Zerlegungssumme mit $S_n = h \cdot f(x_1) + h \cdot f(x_2) + \ldots + h \cdot f(x_n)$ und $h = \frac{b-a}{n}$.
Dann heißt der Grenzwert $\lim\limits_{n \to \infty} S_n$ das **Integral der Funktion f** zwischen den Grenzen a und b.

Man schreibt dafür: $\lim\limits_{n \to \infty} S_n = \int_a^b f(x)\,dx$ (lies: Integral von $f(x)\,dx$ von a bis b).

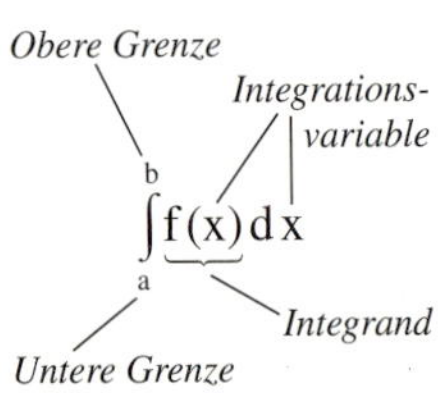


Im Ausdruck $\int_a^b f(x)\,dx$ wird für $f(x)$ auch die Bezeichnung **„Integrand"** und für x die Bezeichnung **„Integrationsvariable"** verwendet. Die Grenzen a und b heißen untere und obere Integrationsgrenze. Da z. B. f mit $f(x) = x^2$ bzw. $f(t) = t^2$ dieselbe Funktion bezeichnet, gilt $\int_a^b f(x)\,dx = \int_a^b f(t)\,dt$.

| Größe | Momentane Änderungsrate der Größe | Gesamtänderung der Größe |
|---|---|---|
| Weg s in $[t_1; t_2]$ | Geschwindigkeit v | $s = \int_{t_1}^{t_2} v(t)\,dt$ |
| Schadstoffausstoß E in $[t_1, t_2]$ | Momentaner Schadstoffausstoß e | $E = \int_{t_1}^{t_2} e(t)\,dt$ |
| Durchflussmenge D in $[t_1, t_2]$ | Momentane Durchflussmenge d | $D = \int_{t_1}^{t_2} d(t)\,dt$ |

Ist m die momentane Änderungsrate einer Größe, dann ist $\int_{t_1}^{t_2} m(t)$ die Gesamtänderung der Größe im Zeitintervall $[t_1; t_2]$. Diese Gesamtänderung entspricht dem orientierten Flächeninhalt unter dem Graphen der Funktion m über dem Intervall $[t_1; t_2]$. Ein positiver bzw. negativer Wert für das Integral bedeutet eine Zunahme bzw. Abnahme der Größe.
Die Tabelle zeigt einige Beispiele.

Integrale mit fester unterer Grenze, wie z. B. $\int_0^2 x^2\,dx$ und $\int_0^3 x^2\,dx$, kann man als Funktion auffassen, wenn die obere Grenze variabel ist. Die Funktion $b \mapsto \int_0^b x^2\,dx$ ordnet jeder Zahl b die Zahl $\int_0^b x^2\,dx$ zu. Um deutlich zu machen, dass bei der Funktion $b \mapsto \int_0^b x^2\,dx$ die obere Grenze die Variable ist, schreibt man statt $\int_0^b x^2\,dx$ auch $\int_0^x t^2\,dt$.

Wählt man anstelle von 0 eine andere untere Grenze, erhält man ebenfalls eine Funktion.

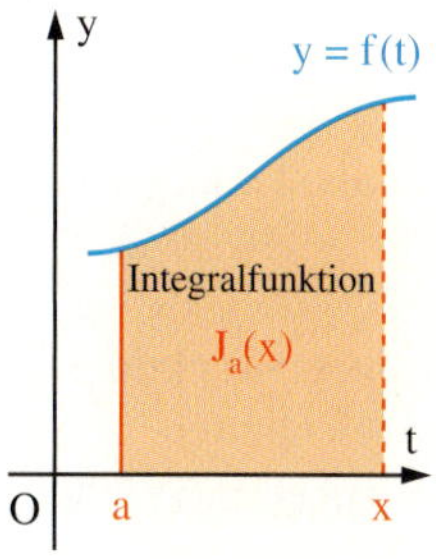


**Definition 2:** Die Funktion $f: t \mapsto f(t)$ sei in einem Intervall I stetig und $a \in I$. Dann heißt die Funktion

$$J_a \text{ mit } J_a(x) = \int_a^x f(t)\,dt \text{ für } x \in I$$

**Integralfunktion** von f zur unteren Grenze a.

**Beispiel 1:** (Deutung und Berechnung eines Integrals)
Deuten Sie das Integral als orientierten Flächeninhalt. Berechnen Sie das Integral.

a) $\int_0^2 x^2\,dx$ b) $\int_{-1}^0 -2\,dz$ c) $\int_{-2}^1 0{,}5\,x\,dx$

Lösung:

a)

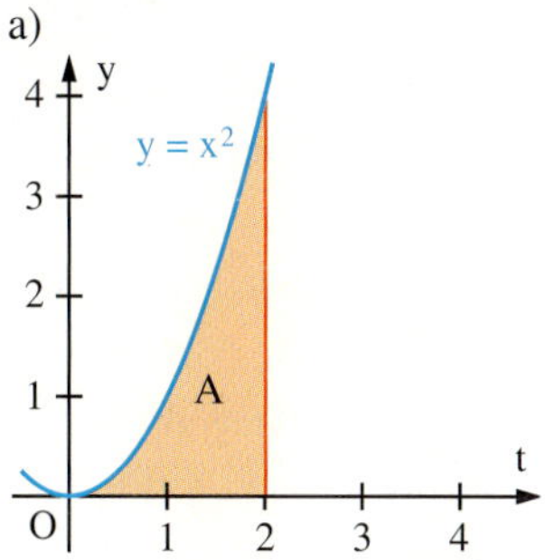


Fig. 1

b)

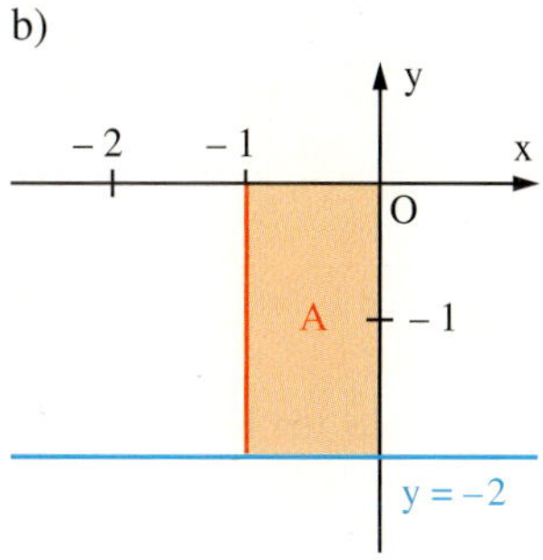


Fig. 2

c)

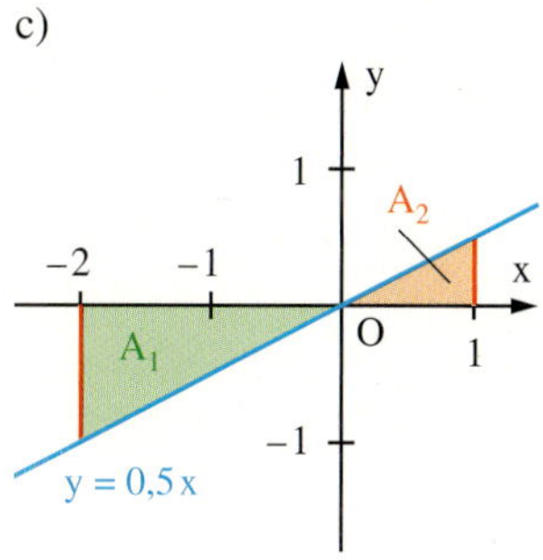


Fig. 3

$\int_0^2 x^2\,dx = A = \frac{8}{3}$ (siehe S. 79).

$\int_{-1}^0 -2\,dz = -A = -2.$

$\int_{-2}^1 0{,}5\,x\,dx = -A_1 + A_2$
$= -\left(\frac{1}{2}\cdot 2\cdot 1\right) + \frac{1}{2}\cdot 1\cdot \frac{1}{2}$
$= -0{,}75.$

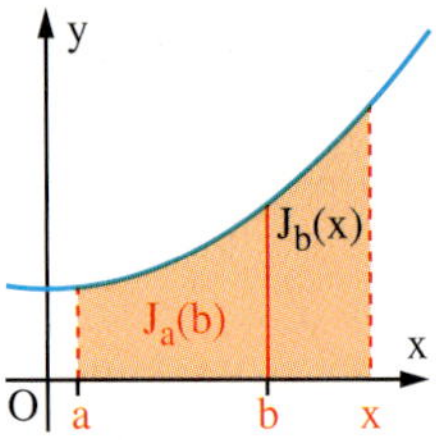


*Wie bei Flächeninhalten gilt bei Integralfunktionen die Rechenregel:*
*$J_a(b) + J_b(x) = J_a(x)$.*
*Diese Regel heißt* ***Intervalladditivität*** *des Integrals.*

**Beispiel 2:** (Bestimmung einer Integralfunktion)
Gegeben ist die Funktion f mit $f(x) = 0{,}5\,x$.
Geben Sie einen Funktionsterm für die Integralfunktion $J_1$ von f an.
Lösung:
$J_1(x)$ entspricht dem Inhalt der Fläche unter dem Graphen von f über [1; x]. Man erhält sie als Differenz von zwei Dreiecken (siehe Fig. 1).
$J_1(x) = J_0(x) - J_0(1)$
$J_1(x) = \frac{1}{2}\cdot x\cdot(0{,}5\,x) - \frac{1}{2}\cdot 1\cdot 0{,}5 = 0{,}25\,x^2 - 0{,}25.$

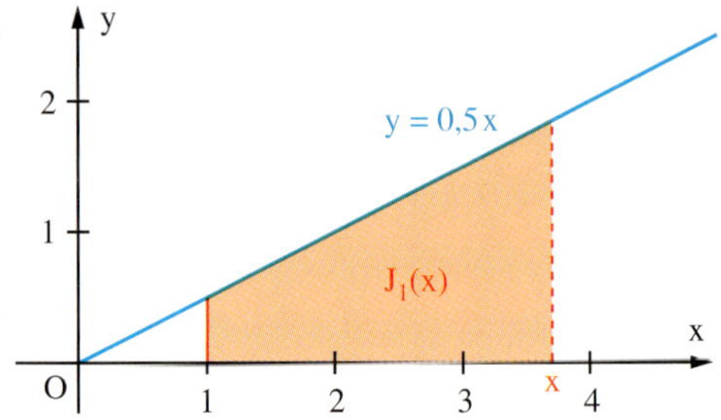


Fig. 1

**Beispiel 3:** (Integralfunktion und Gesamtänderung einer Größe)

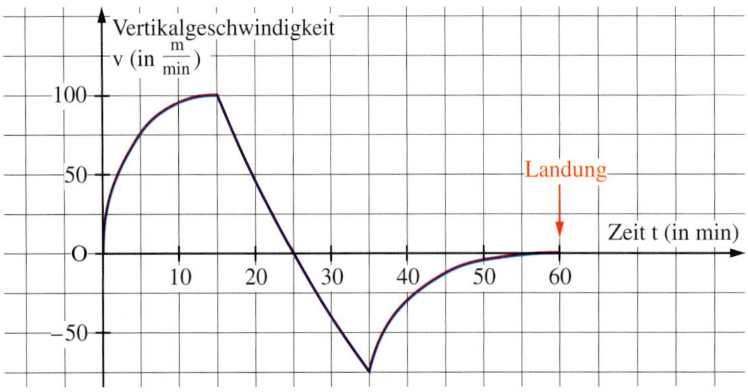


Fig. 2

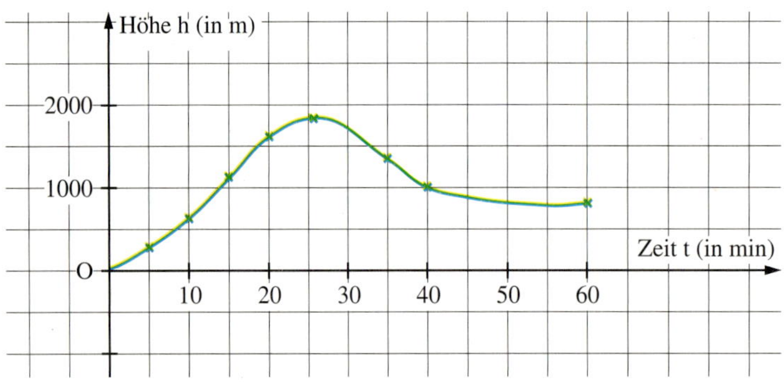


Fig. 3

In Fig. 2 ist näherungsweise die Vertikalgeschwindigkeit eines Ballons in Abhängigkeit von der Zeit aufgetragen. Positive Geschwindigkeitswerte bedeuten, dass der Ballon nach oben steigt.
a) Skizzieren Sie den Graphen der Integralfunktion von v zur unteren Grenze 0.
b) Was bedeuten die Funktionswerte der Integralfunktion im Zusammenhang mit der Ballonfahrt?
c) Beurteilen Sie, ob Start- und Landepunkt gleich hoch liegen.
Lösung:
a) Der Funktionswert der Integralfunktion an der Stelle t entspricht dem orientierten Flächeninhalt unter dem Graphen von v über [0; t]. Wenn man einige Flächeninhalte abschätzt, ergibt sich der Graph der Integralfunktion in Fig. 3.
b) Die Funktionswerte geben die Höhe des Ballons über dem Standpunkt an.
c) Der Wert des Integrals $\int_0^{60} v(t)\,dt$ ist positiv.
Das entspricht einer Höhenzunahme. Der Landepunkt liegt höher als der Startpunkt.

## Aufgaben

**2** Schreiben Sie den Inhalt der gefärbten Fläche als Integral.

a)
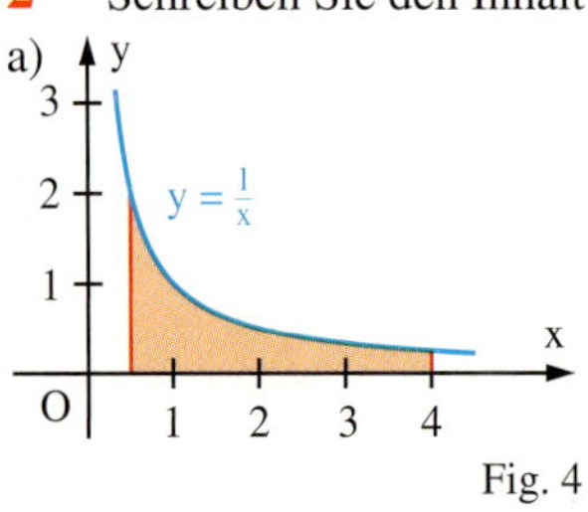


Fig. 4

b)
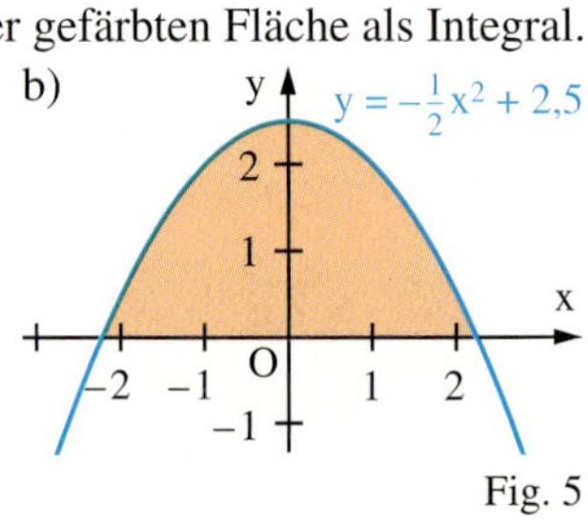


Fig. 5

c)
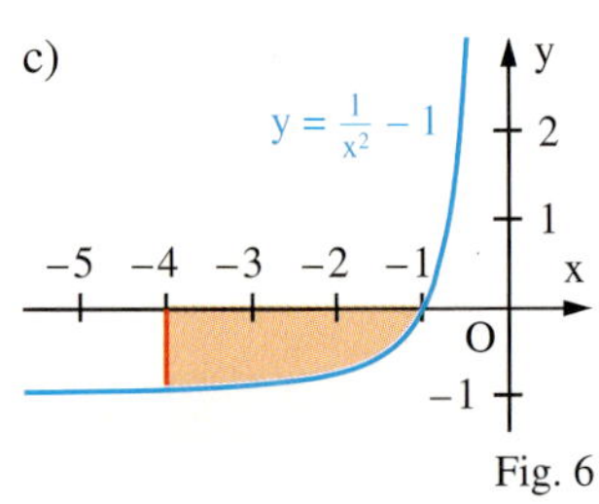


Fig. 6

**3** Entscheiden Sie ohne Rechnung, ob das Integral positiv oder negativ ist. Begründen Sie Ihre Entscheidung.

a) $\int_{10}^{80}(3-x)^4\,dx$ b) $\int_{-4}^{-1}x^3\,dx$ c) $\int_{-2}^{3}\frac{1}{3}x\,dx$

**4** Bei der Funktion v bedeutet x die Zeit (in s), v(x) die Geschwindigkeit (in $\frac{m}{s}$) eines sich geradlinig bewegenden Körpers.
a) Beschreiben Sie den Ablauf der Bewegung in Worten.
b) Drücken Sie die zurückgelegte Strecke zwischen $x_1 = 0$ und $x_2 = 8$ als Integral aus. Berechnen Sie dieses Integral.

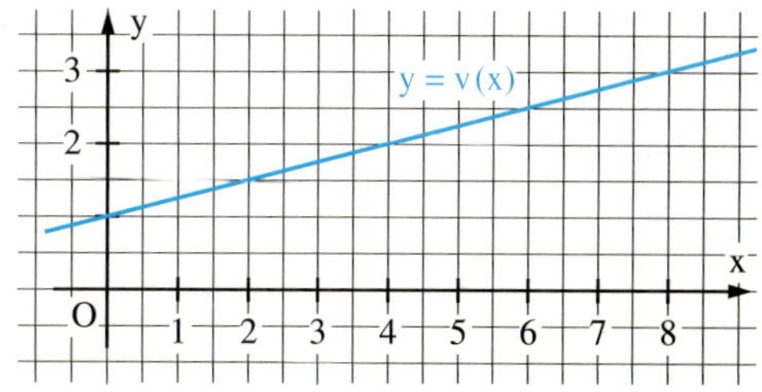

Fig. 1

**5** Zeichnen Sie den Graphen der Funktion f und bestimmen Sie einen Funktionsterm der Integralfunktion $J_0$ von f zur unteren Grenze 0. Berechnen Sie dazu die Inhalte geeigneter Dreiecke, Rechtecke usw.

a) $f(x) = 2$ b) $f(x) = x$ c) $f(x) = x + 1$

**6** Gegeben ist der Graph einer Funktion f. Skizzieren Sie den Graphen der Integralfunktion von f zur unteren Grenze 1 für $x \in [0; 5]$.

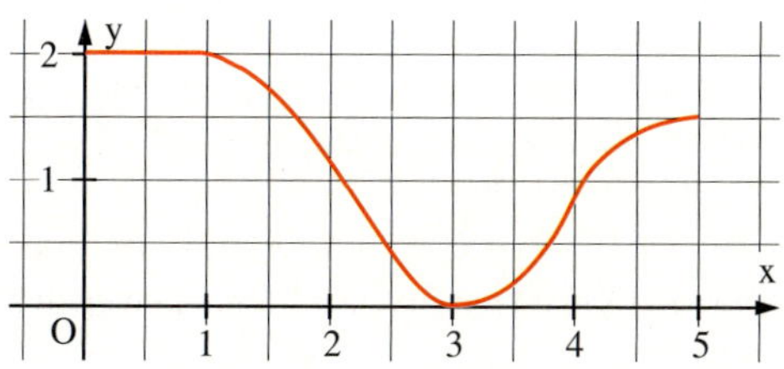
Fig. 2

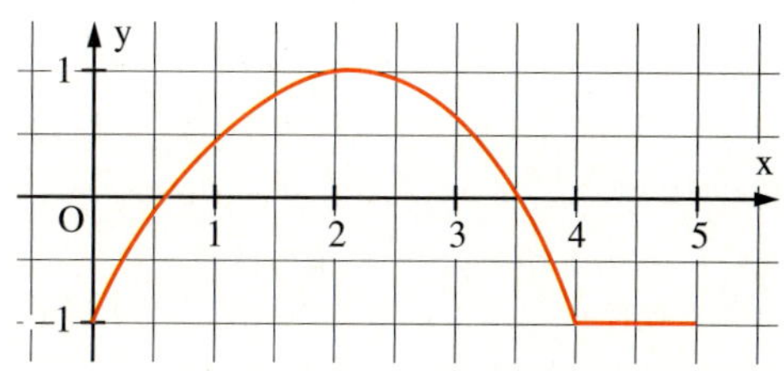
Fig. 3

**7** In den Figuren 4 und 5 sind jeweils Graphen der momentanen Änderungsrate m einer Größe G gezeichnet.
Beurteilen Sie, ob in Fig. 4 die Größe im Zeitraum zwischen 0 s und 4 s und in Fig. 5 zwischen 1 s und 3 s insgesamt zugenommen hat.

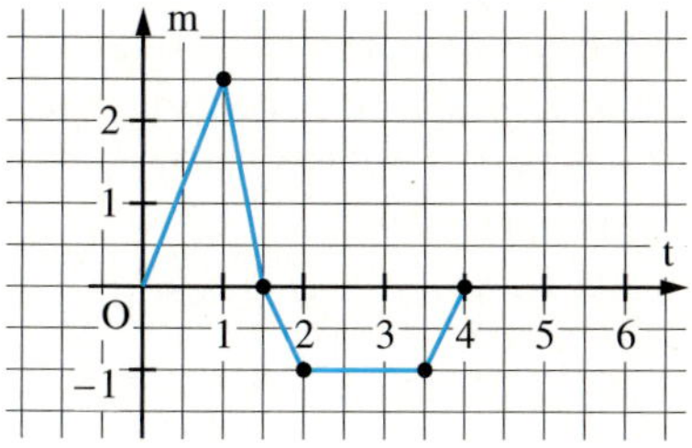
Fig. 4

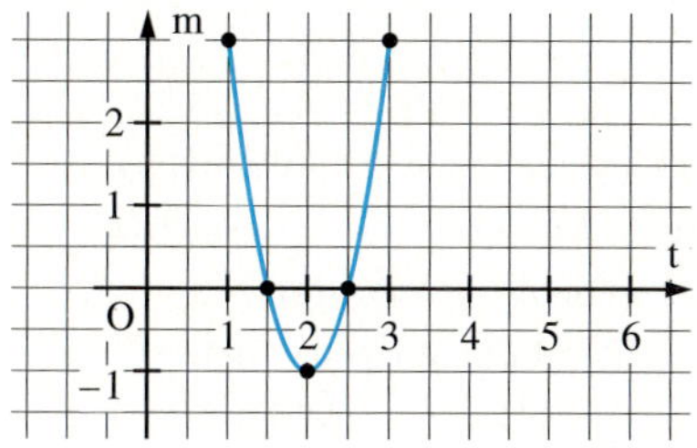
Fig. 5

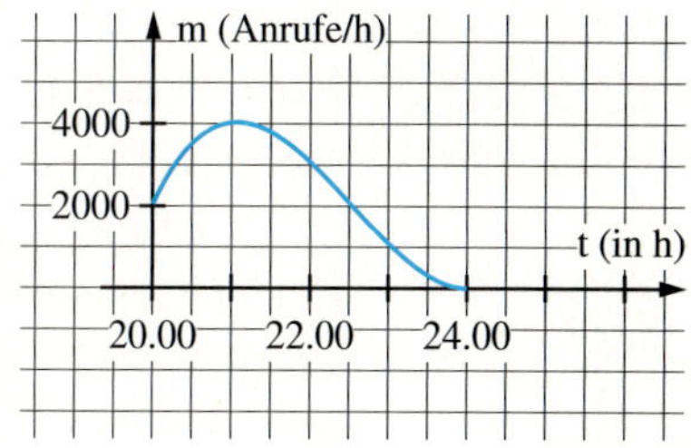

Fig. 6

**8** Anlässlich eines im Fernsehen übertragenen Benefizkonzertes können Zuschauer ab 20 Uhr einen Spendenaufruf tätigen. In Fig. 6 ist die Entwicklung der momentanen Anrufrate m dargestellt.

Anzahl der Anrufe in best. Zeit

a) Bestimmen Sie einen Schätzwert für die Zahl der Anrufe bis 22 Uhr.
b) Pro Stunde können 3000 Anrufe bearbeitet werden. Zu welcher Zeit ist die Zahl der Anrufer in der Warteschleife am größten?

# 5 Stammfunktionen

**1** Geben Sie eine Funktion F an, so dass gilt
a) $F'(x) = x$ b) $F'(x) = 2x + 1$ c) $F'(x) = x^2 - 1$ d) $F'(x) = 2x^3 + x$.

**2** a) Geben Sie zur Funktion f mit $f(x) = x$ die Integralfunktionen $J_0$, $J_1$ und $J_2$ an.
b) Welcher Zusammenhang besteht zwischen jeder dieser Integralfunktionen und der Funktion f?

| f(x) | 2 | $\frac{1}{2}x$ | $\frac{1}{2}x + 1$ | $x^2$ |
|---|---|---|---|---|
| $J_0(x)$ | $2x$ | $\frac{1}{4}x^2$ | $\frac{1}{4}x^2 + x$ | $\frac{1}{3}x^3$ |
| $J_1(x)$ | $2x - 2$ | $\frac{1}{4}x^2 - 0{,}25$ | $\frac{1}{4}x^2 + x - 1{,}25$ | $\frac{1}{3}x^3 - \frac{1}{3}$ |

Die Tabelle enthält für einige Funktionen die Integralfunktionen $J_0$ und $J_1$ von f. Vergleicht man f mit $J_0$, so gilt für die aufgeführten Beispiele: f ist die Ableitungsfunktion der Integralfunktion $J_0$ von f.

Ein entsprechender Zusammenhang gilt für f und $J_1$: Bei den angeführten Beispielen ist die Funktion f die Ableitungsfunktion der Integralfunktion $J_1$ von f.
Dieser Sachverhalt führt auf die Vermutung, dass man eine Integralfunktion $J_a$ von f erhalten kann, indem man eine Funktion F mit $F'(x) = f(x)$ sucht.

**Definition:** Gegeben sei eine auf einem Intervall I definierte Funktion f.
Eine Funktion F heißt **Stammfunktion** von f im Intervall I, wenn für alle $x \in I$ gilt:

$$\mathbf{F'(x) = f(x)}.$$

*Hier muss man prüfen: Gilt $F'(x) = f(x)$?*

In der Tabelle ist zu einigen Funktionen eine Stammfunktion angegeben.

| f(x) | $x^2$ | $x$ | 1 | 0 | $x^{-2}$ | $x^{-3}$ | $\frac{1}{2\sqrt{x}}$ | $\cos(x)$ | $\sin(x)$ |
|---|---|---|---|---|---|---|---|---|---|
| F(x) | $\frac{1}{3}x^3$ | $\frac{1}{2}x^2$ | $x$ | $c$ | $-x^{-1}$ | $-\frac{1}{2}x^{-2}$ | $\sqrt{x}$ | $\sin(x)$ | $-\cos(x)$ |

**So findet man zu einer Potenzfunktion eine Stammfunktion:**
**1. Hochzahl plus 1**
**2. Mit dem Kehrwert der neuen Hochzahl multiplizieren.**

Anhand der Tabelle erhält man eine Vermutung, wie man zu einer **Potenzfunktion** eine Stammfunktion finden kann: Es gilt: Zu f mit $\mathbf{f(x) = x^z}$ $(z \in \mathbb{Z}\setminus\{-1\})$ ist F mit $\mathbf{F(x) = \frac{1}{z+1}x^{z+1}}$ eine Stammfunktion, da $F'(x) = \frac{z+1}{z+1}x^z = x^z = f(x)$ ist.

Um bei einer zusammengesetzten Funktion wie z. B. f mit $f(x) = x^2 + \cos(x)$ eine Stammfunktion zu finden, beachtet man die Ableitungsregel $(u + v)' = u' + v'$ für Summen von Funktionen. Danach ist F mit $F(x) = \frac{1}{3}x^3 + \sin(x)$ eine Stammfunktion von f.
Entsprechend kann man die Ableitungsregeln $(c \cdot f)' = c \cdot f'$ und $(f(rx + s))' = r \cdot f'(rx + s)$ zum Auffinden von Stammfunktionen benützen.

*Aus $f(x) = u(x) \cdot v(x)$ folgt **nicht** $F(x) = U(x) \cdot V(x)$.*

**Satz 1:**

| | Funktion f | Stammfunktion F von f |
|---|---|---|
| Potenzfunktionen | $f(x) = x^z$ | $F(x) = \frac{1}{z+1}x^{z+1}$ für $z \in \mathbb{Z}\setminus\{-1\}$ |
| Sind U und V Stammfunktionen von u bzw. v, dann gilt: | | |
| | $f(x) = u(x) + v(x)$ | $F(x) = U(x) + V(x)$ |
| | $f(x) = c \cdot u(x)$ | $F(x) = c \cdot U(x)$ |
| (Lineare Verkettung) | $f(x) = u(rx + s)$ | $F(x) = \frac{1}{r}U(rx + s)$. |

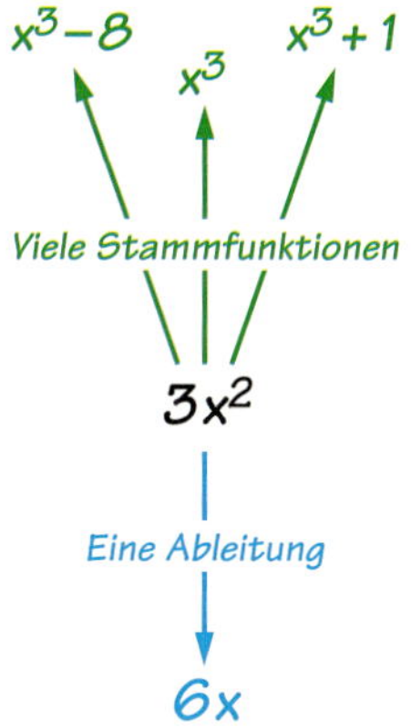


Besitzt f eine Stammfunktion F in einem Intervall I, dann ist auch G mit $G(x) = F(x) + c$ (c ist eine beliebige Konstante) eine Stammfunktion von f, da $(F + c)' = F' + c' = f$ gilt.

Gibt es auch Stammfunktionen von f, die nicht die Form $F + c$ haben?
Sei G irgendeine weitere Stammfunktion von f in I. Dann gilt für die Ableitung der Differenzfunktion $F - G$: $(F - G)'(x) = F'(x) - G'(x) = f(x) - f(x) = 0$. Die Funktion $F - G$ hat somit an jeder Stelle die Ableitung 0. Dies bedeutet, dass $F - G$ auf I eine konstante Funktion sein muss. Es gilt also $G(x) = F(x) + c$.

> **Satz 2:** Ist F eine Stammfunktion von f in I, so gilt für alle weiteren Stammfunktionen G von f in I $$G(x) = F(x) + c,\ x \in I$$ mit einer Konstanten c.

**Beispiel 1:** (Bestimmung von Stammfunktionen)
a) Geben Sie eine Stammfunktion von f mit $f(x) = 5x^2 - \frac{2}{x^3}$ an.
b) Bestimmen Sie eine Stammfunktion von g mit $g(x) = (2x + 1)^3$, die an der Stelle 1 den Funktionswert 4 annimmt.
Lösung:
a) Eine Stammfunktion von u mit $u(x) = 5x^2$ ist U mit $U(x) = \frac{5}{3}x^3$.
Eine Stammfunktion von v mit $v(x) = -\frac{2}{x^3} = -2 \cdot x^{-3}$ ist V mit $V(x) = x^{-2} = \frac{1}{x^2}$.
Also ist F mit $F(x) = U(x) + V(x) = \frac{5}{3}x^3 + \frac{1}{x^2}$ eine Stammfunktion von f.
b) Die Funktion g ist eine lineare Verkettung:
$g(x) = u(v(x))$ mit $u(x) = x^3$ und $v(x) = 2x + 1$.
Somit ist G mit $G(x) = \frac{1}{2}\left(\frac{1}{4}(2x + 1)^4\right) = \frac{1}{8}(2x + 1)^4$ eine Stammfunktion von g.
Jede Stammfunktion von g hat die Form:
$H(x) = \frac{1}{8}(2x + 1)^4 + c$ mit einer Konstanten $c \in \mathbb{R}$.
Wegen $H(1) = 4$ gilt: $\frac{1}{8}(2 \cdot 1 + 1)^4 + c = 4$.
Hieraus folgt: $c = -6{,}125$.
Die gesuchte Stammfunktion ist $H(x) = \frac{1}{8}(2x + 1)^4 - 6{,}125$.

**Beispiel 2:** (Skizzieren des Graphen einer Stammfunktion)
Gegeben ist der Graph der Funktion f (Fig. 1). Skizzieren Sie den Graphen einer Stammfunktion F von f.
Lösung:
Wegen $f(a) = 0$ und $f(c) = 0$ gilt: An den Stellen a und b hat der Graph von F eine waagerechte Tangente. Wegen $f(x) > 0$ für $x \in (a; c)$ gilt: Der Graph von F ist im Intervall $(a; c)$ streng monoton steigend.
Entsprechend gilt:
Der Graph von F ist für $x < a$ und $x > c$ streng monoton fallend.
Da $f'(b) = 0$ ist und f′ an der Stelle b das Vorzeichen wechselt, hat F an der Stelle b eine Wendestelle.
Einen möglichen Graphen von F zeigt Fig. 2.
(Die Graphen weiterer Stammfunktionen sind in y-Richtung verschoben.)

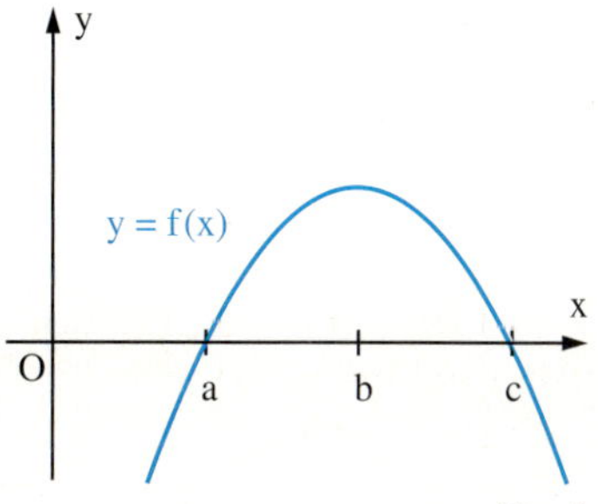

Fig. 1

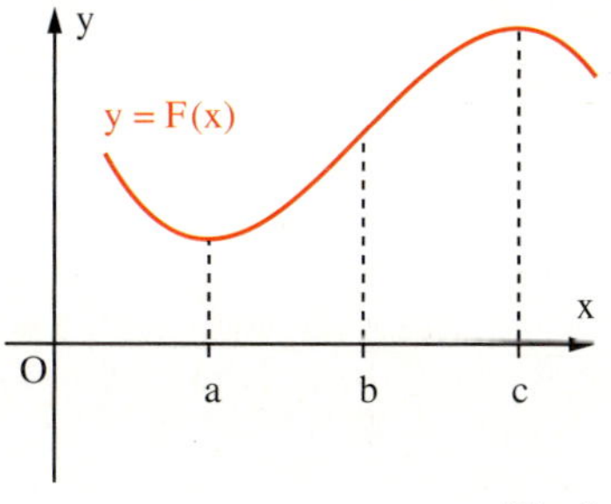

Fig. 2

## Aufgaben

*Ist die Stammfunktion richtig bestimmt? Ableiten bringt Sicherheit!*

**3** Geben Sie eine Stammfunktion an.

a) $f(x) = 3x$  b) $f(x) = 0{,}5x^2$  c) $f(x) = \sqrt{2}\,x^3$  d) $f(x) = 0$
e) $f(x) = 0{,}4x^4$  f) $f(x) = \frac{3}{x^2}$  g) $f(x) = -\frac{1}{x^3}$  h) $f(x) = (-3x)^2$

**4** a) $f(x) = 2x^4 - 0{,}1x$  b) $f(x) = \frac{1}{x^2} + x$  c) $f(x) = -\frac{2}{3}x^3 - 3$  d) $f(x) = (2x)^3 - \pi^2$
e) $f(x) = (x+5)^3$  f) $f(x) = (4x+2)^3$  g) $f(x) = 2(9-2x)^4$  h) $f(x) = -(-5x-7)^3$
i) $f(x) = 2\sin(x)$  j) $f(x) = -0{,}5\sin(x)$  k) $f(x) = 3\cos(x)$  l) $f(x) = 2\cos(x) + \sin(x)$

**5** a) $f(x) = x^n$  b) $f(x) = x^{n-1}$  c) $f(x) = x^{2n}$  d) $f(x) = x^{1-2k}$
e) $f(x) = \frac{1}{2}x^{-2-n}$  f) $f(x) = \frac{-2}{x^n}$  g) $f(x) = -\frac{3}{2x^{n-1}}$  h) $f(x) = c \cdot \frac{1}{-x^{-n}}$

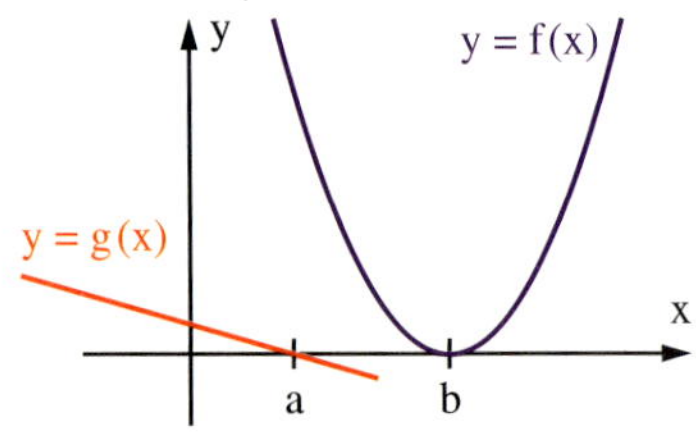


Fig. 1

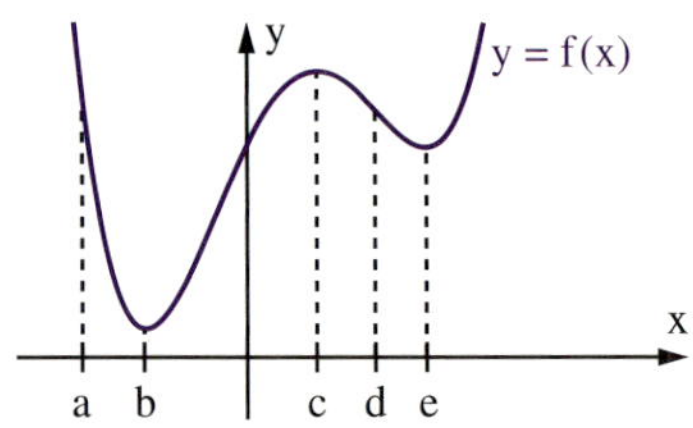


Fig. 2

**6** Gegeben sind die Graphen der Funktionen f und g (Fig. 1). Skizzieren Sie jeweils den Graphen einer Stammfunktion.

**7** In Fig. 2 ist ein Graph einer Funktion f gezeichnet. F ist eine Stammfunktion von f. An welcher der markierten Stellen ist
a) F(x) am größten,  b) F(x) am kleinsten,
c) f′(x) am kleinsten,  d) F′(x) am größten?

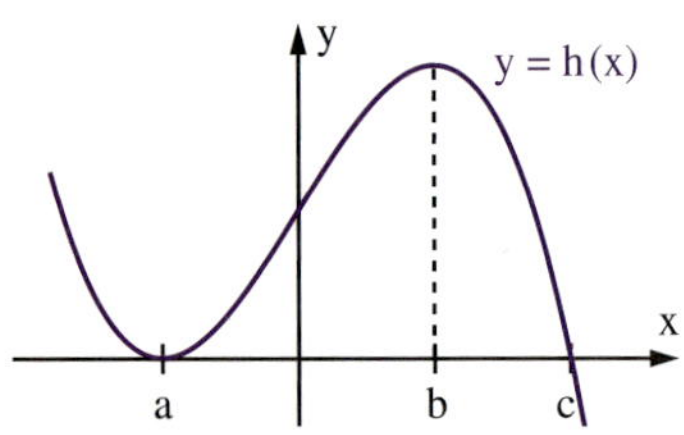


Fig. 3

| | H | h | h′ |
|---|---|---|---|
| a | | | |
| b | | | |
| c | | | |

**8** In Fig. 3 ist der Graph der Funktion h gezeichnet. H ist eine Stammfunktion von h mit H(a) = 5.
Übertragen Sie die Tabelle in Ihr Heft und geben Sie an, ob die Funktionswerte von H, h und h′ an den Stellen a, b und c positiv, negativ oder Null sind.

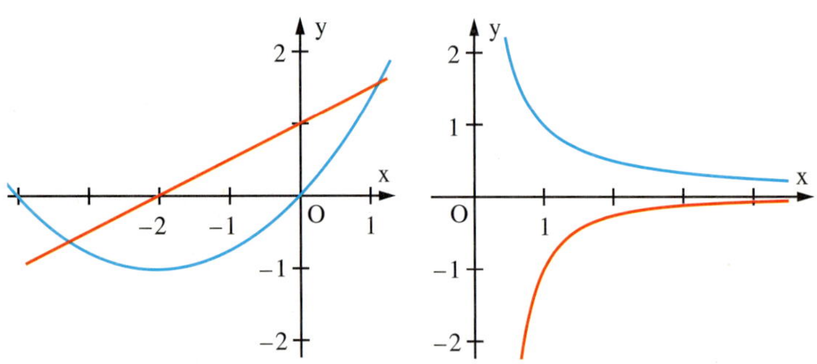


Fig. 4

**9** Im gleichen Koordinatensystem sind der Graph einer Funktion f und der Graph einer Stammfunktion F von f gezeichnet (Fig. 4). Welcher Graph gehört zu f, welcher zu F?

**10** Welche Stammfunktion der Funktion f nimmt an der Stelle 1 den Funktionswert 2 an?
a) $f(x) = 3x^2$  b) $f(x) = x^3 - 2x^2 + 1$

**11** Überprüfen Sie, ob F eine Stammfunktion von f ist.
a) $f(x) = \frac{x}{\sqrt{x^2-1}}$; $F(x) = \sqrt{x^2-1}$  b) $f(x) = \sin(x) \cdot \cos(x)$; $F(x) = (\sin(x))^2$

**12** Geben Sie eine Stammfunktion von f an. Schreiben Sie dazu den Funktionsterm von f als Summe.
a) $f(x) = \frac{x^2+2x}{x^4}$  b) $f(x) = \frac{x^3+1}{2x^2}$  c) $f(x) = \frac{1+x+x^3}{3x^3}$  d) $f(x) = \frac{(2x+1)^2-1}{x}$

# 6 Der Hauptsatz der Differenzial- und Integralrechnung

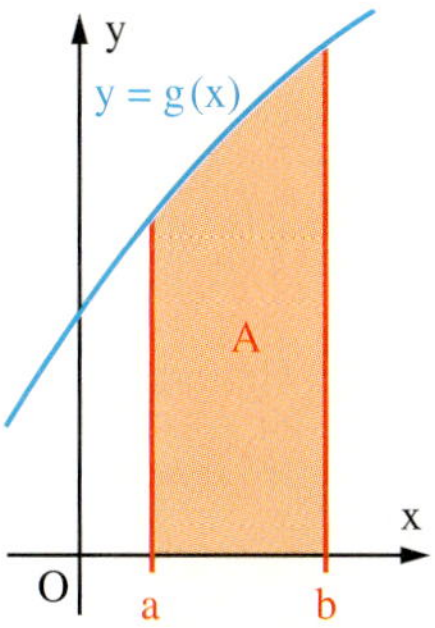

Fig. 1

**1** Gegeben ist die Funktion f mit $f(t) = t$ und die Integralfunktion $J_0(x) = \int_0^x f(t)\,dt$ von f zur unteren Grenze 0.
a) Veranschaulichen Sie $J_0(3)$, $J_0(4)$ und $J_0(4) - J_0(3)$ als Flächeninhalte.
b) Bestimmen Sie einen Funktionsterm der Integralfunktion $J_0$ und geben Sie die Flächeninhalte aus Teilaufgabe a) an.
c) Es sei F eine Stammfunktion von f. Bestimmen Sie $F(3)$, $F(4)$ und $F(4) - F(3)$. Was fällt Ihnen auf? Prüfen Sie Ihre Vermutung mit einer weiteren Stammfunktion von f.

**2** Drücken Sie den Inhalt A der gefärbten Fläche in Fig. 1 mithilfe einer Integralfunktion aus. Wie könnte sich A mithilfe einer Stammfunktion G von g ergeben (siehe Aufgabe 1)?

Die Bestimmung eines Integrals oder einer Integralfunktion als Grenzwert einer Zerlegungssumme ist mühsam und schwierig. Es besteht nun die Vermutung, dass man die Integralfunktion $J_a$ einer Funktion f als Stammfunktion von f erhalten kann.

*Integralrechnung (integrieren) und Differenzialrechnung (ableiten) hängen auf das Engste zusammen:*
$\left(\int_a^x f(t)\,dt\right)' = f(x)$.

**Satz 1:** Die Funktion $f: t \mapsto f(t)$ sei im Intervall I stetig und $a \in I$.
Dann ist die Integralfunktion $J_a$ mit $J_a(x) = \int_a^x f(t)\,dt$ differenzierbar und es gilt:

$$\mathbf{J_a'(x) = f(x)} \quad \text{für } x \in I.$$

Kurz: Die Integralfunktion $J_a$ von f ist eine Stammfunktion von f.

Beweis: Der Differenzenquotient von $J_a$ an der Stelle x ist: $\frac{J_a(x+h) - J_a(x)}{h}$.

*Beim Beweis wurde $f(t) \geqq 0$ und $h > 0$ und $x > a$ vorausgesetzt. Ohne diese Einschränkungen wird der Beweis entsprechend geführt.*

Dabei entspricht $J_a(x+h) - J_a(x)$ dem Inhalt des rot markierten Streifens in Fig. 2. Da f stetig ist, hat f im Intervall $[x; x+h]$ einen größten Funktionswert $M_h$ und einen kleinsten Funktionswert $m_h$. Es gilt:

$$m_h \cdot h \leqq J_a(x+h) - J_a(x) \leqq M_h \cdot h$$

oder $\quad m_h \leqq \frac{J_a(x+h) - J_a(x)}{h} \leqq M_h.$

Da f stetig ist, streben für $h \to 0$ sowohl $m_h$ als auch $M_h$ gegen $f(x)$. Also strebt auch der Differenzenquotient für $h \to 0$ gegen $f(x)$.
Damit gilt $J_a'(x) = \lim\limits_{h \to 0} \frac{J_a(x+h) - J_a(x)}{h} = f(x)$.

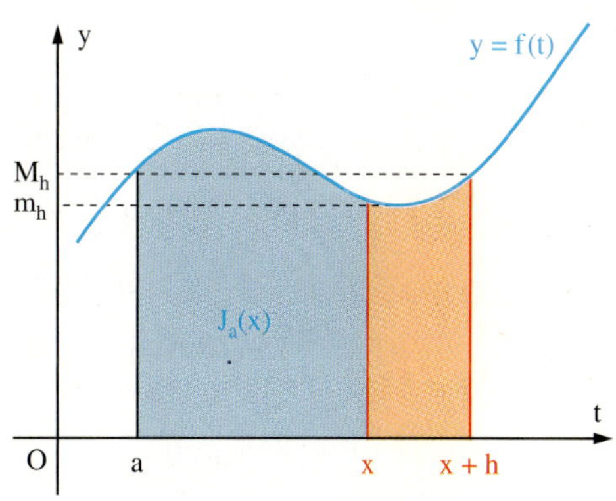

Fig. 2

Wie kann man nun mithilfe von Satz 1 ein Integral wie $\int_a^b f(x)\,dx = J_a(b)$ berechnen?

Ist F irgendeine Stammfunktion von f, dann gilt nach Satz 1 und Satz 2 von Seite 84 bzw. 85: $J_a(x) = F(x) + c$. Die Konstante c ergibt sich aus der anschaulichen Feststellung $J_a(a) = 0$, also $c = -F(a)$. Somit gilt für die gesuchte Integralfunktion $J_a(x) = F(x) - F(a)$. Insbesondere ist $J_a(b) = F(b) - F(a)$.

*Der Zusammenhang von Differenzial- und Integralrechnung ist im **Hauptsatz** niedergelegt. Der Hauptsatz ist eine der bedeutenden geistigen Leistungen des 17. Jahrhunderts und gehört zu den großen mathematischen Entdeckungen.*

**Satz 2: (Hauptsatz der Differenzial- und Integralrechnung)**
Die Funktion f sei auf dem Intervall I stetig. Ist F eine beliebige Stammfunktion von f in I, dann gilt für $a \in I$ und $b \in I$:

$$\int_a^b \mathbf{f(x)\,dx = F(b) - F(a)}.$$

Statt $F(b) - F(a)$ schreibt man auch $[F(x)]_a^b$; es ist dann $\int_a^b f(x)\,dx = [F(x)]_a^b$.

Ist m eine momentane Änderungsrate einer Größe G, dann kann man mithilfe des Hauptsatzes die Gesamtänderung der Größe G berechnen.

*Kennt man von einer Funktion f nur die Ableitung f' auf dem Intervall [a; b], dann kann man daraus die Gesamtänderung f(b) – f(a) bestimmen*

$$f(b) - f(a) = \int_a^b f'(x)\,dx.$$

*Das ist lediglich eine andere Formulierung des Hauptsatzes.*

*Es gilt weiterhin: Kennt man von einer Funktion f die Ableitung f' auf dem Intervall [a; b] und den Funktionswert f(a), dann kann man daraus den Funktionswert f(b) bestimmen*

$$f(b) = f(a) + \int_a^b f'(x)\,dx.$$

**Satz 3:** Ist $m(t)$ mit $t \in [t_1; t_2]$ die momentane Änderungsrate einer Größe G, dann erhält man die Gesamtänderung $G(t_2) - G(t_1)$ der Größe im Intervall $[t_1; t_2]$ als Integral:

$$\mathbf{G(t_2) - G(t_1) = \int_{t_1}^{t_2} m(t)\,dt.}$$

Ist z. B. die Momentangeschwindigkeit v eines Autos im Zeitraum zwischen 10 s und 30 s nach Fahrtbeginn bekannt, so erhält man mit dem Integral aus Satz 3 die in diesem Zeitraum zurückgelegte Streckenlänge $s(30) - s(10)$.
Um die gesamte Fahrstrecke $s(30)$ zu erhalten, muss die nach 10 s bereits zurückgelegte Strecke $s(10)$ addiert werden. Es gilt:

$s(30) = s(10) + \int_{10}^{30} v(t)\,dt$ oder allgemein: $\mathbf{G(t_2) = G(t_1) + \int_{t_1}^{t_2} m(t)\,dt}$.

**Beispiel 1:** (Bestimmung eines Integrals und einer Integralfunktion)

a) Berechnen Sie das Integral $\int_{-1}^{3}\left(\frac{1}{2}x^2 - 1\right)dx$ und deuten Sie das Ergebnis als Flächeninhalt.

b) Bestimmen Sie die Integralfunktion von f mit $f(x) = \frac{1}{2}x^2 - 1$ zur unteren Grenze –1.

Lösung:

a) $\int_{-1}^{3}\left(\frac{1}{2}x^2 - 1\right)dx = \left[\frac{1}{6}x^3 - x\right]_{-1}^{3}$

$= \frac{1}{6}\cdot 3^3 - 3 - \left(\frac{1}{6}\cdot(-1)^3 - (-1)\right) = \frac{2}{3}$.

Das Integral entspricht dem orientierten Flächeninhalt.

Es gilt $\int_{-1}^{3}\left(\frac{1}{2}x^2 - 1\right)dx = -A_1 + A_2$ (Fig. 1).

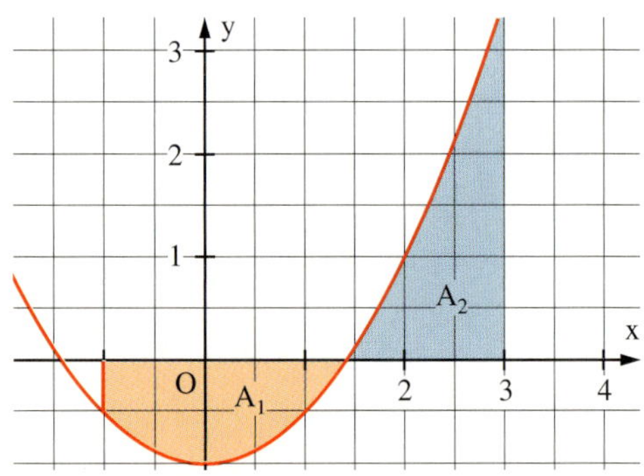

Fig. 1

b) Die gesuchte Integralfunktion $J_{-1}$ ist eine Stammfunktion von f: $J_{-1}(x) = \frac{1}{6}x^3 - x + c$.
Es gilt $J_{-1}(-1) = 0$,
also $\frac{1}{6}(-1)^3 - (-1) + c = 0$; $c = -\frac{5}{6}$.
Die Integralfunktion von f zur unteren Grenze –1 ist $J_{-1}(x) = \frac{1}{6}x^3 - x - \frac{5}{6}$.
Allgemein gilt: Aus der momentanen Änderungsrate m einer Größe und ihrem Bestand $G(t_1)$ zum Zeitpunkt $t_1$ kann man den Bestand der Größe $G(t_2)$ zum Zeitpunkt $t_2$ bestimmen.

*Man kann die Lösung von a) auch mit dem Ergebnis von b) bestimmen:*

$$\int_{-1}^{3}\left(\tfrac{1}{2}x^2 - 1\right)dx = J_{-1}(3).$$

**Beispiel 2:** (Berechnung einer Größe aus ihrer momentanen Änderungsrate)
Für eine Modellrechnung wird die Wachstumsgeschwindigkeit w(t) $\left(\text{in } \frac{\text{cm}}{\text{Tag}}\right)$ einer zu Beginn 20 cm langen Wildrebe während der ersten 100 Tage in Abhängigkeit von ihrem Alter t (in Tagen) durch $w(t) = 0{,}001 \cdot t^2$ beschrieben.
Berechnen Sie die Länge der Pflanze nach 100 Tagen.
Lösung:
Die Gesamtänderung (den Längenzuwachs) $L(100) - L(0)$ erhält man mit dem Integral:
$$\int_0^{100} (0{,}001 \cdot t^2)\,dt = \left[\frac{0{,}001}{3} \cdot t^3\right]_0^{100} = \frac{1000}{3} - 0 \approx 333.$$
Die Länge nach 100 Tagen beträgt 333 cm + 20 cm = 353 cm.

**Beispiel 3:** (Berechnung eines Integrals mit dem GTR)
Gegeben ist die Funktion f mit $f(x) = \frac{2}{x} \cdot \sin(x);\ x \in \mathbb{R} \setminus \{0\}$.
a) Bestimmen Sie mit dem GTR das Integral $\int_1^5 f(x)\,dx$.
b) Skizzieren Sie mithilfe des GTR den Graphen der Integralfunktion von f zur unteren Grenze 1. Geben Sie Kriterien an, mit denen Sie die Richtigkeit des Graphen prüfen.

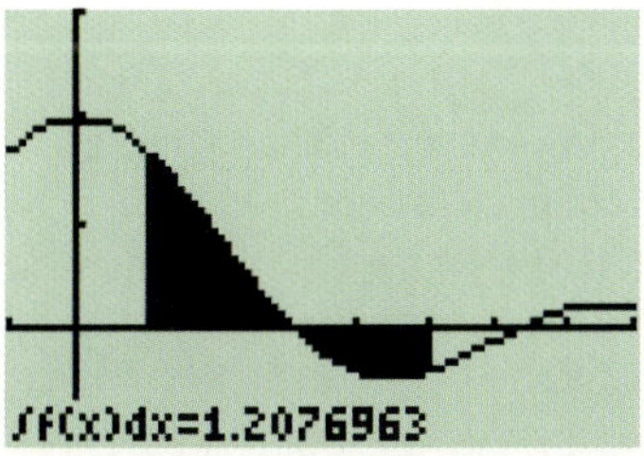

Fig. 1

Fig. 2

Fig. 3

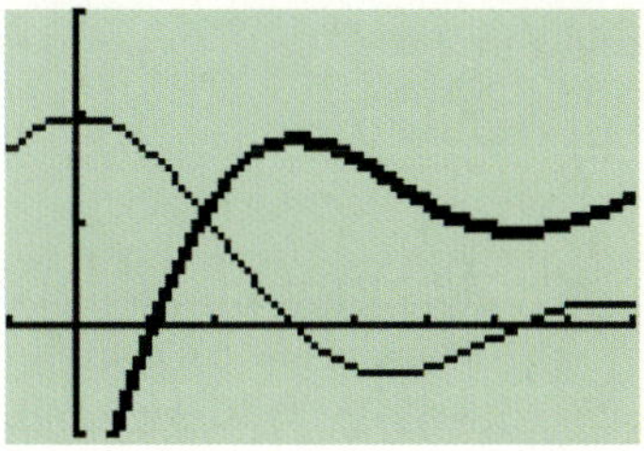
Fig. 4

Lösung:
a) Es gilt $\int_1^5 f(x)\,dx \approx 1{,}208$
(siehe Fig. 1: GRAPH-CALC-Menü oder Fig. 2: MATH-Menü).
b) Der Graph der Integralfunktion ist die fett gezogene Linie in Fig. 4.
Kriterien für die Richtigkeit des Graphen:
Die Integralfunktion muss an der Stelle 1 den Funktionswert 0 haben.
An den Extremstellen der Integralfunktion muss die Funktion f Nullstellen haben.
In Intervallen, in denen die Funktionswerte von f positiv sind, nimmt die Integralfunktion monoton zu; in Intervallen, in denen die Funktionswerte von f negativ sind, nimmt die Integralfunktion monoton ab.

## Aufgaben

**3** Berechnen Sie das Integral mithilfe des Hauptsatzes.

a) $\int_1^4 x\,dx$ b) $\int_1^3 x^2\,dx$ c) $\int_{-2}^4 x^3\,dx$ d) $\int_{0,5}^2 \frac{1}{x^2}\,dx$

e) $\int_2^4 \frac{-1}{x^3}\,dx$ f) $\int_{-2}^{-10} x^2\,dx$ g) $\int_{-8}^{-4} (1 - x)\,dx$ h) $\int_{-4}^{-3} (-3)\,dx$

*Berechnen Sie das Integral von Aufgabe 4 g) auch mit einem GTR. Wie unterscheiden sich die Ergebnisse?*

**4** a) $\int_{-2}^0 (2 + x)^2\,dx$ b) $\int_2^3 (2 - x)^3\,dx$ c) $\int_1^2 \left(x - \frac{1}{x^2}\right)dx$ d) $\int_0^{\pi} 3\sin(x)\,dx$

e) $\int_{-3}^{-5} \frac{1}{(2 - x)^2}\,dx$ f) $\int_{-2}^0 \frac{-2}{(1 - x)^3}\,dx$ g) $\int_1^6 \frac{1}{\sqrt{x}}\,dx$ h) $\int_0^{\pi} \cos(2x)\,dx$

**5** Berechnen Sie den Inhalt der gefärbten Fläche.

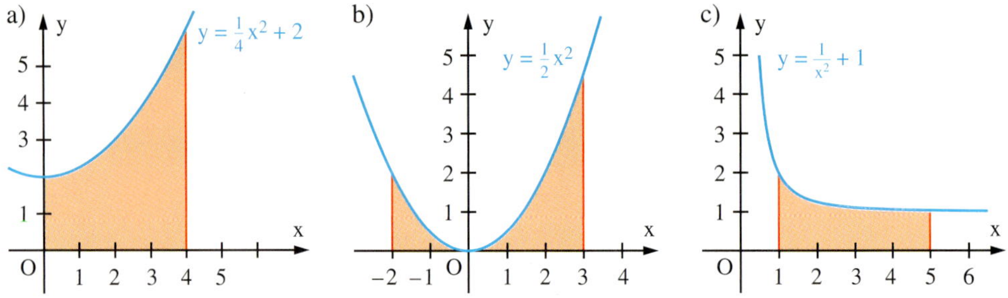


**6** Bestimmen Sie mit dem GTR das Integral.

a) $\int_{-2,3}^{1} \left(\frac{1}{2}x \cdot (x^2 - 4) \cdot x\right) dx$ b) $\int_{-10}^{10} x \cdot \sin(x)\, dx$ c) $\int_{3,5}^{4,2} \frac{2}{x^2 + 1} dx$ d) $\int_{-\frac{1}{3}}^{\pi} \left(\frac{3}{7}x^4 - \frac{9}{200}x^2\right) dx$

**7** Skizzieren Sie mit dem GTR den Graphen der Integralfunktion von f zur unteren Grenze a. Bestimmen Sie die Nullstellen und die Extremstellen der Integralfunktion.

a) $f(x) = 0{,}2x^2 + 1$; $a = 0$; $x \in \mathbb{R}$ b) $f(x) = x^2 - 2x$; $a = 1$; $x \in \mathbb{R}$

c) $f(x) = \frac{20(20 - x)}{x^3 + 1}$; $a = 3$; $x \geqq 1$.

**8** Bestimmen Sie im angegebenen Intervall die Integralfunktion von f zur unteren Grenze a. Skizzieren Sie f und die Integralfunktion in ein gemeinsames Koordinatensystem.

a) $f(x) = x^3 + 1$; $a = -1$; $x \in \mathbb{R}$ b) $f(x) = \frac{1}{x^2} - 1$; $a = 1$; $x \in \mathbb{R}^+$

**9** Für die Ableitung einer Funktion f gilt: $f'(x) = \frac{8}{x^2} + x$.

a) Berechnen Sie $f(7) - f(3)$. b) Es ist $f(10) = 2200$. Bestimmen Sie $f(15)$.

**10** Bestimmen Sie die Zahl a.

a) $\int_0^a x^2 dx = 5$ b) $\int_{10}^a x^2 dx = -10$ c) $\int_1^{2a} \frac{1}{x^2} dx = 0{,}7$ d) $\int_{-\pi}^a (x \cdot \sin(x))\, dx = 1$

*Gottfried Wilhelm Leibniz (1646–1716)*

*Isaac Newton (1643–1727)*

Gottfried Wilhelm Leibniz und Isaac Newton erkannten als Erste, dass sich eine große Vielfalt von Problemen auf die zwei Grundaufgaben zurückführen lassen, die Ableitung bzw. das Integral zu ermitteln. Zudem entdeckten sie unabhängig voneinander den Zusammenhang zwischen Ableitung und Integral.

**11** Für das Wachstum einer Hopfenpflanze wird folgende Modellannahme getroffen: die Wachstumsgeschwindigkeit $w(t)$ $\left(\text{in } \frac{\text{cm}}{\text{Tag}}\right)$ steigt innerhalb von 40 Tagen linear von 0 auf 25. Anschließend nimmt die Wachstumsgeschwindigkeit linear innerhalb 30 Tage wieder auf 0 ab. Um wie viel wächst die Pflanze insgesamt?

**12** Pflanzen wandeln Kohlendioxid in Sauerstoff um. Die dabei pro Quadratmeter Blattfläche verbrauchte Kohlendioxidmenge $k(t)$ $\left(\text{in } \frac{\text{ml}}{\text{h}}\right)$ hängt vom Lichteinfall und damit von der Tageszeit ab. Die Kohlendioxidverbrauch von $1\,\text{m}^2$ Buchenblätter während eines Tages kann beschrieben werden durch $k(t) = 600 - \frac{600}{36}t^2$ mit $-6 \leqq t \leqq 6$.

a) Zeichnen Sie den Graphen von k.

b) Eine Buche hat etwa 200 000 Blätter, ein mittelgroßes Blatt hat eine Oberfläche von etwa $25\,\text{cm}^2$. Bestimmen Sie den Kohlendioxidverbrauch der Buche während eines Tages.

# 7 Flächen oberhalb und unterhalb der x-Achse

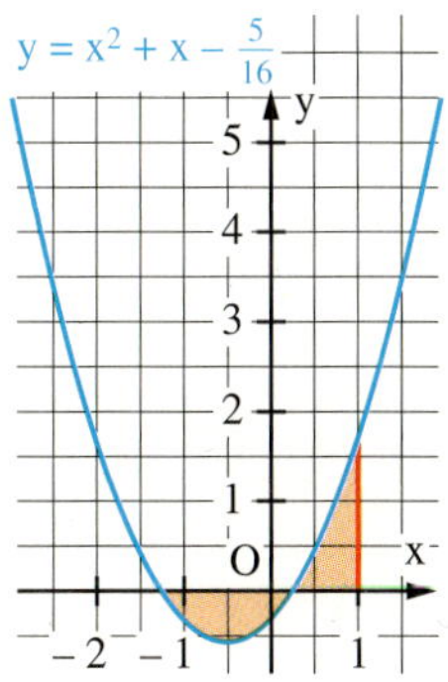

Fig. 1

**1** Drücken Sie den Inhalt der gefärbten Fläche in Fig. 1 mithilfe von Integralen aus. Beschreiben Sie die Schritte Ihres Vorgehens.

Den Flächeninhalt $A = A_1 + A_2 + A_3$ zwischen dem Graphen von f und der x-Achse über [a; b] in Fig. 2 erhält man nicht durch das Integral $\int_a^b f(x)\,dx$, da das Integral Flächen oberhalb der x-Achse positiv und Flächen unterhalb der x-Achse negativ zählt.

Nimmt f in [a; b] sowohl positive als auch negative Werte an, muss man die Inhalte der Teilflächen getrennt berechnen. Es gilt in Fig. 2:

$$A = A_1 + A_2 + A_3$$

$$A = \int_a^{x_1} f(x)\,dx + \left(-\int_{x_1}^{x_2} f(x)\,dx\right) + \int_{x_1}^{b} f(x)\,dx.$$

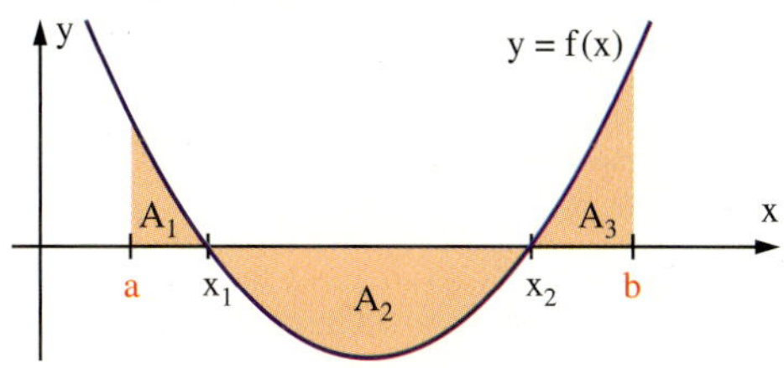

Fig. 2

> Zur Berechnung des Flächeninhalts zwischen dem Graphen von f und der x-Achse über dem Intervall [a; b] geht man so vor:
> 1. Man bestimmt die Nullstellen von f auf [a; b].
> 2. Man untersucht, welches Vorzeichen f(x) in den Teilintervallen hat.
> 3. Man bestimmt die Inhalte der Teilflächen und addiert sie.

Den Flächeninhalt in Fig. 2 kann man noch auf eine andere Art berechnen. Dazu spiegelt man den unterhalb der x-Achse verlaufenden Teil des Graphen von f an der x-Achse (Fig. 3).

Für $A_2$ gilt dann: $A_2 = \int_{x_1}^{x_2} -f(x)\,dx$.

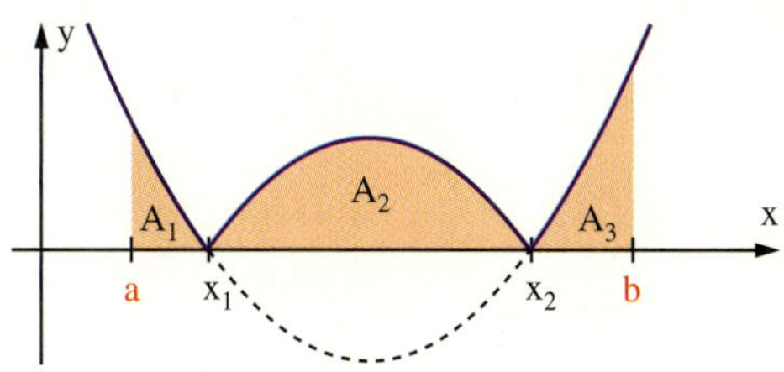

Fig. 3

Der Vergleich von Fig. 2 mit Fig. 3 ergibt:

$-\int_{x_1}^{x_2} f(x)\,dx = \int_{x_1}^{x_2} -f(x)\,dx$. Allgemein gilt:

*Diese Eigenschaften heißen Linearität des Integrals*

> **Satz:** a) $r \cdot \int_a^b f(x)\,dx = \int_a^b r \cdot f(x)\,dx$ b) $\int_a^b (f(x) + g(x))\,dx = \int_a^b f(x)\,dx + \int_a^b g(x)\,dx.$

*Hier ist natürlich vorausgesetzt, dass man den Hauptsatz anwenden kann. Dazu müssen die Funktionen f und g auf einem Intervall I mit a, b, c ∈ I stetig sein.*

Nachweis mit dem Hauptsatz am Beispiel von a):

Ist F eine Stammfunktion von f, dann gilt: $r \cdot \int_a^b f(x)\,dx = r \cdot (F(b) - F(a)) = r \cdot F(b) - r \cdot F(a)$

Die Funktion $r \cdot F(x)$ ist eine Stammfunktion von $r \cdot f(x)$, also gilt:

$\int_a^b r \cdot f(x)\,dx = r \cdot F(b) - r \cdot F(a).$

Bisher wurden nur Flächeninhalte über einem abgeschlossenen Intervall [a; b] bestimmt. Hier wird untersucht, ob man auch „ins Unendliche reichenden" Flächen wie in Fig. 1 (grüne und orange Fläche) einen Flächeninhalt zuordnen kann.

*Hier existiert der Grenzwert* $\lim\limits_{b\to\infty}\int_2^b f(x)\,dx$.

Untersuchung des Inhaltes der grünen Fläche:
Der Inhalt über dem abgeschlossenen Intervall [2; b] ist

$A(b) = \int_2^b \frac{2}{x^2}dx = \left[-\frac{2}{x}\right]_2^b = -\frac{2}{b} + 1 = 1 - \frac{2}{b}$.

Für $b \to +\infty$ strebt $1 - \frac{2}{b}$ gegen 1.
Der Inhalt der rechts ins Unendliche reichenden grünen Fläche ist 1.

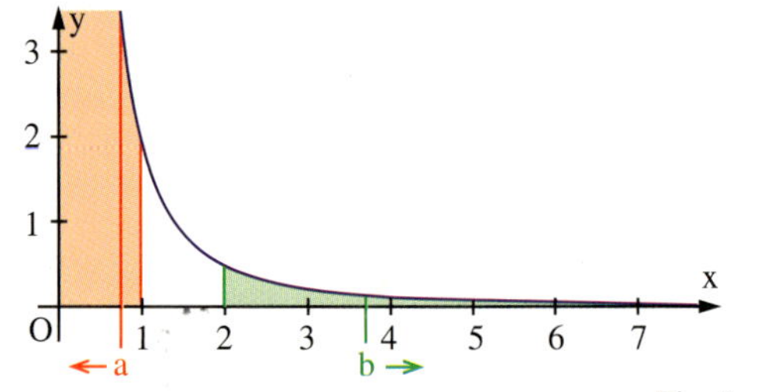


Fig. 1

*Hier existiert der Grenzwert* $\lim\limits_{a\to 0}\int_a^1 f(x)\,dx$ *nicht.*

Untersuchung des Inhaltes der orangen Fläche: Der Inhalt über dem abgeschlossenen Intervall [a; 1] mit $a > 0$ ist: $A(a) = \int_a^1 \frac{2}{x^2}dx = \left[-\frac{2}{x}\right]_a^1 = -2 + \frac{2}{a}$. Für $a \to 0$ hat $\frac{2}{a} - 2$ keinen Grenzwert. Der ins Unendliche reichenden orangen Fläche kann kein Flächeninhalt zugeordnet werden.

*Die Beschreibung „über dem Intervall [–1; 3] bedeutet: Es sind* ***alle*** *Flächen im Bereich des Intervalls gemeint, die vom Graphen von f, der x-Achse und den Geraden mit den Gleichungen x = –1 und x = 3 begrenzt werden.*

**Beispiel 1:** (Flächen teilweise unterhalb, teilweise oberhalb der x-Achse)
Gegeben ist die Funktion f mit $f(x) = x^2 - 2x$.
Berechnen Sie den Inhalt der Fläche, die der Graph von f und die x-Achse über dem Intervall [–1; 3] einschließen.
a) ohne GTR b) mit GTR.

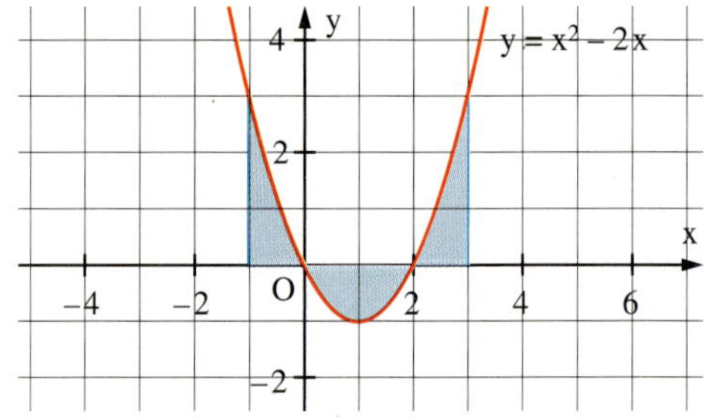


Fig. 2

Lösung:
a) Nullstellen bestimmen:
$x(x-2) = 0$; $x_1 = 0$; $x_2 = 2$.
Vorzeichen von f in den Teilintervallen:
$f(x) \geqq 0$ für $-1 \leqq x \leqq 0$,
$f(x) \leqq 0$ für $0 \leqq x \leqq 2$,
$f(x) \geqq 0$ für $2 \leqq x \leqq 3$.
Inhalte der Teilflächen:

$$A = \int_{-1}^{0}(x^2-2x)\,dx - \int_{0}^{2}(x^2-2x)\,dx + \int_{2}^{3}(x^2-2x)\,dx$$

$$= \left[\tfrac{1}{3}x^3 - x^2\right]_{-1}^{0} - \left[\tfrac{1}{3}x^3 - x^2\right]_{0}^{2} + \left[\tfrac{1}{3}x^3 - x^2\right]_{2}^{3} = \tfrac{4}{3} + \tfrac{4}{3} + \tfrac{4}{3} = 4.$$

Der Flächeninhalt ist A = 4.
b) Anstelle der Funktion f betrachtet man die Funktion g mit $g(x) = |f(x)| = |x^2 - 2x|$ (Fig. 3 und Fig. 4). Da g keine negativen Funktionswerte hat, werden alle Teilflächen positiv gezählt. Das Ergebnis zeigt Fig. 5.

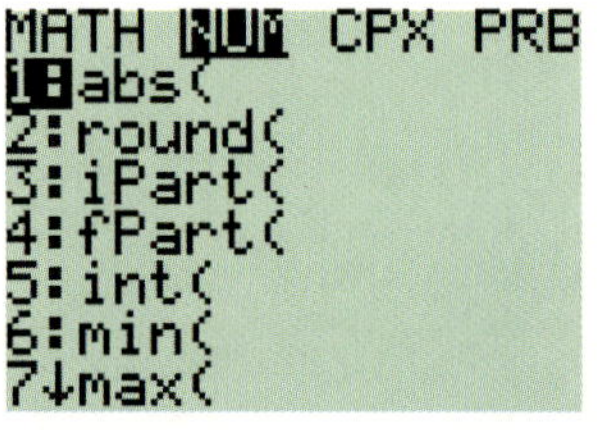


Fig. 3

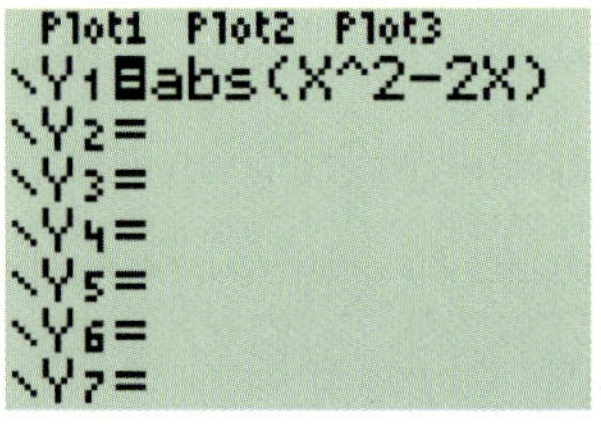


Fig. 4

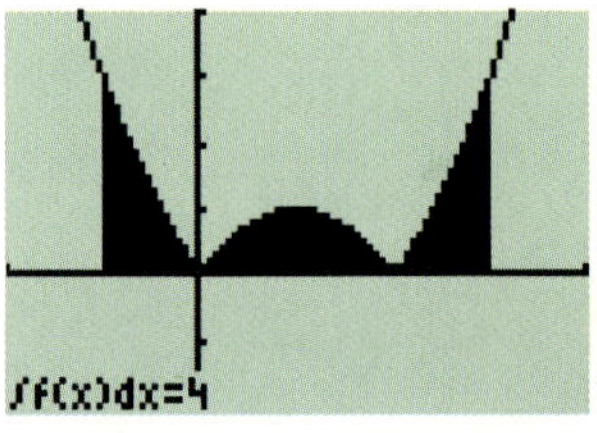


Fig. 5

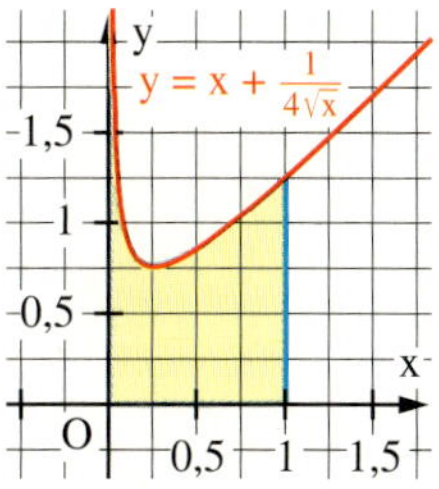


Fig. 1

**Beispiel 2:** (Fläche, die „oben ins Unendliche reicht“)
Gegeben ist die Funktion f mit $f(x) = x + \frac{1}{4\sqrt{x}}$ für $x > 0$.
Zeigen Sie, dass die Fläche zwischen dem Graphen von f, den Koordinatenachsen und der Geraden mit der Gleichung $x = 1$ (Fig. 1) einen Flächeninhalt A hat, und geben Sie diesen Flächeninhalt A an.
Lösung:
Für $a > 0$ gilt $A(a) = \int_a^1 \left(x + \frac{1}{4\sqrt{x}}\right)dx = \left[\frac{1}{2}x^2 + \frac{1}{2}\sqrt{x}\right]_a^1 = 1 - \frac{1}{2}a^2 - \frac{1}{2}\sqrt{a}$.
Für $a \to 0$ hat der Flächeninhalt A(a) den Grenzwert 1.
Folglich ist $A = \lim\limits_{a \to 0} A(a) = 1$.

## Aufgaben

**2** Berechnen Sie den Inhalt der Fläche zwischen dem Graphen von f und der x-Achse über dem Intervall [a; b].
a) $f(x) = -0{,}5\,x^2$; [0; 4] b) $f(x) = \frac{1}{3}x^3 - 3x$; [0; 2] c) $f(x) = -\frac{1}{x^2}$; [−10; −5]

**3** Bestimmen Sie den Inhalt der Fläche, die der Graph von f mit der x-Achse einschließt.
a) $f(x) = 0{,}5\,x^2 - 3x$ b) $f(x) = (x-1)^2 - 1$ c) $f(x) = x^4 - 4x^2$
d) $f(x) = -\frac{1}{5}x^3 + 2x^2 - 5x$ e) $f(x) = -3x - 7 + \frac{4}{x^2}$ f) $f(x) = x(3 - x^2)$

**4** Berechnen Sie den Inhalt der Fläche zwischen dem Graphen von f und der x-Achse über dem Intervall [a; b].
a) $f(x) = x^2 - 3x$; [−1; 4] b) $f(x) = \frac{1}{x^2} - 1$; [0,5; 2] c) $f(x) = \cos(x)$; [0; 2]

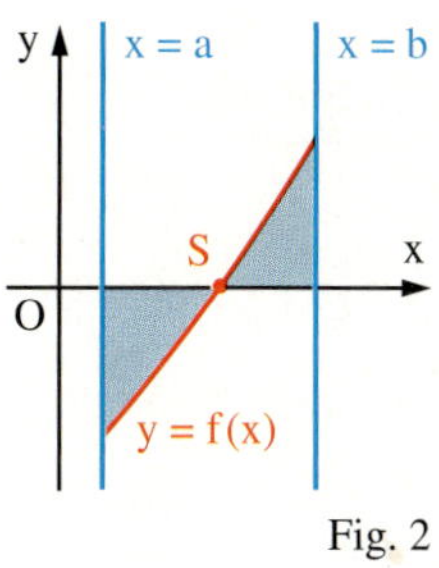


Fig. 2

**5** Die Funktion $f_c$ hat bei geeigneter Wahl von c im Intervall [a; b] genau eine Nullstelle $x_0$. Der Graph von $f_c$, die x-Achse sowie die Geraden mit den Gleichungen $x = a$ und $x = b$ begrenzen eine Fläche, die aus zwei Teilen besteht (Fig. 2). Bestimmen Sie c so, dass die beiden Teilflächen denselben Inhalt haben.
a) $f_c(x) = x^3 - x + c$; a = 0; b = 2 b) $f_c(x) = x^3 - cx - 1$; a = 0; b = 2

**6** Untersuchen Sie, ob die vom Graphen von f und der x-Achse über dem Intervall $[c; +\infty)$ bzw. $(-\infty; c]$ begrenzte, „ins Unendliche reichende“ Fläche einen Flächeninhalt A besitzt. Geben Sie gegebenenfalls A an.
a) $f(x) = \frac{1}{x^3}$; $[1; +\infty)$ b) $f(x) = \frac{1}{\sqrt{x}}$; $[1; +\infty)$ c) $f(x) = \frac{1}{10x^2}$; $(-\infty; -1]$

**7** Zeichnen Sie den Graphen der Funktion f sowie dessen Asymptote für $x \to +\infty$ bzw. $x \to -\infty$. Die Gerade mit der Gleichung $x = c$, der Graph von f und die Asymptote begrenzen eine nach links bzw. rechts unbeschränkte Fläche. Untersuchen Sie, ob diese Fläche einen Inhalt A besitzt. Geben Sie gegebenenfalls A an.
a) $f(x) = \frac{1}{2}x + \frac{2}{x^2}$; c = 2, nach rechts b) $f(x) = -\frac{1}{2}x + \frac{1}{x^3}$; c = −1,5, nach links.

**8** Untersuchen Sie, ob die vom Graphen von f, den Geraden mit den Gleichungen $x = a$ und $x = b$ sowie der x-Achse begrenzte und „oben oder unten ins Unendliche reichende“ Fläche einen Flächeninhalt A besitzt. Geben Sie gegebenenfalls A an.
a) $f(x) = \frac{1}{2x^3}$; a = 0; b = 1 b) $f(x) = \frac{4}{\sqrt{x}}$; a = 0; b = 1

# 8 Flächen zwischen zwei Graphen

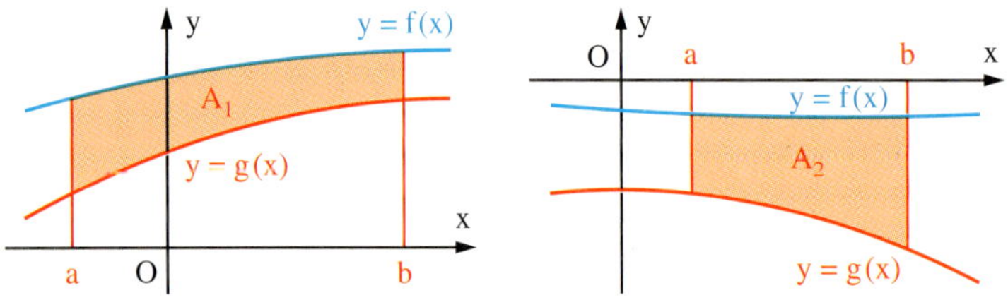

Fig. 1

**1** a) Schreiben Sie den Inhalt der orangefarbenen Flächen in Fig. 1 als Differenz bzw. als Summe von Integralen.
b) Drücken Sie diese Integrale mithilfe von Stammfunktionen aus. Formulieren Sie für beide Fälle eine gemeinsame Regel zur Bestimmung des Flächeninhalts.

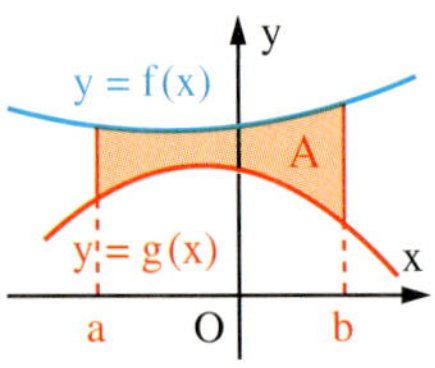

Fig. 2

Es soll der Inhalt einer Fläche bestimmt werden, die wie die gefärbte Fläche in Fig. 2 von den Graphen zweier Funktionen und den Geraden mit den Gleichungen $x = a$ und $x = b$ begrenzt wird. Dabei wird $f(x) \geqq g(x)$ für $x \in [a; b]$ vorausgesetzt, und F und G seien Stammfunktionen von f bzw. g.

Für den Inhalt A in Fig. 2 gilt:

$$A = \int_a^b f(x)\,dx - \int_a^b g(x)\,dx = F(b) - F(a) - (G(b) - G(a)) = F(b) - G(b) - (F(a) - G(a))$$

$$= [F(x) - G(x)]_a^b = \int_a^b (f(x) - g(x))\,dx.$$

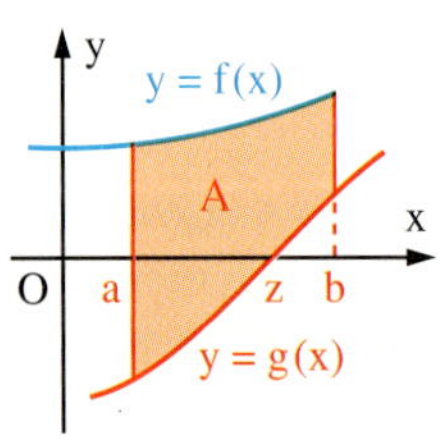

Fig. 3

In Fig. 3 nimmt die Funktion g im Intervall [a; b] auch negative Funktionswerte an.
Für A gilt:

$$A = \int_a^b f(x)\,dx + \int_a^z -g(x)\,dx - \int_z^b g(x)\,dx = F(b) - F(a) + (-G(z) - (-G(a)) - (G(b) - G(z))$$

$$= (F(b) - G(b)) - (F(a) - G(a)).$$

Die angeführten Beispiele zeigen, dass es bei der Berechnung des Inhalts einer Fläche zwischen zwei Graphen, die sich nicht schneiden, nur auf die Differenzfunktion ankommt.

*Faustregel:*
*Falls sich die Graphen von f und g nicht schneiden, gilt für einen Flächeninhalt A zwischen den Graphen:*
*$A = \int$ (obere Fu. – untere Fu.).*

**Satz:** Es seien f und g stetige Funktionen mit $f(x) \geqq g(x)$ für $x \in [a; b]$. Dann gilt für den Inhalt A der Fläche zwischen den Graphen von f und g über dem Intervall [a; b]:

$$\mathbf{A = \int_a^b (f(x) - g(x))\,dx.}$$

Falls sich die Graphen von f und g im Intervall [a; b] schneiden, gilt teilweise $f(x) \geqq g(x)$ und teilweise $g(x) \geqq f(x)$. Zur Bestimmung von A geht man deshalb so vor (Fig. 4):
1. Schritt: Berechnung der Schnittstellen von f und g
2. Schritt: Bestimmung, in welchen Teilintervallen $f(x) \geqq g(x)$ bzw. $g(x) \geqq f(x)$ gilt
3. Schritt: Berechnung des Flächeninhaltes.

$$A = \int_a^z (f(x) - g(x))\,dx + \int_z^b (g(x) - f(x))\,dx$$

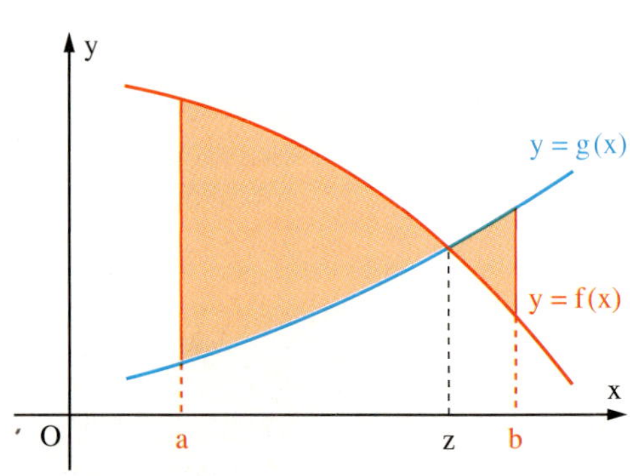

Fig. 4

**Beispiel 1:** (Die Graphen von f und g schneiden sich nicht)
Gegeben ist die Funktion f mit
$f(x) = \frac{1}{8}x^2 + 1$
und die Funktion g mit
$g(x) = -\frac{1}{2}x^2 + 3x - 4.$
Berechnen Sie den Inhalt A der Fläche, die von den Graphen der Funktionen f und g über [1; 3] eingeschlossen wird (Fig. 1).
Lösung:
Im Intervall [1; 3] gilt: $f(x) \geqq g(x)$.
Also gilt:

*Wie stellt man fest, ob $f(x) \geqq g(x)$ für $x \in [1; 3]$ gilt?
Oft schafft der Graph Klarheit. Rein rechnerisch kann man z. B. zeigen, dass die Funktion $f - g$ mit $(f-g)(x) = \frac{5}{8}x^2 - 3x + 5$ in [1; 3] keine Nullstellen hat. Da $f - g$ stetig ist, genügt es dann z. B. $(f-g)(2) \geqq 0$ nachzuweisen.*

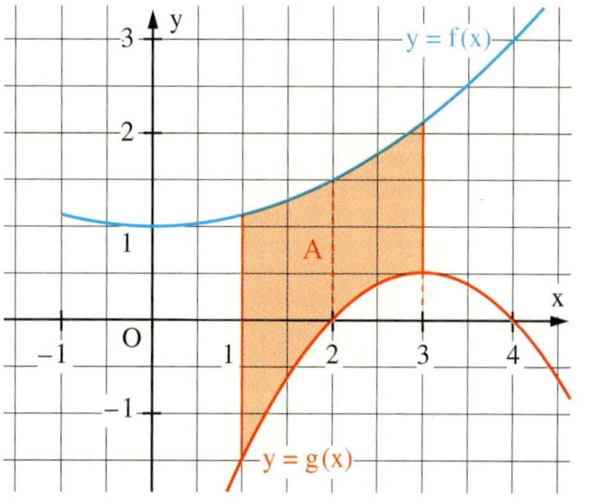

Fig. 1

$$A = \int_1^3 \left(\left(\frac{1}{8}x^2 + 1\right) - \left(-\frac{1}{2}x^2 + 3x - 4\right)\right) dx = \int_1^3 \left(\frac{5}{8}x^2 - 3x + 5\right) dx = \left[\frac{5}{24}x^3 - \frac{3}{2}x^2 + 5x\right]_1^3 = \frac{41}{12}.$$

Der gesuchte Flächeninhalt ist $A = \frac{41}{12}$.

**Beispiel 2:** (Die Graphen von f und g schneiden sich)
Berechnen Sie den Inhalt A der Fläche, die von den Graphen von f mit
$f(x) = x^3 - 6x^2 + 9x$ und g mit
$g(x) = -\frac{1}{2}x^2 + 2x$ eingeschlossen wird (Fig. 2)
a) ohne GTR b) mit GTR
Lösung:
a) 1. Schritt: $x^3 - 6x^2 + 9x = -\frac{1}{2}x^2 + 2x$
$x(2x^2 - 11x + 14) = 0$
$x_1 = 0;\ x_2 = 2;\ x_3 = 3{,}5$
2. Schritt: Für $0 \leqq x \leqq 2$ ist $f(x) \geqq g(x)$;
für $2 \leqq x \leqq 3{,}5$ ist $g(x) \geqq f(x)$.
3. Schritt:

*Die Ergebnisse des 2. Schrittes ergeben sich oft aus dem Graphen. Da f und g stetig sind, genügt es z. B. auch $f(1) \geqq g(1)$ und $f(3) \leqq g(3)$ nachzuweisen.*

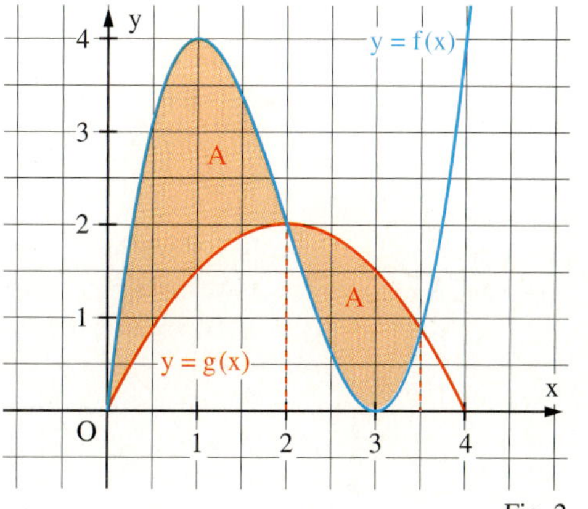

Fig. 2

$$A = \int_0^2 (f(x) - g(x))\,dx + \int_2^{3{,}5} (g(x) - f(x))\,dx = \int_0^2 (x^3 - 5{,}5x^2 + 7x)\,dx + \int_2^{3{,}5} (-x^3 + 5{,}5x^2 - 7x)\,dx$$

$$= \left[\frac{1}{4}x^4 - \frac{11}{6}x^3 + \frac{7}{2}x^2\right]_0^2 + \left[-\frac{1}{4}x^4 + \frac{11}{6}x^3 - \frac{7}{2}x^2\right]_2^{3{,}5} = \frac{937}{192} \approx 4{,}88.$$

Der gesuchte Flächeninhalt ist $A = \frac{937}{192}$.

b) Die Graphen von f und g werden dargestellt. Sie haben drei Schnittstellen. Die äußersten sind $a = 0$ und $b = 3{,}5$ (Fig. 3 und Fig. 4).

Für den gesuchten Inhalt A gilt $A = \int_0^{3{,}5} |f(x) - g(x)|\,dx$.
Mit Fig. 5 erhält man $A \approx 4{,}88$.

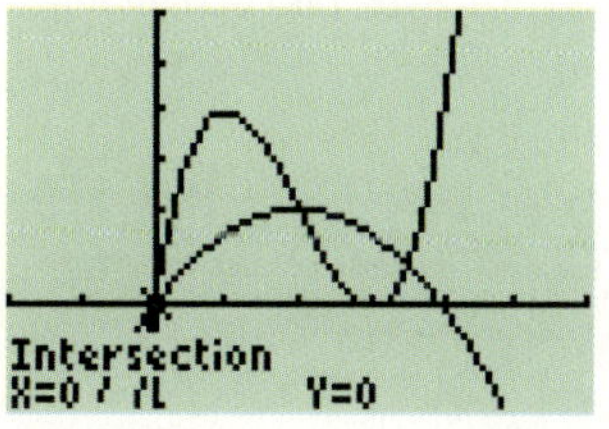

Fig. 3

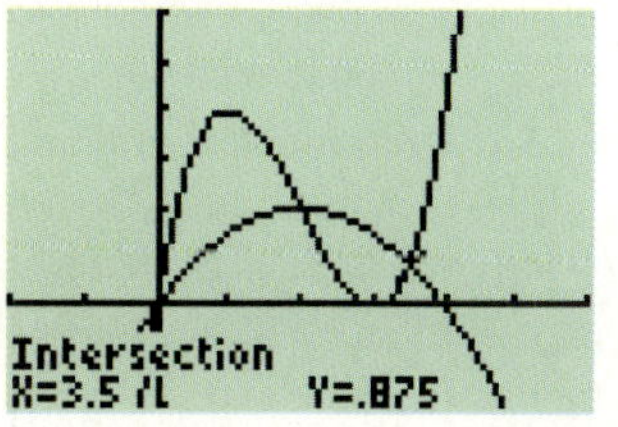

Fig. 4

Fig. 5

## Aufgaben

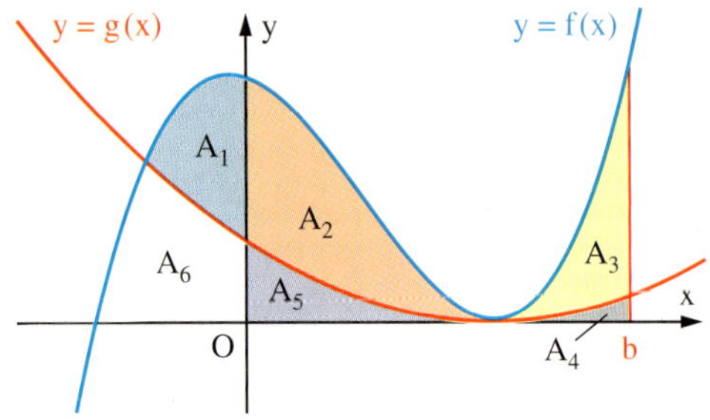


Fig. 1

**2** Drücken Sie den Inhalt A der beschriebenen Fläche als Summe von $A_1, A_2, \ldots, A_6$ aus.
a) Die Fläche wird von den Graphen von f und g begrenzt.
b) Die Fläche wird von den Graphen von f und g sowie der x-Achse begrenzt.
c) Die Fläche wird von den Graphen von f und g über dem Intervall $[0; b]$ begrenzt.

*Zu Aufgabe 5:*

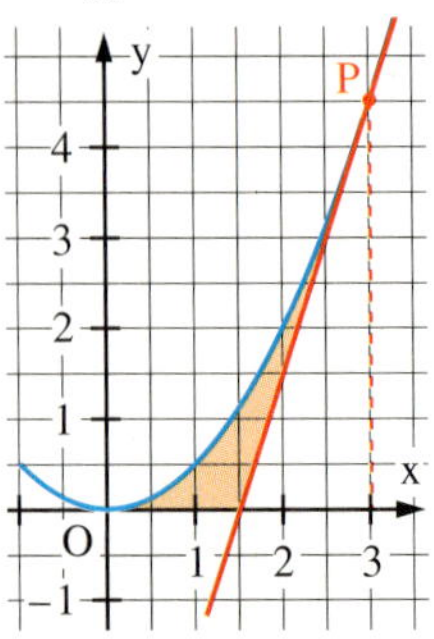


Fig. 2

**3** Berechnen Sie den Inhalt der Fläche, die von den Graphen von f und g sowie den Geraden mit den Gleichungen $x = a$ und $x = b$ begrenzt wird.
a) $f(x) = \frac{1}{2}x;\ g(x) = -x^2 + 4;\ a = -1;\ b = 1$ b) $f(x) = x^3;\ g(x) = x;\ a = 0;\ b = 1$

**4** Wie groß ist die Fläche, die von den Graphen von f und g begrenzt wird?
a) $f(x) = x^2;\ g(x) = -x^2 + 4x$ b) $f(x) = x^2;\ g(x) = -x^3 + 3x^2$
c) $f(x) = -\frac{1}{x^2};\ g(x) = 2{,}5x - 5{,}25$ d) $f(x) = x^3 - x;\ g(x) = -x^3 + x^2$

**5** Berechnen Sie den Inhalt der Fläche, die vom Graphen von f, der Tangente in P und der x-Achse begrenzt wird.
a) $f(x) = \frac{1}{2}x^2;\ P(3|4{,}5)$ b) $f(x) = (x-2)^4;\ P(0|16)$ c) $f(x) = \frac{1}{x^2} - \frac{1}{4};\ P(0{,}5|3{,}5)$

**6** Berechnen Sie den Inhalt der Fläche, die vom Graphen von f, der Normalen in P und der x-Achse begrenzt wird.
a) $f(x) = -x^2;\ P(1|-1)$ b) $f(x) = x^3;\ P(1|1)$ c) $f(x) = -\frac{1}{4}x^3 + 2;\ P(-2|4)$

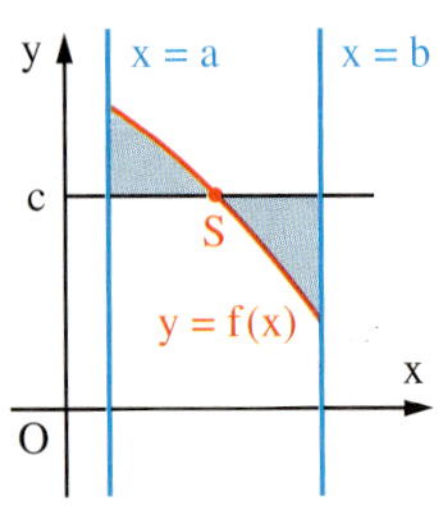


Fig. 3

**7** Berechnen Sie den Inhalt der Fläche zwischen dem Graphen von f und der Normalen im Wendepunkt von f.
a) $f(x) = -x^3 + x$ b) $f(x) = -\frac{1}{3}x^3 + 2x$ c) $f(x) = -0{,}5x^3 - 1{,}5x^2 - 0{,}5x - 0{,}5$

**8** Die Funktion f ist auf dem Intervall $[a; b]$ definiert und es ist $f(a) \neq f(b)$. Wenn $c \in \mathbb{R}$ mit $f(a) < c < f(b)$ oder $f(b) < c < f(a)$ ist, begrenzen der Graph von f sowie die Geraden mit den Gleichungen $x = a$, $x = b$ und $y = c$ eine Fläche, die aus zwei Teilen besteht (Fig. 3). Bestimmen Sie c so, dass die beiden Teilflächen denselben Inhalt haben.
a) $f(x) = 4x - x^2;\ a = 0;\ b = 2$ b) $f(x) = \frac{6}{(x+2)^2};\ a = -1;\ b = 4$

**9** Für jedes $t \in \mathbb{R}^+$ ist eine Funktion $f_t$ gegeben durch $f_t(x) = tx^3 - 3(t+1)x$.
Die Gerade mit der Gleichung $y = -3x$ schließt mit dem Graphen von $f_t$ eine Fläche mit dem Inhalt $A(t)$ ein. Bestimmen Sie $A(t)$.

**10** Für jedes $t \in \mathbb{R}^+$ ist eine Funktion $f_t$ gegeben durch $f_t(x) = \frac{tx^2 - 4}{x^2}$. Der Graph von $f_t$ schließt im 1. Quadranten mit den Koordinatenachsen und den Geraden mit den Gleichungen $x = \frac{4}{\sqrt{t}}$ und $y = t$ eine Fläche ein.
Berechnen Sie deren Inhalt in Abhängigkeit von t.

**11** Die Graphen der Funktionen $f_a$ mit $f_a(x) = a \cdot \sin(x)$ und $g_a$ mit $g_a(x) = -\frac{1}{a} \cdot \sin(x)$ begrenzen für $x \in [0; \pi]$ eine Fläche. Für welche Werte von a ist der Flächeninhalt minimal? Geben Sie den minimalen Inhalt an.

# 9 Rauminhalte von Rotationskörpern

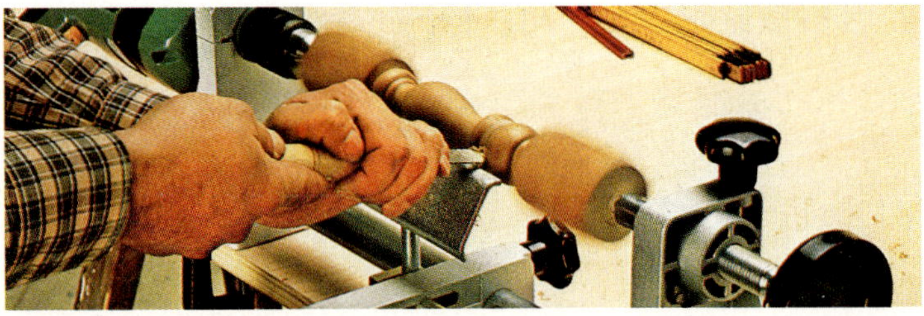

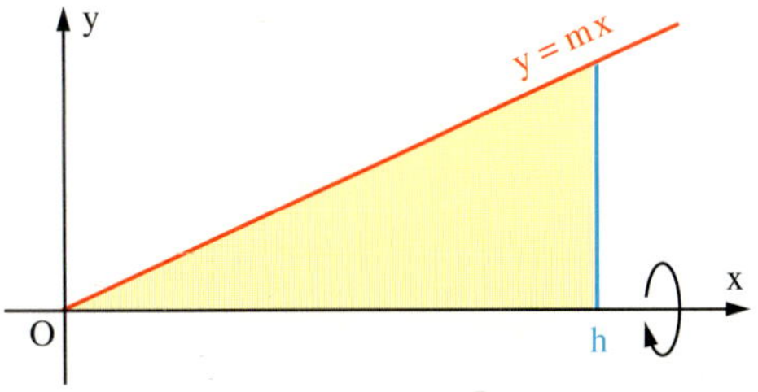


Fig. 1

**1** Welche gemeinsamen Eigenschaften haben Körper, die ein Drechsler herstellt?

**2** Gegeben ist die Funktion f mit $f(x) = mx$ und $m > 0$ (Fig. 1). Dreht sich die in Fig. 1 gefärbte Fläche um die x-Achse, so entsteht ein Kegel.
a) Zeigen Sie, dass dieser Kegel das Volumen $V = \frac{1}{3}\pi m^2 h^3$ hat.
b) Es ist $V = \int_0^h q(x)\,dx$. Bestimmen Sie die Funktion q und beschreiben Sie deren Bedeutung.

Gegeben ist eine auf dem Intervall [a; b] stetige Funktion f. Der Graph von f schließt mit der x-Achse und den Geraden mit den Gleichungen $x = a$ und $x = b$ eine Fläche ein. Rotiert diese Fläche um die x-Achse (Fig. 2), entsteht ein Dreh- oder **Rotationskörper**.

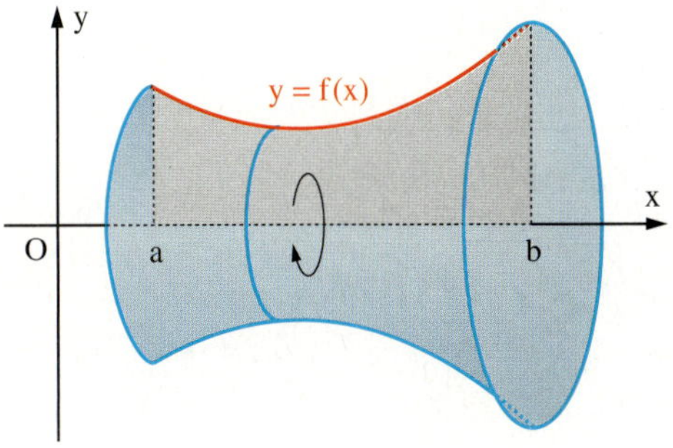


Fig. 2

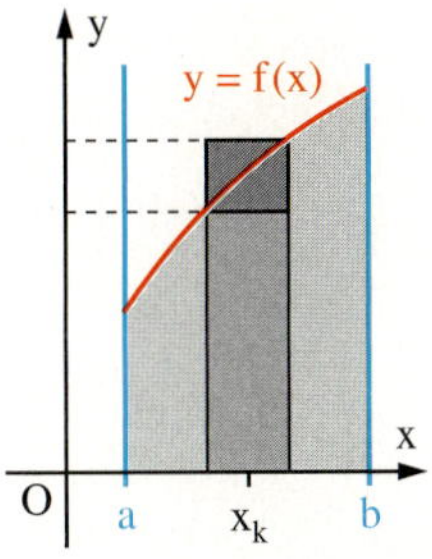


Fig. 3

Die Berechnung des Volumens V dieses Rotationskörpers K schließt sich eng an das Verfahren zur Bestimmung von „Flächeninhalten unter Graphen" an (Fig. 3). Dabei wird [a; b] wieder in n Teilintervalle gleicher Länge h eingeteilt. Zu jedem Teilintervall gibt es einen Zylinder, der K von außen, und einen Zylinder, der K von innen berührt (Fig. 4). Man wählt nun $x_k$ im k-ten Teilintervall so, dass $f(x_k)$ zwischen den Radien des inneren und des äußeren Zylinders liegt. Damit erhält man für das Volumen von K die Zerlegungssumme
$V_n = \pi(f(x_1))^2 \cdot h + \pi(f(x_2))^2 \cdot h + \ldots + \pi(f(x_n))^2 \cdot h$.
Für $n \to \infty$ strebt diese Summe $V_n$ gegen das Integral $\pi\int_a^b (f(x))^2\,dx$.

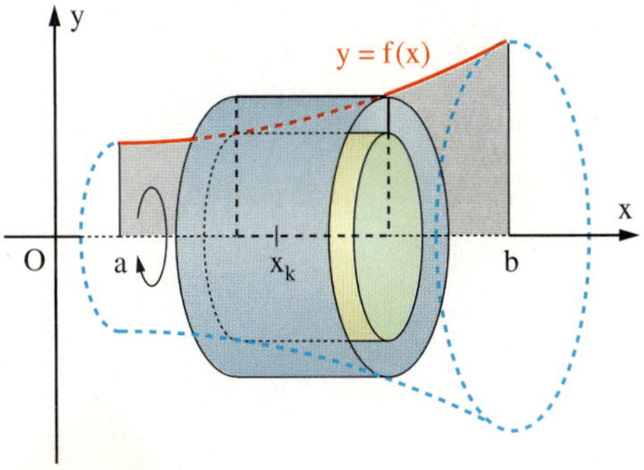


Fig. 4

*Ist $q(x) = \pi \cdot (f(x))^2$ der Inhalt einer Querschnittsfläche, dann kann man auch schreiben:*
$V = \int_a^b q(x)\,dx$.

**Satz:** Ist die Funktion f auf dem Intervall [a; b] stetig, so entsteht bei Rotation der Fläche zwischen dem Graphen von f und der x-Achse über [a; b] ein Körper mit dem Volumen

$$\mathbf{V = \pi \int_a^b (f(x))^2\,dx.}$$

**Beispiel:** (Berechnung des Rauminhaltes eines Rotationskörpers)
Der Graph der Funktion f mit $f(x) = \frac{1}{2}\sqrt{x^2 + 4}$ begrenzt mit den Koordinatenachsen und der Geraden mit der Gleichung $x = 4$ eine Fläche (Fig. 1).
Bestimmen Sie das Volumen V des Rotationskörpers, der entsteht, wenn diese Fläche um die x-Achse rotiert.
Lösung:
Das Volumen V ist

$$V = \pi \cdot \int_0^4 \left(\tfrac{1}{2}\sqrt{x^2 + 4}\right)^2 dx$$

$$= \pi \cdot \int_0^4 \left(\tfrac{1}{4}x^2 + 1\right) dx = \pi \left[\tfrac{1}{12}x^3 + x\right]_0^4$$

$$= \tfrac{28}{3}\pi \approx 29{,}32.$$

*Zum Vergleich:*
*V ist näherungsweise das Volumen des Kegelstumpfes, der durch Rotation der Strecke durch $P(0|1)$ und $Q(4|f(4))$ entsteht.*
*Wie groß ist der prozentuale Fehler?*

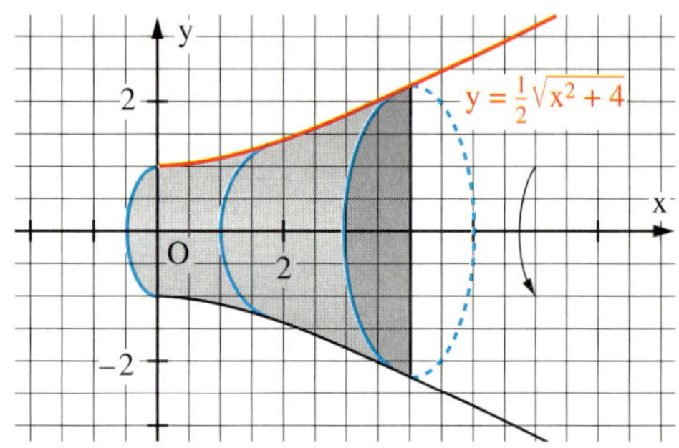

Fig. 1

## Aufgaben

*Folgende Fälle treten in den Aufgaben auf:*

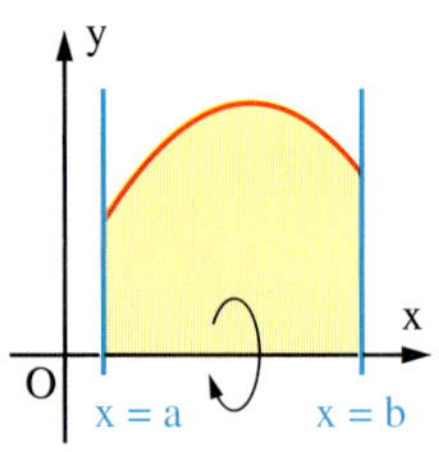


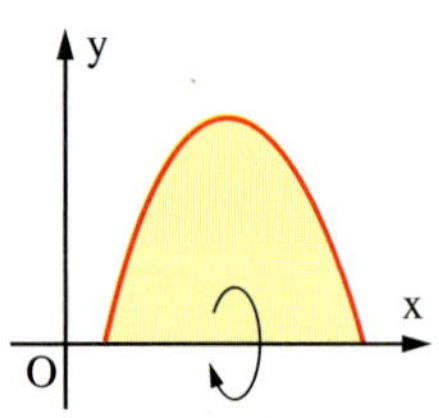


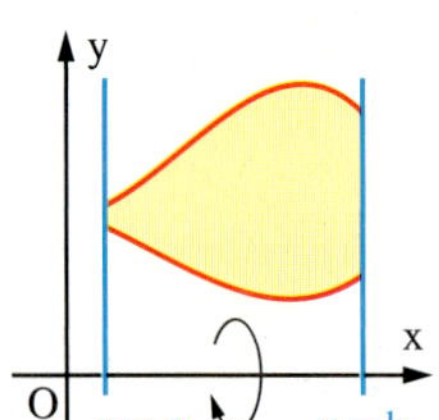


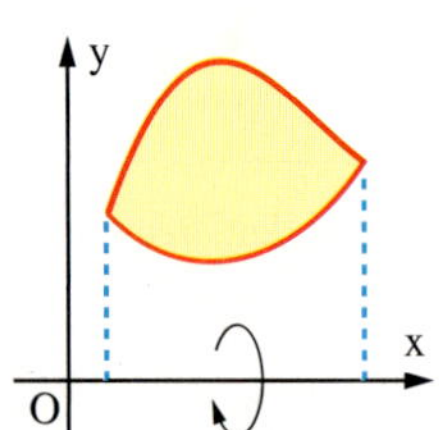


**3** Skizzieren Sie den Graphen K der Funktion f. Berechnen Sie das Volumen des entstehenden Drehkörpers, wenn die Fläche zwischen K und der x-Achse über [a; b] um die x-Achse rotiert.

a) $f(x) = \frac{1}{2}x^2 + 1$; $a = 1$; $b = 3$
b) $f(x) = 3\sqrt{x + 2}$; $a = -1$; $b = 7$
c) $f(x) = \frac{1}{x^2}$; $a = 1$; $b = 4$
d) $f(x) = \frac{1}{x^2} + x$; $a = 1$; $b = 4$

**4** Der Graph K der Funktion f begrenzt mit der x-Achse eine Fläche, die um die x-Achse rotiert. Skizzieren Sie den Graphen K und berechnen Sie das Volumen des entstehenden Drehkörpers.

a) $f(x) = -x^2 + 4$
b) $f(x) = 3x - \frac{1}{2}x^2$
c) $f(x) = x^2(x + 2)$
d) $f(x) = x\sqrt{4 - x}$

**5** Die Fläche zwischen den Graphen von f und g sowie den Geraden mit den Gleichungen $x = a$ und $x = b$ rotiert um die x-Achse.
Skizzieren Sie die Graphen und berechnen Sie den Rauminhalt des Drehkörpers.

a) $f(x) = \sqrt{x + 1}$; $g(x) = 1$; $a = 3$; $b = 8$
b) $f(x) = x^2 + 1$; $g(x) = -x^2 + 3$; $a = -1$; $b = 1$
c) $f(x) = \frac{1}{\sqrt{x}}$; $g(x) = \sqrt{x}$; $a = 1$; $b = 9$

**Achtung:**
Bei Aufgabe 5 und 6 ist

$$V = \pi \int_a^b \left((u(x))^2 - (v(x))^2\right) dx$$

**aber** $V \neq \pi \int_a^b (u(x) - v(x))^2 dx$.

Begründen Sie dies anschaulich!

**6** Die Graphen der Funktionen f und g begrenzen eine Fläche, die um die x-Achse rotiert. Skizzieren Sie die Graphen der beiden Funktionen und berechnen Sie das Volumen des Rotationskörpers.

a) $f(x) = \frac{1}{2}x$; $g(x) = \sqrt{x}$
b) $f(x) = 3x^2 - x^3$; $g(x) = x^2$
c) $f(x) = 3x^2 - x^3$; $g(x) = 2x$

**7** a) Rotiert der Graph der Funktion f mit $f(x) = 2$ über dem Intervall [0; 5] um die x-Achse, so entsteht ein Zylinder. Bestimmen Sie sein Volumen unter Verwendung des Satzes von Seite 97 und bestätigen Sie das Ergebnis mithilfe der Formel für den Rauminhalt von Zylindern.
b) Leiten Sie wie in a) die Formel $V = \pi r^2 h$ für den Zylinderinhalt her.

**8** Durch Rotation des Graphen von f mit $f(x) = \sqrt{x}$ um die x-Achse entsteht ein (liegendes) Gefäß. Dieses Gefäß wird aufgestellt und mit einer Flüssigkeit gefüllt. Bis zu welcher Höhe steht die Flüssigkeit in dem Gefäß, wenn ihr Volumen 30 beträgt?

Schnitt durch die Mittelachse

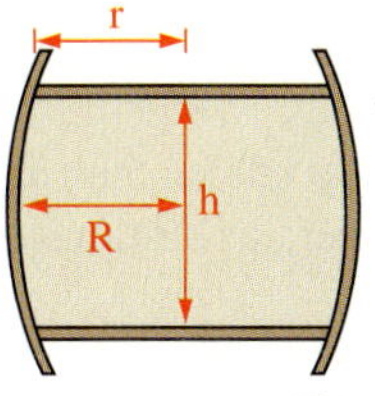


Fig. 1

**9** Ein Fass hat die Höhe $h = 1{,}2\,\text{m}$ und die Radien $r = 0{,}80\,\text{m}$ und $R = 1{,}0\,\text{m}$ (Fig. 1).
a) Bestimmen Sie sein Volumen V. Wählen Sie dazu ein geeignetes Koordinatensystem und bestimmen Sie eine quadratische Funktion f, über deren Graph Sie das Fass als Rotationskörper erhalten.
b) Vergleichen Sie V mit den Volumina $V_1$ und $V_2$ von Zylindern, welche dieselbe Höhe h, aber die Radien $r_1 = \frac{1}{2}(R + r)$ bzw. $r_2 = \frac{1}{3}(2R + r)$ besitzen. Geben Sie die prozentualen Abweichungen von $V_1$ bzw. $V_2$ von V auf 2 Dezimalen gerundet an.

**10** Durch Rotation der Flächen in Fig. 2 um die x-Achse entstehen Drehkörper. Bestimmen Sie jeweils das Volumen des Drehkörpers durch Integration.

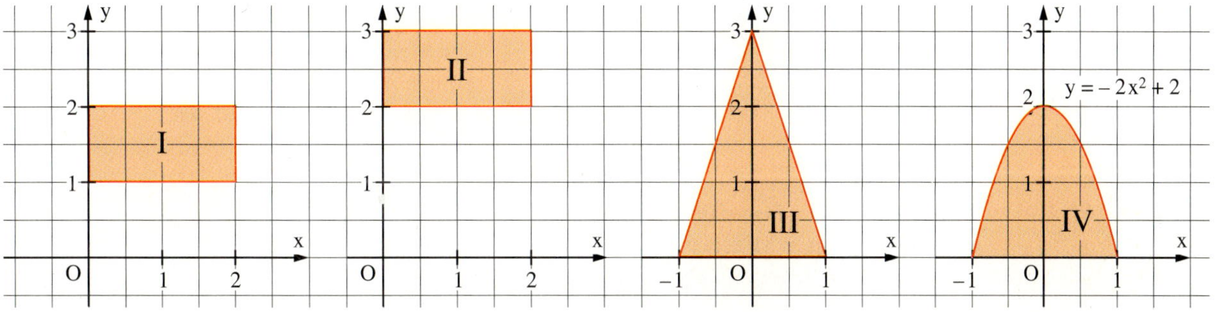


Fig. 2

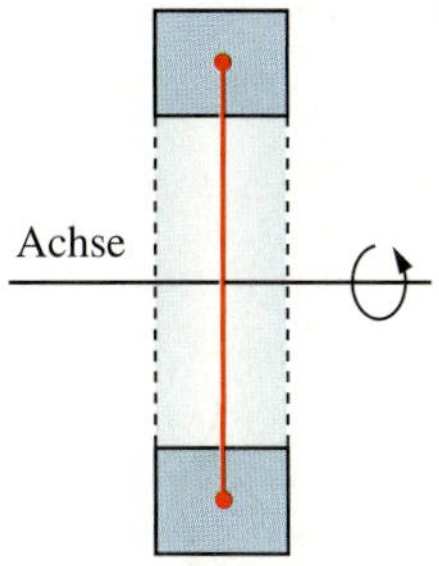


Fig. 3

**11** Die **Guldin'sche Regel** besagt: Wenn eine Figur um eine äußere, in der Ebene gelegene Achse rotiert, so ist das Volumen des erzeugten Drehkörpers gleich dem Flächeninhalt der Figur multipliziert mit dem Umfang des Kreises, den ihr Schwerpunkt beschreibt (Fig. 3).
a) Bestimmen Sie mit der Guldin'schen Regel die Rauminhalte der Körper, die von den Flächen I, II und III in Fig. 2 erzeugt werden.
b) Bestimmen Sie mit der Guldin'schen Regel den Schwerpunkt der Fläche IV in Fig. 2.

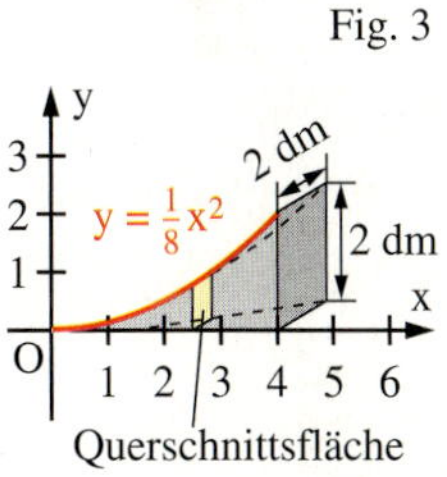


Fig. 4

**12** Der Körper in Fig. 4 hat die Form eines Bremsschuhs, wie er zur Sicherung abgestellter Lkws verwendet wird. Die zur x-Achse orthogonalen Querschnittsflächen sind Rechtecke.
a) Geben Sie den Inhalt q(x) der Querschnittsfläche an der Stelle x an.
b) Bestimmen Sie den Rauminhalt des Körpers. Verwenden Sie dazu die nebenstehende Formel.

Bei der Rotation des Graphen von f um die x-Achse ist $q(x) = \pi(f(x))^2$ der Inhalt einer Querschnittsfläche. Für das Volumen V des Rotationskörpers kann man dann schreiben:
$V = \int_a^b q(x)\,dx$.
Diese Formel gilt auch, wenn die Querschnittsflächen keine Kreise sind, sofern die Querschnittsfunktion $x \mapsto q(x)$ stetig ist.

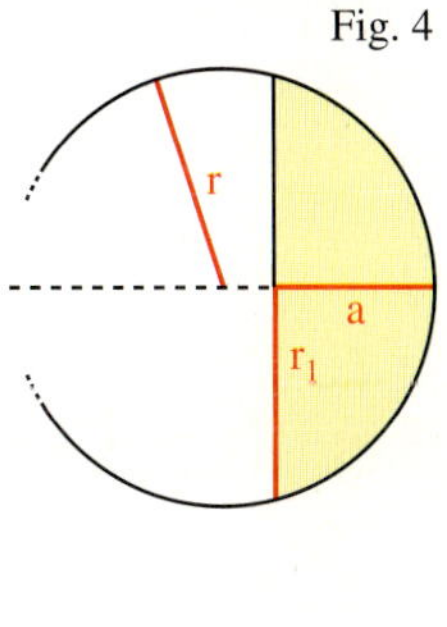


| | |
|---|---|
| Kugel | $V = \frac{4\pi}{3} r^3$ |
| Kugelabschnitt | $V = \frac{\pi}{3} a^2 (3r - a)$ |
| | $= \frac{\pi}{6} a (3r_1^2 + a^2)$ |

Fig. 5

**13** In einer Formelsammlung finden sich Formeln über Kugelteile (Fig. 5).
Beweisen Sie die angegebenen Formeln.
Beachten Sie dabei: Durch Rotation des Graphen von f mit $f(x) = \sqrt{r^2 - x^2}$ um die x-Achse entsteht eine Kugel mit dem Ursprung als Mittelpunkt und dem Radius r.

# 10 Mittelwerte von Funktionen

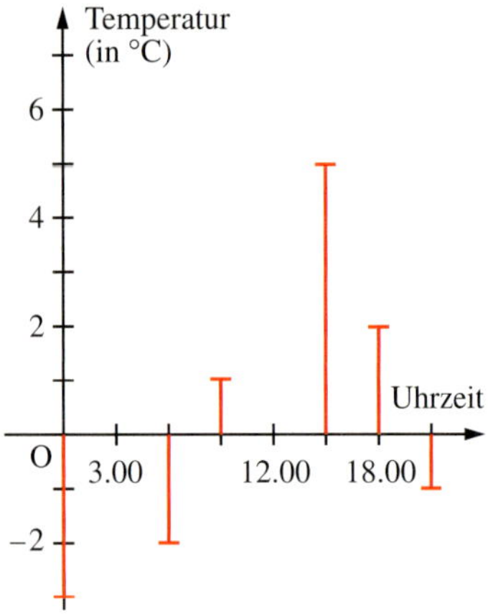


Fig. 1

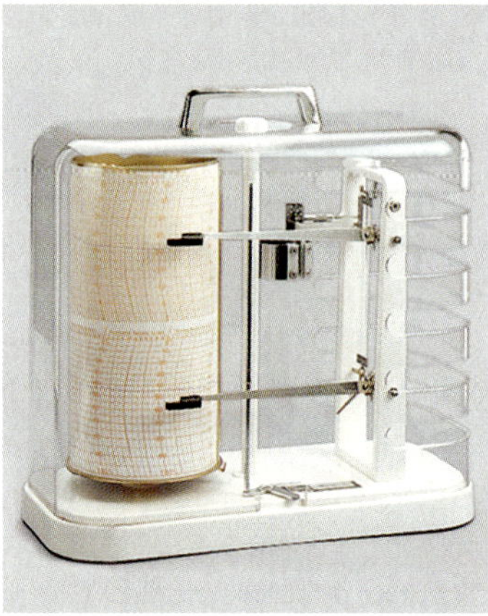

Fig. 2

**1** An einem Ort wurde mehrmals am Tage die Temperatur gemessen. Fig. 1 zeigt das zugehörige Stabdiagramm. Wie könnte man damit eine mittlere Tagestemperatur bestimmen?

**2** Ein Temperaturschreiber (Fig. 2) liefert einen kontinuierlichen Verlauf der Temperatur.
a) Wie könnte man mit einem solchen Graphen eine mittlere Tagestemperatur festlegen?
b) Welche weitere Möglichkeit für die Festlegung einer mittleren Tagestemperatur gibt es, wenn der Verlauf der Temperatur sogar durch den Graphen einer bekannten Funktion angenähert werden kann?

Sind n Zahlen $z_1, z_2, \ldots, z_n$ gegeben, so nennt man die Zahl $m_n = \frac{1}{n}(z_1 + z_2 + \ldots + z_n)$ ihren Mittelwert oder genauer ihr arithmetisches Mittel.
Die Bildung eines Mittelwertes soll nun auf die Funktionswerte f(x) einer auf einem Intervall [a; b] stetigen Funktion f übertragen werden.

Dazu teilt man das Intervall [a; b] in n Teilintervalle der Länge $h = \frac{b-a}{n}$ ein. Aus jedem Teilintervall wird eine Stelle ausgewählt (Fig. 3); man erhält so n zugehörige Funktionswerte $f(x_1), f(x_2), \ldots, f(x_n)$. Bildet man den Mittelwert $m_n$ dieser Funktionswerte und ersetzt $\frac{1}{n}$ durch $\frac{h}{b-a}$, ergibt sich:

$$m_n = \frac{1}{n}(f(x_1) + f(x_2) + \ldots + f(x_n))$$
$$= \frac{1}{b-a}(f(x_1)\cdot h + f(x_2)\cdot h + \ldots + f(x_n)\cdot h).$$

Für $n \to \infty$ gilt $h \to 0$ und damit

$$m_n \to \frac{1}{b-a}\int_a^b f(x)\,dx.$$

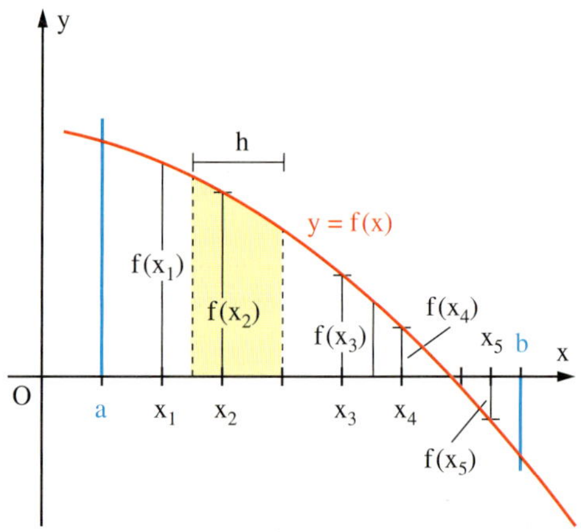


Fig. 3

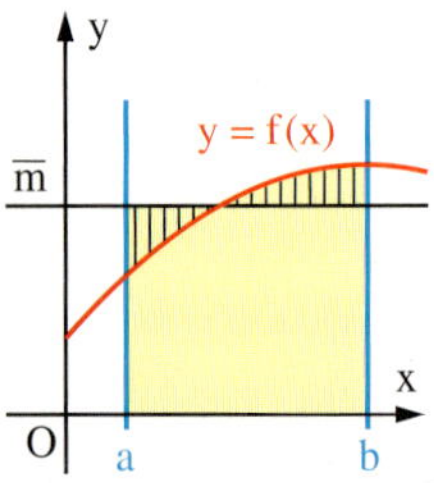


Fig. 4

*Anschaulich ist der Mittelwert $\overline{m}$ der Funktionswerte von f die Breite eines Rechtecks (Fig. 4), welches dieselbe Länge und denselben Inhalt hat wie die Fläche zwischen dem Graphen von f und der x-Achse über dem Intervall [a; b].*

> **Definition:** Für eine auf einem Intervall [a; b] stetige Funktion f heißt
> $\frac{1}{b-a}\int_a^b f(x)\,dx$ der **Mittelwert $\overline{m}$ der Funktionswerte von f auf [a; b].**

**Beispiel 1:** (Berechnung eines Mittelwertes)
Bestimmen Sie für f mit $f(x) = \frac{1}{x^2}$ den Mittelwert $\overline{m}$ der Funktionswerte auf [1; 10].
Lösung:
Für den Mittelwert $\overline{m}$ gilt: $\overline{m} = \frac{1}{10-1}\cdot\int_1^{10}\frac{1}{x^2}dx = \frac{1}{9}\left[-\frac{1}{x}\right]_1^{10} = \frac{1}{9}\left(-\frac{1}{10}-(-1)\right) = \frac{1}{10}$.

**Beispiel 2:** (Anwendung der Mittelwertbildung)

Die Schüttung S (in $\frac{m^3}{s}$) einer Quelle hängt ab von der Zeit t (in Tagen). Messungen ergaben, dass für $0 \leqq t \leqq 10$ etwa $S(t) = \frac{90}{(t+5)^2}$ gilt.

Welche konstante Schüttung hätte in diesem Zeitraum dieselbe Wassermenge geliefert?

Lösung:

Die gesuchte konstante Schüttung ist der Mittelwert $\overline{S}$ der Schüttung S.

$$\overline{S} = \frac{1}{10-0}\int_0^{10} \frac{90}{(t+5)^2}\,dt = \frac{1}{10}\left[\frac{-90}{t+5}\right]_0^{10} = 1{,}2.$$

Die konstante Schüttung ist $\overline{S} = 1{,}2\,\frac{m^3}{s}$.

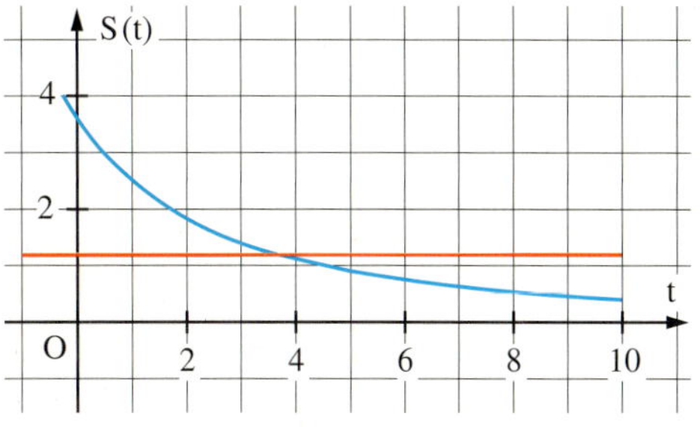


Fig. 1

## Aufgaben

**3** Bestimmen Sie den Mittelwert $\overline{m}$ der Funktionswerte von f auf [a; b] und zeichnen Sie den Graphen von f und die Gerade mit der Gleichung $y = \overline{m}$.

a) $f(x) = x^2 + 4x$; $a = 0$; $b = 4$

b) $f(x) = 1 - \left(\frac{2}{x}\right)^2$; $a = 1$; $b = 3$.

**4** Geben Sie drei Funktionen an, deren Mittelwert der Funktionswerte auf [–2; 2] genau 1 ist.

**5** Gegeben ist die Funktion f und der Mittelwert $\overline{m} = 2$ der Funktionswerte von f auf [1; 6] (siehe Fig. 2).

a) Bestimmen Sie $\int_1^6 f(x)\,dx$

b) Bestimmen Sie $\int_1^6 (f(x) - \overline{m})\,dx$.

c) Es ist $A_1 = 2{,}4$. Bestimmen Sie $A_2$.

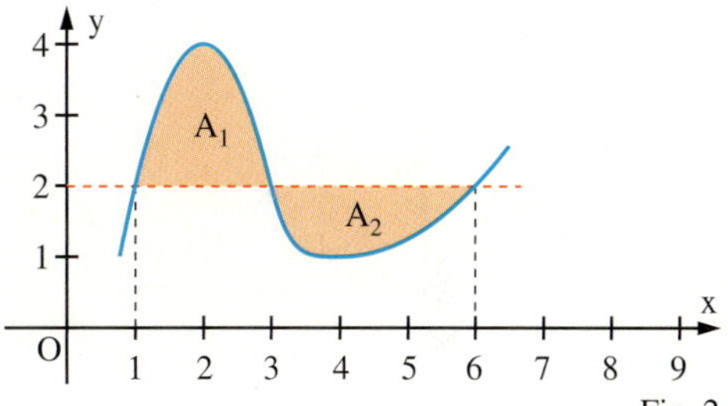


Fig. 2

*Beachten Sie:* $100\,\frac{km}{h} = \frac{100}{3{,}6}\,\frac{m}{s}$.

**6** Ein Auto beschleunigt in 10 s von 0 auf $100\,\frac{km}{h}$. Für diese Zeitspanne gilt für die Geschwindigkeit: $v(t) = \frac{1}{3{,}6}\cdot t\cdot(20 - t)$ (t in s; v in $\frac{m}{s}$).

a) Zeichnen Sie den Graphen in Ihr Heft und bestimmen Sie ohne Rechnung näherungsweise die mittlere Geschwindigkeit $\overline{v}$.

b) Bestimmen Sie $\overline{v}$ rechnerisch.

c) Wie weit ist das Auto gefahren?

**Windgeschwindigkeit** (in $\frac{m}{s}$)

| | 5.2 | 6.2 | 7.2 |
|---|---|---|---|
| $7^{00}$ | 15 | 21 | 36 |
| $13^{00}$ | 27 | 30 | 42 |
| $19^{00}$ | 30 | 33 | 24 |

Fig. 3

**7** Eine Messung der Windgeschwindigkeit v (in $\frac{m}{s}$) an drei Tagen ergab die Tabelle von Fig. 3. Bestimmen Sie einen Mittelwert von v und $v^2$ für die Zeit zwischen $7^{00}$ und $19^{00}$, indem Sie

a) das arithmetische Mittel bilden

b) zunächst eine Parabel 2. Ordnung bestimmen und von dieser Funktion den Mittelwert berechnen.

Hinweis: Windenergie ist proportional zu $v^2$.

# 11 Numerische Integration – Die Fassregel von KEPLER

*Zu der Funktion f mit $f(x) = \frac{1}{1+x^2}$ kann man mithilfe den bisher bekannten Funktionen keine Stammfunktion angeben.*

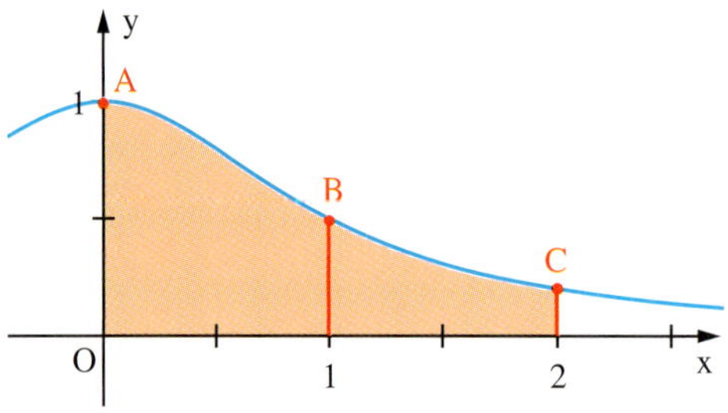

Fig. 2

**1** Gegeben ist die Funktion f mit $f(x) = \frac{1}{1+x^2}$.

a) Welcher Näherungswert für den Inhalt der in Fig. 2 gefärbten Fläche ergibt sich, wenn man den Graphen der Funktion f zwischen A und B sowie B und C durch Sehnen ersetzt?

b) Welcher Wert ergibt sich, wenn man den Graphen durch die Tangente in B ersetzt?

Ein Integral $\int_a^b f(x)\,dx$ kann im Allgemeinen nicht exakt berechnet werden, wenn man keine Stammfunktion der Funktion f angeben kann. In solchen Fällen kann das Integral durch Zerlegungssummen näherungsweise bestimmt werden (siehe Seite 75). Dieses Verfahren ist allerdings sehr aufwändig. Ein einfacheres Verfahren zur näherungsweisen Berechnung von Integralen ist die **KEPLER'sche Fassregel.**

Bei diesem Verfahren werden zur Berechnung eines Näherungswertes für das Integral $\int_a^b f(x)\,dx$ nur die Funktionswerte $y_a$, $y_b$ und $y_m$ von f an den Stellen a, b und der Mitte $m = \frac{a+b}{2}$ von a und b verwendet (siehe Fig. 3 und 4).

*Flächeninhalt eines Trapezes* $A = \frac{u+v}{2} \cdot h$.

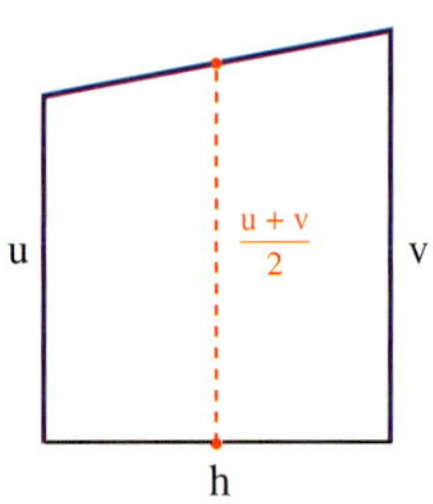

Fig. 1

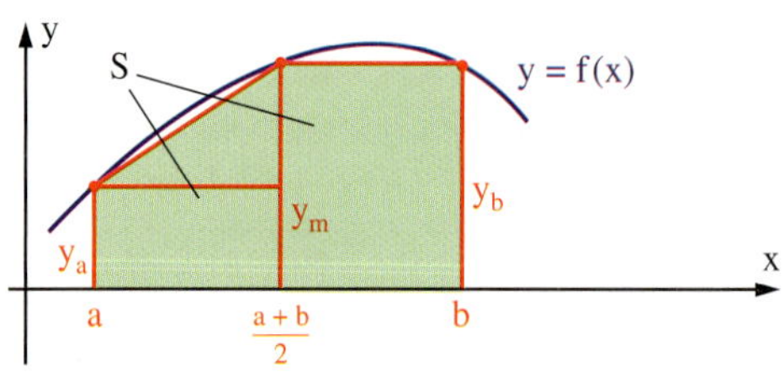

Fig. 3

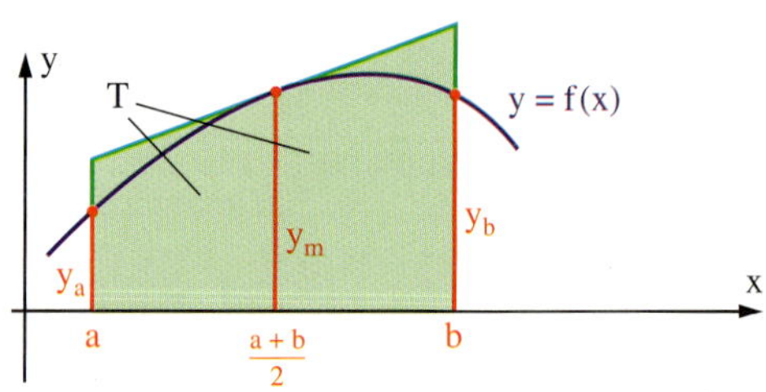

Fig. 4

1. Schritt: Man bestimmt den Inhalt S der beiden Sehnentrapeze in Fig. 3. Es gilt:

$S = \frac{b-a}{2} \cdot \frac{y_a + y_m}{2} + \frac{b-a}{2} \cdot \frac{y_m + y_b}{2}$

$= \frac{b-a}{2}\left(\frac{y_a}{2} + y_m + \frac{y_b}{2}\right)$.

2. Schritt: Man bestimmt den Inhalt T des Tangententrapezes in Fig. 4. Es gilt:

$T = (b-a) \cdot y_m$.

(Hier muss man die Steigung der Tangente gar nicht kennen. Zur Bestimmung von T genügt die Kenntnis von $y_m$.)

3. Schritt: Man kombiniert die beiden Näherungswerte S und T zu einem einzigen Näherungswert K. Weil bei der Berechnung zwei Sehnentrapeze und nur ein Tangententrapez verwendet werden, erscheint es sinnvoll, S doppelt so stark zu gewichten wie T. Man setzt:

$K = \frac{1}{3}(2S + T) = \frac{1}{3}\left[(b-a)\cdot\left(\frac{y_a}{2} + y_m + \frac{y_b}{2}\right) + (b-a)\cdot y_m\right] = \frac{1}{6}(b-a)\cdot(y_a + 4y_m + y_b)$.

**Fassregel von KEPLER:** Ist f eine auf dem Intervall [a; b] stetige Funktion, so gilt

$$\int_a^b f(x)\,dx \approx \frac{1}{6}(b-a)\left[f(a) + 4\cdot f\left(\frac{a+b}{2}\right) + f(b)\right].$$

*Auf die rechnerische Herleitung wird hier verzichtet. Es ist aber überraschend, das man auf Grund völlig unterschiedlicher Ansätze auf dieselbe Regel kommt.*

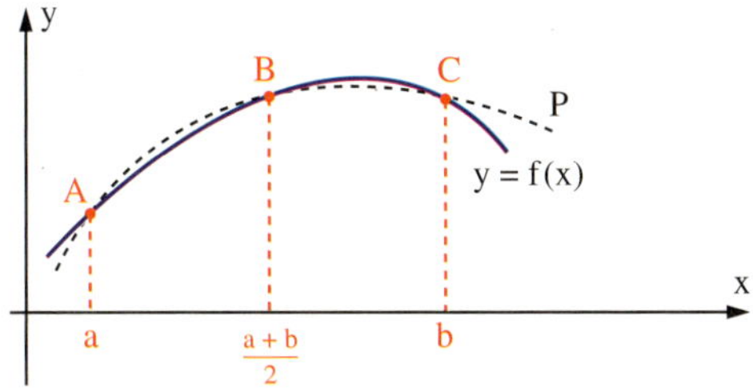

Fig. 1

Man kann die KEPLER'sche Fassregel auch mittels einer ganz anderen Idee gewinnen. Dabei wird der Graph von f durch den Graphen einer ganzrationalen Funktion 2. Grades (einer Parabel) P durch die drei Punkte A, B und C angenähert. Anschließend wird der Flächeninhalt unter P bestimmt. (Fig. 1; siehe auch Aufgabe 3).

Man kann zeigen, dass der genaue Wert des Integrals im Beispiel auf 6 Dezimalen gerundet den Wert 0,463 648 hat.

Zum Vergleich noch weitere Näherungswerte:
Obersumme $O_{20}$: 0,4940
Untersumme $U_{20}$: 0,4440.

**Beispiel:** (Anwendung der Fassregel von KEPLER)

Berechnen Sie für das Integral $\int_1^3 \frac{1}{1+x^2}dx$ einen Näherungswert mit der KEPLER'schen Fassregel. Um wie viel Prozent weicht dieser Wert von dem mit dem GTR errechneten Wert ab?

Lösung:

Mit $a = 1$ und $b = 3$ ergibt sich $\frac{a+b}{2} = 2$ und $y_a = \frac{1}{2}$, $y_b = \frac{1}{10}$ und $y_m = \frac{1}{5}$.

Damit ist $\int_1^3 \frac{1}{1+x^2}dx \approx \frac{1}{6}(3-1)\left(\frac{1}{2} + 4\cdot\frac{1}{5} + \frac{1}{10}\right) = \frac{7}{15} = 0{,}4667$ (4 Dezimalen).

Die Berechnung mit dem GTR ergibt 0,4636. Das ist eine Abweichung von 0,7 %.

## Aufgaben

**2** Berechnen Sie für das Integral mit der Fassregel von KEPLER einen auf vier Dezimalen gerundeten Näherungswert. Bestimmen Sie die prozentuale Abweichung von dem mit dem GTR bestimmten Wert.

a) $\int_2^4 \frac{1}{2+x^2}dx$  b) $\int_1^4 \frac{2}{x}dx$  c) $\int_0^3 \sqrt{1+x^2}\,dx$  d) $\int_{-0,5}^{0,5} x\cdot\cos(\pi x^2)\,dx$

**3** Zeichnen Sie den Graphen K der Normalparabel mit der Gleichung $y = x^2$ für $0 \leqq x \leqq 2$.

a) Schätzen Sie die Länge des Parabelbogens zwischen den Punkten $O(0|0)$ und $A(2|4)$ ab.

b) Der Parabelbogen zwischen O und A hat die Länge $L = \int_0^2 \sqrt{1+4x^2}\,dx$. Bestimmen Sie mit der KEPLER'schen Fassregel einen Näherungswert für L.

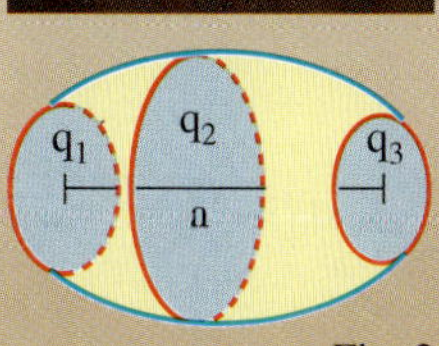

Fig. 2

**JOHANNES KEPLER**
entwickelte viele Verfahren zur Volumenberechnung von Fässern, die er sich aus Kegelstümpfen, Zylindern, … zusammengesetzt dachte. In heutiger Sprechweise erhielt er einen guten Näherungswert für das Volumen V eines Fasses durch
$V = \frac{1}{6}\cdot a\cdot(q_1 + 4\cdot q_2 + q_3)$.
Dabei ist a die Länge des Fasses, und $q_1$, $q_2$ und $q_3$ sind die Inhalte der Querschnittsflächen links, in der Mitte und rechts im Fass (Fig. 2). Von dieser Formel kommt der Name „Fassregel".

Die KEPLER'sche Fassregel hat den großen Vorteil, dass sie einen geringen Rechenaufwand erfordert. Im Gegenzug liefert sie nur gute Ergebnisse, wenn sich der Graph der Funktion auf dem betreffenden Intervall durch eine Parabel annähern lässt. Man kann jedoch die KEPLER'sche Fassregel auf einfache Weise verfeinern, indem man die Regel auf getrennte Intervalle anwendet (im Beispiel auf dieser Seite [1; 2] und [2; 3]. Diese Unterteilung lässt sich weiter verfeinern. Die sich daraus ergebende Regel heißt *SIMPSON'sche Regel.*

# 12 Vermischte Aufgaben

**1** Gegeben ist die Funktion f mit $f(x) = \frac{1}{3}x^3 + 2x^2 + 3x$ (Fig. 1). Berechnen Sie den Inhalt der Fläche

a) die der Graph von f mit der x-Achse einschließt

b) zwischen dem Graphen von f und der x-Achse über dem Intervall $[-4; 0]$

c) die der Graph von f und die Gerade mit der Gleichung $y = \frac{1}{3}x$ einschließt

d) die vom Graphen von f, der Normalen in $P\left(-2\middle|-\frac{2}{3}\right)$ und der Normalen im Ursprung begrenzt wird.

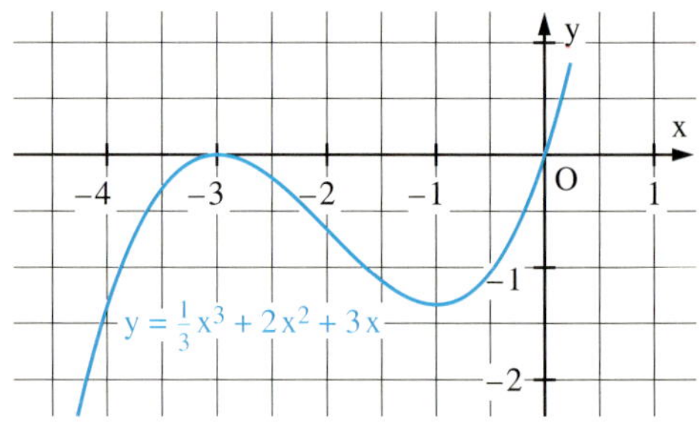


Fig. 1

**2** Skizzieren Sie die Graphen der Funktionen f mit $f(x) = -x^2 + 4{,}25$ und g mit $g(x) = \frac{1}{x^2}$. Bestimmen Sie den Inhalt der Fläche, die

a) von den Graphen von f und g eingeschlossen wird,

b) von den Graphen von f und g sowie der x-Achse begrenzt wird.

**3** Berechnen Sie den Inhalt der gefärbten Fläche.

*Bei dieser Aufgabe muss zunächst der Inhalt einer geeigneten Fläche mithilfe eines Integrals berechnet werden. Daraus kann man dann den gesuchten Flächeninhalt bestimmen.*

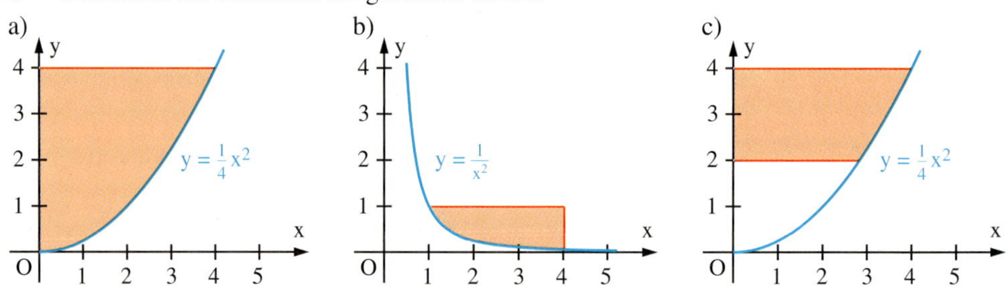


Fig. 2

**4** Bestimmen Sie die obere Grenze a bzw. die untere Grenze b.

a) $\int_0^b x^2\,dx = 9$ b) $\int_a^5 x^2\,dx = 63$ c) $\int_1^b 2x^3\,dx = 40$ d) $\int_a^{10} \frac{1}{x^2}\,dx = 0{,}5$

**5** Zeichnen Sie den Graphen von f. Skizzieren Sie ohne weitere Rechnung den Graphen der Integralfunktion von f zur unteren Grenze a.

a) $f(x) = x + 1;\ a = 1$ b) $f(x) = -x^2 + 4;\ a = 2$ c) $f(x) = -x^2 + 4;\ a = -2$

**6** Begründen Sie, dass jede Integralfunktion $J_a(x) = \int_a^b f(t)\,dt$ mindestens eine Nullstelle hat.

**7** Geben Sie jeweils zwei verschiedene Funktionen f an, für die gilt:

a) $\int_0^4 f(x)\,dx = 0$ b) $\int_0^4 f(x)\,dx = 1$ c) $\int_0^4 f(x)\,dx = 1000$ d) $\int_0^4 f(x)\,dx = \pi$.

**8** Bestimmen Sie den Wertebereich der Integralfunktion $J_0$ mit $J_0(x) = \int_0^x \sin(z)\,dz$.

**9** a) In der Tabelle sind Funktionswerte f(x) gegeben. Bestimmen Sie einen Näherungswert für $\int_1^{80} f(x)\,dx$.

| x | 0 | 10 | 30 | 50 | 60 | 70 | 80 |
|---|---|---|---|---|---|---|---|
| f(x) | 3,1 | 4,8 | 6,9 | 8,2 | 2,3 | 1,0 | 1,5 |

b) In der Tabelle bedeutet x die Zeit (in s) und f(x) die Geschwindigkeit eines Fahrrads $\left(\text{in } \frac{\text{m}}{\text{s}}\right)$. Mit welcher konstanten Geschwindigkeit $\overline{v}$ hätte das Fahrrad fahren müssen, um im Zeitraum zwischen 0 und 80 s gleich weit zu kommen?

**10** Die Graphen in Fig. 1 zeigen die Geschwindigkeit v von Teilchen, die sich entlang der x-Achse bewegen. Die Skalierung der Graphen ist immer dieselbe. Welches Teilchen

a) war am schnellsten,

b) ist nach 5 s am weitesten vom Startpunkt entfernt,

c) ist nach 5 s am nächsten beim Startpunkt,

d) hat beim Start die größte Beschleunigung?

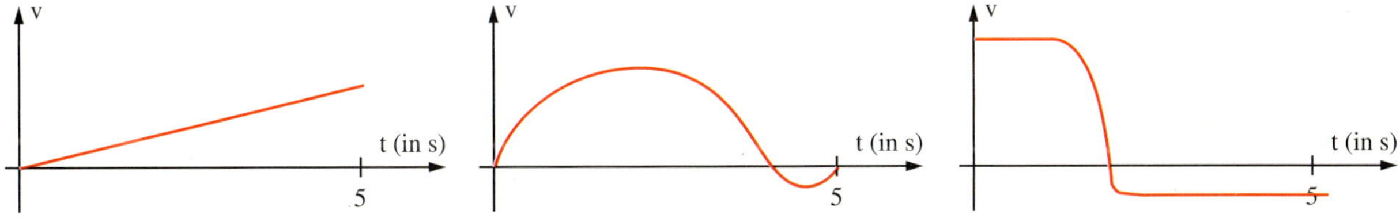

Fig. 1

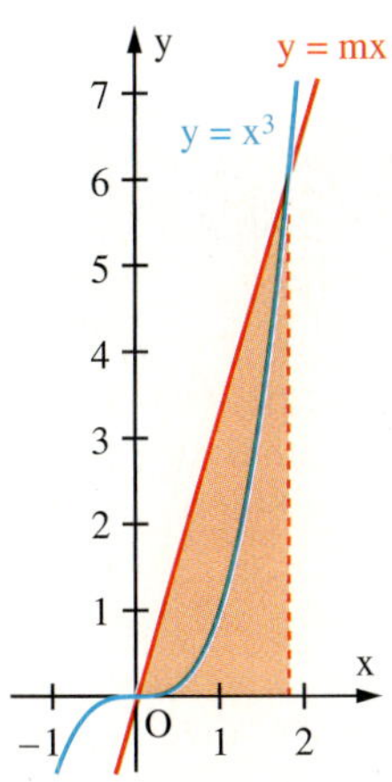

Fig. 2

**11** Gegeben ist die Funktion f mit $f(x) = x^3$. Eine Gerade der Form $y = mx$ mit $m \geqq 0$ schließt im 1. Feld mit dem Graphen von f eine Fläche ein (Fig. 2). Bestimmen Sie m so, dass der Inhalt dieser Fläche 2,25 ist. Drücken Sie dazu die gesuchte Schnittstelle der Graphen und den Flächeninhalt in Abhängigkeit von m aus. Zeigen Sie, dass die Parabel das rot gefärbte Dreieck für jedes m mit $m \geqq 0$ in zwei flächengleiche Teile teilt.

**12** a) Berechnen Sie in Fig. 3 für $m = 0{,}5$ die Inhalte der blau und der rot gefärbten Flächen.

b) Für welchen Wert von m ist die rote Fläche in Fig. 3 gleich groß wie die blaue? Drücken Sie dazu zunächst die Flächeninhalte in Abhängigkeit von z aus und bestimmen Sie daraus m.

**13** Für welches t $(t > 0)$ hat die Fläche zwischen der Parabel mit der Gleichung $y = -x^2 + tx$ und der x-Achse den Inhalt 288?

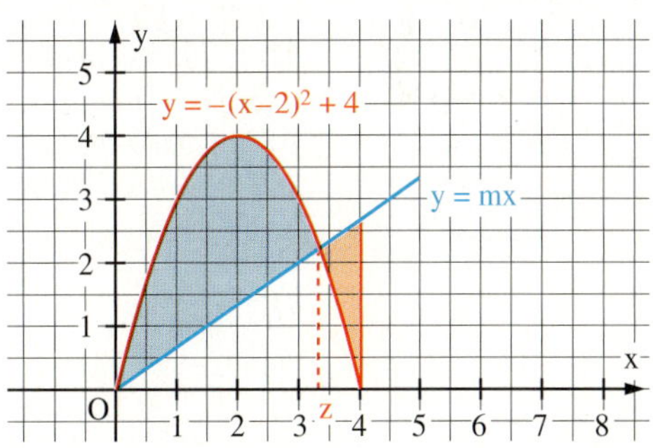

Fig. 3

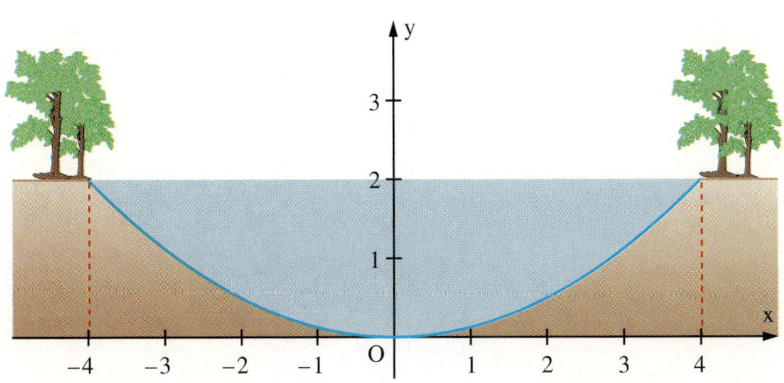

Fig. 4

**14** Der Boden eines 2 km langen Kanals hat die Form einer Parabel (siehe Fig. 4). Dabei entspricht einer Längeneinheit 1 m in der Wirklichkeit.

a) Berechnen Sie den Inhalt der Querschnittsfläche des Kanals.

b) Wie viel Wasser befindet sich im Kanal, wenn er ganz gefüllt ist?

c) Wie viel Prozent der maximalen Wassermenge befindet sich im Kanal, wenn er nur bis zur halben Höhe gefüllt ist?

**15** Für die Zuwachsrate z einer Pflanzenpopulation für die nächsten 20 Jahre wird folgende Modellannahme zugrunde gelegt: $z(t) = 0{,}01\,t\,(t-10)\,(t-20)$ $\left(t \text{ in Jahren; } z(t) \text{ in } \frac{\text{Pflanzen}}{\text{Jahr}}\right)$.
a) Skizzieren Sie einen Graph von z. Bestimmen Sie anhand dieses Graphen, in welchen Zeiträumen der Bestand zunimmt bzw. abnimmt. Wann ist der Bestand maximal?
b) Zur Zeit $t = 0$ sind 100 Pflanzen vorhanden. Bestimmen Sie mithilfe des GTR den Minimal- und den Maximalbestand in den nächsten 20 Jahren.

**16** In einen großen Tank wird durch ein Rohr Wasser eingefüllt. Die rote Linie in Fig. 1 zeigt die momentane Zuflussrate. Durch eine Öffnung im Boden läuft Wasser ab.
Die blaue Linie zeigt die momentane Abflussrate.
a) Beschreiben Sie, wie sich die Wassermenge im Tank im Verlauf der Zeit ändert.
b) Zeigen Sie, wie die zu jedem Zeitpunkt im Tank befindliche Wassermenge durch einen Flächeninhalt veranschaulicht werden kann.

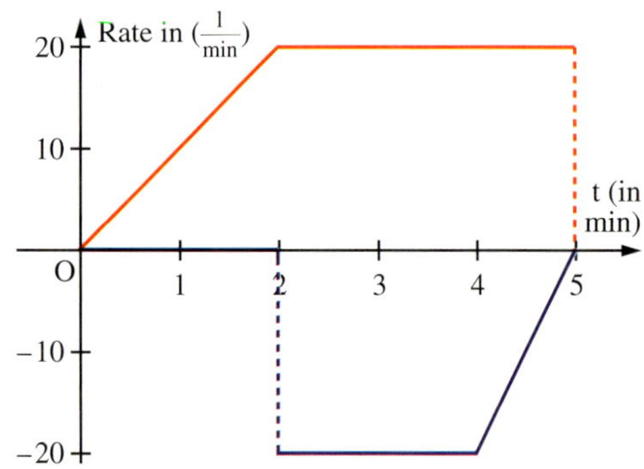

Fig. 1

**17** Ein Trinkglas hat innen die in Fig. 2 gezeigte Form. Der gekrümmte Teil ist ein Parabelbogen, der sich ohne Knick an die vorangehende Strecke anschließt.
a) Welches Volumen fasst das Glas?
b) Wie hoch stehen 0,15 Liter Flüssigkeit etwa in diesem Glas?

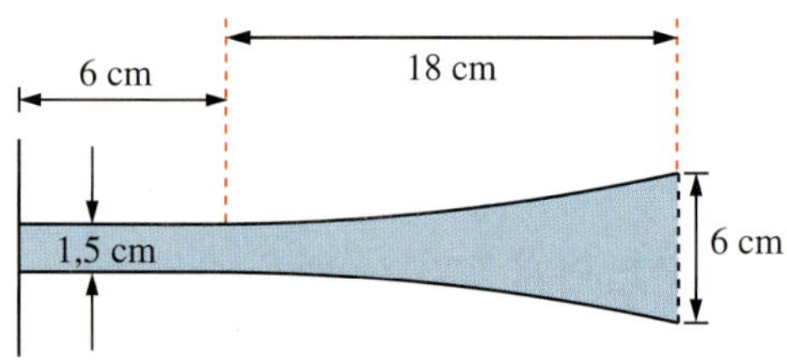

Fig. 2

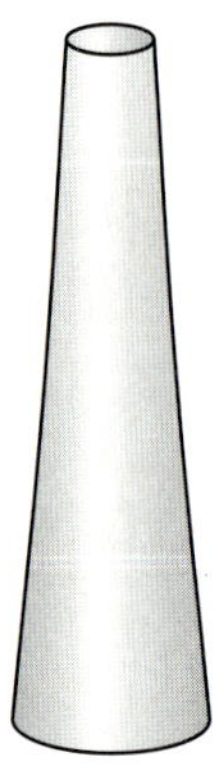
Fig. 3

**18** Eine aus massivem Marmor herausgearbeitete Skulptur ist rotationssymmetrisch und hat etwa die in Fig. 3 skizzierte Form. Die Skulptur ist 6 m hoch, der Durchmesser am Boden ist 1,80 m, der Durchmesser in der Mitte 1,20 m und der Durchmesser an der Spitze 80 cm.
$1\,m^2$ Marmor wiegt 2,5 t.
Bestimmen Sie auf verschiedene Arten näherungsweise die Masse der Skulptur.

**19** a) Gegeben ist die Funktion f mit $f(x) = x^2(x^2 - 9)$. Ihr Graph sei K.
Untersuchen Sie f und skizzieren Sie den Graphen.
b) Wie groß ist der Inhalt der Fläche, die K mit der x-Achse einschließt?
c) Die Tangente in den Tiefpunkten von K begrenzt mit K eine Fläche.
Berechnen Sie den Inhalt dieser Fläche.

**20** Gegeben ist der Graph C der Funktion f mit $f(x) = \frac{1}{x^2}$.
Der Kreis $K_1$ berührt C, die x-Achse und die y-Achse (Fig. 4). Der Kreis $K_2$ berührt C, die x-Achse und $K_1$. Die Kreise $K_2$, $K_3$ usw. werden entsprechend eingezeichnet.
Zeigen Sie, dass die Summe aller Kreisinhalte endlich ist. Ist diese Summe größer oder kleiner als 2?

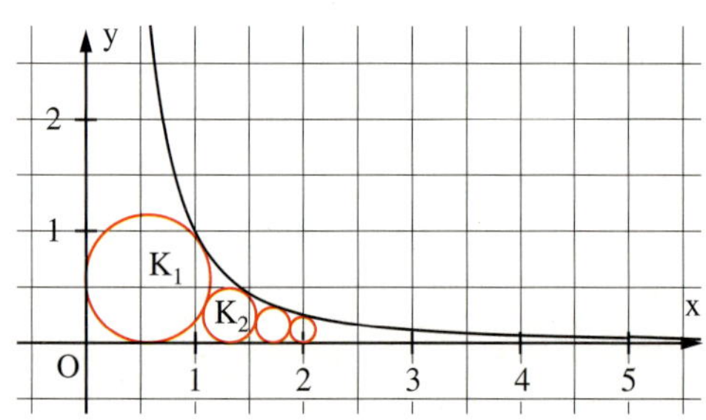

Fig. 4

**Stammfunktionen**
F heißt Stammfunktion von f, falls $F'(x) = f(x)$ ist. Ist F eine Stammfunktion von f, dann auch G mit $G(x) = F(x) + c$.

*Zu f mit $f(x) = 3x^2 + \frac{1}{x^2}$ sind z. B. F mit $F(x) = x^3 - \frac{1}{x}$ und G mit $G(x) = x^3 - \frac{1}{x} - 2$ Stammfunktionen.*

**Berechnung von Integralen**
Integrale kann man mithilfe von Stammfunktionen berechnen.
Ist F eine beliebige Stammfunktion von f, so gilt:

$$\int_b^a f(x)\,dx = F(b) - F(a).$$

*Gegeben: f mit $f(x) = 1{,}5\,x^2$.*
*Eine Stammfunktion von f ist F mit $F(x) = 0{,}5x^3$.*

$$\int_1^4 1{,}5x^2\,dx = [0{,}5x^3]_1^4 = 32 - 0{,}5 = 31{,}5.$$

**Integral und momentane Änderungsrate**
Ist die momentane Änderungsrate m einer Größe G in einem Zeitintervall $[t_1; t_2]$ gegeben, dann kann man die Gesamtänderung der Größe $G(t_2) - G(t_1)$ in diesem Intervall mit einem Integral bestimmen:

$$G(t_2) - G(t_1) = \int_{t_1}^{t_2} m(t)\,dt.$$

*Während der ersten 10 Minuten nach dem Starten eines kalten Motors wird der momentane Schadstoffausstoß m $\left(\text{in } \frac{mg}{s}\right)$ gemessen:*

$$m(t) = \frac{8}{(0{,}01t)^2 + 1} + 1 \quad (t \text{ in s}).$$

*Gesamter Schadstoffausstoß in dieser Zeit:*

$$\int_0^{600} \left(\frac{8}{(0{,}01t)^2 + 1} + 1\right) dt \approx 1725\,mg \quad (\text{mit GTR}).$$

**Berechnung von Flächeninhalten**

Liegt eine Fläche oberhalb der x-Achse, gilt: $A_1 = \int_b^c f(x)\,dx.$

Liegt eine Fläche unterhalb der x-Achse, gilt: $A_2 = -\int_a^b f(x)\,dx.$

Liegt eine Fläche zwischen zwei Graphen, gilt: $A_3 = \int_c^d (f(x) - g(x))\,dx$

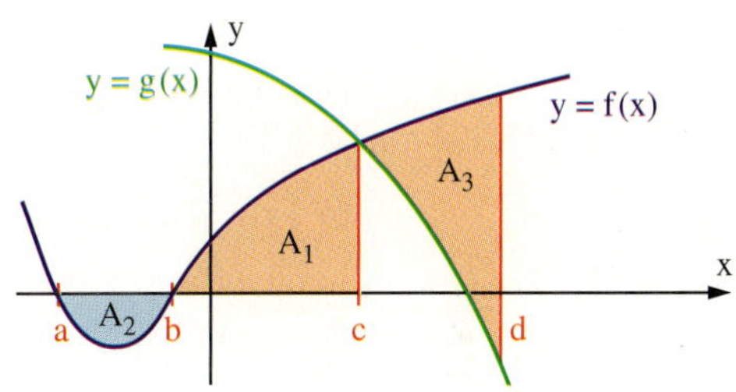


**Rauminhalte von Rotationskörpern**
Rotiert die Fläche zwischen dem Graphen von f und der x-Achse über dem Intervall [a; b] um die x-Achse, so gilt für das Volumen des dabei entstehenden Rotationskörpers:

$$V = \pi \cdot \int_a^b (f(x))^2\,dx.$$

*Gegeben ist f mit $f(x) = \sqrt{x^2 + 1}$, $a = 0$ und $b = 3$:*

$$V = \pi \int_0^3 \left(\sqrt{x^2 + 1}\right)^2 dx = \pi \int_0^3 (x^2 + 1)\,dx = 12\pi.$$

**Mittelwert von Funktionen**

$\overline{m} = \frac{1}{b-a} \cdot \int_a^b f(x)\,dx$ ist der Mittelwert der Funktionswerte f auf [a; b].

*$f(x) = 4 - x^2$, $a = 0$ und $b = 3$ ergeben*

$$\overline{m} = \frac{1}{3-0}\int_0^3 (4 - x^2)\,dx = \frac{1}{3}\left[4x - \frac{1}{3}x^3\right]_0^3 = 1.$$

**Fassregel von Kepler**

Es gilt $\int_a^b f(x)\,dx \approx \frac{b-a}{6}(y_1 + 4y_2 + y_3)$
mit $y_1 = f(a)$, $y_2 = f\left(\frac{a+b}{2}\right)$ und $y_3 = f(b)$.

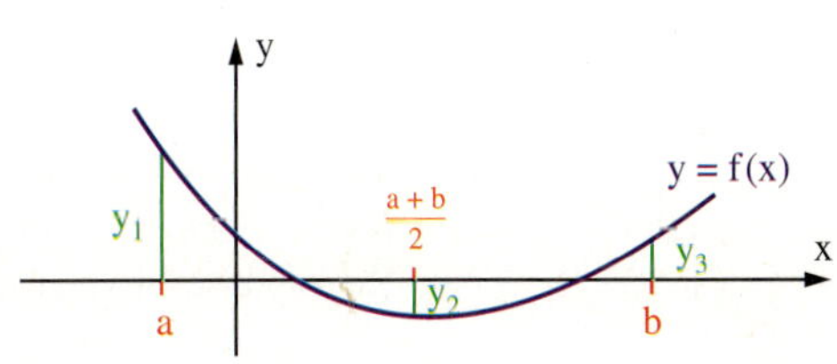

**1** Bestimmen Sie das Integral und veranschaulichen Sie es als orientierten Flächeninhalt.

a) $\int_{-2}^{2}(x^2+1)\,dx$ b) $\int_{0}^{2\pi}\cos(x)\,dx$ c) $\int_{1}^{2}-\frac{1}{x^2}\,dx$

**2** a) Geben Sie für f mit $f(x)=(x-1)(x+1)$ alle Stammfunktionen an.

b) Bestimmen Sie einen Funktionsterm der Integralfunktion $J_1$ mit $J_1(x)=\int_1^x f(t)\,dt$.

**3** Bestimmen Sie den Inhalt der Fläche, die von den Graphen der Funktionen f und g mit $f(x)=-x^2+4$ und $g(x)=2x+1$ eingeschlossen wird.

**4** Untersuchen Sie, ob die nach rechts ins Unendliche reichende Fläche mit der linken Grenze $a=1$ unter dem Graphen von f mit $f(x)=\frac{10}{x^4}$ einen endlichen Inhalt hat.

**5** Skizzieren Sie den Graphen der Funktion f (Fig. 1) in Ihr Heft. Skizzieren Sie dazu einen Graphen

a) der Ableitungsfunktion f′,

b) einer Stammfunktion von f,

c) der Integralfunktion $\int_0^x f(t)\,dt$.

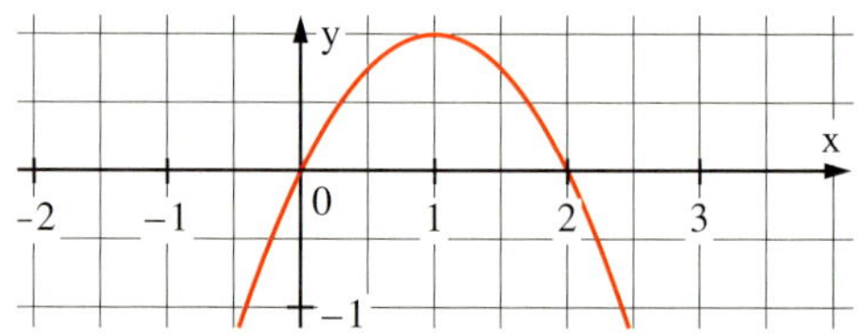

Fig. 1

**6** Die Funktion G (Fig. 2) ist eine Stammfunktion von g. Bestimmen Sie aus dem Graphen von G näherungsweise

a) g(2),

b) $\int_1^4 g(x)\,dx$.

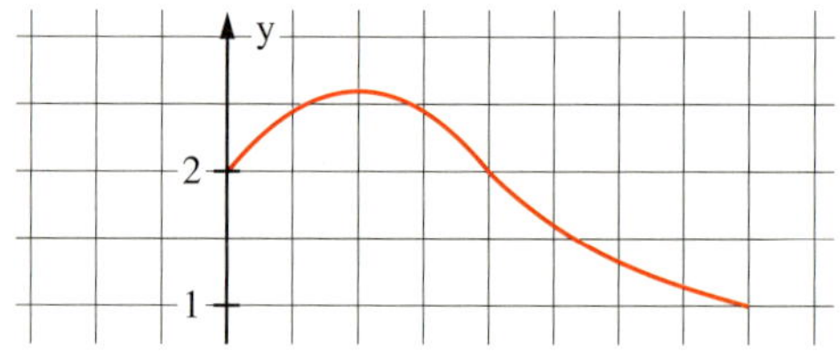

Fig. 2

**7** a) Geben Sie eine Funktion f mit $D_f=\mathbb{R}$ an mit der Eigenschaft: Die Integralfunktion $J_0$ mit $J_0(x)=\int_0^x f(t)\,dt$ $(x\in\mathbb{R})$ ist streng monoton steigend.

b) Beschreiben Sie, welche Eigenschaften eine Funktion f mit $D_f=\mathbb{R}$ haben muss, damit die Integralfunktion $J_a$ mit $J_a(x)=\int_a^x f(t)\,dt$ $(x\in\mathbb{R})$ streng monoton steigend ist.

**8** Die Steiggeschwindigkeit v (in $\frac{m}{s}$) eines Flugzeuges in Abhängigkeit von der Zeit t (in s) beträgt $v(t)=-\frac{1}{10}t^2+2{,}5t$ für $t\in[0;20]$.
Welche größte Höhe hat das Flugzeug im angegebenen Zeitintervall erreicht?

**9** Ein quaderförmiger Wasserbehälter hat eine Grundfläche von $80\,m^2$. Im Zeitraum zwischen 0 und 4 h gilt für die Höhe des Wasserspiegels $h(t)=-t(t-4)$ (t in h; h in m).

a) Geben Sie die Wassermenge W(t) an, die sich zur Zeit t im Behälter befindet.

b) Dem Behälter wird über einen Zufluss Wasser zugeführt und über einen Abfluss Wasser entnommen. Welche Bedeutung hat in diesem Zusammenhang W′?

**10** Die Funktion f hat folgende Eigenschaft:
Rotiert der Graph von f über dem Intervall [0; 1] um die x-Achse, dann hat der entstehende Rotationskörper den Rauminhalt π.
Geben Sie zwei verschiedene Möglichkeiten für die Funktion f an.

**1** Gegeben ist die Funktion f mit $f(x) = 0{,}5\,x^2(x^2 - 4)$.
a) Wie groß ist die Fläche, die der Graph von f mit der x-Achse einschließt?
b) Der Graph von f, die x-Achse und die Gerade mit der Gleichung $y = -2$ begrenzen eine Fläche. Berechnen Sie ihren Inhalt.
c) Der Graph von f begrenzt mit der x-Achse eine Fläche. Diese Fläche erzeugt bei Rotation um die x-Achse einen Drehkörper. Berechnen Sie das Volumen dieses Drehkörpers.

**2** Gegeben ist die Funktion f mit $f(x) = -\frac{1}{12}x^3 + \frac{3}{2}x^2 + 9$. Der Graph von f sei K.
a) Bestimmen Sie die Hoch-, Tief- und Wendepunkte von K. Skizzieren Sie K.
b) K und die Normale von K in $Q(0|9)$ begrenzen im 1. Feld eine Fläche. Berechnen Sie ihren Inhalt.
c) Für welches u mit $0 \leqq u \leqq 6$ hat die Strecke OP mit $P(u|f(u))$ eine maximale Länge?

**3** Gegeben ist die Funktion f mit $f(t) = (t-2)^2$; $t \in \mathbb{R}$.
Es sei $J_a(x) = \int_a^x f(t)\,dt$ die Integralfunktion von f zur unteren Grenze a $(a \in \mathbb{R})$.
a) Skizzieren Sie in einem Koordinatensystem den Graphen von f und die Graphen von zwei verschiedenen Integralfunktionen von f.
b) Weisen Sie nach, dass $J_a$ keine Extremstellen und genau eine Wendestelle hat.

**4** Ein Wasserbehälter enthält zu Beginn $(t = 0)$ zwei Liter Wasser. Durch ein Loch im Deckel wird 6 Minuten lang Wasser mit der Stärke $1\frac{l}{\text{min}}$ zugeführt. Ein Ventil im Boden des Behälters ist zunächst geschlossen. Nach 2 Minuten wird es langsam geöffnet, sodass die Abflussstärke zwischen $t = 2\,\text{min}$ und $t = 4\,\text{min}$ linear von $0\frac{l}{\text{min}}$ auf $2\frac{l}{\text{min}}$ zunimmt.
Zwischen $t = 4\,\text{min}$ und $t = 6\,\text{min}$ ist die Abflussstärke konstant $2\frac{l}{\text{min}}$.
a) Wie viel Wasser ist nach 6 Minuten im Behälter?
b) Welche maximale und welche minimale Wassermenge war während der 6 Minuten im Behälter?
c) Die Funktion f bschreibt für $0\,\text{min} \leqq t \leqq 6\,\text{min}$ die Wassermenge im Behälter. Skizzieren Sie den Graphen von f.

**5** Der Inhalt V(t) eines $30\,\text{m}^3$ fassenden Wasserbehälters ändert sich in einem Rhythmus von 24 Stunden gemäß $V(t) = 0{,}01\,(t^3 - 24t^2 + 3000)$; $(0 \leqq t \leqq 24$; t in Stunden; V(t) in $\text{m}^3)$.
a) Zu welchem Zeitpunkt enthält der Behälter die kleinste Menge? Wie viel Wasser ist dann noch enthalten?
b) Wie groß ist die mittlere Füllmenge während der 24 Stunden?

**6** Die Funktion f mit $f(x) = \sin(x)$ schließt auf dem Intervall $[0; \pi]$ mit der x-Achse eine Fläche ein.
a) Bestimmen Sie den Inhalt dieser Fläche exakt und näherungsweise z. B. mithilfe der KEPLER'schen Fassregel. Geben Sie die prozentuale Abweichung an.
b) Die Fläche rotiert um die x-Achse und erzeugt einen Drehkörper. Bestimmen Sie näherungsweise sein Volumen mit der KEPLER'schen Fassregel.

**7** Die Arbeitszeit, die ein Monteur zum Verkabeln von Schaltungen braucht, nimmt im Laufe eines Tages zu. Sie beträgt für die x-te Schaltung $f(x) = \frac{-5}{\sqrt{0{,}05x + 1}} + 10$ (f(x) in Minuten).
Beantworten Sie die folgende Frage exakt durch Aufsummieren der Einzelzeiten und mithilfe eines Integrals. Bewerten Sie diese Ergebnisse.
Wie viele Schaltungen schafft der Monteur in 8 Stunden?

## Flächenbestimmung vor der Entdeckung des Hauptsatzes

**Voraussetzungen:**
Die geometrische Reihe und die Bestimmung ihres Grenzwertes sind bekannt.

**Themenbereiche:**
1) Lebensdaten von PIERRE DE FERMAT.
2) Darstellung der Flächeninhaltsbestimmung nach FERMAT mit verschieden breiten Intervallen (am Beispiel der Funktion f mit $f(x) = \frac{1}{x^2}$).
3) Darlegen der Gründe, warum die Wahl von verschieden breiten Intervallen sich als vorteilhaft erweist.
4) Bestimmung eines Flächeninhalts unter der Parabel mit der Gleichung $y = x^3$ mit der Methode von FERMAT.

**Literatur:**
1) LS Analysis Leistungskurs
Klett Nr. 732160
2) Hans Wussing: Biographien bedeutender Mathematiker
Aulis Verlag Deubner; Köln

**Stichworte für Internetrecherche:**
Fermat; Streifenmethode; Quadratur (der Hyperbel); Exhaustionsmethode; Ausschöpfungsmethode; Fermat geometric progression.

## Die Bogenlänge einer Kurve

**Themenbereiche:**
1) Näherungsweise Bestimmung bzw. Abschätzung der Länge von Bogenstücken von Schaubildern einfacher Funktionen.
2) Herleitung einer Formel für die Länge eines Bogenstücks.
3) Bestimmung der Länge von Bogenstücken bekannter Graphen unter Verwendung des GTR.

4) Bogenlängen-Wettbewerb: Gesucht ist eine stetige Funktion f mit kürzester Bogenlänge, die folgende Bedingungen erfüllt:
   a) $f(x) \geqq 0$ für $x \in [0; 1]$
   b) $f(0) = 0$ und $f(1) = 0$
   c) Der Inhalt der Fläche unter dem Graph von f über dem Intervall $[0; 1]$ ist 1.

**Literatur:**
1) LS Analysis Leistungskurs
Klett Nr. 732160
2) Rüdeger Baumann, Analysis 2,
Klett Nr. 739514

**Stichworte für Internetrecherche:**
Bogenlänge; Länge einer Kurve

## Die Trapezregeln zur näherungsweisen Berechnung von Integralen

**Themenbereiche:**
1) Herleitung der Sehnentrapezregel.
2) Herleitung der Tangententrapezregel.
3) Näherungsweise Berechnung von Integralen mit der Sehnentrapezregel und der Tangententrapezregel. Vergleich dieser Ergebnisse untereinander und mit dem mithilfe des GTR ermittelten Wert.
4) Herleitung des Zusammenhangs zwischen der KEPLER'schen Fassregel und der Sehnentrapezregel und der Tangententrapezregel.
5) Herleitung der SIMPSON-Regel.

**Literatur:**
1) LS Analysis Zwei Leistungskurs
Klett Nr. 739770
2) Walter, Analysis 1
Springer-Lehrbuch
ISBN 3-540-55234-0

**Stichworte für Internetrecherche:**
Nummerische Integration; Sehnentrapezregel; Sehnentrapezformel; Tangententrapezregel; Tangententrapezformel; Simpsonsche Formel; Quadraturformel; Thomas Simpson.

## Die physikalische Arbeit als Integral

**Themenbereiche:**
1) Wiederholung des Zusammenhangs $W = F \cdot s$ (Arbeit gleich Kraft mal Weg), falls F konstant ist.
2) Herleitung von $W = \int_{s_1}^{s_2} F(s)\,ds$, wenn die Kraft F(s) in Abhängigkeit von der Strecke s gegeben ist.
3) Bestimmung der zu verrichtenden Arbeit in einigen physikalischen Situationen, z. B.
   a) Spannen einer Feder
   b) Überführungsarbeit eines Satelliten in die Umlaufbahn.

**Literatur:**
1) Analysis Zwei Leistungskurs
Klett Nr. 739770
2) Uffrecht, Poppe: Himmelsmechanik und Raumfahrt, LS Themenheft, Klett Nr. 732511
3) Oberstufen-Lehrbücher der Physik

**Stichworte für Internetrecherche:**
Arbeit; Energie; Hubarbeit; Lageenergie; Arbeit im Gravitationsfeld.

# 1 Eigenschaften der Funktion f: $x \mapsto c \cdot a^x$

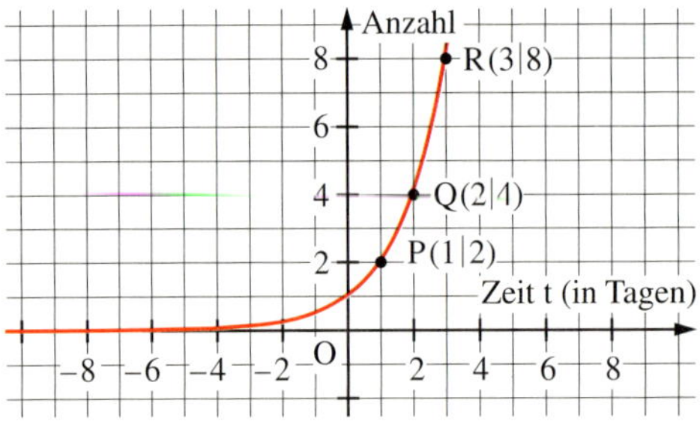


Fig. 1

**1** Ein Gerücht verbreitet sich durch Gespräche von Person zu Person. Jeden Tag informiert jede Person, die dieses Gerücht kennt, genau eine andere, die es nicht kennt.
a) Deuten Sie diese Situation am nebenstehenden Graphen.
b) Geben Sie an, wie viele Personen nach 1 (2, 3, 4, 10) Tagen das Gerücht kennen.
c) Geben Sie die zugehörige Funktion an.

**Inflationsrate unverändert**

**Bonn** (dpa). Nach neuesten Mitteilungen ist die Inflationsrate in Frankreich seit mehreren Jahren nahezu unverändert bei 4 %. Dies teilte das …

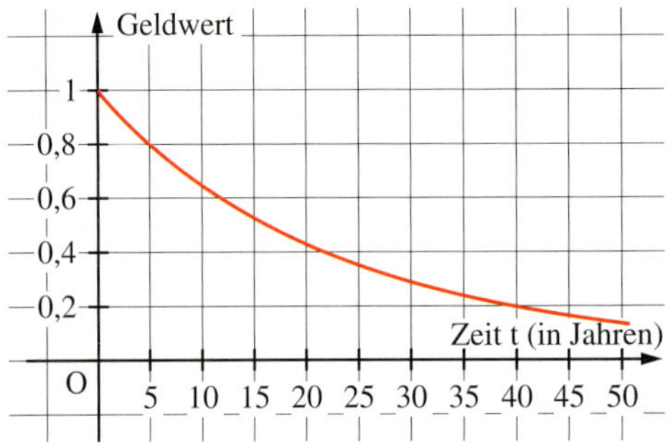


Fig. 2

**2** In einem Land beträgt die durchschnittliche jährliche Inflationsrate 4,0 %. Der Wert der Währungseinheit sinkt damit innerhalb eines Jahres auf das $\frac{100}{104}$fache.
a) Geben Sie den Wert der Währungseinheit nach 5 (10, 20, 40) Jahren an. Wie lautet der zugehörige Funktionsterm?
b) Bestimmen Sie mithilfe des GTR, wann sich der Geldwert gegenüber dem Beobachtungsbeginn halbiert (gedrittelt) hat.

Zahlreiche Vorgänge in Natur und Alltag wie z. B. das Pflanzenwachstum oder der radioaktive Zerfall lassen sich in gewissen Bereichen durch eine Funktion f mit $f(t) = c \cdot a^t$ beschreiben. Dabei ist $f(0) = c$ der Anfangsbestand. Da $f(t+1) = c \cdot a^{t+1} = a \cdot (c \cdot a^t) = a \cdot f(t)$ ist, ändert sich der Funktionswert f(t) an der Stelle t beim „Schritt um 1 nach rechts“ um den Faktor a. Diese Zahl heißt Wachstumsfaktor.

*Für a = 1 erhält man die konstanten Funktionen f mit f(x) = 1 bzw. g mit g(x) = c.*

Funktionen f mit $f(x) = a^x$ oder auch g mit $g(x) = c \cdot a^x$, $c \in \mathbb{R}$, $a > 0$, $x \in \mathbb{R}$, nennt man **Exponentialfunktionen zur Basis a**. Ein Vorgang, der durch eine Exponentialfunktion beschrieben werden kann, wird exponentielles Wachstum genannt. Exponentialfunktionen nennt man deshalb bei Anwendungen auch **Wachstums-** bzw. **Zerfallsfunktionen**.

*Zeichnen Sie mithilfe des GTR die Graphen verschiedener Exponentialfunktionen. Welche Gemeinsamkeiten bzw. Unterschiede ergeben sich zu den Graphen ganzrationaler Funktionen?*

Eigenschaften von Exponentialfunktionen:
a) Die Graphen von Funktionen f mit $f(x) = a^x$ verlaufen immer oberhalb der x-Achse. Da $a^0 = 1$ ist für alle $a > 0$, gehen alle Graphen durch A(0|1).
b) Für $a > 1$ ist mit $x_2 > x_1$ auch $a^{x_2} > a^{x_1}$; der Graph von f steigt. Für $a < 1$ folgt aus $x_2 > x_1$ stets $a^{x_2} < a^{x_1}$; der Graph von f fällt.
c) Für $a > 1$ gilt: $a^x \to 0$ für $x \to -\infty$; die x-Achse ist waagerechte Asymptote.
Für $0 < a < 1$ und $x \to +\infty$ ist die x-Achse ebenfalls Asymptote.

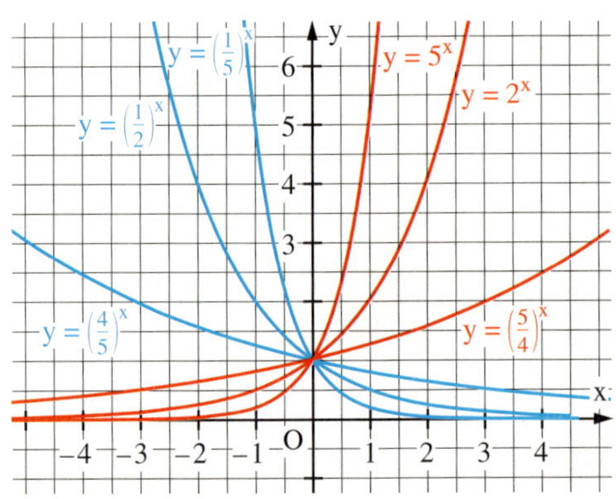


Fig. 3

*Ein einziger Punkt legt den Graphen einer Exponentialfunktion $x \mapsto a^x$ fest!*

**Beispiel 1:** (Exponentialfunktion angeben)
Der Graph einer Exponentialfunktion f mit $f(x) = a^x$ geht durch den Punkt $P(3|2)$.
a) Geben Sie den Funktionsterm von f an.
b) Beschreiben Sie den Verlauf des Graphen von f und zeichnen Sie diesen.
Lösung:
a) Wegen $f(3) = 2$ ist $a^3 = 2$, also $a = 2^{\frac{1}{3}}$.
Es ist $f(x) = (2^{\frac{1}{3}})^x$ oder $f(x) = (\sqrt[3]{2})^x$.
b) Wegen $a = 2^{\frac{1}{3}} > 1$ ist der Graph K von f streng monoton zunehmend. Die negative x-Achse ist Asymptote. $A(0|1)$ liegt auf K.

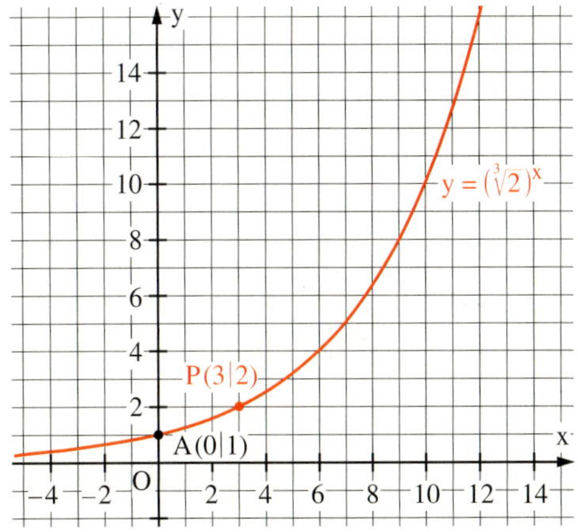

Fig. 1

**Beispiel 2:** (Zerfallsfunktion aufstellen)
Die Arbeitslosenzahl beträgt in einem Land derzeit 4,8 Mio. Sie soll innerhalb von 5 Jahren halbiert werden. Wie groß ist die jährliche Abnahme in Prozent, wenn exponentielle Abnahme vorausgesetzt wird?
Lösung:

*Zwei Punkte legen den Graphen einer Exponentialfunktion $x \mapsto c \cdot a^x$ fest.*

f(t) ist die Arbeitslosenzahl in Millionen zum Zeitpunkt t (in Jahren). Da exponentielle Abnahme vorausgesetzt wird, muss gelten $f(t) = c \cdot a^t$. Weiterhin ist $f(0) = 4{,}8$ und $f(5) = 2{,}4$.
Aus $f(0) = 4{,}8$ folgt $c \cdot a^0 = 4{,}8$. Aus $f(5) = 2{,}4$ folgt $c \cdot a^5 = 2{,}4$. Also ist $c = 4{,}8$ und $a^5 = \frac{1}{2}$ oder $a = \left(\frac{1}{2}\right)^{\frac{1}{5}} = \sqrt[5]{0{,}5} \approx 0{,}8706$. Die Wachstumsfunktion ist somit f mit $f(t) = 4{,}8 \cdot \left[\left(\frac{1}{2}\right)^{\frac{1}{5}}\right]^t$.
Da $f(t+1) = a \cdot f(t)$ für $a = \left(\frac{1}{2}\right)^{\frac{1}{5}} \approx 0{,}8706$ ist, fällt die Arbeitslosenzahl innerhalb jedes Jahres ungefähr auf das 0,87fache, d.h. sie nimmt um rund 13 % jährlich ab.

## Aufgaben

**3** Zeichnen Sie den Graphen K von f mit $f(x) = 3^x$. Wie erhält man den Graphen G der Funktion g aus dem Graphen von K?
a) $g(x) = 3^x + 1$ b) $g(x) = -\frac{1}{2} \cdot 3^x$ c) $g(x) = \left(\frac{1}{3}\right)^x$ d) $g(x) = \frac{1}{2} \cdot \left(\frac{1}{3}\right)^x$ e) $g(x) = 3^{x-1}$.

*Ohne sie geht nichts!*

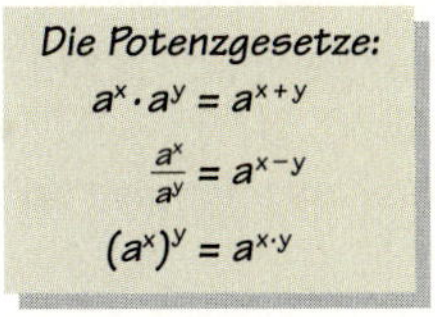


**4** Der Graph der Exponentialfunktion f mit $f(x) = a^x$ geht durch den Punkt P. Bestimmen Sie den zugehörigen Funktionsterm und skizzieren Sie den Graphen.
a) $P(1|3)$ b) $P\left(1\middle|\frac{1}{4}\right)$ c) $P(2|6)$ d) $P(-1|3)$ e) $P\left(-\frac{1}{2}\middle|\frac{1}{16}\right)$

**5** Der Graph der Exponentialfunktion f mit $f(x) = c \cdot a^x$ geht durch die Punkte P und Q. Berechnen Sie c und a.
a) $P(1|1)$, $Q(2|2)$ b) $P(-1|5)$, $Q(0|7)$ c) $P(4|5)$, $Q(5|6)$

**6** Suchen Sie mithilfe des GTR die kleinste ganze Zahl x, für die gilt
a) $2{,}5^x > 100\,000$ b) $0{,}000\,005 \leqq 2^x$ c) $\left(\frac{2}{3}\right)^x \geqq 0{,}000\,07$ d) $6 \cdot 10^{-8} \leqq 0{,}5^x$.

**7** Am 1. Januar 1950 wurde ein Betrag von umgerechnet 100,00 € auf ein Bankkonto eingezahlt. Dabei wurde ein langjähriger Festzinssatz von 5 % pro Jahr vereinbart.
a) Welchen Betrag weist das Konto am 1. Januar 2010 auf, wenn der Zins jährlich auf dem Konto gutgeschrieben wird und keine weiteren Ein- oder Auszahlungen erfolgt sind bzw. erfolgen?
b) Welchen Kontostand weist das Konto am 1. April 2005 auf?

*Beispiel:*
$f(x) = 2^{3x-\frac{1}{2}} = 2^{3x} \cdot 2^{-\frac{1}{2}}$
$= \frac{1}{2^{\frac{1}{2}}} \cdot (2^3)^x = \frac{1}{\sqrt{2}} \cdot 8^x$

**8** Schreiben Sie den Funktionsterm der Funktion f in der Form $f(x) = c \cdot a^x$.
a) $f(x) = 3^{2x+3}$ b) $f(x) = 16^{2x+0,5}$ c) $f(x) = \frac{1}{2^{1+x}}$ d) $f(x) = \frac{1}{2^{x-1}}$
e) $f(x) = \left(\frac{1}{2}\right)^{x-2}$ f) $f(x) = 3^{\frac{1}{3}x-3}$ g) $f(x) = \left(\frac{1}{4}\right)^{\frac{1}{4}x-\frac{1}{4}}$ h) $f(x) = \frac{48}{4^{-0,5x+2}}$

**9** Gegeben ist der Graph G der Funktion f mit $f(x) = 2^x$. Durch die angegebene Abbildung entsteht aus G jeweils der Graph einer neuen Funktion h. Geben Sie h an.
a) Spiegelung an der x-Achse
b) Spiegelung an der y-Achse
c) Verschiebung um 1 in Richtung der positiven x-Achse
d) Verschiebung um 3 in Richtung der negativen y-Achse.

**10** Entscheiden Sie, ob für die Funktion f mit $f(x) = c \cdot 3^x$, $c \in \mathbb{R}$ die folgenden Aussagen richtig, falsch oder nicht entscheidbar sind. Geben Sie jeweils eine Begründung an.
a) Ist $c > 0$, so gilt stets $f(x) > 0$.
b) Ist $g(x) = c \cdot b^x$ mit $b > 3$, so gilt stets $g(x) > f(x)$.
c) Für den Funktionswert $f(x+2)$ gilt immer: $f(x+2) = 3^2 \cdot f(x)$.
d) Für den Funktionswert $f(2x)$ gilt immer: $f(2x) = (f(x))^2$.
e) Zum an der y-Achse gespiegelten Graphen der Funktion f existiert ebenfalls eine Funktion. Dies ist die Funktion h mit $h(x) = c \cdot (-3)^x$.

$a^x = a^y$ mit $a \neq 1$ tritt genau dann ein, wenn $x = y$.

**11** Lösen Sie die Gleichung.
a) $5^x = 125$ b) $5^x = \frac{1}{25}$ c) $0,5^x = 2$ d) $3^{x-1} = 9$ e) $2^{3x-4} = 8$

**12** a) $(x-1) \cdot 4^x = 0$ b) $(2x+5) \cdot 1,5^x = 0$ c) $(x-1) \cdot 2^x = 2^x$ d) $\left(x + \frac{1}{2}\right) \cdot 2^x = x + \frac{1}{2}$

*Es ist*
*$a \cdot b = 0$, wenn entweder*
*1. $a = 0$ oder*
*2. $b = 0$ oder*
*3. $a = 0$ und $b = 0$ ist.*

**13** In einem Gebiet vermehrt sich ein Heuschreckenschwarm exponentiell, und zwar wöchentlich um 50 %. Man geht von einem Anfangsbestand von 10 000 Tieren aus.
a) Wie lautet die Wachstumsfunktion? Wie groß ist der Zuwachs in den ersten 6 Wochen?
b) Um wie viel Prozent nimmt der Bestand in den ersten 10 Wochen zu?

**14** Ein Bestand kann näherungsweise durch die Funktion f mit $f(t) = 20 \cdot 0,95^t$ (t in Tagen) beschrieben werden.
a) Wie groß ist die Bestandsabnahme in den ersten drei Tagen?
b) Berechnen Sie die wöchentliche Abnahme in Prozent.

*BLAISE PASCAL (1623–1662) war überzeugt, „dass die Quecksilbersäule im Barometer vom Luftdruck getragen wird, so dass ihre Höhe auf dem Berg kleiner sein muss als im Tal“. 1648 führte sein Schwager PÉRIER in seinem Auftrag ein entsprechendes Experiment am Fuße und am Gipfel des Puy de Dôme durch.*

**15** Die Demokratische Republik Kongo hatte im Jahr 2000 eine Einwohnerzahl von 51,8 Millionen. Für die nächsten Jahre wird ein Wachstum von jährlich 3,2 % erwartet.
a) Bestimmen Sie die zugehörige Wachstumsfunktion. Welche Einwohnerzahl erwartet man im Jahr 2005 bzw. 2020?
b) Berechnen Sie die Einwohnerzahl vor 2, 5, 10 bzw. 20 Jahren.

**16** Der Luftdruck beträgt in Meereshöhe (Normalnull, NN) etwa 1000 hPa (Hektopascal). Mit zunehmender Höhe nimmt der Luftdruck exponentiell ab. Bei gleich bleibender Temperatur sinkt der Luftdruck innerhalb von 1 km Aufstieg auf das 0,88fache.
a) Bestimmen Sie die zugehörige Wachstumsfunktion (barometrische Höhenformel).
b) Wie groß ist der Luftdruck etwa auf dem Feldberg im Schwarzwald (1493 m), der Zugspitze (2963 m), dem Mt. Blanc (4807 m) und dem Mt. Everest (8848 m)?
c) Um wie viel Prozent nimmt der Luftdruck nach der barometrischen Höhenformel beim Anstieg um jeweils 100 m bzw. 10 m ab?

# 2 Die eulersche Zahl e

**1** Welche der drei Banken macht das günstigste Angebot?

*Der jährliche Zinssatz z, der zur Verdopplung des Kapitals K nach 10 Jahren führt, beträgt nur etwa 7,18%. Es ist nämlich:*
$K\cdot\left(1+\frac{z}{100}\right)^{10} = 2\cdot K$, also
$z = 100\cdot\left(\sqrt[10]{2}-1\right) \approx 7{,}18$.

Eine Bank legt ein Angebot vor, nach dem sich ein angelegtes Kapital K innerhalb von 10 Jahren verdoppelt. Dies sind 100% Zinsen in 10 Jahren. Damit erhöht sich im Durchschnitt das Kapital K pro Jahr um $\frac{100\,\%}{10} = 10\,\%$. Würde diese durchschnittliche Kapitalerhöhung von 10% als Jahreszins dem Kapital K hinzugefügt, so erhielte man wegen

$$K_{10} = K\cdot\left(1+\tfrac{1}{10}\right)^{10} \approx 2{,}5937\cdot K$$

einen erheblich höheren Betrag nach 10 Jahren.

Es wird folgender Fall betrachtet:

Bei einer Verzinsung von 100% in 10 Jahren ist die durchschnittliche Kapitalerhöhung pro Jahr $\frac{1}{10} = 10\,\%$, pro Halbjahr $\frac{1}{20} = 5\,\%$, pro Vierteljahr $\frac{1}{40} = 2{,}5\,\%$, pro Monat $\frac{1}{120} \approx 0{,}83\,\%$ usw. Dieser Anteil wird als Zinssatz angenommen und der zugehörige Zins dem Kapital jährlich, halbjährlich, vierteljährlich, monatlich usw. zugeführt. Welches Kapital liegt jeweils nach 10 Jahren vor?

– Halbjährige Verzinsung (20 Zeiträume) mit $\frac{100}{20}\,\% = 5\,\%$:

$$K_{20} = K\cdot\left(1+\tfrac{1}{20}\right)^{20} \approx 2{,}6533\cdot K$$

– Vierteljährige Verzinsung (40 Zeiträume) mit $\frac{100}{40}\,\% = 2{,}5\,\%$:

$$K_{40} = K\cdot\left(1+\tfrac{1}{40}\right)^{40} \approx 2{,}6851\cdot K$$

– Monatliche Verzinsung (120 Zeiträume) mit $\frac{100}{120}\,\% = \frac{5}{6}\,\%$:

$$K_{120} = K\cdot\left(1+\tfrac{1}{120}\right)^{120} \approx 2{,}7070\cdot K$$

– Werden schließlich die 10 Jahre in m gleiche Zeiträume unterteilt und der Zinssatz $\frac{100}{m}\,\%$ nach jedem Zeitabschnitt dem Kapital zugefügt, so erhält man das Endkapital

$$\boxed{K_m = K\cdot\left(1+\tfrac{1}{m}\right)^{m}.}$$

Die Tabelle zeigt den Kontostand eines Anfangskapitals von K = 1 Euro nach 10 Jahren.

| Zuschlag | 10j. | jährl. | halbj. | viertelj. | monatl. | tägl. | stündl. | pro Sekunde |
|---|---|---|---|---|---|---|---|---|
| m | 1 | 10 | 20 | 40 | 120 | 3600 | 86400 | 311040000 |
| Kapital | 2,00 | 2,5937 | 2,6533 | 2,6851 | 2,7070 | 2,7179 | 2,7183 | 2,7183 |

*Im Jahre 1690 untersuchte JAKOB BERNOULLI erstmals das Anwachsen bei „augenblicklicher Verzinsung".*

Wie die Tabelle vermuten lässt, steigt bei fortgesetzter Erhöhung der Zahl der Verzinsungszeiträume das Endkapital laufend, jedoch nicht unbegrenzt. Im Grenzfall $(m \to \infty)$ spricht man von stetiger Verzinsung. Dazu ist der Grenzwert $\lim\limits_{m\to\infty}\left(1+\frac{1}{m}\right)^{m}$ zu untersuchen, da $\lim\limits_{m\to\infty} K\cdot\left(1+\frac{1}{m}\right)^{m} = K\cdot\lim\limits_{m\to\infty}\left(1+\frac{1}{m}\right)^{m}$ ist. Auf den Nachweis, dass er existiert, wird verzichtet.

*Die eulersche Zahl e*

*e = 2,718 281 828 459*
*045 235 360 287*
*471 352 662 497*
*757 247 093 699*
*959 574 966 967*
*627 724 076 630*
*353 547 594 571 . . .*

Der Grenzwert $\lim\limits_{n \to \infty} \left(1 + \frac{1}{n}\right)^n$ existiert und ist eine irrationale Zahl. Die Zahl heißt **eulersche Zahl** und wird mit **e** bezeichnet.
Es ist $e = 2{,}71828\ldots$

**Beispiel:** (Vergleich von unterschiedlichen Verzinsungen)
Ein Kapital von 1000 Euro verdoppelt sich nach 8 Jahren. Dies sind 100 % in 8 Jahren. Berechnen Sie, welche Höhe das Kapital nach 8 Jahren erreichen würde, wenn die einem Jahr, Monat bzw. Tag entsprechende durchschnittliche Kapitalerhöhung direkt dem Kapital
a) als Jahreszins b) als monatlich bezahlter Zins c) als Tageszins
zugeführt würde.
d) Wie hoch wäre das Kapital nach 8 Jahren bei stetiger Verzinsung?

**Und wie hoch ist der tatsächliche Jahreszinssatz bei einer Verdopplung in 8 Jahren?**

Lösung:
a) Ein Jahreszinssatz von $\frac{100}{8}\,\% = 12{,}5\,\%$ ergibt nach 8 Jahren in Euro:
$K_8 = 1000 \cdot \left(1 + \frac{100}{8 \cdot 100}\right)^8 = 1000 \cdot \left(1 + \frac{1}{8}\right)^8 \approx 2565{,}78.$
b) Ein monatlicher Zinssatz von $\frac{100}{96}\,\% \approx 1{,}04\,\%$ ergibt nach 8 Jahren in Euro:
$K_{96} = 1000 \cdot \left(1 + \frac{100}{96 \cdot 100}\right)^{96} = 1000 \cdot \left(1 + \frac{1}{96}\right)^{96} \approx 2704{,}26.$
c) Ein täglicher Zinssatz von $\frac{100}{8 \cdot 360}\,\% = \frac{100}{2880}\,\%$ ergibt nach 8 Jahren in Euro:
$K_{2880} = 1000 \cdot \left(1 + \frac{100}{2880 \cdot 100}\right)^{2880} = 1000 \cdot \left(1 + \frac{1}{2880}\right)^{2880} \approx 2717{,}81.$
d) Bei stetiger Verzinsung erhält man nach 8 Jahren $1000 \cdot e$ Euro, also etwa 2718,28 Euro.

## Aufgaben

**2** Geben Sie auf 4 Dezimalen genau an.

*Auf dem GTR erhält man mit der Taste e einen Näherungswert für die eulersche Zahl.*

a) $e^4$ b) $e^{\frac{1}{4}}$ c) $e^{\sqrt{5}}$ d) $e^{2,67}$ e) $2 \cdot e^{-1,2}$ f) $\frac{2}{3}e^{-\sqrt{23}}$ g) $e^e$
h) $3e^3 - 12$ i) $3e^3 - e$ j) $\frac{1}{e} - e$ k) $\sqrt{e} + e$ l) $4 \cdot \sqrt[4]{e}$ m) $\left(\sqrt[3]{e}\right)^4$ n) $\frac{4}{5}\sqrt{e} + e$

**3** Lösen Sie die Gleichung.
a) $e^x = 1$ b) $e^x = e$ c) $e^x = \frac{1}{e}$ d) $e^{-x} = e^3$ e) $e^{2x} = e^{-5}$ f) $e^{2x+1} = e$
g) $e^{2x+3} = e^4$ h) $e^{-2x} = e^{x-1}$ i) $e^{\frac{1}{2}x} = e^{\frac{1}{2}x+1}$ j) $e^{\sqrt{x}+1} = e^{2 \cdot \sqrt{x}}$ k) $e^{\sqrt[3]{x}} = e$ l) $e^x = \sqrt{\frac{1}{e^{2x+1}}}$

*Leonhard Euler (1707–1783) veröffentlichte 1743 eine Abhandlung über den Grenzwert $\lim\limits_{m \to \infty} \left(1 + \frac{1}{m}\right)^m$ und nannte ihn e.*

**4** Ein Kapital von 10 000 Euro verdoppelt sich in 20 Jahren.
a) Berechnen Sie den dazu erforderlichen Jahreszinssatz.
b) Berechnen Sie, auf welche Höhe das Endkapital bei einem jährlichen Zinssatz von 5 % (= jährliche durchschnittliche Erhöhung des Kapitals) ansteigen würde.
c) Berechnen Sie das Endkapital bei einer täglichen Verzinsung mit $\frac{100}{20 \cdot 360}\,\%$.

**5** Ein Kapital K steigt bei festem Jahreszinssatz in 5 Jahren auf das 1,5fache.
a) Berechnen Sie das Kapital nach 5 Jahren, wenn die vierteljährige bzw. tägliche durchschnittliche Erhöhung als vierteljährliche bzw. tägliche Zinszahlung dem Kapital zugeführt würde.
b) Berechnen Sie das Endkapital nach 5 Jahren bei stündlicher Verzinsung.

**6** Jemand möchte sein Kapital in 12 Jahren verdoppeln.
Die Bank A bietet an: 1,51 % Zins je Vierteljahr, Bank B 3,1 % Zins je Halbjahr. Verdoppelt sich in beiden Fällen das Kapital nach 12 Jahren? Welche Verzinsung ist günstiger?

# 3 Ableitung und Stammfunktionen der Funktion f: $x \mapsto e^x$

*Die natürliche Exponentialfunktion*

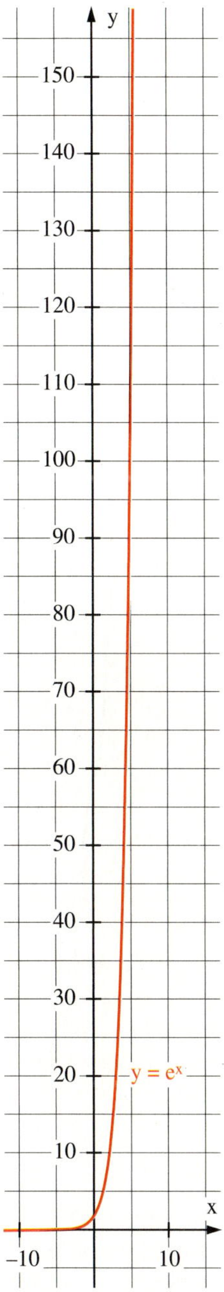

Fig. 1

| X | Y1 | Y2 |
|---|---|---|
| -3 | .125 | .08664 |
| -2 | .25 | .17329 |
| -1 | .5 | .34657 |
| 0 | 1 | .69315 |
| 1 | 2 | 1.3863 |
| 2 | 4 | 2.7726 |
| 3 | 8 | 5.5452 |

X=3

Fig. 2

**1** Gegeben ist die Funktion f: $x \mapsto 2^x$.
Fig. 2 zeigt eine Wertetabelle zu f (in $Y_1$) und zur Ableitung f′ (in $Y_2$).
a) Versuchen Sie einen rechnerischen Zusammenhang zwischen f und f′ zu finden. Geben Sie dann f′ an.
b) Wiederholen Sie Ihr Vorgehen für die Funktion g mit $g(x) = 3^x$.
c) Gibt es eine Funktion f mit $f = f'$ für alle $x \in \mathbb{R}$?

Um die momentane Änderungsrate von Wachstumsfunktionen, auch Wachstumsgeschwindigkeit genannt, berechnen zu können, wird die Ableitung von $x \mapsto a^x$ benötigt. Es wird sich zeigen, dass die Ableitung besonders leicht zu bestimmen ist, wenn man die eulersche Zahl e als Basis verwendet.
Die Exponentialfunktion f mit $f(x) = e^x$ nennt man **natürliche Exponentialfunktion**. Ihren Graphen zeigt Fig. 3.

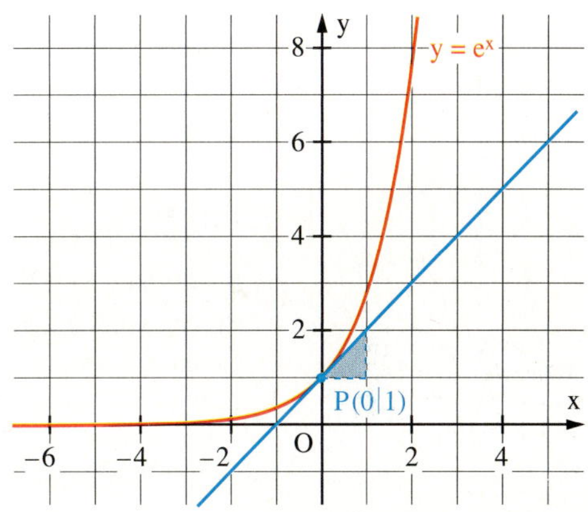

Fig. 3

Um die Ableitung von f mit $f(x) = e^x$ an einer Stelle $x_0$ zu bestimmen, wird zunächst der Differenzenquotient an der Stelle $x_0$ berechnet:

$m(h) = \frac{e^{x_0+h} - e^{x_0}}{h} = \frac{e^{x_0} \cdot e^h - e^{x_0}}{h} = e^{x_0} \cdot \frac{e^h - 1}{h}$.

Grenzwert für $h \to 0$:

$f'(x_0) = \lim\limits_{h \to 0} m(h) = \lim\limits_{h \to 0} e^{x_0} \cdot \frac{e^h - 1}{h}$

$= e^{x_0} \cdot \lim\limits_{h \to 0} \frac{e^h - 1}{h} = e^{x_0} \cdot f'(0)$.

Die Ableitung der natürlichen Exponentialfunktion an der Stelle $x_0$ ist also gleich dem Produkt aus dem Funktionswert an der Stelle $x_0$ und der Ableitung der Funktion an der Stelle 0.
Setzt man die Existenz dieses Grenzwertes voraus, so lässt sich dieser mithilfe des GTR näherungsweise berechnen. In Fig. 4 enthält die Liste L1 die Werte von h, in L3 sind die Werte von $\frac{e^h - 1}{h}$; zusätzlich wird in L2 jeweils $e^h$ dargestellt.

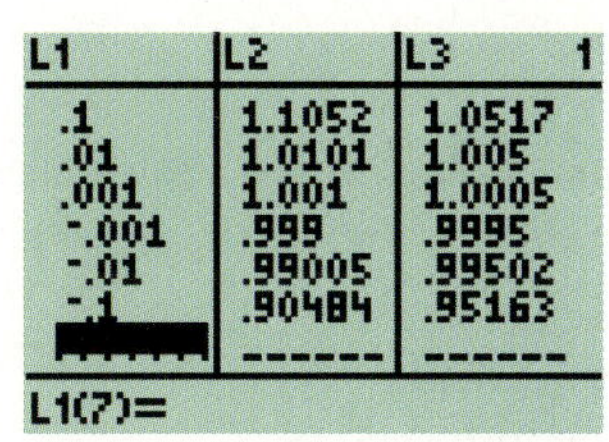

| L1 | L2 | L3 |
|---|---|---|
| .1 | 1.1052 | 1.0517 |
| .01 | 1.0101 | 1.005 |
| .001 | 1.001 | 1.0005 |
| -.001 | .999 | .9995 |
| -.01 | .99005 | .99502 |
| -.1 | .90484 | .95163 |
| | ------ | ------ |

L1(7)=

Fig. 4

Die berechneten Werte lassen vermuten, dass

$\lim\limits_{h \to 0} \frac{e^h - 1}{h} = 1$ ist.

Daher ist $f'(x_0) = e^{x_0}$. Insbesondere ist $f'(0) = 1$ (Fig. 3).
Aus $f'(x_0) = e^{x_0}$ folgt: $f''(x_0) = e^{x_0}$, $f'''(x_0) = e^{x_0}$, …
F mit $F(x) = e^x$ ist damit eine Stammfunktion von f.

$f(x) = f'(x) = f''(x) = f'''(x) = f^{(IV)}(x) = \ldots = e^x$

**Satz:** Die **natürliche Exponentialfunktion** f mit $f(x) = e^x$ hat die Ableitungsfunktion f′ mit $f'(x) = e^x$. Eine Stammfunktion ist F mit $F(x) = e^x$.

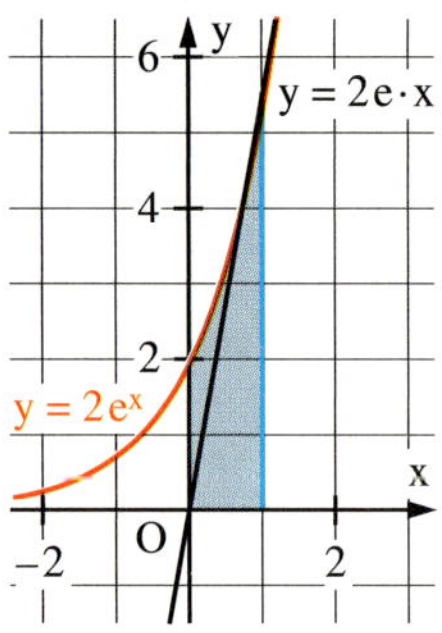


Fig. 1

**Beispiel:** (Tangente und Fläche)
Gegeben ist die Funktion f mit $f(x) = 2e^x$.
a) Ermitteln Sie die Gleichung der Tangente im Punkt $A(1|f(1))$ an den Graphen von f.
b) Wie groß ist der Inhalt der Fläche zwischen dem Graphen von f und der x-Achse über dem Intervall $[0;\,1]$?
Lösung:
a) Aus $f'(x) = 2e^x$ ergibt sich $f'(1) = 2e$. Wegen $f(1) = 2e$ erhält man mithilfe der Punktsteigungsform: $y - 2e = 2e(x - 1)$.
Gleichung der Tangente: $y = 2e \cdot x$.
b) $A = \int_0^1 2e^x\,dx = 2\,[e^x]_0^1 = 2 \cdot (e^1 - e^0) = 2 \cdot (e - 1) \approx 3{,}4366$.

## Aufgaben

**2** Der Graph der Funktion f mit $f(x) = e^x$ soll für $x \geqq 0$ auf ein Blatt Papier gezeichnet werden. Der Koordinatenursprung soll sich dazu in der linken unteren Ecke des Blattes befinden. Eine Längeneinheit soll auf beiden Koordinatenachsen jeweils 1 cm betragen.
a) Bis zu welchem x-Wert passt der Graph der Funktion auf ein DIN A4-Blatt?
b) Wie hoch müsste ein Blatt sein, wenn der x-Wert die volle Breite eines DIN A4-Blattes annehmen soll?

***Zur Erinnerung:***
*Die Ordinatenaddition*

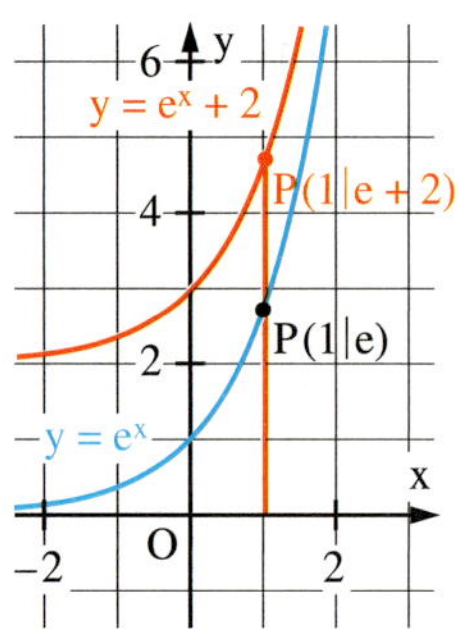


Fig. 2

**3** Skizzieren Sie mithilfe des Graphen von f mit $f(x) = e^x$ den Graphen von
a) $f_1$ mit $f_1(x) = e^x + 1$ b) $f_2$ mit $f_2(x) = 2 \cdot e^x$ c) $f_3$ mit $f_3(x) = e^{x-1}$.

**4** Gegeben ist der Graph K der natürlichen Exponentialfunktion.
a) Bestimmen Sie die Gleichungen der Tangenten an K in den Punkten $A(1|e)$ und $B\left(-1\middle|\frac{1}{e}\right)$.
b) Berechnen Sie den Schnittpunkt der Tangente an K im Punkt A mit der x-Achse.
c) Geben Sie die Steigungen der Normalen an K in den Punkten A und B an.

**5** Berechnen Sie den Inhalt der Fläche zwischen der x-Achse, dem Graphen der natürlichen Exponentialfunktion und den Geraden mit den Gleichungen $x = a$ und $x = b$ für
a) $a = 0,\ b = 2$ b) $a = -1,\ b = 1$ c) $a = 2,\ b = 4$ d) $a = -10,\ b = 2$.

*Experimentieren Sie hierbei zuerst mit dem GTR und stellen Sie eine Vermutung auf.*

**6** Gegeben ist der Graph K der natürlichen Exponentialfunktion f mit $f(x) = e^x$. In einem Punkt $P(a|f(a))$ wird die Tangente an K gelegt. Berechnen Sie die Koordinaten des Schnittpunktes Q dieser Tangente mit der x-Achse.
Vergleichen Sie die x-Werte der Punkte P und Q. Wie kann man also in einem gegebenen Punkt die Tangente an K konstruieren?

**7** Berechnen Sie den Inhalt der gefärbten Fläche von

a)

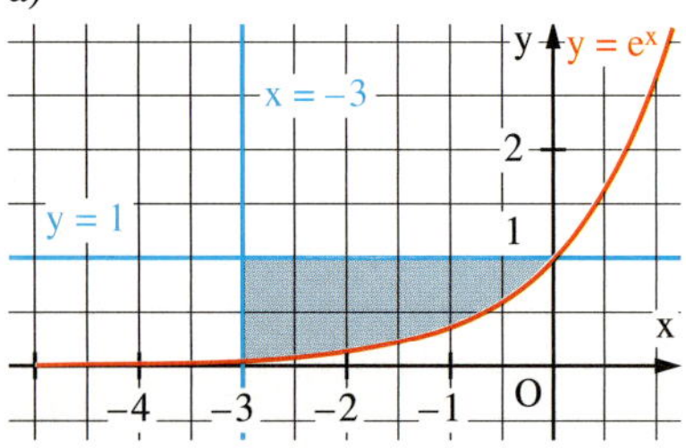


Fig. 3

b)

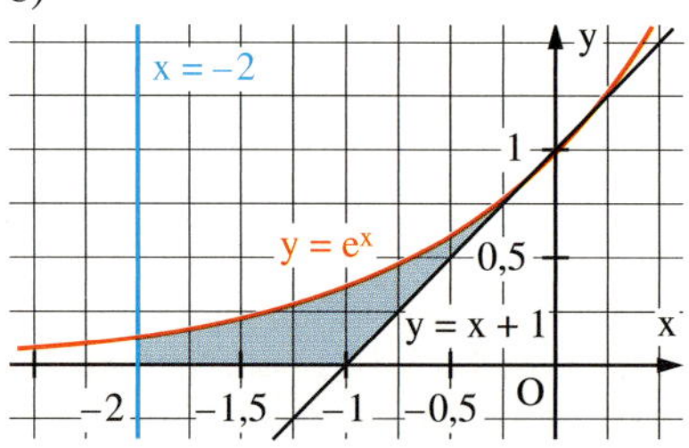


Fig. 4

c)

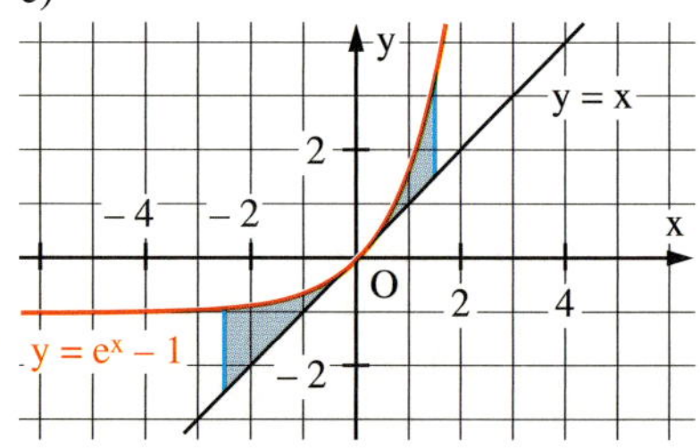


Fig. 5

# 4 Die Produktregel

**1** Gegeben sind die Funktionen u und v mit $u(x) = 4x$ und $v(x) = e^x$.
a) Es sei f definiert durch $f(x) = u(x) \cdot v(x)$. Zeigen Sie mithilfe des GTR, dass $f'(x)$ nicht mit $u'(x) \cdot v'(x)$ übereinstimmt.
b) $f'(x)$ lässt sich mithilfe von $u(x)$, $v(x)$, $u'(x)$ und $v'(x)$ ausdrücken. Versuchen Sie mit dem GTR eine Vermutung aufzustellen.

*Ein Zahlenbeispiel:*
*$u(t_0) = 5$, $u(t) = 5{,}2$*
*$v(t_0) = 3$, $v(t) = 3{,}1$*

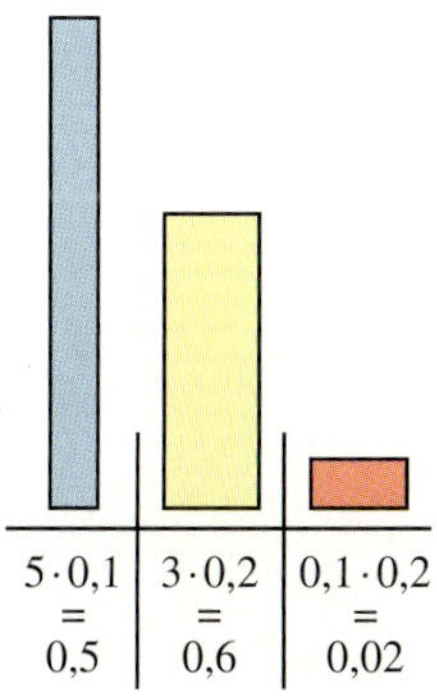


Zu zwei Funktionen f und g kann man ihr Produkt bilden. Mit $f(x) = x$ und $g(x) = x^2$ erhält man die Produktfunktion p mit $p(x) = f(x) \cdot g(x) = x \cdot x^2 = x^3$. Während Summen von Funktionen gliedweise abgeleitet werden, gilt dies für Produkte von Funktionen nicht. So hat die Funktion p die Ableitung $p'(x) = 3x^2$. Multipliziert man jedoch die Ableitungen der einzelnen Faktoren, so erhält man $1 \cdot 2x = 2x$.

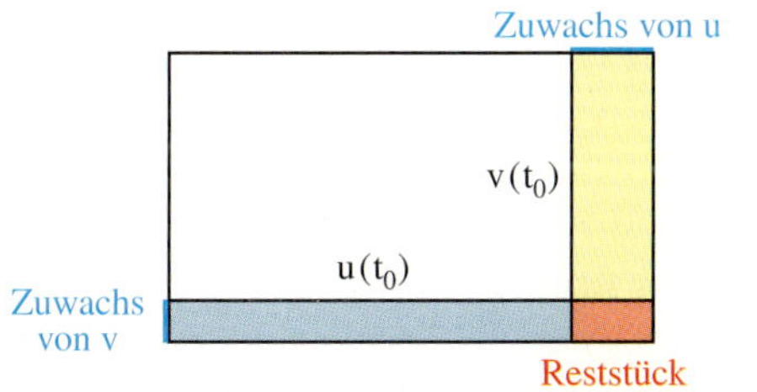

Fig. 1

Um eine Vermutung über die Ableitung eines Produkts zweier Funktionen zu erhalten, kann man den Flächeninhalt eines Rechtecks betrachten, dessen Seitenlängen u und v im Laufe der Zeit zunehmen. Für den Flächeninhalt zum Zeitpunkt $t_0$ gilt:
$A(t_0) = u(t_0) \cdot v(t_0)$.
Betrachtet man das Rechteck zu einem etwas späteren Zeitpunkt t, so erhält man:

Zuwachs von A = (Zuwachs von u) $\cdot v(t_0) + u(t_0) \cdot$ (Zuwachs von v) + Rest.
Dividiert man durch $t - t_0$, so erhält man bei Vernachlässigung des kleinen Restes:
Änderungsrate von A ≈ (Änderungsrate von u) $\cdot v(t_0) + u(t_0) \cdot$ (Änderungsrate von v).
Der Grenzübergang $t \to t_0$ liefert $A'(t_0) = u'(t_0) \cdot v(t_0) + u(t_0) \cdot v'(t_0)$.

**Satz:** (Produktregel)
Sind die Funktionen u und v differenzierbar, so ist auch die Funktion $f = u \cdot v$ differenzierbar, und es gilt: $\mathbf{f'(x) = u'(x) \cdot v(x) + u(x) \cdot v'(x)}$.

*Um den Differenzenquotienten von f auf die Differenzenquotienten $\frac{u(x)-u(x_0)}{x-x_0}$ und $\frac{v(x)-v(x_0)}{x-x_0}$ zurückführen zu können, wird der rot unterlegte Teil eingefügt.*

Beweis:
Für den Differenzenquotienten von f gilt:

$$\frac{f(x)-f(x_0)}{x-x_0} = \frac{u(x)\cdot v(x) - u(x_0)\cdot v(x_0)}{x-x_0} = \frac{u(x)\cdot v(x) - u(x_0)\cdot v(x) + u(x_0)\cdot v(x) - u(x_0)\cdot v(x_0)}{x-x_0}$$

$$= \frac{[u(x)-u(x_0)]\cdot v(x) + u(x_0)\cdot[v(x)-v(x_0)]}{x-x_0} = \frac{u(x)-u(x_0)}{x-x_0}\cdot v(x) + u(x_0)\cdot\frac{v(x)-v(x_0)}{x-x_0}.$$

Die Funktionen u und v sind differenzierbar. Für $x \to x_0$ gilt daher $\frac{u(x)-u(x_0)}{x-x_0} \to u'(x_0)$; $v(x) \to v(x_0)$ und $\frac{v(x)-v(x_0)}{x-x_0} \to v'(x_0)$. Damit ist die Produktregel bewiesen.

**Beispiel 1:** (Produktregel)
Bestimmen Sie die Ableitung von f mit $f(x) = x^2 \cdot e^x$
Lösung:
Mit $u(x) = x^2$ und $v(x) = e^x$ ist $u'(x) = 2x$ und $v'(x) = e^x$.
Mit der Produktregel gilt: $f'(x) = 2x \cdot e^x + x^2 \cdot e^x = e^x \cdot (2x + x^2)$.

**Beispiel 2:** (Ableitung eines Quotienten mit der Produktregel)
Bestimmen Sie die Ableitung der Funktion f.

a) $f(x) = \frac{\sin(x)}{x^3}$ b) $f(x) = \frac{e^x}{x^2}$

Lösung:

a) Es gilt: $f(x) = \sin(x) \cdot x^{-3}$.

Mit $u(x) = \sin(x)$ und $v(x) = x^{-3}$ ist $u'(x) = \cos(x)$ und $v'(x) = -3 \cdot x^{-4} = -\frac{3}{x^4}$.

Also: $f'(x) = \cos(x) \cdot x^{-3} + \sin(x) \cdot \left(-\frac{3}{x^4}\right) = \frac{\cos(x)}{x^3} - \frac{3\sin(x)}{x^4} = \frac{x \cdot \cos(x) - 3\sin(x)}{x^4}$.

b) Aus $f(x) = e^x \cdot x^{-2}$ folgt $f'(x) = e^x \cdot x^{-2} + e^x \cdot (-2 \cdot x^{-3}) = e^x \cdot \left(\frac{1}{x^2} - \frac{2}{x^3}\right) = \frac{e^x \cdot (x-2)}{x^3}$.

## Aufgaben

*Die Faktorregel (vgl. S. 47) ist ein Sonderfall der Produktregel. Begründen Sie.*

$f'(x) = u'(v(x)) \cdot v'(x)$
↳ Kettenregel
$f(x) = (2x+1)^5$
$f'(x) = 10(2x+1)^4$

**2** Leiten Sie ab.

a) $f(x) = 2x \cdot e^x$ b) $f(x) = (x^2 + 2) \cdot e^x$ c) $f(x) = x \cdot \sqrt{x}$ d) $f(x) = x^2 \cdot \sqrt{x}$
e) $f(x) = x \cdot \sin(x)$ f) $f(t) = \sin(t) \cdot \cos(t)$ g) $f(x) = 4x^{-3} \cdot e^x$ h) $f(t) = (3t + 2)(t^6 + 6t)$

**3** Leiten Sie ab.

a) $f(x) = \frac{2e^x}{x}$ b) $f(x) = \frac{5\cos(x)}{x^2}$ c) $f(x) = \frac{e^x}{x^{-3}}$ d) $f(x) = \frac{x-1}{e^{-x}}$

**4** Leiten Sie zunächst mithilfe der Produktregel ab und fassen Sie zusammen. Multiplizieren Sie dann f(x) aus und leiten Sie erneut ab.

a) $f(x) = \sqrt{x} \cdot \sqrt{x}$ b) $f(x) = (1 - 2x) \cdot (3x + 1)$ c) $f(x) = \left(\frac{1}{x^3} + x^2\right) \cdot (-x)$

**5** Welcher Fehler wurde beim Ableiten der Funktion f mit $f(x) = x^3 \cdot \cos(x)$ gemacht?

a) $f'(x) = 3x^2\cos(x) + x^3\sin(x)$ b) $f'(x) = x^3\cos(x) - 3x^2\sin(x)$

*Zeichnen Sie den Graphen mit dem GTR und bestätigen Sie Ihre Ergebnisse.*

**6** Gegeben ist die Funktion f mit $f(x) = (x^2 - 3) \cdot e^x$.

a) Bestimmen Sie die Schnittpunkte $N_1$ und $N_2$ des Graphen von f mit der x-Achse.
b) Welche Steigung haben die Tangenten an den Graphen in den Punkten $N_1$ und $N_2$?
c) In welchen Punkten $E_1$ und $E_2$ hat der Graph von f waagerechte Tangenten?
d) Berechnen Sie den Abstand der Punkte $E_1$ und $E_2$.

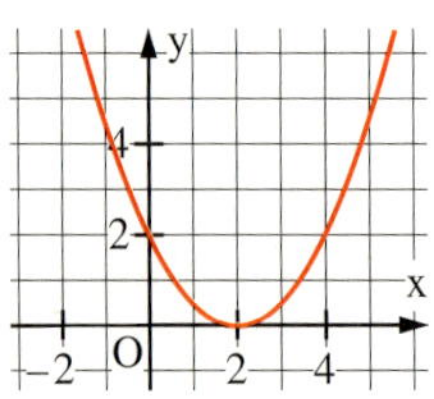


*Was heißt „berühren"?*

Fig. 2

**7** Der Graph der Funktion f berührt die x-Achse im Punkt P(2|0).

a) Zeigen Sie, dass dann auch der Graph der Funktion g mit $g(x) = x \cdot f(x)$ die x-Achse im Punkt P berührt.
b) Wenn P ein Hochpunkt des Graphen von f mit $f''(2) < 0$, ist dann P auch ein Hochpunkt des Graphen von g?
c) Was ändert sich in a) bzw. b), wenn der Berührpunkt P die Koordinaten P (−2|0) hat?

**8** a) Leiten Sie die Funktion f mit $f(x) = x \cdot \sin(x) \cdot \cos(x)$ ab. Schreiben Sie dazu durch Klammersetzung f(x) als Produkt von 2 Funktionen.
b) Versuchen Sie eine Regel für die Ableitung von $f(x) = u(x) \cdot v(x) \cdot w(x)$ aufzustellen und prüfen Sie am Beispiel der Ableitung von $f(x) = x \cdot x^2 \cdot x^3$.

**9** Gegeben ist die differenzierbare Funktion f. Berechnen Sie die Ableitungen der Funktionen g mit $g(x) = (f(x))^2$ und h mit $h(x) = (f(x))^3$ mit der Produktregel.
Beweisen Sie mit vollständiger Induktion, dass für alle natürlichen Zahlen $n \geqq 1$ die Funktion $f_n$ mit $f_n(x) = x^n$ die Ableitung $f_n'(x) = n \cdot x^{n-1}$ besitzt.

# 5 Ableiten und Integrieren mithilfe der Kettenregel

$h_1(x) = x^2 + 1 - e^x$, $h_2(x) = e^x \cdot (x^2 + 1)$, $h_3(x) = \frac{e^x}{x^2 + 1}$,
$h_4(x) = \frac{x^2 + 1}{e^x}$, $h_5(x) = e^{x^2 + 1}$, $h_6(x) = (e^x)^2 + 1$.

**1** Wie erhält man die links angegebenen Funktionen aus den Funktionen f mit $f(x) = e^x$ und g mit $g(x) = x^2 + 1$?

Durch Addition, Subtraktion, Multiplikation, Division oder Verkettung lassen sich aus der natürlichen Exponentialfunktion und einer weiteren Funktion neue Funktionen gewinnen. Bis auf die Ableitung eines Quotienten (vgl. Seite 164) gelten für die Ableitung dieser Funktionen die bekannten Ableitungsregeln. Besonders wichtig ist die Kettenregel.

***Beachten Sie:***
*Der Term mit der Exponentialfunktion reproduziert sich beim Ableiten*

**Satz:** Die Funktion f mit $f(x) = e^{v(x)}$ ist eine Verkettung der Funktion $v: x \mapsto v(x)$ mit der Exponentialfunktion $u: v \mapsto u(v) = e^v$. Existiert die Ableitung v′, so gilt nach der Kettenregel
$$\mathbf{f'(x) = e^{v(x)} \cdot v'(x)}.$$

Ist insbesondere v eine lineare Funktion mit $v(x) = mx + c$, also $f(x) = e^{mx+c}$, so ist $f'(x) = m \cdot e^{mx+c}$. Eine Stammfunktion der Funktion f ist dann F mit $F(x) = \frac{1}{m} \cdot e^{mx+c}$, $m \neq 0$.

**Beispiel 1:** (Anwendung der Kettenregel)
Leiten Sie die Funktion f ab und geben Sie, wenn möglich, eine Stammfunktion von f an.
a) $f(x) = e^{3x-2}$ b) $f(x) = \frac{2}{3} \cdot e^{-x^2+1}$
Lösung:
a) Es ist $v(x) = 3x - 2$. Damit gilt: $f'(x) = e^{v(x)} \cdot v'(x) = e^{3x-2} \cdot 3 = 3 \cdot e^{3x-2}$.
F mit $F(x) = \frac{1}{3} \cdot e^{3x-2}$ ist eine Stammfunktion von f.
b) Mit $v(x) = -x^2 + 1$ gilt: $f'(x) = \frac{2}{3} \cdot e^{v(x)} \cdot v'(x) = \frac{2}{3} \cdot e^{-x^2+1} \cdot (-2x) = -\frac{4}{3} x \cdot e^{-x^2+1}$.
Eine Stammfunktion von f können wir mit den bisherigen Kenntnissen nicht angeben!

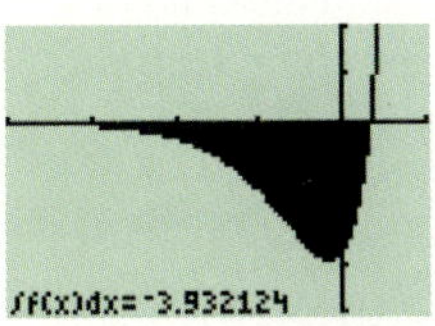

Fig. 1

*Die Terme werden sehr viel einfacher, wenn man ausklammert.*

**Beispiel 2:** (Anwendung von Produkt- und Kettenregel, Flächeninhalt mit dem GTR)
Gegeben ist die Funktion f mit $f(x) = (3x - 1) \cdot e^{2x+1}$.
a) Leiten Sie die Funktion f zweimal ab.
b) Bestimmen Sie mit dem GTR den Inhalt A der Fläche, den der Graph von f mit der x-Achse und der Geraden mit der Gleichung $x = -3$ einschließt.
Lösung:
a) Mit der Produkt- und Kettenregel erhält man: $f'(x) = 3 \cdot e^{2x+1} + (3x - 1) \cdot e^{2x+1} \cdot 2$
$= (6x + 1) \cdot e^{2x+1}$; $f''(x) = 6 \cdot e^{2x+1} + (6x + 1) \cdot e^{2x+1} \cdot 2 = (12x + 8) \cdot e^{2x+1}$
b) Mit $f\left(\frac{1}{3}\right) = 0$ erhält man den Flächeninhalt $A \approx 3{,}93$ (Fig. 1)

**Beispiel 3:** (Flächeninhalt ohne GTR)
Gegeben ist der Graph der Funktion f mit $f(x) = -\frac{1}{2} e^{2x-3}$ (Fig. 2). Berechnen Sie den Inhalt der gefärbten Fläche.
Lösung:
$$A = -\int_0^{1{,}5} -\frac{1}{2} e^{2x-3}\,dx = \left[\frac{1}{4} e^{2x-3}\right]_0^{1{,}5} = \frac{1}{4}(e^0 - e^{-3})$$
$$= \frac{1}{4}(1 - e^{-3}) \approx 0{,}25.$$

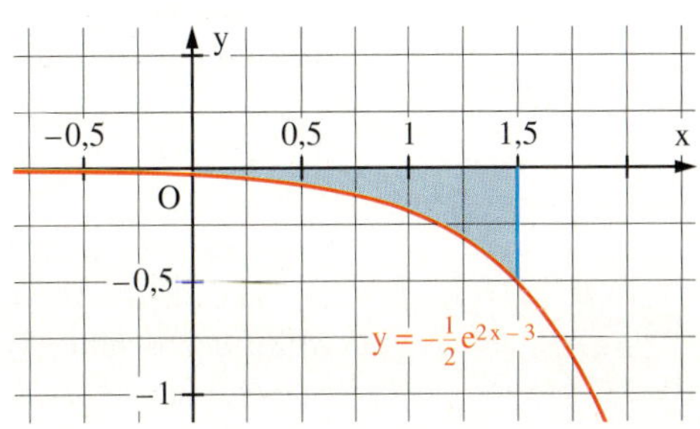

Fig. 2

*$f(x) = e^{2x}$ kann man auf mehrere Arten ableiten:*

*(1) Kettenregel:*
*$f(x) = u(v(x))$*
*$f'(x) = 2 \cdot e^{2x}$*

*(2) Produktregel:*
*$f(x) = e^{2x} = e^x \cdot e^x$*
*$f'(x) = e^x \cdot e^x + e^x \cdot e^x = 2 \cdot e^{2x}$*

*(3) Potenz- und Kettenregel:*
*$f(x) = (e^x)^2$*
*$f'(x) = 2 \cdot e^x \cdot e^x = 2 \cdot e^{2x}$*

## Aufgaben

**2** Leiten Sie f zweimal ab und geben Sie eine Stammfunktion von f an.

a) $f(x) = x - e^x$  b) $f(x) = \frac{1}{3} \cdot x^3 - 3e^x$  c) $f(x) = e^x + e^{2x}$  d) $f(x) = e^{-2x}$

e) $f(x) = e^{3x+4}$  f) $f(x) = 4e^{2x+5}$  g) $f(x) = \frac{2}{5} e^{\frac{1}{2}x+3}$  h) $f(t) = 5e^{-\frac{3}{5}x-2}$

**3** Bilden Sie die erste Ableitung.

a) $f(x) = 2x \cdot e^x$  b) $f(x) = \frac{1}{2} x^{-1} \cdot e^x$  c) $f(x) = x^2 \cdot e^{-x}$  d) $f(x) = \frac{2x}{e^{-4x}}$

**4** Bilden Sie mit verschiedenen Verknüpfungen aus den Funktionen f und g mit $f(x) = 3e^{2x}$ und $g(x) = x^2 + 1$ neue Funktionen. Leiten Sie diese, wenn möglich, ab. Von welchen dieser Funktionen können Sie auch Stammfunktionen bilden?

*Mit welchem Beweisverfahren können Sie die Richtigkeit von $f^{(n)}(x)$ nachweisen?*

**5** Gegeben ist die Funktion f. Bilden Sie mehrere Ableitungen und versuchen Sie damit eine Vermutung zur n-ten Ableitung $f^{(n)}(x)$ und zu einer Stammfunktion $F(x)$ aufzustellen. Weisen Sie die Richtigkeit der von Ihnen gefundenen Stammfunktion nach.

a) $f(x) = x \cdot e^x$  b) $f(x) = x \cdot e^{-x}$  c) $f(x) = x \cdot e^{x+1}$  d) $f(x) = (x + 1)e^{1-x}$

Beispiele von Umformungen, die das Ableiten ermöglichen bzw. vereinfachen können:

(1) Quotienten in Produkte umwandeln: $\frac{x^2}{e^{-x}} = x^2 \cdot e^x$

(2) Faktoren vorziehen: $\frac{2e^{-4x}}{3x} = \frac{2}{3} \cdot \frac{e^{-4x}}{x} = x^{-1} \cdot e^{-4x}$

(3) Terme vereinfachen und $e^{u(x)}$ ausklammern:
$(x - 1)e^{2x} + e^{2x} = (x - 1 + 1)e^{2x} = x \cdot e^{2x}$

**6** Leiten Sie ab. Kontrollieren Sie mit dem GTR anhand des zugehörigen Graphen.

a) $f(x) = \frac{2x - 1}{e^{-x}}$  b) $f(x) = e^{-x} + \frac{x}{e^x}$

**7** In welchen Punkten besitzt der Graph der Funktion f waagerechte Tangenten?

a) $f(x) = x \cdot e^x$  b) $f(x) = x \cdot e^{2x+1}$

**8** Berechnen Sie das Integral und geben Sie gegebenenfalls einen Näherungswert an.

a) $\int_0^{\frac{1}{2}} 2e^{2x}\,dx$  b) $\int_0^{\frac{1}{2}} 2e^{2x+1}\,dx$  c) $\int_0^1 (x + e^{-x+1})\,dx$  d) $\int_{0,25}^{0,75} \left(\frac{1}{2}e^{4t-1} + 1\right)dt$  e) $\int_2^4 \left(e^{\frac{1}{2}t-1}\right)^2 dt$

*Es gilt: $f(x) = \frac{1}{4}(3x^2 - e^x)$. Überprüfen Sie mit dem GTR Ihr Ergebnis*

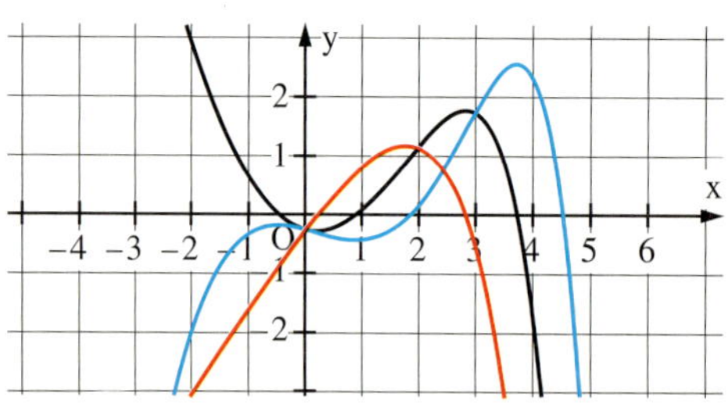

Fig. 1

**9** Fig. 1 zeigt die Graphen einer Funktion f, ihrer Ableitung f′ und einer Stammfunktion F. Ordnen Sie die Graphen zu und begründen Sie Ihre Zuordnung.

**10** Gegeben ist $f_t$ mit $f_t(x) = x + t \cdot e^x$, $t \in \mathbb{R}$.

a) Für welchen Wert von t hat die Funktion $f_t$ an der Stelle $x_0 = 1$ die Ableitung 2? Skizzieren Sie die Graphen von $f_{-2}$ und $f_2$.

b) Bestimmen Sie t so, dass der Graph der Stammfunktion $F_t$ von $f_t$ durch die Punkte $P(0|0)$ und $Q(1|0)$ verläuft?

**11** In einem Speicher fließt während eines Regenschauers Wasser. Die Stärke des Zu- bzw. Abflusses in den Speicher lässt sich ab Beobachtungsbeginn näherungsweise durch die Funktion f mit $f(t) = (10t - 3t^2) \cdot e^{-t}$; $t \in [0; 8]$ (t in h, f(t) in $\frac{m^3}{h}$) beschreiben.

a) Zeichnen Sie den Graphen von f mit dem GTR. Wann ist der Zufluss am stärksten?

b) Zu Beobachtungsbeginn befinden sich $5\,m^3$ Wasser im Speicher. Wann ist der Inhalt des Speichers maximal? Wie groß ist dann der Speicherinhalt?

# 6 Die natürliche Logarithmusfunktion

*GTR-Befehl:*
[2nd] [PRGM] *8:DrawInv*

**1** Gegeben ist die natürliche Exponentialfunktion $f: x \mapsto e^x$ mit $x \in \mathbb{R}$.
a) Stellen Sie mit dem GTR den Graphen von f und den Graphen seiner Umkehrfunktion g dar. Begründen Sie, dass sich dabei wieder der Graph einer Funktion ergibt.
b) An welcher Geraden muss der Graph von f gespiegelt werden, um den Graphen von g zu erhalten? Bestimmen Sie $g(e)$, $g(e^2)$ und $g(\sqrt{e})$. Beschreiben Sie die Zuordnung mit Worten.

*Zum Vergleich:*
*$10^x = 1000$,*
*also $x = 3$;*
*allgemein*
*$10^x = y$,*
*also $x = \log_{10}(y)$*
*für $y > 0$*

Die natürliche Exponentialfunktion $f: x \mapsto e^x$ mit $D_f = \mathbb{R}$ und dem Wertebereich $W_f = \mathbb{R}^+$ ist streng monoton steigend, da $f'(x) = e^x > 0$ ist für alle $x \in \mathbb{R}$. Damit gibt es zu jeder vorgegebenen positiven Zahl y genau eine Zahl x mit $e^x = y$. Man sagt in diesem Fall: f ist auf $\mathbb{R}$ umkehrbar. Die Lösung dieser Exponentialgleichung $e^x = y$ wird definiert als $x = \log_e(y)$.
Statt $\log_e$ schreibt man auch kürzer ln (Fig. 1)

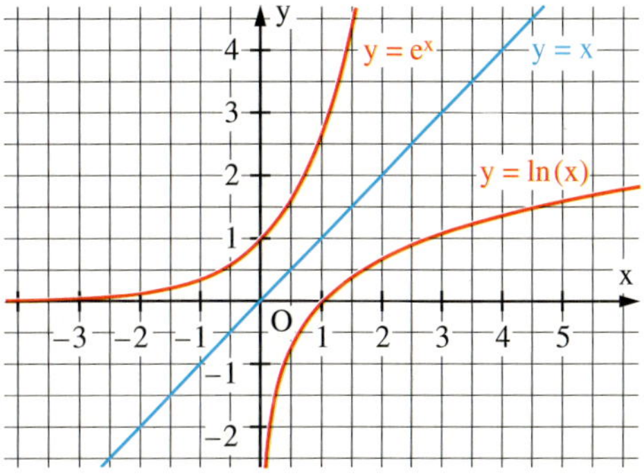

Fig. 1

*$\log_e(x) = \ln(x)$*

**Definition:** In der Exponentialgleichung $e^x = y$ nennt man die Hochzahl x den **natürlichen Logarithmus** von y. Man schreibt $x = \ln(y)$.
Die Funktion $x \mapsto \ln(x)$; $x \in \mathbb{R}^+$ heißt **natürliche Logarithmusfunktion**.

***Kaum zu glauben:*** *Wählt man im Klassenzimmer ein Koordinatensystem so, dass eine Ecke der Ursprung ist, die x-Achse waagerecht entlang der Bodenleiste verläuft und die y-Achse mit der vertikalen Innenkante zusammenfällt, so steigt der Graph der ln-Funktion zwar laufend, erreicht aber eine 3 m hohe Decke erst nach $x = e^{30}$ dm > $10^9$ km.*
*Zum Vergleich:*
*Die Entfernung der Sonne von der Erde beträgt „nur“ $1{,}5 \cdot 10^8$ km.*

Die **Ableitung** der natürlichen Logarithmusfunktion erhält man mithilfe der Kettenregel.
Da $e^x = y$ definitionsgemäß die Lösung $x = \ln(y)$ besitzt, gilt die Gleichung $x = \ln(e^x)$.
Bildet man dazu die Ableitung nach x, so gilt $1 = (\ln(e^x))' = \ln'(e^x) \cdot (e^x)'$.
Setzt man für $e^x$ wieder y ein, so erhält man $1 = \ln'(y) \cdot y$, also aufgelöst $\ln'(y) = \frac{1}{y}$.
Ersetzt man y durch x, so kann man festhalten:

**Satz 1:** Die natürliche Logarithmusfunktion f mit $f(x) = \ln(x)$, $x \in \mathbb{R}^+$, hat die Ableitungsfunktion f′ mit $f'(x) = \frac{1}{x}$.

*Es gilt:*
*f mit $f(x) = x^n$ hat als Stammfunktion die Funktion F mit*
*$F(x) = \frac{1}{n+1}x^{n+1}$.*

*Warum können wir damit **keine** Stammfunktion zu f mit $f(x) = \frac{1}{x}$ angeben?*

Mit Satz 1 ist die natürliche Logarithmusfunktion $x \mapsto \ln(x)$ eine Stammfunktion von f mit $f(x) = \frac{1}{x}$ für $x > 0$. Um auch für $x < 0$ eine Stammfunktion zu finden, betrachtet man die Funktion F mit $F(x) = \ln(-x)$. Ihre Ableitung ist $F'(x) = \frac{1}{-x} \cdot (-1) = \frac{1}{x}$; also ist auch F mit $F(x) = \ln(-x)$, $x < 0$, eine Stammfunktion von f mit $f(x) = \frac{1}{x}$.
Die Fälle $x > 0$ und $x < 0$ können mithilfe der Betragsschreibweise zusammengefasst werden.

**Satz 2:** Die Funktion f mit $f(x) = \frac{1}{x}$ hat für $x > 0$ und $x < 0$ die Stammfunktion F mit $F(x) = \ln(|x|)$.

**Beispiel:** (Flächenberechnung)
Berechnen Sie den Inhalt der Fläche zwischen dem Graphen von f mit $f(x) = \frac{2}{x}$ und der x-Achse über dem Intervall
a) [1; e] b) [–2; –0,5].
Lösung:
a) $A_1 = \int_1^e \frac{2}{x}dx = [2 \cdot \ln(|x|)]_1^e = 2 \cdot (\ln(e) - \ln(1)) = 2$

b) $A_2 = \int_{-2}^{-0,5} \left(0 - \frac{2}{x}\right)dx = [-2 \cdot \ln(|x|)]_{-2}^{-0,5}$
$= -2 \cdot \left(\ln\left(\frac{1}{2}\right) - \ln(2)\right) = -2 \cdot (-\ln(2) - \ln(2))$
$= 4 \cdot \ln(2)$

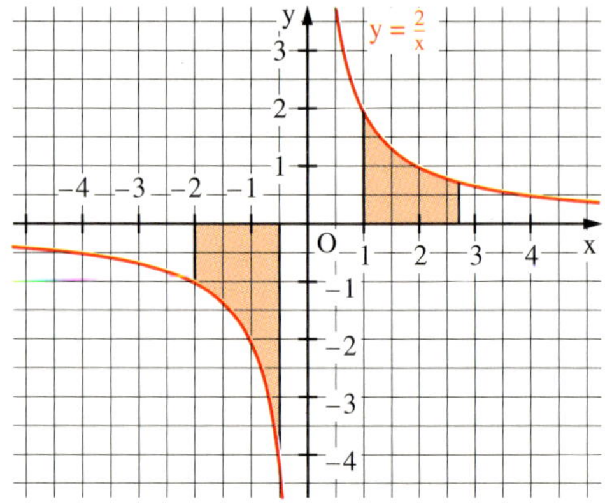

Fig. 1

## Aufgaben

Es gelten auch für den natürlichen Logarithmus die **Logarithmengesetze**:
(1) $\ln(uv) = \ln(u) + \ln(v)$, $(u, v \in \mathbb{R}^+)$
(2) $\ln\left(\frac{u}{v}\right) = \ln(u) - \ln(v)$, $(u, v \in \mathbb{R}^+)$
(3) $\ln(u^k) = k \cdot \ln(u)$, $(u \in \mathbb{R}^+, k \in \mathbb{R})$

**2** Vereinfachen Sie, wenn möglich.
a) $\ln(4e)$ b) $\ln(e^{-1})$ c) $\ln(e^3)$
d) $\ln\left(\sqrt[3]{e}\right)$ e) $\ln(e + e^2)$ f) $\ln(1 - e^3)$
g) $(\ln(e^2))^3$ h) $\ln((e^{-2})^5)$ i) $\ln\left(\frac{5}{e^2}\right)$

**3** Geben Sie für jedes Intervall, auf dem die Funktion f definiert ist, eine Stammfunktion an.

*Achten Sie auf die lineare Substitution!*

a) $f(x) = \frac{4}{x}$ b) $f(x) = \frac{3}{4x}$ c) $f(x) = 1 + \frac{2}{x}$ d) $f(x) = 1 - \frac{5}{2x+3}$
e) $f(x) = \frac{1}{2x} + \frac{2}{2x^2}$ f) $f(x) = -\frac{3}{5x} + \frac{3}{4x^3}$ g) $f(x) = \frac{1}{3x-4}$ h) $f(x) = \frac{1}{x+1} + \frac{1}{4x-1}$

**4** Berechnen Sie das Integral.
a) $\int_{-e}^{-1} \frac{5}{x}dx$ b) $\int_1^e \frac{2x+5}{x}dx$ c) $\int_e^{2e} \frac{x^2-1}{x}dx$ d) $\int_{10}^{100} \left(\frac{1}{x^2} - \frac{1}{x}\right)dx$ e) $\int_1^{10} \frac{x^2+4x+3}{2x}dx$

**5** Gegeben ist die Funktion f mit $f(x) = \frac{e^x}{e^x + 1}$.

*Zusätzlich mit dem GTR: Verschaffen Sie sich einen Überblick über den Graphen von f und überprüfen Sie F.*

a) Zeigen Sie, dass die Funktion F mit $F(x) = \ln(e^x + 1)$ eine Stammfunktion von f ist.
b) Bestimmen Sie für die Funktion g mit $g(x) = \frac{u'(x)}{u(x)}$ mit $u(x) \neq 0$ eine Stammfunktion.

**6** Berechnen Sie den Inhalt der gefärbten Fläche.

a)
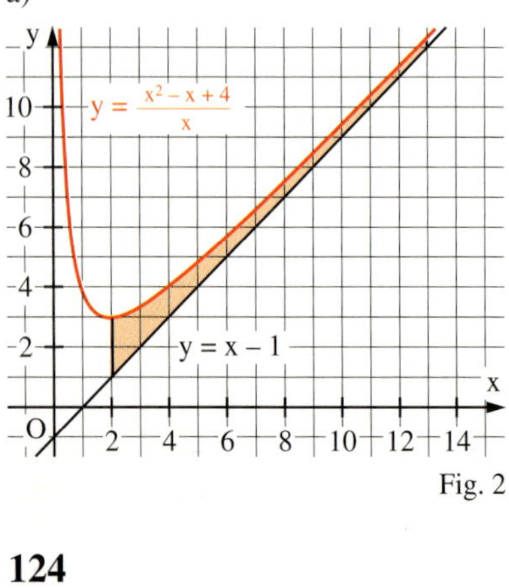

Fig. 2

b)
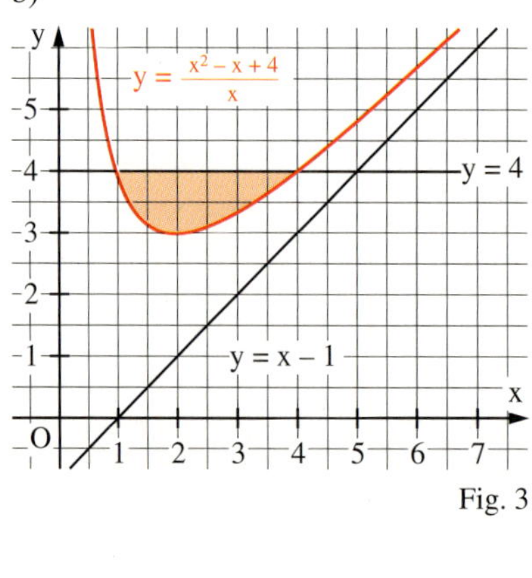

Fig. 3

c)
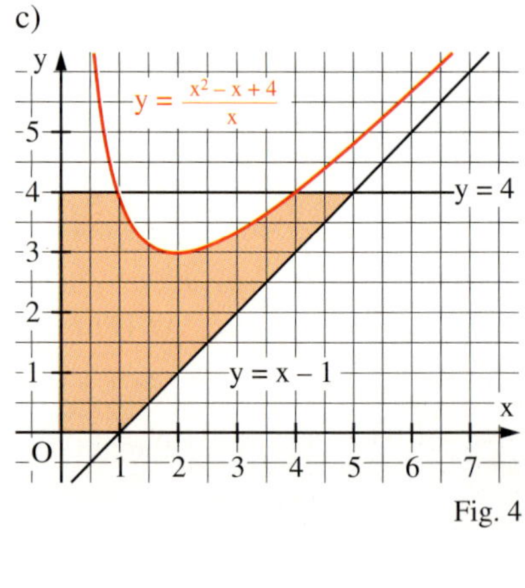

Fig. 4

# 7 Funktionen mit beliebigen Basen, Gleichungen

**1** Die Funktion f mit $f(t) = 929 \cdot e^{0{,}0192t}$, $t \geqq 0$ (t in Jahren, f(t) in Millionen), beschreibt näherungsweise die Bevölkerungsentwicklung Indiens. Dabei entspricht $t = 0$ dem Jahre 1995. Es wird vorausgesetzt, dass sich an diesem Wachstum in den nächsten Jahrzehnten nichts ändert. Berechnen Sie, wann Indien 1,2 Milliarden (doppelt so viele) Einwohner haben wird. Kontrollieren Sie Ihr Ergebnis mit dem GTR auf mindestens zwei verschiedene Arten.

Ist bei der Exponentialfunktion $f: x \mapsto e^x$ ein Funktionswert y gegeben und ist der zugehörige x-Wert gesucht, so ist die **Exponentialgleichung** $e^x = y$ zu lösen. Ihre Lösung ist definitionsgemäß $x = \ln(y)$. Setzt man dies in die Ausgangsgleichung ein („Probe"), so gilt: $e^{\ln(y)} = y$. Entsprechend erhält man $\ln(e^x) = x$. Mithilfe dieses Sachverhaltes kann man Terme vereinfachen und Exponentialgleichungen sowie logarithmische Gleichungen lösen.

**Satz 1:** Für alle $y \in \mathbb{R}^+$ gilt: $e^{\ln(y)} = y$. Für alle $x \in \mathbb{R}$ gilt: $\ln(e^x) = x$.

Mit Satz 1 ist es möglich, jede Exponentialfunktion f mit $f(x) = a^x$ mit der Basis e darzustellen: $a^x = (e^{\ln(a)})^x = e^{x\ln(a)}$.

**Satz 2:** Jede Exponentialfunktion f mit $f(x) = a^x$, $a > 0$, $x \in \mathbb{R}$, ist mithilfe der eulerschen Zahl e als Basis darstellbar. Es gilt: $f(x) = e^{x\ln(a)}$.

*Man könnte auch eine andere Basis verwenden. Bei der Verwendung der Basis e kann allerdings die Ableitung besonders einfach berechnet werden.*

**Beispiel 1:** (Vereinfachungen)
Vereinfachen Sie die folgenden Terme.

a) $e^{2\cdot\ln(4x)}$

b) $\ln\left(\frac{1}{2}e^{3x}\right)$

Lösung:

a) $e^{2\cdot\ln(4x)} = e^{\ln(4x)^2} = (4x)^2 = 16x^2$

b) $\ln\left(\frac{1}{2}e^{3x}\right) = \ln\left(\frac{1}{2}\right) + \ln(e^{3x}) = 3x - \ln(2)$

**Beispiel 2:** (Exponentialgleichung, logarithmische Gleichung)
Bestimmen Sie die Lösung der Gleichung.

a) $2 \cdot e^{2x-3} = e^{-x}$

b) $\ln(5x^2) = 4 \cdot \ln(\sqrt{x}) + 3$, $x > 0$

Lösung:

*Anwendung der Definition*

a) 1. Möglichkeit:

$2 \cdot e^{2x-3} = e^{-x} \quad | \cdot \frac{1}{2}e^x$

$e^{3x-3} = \frac{1}{2}$

$3x - 3 = \ln\left(\frac{1}{2}\right)$

$x = 1 - \frac{1}{3}\ln(2)$; $x \approx 0{,}7690$

*Beidseitiges Logarithmieren bzw. Anwenden der Logarithmengesetze*

2. Möglichkeit:

$\ln(2 \cdot e^{2x-3}) = \ln(e^{-x})$

$\ln(2) + (2x - 3) = -x$

$3x = 3 - \ln(2)$

$x = 1 - \frac{1}{3}\ln(2) \approx 0{,}7690$

b) 1. Möglichkeit:

$\ln(5x^2) = 4 \cdot \ln\left(\sqrt{x}\right) + 3$, $x > 0$

$5x^2 = e^{4\cdot\ln\left(\sqrt{x}\right)+3}$

$5x^2 = e^{\ln(x^2)} \cdot e^3$

$5x^2 = x^2 \cdot e^3$

$(e^3 - 5) \cdot x^2 = 0$

Diese Gleichung hat keine Lösung.

2. Möglichkeit:

$\ln(5) + \ln(x^2) = \ln(x^2) + 3$

$\ln(5) = 3$

Diese Gleichung hat keine Lösung.

*Jede Exponentialfunktion f der Form $f(x) = c \cdot a^x$ lässt sich damit ableiten und integrieren.*

**Beispiel 3:** (Beliebige Basen)
Gegeben ist die Funktion f mit $f(x) = 3^x$. Leiten Sie f ab und geben Sie eine Stammfunktion an.
Lösung:
Umschreiben: $f(x) = (e^{\ln(3)})^x = e^{x\ln(3)}$; Ableitung: $f'(x) = \ln(3) \cdot e^{x\ln(3)} = \ln(3) \cdot 3^x$;
Mögliche Stammfunktion: $F(x) = \frac{1}{\ln(3)} \cdot e^{x\ln(3)} = \frac{1}{\ln(3)} \cdot 3^x$

## Aufgaben

**2** Vereinfachen Sie.
a) $e^{\ln(4)}$ b) $e^{-\ln(2)}$ c) $e^{3\ln(2)}$ d) $\ln\left(\frac{1}{2} \cdot e^3\right)$ e) $\ln\left(\frac{1}{3}\sqrt{e}\right)$ f) $\ln\left(\sqrt{e}^{\,3}\right)$

**3** Zeigen Sie die Gültigkeit der Gleichung.
a) $\frac{\ln(a^r)}{\ln(a^s)} = \frac{r}{s}$ für $a > 0$ b) $a^{\frac{\ln(b)}{\ln(a)}} = b$ für $a > 0,\ b > 0$ c) $a^{\frac{1}{\ln(a)}} = e$ für $a > 0$

**4** Lösen Sie die Gleichung und geben Sie die Lösung auf 4 Dezimalen gerundet an.
a) $e^x = \sqrt{2}$ b) $e^{x^2} = 1000$ c) $e^x(e^x - 2) = 0$ d) $\left(\frac{1}{2}\right)^x = \left(\frac{2}{3}\right)^{x-1}$
e) $2^x = 3$ f) $2^{x-1} - 3^x = 0$ g) $\ln\left(\frac{1}{x}\right) - \ln(x) = 4$ h) $\sqrt{\ln(1-x)} = e$

*Lösen Sie diese Aufgaben zur Kontrolle auch mit dem GTR.*

**5** Bestimmen Sie z.
a) Der Flächeninhalt zwischen dem Graphen von f mit $f(x) = e^{0,5x}$ und der x-Achse über dem Intervall [0; z] ist 1.
b) Die Graphen der Funktion f mit $f(x) = e^{2x}$ und g mit $g(x) = 2^x$ schneiden sich an der Stelle z.
c) Die Steigung des Graphen der Funktion g mit $g(x) = e^{3x+1}$ an der Stelle z ist e.

**6** Bilden Sie die erste Ableitung der Funktion und geben Sie eine Stammfunktion an.
a) $f(x) = 4^x$ b) $f(x) = \left(\frac{2}{3}\right)^x$ c) $f(x) = 2^{x-2}$ d) $f(x) = 0,5^{2x-1}$ e) $f(x) = 2^{3x}$

*Lösen Sie auf mehrere Arten z. B. Solver, Intersect, Tabelle.*

**7** Bestimmen Sie näherungsweise mit dem GTR alle Schnittpunkte der Graphen f und g.
a) $f(x) = e^x$; $g(x) = x + 2$ b) $f(x) = \ln(x)$; $g(x) = \frac{1}{x}$ c) $f(x) = 5 + \ln(x)$; $g(x) = e^x$.

**8** Die Bevölkerungszahl der Länder A und B entwickelt sich gemäß nachfolgender Tabelle.

| Jahr | 1983 | 1988 | 1993 | 1998 | 2003 |
|---|---|---|---|---|---|
| Einwohnerzahl Land A (in Mio.) | 38 | 40,3 | 42,8 | 45,4 | 48,2 |
| Einwohnerzahl Land B (in Mio.) | 71 | 67,2 | 63,6 | 60,1 | 56,9 |

a) Stellen Sie die Bevölkerungsentwicklung der beiden Länder grafisch dar.
b) Zeigen Sie, dass die Einwohnerzahl im Land A um etwa 1,2 % jährlich zunimmt, im Land B hingegen um etwa 1,1 % jährlich abnimmt.
c) Berechnen Sie, wann die beiden Länder jeweils 50 Millionen Einwohner haben.
d) In welchem Jahr nimmt die Einwohnerzahl des Landes A erstmals um 1 Million zu?
e) Wann haben beide Länder gleich viele Einwohner?

**9** Durch starke Sonneneinstrahlung wird in warmen Meeren Öl durch Bakterien relativ rasch zersetzt. Ein Ölteppich der Größe $100\,km^2$ verkleinert sich wöchentlich um etwa 4 %. Wann ist seine Größe auf
a) $50\,km^2$ b) $25\,km^2$ c) $12,5\,km^2$ d) $6,25\,km^2$ e) $100\,m^2$
geschrumpft, wenn von einer gleich bleibenden Abnahme ausgegangen wird?

# 8 Exponentielle Wachstums- und Zerfallsprozesse

**1** In einem Waldstück wird der derzeitige Holzbestand auf 4000 fm (Festmeter) geschätzt. Der Holzzuwachs beträgt momentan 2 % jährlich.
Stellen Sie die zeitliche Entwicklung des Holzbestandes H in der Form $H(t) = c \cdot a^t$ (t in Jahren) dar. Wie lautet die Funktion H in der Form $H(t) = c \cdot e^{k \cdot t}$?

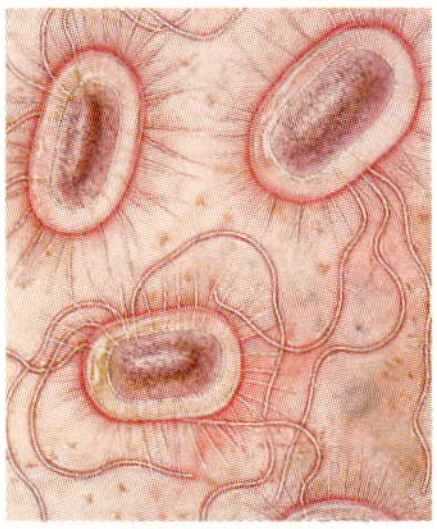

*Escherichia coli, normaler Darmbewohner. Erreger von Harnwegs-infekten, Blutvergiftung, Durchfall und Nieren-versagen*

Die mathematische Nachbildung einer realen Situation nennt man **Modellierung**.

Bei einer Kultur von Coli-Bakterien wird in stündlichen Abständen die Bakterienzahl pro ml Nährlösung bestimmt (Fig. 1). Da in der Tabelle $\frac{f(t+1)}{f(t)} \approx a = 1{,}82 = 1 + \frac{82}{100}$ ist, wächst die Bakterienzahl f(t) bei einem Zeitschritt von 1 h jeweils näherungsweise um den konstanten Faktor a = 1,82 (Wachstumsfaktor).
In jeder Stunde nimmt die Bakterienzahl also um 82 % zu. Damit ist f eine Wachstumsfunktion mit dem Funktionsterm $f(t) = c \cdot a^t$, $c = f(0) = 80$ Millionen und $a = 1{,}82$. Stellt man die Wachstumsfunktion als Funktion f mit $f(t) = c \cdot e^{kt}$ dar, so erhält man mit $k = \ln(a)$ den Funktionsterm $f(t) = 80 \cdot e^{\ln(1{,}82) \cdot t}$ (vgl. Seite 111).

| Zeit t (in h) | Bakterienzahl f(t) (in Mio) | $\frac{f(t+1)}{f(t)}$ |
|---|---|---|
| 0 | 80,0 | |
| | | 1,824 |
| 1 | 145,9 | |
| | | 1,826 |
| 2 | 266,4 | |
| | | 1,811 |
| 3 | 482,4 | |
| | | 1,815 |
| 4 | 875,7 | |
| | | 1,825 |
| 5 | 1597,8 | |
| | gemittelt: a = 1,82 | |

Fig. 1

Exponentielle Wachstums- oder Zerfallsprozess können durch eine Funktion f mit $f(t) = c \cdot a^t$ bzw. $f(t) = c \cdot e^{kt}$ mit $k = \ln(a)$ beschrieben werden.
Dabei ist $c \in \mathbb{R}$ der Bestand zum Zeitpunkt $t = 0$, f(t) der Bestand zum Zeitpunkt t und a der Wachstumsfaktor.
Für $k > 0$ heißt k Wachstumskonstante und f Wachstumsfunktion.
Für $k < 0$ heißt k Zerfallskonstante und f Zerfallsfunktion.

**Beispiel 1:** (Bestimmung einer Zerfallsfunktion)
Zur Untersuchung der Langzeitwirkung eines Medikamentes wurde einer Versuchsperson eine Dosis von 70 mg verabreicht und im täglichen Abstand die Konzentration des Medikamentes im Blut gemessen.

| Zeit t (in Tagen) | 0 | 1 | 2 | 3 | 4 | 5 |
|---|---|---|---|---|---|---|
| Konzentration $\left(\text{in } \frac{mg}{l}\right)$ | 10 | 7,20 | 5,18 | 3,72 | 2,68 | 1,93 |

a) Weisen Sie nach, dass es sich im angegebenen Zeitraum um exponentielles Fallen handelt. Bestimmen Sie die Zerfallskonstante und die Zerfallsfunktion.
b) Nach wie vielen Tagen sinkt die Konzentration erstmals unter $0{,}5 \frac{mg}{l}$?
Lösung:
a) Der Quotient aufeinander folgender Konzentrationen des Medikamentes ergibt gemittelt den Wachstumsfaktor $a = 0{,}72$. Daher kann in guter Näherung von einem exponentiellen Zerfall ausgegangen werden. Die Zerfallskonstante ist $k = \ln(a) = \ln(0{,}72) \approx -0{,}3285$. Mit der Anfangskonzentration 10 erhält man die Zerfallsfunktion f mit $f(t) = 10 \cdot e^{-0{,}3285 \cdot t}$.
b) Aus $10 \cdot e^{-0{,}3285 \cdot t} = 0{,}5$ erhält man $e^{-0{,}3285 \cdot t} = 0{,}05$ und hieraus $t = \frac{\ln(0{,}05)}{-0{,}3285} \approx 9{,}12$.
Am zehnten Tag sinkt die Konzentration erstmals unter $0{,}5 \frac{mg}{l}$.

| *Konzentration f (in mg/l)* | $\frac{f(t+1)}{f(t)}$ |
|---|---|
| *10* | |
| | *0,720* |
| *7,20* | |
| | *0,7194* |
| *5,18* | |
| | *0,7181* |
| *3,72* | |
| | *0,7204* |
| *2,68* | |
| | *0,7201* |
| *1,93* | |

*gemittelt: a = 0,72*

*Das in der Natur vorkommende Radon wird teilweise zu therapeutischen Zwecken benutzt.*

| *Masse f (in mg)* | $\frac{f(t+30)}{f(t)}$ |
|---|---|
| *400* | |
| | *0,6850* |
| *274* | |
| | *0,6854* |
| *187,8* | |
| | *0,6853* |
| *128,7* | |
| | *0,6853* |
| *88,2* | |
| | *0,6848* |
| *60,4* | |
| | *0,6854* |
| *41,4* | |

*gemittelt: a = 0,685*

*Anderer Zeitschritt*
*⇒ anderer Wachstumsfaktor a*
*⇒ andere Wachstumskonstante k*

**Beispiel 2:** (Zerfallsfunktion mit größerem Zeitschritt)
Bei einem Experiment zum radioaktiven Zerfall von Radon 220 misst man zu Beginn der Beobachtung eine Masse von 400 mg. Alle 30 s wird die Masse neu bestimmt.

| Zeit t (in s) | 0 | 30 | 60 | 90 | 120 | 150 | 180 |
|---|---|---|---|---|---|---|---|
| Masse (in mg) | 400 | 274 | 187,8 | 128,7 | 88,2 | 60,4 | 41,4 |

a) Begründen Sie, dass man im angegebenen Zeitraum von einem exponentiellen Zerfallsprozess ausgehen kann. Geben Sie den Wachstumsfaktor a für den Zeitschritt 30 s und die zugehörige Zerfallsfunktion an.
b) Bestimmen Sie neben der Zerfallsfunktion auch die Zerfallskonstante zum Zeitschritt 1 s.
Lösung:
a) Der Quotient aufeinander folgender Messungen der noch vorhandenen Masse liefert gemittelt und gerundet den konstanten Wachstumsfaktor $a = 0{,}685$. Die Zerfallskonstante zum Zeitschritt 30 s ist damit $k^* = \ln(a) = \ln(0{,}685) \approx -0{,}3783$. Die Zerfallsfunktion lautet also f mit $f(t^*) = 400 \cdot e^{-0{,}3783 \cdot t^*}$ (t* gemessen in Zeitschritten von jeweils 30 s).
b) Da ein Zeitschritt 1 für t* einer Zeitdauer von t = 30 s entspricht, folgt $t^* = \frac{1}{30} \cdot t$.
Damit gilt $e^{-0{,}3783 \cdot t^*} = e^{-0{,}3783 \cdot \frac{1}{30} t} = e^{-\frac{0{,}3783}{30} \cdot t} = e^{-0{,}01261 \cdot t}$. Hiermit ist die Zerfallsfunktion $f(t) = 400 \cdot e^{-0{,}01261 \cdot t}$ (t in s) und die Zerfallskonstante $k = \frac{k^*}{30} = \frac{\ln(0{,}685)}{30} \approx -0{,}0126$.

## Aufgaben

**2** Ein Kapital von 20 000 Euro wird mit einem Zinssatz von 5 % jährlich verzinst.
a) Geben Sie die Funktion an, welche die zeitliche Entwicklung des Kapitals beschreibt.
b) Bestimmen Sie das Kapital nach 1; 2; 5; 10 und 20 Jahren.
c) Vor wie vielen Jahren betrug das Kapital bei gleichem Zinssatz 15 000 Euro?
d) In welchem Jahr nimmt das Kapital erstmals um 5000 Euro zu?

**3** Eine Internetbank hatte im Jahr 2000 eine jährliche Bilanzsumme von 300 Millionen Euro. Für das Jahr 2001 werden bereits 375 Millionen Euro erwartet.
a) Um wie viel Prozent stieg die Bilanzsumme innerhalb eines Jahres?
b) Welche Bilanzsumme erwartet die Bank bei gleich bleibendem prozentualem Wachstum in den nächsten 3 Jahren?
c) Wann übersteigt die Bilanzsumme voraussichtlich 650 Mio. Euro?

*ROBERT KOCH (1843–1910) entdeckte u. a. 1882 das Tuberkulosebakterium, 1883 den Choleraerreger. Er war der Hauptbegründer der modernen Bakteriologie. 1905 erhielt er den Nobelpreis für Medizin.*

**4** Bei einer Bakterienkultur wird die Anzahl der Bakterien stündlich bestimmt.

| Zeit t (in h) | 0 | 1 | 2 | 3 | 4 | 5 | 6 |
|---|---|---|---|---|---|---|---|
| Bakterienzahl (in Mio.) | 7,1 | 7,7 | 8,3 | 9,0 | 9,7 | 10,5 | 11,3 |

a) Begründen Sie, dass im angegebenen Zeitraum von einem exponentiellen Wachstum der Bakterienzahl ausgegangen werden kann.
b) Bestimmen Sie die Wachstumskonstante k und die Wachstumsfunktion f.
c) Wie viele Baktieren sind es nach 2,5 h, wie viele eine Stunde vor Beobachtungsbeginn?

**5** Cholera wird durch den Bazillus *Vibrio cholerae* hervorgerufen. Zu Beginn eines Experimentes wird eine Kolonie von 400 Bazillen in eine Nährlösung gebracht. Zwei Stunden später zählt man bereits 30 000. Es wird von einer exponentiellen Vermehrung ausgegangen.
a) Bestimmen Sie die zugehörige Wachstumsfunktion zum Zeitschritt 2 Stunden.
b) Wie lautet die Wachstumskonstante und die Wachstumsfunktion zum Zeitschritt 1 h bzw. zum Zeitschritt 1 min? Wie viele Bakterien erhält man jeweils nach 30 Minuten?

**6** Eine Vakuumpumpe soll angeblich den Luftdruck in einem Testraum pro Sekunde um 4 % senken. Bei einer Überprüfung senkte sich der Luftdruck in dem Raum innerhalb von 2 Minuten auf 50 % des ursprünglichen Wertes. Arbeitet die Pumpe normal?

**7** Mexiko hatte zu Beginn des Jahres 1990 nach einer Volkszählung 84,4 Millionen Einwohner. Im Jahr 2000 waren es 100,4 Millionen. Es wird von einer exponentiellen Vermehrung der Bevölkerung ausgegangen.

*Zum Vergleich: Deutschland:*

| *Jahr* | *1990* | *2000* |
|---|---|---|
| *Einwohner (in Mio.)* | *79,4* | *82,8* |

a) Bestimmen Sie jeweils die Wachstumskonstante zu den Zeitschritten 1; 5 bzw. 10 Jahre.
b) Berechnen Sie die Einwohnerzahlen für die Jahre 2001 bis 2005.
c) Wie viele Einwohner hat Mexiko bei gleich bleibendem Wachstum im Jahr 2010? Wann wird die Einwohnerzahl von 120 Millionen voraussichtlich überschritten?
d) Wann wird Mexiko doppelt so viele Einwohner wie Deutschland haben?

**8** Dringt Licht in Wasser ein, so verliert es mit zunehmender Wassertiefe durch Absorption an Intensität. In reinem Meerwasser nimmt die Lichtintensität pro Meter auf etwa $\frac{1}{4}$ des bis dahin verbliebenen Wertes ab.
a) Wie viel Prozent der ursprünglichen Intensität sind in 1 m, 2 m bzw. 3 m Wassertiefe noch vorhanden?
b) In welcher Wassertiefe beträgt die Lichtintensität weniger als 1 ‰ der ursprünglichen Intensität?

**9** Eine Population von Insekten wurde in den letzten Jahren jeweils am 1. Januar gezählt (Fig. 1).
a) Untersuchen Sie, ob man in diesem Zeitraum von einer exponentiellen Abnahme ausgehen kann.
b) Wann werden nur noch 10 % der heutigen Population vorhanden sein?

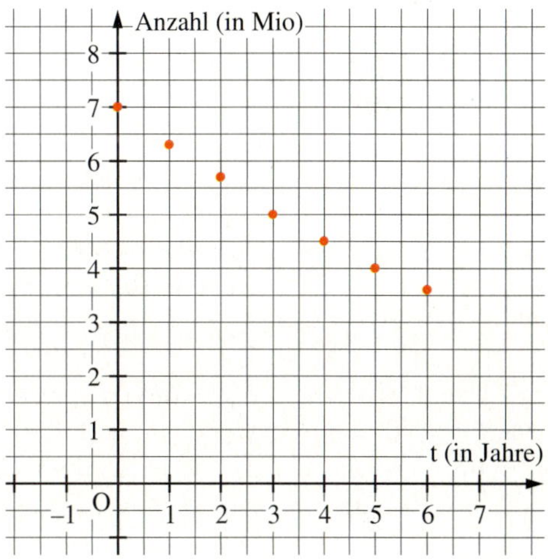

Fig. 1

**10** Bei einem radioaktiven Zerfall gilt für die Masse m der zerfallenden Substanz $m(t) = e^{kt+b}$ (m(t) in g, t in Tagen nach Beobachtungsbeginn).
a) Bestimmen Sie k und b, wenn zu Beginn der Beobachtung 20 g und nach 21 Tagen nur noch 2,5 g dieser Substanz vorhanden sind.
b) Nach wie vielen Tagen sind nur noch 1 % bzw. 1 ‰ der ursprünglichen Masse vorhanden?
c) Weisen Sie nach, dass von der zu einem beliebigen Zeitpunkt vorhandenen Masse dieser radioaktiven Substanz nach 14 Tagen $\frac{3}{4}$ zerfallen ist.

***Das tödlichste Produkt***

*In der Bundesrepublik Deutschland sterben jährlich etwa 110 000 Menschen an den Folgen des Tabakkonsums.*

*oder*

*Alle 5 Minuten stirbt in Deutschland ein Mensch an den Folgen des Rauchens.*

**11** Das relative Risiko von Rauchern, die mindestens 20 Zigaretten pro Tag rauchen, an Lungenkrebs zu erkranken, wurde in einer medizinischen Studie untersucht.

| Jahre seit Beenden des Rauchens | 0 | 2 | 4 | 6 | 8 | 10 | 12 |
|---|---|---|---|---|---|---|---|
| Relatives Risiko in % | 38 | 30 | 22 | 17 | 13 | 10 | 7,7 |

a) Welches Risiko, an Lungenkrebs zu erkranken, lässt sich für einen Raucher aus der Tabelle ablesen (zum Vergleich: Nie-Raucher: etwa 1 %)? Was bedeutet „relatives Risiko“?
b) Begründen Sie, dass das Lungenkrebsrisiko exponentiell mit den Jahren seit Beenden des Rauchens abnimmt und geben Sie die Zerfallsfunktion zum Zeitschritt 2 Jahre an. Wie lautet die Zerfallsfunktion zum Zeitschritt 1 Jahr?

# 9 Halbwerts- und Verdoppelungszeit

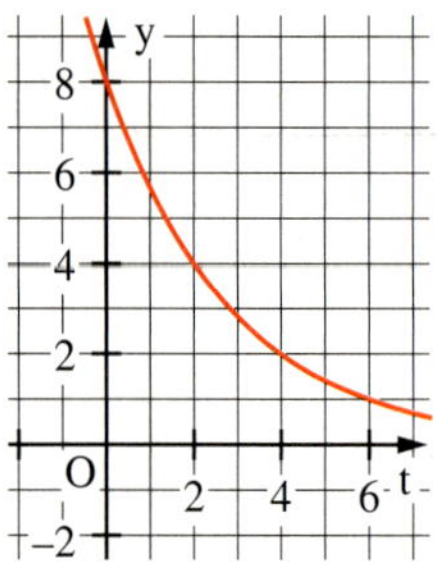

Fig. 1

**1** Um wie viel Prozent vergrößert sich bei der Wachstumsfunktion f mit $f(t) = 100 \cdot e^{0,2 \cdot t}$ der Funktionswert, wenn t um 1 zunimmt?

**2** Fig. 1 zeigt den Graphen einer Zerfallsfunktion. Lesen Sie aus dem Graphen ab, innerhalb welcher Zeitspanne sich der Bestand jeweils halbiert.

Mit der Wachstums- bzw. Zerfallskonstanten k verbindet man keine direkte anschauliche Vorstellung. Meist wird deshalb z. B. das Wachstum durch die prozentuale Zunahme p pro Zeitschritt angegeben.
Aus $f(t+1) = a \cdot f(t) = f(t) + \frac{p}{100} \cdot f(t) = \left(1 + \frac{p}{100}\right) \cdot f(t)$ folgt $a = 1 + \frac{p}{100}$.
Mit $k = \ln(a)$ ergibt sich $k = \ln\left(1 + \frac{p}{100}\right)$.
Löst man diese Gleichung nach p auf, so erhält man $p = 100 \cdot (e^k - 1)$.
Bei einem Zerfallsprozess mit der prozentualen Abnahme p pro Zeitschritt ergibt sich:
$k = \ln\left(1 - \frac{p}{100}\right)$ bzw. $p = 100 \cdot (1 - e^k)$.

Eine für Wachstums- bzw. Zerfallsprozesse charakteristische Größe ist die so genannte Verdoppelungszeit $T_V$ bzw. die Halbwertszeit $T_H$, d. h. die Zeit, in der sich ein Bestand jeweils verdoppelt bzw. halbiert.
Die Halbwertszeit $T_H$ eines Zerfalls berechnet man folgendermaßen:
Aus $f(t + T_H) = \frac{1}{2} \cdot f(t)$ folgt mit $f(t) = c \cdot e^{k \cdot t}$ die Gleichung $c \cdot e^{k \cdot (t + T_H)} = \frac{1}{2} \cdot c \cdot e^{k \cdot t}$ oder $c \cdot e^{k \cdot t} \cdot e^{k \cdot T_H} = \frac{1}{2} \cdot c \cdot e^{k \cdot t}$. Hieraus erhält man $e^{k \cdot T_H} = \frac{1}{2}$, also $T_H = \frac{\ln\left(\frac{1}{2}\right)}{k} = -\frac{\ln(2)}{k}$.

Wird ein exponentieller Wachstums- oder Zerfallprozess durch eine Funktion f mit $f(t) = c \cdot e^{k \cdot t}$, $c > 0$, beschrieben, und ist p $(p > 0)$ die prozentuale Zu- bzw. Abnahme pro Zeitschritt, so gilt:

| | | | |
|---|---|---|---|
| **Wachstumskonstante:** | $k = \ln\left(1 + \frac{p}{100}\right)$ | **Verdoppelungszeit:** | $T_V = \frac{\ln(2)}{k}$ |
| **Zerfallskonstante:** | $k = \ln\left(1 - \frac{p}{100}\right)$ | **Halbwertszeit:** | $T_H = -\frac{\ln(2)}{k}$ |

*$k > 0$: Wachstum*

*$k < 0$: Zerfall*

**Beispiel:** (Zusammenhang zwischen p, k und $T_H$)
Von dem radioaktivem Element Cäsium 137 zerfallen innerhalb eines Jahres etwa 2,3 % seiner Masse.
a) Bestimmen Sie die zugehörige Zerfallskonstante k und die Halbwertszeit $T_H$.
b) Nach welcher Zeit sind mindestens 90 % zerfallen?
Lösung:
a) Aus $p = \frac{2,3}{100}$ und $k = \ln\left(1 - \frac{2,3}{100}\right) \approx -0,02327$ folgt $T_H = -\frac{\ln(2)}{-0,02327} \approx 29,79$.
b) Der Zerfall kann durch die Funktion f mit $f(t) = f(0) \cdot e^{-0,02327 \cdot t}$ beschrieben werden.
Da 10 % = 0,1 der Stoffmenge noch strahlen sollen, erhält man $f(t) = 0,1 \cdot f(0)$ oder $e^{-0,02327 \cdot t} = 0,1$. Daraus ergibt sich $t = -\frac{\ln(0,1)}{-0,02327} \approx 98,95$.
Bei einer Halbwertszeit von etwa 30 Jahren sind nach rund 99 Jahren mindestens 90 % der Ausgangsmenge zerfallen.

*Beim Kernreaktorunfall in Tschernobyl (1986) wurden u. a große Mengen Cäsium freigesetzt.*

## Aufgaben

| | k | p | $T_H$ | $T_V$ |
|---|---|---|---|---|
| a) | 0,4 | | | |
| b) | | 2,5 | | |
| c) | –0,2 | | | |
| d) | | | 20 | |
| e) | | 15 | | |
| f) | | | | 340 |

Fig. 1

**3** Berechnen Sie in Fig. 1 jeweils die fehlenden Werte für einen Wachstums- bzw. Zerfallsprozess f mit $f(t) = c \cdot e^{kt}$ (Fig. 1).

**4** a) Ein Auto verliert pro Jahr etwa 15 % an Wert. In welchem Zeitraum sinkt der derzeitige Wert eines Autos auf die Hälfte?
b) Ein Kapital verdoppelt sich in 12 Jahren. Welcher jährliche Zinssatz liegt zugrunde?

**5** Plutonium 239 ($^{239}_{94}Pu$) hat eine Halbwertszeit von 24 400 Jahren.
a) In einem Zwischenlager für radioaktiven Abfall ist 20 kg Plutonium eingelagert. Welche Menge war es vor 10 Jahren, welche wird es in 100 Jahren noch sein?
b) Wie viel Prozent einer Menge Plutoniums sind nach $10^3$; $10^4$; $10^5$ Jahren noch vorhanden?
c) Wie lange dauert es, bis 10 % (90 %; 99 %) zerfallen sind?

**6** Indien hatte zu Beginn des Jahres 2000 nach Schätzungen etwa 1 Milliarde Einwohner. Es wird angenommen, dass das jährliche Bevölkerungswachstum für die nächsten 10 Jahre 1,4 % betragen wird.
a) Wie viele Einwohner hat Indien voraussichtlich im Jahr 2010? Wann würde bei gleich bleibendem Wachstum die Einwohnerzahl von 1,5 Milliarden überschritten?
b) Welche Verdoppelungszeit für die Bevölkerungszahl berechnet man bei gleich bleibendem Wachstum? Ist dies realistisch?

*Für kleine p gilt:*
$k \approx \frac{p}{100}$

***Faustformel:*** *(p klein)*
*Bei einem jährlichen Zinssatz von p % verdoppelt sich ein Kapital in etwa $\frac{70}{p}$ Jahren.*

**7** a) Bestätigen Sie, dass bei Wachstums- und Zerfallsfunktionen $k \approx \frac{p}{100}$ für kleine Werte von p gilt. Berechnen Sie hierzu für $p = 0{,}5; 1; 2; 5; 10; 15; 20$ jeweils die zugehörige Wachstums- und Zerfallskonstante.
b) Begründen Sie mit a) für kleine Werte von p die Faustformel $p \cdot T_H \approx 70$.
c) In welcher Zeit halbiert sich die Kaufkraft einer Währung bei 2 % Inflation jährlich nach der Faustformel?

**8** Beim radioaktiven Zerfall einer Substanz gilt für die Masse m der noch nicht zerfallenen Substanz $m(t) = 200 \cdot e^{kt}$ (m(t) in mg, t in Stunden).
a) Berechnen Sie die Zerfallskonstante k, wenn die Halbwertszeit für diesen Zerfall 6 Stunden beträgt.
b) Welche Masse ist nach 24 Stunden bereits zerfallen?
c) Welcher Teil der Anfangsmasse ist nach der Zeit $T = n \cdot T_H$ mit $n \in \mathbb{N}$ noch vorhanden?

**9** Ein radioaktiver Stoff S entsteht erst als Zerfallsprodukt einer anderen Substanz. Für die Masse m(t) von S gilt $m(t) = 200 \cdot e^{ct}(1 - e^{-t})$ (m(t) in mg, t in Stunden).
a) Welche Menge ist von dem Stoff S am Beobachtungsbeginn (t = 0) vorhanden?
b) Bestimmen Sie c, wenn zwei Stunden nach Beobachtungsbeginn 63,62 mg von S vorhanden sind.
c) Zu welchem Zeitpunkt wird die größte Masse der Substanz S gemessen?

**10** In einem Zeitungsbericht ist zu lesen, dass sich die Weltbevölkerung – wenn die derzeitige Entwicklung anhalte – im Jahre 2010 innerhalb von 11 Monaten um die Einwohnerzahl der Bundesrepublik (80 Millionen) vermehren werde. Nach den Ermittlungen der Vereinten Nationen nimmt die Weltbevölkerung derzeit jährlich um etwa 1,26 % zu.
a) Welche Bevölkerungszahl ergibt sich aus diesen Angaben für das Jahr 2010?
b) Wie lange dauerte es im Jahr 2000, bis die Weltbevölkerung um 80 Millionen zugenommen hatte? Wann wird die Weltbevölkerung erstmals innerhalb von 9 Monaten um 80 Millionen zunehmen?

# 10 Untersuchung von Exponentialfunktionen

**1** Gegeben sind die Funktionen f und g mit $f(x) = x^n$, $n \in \mathbb{N}^*$ und $g(x) = e^x$. Untersuchen Sie mit dem GTR für verschiedene Werte von n das Verhalten von $f \cdot g$, $\frac{f}{g}$, $f - g$ für $x \to \pm\infty$. Welche Vermutungen können Sie aufstellen?

Mithilfe einer Funktionsuntersuchung ist es möglich, genaue Aussagen über die Funktion und über den Verlauf ihres Graphen zu erhalten. Bevor die dabei angewendete Vorgehensweise an einem Beispiel durchgeführt wird, wird das Verhalten von Exponentialfunktionen für $|x| \to \infty$ näher betrachtet.

*Xscal = 1; Yscal = 1*

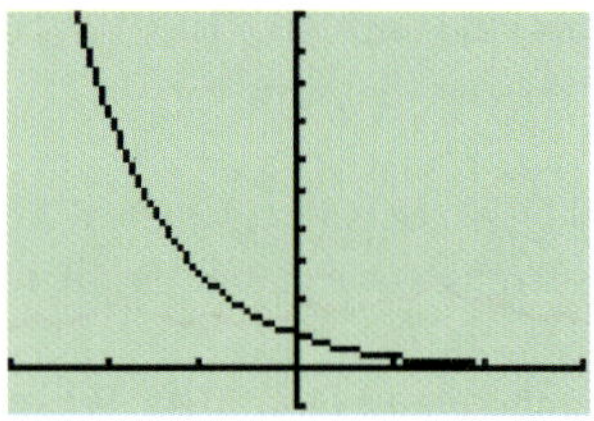

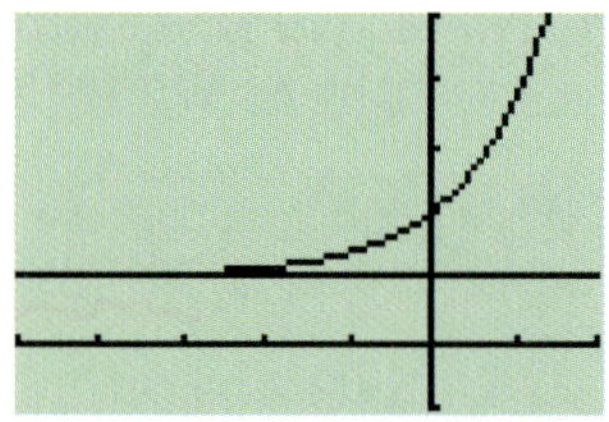

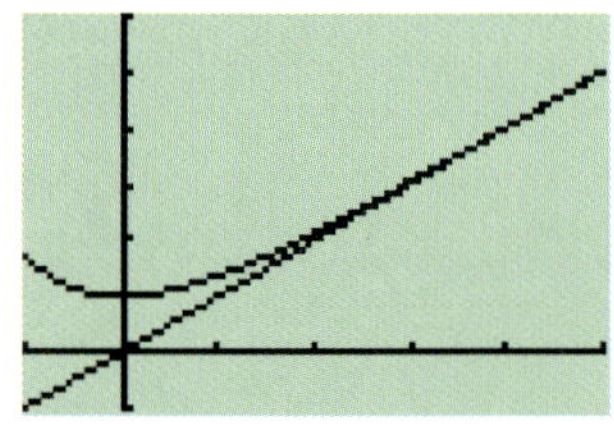

Der Graph der Funktion f mit $f(x) = e^{-x}$ nähert sich für $x \to \infty$ der x-Achse immer mehr an.

Die Gerade mit der Gleichung $y = 0$ ist eine waagerechte Asymptote für $x \to \infty$.

Der Graph der Funktion g mit $g(x) = 1 + e^x$ nähert sich für $x \to -\infty$ der Geraden mit der Gleichung $y = 1$ immer mehr an.

Die Gerade mit der Gleichung $y = 1$ ist eine waagerechte Asymptote für $x \to -\infty$.

Der Graph der Funktion h mit $h(x) = x + e^{-x}$ nähert sich für $x \to \infty$ der Geraden mit der Gleichung $y = x$ immer mehr an.

Die Gerade mit der Gleichung $y = x$ ist eine schiefe Asymptote für $x \to \infty$.

*Eine Gerade mit der Gleichung $y = ax + b$ ist Asymptote des Graphen der Funktion f für $x \to \infty$, wenn $f(x) - (ax + b) \to 0$ für $x \to \infty$.*

*Untersuchen Sie mit dem GTR für einige $n \in \mathbb{N}^*$ das Verhalten für $x \to -\infty$. Stellen Sie eine Regel auf.*

Untersucht man Funktionen wie $x \mapsto x^n \cdot e^{-x}$, $n \in \mathbb{N}^*$, so lässt sich das Verhalten für $x \to +\infty$ nicht ohne Weiteres beurteilen, da mit wachsendem x der erste Faktor gegen unendlich, der zweite aber gegen null strebt. Bei der Funktion $x \mapsto e^x - x^n$, $n \in \mathbb{N}^*$, gehen für $x \to +\infty$ beide Summanden gegen unendlich. Man kann zeigen, dass für $n \in \mathbb{N}$ gilt:

$$\mathbf{x^n \cdot e^{-x} \to 0} \text{ für } x \to +\infty, \qquad \mathbf{e^x - x^n \to +\infty} \text{ für } x \to +\infty.$$

Ist nicht nur eine einzige Funktion f, sondern eine Funktionenschar $f_t$ mit dem Parameter t gegeben, sind häufig die Koordinaten bestimmter Punkte $P_t$ (z. B. Extrem- oder Wendepunkte) von t abhängig. Durchläuft t alle zugelassenen Werte, so bilden die Punkte $P_t$ eine Kurve. Diese Kurve heißt **Ortslinie**, **Ortskurve** oder **geometrischer Ort** der Punkte $P_t$. Die zugehörige Gleichung ergibt sich, indem man t aus den beiden Gleichungen $x = x(t)$ und $y = y(t)$ eliminiert.

**Beispiel 1:** (Verhalten für $|x| \mapsto \infty$, Asymptoten)
Untersuchen Sie das Verhalten der Funktion f für $x \to \infty$ und $x \to -\infty$ und geben Sie die Gleichung der Asymptote an.

a) $f(x) = 4 - 3e^{-x}$ b) $f(x) = \frac{x^3}{e^x} + 5$

Lösung:

a) Für $x \to \infty$ folgt $e^{-x} \to 0$ und damit $f(x) \to 4$; für $x \to -\infty$ folgt $e^{-x} \to \infty$ und damit $f(x) \to -\infty$. Die Gleichung der Asymptote für $x \to \infty$ lautet $y = 4$.

b) Es gilt: $f(x) = x^3 \cdot e^{-x} + 5$; für $x \to \infty$ folgt $x^3 \cdot e^{-x} \to 0$ und $f(x) \to 5$; für $x \to -\infty$ folgt $x^3 \cdot e^{-x} \to -\infty$ und $f(x) \to -\infty$. Die Gleichung der Asymptote für $x \to \infty$ lautet $y = 5$.

***Untersuchung ohne GTR:***
*Vorteile:*
*+ Ergebnisse sind mathematisch exakt*
*+ sichere Aussagen zu wesentlichen Eigenschaften des Graphen*

*Nachteile:*
*– Überblick über den Graphen erst spät*
*– teilweise aufwändige Berechnungen*
*– anfällig für Rechenfehler*

**Beispiel 2:** (Untersuchung einer Funktion ohne GTR)
Untersuchen Sie den Graphen der Funktion f mit $f(x) = 8x \cdot e^{-x}$ mit $D_f = \mathbb{R}$.

Hinweise:

**1. Symmetrie:**
Zum Ursprung: $f(-x) = -f(x)$ für alle $x \in D_f$
zur y-Achse: $f(-x) = f(x)$ für alle $x \in D_f$

**2. Schnittpunkte mit den Achsen:**
$x_0 \in D_f$ mit $f(x_0) = 0$;
Schnittpunkt mit der y-Achse: $S_y(0|f(0))$

*Soll der Graph einer gegebenen Funktion **ohne GTR** „untersucht“ werden, so sind bei Exponentialfunktionen in der Regel die Punkte 1. bis 7. gemeint.*

**3. Verhalten für $|x| \to \infty$:**
$e^{-x} \to 0$ für $x \to +\infty$,
$e^{-x} \to \infty$ für $x \to -\infty$,
$x^n \cdot e^{-x} \to 0$ für $x \to +\infty$

*Höhere Ableitungen ermittelt man nur dann, soweit diese von der Fragestellung unumgänglich sind.*

**4. Ableitungen:**
Auf Ableitungsregeln achten.
Der Funktionsterm ist ein Produkt, also muss die Produktregel verwendet werden.

**5. Extrempunkte:**
Notwendige Bedingung: $f'(x_0) = 0$
Hinreichende Bedingung:
VZW von $f'(x)$ bei $x_0$
oder
$f'(x_0) = 0$; $f''(x_0) > 0$: lokales Minimum,
$f'(x_0) = 0$; $f''(x_0) < 0$: lokales Maximum.

*__Beachten Sie:__ Man käme auch ohne die 3. Ableitung aus, da $f''(x) = 8(x-2) \cdot e^{-x}$ beim Durchgang durch $x_3 = 2$ das Vorzeichen von – nach + wechselt.*

**6. Wendepunkte:**
Notwendige Bedingung: $f''(x_0) = 0$
Hinreichende Bedingung:
VZW von $f''(x)$ bei $x_0$ oder
$f''(x_0) = 0$ und $f'''(x_0) \neq 0$.

**7. Graph:**
Ergebnisse:
Der Graph von f zeigt keine Symmetrie; die x-Achse ist waagerechte Asymptote für $x \to +\infty$.
Besondere Punkte:
Schnittpunkt mit den Achsen: $N(0|0)$
Hochpunkt: $H\left(1\middle|\frac{8}{e}\right) \approx (1|2{,}94)$
Wendepunkt: $W\left(2\middle|\frac{16}{e^2}\right) \approx (2|2{,}17)$

Lösung:

1. Symmetrie:
$f(-x) = 8 \cdot (-x) \cdot e^{x}$ stimmt weder mit $f(x)$ noch mit $-f(x)$ überein, also ist der Graph von f weder achsensymmetrisch zur y-Achse noch punktsymmetrisch zum Ursprung.

2. Schnittpunkte mit den Achsen:
$8 \cdot x \cdot e^{-x} = 0$, also $x_1 = 0$, da $e^{-x} > 0$ für alle $x \in \mathbb{R}$. Also ist $N(0|0)$ einziger Schnittpunkt mit der x-Achse. Wegen $f(0) = 0$ ist N auch Schnittpunkt mit der y-Achse.

3. Verhalten für $|x| \to \infty$:
Für $x \to -\infty$: $8x \cdot e^{-x} \to -\infty$.
Für $x \to +\infty$ gilt: $8x \cdot e^{-x} \to 0$, also ist die x-Achse waagerechte Asymptote für $x \to +\infty$.

4. Ableitungen:
$f'(x) = 8(1-x) \cdot e^{-x}$;
$f''(x) = 8(x-2) \cdot e^{-x}$;
$f'''(x) = 8(3-x) \cdot e^{-x}$

*Wie sieht $f^{(n)}(x)$ aus?*

5. Extrempunkte:
$f'(x) = 0$ liefert $x_2 = 1$ als einzige mögliche Extremstelle.
Es ist $f''(x_2) = -8 \cdot e^{-1} < 0$ und $f(x_2) = \frac{8}{e}$.
Daher ist $H\left(1\middle|\frac{8}{e}\right)$ Hochpunkt.

6. Wendepunkte:
$f''(x) = 0$ ergibt $x_3 = 2$ als einzig mögliche Wendestelle. Es ist $f'''(x_3) = 8 \cdot e^{-2} \neq 0$ und $f(x_3) = \frac{16}{e^2}$. Daher ist $W\left(2\middle|\frac{16}{e^2}\right)$ Wendepunkt.

7. Graph: Fig. 1

Fig. 1

*Untersuchung mit dem GTR:*
*Vorteile:*
*+ schneller Überblick*
*+ keine aufwändigen Berechnungen*
*+ Ableitungen müssen nicht ermittelt werden*

*Nachteile:*
*– keine Sicherheit, ob z. B. alle wesentlichen Punkte bestimmt sind.*
*– mathematisch korrekte Nachweise sind nicht möglich*
*– i. A. keine exakten Ergebnisse*

**Beispiel 3:** (Untersuchung einer Funktion mit GTR)
Untersuchen Sie mit dem GTR den Graphen der Funktion f mit $f(x) = 6x \cdot e^{-x^2}$.

Hinweise:

**1. Graph:**
Z. B. mithilfe einer Wertetafel ( 2nd  GRAPH ) lässt sich ein geeignetes Darstellungsfenster festlegen.

Lösung:

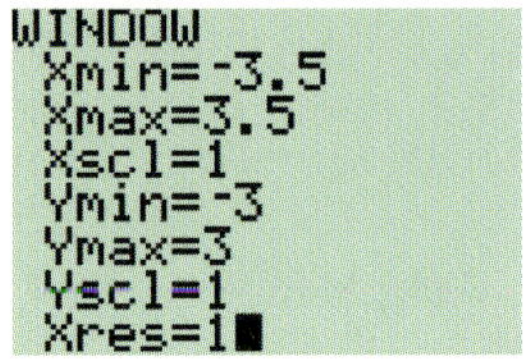


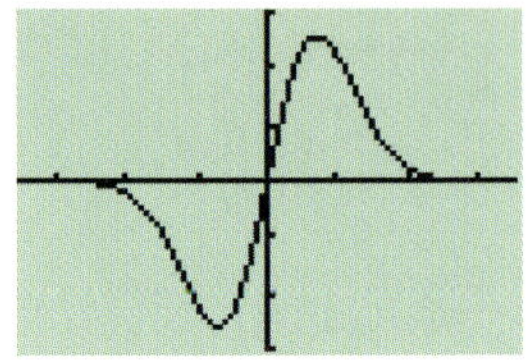

**2 Eigenschaften des Graphen:**
Eigenschaften werden anhand des Graphen zusammengestellt.

Der Graph von f ist punktsymmetrisch zum Ursprung;
die x-Achse ist waagerechte Asymptote für $|x| \to \infty$;
Wesentliche Punkte: Schnittpunkt mit der x-Achse $N(0|0)$;
ein Hochpunkt $H(x_1|f(x_1))$, ein Tiefpunkt $T(-x_1|-f(x_1))$;
drei Wendepunkte $W_1(0|0) = N$, $W_{2/3}(\pm x_2|\pm f(x_2))$

*Die aus dem Graphen abgelesenen Eigenschaften werden im Folgenden mithilfe des GTR bestätigt.*

**3. Symmetrie:**
Zum Ursprung:
Y2 = –Y1 (–X)
Zur y-Achse:  Y2 = Y1 (–X)

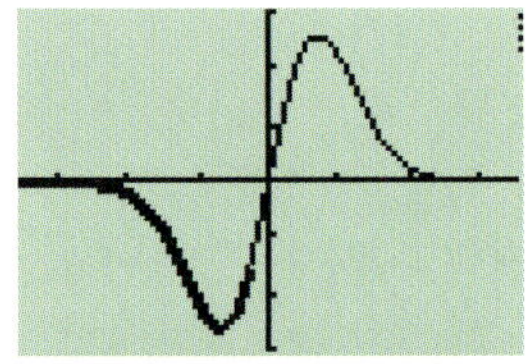

**4. Verhalten für $|x| \to \infty$:**
z. B. mithilfe einer geeigneten Wertetafel oder mit dem TRACE-Befehl.

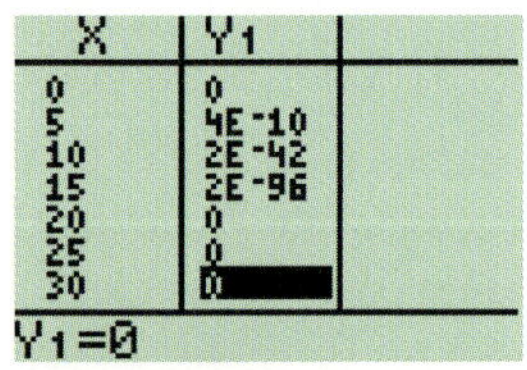


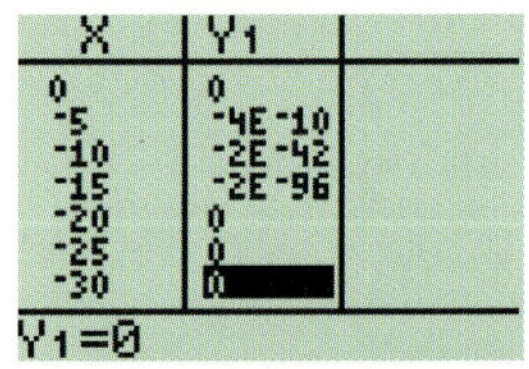


**5. Schnittpunkte mit den Achsen:**
Anhand des Graphen im Calculate-Menü.
x-Achse: 2: zero
y-Achse: 1: value

*Da die Nullstellen, Extrem- und Wendestellen immer nur näherungsweise berechnet werden, muss eine linke bzw. rechte Grenze (Left bzw. Right Bound?) und ein Schätzwert (Guess?) angegeben werden.*

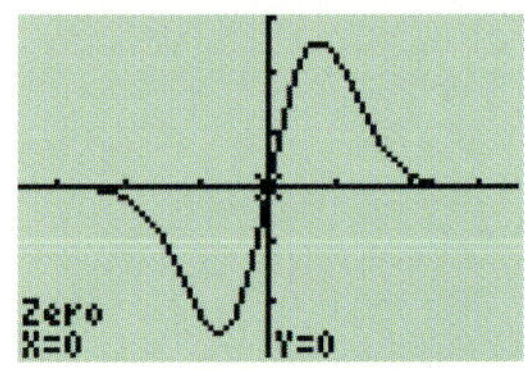


**6. Extrempunkte:**
Anhand des Graphen im Calculate-Menü:
3: minimum bzw.
4: maximum

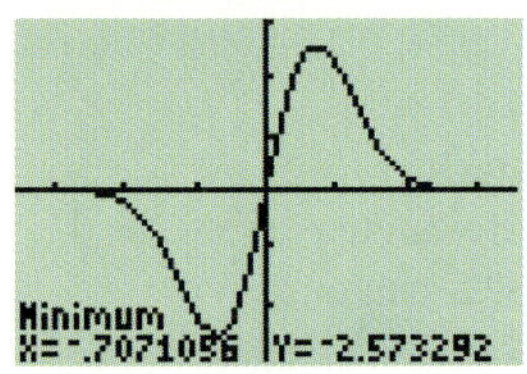


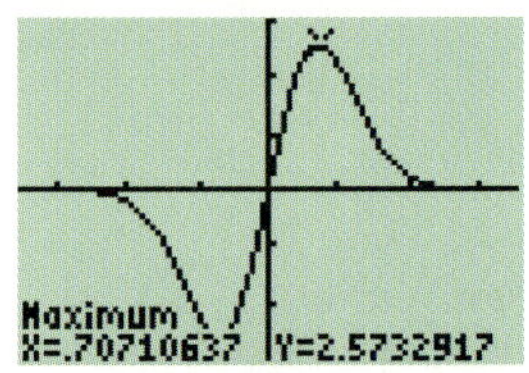


**7. Wendepunkte:**
Y2 = nDeriv (Y1, X, X) zeichnet den Graph der Ableitung von f. Anhand des Calculate-Menüs bestimmt man die Minima bzw. das Maximum.

*Beachten Sie:*
*Wendestellen sind Extremstellen der ersten Ableitung.*

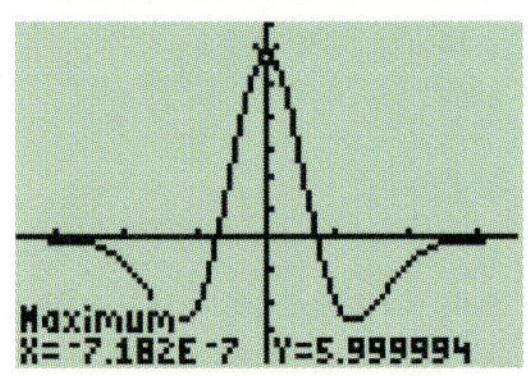


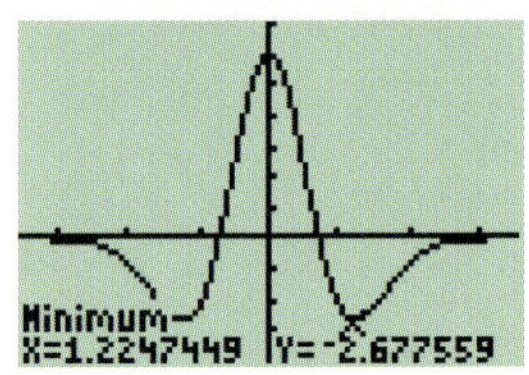


**8. Ergebnisse:**
Die Ergebnisse werden zusammengefasst und in geeigneter Form dokumentiert.

Der Graph von f ist punktsymmetrisch zum Ursprung;
die x-Achse ist waagerechte Asymptote für $|x| \to \infty$.
Schnittpunkt mit der x-Achse $N(0|0)$, Hochpunkt $H(0{,}707|2{,}573)$, dazu symmetrischer Tiefpunkt $T(-0{,}707|-2{,}573)$; Wendepunkte: $W_1 = N$, $W_2(-1{,}225|-1{,}640)$ bzw. symmetrisch dazu $W_3(1{,}225|1{,}640)$.

***Achtung:***
*Die y-Werte der Wendepunkte müssen mit Y1 (…) noch berechnet werden.*

**Beispiel 4:** (Untersuchung einer Funktionenschar)

*Ein Parameter t wird wie eine Konstante behandelt!*

Gegeben ist die Funktionenschar $f_t$ mit $f_t(x) = (t - e^x)^2$, $x \in \mathbb{R}$ und $t > 0$.

a) Untersuchen Sie die Funktionenschar $f_t$. Zeichnen Sie die Graphen für $t = 1$, 1,5 und 2.

b) Auf welcher Ortskurve liegen die Wendepunkte der Graphen von $f_t$? Zeichnen Sie die Ortskurve in das vorhandene Koordinatensystem ein.

*Mithilfe des GTR kann man sich einen Überblick über den Verlauf einzelner Graphen verschaffen.*

*Gleichungen mit einem Parameter lassen sich nicht lösen.*

Lösung:

a) **1. Graph:**

Mit den in der Liste L1 gespeicherten Parameterwerten 1; 1,5 und 2 lassen sich die Graphen mit dem GTR darstellen.

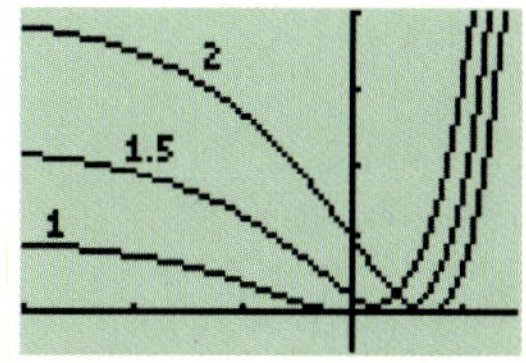

Xscal = 1; Yscal = 1

**2. Eigenschaften der Graphen:**

*Dies sind nur Vermutungen, da nur für endlich viele Parameterwerte die Graphen gezeichnet werden können.*

Die Graphen zeigen keine Symmetrie. Asymptoten lassen sich nicht direkt ablesen.
Jeder Graph hat genau einen Schnittpunkt mit der x-Achse $N(x_1|0)$, der gleichzeitig Tiefpunkt ist. Jeder Graph besitzt einen Wendepunkt $W(x_2|f_t(x_2))$ mit $x_2 < x_1$.

**3. Untersuchung auf Symmetrie:**

$f_t(-x) = (t - e^{-x})^2$ stimmt weder mit $f_t(x)$ noch mit $-f_t(x)$ überein, also ist der Graph von $f_t$ weder achsensymmetrisch zur y-Achse noch punktsymmetrisch zum Ursprung.

**4. Verhalten für $|x| \to \pm\infty$**

Für $x \to \infty$ gilt $e^x \to \infty$ und $f_t(x) = (t - e^x)^2 \to \infty$ wegen des geraden Exponenten 2.
Für $x \to -\infty$ gilt $e^x \to 0$ und $f_t(x) = (t - e^x)^2 \to t^2$; $y = t^2$ ist Asymptote für $x \to -\infty$.

**5. Schnittpunkte mit den Achsen:**

$f_t(x) = 0$ ergibt $e^x = t$, also ist $x_1 = \ln(t)$ einzige Nullstelle;
$N_t(\ln(t)|0)$ ist der Schnittpunkt mit der x-Achse.
$f_t(0) = (t-1)^2$, also ist $Y_t(0|(t-1)^2)$ der Schnittpunkt mit der y-Achse.

**6. Ableitungen:**

$f_t'(x) = 2\cdot(e^x - t)\cdot e^x$; $f_t''(x) = 2\cdot(2e^x - t)\cdot e^x$; $f_t'''(x) = 2\cdot(4e^x - t)\cdot e^x$

**7. Extrempunkte:**

$f_t'(x) = 0$ ergibt $2\cdot(e^x - t)\cdot e^x = 0$, also ist $x_2 = \ln(t)$ die einzig mögliche Extremstelle.
Es ist $f_t''(\ln(t)) = 2\cdot(2e^{\ln(t)} - t)\cdot e^{\ln(t)} = 2\cdot(2t - t)\cdot t = 2t^2 > 0$.
Also ist $f_t(\ln(t)) = 0$ lokales Minimum; $T_t(\ln(t)|0)$ ist der Tiefpunkt.

**8. Wendepunkte:**

*Die berechneten Ergebnisse sind für beliebiges t gültig.*

*Kontrollieren Sie mit dem GTR die Ergebnisse für einzelne konkrete Werte von t.*

$f_t''(x) = 0$ ergibt $2\cdot(2e^x - t)\cdot e^x = 0$, also ist $x_3 = \ln\left(\frac{t}{2}\right)$ die einzig mögliche Wendestelle.

Es ist $f_t'''\left(\ln\left(\frac{t}{2}\right)\right) = 2\cdot\left(4e^{\ln\left(\frac{t}{2}\right)} - t\right)\cdot e^{\ln\left(\frac{t}{2}\right)} = 2\cdot\left(4\cdot\frac{t}{2} - t\right)\cdot\frac{t}{2} = t^2 \neq 0$ und

$f_t\left(\ln\left(\frac{t}{2}\right)\right) = \left(t - e^{\ln\left(\frac{t}{2}\right)}\right)^2 = \frac{t^2}{4}$.

Also liegt in $W_t\left(\ln\left(\frac{t}{2}\right)\middle|\frac{t^2}{4}\right)$ ein Wendepunkt vor.

b) Die Koordinaten des Wendepunktes $W_t$ sind:

$x = \ln\left(\frac{t}{2}\right)$ und $y = \frac{t^2}{4}$.

Löst man $x = \ln\left(\frac{t}{2}\right)$ mit $t > 0$ nach t auf, so erhält man: $e^x = \frac{t}{2}$.

Damit gilt: $t = 2\cdot e^x$.

Eingesetzt in $y = \frac{t^2}{4}$ ergibt $y = e^{2x}$.

Damit liegen die Wendepunkte auf dem Graphen der Funktion k mit $k(x) = e^{2x}$ (vgl. Fig. 1).

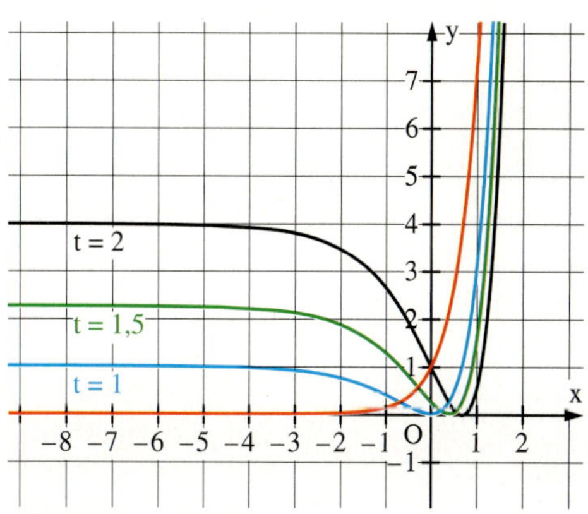

Fig. 1

## Aufgaben

**2** Geben Sie die Gleichung der Asymptoten des Graphen von f an.
a) $f(x) = 6 + 2e^{-x}$ b) $f(x) = \frac{1}{2}x + 3 + e^x$ c) $f(x) = x^5 \cdot e^{-x}$ d) $f(x) = 3e^x - x^7$

**3** Skizzieren Sie den Graphen der Funktion f.
a) $f(x) = e^{x-2}$ b) $f(x) = \frac{1}{2} \cdot e^{-x} + 3$ c) $f(x) = -e^x + 4$ d) $f(x) = x + e^x$

*Die e-Funktion wächst stärker als jede Potenzfunktion*

**4** Gegeben sind die Funktionen f und g. Bestimmen Sie die Stelle $x_0$, sodass $g(x) \geqq f(x)$ für alle $x \geqq x_0$. Geben Sie auch den zugehörigen Funktionswert an.
a) $f(x) = x^5$; $g(x) = e^x$ b) $f(x) = x^{10}$; $g(x) = e^x$ c) $f(x) = x^{20}$; $g(x) = e^x$

*Überprüfen Sie Ihre Ergebnisse anschließend mit dem GTR.*

**5** Führen Sie eine Funktionsuntersuchung durch und skizzieren Sie den Graphen.
a) $f(x) = x + e^{-x}$ b) $f(x) = 0{,}5x - 0{,}5e^x$ c) $f(x) = (2 - x) \cdot e^x$

**6** Skizzieren Sie den Graphen G der Funktion f mithilfe des GTR.
Geben Sie die Eigenschaften von G an, die ohne Verwendung der Ableitungen aus dem Funktionsterm bestimmt werden können. Begründen Sie Ihre Antworten ohne den GTR.
Bestimmen Sie mithilfe des GTR alle wesentlichen Punkte von G.
Zeigen Sie rechnerisch, dass G genau einen Extrempunkt besitzt und geben Sie seine Koordinaten an.
a) $f(x) = 2x - e^x$ b) $f(x) = e^x + e^{-x}$ c) $f(x) = x \cdot e^{-0{,}5x+1}$ d) $f(x) = 3 \cdot e^{-x^2}$
e) $f(x) = 3x \cdot e^{-x+1}$ f) $f(x) = x \cdot e^{-2x} + 2$ g) $f(x) = 4e^{-\frac{1}{4}x^4}$ h) $f(x) = x^3 \cdot e^{-x}$

**7** Gegeben ist die Funktion f mit $f(x) = 5x \cdot e^x$. Ihr Graph sei G.
a) Skizzieren Sie G mithilfe des GTR. Welche Eigenschaften von G können Sie ohne Verwendung der Ableitungen dem Funktionsterm f(x) entnehmen? Begründen Sie.
b) Zeigen Sie rechnerisch, dass G genau einen Tiefpunkt besitzt.
c) Der Graph G, die Gerade mit der Gleichung $x = -6$ und die x-Achse begrenzen eine Fläche. Diese Fläche rotiert um die x-Achse. Bestimmen Sie näherungsweise das Volumen des dabei entstehenden Rotationskörpers.

**8** a) Der Graph der Funktion f mit $f(x) = e \cdot x + e^{-x}$ schließt mit den Koordinatenachsen eine Fläche ein. Bestimmen Sie eine Stammfunktion und berechnen Sie den Inhalt dieser Fläche.
b) Zeigen Sie, dass der Graph der Funktion f mit $f(x) = x + e^{-x+2}$ mit den Geraden mit den Gleichungen $y = x$, $x = 5$ und $x = 10$ eine Fläche einschließt, deren Inhalt kleiner als 0,05 ist.

*Zeichnen Sie für verschiedene Werte von t den Graphen von $f_t$ mithilfe des GTR.*

**9** Untersuchen Sie die Funktionenschar $f_t$.
a) $f_t(x) = e^{tx} - x$; $t > 0$ b) $f_t(x) = 5x^3 \cdot e^{-tx}$; $t > 0$ c) $f_t(x) = tx^2 \cdot e^{-tx}$; $t > 0$

*Können Sie Ihre Aussage zur n-ten Ableitung auch beweisen?*

**10** Gegeben ist die Funktionenschar $f_k$ mit $f_k(x) = (k - x) \cdot e^x$, $k \in \mathbb{R}$.
a) Untersuchen Sie die Funktionenschar. Bestimmen Sie die Ortskurve der Extrempunkte.
b) Geben Sie die n-te Ableitung $f^{(n)}(x)$ mit $n \in \mathbb{N}^*$ an. Wie lautet eine Stammfunktion von $f_k$?

**11** Gegeben ist die Funktionenschar $f_k$ mit $f_k(x) = x - k \cdot e^x$ mit beliebigem $k \neq 0$.
a) Untersuchen Sie die Graphen der Funktionen $f_k$ und zeigen Sie, dass die Hochpunkte auf der Geraden mit der Gleichung $y = x - 1$ liegen.
b) Vom Nullpunkt lässt sich an jede Kurve genau eine Tangente legen. Wo berührt diese Tangente die zugehörige Kurve?

*Für die Aufgabenteile c) bis e) ist die in b) berechnete Funktion zu verwenden.*

**12** Der Verlauf des Trageseiles einer Hängebrücke kann durch eine Kettenlinie angenähert werden. Diese ist der Graph der Funktion $f_{a;c}(x) = \frac{a}{2c}(e^{cx} + e^{-cx})$ mit $a, c > 0$, x, y in m.

a) Untersuchen Sie den Graphen von $f_{a;c}$ auf Symmetrie und auf Extrempunkte.

b) Bestimmen Sie a und c so, dass das Seil den tiefsten Punkt mit 5 m über der Fahrbahn erreicht, die beiden Aufhängepunkte einen Abstand von 200 m haben und je 30 m hoch sind.

c) Welches Gefälle in Prozent haben die Seile in den Aufhängepunkten?

d) An welchen Stellen befindet sich das Seil ca. 15 m über der Fahrbahn?

e) Wo könnte ein Stuntman das Seil mit einem Motorrad befahren, wenn er noch eine Steigung von 20 % bewältigen kann?

*Können Sie die Parameter a und b auch physikalisch deuten?*

**13** Fällt ein Körper aus der Ruhe heraus in ein zähflüssiges Medium, so lässt sich seine Geschwindigkeit v beschreiben durch $v(t) = a \cdot (1 - e^{-bt})$, t in s, v(t) in $\frac{m}{s}$ mit $a, b > 0$.

a) Untersuchen Sie die Bedeutung der Parameter a und b für den Verlauf des Graphen.

b) Zeigen Sie, dass der Graph von v streng monoton wachsend und rechtsgekrümmt ist.

c) Bestimmen Sie wie lange es dauert, bis die halbe Grenzgeschwindigkeit erreicht ist.

*HAP Grieshaber, Ausschnitt aus „Schmerzensbild"*

**14** Ein Kunsthändler plant den Verkauf eines wertvollen Bildes, das einen momentanen Wert von 500 000 € hat. Für die nächsten 10 Jahre schätzt er die Wertsteigerung des Bildes auf durchschnittlich 40 000 € pro Jahr. Nach dem Verkauf des Bildes möchte er den Erlös bei seiner Hausbank anlegen. Diese garantiert ihm einen festen jährlichen Zinssatz von 5 %.

a) Der Kunsthändler verkauft das Bild nach 3 Jahren und legt den Erlös dann bei seiner Bank an. Welchen Stand zeigt sein Konto nach Ablauf von insgesamt 10 Jahren.

b) Wann soll der Kunsthändler das Bild verkaufen, um nach 10 Jahren einen möglichst hohen Gewinn zu haben?

c) Welche Veränderungen ergeben sich, wenn ein Bild mit einem geschätzten Wert von 200 000 bzw. 700 000 € bei gleicher jährlicher Wertsteigerung verkauft werden soll?

**15** Die ständig steigende Zunahme des weltweiten Verbrauchs an Öl kann näherungsweise beschrieben werden durch die Funktion z mit $z(t) = 32 \cdot e^{0{,}05t}$ (t in Jahren ab 1990, z(t) in Milliarden Barrel pro Jahr).

a) Skizzieren Sie den Graphen der Funktion z. Welchen Wert erhalten Sie für das Jahr 2005?

b) Berechnen Sie $\int_0^5 z(t)\,dt$. Was gibt dieses Integral an?

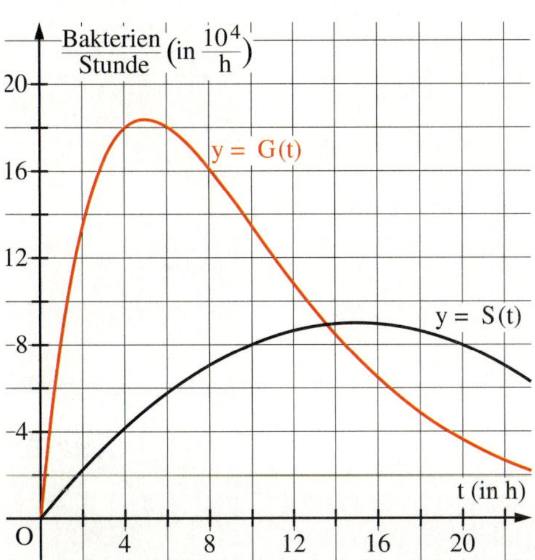


Fig. 1

**16** Von einer Bakterienpopulation kennt man den Verlauf der „Geburtenrate" G und den der „Sterberate" S (vgl. Fig. 1).

a) Erläutern Sie die Begriffe Geburten- und Sterberate und beschreiben Sie, was der jeweiligen Kurvenverlauf über die Entwicklung der Population aussagt.

b) Es sei $G(t) = 10t \cdot e^{-0{,}2t}$ und $S(t) = -0{,}04t \cdot (t - 30)$ mit $t \in [0; 25]$ in Stunden und G(t) bzw. S(t) in $\frac{10\,000}{h}$. Bestimmen Sie den Zeitpunkt, in dem die Zunahme der Population maximal ist.

c) Zu welchem Zeitpunkt $t_0$ sind die Geburten- und Sterberate gleich? Was bedeutet dies für die Population für $t > t_0$?

d) Die Funktion B beschreibt die Anzahl der lebenden Bakterien zum Zeitpunkt t. Zu Beginn der Beobachtung waren 150 000 Bakterien in der Population. Bestimmen Sie B(25).

e) Zeichnen sie den Graphen der Funktion B mit dem GTR.

f) Wann war die Anzahl der in der Population lebenden Bakterien maximal? Wie groß war diese Anzahl?

# 11 Funktionsanpassung bei Exponentialfunktionen

| *x* | *y* |
|---|---|
| *0* | *2,7* |
| *1* | *3,8* |
| *2* | *5,4* |
| *3* | *7,7* |
| *4* | *11,0* |
| *5* | *15,6* |

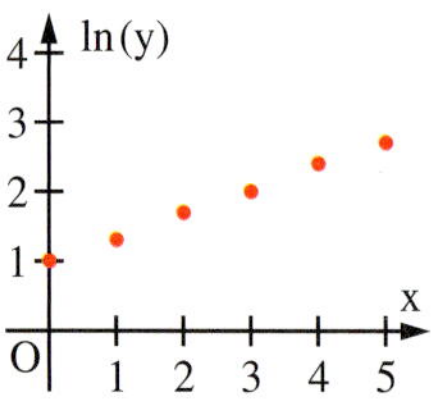


Fig. 1

**1** Bei einem Versuch wurden gemessene Werte tabellarisch und grafisch dargestellt (Fig. 1).
a) Was fällt Ihnen bei der grafischen Darstellung auf?
b) Liegen die Messpunkte näherungsweise auf dem Graphen einer Exponentialfunktion?

Liegen grafisch veranschaulichte Messwerte näherungsweise auf einer Geraden, so kann man zeichnerisch oder mit der Methode der kleinsten Fehlerquadrate die Regressionsgerade bestimmen, die den zugrunde liegenden linearen Zusammenhang beschreibt (S. 56).
Liegen nun die vorgegebenen Messpunkte $(x|y)$ näherungsweise auf dem Graphen $y = c \cdot e^{kx}$, so erhält man hieraus durch Logarithmieren $\ln(y) = \ln(c \cdot e^{kx}) = k \cdot x + \ln(c)$.
In einem $(x, \ln(y))$-Koordinatensystem ist dies die Gleichung einer Geraden („Regressionsgerade") mit der Steigung $m = k$ und dem y-Achsenabschnitt $b = \ln(c)$.

> Liegen Messpunkte $(x|y)$ in einem $(x, \ln(y))$-Koordinatensystem näherungsweise auf einer Geraden, so ist eine Exponentialfunktion f mit $f(x) = c \cdot e^{kx}$ eine geeignete Näherungsfunktion.

| *Jahr* | *$CO_2$-Emission (in Mrd. Tonnen)* |
|---|---|
| *1860* | *0,55* |
| *1880* | *1,00* |
| *1900* | *1,80* |
| *1920* | *3,90* |
| *1940* | *4,90* |
| *1960* | *8,95* |
| *1980* | *19,53* |
| *1990* | *22,10* |

Fig. 2

Mit dem GTR lässt sich diese Funktion direkt bestimmen. Dazu dient der Befehl ExpReg.

**Beispiel:** (Funktionsanpassung mit dem GTR)
Die globalen Kohlendioxid-Emissionen von 1860 bis 1990 zeigt die Tabelle in Fig. 2.
a) Führen Sie eine Funktionsanpassung durch, wobei $t = 0$ dem Jahr 1860 entspricht.
b) Welche Emission ist bei ungebremsten Ausstoß im Jahr 2010 zu erwarten?
Lösung:
a) Die Messwerte werden im STAT-Edit-Menü in die Listen L1 und L2 eingegeben. In L3 stehen die ln-Werte aus L2. Im STAT-Plot-Menü wird die Darstellung aktiviert.

*Vermutet man einen exponentiellen Prozess, so berechnet man in L3 die ln-Werte der abhängigen Variablen aus L2.*

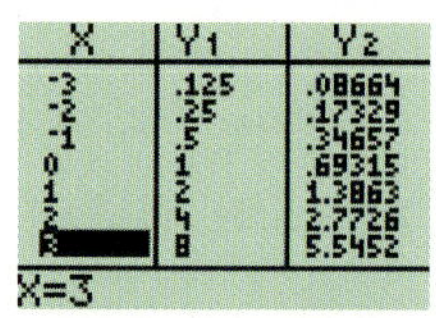

Mit GRAPH werden die Messpunkte des Plot 1 in einem geeigneten Fenster „geplottet". Die Punkte aus L1 und L3 liegen dabei näherungsweise auf einer Geraden.

*Die Funktionsanpassung mit einer Exponentialfunktion erscheint damit gerechtfertigt.*

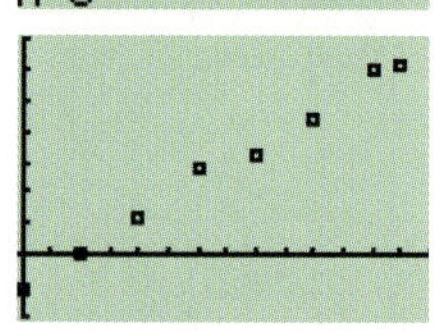

Xscal = 10; Yscal = 0,5

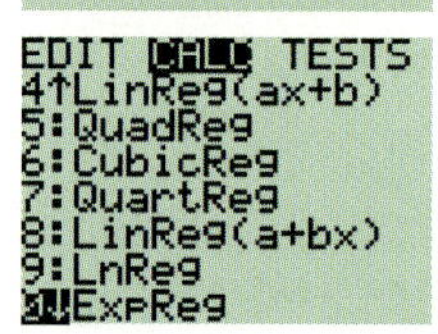


Im STAT-Calc-Menü wird dann der Funktionstyp gewählt. ExpReg L1, L2, Y1 speichert den berechneten Funktionsterm direkt in Y1.

*Die Wahl des geeigneten Funktionstyps ist nicht immer eindeutig.*

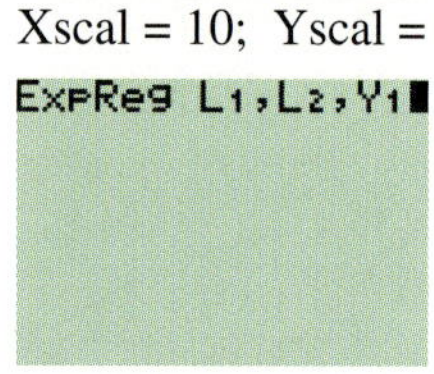

Der GTR zeigt das Ergebnis $y = f(t) = 0{,}57 \cdot 1{,}0289^t$ oder zur Basis e: $f(t) = 0{,}57 \cdot e^{0{,}0285t}$.
GRAPH zeigt die Übereinstimmung mit den Messwerten.
b) Mit $Y1(150) = 40{,}9056$ ist im Jahr 2010 eine globale Emission von etwa 41 Mrd. Tonnen $CO_2$ zu erwarten.

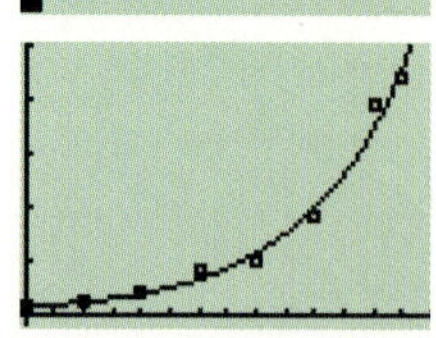

*Führen Sie in diesem Fall weitere Funktionsanpassungen z. B. mit CubicReg (ganzrationale Funktion 3. Grades) durch und beurteilen Sie die Ergebnisse.*

## Aufgaben

**2** Ein Computervirus verbreitet sich als E-Mail-Attachment weltweit. Eine Firma zur Herstellung von Antiviren-Software behauptet, dass sich der Virus exponentiell vermehrt und veröffentlicht die folgende Tabelle:

| Zeit t nach erstmaligem Auftreten (in h) | 2 | 4 | 8 | 12 | 24 |
|---|---|---|---|---|---|
| Anzahl z der infizierten Computer | 7250 | 11 700 | 30 500 | 79 200 | 1 395 000 |

a) Prüfen Sie, ob die Punkte $(t\,|\,\ln(z))$ näherungsweise auf einer Geraden liegen. Geben Sie auch die zugehörige Exponentialfunktion an.
b) Wie viele Computer sind bei ungebremstem Wachstum nach 48 h infiziert?

*Zum Vergleich: Etwa 11 000 km³ Wasser befinden sich ständig als Wolken in der Atmosphäre.*

**3** Der jährliche Wasserverbrauch w der Erdbevölkerung ist in der Tabelle dargestellt.

| Jahr | 1900 | 1940 | 1950 | 1960 | 1970 | 1980 |
|---|---|---|---|---|---|---|
| w (in $km^3/a$) | 33,0 | 69,8 | 88,6 | 122,4 | 142,6 | 174,2 |

a) Führen Sie eine Funktionsanpassung mithilfe einer Exponentialfunktion durch, die den jährlichen Wasserverbrauch näherungsweise beschreibt.
b) Bestimmen Sie den Zeitraum, in dem sich die verbrauchte Wassermenge jeweils verdoppelt hat.
c) Vergleichen Sie den Funktionswert w(1995) mit dem tatsächlichen Verbrauch im Jahre 1995 von 200,5 $km^3$. Welchen Schluss ziehen Sie daraus?

*Enterprise Resource Planning (ERP) bedeutet die computergestützte Lenkung eines Unternehmens.*

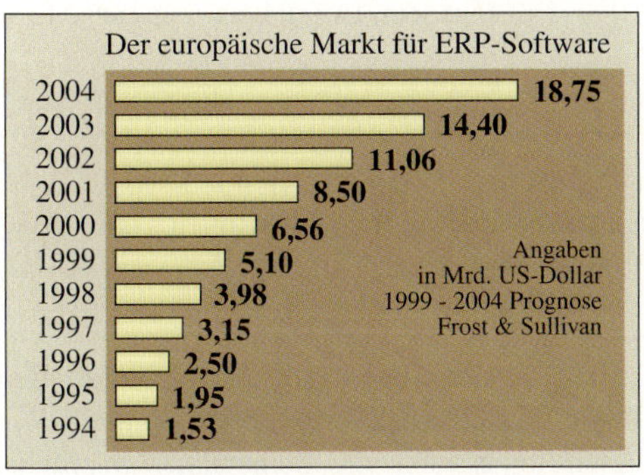


**4** Die Grafik informiert über den europäischen Markt für ERP-Software von 1994 bis 2004.
a) Versuchen Sie, die prognostizierten Umsatzzahlen durch eine geeignete Funktionsanpassung in etwa zu bestätigen.
b) Machen Sie Angaben über die Abweichung Ihrer Berechnungen von den prognostizierten Werten.
c) Berechnen Sie für den gesamten Zeitraum das mittlere jährliche prozentuale Wachstum.

| Jahr | Bevölkerung (in 1000) |
|---|---|
| 1900 | 290 |
| 1910 | 460 |
| 1920 | 660 |
| 1930 | 1100 |
| 1940 | 1470 |
| 1950 | 2650 |
| 1960 | 4820 |
| 1970 | 8080 |
| 1980 | 12 500 |
| 1990 | 15 100 |

Fig. 1

**5** Die Entwicklung der Bevölkerung von Sao Paulo in Brasilien zeigt die Tabelle in Fig. 1. Führen Sie jeweils mit den Daten für die Zeiträume von 1900 – 1960 und von 1900 – 1980 eine Funktionsanpassung durch. Welche liefert für 1990 den besseren Näherungswert? Welche Schlüsse ziehen Sie daraus?

*Sao Paulo ist eine der „Megastädte" unserer Erde.*

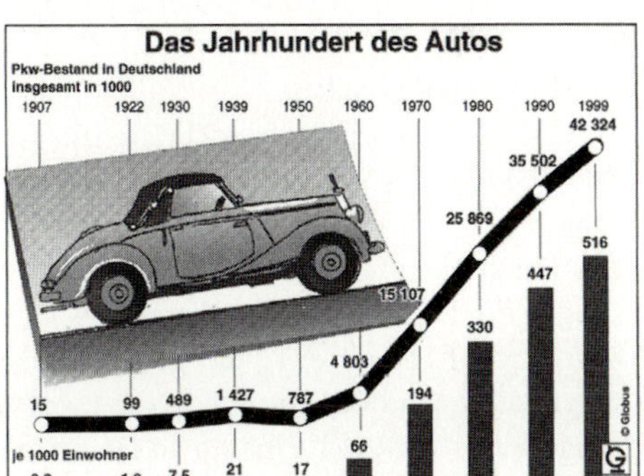


*Können Sie anhand der Grafik die Einwohnerzahl Deutschlands berechnen?*

**6** Die Grafik zeigt u. a. die Entwicklung des PKW-Bestandes im 20. Jahrhundert.
a) Ist eine Funktionsanpassung mit einer Exponentialfunktion sinnvoll?
b) Bestätigen Sie, dass bis zum Ausbruch des Zweiten Weltkrieges der PKW-Bestand angenähert exponentiell anwuchs. Geben Sie die mittlere jährliche prozentuale Zunahme an.
c) Welche Funktionsanpassung erscheint ab 1960 naheliegend? Welcher PKW-Bestand ergibt sich hieraus für das Jahr 2010?

# 12 Die Differenzialgleichung des exponentiellen Wachstums

**1** Auf einem Kartoffelfeld breitet sich der Kartoffelkäfer aus. Beobachtungen haben ergeben, dass sich der Bestand an Schädlingen näherungsweise durch eine Wachstumsfunktion f mit dem Ansatz $f(t) = 5000 \cdot e^{0{,}02t}$ beschreiben lässt (t in Tagen).

a) Berechnen Sie die momentane Änderungsrate des Schädlingsbestandes nach 1, 2, 3, 5 und 10 Tagen.

b) Wie hängen die momentane Änderungsrate und der Funktionswert zum Zeitpunkt t zusammen?

Vergleicht man den Term einer Funktion f der Form $f(t) = c \cdot e^{kt}$ mit dem seiner Ableitung $f'(t) = k \cdot c \cdot e^{kt}$, so stellt man fest, dass die Gleichung $f'(t) = k \cdot f(t)$ gilt. In dieser Gleichung treten sowohl die Funktion f und als auch ihre Ableitung f′ auf. Gleichungen dieser Form nennt man **Differenzialgleichungen**.

Geht man hingegen von der Differenzialgleichung $f'(t) = k \cdot f(t)$ aus und sucht alle Funktionen, die diese Gleichung erfüllen, so stellt sich die Frage, ob die Exponentialfunktion f mit $f(t) = c \cdot e^{kt}$ die einzig mögliche Lösung ist. Dass dies so ist, zeigt die folgende Überlegung: Ist die differenzierbare Funktion g ebenfalls Lösung der obigen Differenzialgleichung, so gilt: $g'(t) = k \cdot g(t)$. Bildet man die Ableitung von $\frac{g(t)}{f(t)}$ mit $f(t) = c \cdot e^{kt}$ so erhält man:

$\left(\frac{g(t)}{c \cdot e^{kt}}\right)' = \frac{1}{c} \cdot (g(t) \cdot e^{-kt})' = \frac{1}{c} \cdot (g'(t) \cdot e^{-kt} - k \cdot e^{-kt} \cdot g(t)) = \frac{1}{c} \cdot (k \cdot g(t) \cdot e^{-kt} - k \cdot g(t) \cdot e^{-kt}) = 0.$

Damit muss der Quotient $\frac{g(t)}{f(t)}$ konstant sein. Bezeichnet man diese Konstante mit a, so gilt: $g(t) = a \cdot f(t) = a \cdot c \cdot e^{kt} = c^* \cdot e^{kt}$.

*Durch k wird die Exponentialfunktion festgelegt; c = f(0) bestimmt den Punkt auf der y-Achse.*

> Jede Differenzialgleichung der Form $\mathbf{f'(t) = k \cdot f(t)}$ mit $k \in \mathbb{R} \setminus \{0\}$ beschreibt **exponentielles Wachstum oder exponentiellen Zerfall**. Die Funktionen f mit $f(t) = c \cdot e^{kt}$ mit $c \in \mathbb{R}$ sind alle Lösungen dieser Differenzialgleichung.

Man nennt $\mathbf{f'(t) = k \cdot f(t)}$ die Differenzialgleichung des **exponentiellen Wachstums**. Mit ihr hat man eine andere mathematische Beschreibung für exponentielle Wachstums- und Zerfallsprozesse gefunden. Bei diesen Prozessen ist die momentane Änderungsrate f′(t) proportional zum augenblicklich vorhandenen Bestand f(t). Der Proportionalitätsfaktor k ist dabei die Wachstums- bzw. Zerfallskonstante.

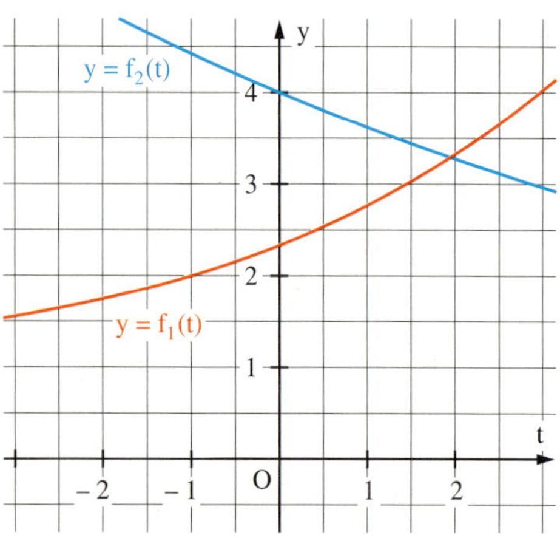


Fig. 1

**Beispiel 1:** (Lösung einer Differenzialgleichung)

a) Geben Sie alle Funktionen an, die Lösung der Differenzialgleichung $f'(t) = 0{,}2 \cdot f(t)$ sind. Welche dieser Lösungen erfüllt die Bedingung $f(5) = 6$?

Zeichnen Sie den Graphen.

b) Wie lauten die Lösungen der Differenzialgleichung $f'(t) = -0{,}1 \cdot f(t)$? Für welche dieser Lösungen gilt $f(0) = 4$? Zeichnen Sie den Graphen.

Lösung:

a) Die Funktionen f der Form $f(t) = c \cdot e^{0{,}2 \cdot t}$ und $c \in \mathbb{R}$ sind alle Lösungen der Differenzialgleichung. Aus $f(5) = 6$ folgt $6 = c \cdot e^{0{,}2 \cdot 5}$; also ist $f_1$ mit $f_1(t) = \frac{6}{e} \cdot e^{0{,}2 \cdot t}$ die gesuchte Lösung (Fig. 1).

b) Die Funktionen f der Form $f(t) = c \cdot e^{-0{,}1 \cdot t}$ und $c \in \mathbb{R}$ sind alle Lösungen. Aus $f(0) = 4$ erhält man die Lösung $f_2$ mit $f_2(t) = 4 \cdot e^{-0{,}1 \cdot t}$ (Fig. 1).

*Statt von momentaner Änderungsrate spricht man bei Anwendungen auch von momentaner Wachstumsgeschwindigkeit.*

**Beispiel 2:** (Abkühlung heißer Getränke)
Heißer Kaffee in einer Tasse kühlt sich allmählich auf Raumtemperatur ab. Gibt dabei die Funktion u zu jedem Zeitpunkt t den Unterschied zwischen Kaffee- und Raumtemperatur an, so ist nach dem newtonschen Abkühlungsgesetz die Abkühlungsgeschwindigkeit $u'(t)$ proportional zum momentanen Temperaturunterschied.

a) Geben Sie die Differenzialgleichung und die Funktion u an, die diesen Abkühlungsvorgang allgemein beschreibt.

b) Bei einer konstanten Raumtemperatur von 20 °C wurde beim Einschenken eine Kaffeetemperatur von 70 °C gemessen. 10 Minuten später betrug die Temperatur noch 58 °C. Bestimmen Sie hiermit die fehlenden Parameter in der Gleichung der Funktion u und skizzieren Sie den Graphen von u.

Lösung:

*Der konkrete Wert für k wird aus den Funktionswerten bestimmt.*

a) Da $u'(t) \sim u(t)$ ist, lautet die Form der Differenzialgleichung $u'(t) = k \cdot u(t)$. Da der Kaffee sich abkühlt, ist k eine Zerfallskonstante und damit $k < 0$.

Die Funktion u hat die Form $u(t) = c \cdot e^{kt}$.

b) Aus den Messwerten erhält man unter Berücksichtigung der Raumtemperatur für die Funktion u die Wertepaare $(0|50)$ und $(10|38)$. Da $u(0) = 50$ ist, gilt $u(t) = 50 \cdot e^{kt}$.

Aus $u(10) = 38 = 50 \cdot e^{k \cdot 10}$ folgt

$k = \frac{1}{10}\ln\left(\frac{38}{50}\right) = -0{,}027$. Die Funktion u lautet damit $u(t) = 50 \cdot e^{-0{,}027t}$ (t in min).

Den Graphen der Funktion u zeigt Fig. 1.

*Sie wollen frischen, allerdings zu heißen Kaffee möglichst bald mit Milch trinken.*
*Welche der Strategien ist besser:*
*1. Zuerst die Milch zugießen und dann warten oder*
*2. Zuerst den Kaffee abkühlen lassen und dann die Milch zugeben?*

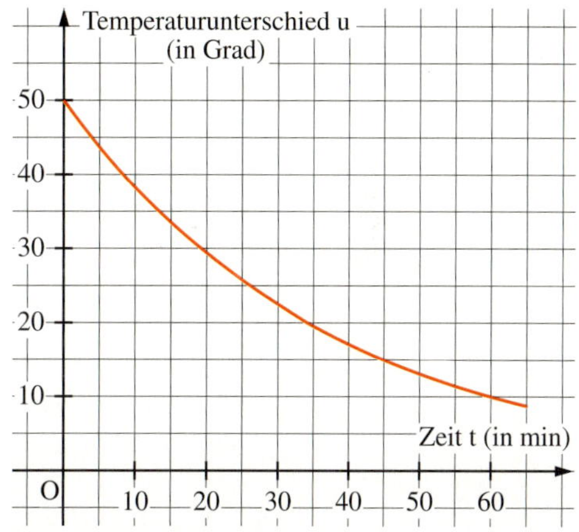


Fig. 1

## Aufgaben

**2** Eine Funktion f ist Lösung der Differenzialgleichung $f'(t) = 0{,}01 \cdot f(t)$. Es ist $f(0) = 5000$.

a) Geben Sie den Funktionsterm von f an und berechnen Sie $f(50)$.

b) Für welches t nimmt die Funktion den Wert 10000 an?

*Differenzialgleichung des linearen Wachstums:*
*$f'(t) = k$.*
*Lösung:*
*f mit $f(t) = kt + c$*

**3** Eine Funktion f erfüllt die Differenzialgleichung $f'(t) = -0{,}12 \cdot f(t)$. Es ist $f(4) = 2000$. Bestimmen Sie $f(0)$ und $f(60)$.

**4** Gegeben sind die Graphen einer Funktion f und ihrer Ableitung f'. Entscheiden Sie, ob die Differenzialgleichung $f'(t) = k \cdot f(t)$ erfüllt ist. Bestimmen Sie gegebenenfalls k näherungsweise.

a)

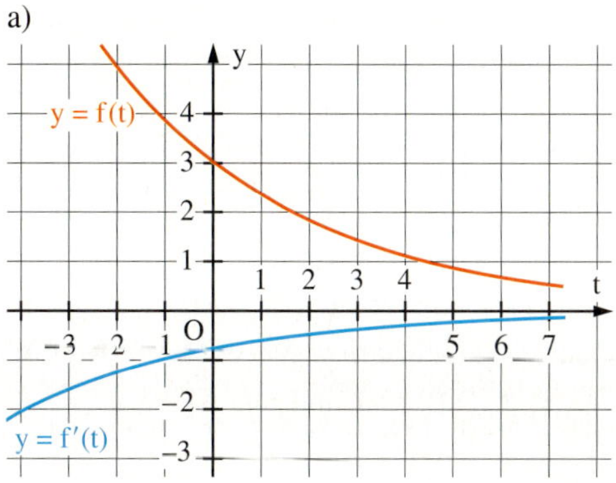


Fig. 2

b)

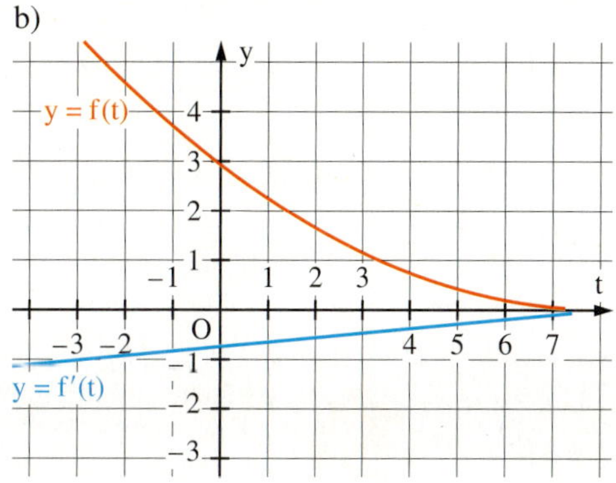


Fig. 3

**5** In der folgenden Tabelle sind von einer Funktion f sowohl $f(t)$ als auch $f'(t)$ an einigen Stellen vorgegeben. Überprüfen Sie, ob die Differenzialgleichung $f'(t) = k \cdot f(t)$ näherungsweise erfüllt ist, und geben Sie gegebenenfalls k an.

a)

| t | 0 | 1 | 2 | 3 | 4 |
|---|---|---|---|---|---|
| f(t) | 20 | 19,506 | 19,025 | 18,555 | 18,097 |
| f'(t) | −0,5 | −0,488 | −0,476 | −0,464 | −0,452 |

b)

| t | 0 | 1 | 2 | 3 | 4 |
|---|---|---|---|---|---|
| f(t) | 30 | 34,821 | 42,51 | 59,302 | 63,56 |
| f'(t) | 1,2 | 1,41 | 1,984 | 2,016 | 4,449 |

*Aktuelles Projekt der Europäischen Südsternwarte (ESO)*

*Das Very Large Telescope (VLT) besteht aus einer Anordnung von vier Teleskopen mit Hauptspiegeln von je 8,2 m Durchmesser. Mit dem VLT sind Objekte in Entfernungen von über 10 Mrd. Lichtjahren beobachtbar. Man erwartet u. a. Erkenntnisse zur Entstehung des Universums und über die wahre Natur der dunklen Materie.*

**6** Für die Europäische Südsternwarte auf Paranal (Chile) wurden in den letzten Jahrzehnten verschiedene Teleskopspiegel gegossen. Bei einem dieser Herstellungsprozesse dauerte es nach dem Verfestigen des Materials bei 800 °C weitere 30 Tage, bis sich der Spiegel auf 100 °C abgekühlt hatte.
a) Bestimmen Sie die Funktion u, die den Temperaturunterschied zwischen der Spiegel- und der konstanten Umgebungstemperatur von 20 °C beschreibt.
b) Nach welcher Zeit ist die Spiegeltemperatur erstmals unter 21 °C gesunken?

**7** Beim radioaktiven Zerfall ist zu jedem Zeitpunkt t die Zerfallsgeschwindigkeit $m'(t)$ proportional zur vorhandenen Masse $m(t)$ des Elements. Wie lautet die zugehörige Differenzialgleichung, wenn die Halbwertszeit des Elements 28 Jahre beträgt?

**8** Eine Nährlösung enthielt zu Beginn der Beobachtung 3000 Bakterien, nach 20 Stunden 50 000. Untersuchungen ergaben, dass in diesem Zeitraum die Geschwindigkeit, mit der sich die Bakterien vermehren, proportional zur momentanen Bakterienzahl ist.
a) Stellen Sie die Differenzialgleichung auf, die dieses Wachstum beschreibt, und bestimmen Sie die zugehörige Wachstumsfunktion.
b) Wann enthielt die Nährlösung 18 000 Bakterien? Berechnen Sie die Verdoppelungszeit.

**9** Der Bestand einer Population von Feldmäusen entwickelt sich ungefähr nach der Differenzialgleichung $f'(t) = 0{,}07 \cdot f(t)$, wobei $f(t)$ die Zahl der Mäuse zum Zeitpunkt t (in Monaten) angibt.
a) Wie lange dauert es, bis sich eine Population von 170 Feldmäusen auf 3000 vermehrt?
b) Wenn die Mäusepopulation auf ca. 3000 Mäuse pro Hektar angewachsen ist, kommt es zu einem Zusammenbruch der Population, der durch den Gedrängeschock vermittels Blutzuckersenkung verursacht wird und der die Population auf ca. $\frac{1}{30}$ ihrer Größe dezimiert. Berechnen Sie die Zeitdauer zwischen je zwei solcher Zusammenbrüche der Population.

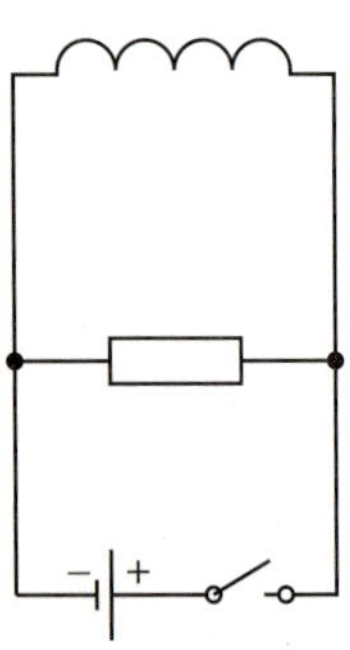


**10** Liegen ein ohmscher Widerstand und eine Spule parallel an einer Gleichspannungsquelle, so sinkt der Strom beim Abschalten der Spannungsquelle nicht schlagartig, weil bei abnehmender Stromstärke in der Spule nach dem Induktionsgesetz eine Gegenspannung $U(t) = -L \cdot I'(t)$ induziert wird.
Für diese Gegenspannung gilt nach dem ohmschen Gesetz ebenfalls $U(t) = R \cdot I(t)$.
a) Welche Differenzialgleichung gilt damit für die Stromstärke I? Geben Sie die Funktion I an, wenn zur Zeit $t = 0$ der Strom $I_0$ fließt.
b) Zeichnen Sie den Graphen der Stromstärke nach dem Ausschalten für $L = 4$ Henry, $R = 1$ Ohm und $I_0 = 3$ Ampere.

# 13 Beschränktes Wachstum

**1** In einem landwirtschaftlich genutzten Gebiet mit einer Gesamtfläche von 700 ha beginnen einige Bauern auf einer Fläche von 80 ha damit, ihre Felder ökologisch zu bewirtschaften. Sie erwarten, dass sich in jedem der folgenden Jahre die Besitzer von 10 % der jeweils restlichen Anbaufläche ihrer Anbaumethode anschließen werden.
a) Bestimmen Sie für die nächsten 5 Jahre die jeweils ökologisch genutzte Ackerfläche.
b) Skizzieren Sie den Graphen, wie sich unter der genannten Erwartung die ökologisch genutzte Ackerfläche in Abhängigkeit von der Zeit verändert.

In der Natur gibt es Wachstumsvorgänge, die sich nicht exponentiell entwickeln können, weil dem Anwachsen oder Abnehmen des Bestandes eine natürliche Schranke gesetzt ist.

*Eine Annäherung an die Schranke S kann sowohl von Werten f(t) kleiner als S als auch von Werten größer als S erfolgen.*

So können sich z. B. Seerosen nur so lange auf einem See ausbreiten, bis er vollständig damit bedeckt ist. In vielen Fällen ist dabei die Zu- bzw. Abnahme pro Zeiteinheit umso geringer, je mehr sich der momentane Bestand $f(t)$ der Sättigungsgrenze S nähert, je kleiner also die Differenz $|S - f(t)|$ ist.
Oft erscheint zur Modellierung die Annahme gerechtfertigt, dass die momentane Wachstumsgeschwindigkeit $f'(t)$ proportional ist zur Differenz $S - f(t)$.

*Lösung der Differenzialgleichung durch Substitution.*

Es gilt dann $\mathbf{f'(t) = k \cdot (S - f(t))}$ mit einer Konstanten $k > 0$. Dies ist **die Differenzialgleichung des beschränkten Wachstums**. Um die Funktion f zu bestimmen, geht man wie folgt vor: Man setzt die neue Funktion g mit $g(t) = S - f(t)$ und ihre Ableitung $g'(t) = -f'(t)$ in die Differenzialgleichung $f'(t) = k \cdot (S - f(t))$ ein und erhält $g'(t) = -k \cdot g(t)$, also die Differenzialgleichung des exponentiellen Wachstums. Es ist dann $g(t) = c \cdot e^{-kt}$ mit $c \in \mathbb{R}$.
Da $g(t) = S - f(t)$ ist, erhält man damit $S - f(t) = c \cdot e^{-kt}$ und hieraus $f(t) = S - c \cdot e^{-kt}$ als Lösung der Differenzialgleichung des beschränkten Wachstums.
Anhand des Vorzeichens von c lassen sich zwei Fälle unterscheiden.

*Ist $c = 0$, so gilt $f(t) = S$. Dieser Fall einer konstanten Funktion f wird nicht weiter untersucht.*

1. Fall: $c > 0$ (beschränktes Wachstum):
Also $S - f(t) > 0$ bzw. $f(t) < S$ (Fig. 1).

2. Fall: $c < 0$ (beschränkter Zerfall):
Also $S - f(t) < 0$ bzw. $f(t) > S$ (Fig. 2).

*Es gilt: $c = S - f(0)$*

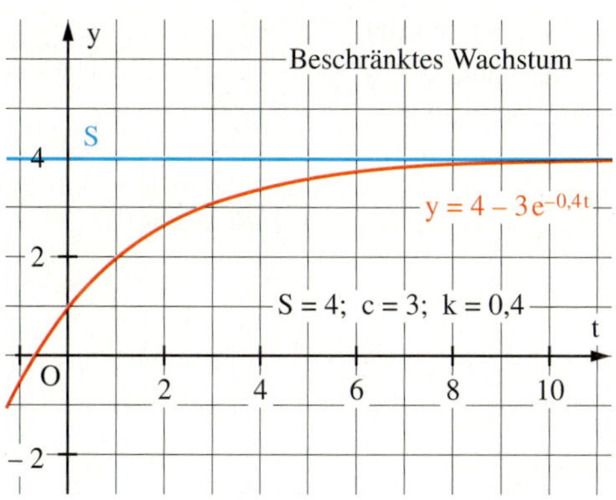

Fig. 1

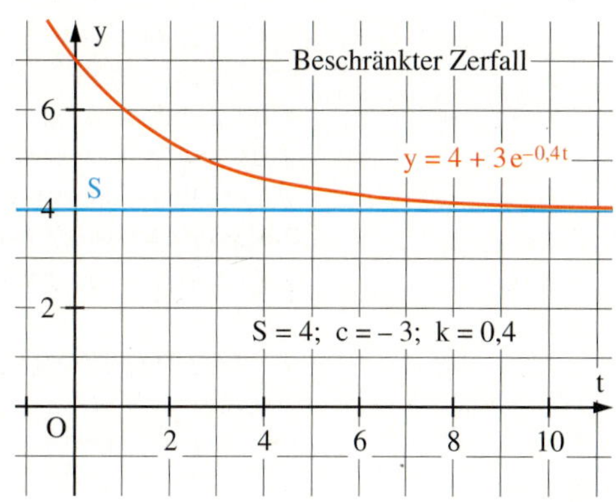

Fig. 2

*Für $S = 0$ folgt aus $f'(t) = k \cdot (S - f(t))$ mit $k > 0$ die Differenzialgleichung $f'(t) = k \cdot (-f(t))$ bzw. $f'(t) = k^* \cdot f(t)$ mit $k^* < 0$. Damit kann man einen exponentiellen Zerfall als einen beschränkten Zerfall mit der Schranke $S = 0$ ansehen.*

Jede Differenzialgleichung der Form $f'(t) = k \cdot (S - f(t))$ mit $k > 0$, $S \in \mathbb{R}$ beschreibt **beschränktes Wachstum** oder **beschränkten Zerfall**. Die Funktionen f mit $f(t) = S - c \cdot e^{-kt}$ und $c \in \mathbb{R}$ sind alle Lösungen dieser Differenzialgleichung. Dabei wird durch $c > 0$ ein beschränktes Wachstum und durch $c < 0$ ein beschränkter Zerfall beschrieben.

**Beispiel 1:** (Beschränktes Wachstum)

Eine Flüssigkeit hat im Kühlschrank eine Temperatur von 5 °C. Nimmt man sie heraus und gießt sie in ein Glas, so erwärmt sie sich allmählich auf die umgebende Raumtemperatur von 20 °C. Dabei hängt der Verlauf der Erwärmung u. a. von der Menge und Art der Flüssigkeit sowie der Form des Glases ab. Nach dem newtonschen Abkühlungs- bzw. Erwärmungsgesetz ist dabei die Erwärmungsgeschwindigkeit proportional zur Differenz von Raum- und Flüssigkeitstemperatur.

a) Welche Form hat die Differenzialgleichung, die diesen Erwärmungsvorgang beschreibt?

b) Geben Sie die Lösung dieser Differenzialgleichung an und skizzieren Sie die Graphen von zwei möglichen Verläufen für die Erwärmung.

Lösung:

*c kann z. B. aus der Anfangstemperatur bestimmt werden.*
*Um k zu bestimmen muss noch mindestens eine Messung durchgeführt werden.*

a) Beschreibt die Funktion f zu jedem Zeitpunkt t die Temperatur der Flüssigkeit, so hat die gesuchte Differenzialgleichung die Form $f'(t) = k \cdot (20 - f(t))$.

b) Die Lösungen dieser Differenzialgleichung sind die Funktionen f mit $f(t) = 20 - c \cdot e^{-kt}$.
Wegen $f(0) = 20 - c \cdot e^{-k \cdot 0}$ gilt $c = 20 - f(0)$.
Aus $f(0) = 5$ folgt also $c = 20 - 5 = 15$.
Insgesamt ergibt sich f mit $f(t) = 20 - 15 \cdot e^{-kt}$.
Die Graphen für $k = 0{,}05$ bzw. $k = 0{,}15$ zeigt Fig. 1.

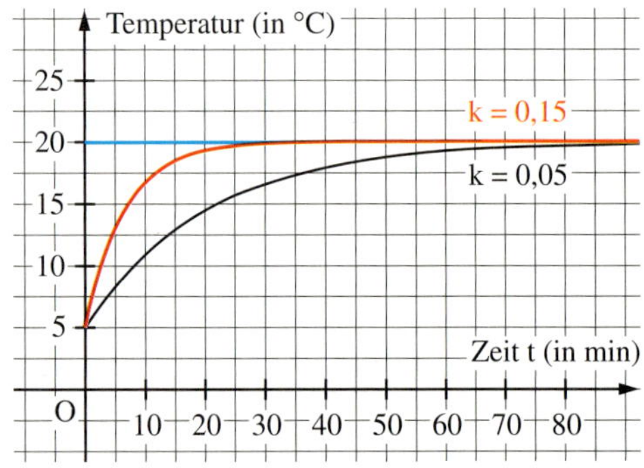


Fig. 1

**Beispiel 2:** (Beschränkter Zerfall; Aufstellen einer Differenzialgleichung)

Ein Land, das 1990 noch 50 Millionen Einwohner hatte, würde infolge geringer Geburtenzahl einen Bevölkerungsschwund von jährlich 0,6 % verzeichnen, wenn es nicht jährlich 96000 Einwanderer aufnehmen würde.

a) Stellen Sie eine Differenzialgleichung auf, mit der sich die Entwicklung der Einwohnerzahl näherungsweise beschreiben lässt.

b) Wie viele Einwohner erwartet man im Jahr 2010? Wie wird sich die Einwohnerzahl in diesem Modell langfristig entwickeln?

Lösung:

a) f(t) ist die Einwohnerzahl zum Zeitpunkt t (in Jahren ab 1990). Für die momentane Änderungsrate $f'(t)$ zum Zeitpunkt t gilt $f'(t) \approx 96000 - 0{,}006 \cdot f(t)$ (siehe Kasten).
Zur mathematischen Modellierung dieses Sachverhaltes setzt man
$f'(t) = 96000 - 0{,}006 \cdot f(t)$.

> Für einen kurzen Zeitraum h gilt näherungsweise:
> $f(t + h) - f(t) \approx 96000 \cdot h - 0{,}006 \cdot f(t) \cdot h$
> also
> $\frac{f(t+h) - f(t)}{h} \approx 96000 - 0{,}006 \cdot f(t)$.
> Bei einer differenzierbaren Funktion ergibt sich für $h \to 0$:
> $f'(t) \approx 96000 - 0{,}006 \cdot f(t)$

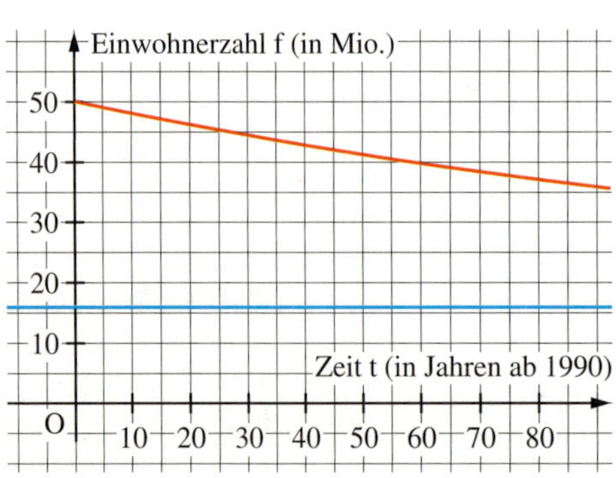


Fig. 2

*Können Sie b) auch ohne Bestimmung des Grenzwertes lösen?*

b) Die Funktion $t \mapsto f(t)$ erfüllt die Differenzialgleichung des beschränkten Wachstums, d. h., es ist $f(t) = 16000000 - \bar{c} \cdot e^{-0{,}006 \cdot t}$ oder mit f(t) in Millionen: $f(t) = 16 - c \cdot e^{-0{,}006 \cdot t}$.
Mit der Einwohnerzahl von 1990 ergibt sich $f(0) = 50 = 16 - c$, also $c = -34$ und hiermit $f(t) = 16 + 34 \cdot e^{-0{,}006 \cdot t}$ (f(t) in Mio., t in Jahren ab 1990). Für die erwartete Einwohnerzahl im Jahr 2010 gilt: $f(20) = 16 + 34 \cdot e^{-0{,}006 \cdot 20} \approx 46{,}2$ (in Mio.). Langfristig erwartet man in diesem Modell etwa 16 Millionen Einwohner, denn es ist $\lim\limits_{t \to \infty} (16 + 34 \cdot e^{-0{,}006 \cdot t}) = 16$.

## Aufgaben

**2** Zeichnen Sie den Graphen der Funktion f.
a) $f(x) = 2 - 2 \cdot e^{-0,5x}$ b) $f(x) = 4 - 2 \cdot e^{-0,5x}$ c) $f(x) = 1 + 2 \cdot e^{-x}$ d) $f(x) = 3 - e^{-0,1x}$

**3** Bei einem Wachstumsprozess kann der momentane Bestand durch die Funktion f mit $f(t) = 8 - 3 \cdot e^{-0,02t}$ (t in min) beschrieben werden.
a) Berechnen Sie den Anfangsbestand $(t = 0)$ und den Bestand nach 2 Stunden.
b) Durch welche Schranke S ist das Wachstum begrenzt? Wie lange dauert es, bis der Bestand 90 % von S erreicht hat?
c) Welche Differenzialgleichung erfüllt dieser Wachstumsprozess?
d) Nach welcher Zeit beträgt der Zuwachs pro Minute weniger als 1 %?

*Ist $f(0) = 0$, so ist $f(t) = S \cdot (1 - e^{-kt})$.*

**4** In einer Stadt gibt es 40000 Haushalte, von denen nach Meinungsumfragen etwa jeder fünfte für den Kauf eines neu auf den Markt gebrachten Haushaltsartikels in Frage kommt. Es ist damit zu rechnen, dass der Absatz des Artikels im Laufe der Zeit zunehmend schwieriger wird, da der Kreis der möglichen Käufer und deren Kauflust abnimmt. In den ersten drei Monaten werden 1700 Stück des Artikels verkauft. Kann der Hersteller davon ausgehen, dass innerhalb des ersten Jahres mindestens 5500 Stück verkauft werden?

*In der Differenzialgleichung des beschränkten Wachstums $f'(t) = k \cdot (S - f(t))$ wird $k > 0$ vorausgesetzt. Können sie diese Voraussetzung begründen?*

**5** Beim Lösen von Kochsalz (NaCl) in destilliertem Wasser beschreibt die Funktion m (in g) die zur Zeit t bereits gelöste Menge an Kochsalz. Die gelöste Salzmenge kann einen bestimmten Wert $m_0$, die Sättigungsgrenze, nicht überschreiten. Beobachtungen haben gezeigt, dass die Geschwindigkeit, mit der sich m(t) ändert, näherungsweise proportional zur Menge des noch lösbaren Salzes ist.
a) Stellen Sie die zugehörige Differenzialgleichung auf, wenn die Sättigungsgrenze bei 100 g destilliertem Wasser 36 g Kochsalz beträgt.
b) Bestimmen Sie den Funktionsterm m(t), wenn für $t = 0$ noch kein Kochsalz in 100 g destilliertem Wasser gelöst war, nach 30 Minuten aber 28 g.

*Die Fallgeschwindigkeit darf dabei nicht zu groß werden.*

*a ist die Beschleunigung. Es gilt $a(t) = v'(t)$.*

**6** Auf einen Fallschirmspringer der Gesamtmasse m (in kg), der sofort nach dem Absprung seinen Fallschirm öffnet, wirken Kräfte: einerseits die Gewichtskraft $G = m \cdot g$ mit $g = 9,81$ $\left(\text{in } \frac{m}{s^2}\right)$ nach unten, andererseits der Luftwiderstand $F_L = c \cdot v(t)$, der der Bewegung entgegengesetzt gerichtet und annähernd proportional zur momentanen Fallgeschwindigkeit $v \left(\text{in } \frac{m}{s^2}\right)$ ist. Mithilfe der Grundgleichung der Mechanik ergibt sich: $m \cdot a(t) = m \cdot g - c \cdot v(t)$.
a) Zeigen Sie, dass die momentane Geschwindigkeit v die Differenzialgleichung des beschränkten Wachstums erfüllt, und geben Sie eine Lösung für v an, wenn $v(0) = 0$ ist.
b) Geben Sie die maximale Geschwindigkeit $v_{max}$ an. Es sei $v_{max} = 5$ $\left(\text{in } \frac{m}{s^2}\right)$ und $m = 95$ (in kg). Bestimmen Sie hiermit die Konstante c und zeichnen Sie den Graphen der Funktion v. Wann hat der Fallschirmspringer die halbe Endgeschwindigkeit erreicht?

**7** Einem Patienten wird über eine Tropfinfusion ein Medikament verabreicht, das zuvor im Körper nicht vorhanden war. Pro Minute gelangt dabei eine Menge von 4 mg ins Blut. Andererseits beginnt die Niere das im Blut angereicherte Medikament wieder auszuscheiden; die momentane Ausscheidungsrate beträgt dabei 5 % pro Minute der jeweils im Blut aktuell vorhandenen Menge des Medikamentes m(t).
a) Welche Differenzialgleichung modelliert die zeitliche Entwicklung der Menge m(t)?
b) Geben Sie die Funktion an, die diese Differenzialgleichung löst. Zeigen Sie, dass diese Tropfinfusion auf lange Sicht zu einer konstanten Menge des Medikamentes im Blut führt. Geben Sie diesen maximalen Wert an. Wann ist dieser zu 90 % erreicht?

# 14 Vermischte Aufgaben

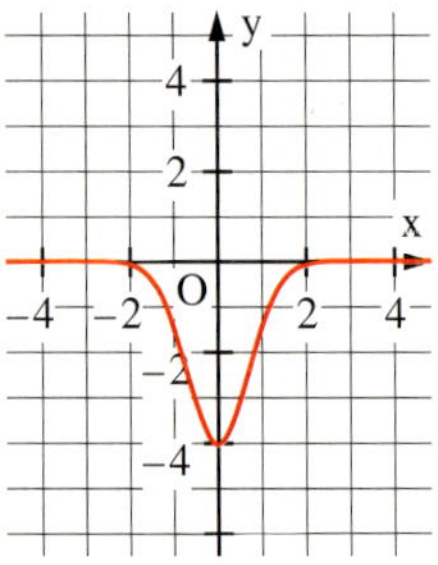

Fig. 1

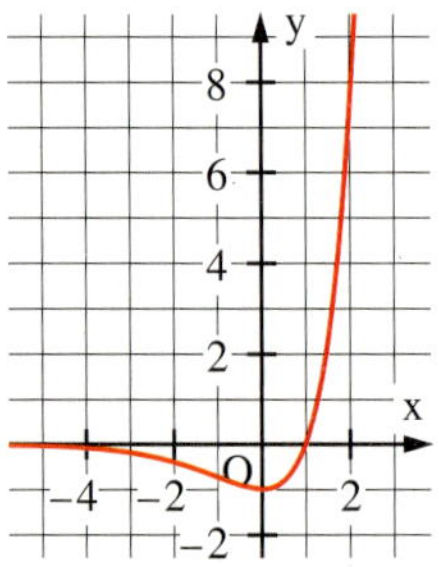

Fig. 2

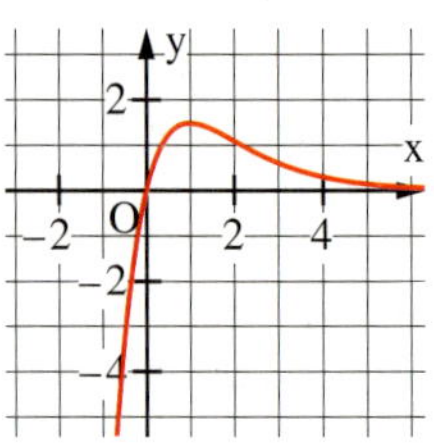

Fig. 3

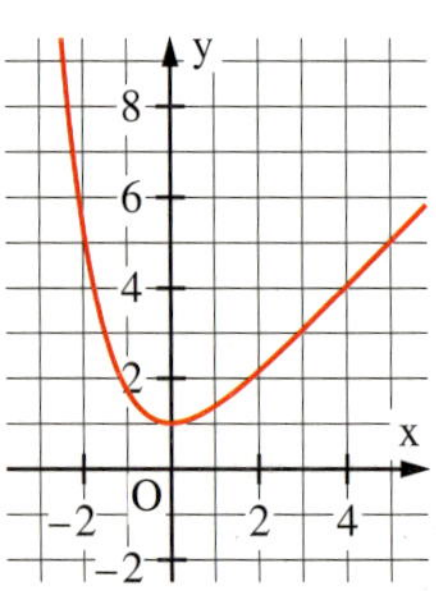

Fig. 4

**1** Schreiben Sie den Funktionsterm in der Form $f(x) = c \cdot e^{kx}$.

a) $f(x) = e^{0{,}5x-2}$ b) $f(x) = e^{2x+4}$ c) $f(x) = \left(\frac{1}{2}\right)^{x+2}$ d) $f(x) = \frac{1}{2}e^{x+\ln(2)}$

**2** Leiten Sie die Funktion f ab und geben Sie eine Stammfunktion von f an.

a) $f(x) = e^{x-1}$ b) $f(x) = e^{-x} + x$ c) $f(x) = e^{2x-0{,}5}$ d) $f(x) = e^{0{,}5x-2} + 1$

e) $f(x) = 2^x$ f) $f(x) = 2^{x+2}$ g) $f(x) = 8 \cdot \left(\frac{1}{2}\right)^{x+2}$ h) $f(x) = 0{,}4^x + 2$

**3** Bilden Sie die 1. und 2. Ableitung.

a) $f(x) = x^2 + e^x$ b) $f(x) = x \cdot e^{3x}$ c) $f(x) = x^3 \cdot e^{-2x}$ d) $f(x) = e^{x^2-1}$

**4** Skizzieren Sie den Graphen von f.

a) $f(x) = e^{x-1}$ b) $f(x) = e^{-x} - 3$ c) $f(x) = \frac{1}{2}x + e^{-x}$ d) $f(x) = -\frac{1}{2}x + e^x$

**5** Welcher Graph von Fig. 1 – 4 gehört zu welcher Funktion f? Begründen Sie.

a) $f(x) = 4x \cdot e^{-x}$ b) $f(x) = x + e^{-x}$ c) $f(x) = (x-1) \cdot e^x$ d) $f(x) = -4 \cdot e^{-x^2}$

**6** Für welche $x \in \mathbb{R}$ gilt $f(x) = g(x)$?

a) $f(x) = 3 \cdot e^{3x-2}$; $g(x) = e^{-x}$ b) $f(x) = e^{x^2-5x}$; $g(x) = e^{-3x^2+4}$

**7** Bestimmen Sie a und b so, dass die Graphen der Funktionen $f_1$ und $f_2$

a) mit $f_1(x) = a \cdot e^x$ und $f_2(x) = e^{bx}$ auf der y-Achse senkrecht schneiden.

b) mit $f_1(x) = e^{ax} + b$ und $f_2(x) = 1 - e^{-x}$ sich im Ursprung senkrecht schneiden.

**8** Berechnen Sie das Integral.

a) $\int_1^4 \frac{2}{x}\,dx$ b) $\int_2^{10} \frac{2}{3x}\,dx$ c) $\int_0^1 \frac{6}{4+12x}\,dx$ d) $\int_1^3 \frac{5x+1}{x}\,dx$ e) $\int_1^2 \frac{2x^2-3x+4}{x}\,dx$

**9** Der Graph von f begrenzt mit den Koordinatenachsen eine Fläche mit dem Inhalt A. Skizzieren Sie den Graphen von f und berechnen Sie A. Die Fläche rotiert anschließend um die x-Achse. Berechnen Sie das Volumen des Rotationskörpers mithilfe einer Stammfunktion.

a) $f(x) = \frac{1}{4}e^x - e$ b) $f(x) = 2 - e^{-x}$ c) $f(x) = 4 - e^x$ d) $f(x) = e^{-2x} - 3$

**10** Gegeben ist die Funktion f mit $f(x) = 2e^{2x-3}$. Ihr Graph sei K.

a) Die Tangente t an K im Punkt $P(2|f(2))$ schneidet die x-Achse im Punkt Q, die y-Achse im Punkt R. Berechnen Sie die Koordinaten von Q und R.

b) K schließt mit der x-Achse und den Geraden mit den Gleichungen $x = 2$ und $x = k$ $(k < 2)$ eine Fläche mit dem Inhalt $A_k$ ein. Bestimmen Sie $A_k$ und $A = \lim\limits_{k \to -\infty} A_k$.

c) Wie muss h gewählt werden, damit die Gerade $x = h$ die Fläche mit dem Inhalt A halbiert?

**11** Die Tangente und die Normale des Graphen der Funktion $f_k$ mit $f_k(x) = e^{kx}$ mit $k > 0$ im Punkt $P(0|1)$ begrenzen mit der x-Achse ein Dreieck. Für welchen Wert von k wird der Inhalt dieses Dreiecks minimal? Wie groß ist der Flächeninhalt dieses Dreiecks?

**12** Untersuchen Sie, ob es Eigenschaften einer Funktion f gibt, die sich auf die Funktion g mit $g(x) = e^{f(x)}$ übertragen.

**13** Untersuchen Sie den Graphen der Funktion f.
a) $f(x) = 2x \cdot e^{1-x}$ b) $f(x) = x^2 \cdot e^{-x}$ c) $f(x) = 3x \cdot e^{-\frac{1}{2}x^2}$ d) $f(x) = \frac{x+1}{e^x}$

**14** Gegeben ist für $x \geqq -3$ die Integralfunktion I durch $I(x) = \int_{-3}^{x} f(t)\,dt$ mit $f(t) = e^{-t^2}$.
a) Skizzieren Sie ohne Verwendung des GTR die Graphen der Funktionen f und I.
b) Zeigen Sie: I hat genau eine Nullstelle, keine Extremstelle, aber eine Wendestelle.
c) Der Graph von I nähert sich für $x \to \infty$ der Asymptoten mit der Gleichung $y = a$ an. Bestimmen Sie mit dem GTR einen Näherungswert für a auf 4 Dezimalen.

**15** a) Untersuchen Sie den Graphen der Funktion f mit $f(x) = e^x + e^{-x} - 2$.
b) Bestimmen Sie eine ganzrationale Funktion g vom 2. Grad, die für $x_0 = 0$ sowohl im Funktionswert als auch in den ersten beiden Ableitungen mit f übereinstimmt. Zeichnen Sie den Graphen von g in das vorhandene Koordinatensystem ein.

*Suchen sie noch weitere Eigenschaften der Funktion f und skizzieren Sie anschließend den Graphen*

**16** Gegeben ist die Funktion f mit $f(x) = 5 \cdot \frac{e^x - 2}{e^{2x}}$ mit der Definitionsmenge $\mathbb{R}$.
a) Zeichnen und untersuchen Sie den Graphen von f.
b) Berechnen Sie die Extrem- und Wendestelle der Funktion f exakt.
c) Geben Sie eine Stammfunktion zu f an und berechnen Sie den Inhalt der Fläche, den der Graph von f mit den Koordinatenachsen einschließt.

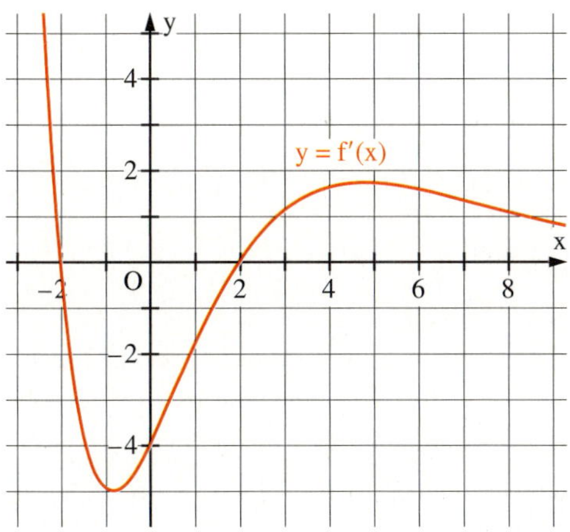

Fig. 2

**17** Von einer Funktion f ist der Graph seiner Ableitungsfunktion f′ gegeben (Fig. 2). Untersuchen sie die folgenden Aussagen auf ihre Richtigkeit. Begründen Sie.
a) Der Graph von f hat an der Stelle $x = -2$ einen Hochpunkt.
b) Der Graph von f hat an der Stelle $x = 2$ einen Tiefpunkt.
c) Für $x > 2$ gilt $f(x) > 0$.
d) Für $x > 2$ steigt f streng monoton.
e) Der Graph von f hat genau zwei Schnittpunkte mit der x-Achse.
f) Der Graph von f hat genau zwei Wendepunkte.

**18** Zu jedem $t \in \mathbb{R}$ ist eine Funktion $f_t$ mit $f_t(x) = e^{tx - \frac{1}{2}x^2}$ gegeben.
a) Zeichnen Sie die Graphen für $t = 0$ und $t = 2$.
b) Untersuchen Sie den Graphen von $f_t$. Zeigen Sie, dass für jedes t der Graph symmetrisch zur Geraden mit der Gleichung $x = x_H$ ist, wobei $x_H$ die x-Koordinate des Hochpunktes ist.

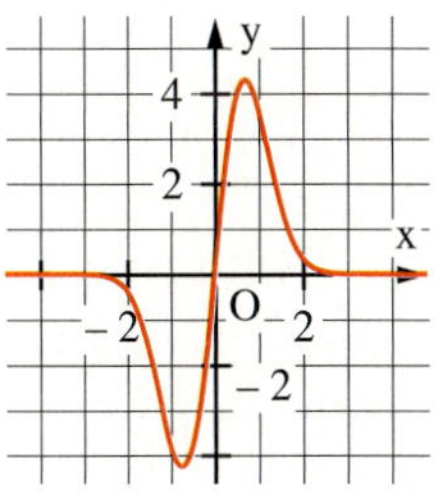

Fig. 1

**19** Gegeben ist eine Funktion f durch $f(x) = 10x \cdot e^{-x^2}$. Fig. 1 zeigt ihren Graphen. Durch den Ursprung O und die Punkte $A(a|0)$ und $P(a|f(a))$ wird ein Dreieck bestimmt. Berechnen Sie den maximalen Inhalt, den ein solches Dreieck annehmen kann.

**20** Gegeben ist für alle $a \in \mathbb{R}$ die Funktionenschar $f_a$ mit $f_a(x) = 10 \cdot (x + a) \cdot e^{-x-a}$, $x \in \mathbb{R}$. Ihr Graph sei $K_a$.
a) Untersuchen Sie $K_0$. Welche gemeinsamen Eigenschaften haben alle $K_a$?
b) Geben Sie ohne weitere Rechnung die Koordinaten der Schnittpunkte mit den Achsen, des Extrem- und Wendepunktes von $K_a$ an. Wie entsteht der Graph $K_a$ aus $K_0$?

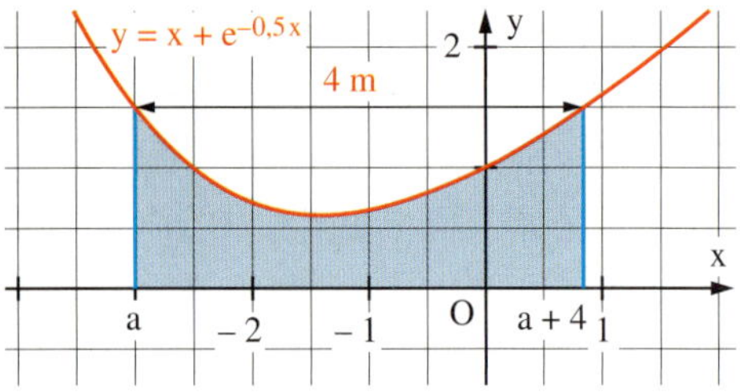


Fig. 1

**21** Der Querschnitt eines Geländestücks kann durch die Funktion f mit $f(x) = x + e^{-0{,}5x}$ beschrieben werden (Fig. 1).
Für eine Trasse muss ein 4 m breiter Aushub bis zur x-Achse erfolgen. Er ist in Fig. 1 farbig dargestellt.
Berechnen Sie die Stelle a, an der der Aushub beginnen muss, wenn man möglichst wenig Material bewegen will.

**22** Entscheiden Sie, welche der folgenden Aussagen geeignet sind zu überprüfen, ob ein untersuchter Prozess durch eine Exponentialfunktion beschrieben werden kann.
a) Bei einem festen Zeitschritt ist der Quotient aufeinander folgender Funktionswerte konstant.
b) Die Differenz aufeinander folgender Funktionswerte ergibt immer einen konstanten Wert.
c) Trägt man die Messpunkte in ein (t, ln(y))-Koordinatensystem ein, so liegen die Punkte angenähert auf einer Geraden.
d) Aufeinander folgende Funktionswerte unterscheiden sich stets um denselben Faktor.

*Die Pharmakokinetik untersucht die zeitliche Verteilung von Pharmaka (Medikamenten) im Organismus.*

*Die Aufnahme des Wirkstoffs des Medikaments ins Blut findet im Magen/Darm statt – die Ausscheidung über die Nieren/Leber.*

**23** In der Pharmakokinetik, einem Teilgebiet der Pharmakologie, ist die Bateman-Funktion von besonderer Bedeutung. Mit ihr lässt sich z. B. die Konzentration K eines oral verabreichten Medikamentes im Blut in Abhängigkeit von der Zeit nach der Einnahme beschreiben.
Es gilt: $K(t) = \frac{c \cdot a}{a - b}\left(e^{-bt} - e^{-at}\right)$, t in h, K(t) in $\frac{mg}{l}$.
Messungen für ein spezielles Medikament ergaben: $c = 18{,}75 \left(\text{in } \frac{mg}{l}\right)$, $a = 0{,}8$; $b = 0{,}2$.
a) Zeichnen Sie den Graphen von K und interpretieren Sie seinen Verlauf.
b) Wann ist die Konzentration im Blut am höchsten? Wie hoch ist sie dann?
c) Wann ist die Konzentration unter die Nachweisgrenze von $0{,}1\,\frac{mg}{l}$ gesunken?
d) Zu welchem Zeitpunkt ist die Aufnahmerate des Wirkstoffs des Medikamentes im Blut am höchsten? Wann die Ausscheidungsrate?
e) Wie lange wirkt das Medikament, wenn dazu eine Mindestkonzentration von $7\,\frac{mg}{l}$ im Blut benötigt wird?

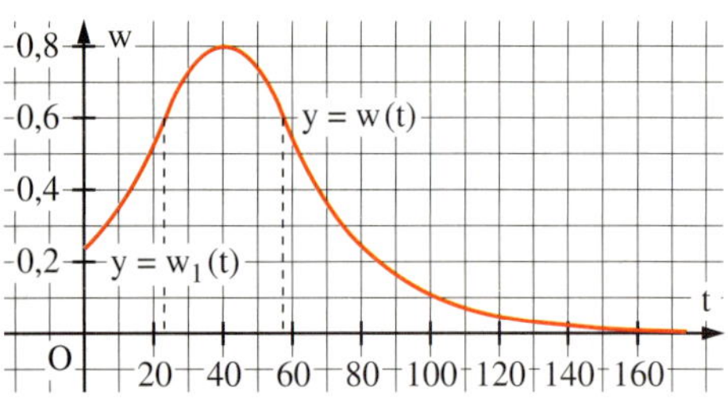


Fig. 2

**24** Fig. 2 zeigt das Wachstum pro Jahr w(t) (in m/a) nach t Jahren nach Pflanzen eines Fichtensetzlings. Dabei kann w(t) in den ersten 25 Jahren angenähert werden durch
$w_1(t) = 0{,}24\,e^{0{,}04\,t}$ (t in a; $w_1(t)$ in m/a).
Eine Fichte gilt als ausgewachsen, wenn sie ab einem bestimmten Zeitpunkt in der Folgezeit nur noch maximal 2 m wächst. Berechnen Sie unter Verwendung der Symmetrieeigenschaften des angegebenen Graphen, wann dies der Fall ist.

| Jahr | Kunden (in Mio.) |
|---|---|
| 1992 | 1 |
| 1993 | 1,8 |
| 1994 | 2,5 |
| 1995 | 3,7 |
| 1996 | 5,5 |
| 1997 | 9,2 |
| 1998 | 13,6 |
| 1999 | 23,1 |

Fig. 3

**25** Der Wirkstoff einer Schmerztablette wird im menschlichen Körper näherungsweise exponentiell abgebaut. Nimmt ein Patient eine Tablette, die 0,5 g des Wirkstoffes enthält, so befinden sich nach 10 Stunden noch ca. 0,09 g im Körper.
a) Nach welcher Zeit ist die Hälfte (sind 90 %) des Wirkstoffes abgebaut?
b) Jemand nimmt um 9 Uhr eine Tablette und um 3 Uhr zwei weitere mit jeweils 0,5 g des Wirkstoffes. Wie viel g sind davon um 20 Uhr desselben Tages noch im Körper vorhanden?

**26** Die Tabelle in Fig. 3 zeigt die Anfänge der Nutzung des Mobilfunknetzes in Deutschland.
a) Führen Sie eine Funktionsanpassung mit einem geeigneten Funktionstyp durch.
b) Welche Kundenzahl ergibt sich in Ihrem Modell für das Jahr 2002, welche für 2005? Warum sind längerfristige Aussagen nicht realistisch? Suchen Sie nach aktuellen Daten.

**27** In einem zylinderförmigen Wasserbehälter fließt aus einer Quelle ein konstanter Wasserstrom von 150 l/min. Die Wasserentnahme wird so gesteuert, dass pro Minute jeweils 0,25 % des momentan vorhandenen Wasservorrates V (t) abfließen. Zu Beginn der Beobachtung befinden sich 80 $m^3$ Wasser im Behälter.
a) Mit welcher Differenzialgleichung lässt sich dieser Prozess beschreiben?
b) Wie entwickelt sich der Wasservorrat im Behälter langfristig? Wann sind 65 $m^3$ Wasser im Behälter?

**28** Ein Fieberthermometer zeigt die Temperatur 20 °C an. Nach 30 Sekunden liest man 29 °C ab. Wie lange dauert es, bis eine Fiebertemperatur von 39 °C auf 0,1 °C genau angezeigt wird?

*Reaktionsgleichung:*
$^{14}_{7}N + ^{1}_{0}n \rightarrow ^{14}_{6}C$

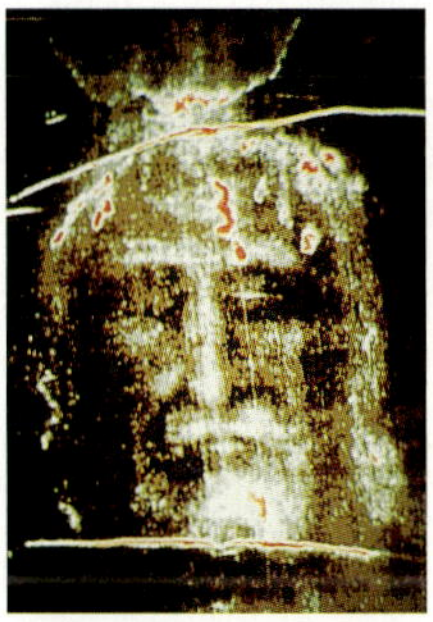

**29** **Radiocarbonmethode** ($^{14}$C-Methode): In der Atmosphäre und in Tieren und Pflanzen ist seit Jahrtausenden das Verhältnis zwischen dem stabilen $^{12}$C und dem radioaktiven $^{14}$C (Halbwertszeit 5730 Jahre) nahezu konstant (vorhandenes $^{14}$C zerfällt zwar laufend, gleichzeitig entsteht in der Atmosphäre aufgrund der Strahlung aus dem Weltall dauernd neues $^{14}$C). Stirbt aber ein Organismus ab, so wird kein $^{14}$C mehr aufgenommen, während das vorhandene weiterhin zerfällt. Dadurch ändert sich das Verhältnis beider Kohlenstoffarten in dem untersuchten Organismus fortwährend und kann so zur Altersbestimmung desselben benutzt werden.
a) Bei der Untersuchung des Turiner Grabtuches, welches von vielen Gläubigen als das Grabtuch Jesu angesehen wird, stellte man eine Aktivität von 13,84 Zerfällen pro Gramm Kohlenstoff und Minute fest. Wie alt ist das Tuch vermutlich, wenn noch lebendes organisches Material eine Aktivität von 15,3 Zerfällen pro Gramm und Minute aufweist?
b) Im Jahr 1991 wurde in den Ötztaler Alpen die Gletschermumie „Ötzi" gefunden. Untersuchungen ergaben, dass die Mumie noch 53,3 % des Kohlenstoffs $^{14}$C enthält, der in lebendem Gewebe vorhanden ist. Vor wie vielen Jahren starb „Ötzi"?

***Effektive Halbwertszeit $T_{eff}$:***
*Die Zeitspanne, nach der die Hälfte der ursprünglich zu einem bestimmten Zeitpunkt vorhandenen Aktivität eines radioaktiven Stoffes z. B. Milch (vgl. Aufgabe 31) ausgeschieden ist, wird als biologische Halbwertzeit $T_{Bio}$ bezeichnet.*
*Die biologische und die physikalische Halbwertzeit $T_H$ führen zur effektiven Halbwertzeit $T_{eff}$, also zu der Zeitspanne, nach der die Ursprungsaktivität im Körper auf die Hälfte abgeklungen bzw. ausgeschieden ist. Es gilt:*
$\frac{1}{T_{eff}} = \frac{1}{T_{Bio}} + \frac{1}{T_H}$

*Beispiele:*

| | Jod 131 | Cäsium 137 |
|---|---|---|
| $T_{Bio}$ | 80 Tage | 110 Tage |
| $T_H$ | 8 Tage | 30 Jahre |

*Berechnen Sie $T_{eff}$.*

**30** Beim Laden eines elektronischen Blitzgerätes für eine Fotokamera steigt die Spannung U (t) während des Ladevorgangs von 0 auf 400 V. Zur Modellierung dieses Ladevorganges dient der Ansatz $U'(t) \sim (400 - U(t))$.
a) Begründen Sie, warum dieser Ansatz sinnvoll erscheint. Wie lautet dann die zugehörige Differenzialgleichung? Um welche Art von Wachstum handelt es sich damit?
b) Wie lautet der Funktionsterm U (t), wenn die Spannung nach 4 s den Wert 250 V erreicht hat? Skizzieren Sie den Graphen von U für die ersten 20 s des Ladevorganges.
c) Nach welcher Ladezeit ist das Blitzgerät einsatzbereit, wenn die Mindestspannung 350 V betragen muss?

**31** Radioaktive Milch hat eine Aktivität von 600 Becquerel (Bq), d. h., es finden pro Sekunde 600 Kernzerfälle statt. Diese Zerfälle stammen zu 75 % von Jod 131 mit einer Halbwertszeit von 8 Tagen und zu 25 % von Strontium 89 mit einer Halbwertszeit von 50 Tagen.
a) Welche Aktivität hat die Milch in 15 Tagen, welche in 6 Monaten?
b) Bestimmen Sie mithilfe des Computers, wann die Aktivität unter 50 Bq fällt.

**32** In einer Nährlösung vermehren sich Bakterien stündlich um 25 %, im gleichen Zeitraum sterben 5 %. Zu Beginn der Beobachtung sind 1000 Bakterien vorhanden.
a) In welchem Zeitraum verdoppelt sich die Anzahl der vorhandenen Bakterien?
b) Der Nährlösung wird 10 Stunden nach Beobachtungsbeginn ein Desinfektionsmittel zugesetzt. Hierdurch erhöht sich die „Sterberate" auf 50 %, während die „Geburtenrate" bei 25 % bleibt. Wie viele Stunden nach der Zugabe des Desinfektionsmittels enthält die Nährlösung wieder die zu Beobachtungsbeginn vorhandene Anzahl von Bakterien?
c) Wann sind ausgehend vom Beobachtungsbeginn nur noch rund 50 Bakterien vorhanden?

**Exponentialfunktionen**

Die Funktion g mit $g(x) = c \cdot a^x$, $c \in \mathbb{R}$, $a > 0$, $x \in \mathbb{R}$ heißt Exponentialfunktion. Die natürliche Exponentialfunktion f mit $f(x) = e^x$ hat die eulersche Zahl $e = 2{,}71828\ldots$ als Basis.
Es gilt: $f(x) = e^x$; F mit $F(x) = e^x$ ist eine Stammfunktion von f.
g mit $g(x) = c \cdot a^x$ ist darstellbar zur Basis e als $g(x) = c \cdot e^{x \cdot \ln(a)}$.
Die Funktion f mit $f(x) = e^{v(x)}$ hat die Ableitung $f'(x) = v'(x) \cdot e^{v(x)}$.
Sonderfall: Ist $v(x) = mx + c$ mit $m \neq 0$, so gilt:
$f(x) = e^{mx+c}$; $f'(x) = m \cdot e^{mx+c}$; $F(x) = \frac{1}{m} \cdot e^{mx+c}$.

*Funktion:* $f(x) = e^{-0{,}5x}$
*Ableitung:* $f'(x) = -0{,}5 \cdot e^{-0{,}5x}$
*Stammfunktion:* $F(x) = \frac{1}{-0{,}5} \cdot e^{-0{,}5x} = -2 \cdot e^{-0{,}5x}$

$g(x) = 3 \cdot 4^x = 3 \cdot e^{\ln(4^x)} = 3 \cdot e^{x \cdot \ln(4)}$

**Die natürliche Logarithmusfunktion**

Die Funktion f mit $f(x) = \ln(x)$, $x \in \mathbb{R}^+$ heißt natürliche Logarithmusfunktion. Für die Ableitung gilt: $f'(x) = \frac{1}{x}$.
Die Funktion G mit $G(x) = \ln(|x|)$, $x \neq 0$ ist eine Stammfunktion von g mit $g(x) = \frac{1}{x}$. Damit hat h mit $h(x) = \frac{1}{r \cdot x + s}$ $(r \neq 0)$ die Stammfunktion $H(x) = \frac{1}{r} \cdot \ln(|r \cdot x + s|)$ (lineare Substitution).

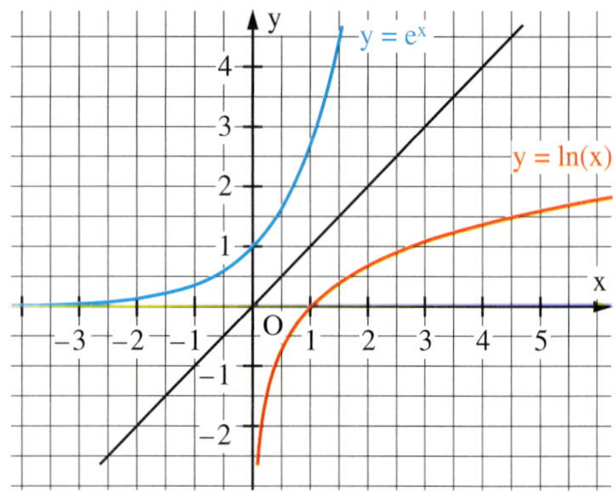


*$h(x) = \frac{1}{3x+5}$;*
*Stammfunktion $H(x) = \frac{1}{3} \ln(|3x + 5|)$*

**Produktregel**

Ist $f = u \cdot v$ ein Produkt zweier Funktionen, so gilt für die Ableitungsfunktion $f'(x) = u'(x) \cdot v(x) + u(x) \cdot v'(x)$.

$f(x) = (x^2 - 3) \cdot e^x$
$f'(x) = 2x \cdot e^x + (x^2 - 3) \cdot e^x$
$= (x^2 + 2x - 3) \cdot e^x$

**Lösen von Exponential- und Logarithmusgleichungen**

Eine Exponentialgleichung der Form $e^x = y$ hat die Lösung $x = \ln(y)$.
Es ist $\ln(x) = \log_e(x)$.
Für alle $x > 0$ gilt: $e^{\ln(x)} = x$,
für alle $x \in \mathbb{R}$ gilt: $\ln(e^x) = x$.

*Beispiele:*

| | |
|---|---|
| $\ln(\sqrt{x} - 2) = 1$ | $e^{\sqrt{x}-2} = 1$ |
| $e^{\ln(\sqrt{x}-2)} = e^1$ | $\ln(e^{\sqrt{x}-2}) = \ln(1)$ |
| $\sqrt{x} - 2 = e$ | $\sqrt{x} - 2 = 0$ |
| $x = (e + 2)^2 \approx 22{,}26$ | $x = 4$ |

**Exponentielle Wachstums- und Zerfallsprozesse**

Jede Differenzialgleichung der Form $f'(t) = k \cdot f(t)$ mit $k \in \mathbb{R} \setminus \{0\}$ beschreibt exponentielles Wachstum oder exponentiellen Zerfall.
Die Funktion f mit $f(t) = c \cdot e^{kt}$ mit $c \in \mathbb{R}$ sind die Lösungen dieser Differenzialgleichung.
Ist exponentielles Wachstum durch eine prozentuale Zu- bzw. Abnahme vorgegeben, so lässt sich dieses Wachstum auch mithilfe einer Exponentialfunktion zur Basis e darstellen.

*Eine Kolonie von anfangs 100 Vögeln vermehrt sich jährlich um $4\,\% = \frac{4}{100}$.*
*Bei exponentiellem Wachstum sind es nach t Jahren:*
$f(t) = 100 \cdot 1{,}04^t$ bzw. $f(t) = 100 \cdot \left(e^{\ln(1{,}04)}\right)^t$

**Verdoppelungszeit:** $T_V = \frac{\ln(2)}{k}$ **Halbwertszeit:** $T_H = -\frac{\ln(2)}{k}$.

*Verdoppelungszeit:*
$T_V = \frac{\ln(2)}{\ln(1{,}04)} \approx 17{,}7$ *(in Jahren).*

**Beschränktes Wachstum**

Jede Differenzialgleichung der Form $f'(t) = k \cdot (S - f(t))$ mit $k > 0$, $S \in \mathbb{R}$ beschreibt beschränktes Wachstum oder beschränkten Zerfall.
Die Funktion f mit $f(t) = S - c \cdot e^{-kt}$ und $c \in \mathbb{R}$ sind alle Lösungen dieser Differenzialgleichung.
$c > 0$ beschränktes Wachstum; $c < 0$ beschränkter Zerfall.

*5 °C kaltes Wasser erwärmt sich im Glas nach dem Herausnehmen aus dem Kühlschrank auf die Raumtemperatur 20 °C.*
*Differenzialgleichung: $f'(t) = k \cdot (20 - f(t))$*
*Lösungen: f mit $f(t) = 20 - 15e^{-kt}$.*
*Aus z.B. $f(10) = 15$ folgt $k \approx 0{,}11$.*

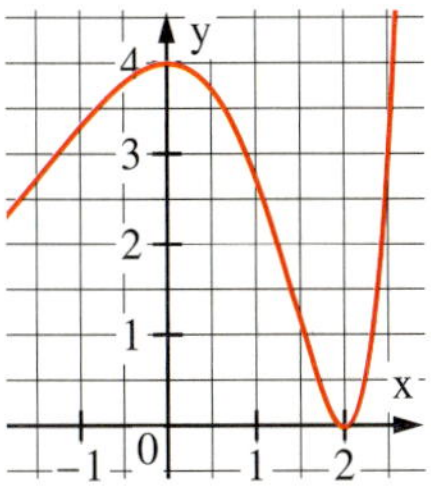

Fig. 1

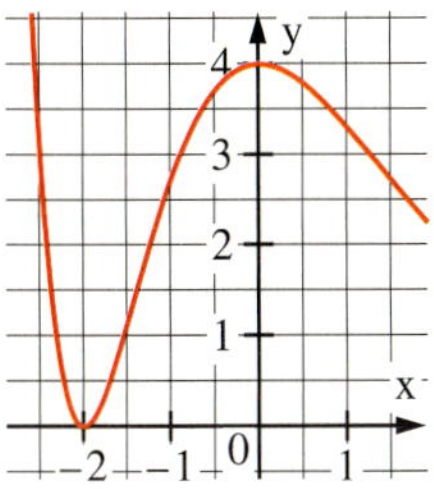

Fig. 2

| x | 1 | 2 | 3 | 4 |
|---|---|---|---|---|
| f(x) | | 6 | | |

**1** Lösen Sie die folgende Gleichung nach x auf.
a) $\ln(x) - \ln\left(\frac{1}{x}\right) = 2$ b) $e^{4x} - 5e^{2x} + 6 = 0$ c) $e^x - 4 \cdot e^{-x} - 3 = 0$

**2** Leiten Sie die Funktion f zweimal ab.
a) $f(x) = \frac{2}{e^x}$ b) $f(x) = x^2 + e^{-2x}$ c) $f(x) = x^2 \cdot e^{-x}$ d) $f(x) = x \cdot 2^x$ e) $f(x) = \ln(2x)$

**3** Geben Sie eine Stammfunktion F von der Funktion f an.
a) $f(x) = \frac{1}{2}e^x$ b) $f(x) = 3e^{2x-1}$ c) $f(x) = (5x+2)^2 + e^{-3x}$ d) $f(x) = \frac{3}{4x-7} + \frac{2}{e^x}$

**4** Bestimmen Sie die Nullstellen der Funktion f.
a) $f(x) = e^{2x} - 1$ b) $f(x) = e^{3x-2} - e$ c) $f(x) = e^x \cdot (e^x - 1)$ d) $f(x) = e^x - 2e^{-x}$

**5** Eine der Kurven in Fig. 1 oder 2 zeigt den Graphen der Funktion f mit $f(x) = (x-2)^2 \cdot e^x$. Entscheiden Sie welche und begründen Sie Ihre Wahl.

**6** Bestimmen Sie die Gleichung der Tangente an den Graphen von f im Punkt P.
a) $f(x) = e^x$; $P(2 \mid f(2))$ b) $f(x) = \frac{1}{2}e^{-2x}$; $P(0 \mid f(0))$ c) $f(x) = x \cdot e^x$; $P(1 \mid f(1))$

**7** Die angegebene Wertetabelle soll zu einer Exponentialfunktion f gehören. Geben Sie drei mögliche vollständig ausgefüllte Tabellen an. Wie lautet die jeweilige Exponentialfunktion?

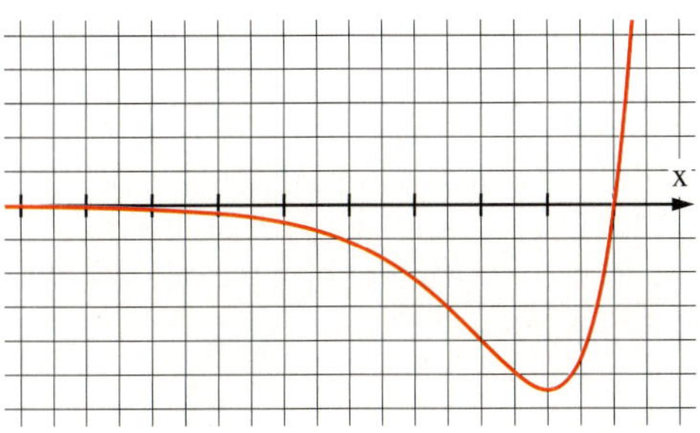

Fig. 3

**8** Gegeben ist der Graph der Funktion f mit $f(x) = (x-2) \cdot e^x$ (Fig. 3).
a) Bestimmen Sie die Lage der y-Achse und die Einheiten auf beiden Koordinatenachsen.
b) Berechnen Sie die Koordinaten des Tief- und des Wendepunktes.

**9** Eine Nährlösung enthält zu Beginn der Beobachtung 50000 Bakterien. Täglich vermehrt sich die Anzahl der Bakterien um 10 %.
a) Wie lautet die zugehörige Wachstumsfunktion?
b) Wie viele Bakterien sind nach 2 Tagen in der Nährlösung?

**10** Zeigen Sie, dass bei einem exponentiellen Wachstumsprozess die Verdoppelungszeit $T_V$ nicht vom Anfangsbestand abhängt. Geben Sie mithilfe von $T_V$ an, wie lange es dauert, bis sich die Bakterienzahl vervierfacht hat.

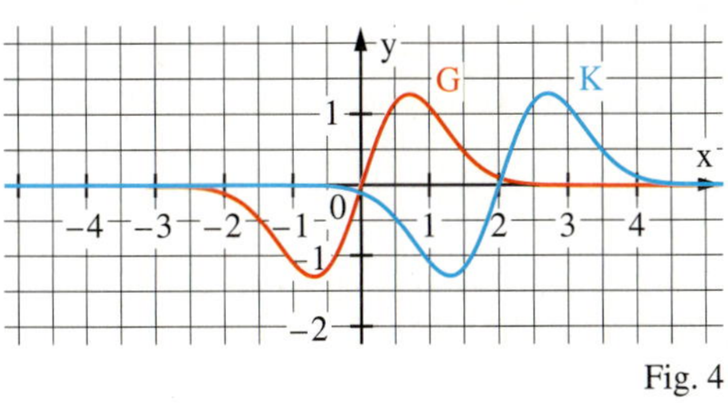

Fig. 4

**11** Gegeben sind die Graphen G und K (Fig. 4). Beide Graphen gehören zu einer Funktionenschar $f_t$.
a) Welche der Kurven in Fig. 4 zeigt den Graphen der Funktion f mit $f(x) = 3x \cdot e^{-x^2}$?
b) Wie lautet die Gleichung der Funktion, die zu dem anderen Graphen gehört?
c) Geben Sie eine Gleichung der Funktionenschar $f_t$ für $t \in \mathbb{R}$ an.

**12** Untersuchen Sie den Graphen der Funktion f auf Extrempunkte.
a) $f(x) = x \cdot e^{x+2}$ b) $f(x) = (3-x) \cdot e^{x-1}$ c) $f(x) = e^{0{,}5x} + e^{-0{,}5x}$

**13** a) Geben Sie allgemein die Funktion f an, die einen beschränkten Wachstums- oder Zerfallsprozess beschreibt. Welche Eigenschaften hat f? Begründen Sie.
b) Gegeben sind die Funktionen f mit $f(x) = 5 + 3 \cdot e^{-x}$ und g mit $g(x) = 5 - 7 \cdot e^{-x}$. Skizzieren Sie die Graphen dieser Funktionen in ein gemeinsames Koordinatensystem.

*Bestimmen Sie anschließend die wesentlichen Punkte des Graphen auch exakt.*

**1** Gegeben ist die Funktion f mit $f(x) = e^x \cdot (e^x - 2)$. Ihr Graph sei K.
a) Untersuchen Sie K mithilfe des GTR.
b) Berechnen Sie den Inhalt A der Fläche, die von K, den Koordinatenachsen und der Geraden mit der Gleichung $x = -e^2$ begrenzt wird, mithilfe einer Stammfunktion.
c) f ist eine Funktion der Schar $f_k$ mit $f_k(x) = e^x \cdot (e^x - k)$ mit $k \in \mathbb{R}$. Welche Eigenschaften übertragen sich von f auf $f_k$? Bestimmen Sie den Extrem- bzw. den Wendepunkt des Graphen von $f_k$. Geben Sie die Ortslinie der Extrempunkte an.
d) Für welche Werte von k ist die Nullstelle von $f_k$ ganzzahlig?

**2** a) Fig. 1 zeigt die Graphen einer Funktion f und ihrer Ableitung f'. Ordnen Sie zu.
b) Die Funktion f lautet $f(x) = \frac{1}{2}x^2 \cdot e^{-x^2+3}$. Überprüfen Sie Ihre Zuordnung.
c) Untersuchen Sie f und f' auf Symmetrie. Berechnen Sie die Extremstellen von f exakt.
d) Wie viele Wendepunkte muss der Graph von f besitzen? Geben Sie Ihre Koordinaten an.

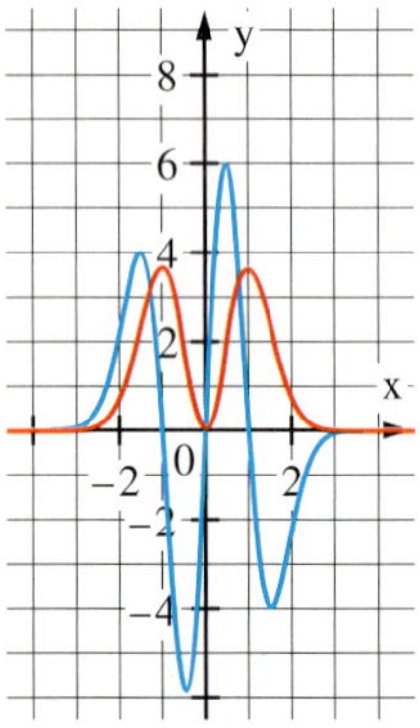

Fig. 1

**3** Das Wachstum einer Forellenart wird statistisch ausgewertet (vgl. Tabelle).

| Lebenszeit (in Monaten) | 2 | 4 | 6 | 8 | 10 |
|---|---|---|---|---|---|
| Länge (in cm) | 6,6 | 11,2 | 14,7 | 17,0 | 18,8 |

a) Ermitteln Sie mithilfe von Wertepaaren eine Funktion f mit $f(t) = S \cdot (1 - e^{-kt})$, die das Wachstum der Fische beschreibt. Wie groß sind die Fische im Mittel nach einem Jahr?
b) Welche durchschnittliche Länge hat eine ausgewachsene Forelle?
c) Wann ungefähr ist eine Forelle ausgewachsen? Wann erreicht sie 95 % der Länge einer ausgewachsenen Forelle?

**4** a) An den Graphen der Funktion f mit $f(x) = e^x + 1$ wird in einem Punkt $P(u|f(u))$ die Tangente gelegt; sie schneidet die x-Achse in Q. Wie lang ist die Strecke PQ mindestens?
b) Die Tangente in P, die Parallele zur y-Achse durch P und die x-Achse begrenzen ein Dreieck. Für welchen Kurvenpunkt P wird der Flächeninhalt dieses Dreiecks minimal? Wie groß ist er dann?

**5** Auf einer Teststecke startet ein Auto $A_1$, dessen Geschwindigkeit $v_1$ sich beschreiben lässt durch $v_1(t) = 50 \cdot (1 - e^{-0,03t})$; t in Sekunden, $v_1(t)$ in $\frac{m}{s}$.
Ein zweites Auto $A_2$ startet 20 Sekunden nach dem Start von $A_1$ von der gleichen Startlinie wie $A_1$. Für die Geschwindigkeit von $A_2$ gilt: $v_2(t) = 70 \cdot (1 - e^{-0,09t})$; t in Sekunden, $v_2(t)$ in $\frac{m}{s}$.
a) Stellen Sie in einem gemeinsamen v-t-Koordinatensystem den Verlauf der Geschwindigkeiten beider Autos dar, wenn die Zeit t vom Start des Autos $A_1$ gemessen wird.
b) Welche Strecke hat $A_1$ bereits zurückgelegt, wenn $A_2$ startet?
c) Geben Sie das v-t-Gesetz für $A_2$ an, wenn die Zeit t wieder vom Start des Autos $A_1$ gemessen wird. Wie groß ist der Geschwindigkeitsunterschied der beiden Autos 20 s nach dem Start von Auto 2?
d) $A_1$ liegt nach dem Start von $A_2$ noch für eine gewisse Zeit in Führung. Wann ist in dieser Zeit der Abstand der beiden Fahrzeuge am größten? Bestimmen Sie diesen Abstand.
e) Wann überholt das Auto $A_2$ das Auto $A_1$? Wie weit ist zu diesem Zeitpunkt jedes der beiden Fahrzeuge von der Startlinie entfernt?

**6** Gegeben ist für $b > 0$ die Funktionenschar $f_b$ mit $f_b(x) = e^{-\frac{x^2}{b}}$, $x \in \mathbb{R}$. Ihr Graph sei $K_b$.
a) Untersuchen Sie, welche Bedeutung der Parameter b für den Verlauf des Graphen $K_b$ hat.
b) Geben Sie die Extrem- und Wendepunkte des Graphen an.
c) Welche Eigenschaften haben die Graphen der Funktionenschar $f_{a,b}$ mit $f_{a,b}(x) = e^{-\frac{(x-a)^2}{b}}$ mit $a \in \mathbb{R}$, $b > 0$?

## Die Kettenlinie

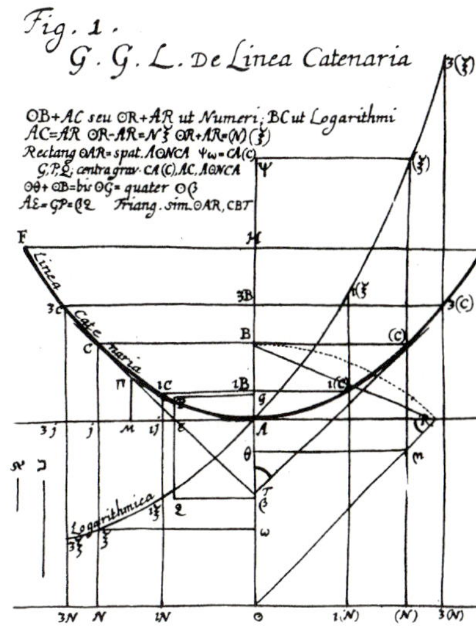


**Themenbereiche:**
1) Geschichte der Kettenlinie
2) eigene Messungen z. B. mithilfe einer hängenden Halskette
3) Funktionsanpassungen
4) Die Hyperbelfunktion Cosinus Hyperbolicus (cosh) und ihr Zusammenhang mit der natürlichen Exponentialfunktion.
5) Die mathematische Lösung des Problems
6) Berühmte Bauwerke

**Literatur:**
1) Hartwig Junge (1997): Die Kettenlinie - Experimentelle Varianten, in MNU 2/97, Ferdinand Dümmler Verlag
2) LS Analysis Zwei, Leistungskurs, Klett-Nr. 73977
3) Handbuch der Schulmathematik, Band 6: Analysis, Schroedel-Verlag 1967

**Stichworte für die Internetrecherche:**
Kettenlinie, Seilkurve, catenary, Cosinus hyperbolicus, Hyperbelfunktionen, Brücken, Hängebrücken

*Gateway Arch* (erbaut 1965) St. Louis (USA)

## Logarithmische Skalen in Naturwissenschaft und Technik

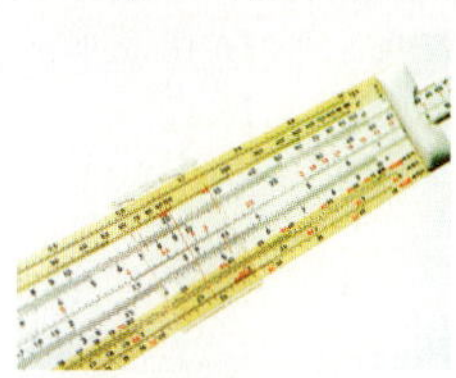

**Themenbereiche:**
1) Unterschiedliche Skalen
2) Grundlagen logarithmischer Skalierung
3) Beispiele aus den Naturwissenschaften bzw. aus der Technik
4) Rechenschieber und mechanische Rechenmaschinen

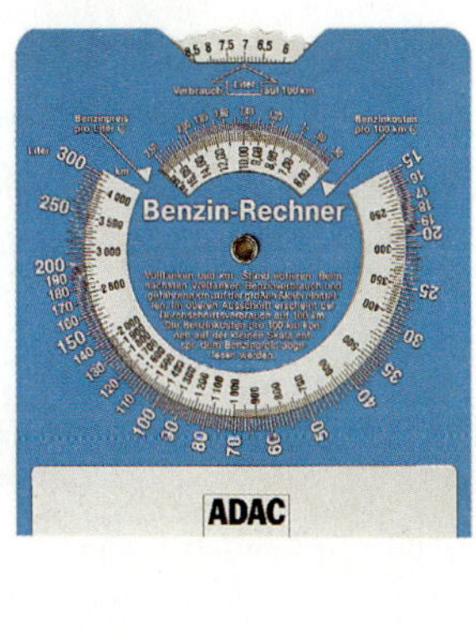


**Literatur:**
1) Kleine Enzyklopädie Mathematik, Pfalz-Verlag 1965
2) E. Batschelet, Einführung in die Mathematik für Biologen, Springer Verlag
3) M. Stockhausen, Mathematik für Chemiker, Steinkopff-Verlag, Darmstadt

**Stichworte für die Internetrecherche:**
Logarithmische Skalen, Logarithmische Darstellung, Dezibel, Weber-Fechner-Gesetz, Rechenschieber, logarithmic calculator

# Bevölkerungswachstum

*Bei vielen Fragestellungen sollten Schüler ihren Betrachtungen zunächst eigene Vermutungen bzw. Schätzungen voranstellen.*

**Einführung**

Nachfolgend sind 12 Aspekte des Themas Bevölkerungswachstum samt möglicher Aufgabenstellungen mit durchaus unterschiedlichem Umfang und Schwierigkeitsgrad zur Auswahl aufgelistet. Inner- und außermathematische Inhalte stehen „gleichberechtigt" nebeneinander.
Der Aspekt „Modell des demographischen Übergangs" ist von zentraler Bedeutung und sollte auf jeden Fall thematisiert werden.

**Quellen**

- Erdkunde-Schulbücher der Klassen 8 und 12/13
- Fachzeitschriften aus der Bibliothek der Fachschaft Erdkunde:
  Geographie heute; z. B.: Heft 175 (1999), Praxis Geographie; z. B.: Heft 7-8/1999
  Geographische Rundschau; z. B.: Heft 10/1999; Heft 2/2001,
- Mathematische Exkursionen – Überlegungen zum Bevölkerungswachstum;
  in: LS, Analysis BW; Grundkurs, S. 121–123, bzw. Leistungskurs, S. 251–253
- Projekt: Untersuchungen zum Bevölkerungswachstum
  in: LS, Analysis, Grundkurs Nordrhein-Westfalen, S. 174–179;
  zugänglich über den Download-Pool des Klett-Verlages unter http://www.klett-verlag.de
- D. Koller (Hrsg.), Simulation dynamischer Vorgänge; Stuttgart: Klett 1995
- B. Barzel u. a., Mathematikunterricht anders – Offenes Lernen mit neuen Medien;
  Stuttgart: Klett 2002

Aus der „International Data Base" (dorthin über „people" / „International") des amerikanischen „Bureau of Census" kann man unter http://www.census.gov die wichtigsten demographischen Daten fast aller Länder abrufen.
Weitere relevante Adressen sind:

- Statistisches Bundesamt Wiesbaden (http://www.statistik-bund.de)
- United Nations Population Division (http://popin.org)
- Population Reference Bureau, Washington (http://www.prb.org)
- The International Society of Malthus (http://www.igc.org/desip/malthus)

**Themenfindung:**

Zur Themenfindung eignet sich z. B. ein Plakat zur Familienplanung aus Indonesien:

*Überschrift: Beteiligen Sie sich an der Familienplanung. Unterschrift: Damit wählen Sie ein Leben im Wohlstand.
Quelle: Rother, Schwäbisch Gmünd.*

oder eine Sammlung von Zitaten:
- „Die Erde trägt 20 Milliarden Menschen." (Herwig Birg 1999, Bevölkerungsexperte)
- „World Population nearing 6 Billion – projected close to 9 Billion by 2050." (UN 1998)
- „Gloom about a population explosion is probably misplaced, say demographers. Next century we may have to worry about falling birth rates, not rising ones." (Artikelüberschrift in New Scientist 1999)
- „Gefährlicher als die Bombe – die Explosion der Bevölkerung" (Maurice Allais 1989, französischer Nobelpreisträger)

**Aspekte**

**1. Aspekt: These des englischen Demographen MALTHUS**

Mögliche Aufgabenstellungen:
- Leben und Werk des englischen Demographen MALTHUS
- Die Entwicklung einer Bevölkerung und der ihr zur Verfügung stehenden Unterhaltsmittel soll mithilfe einer Tabellenkalkulation nach dem „Bevölkerungsgesetz" von MALTHUS untersucht werden. Hierzu wird eine Bevölkerung betrachtet, die zu Beginn eines bestimmten Jahres z. B. aus 1 Million Personen besteht und jährlich um 3 % wächst. Zum gleichen Zeitpunkt wären Unterhaltsmittel für z. B. 2 Millionen Personen verfügbar, wobei die Produktion der Unterhaltsmittel für jährlich 100 000 Personen gesteigert werden könnte. Die angenommenen Daten sollen auch variiert werden.

**2. Aspekt: Das Modell des demographischen Übergangs**

Nach diesem Modell gehen Geburten- und Sterberaten einer Bevölkerung im Zuge des Entwicklungsprozesses von relativ hohen zu relativ niedrigen Werten über. Am Anfang und am Ende dieses Prozesses (1. und 4. Phase) ist die natürliche Zuwachsrate gering, das ist die Differenz dieser beiden Raten. In der Regel sinkt in einer 2. Phase zunächst die Sterberate ab, während die Geburtenrate noch in der alten Höhe verbleibt. Dies hat einen Anstieg der natürlichen Zuwachsrate zur Folge. Wenn in der 3. Phase auch die Geburtenrate fällt, nimmt auch die natürliche Zuwachsrate wieder ab.

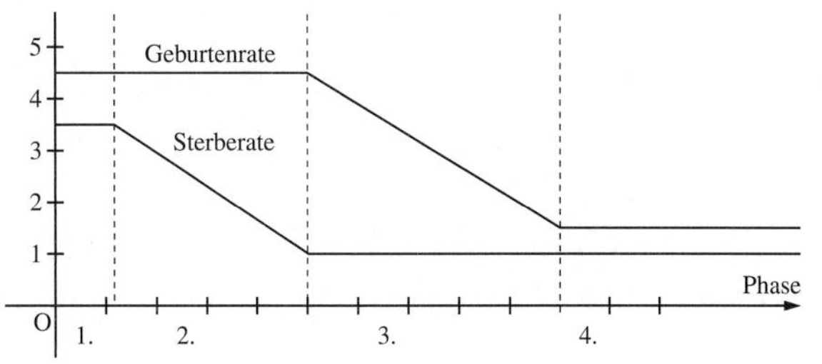


| Brasilien | 1900 | 1920 | 1940 | 1960 | 1980 | 2000 |
|---|---|---|---|---|---|---|
| Geburtenrate: | 4,5% | 4,4% | 4,4% | 4,1% | 3,7% | 1,9% |
| Sterberate: | 2,8% | 2,5% | 2,1% | 1,2% | 0,8% | 0,9% |

| Indien | 1900 | 1920 | 1940 | 1960 | 1980 | 2000 |
|---|---|---|---|---|---|---|
| Geburtenrate: | 4,5% | 4,6% | 4,5% | 4,4% | 3,5% | 2,5% |
| Sterberate: | 4,3% | 4,1% | 2,8% | 2,1% | 1,5% | 0,9% |

Mögliche Aufgabenstellungen:
- Darstellung und Begründung des Modells mit seinen vier Phasen
- Sammlung von geeigneten Daten und Überprüfung der Gültigkeit dieses Modells auf einzelne Länderbeispiele, ggf. Feststellung der betreffenden Phase

**3. Aspekt: Fallbeispiel – Die Bevölkerungsentwicklung Kenias**

Mögliche Aufgabenstellungen:
- Sammlung, Aufbereitung und Interpretation von Daten
- Darlegung der Problematik der Bevölkerungsexplosion an diesem Fallbeispiel
- Exponentieller Ansatz, evtl. durch Funktionsanpassung

**4. Aspekt: Fallbeispiel – Die Bevölkerungsentwicklung Chinas**

Mögliche Aufgabenstellungen:
- Sammlung, Aufbereitung und Interpretation von Daten
- Darlegung und Erläuterung der speziellen chinesischen Bevölkerungsentwicklung in seinen unterschiedlichen Phasen
- Modellierung der Bevölkerungsentwicklung Chinas mithilfe von Matrizen
  Vgl.: Mathematikunterricht anders – Offenes Lernen mit neuen Medien, Kap. 5.1

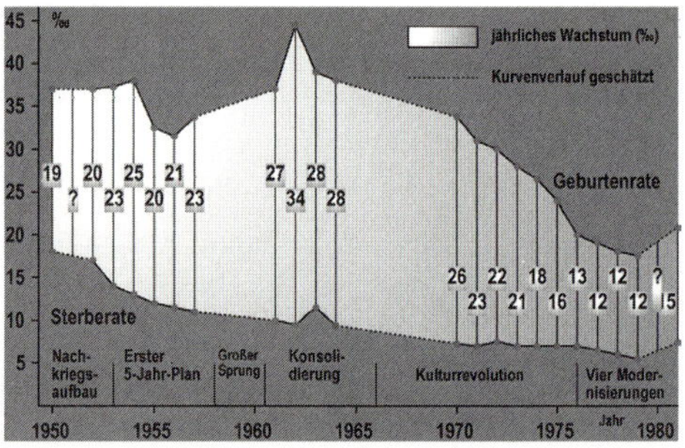


**5. Aspekt: Die Stammhalterstrategie**

Die Stammhalterstrategie besagt, dass jedes Ehepaar den Versuch ein Kind zu bekommen so lange fortsetzt, bis sich ein Sohn einstellt oder höchstens n Kinder vorhanden sind (Stopp-Regel). In einem Land werde ausschließlich diese Strategie angewandt. Man geht davon aus, dass jeder Kinderwunsch in Erfüllung geht.

a) Sei $n = 4$. Wie viele Kinder sind pro Familie zu erwarten? Was bedeutet dieses Ergebnis für die Entwicklung der Bevölkerungszahl des Landes?

b) Sei $n = 4$. Hat diese Strategie einen Männerüberschuss zur Folge? Welche Art Familien kommen in dieser Bevölkerung vor, welche nicht?

c) Sei n jetzt beliebig. Was ergibt sich jetzt bei den Teilaufgaben a) und b)?

Mögliche Aufgabenstellung:
- Das staatliche Diktat der Ein-Kind-Familie in China wird oft durch die so genannte Stammhalterstrategie unterlaufen.
  Untersuchung von Konsequenzen der Stammhalterstrategie

**6. Aspekt: Fallbeispiel – Die Bevölkerungsentwicklung Deutschlands**

Mögliche Aufgabenstellungen:
- Sammlung, Aufbereitung und Interpretation von Daten
- Modellrechnungen unter der Annahme einer natürlichen Wachstumsrate von p % ($p < 0$) und eines Wanderungsgewinns von g Personen ($g > 0$).
  Vgl. auch: LS, Analysis, Grundkurs NRW, S.177 Nr.16

**7. Aspekt: Entwicklung der Weltbevölkerung**

| Jahr: | 1700 | 1750 | 1800 | 1850 | 1900 | 1950 | 2000 |
|---|---|---|---|---|---|---|---|
| Weltbevölkerung (Mrd.): | 0,59 | 0,71 | 0,84 | 1,00 | 1,54 | 2,56 | 6,12 |

Mögliche Aufgabenstellungen:
- Sammlung, Aufbereitung und Interpretation von Daten
- Versuch der exponentiellen Modellierung
- Ansatz für eine Modellierung z. B. mit einer gebrochenrationalen Funktion, evtl. mit Funktionsanpassung
- Vergleich der Modellwerte mit Veröffentlichungen der Vereinten Nationen
  Vgl.: LS, Analysis, Grundkurs NRW, S. 176 Nr. 9–13
  Vgl.: LS, Analysis, Leistungskurs BW, S. 58 Nr. 7, S. 243 Nr. 13 und S. 252 bzw. Grundkurs BW, S. 122

**8. Aspekt: Prognosen zur Entwicklung der Weltbevölkerung**
Mögliche Aufgabenstellungen
- Darstellung unterschiedlicher Prognosen
- Darlegung der Tragfähigkeits-Problematik
  Vgl.: LS, Analysis, Grundkurs NRW, S. 179 Nr. 23
  Vgl: LS, Analysis, Leistungskurs, S. 253 bzw. Grundkurs, S. 123
- Exponentieller bzw. logistischer Ansatz für ein Entwicklungsmodell
  (ggf. diskreter exponentieller Ansatz unter Berücksichtigung eines „Korrekturfaktors")
  Vgl.: LS, Analysis, Grundkurs NRW, S. 178 f.

**9. Aspekt: Wie viele Menschen haben jemals gelebt?**
Es sind unterschiedliche Ansätze zu dieser Frage denkbar:
- Modellierung der Weltbevölkerung mithilfe einer stetigen Funktion und Berechnung eines Integrals
- Diskreter Ansatz
  Vgl.: LS, Analysis, Grundkurs NRW, S. 177 Nr. 14

**10. Aspekt: Alterspyramiden**
Mögliche Aufgabenstellungen:
- Vorstellung der drei typischen Ausprägungen (Dreiecksform, Glockenform, Urnenform) auch im Zusammenhang mit den Phasen des demographischen Übergangs
- Vorführung einer dynamischen Entwicklung einer Alterspyramide – aus der „International Data Base" oder selbst programmiert

**11. Aspekt: Bevölkerungsentwicklung und Ressourcen**
Mögliche Aufgabenstellungen:
- Sammlung, Aufbereitung und Interpretation von Daten, z. B. zum Thema Bevölkerungsentwicklung und Energieversorgung
- Verschiedene einfache Modellrechnungen, z. B. zur Frage „Wann wird es auf der Erde kein Erdöl mehr geben?"

**12. Aspekt: Bevölkerungsentwicklung und Aids**
Mögliche Aufgabenstellungen:
- Sammlung, Aufbereitung und Interpretation von Daten, z. B. aus Südafrika – einem Land, für das der Anteil der HIV-Infizierten auf ca. 20 % geschätzt wird (www.unaids.org)
- Einfache Modellrechnungen mithilfe einer Tabellenkalkulation, z. B. unter Verwendung der Größen
  - Geburtenrate und Sterberate ohne Berücksichtigung von Aids
  - Anteil der HIV-Infizierten
  - Lebenserwartung eines HIV-Infizierten

# 1 Die Grundfunktionen $x \mapsto x^{-n}$; $n \in \mathbb{N}$ und $x \mapsto \sin(x)$

*Man gilt als normalgewichtig, wenn man folgenden BMI besitzt:*

| *Alter in Jahren* | *BMI in kg/m²* |
|---|---|
| *19–24* | *19–24* |
| *25–34* | *20–25* |
| *35–44* | *21–26* |
| *45–54* | *22–27* |
| *55–64* | *23–28* |
| *>64* | *24–29* |

Fig. 1

**1** Um festzustellen, ob Personen übergewichtig sind, wird heute vielfach der so genannte Bodymaßindex, abgekürzt BMI, verwendet. Bei diesem wird die Masse m (in kg) der zu untersuchenden Person durch das Quadrat der Körpergröße x (in m) dividiert.
a) Berechnen Sie Ihren BMI und vergleichen Sie ihn mit den Werten der Tabelle von Fig. 1.
b) Erstellen Sie mit dem GTR einen Graphen für den BMI zu Ihrem derzeitigen Körpergewicht und interpretieren Sie ihn.

**2** Geben Sie Vorgänge an, die sich in gleich langen zeitlichen Abschnitten wiederholen. Beschreiben Sie charakteristische Eigenschaften im zeitlichen Ablauf.

Im Folgenden werden die Eigenschaften der Graphen der Funktionen $x \mapsto x^{-n}$ ($n \in \mathbb{N}$, $n \neq 0$) und der Sinus- und Kosinusfunktion zusammengestellt und ihre Ableitungen wiederholt.

**Eigenschaften der Funktion $x \mapsto x^{-n}$ mit $n \in \mathbb{N}$, $n \neq 0$ und ihrer Graphen:**

*Für $n = 0$ ergibt sich die einfache Funktion f mit $f(x) = 1$.*

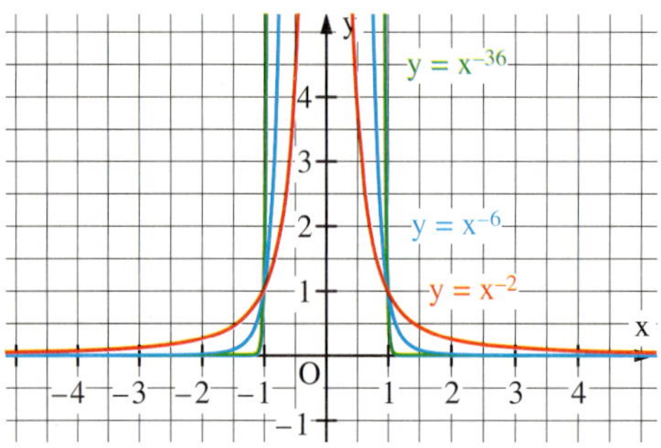


Fig. 2

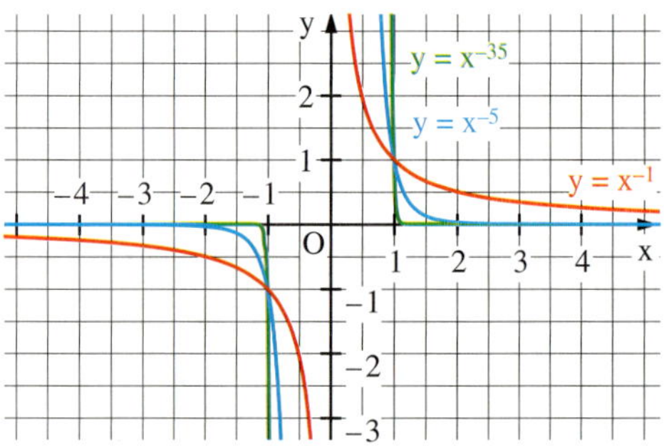


Fig. 3

(1) Ist der Exponent n gerade, verlaufen die Graphen nur oberhalb der x-Achse.
Die Graphen sind achsensymmetrisch zur y-Achse (Fig. 2).
Ist der Exponent n ungerade, verlaufen die Graphen auch unterhalb der x-Achse.
Die Graphen sind punktsymmetrisch zum Ursprung (Fig. 3).
(2) Schnittpunkte mit den Koordinatenachsen existieren nicht.
(3) Nähert sich x der **Definitionslücke $x_0 = 0$**, so wächst $|f(x)|$ über alle Grenzen.
Die Gerade mit der Gleichung $x = 0$ ist **Asymptote für $x \to 0$**.
(4) Wird $|x|$ größer, so nähert sich f(x) dem Wert 0, d.h. $\lim_{|x| \to \infty} f(x) = 0$.
Die Gerade mit der Gleichung $y = 0$ ist **Asymptote für $x \to \pm\infty$**.

Die Funktionen $x \mapsto x^{-n}$ gehören zur Funktionsklasse $x \mapsto x^k$ mit $k \in \mathbb{Z}$. Für diese sind die Ableitungen und Stammfunktionen bekannt.

**Satz 1:** (Ableitung und Stammfunktion von Potenzfunktionen)

| Funktion f | Ableitung f′ | Stammfunktion von f |
|---|---|---|
| $f(x) = x^k$ mit $k \in \mathbb{Z}\setminus\{0; -1\}$ | $f'(x) = k \cdot x^{k-1}$ | $F(x) = \frac{1}{k+1} \cdot x^{k+1}$ |
| $f(x) = x^0$ | $f'(x) = 0$ | $F(x) = x$ |
| $f(x) = x^{-1}$ | $f'(x) = -x^{-2}$ | $F(x) = \ln(\lvert x \rvert)$ |

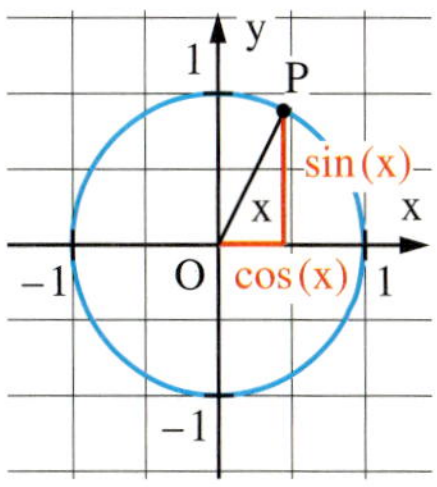

Fig. 1

## Sinus- und Kosinusfunktionen

Die Maßzahl x der zum Winkel α gehörenden Bogenlänge im Einheitskreis heißt das **Bogenmaß des Winkels**. Es gilt die Umrechnungsformel: $\frac{\alpha}{180°} = \frac{x}{\pi}$.
Gegeben ist ein Punkt P des Einheitskreises (Fig. 1). Die Zuordnung Winkel x im Bogenmaß zu y-Wert des Punktes P, also $x \mapsto \sin(x)$, nennt man **Sinusfunktion**, die Zuordnung Winkel x im Bogenmaß zu x-Wert des Punktes P, also $x \mapsto \cos(x)$, nennt man **Kosinusfunktion**.
Fig. 2 zeigt die Graphen der Sinus- und Kosinusfunktion.

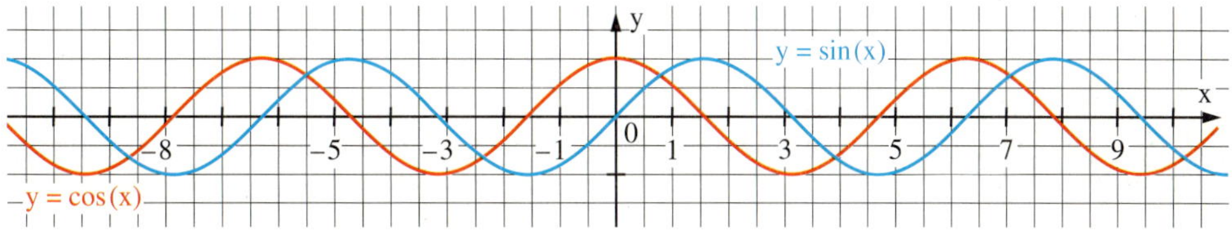

Fig. 2

## Eigenschaften der Sinus- und der Kosinusfunktion

| Eigenschaft | formale Darstellung |
|---|---|
| (1) Die Periode der Sinus- und der Kosinusfunktion ist jeweils $2\pi$. | (1) $\sin(x + 2\pi) = \sin(x)$<br>$\cos(x + 2\pi) = \cos(x)$ |
| (2) Nullstellen der Sinusfunktion sind $0;\ \pm\pi;\ \pm 2\pi;\ \pm 3\pi;\ ...$ | (2) $\sin(x) = 0$ für $x = k \cdot \pi$ mit $k \in \mathbb{Z}$ |
| Nullstellen der Kosinusfunktion sind $\pm\frac{\pi}{2};\ \pm\frac{3\pi}{2};\ \pm\frac{5\pi}{2};\ ...$ | $\cos(x) = 0$ für $x = \frac{\pi}{2} + k\pi$ mit $k \in \mathbb{Z}$ |
| (3) Größter Funktionswert ist 1. | (3) $\sin(x) = 1$ für $x = \frac{\pi}{2} + 2k\pi$ mit $k \in \mathbb{Z}$<br>$\cos(x) = 1$ für $x = 2k\pi$ mit $k \in \mathbb{Z}$ |
| (4) Kleinster Funktionswert ist −1. | (4) $\sin(x) = -1$ für $x = \frac{3\pi}{2} + 2k\pi$ mit $k \in \mathbb{Z}$<br>$\cos(x) = -1$ für $x = \pi + 2k\pi$ mit $k \in \mathbb{Z}$ |
| (5) Der Graph der Kosinusfunktion entsteht durch eine Verschiebung um $\frac{\pi}{2}$. | (5) $\cos(x) = \sin\left(x + \frac{\pi}{2}\right)$ |

***Beachten Sie:***
*Der Graph der Kosinusfunktion ist identisch mit dem um $\frac{\pi}{2}$ nach links verschobenen Graphen der Sinusfunktion (Fig. 2)*

**Satz 2:** (Ableitung und Stammfunktion von Sinusfunktionen)

*$(\sin(x))' = \cos(x)$*
*$(\sin(x))'' = -\sin(x)$*
*$(\sin(x))''' = -\cos(x)$*
*$(\sin(x))^{(IV)} = \sin(x)$*
*$(\sin(x))^{(V)} = \cos(x)$*

| Funktion f | Ableitung f′ | Stammfunktion von f |
|---|---|---|
| $f(x) = \sin(x)$ | $f'(x) = \cos(x)$ | $F(x) = -\cos(x)$ |
| $f(x) = \cos(x)$ | $f'(x) = -\sin(x)$ | $F(x) = \sin(x)$ |

**Beispiel:** (Asymptoten, Inhalt)
Gegeben ist die Funktion f mit $f(x) = \frac{10}{x^3}$. Geben Sie die Asymptoten an und berechnen Sie den Inhalt der Fläche, die vom Graphen von f, der x-Achse sowie den Geraden mit den Gleichungen $x = -3$ und $x = -2$ begrenzt wird.
Lösung:
Die Asymptoten haben die Gleichungen $x = 0$ für $x \to 0$ und $y = 0$ für $x \to \pm\infty$ (Fig. 3).
Es ist $A = -\int_{-3}^{-2} 10x^{-3}\,dx = \left[-10 \cdot \frac{x^{-3+1}}{-3+1}\right]_{-3}^{-2} = \left[\frac{5}{x^2}\right]_{-3}^{-2} = \frac{5}{4} - \frac{5}{9} = \frac{25}{36} \approx 0{,}694$ (Fig. 3)

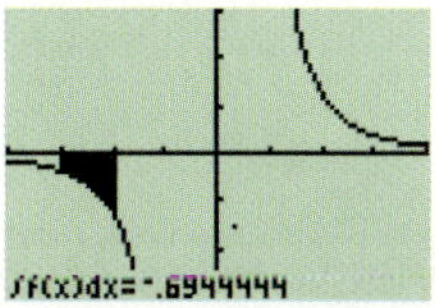

Fig. 3

*Bei Potenzen mit negativen ganzen Exponenten ist das folgende Verfahren empfehlenswert.*

**Gegeben**
$f(x) = \frac{1}{x^3}$

**Umformen**
$f(x) = x^{-3}$

**Ableiten**
$f'(x) = -3 \cdot x^{-4}$

**Umformen**
$f'(x) = \frac{-3}{x^4}$

$\mathbb{N}^* = \mathbb{N} \setminus \{0\}$

## Aufgaben

**3** Geben Sie die Asymptoten an.
a) $f(x) = x^{-2}$ b) $f(x) = x^{-9}$ c) $f(x) = \frac{1}{x^2}$ d) $f(x) = \frac{2}{x^6}$ e) $f(x) = \frac{1}{x^{-4}}$

**4** Berechnen Sie $f'(x)$ mithilfe geeigneter Ableitungsregeln.
a) $f(x) = x^3 + \frac{2}{x}$ b) $f(x) = \frac{1}{5x^{-5}} + \frac{1}{5x^5}$ c) $f(x) = \frac{3}{x^4} - \frac{4}{x^5}$ d) $f(x) = a\sqrt{x} + \frac{1}{kx^2}$

**5** Bestimmen Sie $f'(x)$ und eine Stammfunktion. Formen Sie dazu $f(x)$ vorher geeignet um.
a) $f(x) = x^{-1} \cdot (x^2 - 1)$ b) $f(x) = \frac{x^2 + x + 1}{x}$ c) $f(x) = \frac{x^3 - 6x^2 + 2x - 4}{x^2}$ d) $f(x) = \left(2x + \frac{1}{x}\right)^2$

**6** Die Funktionen f und g mit $f(x) = x^{-n}$ und $g(x) = x^{-n} + c$ mit $n \in \mathbb{N}^*$, wobei c eine feste reelle Zahl ist, haben die gleiche Ableitungsfunktion $f'$. Interpretieren Sie diese Aussage geometrisch an den Graphen von f und g. Wählen Sie dazu für n und c geeignete Zahlen.

**7** Überzeugen Sie sich anhand von Beispielen, dass der Graph einer Funktion f mit $f(x) = x^{-n}$ mit $n \in \mathbb{N}^*$ mit dem Graphen seiner Ableitungsfunktion stets genau einen Schnittpunkt hat. Was bedeutet dieser Schnittpunkt für den Graphen von f?
Führen Sie den Nachweis für die Existenz genau eines Schnittpunktes algebraisch.

**8** Geben Sie die Winkel im Bogenmaß als Bruchteil von π und auf 4 Dezimalen gerundet an.
a) 90°; 45°; 22,5°; 15° b) 1°; 18°; 54°; 36°; 200° c) 14,1°; 3,7°; $\left(\frac{90}{\pi}\right)^\circ$; $\left(\frac{180}{\pi}\right)^\circ$; $\left(\frac{1}{\pi}\right)^\circ$

**9** Geben Sie die Winkel im Gradmaß auf 0,1° genau an.
a) $\frac{1}{8}\pi$; $\frac{1}{12}\pi$; $\frac{7}{18}\pi$; $\frac{4}{3}\pi$; $\frac{14}{3}\pi$; $\frac{4}{15}\pi$; $\frac{11}{36}\pi$ b) 0,52; 0,86; 1,35; 1,50; 3,18; 5,99; 6,10

*Wichtige Werte:*

| α | 30° | 45° | 60° | 90° |
|---|---|---|---|---|
| x | $\frac{\pi}{6}$ | $\frac{\pi}{4}$ | $\frac{\pi}{3}$ | $\frac{\pi}{2}$ |
| sin(x) | $\frac{1}{2}$ | $\frac{\sqrt{2}}{2}$ | $\frac{\sqrt{3}}{2}$ | 1 |
| cos(x) | $\frac{\sqrt{3}}{2}$ | $\frac{\sqrt{2}}{2}$ | $\frac{1}{2}$ | 0 |

**10** Bestimmen Sie auf 4 Dezimalen genau.
a) $\sin(2{,}3)$ b) $\cos(40°)$ c) $\sin(e)$ d) $\sin(e^2)$ e) $\cos(1{,}59 \cdot \pi)$ f) $\cos(0{,}41°)$

**11** Bestimmen Sie alle $x \in [0; 2\pi]$, für die gilt:
a) $\sin(x) = 0{,}5$ b) $\cos(x) = 0{,}5$ c) $\sin(x) = 1$ d) $\cos(x) = -0{,}5$
e) $\sin(x) = \frac{\sqrt{2}}{2}$ f) $\cos(x) = \frac{\sqrt{3}}{2}$ g) $\cos(x) = -1$ h) $\sin(x) = -\frac{\sqrt{3}}{2}$.

**12** Bestimmen Sie die Ableitung und eine Stammfunktion.
a) $f(x) = -9 \cdot \sin(x)$ b) $f(x) = 5 + \cos(x)$ c) $f(x) = x^2 - \frac{1}{2}\cos(x)$ d) $f(x) = \frac{1}{x} + \frac{\sin(x)}{2}$

**13** Wahr oder falsch?
a) Für $f(x) = \sin(x)$ gilt: $f^{(4)}(x) = \cos(x)$.
b) Für $f(x) = \sin(x)$ gilt: $f^{(9)}(x) = \sin(x)$.

*Geben Sie zu Aufgabe 14 ein reales Problem an.*

**14** Bestimmen Sie in Fig. 1 den Abstand des Punktes P von der Geraden g.

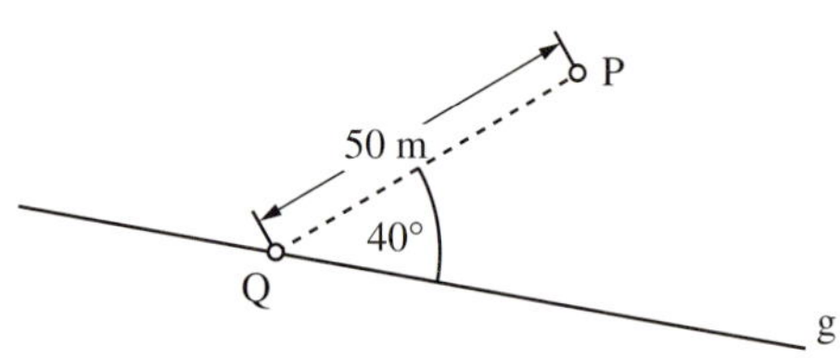

Fig. 1

**15** In Fig. 2 ist eine Auffahrt dargestellt. Bestimmen Sie Länge x der roten Strebe, wenn die Auffahrt 4 m lang sein soll und eine Höhe von 1,2 m überwinden muss.

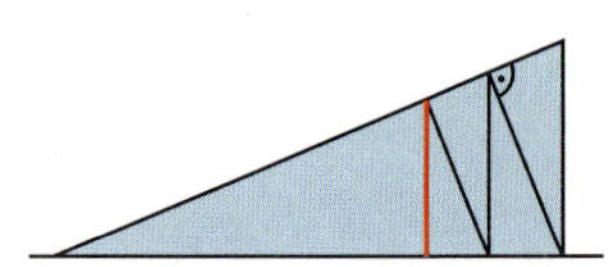
Fig. 2

# 2 Verschieben von Graphen von Funktionen

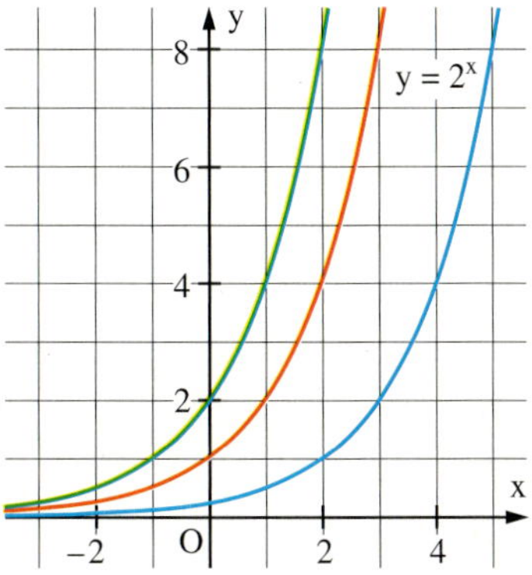


Fig. 1

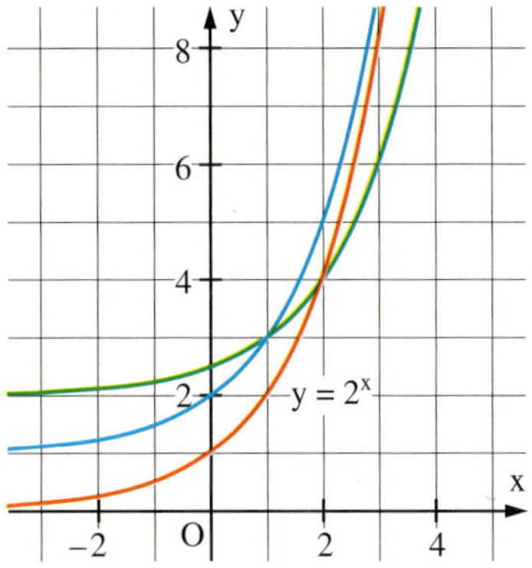


Fig. 2

**1** Gegeben ist die Funktion f mit $f(x) = \frac{1}{x^2}$. Wie muss man den Graphen von f abbilden, um den von g zu erhalten? Dabei sind $a, b, c \in \mathbb{R}$. Nehmen Sie Ihren GTR zu Hilfe.

a) $g(x) = \frac{1}{x^2} + b$ b) $g(x) = \frac{1}{(x-a)^2}$

c) $g(x) = \frac{1}{(x-a)^2} + b$ d) $g(x) = \frac{c}{x^2}$

**2** Fig. 1 und Fig. 2 zeigen die Graphen der Funktion f mit $f(x) = 2^{x-a} + b$. Welche Zahlen muss man für a und b jeweils ein setzen, um diese Graphen zu erhalten?

Die Graphen von zwei Funktionen unterscheiden sich häufig nur durch ihre Lage im Koordinatensystem. Sie entstehen durch einfache Verkettung einer der beiden Funktionen.
Gegeben sei die Funktion f mit $f(x) = \sin(x)$. Verkettet man die lineare Funktion $s: x \mapsto x - 2$ mit f, so erhält man die Funktion $f \circ s$ mit $f(s(x)) = g(x) = \sin(x - 2)$. Der Graph der Funktion g mit $g(x) = \sin(x - 2)$ entsteht aus dem von f durch Verschiebung um 2 Einheiten nach rechts, da für alle $x \in \mathbb{R}$ gilt $f(x) = g(x + 2)$ (Fig. 3). Der Graph von h mit $h(x) = \sin(x - 2) + 3$ entsteht aus dem von g durch Verschiebung um zwei Einheiten in positive y-Richtung (Fig. 3).
Entsprechende Überlegungen gelten für die Funktion f mit $f(x) = \frac{1}{x}$ (Fig. 4).

*$f(x) = g(x + 2)$ bedeutet, dass die Funktionswerte von f und g übereinstimmen, wenn man in g einen um 2 größeren x-Wert einsetzt.*

Wird allgemein der Graph einer Funktion f um a in x-Richtung und um b in y-Richtung verschoben, so gehört der entstandene Graph zu der Funktion g mit $g(x) = f(x - a) + b$.

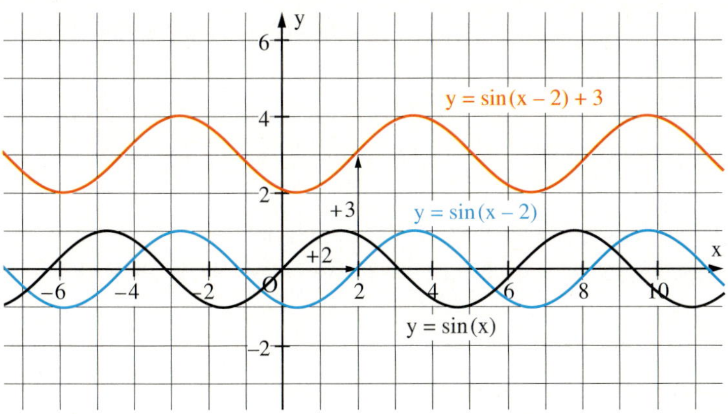


Fig. 3

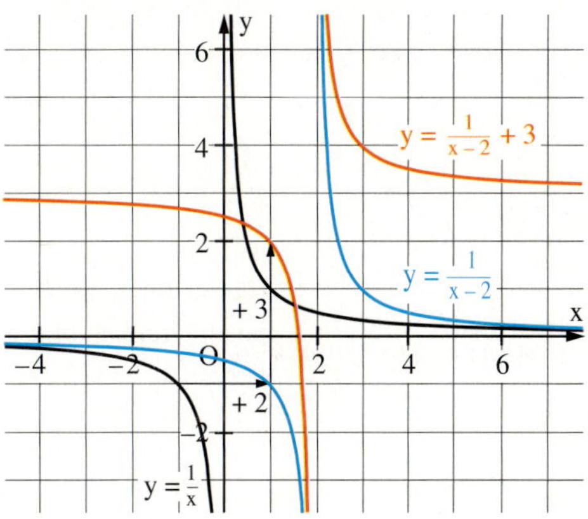


Fig. 4

**Satz:** (Verschiebung von Graphen)
Wird der Graph der Funktion f verschoben

| um b in y-Richtung | um a in x-Richtung | um a in x- und um b in y-Richtung, |
|---|---|---|

so lautet die zugehörige Funktion

| $g(x) = f(x) + b$ | $h(x) = f(x - a)$ | $k(x) = f(x - a) + b.$ |
|---|---|---|

***Beachten Sie:***
***f(x – 2)** ergibt für den Graphen von f: $x \to f(x)$ eine Verschiebung um 2 Einheiten nach **rechts**, **f(x + 2)** eine Verschiebung um 2 Einheiten nach links.*

Bei gebrochenrationalen Funktionen f der Form $f(x) = \frac{1}{(x-a)^n} + b$ kann die Lage der Asymptoten direkt abgelesen werden. Es gilt:

Senkrechte Asymptote: $x = a$

Waagerechte Asymptote: $y = b$.

**Beispiel 1:** (Skizzieren eines Graphen)
Skizzieren Sie den Graphen der Funktion f mit

a) $f(x) = \frac{1}{(x-3)^2} + 1$

b) $f(x) = \cos\left(x + \frac{2}{3}\pi\right) - 2$.

Lösung:

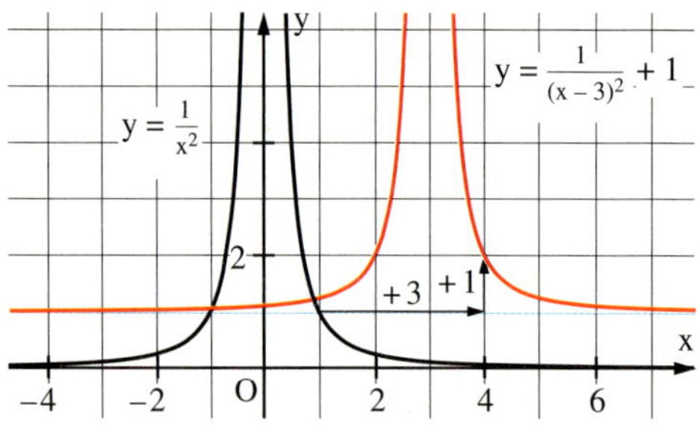

Fig. 1

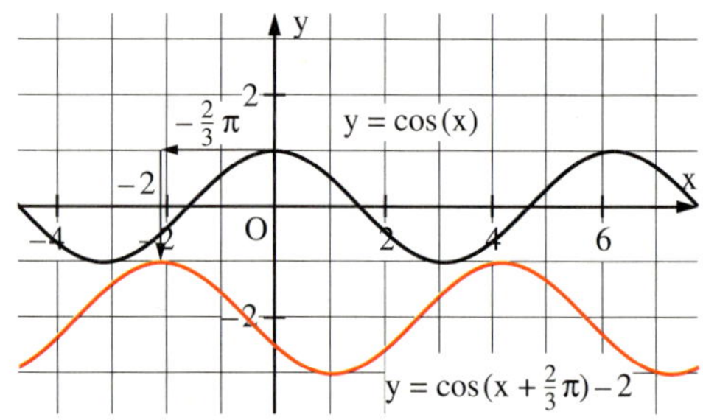

Fig. 2

**Beispiel 2:** (Angabe der Funktion zu einem verschobenen Funktionsgraphen)
Geben Sie die Funktion an, die zu dem farbig gezeichneten Graphen gehört. Die zum schwarz gezeichneten Graphen gehörige Funktion ist angegeben.

a) $f(x) = \sin(x)$

b) $f(x) = \frac{1}{2 \cdot x^3}$

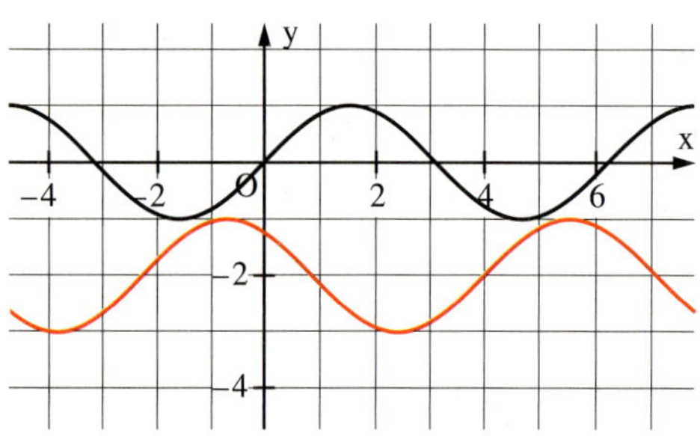

Fig. 3

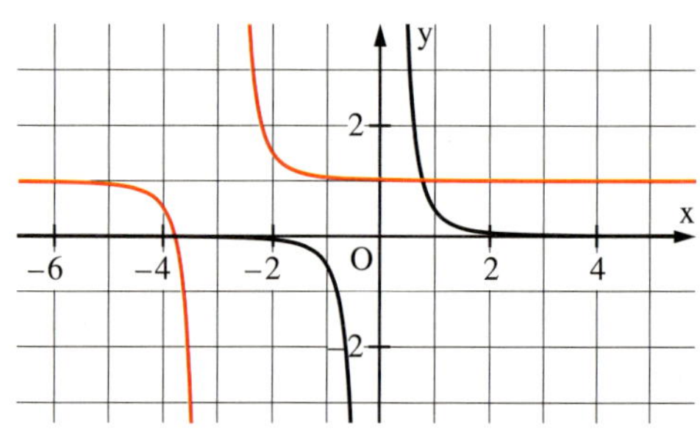

Fig. 4

Lösung:
Man wählt einen Punkt mit möglichst ganzzahligen Funktionswerten auf dem nicht verschobenen Graphen und sucht nach dem entsprechenden Bildpunkt des verschobenen Graphen.

a) $P(0|0) \to P'(4|-2)$

b) $Q(1|0,5) \to Q'(-2|1,5)$

$\overrightarrow{PP'} = \begin{pmatrix} 4-0 \\ -2-0 \end{pmatrix} = \begin{pmatrix} 4 \\ -2 \end{pmatrix}$

$\overrightarrow{QQ'} = \begin{pmatrix} -2-1 \\ 1\frac{1}{2} - \frac{1}{2} \end{pmatrix} = \begin{pmatrix} -3 \\ 1 \end{pmatrix}$

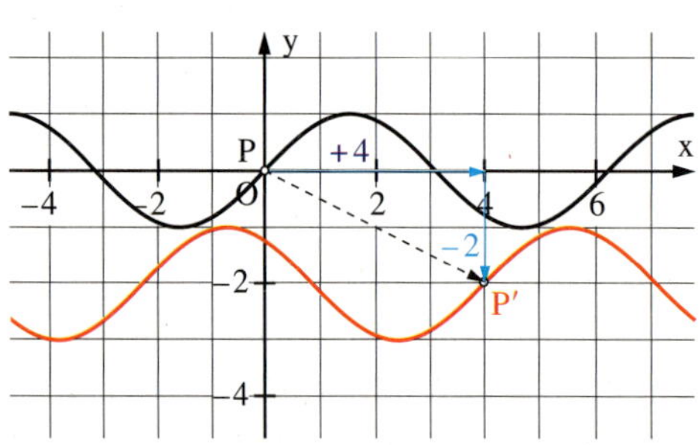

Fig. 5

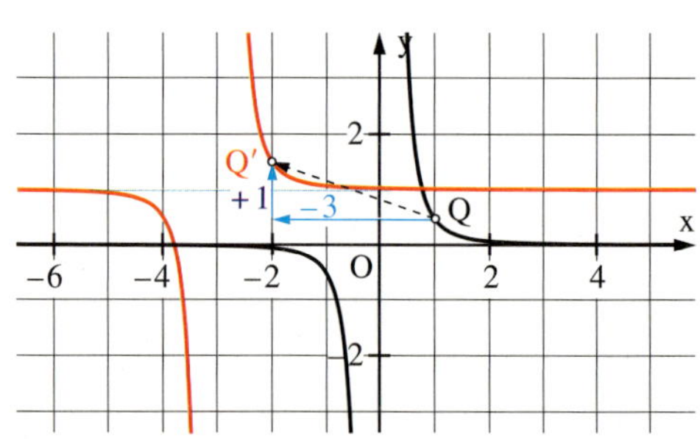

Fig. 6

$g(x) = \sin(x-4) - 2$

$g(x) = \frac{1}{2(x+3)^3} + 1$

## Aufgaben

**3** Geben Sie die Funktionen an, die zu den farbig gezeichneten Graphen gehören. Die zum schwarz gezeichneten Graphen gehörige Funktion ist angegeben.

a) $f(x) = \frac{1}{x}$

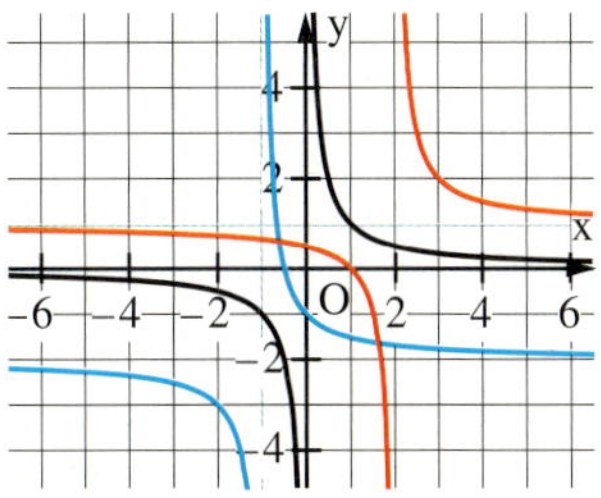


b) $f(x) = \frac{1}{x^4}$

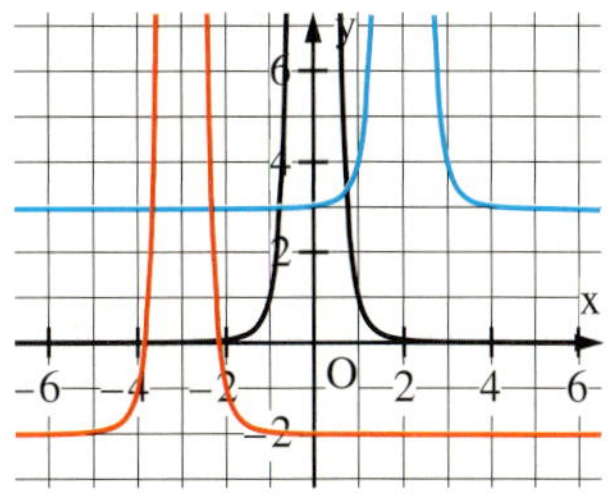


c) $f(x) = x - \sqrt{x}$

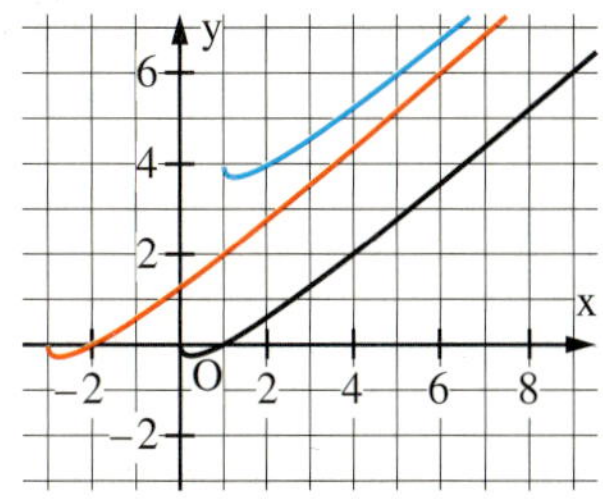


d) $f(x) = \sin(x)$

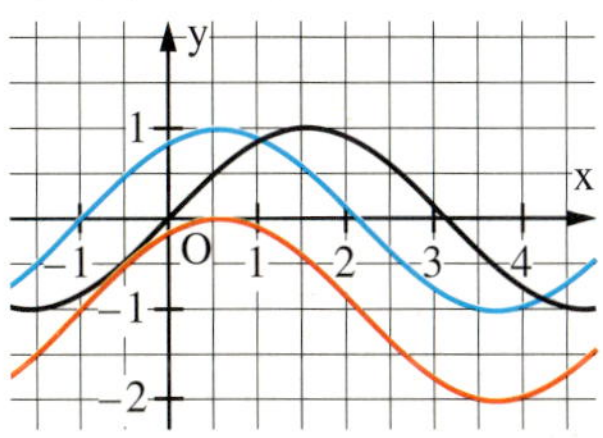


e) $f(x) = 2 \cdot \cos(x)$

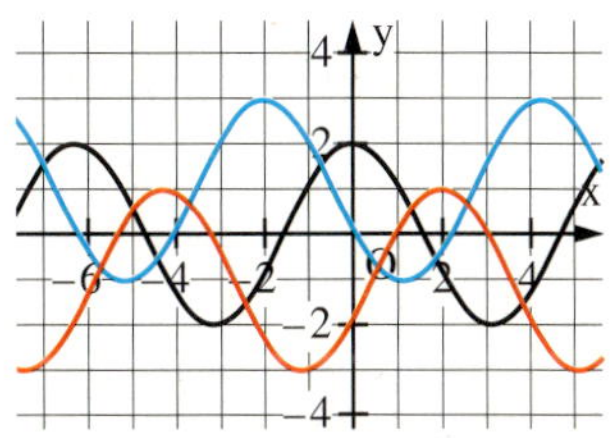


f) $f(x) = e^x$

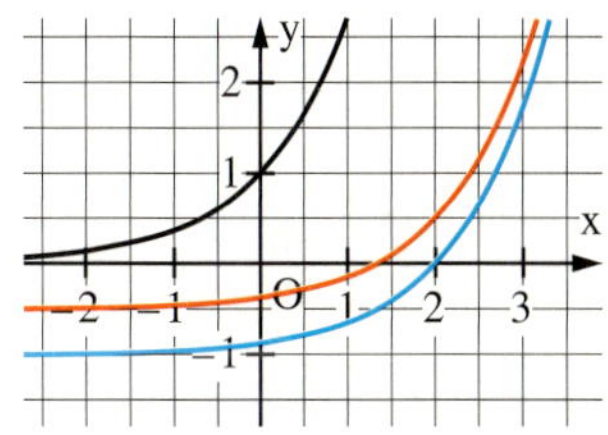


**4** Der Graph der Funktion f soll um a Einheiten in x-Richtung und um b Einheiten in y-Richtung verschoben werden. Geben Sie die zum Bildgraphen gehörige Funktion g an.

a) $f(x) = x^2$; $a = 4$, $b = 1$ b) $f(x) = x + \frac{2}{x}$; $a = -1$, $b = 6$ c) $f(x) = e^{-x^2}$; $a = b = -1$
d) $f(x) = \sin(x)$; $a = b = \pi$ e) $f(x) = 2$; $a = 1$, $b = 3$ f) $f(x) = 2^x$; $a = -3$, $b = -2$

*So kann man sich häufig ohne GTR mit wenig Aufwand einen Überblick über den Graphen einer Funktion verschaffen!*

**5** Skizzieren Sie den Graphen der Funktion f und den zu diesem verschobenen Graphen einer Funktion g mit den Asymptoten $x = 0$ und $y = 0$.

a) $f(x) = \frac{1}{(x-1)^2} + 4$ b) $f(x) = (x+2)^{-3} - \frac{3}{2}$ c) $f(x) = \frac{3}{x - 0{,}5} + 2$ d) $f(x) = e^{x-1} + \frac{1}{x-1}$

**6** Skizzieren Sie den Graphen einer einfachen Funktion g, der gegenüber f verschoben ist. Geben Sie zu der vorgelegten Funktion f die Nullstellen und Extrempunkte an.

a) $f(x) = \sin(x-2) - 1$ b) $f(x) = \sin\left(x - \frac{\pi}{2}\right) - 2$ c) $f(x) = -\sin(x+1) + 2$

**7** Begründen Sie, dass der Graph von f aus dem von g durch Verschiebung entsteht.

a) $f(x) = 2 \cdot \sin(x-2) + 3$; $g(x) = 2 \cdot \sin(x)$ b) $f(x) = x^2 + 2x - 3$; $g(x) = x^2$
c) $f(x) = 2x^3 - 2x - 2$; $g(x) = 2x^3$ d) $f(x) = (x+2)^{-1} + x + 4$; $g(x) = x^{-1} + x$

**8** Gegeben ist die Funktion f mit $f(x) = 2x^{-3}$. Zeichnen Sie den Graphen von f.

a) Alle Punkte des Graphen von f sollen um $\vec{v} = \begin{pmatrix} -2 \\ 3 \end{pmatrix}$ verschoben werden. Skizzieren Sie den Graphen und geben Sie die zugehörige Funktion g an.

b) Der Graph von f soll zuerst um $\vec{v}_1 = \begin{pmatrix} 2 \\ -1 \end{pmatrix}$ und anschließend um $\vec{v}_2 = \begin{pmatrix} 2 \\ 3 \end{pmatrix}$ verschoben werden. Skizzieren Sie den Graphen der Funktion g und geben Sie g an.

c) Der Punkt $P(2|0{,}25)$ des Graphen von f wird auf $P'(0|1)$ abgebildet. Skizzieren Sie den Graphen der Funktion g und geben Sie g an.

Welche Kenntnisse aus der Analytischen Geometrie werden bei dieser Aufgabe benötigt?

# 3 Die Quotientenregel

**1** Formen Sie f(x) zunächst um und berechnen Sie danach f′(x).

a) $f(x) = \frac{1}{(2x+1)^4}$ b) $f(x) = \frac{x}{x+1}$ c) $f(x) = \frac{(x+2)^4}{x}$ d) $f(x) = \frac{\sin(x)}{x}$

*Nebenbei wurde damit der Satz über die Ableitung der Kehrwertfunktion bewiesen:*
*Für die Funktion $k = \frac{1}{v}$ gilt $k'(x) = -\frac{v'(x)}{v^2(x)}$.*

Um Quotienten von Funktionen ableiten zu können, fasst man $f = \frac{u}{v}$ als Produkt zweier Funktionen auf mit $f(x) = \frac{u(x)}{v(x)} = u(x) \cdot \frac{1}{v(x)}$. Für die Funktion k mit $k(x) = \frac{1}{v(x)} = v^{-1}(x)$ gilt nach der Kettenregel: $k'(x) = -1 \cdot v^{-2}(x) \cdot v'(x) = -\frac{v'(x)}{v^2(x)}$.
Somit ergibt sich für $f(x) = u(x) \cdot \frac{1}{v(x)}$ mithilfe der Produktregel

$$f'(x) = u'(x) \cdot \frac{1}{v(x)} + u(x) \cdot \left(-\frac{v'(x)}{v^2(x)}\right) = \frac{u'(x) \cdot v(x) - u(x) \cdot v'(x)}{v^2(x)}.$$

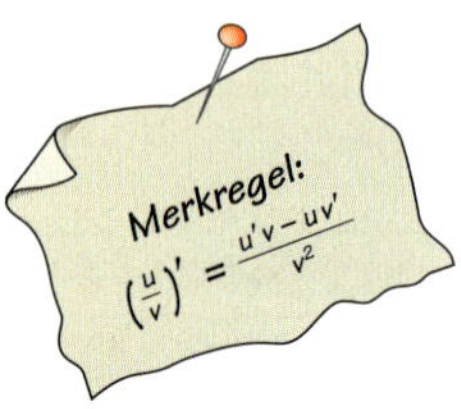


**Satz:** (Quotientenregel)
Sind die Funktionen u und v differenzierbar mit $v(x) \neq 0$, so ist die Funktion $f: x \mapsto \frac{u(x)}{v(x)}$ differenzierbar, und es gilt:

$$\mathbf{f'(x) = \frac{u'(x) \cdot v(x) - u(x) \cdot v'(x)}{v^2(x)}}.$$

*Beachten Sie das Minuszeichen im Zähler!*

**Beispiel 1:** (Quotientenregel)
Bestimmen Sie f′(x).
$f(x) = \frac{2x}{1-x}$
Lösung:
Mit $u(x) = 2x$ und $v(x) = 1 - x$ ist $u'(x) = 2$ und $v'(x) = -1$.
$f'(x) = \frac{2(1-x) - 2x \cdot (-1)}{(1-x)^2} = \frac{2}{(1-x)^2}$.

**Beispiel 2:** (Zweite Ableitung mit Quotientenregel und Kettenregel)
Bestimmen Sie f′(x) und f″(x) für $f(x) = \frac{1}{x^2+2}$.
Lösung:
Mit $f(x) = (x^2+2)^{-1}$ ist $f'(x) = (-1) \cdot (x^2+2)^{-2} \cdot 2x = -\frac{2x}{(x^2+2)^2}$.
$f''(x) = -\frac{2(x^2+2)^2 - 2x \cdot 2(x^2+2) \cdot 2x}{(x^2+2)^4} = -\frac{(x^2+2)[2(x^2+2) - 8x^2]}{(x^2+2)^4} = -\frac{2(x^2+2) - 8x^2}{(x^2+2)^3} = \frac{6x^2 - 4}{(x^2+2)^3}$.

**Wenn der Zähler eine Konstante ist, schreibt man einen Quotienten besser als Potenz!**

*Zuerst kürzen, dann ausmultiplizieren und zusammenfassen!*

**Beispiel 3**: (Graph der Ableitungsfunktion)
Ist der Graph von g der Graph der Ableitungsfunktion von f mit $f(x) = \frac{x}{x-1}$ (Fig. 1)?
Lösung:
g ist nicht identisch mit f′, da gilt
$f'(x) = \frac{(x-1) \cdot 1 - x \cdot 1}{(x-1)^2} = -\frac{1}{(x-1)^2}$,
also ist $f'(2) = -1$.
Aus Fig. 1 liest man aber ab: $g(2) = -2$.
Andere Möglichkeit:
Die mit dem GTR erstellten Graphen von f′ und g stimmen nicht überein.

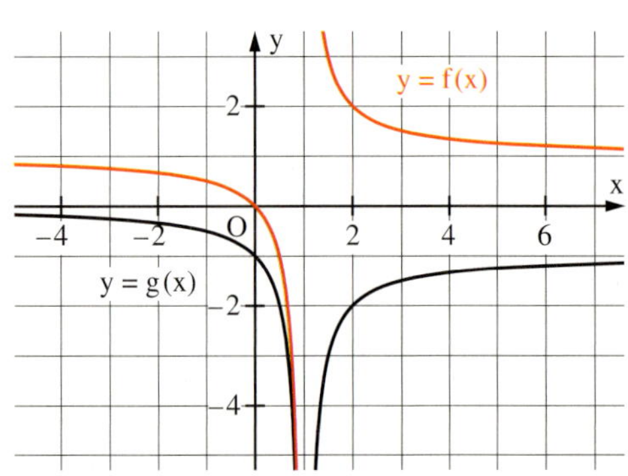

Fig. 1

## Aufgaben

**2** Berechnen Sie aus den Angaben $f(2) = 1$, $g(2) = 2$, $f'(2) = 3$ und $g'(2) = 4$ die Ableitung von $h(x) = \frac{f(x)}{g(x)}$ an der Stelle 2. Gilt für die Ableitung von $k(x) = \frac{g(x)}{f(x)}$, die Aussage: $k'(2) = \frac{1}{h'(2)}$?

**3** Leiten Sie ab und vereinfachen Sie.

a) $f(x) = \frac{x}{x+1}$ b) $f(x) = \frac{x}{2x+3}$ c) $f(x) = \frac{2x}{1+3x}$ d) $f(x) = \frac{3-x}{3+x}$

e) $f(x) = -\frac{e^x}{x+4}$ f) $f(x) = \frac{e^x - 1}{e^x + 1}$ g) $f(x) = \frac{1}{\sin(x)}$ h) $f(t) = \frac{t}{\cos(t)}$

**4** a) $f(x) = \frac{6x}{15 - x^2}$ b) $s(t) = \frac{4t^2 - 5}{2t + 1}$

c) $h(a) = \frac{2a + a^3}{3a - 4}$ d) $z(t) = \frac{t^2 - 1{,}5t}{1 + 0{,}8t}$

**5** a) $f(x) = \frac{\sqrt{x}}{x+1}$ b) $f(x) = \frac{\sqrt{x} + 1}{x+1}$

c) $g(x) = \frac{\sin(x)}{x}$ d) $h(t) = \frac{x}{\cos(t)}$

e) $f(x) = \frac{\cos(x)}{\sin(t)}$ f) $g(x) = \frac{a + \sin(x)}{\cos(x)}$

Wenn man davon ausgeht, dass der Quotient f zweier Funktionen u und v eine Ableitung besitzt, so lässt sich diese auch auf andere Weise aus der Produktregel herleiten:

Aus $f = \frac{u}{v}$ folgt $f \cdot v = u$.

Produktregel: $f' \cdot v + f \cdot v' = u'$

Umformen: $f' \cdot v + \frac{u}{v} \cdot v' = u'$

$f' \cdot v = \frac{u'v - uv'}{v}$

$f' = \frac{u'v - uv'}{v^2}$

*Begründen Sie Ihre Antwort.*

**6** Ist der Graph von g (schwarz) der Graph der Ableitungsfunktion von f (rot)?

a)

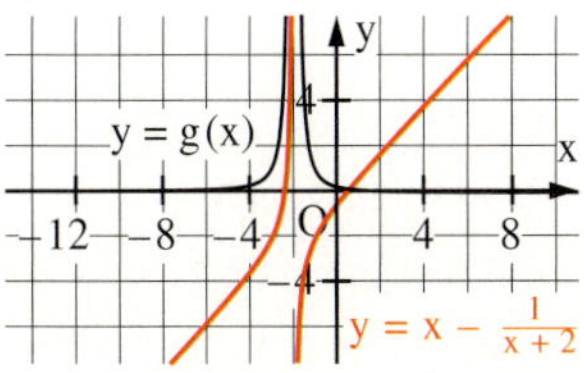


b)

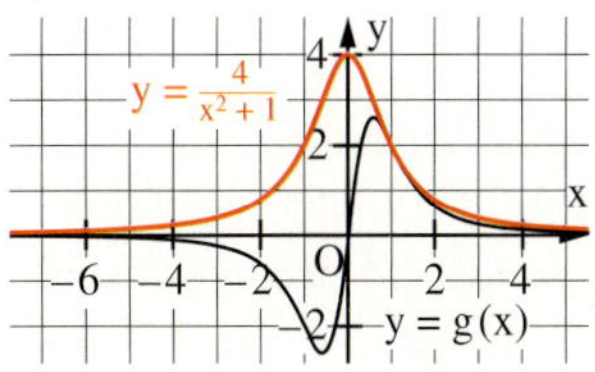


c)

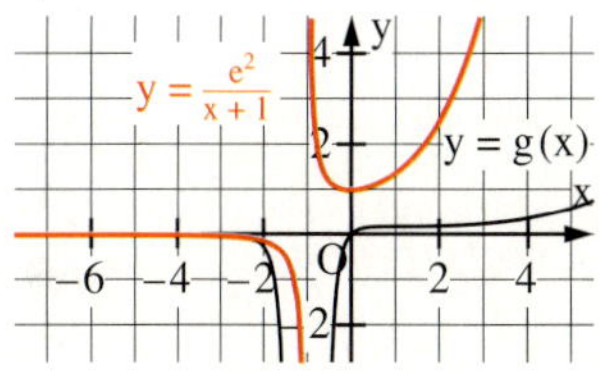


*Ist die Nennerfunktion eine Potenz der Funktionsvariablen, so zerlegt man sie in Summanden, ehe man die Ableitung bestimmt:*
*Beispiel:*
$\frac{5x^2 - 2}{x} = 5x - \frac{2}{x} = 5x - 2x^{-1}$

**7** Leiten Sie ab, ohne die Quotientenregel zu verwenden.

a) $f(x) = \frac{1}{x^2 - 5}$ b) $f(x) = \frac{4}{7 - 2x^2}$ c) $f(x) = \frac{1}{\tan(x)}$ d) $f(x) = \frac{e^x + e^{-x}}{e^x}$

**8** Bestimmen Sie eine Stammfunktion von f.

a) $f(x) = \frac{1}{x^2}$ b) $f(x) = \frac{3}{x^5} + x$ c) $f(x) = \frac{x^2 - 4}{x^2}$ d) $f(x) = \frac{3x^4 - x^2 + 6}{3x}$

**9** An welchen Stellen hat die Ableitung der Funktion f den Wert m?

a) $f(x) = \frac{x-1}{x+1}$; $m = 2$ b) $f(x) = \frac{1 - x^2}{x}$; $m = -5$ c) $f(x) = \frac{\cos(x)}{\sin(x)}$; $m = -1$

**10** An welchen Stellen stimmen die Funktionswerte von f' und g' überein? Was bedeutet dies geometrisch? Zeichnen Sie die Graphen der Funktionen f und g.

a) $f(x) = x^2$; $g(x) = -\frac{1}{x^2}$ b) $f(x) = \frac{1}{x+1}$; $g(x) = \frac{1}{x-1}$ c) $f(x) = 1 - 2x$; $g(x) = \frac{2x^2}{x+1}$

**11** Suchen Sie den Fehler, der beim Ableiten gemacht wurde und korrigieren Sie.

a) $f(x) = \frac{e^x}{x^2}$; $f'(x) = \frac{x \cdot e^x - 1 \cdot e^x}{x^3} = \frac{x-1}{x^3} \cdot e^x$

b) $f(x) = \frac{x-1}{(x+1)^2}$; $f'(x) = \frac{(x+1)^2 \cdot 1 - (x-1) \cdot 2(x+1)}{(x+1)^4} = \frac{(x+1) \cdot 1 - 2(x+1)}{(x+1)^3} = -\frac{x+1}{(x+1)^3} = -\frac{1}{(x+1)^2}$

c) $f(x) = \frac{x}{(2x+1)^2}$; $f'(x) = \frac{(2x+1)^2 \cdot 1 - x \cdot 2(2x+1)}{(2x+1)^4} = \frac{(2x+1) - 2x}{(2x+1)^3} = \frac{1}{(2x+1)^3}$

# 4 Eigenschaften gebrochenrationaler Funktionen

**1** Für eine Weihnachtsaktion stellt die Arbeitsgemeinschaft „Siebdruck" einer Schule Kalender her. Die einmaligen Kosten für die Erstellung der Vorlagen usw. belaufen sich auf 400 €. Dazu kommen die Kosten von 3,50 € pro Kalender.

a) Geben Sie die Funktion f an, welche die Gesamtkosten beschreibt, wenn x Kalender gedruckt werden. Skizzieren Sie den Graphen dieser Funktion f.

b) Welche Funktion g beschreibt die durchschnittlichen Kosten pro Kalender in Abhängigkeit von x? Skizzieren Sie den Graphen von g.

c) Zu welcher Klasse von Funktionen gehört f? Nennen Sie Unterschiede zwischen f und g.

d) Ist es möglich, den Stückpreis auf 3,60 € oder gar 3,50 € zu senken?

*Es ist bekannt:*
*Ist $x_0$ Nullstelle eines Polynoms $p(x)$, so gilt $p(x) = (x - x_0) \cdot p_1(x)$.*

*Bemerkung:*
*Bei nicht gekürzten Quotienten muss eine Definitionslücke nicht unbedingt ein Pol sein. Dieser Fall wird im nächsten Kapitel genauer untersucht.*

Bei einer ganzrationalen Funktion ist der Funktionsterm ein Polynom. Bildet man den Quotienten zweier Polynome, so wird man zu neuen Funktionen geführt. Diese Funktionen sind oftmals nicht mehr in ganz IR definiert und zeigen für $x \to \pm\infty$ ein anderes Verhalten als ganzrationale Funktionen. Beispiele solcher Funktionen sind f mit $f(x) = \frac{x}{x-1}$, g mit $g(x) = \frac{x+2}{x^2+1}$ oder h mit $h(x) = \frac{x(x+1)}{(x+1)(x-1)}$. Sie gehören zur Funktionsklasse der **gebrochenrationalen Funktionen**.

Im Folgenden werden nur Funktionen untersucht, deren Terme vollständig gekürzt sind. Funktionen wie h werden bei den Vertiefungen in Lerneinheit 1 behandelt.

Es kann Stellen geben, an denen das Nennerpolynom null ist. Solche Stellen heißen **Definitionslücken**. So hat die Funktion f mit $f(x) = \frac{x+1}{x-2}$ an der Stelle $x_0 = 2$ eine Definitionslücke; es ist also $D_f = \mathbb{R} \setminus \{2\}$. Eine solche Stelle heißt **Polstelle** der Funktion f. Hingegen ist die Funktion g mit $g(x) = \frac{x-1}{x^2+4}$ auf ganz $\mathbb{R}$ definiert.

Da der Graph der gebrochenrationalen Funktion f mit $f(x) = \frac{1}{(x-2)^n}$ mit der Polstelle $x_0 = 2$ durch Verschiebung aus dem Graphen der Funktion g mit $g(x) = \frac{1}{x^n}$ hervorgeht, ist die Gerade mit der Gleichung $x = 2$ Asymptote. Je nachdem ob n gerade oder ungerade ist, nähert sich der Graph von f der Asymptote gleichsinnig oder in entgegengesetzter Richtung. Man spricht von einer **Polstelle ohne bzw. mit Vorzeichenwechsel** (VZW) (Fig. 1 und Fig. 2).

*Eine zusätzliche Verschiebung des Graphen in y-Richtung ändert weder an Lage der Polstelle noch an der senkrechten Asymptote etwas (Fig. 1 und Fig. 2).*
*Bei komplexeren Funktionen kann man wie im Beispiel vorgehen.*

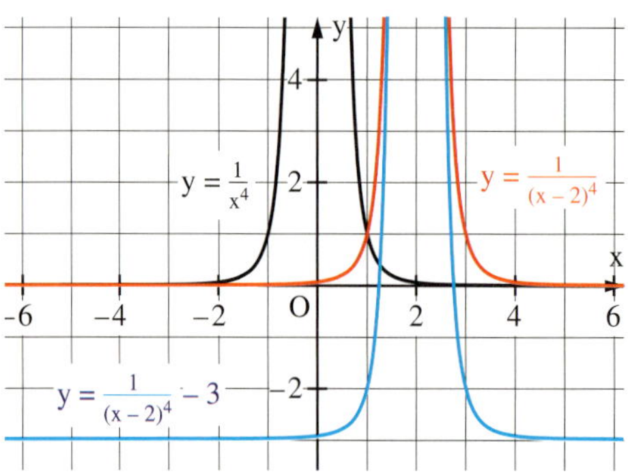


$x_0 = 2$ ist Polstelle ohne VZW Fig. 1

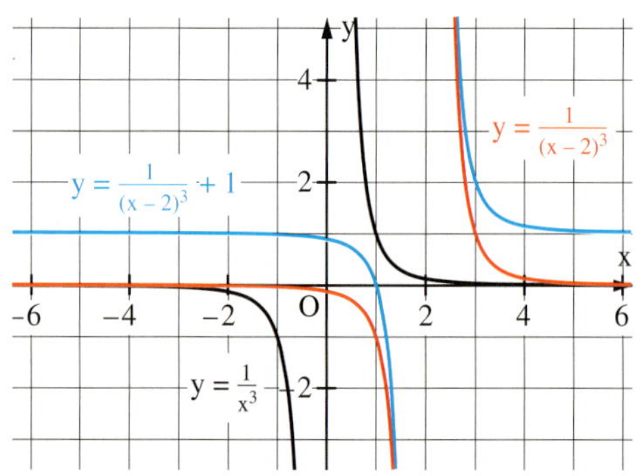


$x_0 = 2$ ist Polstelle mit VZW Fig. 2

> Besitzt die gebrochenrationale Funktion f mit vollständig gekürztem Funktionsterm $f(x) = \frac{p(x)}{q(x)}$ eine Stelle $x_0$ mit $q(x_0) = 0$, so nennt man $x_0$ eine **Polstelle** von f.
> Die Gerade mit der Gleichung $x = x_0$ heißt **senkrechte Asymptote** des Graphen von f.

Es bleibt noch das Verhalten gebrochenrationaler Funktionen für $x \to \pm\infty$ zu untersuchen. Während eine ganzrationale Funktion für $x \to \pm\infty$ stets gegen $+\infty$ oder $-\infty$ strebt, ist dies bei gebrochenrationalen Funktionen nicht unbedingt der Fall. Das Verhalten hängt vielmehr vom Grad des Zählerpolynoms und vom Grad des Nennerpolynoms ab.

*Bezeichnet man mit m den kleineren der Grade von Zähler und Nenner, so dividiert man Zähler und Nenner durch $x^m$. Dies gilt auch in den beiden folgenden Fällen.*

**1. Fall:** Zählergrad < Nennergrad

f mit $f(x) = \frac{3x}{x^2+1}$. Division durch $x \neq 0$ ergibt $f(x) = \frac{3}{x + \frac{1}{x}}$.

Man erkennt: $\lim\limits_{x \to +\infty} f(x) = 0$ und $\lim\limits_{x \to -\infty} f(x) = 0$.

Die x-Achse mit der Gleichung $y = 0$ ist **waagerechte Asymptote** (Fig. 1).

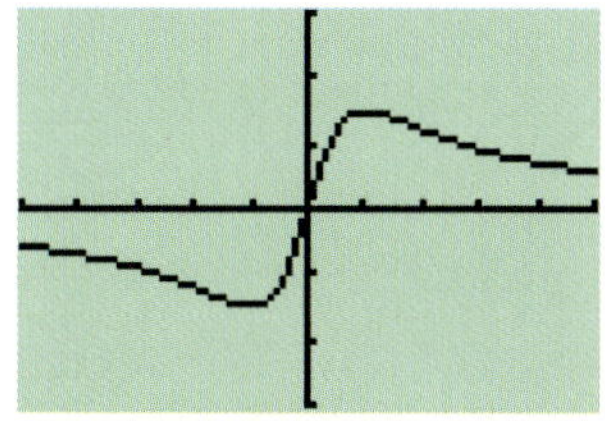

Xscl = 1; Yscl = 1 Fig. 1

*Auch aus der Darstellung $\frac{-x}{x+1} = \frac{(-x-1)+1}{x+1} = -1 + \frac{1}{x+1}$ wird die Annäherung an die Gerade mit der Gleichung $y = -1$ für $x \to \pm\infty$ deutlich.*

**2. Fall:** Zählergrad = Nennergrad

f mit $f(x) = -\frac{x}{x+1}$. Division durch $x \neq 0$ ergibt $f(x) = \frac{-1}{1 + \frac{1}{x}}$.

Man erkennt: $\lim\limits_{x \to \pm\infty} f(x) = \lim\limits_{x \to \pm\infty} \frac{-1}{1 + \frac{1}{x}} = \frac{-1}{1} = -1$.

Die Gerade mit der Gleichung $y = -1$ ist **waagerechte Asymptote** (Fig. 2).

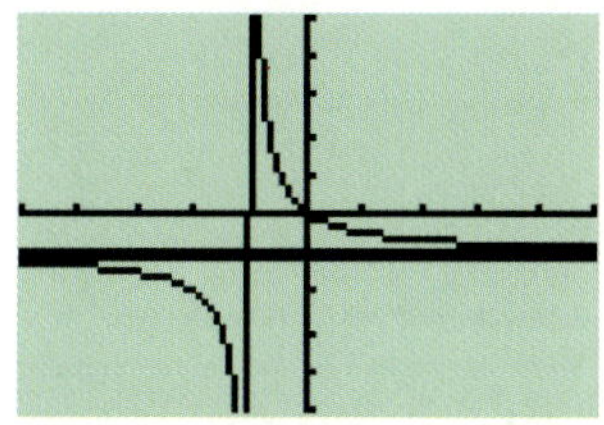

Xscl = 1; Yscl = 1 Fig. 2

**3. Fall:** Zählergrad > Nennergrad

f mit $f(x) = \frac{x^3}{5(x+1)}$. Dividiert man Zähler und Nenner durch $x \neq 0$, ergibt sich $f(x) = \frac{x^2}{5 + \frac{5}{x}}$.

Man erkennt: $\lim\limits_{x \to \pm\infty} f(x) = \lim\limits_{x \to \pm\infty} \frac{x^2}{5 + \frac{5}{x}}$ existiert nicht.

Für $x \to \pm\infty$ gilt: $f(x) \to +\infty$ (Fig. 3).

*Man erkennt an Fig. 3, dass der GTR keine Asymptoten zeichnet, sondern nur aufeinander folgende Punkte verbindet.*

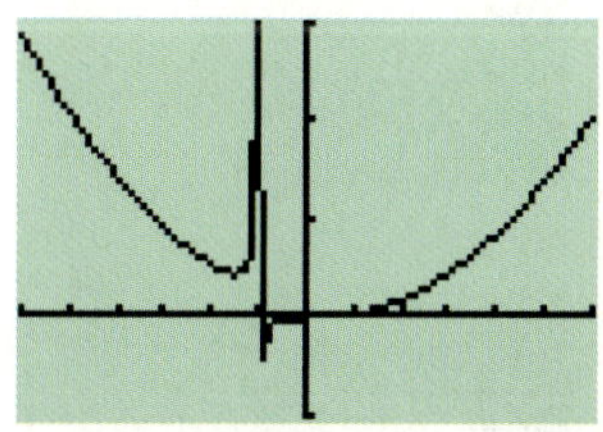

Xscl = 1; Yscl = 3 Fig. 3

**Satz:** Das Verhalten einer gebrochenrationalen Funktion für $|x| \to +\infty$ wird durch den Grad des Zählers und Nenners bestimmt. Ist
Zählergrad < Nennergrad, so ist die x-Achse waagerechte Asymptote,
Zählergrad = Nennergrad, so ist die Gerade mit der Gleichung $y = c$ waagerechte Asymptote,
Zählergrad > Nennergrad, so strebt der Graph gegen $+\infty$ oder gegen $-\infty$.

*c ist dabei der Quotient der jeweiligen Koeffizienten mit der höchsten Potenz von x. Bei $f(x) = \frac{2x^2 - x}{5x^2 + 1}$ ist $c = \frac{2}{5}$. Der letzte Fall wird im nächsten Kapitel genauer untersucht.*

**Beispiel:** (Polstellen, Asymptoten)

Gegeben ist die Funktion f mit $f(x) = \frac{3x - 5}{x - 2}$. Ermitteln Sie die Definitionsmenge und das Verhalten an den Polstellen von f. Geben Sie die Asymptoten an und skizzieren Sie den Graphen.

Lösung:

Es ist $x - 2 = 0$ für $x_0 = 2$; $D_f = \mathbb{R} \setminus \{2\}$; $x_0 = 2$ ist also Polstelle. Für $x \to 2$ ergeben sich für $x < 2$ negative, für $x > 2$ positive Funktionswerte: $x_0 = 2$ ist ein Pol mit VZW. Senkrechte Asymptote: $x = 2$. Da Zähler- und Nennergrad gleich sind, ist die Gerade mit der Gleichung $y = \frac{3}{1} = 3$ waagerechte Asymptote für $x \to \pm\infty$. Graph rechts.

*Um das Vorzeichen von $f(x)$ für $x < 2$ zu bestimmen, ersetzt man im Zähler x durch 2. Er wird damit positiv. Der Nenner ist für $x < 2$ negativ, für $x > 2$ positiv. Damit ist die Funktion für $x < 2$ negativ, für $x > 2$ positiv.*

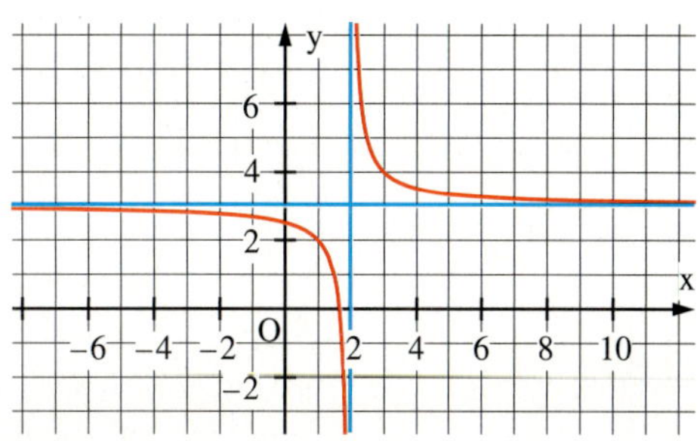


Fig. 4

## Aufgaben

**2** Gegeben sind 5 Funktionen und 3 Graphen. Zu welchen Funktionen sind keine Graphen vorhanden und zu welchen Graphen gehören die verbleibenden Funktionen? Begründen Sie.

(1) $f(x) = \frac{x}{x-2}$ (2) $f(x) = \frac{x^2}{x-2}$ (3) $f(x) = \frac{x^2}{(x-2)^2}$ (4) $f(x) = \frac{x(x-1)}{(x-2)}$ (5) $f(x) = \frac{x}{(x-2)^2}$

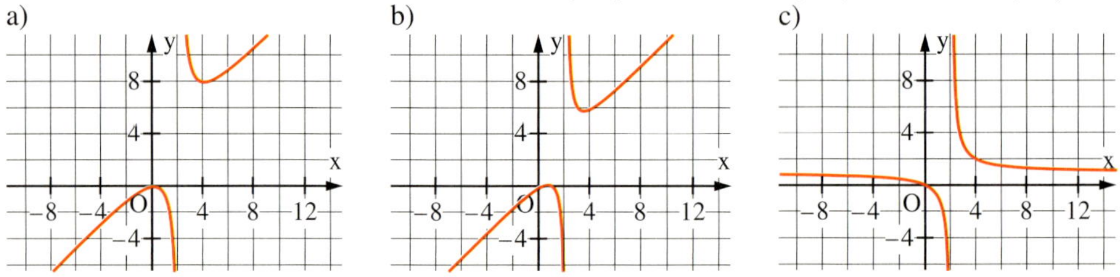


Fig. 1

*Betrachten Sie zur Kontrolle anschließend den Graphen von f am GTR.*

**3** Gegeben ist die Funktion f. Ermitteln Sie die Definitionsmenge und die Polstellen. Geben Sie die gemeinsamen Punkte des Graphen von f mit der x-Achse sowie die Asymptoten an.

a) $f(x) = \frac{-2}{x-4}$ b) $f(x) = \frac{-4}{x-2}$ c) $f(x) = \frac{1}{(x-2)^2}$ d) $f(x) = \frac{x}{x-3}$ e) $f(x) = \frac{x+2}{x}$

f) $f(x) = \frac{x+2}{x+4}$ g) $f(x) = \frac{x+1}{x}$ h) $f(x) = \frac{x+2}{x-4}$ i) $f(x) = \frac{x-1}{(x-4)^2}$ j) $f(x) = \frac{x^2}{2(x-3)}$

**Welche Denkfehler wurden möglicherweise gemacht?**

**4** Jemand behauptet, die Funktion f habe die Nullstellen –4 und 4 und die Polstellen –1 und 1. Stellen Sie dies richtig!

a) $f(x) = \frac{(x-4)-4}{(x-1)(x+1)}$ b) $f(x) = \frac{(x+4)^2}{(x-1)(x+1)}$ c) $f(x) = \frac{x^2-4}{x^2-1}$ d) $f(x) = \frac{x^2-1}{x^2-16}$ e) $f(x) = \frac{x^2-16}{x^2-1}$

**Bestätigen Sie Ihr Ergebnis mit dem GTR.**

**5** Geben Sie mindestens zwei gebrochenrationale Funktionen an mit

a) keiner Polstelle
b) Polstelle 3 mit VZW
c) Polstelle 3 ohne VZW
d) Nullstelle 1 und Polstelle 3 ohne VZW
e) Nullstelle 1 ohne Polstelle
f) Nullstellen 1 und –1 und Polstellen 2 und –2 ohne VZW.

**6** Geben Sie die Gleichungen aller Asymptoten an.

a) $f(x) = \frac{2}{3x}$ b) $f(x) = \frac{4}{3x^2}$ c) $f(x) = \frac{1}{1-x}$ d) $f(x) = \frac{2}{3x-4}$ e) $f(x) = \frac{6x-1}{3x}$

**7** Geben Sie eine gebrochenrationale Funktion an, deren Graph ungefähr den dargestellten Verlauf zeigt.

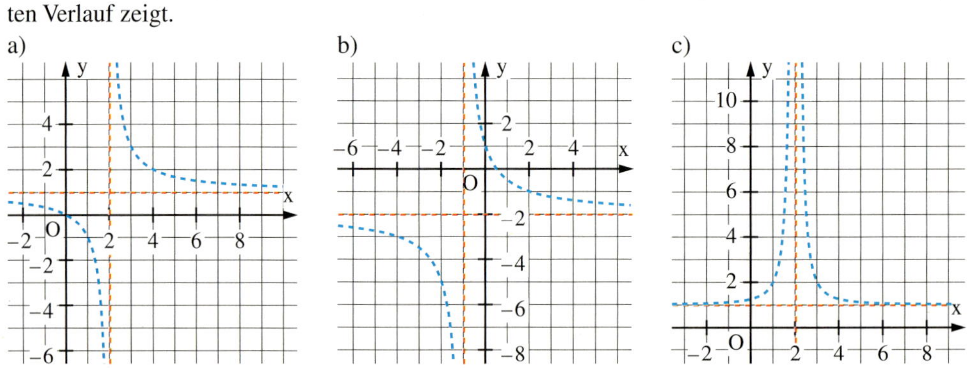


Fig. 2

**8** Geben sie eine gebrochenrationale Funktion f mit folgenden Eigenschaften an.

a) $\lim_{x \to +\infty} f(x) = 1$ und $\lim_{x \to -\infty} f(x) = 1$; Polstelle ist $x_0 = 2$; Nullstellen sind $x_1 = 1$ und $x_2 = -1$.
b) f besitzt die einzige Nullstelle 1 und hat die Geraden g: $x = -3$ und $y = 2$ als Asymptoten.
c) f besitzt keine Polstelle; ihre Wertemenge ist $[0, 2]$.

# 5 Skizzieren von Graphen – Funktionsuntersuchungen

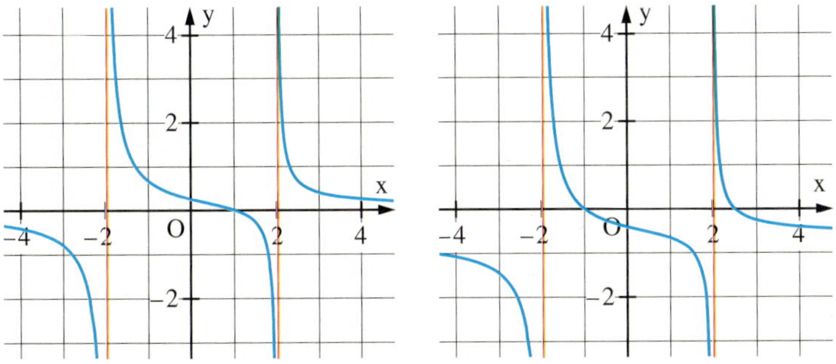

Fig. 1

**1** Gegeben ist die Funktion f mit $f(x) = \frac{x-1}{x^2-4}$.
Durch welche Überlegungen könnte man entscheiden, ob a) oder b) in Fig. 1 der Graph von f ist?

**2** Wie kann man bei einer gebrochenrationalen Funktion rechnerisch entscheiden, ob sich der Graph einer senkrechten Asymptote nach „unten" oder nach „oben" nähert?

Graphen gebrochenrationaler Funktionen haben vielfältigere Formen als die Graphen ganzrationaler Funktionen. Deshalb ist es wichtig, aus dieser Vielfalt durch einfache Überlegungen wesentliche Merkmale des Graphen einer gegebenen gebrochenrationalen Funktion zu finden.

> Einen ersten Überblick über den möglichen Verlauf des Graphen einer gebrochenrationalen Funktion erhält man, wenn man den Graphen auf **Symmetrie, gemeinsame Punkte** mit den Koordinatenachsen, auf **Asymptoten, Polstellen** und **Vorzeichenwechsel an den Polstellen** untersucht.

Ist man an der Lage der Extrempunkte interessiert, kann man z. B. den GTR heranziehen.

**Beispiel 1:** (Überblick über den Graphen)
Skizzieren Sie den Verlauf des Graphen der Funktion f mit $f(x) = \frac{x-3}{x^2-\frac{9}{4}}$.

***Und so könnte man vorgehen:***

Lösung:
1. Gemeinsame Punkte mit den Koordinatenachsen:

*S und N in ein Koordinatensystem eintragen. (Fig. 2)*

Es ist $f(0) = \frac{3}{\frac{9}{4}} = \frac{12}{9} = \frac{4}{3}$. Also ist $S\left(0\middle|\frac{4}{3}\right)$ der Schnittpunkt mit der y-Achse (Fig. 2).
Es ist $x - 3 = 0$ für $x = 3$. Einziger Schnittpunkt mit der x-Achse ist $N(3|0)$.

2. Senkrechte Asymptoten:

*Senkrechte Asymptoten in das Koordinatensystem eintragen, Verlauf oberhalb oder unterhalb der x-Achse ebenfalls (Fig. 2).*

Es ist $x^2 - \frac{9}{4} = 0$ für $x_1 = -\frac{3}{2}$ und $x_2 = \frac{3}{2}$.
Hierfür ist der Zähler ungleich null.
Für $x \to -1{,}5$ und $x < -1{,}5$ gilt: $f(x) \to -\infty$.
Für $x \to -1{,}5$ und $x > -1{,}5$ gilt: $f(x) \to +\infty$.
Für $x \to 1{,}5$ und $x < 1{,}5$ gilt: $f(x) \to +\infty$.
Für $x \to 1{,}5$ und $x > 1{,}5$ gilt: $f(x) \to -\infty$.
Senkrechte Asymptoten: $x = -1{,}5$; $x = 1{,}5$.

3. Waagerechte Asymptoten:

*Waagerechte Asymptoten eintragen. (Fig. 2)*

Der Zählergrad ist kleiner als der Nennergrad, waagerechte Asymptote: $y = 0$.

4. Skizze: Fig. 3.

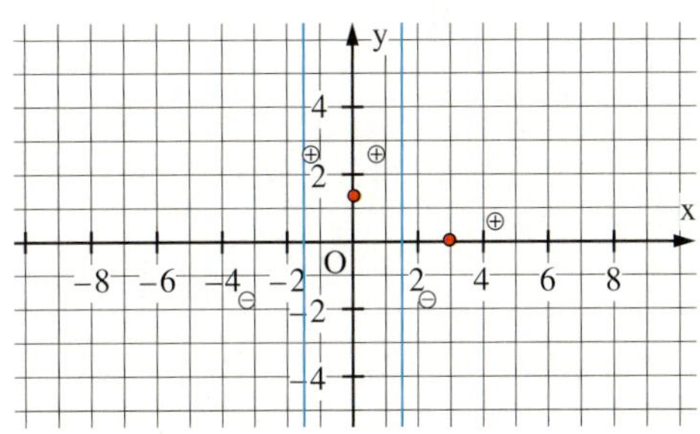

Fig. 2

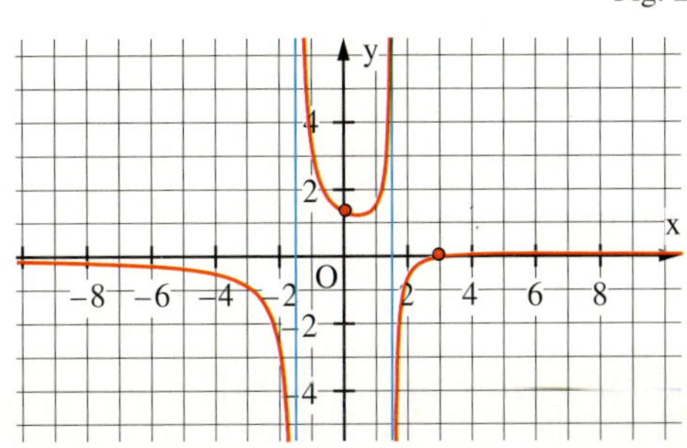

Fig. 3

**Beispiel 2:** (Kurvendiskussion)
Gegeben ist die Funktion f mit $f(x) = \frac{10(x-2)}{x^2}$. Führen Sie eine Kurvendiskussion durch.

Lösung:

Schrittfolge: | ohne GTR: | mit GTR:

**1. Definitionsbereich; Polstellen**
$f(x) = \frac{p(x)}{q(x)}$; $D_f = \mathbb{R} \setminus \{x \mid q(x) = 0\}$
Für $x_0 = 0$ ist $p(x_0) \neq 0$;
Gleichung der senkrechten Asymptote:
$x = x_0$.

Aus $x^2 = 0$ folgt $x = 0$, also
$D_f = \mathbb{R} \setminus \{0\}$ und $x = 0$ ist senkrechte Asymptote.
Wegen Exponent 2 liegt ein Pol ohne VZW vor.

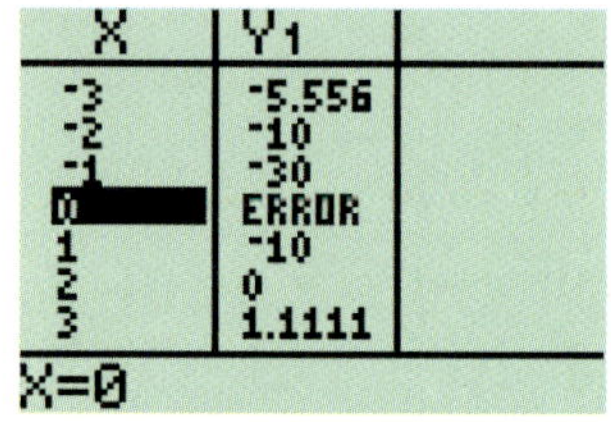


Der GTR zeigt nicht immer eine Definitionslücke an!

**2. Symmetrie:**
Zum Ursprung: $f(-x) = -f(x)$.
Zur y-Achse: $f(-x) = f(x)$.

$f(-x) = \frac{10(-x-2)}{(-x)^2} = -\frac{10(x+2)}{x^2}$,
also keine Symmetrie.

**3. Verhalten für $x \to \pm\infty$:**
p(x) hat den Grad n, q(x) den Grad m.
$n < m$: x-Achse ist Asymptote.
$n = m$: waagerechte Asymptote
$n > m$: verläuft gegen $+\infty$ oder gegen $-\infty$

Da der Zählergrad kleiner ist als der Nennergrad, ist die x-Achse mit der Gleichung $y = 0$ Asymptote.

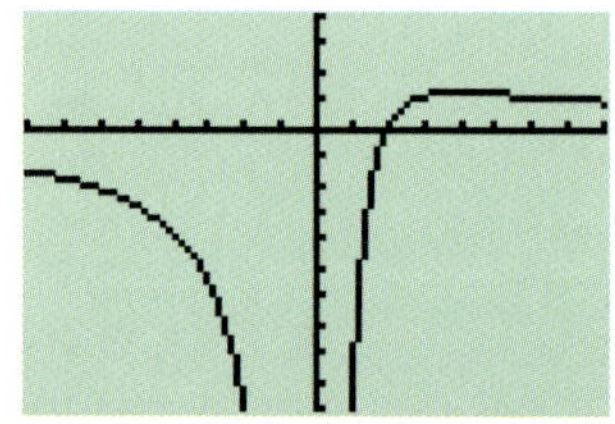

Keine Symmetrie erkennbar

**4. Nullstellen:**
$x_0 \in D_f$ mit $p(x_0) = 0$ und $q(x_0) \neq 0$.
Schnittpunkt mit der x-Achse: $N(x_0|0)$

$x - 2 = 0$ ergibt $x_1 = 2$;
Schnittpunkt mit der x-Achse:
$N(2|0)$

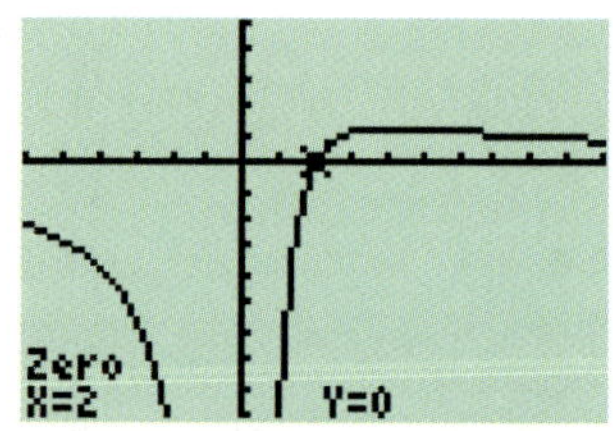


**5. Ableitungen:**
Höhere Ableitungen ermittelt man wegen des Rechenaufwands nur, wenn absolut nötig.

$f(x) = \frac{10}{x} - \frac{20}{x^2}$;
$f'(x) = -\frac{10}{x^2} + \frac{40}{x^3} = 10 \cdot \frac{-x+4}{x^3}$
$f''(x) = \frac{20}{x^3} - \frac{120}{x^4} = 20 \cdot \frac{x-6}{x^4}$

**6. Extremstellen:**
$f'(x_0) = 0$ und $f''(x_0) \neq 0$
$f''(x_0) < 0$ relatives Maximum;
$f'''(x_0) > 0$ relatives Minimum

$-\frac{10}{x^2} + \frac{40}{x^3} = 10 \cdot \frac{-x+4}{x^2} = 0$ für $x_2 = 4$;
wegen $f''(4) = -\frac{5}{32} < 0$ Maximum.
Extrempunkt: $H\left(4\middle|\frac{5}{4}\right)$

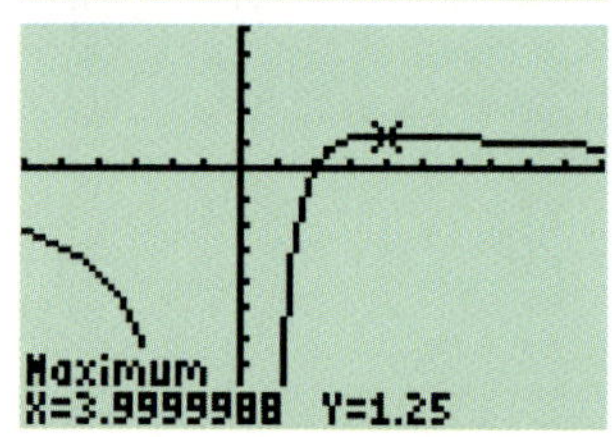


**7. Wendestellen:**
$f''(x_0) = 0$ und VZW von $f''(x)$ bei $x_0$ oder $f'''(x_0) \neq 0$

$20 \cdot \frac{x-6}{x^4} = 0$ ergibt $x_3 = 6$. Da $f''(x) < 0$ ist für $x < 6$ und $f''(x) > 0$ ist für $x > 6$, gilt: $W\left(6\middle|\frac{10}{9}\right)$.

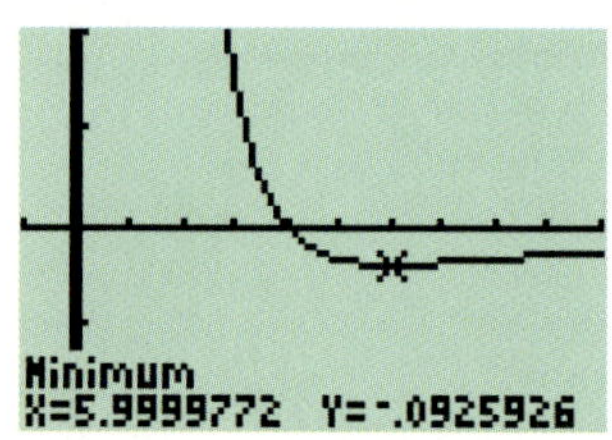


Graph der Ableitungsfunktion. Beachten Sie, dass der hier angegebene y-Wert f′(6) ist.

**8. Graph**

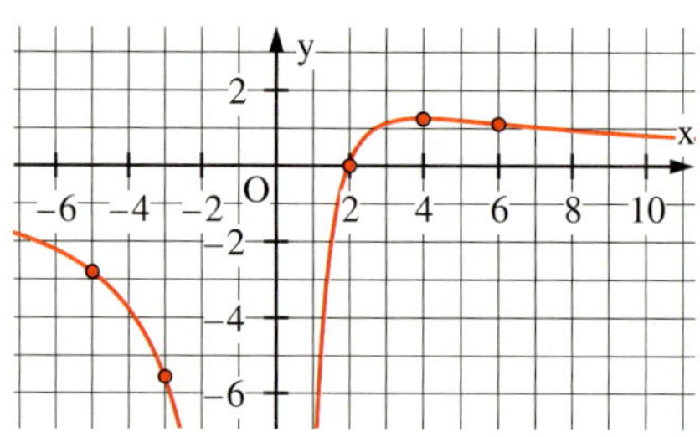

**Beispiel 3:** (Integral)
Gegeben ist die Funktion f mit $f(x) = \frac{2}{(x-1)^2}$; $x \in \mathbb{R}\setminus\{1\}$

a) Bestimmen Sie den Inhalt d er Fläche, die von dem Graphen von f, der x-Achse und den Geraden mit den Gleichungen $x = 2$ und $x = 3$ eingeschlossen wird.

b) Bestimmen Sie den Inhalt A(k) der Fläche, wenn die Gerade von Teilaufgabe a) mit der Gleichung $x = 3$ durch $x = k$ ersetzt wird. Berechnen und deuten Sie $\lim\limits_{x \to \infty} A(k)$.

Lösung:

a) Es ist $A = \int_2^3 \frac{2}{(x-1)^2}dx$. Wegen $f(x) = \frac{2}{(x-1)^2} = 2 \cdot (x-1)^{-2}$ ist $F(x) = -2(x-1)^{-1} = -\frac{2}{x-1}$ eine Stammfunktion von f. Es gilt also (Fig. 1)

$A = \left[-\frac{2}{x-1}\right]_2^3 = -1 - (-2) = 1.$

b) Es ist $A(k) = \int_2^k \frac{2}{(x-1)^2}dx = \left[-\frac{2}{x-1}\right]_2^k = 2 - \frac{2}{k-1}.$

Da $\lim\limits_{k \to \infty}\left(2 - \frac{2}{k-1}\right) = 2$ ist, hat die bis ins Unendliche reichende Fläche den Inhalt 2.

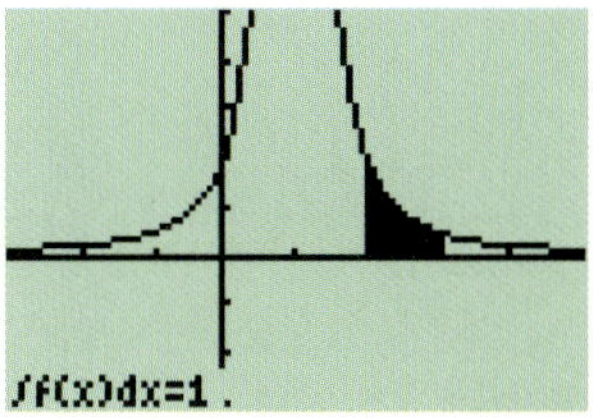

Fig. 1

*Besonders bei dieser „umgekehrten“ Fragestellung, bei der aus gegebenen Eigenschaften eine gebrochenrationale Funktion ermittelt wird, bietet sich das Arbeiten mit Linearfaktoren an.*

*Gegeben ist die Funktion f mit $f(x) = \frac{x^2-1}{x^2}$.*
*Welcher der beiden Graphen gehört zu f? Begründen Sie Ihre Antwort.*

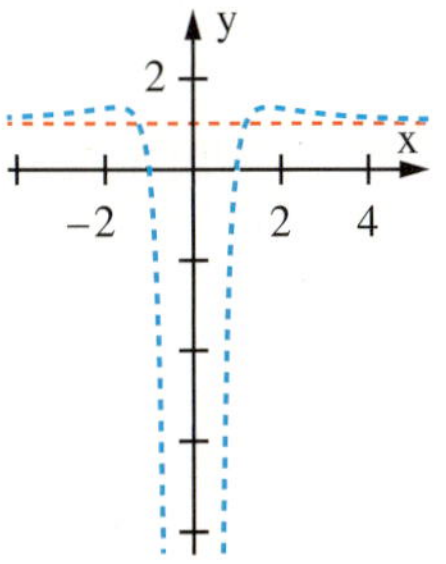

Fig. 2

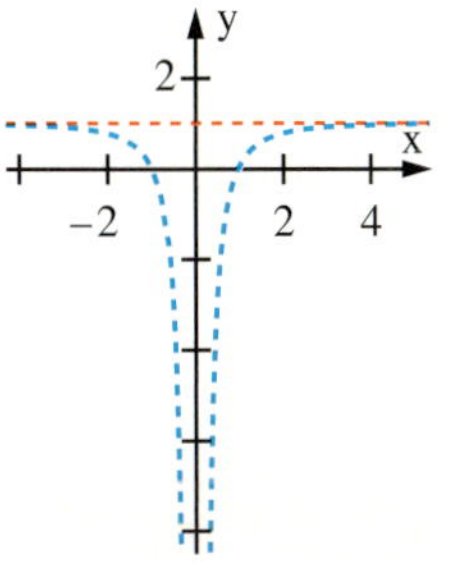

Fig. 3

**Beispiel 4:** (Bestimmung einer Funktion)
Geben Sie eine gebrochenrationale Funktion an, deren Graph die x-Achse im Punkt N(2|0) schneidet und die Asymptoten mit den Gleichungen $x = 1$ bzw. $y = 2$ besitzt.

Lösung:

Der Graph der Funktion g mit $g(x) = \frac{x-2}{x-1}$ schneidet die x-Achse in N(2|0) und hat eine senkrechte Asymptote mit der Gleichung $x = 1$. Nicht erfüllt ist die Bedingung einer waagerechten Asymptote mit der Gleichung $y = 2$.

Damit auch diese Bedingung erfüllt ist, muss im Zähler des Terms x durch 2x ersetzt werden, aber ohne Veränderung des Schnittpunktes mit der x-Achse. Dies ist bei dem Term $\frac{2(x-2)}{x-1}$ gegeben. Der Graph der Funktion f mit $f(x) = \frac{2(x-2)}{x-1}$ erfüllt alle Bedingungen.

## Aufgaben

**3** Untersuchen Sie den Graphen der Funktion f auf alle Eigenschaften (einschließlich VZW an den Polstellen), die man ohne Ableitungen erhalten kann. Skizzieren Sie den Graphen von f.

a) $f(x) = \frac{x}{x-2}$ b) $f(x) = \frac{x}{(x-2)^2}$ c) $f(x) = \frac{10(x-1)}{x^2}$ d) $f(x) = \frac{5}{x^2+2}$

**4** Gegeben sind die Funktionen f, g und h. Skizzieren Sie die Graphen von f, g und h. Erläutern Sie anhand des Funktionsterms den unterschiedlichen Verlauf der Graphen.

a) $f(x) = \frac{1}{x}$, $g(x) = \frac{1}{x-2}$, $h(x) = \frac{1}{(x-2)^2}$ b) $f(x) = \frac{2}{x^2+1}$, $g(x) = \frac{2x}{x^2+1}$, $h(x) = \frac{2x^2}{x^2+1}$

**5** Untersuchen Sie den Graphen der Funktion f auf Symmetrie, gemeinsame Punkte mit den Koordinatenachsen sowie auf Asymptoten. Skizzieren Sie den Graphen durch Ordinatenaddition.

a) $f(x) = \frac{x^2+1}{x}$ b) $f(x) = \frac{1-x^2}{2x}$ c) $f(x) = \frac{2x^2+x-1}{x}$ d) $f(x) = \frac{2-x^3}{x^2}$

**6** Der Graph einer gebrochenrationalen Funktion f hat Asymptoten mit den Gleichungen $x = -1$ und $y = 0$.

a) Skizzieren Sie drei mögliche Graphen.

b) Als weitere Bedingung kommt hinzu, dass der Graph durch den Ursprung verläuft. Skizzieren Sie erneut drei mögliche Graphen.

**7** Der GTR zeigt die Graphen gebrochenrationaler Funktionen nicht immer korrekt an. Geben Sie eine Funktion an, deren Graph den dargestellten Verlauf haben könnte.

a)

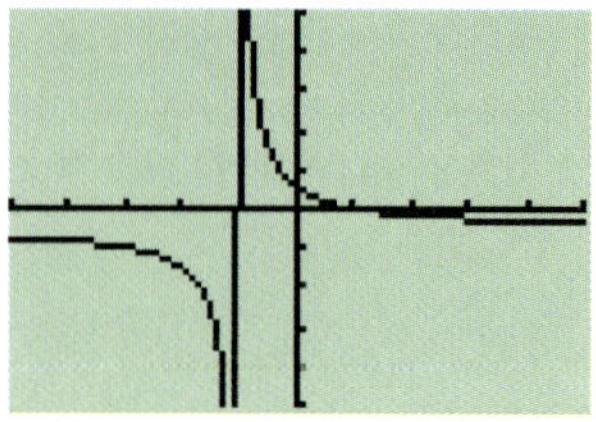

Xscl = 2; Yscl = 2

b)

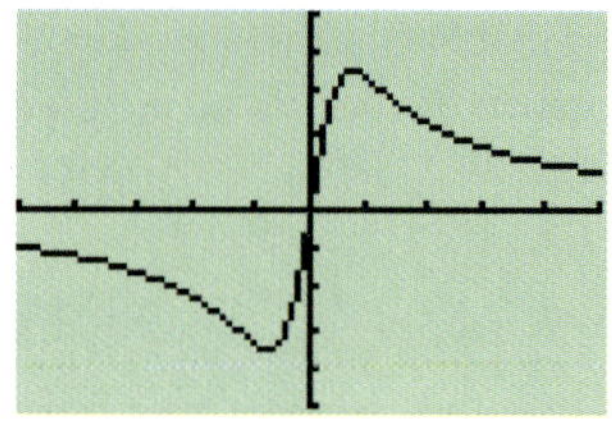

Xscl = 2; Yscl = 2

c)

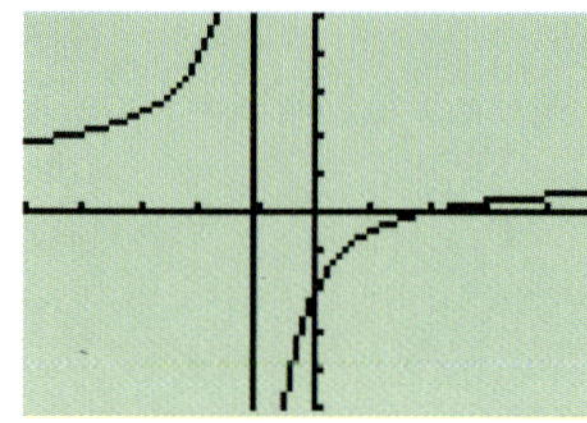

Xscl = 1; Yscl = 1

*Kontrollieren Sie anschließend Ihre Ergebnisse mit dem GTR.*

**8** Führen Sie eine Funktionsuntersuchung wie in Beispiel 2 ohne GTR durch.

a) $f(x) = \frac{x}{x-1}$ b) $f(x) = \frac{2x+1}{x-2}$ c) $f(x) = \frac{8}{4-x^2}$ d) $f(x) = \frac{2-x^2}{x^2-9}$ e) $f(x) = \frac{36}{x^2+9}$

**9** Welcher Graph gehört zu welcher Funktion? Es sei $0 < b < a$.

(I) $f(x) = \frac{(x-a)(x+a)}{x}$ (II) $f(x) = \frac{x}{(x-a)(x+a)}$ (III) $f(x) = \frac{(x-b)(x+b)}{(x-a)(x+a)}$ (IV) $f(x) = \frac{(x-a)(x+a)}{(x-b)(x+b)}$

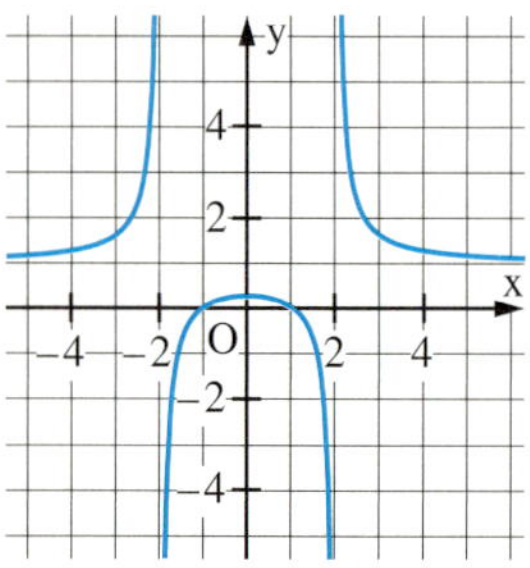


Fig. 1

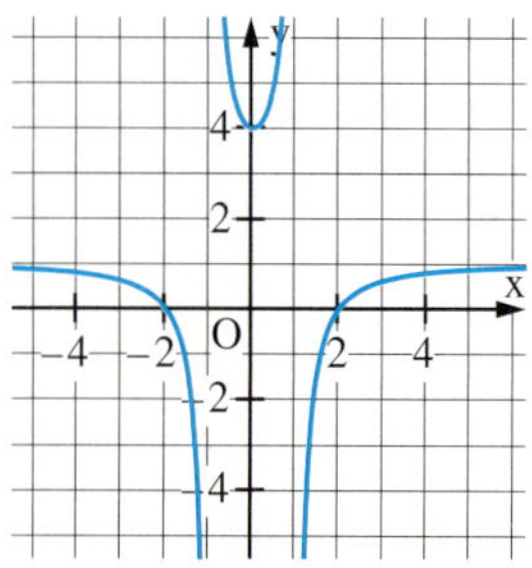


Fig. 2

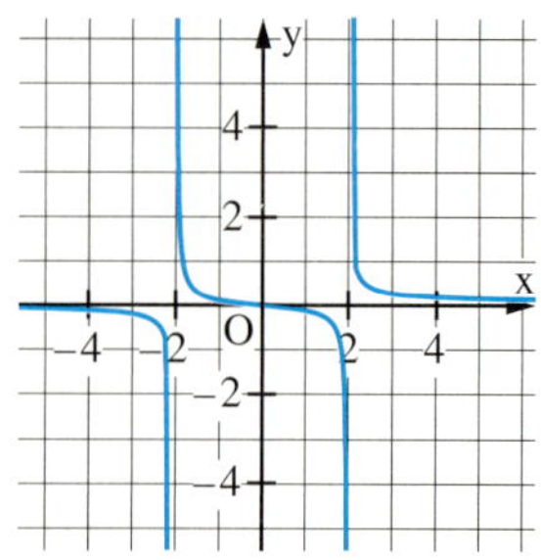


Fig. 3

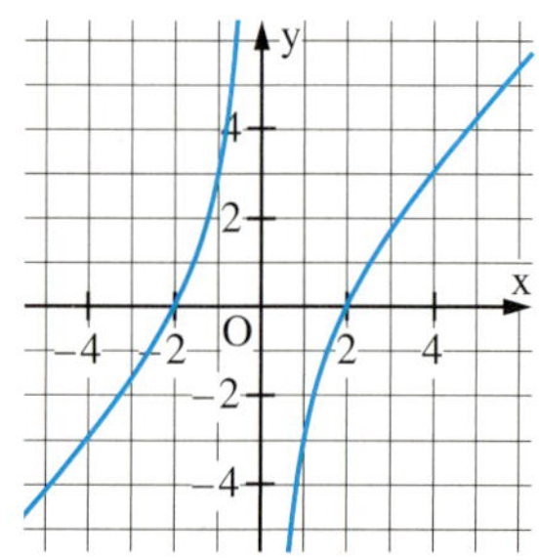


Fig. 4

**10** Führen Sie eine Funktionsuntersuchung mithilfe des GTR durch und bestätigen Sie die Extremwerte durch Rechnung.

a) $f(x) = \frac{x}{x^2-1}$ b) $f(x) = \frac{x^3}{x^2-1}$ c) $f(x) = \frac{x^3}{x^2+6}$ d) $f(x) = \frac{x^4+1}{x^2}$

**11** Für jedes $t > 0$ ist eine Funktion $f_t$ gegeben. Führen Sie eine Funktionsuntersuchung durch. Zeichnen Sie die Graphen für $t = 1;\ 2;\ 3$ in ein gemeinsames Koordinatensystem.

a) $f_t(x) = x + \frac{t}{x}$ b) $f_t(x) = \frac{10x - 10t}{x^2}$ c) $f_t(x) = \frac{6x}{x^2+t^2}$ d) $f_t(x) = \frac{10x}{(x^2+t)^2}$

**12** Welche Funktion f, deren Funktionsterm die Form $f(x) = \frac{a+bx}{x^2}$; $a, b \in \mathbb{R}$ hat, nimmt für $x = 1$ den lokalen Extremwert 2 an? Handelt es sich um ein Maximum oder Minimum?

**13** Gegeben ist die Funktion f mit $f(x) = \frac{x}{x-2}$; $x \in \mathbb{R}\setminus\{2\}$.

a) Skizzieren Sie den Graphen von f.

b) Der Punkt $P(u|v)$ mit $u > 2$ sei ein Punkt auf dem Graphen von f. Die Parallelen zu den Koordinatenachsen durch P bilden zusammen mit den Koordinatenachsen ein Rechteck. Für welchen Wert von u wird sein Inhalt extremal? Bestimmen Sie die Art des Extremums.

**14** Gegeben ist die Funktion f mit $f(x) = \frac{4}{(x-2)^2}$; $x \in \mathbb{R}\setminus\{2\}$.

a) Skizzieren Sie den Graphen von f.

b) Der Graph von f und die Koordinatenachsen begrenzen eine nach links offene Fläche. Untersuchen Sie, ob diese Fläche einen endlichen Inhalt besitzt.

# 6 Amplituden und Perioden von Sinusfunktionen

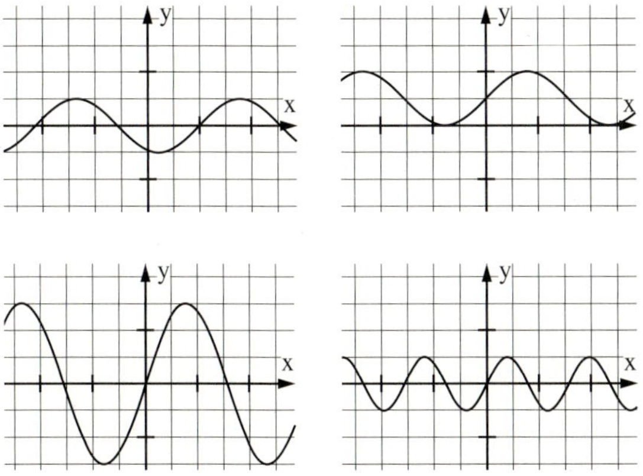

Fig. 1

**1** Zeichnen Sie für verschiedene Werte der Parameter den Graphen von f. Beschreiben Sie, wie man die Sinuskurve abbilden muss, um diese Graphen zu erhalten.

a) $f(x) = a \cdot \sin(x)$ b) $f(x) = \sin(x) + d$

c) $f(x) = \sin(b \cdot x)$ d) $f(x) = \sin(x - c)$.

**2** Gegeben ist die Funktion f mit $f(x) = a \cdot \sin[b(x - c)]$; $a, b, c \in \mathbb{R}$. Setzen Sie für die Parameter solche Zahlen ein, dass sich die Graphen in Fig. 1 ergeben.

Viele periodische Vorgänge lassen sich zwar nicht mit der Sinusfunktion $x \mapsto \sin(x)$, aber durch eine Funktion f mit $f(x) = a \cdot \sin[b(x - c)]$ beschreiben.

Es ist bekannt, dass die Parameter c und d eine Verschiebung des Graphen bewirken (vgl. Seite 161). Im Folgenden wird die Wirkung der Parameter a und b aufgezeigt.

*$|a|$ heißt* ***Amplitude*** *und gibt den Abstand eines Extremums von der x-Achse an.*

**(1) $f(x) = a \cdot \sin(x)$ (Streckung in y-Richtung)**

Der Graph von $f(x) = 3 \cdot \sin(x)$ entsteht aus dem von $g(x) = \sin(x)$ durch Streckung in positiver y-Richtung um den Faktor 3.

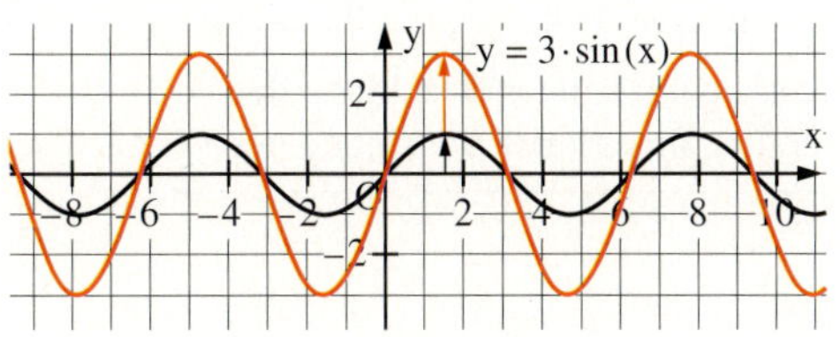


Der Graph von $f(x) = -3 \cdot \sin(x)$ entsteht aus dem von $g(x) = 3 \cdot \sin(x)$ durch Spiegelung an der x-Achse.

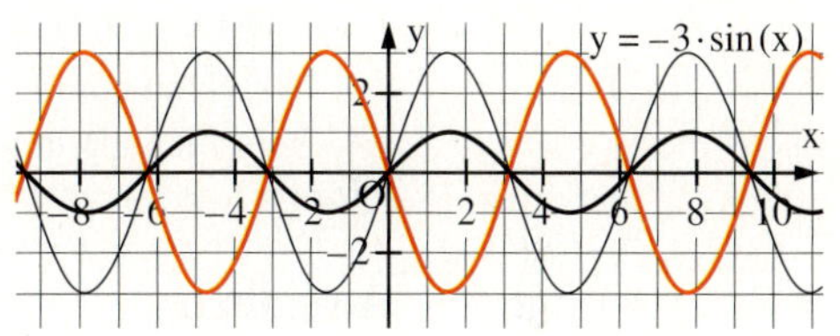


**(2) $f(x) = \sin(b \cdot x)$ (Streckung in x-Richtung)**

Der Graph von $f(x) = \sin(2 \cdot x)$ entsteht aus dem von $g(x) = \sin(x)$ durch Streckung von der y-Achse aus in x-Richtung um den Faktor $\frac{1}{2}$. Damit ist die Periode $\frac{2\pi}{2} = \pi$.

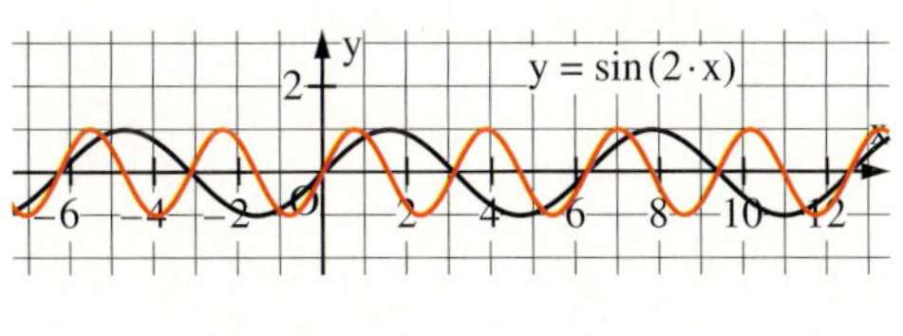


Der Graph von $f(x) = \sin\left(\frac{\pi}{4} \cdot x\right)$ entsteht aus dem von $g(x) = \sin(x)$ durch Streckung von der y-Achse aus in x-Richtung um den Faktor $\frac{\pi}{4}$. Damit ist die Periode $\frac{2\pi}{\frac{\pi}{4}} = 8$.

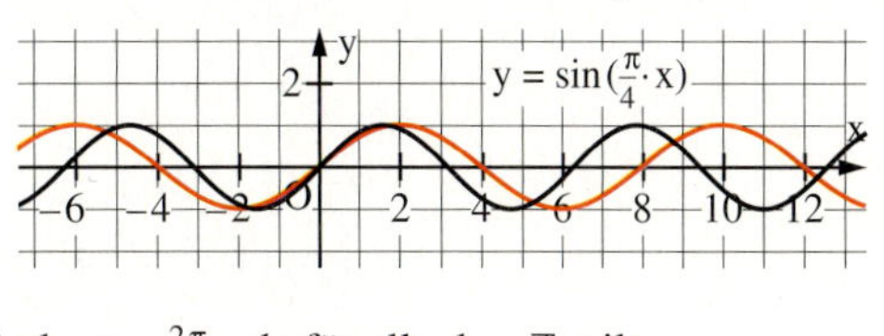


Die Funktion f mit $f(x) = a \cdot \sin(bx)$ hat die Periode $p = \frac{2\pi}{b}$, da für alle $k \in \mathbb{Z}$ gilt:

$f(x + k \cdot p) = a \cdot \sin\left(b\left(x + k \cdot \frac{2\pi}{b}\right)\right) = a \cdot \sin(bx + k \cdot 2\pi) = a \cdot \sin(bx) = f(x)$.

*Den Fall $b < 0$ kann man wegen $\sin(x) = -\sin(-x)$ darauf zurückführen: $\sin(bx) = -\sin((-b) \cdot x)$*

Die Sinusfunktion f mit $f(x) = a \cdot \sin(bx)$ mit $a \neq 0$ und $b > 0$ hat die **Amplitude** $|a|$ und die **Periode** $p = \frac{2\pi}{b}$.

Nimmt man noch die Verschiebungen des Graphen einer Sinusfunktion hinzu, so erhält man einen großen Bereich verschiedener periodischer Funktionen.
Im Folgenden wird an einem Beispiel das schrittweise Erstellen des Graphen einer Funktion f mit $f(x) = a \cdot \sin[b(x - c)] + d$ aufgezeigt.

**Beispiel:** (Schrittweises Zeichnen von Graphen)
Zeichnen Sie mithilfe des Graphen von $g(x) = \sin(x)$ den Graphen der Funktion f mit $f(x) = 3 \cdot \sin(2x) + 1$.
Lösung:
Amplitude ist $a = 3$; die Periode ist $p = \frac{2\pi}{2} = \pi$; Verschiebung um 1 in positiver y-Richtung.

***Beachten Sie:***
*$\sin(2x + 2)$ muss in der Form $\sin(2 \cdot (x + 1))$ geschrieben werden, wenn man die Verschiebung in x-Richtung feststellen möchte.*

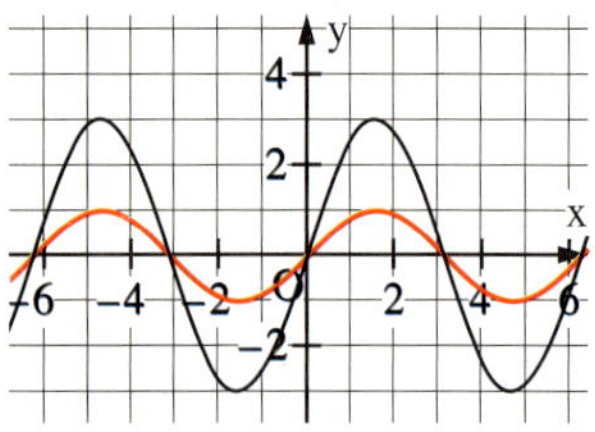

Streckung in y-Richtung um den Faktor 3.

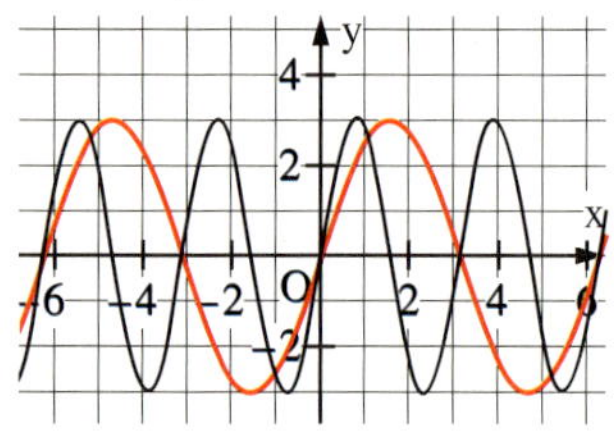

Streckung in x-Richtung um den Faktor $\frac{1}{2}$.

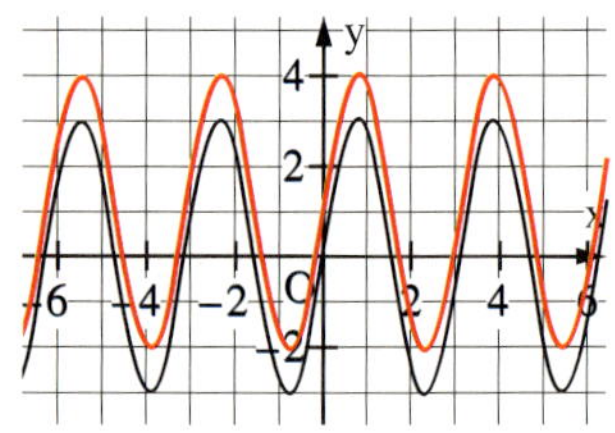

Verschiebung in y-Richtung um 1 Einheit.

*Da $\sin\left(x + \frac{\pi}{2}\right) = \cos(x)$ ist, gelten die Überlegungen auch für die Kosinusfunktion.*

Den Graphen von f mit $f(x) = a \cdot \sin[b(x - c)] + d$ mit $a, b, c, d \in \mathbb{R}$, $b > 0$, kann man aus dem Graphen der Sinusfunktion schrittweise herstellen durch
1. Streckung in y-Richtung um den Faktor $|a|$ und anschließend der Spiegelung an der x-Achse, wenn $a < 0$ ist,
2. Streckung in x-Richtung um den Faktor $\frac{1}{b}$; die Periode ist $p = \frac{2\pi}{b}$,
3. Verschiebung in x-Richtung um c unter Beachtung des Vorzeichens,
4. Verschiebung in y-Richtung um d unter Beachtung des Vorzeichens.

## Aufgaben

**3** Wie könnte man den Graphen K der Funktion f aus dem der Sinusfunktion herstellen? Bestimmen Sie die Periode p der Funktion f und nennen Sie, wenn möglich, für das Intervall [0; p[ die gemeinsamen Punkte des Graphen mit der x-Achse. Skizzieren Sie K.
a) $f(x) = 2 \cdot \sin(x)$ b) $f(x) = \sin(x - \pi)$ c) $f(x) = -2\sin(x) + 1$ d) $f(x) = \sin(1{,}5x) - 3$
e) $f(x) = \sin(2(x - 1))$ f) $f(x) = 3\sin(x + 3)$ g) $f(t) = \sin\left(\frac{\pi}{2} \cdot t\right) - 2$ h) $f(t) = \frac{1}{2}\cos(2\pi t - \pi)$

**4** Geben sie zu jedem Graphen die Periode, die Amplitude und die zugehörige Funktion an.

a)
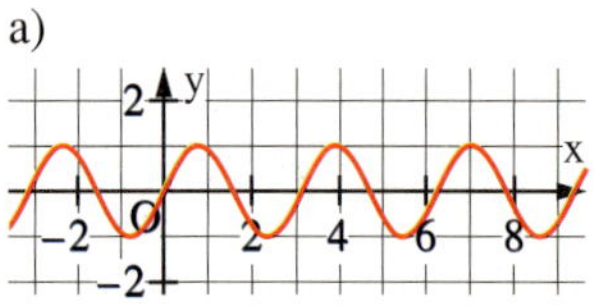


b)
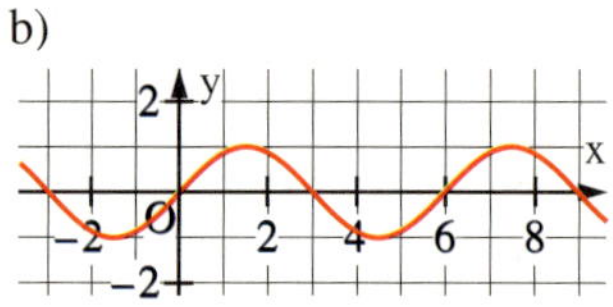


c)
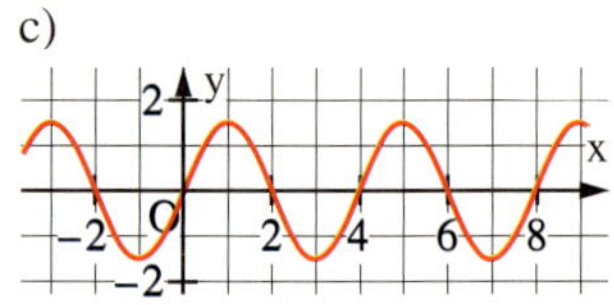


d)
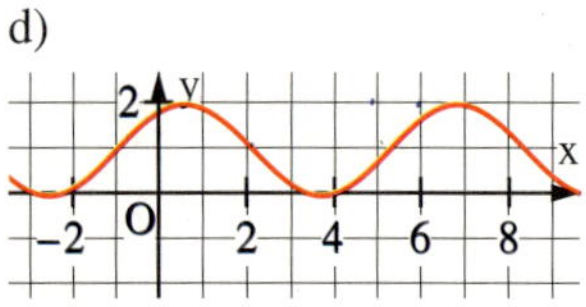


e)
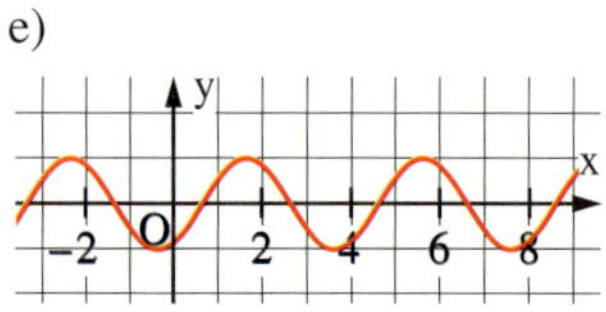


f)
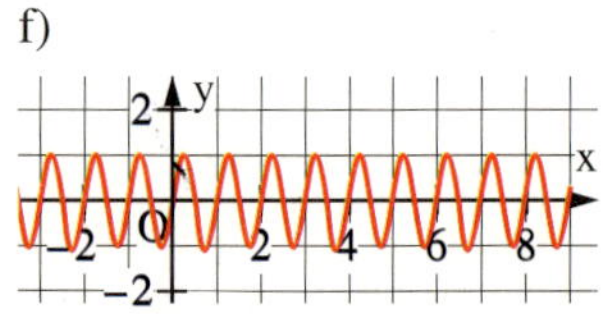

# 7 Funktionsuntersuchungen bei trigonometrischen Funktionen

**1** Gegeben ist die Funktion f mit $f(x) = 3 \cdot \sin\left(\frac{1}{2}x\right)$. Versuchen Sie ohne abzuleiten, die Koordinaten der Extrem- und Wendepunkte anzugeben.

Häufig können bei Sinusfunktionen Funktionsuntersuchungen ohne weitere Hilfsmittel wie Differenzieren oder Integrieren erfolgen. Ihre Graphen entstehen nämlich oft aus dem Graphen der Funktion s mit $s(x) = \sin(x)$ durch Streckung oder Stauchung in x- bzw. y-Richtung und anschließender Verschiebung.

**Beispiel 1:** (Bestimmung besonderer Punkte und Inhalte)
Gegeben ist die Funktion f mit $f(x) = 2 \cdot \sin\left(\frac{\pi}{2} \cdot x\right)$.

a) Skizzieren Sie den Graphen und geben Sie die Periode p an.
b) Geben Sie im Intervall $[0; p[$ die Extrempunkte und Wendepunkte an.
c) Wie groß ist die Fläche, die der Graph mit der x-Achse in $\left[0; \frac{1}{2}p\right[$ einschließt?

Lösung:

a) Fig. 1 zeigt den Graphen $p = \frac{2\pi}{\frac{\pi}{2}} = 4$.

b) Der Graph der Sinusfunktion hat im Periodenintervall $[0; 2\pi[$ den Hochpunkt $H^*\left(\frac{\pi}{2} \middle| 1\right)$ und den Tiefpunkt $T^*\left(\frac{3\pi}{2} \middle| -1\right)$.

*Streckfaktor in y-Richtung ist 2,*
*Streckfaktor in x-Richtung ist $\frac{2}{\pi}$.*

Damit hat der Graph von f den Hochpunkt $H\left(\frac{\pi}{2} \cdot \frac{4}{2\pi} \middle| 1 \cdot 2\right) = H(1|2)$ und den Tiefpunkt $T\left(\frac{3\pi}{2} \cdot \frac{2}{\pi} \middle| -1 \cdot 2\right) = T(3|-2)$.
Der Graph der Sinusfunktion hat in $[0; 2\pi[$ die Wendepunkte $W_1^*(0|0)$ und $W_2^*(\pi|0)$.
Damit hat der Graph von f die Wendepunkte $W_1\left(0 \cdot \frac{2}{\pi} \middle| 0 \cdot 2\right) = W_1(0|0)$ und $W_2\left(\pi \cdot \frac{2}{\pi} \middle| 0 \cdot 2\right) = W_2(2|0)$.

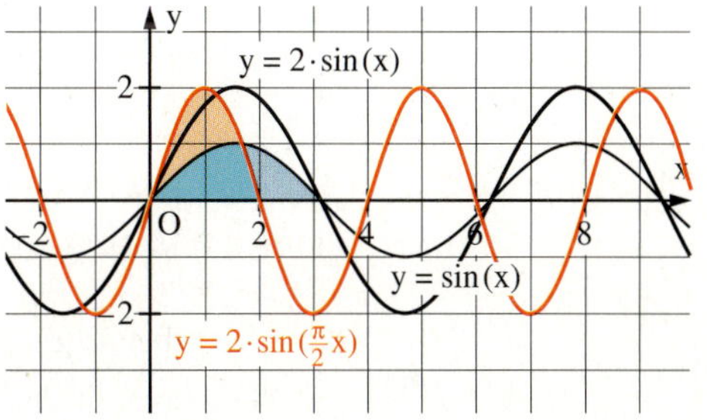

Fig. 1

*Man kann auch mit der Ableitung arbeiten, muss dann aber viel mehr rechnen!*

c) Für die Fläche unter dem Graphen der Sinusfunktion gilt: $A = \int_0^{\pi} \sin(x)\,dx = [-\cos(x)]_0^{\pi} = 2$.

Damit beträgt der Inhalt der Fläche für den Graphen von f: $2 \cdot 2 \cdot \frac{2}{\pi} = \frac{8}{\pi} \approx 2{,}55$.
Man kann den Inhalt auch mithilfe des Integrals bestimmen:
$$A = \int_0^2 2\sin\left(\frac{\pi}{2} \cdot x\right)dx = \left[-\frac{4}{\pi}\cos\left(\frac{\pi}{2} \cdot x\right)\right]_0^2 = -\frac{4}{\pi}\cos(\pi) = \left(-\frac{4}{\pi}\cos(0)\right) = -\left(-\frac{4}{\pi}\right) + \frac{4}{\pi} = \frac{8}{\pi}.$$

***Bemerkung:***
*Die Fläche vom Inhalt 2 wird mit dem Faktor 2 in y-Richtung und mit dem Faktor $\frac{2}{\pi}$ in x-Richtung gestreckt bzw. gestaucht.*

**Beispiel 2:** (Anwendung)
Der Temperaturverlauf an einem warmen Sommertag kann näherungsweise durch die Funktion T mit $T(x) = 8 \cdot \sin\left(\frac{\pi}{12}(x - 10)\right) + 18$, x in h, T in °C, beschrieben werden. Dabei entspricht $x = 0$ der Tageszeit 0.00 Uhr.

a) Welche Temperaturen zeigte das Thermometer um 10.00 Uhr und um 16.00 Uhr an?
b) Wurde an diesem Tag eine Temperatur von 28 °C erreicht?
c) Wie groß war der Temperaturunterschied zwischen Tag und Nacht?
d) Wann begann die Temperatur zu fallen und wie lange geschah dies?
e) Zeichnen Sie mit dem GTR den Graphen von T und die „verschobene Achse“ und kontrollieren Sie Ihre Ergebnisse.

Lösung:
a) $T(10) = 8 \cdot \sin\left(\frac{\pi}{12}(10 - 10)\right) + 18 = 8 \cdot \sin(0) + 18 = 18$; $T(16) = 8 \cdot \sin\left(\frac{\pi}{12}(16 - 10)\right) + 18 = 8 \cdot \sin\left(\frac{\pi}{2}\right) + 18 = 8 + 18 = 26$, also Temperaturen um 10.00 Uhr 18 °C, um 16.00 Uhr 26 °C.
b) 28 °C wurden nicht erreicht, da die Amplitude 8 ist und die Achse bei $y = 18$ liegt. Die maximale Temperatur liegt damit bei 26 °C.

*In der Physik werden Temperaturdifferenzen in Kelvin angegeben.*

c) Da die Amplitude 8 ist, ist die maximale Temperaturdifferenz 16 °Kelvin.
d) Die Temperatur begann nach dem Maximum um 16.00 Uhr zu fallen. Da die Periode $\frac{2\pi}{\frac{\pi}{12}} = 24$ ist, geschah dies 12 Stunden lang, also bis 4.00 Uhr.
e) Graph mit dem GTR (Fig. 1)

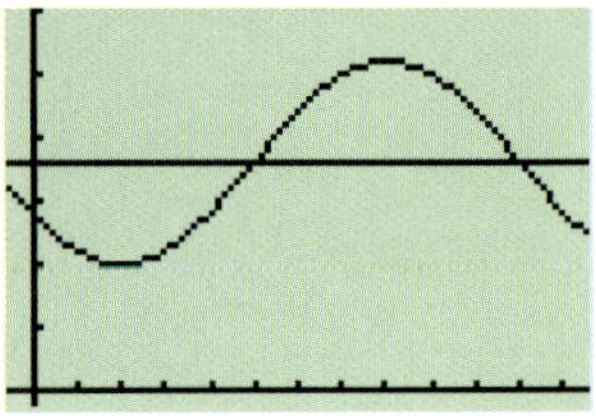

Xscl = 2; Yscl = 5 Fig. 1

## Aufgaben

**2** Geben Sie eine Sinusfunktion an mit der Eigenschaft
a) Periode $p = 1$; Amplitude $a = 4$ b) Periode $100 \cdot \pi$; Amplitude $a = 0{,}8$

*Überprüfen Sie Ihre Ergebnisse mit dem GTR.*

**3** Bestimmen Sie die Periode p der Funktion f und geben Sie für das Intervall $[0; p[$ die gemeinsamen Punkte mit der x-Achse sowie die Extrem- und Wendepunkte an.
a) $f(x) = \sin(x - 1)$ b) $f(x) = 10 \cdot \sin(x)$ c) $f(x) = \sin(5 \cdot x)$ d) $f(x) = \sin(3(x + 1))$
e) $f(x) = 3\sin(x + 3)$ f) $f(t) = \sin(\pi t) - 2$ g) $f(t) = \frac{1}{2}\cos(2\pi t)$ h) $f(t) = \cos\left(\frac{\pi}{2}t\right) + 1$

**4** Bestimmen Sie $f'(x)$ und geben Sie eine Stammfunktion von f an.
a) $f(x) = \sin(x) + \cos(x)$ b) $f(x) = -\cos(2x)$ c) $f(x) = 16\sin\left(\frac{\pi}{8} \cdot x\right)$ d) $f(x) = \sin\left(\frac{\pi}{2}(x - 2)\right)$

**5** Gegeben ist die Funktion f mit $f(x) = 3 \cdot \sin\left(\frac{\pi}{3}x\right)$.
a) Skizzieren Sie den Graphen und geben Sie die Periode p an.
b) Geben Sie im Intervall $[0; p[$ die Extremwerte und Wendepunkte an.
c) Wie groß ist die Fläche, die der Graph mit der x-Achse in $\left[0; \frac{1}{2}p\right[$ einschließt?

**6** Wie groß ist die Fläche, die der Graph von f mit der x-Achse in $\left[0; \frac{1}{2}p\right[$ einschließt?
a) $f(x) = \sin(4x)$ b) $f(x) = 5 \cdot \sin(0{,}8 \cdot x)$ c) $f(x) = 0{,}5 \cdot \sin\left(\frac{3\pi}{4} \cdot x\right)$ d) $f(x) = \sin(100x)$

**7** Gegeben ist die Funktion f mit $f(x) = \sin(1{,}5 \cdot x)$
a) Geben Sie eine Gerade an, die den Graphen von f im Ursprung möglichst gut annähert.
b) Berechnen Sie den Inhalt der Fläche, den der Graph über $\left[0; \frac{p}{4}\right]$ mit der x-Achse einschließt.

**8** Die Funktion f (vgl. Panorama-Aufnahme) ordnet der Zeitdauer t (in Std.) nach Mitternacht die Sonnenhöhe bezüglich der eingetragenen Achse auf den Bildern (in mm) zu. Die Funktion f lässt sich durch $f(t) = a \cdot \sin[b(t - c)]$ mit $-2 \leqq t \leqq 13$ beschreiben.
a) Begründen Sie, dass der Ansatz $f(t) = 10 \cdot \sin[b(t - c)]$ sinnvoll ist.
b) Ermitteln Sie b und c.

# 8 Vermischte Aufgaben

**1** Leiten Sie auf zwei Arten ab und geben Sie die Definitionsmenge an.

a) $f(x) = \frac{x+1}{x}$ b) $f(x) = \frac{x^2+x}{x^3}$ c) $f(x) = \frac{\sin(x)}{x}$ d) $f(x) = \frac{\cos(x)}{1-x}$

**2** Ist die Funktion f richtig abgeleitet?

a) $f(x) = \frac{x^2-4}{x}$; $f'(x) = \frac{4}{x^2} + 1$ b) $f(x) = \frac{x^2+x}{x-4}$; $f'(x) = \frac{x^2-8x+4}{(x-4)^2}$

c) $f(x) = \frac{x^3}{4} - \frac{2}{x}$; $f'(x) = \frac{6x^4+8}{4x^2}$ d) $f(x) = \frac{\sin(x)+x}{\sin(x)}$; $f'(x) = \frac{\sin(x)+x\cdot\cos(x)}{(\sin(x))^2}$

**3** Leiten Sie zweimal ab.

a) $f(x) = 4\cos(x)$ b) $f(x) = \sin\left(\frac{2}{3}x\right)$ c) $f(x) = \cos(-2x)$

d) $f(x) = \sin\left(x - \frac{\pi}{4}\right)$ e) $f(x) = 2\cos(1-x)$ f) $f(x) = 3\cos\left(\frac{\pi}{2} - 4x\right)$

g) $f(x) = \sin(x) - \cos(x)$ h) $f(x) = (\sin(x))^2$ i) $f(x) = (\cos(2x))^2$

**4** Bestimmen Sie eine Stammfunktion von f.

a) $f(x) = \sin(2x)$ b) $f(x) = \sin\left(x - \frac{\pi}{2}\right)$ c) $f(x) = \sin(3(x-1))$

d) $f(x) = \cos(2x) + 1$ e) $f(x) = x + \frac{1}{x^2}$ f) $f(x) = \frac{x^4+1}{x}$

g) $f(x) = \frac{x^6+2x^5+4}{x^6}$ h) $f(x) = 10\cdot\frac{x^4-1}{x^3}$ i) $f(x) = 2x + \sin(x)$

**5** Geben Sie die Definitionsmenge an. Untersuchen Sie den Graphen von f auf Symmetrie, Schnittpunkte mit den Achsen sowie auf Asymptoten. Skizzieren Sie den Graphen von f.

a) $f(x) = \frac{x+3}{x-2}$ b) $f(x) = \frac{10}{x^2+1}$ c) $f(x) = \frac{x^2-4}{x^2}$ d) $f(x) = \frac{(x-1)(x-2)}{x-3}$

**6** Führen Sie eine vollständige Funktionsuntersuchung durch.

a) $f(x) = \frac{x-1}{x+1}$ b) $f(x) = \frac{2-x}{x^2}$ c) $f(x) = x + \frac{1}{x-1}$ d) $f(x) = \frac{x+1}{(x-1)^2}$

**7** Bestimmen Sie die Periode p der Funktion f und geben Sie im Intervall $[0; p]$ die wichtigsten Daten des zugehörigen Graphen an. Skizzieren Sie den Graphen.

a) $f(x) = \sin(x-1) + 1$ b) $f(x) = -\sin(2{,}5\cdot x)$ c) $f(x) = \sin(\pi x) + 2$

d) $f(t) = 3\cdot\sin(0{,}5\cdot t)$ e) $f(t) = \sin(2\cdot t) + 3$ f) $f(x) = a\cdot\sin(bx)$

**8** Geben Sie möglichst viele Eigenschaften an, welche die Funktionen gemeinsam haben. Worin bestehen die wesentlichen Unterschiede zwischen diesen Funktionen?

a) $f(x) = \frac{1}{x+1}$; $g(x) = \frac{2}{x+1}$; $h(x) = \frac{3}{x+1}$ b) $f(x) = \frac{1}{x-1}$; $g(x) = \frac{x}{x-1}$; $h(x) = \frac{x^2}{x-1}$

c) $f(x) = \frac{1}{x-1}$; $g(x) = \frac{1}{(x-1)^2}$; $h(x) = \frac{1}{x^2-1}$ d) $f(x) = \frac{x+1}{x}$; $g(x) = \frac{x+1}{x^2}$; $h(x) = \frac{x+1}{x^3}$

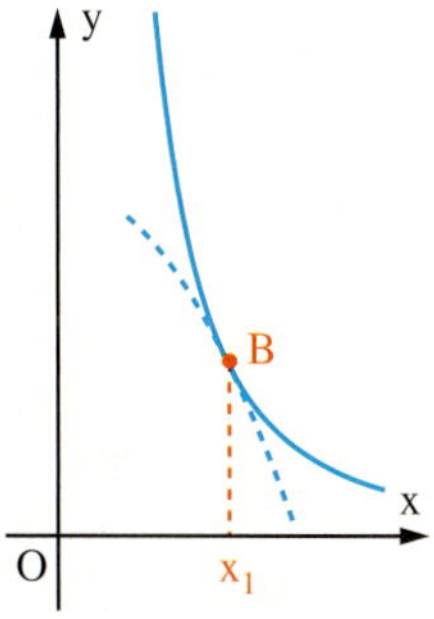


*Welche Bedingungen müssen zwei Funktionen erfüllen, damit sich die Graphen dieser Funktionen an einer Stelle $x_1$ berühren?*

**9** Gegeben ist die Funktion f mit $f(x) = \frac{4}{x^2}$.

a) Untersuchen Sie den Graphen von f auf Symmetrie. Geben Sie die Gleichungen der Asymptoten an. Zeichnen Sie den Graphen von f.

b) Berechnen Sie a und b so, dass der Graph der Funktion g mit $g(x) = ax^2 + b$ den Graphen von f an der Stelle $x_1 = 2$ berührt.

c) Wie lautet die Gleichung der Tangente t an den Graphen von f im Punkt $P(2|1)$?

d) Die Tangente t aus c) schneidet den Graphen von f in einem weiteren Punkt Q. Ermitteln Sie die Koordinaten von Q.

**10** Gegeben ist die Funktion f mit $f(x) = \frac{2}{x^2+1}$. Ihr Graph sei K.

a) Nennen Sie wichtige Eigenschaften von K. Skizzieren Sie K.

b) Wie lautet die Gleichung der Tangente an den Graphen von f im Punkt $B(-1|1)$?

c) Der Punkt $Q(u|v)$ auf dem Graphen von f und der Punkt $P(u|0)$ sind Ecken eines zur y-Achse symmetrischen Rechtecks. Bei welchen Werten für u ist der Flächeninhalt des Rechtecks ein Extremwert? Um welche Art von Extremwert handelt es sich?

**11** Bei periodischen Funktionen mit der Periode p gilt: $f(x+p) = f(x)$. Bestimmen Sie die Periode von f und berechnen Sie f(122).

a)

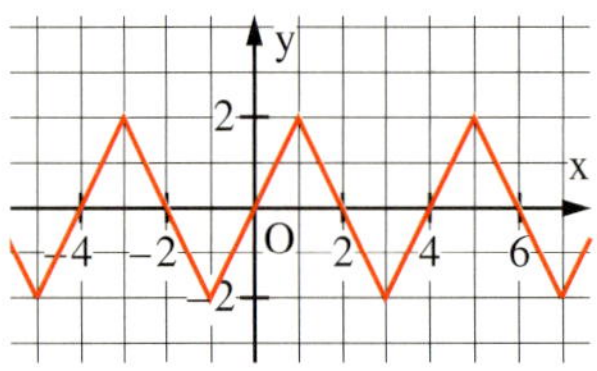

b)

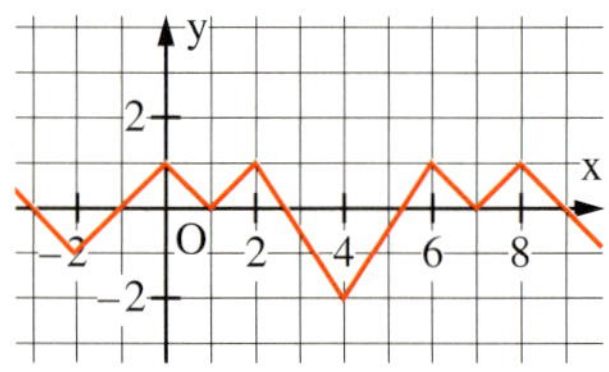

c)

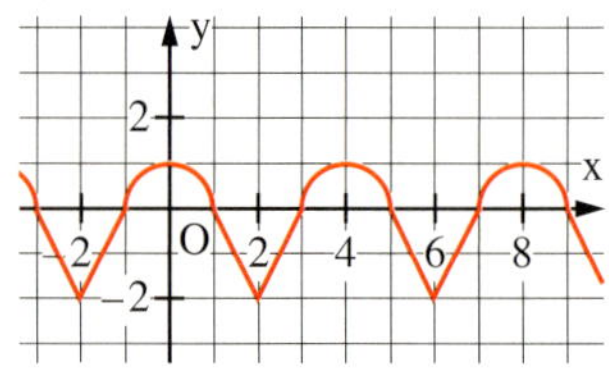

**12** Gegeben ist die Funktion f mit $f(x) = \frac{x^3+1}{x^2}$; $D_f = \mathbb{R}\setminus\{0\}$.

a) Erstellen Sie mit dem GTR den Graphen von f und beschreiben Sie diesen.

b) Geben Sie eine Funktion g an, durch deren Graph man f für große $|x|$ ersetzen kann. Berechnen Sie die Differenz zwischen den Ordinaten von f und g für $x_0 = 10$; 100; 1000.

c) Berechnen Sie den Inhalt $A_k$ der Fläche zwischen f und g über dem Intervall $[1; k]$ mit $k > 1$. Existiert der Grenzwert $\lim\limits_{k\to\infty} A_k$? Deuten Sie das Ergebnis geometrisch.

**13** Gegeben ist die Funktion f mit $f(x) = \frac{x^2-1}{x}$; $D_f = \mathbb{R}\setminus\{0\}$.

a) Skizzieren Sie den Graphen von f.

b) Die Funktion f nähert sich für große $|x|$ einer Geraden an. Geben Sie ihre Gleichung an.

c) Die Graphen von f und g sowie die x-Achse schließen im ersten Quadranten über dem Intervall $[0; k]$ mit $k > 1$ eine Fläche ein. Berechnen Sie deren Inhalt. Existiert der Grenzwert $\lim\limits_{k\to\infty} A_k$? Deuten Sie das Ergebnis geometrisch.

**14** Wahr oder falsch? Begründen Sie.

a) Ist f eine periodische Funktion, so ist auch $c \cdot f$ mit $c \in \mathbb{R}$ eine periodische Funktion.

b) Ist f mit $x \mapsto f(x)$ eine periodische Funktion, so ist auch $x \cdot f$ eine periodische Funktion.

c) Ist f eine periodische Funktion, so ist auch $\frac{1}{f}$ eine periodische Funktion.

d) Hat f mit $x \mapsto f(x)$ an der Stelle $x_0$ einen Extremwert, so ist dies auch für $\frac{1}{f}$ der Fall.

e) Hat f mit $x \mapsto f(x)$ an der Stelle $x_0$ eine Wendestelle mit waagerechter Tangente, so ist dies auch für $\frac{1}{f}$ der Fall.

**15** Die Temperaturschwankungen in Grad Celsius innerhalb eines Tages können durch die Funktion T mit $T(x) = 5{,}2 \cdot \sin\left(\frac{1}{12}\pi \cdot x\right)$; x in Stunden, beschrieben werden. Dabei entspricht der x-Wert 0 der Tageszeit 08.00 Uhr.

a) Welche Temperatur herrschte um 14 Uhr? Zu welchen Uhrzeiten lag die Temperatur etwa −2 °C und wann gab es Frost?

b) Zu welchen Zeiten stieg die Temperatur am stärksten?

c) Geben Sie die Durchschnittstemperatur für diesen Tag an. Begründen Sie Ihre Antwort.

d) Um das Umrechnen der Uhrzeiten zu vermeiden, kann man den Graphen verschieben. Wie lautet nach dieser Verschiebung die Funktionsgleichung?

**16** a) Ein Maschendrahtzaun hat eine Länge von insgesamt 40 m. Es soll damit ein möglichst großes rechteckiges Grundstück eingezäunt werden. Wie lang sind die Seiten und der Inhalt des Rechtecks? Um was für ein Rechteck handelt es sich dabei?
b) Wie groß ist der Inhalt der Fläche, wenn man den 40 m langen Zaun für eine kreisförmige Fläche verwenden würde?
c) Um wie viel Prozent gegenüber der Rechtecksfläche ist die Kreisfläche größer bzw. kleiner?

**17** Die Funktion d mit $d(t) = \frac{62 - 2t}{t + 1}$; $t \geqq 1$, beschreibt näherungsweise den Abfall der Schüttung einer Dachrinne nach einem Regenguss $\left(t \text{ in min; } d \text{ in } \frac{\text{Liter}}{\text{min}}\right)$.
Zeigen Sie, dass $d(t) = \frac{64}{t + 1} - 2$ ist und berechnen Sie die gesamte abgeflossene Wassermenge.

**18** Welchen Funktionsklassen könnten die folgenden Graphen zugeordnet werden? Begründen Sie Ihre Antwort.

a)
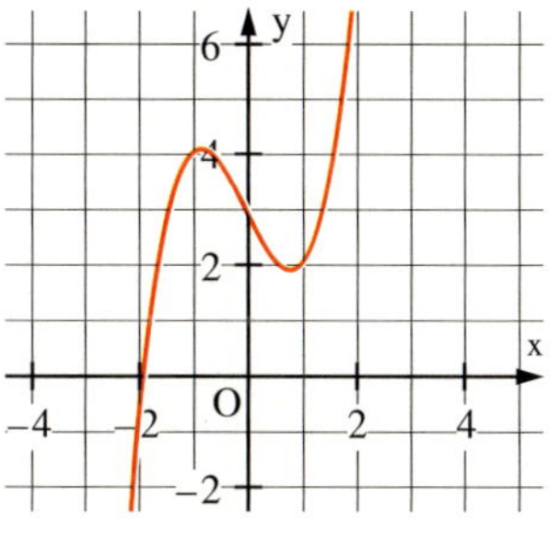


b)
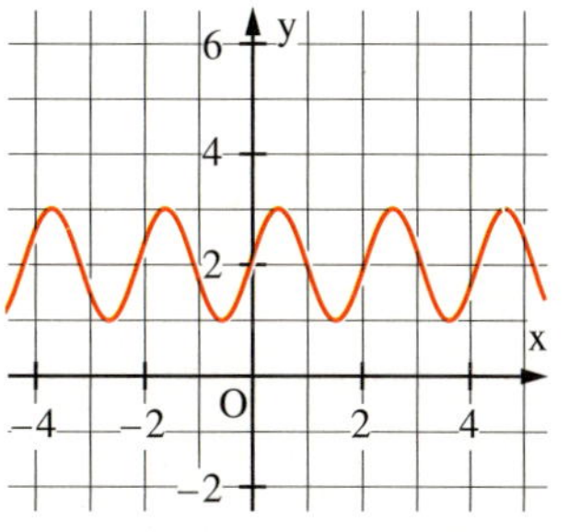


c)
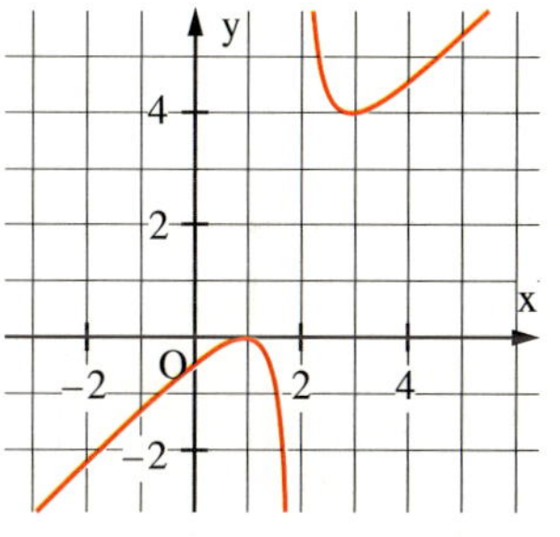


d)
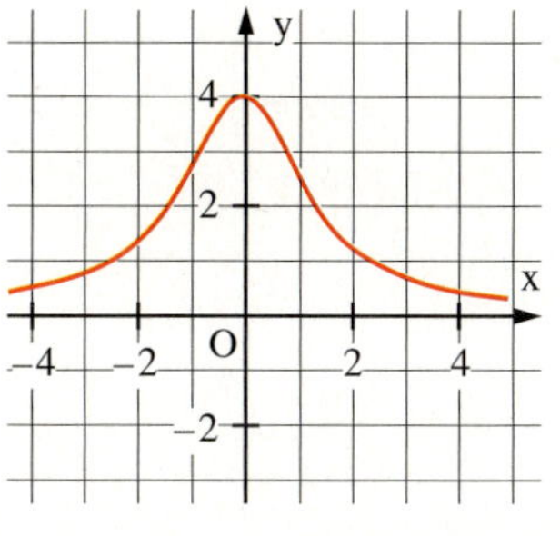


e)
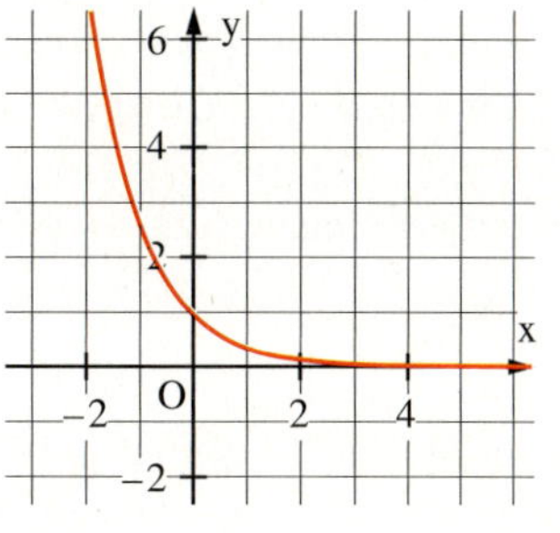


f)
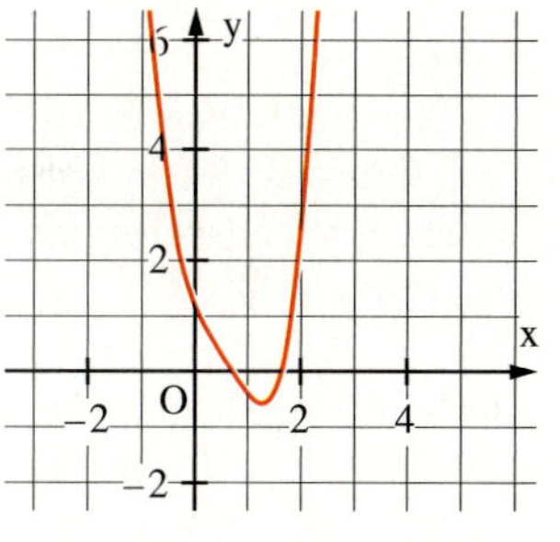


**19** Die Kurven a) bis f) sind die Graphen dreier Sinusfunktionen und ihrer Ableitungsfunktionen. Ordnen Sie die Graphen einander zu.

a)
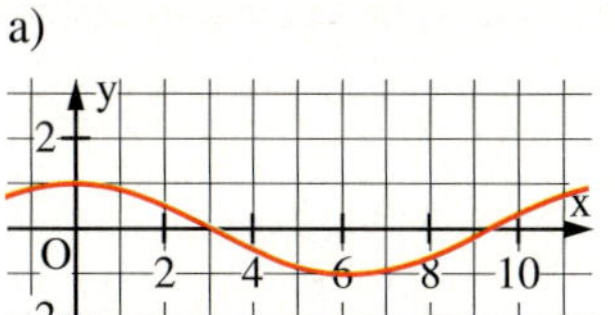


b)
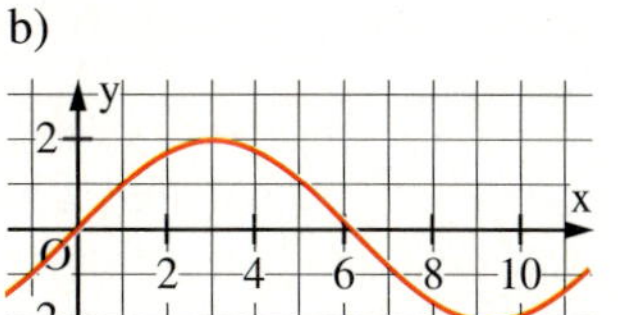


c)
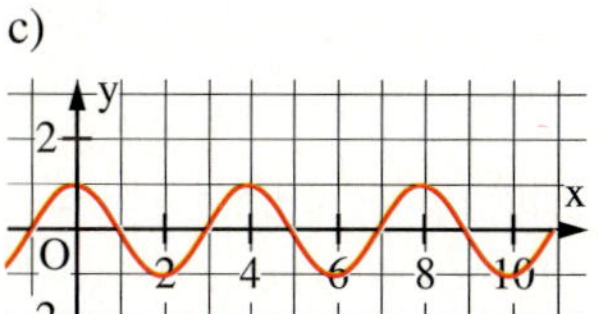


d)
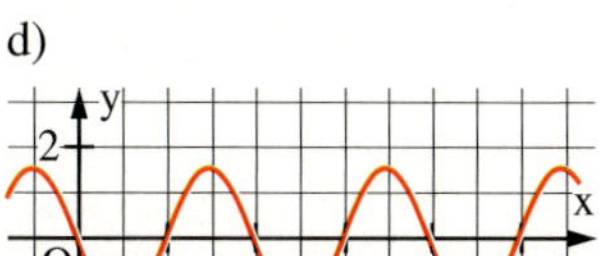


e)
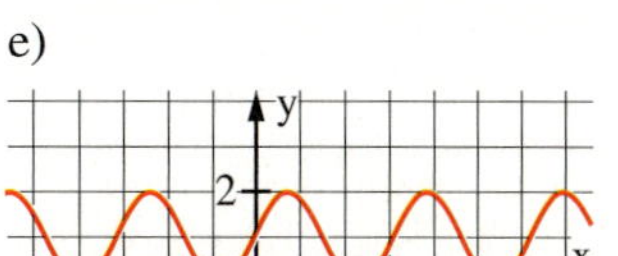


f)
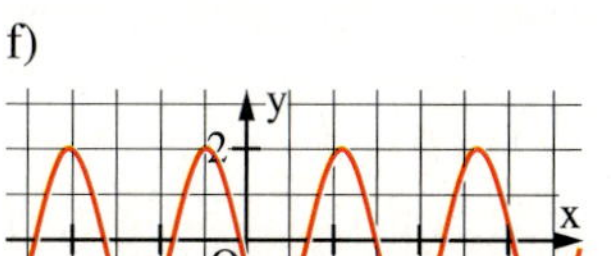

**Verschiebung von Graphen**
Wird der Graph der Funktion f verschoben
um b in y-Richtung,
so lautet die zugehörige Funktion $g(x) = f(x) + b$,
um a in x-Richtung
so lautet die zugehörige Funktion $h(x) = f(x - a)$,
um a in x- und um b in y-Richtung
so lautet die zugehörige Funktion $k(x) = f(x - a) + b$.

*Beispiel: Graph von $f(x) = \sin(x)$ verschoben um 2 nach oben und um 3 nach links:*
$k(x) = \sin(x + 3) + 2$
*Umgekehrt ist der Graph von*
$g(x) = \frac{1}{(x-1)^3} - 2$
*identisch mit dem um 1 nach rechts und um 2 nach unten verschobenen Graphen von $f(x) = \frac{1}{x^3}$.*

**Gebrochenrationale Funktionen**
Eine Funktion f der Form $f(x) = \frac{p(x)}{q(x)}$, wobei p(x) und q(x) Polynome sind und der Bruch vollständig gekürzt ist, gehört zur Klasse der gebrochenrationalen Funktionen.
Ihre Definitionsmenge ist $D = \mathbb{R} \setminus \{x \mid q(x) = 0\}$.

$f(x) = \frac{x}{x+2}$: $D_f = \mathbb{R} \setminus \{-2\}$.
$g(x) = \frac{x-1}{(x-4)^2}$: $D_g = \mathbb{R} \setminus \{4\}$.

**Verhalten in der Umgebung einer Definitionslücke**
Besitzt die gebrochenrationale Funktion f mit vollständig gekürztem Funktionsterm $f(x) = \frac{p(x)}{q(x)}$ eine Stelle $x_0$ mit $q(x_0) = 0$, so nennt man $x_0$ eine **Polstelle** von f.
Die Gerade mit der Gleichung $x = x_0$ heißt **senkrechte Asymptote** des Graphen von f.

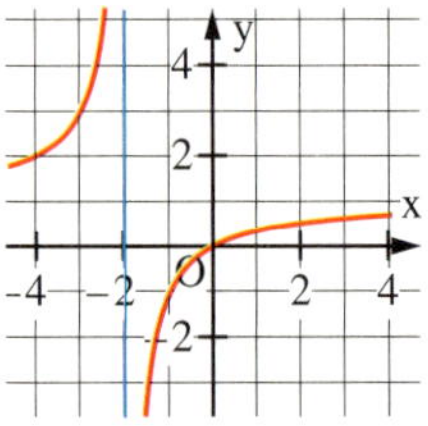


*Polstelle der Funktion $f(x) = \frac{x}{x+2}$ ist $x_0 = -2$; es liegt ein VZW vor, da $f(x) > 0$ ist für $x < -2$ und $f(x) < 0$ für $x > -2$. Senkrechte Asymptote ist $x = -2$.*

**Verhalten einer gebrochenrationalen Funktion für $|x| \to \infty$**
Ist Zählergrad < Nennergrad, so ist die x-Achse waagerechte Asymptote,
ist Zählergrad = Nennergrad, so ist die Gerade mit der Gleichung $y = c$ waagerechte Asymptote,
ist Zählergrad > Nennergrad, so strebt der Graph gegen $+\infty$ oder gegen $-\infty$.

| *Funktion* | *Asymptote* |
|---|---|
| $f(x) = \frac{1}{x-2}$ | $y = 0$ |
| $g(x) = \frac{3x}{4x-2}$ | $y = \frac{3}{4}$ |
| $h(x) = \frac{x^2+4}{x-5}$ | ? |

**Quotientenregel**
Ist $f = \frac{u}{v}$ $(v(x) \neq 0)$ ein Quotient zweier Funktionen, so gilt:
$$f'(x) = \frac{u'(x) \cdot v(x) - u(x) \cdot v'(x)}{v^2(x)}.$$

$f(x) = \frac{3x}{2-x^2}$
$u(x) = 3x$;   $u'(x) = 3$
$v(x) = 2 - x^2$;   $v'(x) = -2x$
$f'(x) = \frac{3(2-x^2) - 3x(-2x)}{(2-x^2)^2} = \frac{6+3x^2}{(2-x^2)^2}$

**Ableitung der trigonometrischen Funktionen**
$f(x) = \sin(x)$;  $f'(x) = \cos(x)$
$f(x) = \cos(x)$;  $f'(x) = -\sin(x)$

$f(x) = \sin(x) + \cos(x)$;
$f'(x) = \cos(x) - \sin(x)$

**Funktionen f mit $f(x) = a \cdot \sin[b(x - c)] + d$, $a > 0$ und $b > 0$**
Die Periode p von f ist $p = \frac{2\pi}{b}$; Amplitude ist a.
Es gilt:
Den Graphen von f kann man aus dem Graphen der Sinusfunktion schrittweise herstellen durch:
- Streckung in y-Richtung mit dem Faktor a
- Streckung in x-Richtung mit dem Faktor $\frac{1}{b}$
- Verschiebung in x-Richtung um c
- Verschiebung in y-Richtung um d

*Beispiele:*
*a) f mit $f(x) = 5 \cdot \sin(x + 3)$; Periode ist $2\pi$.*
- *Streckung in y-Richtung mit dem Faktor 5*
- *Verschiebung in x-Richtung um −3*

*b) g mit $g(x) = \sin(2x) + 3$; Periode ist $\pi$.*
- *Streckung in x-Richtung um den Faktor $\frac{1}{2}$*
- *Verschiebung in y-Richtung um +3*

**1** Wahr oder falsch? Begründen Sie Ihre Antwort.
a) Der Graph einer ganzrationalen Funktion besitzt keine senkrechten Asymptoten.
b) Jede allgemeine Sinusfunktion hat stets unendlich viele Nullstellen.

**2** Begründen Sie, warum es keine gebrochenrationale Funktion mit unendlich vielen Nullstellen gibt.

**3** Geben Sie eine gebrochenrationale Funktion an, die Sie nicht nur mit der Quotientenregel ableiten können.

**4** Gegeben ist die Funktion f mit $f(x) = \frac{1}{x+2} + 2$; $D_f = \mathbb{R} \setminus \{-2\}$.
Geben Sie alle Asymptoten des Graphen von f an und begründen Sie Ihre Antwort.

**5** Entscheiden Sie rechnerisch, ob die Funktion f mit $f(x) = \frac{x-1}{x} - 1$ eine Nullstelle besitzt.

**6** Gegeben sind die Funktionen $f(x) = 2 \cdot \sin(x)$ und $g(x) = 1$. Skizzieren Sie die Graphen von f und g und deuten Sie das Integral $\int_{\frac{1}{6}\pi}^{\frac{5}{6}\pi} (2\sin(x) - 1)\,dx$ geometrisch.

**7** Die Funktion d mit $d(t) = \frac{62-2t}{t+1}$, $t \geqq 1$, beschreibt näherungsweise den Abfall der Schüttung einer Dachrinne nach einem Regenguss $\left(t \text{ in min; } d \text{ in } \frac{\text{Liter}}{\text{min}}\right)$.
Wie groß ist die anfängliche Schüttung? Wann kommt kein Wasser mehr?

**8** Gegeben sind die Funktionen f und g mit $f(x) = -x$ und $g(x) = e^x$. Daraus wird die Funktion h mit $h(x) = f(x) + g(x)$ gebildet. Skizzieren Sie mithilfe der Ordinatenaddition aus den Graphen von f und g den Graphen der Funktion h.

**9** Zeigen Sie, dass die Funktion g mit $g(x) = e^x - x$ genau einen relativen Extremwert besitzt.

**10** Wo ist die Funktion q mit $q(x) = \frac{x - e^x}{x}$ nicht definiert? Besitzt sie eine Nullstelle?

**11** Gegeben ist die Funktion $f_a$ mit $f_a(x) = a \cdot \sin(\pi x)$ im Periodenintervall $[0; p]$.
Bestimmen Sie die Periode p von $f_a$ und skizzieren Sie den Graphen der Funktion $f_2$.

**12** Geben Sie die Extrem- und Wendepunkte des Graphen von $f_5$ mit $f_5(x) = 5 \cdot \sin(\pi x)$ im Periodenintervall $[0; p]$ an.

**13** Gegeben ist die Funktion $f_b$ mit $f_b(x) = 2 \cdot \sin(bx)$. Geben Sie die Periode p an.
Bestimmen Sie anschließend b so, dass die Fläche, die der Graph von $f_b$ über $\left[0; \frac{1}{2}p\right]$ mit der x-Achse einschließt, gleich ist dem Inhalt der Fläche, die die Sinusfunktion s mit $s(x) = \sin(x)$ über $[0; \pi]$ mit der x-Achse bildet.

**14** Gegeben sind die Funktionen f mit $f(x) = \frac{2}{x+1}$ und g mit $g(x) = -\frac{2x}{x-1}$.
Geben Sie jeweils die maximale Definitionsmenge und alle Asymptoten an.

**15** Leiten Sie die beiden Funktionen f und g mit $f(x) = \frac{2}{x+1}$ und $g(x) = \frac{-2x}{x+1}$ ab und vergleichen Sie die Ableitungen. Welchen Schluss ziehen Sie daraus für die Funktionen f und g?

# 1 Hebbare Lücken, schiefe Asymptoten, Näherungsfunktionen

**1** Wodurch unterscheiden sich die Funktionen f und g und ihre Graphen?

a) $f(x) = 3$ und $g(x) = \frac{3(x-2)}{x-2}$  b) $f(x) = x^2$ und $g(x) = \frac{x^2(x+2)}{x+2}$

**2** Betrachten Sie den Graphen der Funktion f mit $f(x) = \frac{x^2+1}{x-1}$.

a) Zeigen Sie, dass f(x) mit $g(x) = x + 1 + \frac{2}{x-1}$ identisch ist.

b) Wie kann man von der Darstellung $\frac{x^2+1}{x-1}$ zu der Darstellung $x + 1 + \frac{2}{x-1}$ gelangen?

In Kapitel V wurden nur gebrochenrationale Funktionen betrachtet, deren Term vollständig gekürzt war. Jetzt werden auch andere gebrochenrationale Funktionen untersucht.

*Wie sieht der Term einer gebrochenrationalen Funktion f aus, die in $D_f = \mathbb{R}\setminus\{1; 2\}$ mit der Funktion g mit $g(x) = 1$ übereinstimmt und in 1 und 2 hebbare Definitionslücken hat?*

Die Funktionen f mit $f(x) = \frac{(x-2)^2}{x-2}$, g mit $g(x) = \frac{x-2}{x-2}$ und h mit $h(x) = \frac{x-2}{(x-2)^2}$ haben jeweils die Definitionsmenge $D_f = \mathbb{R}\setminus\{2\}$. Kürzt man die Funktionsterme, so erhält man die Funktionen f*, g* und h* mit $f^*(x) = x - 2$, $g^*(x) = 1$ und $h^*(x) = \frac{1}{x-2}$. Identisch sind nur h und h*, da sich beim Kürzen die Definitionsmenge nicht verändert hat. Bei den Funktionen f und g sind für $x_0 = 2$ Zähler- **und** Nennerpolynom null. Es gilt:

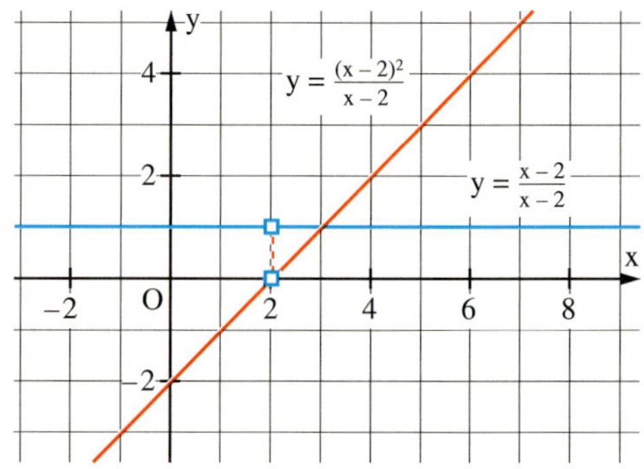

Fig. 1

$$\lim_{x\to 2} f(x) = \lim_{x\to 2} \frac{(x-2)^2}{x-2} = \lim_{x\to 2} (x-2) = 0 \text{ bzw. } \lim_{x\to 2} g(x) = \lim_{x\to 2} \frac{x-2}{x-2} = \lim_{x\to 2} 1 = 1.$$

Die Stelle $x_0 = 2$ ist weder eine Polstelle von f noch von g. Die Punkte $P(2|0)$ bzw. $Q(2|1)$ gehören nicht zu den Graphen von f bzw. von g. Die Graphen von f und von g sind Geraden mit „Loch" (Fig. 1). Kürzt man die Terme von f bzw. g, so erhält man die Funktionen f* und g*, die auf ganz $\mathbb{R}$ definiert werden können. Bei ihren Graphen fehlt lediglich ein Punkt. Man sagt auch: Die Definitionslücke $x_0 = 2$ der Funktion f bzw. g ist **hebbar**.

Das „Grenzverhalten" für $x \to \pm\infty$ einer gebrochenrationalen Funktion f soll für den Fall, dass der Zählergrad größer als der Nennergrad ist, genauer untersucht werden.

***Zur Erinnerung:***
*Ist Zählergrad < Nennergrad, so ist die x-Achse waagerechte Asymptote, ist Zählergrad = Nennergrad, so ist die Gerade mit der Gleichung y = c waagerechte Asymptote*

$\lim_{x\to\pm\infty} \frac{1}{2x-1} = 0$

**1. Fall:** Zählergrad = Nennergrad + 1

Für f mit $f(x) = \frac{x^2+1{,}5x}{2x-1}$ ist $D_f = \mathbb{R}\setminus\{0{,}5\}$. Man erhält durch Polynomdivision:

$$(x^2 + 1{,}5x) : (2x - 1) = \tfrac{1}{2}x + 1 + \frac{1}{2x-1}$$
$$\underline{-(x^2 - 0{,}5x)}$$
$$2x$$
$$\underline{-(2x - 1)}$$
$$1$$

Für $x \to \pm\infty$ unterscheiden sich die Funktionswerte von f beliebig wenig von denen der Funktion g mit $g(x) = \frac{1}{2}x + 1$. Der Graph von g ist eine **schiefe Asymptote** (Fig. 2).

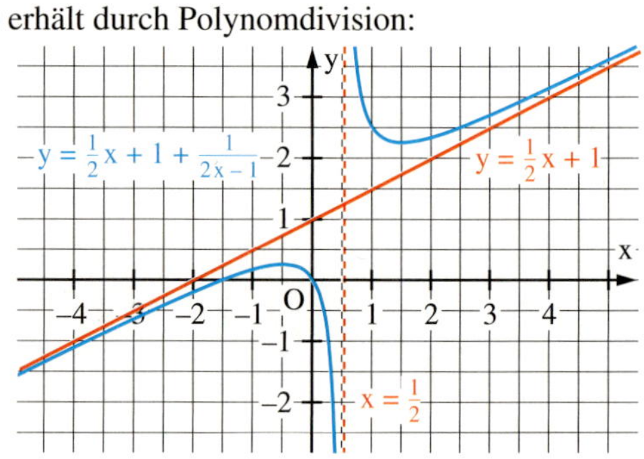

Fig. 2

**2. Fall:** Zählergrad > Nennergrad + 1
f mit $f(x) = \frac{x^3 + x + 1}{x}$ ist identisch mit
$f(x) = x^2 + 1 + \frac{1}{x}$; $D_f = \mathbb{R} \setminus \{0\}$.
Der Anteil $x^2 + 1$ ist nicht linear. Die Funktion g mit $g(x) = x^2 + 1$ heißt ganzrationale **Näherungsfunktion**, der Graph mit der Gleichung $y = x^2 + 1$ **Näherungsparabel** (Fig. 1). Allgemein spricht man auch von einer **Näherungskurve** für $|x| \to \infty$.

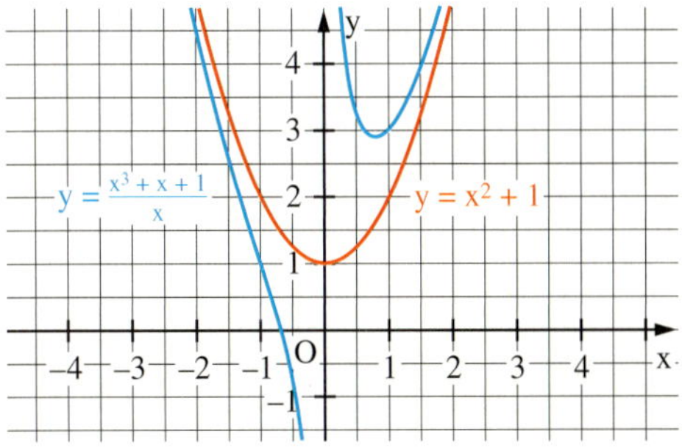

Fig. 1

*Wie sieht das asymptotische Verhalten für $|x| \to \infty$ aus, wenn gilt: Zählergrad ≦ Nennergrad?*

**Satz:** Der Graph einer gebrochenrationalen Funktion f mit $f(x) = \frac{p(x)}{q(x)}$ mit dem Zählergrad n und dem Nennergrad m hat für $|x| \to \infty$ im Falle
$n = m + 1$ eine schiefe Asymptote | $n > m + 1$ eine Näherungskurve,
deren Gleichung man jeweils mithilfe der Polynomdivision erhält.

**Beispiel 1:** (Untersuchung auf hebbare Definitionslücken und Asymptoten)
Gegeben ist die Funktion f mit $f(x) = \frac{(x+1)(x^2-4)}{4(x+1)(x-3)}$.
Bestimmen Sie die Art der Definitionslücken und die Asymptoten.
Lösung:
Definitionsmenge ist $D_f = \mathbb{R} \setminus \{-1; 3\}$. Da das Zählerpolynom für $x_0 = -1$ null wird, liegt in $x_0 = -1$ eine hebbare Lücke vor. Man untersucht also die Funktion g mit $g(x) = \frac{x^2-4}{4(x-3)}$ in $D_f$. Da $\lim\limits_{x \to -1} \frac{x^2-4}{4(x-3)} = \frac{1-4}{4(-1-3)} = \frac{3}{16}$ ist, wird die Definitionslücke durch $f(-1) = \frac{3}{16}$ behoben.
Da das Zählerpolynom für $x_1 = 3$ ungleich null ist, liegt dort ein Pol mit VZW vor, die Gerade mit der Gleichung $x = 3$ ist senkrechte Asymptote. Polynomdivision ergibt:
$f(x) = \frac{x^2-4}{4(x-3)} = \frac{x}{4} + \frac{3}{4} + \frac{5}{4(x-3)}$. Gleichung der schiefen Asymptote: $y = \frac{1}{4}x + \frac{3}{4}$.

*Zusammen mit den Nullstellen $x_2 = -2$ und $x_3 = 2$ und der Feststellung: $f(x) \to -\infty$ für $x \to 2$ und $x < 2$, kann man den Graphen skizzieren (Fig. 2).*

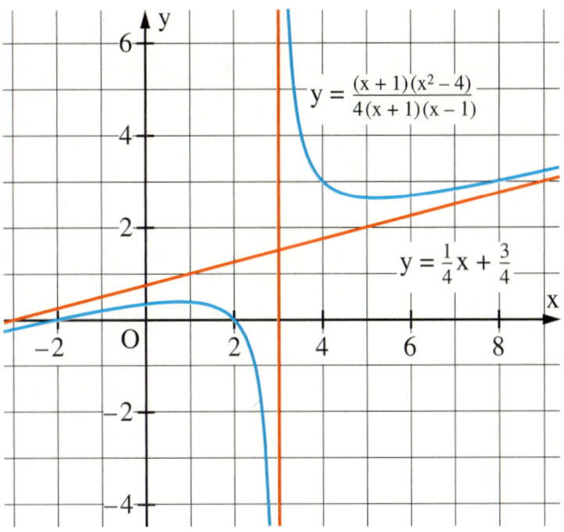

Fig. 2

**Beispiel 2:** (Bestimmung einer Funktion, deren Graph vorgegebene Eigenschaften hat)
Bestimmen Sie eine gebrochenrationale Funktion, deren Graph G die folgenden Eigenschaften besitzt.
a) G hat die Geraden mit den Gleichungen $y = x + 2$ und $x = 1$ als Asymptoten.
b) G hat an der Stelle −1 eine hebbare Definitionslücke und besitzt für $x \to \pm\infty$ die Näherungsfunktion mit der Gleichung $y = x^2 + 1$.
Lösung:
a) Die Funktion f mit $f(x) = x + 2 + \frac{1}{x-1} = \frac{(x+2)(x-1)+1}{x-1} = \frac{x^2+x-1}{x-1}$ erfüllt die Bedingungen.
Aber auch für g mit $g(x) = x + 2 - \frac{3}{x-1} = \frac{(x+2)(x-1)-3}{x-1} = \frac{x^2+x-5}{x-1}$ trifft dies zu.
b) Eine mögliche Funktion ist f mit $f(x) = x^2 + 1 + \frac{x-1}{x-1} = \frac{(x^2+1)(x-1)+(x-1)}{x-1} = \frac{x^3-x^2+2x-2}{x-1}$.
Auch g mit $g(x) = x^2 + 1 + x \cdot \frac{x-1}{x-1} = \frac{(x^2+1)(x-1)+x(x-1)}{x-1} = \frac{x^3-1}{x-1}$ ist eine mögliche Funktion.

*Hilfsmittel bei der Zerlegung in Linearfaktoren:*

*1. Ausklammern:*
$f(x) = \frac{x^2 - 2x}{2x + 4} = \frac{x(x-2)}{2(x+2)}$

*2. Binomische Formeln „rückwärts“:*
$f(x) = \frac{1}{x^2 - 9} = \frac{1}{(x+3)(x-3)}$

*3. Lösen einer quadratischen Gleichung:*
$f(x) = \frac{x}{x^2 - x - 6}$
*Aus* $x^2 - x - 6 = 0$ *folgt*
$x_1 = -2;\ x_2 = 3.$
*Somit gilt:*
$f(x) = \frac{x}{(x+2)(x-3)}.$

## Aufgaben

**3** Geben Sie eine Funktion an, die mit der Funktion f mit $f(x) = x^2 + 1$ übereinstimmt, aber an den Stellen $x_1$, $x_2$, $x_3$ hebbare Definitionslücken hat.
a) $x_1 = -2$  b) $x_1 = 1;\ x_2 = -1$  c) $x_1 = 0;\ x_2 = 3$  d) $x_1 = 2;\ x_2 = 3;\ x_3 = 4$

**4** Liegt an der Definitionslücke eine hebbare Lücke oder ein Pol vor?
a) $f(x) = \frac{x-1}{x-1}$  b) $f(x) = \frac{(x-1)^2}{x-1}$  c) $f(x) = \frac{x(x-1)}{x}$  d) $f(x) = \frac{x^2(x-1)}{(x-1)^2}$

**5** Untersuchen Sie f auf Nullstellen, Polstellen einschließlich Vorzeichenwechsel und auf hebbare Definitionslücken. Geben Sie die Schnittpunkte des Graphen von f mit den Koordinatenachsen, die Gleichungen der senkrechten Asymptoten und gegebenenfalls den jeweiligen Grenzwert bei Annäherung an eine Definitionslücke an.
a) $f(x) = \frac{3x-3}{x-1}$  b) $f(x) = \frac{x^2+x}{x+1}$  c) $f(x) = \frac{x^2-9}{x-3}$  d) $f(x) = \frac{x^2-2x-15}{x-5}$
e) $f(x) = \frac{0{,}5x^2+2x-6}{x-2}$  f) $f(x) = \frac{x^2-2x-3}{x^2-1}$  g) $f(x) = \frac{x+4}{x^2+3x-4}$  h) $f(x) = \frac{x^2+5x+2}{(x+1)^2}$

**6** Ordnen Sie jedem der 3 Graphen mindestens eine der gegebenen Funktionen zu.
a) $f(x) = \frac{x(x^2-x+1)}{4(x-1)}$  b) $f(x) = \frac{x-1}{(x-1)(x+2)}$  c) $f(x) = \frac{x}{x+2}$
d) $f(x) = \frac{(x-1)(x-2)}{x-3}$  e) $f(x) = \frac{x^2+1}{4} + \frac{1}{4(x-1)}$

(1)
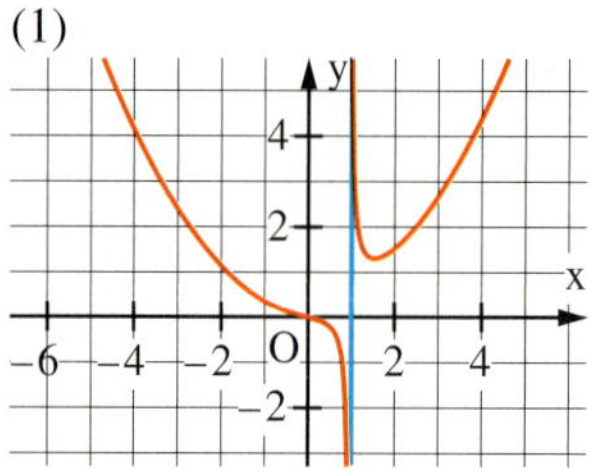


(2)
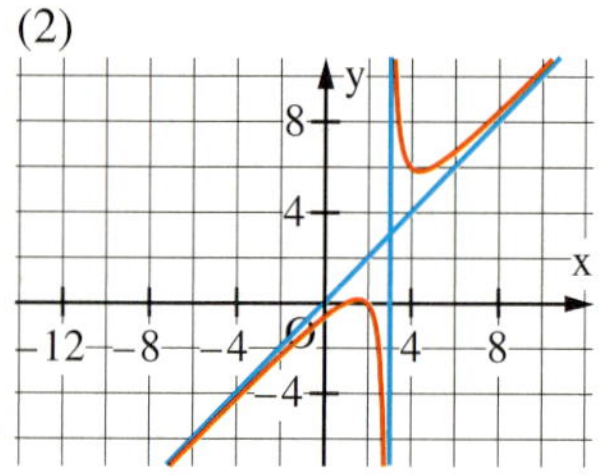


(3)
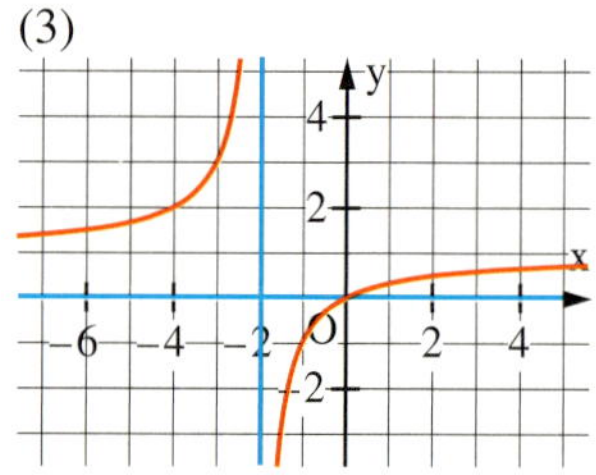


**7** Ist die folgende Aussage für eine Funktion f mit $f(x) = \frac{p(x)}{q(x)}$ wahr oder falsch?
a) Ist $x_1$ Nullstelle von f, dann kann $x_1$ keine Polstelle von f sein.
b) Ist $p(x_1) = 0$ und $q(x_1) = 0$, dann ist $x_1$ weder Nullstelle noch Polstelle.

**8** Geben Sie die Gleichungen aller Asymptoten an.
a) $f(x) = x + \frac{1}{x}$  b) $f(x) = \frac{1}{2}x + 1 - \frac{1}{x}$  c) $f(x) = 2x - \frac{1}{x+1}$  d) $f(x) = \frac{x^3+4}{2x^2}$
e) $f(x) = \frac{x^2-2x+3}{2x}$  f) $f(x) = \frac{x^2}{x-1}$  g) $f(x) = \frac{x^2-x}{x+1}$  h) $f(x) = \frac{1-2x^2}{x+1}$

Eine Asymptote wird nie vom Graphen der zugehörigen Funktion geschnitten!

*Stimmt dies? Untersuchen Sie die Funktion f mit* $f(x) = \frac{x^2}{(x-2)^2}$.

**9** Geben Sie für $x \to \pm\infty$ eine ganzrationale Näherungsfunktion an.
a) $f(x) = \frac{x^3-8}{x}$  b) $f(x) = \frac{2x^4-32}{x^2}$  c) $f(x) = \frac{x^3-x^2+x}{x-1}$  d) $f(x) = \frac{x^3+2x^2}{x+4}$

**10** Geben Sie eine gebrochenrationale Funktion an, deren Graph die Geraden g und h als Asymptoten hat.
a) g: $y = x$; h: $x = 0$  b) g: $y = -x$; h: $x = 0$  c) g: $y = 0{,}5x$; h: $x = 2$  d) g: $y = 2x + 1$; h: $x = 1$

**11** Gegeben ist die Funktionenschar $f_t$ mit $f_t(x) = \frac{2x^2 - (2t+1)x}{x-t}$. Zeichnen Sie für verschiedene Werte von t den Graphen von $f_t$. Stellen Sie eine Vermutung über die Asymptoten auf. Beweisen Sie Ihre Vermutung.

# 2 Funktionsuntersuchungen gebrochenrationaler Funktionen

**1** Welche einzelnen Schritte kommen zur bisherigen Untersuchung gebrochenrationaler Funktionen noch hinzu?

**2** Geben Sie Möglichkeiten an, wie man mit dem GTR eine Schar von Funktionen $f_t$ mit $f_t(x) = \frac{t-x}{x^2}$ für $t = 0{,}1;\ 0{,}3;\ 0{,}8;\ 1{,}5$ zeichnen kann.

*Vorsicht: Der GTR zeigt die Asymptoten nicht an, obwohl es manchmal so aussieht!*

Arbeitet man mit dem GTR, so verschafft man sich auch bei gebrochenrationalen Funktionen zunächst einen Überblick über den Graphen, ehe man Fragestellungen beantwortet. Ist nicht nur eine Funktion, sondern eine Funktionenschar $f_t$ mit dem Parameter t gegeben, so sind häufig die Koordinaten bestimmter Punkte $P_t(x_t|y_t)$ (z. B. Extrempunkte) von t abhängig. In diesen Fällen kann man dann nach der Gleichung der Ortslinie fragen (Beispiel 2). Die zugehörige Gleichung ergibt sich, indem man t aus den beiden Gleichungen $x_t = x(t);\ y_t = y(t)$ eliminiert.

**Beispiel 1:** (Eigenschaften einer Funktion)
Gegeben ist die Funktion f mit $f(x) = \frac{1}{6} \cdot \frac{x^3}{x^2 - 9}$.

a) Verschaffen Sie sich einen Überblick über den Graphen der Funktion f.
b) Untersuchen Sie die Funktion nur unter Heranziehung des Funktionsterms auf Symmetrie, Polstellen, Nullstellen und Asymptoten.
c) Bestimmen Sie die Extremwerte von f mit dem GTR.
d) Berechnen Sie die Extremwerte exakt.

Lösung:
a) Fig. 1.

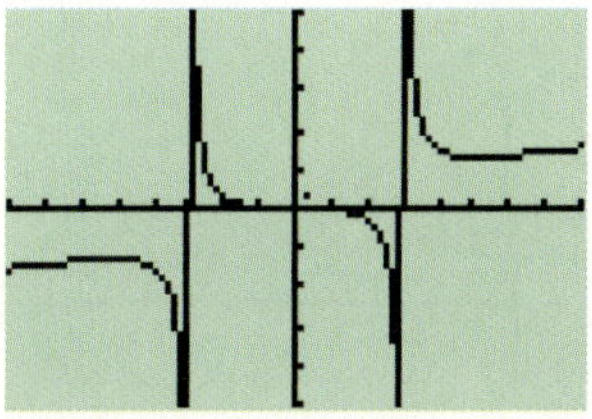

Xscl = 1; Yscl = 1 Fig. 1

b) Der Graph der Funktion f ist punktsymmetrisch zum Ursprung. f hat die Polstellen $x_1 = -3$ und $x_2 = 3$ und damit hat ihr Graph senkrechte Asymptoten mit den Gleichungen $x = -3$ und $x = 3$. Nullstelle ist $x_0 = 0$ (Fig. 1).
Polynomdivision ergibt: $\frac{1}{6} \cdot \frac{x^3}{x^2 - 9} = \frac{1}{6}x + \frac{3x}{2(x^2 - 9)}$. Damit ist die Gleichung der schiefen Asymptote: $y = \frac{1}{6}x$ (Fig. 2).
c) Der mit dem GTR erstellte Graph zeigt zwei Extremwerte (Fig. 3 bis Fig. 4).

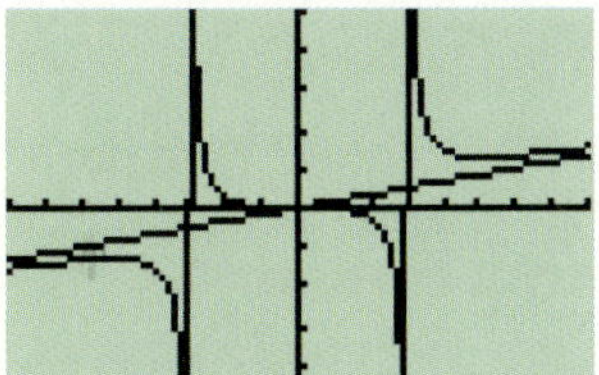

Fig. 2

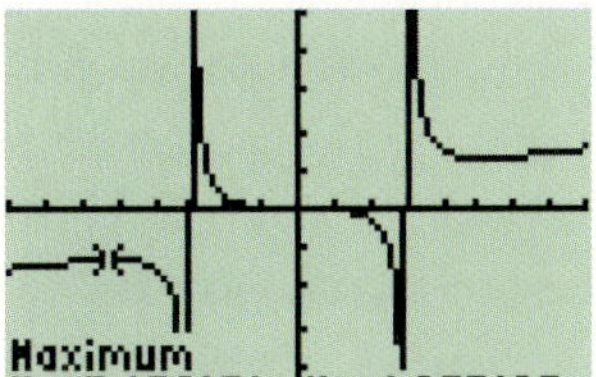


Fig. 3

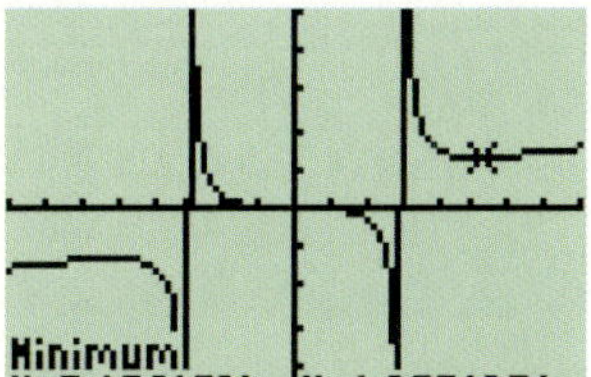


Fig. 4

d) Ableitung: $f'(x) = \frac{1}{6} \cdot \frac{x^2 \cdot (x^2 - 27)}{(x^2 - 9)^2}$; $f'(x) = 0$ für $x_3 = 0$; $x_4 = \sqrt{27}$ und $x_5 = -\sqrt{27}$

Hinreichende Bedingung: $x_3 = 0$: $f'(0) = 0$; für $x < 0$ gilt: $f'(x) < 0$, für $x > 0$ gilt: $f'(x) < 0$; damit erfolgt kein VZW von f' an der Stelle $x_3 = 0$. Es liegt in $x_3 = 0$ kein Extremwert vor.
$x_4 = 3\sqrt{3}$; $f'(x_4) = 0$; für $x < 3\sqrt{3}$ gilt $f'(x) < 0$, für $x > 3\sqrt{3}$ gilt $f'(x) > 0$; also VZW von f' in $x_4 = 3\sqrt{3}$. In $x_4 = 3\sqrt{3}$ liegt ein lokales Minimum vor: $f(3\sqrt{3}) = \frac{3}{4}\sqrt{3}$.
Wegen der Punktsymmetrie liegt in $x_5 = -3\sqrt{3}$ ein lokales Maximum: $f(-3\sqrt{3}) = -\frac{3}{4}\sqrt{3}$.

*Vergleich mit dem Ergebnis des GTR:*
*$x_4 = 3\sqrt{3} \approx 5{,}196$*
*$f(3\sqrt{3}) = \frac{3}{4}\sqrt{3} \approx 1{,}299$*

**Beispiel 2:** (Untersuchung einer Funktionenschar, Ortslinie, Extremwertaufgabe)
Für jedes $t > 0$ ist eine Funktion $f_t$ gegeben durch $f_t(x) = \frac{8x - 4t}{x^3}$. Ihr Graph sei $K_t$.

a) Zeichnen Sie mit dem GTR Graphen $K_t$ von Funktionen mit verschiedenen Werten von t in einem geeigneten Intervall I.
b) Führen Sie für $K_t$ eine Funktionsuntersuchung durch.
c) Wie lautet die Gleichung der Ortslinie C der Hochpunkte von $K_t$? Zeichnen Sie C.
d) Es sei N der Schnittpunkt von $K_2$ mit der x-Achse und $P(u|v)$ mit $u > 1$ ein Punkt auf $K_2$. Die Punkte N, P und $Q(u|0)$ sind die Eckpunkte eines Dreiecks. Für welchen Wert von u wird der Flächeninhalt dieses Dreiecks extremal?

Lösung:
a) Die Darstellung mit dem GTR zeigen Fig. 1 bis Fig. 3.

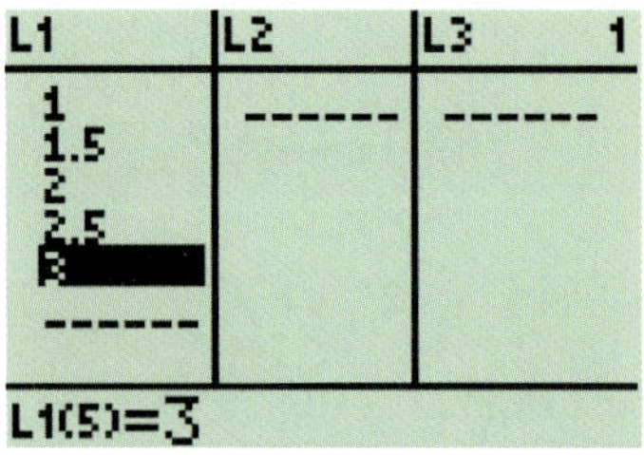

Fig. 1

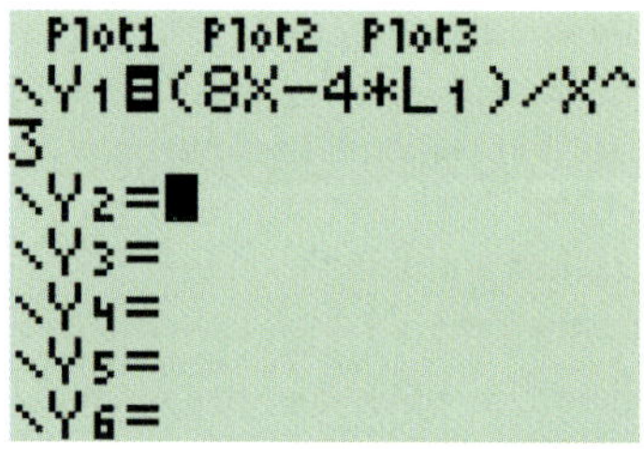

Fig. 2

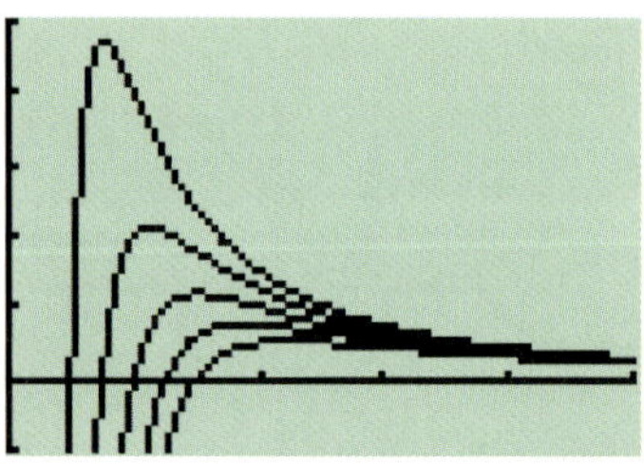
Fig. 3

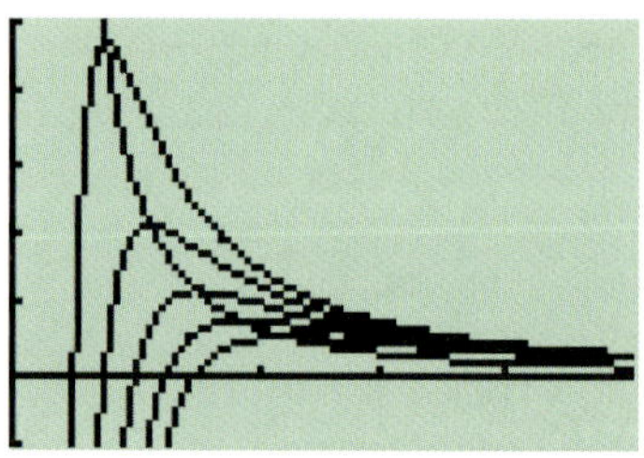
Fig. 4

b) 1. Definitionsmenge: $x^3 = 0$, $D_t = \mathbb{R}\setminus\{0\}$.
2. Symmetrie: $f_t(-x) = \frac{8(-x) - 4t}{(-x)^3} = \frac{8x + 4t}{x^3}$;
keine Symmetrie erkennbar.
3. $x_1 = 0$ ist eine Polstelle mit VZW.
Asymptoten: $x = 0$, waagerechte Asymptote: $y = 0$
4. Nullstellen: $8x - 4t = 0$ ergibt $x_2 = \frac{1}{2}t$;
Schnittpunkt mit der x-Achse: $N_t\left(\frac{1}{2}t\,\middle|\,0\right)$.
5. Ableitungen: $f_t(x) = \frac{8}{x^2} - \frac{4t}{x^3}$;
$f_t'(x) = -\frac{16}{x^3} + \frac{12t}{x^4} = \frac{-16x + 12t}{x^4}$;
$f_t''(x) = \frac{48}{x^4} - \frac{48t}{x^5} = \frac{48x - 48t}{x^5}$
6. Extremstellen:
Notwendige Bedingung: $\frac{-16x + 12t}{x^4} = 0$ ergibt $x_3 = \frac{3}{4}t$
Hinreichende Bedingung $f_t'(x_3) = 0$;
$f_t''(x_3) = -\frac{12t}{\left(\frac{3}{4}t\right)^5} < 0$; $x_3$ ist Maximalstelle.

Mit $f_t(x_3) = \frac{128}{27t^2}$ erhält man: $H_t\left(\frac{3}{4}t\,\middle|\,\frac{128}{27t^2}\right)$ sind Hochpunkte der Schar.
7. Wendestellen: Notwendige Bedingung $\frac{48x - 48t}{x^5} = 0$ ergibt $x_4 = t$.
Hinreichende Bedingung: $f''(x_4) = 0$; Vorzeichenwechsel von $f''(x_4)$ bei $x_4 = t$.
Damit sind die Wendepunkte der Schar: $W\left(t\,\middle|\,\frac{4}{t^2}\right)$.

c) $H_t\left(\frac{3}{4}t\,\middle|\,\frac{128}{27t^2}\right)$ sind Hochpunkte der Schar. Aus $x = \frac{3}{4}t$ und $y = \frac{128}{27t^2}$ folgt zunächst $t = \frac{4}{3}x$, mit $x > 0$ (wegen $t > 0$); eingesetzt in $y = \frac{128}{27t^2}$ erhält man die Gleichung der Ortslinie:
$y = \frac{128}{27\cdot\left(\frac{4}{3}x\right)^2} = \frac{8}{3x^2}$, $x > 0$ (Fig. 4).

d) Der Inhalt A(u) des Dreiecks NQP ist (Fig. 5):

$$A(u) = \frac{1}{2}\cdot\overline{NQ}\cdot\overline{QP} = \frac{1}{2}(u - 1)\cdot v$$
$$= \frac{1}{2}\cdot(u - 1)\cdot f_2(u)$$
$$= \frac{1}{2}\cdot(u - 1)\cdot\frac{8u - 8}{u^3}$$
$$= 4\cdot\frac{(u - 1)^2}{u^3}$$

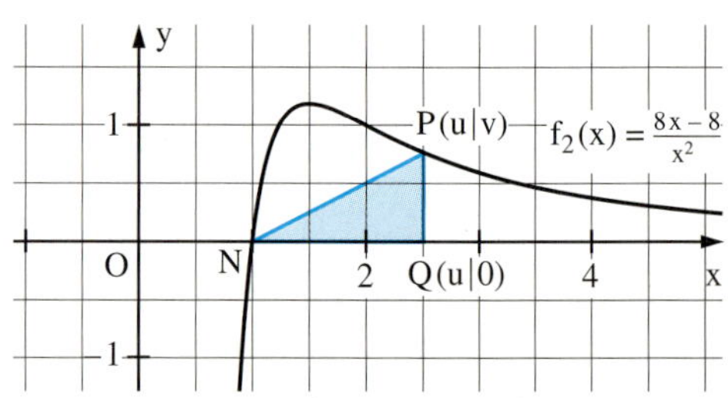

Fig. 5

Mit dem GTR zeichnet man den Graphen der Funktion A. Man erkennt, dass die Funktion A ein Maximum besitzt: $A(3) \approx 0{,}593$.

## Aufgaben

**3** Gegeben ist die Funktion f mit $f(x) = \frac{2 - x^2}{x^2 - 9}$.
a) Verschaffen Sie sich einen Überblick über den Graphen der Funktion f.
b) Untersuchen Sie die Funktion nur unter Heranziehung des Funktionsterms auf Symmetrie, Polstellen, Nullstellen und Asymptoten. Weisen Sie die Symmetrie rechnerisch nach.
c) Bestimmen Sie die Extremwerte von f.
d) Weisen Sie rechnerisch nach, dass f keine Wendestelle besitzt.

**4** Verschaffen Sie sich einen Überblick über den Graphen der Funktion f. Untersuchen Sie die Funktion nur unter Heranziehung des Funktionsterms auf Symmetrie, Polstellen, Nullstellen und Asymptoten.
a) $f(x) = \frac{x}{x - 1}$. Zeigen Sie rechnerisch, dass f keine Extremwerte besitzt.
b) $f(x) = \frac{2x + 1}{x - 2}$. Zeigen Sie durch Rechnung, dass f in $D_f$ streng monoton fallend ist.
c) $f(x) = \frac{x^2 + 2x + 5}{2(x + 1)}$. Berechnen Sie alle Extremwerte von f exakt.
d) $f(x) = \frac{x^2 - 4}{x^2 + 1}$. Zeigen Sie, dass der Graph von f den Wendepunkt $W_1\left(\frac{1}{\sqrt{3}} \middle| -\frac{11}{4}\right)$ besitzt.

**5** Führen Sie eine Funktionsuntersuchung von f nur mit dem GTR durch.
a) $f(x) = \frac{8}{4 - x^2}$ b) $f(x) = \frac{4 + x^2}{x^2 - 9}$ c) $f(x) = \frac{x^2 - 4}{x^2 + 2}$ d) $f(x) = \frac{3x^3 - 3x}{(x - 2)^2}$

**6** Führen Sie eine Funktionsuntersuchung von f durch. Bestimmen Sie die Gleichung der Asymptote für $|x| \to \infty$. Berechnen Sie mögliche Extrem- und Wendepunkte exakt.
a) $f(x) = \frac{x^2}{x - 1}$ b) $f(x) = \frac{x^3}{x^2 - 1}$ c) $f(x) = \frac{(1 - x)^2}{2 - x}$ d) $f(x) = \frac{x^3}{x^2 + 6}$

**7** Führen Sie eine Funktionsuntersuchung von f durch. Ermitteln Sie für $x \to \pm\infty$ die ganzrationale Näherungsfunktion g.
a) $f(x) = \frac{x^3 - 1}{x}$. Weisen Sie rechnerisch nach, dass f für $x > 0$ streng monoton wächst.
b) $f(x) = \frac{2 - x^3}{2x}$. Berechnen Sie den Wendepunkt des Graphen exakt.
c) $f(x) = \frac{16 + x^4}{4x^2}$. Berechnen Sie den Inhalt der Fläche, die der Graph mit der x-Achse über dem Intervall [1; 4] einschließt.

### Funktionenscharen

**8** Für jedes $t > 0$ ist eine Funktion $f_t$ gegeben. Führen Sie eine Funktionsuntersuchung wie in Beispiel 2a) durch. Zeichnen Sie Graphen für $t = 1; 2; 3$ in ein gemeinsames Koordinatensystem.
a) $f_t(x) = x - \frac{t^3}{x^2}$ b) $f_t(x) = \frac{10}{x} - \frac{10t}{x^2}$ c) $f_t(x) = \frac{6x}{x^2 + t^2}$ d) $f_t(x) = \frac{10x}{(x^2 + t)^2}$

**9** Es gibt eine Funktion f, deren Funktionsterm die Form $f(x) = \frac{a + bx + x^2}{x^3}$; $a, b \in \mathbb{R}$ hat und deren Graph an der Stelle $x = 1$ einen Wendepunkt mit waagerechter Tangente besitzt. Bestimmen Sie f(x).

**10** Für jedes $t > 0$ ist eine Funktion $f_t$ gegeben durch $f_t(x) = \frac{tx^2}{x^2 - 4}$. Ihr Graph sei $K_t$.
a) Durch welchen Punkt verlaufen alle Graphen $K_t$?
b) Untersuchen Sie $K_t$.

*Zu Aufgabe 11:*
*Je nach Parameterwert kann der zugehörige Graph sehr verschieden aussehen.*

$f_{-\frac{1}{2}}(x) = \frac{4}{1 - \frac{1}{2}x^2}$

$f_{\frac{1}{2}}(x) = \frac{4}{1 + \frac{1}{2}x^2}$

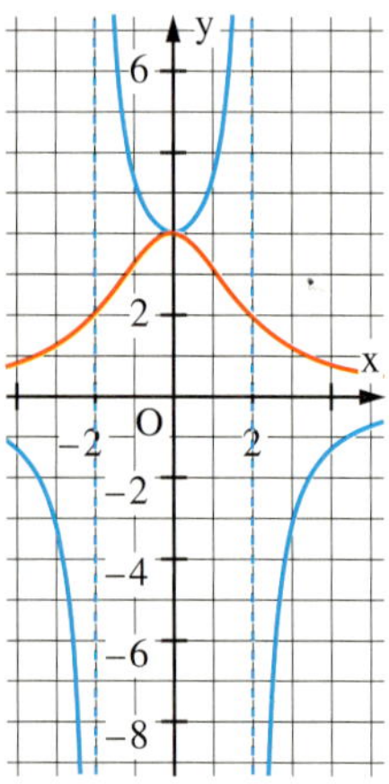

Fig. 1

**11** Für jedes $t \neq 0$ ist eine Funktion $f_t$ gegeben durch $f_t(x) = \frac{4}{1 + tx^2}$. Ihr Graph sei $K_t$.

a) Untersuchen Sie $K_t$ auf Symmetrie, Schnittpunkte mit der x-Achse, Hoch-, Tief- und Wendepunkte sowie auf Asymptoten. Zeichnen Sie $K_t$ für $t = -1; 1; 2$.

b) Bestimmen Sie die Ortslinie der Wendepunkte aller $K_t$. Zeichnen Sie den zugehörigen Graphen in das vorhandene Koordinatensystem ein.

c) Für welchen Wert von t hat $K_t$ Wendetangenten mit den Steigungen 1 bzw. −1?

**12** Für jedes $t \neq 0$ ist eine Funktion $f_t$ gegeben durch $f_t(x) = \frac{x}{2t} - \frac{2}{t} + \frac{2}{x}$. Ihr Graph sei $K_t$.

a) Zeichnen Sie den Graphen von $K_t$ für verschiedene Werte von t in ein gemeinsames Koordinatensystem. Durch welchen Punkt gehen alle gezeichneten Graphen?

b) Untersuchen Sie „experimentell“ und rechnerisch, für welche Werte von t der Graph $K_t$ einen Tiefpunkt besitzt. Gibt es einen Graphen, dessen Tiefpunkt auf der x-Achse liegt?

**13** Gegeben ist die Schar von Funktionen $f_t$ mit $f_t(x) = \frac{t}{x^2 + t^2}$ für jede Zahl $t > 0$.

a) Beschreiben Sie den Verlauf der Graphen in Abhängigkeit von t.

b) Berechnen Sie die Wendepunkte von t und bestimmen Sie die Kurve $C_t$, auf der die Wendepunkte liegen.

c) Bestimmen Sie mit dem GTR den Inhalt der Fläche, den der Graph einer Funktion $f_t$ für verschiedene t mit der x-Achse einschließt. Äußern Sie sich zu den Ergebnissen.

**Funktionsuntersuchungen mit Integrationen und Extremwertaufgaben**

**14** Gegeben ist die Funktion f mit $f(x) = \frac{x^3 + 3x^2 - 4}{x^2}$; $x \in \mathbb{R}\setminus\{0\}$.

a) Führen Sie eine Funktionsuntersuchung durch.

b) Der Graph von f, die schiefe Asymptote sowie die Geraden mit den Gleichungen $x = 1$ und $x = z$ mit $z > 1$ begrenzen eine Fläche mit dem Inhalt A(z). Berechnen Sie A(z) und untersuchen Sie A(z) für $z \to \infty$.

**15** Bestimmen Sie den Inhalt der Fläche, den der Graph von f mit $f(x) = \frac{x^4 - 1}{x^2}$ zusammen mit der zugehörigen Näherungskurve, der x-Achse, der y-Achse und der Geraden mit der Gleichung $x = k$ mit $k > 1$ einschließt. Existiert der Grenzwert für $k \to \infty$.

**16** Gegeben ist die Funktion f mit $f(x) = \frac{4x - 2}{x^2}$; $x \in \mathbb{R}\setminus\{0\}$.

a) Führen Sie eine Funktionsuntersuchung durch.

b) Der Graph von f, die x-Achse und die Gerade mit der Gleichung $x = z$ mit $z > \frac{1}{2}$ begrenzen eine Fläche mit dem Inhalt A(z). Berechnen Sie A(z) und untersuchen Sie A(z) für $z \to \infty$.

**17** Gegeben ist die Funktion f mit $f(x) = \frac{x}{x - 2}$; $x \in \mathbb{R}\setminus\{2\}$.

Der Punkt $P(u\,|\,v)$ mit $u > 2$ sei ein Punkt auf dem Graphen von f. Die Parallelen zu den Koordinatenachsen durch P bilden zusammen mit den Koordinatenachsen ein Rechteck. Für welchen Wert von u wird der Inhalt des Rechtecks extremal? Bestimmen Sie die Art des Extremums.

**18** Gegeben ist die Funktion f mit $f(x) = \frac{8}{x^2 + 2}$; $x \in \mathbb{R}$.

Der Punkt $P(u\,|\,v)$ mit $u > 0$ sei ein Punkt auf dem Graphen von f. Die Parallele zur x-Achse durch P schneidet die y-Achse in Q; die Parallele zur y-Achse durch P schneidet die x-Achse in R. Die Punkte R, P und Q sind Eckpunkte eines Dreiecks. Für welche Lage von P wird der Inhalt des Dreiecks extremal? Handelt es sich um ein absolutes Extremum?

# 3 Anwendungen gebrochenrationaler Funktionen

Eine gegebene Funktion kann man mithilfe der Differenzialrechnung auf wichtige Eigenschaften wie z. B. Monotonie oder Existenz von Extremwerten untersuchen. Bei Anwendungen muss aber häufig erst aus der Beschreibung des Sachverhaltes eine Funktion ermittelt werden, anhand derer man dann reale Fragestellungen untersuchen kann.

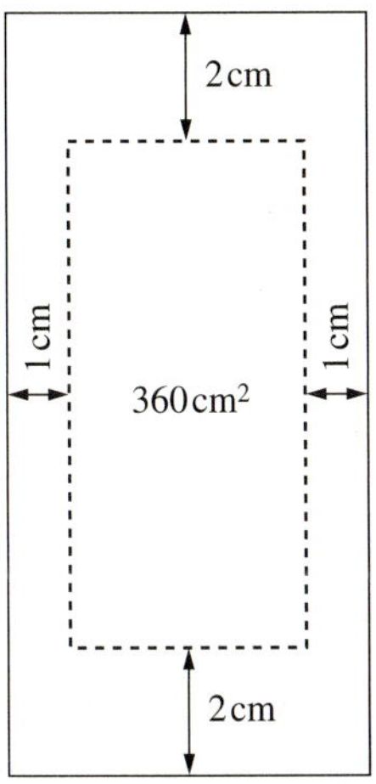

Fig. 1

*Zur Strategie für das Lösen von Extremwertproblemen vgl. Seite 160.*

**Beispiel:**
Bei einem Buch ist für den bedruckbaren Teil einer Seite eine rechteckige Fläche mit dem Inhalt $360\,cm^2$ festgelegt. Die Ränder sollen oben und unten je 2 cm, links und rechts je 1 cm breit werden (Fig. 1). Bei welchen Maßen für eine Seite ist der Papierverbrauch am kleinsten?
Lösung:
1. Ist x (in cm) die Breite und y (in cm) die Höhe der Seite, so gilt:
$A = x \cdot y$ mit $x > 2$ und $y > 4$.
2. Nebenbedingung: $(x - 2) \cdot (y - 4) = 360$
3. Aus der Nebenbedingung ergibt sich z. B. $y = \frac{360}{x-2} + 4 = \frac{352 + 4x}{x-2}$.
Einsetzen in $A = x \cdot y$ liefert $A(x) = \frac{352x + 4x^2}{x-2} = 4x + 360 + \frac{720}{x-2}$ mit $D_A = \{x \mid x > 2\}$.
4. Mit dem GTR verschafft man sich einen Überblick über den Graphen der Funktion. Man bestimmt das relative Minimum: $x \approx 15{,}4$; $A(15{,}4) \approx 475{,}3$.
Ergebnis: Für eine Breite von ungefähr 15 cm und eine Höhe von ungefähr 30,8 cm ergibt sich eine Seite mit kleinstem Papierverbrauch. Dieser beträgt ungefähr $475\,cm^2$.

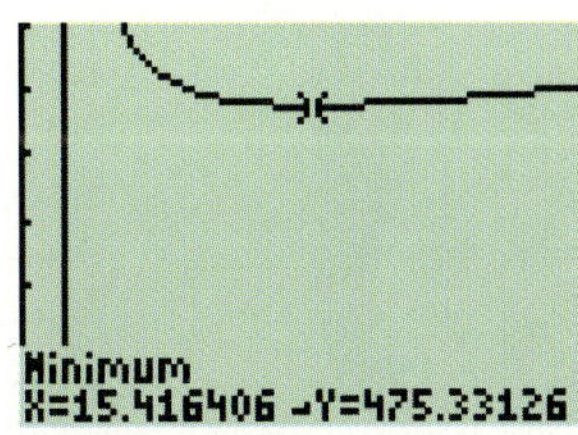

Xscl = 5; Yscl = 100 Fig. 2

## Aufgaben

**1** In einem Zoo beträgt der Platzbedarf für ein rechteckiges Gehege (in Fig. 3 grün) einschließlich der Streifen um das Gehege (in Fig. 2 rot) insgesamt $6000\,m^2$.
Die Streifen sind Abgrenzungen zu den Besuchern bzw. zu anderen Bereichen des Zoos.
Sie sind versicherungsrechtlich vorgeschrieben und haben die angegebenen Maße (in m).
Wie groß kann der Flächeninhalt des Geheges höchstens werden?

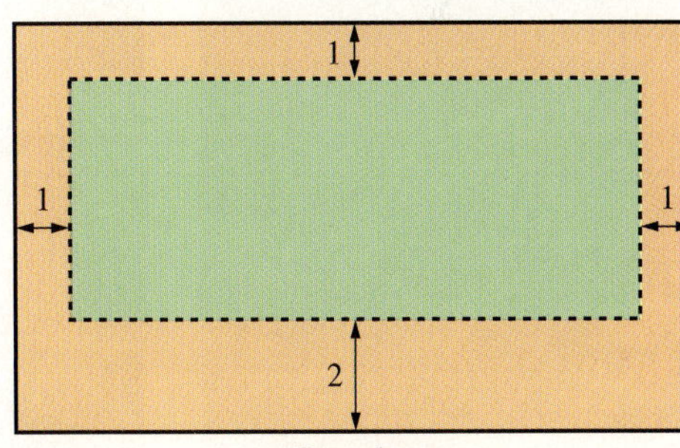

Fig. 3

**2** Der Querschnitt eines unterirdischen Entwässerungskanals ist ein Rechteck mit aufgesetztem Halbkreis (Fig. 4). Wie sind Breite und Höhe des Rechtecks zu wählen, damit die Querschnittsfläche $8\,m^2$ groß ist und zur Ausmauerung des Kanals möglichst wenig Material benötigt wird?

Fig. 4

*Der entscheidende Durchbruch für eine umfangreiche Produktion von Stickstoff-Dünger gelang 1913 mit der Ammoniaksynthese nach HABER-BOSCH.*

**3** Einer der wichtigsten Nährstoffe für Pflanzen ist Stickstoff (N). Er wird den Pflanzen (neben dem schon im Boden vorhandenen Stickstoff) in der Form von Dünger zugegeben. Man fand heraus, dass der zusätzliche Getreideertrag $f(x)$ $\left(\text{in } 100\,\frac{\text{kg}}{\text{ha}}\right)$ aufgrund der Zugabe von Stickstoffdünger $x$ $\left(\text{in } \frac{\text{kg}}{\text{ha}}\right)$ näherungsweise beschrieben werden kann durch eine Funktion f der Form $f(x) = \frac{a \cdot x}{x^2 + b}$, $x \geqq 0$. Für f gilt dabei $f(100) = 25$ und $f(600) = 20$.

a) Bestimmen Sie a und b; runden Sie die Ergebnisse auf natürliche Zahlen.

b) Skizzieren Sie den Graphen von f und berechnen Sie die optimale Düngerzugabe.

*ARCHIBALD HILL (1886–1977), bedeutender englischer Physiologe; Nobelpreis für Medizin im Jahre 1922.*

**4** Belastet man einen Muskel durch ein Gewicht, so zieht sich der Muskel zusammen. Der Zusammenhang zwischen der Gewichtskraft F (in N) und der Geschwindigkeit v $\left(\text{in } \frac{\text{m}}{\text{s}}\right)$, mit der sich der Muskel zusammenzieht, wird durch die HILL'sche Gleichung beschrieben: $(F + a) \cdot (v + b) = c$, wobei a, b und c vom Muskel abhängige Konstanten sind.

a) Drücken Sie die Geschwindigkeit v in Abhängigkeit von der Gewichtskraft F aus.

b) Für einen menschlichen Armmuskel wurden die Konstanten $a = 40$ (in N), $b = 1{,}5$ $\left(\text{in } \frac{\text{m}}{\text{s}}\right)$ und $c = 370$ $\left(\text{in } \frac{\text{N} \cdot \text{m}}{\text{s}}\right)$ ermittelt. Zeichnen Sie den Graphen der Funktion $F \longmapsto v$.

c) Welche Kontraktionsgeschwindigkeit ergibt sich für einen menschlichen Armmuskel bei einer Belastung von 50 Newton?

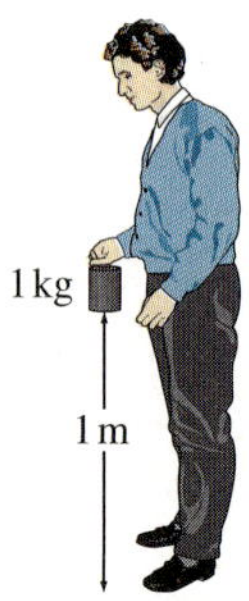


*Um 1 kg um 1 m anzuheben benötigt man etwa 10 Joule.*

**5** Um herauszufinden, „wie hart ein Vogel arbeiten muss um zu fliegen", wurden im Windkanal Versuche mit australischen Sittichen (Körpergewicht zwischen 20 und 40 Gramm) durchgeführt. Durch Messung des Sauerstoffverbrauchs des Vogels konnte man auf den Energieverbrauch zurückschließen. Ist v die Geschwindigkeit des Vogels gegenüber der Luft beim Horizontalflug, so kann der Energieverbrauch E(v) für eine Strecke von 1 km und pro Gramm Körpergewicht näherungsweise beschrieben werden durch:

$E(v) = \frac{0{,}31\,(v - 35)^2 + 92}{v}$, $20 \leqq v \leqq 60$ $\left(E \text{ in } \frac{\text{J}}{\text{g} \cdot \text{km}};\ v \text{ in } \frac{\text{km}}{\text{h}}\right)$.

Wie hoch ist der Energieverbrauch pro Kilometer und Gramm bei einer Geschwindigkeit von $25\,\frac{\text{km}}{\text{h}}$? Bei welcher Geschwindigkeit ist der Energieverbrauch des Vogels am geringsten?

Parameter k:

nur wenig größer als 2 — wesentlich größer als 2

**6** Ein Fisch schwimmt in einem Bach (Fließgeschwindigkeit $2\,\frac{\text{m}}{\text{s}}$) 100 m weit stromaufwärts mit der konstanten Geschwindigkeit $x\,\frac{\text{m}}{\text{s}}$ relativ zum Wasser. Die Energie E (in Joule), die er dazu benötigt, hängt vor allem ab von seiner Form und der Zeit t, die er unterwegs ist. Aus Experimenten weiß man, dass $E = c \cdot x^k \cdot t$ ist mit $c > 0$ und $k > 2$.

a) Leiten Sie her, dass der Energieaufwand des Fisches am geringsten ist bei der Geschwindigkeit $\frac{2k}{k-1}\,\frac{\text{m}}{\text{s}}$.

b) Begründen Sie: Je „plumper" ein Fisch gebaut ist (d. h. je größer der Parameter k ist), desto kleiner ist seine energiesparendste Geschwindigkeit.

**7** Eine Autobahntrasse soll bzgl. eines Koordinatensystems den Verlauf des Graphen der Funktion f mit $f(x) = x - \frac{1}{x}$ für $x > 0$ (x in km, f(x) in km) erhalten. An der Stelle $H(1\,|\,1)$ befindet sich ein Haus, dessen Einwohner die Lärmbelästigung fürchten. Ab einer Entfernung von 300 m ist der Lärm erträglich. Haben die Bewohner Grund zu klagen?

# 4 Funktionsanpassungen gebrochenrationaler Funktionen

$g(x) = \frac{ax^2}{x + b}$

$h(x) = \frac{ax}{x + b}$

$k(x) = \frac{ax}{x^2 + b}$

**1** In einem Versuch I wurden Messungen durchgeführt und die Messwerte als Punkte in ein Koordinatensystem eingezeichnet (Fig. 1). Sollen die Punkte durch den Graphen einer gebrochenrationalen Funktion angenähert werden, kann in diesem Fall eine Funktion f der Form $f(x) = \frac{a}{x+b}$ gewählt werden. Welcher der Terme auf dem Rand ist der für Versuch II angemessene?

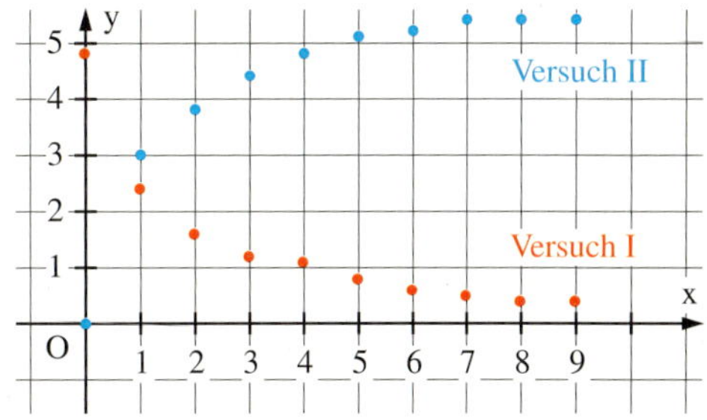

Fig. 1

Für Funktionsanpassungen bei Exponentialfunktionen der Form $y = a \cdot b^x$ hat der GTR den Befehl ExpReg (vgl. Seite 138). Für gebrochenrationale Funktionen gibt es keinen entsprechenden Befehl. Das folgende Beispiel zeigt, wie man in einfachen Fällen trotzdem eine Funktionsanpassung durchführen kann.

**Beispiel:** (Funktionsanpassung bei einer gebrochenrationalen Funktion)
Die Lösbarkeit von Sauerstoff in Wasser hängt unter anderem von der Wassertemperatur ab. 1 Liter Wasser absorbiert die in der Tabelle angegebenen Sauerstoffmengen.

*Die Tabelle gilt bei einem konstanten Luftdruck von 1013 hPa.*

| Temperatur (in °C) | x | 0 | 10 | 20 | 30 | 40 | 50 |
|---|---|---|---|---|---|---|---|
| Sauerstoff (in cm³) | y | 0,0489 | 0,0380 | 0,0310 | 0,0261 | 0,0225 | 0,0210 |

Ermitteln Sie eine gebrochenrationale Funktion f, deren Graph die Punkte gut annähert.
Lösung:
1) Die Messwerte werden in eine Liste eingetragen und im Koordinatensystem dargestellt.

Fig. 2

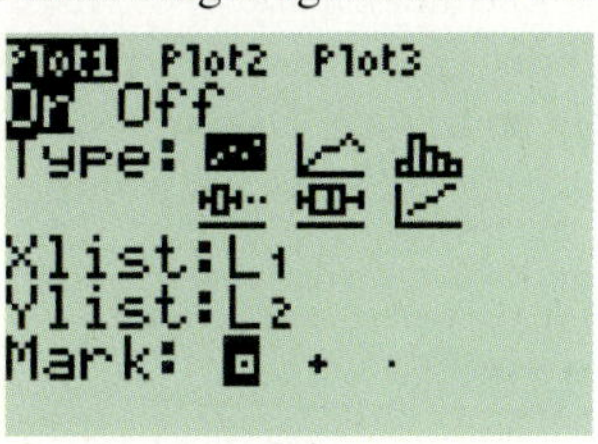

Fig. 3

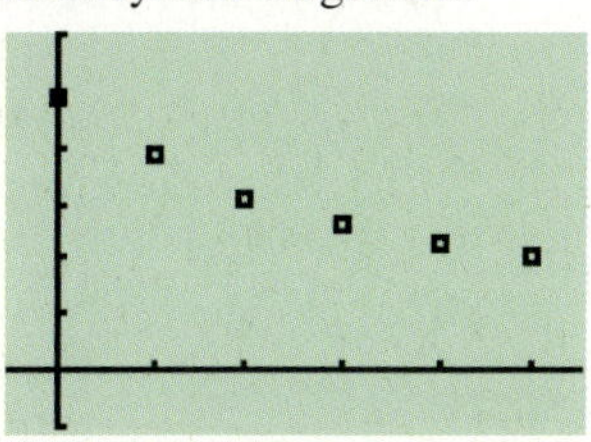
Xscl = 10; Yscl = 0,01 Fig. 4

2) Fig. 4 legt den Ansatz $y = \frac{c}{x + d}$ mit $x \geqq 0$ als Gleichung des Graphen von f nahe.

3) Umformung in die Form einer Geradengleichung: $\frac{1}{y} = \frac{x + d}{c} = \frac{1}{c}x + \frac{d}{c}$.

4) Transformation von y in $\frac{1}{y}$ und Zeichnung der Punkte $Q\left(x \middle| \frac{1}{y}\right)$ in ein Koordinatensystem.

Fig. 5

Fig. 6

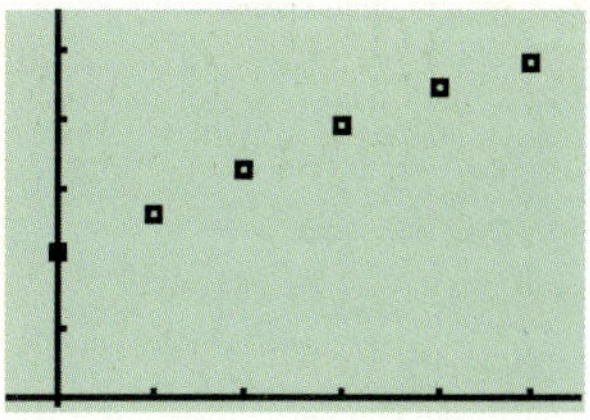
Xscl = 10; Yscl = 10 Fig. 7

5) Die Punkte $Q\left(x \middle| \frac{1}{y}\right)$ liegen näherungsweise auf einer Geraden. Die Gleichung der zugehörigen Regressionsgeraden wird mit dem GTR (Fig. 1 bis 3 von Seite 192) ermittelt.

Fig. 1

Fig. 2

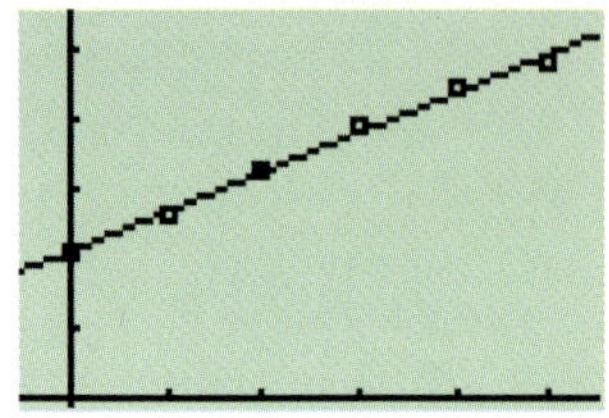

Xscl = 10; Yscl = 10 Fig. 3

Man erhält aus Fig. 2: $c = \frac{1}{a} \approx 1{,}79$; $d = \frac{b}{a} \approx 37{,}59$. Daraus ergibt sich f mit $f(x) = \frac{1{,}79}{x + 37{,}59}$.

## Aufgaben

**2** Neben einer Straße wurden die Schwermetallgehalte im Boden in Abhängigkeit von der Entfernung zur Straße gemessen. Für Cadmium ergaben sich die folgenden Werte. Führen Sie eine Funktionsanpassung mit dem Ansatz $y = \frac{a}{x + b}$ durch.

| Entfernung x (in m) | 0 | 0,5 | 1 | 2 | 4 | 6 |
|---|---|---|---|---|---|---|
| Cadmiumgehalt y $\left(\text{in } \frac{mg}{kg}\right)$ | 3 | 2,4 | 1,6 | 1,2 | 0,8 | 0,6 |

**3** In einem Bericht zum Thema „Die kleiner gewordene Welt“ sind die folgenden Daten über die Entwicklung der Flugzeiten für Transatlantikflüge angegeben.
Führen Sie eine Funktionsanpassung durch, wobei $t = 0$ dem Jahr 1936 entspricht.
Welche Flugzeit kann man dem Modell nach in ferner Zukunft erwarten? Diskutieren Sie!

| Jahr | 1936 | 1939 | 1945 | 1949 | 1958 |
|---|---|---|---|---|---|
| Flugzeit (in h) | 52 | 30 | 15 | 12 | 7,5 |

**4** Um die Unterschiede in der natürlichen Vegetation auf der Erde zu beschreiben, kann der Ertrag der oberirdischen Pflanzenmasse (der so genannten Biomasse) pro Flächeninhalt und Zeit herangezogen werden. Die produzierte Biomasse hängt von vielen Faktoren ab. Für das Amazonasgebiet in Brasilien wurde die Abhängigkeit vom Niederschlag untersucht.

| Durchschnittl. Jahresniederschlag x (in m) | 0,5 | 1,0 | 2,0 | 3,0 | 4,0 |
|---|---|---|---|---|---|
| Biomasse y $\left(\text{in } \frac{kg}{m^2 \cdot a}\right)$ | 0,78 | 1,27 | 1,93 | 2,29 | 2,47 |

a) Veranschaulichen Sie die Messwerte in einem x, y-Koordinatensystem.
b) Für die Funktionsanpassung bietet sich eine Gleichung der Form $y = \frac{cx}{x + d}$ an.
Zeigen Sie: Trägt man $\frac{1}{y}$ gegen $\frac{1}{x}$ in einem Koordinatensystem auf, erhält man eine Gerade mit der Steigung $\frac{d}{c}$ und dem Achsenabschnitt $\frac{1}{c}$.
c) Transformieren Sie die Werte der Tabelle nach b). Ermitteln Sie die Parameter c und d. Zeichnen Sie den Graphen der zugehörigen Funktion in das Koordinatensystem aus a) ein.

*Überlegen Sie sich Aufgabenstellungen, die Sie mithilfe der gewonnenen Funktion beantworten können.*

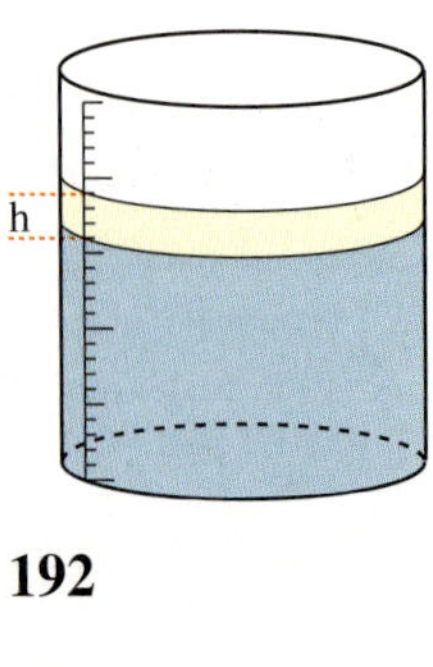


**5** In einen Messzylinder wurde Bier eingefüllt und die Höhe h der Schaumschicht in Abhängigkeit von der Zeit t gemessen. Man erhielt das folgende Ergebnis.

| t (in s) | 0 | 30 | 60 | 90 | 120 | 150 | 180 | 210 | 240 | 270 | 300 | 330 | 360 |
|---|---|---|---|---|---|---|---|---|---|---|---|---|---|
| h (in cm) | 14,5 | 12,3 | 10,5 | 9,0 | 7,6 | 6,5 | 5,6 | 4,7 | 4,0 | 3,4 | 2,9 | 2,5 | 2,1 |

a) Zeigen Sie Sie, dass eine Funktionsanpassung mit dem Ansatz $y = \frac{a}{x + b}$ nicht sinnvoll ist.
b) Führen Sie eine Funktionsanpassung mit einer Exponentialfunktion durch.

# 5 Trigonometrische Gleichungen

*Viele Maschinen enthalten so genannte Schubkurbelgetriebe. Bei der Untersuchung von Materialbeanspruchungen sind die Kenntnis der gegenseitigen Lage der Gelenke sowie die auftretenden Geschwindigkeiten von Bedeutung.*

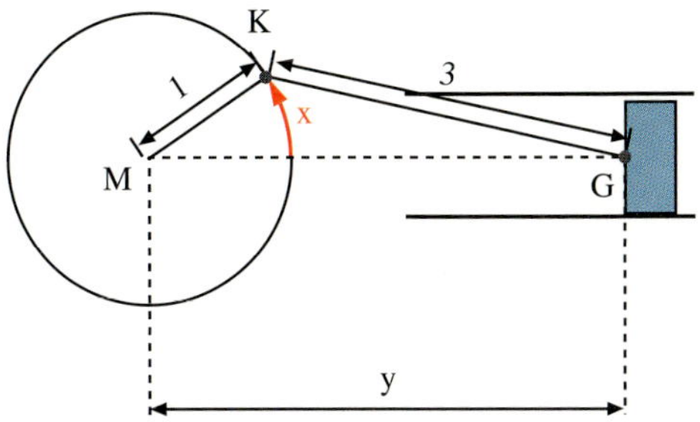

Fig. 1

**1** Bei einem Schubkurbelgetriebe wird eine Hin- und Herbewegung, beispielsweise eines Kolbens, in eine Drehbewegung umgesetzt.
Die Lage y des Gelenkkopfes G und die Lage x des Kurbelzapfens K an den Enden der Pleuelstange sind voneinander abhängig (Fig. 1). Für welche Werte von x gilt jeweils $y = 2$; $y = \sqrt{8}$; $y = 3$; $y = \sqrt{10}$; $y = 4$ bzw. $y = 5$?

Neben dem Ableiten von Funktionen ist das Lösen von Gleichungen bei der Untersuchung von Funktionen von zentraler Bedeutung.

Bestimmung der Lösungsmenge einer trigonometrischen Gleichung:
- Versuchen Sie die Gleichung auf die Form $\sin(x) = a$, $\cos(x) = a$ bzw. $\tan(x) = a$ ($a \in \mathbb{R}$) zu bringen. Die wichtigsten Hilfsmittel dazu sind die Durchführung einer Substitution oder die Verwendung trigonometrischer Beziehungen.
- Das Lösen gelingt immer mit dem GTR, allerdings nur näherungsweise. Dazu ist es nötig, den Graphen der Funktion zu kennen.

**Beispiel 1:** (Substitution: Verwenden trigonometrischer Beziehungen)
Bestimmen Sie die Lösungsmenge L der Gleichung.
a) $\sin\left(2x + \frac{1}{6}\pi\right) = 1$ b) $2 \cdot \sin(x) = \tan(x)$ in $[0; 2\pi]$
Lösung:
a) Setzt man $z = 2x + \frac{1}{6}\pi$, so ist $\sin(z) = 1$, also $z = \frac{1}{2}\pi + k \cdot 2\pi$; $k \in \mathbb{Z}$. Die Rück-Substitution liefert $2x + \frac{1}{6}\pi = \frac{1}{2}\pi + k \cdot 2\pi$, $k \in \mathbb{Z}$. Damit ist $L = \{x \mid x = \frac{1}{6}\pi + k \cdot \pi;\ k \in \mathbb{Z}\}$.
b) Mit $\tan(x) = \frac{\sin(x)}{\cos(x)}$ erhält man $2 \cdot \sin(x) - \frac{\sin(x)}{\cos(x)} = 0$ bzw. $\sin(x) \cdot \left(2 - \frac{1}{\cos(x)}\right) = 0$. Also gilt $\sin(x) = 0$ oder $2 - \frac{1}{\cos(x)} = 0$ bzw. $\cos(x) = \frac{1}{2}$. Lösungsmenge ist $L = \left\{0; \pi; \frac{1}{3}\pi; \frac{5}{3}\pi\right\}$.

*Auf ganz $\mathbb{R}$ ist $L = \{x \mid x = k \cdot \pi$ oder $x = \frac{1}{3}\pi + k \cdot 2\pi$ oder $x = \frac{5}{3}\pi + k \cdot 2\pi;\ k \in \mathbb{Z}\}$.*

**Beispiel 2:** (Verwenden des GTR)
Bestimmen Sie die Lösungsmenge der Gleichung $4 \cdot \sin^2(x) + 5\sin(x) - 6 = 0$; $x \in [0; \pi]$.
Lösung:
Man erstellt den Graphen der Funktion f mit $f(x) = 4 \cdot \sin^2(x) + 5 \cdot \sin(x) - 6$ (Fig. 2) und bestimmt mit dem GTR die Nullstellen. $L = \{0{,}848; 2{,}294\}$.

*Könnte man die Gleichung auch „von Hand" lösen?*

*Bei der Arbeit mit dem SOLVER ist ein Wert vorzugeben. Hat man keine Vorstellungen vom Graphen, kann dies zu Fehlern führen.*

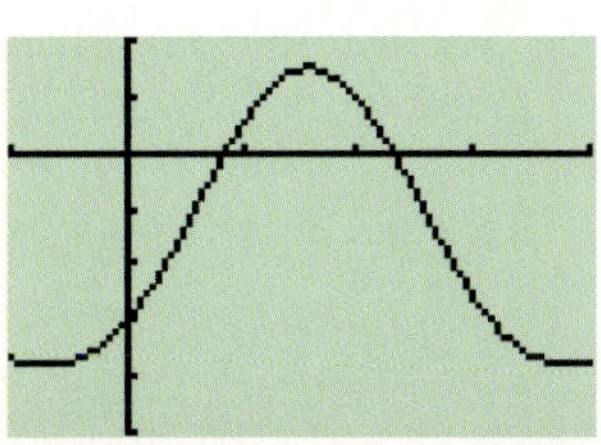
Xscl = 1; Yscl = 2 Fig. 2

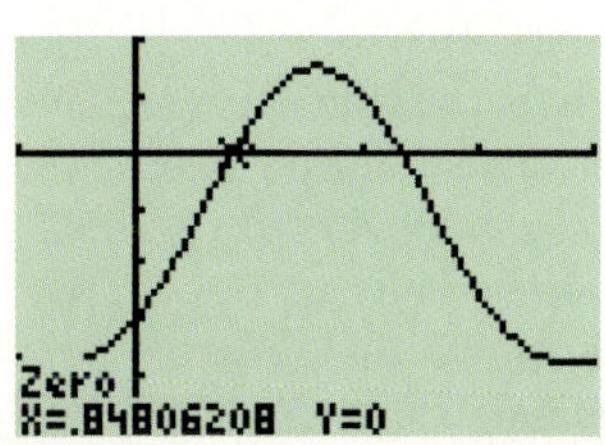

Fig. 3

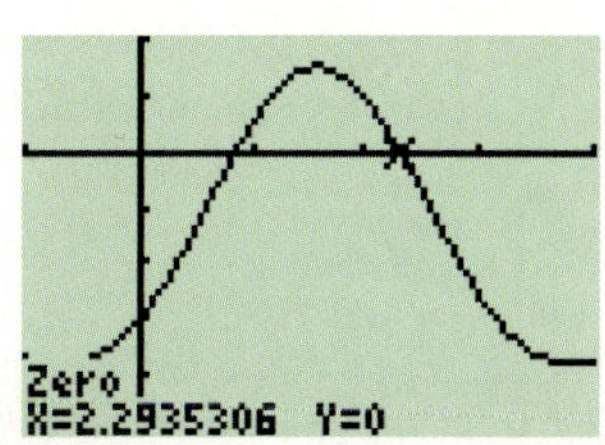

Fig. 4

## Aufgaben

*Existieren Lösungen, so liefert der Taschenrechner zur Gleichung:*
*– $\sin x = a$ eine Lösung aus $\left[-\frac{1}{2}\pi; \frac{1}{2}\pi\right]$;*
*– $\cos x = a$ eine Lösung aus $[0; \pi]$;*
*– $\tan x = a$ eine Lösung aus $\left(-\frac{1}{2}\pi; \frac{1}{2}\pi\right)$.*
*Weitere Lösungen ergeben sich aus den Symmetrieeigenschaften der zugehörigen Graphen – vgl. Beispiel 2.*

**2** Bestimmen Sie die exakten Lösungen im Intervall $[0; 2\pi)$.
a) $\sin(x) = -0{,}5$ b) $\cos(x) = 0$ c) $\tan(x) = 1$ d) $\sin^2(x) = 0{,}5$

**3** Bestimmen Sie die Lösungen im Intervall $[0; 2\pi]$.
a) $2 \cdot \sin(x) = 3$ b) $1 = 2{,}5 - \tan(x)$ c) $\cos\left(\frac{1}{2}x\right) = 0{,}3$ d) $\tan(3x - 1) = 1$

**4** Bestimmen Sie die Lösungen im Intervall $[0; 2\pi)$.
a) $\sin(x) = 2 \cdot \cos(x)$ b) $3 \cdot \cos^2(x) - 1 = \sin^2(x)$ c) $\tan(x) \cdot \cos(x) = -0{,}7$
d) $\cos^2(x) - 3 \cdot \cos(x) = 0$ e) $\tan^2(x) + 9 \cdot \tan(x) = 10$ f) $10 \cdot \sin^2(x) = 9 + 3 \cdot \cos(x)$

**5** Bestimmen Sie die Lösungsmenge im angegebenen Intervall.
a) $\sin(2x) + \cos(x) = 0;\ x \in [0; 2\pi]$ b) $\sin(x) + \cos(2x) = 0;\ x \in [0; 2\pi]$
c) $\tan(x) + \sin(x) + \cos(x) = 0;\ x \in [0; 2\pi]$ d) $\sin\left(\frac{1}{2}x\right) + \sin(2x) = 0;\ x \in [0; 2\pi]$

**6** Geben Sie eine trigonometrische Gleichung mit folgender Lösungsmenge L an.
a) $L = \{x \mid x = \pi + k \cdot 4\pi;\ k \in \mathbb{Z}\}$ b) $L = \left\{x \mid x = \frac{1}{3}\pi + k \cdot \pi \text{ oder } x = \frac{2}{3}\pi + k \cdot \pi;\ k \in \mathbb{Z}\right\}$

**7** Bestimmen Sie die Koordinaten der Schnittpunkte der Graphen von f und g auf 3 Dezimalen genau.
*Hinweis:* Statt $f(x) = g(x)$ betrachtet man die Differenzenfunktion $d(x) = f(x) - g(x)$ und berechnet ihre Nullstellen.
a) $f(x) = 1 + \sin^2(x);\ g(x) = x$ b) $f(x) = \cos(x);\ g(x) = x^2$ c) $f(x) = \sin(x);\ g(x) = x^3$

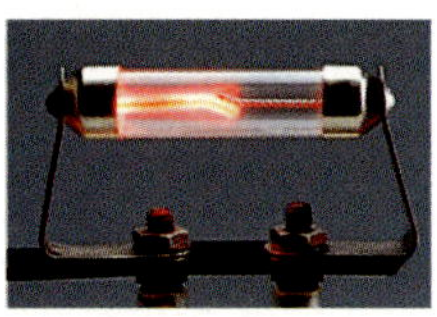

*Eine Glimmlampe kennt nur stabile Zustände:*
*1. „Lampe leuchtet“*
*2. „Lampe leuchtet nicht“.*

**8** Eine leuchtende Glimmlampe erlischt, falls der Betrag der anliegenden Spannung $U(t)$ die Löschspannung $U_L$ unterschreitet, sie leuchtet, falls derselbe die Zündspannung $U_Z$ überschreitet.
Gegeben sind $U(t) = 230\sqrt{2} \cdot \sin(100\pi t)$ in Abhängigkeit von der Zeit t (in s) sowie $U_L = 150$ (in V) und $U_Z = 200$ (in V). Wie lange leuchtet die Lampe im Zeitintervall $[0; 0{,}1]$?

**9** Das Bogenmaß des Mittelpunktwinkels $\alpha$ in Fig. 2 sei x. Die Funktion, die jedem $x \in [0; 2\pi]$ den Flächeninhalt des zugehörigen Kreissegments bzw. Kreissektors zuordnet, heiße F bzw. F*.
a) Skizzieren Sie die Graphen von F und F* in ein Koordinatensystem und geben Sie an, für welche Werte von x der momentane Zuwachs von F minimal ist
b) Zeigen Sie, dass für den Flächeninhalt des Kreisabschnitts gilt: $F(x) = \frac{1}{2}r^2(x - \sin(x))$.
c) Für welches $\alpha$ überdeckt der Kreisabschnitt 70 % der Kreisfläche (2 Dezimalen)?

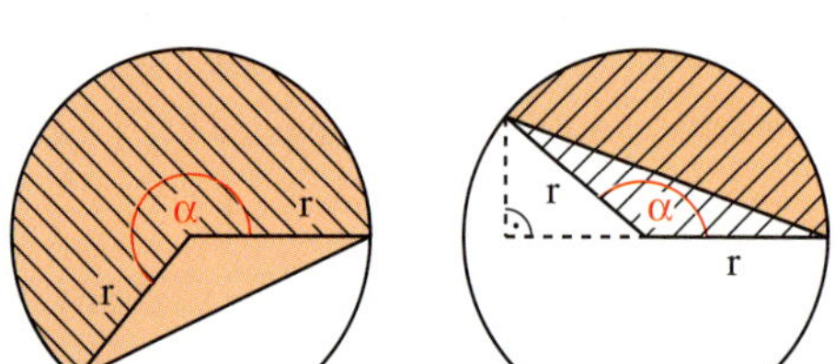


Fig. 2

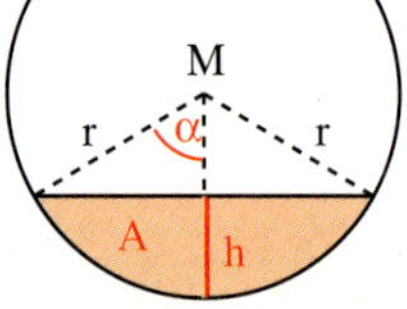


Fig. 1

*Für den Flächeninhalt A des Kreisabschnitts gilt:*
*$A = \frac{1}{2}r^2(2\alpha - \sin(2\alpha))$;*
*weiterhin ist*
*$\cos(\alpha) = 1 - 2h$.*

**10** Ein zylinderförmiger Kunststofftank fasst 2000 Liter, der Durchmesser der kreisförmigen Seitenwände beträgt jeweils 1 m. An einer der Seitenwände soll ein Markierungsstreifen angebracht werden, an dem man unmittelbar den gerade im Tank befindlichen Inhalt ablesen kann.
a) Zeigen Sie: Für die im Tank befindliche Flüssigkeitsmenge V (in $m^3$) in Abhängigkeit vom Winkel $\alpha$ ($\alpha$ im Bogenmaß) gilt: $V(\alpha) = \frac{1}{\pi} \cdot (2\alpha - \sin(2\alpha))$ (vgl. Fig. 1).
b) An welcher Stelle auf dem Markierungsstreifen ist die Marke für einen Inhalt von 200 Liter anzubringen?
c) Wo sind die Marken für 400 Liter, 600 Liter, …, 2000 Liter anzubringen?

# 6 Untersuchung trigonometrischer Funktionen

**1** Gegeben sind Funktionen der Form $x \mapsto \sin(a \cdot x) + \sin(b \cdot x)$.
a) Fig. 1 zeigt den Graphen für $a = 5$ und $b = \frac{1}{4}$. Erkennen Sie eine Periode?

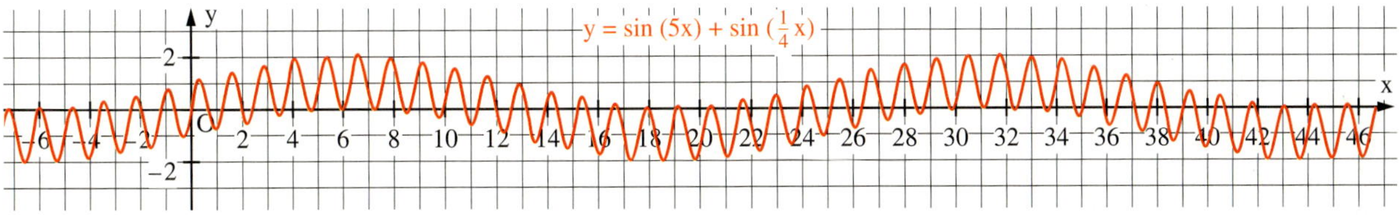


Fig. 1

b) Zeichnen Sie mit einem Computerprogramm Graphen für weitere Werte von a und b. Geben Sie gegebenenfalls die Periode der zugehörigen Funktion an.
c) Stellen Sie eine Vermutung auf, wie man aus a und b die Periode bestimmen kann.

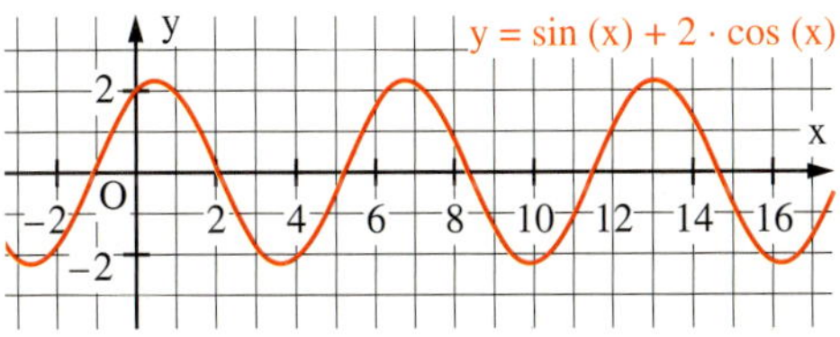


Fig. 2

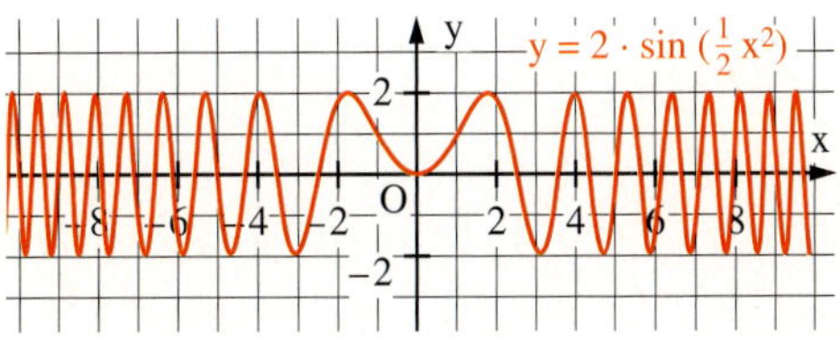


Fig. 3

Funktionen der Form $x \mapsto a \cdot \sin[b(x - c)]$ bzw. $x \mapsto a \cdot \cos[b(x - c)]$ mit $a > 0$, $b > 0$ haben die Periode $p = \frac{2\pi}{b}$. Aber auch die Funktion f mit $f(x) = \sin(x) + 2 \cdot \cos(x)$ ist periodisch (vgl. Fig. 2). Dagegen ist die Funktion g mit $g(x) = 2 \cdot \sin\left(\frac{1}{2}x^2\right)$ nicht periodisch (vgl. Fig. 3).

Zu den bisherigen Punkten einer Funktionsuntersuchung kommt also bei trigonometrischen Funktionen (dies sind Funktionen, deren Funktionsterm trigonometrische Terme enthält) die Untersuchung auf Periodizität hinzu.

Die Ermittlung der Periode kann im Einzelfall sehr schwierig sein. Häufig muss man sich damit begnügen, mithilfe einer Skizze eine Vermutung über die Periode p zu bekommen und diese dann mit der Bedingung $f(x + p) = f(x)$ für alle x zu bestätigen (vgl. Beispiel 1).

**Beispiel 1:** (Bestimmung einer Periode mithilfe eines Graphen)
Gegeben ist die Funktion f mit $f(x) = \sin(x) \cdot \cos(x)$. Skizzieren Sie den Graphen von f und stellen Sie eine Vermutung über die Periode auf.
Bestätigen Sie die Vermutung rechnerisch.

*Zum einfacheren Vergleich kann man auch den Graphen von g mit $g(x) = \sin(x)$ gleichzeitig anzeigen.*

Lösung:
Man zeichnet mit dem GTR den Graphen der Funktion f (Fig. 4). Zusammen mit den Werten von Fig. 4 gelangt man zu der Vermutung:
Die Funktion hat die Periode $p = \pi$.
Rechnerische Bestätigung:

*Aus der Formelsammlung:*
$\sin(x + y) = \sin(x) \cdot \cos(y) + \cos(x) \cdot \sin(y)$
$\cos(x + y) = \cos(x) \cdot \cos(y) - \sin(x) \cdot \sin(y)$

$f(x + \pi) = \sin(x + \pi) \cdot \cos(x + \pi)$
$= (\sin(x) \cdot \cos(\pi) + \cos(x) \cdot \sin(\pi)) \cdot (\cos(x) \cdot \cos(\pi)$
$- \sin(x) \cdot \sin(\pi))$
$= (\sin(x) \cdot (-1) + \cos(x) \cdot 0) \cdot (\cos(x) \cdot (-1) - \sin(x) \cdot 0)$
$= -\sin(x) \cdot (-\cos(x)) = \sin(x) \cdot \cos(x) = f(x)$ für alle $x \in \mathbb{R}$.

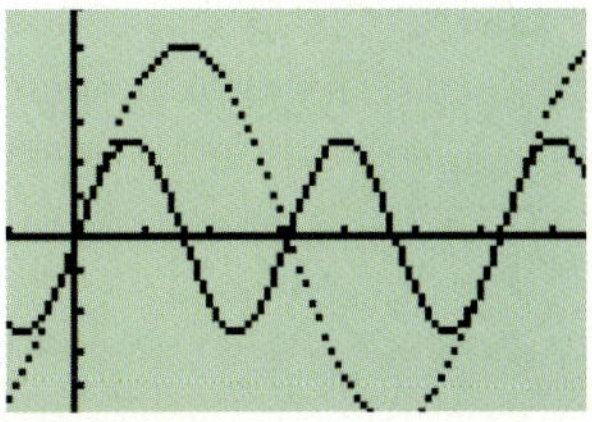

Fig. 4

**Beispiel 2:** (Funktionsuntersuchung, teilweise mit dem GTR)
Gegeben ist die Funktion f mit $f(x) = \sin(x) - \cos(2x)$.
a) Erstellen Sie mit dem GTR einen aussagekräftigen Teil des Graphen von f, lesen Sie die mögliche Periode ab und bestätigen Sie Ihre Vermutung über die Periode durch Rechnung.
b) Berechnen Sie die Schnittpunkte des Graphen von f mit der x-Achse.
c) Leiten Sie die Funktion f zweimal ab und berechnen Sie die Extremwerte von f.
d) Bestimmen Sie mit dem GTR die Wendepunkte des Graphen von f.
Lösung:
a) Der Graph (Fig. 1) legt die Vermutung nahe: $p = 2\pi$.

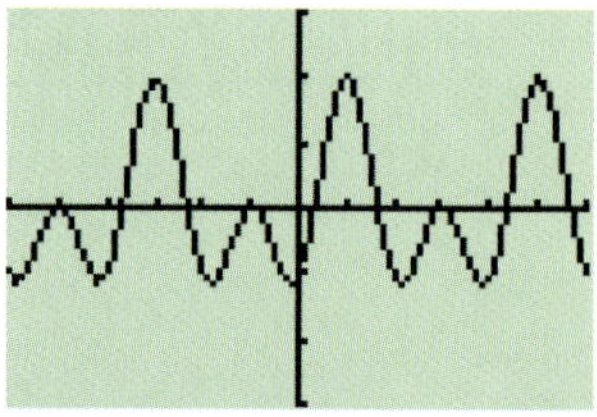
$\text{Xscl} = \frac{1}{2}\pi$; $\text{Yscl} = 1$ Fig. 1

Überprüfung: Es gilt für alle x

*Aus der Formelsammlung:*
*$\sin(x + k \cdot 2\pi) = \sin(x)$*
*$\cos(x + k \cdot 2\pi) = \cos(x)$*
*$\cos(2x) = 1 - 2 \cdot \sin^2(x)$*
*$\sin(2x) = 2 \cdot \sin(x) \cdot \cos(x)$*

$$\begin{aligned} f(x + 2\pi) &= \sin(x + 2\pi) - \cos(2 \cdot (x + 2\pi)) \\ &= \sin(x) - \cos(2x + 4\pi) \\ &= \sin(x) - \cos(2x) = f(x) \end{aligned}$$

Es genügt, die Funktion f für $0 \leqq x < 2\pi$ zu untersuchen.
b) Bedingung: $\sin(x) - \cos(2x) = 0$.
Mit $\sin(x) - (1 - 2\sin^2(x)) = 0$ erhält man
$2\sin^2(x) + \sin(x) - 1 = 0$ mit den Zwischenlösungen
$\sin(x) = -1$ und $\sin(x) = \frac{1}{2}$. Daraus ergeben sich die Lösungen $x_1 = \frac{1}{6}\pi$; $x_2 = \frac{5}{6}\pi$; $x_3 = \frac{3}{2}\pi$;
Schnittpunkte des Graphen mit der x-Achse im Periodenintervall: $N_1\left(\frac{1}{6}\pi \middle| 0\right)$; $N_2\left(\frac{5}{6}\pi \middle| 0\right)$; $N_3\left(\frac{3}{2}\pi \middle| 0\right)$.

*Man setzt $\sin(x) = u$*
*$2u^2 + u - 1 = 0$ hat die Lösungen $u_1 = -1$ und $u_2 = \frac{1}{2}$.*

c) Ableitungen: $f'(x) = \cos(x) + 2\sin(2x) = \cos(x) + 4\sin(x) \cdot \cos(x) = \cos(x) \cdot (1 + 4\sin(x))$;
$f''(x) = -\sin(x) + 4\cos(2x)$; $f'''(x) = -\cos(x) - 8\sin(2x)$
Notwendige Bedingung für Extrempunkte: $f'(x) = \cos(x) \cdot (1 + 4 \cdot \sin(x)) = 0$ ergibt
$\cos(x) = 0$ mit $x_4 = \frac{1}{2}\pi$; $x_5 = \frac{3}{2}\pi$ und $\sin(x) = -\frac{1}{4}$ mit $x_6 \approx 3{,}394$; $x_7 \approx 6{,}031$
Hinreichende Bedingung:

*Hier wird der Aufwand sehr groß, wenn man den GTR nicht verwendet.*

$x_4 = \frac{1}{2}\pi$: $f'(x_4) = 0$; $f''(x_4) = -5 < 0$; $f(x_4) = 2$ ist ein lokales Maximum;
$x_5 \approx 3{,}394$: $f'(x_5) = 0$; $f''(x_5) \approx 3{,}75 > 0$; $f(x_5) \approx -1{,}125$ ist ein lokales Minimum;
$x_6 = \frac{3}{2}\pi$: $f'(x_6) = 0$; $f''(x_6) = -3 < 0$; $f(x_6) = 0$ ist ein lokales Maximum;
$x_7 \approx 6{,}031$: $f'(x_7) = 0$; $f''(x_7) \approx 3{,}75 > 0$; $f(x_7) = -1{,}125$ ist ein lokales Minimum;
Extrempunkte für $0 \leqq x < 2\pi$ sind die Hochpunkte $H_1\left(\frac{1}{2}\pi \middle| 2\right)$, $H_2\left(\frac{3}{2}\pi \middle| 0\right)$ und die TiefpunkteT$_1(3{,}394 | -1{,}125)$, $T_2(6{,}031 | -1{,}125)$.
d) Notwendige Bedingung: $f'' = -\sin(x) + 4 \cdot \cos(2x) = 0$. Da die 2. Ableitung bekannt ist, bestimmt man die Nullstellen des Graphen von f″ im Periodenintervall (Fig. 2 bis Fig. 5)

*Wie könnte man die Wendepunkte des Graphen von f noch bestimmen?*

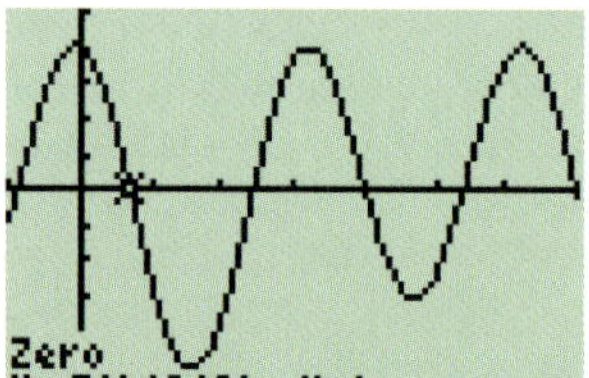

Fig. 2

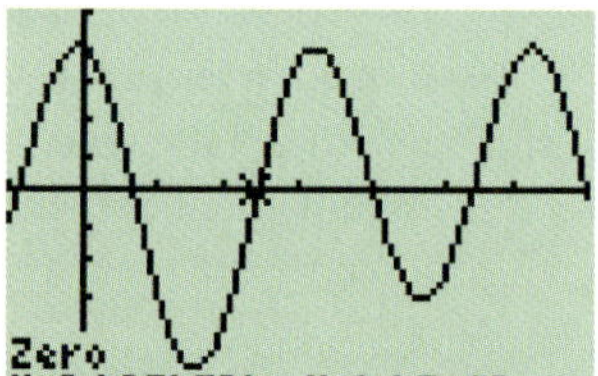

Fig. 3

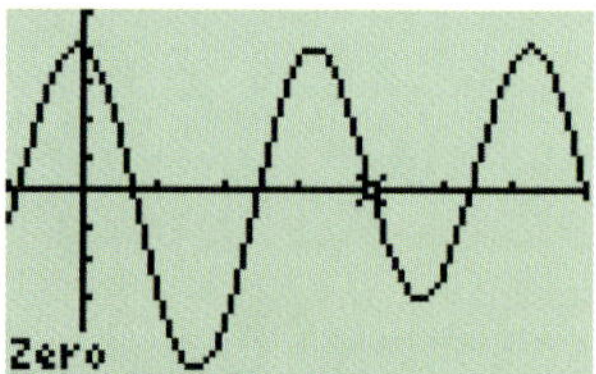

Fig. 4

Man erhält die Funktionswerte der Wendepunkte, indem man den Funktionswert $f(x_i)$ an den Nullstellen von f″ berechnet.
Damit findet man für $0 \leqq x < 2\pi$ die Wendepunkte:
$W_1(0{,}704 | 0{,}486)$;
$W_2\ (2{,}437 | 0{,}486)$;
$W_3(4{,}024 | -0{,}579)$;
$W_4(5{,}402 | -0{,}579)$

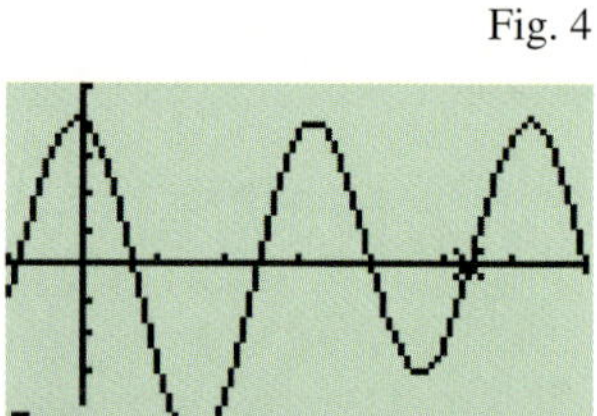

Fig. 5

## Aufgaben

**2** Stellen Sie eine Vermutung über die Periode von f auf und bestätigen Sie diese rechnerisch.
a) $f(x) = \sin(x) \cdot \sin(2x)$ b) $f(x) = \sin^2(x)$ c) $f(x) = \sin^2(x) - \sin(2x)$

**3** Gegeben ist die Funktion f mit $f(x) = \sin(2x) - \cos(x)$.
a) Erstellen Sie mit dem GTR einen aussagekräftigen Teil des Graphen von f. Lesen Sie die mögliche Periode ab und bestätigen Sie Ihre Vermutung über die Periode durch Rechnung.
b) Berechnen Sie die Schnittpunkte des Graphen von f mit der x-Achse.
c) Leiten Sie die Funktion f zweimal ab und berechnen Sie die Extremwerte von f.
d) Bestimmen Sie mit dem GTR die Wendepunkte des Graphen von f.

**4** Untersuchen Sie die Funktion f mit dem GTR. Bestätigen Sie dabei rechnerisch die abgelesene Periode und die Nullstellen.
a) $f(x) = \sin^3(x)$ b) $f(x) = \sin(x) + \cos(2x)$ c) $f(x) = \sin(x) - \sin(2x)$

**5** Gegeben ist die Funktion f. Ihr Graph sei K. Zeichnen Sie K in einem geeigneten Bereich und untersuchen Sie K auf Extrem- und Wendestellen.
a) $f(x) = x + \sin(x)$. Berechnen Sie die Stellen größter Steigung im Intervall $[-2;\ 5]$
b) $f(x) = x - \sin(x)$. Weisen Sie durch Rechnung nach, dass f keine Extremwerte besitzt.

**6** Gegeben ist die Funktion f mit $f(x) = 1 + \cos(2x) + 2 \cdot \cos(x)$.
Zeigen Sie unter Verwendung der Beziehung $\cos(2x) = 2 \cdot \cos^2(x) - 1$, dass der Graph von f symmetrisch zur y-Achse ist.

**7** Gegeben ist die Funktion f mit $f(x) = a \cdot x + b \cdot \sin(x)$; $a \neq 0$; $b \neq 0$.
Berechnen Sie a und b so, dass der Graph von f in $P\left(\pi \middle| \frac{1}{2}\pi\right)$ die Steigung $-\frac{1}{2}$ hat.
Zeichnen Sie den Graphen von f.

**8** Für jedes $t > 0$ ist eine Funktion $f_t$ gegeben durch $f_t(x) = t + t \cdot \cos(x)$ mit $-\pi \leqq x \leqq \pi$.
a) Skizzieren Sie die Graphen von $f_t$ für $t_1 = 1$ und $t_2 = 2$ in ein gemeinsames Koordinatensystem.
b) Ermitteln Sie für $x > 0$ die Gleichung der Wendetangente des Graphen von $f_t$.
c) Der Graph von $f_t$, die Wendetangente aus Teilaufgabe b) und die y-Achse begrenzen eine Fläche. Berechnen Sie deren Inhalt.
d) Es sei $P(u|v)$ mit $0 < u < \pi$ ein Punkt auf dem Graphen von $f_t$ für $t = 2$. Die Parallelen zu den Koordinatenachsen durch P und die Koordinatenachsen bilden ein Rechteck. Für welchen Wert von u wird der Umfang des Rechtecks extremal?
Bestimmen Sie die Art des Extremums.

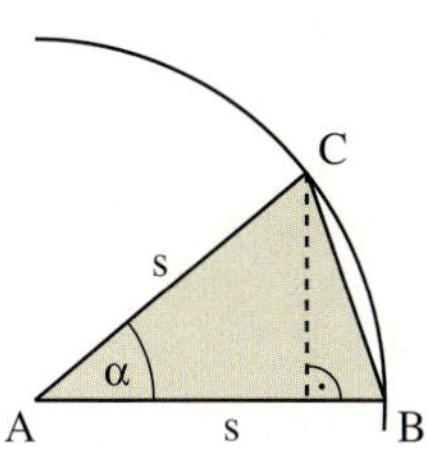

Fig. 1

**9** Für welchen Wert von $\alpha \in (0°;\ 180°)$ ist der Flächeninhalt des gleichschenkligen Dreiecks ABC (Fig. 1) maximal? Geben Sie den maximalen Inhalt an.
a) Argumentieren Sie ohne trigonometrische Überlegungen.
b) Verwenden Sie eine trigonometrische Funktion, wobei x das Bogenmaß von α ist.

**10** Für jedes $a_1 \in \mathbb{R}$ und jedes $a_2 \in \mathbb{R}$ ist eine Funktion $f\colon x \mapsto a_1 \cdot \sin(x) + a_2 \cdot \cos(x)$ gegeben. Die Funktion f kann in der Form $x \mapsto a \cdot \sin(x + x_0)$ geschrieben werden.
a) Beweisen Sie mithilfe der Formeln $\sin(x + x_0) = \sin(x) \cdot \cos(x_0) + \cos(x) \cdot \sin(x_0)$ und $\sin^2(x_0) + \cos^2(x_0) = 1$ diesen Zusammenhang.
b) Stellen Sie die Funktion f mit $f(x) = 3 \cdot \sin(x) + 4 \cdot \cos(x)$ in der Form $f(x) = a \cdot \sin(x + x_0)$ dar.

# 7 Anwendungen und Funktionsanpassung bei trigonometrischen Funktionen

**1** Ein Kühlschrank ist auf 6 °C eingestellt. Ein Thermometer zeigt momentan 6 °C. Er hat sich nach 1 Stunde auf 8 °C aufgewärmt. Jetzt wird automatisch das Kühlaggregat eingeschaltet, das den Kühlschrank in 6 Minuten auf 6 °C abkühlt. Dann schaltet es ab. Der Kühlschrank erwärmt sich nun allmählich wieder.

*Ist dieser Vorgang mit einer Sinusfunktion sinnvoll zu modellieren?*

a) Wie lang ist eine Periode dieses Vorgangs?
b) Skizzieren Sie grob den zeitlichen Verlauf der Temperatur im Kühlschrank.

Viele Vorgänge in der Technik und der Natur haben periodische Verläufe. Modelliert man den Verlauf durch eine Funktion f, so kann man mit ihrer Hilfe reale Fragen beantworten. Ist ein sinusförmiger periodischer Vorgang vorgelegt, so kann man die zugehörige Funktion f mit $f(x) = a \cdot \sin(b \cdot (x - x_0)) + y_0$ sehr einfach ermitteln. Die unbekannten Parameter a, b, $x_0$ und $y_0$ berechnet man unter Zuhilfenahme von Fig. 1: $a = \frac{1}{2}(v - u)$, v Maximum, u Minimum des Graphen;
$y_0 = u + a = u + \frac{1}{2}(v - u) = \frac{1}{2}(u + v)$;
$b = \frac{2\pi}{p}$, da die Periode $p = \frac{2\pi}{b}$ ist;
$x_0$ liest man aus der Zeichnung ab.

*In gleicher Weise kann man bei einer Kosinusfunktion vorgehen.*

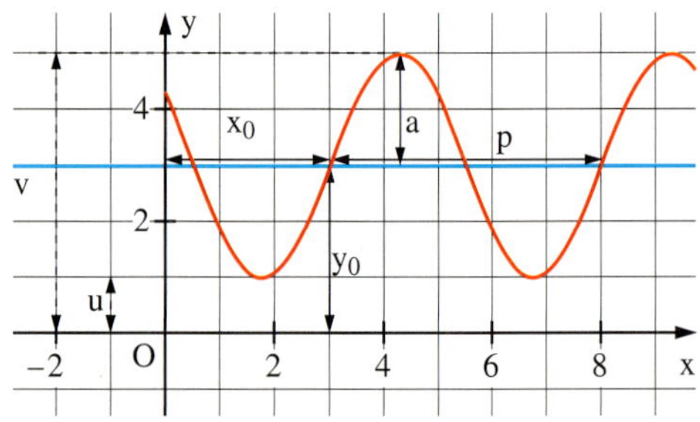


Fig. 1

**Beispiel 1:** (Modellierung mit einer Sinusfunktion)
Die Wassertiefe bei der Einfahrt zu einer Anlegestelle eines kleineren Hafens variiert laufend infolge der Gezeiten. Am Tage der Beobachtung ist die Flut um 04.20 Uhr bei einer Wassertiefe von 5,2 m, Ebbe ist um 10.32 Uhr bei einer Wassertiefe von 2,0 m.
a) Geben Sie eine von der Zeit abhängige Funktion an, die die Wassertiefe modelliert.
b) Ein größeres Schiff benötigt mindestens 3 m Wassertiefe, um anzulegen. In welcher Zeit am Nachmittag ist dies möglich?
c) Wann fällt der Wasserspiegel am schnellsten?
Lösung:
a) Zunächst fertigt man eine Skizze (Fig. 2).
Ansatz: $w(t) = a \cdot \cos(b \cdot t) + y_0$.
$a = \frac{5{,}2 - 2{,}0}{2} = 1{,}6$; $y_0 = \frac{5{,}2 + 2{,}0}{2} = 3{,}6$;
$p = 2 \cdot \left(10\frac{32}{60} - 4\frac{20}{60}\right) = 2 \cdot 6\frac{1}{5} = 12{,}4$, also
$b = \frac{2\pi}{12{,}4} \approx 0{,}507$. Gesuchte Funktion:
$w(t) = 1{,}6 \cdot \cos(0{,}507 \cdot t) + 3{,}6$

*Um die Uhrzeit direkt angeben zu können, kann man den Graphen noch um $4\frac{20}{60}$ nach rechts verschieben. Man erhält dann $w(t) = 1{,}6 \cdot \cos(0{,}507(t - 4{,}33)) + 3{,}6$.*

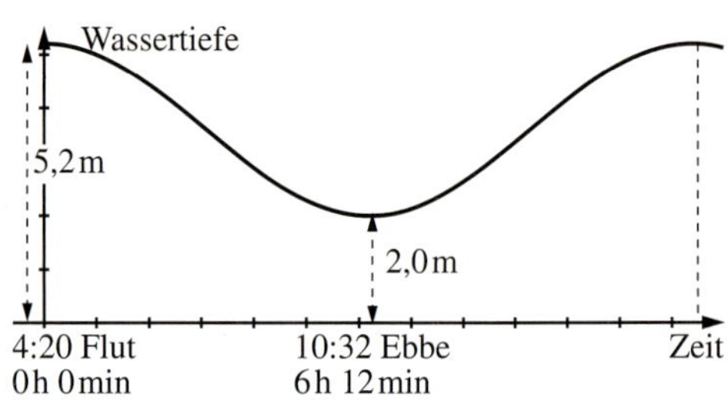


Fig. 2

b) Es ist der Graph von w mit der Geraden mit der Gleichung $y = 3$ zu schneiden. Mit dem GTR (Fig. 3) erhält man $t_1 \approx 8{,}54$ und $t_2 \approx 16{,}25$, das entspricht $8{,}54\,\text{h} + 4{,}33\,\text{h} = 12{,}87\,\text{h} \approx 12\frac{52}{60}\,\text{h}$ und $16{,}25\,\text{h} + 4{,}33\,\text{h} = 20{,}58\,\text{h} \approx 20\frac{35}{60}\,\text{h}$, gerechnet von 0 Uhr ab.
Damit erhält man eine Wassertiefe von mehr als 3 m zwischen etwa 12.52 Uhr und 20.35 Uhr.
c) Es ist $w'(t) = -0{,}8112 \cdot \sin(0{,}507 \cdot t)$. Das Minimum der Funktion w′ ermittelt man mit dem GTR zu $t_1 \approx 3{,}10$.
Daraus errechnet man die Zeit $3{,}10\,\text{h} + 4{,}33\,\text{h} = 7{,}43\,\text{h} \approx 7\frac{26}{60}\,\text{h}$.
Damit fällt der Wasserspiegel am raschesten um ca. 7.26 Uhr und dann wieder nach $p = 12{,}4$ h um ca. 19.50 Uhr.

**Beispiel 2:** (Funktionsanpassung mit einer Sinusfunktion und dem GTR)
Fig. 1 zeigt die Monatsmittelwerte der Temperatur in der Stadtmitte von Stuttgart.

| Jan | Feb | Mär | Apr | Mai | Jun | Jul | Aug | Sep | Okt | Nov | Dez |
|---|---|---|---|---|---|---|---|---|---|---|---|
| 1,2 | 2,4 | 5,9 | 9,5 | 13,7 | 17,1 | 18,8 | 18,1 | 15,0 | 10,2 | 5,5 | 2,2 |

a) Untersuchen Sie, ob eine Funktionsanpassung durch eine Sinusfunktion möglich ist.
b) Geben Sie an, an wie vielen Tagen die mittlere Temperatur unter 10 °C liegt.
Lösung:
a) Man gibt die Werte der Tabelle in eine Liste ein (Fig. 1). Anschließend aktiviert man das Plotten der Punkte (Fig. 2); man erhält dann den Graphen von Fig. 3. Man kann eine Sinuskurve vermuten.
Um diese zu erhalten, aktiviert man die Funktionsanpassung (Fig. 4). Anschließend gibt man ein, welche Werte verwendet werden sollen, hier L1 und L2 und gibt an, dass die Funktion unter Y1 abgelegt werden soll (Fig. 5, 6).
Fig. 7 zeigt den Graphen.

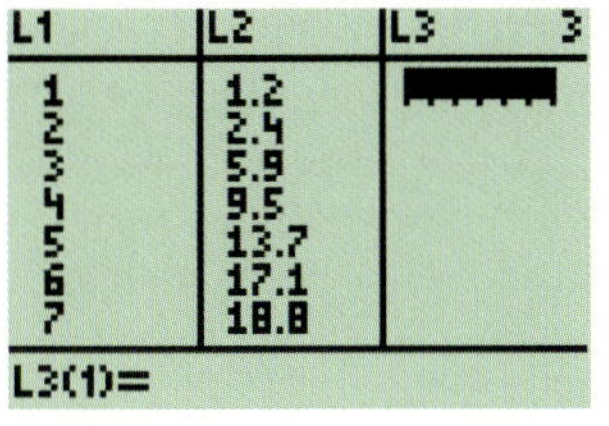

Fig. 1

Fig. 2

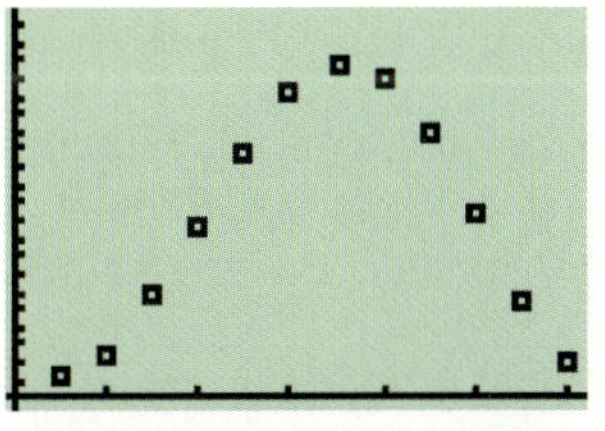
Fig. 3

Fig. 4

Fig. 5

Fig. 6

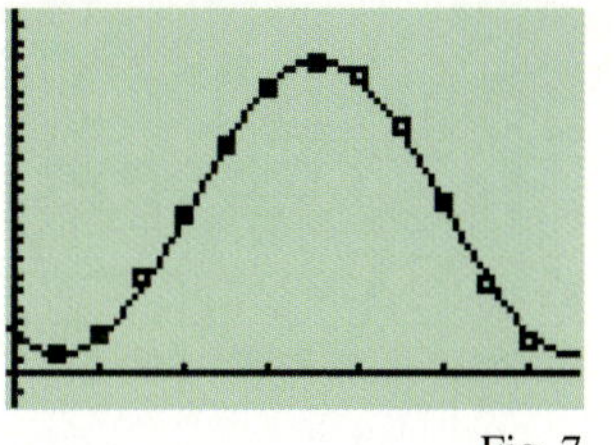
Fig. 7

b) Der Graph der Sinusfunktion wird mit der Geraden mit der Gleichung $y = 10$ zum Schnitt gebracht. Man erhält mithilfe des GTR die Schnittstellen $t_1 \approx 4{,}08$ und $t_2 \approx 10{,}05$. Die Differenz ist $5{,}97 \approx 6$. Damit muss in Stuttgart Stadtmitte etwa ein halbes Jahr geheizt werden.

*Könnte man die Schnittpunkte auch ohne den GTR rechnerisch ermitteln?*

## Aufgaben

**2** Eine Uhr hat ein Pendel mit einem maximalen Ausschlag gegenüber der Nulllage von 10 cm. Das Pendel hat eine Schwingungsdauer von 1,5 Sekunden.
a) Geben Sie eine Funktion an, die diesen Vorgang modelliert.
b) Zu welchem Zeitpunkt erfährt das Pendel seine größte Beschleunigung?

**3** Die Tabelle zeigt jeweils zur Monatsmitte die Sonnenhöchststände in Stuttgart.

| Jan | Feb | Mär | Apr | Mai | Jun | Jul | Aug | Sep | Okt | Nov | Dez |
|---|---|---|---|---|---|---|---|---|---|---|---|
| 19 | 27 | 39 | 50 | 61 | 66 | 63 | 55 | 42 | 31 | 22 | 18 |

a) Ist der Verlauf sinusförmig? Modellieren Sie den Verlauf wie in Beispiel 1.
b) Wann ist Sonnenhöchststand? Bestimmen Sie ihn und vergleichen Sie mit der Realität.

**4** Die Tabelle gibt die absolute monatliche Tiefsttemperatur (2. Zeile) und Höchsttemperatur an (3. Zeile) der „Solarstadt“ Freiburg an.

| Jan | Feb | Mär | Apr | Mai | Jun | Jul | Aug | Sep | Okt | Nov | Dez |
|---|---|---|---|---|---|---|---|---|---|---|---|
| –1,6 | –1,0 | 1,7 | 5,0 | 8,9 | 12,0 | 13,8 | 13,3 | 10,7 | 6,4 | 2,5 | –0,8 |
| 4,0 | 5,6 | 11,1 | 15,3 | 19,7 | 22,8 | 24,7 | 24,3 | 20,8 | 14,3 | 8,5 | 4,6 |

a) Sofern die Temperaturverläufe einigermaßen sinusförmig sind, nehmen Sie entsprechende Funktionsanpassungen mit dem GTR vor.

b) Berechnen Sie mithilfe der ermittelten Funktionen den oder die Tage mit dem größten Temperaturunterschied und vergleichen Sie das Ergebnis mit den Werten der Tabelle.

**5** An einem Sommertag in Stuttgart wurden um 14.00 Uhr als höchste Temperatur 30 °C gemessen, am frühen Morgen dieses Tages betrug die tiefste Temperatur 16 °C. Im Folgenden wird angenommen, die Funktion f(t) mit $f(t) = a \cdot \sin\left(\frac{1}{12}\pi t + e\right) + d$ beschreibe die Temperatur (in °C) an diesem Tag in Abhängigkeit von der Zeit t (in Stunden) nach Mitternacht.

a) Bestimmen Sie a, e, und d.

b) Um wie viel Uhr ist die momentane Temperaturänderung maximal?

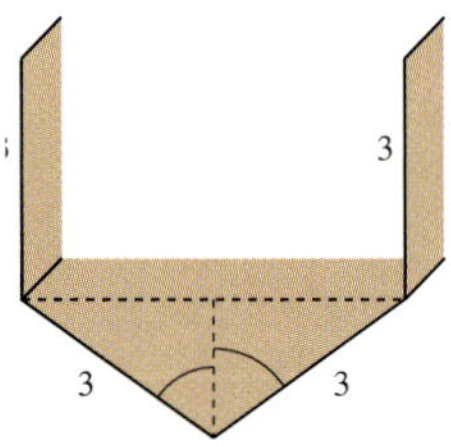

Fig. 1

**6** Aus vier gleich breiten Brettern soll eine oben offene Rinne (Fig. 1) hergestellt werden, so dass zwei ihrer Wände parallel sind. Wie ist der Winkel α zwischen den beiden anderen Wänden zu wählen, damit das Fassungsvermögen der Rinne möglichst groß wird?

**7** Fig. 2 zeigt den Graphen einer gedämpften Schwingung. Die zugehörige allgemeine Funktion ist s mit $s(t) = a \cdot e^{-k \cdot t} \cdot \sin(\omega \cdot t)$.

a) Variieren Sie die Parameter a, k und ω und beschreiben Sie die Auswirkungen auf den Graphen. Arbeiten Sie mit dem GTR.

b) Ist der Graph einer gedämpften Schwingung vorgegeben, so kann man die Parameter a, k und ω aus der Lage der Maxima und der Nullstellen berechnen.

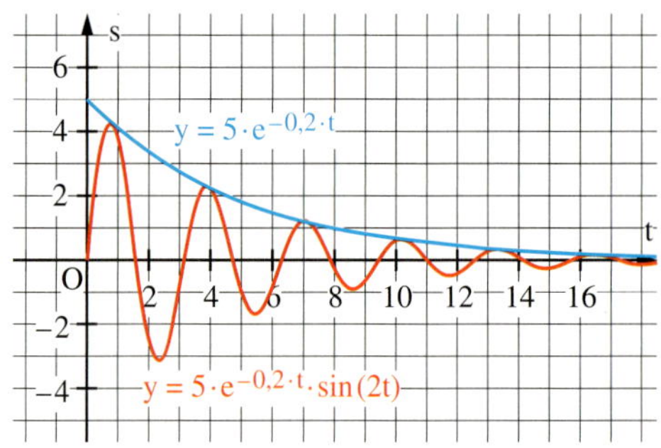

Fig. 2

**8** Eine an einer Feder befestigte Kugel schwingt auf und ab. Ihre Höhe h (in dm) über einem Tisch wird in Abhängigkeit von der Zeit t (in s) modellhaft beschrieben durch $h(t) = e^{kt} \cdot \sin(bt) + d$ (Fig. 3). Ermitteln Sie „passende“ Werte für die Parameter k, b und d.

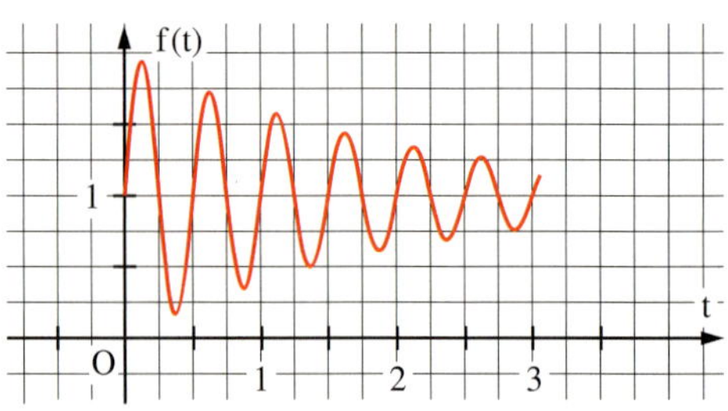

Fig. 3

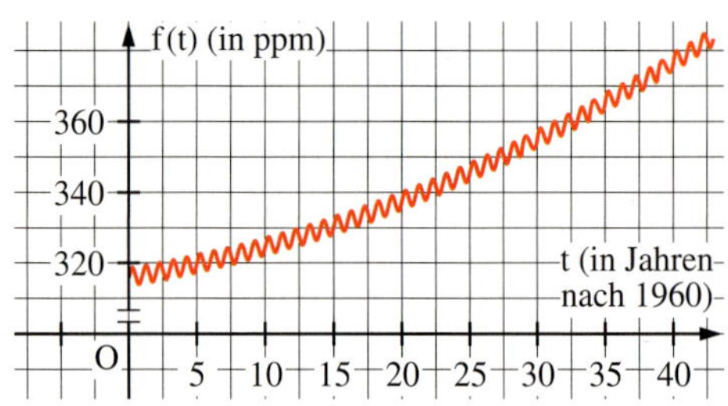

Fig. 4

*Jährliche Schwankungen des $CO_2$-Gehalts hängen unter anderem mit dem Rhythmus des Pflanzenwachstums zusammen.*

*Als Folge eines erhöhten $CO_2$-Gehalts wird wegen des Treibhauseffekts eine globale Erwärmung befürchtet.*

**9** Fig. 4 zeigt die Entwicklung des $CO_2$-Gehalts f (in ppm) der Erdatmosphäre.

a) Beschreiben und begründen Sie die Entwicklung des $CO_2$-Gehalts.

b) f lässt sich beschreiben durch $f(t) = (k_0 + k_1 t + k_2 t^2) + a \cdot \sin(bt)$, hierbei ist t die Zeit (in Jahren) nach 1960. Ermitteln Sie „passende“ Werte für die Parameter $k_0$, $k_1$, $k_2$, a und b.

# 8 Vermischte Aufgaben

## Gebrochenrationale Funktionen

**1** Leiten Sie möglichst auf zwei verschiedene Arten ab. Überprüfen Sie Ihre Ergebnisse.

a) $f(x) = \frac{e^x}{x}$ b) $f(x) = \frac{x^2 + x}{e^x}$ c) $f(x) = \frac{x + e^x}{x}$ d) $f(x) = \frac{e^x + x^2}{e^{2x}}$

e) $f(x) = e^{2x} + \frac{e^x}{x^2}$ f) $f(x) = \frac{x^2 + x \cdot e^x}{x^2}$ g) $f(x) = \frac{e^{2x} + e^x + x}{x \cdot e^x}$ h) $f(x) = \frac{1 - x - e^{-x}}{e^{2x}}$

**2** Geben Sie die Definitionsmenge an. Untersuchen Sie den Graphen von f auf Symmetrie, Schnittpunkte mit den Achsen sowie auf Asymptoten. Skizzieren Sie den Graphen von f.

a) $f(x) = \frac{x^3 + 1}{x^3}$ b) $f(x) = \frac{4(x^2 - 1)}{x^2 - 9}$ c) $f(x) = \frac{x + 1}{x^2 - 1}$ d) $f(x) = \frac{x - 1}{x^3 - 4x}$

**3** Skizzieren Sie den Graphen der Funktion f mit $f(x) = \frac{1}{x^n}$, $n \in \mathbb{N}$.

a) Bestimmen Sie in einem beliebigen Punkt $P_1(x_1|y_1)$ des Graphen die Gleichung der Tangente. Berechnen Sie den Schnittpunkt $P_2(x_2|0)$ dieser Tangente mit der x-Achse.

b) Weisen Sie nach, dass gilt: $x_2 : x_1 = (n + 1) : n$. Geben Sie mithilfe dieser Aussage eine Konstruktion der Tangente in einem Punkt $P_1(x_1|y_1)$ des Graphen von f mit $f(x) = x^{-2}$ an.

**4** Führen Sie eine vollständige Funktionsuntersuchung von f durch. Gehen Sie dabei folgendermaßen vor:

(1) Verschaffen Sie sich mit dem GTR zuerst einen Überblick über den Graphen der Funktion f.

(2) Untersuchen Sie anschließend die Funktion nur unter Heranziehung des Funktionsterms auf Symmetrie, Polstellen, Nullstellen und Asymptoten.

(3) Bestimmen Sie die Extremwerte von f mit dem GTR. Berechnen Sie diese auch exakt.

a) $f(x) = \frac{x^2 - 1}{2x}$ b) $f(x) = \frac{2 - x}{x^2}$ c) $f(x) = \frac{x^2}{4} - \frac{2}{x}$ d) $f(x) = 3 + \frac{6}{x} - \frac{4}{x^2}$

**5** Es sei K der Graph der Funktion f mit $f(x) = \frac{x^2 - 18}{x - 5}$.

*Bei c) hilft kein GTR!*

a) Untersuchen Sie K mit dem GTR und geben Sie die Nullstellen, Polstellen und die Gleichungen aller Asymptoten an.

b) Die Parabel mit der Gleichung $y = x^2$ schneidet K in drei Punkten. Bestimmen Sie die drei Schnittpunkte.

c) Aus welchen Parallelen zur x-Achse schneidet K eine Strecke der Länge 1,5 LE aus?

**6** a) Untersuchen und zeichnen Sie die Funktion f mit $f(x) = \frac{x^2 - 4x + 1}{x^2 + 1}$.

b) Berechnen Sie die Schnittpunkte des Graphen von f mit der Geraden mit der Gleichung $y = -x + 1$.

c) Bestimmen Sie den Inhalt der Fläche, den der Graph von f mit der Geraden $y = -x + 1$ einschließt.

**7** Einem Würfel mit der Kantenlänge a wird ein senkrechter Kreiskegel so umbeschrieben, dass vier Eckpunkte in der Grundkreisebene und vier Eckpunkte auf dem Kegelmantel liegen (Fig. 1).

a) Zeigen Sie mithilfe des 2. Strahlensatzes, dass für das Volumen des Kegels gilt:

$V(x) = \frac{\sqrt{2}}{3} \cdot a \cdot \pi \cdot \frac{x^3}{\sqrt{2} \cdot x - a}$.

b) Für welchen Grundkreisradius wird das Volumen des Kegels am kleinsten?

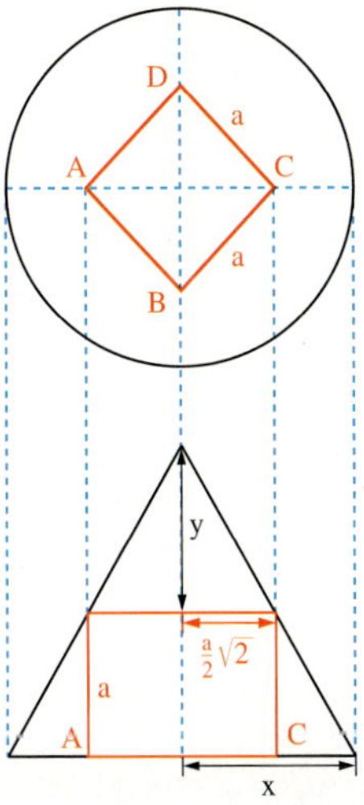

Fig. 1

**8** Zeichnen Sie den Graphen der Funktion f sowie dessen Asymptote für $x \to +\infty$ bzw. $x \to -\infty$. Die Gerade mit der Gleichung $x = c$, der Graph von f und die Asymptote begrenzen eine nach links bzw. rechts unbeschränkte Fläche. Untersuchen Sie, ob diese Fläche einen Inhalt A besitzt. Geben Sie gegebenenfalls A an.

a) $f(x) = \frac{1}{2}x + \frac{2}{x^2}$; $c = 2$, nach rechts  b) $f(x) = \frac{x^3 - 1}{3x^2}$; $c = -1$, nach links

**9** Durch $f_t(x) = \frac{16}{x^2 - t}$ ist für jedes $t \in \mathbb{R}^+$ eine Funktion $f_t$ gegeben. Ihr Graph sei $K_t$.

a) Geben Sie die Gleichungen der Asymptoten an.

b) Ermitteln Sie die Koordinaten des Hochpunktes $H_t$ von $K_t$.

c) Zeigen Sie, dass die Graphen $K_t$ und $K_{t^*}$ für $t \neq t^*$ keinen Punkt gemeinsam haben.

d) Auf jedem Graphen $K_t$ gibt es außer $H_t$ zwei weitere Punkte $P_t$ und $Q_t$, für welche die Normale durch den Ursprung O geht. Berechnen Sie die Koordinaten von $P_t$ und $Q_t$. Auf welcher Linie liegen alle diese Punkte?

*Es muss nicht immer eine gebrochenrationale Funktion sein!*

**10** Für jedes $t \in \mathbb{R}$ ist eine Funktion $f_t$ gegeben durch $f_t(x) = \frac{4x^3 + tx - t^3}{x}$. Ihr Graph sei $K_t$.

a) Untersuchen Sie $f_t$ auf Extremwerte. Hat $f_t$ ein globales Minimum bzw. Maximum?

b) Welche der Funktionen $f_t$ hat den kleinsten Extremwert? An welcher Stelle wird er angenommen? Wie groß ist dieser Extremwert?

c) Bestimmen Sie den geometrischen Ort der Extrempunkte aller Kurven $K_t$.

d) Zeigen Sie, dass die Wendepunkte aller Kurven $K_t$ auf einer Geraden liegen. Geben Sie die Gleichung dieser Geraden an.

**Trigonometrische Funktionen**

**11** Führen Sie ohne Verwendung von f′ und f″ eine Funktionsuntersuchung durch. Geben Sie insbesondere die Periode, Schnittpunkte mit der x-Achse und die Extrem- und Wendestellen an.

a) $f(x) = 5 \cdot \sin(2x)$  b) $f(x) = 3 \cdot \sin\left(\frac{1}{24}\pi \cdot x\right)$  c) $f(x) = 2 \cdot \sin\left(x - \frac{1}{4}\pi\right) + 1$

**12** Bestimmen Sie zur Funktion f mit $f(x) = a \cdot \sin(b(x - x_0)) + y_0$ „passende" Werte für a, b, $x_0$, $y_0$.

a)
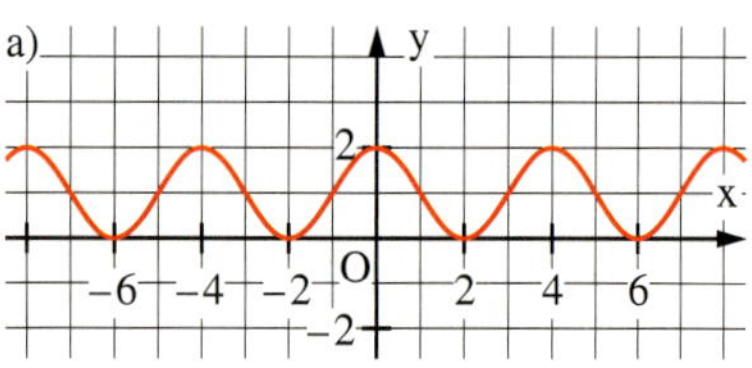


b)
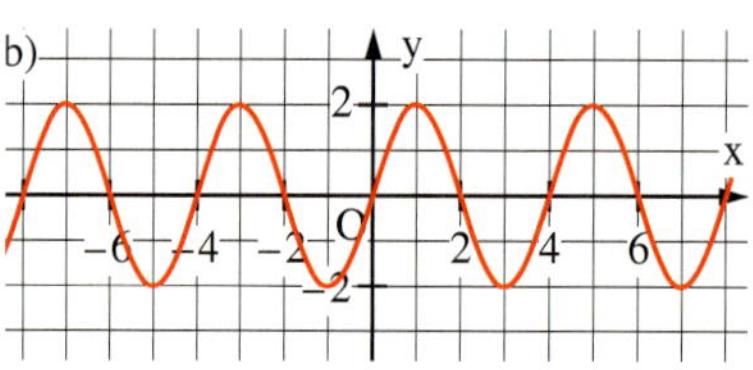


c)
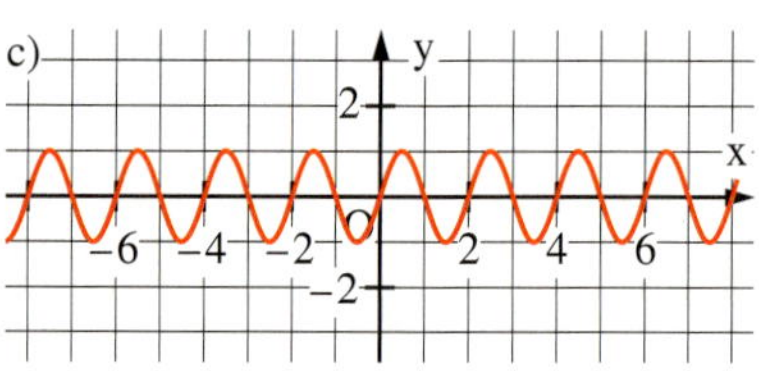


**13** Gegeben ist die Funktion f mit $f(x) = \sin(x) + 2 \cdot \cos(x)$.

a) Erstellen Sie mit dem GTR einen aussagekräftigen Teil des Graphen von f, lesen Sie die mögliche Periode p ab und bestätigen Sie Ihre Vermutung über die Periode durch Rechnung.

b) Berechnen Sie die Schnittpunkte des Graphen von f mit der x-Achse und der y-Achse im Intervall [0; p[.

c) Leiten Sie die Funktion f zweimal ab und bestimmen Sie die Extremwerte von f durch Bestimmung der Nullstellen von f′.

**14** Berechnen Sie die Schnittpunkte der Graphen der Funktionen f und g, die dem Ursprung am nächsten liegen. Verschaffen Sie sich dazu mit dem GTR zunächst einen Überblick über die Graphen von f und g.

a) $f(x) = \sin^2(3x)$; $g(x) = \sin(3x)$  b) $f(x) = 1 + \sin(x)$; $g(x) = 2 - 2 \cdot \sin^2(x)$

**15** Gegeben ist die Funktion f mit $f(x) = 3 \cdot \sin\left(\frac{\pi}{4} \cdot x\right)$ im Intervall $0 \leqq x \leqq 4$.
a) Erstellen Sie mit dem GTR den Graphen von f.
b) Geben Sie den Hochpunkt H des Graphen an und stellen Sie die Gleichung der Ursprungsgeraden g durch H auf.
c) Der Graph von f und die Gerade g umschließen eine Fläche. Berechnen Sie deren Inhalt.

**16** Gegeben ist die Funktion f mit $f(x) = 2 + 2 \cdot \cos(x)$ für $0 \leqq x \leqq 2\pi$.
a) Erstellen Sie mit dem GTR den Graphen von f.
b) Berechnen Sie die Wendepunkte des Graphen und geben Sie die Gleichungen der Normalen in den Wendepunkten an.
c) Der Graph von f und die Normalen in den Wendepunkten begrenzen eine Fläche. Berechnen Sie den Inhalt dieser Fläche.

**17** a) Welche Parabel 2. Ordnung berührt den Graphen der Sinusfunktion f mit $f(x) = \sin(x)$ in $O(0|0)$ und $A(\pi|0)$?
b) Berechnen Sie den Inhalt der Fläche zwischen der Sinuskurve und der Parabel aus a).

**18** Die Funktion $w(t) = 2{,}1 \cdot \sin(0{,}507 \cdot (t - 5{,}33)) + 4{,}4$ (w(t) in Meter, t in Stunden) gibt den Wasserstand in einem Gezeitenkraftwerk in Abhängigkeit von der Uhrzeit an. Dabei entspricht 0.00 Uhr dem Zeitpunkt $t = 0$.
a) Wie hoch sind die Wasserstände um 6.00 Uhr, 14.00 Uhr und 20.00 Uhr?
b) Geben Sie die Wasserstände bei Ebbe und Flut und die zugehörigen Uhrzeiten an.
c) Um wie viel Uhr nimmt der Wasserstand am schnellsten ab? Warum ist dieser Zeitpunkt interessant?

**19** Gegeben sind die Funktionen $f_t$ durch $f_t(x) = \left(\frac{t^2}{2} + 1\right) \cdot \cos(tx)$, $t \in \mathbb{R}^+$, $x \in \mathbb{R}$.
a) Ermitteln Sie die Periodenlänge in Abhängigkeit von t.
b) Untersuchen Sie die Funktion $f_2$ und zeichnen Sie ihren Graphen.
c) Für jedes t begrenzen die beiden Koordinatenachsen und der Graph von $f_t$ für $0 \leqq x \leqq \frac{\pi}{2t}$ eine Fläche mit dem Inhalt A(t). Berechnen Sie A(t). Für welches t ist A(t) minimal?

**20** a) Skizzieren Sie Graphen von $x \mapsto x^2$ und $x \mapsto \cos(x)$ in einem gemeinsamen Koordinatensystem. Welchen Graphen vermuten Sie für die Funktion f mit $f(x) = x^2 + \cos(x)$? Skizzieren Sie und überprüfen Sie dann Ihren Graphen mit einem Computerprogramm.
b) Skizzieren Sie Graphen der Funktion g mit $g(x) = x^2 + \cos(kx)$ für verschiedene Werte von k. Welchen Zusammenhang zwischen der Anzahl der Wendepunkte und den Werten von k vermuten Sie? Beweisen Sie Ihre Vermutung.

**21** Der Blutdruck B einer Sportlerin (in mm Hg) wird modellhaft beschrieben durch $B(t) = 100 + 20 \cdot \sin(2\pi t)$ im Ruhezustand und durch $B(t) = 140 + 60 \cdot \sin(5\pi t)$ beim Waldlauf. Hierbei bezeichnet t die Zeit (in s). Ermitteln Sie jeweils die Pulsfrequenz $\left(\text{in } \frac{1}{\text{min}}\right)$.

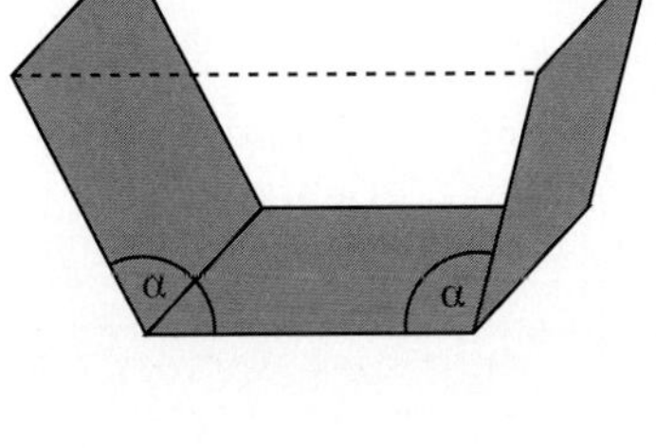

Fig. 1

**22** Aus drei gleich breiten Brettern soll eine Rinne hergestellt werden, die oben offen ist. Fig. 1 zeigt einen Querschnitt dieser Rinne.
Wie ist der Winkel α zu wählen, damit das Fassungsvermögen der Rinne möglichst groß wird?

### Gebrochenrationale Funktionen

Gilt an einer Stelle $x_0$ einer gebrochenrationalen Funktion f mit $f(x) = \frac{p(x)}{q(x)}$ für das Nennerpolynom $p(x_0) = 0$, so liegt in $x_0$ eine Definitionslücke vor.
Es muss untersucht werden, ob es sich bei $x_0$ um eine Polstelle oder eine hebbare Definitionslücke handelt.

*$f(x) = \frac{2x^2 - 4x}{x-2} = \frac{2x(x-2)}{x-2} = 2x$, $D_f = \mathbb{R} \setminus \{2\}$, hat an der Stelle 2 eine hebbare Definitionslücke. Sie kann durch die Funktion $f(2) = 4$ behoben werden.*
*$g(x) = \frac{2x^2 - 4x}{(x-2)^2} = \frac{2x(x-2)}{(x-2)^2} = \frac{2x}{x-2}$; $D_f = \mathbb{R} \setminus \{2\}$, hat an der Stelle 2 einen Pol.*

Der Graph einer gebrochenrationalen Funktion f mit $f(x) = \frac{p(x)}{q(x)}$ mit dem Zählergrad n und dem Nennergrad m hat für $|x| \to \infty$ im Falle
$n = m + 1$ eine schiefe Asymptote.
$n > m + 1$ eine Näherungskurve,
deren Gleichung man jeweils mithilfe der Polynomdivision erhält.

*$f(x) = \frac{x^2 - 3x + 1}{x-2}$; $D_f = \mathbb{R} \setminus \{2\}$; $n = 2$; $m = 1$*

$$
\begin{array}{l}
(x^2 - 3x + 1) : (x - 2) = x - 1 + \frac{3}{x-2} \\
\underline{-(x^2 - 2x)} \\
\quad -x + 1 \\
\quad \underline{-(x - 2)} \\
\qquad 3
\end{array}
$$

*Asymptote ist $y = x - 1$.*
*$g(x) = \frac{x^3 - 2x}{x-2}$; $D_f = \mathbb{R} \setminus \{2\}$; $n = 3$; $m = 1$*
*$(x^3 - 2x) : (x - 2) = x^2 + 2x + 4 + \frac{6}{x-2}$*
*Näherungskurve ist: $y = x^2 + 2x + 4$*

### Trigonometrische Funktionen

Wichtig bei trigonometrischen Funktionen ist die Untersuchung auf Periodizität. Ist eine Funktion nämlich periodisch mit der Periode p, so genügt es, sie im Intervall [0; p[ zu untersuchen.
Gegebenenfalls entnimmt man die Periode p dem Graphen der Funktion und weist sie anschließend durch Rechnung nach. Es muss gelten $f(x + p) = f(x)$.

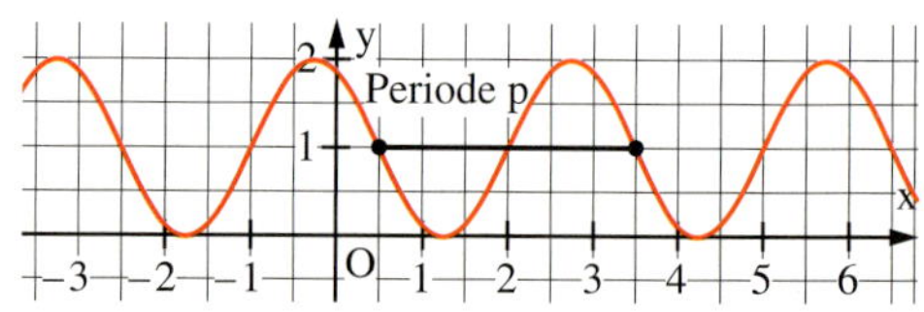


*Periode ist $p = 3$; Amplitude $a = 1$; Verschiebung um 2 nach rechts und 1 nach oben. Wegen $p = \frac{2\pi}{b}$ ist $b = \frac{2\pi}{3}$ und es gilt:*
*$f(x) = \sin\left(\frac{2\pi}{3} \cdot (x - 2)\right) + 1$*

### Trigonometrische Gleichungen

Rückführen auf Gleichungen der Form
$\sin(x) = a$, $\cos(x) = a$ bzw. $\tan(x) = a$ $(a \in \mathbb{R})$ durch:
- Substitution
- Lösen einer quadratischen Gleichung nach Substitution
- Verwenden der Beziehung $\tan(x) = \frac{\sin(x)}{\cos(x)}$
- Verwenden der Beziehung $\sin^2(x) + \cos^2(x) = 1$
- Verwenden der Äquivalenzumformung:
  Mit $u(x) \cdot v(x) = 0$ ist $u(x) = 0$ oder $v(x) = 0$.

*$\tan(x) = 2 \cdot \sin(x)$; $x \in [0; 2\pi)$*
*Mit $\tan(x) = \frac{\sin(x)}{\cos(x)}$ gilt:*
*$\frac{\sin(x)}{\cos(x)} = 2 \cdot \sin(x)$ und*
*damit $\sin(x) \cdot (1 - 2 \cdot \cos(x)) = 0$.*
*$x_1 = 0$; $x_2 = \pi$; $x_3 = \frac{1}{3}\pi$, $x_4 = \frac{5}{3}\pi$.*

Mithilfe des GTR kann man trigonometrische Gleichungen näherungsweise lösen, indem man den Term als Funktion interpretiert und die Nullstellen des zugehörigen Graphen bestimmt.

*$\sin^2(x) + 2 \cdot \cos^2(x) = 2$ ist identisch mit $\sin^2(x) + 2 \cdot \cos^2(x) - 2 = 0$.*
*Man bestimmt mit dem GTR die Schnittpunkte des Graphen von f mit $f(x) = \sin^2(x) + 2 \cdot \cos^2(x) - 2$ mit der x-Achse.*

## Gebrochenrationale Funktionen

**1** Gegeben ist die Funktion f mit $f(x) = \frac{x^2-1}{x^2-4x+4}$.

a) Untersuchen Sie f auf Nullstellen und Polstellen.
b) Geben Sie die Gleichungen der Asymptoten an.
c) Skizzieren Sie ohne weitere Rechnung den Graphen von f.

**2** Gegeben ist die gebrochenrationale Funktion f mit $f(x) = \frac{ax^2+bx+3}{x^2}$ mit $D_f = \mathbb{R} \setminus \{0\}$, $a, b \in \mathbb{R}$.

a) Bestimmen Sie a und b so, dass der Graph von f die x-Achse in dem Punkt $P(-1|0)$ schneidet und dort die Steigung $-2$ hat.
b) Untersuchen Sie den Graphen von f auf Nullstellen, Extrem- und Wendepunkte sowie auf Asymptoten.
c) Berechnen Sie den Schnittpunkt des Graphen mit der Geraden mit der Gleichung $y = 1$.

**3** Gegeben sind die Funktionen f mit $f(x) = \frac{1-2x}{x^2}$ und g mit $g(x) = -\frac{2}{x}$. Die Graphen von f und g sowie die Geraden mit den Gleichungen $x = 0{,}5$ und $x = 2$ umschließen eine Fläche. Machen Sie sich mit dem GTR ein Bild von dieser Fläche und berechnen Sie ihren Inhalt exakt.

**4** Gegeben ist die Funktion f mit $f(x) = \frac{4-x^2}{x^2}$ mit $D_f = \mathbb{R} \setminus \{0\}$.

a) Zeichnen Sie den Graphen von f im Bereich $-4 \leqq x \leqq 4$. Zeichnen Sie zudem in den Schnittpunkten des Graphen mit der x-Achse die Tangenten.
b) Konstruieren Sie den Kreis, der den Graphen von f in den Schnittpunkten mit der x-Achse berührt, und bestimmen Sie den Radius dieses Kreises.
c) Die Gerade mit der Gleichung $y = 3$, der Graph von f und der unterhalb der x-Achse verlaufende Kreisbogen bilden eine Fläche, die etwa dem Querschnitt einer Glühbirne nahe kommt. Berechnen Sie den Flächeninhalt dieses Querschnitts.

**5** Gegeben ist die Funktion f mit $f(x) = \frac{x^3+4x-1}{x+1}$.

a) Der Graph von f hat genau eine Nullstelle. Geben Sie die x-Koordinate dieser Nullstelle auf 3 Dezimalen gerundet an.
b) Der Graph von f hat genau einen Tiefpunkt. Geben Sie die x-Koordinate dieses Tiefpunktes auf 3 Dezimalen gerundet an.
c) Berechnen Sie die Gleichung der Näherungskurve für $x \to \pm\infty$.

**6** Für jedes $t \in \mathbb{R}^+$ ist durch $f_t(x) = \frac{x}{x^2-t}$ eine Funktion $f_t$ gegeben.

a) Zeigen Sie: Alle Graphen von $f_t$ gehen durch einen gemeinsamen Punkt A.
b) Weisen Sie nach, dass durch den Punkt $P(1|0)$ kein Graph verläuft.

**7** Für jedes $t \in \mathbb{R}^+$ ist eine Funktion $f_t$ gegeben durch $f_t(x) = \frac{(x^2+t)^2}{2x}$. Ihr Graph sei $K_t$.

a) Untersuchen Sie $K_t$.
b) Bestimmen Sie für jedes $t \in \mathbb{R}^+$ die Gleichung einer Näherungskurve für große $|x|$.
c) Ermitteln Sie die Gleichung der Ortslinie der Extrempunkte aller $K_t$.

**8** Bestimmen Sie eine gebrochenrationale Funktion f, deren Graph die Graphen von g und h als Asymptoten bzw. Näherungsgeraden hat.

a) g: $y = x$; h: $x = 0$
b) g: $y = 0{,}5x$; h: $x = 2$
c) g: $y = 2x + 1$; h: $x = 1$
d) g: $y = x^2$; h: $x = 0$
e) g: $y = x^3$; h: $x = 1$
f) g: $y = 2x^2 + x$; h: $x = 1$

**Trigonometrische Funktionen**

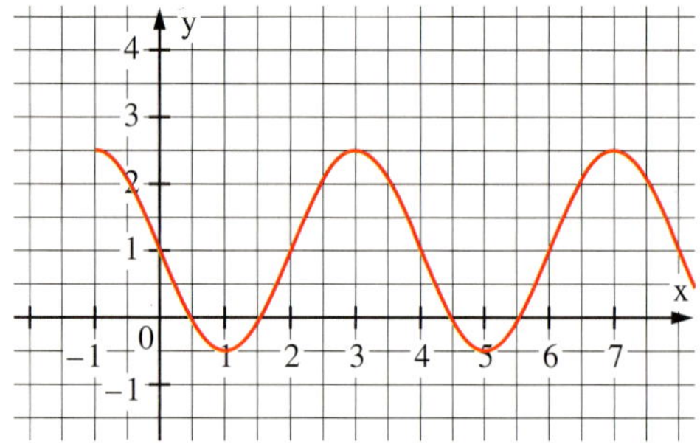

Fig. 1

**1** a) Welche der Funktionen gehören zu dem Graphen von Fig. 1?

(1) $f(x) = 1{,}5 \cdot \sin(x - 2) + 1$

(2) $f(x) = 1{,}5 \cdot \cos\left(\frac{2\pi}{4} \cdot (x - 3)\right) + 1$

(3) $f(x) = 1{,}5 \cdot \sin\left(\frac{\pi}{2} \cdot (x - 2)\right) + 1$

(4) $f(x) = -1{,}5 \cdot \sin\left(\frac{\pi}{2} x\right) + 1$

b) Geben Sie die Gleichung der Tangente in einem Wendepunkt an.

c) In welchen Verhältnis stehen die Inhalte der Flächen, die die Graphen oberhalb und unterhalb der x-Achse mit ihr einschließen?

**2** Der Wasserstand h (in m) bei Spiekeroog an der Nordseeküste schwankt zwischen 1 m bei Niedrigwasser und etwa 3 m bei Hochwasser. Er lässt sich in Abhängigkeit von der Zeit t (in Std. nach Niedrigwasser) modellhaft beschreiben durch $h(t) = a + b \cdot \cos\left(\frac{1}{6}\pi \cdot t\right)$.

a) Bestimmen Sie die Parameter a und b. Skizzieren Sie den Graphen von h.

b) Wie lange liegt der Wasserpegel unter 1,5 m?

c) Wie viel Zentimeter je Minute steigt das Wasser maximal?

d) Überprüfen Sie die Richtigkeit der Faustregel: Der Wasserstand steigt im zweiten Drittel der Zeitspanne zwischen Niedrig- und Hochwasser um die Hälfte der Gesamtzunahme.

**3** Ermitteln Sie die Lösungen im Intervall $[0; 2\pi]$ mit dem GTR und anschließend exakt.

a) $2 \cdot \cos(2x) = -1$ b) $\sin^3(x) - 0{,}75 \cdot \sin(x) = 0$ c) $2 \cdot \cos^2(x) = 1 + \sin(x)$

**4** Zu jedem $t > 0$ ist eine Funktion $f_t$ gegeben durch $f_t(x) = t \cdot \cos(x)$ mit $-\frac{\pi}{2} \leqq x \leqq \frac{\pi}{2}$.
Der Graph $C_t$ einer ganzrationalen Funktion $g_t$ zweiten Grades schneidet den Graphen $K_t$ von $f_t$ in den Schnittpunkten mit der x-Achse rechtwinklig.

a) Ermitteln Sie $g_t$. Zeichnen Sie $f_2$ und $g_2$ in ein gemeinsames Koordinatensystem.

b) $K_t$ und $C_t$ begrenzen eine Fläche mit dem Inhalt A (t). Untersuchen Sie A (t) auf Extremwerte.

**5** Gegeben ist die Funktion f mit $f(x) = 3 \cdot \sin(x) - 3 \cdot \sin(x) \cdot \cos(x)$, ihr Graph sei K.

a) Stellen Sie anhand des Graphen eine Vermutung über die Periode auf und bestätigen Sie diese durch Rechnung.

b) Untersuchen Sie K für $0 \leqq x \leqq 2\pi$.

c) Weisen Sie nach, dass K punktsymmetrisch zum Ursprung ist. Zu welchen Punkten ist K zudem noch punktsymmetrisch?

d) Bestimmen Sie den Inhalt eines der Flächenstücke zwischen der x-Achse und K.

e) Bestimmen Sie das Volumen des Drehkörpers, der durch Drehung der über $[0; \pi]$ zwischen der x-Achse und K gelegenen Fläche um die x-Achse entsteht.

**6** Ein Kunststoffrohr der Länge r soll in einem Hof mit den in Fig. 2 angegebenen Maßen waagerecht transportiert werden.
Als Hindernis erweist sich die Ecke E des Gebäudes B.
Welche Länge darf das Rohr höchstens haben, wenn man es nicht zertrennen möchte?

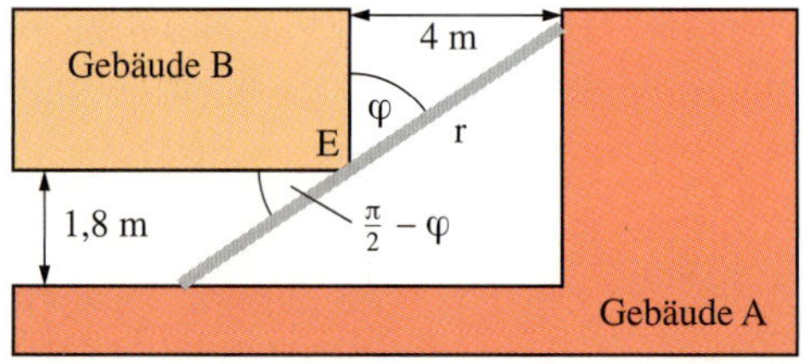

Fig. 2

## Gebrochenrationale Funktionen

**Das Schluckvermögen einer Straße**

Umsetzung der „Fahrschulregeln" in die Formelsprache der Mathematik und Aufstellen einer Funktion für die Verkehrsdichte D. Mathematische Untersuchung der Verkehrsdichte-Funktion D und Rückschlüsse auf das reale Verhalten der Fahrzeuglenker.

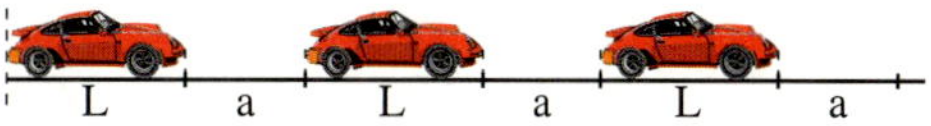

Fig. 1

**Literatur:**

Lambacher-Schweizer: Grundkurs Analysis Baden-Württemberg

**Stichworte für die Internetrecherche:**

Berechnungen Verkehrsdichte, Fahrzeugdurchsatz

**Diskussion der Funktionenschar**

**$f_n$: $x \mapsto \frac{x}{1+x^n}$, $n \in \mathbb{N}$ mit dem Parameter n**

Die Graphen der Funktion $f_n$ weisen je nach Wahl von n sehr unterschiedliche Eigenschaften auf (Fig. 2).

Führen Sie eine systematische Untersuchung möglichst mithilfe eines CAS-Systems durch.

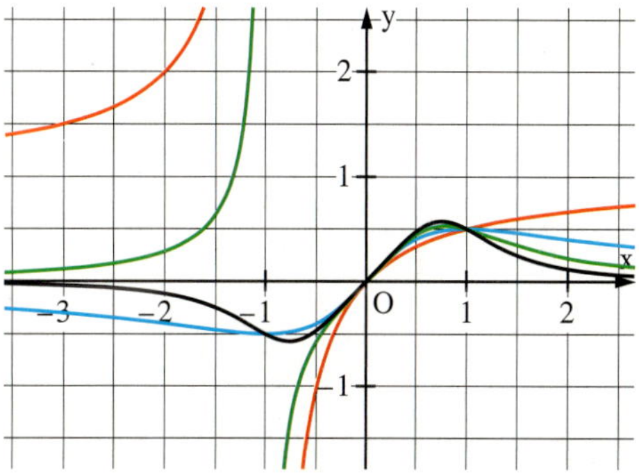

Fig. 2

**Literatur:**

O. Schmid, Diskussion der Funktionenschar
$f_n$: $x \mapsto \frac{x}{1+x^n}$, $n \in \mathbb{N}$
Praxis der Mathematik, 39. Jahrgang (1997), Heft 6, Seite 263–267

## Trigonometrische Funktionen

**Die aufgehängte Erdkugel**

Wir denken uns eine Schnur um die Erde (Erdradius R = 6370 km) und verlängern dann diese über 40 000 km lange Schnur um nur 1 m, also Erdumfang plus 1 m.

Nun wird die ganze Schnur an einer einzigen „Stelle straff von der Erde abgezogen:

Wie weit ist die abziehende Hand von der Erde entfernt?"

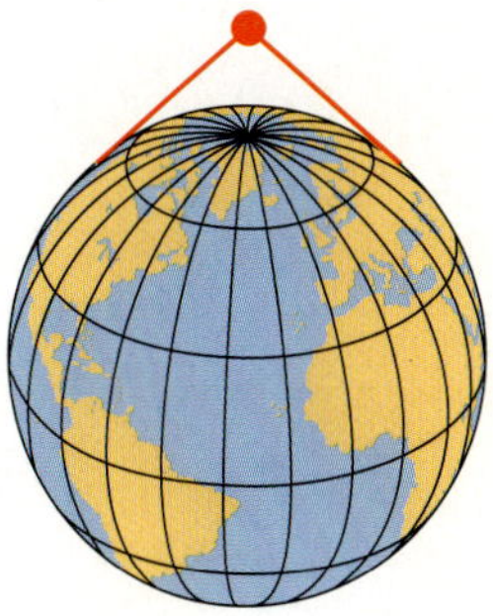
Fig. 3

**Literatur:**

Wilfried Herget, Ein Seil um die Erde
mathematik lehren, Heft 84 (1997), Seite 66–67
T. Gawlick, Die aufgehängte Erdkugel als Aufhänger
Praxis der Mathematik, 43. Jahrgang (2001), Heft 5, Seite 241–243.

**Taylorentwicklung der Sinusfunktion**

Die Sinusfunktion soll als (unendliche) Summe von Funktionen der Form $a \cdot x^k$; $a \in \mathbb{R}$, $k \in \mathbb{N}$, dargestellt werden.

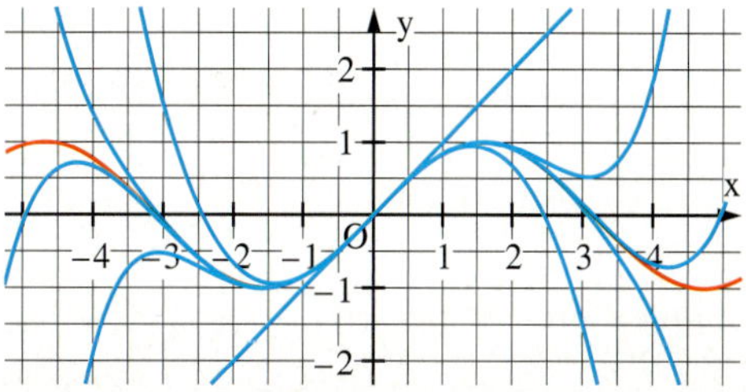

Fig. 4

**Literatur:**

Lambacher-Schweizer: Analysis Leistungskurs, Klett, 2002, Seite 224 bis 225.

# 1 Lineare Gleichungssysteme mit dem GTR

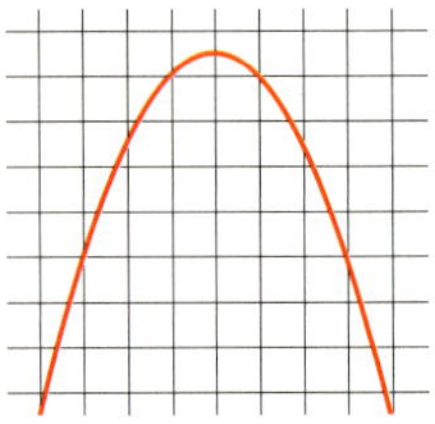
Fig. 1

**1** Von der parabelförmigen Flugbahn eines Balles sind in einem (geeignet gewählten) Koordinatensystem die Punkte $(1|1)$, $(3|5)$ und $(6|3{,}5)$ bekannt.
a) Stellen Sie die drei Bedingungsgleichungen für die Punkte einer Parabel mit der Gleichung $y = ax^2 + bx + c$ auf.
b) Berechnen Sie a, b und c so, dass die Gleichungen erfüllt sind.

In der Sekundarstufe I wurden lineare Gleichungssysteme gelöst, indem sie mit dem Additionsverfahren in Stufenform gebracht wurden. Jetzt soll gezeigt werden, wie man solche Gleichungssysteme mit dem GTR löst.
Gleichungen der Form $a_1x_1 + a_2x_2 + \ldots + a_nx_n = b$, z. B. $3x_1 + 4x_2 - 2x_3 = 5$, nennt man **lineare Gleichungen**, da die Variablen $x_1$, $x_2$, $x_3$, … nur in der ersten Potenz vorkommen. Die Zahlen vor den Variablen heißen **Koeffizienten** der Gleichung. Ein lineares **Gleichungssystem** (abgekürzt LGS) besteht aus mehreren solchen Gleichungen.

Im LGS (1) sind alle Gleichungen erfüllt, wenn man 1 für $x_1$, 0 für $x_2$ und $-1$ für $x_3$ einsetzt. Daher nennt man das Zahlentripel $(1;\ 0;\ -1)$ eine Lösung des Gleichungssystems. Es ist die einzige Lösung.

Ein LGS mit 3 Variablen:

$$(1)\left\{\begin{array}{rcrcrcr} 2x_1 &+& 4x_2 &-& \frac{1}{2}x_3 &=& \frac{5}{2} \\ x_1 &-& x_2 &+& 2x_3 &=& -1 \\ x_1 &-& x_2 &-& 4x_3 &=& 5 \end{array}\right.$$

umgeformt in Stufenform:

$$(1a)\left\{\begin{array}{rcrcrcr} 2x_1 &+& 4x_2 &-& \frac{1}{2}x_3 &=& \frac{5}{2} \\ & & x_2 &-& \frac{3}{4}x_3 &=& \frac{3}{4} \\ & & & & x_3 &=& -1 \end{array}\right.$$

> Eine Lösung eines linearen Gleichungssystems mit n Variablen besteht aus n Zahlen, die man als **n-Tupel** (d. h. als Zahlenpaar, Zahlentripel, Zahlenquadrupel, … ) angibt.
> Sind die Lösungsmengen zweier LGS gleich, so heißen sie **äquivalent**.

Das LGS (2) ist äquivalent zu (1) und (1a), denn es hat auch die einzige Lösung $(1;\ 0;\ -1)$. Allerdings kann man hier die Lösung direkt ablesen, da in jeder Gleichung nur noch eine Variable vorkommt.

Ein zu (1) äquivalentes LGS:

$$(2)\left\{\begin{array}{rrrcr} x_1 & & & = & 1 \\ & x_2 & & = & 0 \\ & & x_3 & = & -1 \end{array}\right.$$

Die Form des LGS (2) heißt **reduzierte Stufenform**. Mit dem GTR kann man zu einem gegebenen Gleichungssystem ein äquivalentes System in dieser Form berechnen.
Vereinbart man, dass die Variablen in allen Gleichungen des LGS dieselbe Reihenfolge haben sollen, so ist das LGS durch die Koeffizienten und die Zahlen auf der rechten Seite vollständig bestimmt. Das so entstehende Zahlenschema nennt man eine **Matrix**.

*Kommt eine Variable in einer Gleichung nicht vor, so ist der entsprechende Koeffizient 0. Subtraktionen werden mit negativen Koeffizienten in die Matrix eingetragen.*

LGS

$$\begin{array}{rcrcrcrcr} x_1 &+& 2x_2 &-& x_3 &+& x_4 &=& 9 \\ -x_1 & & &+& x_3 &+& 2x_4 &=& 4 \\ & & x_2 &+& 2x_3 &+& x_4 &=& 3 \\ -2x_1 &-& x_2 &+& & & 2x_4 &=& 2 \end{array}$$

LGS als Matrix

$$\left(\begin{array}{rrrr|r} 1 & 2 & -1 & 1 & 9 \\ -1 & 0 & 1 & 2 & 4 \\ 0 & 1 & 2 & 1 & 3 \\ -2 & -1 & 0 & 2 & 2 \end{array}\right)$$

LGS im GTR

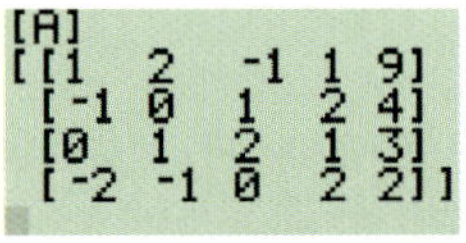

*reduced row echelon form* ⇒ **rref**
*ist der englische Ausdruck für reduzierte Stufenform. Der Befehl* **rref** *ist im Menü Matrix – Math zu finden.*

Mit dem GTR wird die eingegebene Matrix in eine äquivalente Matrix in reduzierter Stufenform überführt. Man kann daraus dann die Lösung (1; 2; –1; 3) ablesen.

Lösung im GTR:

```
rref([A])
  [[1 0 0 0 1 ]
   [0 1 0 0 2 ]
   [0 0 1 0 -1]
   [0 0 0 1 3 ]]
```

Zugehöriges LGS:

$$\begin{aligned} x_1 &= 1 \\ x_2 &= 2 \\ x_3 &= -1 \\ x_4 &= 3 \end{aligned}$$

**Beispiel:**
Eine dreiziffrige Zahl hat die Quersumme 18. Die aus den beiden führenden Ziffern gebildete Zahl ist 8-mal so groß wie die letzte Ziffer. Die Summe der ersten und letzten Ziffer ist das Doppelte der mittleren Ziffer. Bestimmen Sie die Zahl.
Lösung:

*Die für die Variablen gewählten Namen sind beliebig und haben keinen Einfluss auf die Lösung.*

Man nennt die drei gesuchten Ziffern z. B. a, b und c. Die drei gegebenen Bedingungen führen zunächst zu den Bedingungsgleichungen, die man noch umformen muss, damit das LGS in Normalform ist. Daraus erhält man die Matrix des LGS.

Bedingungsgleichungen:

$$\begin{aligned} a + b + c &= 18 \\ 10a + b &= 8c \\ a + c &= 2b \end{aligned}$$

Normalform:

$$\begin{aligned} a + b + c &= 18 \\ 10a + b - 8c &= 0 \\ a - 2b + c &= 0 \end{aligned}$$

Matrix:

$$\left(\begin{array}{ccc|c} 1 & 1 & 1 & 18 \\ 10 & 1 & -8 & 0 \\ 1 & -2 & 1 & 0 \end{array}\right)$$

Die Matrix wird in den GTR eingegeben und in einer Matrixvariablen (hier: B) gespeichert. Mit dem Befehl rref([B]) (aus dem Menu – Math) erzeugt man eine äquivalente Matrix in reduzierter Stufenform.
Die Lösungen für die Ziffern a, b und c sind in der letzten Spalte ablesbar.
Die gesuchte Zahl ist 567.

```
[[1  1  1  18]
 [10 1  -8 0 ]
 [1  -2 1  0 ]]
rref([B]
     [[1 0 0 5]
      [0 1 0 6]
      [0 0 1 7]]
```

## Aufgaben

**2** Lösen Sie das lineare Gleichungssystem mit dem GTR.

a)
$$\begin{aligned} 2x_1 + 3x_2 - x_3 + x_4 &= 17 \\ 3x_1 - x_2 - x_4 &= -5 \\ -x_1 + x_3 + 2x_4 &= 8 \\ -3x_1 + x_2 + 4x_3 - 3x_4 &= -19 \end{aligned}$$

b)
$$\begin{aligned} 3x_1 + x_2 - 2x_4 &= -7 \\ x_2 - 3x_3 + x_4 &= 5 \\ 2x_1 - 3x_2 + 4x_3 &= -14 \\ -2x_1 + 4x_2 - 5x_3 - 3x_4 &= 10 \end{aligned}$$

c)
$$\begin{aligned} 5a + b + 2c - 3d &= 5 \\ 2a + 5b + c - 2d &= 6 \\ 3a + 3b - 2c + d &= -5 \\ -4a - 2b - c + d &= -1 \end{aligned}$$

**3** Die Quersumme einer dreiziffrigen Zahl ist gleich dem Dreifachen der ersten Ziffer. Die Summe der ersten und dritten Ziffer ist gleich der zweiten Ziffer. Die zweite und dritte Ziffer ergeben zusammen 8.

**4** Der Graph einer ganzrationalen Funktion 3. Grades geht durch die Punkte $A(-1|1)$, $B(1|-1)$, $C(2|-2)$ und $D(3|5)$.
Bestimmen Sie den Term der Funktion.

**5** Der Graph einer Funktion 4. Grades hat bei $P(-4|6)$ einen Tiefpunkt und bei $Q(4|2)$ einen Wendepunkt mit waagerechter Tangente.
Bestimmen Sie den Term der Funktion.

# 2 Das GAUSS-Verfahren zur Lösung von LGS

*CARL FRIEDRICH GAUSS (1777–1855) war ein deutscher Mathematiker und Astronom. Als 1801 der Planetoid Ceres entdeckt wurde, verloren die Astronomen den Planetoiden wieder aus den Augen. GAUSS berechnete die Bahn von Ceres aus drei beobachteten Positionen so genau, dass der Planetoid wiedergefunden wurde. Für die Berechnungen waren viele lineare Gleichungssysteme zu lösen. GAUSS entwickelte dazu das nach ihm benannte Verfahren, solche Systeme auf „Dreiecksform“ zu bringen. Er veröffentlichte es 1809 in seinem Buch „Theoria Motus“.*

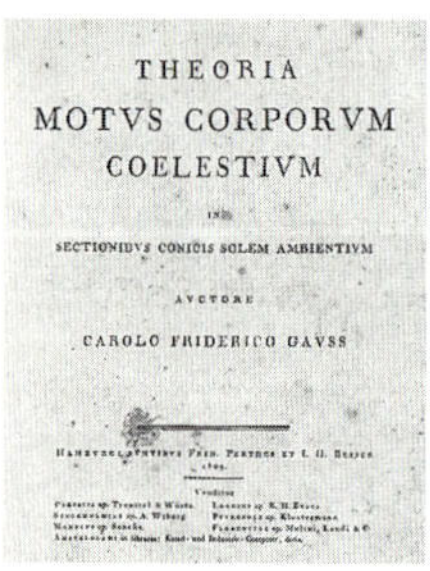


**1** Die beiden linearen Gleichungssysteme haben jeweils genau eine Lösung. Warum ist hier die Bestimmung der Lösung besonders einfach? Welches Gleichungssystem ist übersichtlicher? Bestimmen Sie für jedes der beiden Gleichungssysteme die Lösung.

a)
$$\begin{aligned} x_1 + 2x_2 - x_3 &= -1 \\ x_2 + 3x_3 &= 0 \\ 2x_3 &= 2 \end{aligned}$$

b)
$$\begin{aligned} x_1 + 2x_2 + 3x_3 &= 7 \\ 4x_2 &= 6 \\ x_1 - 2x_2 &= 0 \end{aligned}$$

Jetzt wird untersucht, welche Umformungen eines Gleichungssystems zu äquivalenten Gleichungssystemen führen. Dies führt zu einem Verständnis der Methode, mit der ein GTR zur Matrix eines LGS die Matrix eines äquivalenten LGS in reduzierter Stufenform erzeugt.

Man erhält aus einem LGS durch folgende **Äquivalenzumformungen** ein äquivalentes:
(1) zwei Gleichungen (Zeilen der Matrix) vertauschen,
(2) eine Gleichung (Zeile der Matrix) mit einer Zahl $c \neq 0$ multiplizieren,
(3) eine Gleichung (Zeile der Matrix) durch die Summe oder Differenz eines Vielfachen von ihr und eines Vielfachen einer **anderen** Gleichung des Systems (Zeile der Matrix) ersetzen.

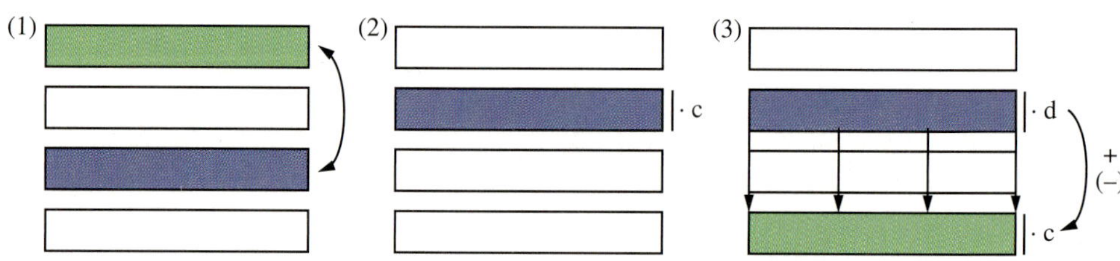

Fig. 1

Man muss für diese Umformungen nachweisen, dass sie die Lösungsmenge nicht verändern.
Für (1) ist das offensichtlich.
Bei (2) bemerkt man zunächst, dass durch diese Umformung alle Lösungen erhalten bleiben, d. h. die Lösungsmenge des ursprünglichen LGS ist in der des neuen LGS enthalten.
Da man die veränderte Gleichung durch Multiplikation mit $\frac{1}{c}$ wieder in die ursprüngliche Form zurückführen kann, ist nach demselben Argument auch die Lösungsmenge des neuen LGS in der des alten enthalten und damit sind beide Lösungsmengen gleich.
Analog macht man sich die Zulässigkeit von (3) klar.
Aus diesen Umformungen lässt sich ein Verfahren herleiten, mit dem man von einem gegebenen Gleichungssystem zu einem äquivalenten in (reduzierter) Stufenform gelangt. Zunächst wird in allen Gleichungen außer der ersten die erste Variable eliminiert, dann entsprechend die zweite Variable in allen Gleichungen außer der zweiten usw.

**GAUSS-Verfahren:** Beim GAUSS-Verfahren löst man ein lineares Gleichungssystem mit n Variablen, indem man es mithilfe der Äquivalenzumformungen (1), (2) und (3) auf Stufenform oder auf reduzierte Stufenform bringt.

**Beispiel:** (GAUSS-Verfahren)

Lösen Sie das lineare Gleichungssystem, indem Sie es mit dem GAUSS-Verfahren umformen.

$$\begin{aligned} 3x_1 + 6x_2 - 2x_3 &= -15 \\ 3x_1 + 2x_2 + x_3 &= 2 \\ 2x_1 + 5x_2 - 5x_3 &= -23 \end{aligned}$$

Lösung:

| | Ausführliche Schrcibweise: | Matrixschreibweise: | Umformung: |
|---|---|---|---|
| 1. Schritt: LGS notieren und Gleichungen „nummerieren“ | $\begin{array}{lrcl} \text{I} & 3x_1 + 6x_2 - 2x_3 &=& -15 \\ \text{II} & 3x_1 + 2x_2 + x_3 &=& 2 \\ \text{III} & 2x_1 + 5x_2 - 5x_3 &=& -23 \end{array}$ | $\left(\begin{array}{rrr\|r} 3 & 6 & -2 & -15 \\ 3 & 2 & 1 & 2 \\ 2 & 5 & -5 & -23 \end{array}\right)$ | $\text{IIa} = \text{II} - \text{I}$<br>$\text{IIIa} = 3 \cdot \text{III} - 2 \cdot \text{I}$ |
| 2. Schritt: Eliminieren von $x_1$ aus der 2. und 3. Gleichung (Reduktion der ersten Matrixspalte) | $\begin{array}{lrcl} \text{I} & 3x_1 + 6x_2 - 2x_3 &=& -15 \\ \text{IIa} & -4x_2 + 3x_3 &=& 17 \\ \text{IIIa} & 3x_2 - 11x_3 &=& -39 \end{array}$ | $\left(\begin{array}{rrr\|r} 3 & 6 & -2 & -15 \\ 0 & -4 & 3 & 17 \\ 0 & 3 & -11 & -39 \end{array}\right)$ | $\text{Ia} = 2 \cdot \text{I} + 3 \cdot \text{IIa}$<br>$\text{IIIb} = 4 \cdot \text{IIIa} + 3 \cdot \text{IIa}$ |
| 3. Schritt: Eliminieren von $x_2$ aus der 1. und 3. Gleichung (Reduktion der zweiten Matrixspalte) | $\begin{array}{lrcl} \text{Ia} & 6x_1 + 5x_3 &=& 21 \\ \text{IIa} & -4x_2 + 3x_3 &=& 17 \\ \text{IIIb} & -35x_3 &=& -105 \end{array}$ | $\left(\begin{array}{rrr\|r} 6 & 0 & 5 & 21 \\ 0 & -4 & 3 & 17 \\ 0 & 0 & -35 & -105 \end{array}\right)$ | $\text{IIIc} = \text{IIIa} : (-35)$ |
| 4. Schritt: Normierung der 3. Gleichung durch Division mit –35. | $\begin{array}{lrcl} \text{Ia} & 6x_1 + 5x_3 &=& 21 \\ \text{IIa} & -4x_2 + 3x_3 &=& 17 \\ \text{IIc} & x_3 &=& 3 \end{array}$ | $\left(\begin{array}{rrr\|r} 6 & 0 & 5 & 21 \\ 0 & -4 & 3 & 17 \\ 0 & 0 & 1 & 3 \end{array}\right)$ | $\text{Ib} = \text{Ia} - 5 \cdot \text{IIIc}$<br>$\text{IIb} = \text{IIa} - 3 \cdot \text{IIIc}$ |
| 5. Schritt: Eliminieren von $x_3$ aus der 1. und 2. Gleichung (Reduktion der dritten Matrixspalte) | $\begin{array}{lrcl} \text{Ib} & 6x_1 &=& 6 \\ \text{IIb} & -4x_2 &=& 8 \\ \text{IIIc} & x_3 &=& 3 \end{array}$ | $\left(\begin{array}{rrr\|r} 6 & 0 & 0 & 6 \\ 0 & -4 & 0 & 8 \\ 0 & 0 & 1 & 3 \end{array}\right)$ | $\text{Ic} = \text{Ib} : 6$<br>$\text{IIc} = \text{IIc} : (-4)$ |
| 6. Schritt: Normierung der ersten beiden Gleichungen und Ablesen der Lösung. | $\begin{array}{lrcl} \text{Ic} & x_1 &=& 1 \\ \text{IIc} & x_2 &=& -2 \\ \text{IIIc} & x_3 &=& 3 \end{array}$<br>Lösung: (1; –2; 3) | $\left(\begin{array}{rrr\|r} 1 & 0 & 0 & 1 \\ 0 & 1 & 0 & -2 \\ 0 & 0 & 1 & 3 \end{array}\right)$ | |

Der GTR führt mit **rref** all diese Schritte auf einmal durch.

*Bei Berechnungen von Hand geht man besser anders vor!*

Beim Rechnen ohne GTR ist ein leicht abgewandeltes Verfahren oft geschickter. Man bringt dabei die Matrix nicht auf reduzierte Stufenform, sondern auf die **Stufenform**, bei der nur die Elemente unterhalb der Diagonalen auf 0 gebracht werden. Dann bestimmt man die Lösung für die letzte Variable aus der untersten Gleichung, setzt sie in die „nächsthöhere“ Gleichung ein, um die nächste Variable zu berechnen, und fährt so fort, bis alle Variablen bestimmt sind.

*„rückwärts“ einsetzen*

Im obigen Beispiel erhält man zunächst das nebenstehende LGS.

LGS in Stufenform:

$$\begin{array}{lrcl} \text{I} & 3x_1 + 6x_2 - 2x_3 &=& -15 \\ \text{IIa} & -4x_2 + 3x_3 &=& 17 \\ \text{IIIb} & -35x_3 &=& -105 \end{array}$$

Aus IIIb folgt: $x_3 = 3$

Eingesetzt in IIa:

$-4x_2 + 9 = 17$, also $x_2 = -2$

Beides eingesetzt in I:

$3x_1 - 12 - 6 = -15$, also $x_1 = 1$

Unter Beachtung der Reihenfolge $x_1$, $x_2$, $x_3$ erhält man die Lösung (1; –2; 3).

## Aufgaben

**2** Lösen Sie das lineare Gleichungssystem.

a) $\begin{aligned} 2x_1 - 3x_2 - 5x_3 &= -1 \\ 2x_2 + x_3 &= 0 \\ 3x_3 &= 6 \end{aligned}$

b) $\begin{aligned} 3x_1 + 8x_2 - 3x_3 &= 5 \\ 4x_2 + x_3 &= 1 \\ -5x_3 &= 10 \end{aligned}$

c) $\begin{aligned} 3x_1 + 4x_2 + 6x_3 &= 5 \\ 17x_2 + 24x_3 &= 16 \\ 2x_3 &= 7 \end{aligned}$

**3** Lösen Sie das lineare Gleichungssystem.

a) $\begin{aligned} 4x_1 - 3x_2 + 6x_3 &= 9 \\ 2x_1 - x_3 &= 5 \\ 4x_1 &= -2 \end{aligned}$

b) $\begin{aligned} 4x_1 - x_2 + 3x_3 &= 2 \\ x_1 + 3x_2 &= 5 \\ 4x_2 &= 8 \end{aligned}$

c) $\begin{aligned} 5x_1 &= 10 \\ 5x_2 - 3x_3 &= 9 \\ 4x_1 + x_2 &= 0 \end{aligned}$

**4** Lösen Sie das lineare Gleichungssystem.

a) $\begin{aligned} x_1 + x_2 &= 3 \\ x_1 + x_2 - x_3 &= 0 \\ x_2 + x_3 &= 4 \end{aligned}$

b) $\begin{aligned} x_1 + x_2 - x_3 &= 0 \\ x_1 + x_3 &= 2 \\ x_1 - 2x_2 + x_3 &= 2 \end{aligned}$

c) $\begin{aligned} 5x_1 - x_2 - x_3 &= -3 \\ x_1 + 3x_2 + x_3 &= 5 \\ x_1 - 3x_2 + x_3 &= -1 \end{aligned}$

**5** Lösen Sie das lineare Gleichungssystem mit dem GAUSS-Verfahren.

a) $\begin{aligned} 2x_1 - 4x_2 + 5x_3 &= 3 \\ 3x_1 + 3x_2 + 7x_3 &= 13 \\ 4x_1 - 2x_2 - 3x_3 &= -1 \end{aligned}$

b) $\begin{aligned} -x_1 + 7x_2 - x_3 &= 5 \\ 4x_1 - x_2 + x_3 &= 1 \\ 5x_1 - 3x_2 + x_3 &= -1 \end{aligned}$

c) $\begin{aligned} 0{,}6x_2 + 1{,}8x_3 &= 3 \\ 0{,}3x_1 + 1{,}2x_2 &= 0 \\ 0{,}5x_1 + x_3 &= 1 \end{aligned}$

**6** Lösen Sie das Gleichungssystem.

a) $\begin{aligned} x_2 &= 3x_1 + 3x_3 + 17 \\ x_2 &= 2x_1 - x_3 + 8 \\ x_2 &= x_1 + 3x_3 + 7 \end{aligned}$

b) $\begin{aligned} 2x_1 - (3x_2 + 2) &= 2x_3 + 8 \\ x_2 - (x_1 + x_3) &= 2 \\ x_3 + (x_1 - 1) &= 3x_3 + 6 \end{aligned}$

c) $\begin{aligned} 2(x_1 - 1) + 3(x_3 - x_2) &= 2 \\ 5x_1 - 4(x_2 - 2x_3) &= 22 \\ 3(x_2 + x_3) - 4(x_1 - 1) &= 14 \end{aligned}$

**7** Lösen Sie das Gleichungssystem.

a) $\begin{aligned} -x_1 + 2x_2 - 2x_3 + x_4 &= -3 \\ 2x_2 + x_3 + x_4 &= 2 \\ 2x_1 - 2x_2 + 5x_3 - 5x_4 &= 7 \\ x_1 + 2x_3 + 2x_4 &= 4 \end{aligned}$

b) $\begin{aligned} 2x_1 - 2x_2 - 2x_3 + 2x_4 &= 3 \\ x_1 + x_2 + x_3 &= 0 \\ 2x_1 - 2x_2 + x_3 - 3x_4 &= 1 \\ x_1 + 2x_2 + 2x_4 &= 0 \end{aligned}$

*LEONHARD EULER (1707–1783), ein Schweizer Mathematiker, lebte am Zarenhof in Petersburg und diktierte nach seiner Erblindung dieses Buch seinem Diener, einem ehemaligen Schneidergesellen. Der Diener soll beim Zuhören und Aufschreiben des Textes so viel gelernt haben, dass er die damalige Algebra völlig verstand!*

**8** Lösen Sie das Gleichungssystem in der Matrixschreibweise (Variablen: $x_1, x_2, x_3, x_4$).

a) $\left(\begin{array}{cccc|c} 1 & -2 & 3 & 4 & 8 \\ 2 & -3 & 4 & -3 & 3 \\ 0 & 3 & 4 & -1 & 3 \\ 1 & 1 & 1 & 1 & 3 \end{array}\right)$

b) $\left(\begin{array}{cccc|c} 5 & 2 & -8 & -2 & 0 \\ 4 & -4 & 3 & 1 & 9 \\ -2 & 1 & 1 & 1 & 0 \\ 2 & 2 & -3 & 1 & 5 \end{array}\right)$

c) $\left(\begin{array}{cccc|c} 2{,}5 & -2 & -0{,}5 & 2 & -4{,}7 \\ 2 & 0{,}8 & 1 & 3 & -2{,}4 \\ 1{,}5 & -2 & 8 & 0{,}3 & 1{,}1 \\ 3 & 1{,}6 & -6 & 1{,}5 & 0 \end{array}\right)$

**9** Folgende Aufgaben stammen aus der „Vollständigen Anleitung zur Algebra" von EULER. Stellen Sie jeweils ein lineares Gleichungssystem auf und lösen Sie es.

a) „Drei Leute haben ein Haus gekauft für 100 Reichsthaler; der Erste verlangt vom anderen die Hälfte seines Geldes, weil er dann das Haus allein bezahlen könnte; der andere begehrt vom Dritten $\frac{1}{3}$ seines Geldes, um das Haus allein bezahlen zu können; der Dritte begehrt vom Ersten $\frac{1}{4}$ seines Geldes, um das Haus allein bezahlen zu können.
Wie viel hat nun jeder gehabt?"

b) „Jemand kauft 12 Stück Tuch für 140 Reichsthaler, davon sind 2 weiß, 3 schwarz und 7 blau. Nun kostet ein Stück schwarzes Tuch 2 Reichsthaler mehr als ein weißes, und ein blaues 3 Reichsthaler mehr als ein schwarzes.
Die Frage ist, wie viel jedes kostet."

**10** Bestimmen Sie eine ganzrationale Funktion f dritten Grades mit den angegebenen Eigenschaften.

a) $f(-1) = 0, f(0) = 1, f(1) = 4, f(2) = 15$
b) $f(-4) = 29, f(-2) = 59, f(2) = -1, f(4) = 149$
c) $f(1) = 2, f(2) = 6, f(3) = 6, f(4) = -4$
d) $f(0) = -1, f(2) = 3, f(3) = 15, f(4) = 50$

**11** Bestimmen Sie eine ganzrationale Funktion dritten Grades mit den angegebenen Eigenschaften.

a) $E(3|-81)$ ist ein Extrempunkt und $W(0|0)$ ist ein Wendepunkt.
b) $E(-1|11)$ ist ein Extrempunkt und $W(-2|-11)$ ist ein Wendepunkt.
c) $A(2|23)$ und $B(4|19)$ sind Extrempunkte.

**12** Bestimmen Sie eine ganzrationale Funktion vierten Grades, deren Graph die in Fig. 1 angegebenen Eigenschaften hat.

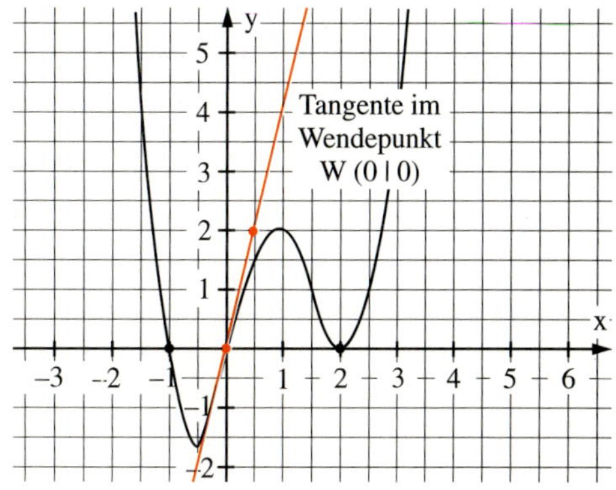

Fig. 1

*In Aufgabe 13 enthält das Lösungstripel Terme, ist also von einer Form wie z. B. (2 + r; r; 3 – 2r).*

**13** Die rechte Seite des Gleichungssystems hängt von r ab. Bestimmen Sie die Lösung in Abhängigkeit von r.

a) $-x_1 + 3x_2 = r$
$x_1 + x_2 = 3r$
$-3x_1 + 2x_2 + x_3 = 0$

b) $2x_1 + x_2 + x_3 = r$
$x_2 - x_3 = r + 1$
$2x_1 + 3x_2 = r$

c) $3x_1 + 2x_2 + x_3 = 4r$
$2x_1 + x_2 = r + 2$
$x_1 - 2x_2 + 3x_3 = 2r$

**14** Geben Sie die Lösungsmenge des zu der GTR-Anzeige gehörenden LGS an:

a)
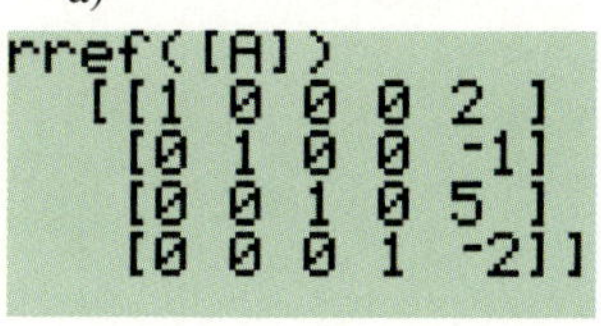


b)
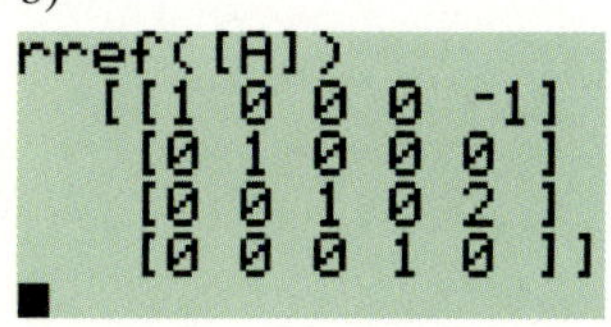


c)

**15** Der Graph einer ganzrationalen Funktion 4. Grades hat bei $x = -1$ eine Nullstelle, bei $x = 2$ einen Wendepunkt mit horizontaler Tangente und geht durch die Punkte $A(1|1)$ und $B(3|-2)$.
Bestimmen Sie den Funktionsterm.

**16** Ein kleines Kreuzfahrtschiff hat doppelt so viele Passagiere wie Kabinen. Die Anzahl der Passagiere zusammen mit der Anzahl des Servicepersonals ist um 30 weniger als die dreifache Anzahl der Kabinen. Die Anzahl der Kabinen, der Passagiere und des Servicepersonals beträgt zusammen das Fünffache des Alters des Kapitäns. Die Anzahl der Kabinen und des Servicepersonals zusammen mit dem Alter des Kapitäns übertrifft die Anzahl der Passagiere um 20. Berechnen Sie die Anzahl der Kabinen, der Passagiere, des Servicepersonals und das Alter des Kapitäns.

**17** Ein Schwimmbecken kann durch drei Leitungen gefüllt werden. Die beiden ersten Leitungen benötigen zusammen 45 Minuten. Die erste und dritte Leitung brauchen zusammen eine Stunde. Die zweite und dritte Leitung schaffen es gemeinsam in 1,5 Stunden. Wie lange braucht jede Leitung alleine zum Füllen? Nach wie vielen Stunden ist das Becken gefüllt, wenn alle drei Leitungen zusammen benutzt werden?

# 3 Lösungsmengen linearer Gleichungssysteme

a)
$$\begin{aligned} x_1 + 2x_2 - x_3 &= 2 \\ 2x_1 - x_2 + 3x_3 &= 9 \end{aligned}$$

b)
$$\begin{aligned} x_1 - x_2 &= 1 \\ 2x_1 + 3x_2 &= 6 \\ 4x_1 + 5x_2 &= 9 \end{aligned}$$

**1** Was passiert jeweils, wenn Sie das GAUSS-Verfahren auf die Gleichungssysteme anwenden? Welches der beiden Systeme hat keine Lösung, welches hat mehr als eine Lösung? Beschreiben Sie jeweils die Lösungsmenge.

Bisher wurden nur LGS mit n Gleichungen und n Variablen betrachtet. Das GAUSS-Verfahren lässt sich auch für weniger oder mehr Gleichungen als Variablen durchführen.

(1) Gleichungssysteme mit **genau einer** Lösung

LGS
$$\begin{aligned} x_1 + 2x_2 + x_3 &= 9 \\ -2x_1 - x_2 + 5x_3 &= 5 \\ x_1 - x_2 + 3x_3 &= 4 \end{aligned}$$

Stufenform (ohne GTR)
$$\begin{aligned} x_1 + 2x_2 + x_3 &= 9 \\ 3x_2 + 7x_3 &= 23 \\ 9x_3 &= 18 \end{aligned}$$

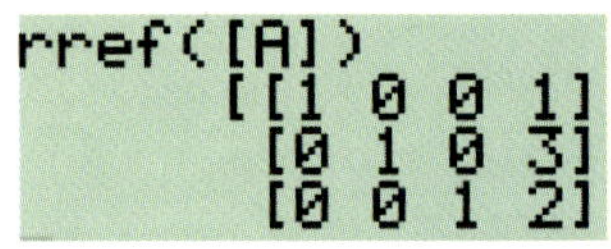


Die Eindeutigkeit der Lösung folgt direkt aus der reduzierten Stufenform. In der Stufenform darf die letzte Gleichung nur noch eine Variable enthalten. Dies ist nur möglich, wenn mindestens so viele Gleichungen wie Variablen im LGS sind. Letzteres ist notwendig, aber nicht hinreichend. Lösungsmenge: $L = \{(1; 3; 2)\}$

(2) Gleichungssysteme mit **keiner** Lösung

LGS
$$\begin{aligned} x_1 + 3x_2 &= 2 \\ 2x_1 - x_2 &= 1 \\ 5x_1 + x_2 &= 3 \end{aligned}$$

Stufenform (ohne GTR)
$$\begin{aligned} x_1 + 3x_2 &= 2 \\ -7x_2 &= -3 \\ 0 &= -1 \end{aligned}$$

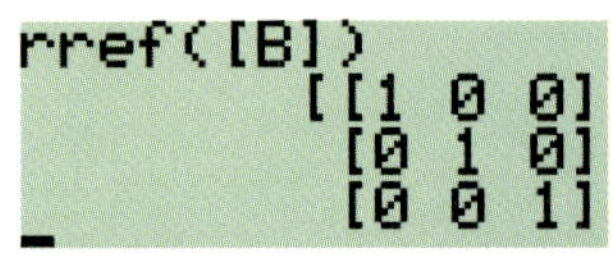


Bei der Umformung in die Stufenform (und entsprechend in die reduzierte Stufenform) entsteht hier eine Gleichung, die keine Variable mehr enthält und falsch ist. Damit ist aber das LGS nicht lösbar. Dieser Fall tritt besonders dann häufig auf, wenn mehr Gleichungen als Variablen vorhanden sind. Lösungsmenge: $L = \{\,\}$

(3) Gleichungssysteme mit **unendlich vielen** Lösungen

LGS
$$\begin{aligned} x_1 - 2x_2 + x_3 &= 3 \\ 2x_1 - 3x_2 - x_3 &= 1 \end{aligned}$$

Stufenform (ohne GTR)
$$\begin{aligned} x_1 - 2x_2 + x_3 &= 3 \\ x_2 - 3x_3 &= -5 \end{aligned}$$

reduzierte Stufenform (GTR)

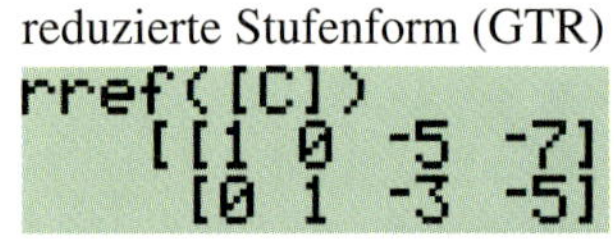


*Das Wort **Parameter** leitet sich von den griechischen Begriffen para (= neben) und metron (= Maß) ab. Man bezeichnet damit Variablen, die eine Sonderrolle spielen.*

Bei der Umformung in die Stufenform (und entsprechend in die reduzierte Stufenform) bleibt in der letzten Gleichung mehr als eine Variable stehen. Ersetzt man diese Variablen bis auf eine im LGS durch beliebige Zahlen, so hat man eine eindeutige Lösung.

Die Abhängigkeit der Lösung von den verschiedenen Ersetzungen beschreibt man durch die Einführung so genannter **Parameter**. Im Beispiel ersetzt man etwa $x_3$ durch den Parameter t, der für eine beliebige reelle Zahl steht. Damit erhält man $x_2 = 3t - 5$ und $x_1 = 5t - 7$.

Lösungsmenge: $L = \{(5t - 7; 3t - 5; t) \mid t \in \mathbb{R}\}$

| |
|---|
| Ein lineares Gleichungssystem hat entweder genau eine Lösung oder keine Lösung oder unendlich viele Lösungen. |

**Beispiel 1:** (unendliche Lösungsmenge)
Bestimmen Sie die Lösungsmenge:

$$\begin{aligned} x_1 - 3x_2 + x_3 &= 1 \\ 2x_1 - 4x_2 + x_3 &= 6 \end{aligned}$$

Lösung:

1. Schritt: Man notiert das LGS und nummeriert die Gleichungen.

$$\begin{array}{ll} \text{I} & x_1 - 3x_2 + x_3 = 1 \\ \text{II} & 2x_1 - 4x_2 + x_3 = 6 \quad | \; \text{IIa} = \text{II} - 2 \cdot \text{I} \end{array}$$

2. Schritt: Man überführt das LGS mit dem GAUSS-Verfahren in Stufenform.

$$\begin{array}{ll} \text{I} & x_1 - 3x_2 + x_3 = 1 \\ \text{IIa} & 2x_2 - x_3 = 4 \end{array}$$

3. Schritt: Man setzt für die überzähligen Variablen Parameter als „Werte" ein (hier t für $x_3$).

$$\begin{aligned} x_1 - 3x_2 + t &= 1 \\ 2x_2 - t &= 4 \end{aligned}$$

4. Schritt: Man löst schrittweise nach den übrigen Variablen auf.

$x_2 = 2 + \frac{1}{2}t$
$x_1 = 1 - t + 3x_2 = 7 - t + \frac{3}{2}t = 7 + \frac{1}{2}t$
und es gilt (3. Schritt) $x_3 = t$.

5. Schritt: Man gibt die Lösungsmenge an.

$L = \left\{\left(7 + \frac{1}{2}t;\ 2 + \frac{1}{2}t;\ t\right) \middle| \ t \in \mathbb{R}\right\}$

**Beispiel 2:** (leere Lösungsmenge)
Bestimmen Sie die Lösungsmenge:

$$\begin{aligned} x_1 + 3x_2 - 4x_3 &= 1 \\ 3x_1 - 2x_2 + x_3 &= 0 \\ -\tfrac{3}{2}x_1 + x_2 - \tfrac{1}{2}x_3 &= 1 \end{aligned}$$

Lösung:

1. Schritt: LGS notieren.

$$\begin{array}{ll} \text{I} & x_1 + 3x_2 - 4x_3 = 1 \\ \text{II} & 3x_1 - 2x_2 + x_3 = 0 \quad | \; \text{IIa} = \text{II} - 3 \cdot \text{I} \\ \text{III} & -\tfrac{3}{2}x_1 + x_2 - \tfrac{1}{2}x_3 = 1 \quad | \; \text{IIIa} = \text{III} + \tfrac{1}{2} \cdot \text{II} \end{array}$$

2. Schritt: Man bringt das LGS auf Stufenform.

$$\begin{array}{ll} \text{I} & x_1 + 3x_2 - 4x_3 = 1 \\ \text{IIa} & -11x_2 + 13x_3 = -3 \end{array}$$

3. Schritt: Man gibt die Lösungsmenge an.

$$\begin{array}{ll} \text{IIIa} & 0 = 1 \end{array}$$

Das System ist unlösbar.
Lösungsmenge: L = { }.

**Beispiel 3:** (LGS mit Parameter auf der rechten Seite)
Bestimmen Sie die Lösungsmenge in Abhängigkeit vom Parameter r.

$$\begin{aligned} x_1 + x_2 - 2x_3 &= 0 \\ 2x_1 - 2x_2 + 3x_3 &= 1 + 2r \\ x_1 - x_2 - x_3 &= r \end{aligned}$$

*Beachten Sie:*
*Hier ist $L_r$ eine **einelementige** Lösungsmenge. Da zu jedem Wert von r ein LGS gehört, erhält man für jeden Wert von r eine Lösungsmenge $L_r$. Daher darf die Beschreibung in Schritt 3 nicht mit der Angabe unendlicher Lösungsmengen wie in Beispiel 1 verwechselt werden!*

Lösung:

1. Schritt: LGS notieren.

$$\begin{array}{ll} \text{I} & x_1 + x_2 - 2x_3 = 0 \\ \text{II} & 2x_1 - 2x_2 + 3x_3 = 1 + 2r \quad | \; \text{IIa} = \text{II} - 2 \cdot \text{I} \\ \text{III} & x_1 - x_2 - x_3 = r \quad | \; \text{IIIa} = 2 \cdot \text{III} - \text{II} \end{array}$$

2. Schritt: Man bringt das LGS auf Stufenform.

$$\begin{array}{ll} \text{I} & x_1 + x_2 - 2x_3 = 0 \\ \text{IIa} & -4x_2 + 7x_3 = 1 + 2r \\ \text{IIIa} & -5x_3 = -1 \end{array}$$

3. Schritt: Man löst schrittweise nach den Variablen $x_3$, $x_2$, $x_1$ auf ($x_3$ ergibt sich aus IIIa, $x_2$ aus IIIa und IIa, $x_1$ aus IIIa, IIa und I).

$x_3 = \frac{1}{5}$
$x_2 = -\frac{1}{4} - \frac{1}{2}r + \frac{7}{4}x_3 = \frac{1}{10} - \frac{1}{2}r$
$x_1 = -x_2 + 2x_3 = \frac{3}{10} + \frac{1}{2}r$

4. Schritt: Man gibt die Lösungsmengen an.

$L_r = \left\{\left(\frac{3}{10} + \frac{1}{2}r;\ \frac{1}{10} - \frac{1}{2}r;\ \frac{1}{5}\right)\right\}$.

Kommt der Parameter (wie im Beispiel) nur linear und nur auf der rechten Seite des LGS vor, so kann man zur Lösung auch den GTR verwenden. Man behandelt das Gleichungssystem so, als ob r eine zusätzliche Variable wäre und parametrisiert die Lösung nach dieser Variablen. Letzteres geschieht automatisch, da die Spalte für r rechts von den Spalten der Variablen steht.
Mit **rref** erhält man so: $L = \{(0{,}5\,r + 0{,}3;\ -0{,}5\,r + 0{,}1;\ 0{,}2)\}$

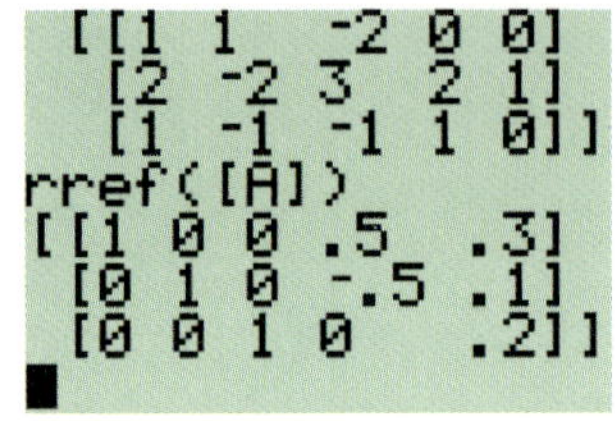


**Beispiel 4:** (GTR)
Bestimmen Sie die Lösungsmenge.

$$\begin{aligned} 2x_1 + 4x_2 - x_3 &= 3 \\ x_1 - 3x_2 + 2x_3 &= -1 \\ x_1 + 7x_2 - 3x_3 &= 4 \end{aligned}$$

Lösung:
Der GTR liefert mit **rref** das nebenstehende Ergebnis.
Der untersten Zeile der Matrix entspricht die Gleichung $0 = 0$. Diese ist immer erfüllt. Man setzt für $x_3$ den Parameter t ein und erhält $x_2 = 0{,}5\,t + 0{,}5$ und
$x_1 = -0{,}5\,t + 0{,}5$
$L = \{(0{,}5 - 0{,}5t;\ 0{,}5 + 0{,}5t;\ t) \mid t \in \mathbb{R})\}$

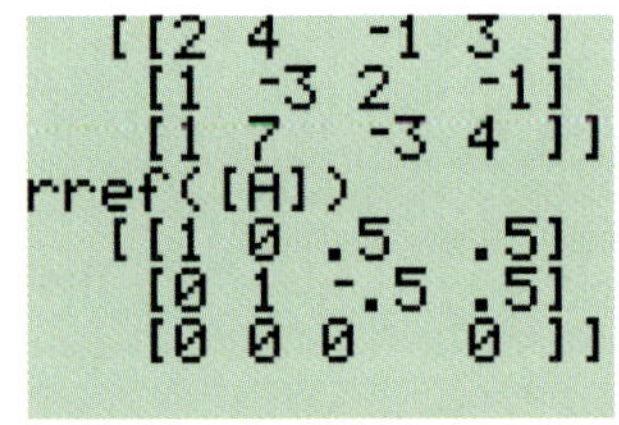


**Beispiel 5:** (GTR)
Bestimmen Sie die Lösungsmenge.

$$\begin{aligned} 2x_1 + 4x_2 - x_3 &= 3 \\ x_1 - 3x_2 + 2x_3 &= -1 \\ x_1 + 7x_2 - 3x_3 &= 5 \end{aligned}$$

Lösung:
Der GTR liefert mit **rref** das nebenstehende Ergebnis. Der untersten Zeile der Matrix entspricht die Gleichung $0 = 1$, also ist das Gleichungssystem nicht lösbar.
$L = \{\ \}$

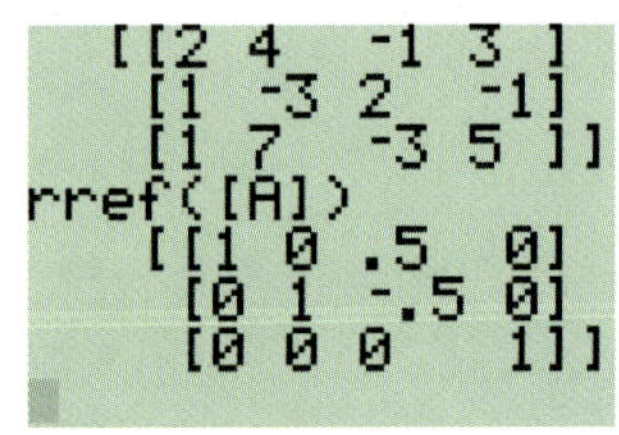


## Aufgaben

**2** Bestimmen Sie die Lösungsmenge.

a) $\begin{aligned} x_1 - 3x_2 + 2x_3 &= 2 \\ 3x_2 - 2x_3 &= 1 \\ -6x_2 + 4x_3 &= 3 \end{aligned}$
b) $\begin{aligned} x_1 + 2x_2 - x_3 &= 2 \\ 2x_2 - 4x_3 &= 1 \\ 3x_2 - 6x_3 &= \tfrac{3}{2} \end{aligned}$
c) $\begin{aligned} x_1 - 4x_2 + x_3 &= 2 \\ 2x_2 - 4x_3 &= 6 \\ 3x_2 - 7x_3 &= 5 \end{aligned}$
d) $\begin{aligned} x_1 + 2x_2 - x_3 &= 2 \\ x_1 + 2x_2 - 3x_3 &= 6 \\ -4x_3 &= 8 \end{aligned}$

**3**
a) $\begin{aligned} x_1 + x_2 + x_3 &= 3 \\ x_1 + 2x_2 + 3x_3 &= 6 \end{aligned}$
b) $\begin{aligned} -3x_1 + 6x_2 - 6x_3 &= 5 \\ 2x_1 - 4x_2 + 4x_3 &= -2 \end{aligned}$
c) $\begin{aligned} -6x_1 - 3x_2 + 6x_3 &= 9 \\ 4x_1 + 2x_2 - 5x_3 &= -6 \end{aligned}$

**4**
a) $\begin{aligned} 3x_1 + 4x_2 + 2x_3 &= 5 \\ 2x_1 - 3x_2 + x_3 &= 8 \\ 2x_3 &= 6 \end{aligned}$
b) $\begin{aligned} 3x_1 + 2x_2 + 3x_3 &= 9 \\ 4x_2 - 3x_3 &= 6 \\ 2x_1 + 4x_2 \qquad &= 10 \end{aligned}$
c) $\begin{aligned} 2x_1 - 3x_2 + 4x_3 &= 1 \\ 3x_1 + x_2 - 5x_3 &= 7 \\ 4x_1 + 5x_2 - 14x_3 &= 13 \end{aligned}$

**5**
a) $\begin{aligned} x_1 \qquad + x_3 &= 2 \\ x_2 + x_3 &= 4 \\ x_1 + x_2 \qquad &= 5 \\ x_1 + x_2 + x_3 &= 0 \end{aligned}$
b) $\begin{aligned} x_1 + x_2 + x_3 &= 15 \\ 2x_1 - x_2 + 7x_3 &= 50 \\ 3x_1 + 11x_2 - 9x_3 &= 1 \\ x_1 - x_2 + x_3 &= 5 \end{aligned}$
c) $\begin{aligned} 7x_1 + 11x_2 + 13x_3 &= 0 \\ x_1 - x_2 - x_3 &= 1 \\ 2x_1 + 3x_2 + 4x_3 &= 0 \\ 9x_1 + 10x_2 + 11x_3 &= 0 \end{aligned}$

**6** Das Gleichungssystem enthält einen Parameter auf der rechten Seite. Geben Sie die Lösungsmenge in Abhängigkeit vom Parameter an.

a) $3x_1 - 2x_2 = 4r$
$x_1 + 3x_2 = 5r$

b) $3x_1 - 4x_2 = 7r$
$5x_1 + 4x_2 = r$

c) $6x_1 - 3x_2 = 3r + 6$
$4x_1 - 3x_2 = 2r + 4$

d) $0{,}5x_1 + 2{,}4x_2 = r$
$x_1 - x_2 = 2r$

e) $2x_1 + 3x_2 = r + 1$
$2x_1 + 4x_2 = 2r$

f) $-x_1 - 0{,}5x_2 = 2r + 5$
$4x_1 + x_2 = 4r + 2$

**7** a) $3x_1 + 3x_2 - 5x_3 = 3r$
$x_1 + 6x_2 - 10x_3 = r$
$15x_2 + 25x_3 = 0$

b) $3x_1 - 2x_2 + x_3 = 2r$
$5x_1 - 4x_2 - x_3 = 2$
$x_1 + 3x_2 - 2x_3 = 2r + 6$

c) $2x_1 + 2x_2 + 2x_3 = r + 2$
$4x_1 - 3x_2 + 2x_3 = 0$
$x_1 + x_2 + 3x_3 = 2r + 6$

**8** Durch die Punkte P und Q gehen unendlich viele Parabeln. Stellen Sie ein lineares Gleichungssystem für die Koeffizienten a, b, c der Parabelgleichung $y = ax^2 + bx + c$ auf und bestimmen Sie die Lösungsmenge. Wählen Sie dabei a als Parameter. Bestimmen Sie danach die Gleichungen der drei dargestellten Parabeln.

a)

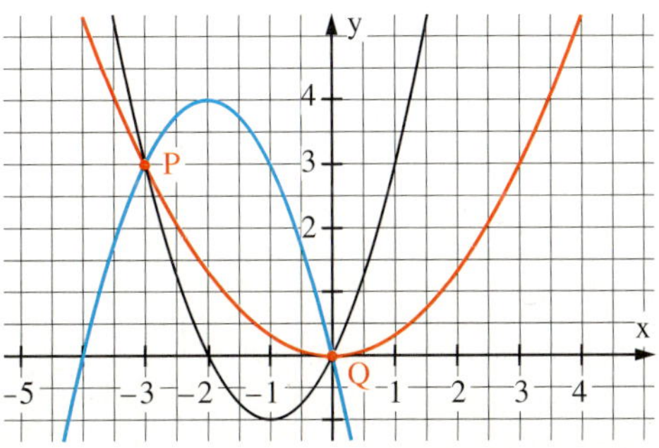

Fig. 1

b)

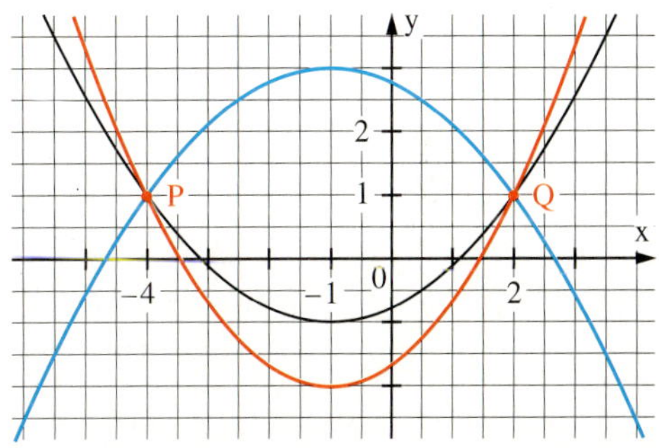

Fig. 2

c)

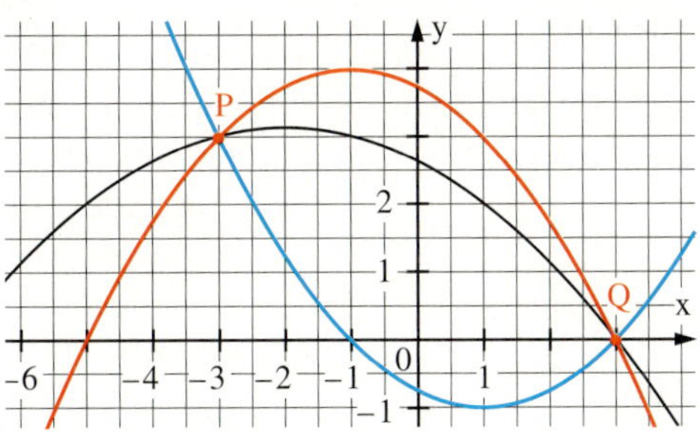

Fig. 3

d)

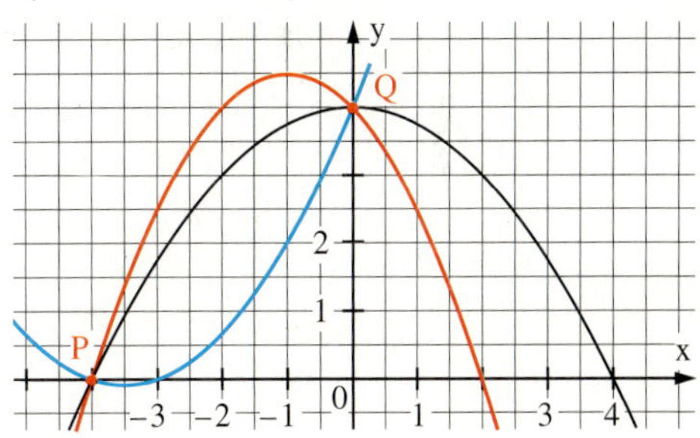

Fig. 4

*Mit Drachme wurde im alten Griechenland sowohl ein Gewicht (4,36 g) als auch eine Münzsorte bezeichnet. Drachmen wurden in Gold und in Silber geprägt.*

*Die griechische 1-€-Münze hat das gleiche Motiv.*

**9** Eine 1800 Jahre alte Aufgabe: Verteile 9900 Drachmen unter vier Personen so, dass die zweite ein Siebentel mehr als die erste bekommt, die dritte 300 Drachmen mehr als die erste und zweite zusammen und die vierte 300 Drachmen mehr als die ersten drei zusammen.

**10** Geben Sie die Lösungsmenge des zu der GTR-Anzeige gehörenden LGS an.

a)
```
rref([A])
  [[1 0 0 0 1 ]
   [0 1 0 0 -1]
   [0 0 1 0 0 ]
   [0 0 0 1 2 ]]
```

b)
```
rref([A])
[[1 0 0 -2.5 0]
 [0 1 0 -4.5 0]
 [0 0 1 8.5  0]
 [0 0 0 0    1]]
```

c)
```
rref([A])
 [[1 0 -5 -2 1]
  [0 1 -1 2  3]
  [0 0 0  0  0]
  [0 0 0  0  0]]
```

# 4 Anwendungen linearer Gleichungssysteme

In Bereichen wie Technik, Natur- und Wirtschaftswissenschaften gibt es Probleme, die man mithilfe linearer Gleichungssysteme lösen kann. Die folgenden Beispiele zeigen, wie man dabei vorgeht.

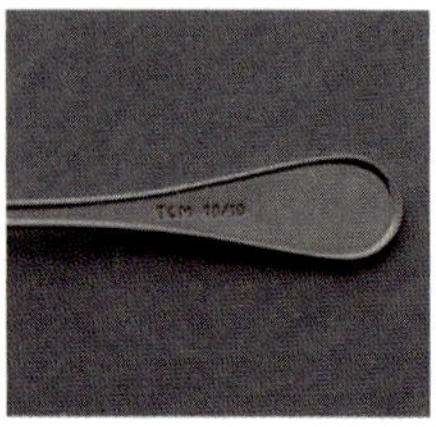

**Beispiel 1:** (Mischungsrechnung)
Edelstahl ist eine Legierung aus Eisen, Chrom und Nickel; z. B. besteht 18/10-Stahl aus 72 % Eisen, 18 % Chrom und 10 % Nickel.
Aus den Legierungen A, B, C soll unter Zugabe von möglichst wenig Nickel (D) eine Tonne 18/10-Stahl hergestellt werden. Lösen Sie das Problem mit einem LGS.

| | A | B | C | D |
|---|---|---|---|---|
| Eisen | 70 % | 74 % | 78 % | 0 % |
| Chrom | 22 % | 18 % | 15 % | 0 % |
| Nickel | 8 % | 8 % | 7 % | 100 % |

Lösung:

1. Schritt: Variablen einführen.

Mengen für A, B, C, D in t: $x_1$, $x_2$, $x_3$, $x_4$

2. Schritt: Gleichungen aufstellen:
I für die Gesamtmenge, II für Eisen,
III für Chrom, IV für Nickel.

$$\begin{array}{lrcl} \text{I} & x_1 + x_2 + x_3 + x_4 &=& 1 \\ \text{II} & 70x_1 + 74x_2 + 78x_3 &=& 72 \\ \text{III} & 22x_1 + 18x_2 + 15x_3 &=& 18 \\ \text{IV} & 8x_1 + 8x_2 + 7x_3 + 100x_4 &=& 10 \end{array}$$

3. Schritt: Gleichungssystem lösen (GTR)
Die nach rechts verschobene Lösungsmatrix zeigt, dass unendlich viele Lösungen existieren.
Setzt man $x_4 = t$, so erhält man die Lösung
$L = \{(-1{,}5 + 73{,}5t;\ 4{,}5 - 166{,}5t;\ -2 + 92t;\ t) \mid t \in \mathbb{R}\}$
$= \left\{\left(\frac{-3}{2} + \frac{147}{2}t;\ \frac{9}{2} - \frac{333}{2}t;\ -2 + 92t;\ t\right) \mid t \in \mathbb{R}\right\}$

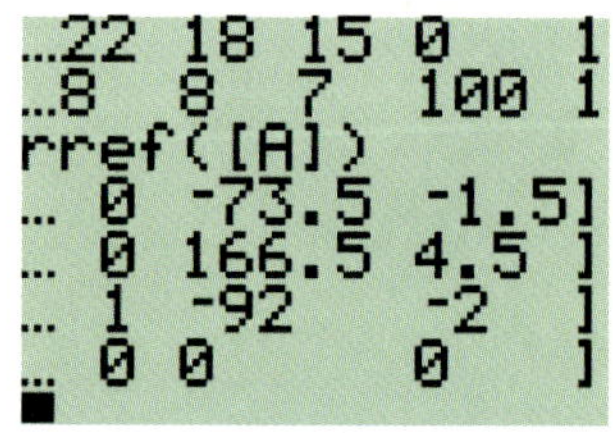


4. Schritt: Die Lösung mit dem niedrigsten Nickelzusatz bestimmen und die Antwort formulieren.

Für $x_1$, $x_2$, $x_3$, $x_4$ sind keine negativen Werte zulässig. Also muss $t \geqq \frac{1}{46}$ sein. Da $x_1$ und $x_2$ für $t = \frac{1}{46}$ positiv sind, ist $\left(\frac{9}{92};\ \frac{81}{92};\ 0;\ \frac{1}{46}\right)$ die gesuchte Lösung.
Es müssen rund 22 kg Nickel, 880 kg der Sorte B und 98 kg der Sorte A verwendet werden.

**Beispiel 2:** (Stoffumwandlungen in der Chemie)
Reaktionsgleichungen wie in Fig. 1 geben an, wie viele Moleküle der Ausgangsstoffe wie viele Moleküle der Endstoffe liefern. Bestimmen Sie möglichst kleine natürliche Zahlen $x_1$, $x_2$, $x_3$ und $x_4$ für die Reaktion

$$x_1 NH_3 + x_2 O_2 \longrightarrow x_3 NO_2 + x_4 H_2O,$$

nach der Ammoniak $NH_3$ zu Stickstoffdioxid und Wasser verbrennt.

Umwandlung von Stickstoffdioxid $NO_2$ mit Wasser $H_2O$ und Sauerstoff $O_2$ zu Salpetersäure:

$$4NO_2 + 2H_2O + O_2 \longrightarrow 4HNO_3$$

Die Faktoren 4, 2, 1 und 4 ergeben sich aus der Bedingung, dass rechts und links gleich viele Atome jedes Elements vorkommen müssen.

Fig. 1

Lösung:

1. Schritt: Für jede Atomart eine Gleichung aufstellen; dabei ausnutzen, dass rechts und links gleich viele Atome vorkommen.

Für N: $x_1 = x_3$
Für H: $3x_1 = 2x_4$
Für O: $2x_2 = 2x_3 + x_4$

2. Schritt: Gleichungen umschreiben und als LGS notieren.

$$\begin{array}{llcl} \text{I} & x_1 - x_3 & = & 0 \\ \text{II} & 3x_1 - 2x_4 & = & 0 \\ \text{III} & 2x_2 - 2x_3 - x_4 & = & 0 \end{array}$$

*Die Umwandlung in Brüche erreicht man über das MATH-Menu.*

3. Schritt: Gleichungssystem lösen (GTR)
Wie nebenstehend gezeigt, wandelt man die Ergebnismatrix sinnvollerweise in eine Darstellung mit Brüchen um. Setzt man $x_4 = s$, so erhält man darauf die folgende Lösungsmenge:
$L = \left\{\left(\frac{2}{3}s; \frac{7}{6}s; \frac{2}{3}s; s\right) \mid s \in \mathbb{R}\right\}$

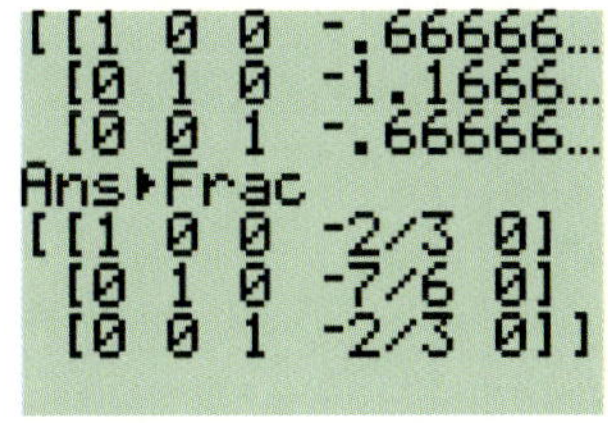


4. Schritt: Die gesuchten Faktoren bestimmen. Die kleinste positive Zahl s, für die sich eine ganzzahlige Lösung ergibt, ist 6.

Mit $s = 6$ ergibt sich 4 für $x_1$, 7 für $x_2$, 4 für $x_3$ und 6 für $x_4$. Reaktionsgleichung:
$4NH_3 + 7O_2 \longrightarrow 4NO_2 + 6H_2O$.

**Beispiel 3:** (Kurvenanpassung)
Der Graph einer ganzrationalen Funktion f vom Grad 5 ist punktsymmetrisch zum Ursprung, hat im Punkt $N(4|0)$ eine Nullstelle und bei $H(2|4)$ einen Hochpunkt (Fig. 1). Ermitteln Sie einen Funktionsterm.

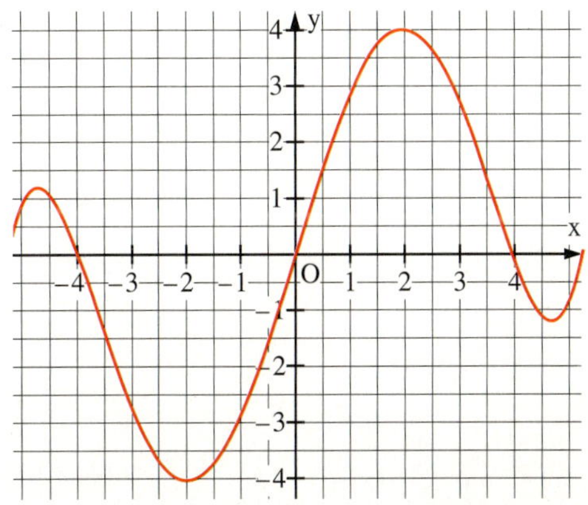

Fig. 1

1. Schritt: Bestimmen des allgemeinen Funktionsterms und seiner Ableitung unter Beachtung der Punktsymmetrie liefert:
$f(x) = ax^5 + bx^3 + cx$,
$f'(x) = 5ax^4 + 3bx^2 + c$.

2. Schritt: Mit $f(4) = 0$, $f(2) = 4$ und $f'(2) = 0$ erhält man ein LGS mit drei Gleichungen für a, b und c.

$$\begin{array}{llcl} \text{I} & 1024a + 64b + 4c & = & 0 \\ \text{II} & 32a + 8b + 2c & = & 4 \\ \text{III} & 80a + 12b + c & = & 0 \end{array}$$

3. Schritt: Gleichungssystem mit dem GTR lösen und das Ergebnis in die Bruchdarstellung umwandeln.
Die eindeutige Lösung ist direkt ablesbar:
$L = \left\{\left(\frac{1}{144}; -\frac{11}{36}; \frac{28}{9}\right)\right\}$

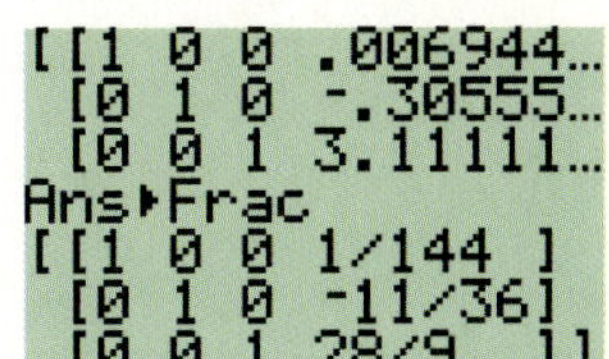


4. Schritt: Der gesuchte Funktionsterm ist
$f(x) = \frac{1}{144}x^5 - \frac{11}{36}x^3 + \frac{28}{9}x$.

## Aufgaben

**1** Für Düngeversuche sollen aus den drei Düngersorten I, II und III 10 kg Blumendünger gemischt werden, der 40 % Kalium, 35 % Stickstoff und 25 % Phosphor enthält. Welche Mengen werden benötigt?

| | I | II | III |
|---|---|---|---|
| Kalium | 40 % | 30 % | 50 % |
| Stickstoff | 50 % | 20 % | 30 % |
| Phosphor | 10 % | 50 % | 20 % |

**2** Die Variablen $x_1, x_2, \ldots$ in den chemischen Reaktionsgleichungen sollen für möglichst kleine natürliche Zahlen stehen. Bestimmen Sie diese Zahlen nach dem Verfahren in Beispiel 2.

a) $x_1 Fe + x_2 O_2 \longrightarrow x_3 Fe_2O_3$ (Rosten von Eisen in trockener Luft)

b) $x_1 C_6H_{12}O_6 + x_2 O_2 \longrightarrow x_3 CO_2 + x_4 H_2O$ (Verbrennung von Traubenzucker)

c) $x_1 FeS_2 + x_2 O_2 \longrightarrow x_3 Fe_2O_3 + x_4 SO_2$ (Entstehen von Schwefeldioxid aus Pyrit)

d) $x_1 C_3H_5N_3O_9 \longrightarrow x_2 CO_2 + x_3 H_2O + x_4 N_2 + x_5 O_2$ (Explosion von Nitroglyzerin)

**3** Der tägliche Nahrungsbedarf eines Erwachsenen beträgt pro kg Körpergewicht 5 g bis 6 g Kohlenhydrate, etwa 0,9 g Eiweiß und 1 g Fett.
Wie kann ein Erwachsener mit 75 kg Körpergewicht mit Kabeljau, Kartoffeln und Butter seinen täglichen Nahrungsbedarf decken? Rechnen Sie mit 400 g Kohlenhydraten, 70 g Eiweiß und 75 g Fett.

100 g Kabeljau:
Eiweiß 16,5 g
Fett 0,4 g
Kohlenhydrate 0,0 g

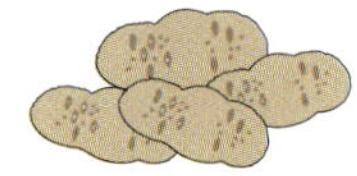

100 g Kartoffeln:
Eiweiß 2,0 g
Fett 0,2 g
Kohlenhydrate 20,9 g

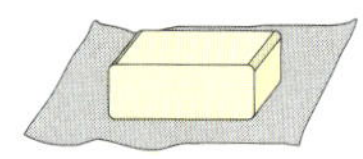

100 g Butter:
Eiweiß 0,8 g
Fett 82,0 g
Kohlenhydrate 0,7 g

Fig. 1

**4** Die Tabelle in Fig. 2 gibt den Eiweiß-, Kohlenhydrate- und Fettgehalt von drei Speisebestandteilen A, B und C an.

a) Zeigen Sie, dass man aus A, B und C keine Speise mit 47 % Eiweiß, 35 % Kohlenhydrate und 18 % Fett zusammenstellen kann.

b) Untersuchen Sie, ob man Speisen mit 40 % Eiweiß und 40 % Kohlenhydrate aus A, B und C herstellen kann.

| | A | B | C |
|---|---|---|---|
| Eiweiß | 30 % | 50 % | 20 % |
| Kohlenhydrate | 30 % | 30 % | 70 % |
| Fett | 40 % | 20 % | 10 % |

Fig. 2

**5** Im Versuchslabor eines Getränkeherstellers soll aus den drei angegebenen Mischgetränken A, B und C in Fig. 3 eine neue Sorte PLOP mit 50 % Fruchtsaftgehalt gemischt werden.

a) Wie viel $cm^3$ der Sorte C können für 1 Liter PLOP höchstens verwendet werden?

b) Wie kann man 1 Liter PLOP mit 20 % Maracujaanteil aus den drei Sorten mischen?

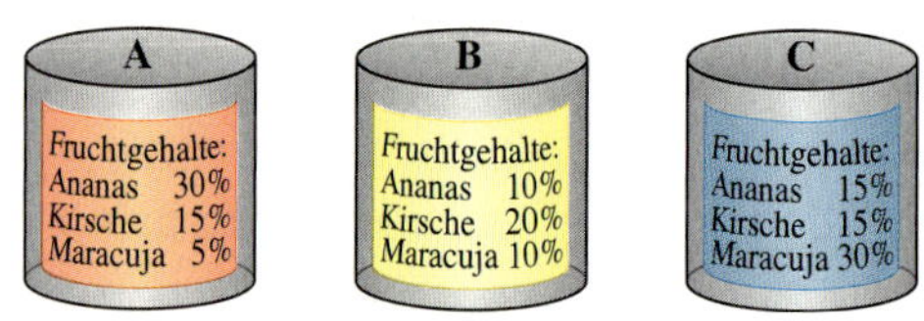


Fig. 3

**6** Alpaka (Neusilber) ist eine Legierung aus Kupfer, Nickel und Zink. Aus den vier in Fig. 4 angegebenen Sorten kann auf verschiedene Arten 100 g Alpaka mit einem Gehalt von 55 % Kupfer, 23 % Nickel und 22 % Zink hergestellt werden.
Bestimmen Sie die Legierungen mit dem größten und dem kleinsten Anteil von Sorte IV.

| | I | II | III | IV |
|---|---|---|---|---|
| Kupfer | 40 % | 50 % | 60 % | 70 % |
| Nickel | 26 % | 22 % | 25 % | 18 % |
| Zink | 34 % | 28 % | 15 % | 12 % |

Fig. 4

**7** Bei einem Automodell sind die Servolenkung S und die Klimaanlage K Sonderausstattungen. Bei 100 000 ausgelieferten Autos wurde S 65 100-mal und K 12 600-mal eingebaut.

a) Warum lässt sich aus den Angaben noch nicht schließen, wie oft weder S noch K, nur S, nur K oder beide Sonderausstattungen eingebaut wurden? Stellen Sie ein Gleichungssystem für die vier möglichen Ausstattungskombinationen auf.

b) Mindestens wie viele Käufer wählten keine Sonderausstattung?

c) Wie viele Käufer wählten keine Sonderausstattung, wenn K stets mit S bestellt wurde?

**8** Der Graph einer ganzrationalen Funktion 4. Grades geht durch die Punkte $P_1(-2|-1)$, $P_2(0|2)$, $P_3(1|-1)$, $P_4(2|-1)$ und $P_5(3|2)$. Bestimmen Sie den Term der Funktion und zeichnen sie den Graphen.

**9** In Fig. 1 ist der Graph einer ganzrationalen Funktion dargestellt. Bestimmen Sie den Funktionsterm, indem Sie hinreichend viele Punkte mit ganzzahligen Koordinaten des Graphen ablesen und damit ein Gleichungssystem für die Koeffizienten des Funktionsterms aufstellen.

**10** In Fig. 2 ist der Graph der Ableitung f′ einer ganzrationalen Funktion 4. Grades gezeigt. Die Funktion f hat bei $x = 1$ eine Nullstelle. Bestimmen Sie den Term der Funktion.

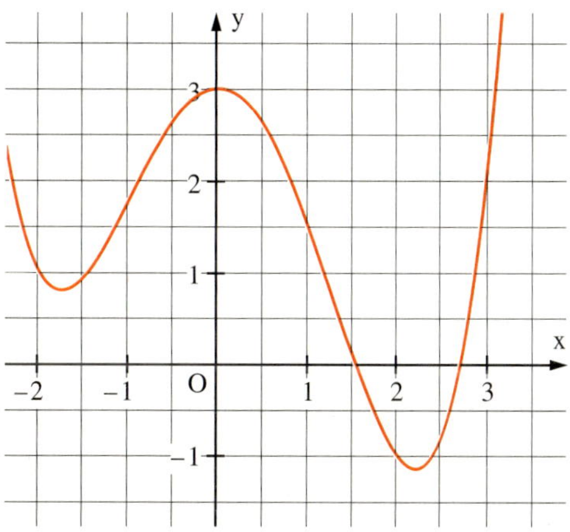

Fig. 1

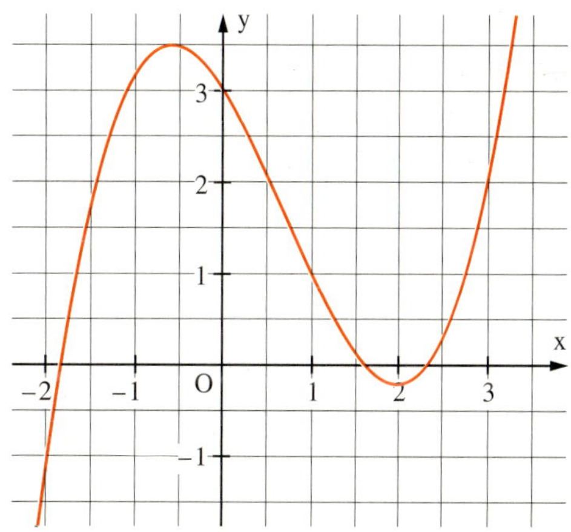

Fig. 2

**11** Eine ganzrationale Funktion 4. Grades hat bei $x = -1$ und bei $x = 5$ eine Nullstelle und bei $x = 1$ einen Wendepunkt mit waagerechter Tangente. Außerdem geht ihr Graph durch den Punkt $P(3|5)$.
Bestimmen Sie den Term der Funktion, zeichnen Sie den Graphen und berechnen Sie das absolute Maximum der Funktion.

**12** Eine ganzrationale Funktion 4. Grades hat bei $-1, 3, 5$ und 5 Nullstellen und bei $x = 1$ einen Wendepunkt mit waagerechter Tangente.
Ermitteln Sie einen Term der Funktion.
Begründen Sie, warum es keine eindeutige Lösung gibt.
Wie gehen die Graphen der möglichen Funktionen geometrisch auseinander hervor?

**13** Bei einem Geviert aus Einbahnstraßen sind die Verkehrsdichten (Fahrzeuge pro Stunde) für die zu- und abfließenden Verkehrsströme bekannt. Stellen Sie ein lineares Gleichungssystem für die Verkehrsdichten $x_1, x_2, x_3, x_4$ auf und bearbeiten Sie folgende Fragestellungen:
a) Ist eine Sperrung des Straßenstücks AD ohne Drosselung des Zuflusses möglich?
b) Welches ist die minimale Verkehrsdichte auf dem Straßenstück AB?
c) Welches ist die maximale Verkehrsdichte auf dem Straßenstück CD?

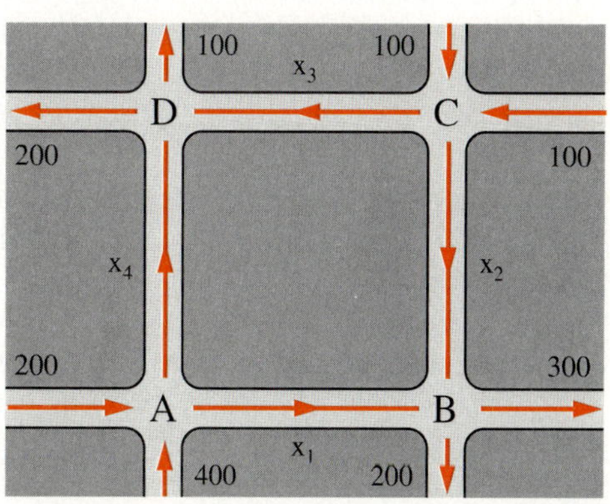

**Lösungen eines linearen Gleichungssystems:**
Jede Lösung eines linearen Gleichungssystems mit n Variablen besteht aus n Zahlen, die man als n-Tupel angibt.

*Ein LGS:*

$$\begin{array}{ll} I & 2x_1 - x_2 + 6x_3 = 8 \\ II & 3x_1 + 2x_2 + 2x_3 = -2 \\ III & x_1 + 3x_2 - 4x_3 = -10 \end{array}$$

*(−2; 0; 2) ist eine der Lösungen.*

**Gauss-Verfahren:** Man bringt das LGS zunächst mithilfe der folgenden Umformungen auf Stufenform oder auf reduzierte Stufenform:
(1) Gleichungen miteinander vertauschen,
(2) eine Gleichung mit einer Zahl $c \neq 0$ multiplizieren,
(3) eine Gleichung durch die Summe oder Differenz eines Vielfachen von ihr und einem Vielfachen einer anderen Gleichung ersetzen.
Dann bestimmt man die Lösungsmenge.

*Gauss-Verfahren für dieses LGS:*

$$\begin{array}{ll} I & 2x_1 - x_2 + 6x_3 = 8 \mid Ia = III \\ II & 3x_1 + 2x_2 + 2x_3 = -2 \\ III & x_1 + 3x_2 - 4x_3 = -10 \mid IIIa = I \end{array}$$

$$\begin{array}{ll} Ia & x_1 + 3x_2 - 4x_3 = -10 \\ II & 3x_1 + 2x_2 + 2x_3 = -2 \mid IIb = II - 3 \cdot Ia \\ IIIa & 2x_1 - x_2 + 6x_3 = 8 \mid IIIb = IIIa - 2 \cdot Ia \end{array}$$

$$\begin{array}{ll} Ia & x_1 + 3x_2 - 4x_3 = -10 \\ IIb & -7x_2 + 14x_3 = 28 \\ IIIb & -7x_2 + 14x_3 = 28 \mid IIIc = IIIb - IIb \end{array}$$

*Stufenform:*

$$\begin{array}{ll} Ia & x_1 + 3x_2 - 4x_3 = -10 \\ IIb & -7x_2 + 14x_3 = 28 \\ IIIc & 0 = 0 \end{array}$$

**Lösungsmenge:**
**Fall 1:** Nach der letzten Gleichung, in der Variablen vorkommen, folgt mindestens eine Gleichung der Art $0 = c$ mit $c \neq 0$. In diesem Fall ist das LGS unlösbar, d. h. die Lösungsmenge L ist leer.
**Fall 2:** Das LGS in Stufenform enthält (abgesehen von Gleichungen der Form $0 = 0$) genauso viele Gleichungen wie Variablen („Dreiecksform"). In diesem Fall besitzt das LGS genau eine Lösung.
**Fall 3:** Das LGS in Stufenform enthält (abgesehen von Gleichungen der Form $0 = 0$) weniger Gleichungen als Variablen. In diesem Fall besitzt das LGS unendlich viele Lösungen.

*Lösungsmengenbestimmung:*
$x_3 = t$ (Parameterwahl)
$x_2 = -\frac{28}{7} + \frac{14}{7}x_3 = -4 + 2t$ (aus IIb)
$x_1 = -10 - 3x_2 + 4x_3 = 2 - 2t$ (aus Ia)

*Lösungsmenge:*
$L = \{(2 - 2t; -4 + 2t; t) \mid t \in \mathbb{R}\}$

**Matrixschreibweise:** Man kann ein LGS in Kurzform notieren (Matrix). Dabei treten nur die Koeffizienten und die rechten Seiten der Gleichungen auf (auf Minuszeichen achten!).
Die Umformungen beim Gauss-Verfahren werden in der Matrix als Zeilenumformungen ausgeführt.

*Das LGS als Matrix:*

$$\left(\begin{array}{ccc|c} 2 & -1 & 6 & 8 \\ 3 & 2 & 2 & -2 \\ 1 & 3 & -4 & -10 \end{array}\right)$$

**Reduzierte Stufenform mit dem GTR:** Der GTR bringt mit dem Befehl **rref** die Matrix eines Gleichungssystems in die reduzierte Stufenform. Dabei werden auch alle oberhalb der Diagonalen stehenden Einträge eliminiert und die Diagonalelemente normiert. Die Lösungsmenge kann daher ohne „rückwärts einsetzen" direkt abgelesen werden.

Hat die angezeigte Matrix in der letzten Zeile außer im letzten Eintrag nur Nullen, so ist das Gleichungssystem nicht lösbar.

Hat die Matrix in der letzten nicht ganz verschwindenden Zeile mehr als zwei Einträge, so ist die Lösungsmenge unendlich. Indem man hier für die entsprechenden Variablen Parameter einsetzt, erhält man die Lösungsmenge.

*GTR-Anzeige:* *Lösungsmenge:*

```
rref([A])
  [[1 0 0 0 1]
   [0 1 0 0 3]
   [0 0 1 0 0]
   [0 0 0 1 2]]
```

$L = \{(1; 3; 0; 2)\}$

```
rref([A])
  [[1 0 0 -1 0]
   [0 1 0 1  0]
   [0 0 1 2  0]
   [0 0 0 0  1]]
```

$L = \{\ \}$

```
rref([A])
  [[1 0 0 -1 1]
   [0 1 0 1  3]
   [0 0 1 2  1]
   [0 0 0 0  0]]
```

$L = \{(t + 1; -t + 3; -2t + 1) \mid t \in \mathbb{R}\}$

**1** Lösen Sie das lineare Gleichungssystem.

a) $\begin{aligned} 2x_1 - 3x_2 \quad &= 19 \\ 4x_1 \quad - 8x_3 &= 20 \\ 5x_2 - 4x_3 &= -7 \end{aligned}$

b) $\begin{aligned} 3x_1 - 3x_2 + x_3 &= 15 \\ 2x_1 + 6x_2 - 3x_3 &= 5 \\ 6x_1 + 4x_2 - x_3 &= 23 \end{aligned}$

c) $\begin{aligned} 8x_1 + 7x_2 + 6x_3 &= 30 \\ 9x_1 - 6x_2 - 8x_3 &= -26 \\ 6x_1 - 10x_2 - 9x_3 &= -24 \end{aligned}$

**2** Bestimmen Sie die Lösungsmenge des linearen Gleichungssystems.

a) $\begin{aligned} x_1 - 3x_2 + 2x_3 &= 8 \\ 3x_1 + 2x_2 + x_3 &= 3 \end{aligned}$

b) $\begin{aligned} 4x_1 - 2x_2 - 3x_3 &= -6 \\ 2x_1 + 3x_2 - 4x_3 &= 0 \end{aligned}$

c) $\begin{aligned} 2x_1 - 5x_2 + 3x_3 &= 16 \\ 5x_1 + 3x_2 - 2x_3 &= 3 \end{aligned}$

**3** Bestimmen Sie die Lösungsmenge.

a) $\begin{aligned} x_1 + 3x_2 &= 5 \\ -x_1 + 5x_2 &= 11 \\ x_1 + 10x_2 &= 19 \end{aligned}$

b) $\begin{aligned} 2x_1 + 3x_2 &= 0 \\ x_1 - 5x_2 &= 11 \\ x_1 - x_2 &= 3 \end{aligned}$

c) $\begin{aligned} 2x_1 + 3x_2 &= 6 \\ -6x_1 - 9x_2 &= -18 \\ 6x_1 + 9x_2 &= 18 \end{aligned}$

d) $\begin{aligned} 2x_1 - 7x_2 &= 9 \\ 11x_1 + 5x_2 &= 6 \\ 3x_1 - 7x_2 &= 10 \end{aligned}$

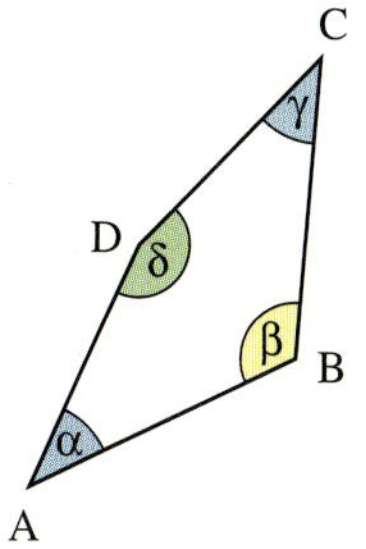


Fig. 1

**4** Bei dem Viereck ABCD in Fig. 1 sind gleich gefärbte Winkel gleich groß. Bestimmen Sie die Winkel $\alpha$, $\beta$, $\gamma$, $\delta$ des Vierecks, wenn gilt:

a) $\alpha$ ist doppelt so groß wie $\beta$ und die Winkelsumme von $\beta$ und $\delta$ ist gleich $2\gamma$;

b) $\alpha$ ist um 40° kleiner als $\beta$ und die Winkelsumme von $\beta$ und $\delta$ ist gleich $4\gamma$.

**5** Bestimmen Sie die Lösungsmenge in Abhängigkeit vom Parameter r.

a) $\begin{aligned} 2x_1 - 2x_2 + x_3 &= 6 \\ 4x_1 + x_2 - 3x_3 &= 4r \\ 2x_1 + 3x_2 - 3x_3 &= 8r \end{aligned}$

b) $\begin{aligned} 2x_1 - x_2 + x_3 &= 6r \\ 3x_2 - x_3 &= r - 2 \\ x_1 + 3x_2 - x_3 &= 3 \end{aligned}$

c) $\begin{aligned} -x_1 - 3x_2 + 4x_3 &= r \\ -2x_1 - 4x_2 + 3x_3 &= r \\ 4x_1 + 3x_2 + 3x_3 &= r + 2 \end{aligned}$

**6** Der Graph einer ganzrationalen Funktion 2. Grades geht durch die Punkte $P(-1|-9)$; $Q(1|7)$ und $R(2|21)$.
Bestimmen Sie den zugehörigen Funktionsterm und die Koordinaten des Scheitels.

**7** Geben Sie ein LGS mit drei Variablen und zwei Gleichungen an, in denen jeweils alle Variablen vorkommen und das eine leere Lösungsmenge hat.

**8** Entscheiden Sie, ob die folgenden Aussagen richtig oder falsch sind. Begründen Sie.

a) Ein LGS mit gleich vielen Gleichungen als Variablen hat eine eindeutige Lösung.

b) Ein LGS mit mehr Gleichungen als Variablen ist nicht lösbar.

c) Wenn ein LGS eine eindeutige Lösung hat, dann hat das aus ihm durch Weglassen einer Gleichung entstehende System unendlich viele Lösungen.

d) Wenn ein LGS eine eindeutige Lösung hat, dann hat ein durch Hinzufügen einer weiteren Gleichung daraus entstehendes System keine Lösung.

**9** Geben Sie ein LGS mit vier Variablen und vier Gleichungen an, das eine unendliche Lösungsmenge hat, zu deren Beschreibung 2 Parameter benötigt werden. (Alle Variablen sollen in allen Gleichungen vorkommen.)

**10** a) Bestimmen Sie die Lösungsmenge des LGS mit der einzigen Gleichung $2x_1 + x_2 = 3$ und veranschaulichen Sie die Lösungsmenge durch einen Graphen.

b) Erläutern Sie grafisch, warum das LGS (1) eine eindeutige Lösung hat. Leiten Sie daraus eine allgemeine Aussage über die Lösungsmengen von linearen Gleichungssystemen mit 2 Variablen her.

$$(1)\ \begin{cases} 2x_1 + x_2 = 3 \\ 2x_1 - x_2 = 1 \end{cases}$$

**1** Lösen Sie das lineare Gleichungssystem.

a)
$$\begin{aligned} 2x_1 + 2x_2 + x_3 + x_4 &= 0 \\ 6x_1 + 6x_2 + 2x_3 + 20x_4 &= 12 \\ x_1 + 2x_2 + \tfrac{1}{2}x_3 &= -4 \\ 2x_1 + 4x_2 + 14x_4 &= 4 \end{aligned}$$

b)
$$\begin{aligned} x_1 + 2x_2 - 3x_3 + x_4 &= 0 \\ x_2 - x_4 &= 2 \\ 2x_1 + 3x_2 - 3x_3 + 5x_4 &= -3 \\ -x_1 + x_2 + 4x_3 &= 4 \end{aligned}$$

**2** Das Gleichungssystem ist als Matrix gegeben. Bestimmen Sie die Lösungsmenge.

a) $\left(\begin{array}{cccc|c} 2 & 1 & 1 & 0 & 1 \\ 3 & 2 & 0 & -2 & -13 \\ 5 & 0 & -2 & -1 & 14 \\ 0 & -3 & 4 & 1 & 5 \end{array}\right)$ b) $\left(\begin{array}{cccc|c} 3 & 1 & -3 & -9 & 54 \\ 0 & -1 & 2 & 4 & 6 \\ 1 & 1 & -2 & -5 & 9 \\ 2 & 2 & -3 & 3 & 37 \end{array}\right)$ c) $\left(\begin{array}{cccc|c} 2 & 4 & -1 & 5 & 9 \\ \frac{5}{2} & 1 & 3 & -7 & 5 \\ 3 & 0 & -3 & 1 & 6 \\ 1 & 8 & 1 & 9 & 13 \end{array}\right)$

**3** Bestimmen Sie die Lösungsmenge in Abhängigkeit vom Parameter r.

a)
$$\begin{aligned} x_1 - 2x_2 + x_3 &= 3 \\ 2x_1 + x_2 - 3x_3 &= 2r \\ x_1 + 3x_2 - 3x_3 &= 4r \end{aligned}$$

b)
$$\begin{aligned} 2x_1 - x_2 + x_3 &= 2r \\ x_1 - 5x_2 + 2x_3 &= 6 \\ 9x_2 - 3x_3 &= r - 12 \end{aligned}$$

c)
$$\begin{aligned} x_1 + 2x_2 + x_3 &= 0 \\ -4x_1 - 12x_2 + x_3 &= r \\ 3x_1 + 4x_2 + 2x_3 &= r + 2 \end{aligned}$$

**4** Der Graph der Funktion mit der Gleichung $y = ax^3 + bx^2 + cx + d$ soll durch die Punkte A, B, C, D gehen. Bestimmen Sie die Koeffizienten a, b, c, d.

a) $A(-2|-24)$, $B(0|4)$, $C(2|0)$, $D(3|16)$

b) $A(-2|20)$, $B(-1|24)$, $C(1|-40)$, $D(2|-60)$

**5** Bestimmen Sie eine ganzrationale Funktion dritten Grades, deren Graph die in Fig. 1 angegebenen Eigenschaften hat.

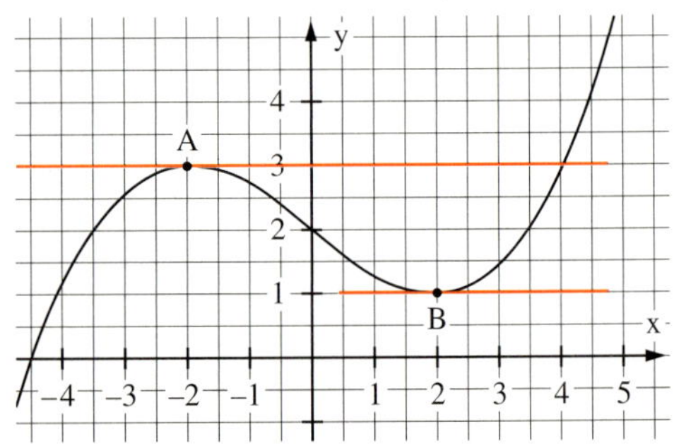


Fig. 1

**6** Eine vierstellige positive ganze Zahl n hat die Quersumme 20. Die Summe der ersten beiden Ziffern ist 11, die Summe der ersten und letzten Ziffer ebenfalls. Die erste Ziffer ist um 3 größer als die letzte Ziffer. Bestimmen Sie die Zahl n.

**7** Es gilt $1^3 + 2^3 + 3^3 + \ldots + n^3 = an^4 + bn^3 + cn^2 + dn$ für alle $n \in \mathbb{N}$. Für die Koeffizienten a, b, c, d in der Formel kann man ein LGS aufstellen, indem man z.B. $n = 1$, $n = 2$, $n = 3$ und $n = 4$ setzt.

Bestimmen Sie auf diese Weise a, b, c und d.

**8** Zeigen Sie, dass $L_1 = L_2$ gilt.

a) $L_1 = \{(2; 1; 3) + r(1; 1; -1) \mid r \in \mathbb{R}\}$
$L_2 = \{(1; 0; 4) + s(-2; -2; 2) \mid s \in \mathbb{R}\}$

b) $L_1 = \{s(1; 0; 1) + t(2; 5; 7) \mid s, t \in \mathbb{R}\}$
$L_2 = \{u(5; 10; 15) + v(2; -10; -8) \mid u, v \in \mathbb{R}\}$

**9** Eine Gärtnerei möchte 5 kg Blumendünger mischen, der 45 % Kalium enthält. Zur Verfügung stehen die Düngersorten A, B, C in Fig. 2.

a) Stellen Sie ein LGS auf und bestimmen Sie seine Lösungsmenge.

b) Welche Mischung kostet am wenigsten, welche am meisten?

| | A | B | C |
|---|---|---|---|
| Kalium | 40 % | 30 % | 50 % |
| Stickstoff | 50 % | 20 % | 30 % |
| Phosphor | 10 % | 50 % | 20 % |
| Preis (€/kg) | 1,60 | 1,80 | 1,70 |

Fig. 2

## Die CRAMER'sche Regel

**Themenbereiche:**
1) Leben und Werk von GABRIEL CRAMER
2) Herleitung einer Regel für die Lösung von linearen Gleichungssystemen mit zwei Variablen und zwei Gleichungen
3) Einführung der Determinante für 2 x 2-Matrizen und Vereinfachung der Formel
4) Erweiterung auf 3 Variablen
5) Regel von SARRUS
6) Beispiele

**Literatur:**
LS Analytische Geometrie mit linearer Algebra, Leistungskurs, Klett Nr. 73232
Gottwald/Ilgauds/Schlote: Lexikon bedeutender Mathematiker, BI Leipzig 1990

**Stichworte für die Internetrecherche:**
Gabriel Cramer, Cramersche Regel

*GABRIEL CRAMER (1704 – 1752)*

## Eine mathematische Briefmarke

Die Deutsche Bundespost hat 1998 aus Anlass des damals in Berlin stattfindenden internationalen Mathematiker-Kongresses eine Briefmarke herausgegeben.
Der Grafiker hat auf dieser Marke drei mathematische Inhalte untergebracht.

**Themenbereiche:**
1) Erläutern Sie (kurz) die mathematischen Inhalte dieser Marke.
2) Stellen Sie weiter Zerlegungen von Rechtecken und Quadraten in Quadrate verschiedener Größe vor.

**Literatur:**
H. Engelhaupt, Eine mathematische Briefmarke; Math. Schule, 37. Jahrgang (1999), Heft 1, Seite 57-58
B. Schuppar, Rechtecke aus Quadraten, Math. Schule, 38. Jahrgang (2000), Heft 3, Seite 184-188

**Stichworte für die Internetrecherche:**
mathematische Briefmarke, perfect square dissection, squaring the square

# Projekt

## Modellierung mit Matrizen

### Einführung

Matrizen sind ein Hilfsmittel, mit dem man Modelle zu Prozessen mit vielen Parametern übersichtlich darstellen und untersuchen kann. Im Folgenden werden aus der Vielfalt der Möglichkeiten einige Aspekte dargestellt, die in Form eines Projektes bearbeitet werden können. Für die meisten Aspekte des Projekts ist der Einsatz des GTR von zentraler Bedeutung. Er ermöglicht es, vergleichsweise realitätsnahe Modellierungen durchzuführen.

**Quellen**

LS Analytische Geometrie mit linearer Algebra, Leistungskurs, Klett Nr. 73234

LS Stochastik, Klett Nr. 73243

Kroll/Reiffert/Vaupel: Analytische Geometrie/Lineare Algebra, Grund- und Leistungskurs, Dümmler, Bonn 1997

Arthur Engel, Wahrscheinlichkeitsrechnung und Statistik, Band 2, Klett Studienbücher 98317

Wolfgang Tysiak, Mit Übergangsmatrizen von der Linearen Algebra zu Markoff'schen Prozessen, MNU Jahrgang 56 (2003), Heft 5, S. 265–269

Katja Maaß, Produktion und Absatzplanung im Bäckereibetrieb, MU, Jahrgang 46 (2000), Heft 1, S. 41–60

Stichworte für Internetrecherche: Prozesse Matrizen Modell, Markovketten, Leontief

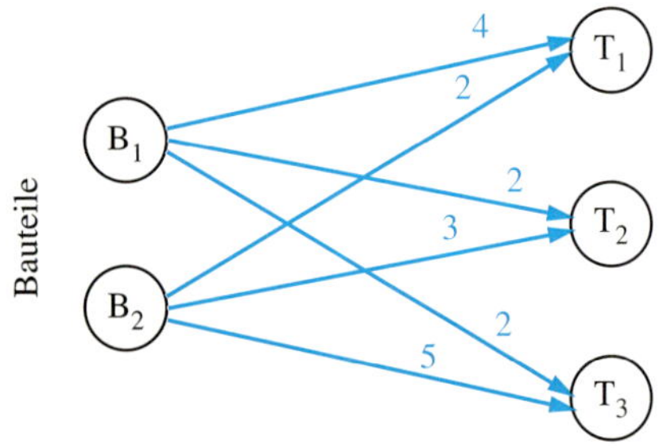


Fig. 1

Die Pfeile sind so zu lesen: Je Bauteil $B_1$ benötigt man 4 Stück $T_1$ usw.
Die Pfeile beschreiben eine Zuordnung Bauteile ⟶ benötigte Einzelteile

Bedarf eines Folgeproduktes an Vorprodukten (in Stck. je Einheit)

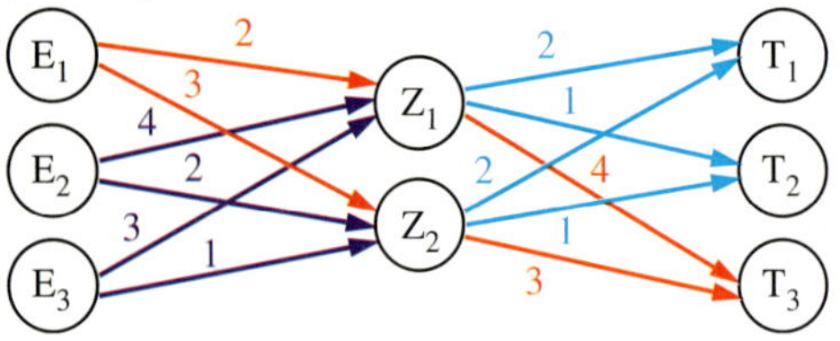


Fig. 2

### Aspekte

**1. Aspekt: Beschreibung von Prozessen durch Matrizen**

Fig. 1 zeigt den Bedarf an Einzelteilen zur Herstellung zweier Bauteile. Man kann diesen Sachverhalt auch mit einer Matrix darstellen, in deren Spalten der Bedarf der beiden Bauteile an Einzelteilen eingetragen wird:

$$\begin{matrix} T_1 \\ T_2 \\ T_3 \end{matrix} \overset{\begin{matrix} B_1 & B_2 \end{matrix}}{=\begin{pmatrix} 4 & 2 \\ 2 & 3 \\ 2 & 5 \end{pmatrix}}$$

Mögliche Aufgabenstellungen:
- Darstellung von Bedarfsgraphen durch lineare Gleichungssysteme und Matrizen.
- Interpretation von Übergangsmatrizen durch Graphen.
- Ermittlung des Einzelbedarfs für vorgegebene Produktionsmengen.

**2. Aspekt: Mehrstufige Prozesse**

In Fig. 2 ist ein zweistufiger Produktionsprozess dargestellt, bei dem aus den Einzelteilen $T_i$ zunächst die Zwischenprodukte $Z_i$ und daraus die Endprodukte $E_i$ hergestellt werden. Will man hier den Bedarf an Einzelteilen für eine bestimmte Produktionsmenge ermitteln, so wird man zur Multiplikation von Matrizen geführt. Auch Prozesse mit mehreren Stufen kann man so modellieren.

Mögliche Aufgabenstellungen:
- Matrizenmultiplikation ohne GTR
- Matrizenmultiplikation mit GTR

- Erweiterung des Problems durch Zwischenprodukte, die sowohl für die Endprodukte benötigt werden, als auch (z. B. als Ersatzteile) eigenständig verkauft werden können (Stücklistenproblem)
- Austauschprozesse und stationäre Verteilungen
- Iterationen und Grenzmatrizen
- Bearbeitung komplexer Probleme mit einem CAS

**3. Aspekt: Input-Output-Analysen für Volkswirtschaften**

W. Leontief erhielt 1973 den Nobelpreis für Wirtschaftswissenschaften für seine Input-Output-Analyse der amerikanischen Volkswirtschaft. Die Methode ähnelt dem Stücklistenproblem.
Es geht dabei darum, die Volkswirtschaft eines Landes in einzelne Sektoren aufzuteilen und deren Zusammenspiel zu analysieren.
Dies geschieht mit Übergangsmatrizen, deren i-tes Element in der j-ten Spalte angibt, wie viele Einheiten der Sektor i an den Sektor j zu liefern hat, damit in j eine Einheit produziert werden kann.

*W. Leontief (1906–1999) Nobelpreis für Wirtschaftswissenschaften 1973*

Mögliche Aufgabenstellungen:
- Leben und Werk von W. Leontief
- Einfache Beispiele zur Input-Output-Analyse
- Umkehrmatrix
- Untersuchung von Bedingungen für Produktionsvektoren
- Untersuchungen zur Endnachfrage

**4. Aspekt: Stochastische Matrizen und Markoff-Ketten**

Fig. 1 zeigt den Übergangsgraphen eines Spieles mit vier Zuständen. Das Spiel beginnt wie markiert im mit „D“ bezeichneten Zustand und endet in dem mit „A“ bezeichneten Zustand. An den Pfeilen stehen die Wahrscheinlichkeiten, mit denen bei einem Spielzug von einem Zustand in den nächsten gewechselt wird. Die Pfeilrichtung zeigt die Richtung des Wechsels an. Dabei sind natürlich auch die Wahrscheinlichkeiten erfasst, dass bei einem Zug kein Übergang stattfindet und der alte Zustand erhalten bleibt.
Die zugehörige Matrix hat für jeden Zustand eine Zeile, in der die Übergangswahrscheinlichkeiten für die einzelnen Zustände stehen.

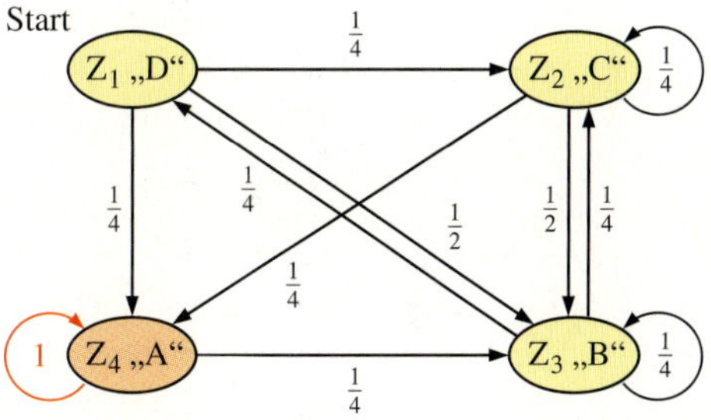


Fig. 4

Diese Matrix muss offenbar quadratisch sein. Die Summe der Elemente der einzelnen Spalten muss immer 1 ergeben (wie die Summe der Wahrscheinlichkeiten aller von einem Zustand im Diagramm ausgehenden Pfeile).
Matrizen mit dieser Eigenschaft heißen **stochastische Matrizen**.

Zum Beispiel ist $\begin{pmatrix} 0{,}2 & 0{,}5 & 0 \\ 0{,}8 & 0 & 0{,}8 \\ 0 & 0{,}5 & 0{,}2 \end{pmatrix}$ eine stochastische Matrix.

Mögliche Aufgabenstellungen:
- Modellieren einfacher Spiele mit Übergangsmatrizen
- Markoff-Ketten
- Absorbierende Zustände und Absorptionswahrscheinlichkeiten (Mittelwertsregel)
- Mittlere Wartezeiten in absorbierenden Markoff-Ketten
- Die Fundamentalmatrix einer Markoff-Kette (GTR)

# 1 Der Begriff des Vektors in der Geometrie

Fig. 1

**1** a) Vergleichen Sie die Pfeile in Fig. 1 miteinander.
b) Welche physikalische Größe wird vermutlich durch die Pfeile symbolisiert?
Wie viele Pfeile müssen hierzu mindestens gezeichnet werden?
c) Welche Informationen kann man durch die Pfeile mitteilen?
Welche Angabe fehlt in Fig. 1?

Viele geometrische Fragestellungen lassen sich mithilfe von Verschiebungen bearbeiten. In diesem Kapitel werden deshalb Verschiebungen näher betrachtet und Rechenregeln für sie erarbeitet. Diese Regeln gelten jedoch nicht nur für Verschiebungen, sondern für viele Objekte in der Mathematik und anderen Wissenschaften. Solche Objekte nennt man allgemein **Vektoren**.
In der Geometrie meint man mit der Bezeichnung Vektor den Spezialfall einer Verschiebung; deshalb wird ein Vektor in der Geometrie durch eine Menge zueinander paralleler, gleich langer und gleich gerichteter Pfeile beschrieben.
Eine solche Menge von Pfeilen ist bereits festgelegt, wenn man einen ihrer Pfeile, einen Repräsentanten, kennt.

**Bezeichnungen bei Vektoren:**

Der Vektor, zu dem die Pfeile in Fig. 2 gehören, bildet P auf P′, Q auf Q′, R auf R′ ... ab.
Man bezeichnet ihn mit $\overrightarrow{PP'}$ oder $\overrightarrow{QQ'}$ oder $\overrightarrow{RR'}$ ... oder mit einem kleinen Buchstaben und einem Pfeil (z. B.: $\vec{a}$ oder $\vec{b}$ oder $\vec{c}$ ...).

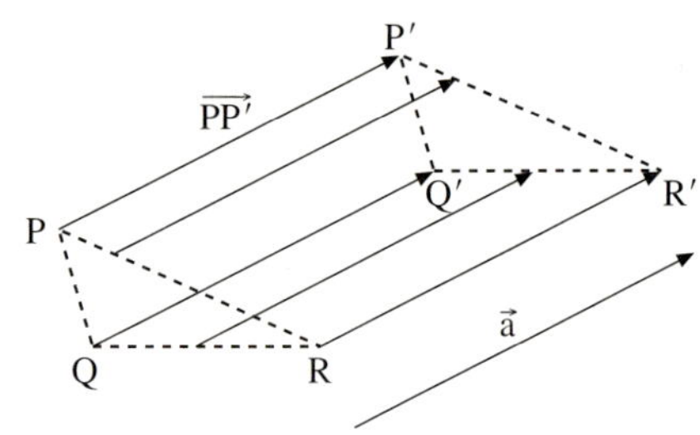


Fig. 2

*vehere (lat.): ziehen, schieben*
*vector (lat.): Träger, Fahrer*

Zwei Vektoren $\vec{a}$ und $\vec{b}$ sind **gleich** ($\vec{a} = \vec{b}$), wenn die Pfeile von $\vec{a}$ und $\vec{b}$ zueinander parallel, gleich lang und gleich gerichtet sind (Fig. 3).

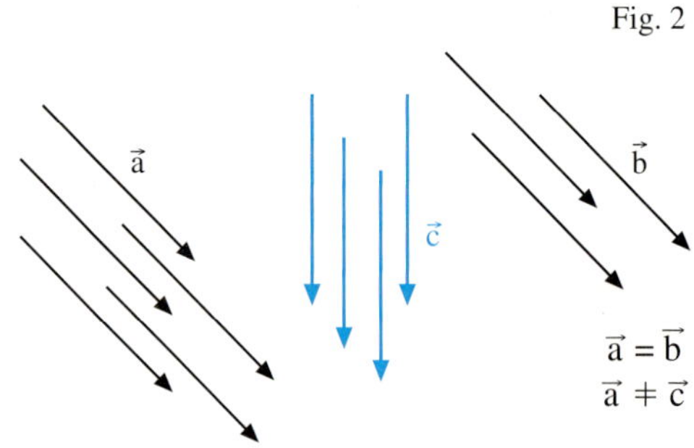


Fig. 3

Derjenige Vektor, der jeden Punkt auf sich selbst abbildet, heißt **Nullvektor**.
Der Nullvektor wird mit $\vec{o}$ bezeichnet, er ist der einzige Vektor ohne Verschiebungspfeil.

Sind die Pfeile zweier Vektoren $\vec{a}$ und $\vec{b}$ zueinander parallel und gleich lang, aber entgegengesetzt gerichtet (Fig. 4), so heißt $\vec{a}$ **Gegenvektor** zu $\vec{b}$ (und $\vec{b}$ heißt Gegenvektor zu $\vec{a}$).

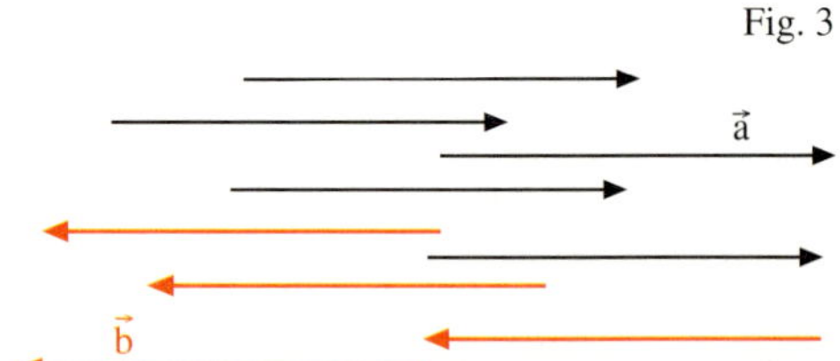


Fig. 4

***Blickwechsel unbedenklich:***
*Die Figur zum Beispiel kann man räumlich als Quader sehen oder so, dass alle Pfeile in einer Ebene liegen.*
*Die Lösung vom Beispiel ist jedoch unabhängig von der „Sichtweise" des Betrachters der Figur.*

**Beispiel:**
a) Wie viele verschiedene Vektoren sind in der Figur durch Pfeile dargestellt?
b) Welche Vektoren sind zueinander Gegenvektoren?
Lösung:
a) Da die Pfeile von $\vec{a}$, $\vec{e}$ und $\vec{g}$ zueinander parallel, gleich lang und gleich gerichtet sind, gilt: $\vec{a} = \vec{e} = \vec{g}$.
Ebenso gilt:
$\vec{b} = \vec{d}$ und $\vec{f} = \vec{h}$ und $\vec{k} = \vec{l} = \vec{m}$.
Also sind 6 verschiedene Vektoren in der Figur eingetragen: $\vec{a}, \vec{b}, \vec{c}, \vec{f}, \vec{i}, \vec{k}$.
b) $\vec{a}$, $\vec{e}$ und $\vec{g}$ sind Gegenvektoren zu $\vec{c}$.
$\vec{k}$, $\vec{l}$ und $\vec{m}$ sind Gegenvektoren zu $\vec{i}$.
$\vec{b}$ und $\vec{d}$ sind Gegenvektoren zu $\vec{f}$ und $\vec{h}$.

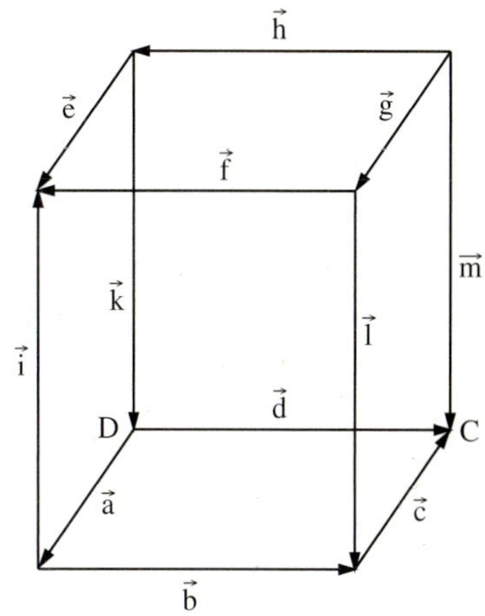

Fig. 1

## Aufgaben

**2** Ein Würfel hat die Ecken A, B, C, D, E, F, G und H. Mithilfe dieser Ecken kann man Pfeile längs der Kanten festlegen, z. B. den Pfeil von A nach B.
Wie viele solcher Pfeile gibt es? Wie viele verschiedene Vektoren legen diese Pfeile fest?

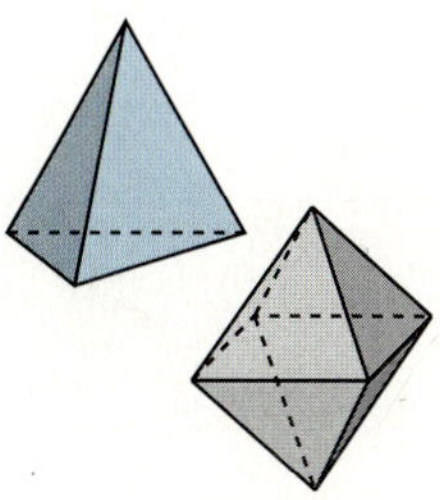

**3** Wie viele verschiedene Vektoren können durch die Ecken eines Tetraeders (Oktaeders) festgelegt werden, wenn jeweils eine Ecke Anfangspunkt und eine andere Ecke Endpunkt eines Pfeiles ist?

**4** Ein Punkt A wird durch einen Vektor $\vec{a}$ $(\vec{a} \neq \vec{o})$ auf $A_1$, durch den Gegenvektor zu $\vec{a}$ auf $A_2$ abgebildet. Weiterhin wird A durch einen Vektor $\vec{b}$ $(\vec{b} \neq \vec{o})$ auf B abgebildet. Wie müssen $\vec{a}$ und $\vec{b}$ gewählt werden, damit das Dreieck $A_1BA_2$ gleichschenklig (gleichseitig) ist?

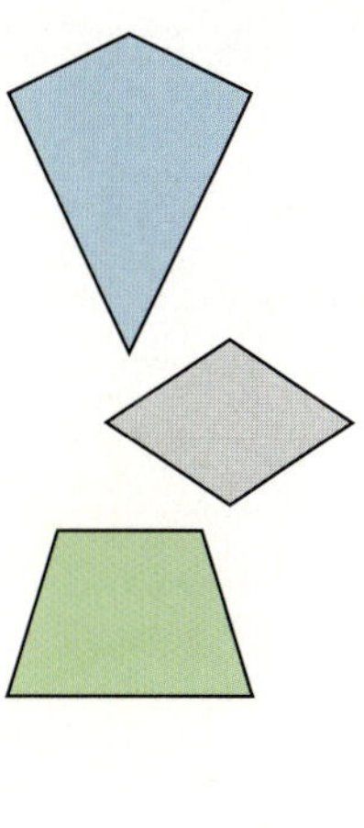

**5** Ein Punkt A wird durch einen Vektor $\vec{v}$ auf $A_1$ und durch den Gegenvektor von $\vec{v}$ auf $A_3$ abgebildet sowie durch einen Vektor $\vec{w}$ auf $A_2$ und durch den Gegenvektor von $\vec{w}$ auf $A_4$ abgebildet. Beschreiben Sie das Viereck $A_1A_2A_3A_4$, wenn $\vec{v} \neq \vec{w}$, $v \neq \vec{o}$ und $\vec{w} \neq \vec{o}$.

**6** Ein Punkt A wird auf die Punkte B, C, D und E abgebildet. Wie müssen die Vektoren $\overrightarrow{AB}$, $\overrightarrow{AC}$, $\overrightarrow{AD}$, $\overrightarrow{AE}$ gewählt werden, damit das Viereck BCDE
a) ein Rechteck, b) ein Quadrat, c) ein Drachen, d) eine Raute, e) ein Trapez ist?

**7** Zeichnen Sie ein Dreieck ABC und bilden Sie es durch eine zweifache Achsenspiegelung an zueinander parallelen Geraden auf ein Dreieck A′B′C′ ab.
Welche Richtung und welche Länge haben die Pfeile des Vektors, der das Dreieck ABC auf das Dreieck A′B′C′ abbildet?

**8** Zeichnen Sie ein gleichseitiges Dreieck ABC. Bilden Sie B durch $\overrightarrow{AB}$ auf $B_1$ und C durch $\overrightarrow{AC}$ auf $C_1$ ab. Bilden Sie nun $B_1$ durch $\overrightarrow{AB_1}$ auf $B_2$ ab und $C_1$ durch $\overrightarrow{AC_1}$ auf $C_2$ ab usw., bis Sie das Dreieck $AB_4C_4$ ($AB_nC_n$, $n \in \mathbb{N}$) erhalten.
Wievielmal so groß ist der Flächeninhalt des Dreiecks $AB_4C_4$ (des Dreiecks $AB_nC_n$, $n \in \mathbb{N}$) wie der Flächeninhalt des Dreiecks ABC?

# 2 Rechnen mit Vektoren

**1** Ein Propellerflugzeug fliegt mit $400\,\frac{km}{h}$ in Richtung Osten. Auch nach Aufkommen einer Nordwindströmung von $100\,\frac{km}{h}$ ändert es seinen Kurs nicht (Fig. 1). In welche Richtung wird es abgetrieben? Zeichnen Sie.
In welche Richtung wird das Flugzeug abgetrieben, wenn eine Strömung von $50\,\frac{km}{h}$ aus Nord-Osten herrscht?

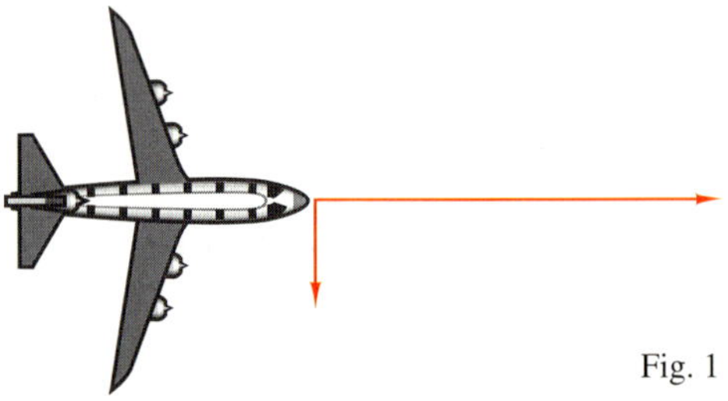

Fig. 1

**2** Zeichnen Sie einen Vektor $\vec{a}$, der eine Geschwindigkeit von $60\,\frac{km}{h}$ in Richtung Nord-Westen repräsentiert. Was repräsentieren die Vektoren $2\vec{a}$ bzw. $-\vec{a}$?

*Eine andere Möglichkeit zum zeichnerischen Addieren zweier Vektoren:*

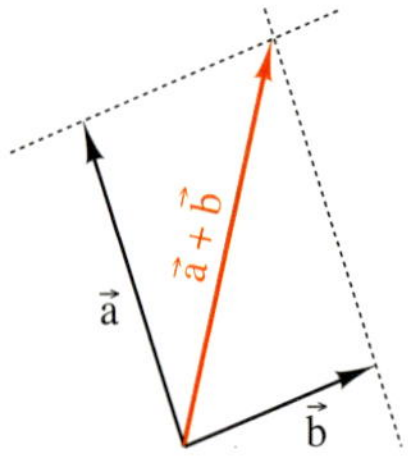


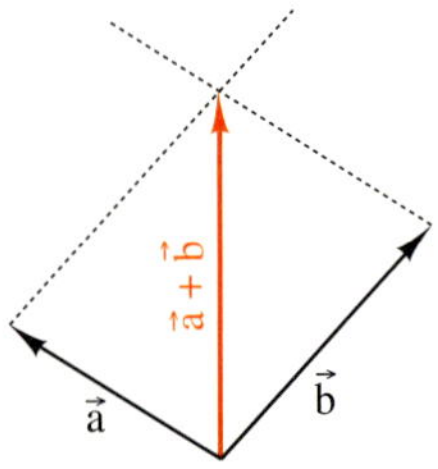


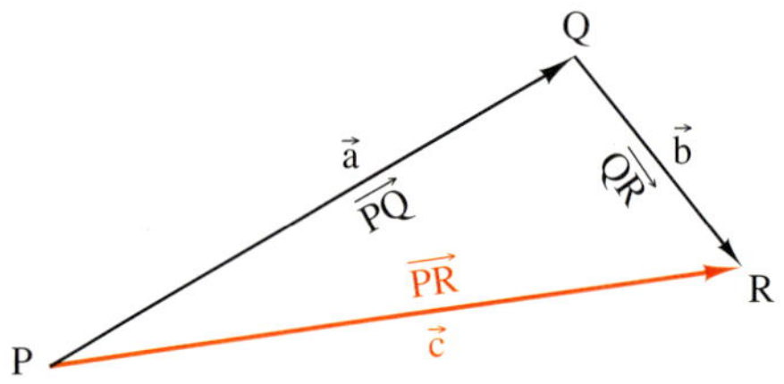


Fig. 2

Die Hintereinanderausführung zweier Vektoren $\vec{a}$ und $\vec{b}$ (d.h. zweier Verschiebungen) ergibt wieder einen Vektor $\vec{c}$ (d.h. wieder eine Verschiebung). Fig. 2 verdeutlicht, wie man mithilfe eines Pfeiles von $\vec{a}$ und eines Pfeiles von $\vec{b}$ einen Pfeil von $\vec{c}$ erhält: Der Anfangspunkt des zweiten Pfeiles wird an das Ende des ersten Pfeiles gezeichnet.

Statt Hintereinanderausführung zweier Vektoren $\vec{a}$ und $\vec{b}$ sagt man auch:
Die Vektoren $\vec{a}$ und $\vec{b}$ werden **addiert** und man schreibt für die Summe $\vec{a}+\vec{b}$.
In Fig. 2 ist $\overrightarrow{PQ}+\overrightarrow{QR}=\overrightarrow{PR}$.

Wie bei reellen Zahlen gelten auch bei Vektoren für die Addition das Kommutativgesetz und das Assoziativgesetz (vgl. Fig. 3 und Fig. 4).

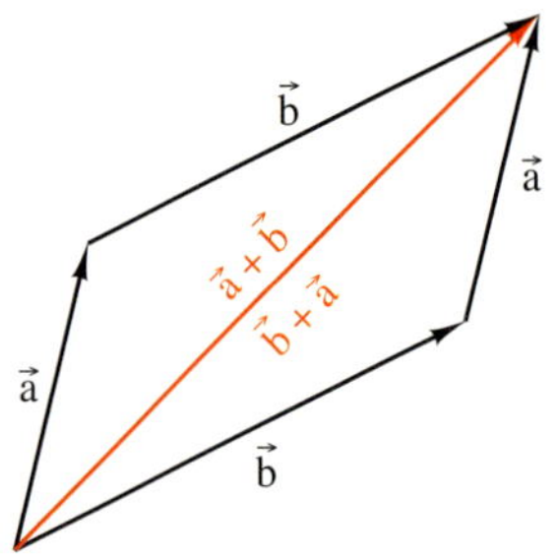


Fig. 3

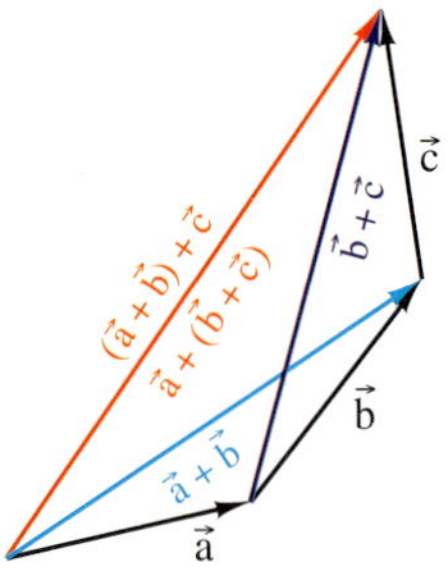


Fig. 4

**Satz 1:** Für alle Vektoren $\vec{a}$, $\vec{b}$, $\vec{c}$ einer Ebene oder des Raumes gelten für die Addition
$\vec{a}+\vec{b}=\vec{b}+\vec{a}$ (**Kommutativgesetz**) und
$\vec{a}+\vec{b}+\vec{c}=(\vec{a}+\vec{b})+\vec{c}=\vec{a}+(\vec{b}+\vec{c})$ (**Assoziativgesetz**)

***Zeichnerisches Subtrahieren (Fig. 1):***
*Gemeinsamer Anfangspunkt für beide Pfeile. Der Ergebnispfeil reicht von der Spitze des zweiten zur Spitze des ersten Pfeiles.*

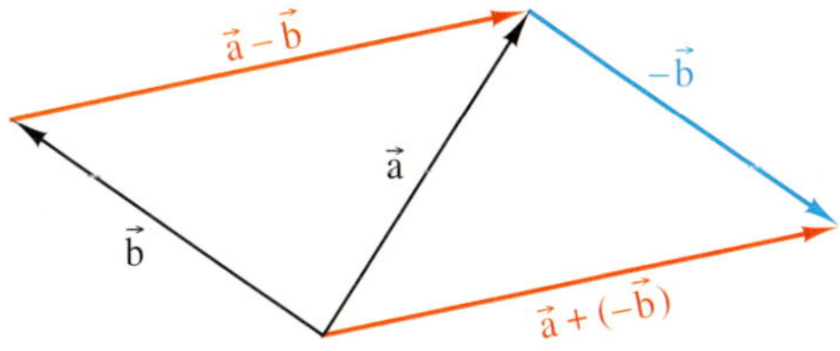

Fig. 1

Den Gegenvektor eines Vektors kennzeichnet man mit einem „–“-Zeichen. $-\vec{b}$ ist der Gegenvektor des Vektors $\vec{b}$.
Statt $\vec{a}+(-\vec{b})$ schreibt man kurz $\vec{a}-\vec{b}$ und man sagt: $\vec{b}$ wird von $\vec{a}$ **subtrahiert**.
Fig. 1 zeigt, wie man einen Pfeil von $\vec{a}-\vec{b}$ erhält.

Die Addition $\vec{a}+\vec{a}+\ldots+\vec{a}$ mit n Summanden $\vec{a}$ ($\vec{a} \neq \vec{o}$) ergibt einen Vektor, dessen Pfeile parallel und gleich gerichtet zu den Pfeilen von $\vec{a}$ und n-mal so lang wie die Pfeile von $\vec{a}$ sind. Diesen Vektor bezeichnet man deshalb mit $n \cdot \vec{a}$ (Fig. 2).
Die Multiplikation eines Vektors mit einer natürlichen Zahl kann auf reelle Zahlen erweitert werden:

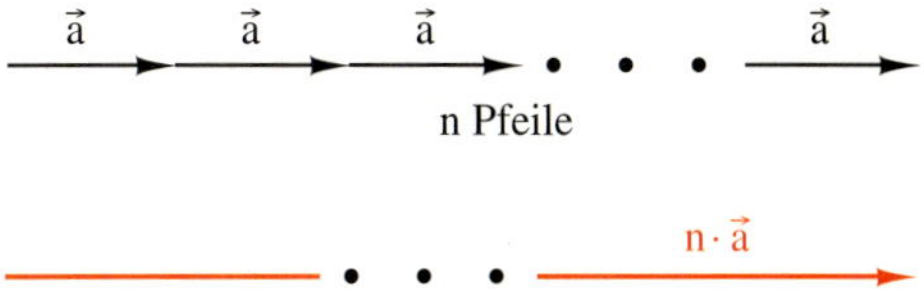

Fig. 2

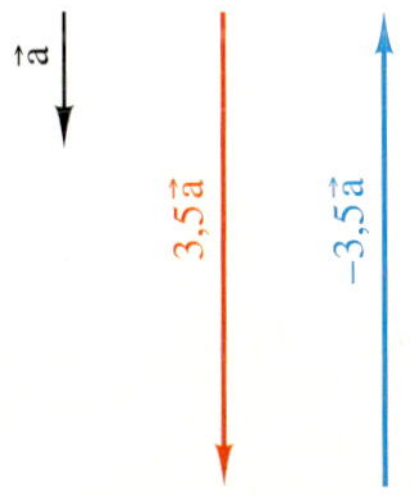

Fig. 3

**Definition:** Für einen Vektor $\vec{a}$ ($\vec{a} \neq \vec{o}$) und eine reelle Zahl r ($r \neq 0$) bezeichnet man mit $\mathbf{r \cdot \vec{a}}$ den Vektor, dessen Pfeile
1. parallel zu den Pfeilen von $\vec{a}$ sind,
2. $|r|$-mal so lang wie die Pfeile von $\vec{a}$ sind,
3. gleich gerichtet zu den Pfeilen von $\vec{a}$ sind, falls $r > 0$,
   entgegengesetzt gerichtet zu den Pfeilen von $\vec{a}$ sind, falls $r < 0$.

Ist $r = 0$, so ist $r \cdot \vec{a} = \vec{o}$ für alle Vektoren $\vec{a}$. Ist $\vec{a} = \vec{o}$, so ist $r \cdot \vec{a} = \vec{o}$ für alle $r \in \mathbb{R}$.

Die in Satz 2 angegebenen Regeln für das Multiplizieren von Vektoren mit reellen Zahlen erhält man aus dem Strahlensatz (Fig. 4 bis Fig. 6).

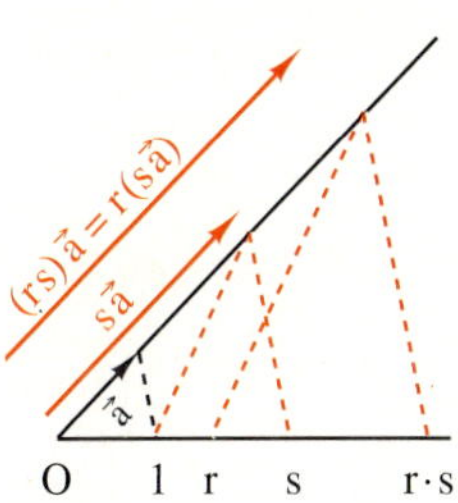

Fig. 4

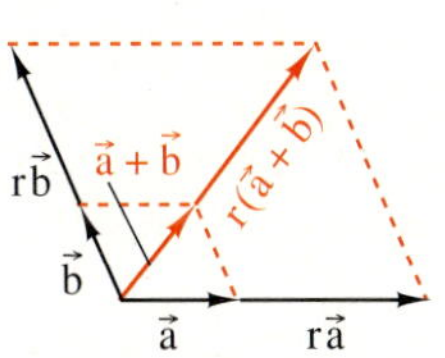

Fig. 5

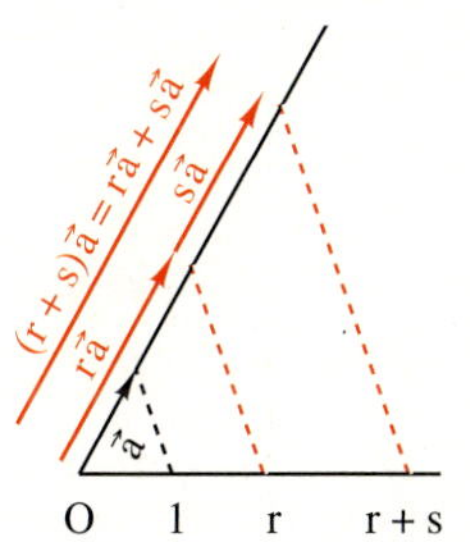

Fig. 6

*Ein Punkt mit zwei verschiedenen Bedeutungen:*

r·s
↑
*Zahl mal Zahl*
*Zahl mal Vektor*
↓
$r \cdot \vec{a}$

**Satz 2:** Für alle Vektoren $\vec{a}$, $\vec{b}$ einer Ebene bzw. des Raumes und alle reellen Zahlen r, s gelten
$\mathbf{r \cdot (s \cdot \vec{a}) = (r \cdot s) \cdot \vec{a}}$ **(Assoziativgesetz)** und
$\mathbf{r \cdot (\vec{a} + \vec{b}) = r \cdot \vec{a} + r \cdot \vec{b}}$; $\mathbf{(r+s) \cdot \vec{a} = r \cdot \vec{a} + s \cdot \vec{a}}$ **(Distributivgesetze)**

Einen Ausdruck wie $r_1 \cdot \vec{a_1} + r_2 \cdot \vec{a_2} + \ldots + r_n \cdot \vec{a_n}$ ($n \in \mathbb{N}$) nennt man eine **Linearkombination** der Vektoren $\vec{a_1}, \vec{a_2}, \ldots, \vec{a_n}$; die entsprechenden reellen Zahlen $r_1, r_2, \ldots, r_n$ heißen **Koeffizienten**.

**Beispiel 1:**
Drücken Sie die Vektoren $\overrightarrow{AB}$, $\overrightarrow{CD}$, $\overrightarrow{BD}$ und ihre Gegenvektoren durch $\vec{a}, \vec{b}, \vec{c}$ aus (Fig. 1).
Lösung:
$\overrightarrow{AB} = \vec{b} - \vec{a}$;
$-\overrightarrow{AB} = \overrightarrow{BA} = \vec{a} - \vec{b}$;
$\overrightarrow{CD} = \vec{a} + \vec{c}$;
$-\overrightarrow{CD} = \overrightarrow{DC} = -\vec{c} + (-\vec{a}) = -\vec{c} - \vec{a} = -\vec{a} - \vec{c}$;
$\overrightarrow{BD} = \overrightarrow{BA} + \vec{c} = \vec{a} - \vec{b} + \vec{c}$;
$-\overrightarrow{BD} = \overrightarrow{DB} = -\vec{c} + \overrightarrow{AB} = -\vec{c} + \vec{b} - \vec{a} = -\vec{a} + \vec{b} - \vec{c}$

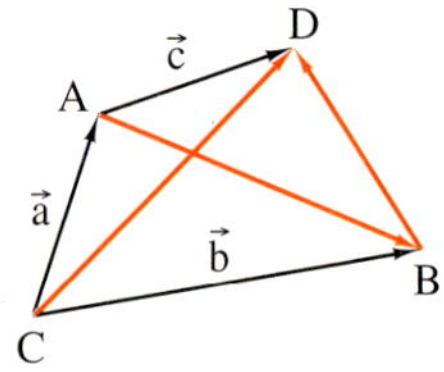

Fig. 1

**Beispiel 2:**
R und S sind Kantenmitten des Quaders von Fig. 2.
Stellen Sie den Vektor $\overrightarrow{RS}$ als Linearkombination der Vektoren $\vec{a}, \vec{b}$ und $\vec{c}$ dar.
Lösung:
Man „sucht“ einen „Vektorweg“, der von R nach S führt.
Eine Möglichkeit ist (Fig. 2):
$\overrightarrow{RS} = -0{,}5\vec{a} + \vec{c} - 0{,}5\vec{b} = -0{,}5\vec{a} - 0{,}5\vec{b} + \vec{c}$.

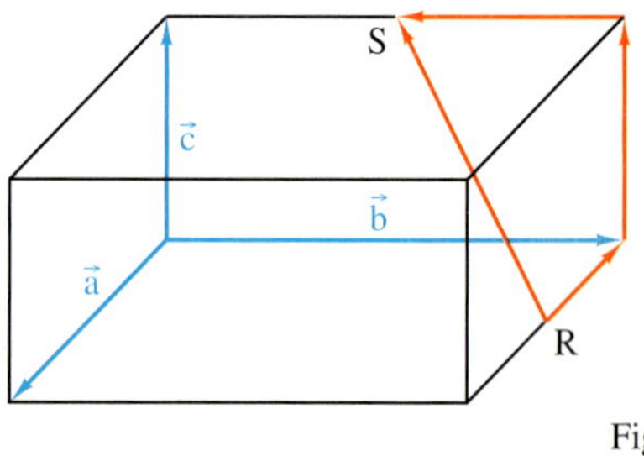

Fig. 2

## Aufgaben

**3** Vereinfachen Sie.

a) $2(\vec{a} + \vec{b}) + \vec{a}$ b) $-3(\vec{x} + \vec{y})$ c) $-(\vec{u} - \vec{v})$
d) $-(-\vec{a} - \vec{b})$ e) $3(2\vec{a} + 4\vec{b})$ f) $-4(\vec{a} - \vec{b}) - \vec{b} + \vec{a}$
g) $3(\vec{a} + 2(\vec{a} + \vec{b}))$ h) $6(\vec{a} - \vec{b}) + 4(\vec{a} + \vec{b})$ i) $7\vec{u} + 5(\vec{u} - 2(\vec{u} + \vec{v}))$

**4** In Fig. 3 sind Pfeile der Vektoren $\vec{a}$, $\vec{b}$, $\vec{c}$ und $\vec{d}$ gegeben. Zeichnen Sie einen Pfeil von
a) $\vec{a} + \vec{b}$; $\vec{a} - \vec{b}$; $-\vec{a} + \vec{b}$; $-\vec{c} - \vec{d}$; $\vec{d} - \vec{c}$,
b) $(\vec{a} + \vec{b}) + \vec{c}$; $\vec{d} - (\vec{a} - \vec{c})$; $(\vec{c} - \vec{d}) - \vec{a}$,
c) $(\vec{a} + \vec{b}) - (\vec{c} + \vec{d})$; $(\vec{a} - \vec{b}) + (\vec{c} - \vec{d})$.

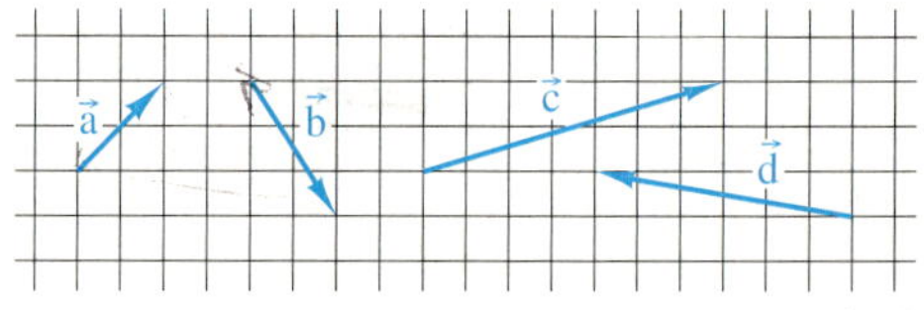
Fig. 3

**5** Drücken Sie mit den Vektoren $\vec{a}$, $\vec{b}$ und $\vec{c}$ die Vektoren $\vec{x}$, $\vec{y}$ und $\vec{z}$ in Fig. 4 aus.

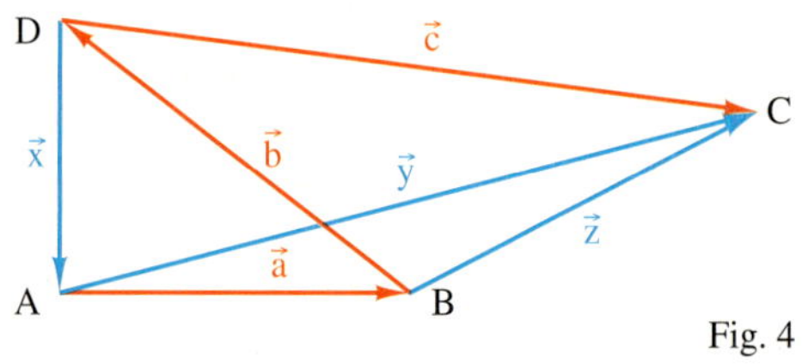

Fig. 4

**6** Fig. 5 zeigt einen Quader mit den Ecken ABCDEFGH.
Drücken Sie die Vektoren $\overrightarrow{AG}$, $\overrightarrow{CE}$, $\overrightarrow{FH}$, $\overrightarrow{BF}$, $\overrightarrow{DG}$ durch die Vektoren $\vec{a}$, $\vec{b}$ und $\vec{c}$ aus.

**7** Eine quadratische gerade Pyramide hat die Ecken ABCD und die Spitze S.
Drücken Sie den Vektor $\overrightarrow{CS}$ durch die Vektoren $\overrightarrow{AS}$, $\overrightarrow{AB}$ und $\overrightarrow{DA}$ aus.

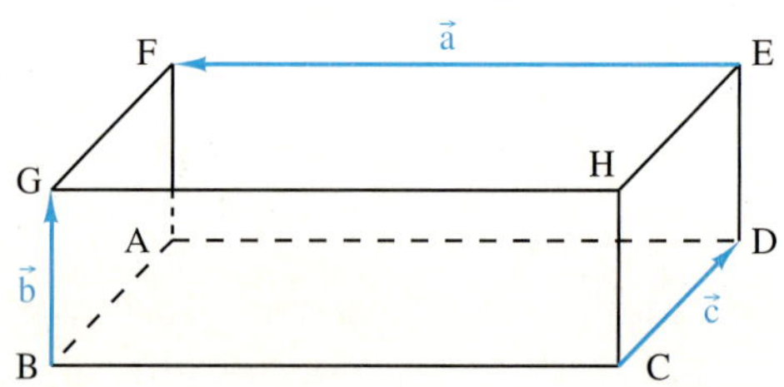

Fig. 5

**8** In welche Richtung wird der Mann in Fig. 1 von seinen Hunden gezogen, wenn jeder Hund gleich stark zieht? Stellen Sie die resultierende Kraft mithilfe eines Vektors dar.

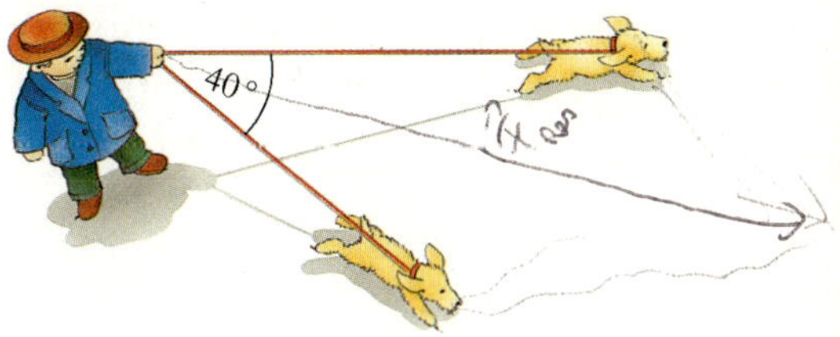

Fig. 1

**9** Eine Lampe mit der Masse 5 kg wird von der Erde mit der Kraft 50 N angezogen (Fig. 2).
Bestimmen Sie zeichnerisch die Kräfte $\vec{F_1}$ und $\vec{F_2}$ an den Aufhängeschnüren für
a) $\alpha = 30°$ b) $\alpha = 60°$.

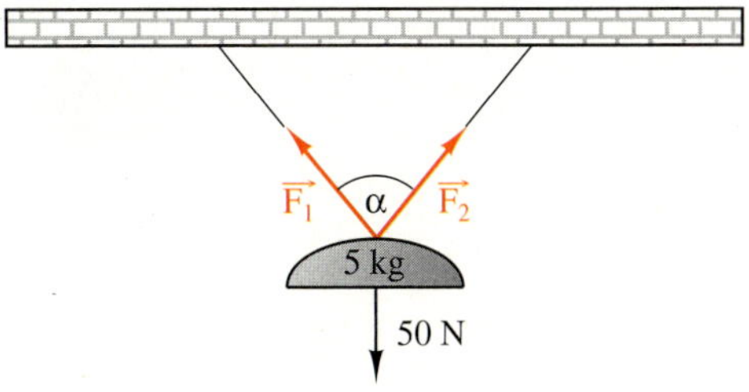

Fig. 2

**10** Die Pfeile der Vektoren $\vec{a}$ und $\vec{b}$ sind gleich lang, der Pfeil von $\vec{a}+\vec{b}$ ist $\sqrt{2}$-mal so lang wie ein Pfeil von $\vec{a}$. Wie groß ist der Winkel zwischen einem Pfeil von $\vec{a}$ und einem Pfeil von $\vec{b}$ bei gleichem Anfangspunkt?

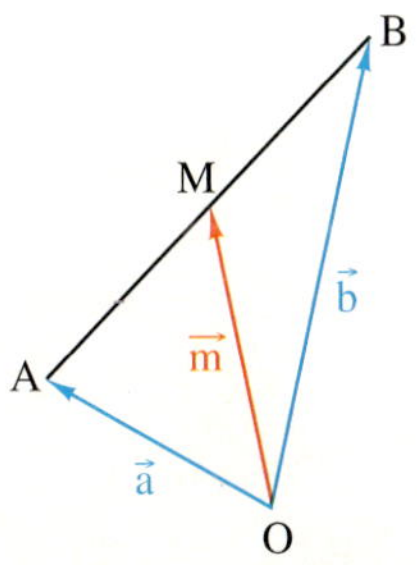

Fig. 3

**11** In Fig. 3 ist M die Mitte der Strecke AB. Drücken Sie den Vektor $\overrightarrow{OM} = \vec{m}$ als Linearkombination der Vektoren $\vec{a}$ und $\vec{b}$ aus.

**12** Geben Sie im Parallelogramm in Fig. 4 die Vektoren $\overrightarrow{MA}$, $\overrightarrow{MB}$, $\overrightarrow{MC}$, $\overrightarrow{MD}$ als Linearkombination der Vektoren $\vec{a} = \overrightarrow{AB}$ und $\vec{b} = \overrightarrow{AD}$ an.

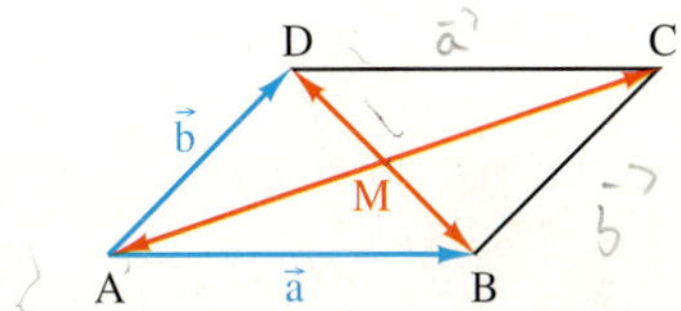

Fig. 4

**13** In Fig. 5 sind $M_a$, $M_b$, $M_c$ die Mittelpunkte der Dreiecksseiten.
Drücken Sie die Vektoren $\overrightarrow{AM_a}$, $\overrightarrow{BM_b}$, $\overrightarrow{CM_c}$ als Linearkombinationen der Vektoren $\vec{u} = \overrightarrow{AB}$ und $\vec{v} = \overrightarrow{AC}$ aus.

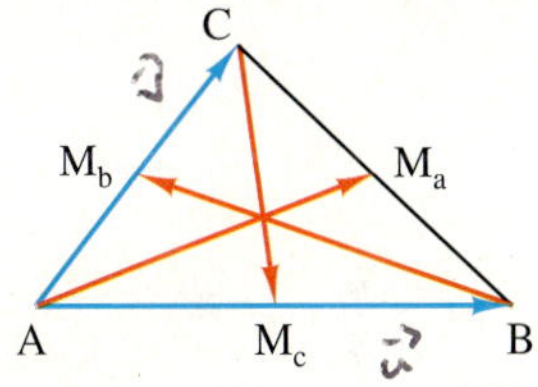

Fig. 5

**14** Drücken Sie die Vektoren $\overrightarrow{BC}$, $\overrightarrow{BD}$, $\overrightarrow{CD}$, die durch die dreiseitige Pyramide in Fig. 6 gegeben sind, als Linearkombinationen der Vektoren $\vec{b}$, $\vec{c}$ und $\vec{d}$ aus.

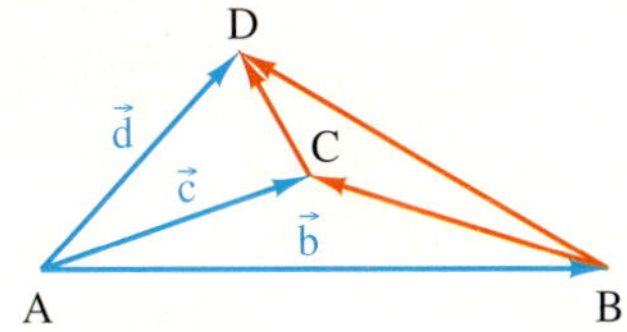

Fig. 6

**15** Drücken Sie die Vektoren $\overrightarrow{SD}$, $\overrightarrow{AB}$, $\overrightarrow{BC}$, $\overrightarrow{DA}$, $\overrightarrow{CD}$, die durch die quadratische Pyramide in Fig. 7 gegeben sind, als Linearkombinationen der Vektoren $\overrightarrow{SA}$, $\overrightarrow{SB}$, $\overrightarrow{SC}$ aus.

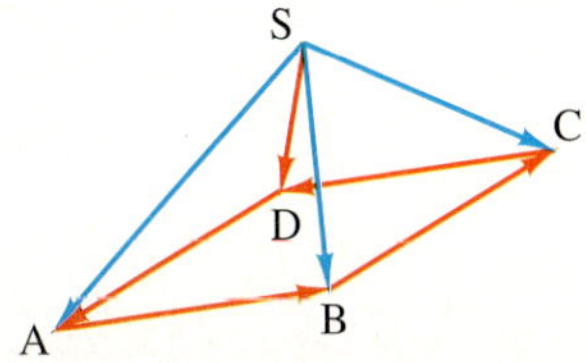

Fig. 7

**16** In Fig. 8 sind $M_1$, $M_2$ und $M_3$ die Mittelpunkte der „vorderen", „rechten" und „hinteren" Seitenfläche des Quaders. Stellen Sie die Vektoren $\overrightarrow{AM_1}$, $\overrightarrow{AM_2}$, $\overrightarrow{AM_3}$ als Linearkombinationen der Vektoren $\vec{a}$, $\vec{b}$ und $\vec{c}$ dar.

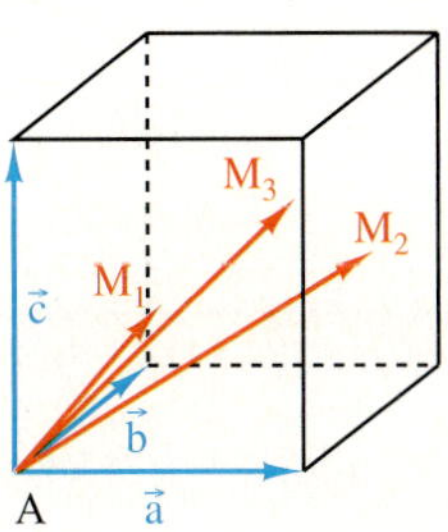

Fig. 8

# 3 Punkte und Vektoren im Koordinatensystem

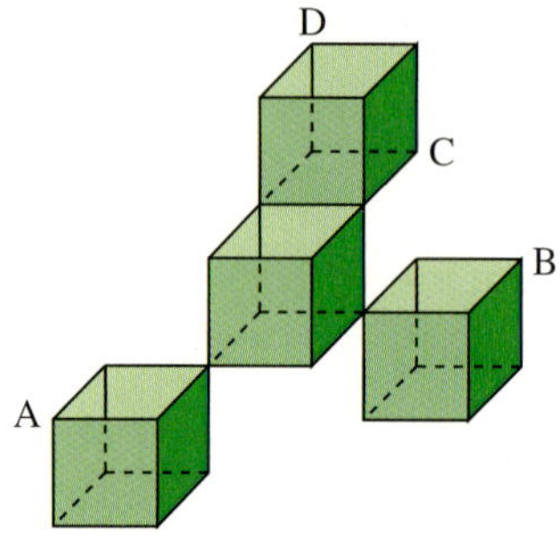

Fig. 1

**1** Die Figur zeigt eine Plastik aus vier gleich großen Würfeln mit der Kantenlänge 1 m.

a) Geben Sie mehrere Möglichkeiten an, wie man die Lagen der Ecken A, B, C und D präzise beschreiben kann, und geben Sie die Positionen der Ecken an.

b) Geben Sie Vor- und Nachteile dieser Möglichkeiten an.

Das bisher verwendete Koordinatensystem hat zwei zueinander senkrechte Achsen. Es ermöglicht, die Lage von Punkten in einer Ebene durch Zahlenpaare anzugeben (Fig. 2).
Ein Koordinatensystem mit drei Achsen, die paarweise aufeinander senkrecht stehen, ermöglicht die Lage von Punkten des Raumes anzugeben; hierbei verwendet man Zahlentripel (Fig. 3).
Es ist üblich, die erste dieser Achsen „nach vorn", die zweite „nach rechts" und die dritte „nach oben" zu zeichnen.
Es ist ferner zweckmäßig, die Achsen nicht wie bisher mit x, y und ggf. z zu bezeichnen, sondern mit $x_1$, $x_2$ und ggf. $x_3$, denn zur Bezeichnung der **Koordinaten von Punkten** verwendet man auch die Indizes 1, 2, 3; z. B.: $P(p_1|p_2)$ bzw. $P(p_1|p_2|p_3)$.

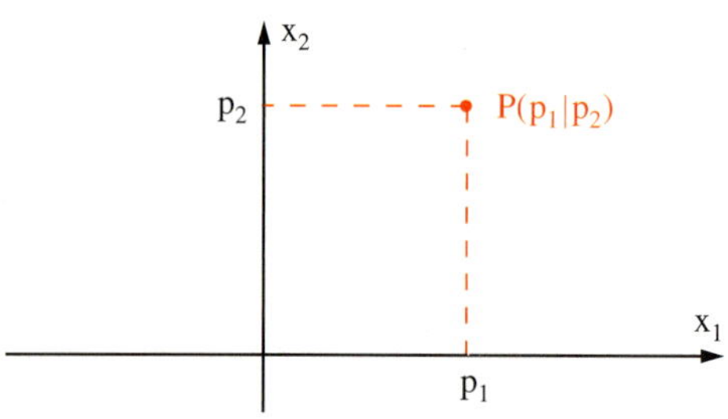

Fig. 2

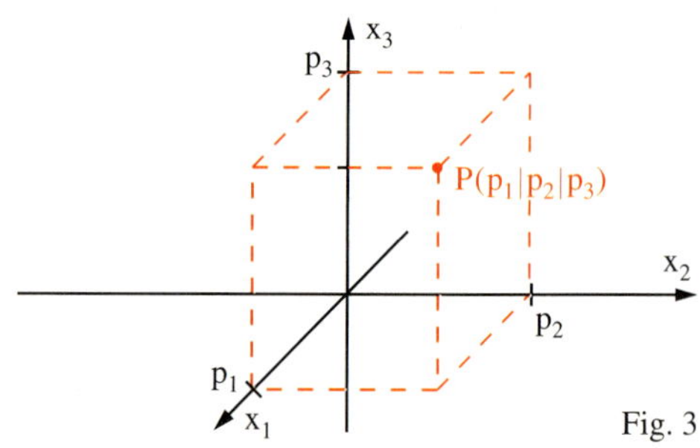

Fig. 3

Verschiebt ein Vektor $\vec{v}$ einen Punkt um
$v_1$ Einheiten in Richtung der $x_1$-Achse,
$v_2$ Einheiten in Richtung der $x_2$-Achse,
$v_3$ Einheiten in Richtung der $x_3$-Achse,
so schreibt man $\vec{v} = \begin{pmatrix} v_1 \\ v_2 \\ v_3 \end{pmatrix}$ $(v_1, v_2, v_3 \in \mathbb{R})$

$v_1$, $v_2$, $v_3$ nennt man die **Koordinaten des Vektors** $\vec{v}$.

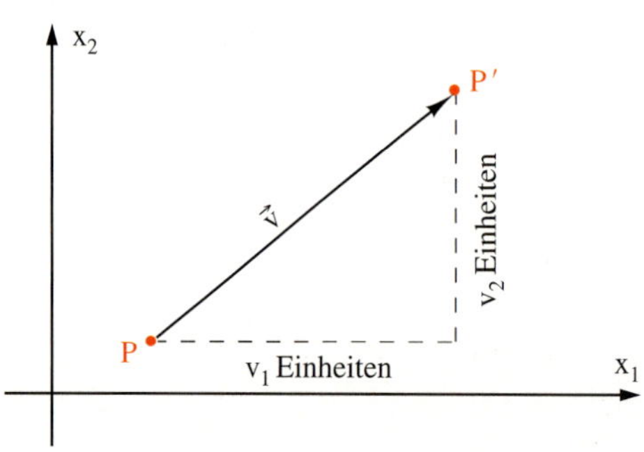

Fig. 4

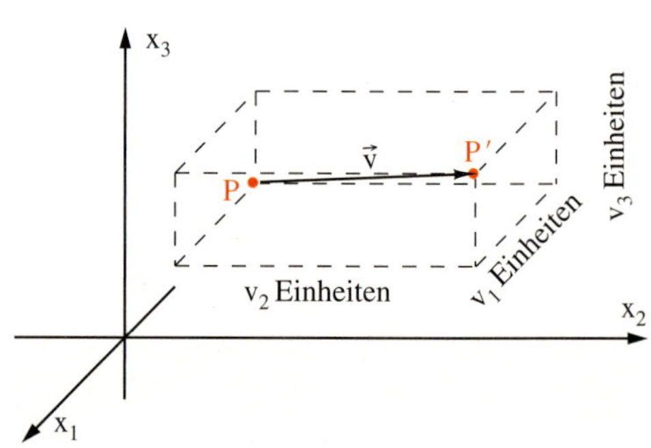

Fig. 5

*„–5 Einheiten in Richtung der $x_1$-Achse“ bedeutet: „5 Einheiten in Gegenrichtung der $x_1$-Achse“.*

*Zeichenhilfe:*

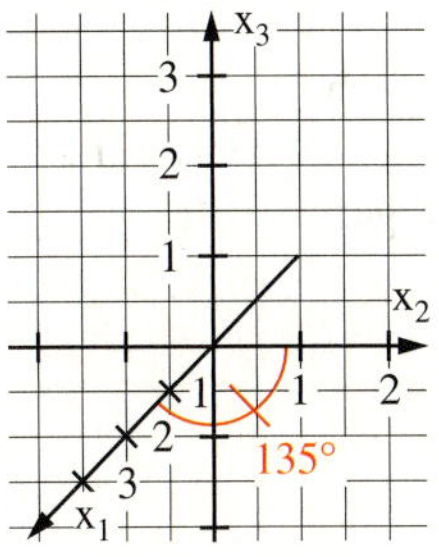


*Um einen räumlichen Eindruck zu erreichen, zeichnet man die $x_1$-Achse und die $x_2$-Achse so, dass sie einen Winkel von 135° einschließen. Die Einheiten auf der $x_1$-Achse wählt man $\frac{1}{2}\sqrt{2}$-mal so groß wie auf den beiden anderen Achsen.*

*Entsprechen in der Zeichnung auf der $x_2$-Achse und der $x_3$-Achse 2 Kästchen einer Längeneinheit, dann entspricht auf der $x_1$-Achse eine Kästchendiagonale einer Längeneinheit.*

***Beachten Sie:***
*Jeder Vektor ist Ortsvektor eines Punktes, nämlich des Punktes, auf den der Vektor den Ursprung O abbildet.*

Bildet ein Vektor $\vec{v}$ einen Punkt $A(a_1|a_2|a_3)$ auf einen Punkt $B(b_1|b_2|b_3)$ ab, so verschiebt dieser Vektor $\vec{v}$ auch jeden anderen Punkt um
$b_1 - a_1$ Einheiten in Richtung der $x_1$-Achse,
$b_2 - a_2$ Einheiten in Richtung der $x_2$-Achse,
$b_3 - a_3$ Einheiten in Richtung der $x_3$-Achse.

Also ist $\vec{v} = \overrightarrow{AB} = \begin{pmatrix} b_1 - a_1 \\ b_2 - a_2 \\ b_3 - a_3 \end{pmatrix}$

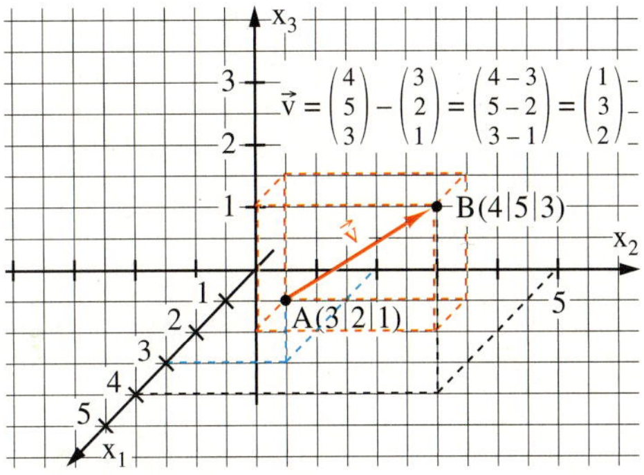


Fig. 1

Für zwei Punkte $A(a_1|a_2|a_3)$ und $B(b_1|b_2|b_3)$ gilt: $\overrightarrow{\mathbf{AB}} = \begin{pmatrix} \mathbf{b_1 - a_1} \\ \mathbf{b_2 - a_2} \\ \mathbf{b_3 - a_3} \end{pmatrix}$.

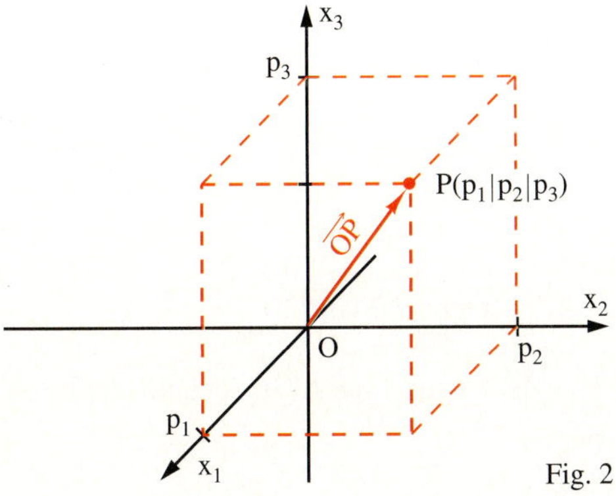


Fig. 2

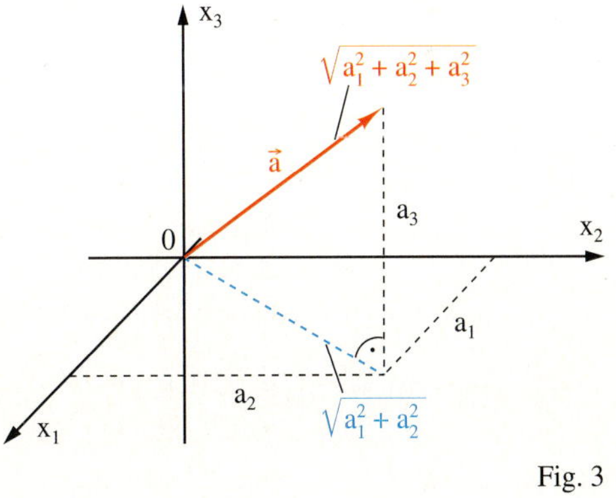


Fig. 3

Zu jedem Punkt $P(p_1|p_2|p_3)$ gibt es einen Vektor $\overrightarrow{OP}$, der den Ursprung $O(0|0|0)$ auf diesen Punkt P abbildet (Fig. 2). $\overrightarrow{OP}$ heißt **Ortsvektor des Punktes P**. Ein Punkt und sein Ortsvektor haben dieselben Koordinaten.

Es gilt: $\overrightarrow{OP} = \begin{pmatrix} p_1 - 0 \\ p_2 - 0 \\ p_3 - 0 \end{pmatrix} = \begin{pmatrix} p_1 \\ p_2 \\ p_3 \end{pmatrix}$

Unter dem **Betrag eines Vektors $\vec{a}$** versteht man die Länge der zu $\vec{a}$ gehörenden Pfeile.
Der Betrag von $\vec{a}$ wird mit $|\vec{a}|$ bezeichnet. Für den Nullvektor gilt: $|\vec{0}| = 0$.
Kennt man die Koordinaten des Vektors $\vec{a}$, so kann man seinen Betrag mithilfe des Satzes von Pythagoras berechnen (vgl. Fig. 3).

**Satz 1:** Für $\vec{a} = \begin{pmatrix} a_1 \\ a_2 \end{pmatrix}$ gilt: $|\vec{a}| = \sqrt{a_1^2 + a_2^2}$; für $\vec{a} = \begin{pmatrix} a_1 \\ a_2 \\ a_3 \end{pmatrix}$ gilt: $|\vec{a}| = \sqrt{a_1^2 + a_2^2 + a_3^2}$.

Einen Vektor mit dem Betrag 1 nennt man **Einheitsvektor**.
Ist $\vec{a} \neq \vec{o}$, so bezeichnet man mit $\vec{a_0}$ den Einheitsvektor, der die gleiche Richtung wie $\vec{a}$ hat.
Man nennt $\vec{a_0}$ auch den Einheitsvektor zu $\vec{a}$. Für $\vec{a} \neq \vec{o}$ gilt: $\vec{a_0} = \frac{1}{|\vec{a}|} \cdot \vec{a}$.

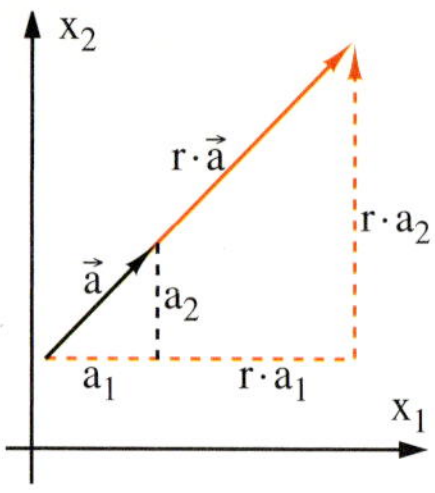


Fig. 2

Sind die Koordinaten zweier Vektoren $\vec{a}$ und $\vec{b}$ bekannt, kann man auch die Summe $\vec{c} = \vec{a} + \vec{b}$ in Koordinaten angeben.
Fig. 1 entnimmt man:
$\begin{pmatrix} 2 \\ 1 \end{pmatrix} + \begin{pmatrix} 3 \\ -2 \end{pmatrix} = \begin{pmatrix} 2+3 \\ 1-2 \end{pmatrix} = \begin{pmatrix} 5 \\ -1 \end{pmatrix}$.
Die Koordinaten von $\vec{c}$ ergeben sich aus den Summen der Koordinaten von $\vec{a}$ und $\vec{b}$.

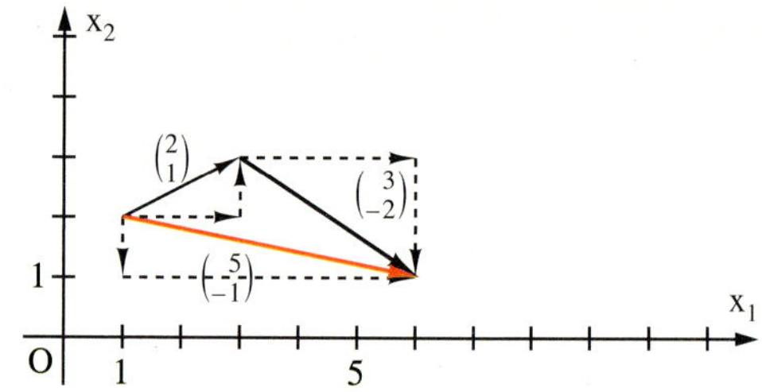


Fig. 1

Fig. 2 zeigt, wie man das r-fache eines Vektors erhält, dessen Koordinaten gegeben sind: Man multipliziert jede Koordinate mit r.

**Satz 2:** Sind die Koordinaten zweier Vektoren $\vec{a}$ und $\vec{b}$ gegeben, so gilt: $\vec{b}$

$$\vec{a} + \vec{b} = \begin{pmatrix} a_1 \\ a_2 \end{pmatrix} + \begin{pmatrix} b_1 \\ b_2 \end{pmatrix} = \begin{pmatrix} a_1 + b_1 \\ a_2 + b_2 \end{pmatrix} \text{ bzw. } \vec{a} + \vec{b} = \begin{pmatrix} a_1 \\ a_2 \\ a_3 \end{pmatrix} + \begin{pmatrix} b_1 \\ b_2 \\ b_3 \end{pmatrix} = \begin{pmatrix} a_1 + b_1 \\ a_2 + b_2 \\ a_3 + b_3 \end{pmatrix}.$$

Für einen Vektor und eine reelle Zahl r gilt:

$$r \cdot \begin{pmatrix} a_1 \\ a_2 \end{pmatrix} = \begin{pmatrix} r \cdot a_1 \\ r \cdot a_2 \end{pmatrix} \text{ bzw. } r \cdot \begin{pmatrix} a_1 \\ a_2 \\ a_3 \end{pmatrix} = \begin{pmatrix} r \cdot a_1 \\ r \cdot a_2 \\ r \cdot a_3 \end{pmatrix}.$$

**Beispiel 1:** (Vektoren)
Sind die Punkte $A(1|2|3)$, $B(3|-2|1)$, $C(2{,}25|-1{,}3|7)$ und $D(0{,}25|2{,}7|9)$ die aufeinander folgenden Ecken eines Parallelogramms ABCD?
Lösung:
Falls $\overrightarrow{AB} = \overrightarrow{DC}$ (bzw. $\overrightarrow{AD} = \overrightarrow{BC}$), dann sind A, B, C und D die Ecken eines Parallelogramms (vergleiche Fig. 3).

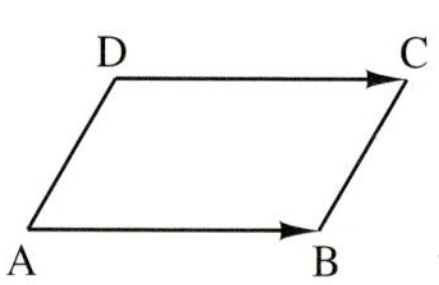


Fig. 3

$$\overrightarrow{AB} = \begin{pmatrix} 3-1 \\ -2-2 \\ 1-3 \end{pmatrix} = \begin{pmatrix} 2 \\ -4 \\ -2 \end{pmatrix};\ \overrightarrow{DC} = \begin{pmatrix} 2{,}25-0{,}25 \\ -1{,}3-2{,}7 \\ 7-9 \end{pmatrix} = \begin{pmatrix} 2 \\ -4 \\ -2 \end{pmatrix};\ \overrightarrow{AB} = \overrightarrow{DC}.$$

A, B, C und D sind die Ecken eines Parallelogramms.

**Beispiel 2:** (Länge einer Strecke; Mittelpunkt einer Strecke)
Gegeben sind die Punkte $P(-6|-2|3)$ und $Q(9|-2|11)$.
a) Bestimmen Sie die Länge der Strecke PQ.
b) Ermitteln Sie die Koordinaten des Mittelpunktes M der Strecke PQ.
Lösung:
a) Die Länge der Strecke PQ ist gleich dem Betrag des Vektors $\overrightarrow{PQ}$. Es gilt (Fig. 4):

$$\overrightarrow{PQ} = \overrightarrow{OQ} - \overrightarrow{OP} = \begin{pmatrix} 9 \\ -2 \\ 11 \end{pmatrix} - \begin{pmatrix} -6 \\ -2 \\ 3 \end{pmatrix} = \begin{pmatrix} 15 \\ 0 \\ 8 \end{pmatrix};$$

$|\overrightarrow{PQ}| = \sqrt{225 + 0 + 64} = 17.$
Die Länge der Strecke PQ ist 17 Koordinateneinheiten.

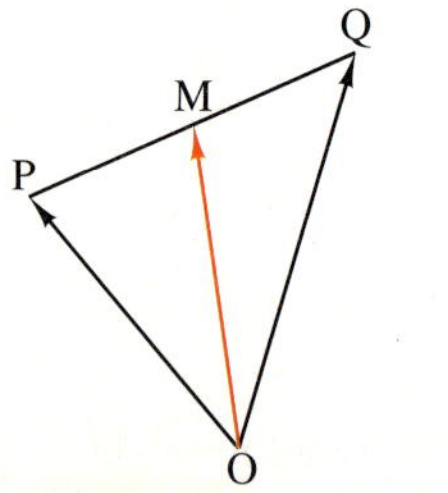


Fig. 4

b) Es gilt (Fig. 4): $\overrightarrow{OM} = \frac{1}{2}(\overrightarrow{OP} + \overrightarrow{OQ})$

$$= \frac{1}{2}\left[\begin{pmatrix} -6 \\ -2 \\ 3 \end{pmatrix} + \begin{pmatrix} 9 \\ -2 \\ 11 \end{pmatrix}\right] = \begin{pmatrix} 1{,}5 \\ -2 \\ 7 \end{pmatrix}.$$

Also ist $M(1{,}5|-2|7)$ der Mittelpunkt von PQ.

**Beispiel 3:** (Linearkombination)

Stellen Sie $\vec{a} = \begin{pmatrix} 4 \\ 2 \\ 1 \end{pmatrix}$ als Linearkombination der Vektoren $\begin{pmatrix} 1 \\ 2 \\ 1 \end{pmatrix}$, $\begin{pmatrix} 1 \\ 1 \\ 0 \end{pmatrix}$, $\begin{pmatrix} 0 \\ 2 \\ 3 \end{pmatrix}$ dar.

Lösung:

Es sind Koeffizienten u, v, w gesucht, sodass gilt: $u \cdot \begin{pmatrix} 1 \\ 2 \\ 1 \end{pmatrix} + v \cdot \begin{pmatrix} 1 \\ 1 \\ 0 \end{pmatrix} + w \cdot \begin{pmatrix} 0 \\ 2 \\ 3 \end{pmatrix} = \begin{pmatrix} 4 \\ 2 \\ 1 \end{pmatrix}$. Aus dieser

Gleichung erhält man das LGS $\begin{cases} u + v + 0w = 4 \\ 2u + v + 2w = 2 \\ u + 0v + 3w = 1 \end{cases}$ mit der Lösungsmenge $L = \{(-8; 12; 3)\}$.

Somit gilt: $\begin{pmatrix} 4 \\ 2 \\ 1 \end{pmatrix} = -8 \cdot \begin{pmatrix} 1 \\ 2 \\ 1 \end{pmatrix} + 12 \cdot \begin{pmatrix} 1 \\ 1 \\ 0 \end{pmatrix} + 3 \cdot \begin{pmatrix} 0 \\ 2 \\ 3 \end{pmatrix}$.

## Aufgaben

**2** Zeichnen Sie die Punkte $A(2|3|4)$, $B(-2|0|1)$, $C(3|-1|0)$ und $D(0|0|-3)$ in ein Koordinatensystem ein.

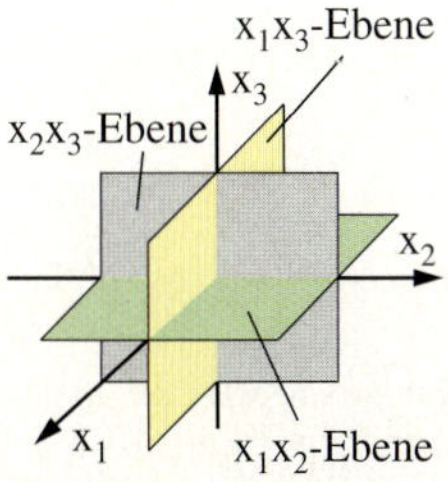

Fig. 1

**3** Wo liegen im räumlichen Koordinatensystem alle Punkte, deren
a) $x_1$-Koordinate ($x_2$-Koordinate, $x_3$-Koordinate) null ist?
b) $x_2$-Koordinate und $x_3$-Koordinate null sind?

**4** In Fig. 2 befinden sich
die Punkte P und Q in der $x_1x_2$-Ebene,
die Punkte R und S in der $x_2x_3$-Ebene,
die Punkte T und U in der $x_1x_3$-Ebene.
Bestimmen Sie die Koordinaten dieser Punkte.

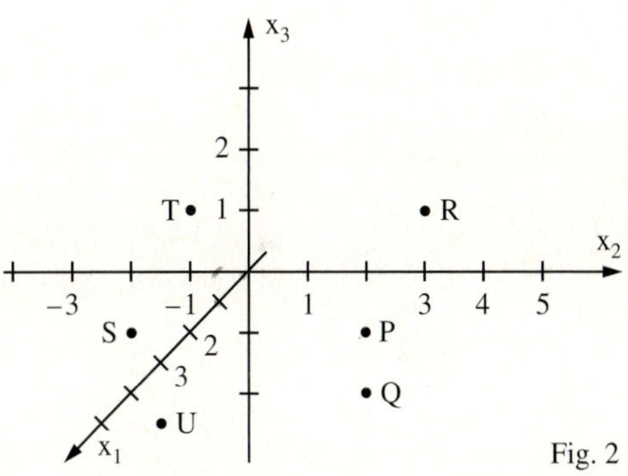

Fig. 2

**5** Die Punkte $O(0|0|0)$, $A(1|0|0)$, $B(0|1|0)$ und $C(0|0|1)$ sind Eckpunkte eines Würfels.
a) Bestimmen Sie die Koordinaten der Mittelpunkte der Würfelkanten.
b) Bestimmen Sie die Koordinaten der Diagonalenmittelpunkte der Seitenflächen des Würfels.

**6** Bestimmen Sie die Koordinaten des Vektors $\overrightarrow{AB}$ und seines Gegenvektors.
a) $A(1|0|1)$, $B(3|4|1)$
b) $A(4|2|0)$, $B(3|3|3)$
c) $A(-1|2|3)$, $B(2|-2|4)$
d) $A(4|2|-1)$, $B(5|-1|-3)$
e) $A(1|-4|-3)$, $B(7|2|-4)$
f) $A(2{,}5|1|-3)$, $B(4|-3{,}3|2)$

**7** Überprüfen Sie, ob das Viereck ABCD ein Parallelogramm ist.
a) $A(-2|2|3)$, $B(5|5|5)$, $C(9|6|5)$, $D(2|3|3)$
b) $A(2|0|3)$, $B(4|4|4)$, $C(11|7|9)$, $D(9|3|8)$
c) $A(2|-2|7)$, $B(6|5|1)$, $C(1|-1|1)$, $D(8|0|8)$

**8** Bestimmen Sie die Koordinaten des Punktes D so, dass das Viereck ABCD ein Parallelogramm ist.
a) $A(21|-11|43)$, $B(3|7|-8)$, $C(0|4|5)$
b) $A(-75|199|-67)$, $B(35|0|-81)$, $C(1|2|3)$

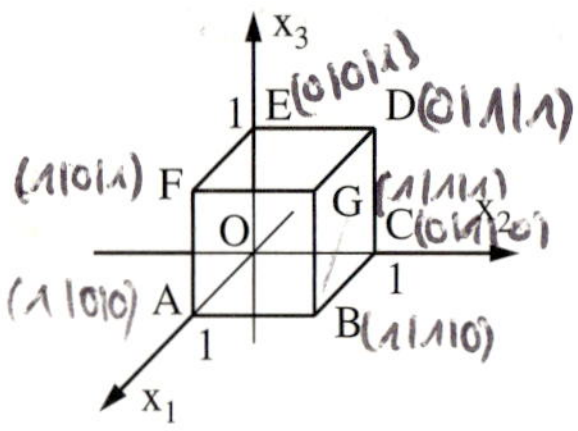


Fig. 1

**9** Bestimmen Sie zu Fig. 1 die Koordinaten der Vektoren
$\overrightarrow{FG}$, $\overrightarrow{DB}$, $\overrightarrow{CA}$, $\overrightarrow{EB}$, $\overrightarrow{AD}$, $\overrightarrow{CF}$, $\overrightarrow{OG}$.

**10** Fig. 2 zeigt einen Quader ABCDEFGH. $M_1$ ist der Diagonalenschnittpunkt des Vierecks ABCD, $M_2$ ist der Diagonalenschnittpunkt des Vierecks BCGF, $M_3$ ist der Diagonalenschnittpunkt des Vierecks CDHG und $M_4$ ist der Diagonalenschnittpunkt des Vierecks ADHE.
Bestimmen Sie die Koordinaten von $\overrightarrow{M_1M_2}$, $\overrightarrow{M_2M_3}$, $\overrightarrow{M_3M_4}$, $\overrightarrow{M_4M_1}$.

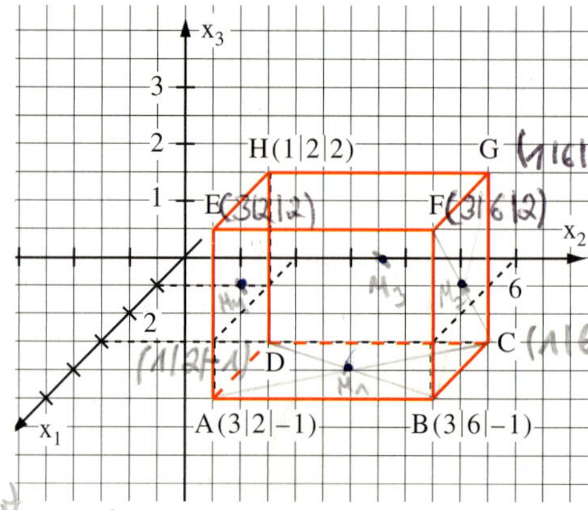


Fig. 2

**11** Berechnen Sie für A(2|−1|5), B(3|0|3), C(−2|7|1), D(4|4|4) die Koordinaten von
a) $\overrightarrow{AB} + \overrightarrow{CD}$ b) $\overrightarrow{BD} + \overrightarrow{AC} - \overrightarrow{DB}$ c) $2\overrightarrow{BC} - 3\overrightarrow{AB}$ d) $2\overrightarrow{AB} + 7\overrightarrow{BC} - 4\overrightarrow{CD}$

**12** Stellen Sie den Vektor $\vec{x}$ als Linearkombination der Vektoren $\vec{a}$, $\vec{b}$ und $\vec{c}$ dar.

a) $\vec{x} = \begin{pmatrix} 3 \\ 13 \\ -1 \end{pmatrix}$, $\vec{a} = \begin{pmatrix} 2 \\ 3 \\ 4 \end{pmatrix}$, $\vec{b} = \begin{pmatrix} -4 \\ 3 \\ -2 \end{pmatrix}$, $\vec{c} = \begin{pmatrix} 5 \\ 7 \\ -3 \end{pmatrix}$ b) $\vec{x} = \begin{pmatrix} 1 \\ 2 \\ 0 \end{pmatrix}$, $\vec{a} = \begin{pmatrix} 1 \\ 1 \\ 1 \end{pmatrix}$, $\vec{b} = \begin{pmatrix} -1 \\ -1 \\ 1 \end{pmatrix}$, $\vec{c} = \begin{pmatrix} 0 \\ 1 \\ -2 \end{pmatrix}$

c) $\vec{x} = \begin{pmatrix} 5 \\ 1 \\ -1 \end{pmatrix}$, $\vec{a} = \begin{pmatrix} -1 \\ 4 \\ 5 \end{pmatrix}$, $\vec{b} = \begin{pmatrix} 7 \\ -1 \\ -3 \end{pmatrix}$, $\vec{c} = \begin{pmatrix} -1 \\ 1 \\ 1 \end{pmatrix}$ d) $\vec{x} = \begin{pmatrix} 0 \\ 1 \\ 1 \end{pmatrix}$, $\vec{a} = \begin{pmatrix} 0{,}3 \\ 0{,}5 \\ 0 \end{pmatrix}$, $\vec{b} = \begin{pmatrix} 1{,}2 \\ 0 \\ 0{,}7 \end{pmatrix}$, $\vec{c} = \begin{pmatrix} 0 \\ 1 \\ -1{,}7 \end{pmatrix}$

**13** Das Dreieck ABC ist gleichschenklig. Berechnen Sie den Flächeninhalt des Dreiecks.
a) A(1|−5), B(0|3), C(−8|2) b) A(2|3|5), B(6|6|0), C(2|8|0)
c) A(1|1|6), B(3|3|−2), C(5|−1|2) d) A(7|0|−1), B(5|−3|−1), C(4|0|1)

**14** Berechnen Sie die Längen der drei Seitenhalbierenden des Dreiecks ABC mit
a) A(4|2|−1), B(10|−8|9) und C(4|0|1), b) A(1|2|−1), B(−1|10|15) und C(9|6|−5).

**15** Der Punkt A wird an dem Punkt B gespiegelt. Ermitteln Sie die Koordinaten des Spiegelpunktes.
a) A(5|6|6); B(3|8|1) b) A(6|2|0); B(4|−5|−1) c) A(3|0|−2); B(1|2|−1)

**16** Bestimmen Sie die fehlende Koordinate $p_3$ so, dass der Punkt $P(5|0|p_3)$ vom Punkt Q den Abstand d hat.
a) Q(4|−2|5); d = 3 b) Q(9|2|3); d = 6 c) P(1|1|−2); d = 5

**17** Ermitteln Sie in Fig. 3 die Koordinaten der Punkte P und Q, die von A jeweils den Abstand d haben.
a) A(1|2|−2); d = 9 b) A(12|3|4); d = 2

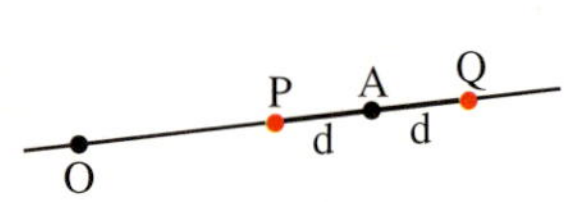


Fig. 3

*In Fig. 4 ist $\vec{a_0}$ ein Einheitsvektor.*

**18** In Fig. 4 ist der Punkt C drei Einheiten vom Punkt B entfernt. Ermitteln Sie die Koordinaten des Punktes C.
a) A(2|−3|12), B(6|4|8)
b) A(2|−3|1), B(10|5|15)

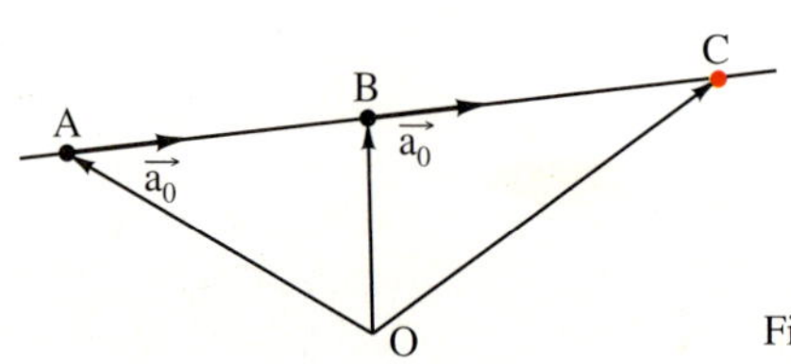


Fig. 4

# 4 Lineare Abhängigkeit und Unabhängigkeit von Vektoren

**1** Betrachtet werden die Vektoren in Fig. 1.
a) Kann man den Vektor $\vec{a}$ durch den Vektor $\vec{b}$ ausdrücken?
b) Kann man den Vektor $\vec{c}$ durch den Vektor $\vec{d}$ ausdrücken?
c) Gibt es Vektoren der Ebene von Fig. 1, die man nicht als Linearkombination der Vektoren $\vec{c}$ und $\vec{d}$ darstellen kann?
d) Gibt es einen Vektor der Ebene von Fig. 1, den man mit zwei verschiedenen Linearkombinationen der Vektoren $\vec{c}$ und $\vec{d}$ darstellen kann?
Begründen Sie Ihre Antworten.

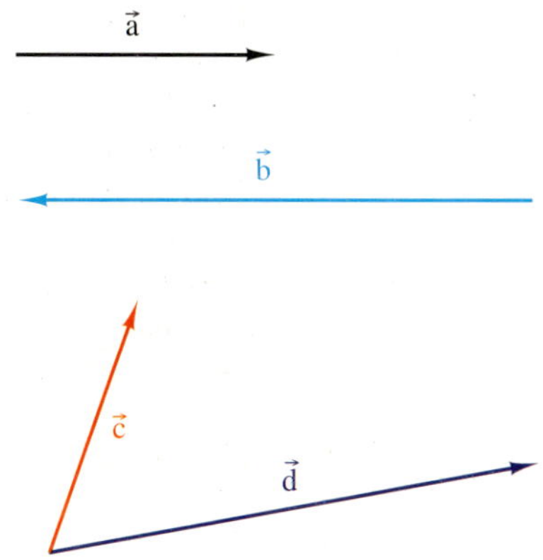

Fig. 1

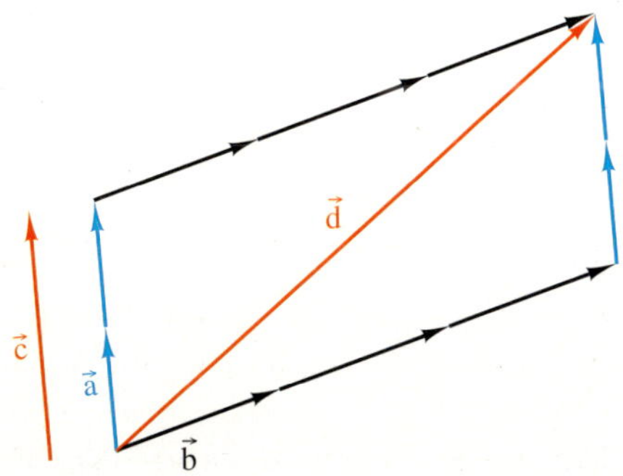

Fig. 2

Für die Vektoren in Fig. 2 gilt:
Der Vektor $\vec{c}$ kann als ein Vielfaches des Vektors $\vec{a}$ dargestellt werden:
$\vec{c} = 2 \cdot \vec{a}$.
Der Vektor $\vec{d}$ kann als Linearkombination der Vektoren $\vec{a}$ und $\vec{b}$ dargestellt werden:
$\vec{d} = 2 \cdot \vec{a} + 3 \cdot \vec{b}$.
Man sagt:
Die Vektoren $\vec{a}$ und $\vec{c}$ bzw. die Vektoren $\vec{a}$, $\vec{b}$ und $\vec{d}$ sind linear abhängig.

Allgemein gilt die

**Definition:** Die Vektoren heißen **linear abhängig**, wenn mindestens einer dieser Vektoren als Linearkombination der anderen Vektoren darstellbar ist.
Andernfalls heißen die Vektoren **linear unabhängig**.

*Zwei Vektoren sind genau dann linear abhängig, wenn ihre Pfeile zueinander parallel sind. Man sagt in diesem Fall deshalb auch:*
*Die Vektoren sind* ***kollinear***.

*Drei Vektoren sind genau dann linear abhängig, wenn es von jedem Vektor einen Pfeil gibt, sodass diese drei Pfeile in einer Ebene liegen.*
*Man sagt in diesem Fall deshalb auch:*
*Die Vektoren sind* ***komplanar***.

**Für die Vektoren in einer Ebene gilt** (Fig. 2):
a) Es sind höchstens zwei Vektoren einer Ebene linear unabhängig.
b) Ein Vektor einer Ebene kann stets als Linearkombination zweier linear unabhängiger Vektoren dieser Ebene dargestellt werden.
In Fig. 2 kann jeder Vektor als Linearkombination von $\vec{a}$ und $\vec{b}$ dargestellt werden.

**Für Vektoren des Raumes gilt** (Fig. 3):
a) Es sind höchstens drei Vektoren des Raumes linear unabhängig.
b) Ein Vektor des Raumes kann stets als Linearkombination dreier linear unabhängiger Vektoren dargestellt werden.

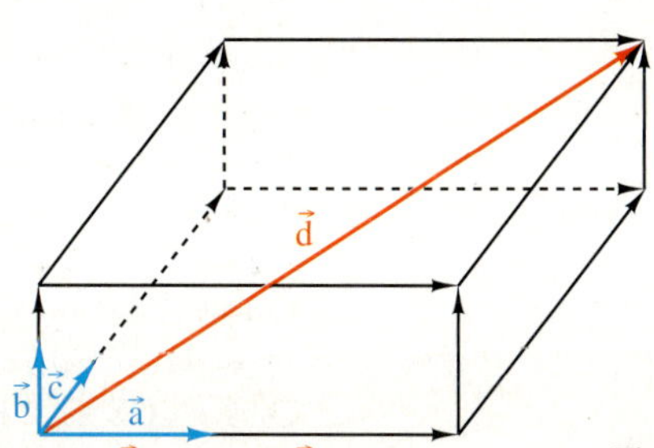

Fig. 3

In Fig. 1 liegen $\vec{a}$, $\vec{b}$ und $\vec{c}$ in einer Ebene. Je zwei der Vektoren sind linear unabhängig, alle drei jedoch sind linear abhängig. Jeder Vektor kann also als Linearkombination der beiden anderen dargestellt werden. Dies kann man geometrisch auch so deuten: Es lassen sich reelle Zahlen r, s und t finden, sodass die Summe $r\cdot\vec{a} + s\cdot\vec{b} + t\cdot\vec{c}$ eine so genannte geschlossene Vektorkette bildet, d. h. die Gleichung $r\cdot\vec{a} + s\cdot\vec{b} + t\cdot\vec{c} = 0$ erfüllt ist.
Für nur zwei der drei Vektoren, z. B. $\vec{a}$ und $\vec{b}$, ist die Gleichung $r\cdot\vec{a} + s\cdot\vec{b} = 0$ nur erfüllbar, wenn die Koeffizienten null sind. Entsprechende Überlegungen gelten für Vektoren im Raum.

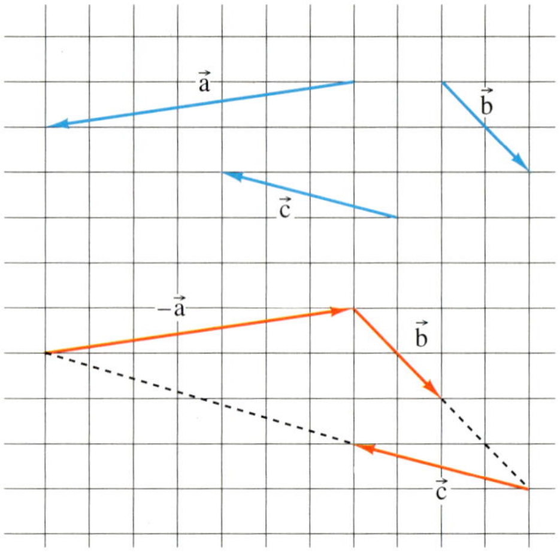

Fig. 1

**Satz:** Die Vektoren

| | |
|---|---|
| $\vec{a}$ und $\vec{b}$ | $\vec{a}$, $\vec{b}$ und $\vec{c}$ |

sind genau dann linear unabhängig, wenn die Gleichung

| | |
|---|---|
| $r\cdot\vec{a} + s\cdot\vec{b} = \vec{o}$ $(r, s \in \mathbb{R})$ | $r\cdot\vec{a} + s\cdot\vec{b} + t\cdot\vec{c} = \vec{o}$ $(r, s, t \in \mathbb{R})$ |

genau eine Lösung mit

| | |
|---|---|
| $r = s = 0$ | $r = s = t = 0$ |

besitzt.

**Beispiel:**
Entscheiden Sie, ob die Vektoren linear abhängig oder linear unabhängig sind.

a) $\begin{pmatrix}1\\-1\\2\end{pmatrix}, \begin{pmatrix}3\\0\\1\end{pmatrix}, \begin{pmatrix}2\\2\\-1\end{pmatrix}$  b) $\begin{pmatrix}1\\-2\\3\end{pmatrix}, \begin{pmatrix}2\\-3\\5\end{pmatrix}, \begin{pmatrix}11\\-18\\29\end{pmatrix}$

Lösung:
a) (ohne GTR)
Bestimmung der Anzahl der Lösungen: $r\cdot\begin{pmatrix}1\\-1\\2\end{pmatrix} + s\cdot\begin{pmatrix}3\\0\\1\end{pmatrix} + t\cdot\begin{pmatrix}2\\2\\-1\end{pmatrix} = \begin{pmatrix}0\\0\\0\end{pmatrix}$,

$$\left\{\begin{aligned} r + 3s + 2t &= 0\\ -r \phantom{+3s} + 2t &= 0\\ 2r + s - t &= 0\end{aligned}\right., \quad \text{also} \quad \left\{\begin{aligned} r + 3s + 2t &= 0\\ 3s + 4t &= 0\\ -5s - 5t &= 0\end{aligned}\right., \quad \text{also} \quad \left\{\begin{aligned} r + 3s + 2t &= 0\\ 3s + 4t &= 0\\ 5t &= 0\end{aligned}\right..$$

Dieses LGS hat $r = 0,\ s = 0,\ t = 0$ als einzige Lösung; die drei Vektoren sind linear unabhängig.
b) (mit GTR)

Die Vektorgleichung $r\cdot\begin{pmatrix}1\\-2\\3\end{pmatrix} + s\cdot\begin{pmatrix}2\\-3\\5\end{pmatrix} + t\cdot\begin{pmatrix}11\\-18\\29\end{pmatrix} = \vec{0}$

führt auf das LGS $\left\{\begin{aligned} r + 2s + 11t &= 0\\ -2r - 3s - 18t &= 0\\ 3r + 5s + 29t &= 0\end{aligned}\right..$

Dieses LGS hat von $r = 0,\ s = 0,\ t = 0$ verschiedene Lösungen (vgl. Fig. 2); die drei Vektoren sind linear abhängig.

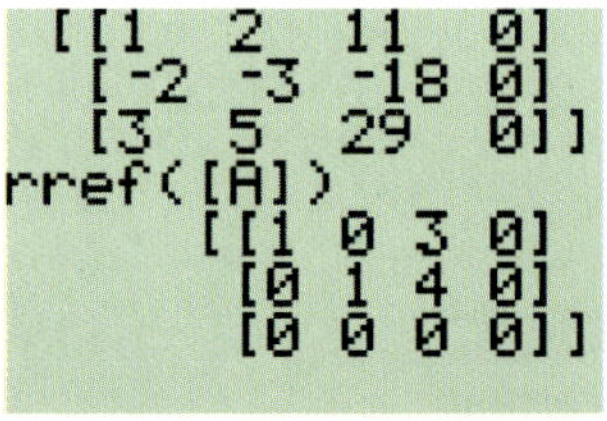

Fig. 2

## Aufgaben

**2** Überprüfen Sie ohne GTR die Vektoren auf lineare Abhängigkeit bzw. Unabhängigkeit.

a) $\begin{pmatrix}1\\1\\1\end{pmatrix}, \begin{pmatrix}2\\0\\2\end{pmatrix}, \begin{pmatrix}0\\1\\0\end{pmatrix}$ b) $\begin{pmatrix}4\\1\\4\end{pmatrix}, \begin{pmatrix}2\\1\\2\end{pmatrix}, \begin{pmatrix}2\\-4\\1\end{pmatrix}$ c) $\begin{pmatrix}1\\2\\3\end{pmatrix}, \begin{pmatrix}1\\1\\0\end{pmatrix}, \begin{pmatrix}1\\0\\1\end{pmatrix}$ d) $\begin{pmatrix}4\\1\\3\end{pmatrix}, \begin{pmatrix}-3\\-1\\-4\end{pmatrix}, \begin{pmatrix}1\\-3\\4\end{pmatrix}$

*Notieren Sie mehrmals drei Vektoren im Raum und untersuchen Sie diese jeweils mit dem GTR auf lineare Abhängigkeit bzw. Unabhängigkeit. Welcher Fall tritt bei Ihnen häufiger auf? Begründung?*

**3** Überprüfen Sie mit GTR die Vektoren auf lineare Abhängigkeit bzw. Unhabhängigkeit.

a) $\begin{pmatrix}-3\\17\\18\end{pmatrix}, \begin{pmatrix}5\\9\\-7\end{pmatrix}, \begin{pmatrix}12\\-10\\9\end{pmatrix}$ b) $\begin{pmatrix}23\\-5\\15\end{pmatrix}, \begin{pmatrix}-3\\20\\19\end{pmatrix}, \begin{pmatrix}37\\50\\87\end{pmatrix}$ c) $\begin{pmatrix}13\\14\\-15\end{pmatrix}, \begin{pmatrix}16\\-17\\18\end{pmatrix}, \begin{pmatrix}-22\\-23\\24\end{pmatrix}$ d) $\begin{pmatrix}45\\17\\56\end{pmatrix}, \begin{pmatrix}-69\\45\\38\end{pmatrix}, \begin{pmatrix}35\\11\\10\end{pmatrix}$

**4** Wie muss die reelle Zahl a gewählt werden, damit die Vektoren linear abhängig sind?

a) $\begin{pmatrix}3\\1\\a\end{pmatrix}, \begin{pmatrix}1\\0\\4\end{pmatrix}, \begin{pmatrix}a\\2\\1\end{pmatrix}$ b) $\begin{pmatrix}0\\a\\1\end{pmatrix}, \begin{pmatrix}a^2\\1\\0\end{pmatrix}, \begin{pmatrix}0\\0\\1\end{pmatrix}$ c) $\begin{pmatrix}a\\0\\2\end{pmatrix}, \begin{pmatrix}0\\a\\3\end{pmatrix}, \begin{pmatrix}3a\\1\\0\end{pmatrix}$ d) $\begin{pmatrix}1\\a\\a^2\end{pmatrix}, \begin{pmatrix}2\\8\\18\end{pmatrix}, \begin{pmatrix}1\\1\\1\end{pmatrix}$

**5** Zeigen Sie, dass jeweils drei der vier Vektoren linear unabhängig sind, und stellen Sie jeden der vier Vektoren als Linearkombination der drei anderen dar.

a) $\begin{pmatrix}1\\0\\0\end{pmatrix}, \begin{pmatrix}0\\1\\0\end{pmatrix}, \begin{pmatrix}0\\0\\1\end{pmatrix}, \begin{pmatrix}1\\3\\4\end{pmatrix}$ b) $\begin{pmatrix}1\\1\\0\end{pmatrix}, \begin{pmatrix}0\\1\\1\end{pmatrix}, \begin{pmatrix}1\\0\\1\end{pmatrix}, \begin{pmatrix}1\\1\\1\end{pmatrix}$ c) $\begin{pmatrix}1\\-1\\1\end{pmatrix}, \begin{pmatrix}2\\1\\-1\end{pmatrix}, \begin{pmatrix}1\\0\\1\end{pmatrix}, \begin{pmatrix}5\\-1\\2\end{pmatrix}$

***Tipp zu Aufgabe 6:***
*Welche Bedingung müssen die Vektoren $\overrightarrow{AB}, \overrightarrow{AC}, \overrightarrow{AD}$ erfüllen, damit die vier Punkte A, B, C, D in einer Ebene liegen?*

**6** Überprüfen Sie ob die Punkte A, B, C, D in einer Ebene liegen.
a) A(2|−5|0), B(3|4|7), C(4|−4|3), D(−2|10|5)
b) A(1|1|1), B(5|4|3), C(−11|4|5), D(0|5|7).

**7** a) Begründen Sie: Die Vektoren $\vec{e_1}$, $\vec{e_2}$, $\vec{e_3}$ in Fig. 1 sind linear unabhängig.
b) Stellen Sie jeden der Vektoren $\overrightarrow{OP}$, $\overrightarrow{E_1Q}$, $\overrightarrow{E_2R}$, $\overrightarrow{E_3S}$ als Linearkombination der Vektoren $\vec{e_1}$, $\vec{e_2}$, $\vec{e_3}$ dar.
c) Begründen Sie:
Jeweils drei der Vektoren $\overrightarrow{OP}$, $\overrightarrow{E_1Q}$, $\overrightarrow{E_2R}$, $\overrightarrow{E_3S}$ sind linear unabhängig.
d) Stellen Sie jeden der Vektoren $\overrightarrow{OP}$, $\overrightarrow{E_1Q}$, $\overrightarrow{E_2R}$, $\overrightarrow{E_3S}$ als Linearkombination der drei anderen dar.

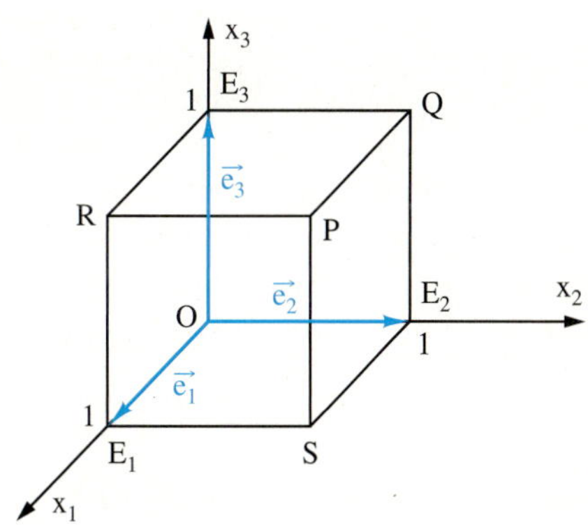

Fig. 1

*Warum findet man für die „?“ keine Zahlen, sodass die Vektoren linear unabhängig werden?*

a) $\begin{pmatrix}?\\0\\?\end{pmatrix}, \begin{pmatrix}?\\0\\?\end{pmatrix}, \begin{pmatrix}?\\0\\?\end{pmatrix}$

b) $\begin{pmatrix}4\\-3\\2\end{pmatrix}, \begin{pmatrix}0\\0\\0\end{pmatrix}, \begin{pmatrix}?\\7\\?\end{pmatrix}$

c) $\begin{pmatrix}1\\?\end{pmatrix}, \begin{pmatrix}?\\1\end{pmatrix}, \begin{pmatrix}?\\?\end{pmatrix}$

**8** Zeichnen Sie einen Quader ABCDEFGH wie in Fig. 2.
Zeichnen Sie jeweils einen Pfeil der Vektoren
$\vec{r} = \frac{1}{2}\overrightarrow{AB} + \frac{1}{2}\overrightarrow{BC} + \frac{1}{2}\overrightarrow{CG}$,
$\vec{s} = \frac{1}{2}\overrightarrow{AD} + 2\overrightarrow{BF}$,
$\vec{t} = 2\overrightarrow{HF} - \overrightarrow{FG}$.
a) Zeigen Sie algebraisch, dass die Vektoren $\vec{r}$, $\vec{s}$ und $\vec{t}$ paarweise sowie alle drei zusammen linear unabhängig sind.
b) Veranschaulichen Sie die Behauptung von a) mithilfe einer Zeichnung.

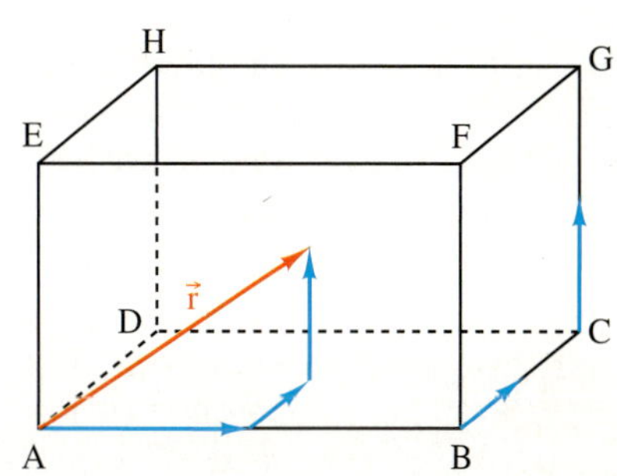

Fig. 2

# 5 Teilverhältnisse

**1** a) Bestimmen Sie für Fig. 1 das Verhältnis der Streckenlänge $\overline{AT}:\overline{BT}$.
b) Stellen Sie den Vektor $\overrightarrow{TB}$ als Vielfaches des Vektors $\overrightarrow{AT}$ dar.

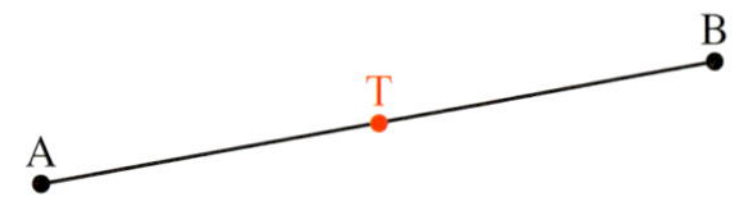


Fig. 1

Ist T ein Punkt der Strecke AB (Fig. 2), so sagt man: T teilt die Strecke AB im Verhältnis $\overline{AT}:\overline{TB}$. Setzt man $t = \overline{AT}:\overline{TB}$, kann man $\overrightarrow{AT}$ als Vielfaches von $\overrightarrow{TB}$ ausdrücken:
$\overrightarrow{AT} = t \cdot \overrightarrow{TB}$.
In Fig. 2 ist $\overrightarrow{AT} = 2 \cdot \overrightarrow{TB}$. Der Punkt T teilt die Strecke AB im Verhältnis 2 : 1.

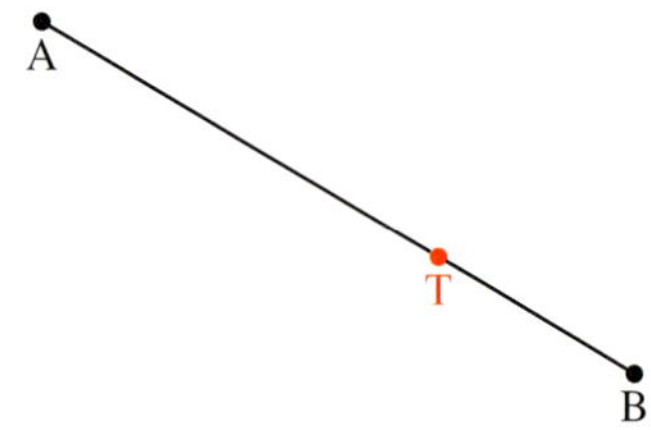


Fig. 2

**Definition:** Ist T ein Punkt der Strecke AB und gilt: $\overrightarrow{AT} = t \cdot \overrightarrow{TB}$, dann nennt man die Zahl t **Teilverhältnis** des Punktes T bezüglich der Strecke AB.

Das Teilverhältnis wurde mithilfe der Vektoren $\overrightarrow{AT}$ und $\overrightarrow{TB}$ definiert. Sind die Koordinaten der Endpunkte einer Strecke AB und ein Teilverhältnis $t > 0$ gegeben, kann man den Vektor $\overrightarrow{AT}$ auch als Vielfaches des Vektors $\overrightarrow{AB}$ ausdrücken. Hiermit kann man dann den Ortsvektor und damit auch die Koordinaten des Teilpunktes T ermitteln.
Ist $\overrightarrow{AT} = t \cdot \overrightarrow{TB}$ mit $t > 0$, so gilt (Fig. 3):
$\overrightarrow{AB} = \overrightarrow{AT} + \overrightarrow{TB} = t \cdot \overrightarrow{TB} + \overrightarrow{TB} = (1 + t)\overrightarrow{TB}$.
Also ist $\overrightarrow{TB} = \frac{1}{1+t}\overrightarrow{AB}$ und somit
$\overrightarrow{AT} = \frac{t}{1+t}\overrightarrow{AB}$.
Für den Ortsvektor des Teilpunktes T gilt:
$\overrightarrow{OT} = \overrightarrow{OA} + \overrightarrow{AT} = \overrightarrow{OA} + \frac{t}{1+t}\overrightarrow{AB}$.

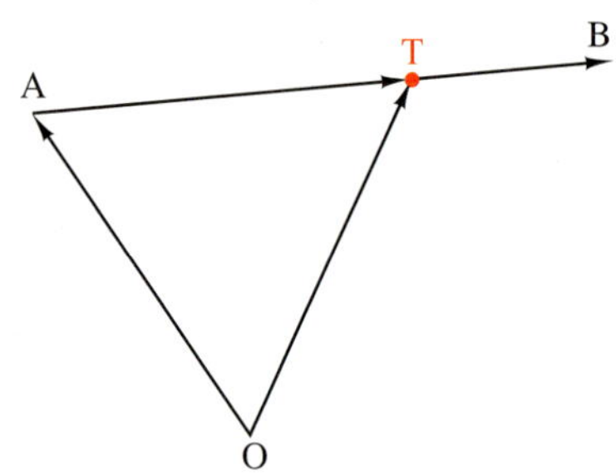


Fig. 3

**Satz:** Ist T ein Punkt der Strecke AB, dann gilt:
Aus $\overrightarrow{AT} = t \cdot \overrightarrow{TB}$ folgt $\overrightarrow{AT} = \frac{t}{1+t}\overrightarrow{AB}$.

**Beispiel 1:** (Teilverhältnis bestimmen)
Der Punkt T(17|32|36) liegt auf der Strecke AB mit A(2|8|3) und B(27|48|58).
In welchem Verhältnis teilt T die Strecke AB?
Lösung:

Es ist $\overrightarrow{AT} = \begin{pmatrix} 17 \\ 32 \\ 36 \end{pmatrix} - \begin{pmatrix} 2 \\ 8 \\ 3 \end{pmatrix} = \begin{pmatrix} 15 \\ 24 \\ 33 \end{pmatrix}$ und $\overrightarrow{TB} = \begin{pmatrix} 27 \\ 48 \\ 58 \end{pmatrix} - \begin{pmatrix} 17 \\ 32 \\ 36 \end{pmatrix} = \begin{pmatrix} 10 \\ 16 \\ 22 \end{pmatrix}$.

Damit gilt $\overrightarrow{AT} = \frac{3}{2} \cdot \overrightarrow{TB}$.

Das Teilverhältnis ist also $\frac{3}{2}$; d. h. der Punkt T teilt die Strecke AB im Verhältnis 3 : 2.

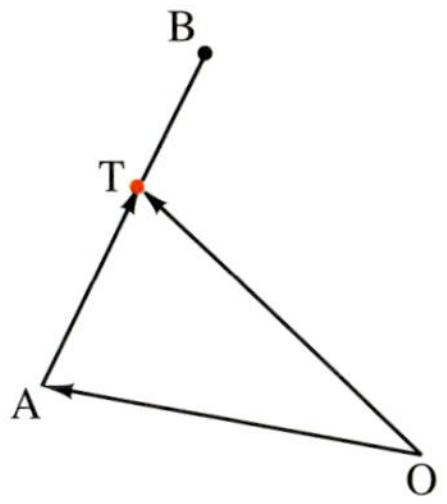

Fig. 1

**Beispiel 2:** (Teilpunkt bestimmen)
Gegeben sind die Punkte A(2|3|9) und B(12|8|6). Der Punkt T teilt die Strecke AB im Verhältnis 3:2. Bestimmen Sie die Koordinaten von T.
Lösung:

Es ist $\overrightarrow{AT} = \frac{3}{5} \cdot \overrightarrow{AB}$. Also gilt (vgl. Fig. 1): $\overrightarrow{OT} = \overrightarrow{OA} + \frac{3}{5} \cdot \overrightarrow{AB} = \begin{pmatrix} 2 \\ 3 \\ 9 \end{pmatrix} + \frac{3}{5} \cdot \begin{pmatrix} 10 \\ 5 \\ -3 \end{pmatrix} = \begin{pmatrix} 8 \\ 6 \\ -7{,}2 \end{pmatrix}$

Gesuchter Teilpunkt: T(8|6|−7,2)

## Aufgaben

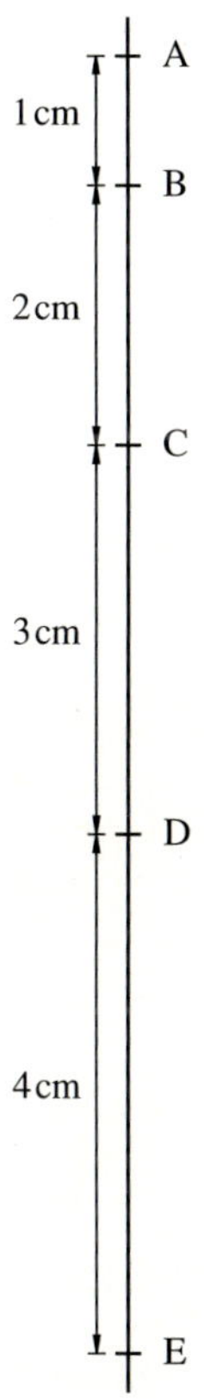

Fig. 2

**2** In welchem Verhältnis teilt in Fig. 2
a) der Punkt B die Strecke AC,
b) der Punkt C die Strecke AD
c) der Punkt C die Strecke BE
d) der Punkt D die Strecke AE?

**3** In Fig. 3 sind die Geraden durch A und B sowie durch C und D zueinander parallel. In welchem Verhältnis teilt
a) A die Strecke SD, falls $\overline{DC} = 2\,\overline{AB}$,
b) B die Strecke SC, falls $\overline{DC} = 1{,}5\,\overline{AB}$?

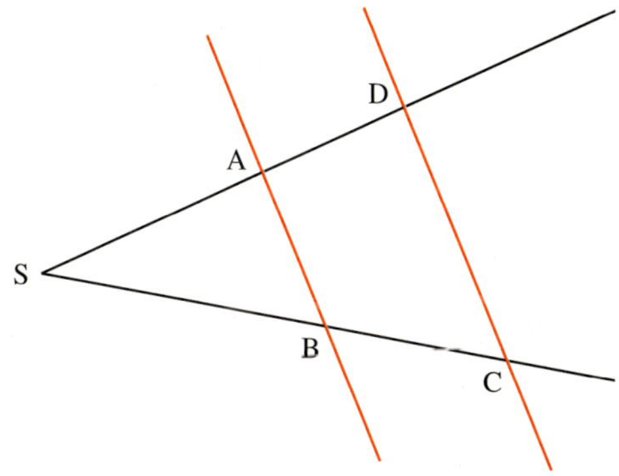

Fig. 3

**4** Der Punkt T liegt auf der Strecke mit den Endpunkten A und B. In welchem Verhältnis teilt T die Strecke AB?
a) A(1|1|1), T(2|4|5), B(5|13|17)
b) A(1|0|0), T(4|0|2), B(31|0|20)
c) A(−1|−2|−3), T(−1|1|1), B(−1|4|5)
d) A(−2|7|8), T(0|11|10), B(5|21|15)

**5** Der Punkt T teilt die Strecke AB im Verhältnis t. Bestimmen Sie die Koordinaten von T.
a) A(0|−2|7), B(6|1|−5), $t = \frac{1}{2}$
b) A(5|−2|−7), B(1|6|9), t = 3
c) A(1|2|−3), B(5|4|7), $t = \frac{1}{3}$
d) A(2|−1|0), B(3|8|−5), t = 0,2
e) A(8|5|9), B(−3|7|−5), t = 0,75
f) A(8|5|−1), B(−3|−4|−6), t = 1,2

**6** Der Punkt T soll auf der Strecke mit den Endpunkten A(2|2|2) und B(10|−5|4) liegen. Bestimmen Sie die fehlenden Koordinaten von T und das zugehörige Teilverhältnis.
a) T(3|?|?)
b) T(?|1|?)
c) T(?|?|3)

**7** a) In Fig. 4 teilt der Punkt D die Seite BC im Verhältnis 5:2. Drücken Sie den Vektor $\overrightarrow{AD}$ als Vielfaches von $\vec{a}$ und $\vec{b}$ aus.
b) In Fig. 5 ist E die Mitte der Seite BC. Drücken Sie den Vektor $\overrightarrow{DE}$ als Vielfaches von $\vec{a}$ und $\vec{b}$ aus.

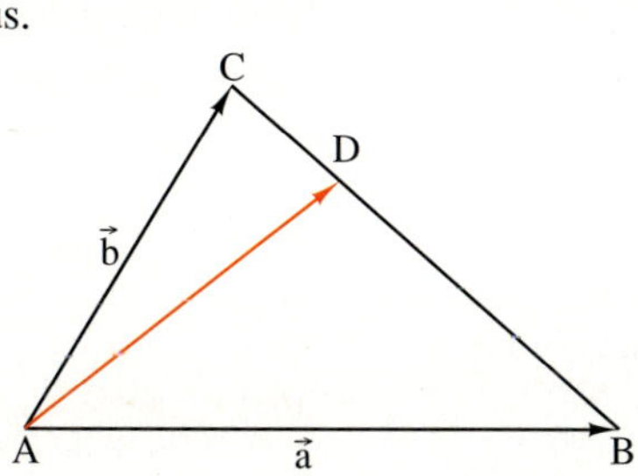

Fig. 4

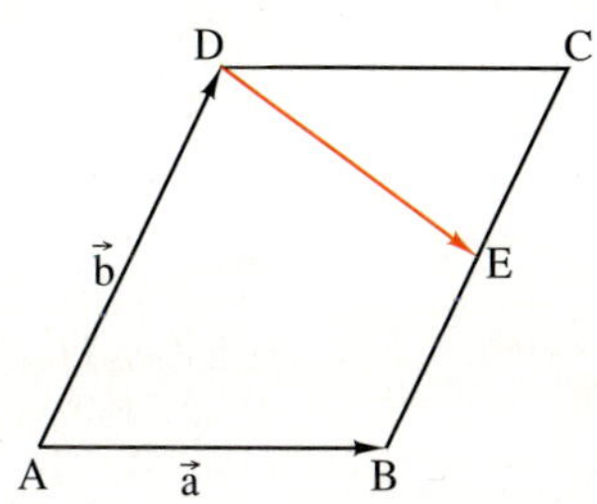

Fig. 5

# 6 Beweise mithilfe von Vektoren

Mithilfe des Vektorkalküls lassen sich oft geometrische Zusammenhänge algebraisch beweisen. Hierbei ist es hilfreich, wenn man sich an dem folgenden Schema orientiert:

1. Schritt:
Man fertigt eine Zeichnung an, die die geometrischen Objekte zeigt.

2. Schritt:
Man stellt die Voraussetzung der zu beweisenden Aussage mithilfe von Vektoren dar.

3. Schritt:
Man stellt die Behauptung der zu beweisenden Aussage mithilfe von Vektoren dar.

4. Schritt:
Man leitet aus der Voraussetzung die Behauptung her.

*Ergibt die Summe von Vektoren den Nullvektor, so spricht man auch von einer* ***geschlossenen Vektorkette****.*

In vielen Fällen ist es dazu sinnvoll, Vektoren zu suchen, deren Summe den Nullvektor ergibt (siehe Beispiel 1), um dann lineare Unabhängigkeiten oder andere gegebene Eigenschaften auszunutzen.

**Beispiel 1:**
Beweisen Sie: Ist ein Viereck ABCD ein Parallelogramm, so halbieren sich die Diagonalen.
Lösung:

1. Schritt:
Man zeichnet ein Parallelogramm ABCD, trägt die Diagonalen ein und kennzeichnet ihren Schnittpunkt (Fig. 1).

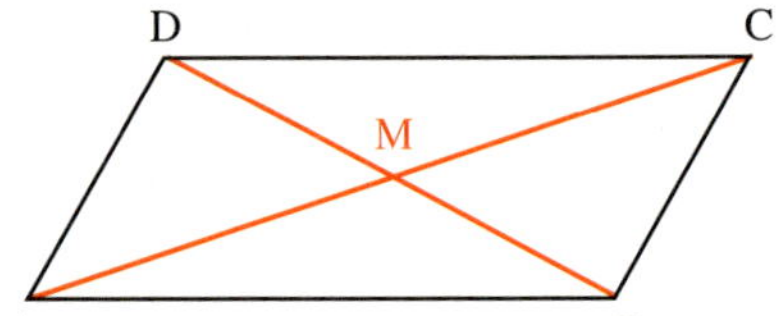

Fig. 1

2. Schritt:
Man drückt vektoriell die Voraussetzung aus: Die Seiten AB und DC sowie die Seiten AD und BC sind jeweils zueinander parallel (Fig. 2).

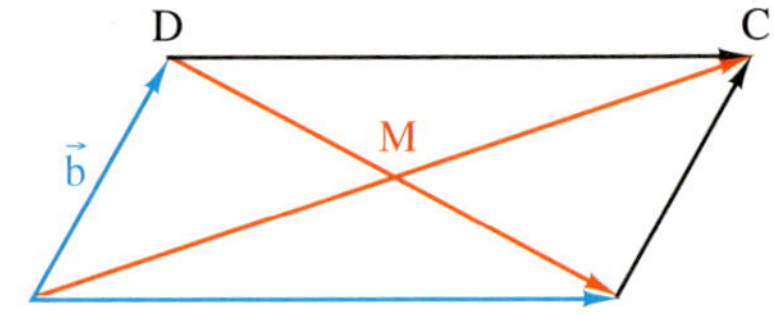

Fig. 2

$\vec{a} = \overrightarrow{AB} = \overrightarrow{DC}$ und $\vec{b} = \overrightarrow{AD} = \overrightarrow{BC}$
Ferner gilt: $\vec{a}$ und $\vec{b}$ sind linear unabhängig.

3. Schritt:
Man drückt vektoriell die Behauptung aus: Die Diagonalen werden von ihrem Schnittpunkt M halbiert.

$\overrightarrow{AM} = \overrightarrow{MC} = \frac{1}{2}\overrightarrow{AC}$ und $\overrightarrow{MB} = \overrightarrow{DM} = \frac{1}{2}\overrightarrow{DB}$

4. Schritt:

| | |
|---|---|
| Für die „Diagonal“-Vektoren gilt: | $\overrightarrow{AC} = \vec{a} + \vec{b};\ \overrightarrow{DB} = \vec{a} - \vec{b}$ |
| Weiterhin ist: | $\overrightarrow{AM} = m \cdot \overrightarrow{AC}$ und $\overrightarrow{MB} = n \cdot \overrightarrow{DB}$ $(m, n \in \mathbb{R})$ |
| Geschlossene Vektorkette: | $\overrightarrow{AM} + \overrightarrow{MB} + \overrightarrow{BA} = \vec{o}$ |
| Also ist: | $m \cdot (\vec{a} + \vec{b}) + n \cdot (\vec{a} - \vec{b}) + (-\vec{a}) = \vec{o}$ |
| Anwendung der Distributivgesetze ergibt: | $m \cdot \vec{a} + m \cdot \vec{b} + n \cdot \vec{a} - n \cdot \vec{b} - \vec{a} = \vec{o}$ |
| Ausklammern von $\vec{a}$ und $\vec{b}$ ergibt: | $(m + n - 1) \cdot \vec{a} + (m - n) \cdot \vec{b} = \vec{o}$ |
| Da $\vec{a}$ und $\vec{b}$ linear unabhängig sind, folgt: | $m + n - 1 = 0;\ m - n = 0$ |
| und somit: | $m = \frac{1}{2};\ n = \frac{1}{2}.$ |
| Aus $\overrightarrow{AM} = \frac{1}{2} \cdot \overrightarrow{AC}$ und $\overrightarrow{DM} = \frac{1}{2} \cdot \overrightarrow{DB}$ folgt: | Die Diagonalen halbieren sich. |

**Beispiel 2:**
Beweisen Sie:
In einem Trapez ABCD ist die Mittellinie parallel zu den beiden Grundseiten.
Lösung:

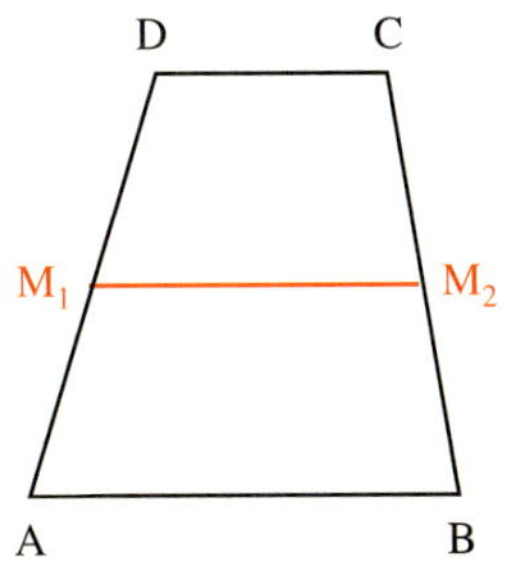

Fig. 1

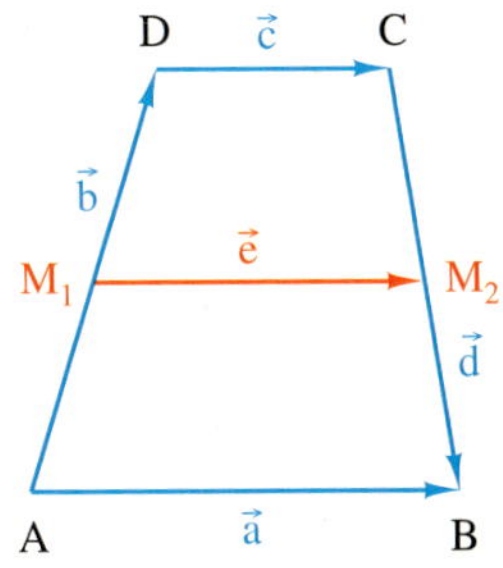

Fig. 2

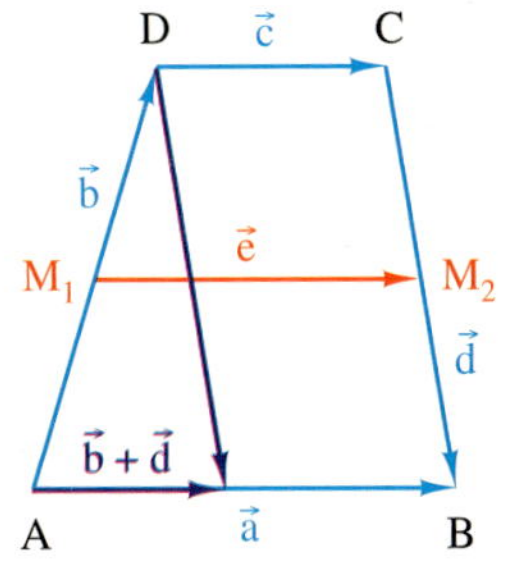

Fig. 3

*1. Schritt:* In Fig. 1 sind die Seiten AB und CD zueinander parallel. $M_1$ und $M_2$ sind die Mittelpunkte der Seiten AD und BC.

*2. Schritt:* Voraussetzung: Für $\vec{a} = \overrightarrow{AB}$, $\vec{b} = \overrightarrow{AD}$, $\vec{c} = \overrightarrow{DC}$, $\vec{d} = \overrightarrow{CB}$ und $\vec{e} = \overrightarrow{M_1M_2}$ (Fig. 2) gilt:
$\vec{a} = \vec{b} + \vec{c} + \vec{d}$.
Weil die Strecken AB und CD zueinander parallel sind, sind die Vektoren $\vec{a}$ und $\vec{c}$ linear abhängig, d. h. $\vec{c} = t \cdot \vec{a}$ $(t \in \mathbb{R})$.
Weil $M_1$ und $M_2$ Seitenmitten sind, gilt: $\vec{e} = 0{,}5\vec{b} + \vec{c} + 0{,}5\vec{d}$.

*3. Schritt:* Behauptung: $\vec{a}$ und $\vec{e}$ sowie $\vec{c}$ und $\vec{e}$ sind linear abhängig.

*4. Schritt:* Herleitung der Behauptung aus der Voraussetzung:
Aus $\vec{e} = 0{,}5\vec{b} + \vec{c} + 0{,}5\vec{d}$ und $\vec{c} = t \cdot \vec{a}$ folgt: $\vec{e} = 0{,}5(\vec{b} + \vec{d}) + t \cdot \vec{a}$
Aus $\vec{a} = \vec{b} + \vec{c} + \vec{d}$ und $\vec{c} = t \cdot \vec{a}$ folgt: $\vec{b} + \vec{d} = (1 - t) \cdot \vec{a}$ (s. Fig. 3)
Somit gilt: $\vec{e} = 0{,}5 \cdot (1 - t) \cdot \vec{a} + t \cdot \vec{a}$
Also sind $\vec{e}$ und $\vec{a}$ und damit auch $\vec{e}$ und $\vec{c}$ linear abhängig, d. h. $M_1M_2$ ist zu AB parallel. Damit ist $M_1M_2$ auch zu CD parallel.

## Aufgaben

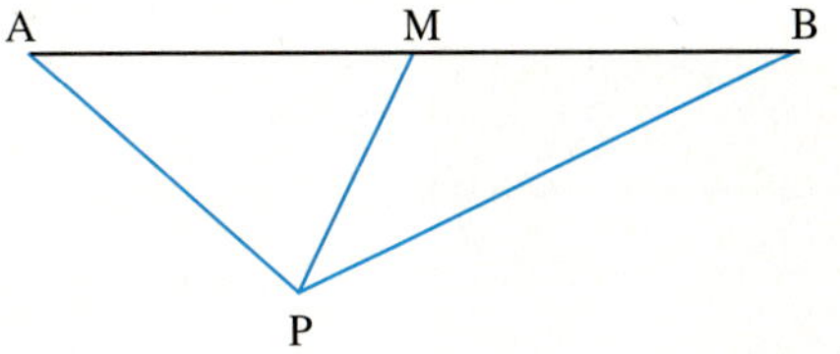

Fig. 4

**1** Gegeben ist eine Strecke AB mit dem Mittelpunkt M. P ist ein Punkt, der nicht auf der Strecke AB liegt.
Beweisen Sie:
$2 \cdot \overrightarrow{PM} = \overrightarrow{PA} + \overrightarrow{PB}$ (Fig. 4).

**2** Beweisen Sie:
Halbieren sich in einem Viereck ABCD die Diagonalen, so ist das Viereck ein Parallelogramm.

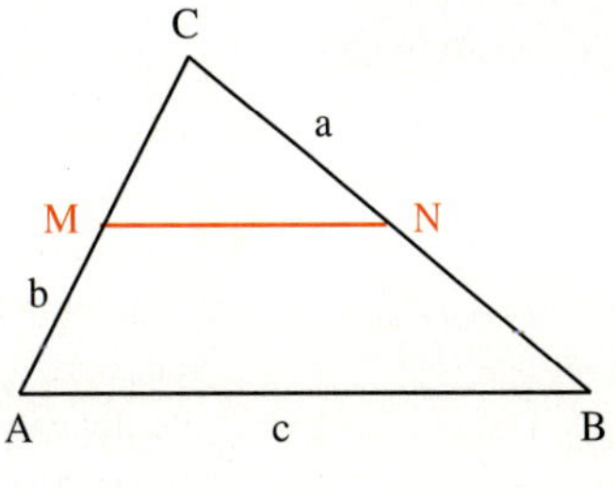

Fig. 5

**3** In einem Dreieck ABC sind M und N die Mittelpunkte der Seiten b und a (Fig. 5).
Beweisen Sie:
Die Strecke MN ist parallel zur Dreiecksseite c und halb so lang wie diese.

*Erinnern Sie sich? Wie heißt der Punkt S in Fig. 1?*

**4** Beweisen Sie:
a) In jedem Dreieck schneiden sich die Seitenhalbierenden in einem Punkt S. Dieser Punkt S teilt jede der Seitenhalbierenden im Verhältnis 2 : 1 (Fig. 1).
b) Sind $\vec{a}$, $\vec{b}$ und $\vec{c}$ die Ortsvektoren der Eckpunkte eines Dreiecks und $\vec{s}$ der Ortsvektor des Schnittpunktes der Seitenhalbierenden, dann gilt $\vec{s} = \frac{1}{3}(\vec{a} + \vec{b} + \vec{c})$.

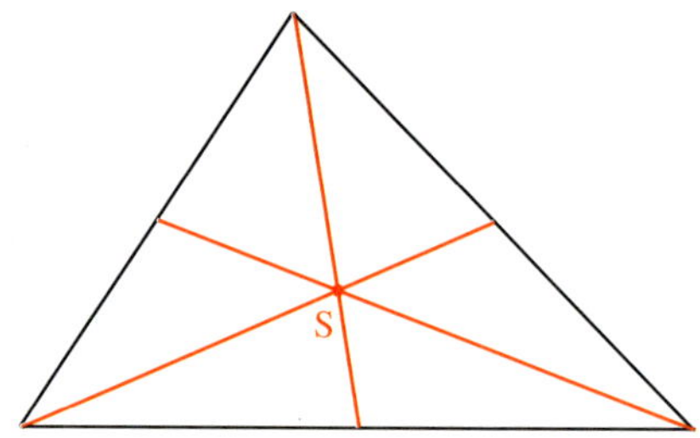

Fig. 1

**5** In Fig. 2 ist D der Mittelpunkt der Seitenhalbierenden von AB. Die Gerade durch A und D schneidet BC in E. In welchem Verhältnis teilt D die Strecke AE und E die Seite BC?

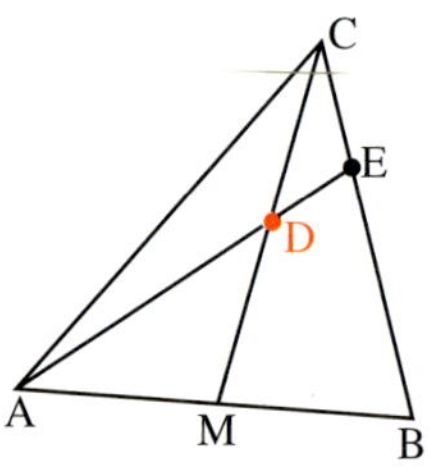

Fig. 2

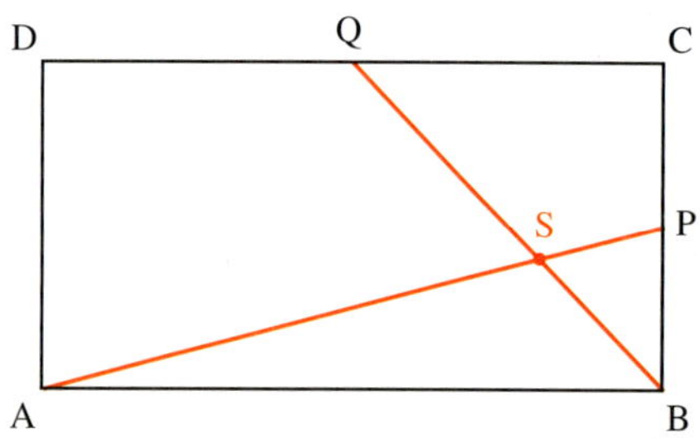

Fig. 3

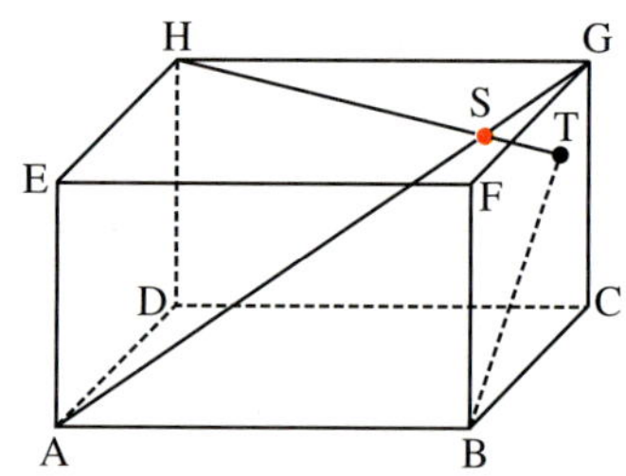

Fig. 4

**6** In Fig. 3 ist P die Mitte von BC und Q die Mitte von DC.
In welchem Verhältnis teilt S die Strecke AP und in welchem Verhältnis die Strecke BQ?

**7** In Fig. 4 teilt der Punkt S die Raumdiagonale AG des Quaders im Verhältnis 4 : 1.
Die Gerade durch H und S schneidet die Fläche BCGF in T.
In welchem Verhältnis teilt S die Strecke HT?

*Die Aussage, dass die Seitenmitten eines „beliebigen" Vierecks Ecken eines Parallelogramms sind (Aufgabe 9), wurde 1731 von PIERRE VARIGNON aufgestellt.*

**8** Beweisen Sie: Verbindet man eine Ecke eines Parallelogramms mit den Mitten der nicht anliegenden Seiten, so dritteln diese Strecken die sie schneidende Diagonale (Fig. 5).

*VARIGNON war Professor am Collège Royal in Paris. Er veröffentlichte viele Arbeiten zur Mathematik und theoretischen Physik. Er entwickelte u. a. die Idee des Kräfteparallelogramms und prägte den Begriff Kraftmoment.*

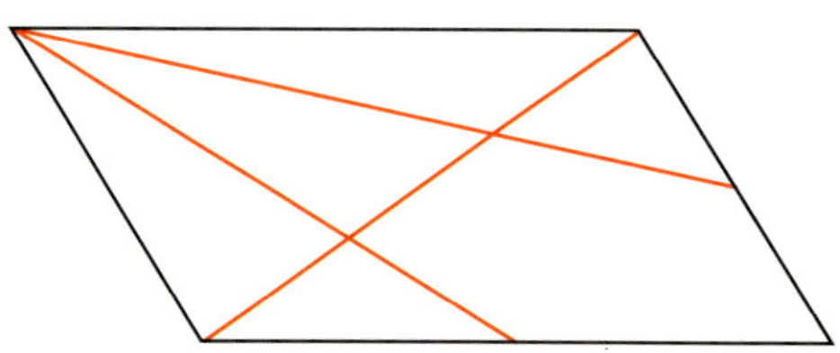
Fig. 5

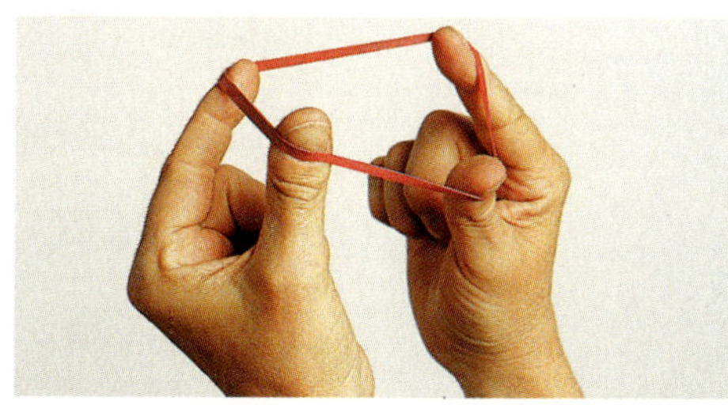
Fig. 6

**9** Hält man ein Gummiband wie in Fig. 6, so entsteht ein „Viereck im Raum", also ein Viereck, dessen Ecken nicht alle in einer Ebene liegen.
Beweisen Sie: Die Seitenmitten dieses Vierecks sind die Eckpunkte eines Parallelogramms.

**10** Bei einem Tetraeder, d. h. einer dreiseitigen Pyramide mit gleich langen Kanten, bezeichnet man eine Verbindungsstrecke einer Ecke mit dem Schnittpunkt der Seitenhalbierenden des gegenüberliegenden Dreiecks als Raumschwerlinie. Die Raumschwerlinien eines Tetraeders schneiden sich in einem Punkt S. Beweisen Sie: Dieser Punkt S teilt jede der Raumschwerlinien eines Tetraeders im Verhältnis 3 : 1.

# 7 Vektorielle Darstellung von Geraden

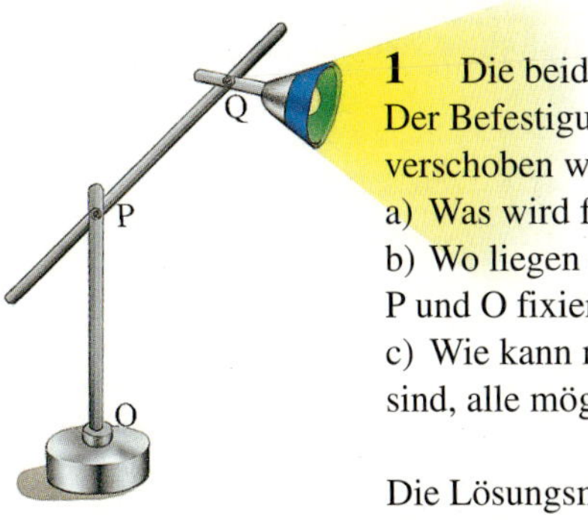


**1** Die beiden Stangen der Lampe können an den Stellen O und P verstellt und fixiert werden. Der Befestigungspunkt Q des Strahlers kann mithilfe einer Schraube entlang der Querstange verschoben werden.

a) Was wird festgelegt, wenn man die Schrauben an den Stellen O und P zudreht?

b) Wo liegen alle möglichen Positionen des Befestigungspunktes Q, wenn man die Stangen in P und O fixiert hat?

c) Wie kann man mithilfe zweier Vektoren, deren Pfeile jeweils zu einer der Stangen parallel sind, alle möglichen Stellen Q angeben?

Die Lösungsmenge einer linearen Gleichung der Form $x_2 = a x_1 + b$ kann man als Gerade der Zeichenebene darstellen. Mithilfe von Vektoren ist es möglich, sowohl Geraden der Zeichenebene als auch Geraden im Raum algebraisch zu beschreiben. Hierzu betrachtet man die Ortsvektoren der Punkte einer Geraden.

***Beachten Sie:***
*Die Überlegungen zu Fig. 1 und Fig. 2 gelten sowohl für Geraden einer Ebene als auch für Geraden des Raumes. Deshalb wurden nicht die Koordinatenachsen, sondern nur ihr Schnittpunkt O, der Ursprung, angegeben. Man kann sich also jeweils ein zwei- oder dreidimensionales Koordinatensystem hinzudenken.*

*Ist ein Vektor Ortsvektor eines Geradenpunktes, so kann er als Stützvektor dieser Geraden verwendet werden.*
*Liegen zwei Punkte P und Q (P ≠ Q) auf einer Geraden, so kann der Vektor $\overrightarrow{PQ}$ als Richtungsvektor dieser Geraden verwendet werden.*

Fig. 1 verdeutlicht: Sind P und Q zwei Punkte einer Geraden g, so gilt:
Ein beliebig gewählter Punkt X von g hat den Ortsvektor $\vec{x}$ mit $\vec{x} = \overrightarrow{OP} + \overrightarrow{PX}$.
Somit gilt: $\vec{x} = \overrightarrow{OP} + t \cdot \overrightarrow{PQ}$ mit einer reellen Zahl t.
Bezeichnet man den Vektor $\overrightarrow{OP}$ mit $\vec{p}$ und den Vektor $\overrightarrow{PQ}$ mit $\vec{u}$, so ist $\vec{x} = \vec{p} + t \cdot \vec{u}$ $(t \in \mathbb{R})$.

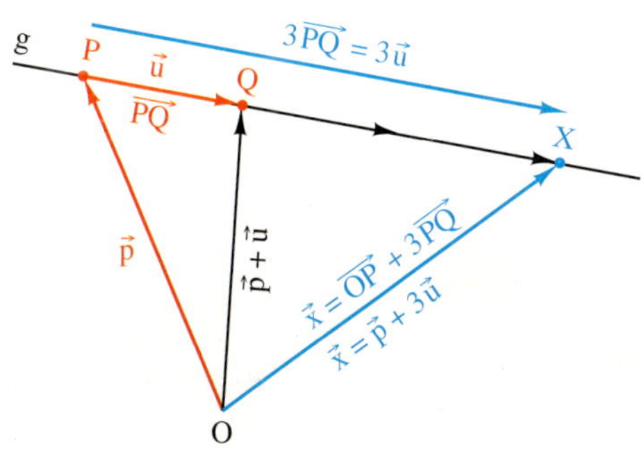


Fig. 1

Der Vektor $\vec{p}$ heißt **Stützvektor** von g, weil sein Pfeil von O nach P die Gerade g „in dem Punkt P stützt".
Der Vektor $\vec{u}$ heißt **Richtungsvektor** von g, weil er die „Richtung" der Geraden g festlegt.

Fig. 2 verdeutlicht:
Sind zwei Vektoren $\vec{p}$ und $\vec{u}$ $(\vec{u} \neq \vec{o})$ gegeben, so gilt:
Alle Punkte X, für deren Ortsvektoren $\vec{x}$ gilt $\vec{x} = \vec{p} + t \cdot \vec{u}$ $(t \in \mathbb{R})$, liegen auf einer gemeinsamen Geraden.

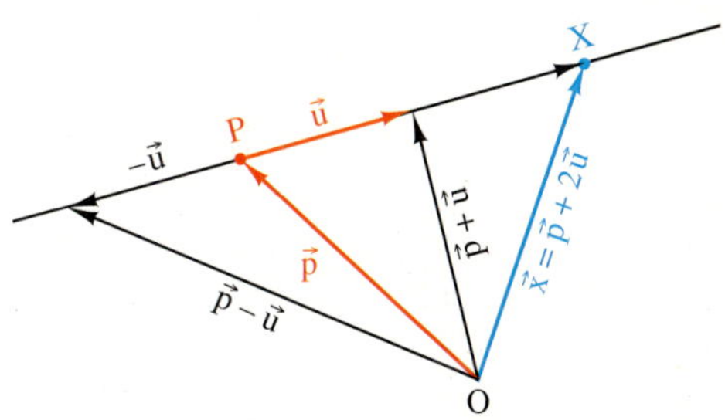


Fig. 2

Zusammenfassend sagt man:

**Satz:** Jede Gerade lässt sich durch eine Gleichung der Form

$$\mathbf{\vec{x} = \vec{p} + t \cdot \vec{u}} \quad (t \in \mathbb{R})$$

beschreiben. Hierbei ist $\vec{p}$ ein Stützvektor und $\vec{u}$ $(\vec{u} \neq \vec{o})$ ein Richtungsvektor von g.

Man nennt eine Gleichung $\vec{x} = \vec{p} + t \cdot \vec{u}$ eine **Geradengleichung in Parameterform** der jeweiligen Geraden g (mit dem Parameter t). Man schreibt kurz g: $\vec{x} = \vec{p} + t \cdot \vec{u}$.

*Statt Geradengleichung in Parameterform sagt man auch kurz **Parametergleichung**.*

**Beispiel 1:** (Parametergleichung bestimmen)
Geben Sie eine Parametergleichung für die Gerade g durch $A(1|-2|5)$ und $B(4|6|-2)$ an.
Lösung:
Da A auf g liegt, ist der Vektor $\vec{a} = \begin{pmatrix} 1 \\ -2 \\ 5 \end{pmatrix}$ ein möglicher Stützvektor von g.

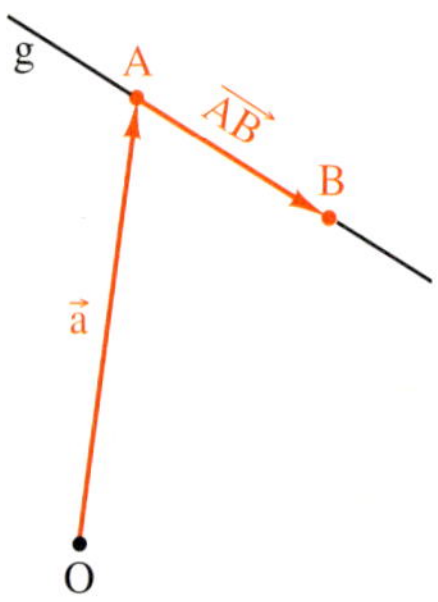

Fig. 1

Da A und B auf g liegen, ist der Vektor $\overrightarrow{AB} = \begin{pmatrix} 4 \\ 6 \\ -2 \end{pmatrix} - \begin{pmatrix} 1 \\ -2 \\ 5 \end{pmatrix} = \begin{pmatrix} 3 \\ 8 \\ -7 \end{pmatrix}$ ein möglicher Richtungsvektor von g. Somit erhält man: $g: \vec{x} = \begin{pmatrix} 1 \\ -2 \\ 5 \end{pmatrix} + t \cdot \begin{pmatrix} 3 \\ 8 \\ -7 \end{pmatrix}$.

*Mögliche Parametergleichungen sind auch:*
$\vec{x} = \overrightarrow{OB} + r \cdot \overrightarrow{AB}$
$\vec{x} = \overrightarrow{OB} + s \cdot \overrightarrow{BA}$

**Beispiel 2:** (Punktprobe)
Prüfen Sie, ob der Punkt $A(-7|-5|8)$ auf der Geraden $g: \vec{x} = \begin{pmatrix} 3 \\ -1 \\ 2 \end{pmatrix} + t \cdot \begin{pmatrix} 5 \\ 2 \\ -3 \end{pmatrix}$ liegt.
Lösung:
Wenn A auf g liegt, dann muss es eine reelle Zahl geben, die die Gleichung
$\begin{pmatrix} 3 \\ -1 \\ 2 \end{pmatrix} + t \cdot \begin{pmatrix} 5 \\ 2 \\ -3 \end{pmatrix} = \begin{pmatrix} -7 \\ -5 \\ 8 \end{pmatrix}$ erfüllt. Aus $3 + t \cdot 5 = -7$ folgt $t = -2$ und es gilt sowohl
$(-1) + (-2) \cdot 2 = -5$ als auch $2 + (-2) \cdot (-3) = 8$.
A liegt somit auf g.

## Aufgaben

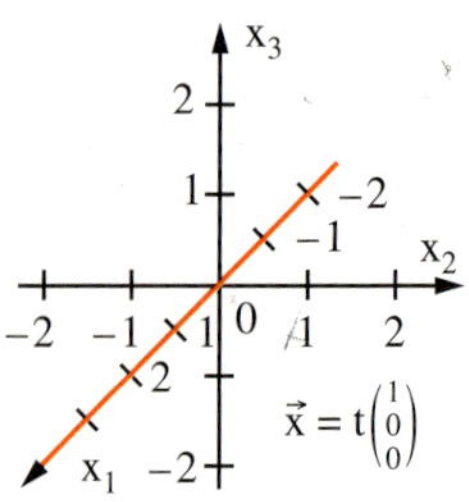

Fig. 2

**2** Zeichnen Sie die Gerade g in ein Koordinatensystem ein.

a) $g: \vec{x} = \begin{pmatrix} 1 \\ 2 \end{pmatrix} + t \cdot \begin{pmatrix} 3 \\ 2 \end{pmatrix}$  b) $g: \vec{x} = \begin{pmatrix} -1 \\ 2 \end{pmatrix} + t \cdot \begin{pmatrix} 3 \\ -2 \end{pmatrix}$  c) $g: \vec{x} = \begin{pmatrix} 1 \\ -2 \end{pmatrix} + t \cdot \begin{pmatrix} -3 \\ -2 \end{pmatrix}$

d) $g: \vec{x} = \begin{pmatrix} 1 \\ 0 \\ 1 \end{pmatrix} + t \cdot \begin{pmatrix} 3 \\ 0 \\ 2 \end{pmatrix}$  e) $g: \vec{x} = \begin{pmatrix} 1 \\ 2 \\ -2 \end{pmatrix} + t \cdot \begin{pmatrix} 1 \\ 3 \\ 2 \end{pmatrix}$  f) $g: \vec{x} = \begin{pmatrix} 0 \\ 2 \\ -1 \end{pmatrix} + t \cdot \begin{pmatrix} -3 \\ 2 \\ 0 \end{pmatrix}$

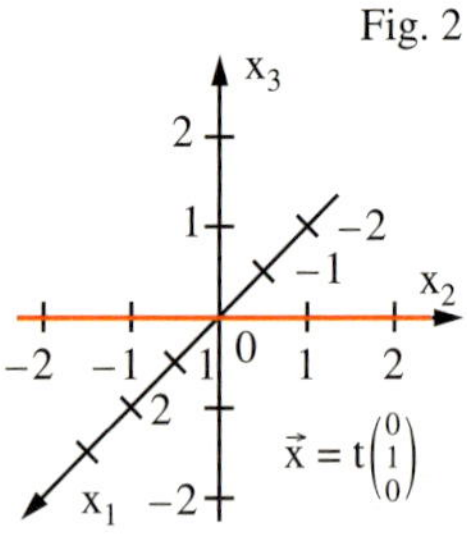

Fig. 3

**3** Geben Sie zu den Geraden durch die Punkte A und B, A und C sowie B und C jeweils eine Parametergleichung an.

a) $A(2|7)$, $B(1|4)$, $C(-2|5)$  b) $A(0|5|-4)$, $B(6|3|1)$, $C(9|-9|0)$
c) $A(8|-1|1)$, $B(4|5|-2)$, $C(1|1|1)$  d) $A(8|7|6)$, $B(-2|-5|-1)$, $C(0|-4|-3)$
e) $A(1|2|4)$, $B(2|-5|0)$, $C(3|1|1)$  f) $A(-3|3|4)$, $B(3|2|2)$, $C(6|4|-4)$

**4** Geben Sie zwei verschiedene Parametergleichungen der Geraden g an, die durch die Punkte A und B geht.

a) $A(7|-3|-5)$, $B(2|0|3)$  b) $A(0|0|0)$, $B(-6|13|25)$
c) $A(12|-19|9)$, $B(7|-3|-2)$  d) $A(0|7|0)$, $B(-7|0|-7)$
e) $A(2|0|1)$, $B(1|9|-3)$  f) $A(7|3|5)$, $B(-9|6|11)$

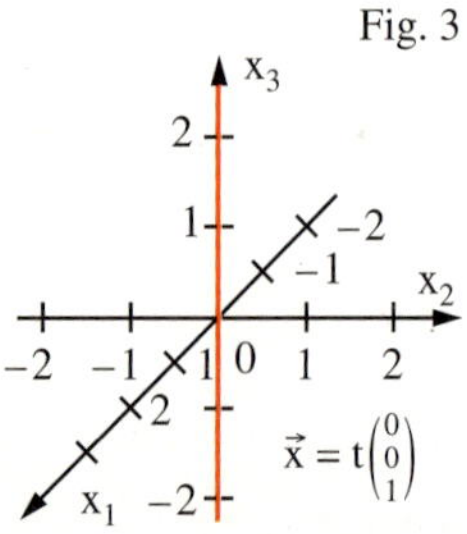

Fig. 4

**5** Prüfen Sie, ob der Punkt X auf der Geraden g liegt.

a) $X(1|1)$, $g: \vec{x} = \begin{pmatrix} 7 \\ 3 \end{pmatrix} + t\begin{pmatrix} -2 \\ 3 \end{pmatrix}$  b) $X(-1|0)$, $g: \vec{x} = \begin{pmatrix} -1 \\ 5 \end{pmatrix} + t\begin{pmatrix} 0 \\ 5 \end{pmatrix}$

c) $X(2|3|-1)$, $g: \vec{x} = \begin{pmatrix} 7 \\ 0 \\ 4 \end{pmatrix} + t\begin{pmatrix} 5 \\ -3 \\ 5 \end{pmatrix}$  d) $X(2|-1|-1)$, $g: \vec{x} = \begin{pmatrix} 1 \\ 0 \\ 1 \end{pmatrix} + t\begin{pmatrix} 1 \\ 3 \\ 3 \end{pmatrix}$

**6** Welche besonderen Geraden werden durch die Parametergleichungen beschrieben?

a) g: $\vec{x} = t\begin{pmatrix}1\\0\\1\end{pmatrix}$, b) g: $\vec{x} = t\begin{pmatrix}0\\1\\1\end{pmatrix}$, c) g: $\vec{x} = t\begin{pmatrix}1\\1\\1\end{pmatrix}$

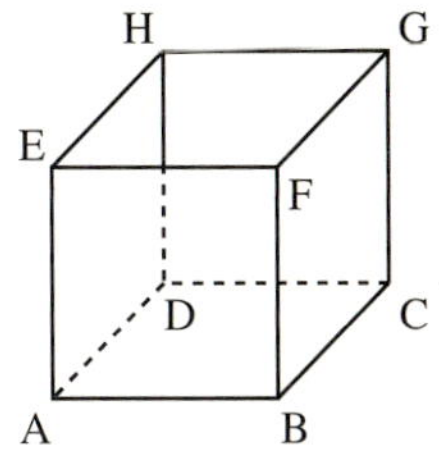

Fig. 1

**7** Zeichnen Sie einen Würfel und bezeichnen Sie die Ecken mit ABCDEFGH (Fig. 1). Wählen Sie ein geeignetes Koordinatensystem und bestimmen Sie eine Parametergleichung der Geraden, die festgelegt ist durch die Punkte

a) A und C, b) B und D,
c) E und G, d) F und H,
e) A und G, f) B und H.

**8** Geben Sie eine Parametergleichung derjenigen Geraden an, die durch die Raumdiagonale in Fig. 2 festgelegt ist.
Legen Sie hierzu ein geeignetes Koordinatensystem fest.

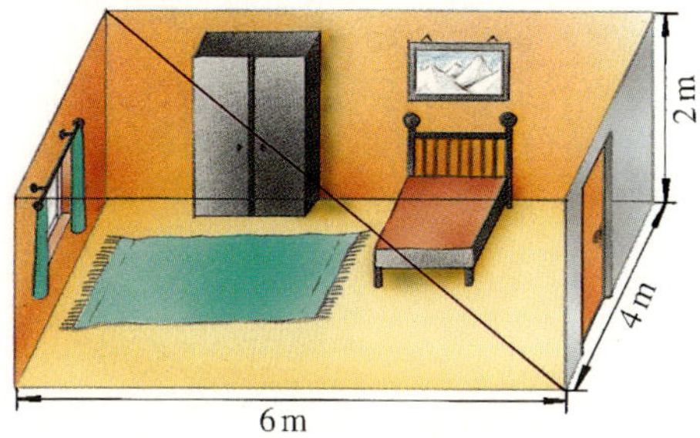

Fig. 2

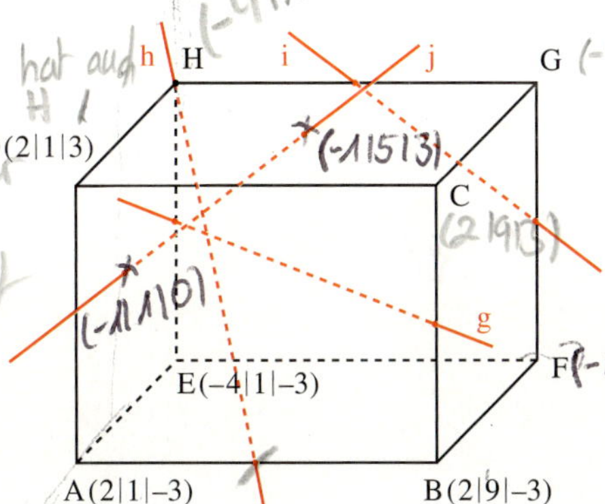

Fig. 3

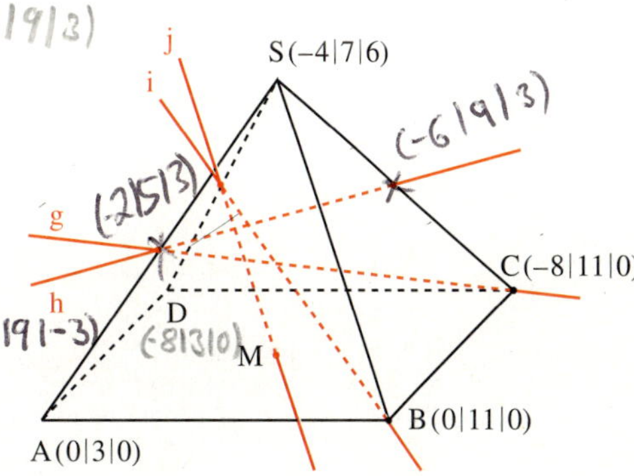

Fig. 4

**9** In Fig. 3 und Fig. 4 sind die rot eingezeichneten Punkte jeweils Mittelpunkte einer Seitenfläche bzw. einer Kante. Bestimmen Sie eine Parametergleichung für jede eingezeichnete Gerade in a) Fig. 3, b) Fig. 4.

**10** Die Lösungsmenge einer Gleichung der Form $a x_1 + b x_2 = c$ ($a \neq 0$ oder $b \neq 0$) legt eine Gerade der Zeichenebene fest. Geben Sie eine Parametergleichung der Geraden g an, die beschrieben wird durch

*In der Sekundarstufe I wurde die Gleichung $x_2 = m \cdot x_1 + b$ so geschrieben: $y = m \cdot x + b$.*

a) g: $2x_1 + x_2 = 1$, b) g: $x_1 - x_2 = 3$, c) g: $x_2 = 3$,
d) g: $2x_1 + 5x_2 = 7$, e) g: $5x_1 - 3x_2 = 17$, f) g: $x_1 = 5$,
g) g: $x_1 + x_2 = 0$, h) g: $x_1 = 0$ i) g: $-x_1 - x_2 = 3$.

**11** Geben Sie eine Gleichung der Geraden g in der Form $a x_1 + b x_2 = c$ an.

a) g: $\vec{x} = \begin{pmatrix}1\\2\end{pmatrix} + t\begin{pmatrix}3\\1\end{pmatrix}$ b) g: $\vec{x} = \begin{pmatrix}2\\5\end{pmatrix} + t\begin{pmatrix}-1\\5\end{pmatrix}$ c) g: $\vec{x} = \begin{pmatrix}3\\5\end{pmatrix} + t\begin{pmatrix}7\\9\end{pmatrix}$

**12** Zeigen Sie am Beispiel von g: $\vec{x} = \begin{pmatrix}3\\2\end{pmatrix} + t\begin{pmatrix}4\\1\end{pmatrix}$, wie man aus einer Parametergleichung einer Geraden die Steigung und den $x_2$-Achsenabschnitt von g bestimmen kann.

# 8 Gegenseitige Lage von Geraden

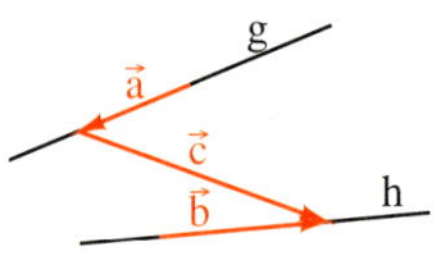

Fig. 1

**1** Betrachtet werden die Geraden g und h sowie die Vektoren $\vec{a}$, $\vec{b}$ und $\vec{c}$ in Fig. 1.
a) Welche Aussage über $\vec{a}$, $\vec{b}$ und $\vec{c}$ kann man machen, wenn g und h zueinander parallel (nicht parallel) sind?
b) Können $\vec{a}$ und $\vec{b}$ linear unabhängig sein und zugleich g und h sich nicht schneiden?

Für zwei Geraden im Raum sind vier Fälle möglich: Sie sind parallel (Fig. 2), sie schneiden sich in einem Punkt (Fig. 3), sie sind identisch (Fig. 4) oder sie sind windschief zueinander, d. h. sie schneiden sich nicht und sind auch nicht parallel (Fig. 5).

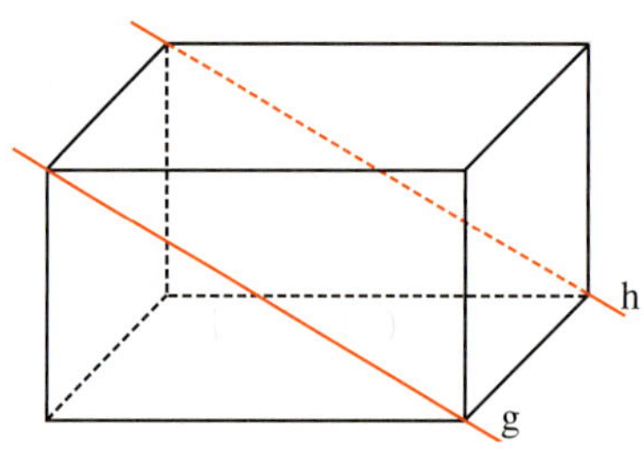

Fig. 2

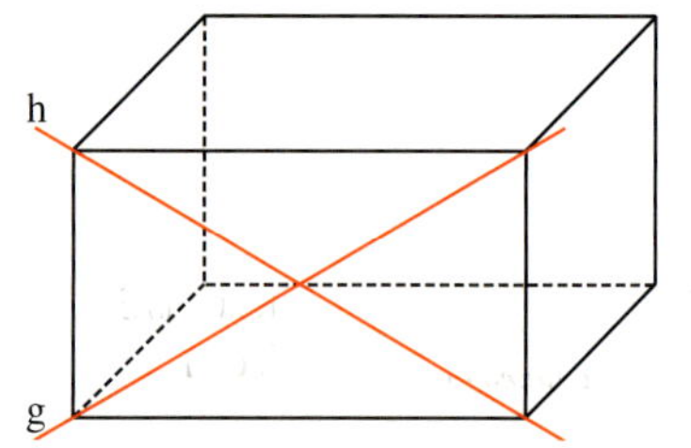

Fig. 3

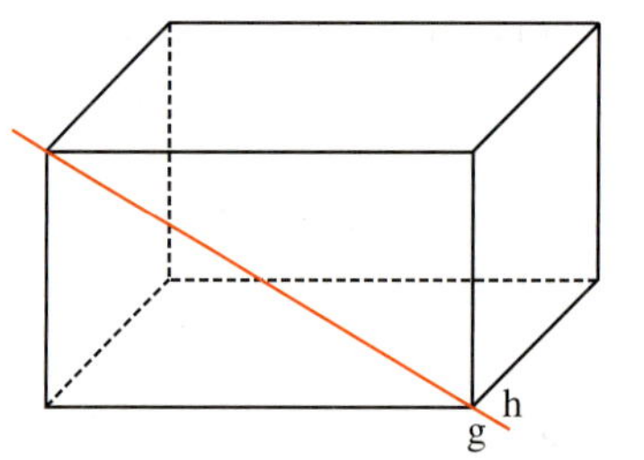

Fig. 4

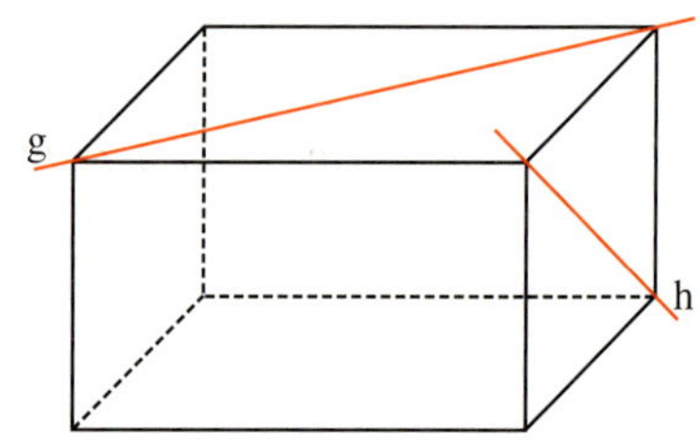

Fig. 5

Die Anzahl der gemeinsamen Punkte zweier Geraden kann man algebraisch untersuchen:

**Satz:** Für die Geraden g: $\vec{x} = \vec{p} + r \cdot \vec{u}$ und h: $\vec{x} = \vec{q} + t \cdot \vec{v}$ gilt:
g und h **schneiden sich in einem Punkt**, wenn die Vektorgleichung
$\vec{p} + r \cdot \vec{u} = \vec{q} + t \cdot \vec{v}$ **genau eine** Lösung $(r_0;\ t_0)$ hat.
g und h sind **identisch**, wenn die Vektorgleichung
$\vec{p} + r \cdot \vec{u} = \vec{q} + t \cdot \vec{v}$ **unendlich viele** Lösungen hat.
g und h haben **keinen gemeinsamen Punkt**, wenn die Vektorgleichung
$\vec{p} + r \cdot \vec{u} = \vec{q} + t \cdot \vec{v}$ **keine** Lösung hat.

Anmerkungen:
1. Hat die Vektorgleichung $\vec{p} + r \cdot \vec{u} = \vec{q} + t \cdot \vec{v}$ genau eine Lösung $(r_0;\ t_0)$, so erhält man den Ortsvektor des Schnittpunktes, indem man $r_0$ für r in $\vec{p} + r \cdot \vec{u}$ einsetzt oder $t_0$ für t in $\vec{q} + t \cdot \vec{v}$ einsetzt.
2. Hat die Vektorgleichung $\vec{p} + r \cdot \vec{u} = \vec{q} + t \cdot \vec{v}$ keine Lösung, so sind g und h zueinander parallel, falls $\vec{u}$ und $\vec{v}$ linear abhängig sind; andernfalls sind sie zueinander windschief.

**Beispiel 1:** (gegenseitige Lage von Geraden)
Bestimmen Sie die gegenseitige Lage der Geraden g und h.

a) g: $\vec{x} = \begin{pmatrix}1\\2\\3\end{pmatrix} + r\cdot\begin{pmatrix}2\\4\\1\end{pmatrix}$, $r \in \mathbb{R}$ und h: $\vec{x} = \begin{pmatrix}3\\6\\4\end{pmatrix} + t\cdot\begin{pmatrix}4\\8\\2\end{pmatrix}$, $t \in \mathbb{R}$

b) g: $\vec{x} = \begin{pmatrix}7\\-2\\2\end{pmatrix} + r\cdot\begin{pmatrix}2\\3\\1\end{pmatrix}$, $r \in \mathbb{R}$ und h: $\vec{x} = \begin{pmatrix}4\\-6\\-1\end{pmatrix} + t\cdot\begin{pmatrix}1\\1\\2\end{pmatrix}$, $t \in \mathbb{R}$

c) g: $\vec{x} = \begin{pmatrix}3\\6\\4\end{pmatrix} + r\cdot\begin{pmatrix}4\\8\\2\end{pmatrix}$, $r \in \mathbb{R}$ und h: $\vec{x} = \begin{pmatrix}1\\0\\3\end{pmatrix} + t\cdot\begin{pmatrix}-4\\-6\\2\end{pmatrix}$, $t \in \mathbb{R}$

*Bei der Aufgabe a) des Beispiels sieht man sofort, dass die Vektoren* $\begin{pmatrix}2\\4\\1\end{pmatrix}$ *und* $\begin{pmatrix}4\\8\\2\end{pmatrix}$ *sowie die Vektoren* $\begin{pmatrix}2\\4\\1\end{pmatrix}$ *und* $\begin{pmatrix}1\\2\\3\end{pmatrix} - \begin{pmatrix}3\\6\\4\end{pmatrix}$ *linear abhängig und deshalb g und h identisch sind.*

*Bei den Aufgaben b) und c) sind die Richtungsvektoren linear unabhängig. Überprüft man mithilfe eines Gleichungssystems, ob die Geraden windschief sind oder sich schneiden, so erhält man gegebenenfalls die Koordinaten des Schnittpunktes.*

Lösung:

a) Der Vektorgleichung $\begin{pmatrix}1\\2\\3\end{pmatrix} + r\cdot\begin{pmatrix}2\\4\\1\end{pmatrix} = \begin{pmatrix}3\\6\\4\end{pmatrix} + t\cdot\begin{pmatrix}4\\8\\2\end{pmatrix}$

entspricht das LGS $\begin{cases} 1 + 2r = 3 + 4t \\ 2 + 4r = 6 + 8t \\ 3 + r = 4 + 2t \end{cases}$ bzw. $\begin{cases} 2r - 4t = 2 \\ 4r - 8t = 4 \\ r - 2t = 1 \end{cases}$.

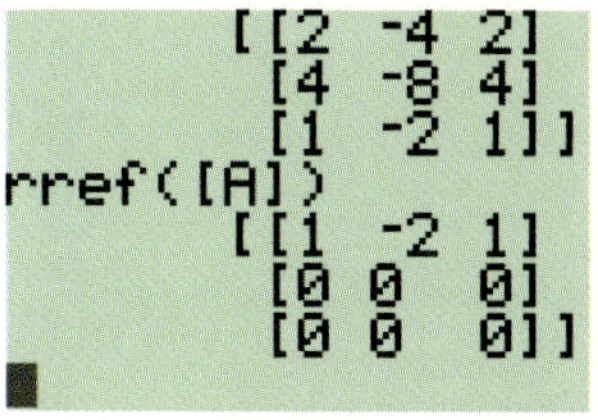

Fig. 1

Dieses LGS hat unendlich viele Lösungen (vgl. Fig. 1).
Also sind g und h identisch.

b) Der Vektorgleichung $\begin{pmatrix}7\\-2\\2\end{pmatrix} + r\cdot\begin{pmatrix}2\\3\\1\end{pmatrix} = \begin{pmatrix}4\\-6\\-1\end{pmatrix} + t\cdot\begin{pmatrix}1\\1\\2\end{pmatrix}$

entspricht das LGS $\begin{cases} 7 + 2r = 4 + t \\ -2 + 3r = -6 + t \\ 2 + r = -1 + 2t \end{cases}$ bzw. $\begin{cases} 2r - t = -3 \\ 3r - t = -4 \\ r - 2t = -3 \end{cases}$.

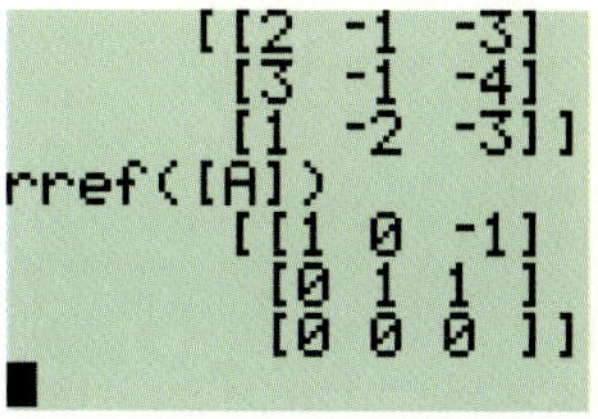

Fig. 2

Dieses LGS hat die einzige Lösung $(-1; 1)$ (vgl. Fig. 2).
Also schneiden sich g und h.

Setzt man in $\begin{pmatrix}7\\-2\\2\end{pmatrix} + r\cdot\begin{pmatrix}2\\3\\1\end{pmatrix}$ für r die Zahl $-1$

oder in $\begin{pmatrix}4\\-6\\-1\end{pmatrix} + t\cdot\begin{pmatrix}1\\1\\2\end{pmatrix}$ für t die Zahl 1 ein,

so erhält man den Vektor $\vec{s} = \begin{pmatrix}5\\-5\\1\end{pmatrix}$.

Somit schneiden sich g und h im Punkt $S(5|-5|1)$.

c) Der Vektorgleichung $\begin{pmatrix}3\\6\\4\end{pmatrix} + r\cdot\begin{pmatrix}4\\8\\2\end{pmatrix} = \begin{pmatrix}1\\0\\3\end{pmatrix} + t\cdot\begin{pmatrix}-4\\-6\\2\end{pmatrix}$

entspricht das LGS $\begin{cases} 3 + 4r = 1 - 4t \\ 6 + 8r = \phantom{1} - 6t \\ 4 + 2r = 3 + 2t \end{cases}$ bzw. $\begin{cases} 4r + 4t = -2 \\ 8r + 6t = -6 \\ 2r - 2t = -1 \end{cases}$.

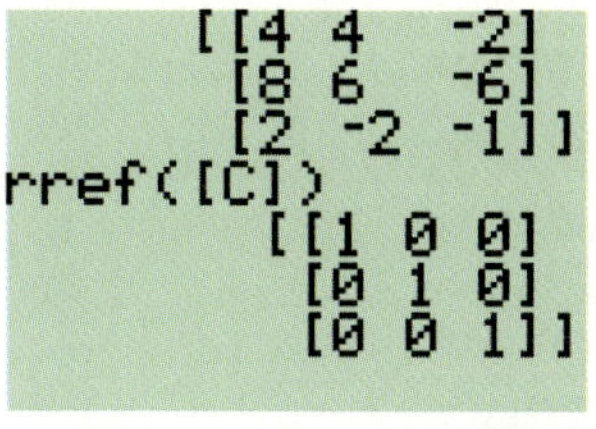

Fig. 3

Dieses LGS hat keine Lösung (vgl. Fig. 3). Also haben g und h keine gemeinsamen Punkte.

Da ferner die Richtungsvektoren $\begin{pmatrix}4\\8\\2\end{pmatrix}$ und $\begin{pmatrix}-4\\-6\\2\end{pmatrix}$ linear unabhängig sind, sind g und h zueinander windschief.

*Im Beispiel 2 wird in der Parametergleichung einer Geraden der Parameter als Zeit interpretiert.*

**Beispiel 2:** (Bewegungsaufgabe)
Zwei Schiffe $S_1$ und $S_2$ begegnen sich auf dem offenen Meer. Beide fahren mit konstanter Geschwindigkeit und halten einen geradlinigen Kurs. $S_1$ befindet sich zu Beginn der Beobachtung auf Position $A(-3|1)$ und fährt mit einer Geschwindigkeit von $15\,\frac{km}{h}$ in Richtung $\vec{u} = \begin{pmatrix} 4 \\ 3 \end{pmatrix}$. Zur gleichen Zeit befindet sich $S_2$ auf Position $B(2|3)$ und fährt mit einer Geschwindigkeit von $20\,\frac{km}{h}$ in Richtung $\vec{v} = \begin{pmatrix} -1 \\ 0 \end{pmatrix}$ (alle Koordinaten in km).

a) Fertigen Sie für die Kurse der beiden Schiffe eine Zeichnung an.
b) Wie viele Minuten nach Beobachtungsbeginn kommen sich die beiden Schiffe am nächsten? Wo befinden sie sich dann und wie groß ist ihr kleinster Abstand?

Lösung:
a) Siehe Fig. 1.
b) Es seien P und Q die Positionen, in denen die beiden Schiffe $S_1$ und $S_2$ den kleinsten Abstand haben. Die seit Beobachtungsbeginn vergangene Zeit sei t (in Stunden). Ein Einheitsvektor für die Richtung von $S_1$ ist $\vec{u_0} = \frac{1}{5} \cdot \begin{pmatrix} 4 \\ 3 \end{pmatrix}$.
Der Vektor $\vec{v}$ für $S_2$ ist ein Einheitsvektor. Für die Ortsvektoren der Punkte P und Q gilt also:

$$\overrightarrow{OP} = \overrightarrow{OA} + t \cdot 15 \cdot \vec{u_0}$$
$$= \begin{pmatrix} -3 \\ 1 \end{pmatrix} + t \cdot 15 \cdot \frac{1}{5} \cdot \begin{pmatrix} 4 \\ 3 \end{pmatrix} = \begin{pmatrix} -3 + 12t \\ 1 + 9t \end{pmatrix},$$
$$\overrightarrow{OQ} = \overrightarrow{OB} + t \cdot 20 \cdot \vec{v}$$
$$= \begin{pmatrix} 2 \\ 3 \end{pmatrix} + t \cdot 20 \cdot \begin{pmatrix} -1 \\ 0 \end{pmatrix} = \begin{pmatrix} 2 - 20t \\ 3 \end{pmatrix}.$$

Gesucht ist der Wert für t, für den der Betrag des Vektors $\overrightarrow{PQ}$ minimal wird:

$$\overrightarrow{PQ} = \begin{pmatrix} 5 - 32t \\ 2 - 9t \end{pmatrix};$$
$$|\overrightarrow{PQ}| = \sqrt{(5 - 32t)^2 + (2 - 9t)^2}$$
$$= \sqrt{1105t^2 - 356t + 29}.$$

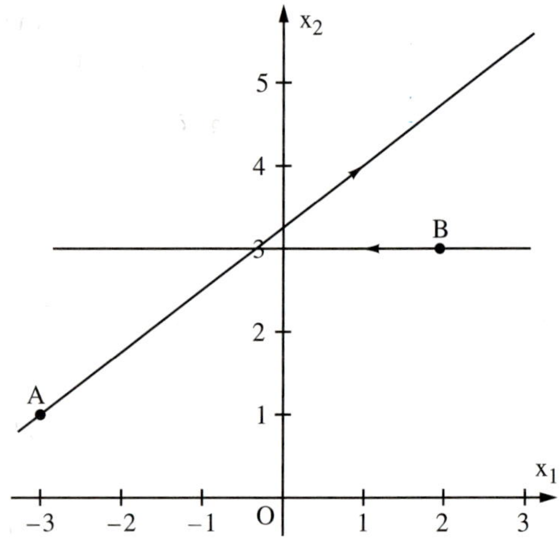

Fig. 1

Zur Bestimmung der Extremstelle kann man die Ersatzfunktion $d(t) = 1105t^2 - 356t + 29$ benutzen, deren Graph eine nach oben geöffnete Parabel ist.
Mit $d'(t) = 2210t - 356$ erhält man $t_{min}$ aus $2210t - 356 = 0$ zu $t_{min} = \frac{356}{2210} \approx 0{,}16$.
Ungefähr 0,16 Stunden, d.h. 9,6 Minuten nach Beginn der Beobachtung, sind sich die beiden Schiffe am nächsten.
$S_1$ befindet sich dann ungefähr auf Position $P(-1{,}07|2{,}45)$, $S_2$ ungefähr auf Position $Q(-1{,}22|3)$.
Mit $\overrightarrow{PQ} = \begin{pmatrix} -0{,}15 \\ 0{,}55 \end{pmatrix}$ ergibt sich $|\overrightarrow{PQ}| = \sqrt{(-0{,}15)^2 + 0{,}55^2} \approx 0{,}57$.
Der kleinste Abstand zwischen den beiden Schiffen $S_1$ und $S_2$ beträgt somit rund 570 m.

## Aufgaben

**2** Berechnen Sie die Koordinaten des Schnittpunktes S der Geraden g und h.

a) g: $\vec{x} = \begin{pmatrix} 1 \\ 0 \end{pmatrix} + r\begin{pmatrix} 2 \\ 1 \end{pmatrix}$, h: $\vec{x} = \begin{pmatrix} 3 \\ 2 \end{pmatrix} + t\begin{pmatrix} 5 \\ 4 \end{pmatrix}$  b) g: $\vec{x} = \begin{pmatrix} 2 \\ 7 \end{pmatrix} + r\begin{pmatrix} 1 \\ 1 \end{pmatrix}$, h: $\vec{x} = \begin{pmatrix} 0 \\ 5 \end{pmatrix} + t\begin{pmatrix} -1 \\ 1 \end{pmatrix}$

*Wird bei zwei gegebenen Parametergleichungen der Parameter jeweils mit dem gleichen Buchstaben, z. B. „t", bezeichnet, dann muss er in einer Gleichung umbenannt werden, z. B. in „r".*

**3** Untersuchen Sie die gegenseitige Lage der Geraden g und h. Berechnen Sie gegebenenfalls die Koordinaten des Schnittpunktes S.

a) g: $\vec{x} = \begin{pmatrix} 1 \\ 2 \end{pmatrix} + t\begin{pmatrix} 4 \\ 2 \end{pmatrix}$, h: $\vec{x} = \begin{pmatrix} 0 \\ 5 \end{pmatrix} + t\begin{pmatrix} -2 \\ -1 \end{pmatrix}$
b) g: $\vec{x} = \begin{pmatrix} 3 \\ 4 \end{pmatrix} + t\begin{pmatrix} 1 \\ 2 \end{pmatrix}$, h: $\vec{x} = \begin{pmatrix} 0 \\ -2 \end{pmatrix} + t\begin{pmatrix} -2 \\ -4 \end{pmatrix}$

c) g: $\vec{x} = \begin{pmatrix} 7 \\ 3 \end{pmatrix} + t\begin{pmatrix} 1 \\ 0 \end{pmatrix}$, h: $\vec{x} = \begin{pmatrix} 2 \\ 5 \end{pmatrix} + t\begin{pmatrix} 1 \\ 1 \end{pmatrix}$
d) g: $\vec{x} = \begin{pmatrix} 1 \\ 3 \end{pmatrix} + t\begin{pmatrix} 3 \\ 6 \end{pmatrix}$, h: $\vec{x} = \begin{pmatrix} 2 \\ 5 \end{pmatrix} + t\begin{pmatrix} -5 \\ -10 \end{pmatrix}$

e) g: $\vec{x} = \begin{pmatrix} 3 \\ 2 \end{pmatrix} + t\begin{pmatrix} 1 \\ 1 \end{pmatrix}$, h: $\vec{x} = \begin{pmatrix} 2 \\ -1 \end{pmatrix} + t\begin{pmatrix} -5 \\ 3 \end{pmatrix}$
f) g: $\vec{x} = \begin{pmatrix} 2 \\ 6 \end{pmatrix} + t\begin{pmatrix} 1 \\ 3 \end{pmatrix}$, h: $\vec{x} = \begin{pmatrix} 2 \\ 3 \end{pmatrix} + t\begin{pmatrix} 5 \\ 7 \end{pmatrix}$

**4** Die Schnittpunkte der Geraden g, h, i sind die Eckpunkte eines Dreiecks ABC. Berechnen Sie die Koordinaten von A, B und C.

a) g: $\vec{x} = \begin{pmatrix} -7 \\ 7 \end{pmatrix} + r\begin{pmatrix} 3 \\ -2 \end{pmatrix}$, h: $\vec{x} = \begin{pmatrix} 4 \\ 7 \end{pmatrix} + s\begin{pmatrix} 1 \\ 3 \end{pmatrix}$, i: $\vec{x} = \begin{pmatrix} 5 \\ -1 \end{pmatrix} + t\begin{pmatrix} -2 \\ 5 \end{pmatrix}$

b) g: $\vec{x} = \begin{pmatrix} 0 \\ -1 \\ 2 \end{pmatrix} + r\begin{pmatrix} -2 \\ 2 \\ 1 \end{pmatrix}$, h: $\vec{x} = \begin{pmatrix} 3 \\ -1 \\ -2 \end{pmatrix} + s\begin{pmatrix} -2 \\ -4 \\ 6 \end{pmatrix}$, i: $\vec{x} = \begin{pmatrix} 5 \\ 3 \\ -8 \end{pmatrix} + t\begin{pmatrix} 11 \\ -2 \\ -13 \end{pmatrix}$

**5** Untersuchen Sie die gegenseitige Lage der Geraden g und h. Berechnen Sie gegebenenfalls die Koordinaten des Schnittpunktes S.

a) g: $\vec{x} = \begin{pmatrix} 5 \\ 0 \\ 1 \end{pmatrix} + t\begin{pmatrix} 2 \\ 1 \\ -1 \end{pmatrix}$, h: $\vec{x} = \begin{pmatrix} 7 \\ 1 \\ 2 \end{pmatrix} + t\begin{pmatrix} -6 \\ -3 \\ 3 \end{pmatrix}$
b) g: $\vec{x} = \begin{pmatrix} 1 \\ 2 \\ 1 \end{pmatrix} + t\begin{pmatrix} 2 \\ 0 \\ 1 \end{pmatrix}$, h: $\vec{x} = \begin{pmatrix} 2 \\ 3 \\ 4 \end{pmatrix} + t\begin{pmatrix} 0 \\ 1 \\ -1 \end{pmatrix}$

c) g: $\vec{x} = \begin{pmatrix} 0 \\ 1 \\ 1 \end{pmatrix} + t\begin{pmatrix} 1 \\ 0 \\ 1 \end{pmatrix}$, h: $\vec{x} = \begin{pmatrix} 4 \\ 2 \\ 4 \end{pmatrix} + t\begin{pmatrix} 2 \\ 1 \\ 1 \end{pmatrix}$
d) g: $\vec{x} = \begin{pmatrix} 5 \\ 5 \\ 1 \end{pmatrix} + t\begin{pmatrix} 1 \\ 2 \\ 0 \end{pmatrix}$, h: $\vec{x} = \begin{pmatrix} -5 \\ -15 \\ 1 \end{pmatrix} + t\begin{pmatrix} -0{,}5 \\ 1 \\ 0 \end{pmatrix}$

**6** Geben Sie eine Gleichung an für eine Gerade h, die die Gerade g schneidet, eine Gerade i, die zur Geraden g parallel ist, und eine Gerade j, die zur Geraden g windschief ist.

a) g: $\vec{x} = \begin{pmatrix} 1 \\ 0 \\ 0 \end{pmatrix} + t\begin{pmatrix} 7 \\ 3 \\ 1 \end{pmatrix}$
b) g: $\vec{x} = \begin{pmatrix} 2 \\ 2 \\ 1 \end{pmatrix} + t\begin{pmatrix} 1 \\ 2 \\ 0 \end{pmatrix}$
c) g: $\vec{x} = \begin{pmatrix} 2 \\ 3 \\ 6 \end{pmatrix} + t\begin{pmatrix} 1 \\ 0 \\ 5 \end{pmatrix}$

**7** Untersuchen Sie, ob eine Seite des Dreiecks ABC mit A(3|3|6), B(2|7|6), C(4|2|5) auf der Geraden g: $\vec{x} = \begin{pmatrix} 2 \\ 0 \\ 2 \end{pmatrix} + t\begin{pmatrix} -1 \\ 1 \\ 1 \end{pmatrix}$ liegt oder zu g parallel ist.

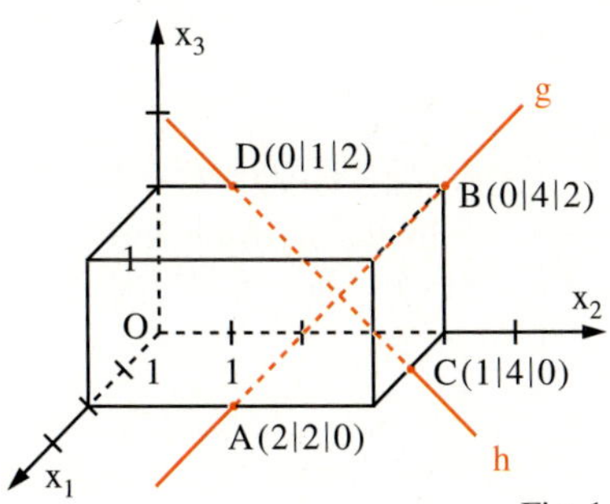

Fig. 1

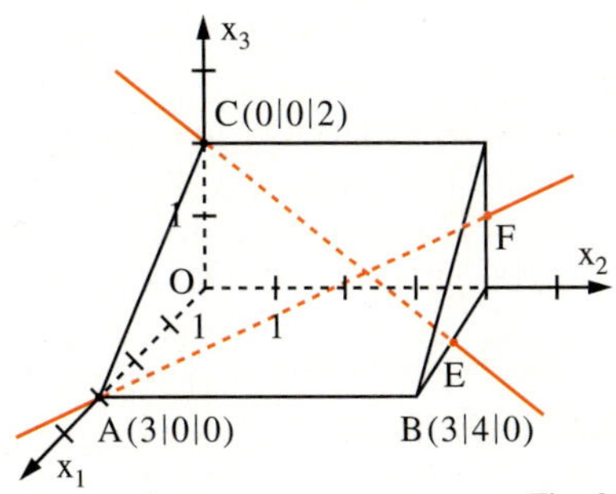

Fig. 2

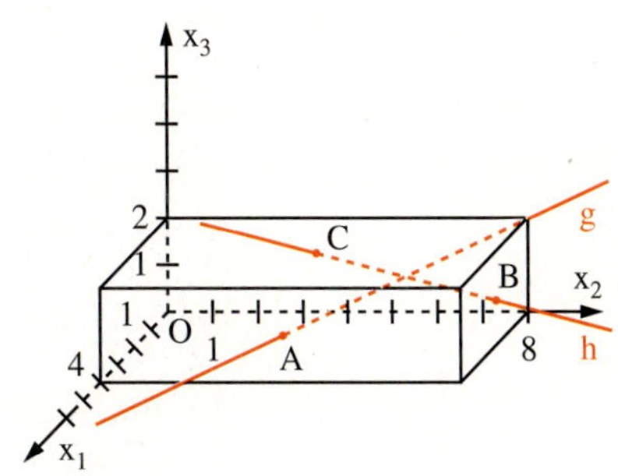

Fig. 3

**8** a) Prüfen Sie, ob die Geraden g und h in Fig. 1 sich schneiden.
b) In Fig. 2 sind die Punkte E und F Kantenmitten. Schneiden sich die Geraden g und h?

**9** In Fig. 3 sind A, B und C die Diagonalenschnittpunkte der jeweiligen Seitenflächen des Quaders. Schneiden sich die Geraden g und h?

**10** Wie muss $t \in \mathbb{R}$ gewählt werden, damit sich $g_t$ und $h_t$ schneiden (windschief sind)?

a) $g_t\colon \vec{x} = \begin{pmatrix} -t \\ 1 \\ -2 \end{pmatrix} + r\begin{pmatrix} -1 \\ 4 \\ 2 \end{pmatrix}$, $h_t\colon \vec{x} = \begin{pmatrix} 2 \\ 6 \\ 4t \end{pmatrix} + s\begin{pmatrix} 1 \\ -1 \\ -2 \end{pmatrix}$ b) $g_t\colon \vec{x} = \begin{pmatrix} 3 \\ 4 \\ 2 \end{pmatrix} + r\begin{pmatrix} 3 \\ -6 \\ -3t \end{pmatrix}$, $h_t\colon \vec{x} = \begin{pmatrix} 1 \\ 5 \\ 4 \end{pmatrix} + s\begin{pmatrix} 2 \\ 2t \\ 4 \end{pmatrix}$

**11** Die gegenseitige Lage zweier Geraden $g\colon \vec{x} = \vec{p} + r\cdot\vec{u}$ und $h\colon \vec{x} = \vec{q} + s\cdot\vec{v}$ im Raum kann man mithilfe der Vektoren $\vec{u}$, $\vec{v}$vund $\vec{p} - \vec{q}$ kennzeichnen (Fig. 1).

| g = h | g ∥ h, g ≠ h | g schneidet h | g, h windschief |
|---|---|---|---|
| 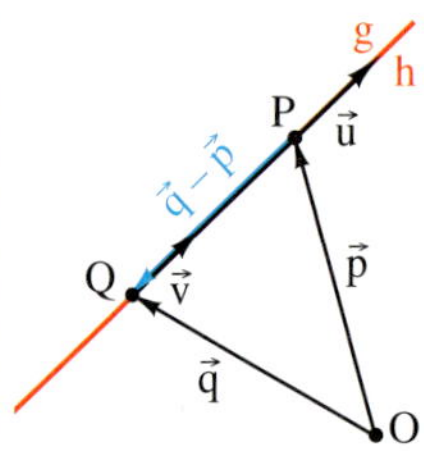  | 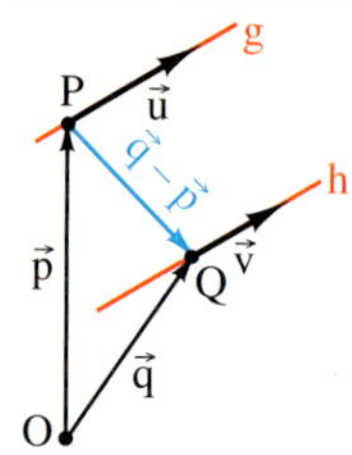  | 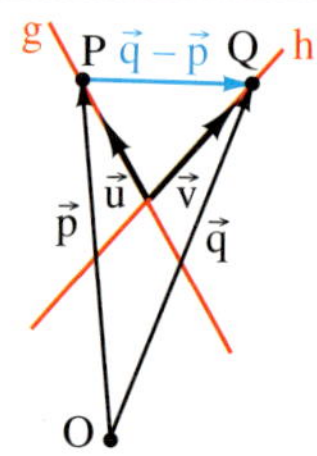  | 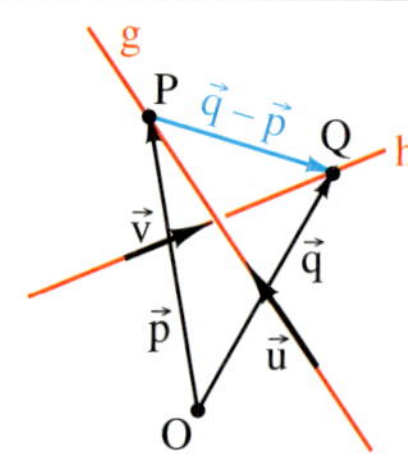  |
| $\vec{u}$ und $\vec{v}$ sind linear abhängig und | | $\vec{u}$ und $\vec{v}$ sind linear unabhängig und | |
| $\vec{u}$ und $\vec{q}-\vec{p}$ sind linear abhängig | $\vec{u}$ und $\vec{q}-\vec{p}$ sind linear unabhängig | $\vec{u}$ und $\vec{q}-\vec{p}$ sind linear abhängig | $\vec{u}$ und $\vec{q}-\vec{p}$ sind linear unabhängig |

a) Erläutern Sie die Tabelle.

b) Untersuchen Sie die gegenseitige Lage von je zwei der folgenden Geraden mithilfe der Vektoren $\vec{u}$, $\vec{v}$ und $\vec{p} - \vec{q}$.

$g\colon \vec{x} = \begin{pmatrix} -8 \\ 0 \\ 0 \end{pmatrix} + t\begin{pmatrix} 2 \\ 2 \\ -3 \end{pmatrix}$, $h\colon \vec{x} = \begin{pmatrix} 0 \\ 8 \\ 0 \end{pmatrix} + t\begin{pmatrix} 4 \\ 4 \\ -6 \end{pmatrix}$, $i\colon \vec{x} = t\begin{pmatrix} -2 \\ 2 \\ 3 \end{pmatrix}$, $j\colon \vec{x} = \begin{pmatrix} -8 \\ 8 \\ 0 \end{pmatrix} + t\begin{pmatrix} 2 \\ -2 \\ 3 \end{pmatrix}$

**12** Die Eckpunkte einer dreiseitigen Pyramide sind O, P, Q, R. Zeigen Sie:

a) Die Geraden $g\colon \vec{x} = (\overrightarrow{OP} + \overrightarrow{OQ}) + r(\overrightarrow{OQ} - \overrightarrow{OR})$ und $h\colon \vec{x} = s(\overrightarrow{OQ} + \overrightarrow{OR})$ sind windschief.

b) Die Geraden $g\colon \vec{x} = (\overrightarrow{OP} + \overrightarrow{OQ}) + r(\overrightarrow{OQ} - \overrightarrow{OR})$ und $h\colon \vec{x} = s(\overrightarrow{OP} + \overrightarrow{OR})$ schneiden sich.

**13** Auf einem See kreuzen sich die Routen zweier Fähren $F_1$ und $F_2$. Die Fähre $F_1$ fährt in 40 Minuten mit konstanter Geschwindigkeit geradlinig vom Ort $A(16|4)$ zum Ort $B(12|20)$. Die Fähre $F_2$ fährt mit konstanter Geschwindigkeit von $25\,\frac{\text{km}}{\text{h}}$ geradlinig vom Ort $C(4|0)$ zum Ort $D(24|15)$ (alle Koordinaten in km).

a) Zeichnen Sie die Routen der beiden Fähren in ein Koordinatensystem.

b) Wo befindet sich die Fähre $F_1$ eine halbe Stunde nach dem Verlassen des Ortes A?

c) Beide Fähren verlassen gleichzeitig die Orte A bzw. C. Wie viele Minuten nach Abfahrt kommen sich die beiden Fähren am nächsten? Wie weit sind sie in diesem Augenblick voneinander entfernt?

**14** Ein Ballon startet im Punkt $A(2|5|0)$. Er bewegt sich geradlinig mit konstanter Geschwindigkeit und ist nach 1 Stunde im Punkt $B(4|8|1)$. Beim Start des Ballons befindet sich ein Flugzeug im Punkt $C(10|15|1)$ und fliegt geradlinig mit $90\,\frac{\text{km}}{\text{h}}$ in Richtung $\vec{u} = \begin{pmatrix} -1 \\ -2 \\ 2 \end{pmatrix}$ (alle Koordinaten in km).

a) Wie weit ist der Punkt C vom Startplatz A des Ballons entfernt?

b) Wie viele Minuten nach dem Start des Ballons kommen sich der Ballon und das Kleinflugzeug am nächsten? Wie weit sind sie in diesem Augenblick voneinander entfernt?

# 9 Vermischte Aufgaben

**1** Gegeben sind die Punkte A, B, C, D und S. Zeichnen Sie die Pyramide mit der Grundfläche ABCD und der Spitze S.

a) $A(1|2|3)$, $B(5|0|-1)$, $C(3|4|-5)$, $D(-1|6|-1)$, $S(6|7|1)$

b) $A(6|4|0)$, $B(1|4|0)$, $C(1|1|4)$, $D(6|1|4)$, $S(3{,}5|6{,}5|5)$

*Wie erkennt man ohne Zeichnung, dass das Viereck ABCD mit $A(2|5)$, $B(2|2)$, $C(5|0)$ und $D(5|6)$ ein Trapez ist?*

**2** Bei einem geraden dreiseitigen Prisma ABCDEF sind A, B und C die Ecken der Grundfläche. Die Höhe des Prismas beträgt 5 (Längeneinheiten). Bestimmen Sie die Koordinaten der Punkte D, E und F, wenn

a) $A(2|0|3)$, $B(1|0|7)$, $C(-7|0|3)$,

b) $A(2|0|3)$, $B(6|2|3)$, $C(3|3|3)$.

**3** Gegeben ist das Dreieck ABC mit $A(3|0|0)$, $B(0|4|0)$, $C(0|0|6)$ mit dem Schwerpunkt S.

a) Zeichnen Sie das Dreieck und konstruieren Sie den Schwerpunkt S.

b) Berechnen Sie die Koordinaten von S.

c) Berechnen Sie das Volumen der Pyramide mit der Grundfläche ABC und der Spitze $O(0|0|0)$.

**4** Stellen Sie den Vektor $\vec{d}$ als Linearkombination der Vektoren $\vec{a}$, $\vec{b}$ und $\vec{c}$ dar. Überprüfen Sie Ihr Ergebnis mit dem GTR.

a) $\vec{a} = \begin{pmatrix} 1 \\ 2 \\ 2 \end{pmatrix}$, $\vec{b} = \begin{pmatrix} 3 \\ 2 \\ 1 \end{pmatrix}$, $\vec{c} = \begin{pmatrix} -1 \\ 1 \\ 5 \end{pmatrix}$, $\vec{d} = \begin{pmatrix} 1 \\ -1 \\ 3 \end{pmatrix}$

b) $\vec{a} = \begin{pmatrix} 1 \\ 0 \\ 4 \end{pmatrix}$, $\vec{b} = \begin{pmatrix} 0 \\ 5 \\ 3 \end{pmatrix}$, $\vec{c} = \begin{pmatrix} 2 \\ 7 \\ 0 \end{pmatrix}$, $\vec{d} = \begin{pmatrix} 2 \\ 5 \\ -1 \end{pmatrix}$

**5** Untersuchen Sie ohne GTR die Vektoren auf lineare Unabhängigkeit bzw. lineare Abhängigkeit. Überprüfen Sie Ihr Ergebnis mit dem GTR.

a) $\begin{pmatrix} 3 \\ 3 \\ 4 \end{pmatrix}, \begin{pmatrix} 4 \\ 3 \\ 2 \end{pmatrix}, \begin{pmatrix} 0 \\ 0 \\ 1 \end{pmatrix}$
b) $\begin{pmatrix} -2 \\ 4 \\ 0 \end{pmatrix}, \begin{pmatrix} 3 \\ -7 \\ 1 \end{pmatrix}, \begin{pmatrix} 2 \\ 0 \\ 1 \end{pmatrix}$
c) $\begin{pmatrix} 3 \\ 0 \\ 2 \end{pmatrix}, \begin{pmatrix} -11 \\ 12 \\ -6 \end{pmatrix}, \begin{pmatrix} -2 \\ 3 \\ -1 \end{pmatrix}$
d) $\begin{pmatrix} 2 \\ 0 \\ -4 \end{pmatrix}, \begin{pmatrix} 1 \\ 3 \\ 4 \end{pmatrix}, \begin{pmatrix} 0 \\ 2 \\ -7 \end{pmatrix}$

**6** Untersuchen Sie mit GTR die Vektoren auf lineare Unabhängigkeit bzw. Abhängigkeit.

a) $\begin{pmatrix} -2 \\ 5 \\ 3 \end{pmatrix}, \begin{pmatrix} 6 \\ 9 \\ -8 \end{pmatrix}, \begin{pmatrix} -10 \\ 1 \\ 14 \end{pmatrix}$
b) $\begin{pmatrix} 5 \\ -21 \\ 16 \end{pmatrix}, \begin{pmatrix} -3 \\ 1 \\ -2 \end{pmatrix}, \begin{pmatrix} 2 \\ 9 \\ 8 \end{pmatrix}$
c) $\begin{pmatrix} 6 \\ -3 \\ 5 \end{pmatrix}, \begin{pmatrix} 5 \\ 6 \\ 7 \end{pmatrix}, \begin{pmatrix} 1 \\ 2 \\ 5 \end{pmatrix}$
d) $\begin{pmatrix} -3 \\ 8 \\ 6 \end{pmatrix}, \begin{pmatrix} 5 \\ 3 \\ -4 \end{pmatrix}, \begin{pmatrix} 9 \\ 25 \\ 0 \end{pmatrix}$

**7** Die Vektoren $\vec{a}$, $\vec{b}$ und $\vec{c}$ sind linear unabhängig. Wie müssen die Zahlen r, s, t gewählt werden, damit gilt:

a) $(1-r)\vec{a} + (r+s)\vec{b} + (r+s+2t)\vec{c} = \vec{o}$;

b) $(5 - 0{,}25t)\vec{a} + (0{,}2t - s + 0{,}375r)\vec{b} + (3s+6)\vec{c} = \vec{o}$?

**8** Gegeben sind die Vektoren $\vec{a}_t = \begin{pmatrix} t \\ t \\ 1 \end{pmatrix}$, $b_t = \begin{pmatrix} 2 \\ 1 \\ t+1 \end{pmatrix}$, $\vec{c} = \begin{pmatrix} 1 \\ 1 \\ 0 \end{pmatrix}$ mit $t \in \mathbb{R}$.

*Wie muss x gewählt werden, damit $\vec{c} = \begin{pmatrix} 1 \\ 4 \end{pmatrix}$ nicht als Linearkombination von $\vec{a} = \begin{pmatrix} 2 \\ 3 \end{pmatrix}$ und $\vec{b} = \begin{pmatrix} x \\ 6 \end{pmatrix}$ dargestellt werden kann?*

a) Zeigen Sie, dass die Vektoren $\vec{a}_t$ und $\vec{b}_t$ für jeden Wert von t linear unabhängig sind.

b) Weisen Sie nach, dass die Vektoren $\vec{a}_2$, $\vec{b}_2$ und $\vec{c}$ linear unabhängig sind.

c) Stellen Sie den Vektor $\vec{d} = \begin{pmatrix} 3 \\ 4 \\ -2 \end{pmatrix}$ als Linearkombination von $\vec{a}_2$, $\vec{b}_2$ und $\vec{c}$ dar.

d) Für welche Werte von t hat der Vektor $\vec{a}_t + \vec{b}_t + \vec{c}$ den Betrag 3?

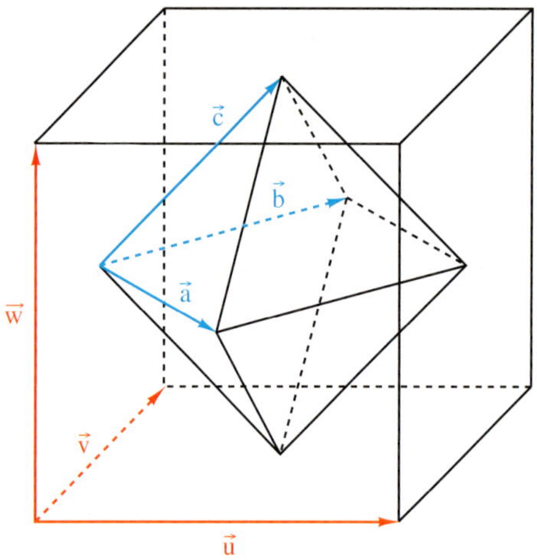


Fig. 1

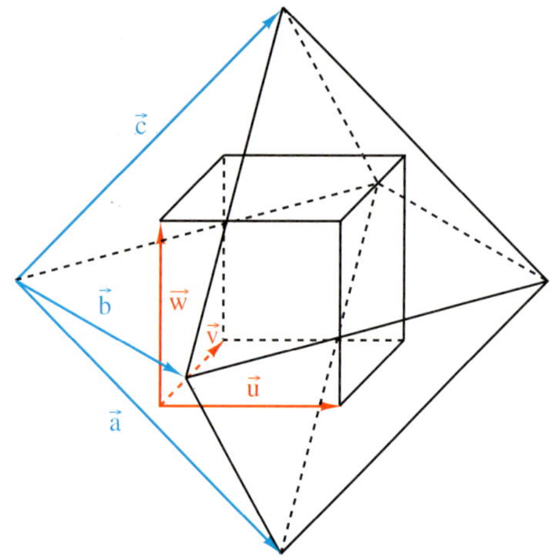


Fig. 2

**9** Fig. 1 zeigt einen Würfel und ein einbeschriebenes Oktaeder. Die Ecken des Oktaeders sind die Schnittpunkte der Diagonalen der Seitenflächen des Würfels. Stellen Sie die Vektoren $\vec{a}$, $\vec{b}$ und $\vec{c}$ jeweils als Linearkombination der Vektoren $\vec{u}$, $\vec{v}$ und $\vec{w}$ dar.

**10** Fig. 2 zeigt ein Oktaeder, dem ein Würfel einbeschrieben wurde. Die Ecken des Würfels sind die Schnittpunkte der Seitenhalbierenden der Dreiecksseiten des Oktaeders. Stellen Sie die Vektoren $\vec{u}$, $\vec{v}$ und $\vec{w}$ jeweils als Linearkombination der Vektoren $\vec{a}$, $\vec{b}$ und $\vec{c}$ dar.

***Tipp zu Aufgabe 11:***
*Vier Punkte A, B, C und D liegen in einer Ebene, wenn die Vektoren $\overrightarrow{AB}$, $\overrightarrow{AC}$ und $\overrightarrow{AD}$ linear abhängig sind.*

**11** Vertauscht man die Koordinaten des Punktes $P(1|2|3)$ auf alle möglichen Arten, so erhält man die Koordinaten von sechs verschiedenen Punkten. Zeigen Sie, dass diese sechs Punkte alle in einer Ebene liegen.

**12** In einem Parallelogramm ABCD liegt ein Punkt T auf der Seite BC. S ist der Schnittpunkt der Diagonalen BD und der Strecke AT.
Beweisen Sie:
Ist $\overrightarrow{TC} = 2 \cdot \overrightarrow{BT}$, dann gilt $\overrightarrow{DS} = 3 \cdot \overrightarrow{SB}$ und $\overrightarrow{AS} = 3 \cdot \overrightarrow{ST}$ (Fig. 3).

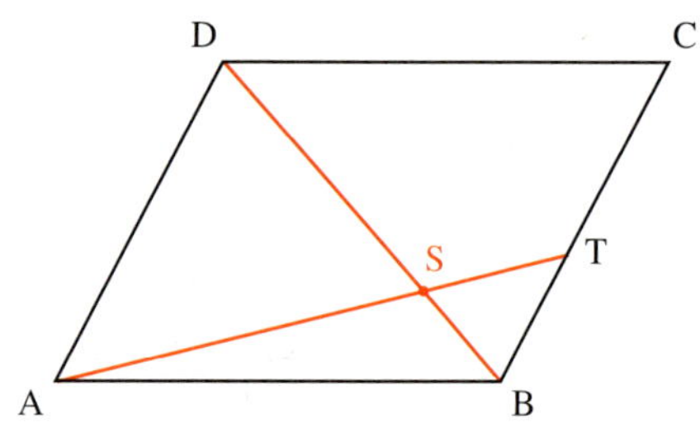


Fig. 3

**13** In dem Parallelogramm von Fig. 3 gilt: $\overrightarrow{DS} = x \cdot \overrightarrow{SB}$ und $\overrightarrow{AS} = y \cdot \overrightarrow{ST}$. Berechnen Sie x und y, wenn gilt: $\overrightarrow{BT} = \frac{m}{n} \cdot \overrightarrow{TC}$ $(n, m \in \mathbb{N})$.

**14** In Fig. 4 teilt der Punkt E die Dreiecksseite AB im Verhältnis 2 : 1.
Der Punkt S teilt die Strecke CE im Verhältnis 3 : 1.
Die Gerade durch die Punkte A und S schneidet die Dreiecksseite BC im Punkt F.
a) In welchem Verhältnis teilt der Punkt F die Dreiecksseite BC?
b) In welchem Verhältnis teilt der Punkt S die Strecke AF?

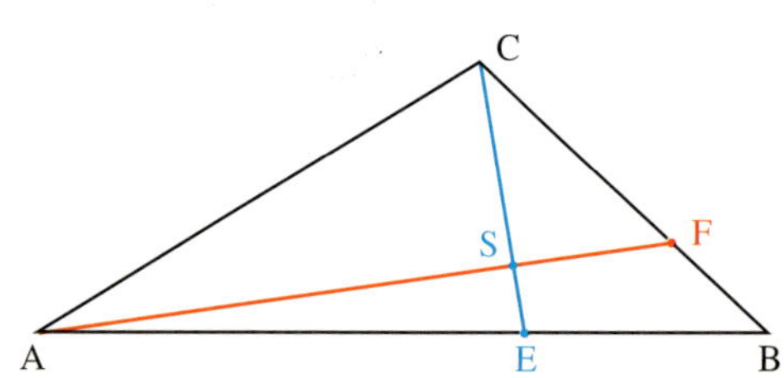


Fig. 4

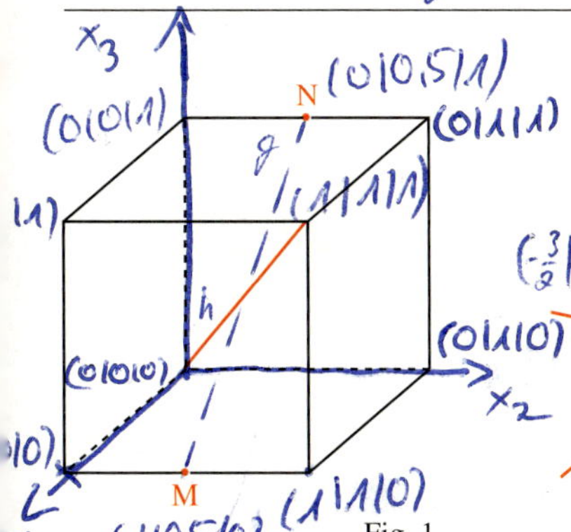

Fig. 1

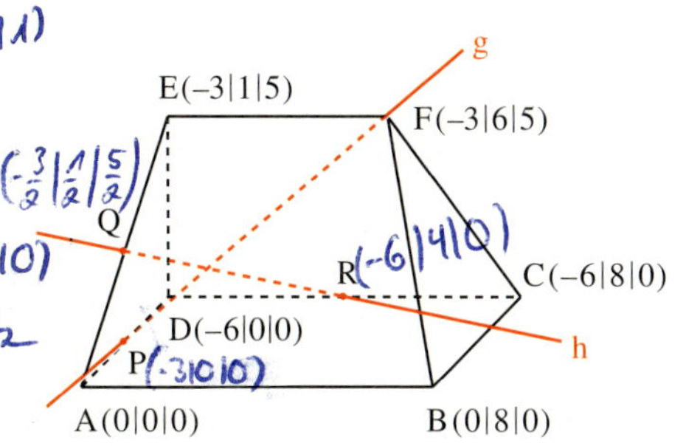

Fig. 2

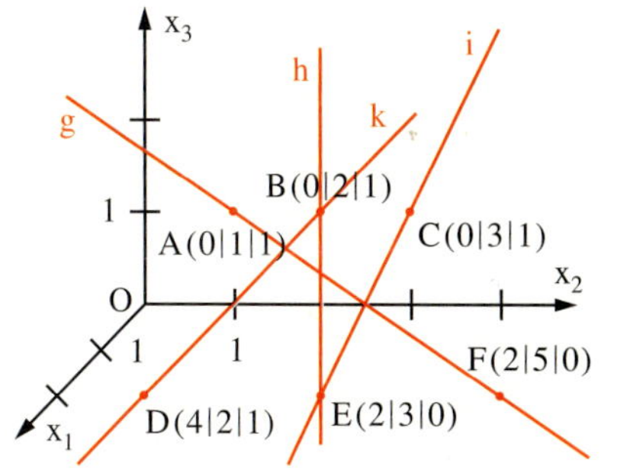

Fig. 3

**15** a) In Fig. 1 sind die Punkte M und N die Mitten der jeweiligen Würfelkanten. Schneidet die eingezeichnete Raumdiagonale die Strecke MN?
b) In Fig. 2 sind die Punkte P, Q und R die Mitten der jeweiligen Kanten. Schneiden sich die Geraden g und h?
c) Untersuchen Sie die gegenseitigen Lagen der Geraden g, h, i und k in Fig. 3.

**16** Überprüfen Sie, ob die Punkte A, B und C auf einer gemeinsamen Geraden liegen.
a) A(2|1|0), B(5|5|−1), C(−4|−7|2)
b) A(1|−2|5), B(8|−7|3), C(7|11|4)
c) A(6|−1|13), B(−2|7|5), C(9|−4|16)
d) A(2|17|−8), B(−5|17|13), C(1|17|−3)

**17** Untersuchen Sie die gegenseitige Lage der Geraden g und h. Berechnen Sie gegebenenfalls die Koordinaten des Schnittpunktes.

a) $g: \vec{x} = \begin{pmatrix} 5 \\ 6 \\ 8 \end{pmatrix} + r\begin{pmatrix} -1 \\ 1 \\ 1 \end{pmatrix}$, $h: \vec{x} = \begin{pmatrix} 4 \\ 5 \\ 7 \end{pmatrix} + s\begin{pmatrix} 1 \\ 2 \\ 3 \end{pmatrix}$

b) $g: \vec{x} = \begin{pmatrix} 4 \\ 5 \\ -3 \end{pmatrix} + r\begin{pmatrix} -1 \\ 2 \\ -3 \end{pmatrix}$, $h: \vec{x} = \begin{pmatrix} 6 \\ 1 \\ 3 \end{pmatrix} + s\begin{pmatrix} 1 \\ 0 \\ 5 \end{pmatrix}$

c) $g: \vec{x} = \begin{pmatrix} 2 \\ 3 \\ 4 \end{pmatrix} + r\begin{pmatrix} 10 \\ 15 \\ -20 \end{pmatrix}$, $h: \vec{x} = \begin{pmatrix} 16 \\ 1 \\ -7 \end{pmatrix} + s\begin{pmatrix} -2 \\ -3 \\ 4 \end{pmatrix}$

d) $g: \vec{x} = \begin{pmatrix} 3 \\ 1 \\ 5 \end{pmatrix} + r\begin{pmatrix} 2 \\ -1 \\ 1 \end{pmatrix}$, $h: \vec{x} = \begin{pmatrix} 7 \\ -1 \\ 7 \end{pmatrix} + s\begin{pmatrix} 5 \\ 0 \\ 3 \end{pmatrix}$

**18** Gegeben sind die Punkte A(3|−3|0), B(3|3|0), C(−3|3|0) und S(0|0|4).
a) Das Dreieck ABC hat bei B einen rechten Winkel. Das Viereck ABCD ist ein Quadrat. Berechnen Sie die Koordinaten des Punktes D.
b) Bestimmen Sie die gegenseitige Lage der Gerade, die durch die Punkte A und B geht, und der Gerade, die durch die Punkte S und C geht.
c) Die Punkte A, B, C, D und S sind die Ecken bzw. Spitze einer quadratischen Pyramide. Zeichnen Sie diese Pyramide in ein räumliches Koordinatensystem.

**19** Gegeben sind die Punkte A(3|2|0), B(7|5|0), C(4|9|0), D(0|6|0) und G(4|9|5) sowie die Gerade $g: \vec{x} = \begin{pmatrix} 6{,}5 \\ 1{,}5 \\ -8 \end{pmatrix} + t \cdot \begin{pmatrix} -1{,}5 \\ 2 \\ 8 \end{pmatrix}$.

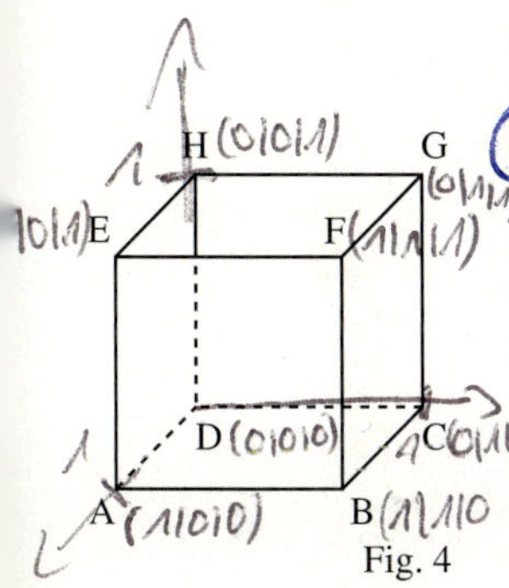

Fig. 4

a) A, B, C und D sind die Ecken der Grundfläche eines Würfels ABDEFGH. Berechnen Sie die Koordinaten der restlichen Ecken.
b) Die Gerade g schneidet die Würfelkante AB im Punkt T. Berechnen Sie die Koordinaten von T. In welchem Verhältnis teilt T die Strecke AB?
c) Zeichnen Sie in ein räumliches Koordinatensystem den Würfel ABCDEFGH, die Gerade g und den Punkt T ein.
d) Dem Würfel wird ein senkrechter Kegel einbeschrieben, dessen Grundkreis die Seiten der Grundfläche des Würfels berühren. Ermitteln Sie das Volumen des Kegels.

Die Vektoren $\vec{a}$ und $\vec{b}$ sind **gleich** ($\vec{a} = \vec{b}$), wenn die Pfeile von $\vec{a}$ und $\vec{b}$ zueinander parallel, gleich lang und gleich gerichtet sind.
Sind die Pfeile zweier Vektoren $\vec{a}$ und $\vec{b}$ zueinander parallel und gleich lang, aber entgegengesetzt gerichtet, so heißt $\vec{a}$ **Gegenvektor** zu $\vec{b}$ und es gilt: $\vec{a} = -\vec{b}$ und $\vec{b} = -\vec{a}$.

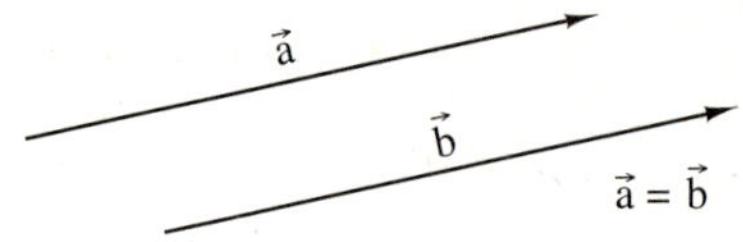


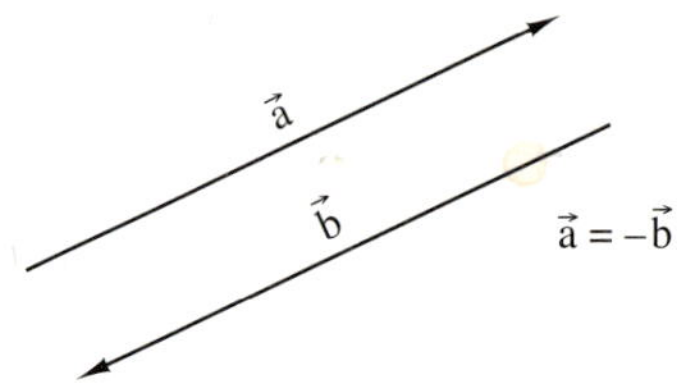


**Betrag eines Vektors** $\vec{a}$: Länge der zu $\vec{a}$ gehörenden Pfeile.

Für $\vec{a} = \begin{pmatrix} a_1 \\ a_2 \\ a_3 \end{pmatrix}$ gilt: $|\vec{a}| = \sqrt{a_1^2 + a_2^2 + a_3^2}$.

Ein Vektor mit dem Betrag 1 heißt **Einheitsvektor**: $\vec{a_0} = \frac{\vec{a}}{|\vec{a}|}$.

**Addition und Subtraktion von Vektoren; Multiplikation**
Sind die Koordinaten zweier Vektoren $\vec{a}$ und $\vec{b}$ gegeben, so gilt:

$$\vec{a} + \vec{b} = \begin{pmatrix} a_1 \\ a_2 \\ a_3 \end{pmatrix} + \begin{pmatrix} b_1 \\ b_2 \\ b_3 \end{pmatrix} = \begin{pmatrix} a_1 + b_1 \\ a_2 + b_2 \\ a_3 + b_3 \end{pmatrix}, \quad \vec{a} - \vec{b} = \begin{pmatrix} a_1 \\ a_2 \\ a_3 \end{pmatrix} - \begin{pmatrix} b_1 \\ b_2 \\ b_3 \end{pmatrix} = \begin{pmatrix} a_1 - b_1 \\ a_2 - b_2 \\ a_3 - b_3 \end{pmatrix}.$$

Für einen Vektor $\begin{pmatrix} a_1 \\ a_2 \\ a_3 \end{pmatrix}$ und eine reelle Zahl r gilt: $r \cdot \begin{pmatrix} a_1 \\ a_2 \\ a_3 \end{pmatrix} = \begin{pmatrix} r \cdot a_1 \\ r \cdot a_2 \\ r \cdot a_3 \end{pmatrix}$.

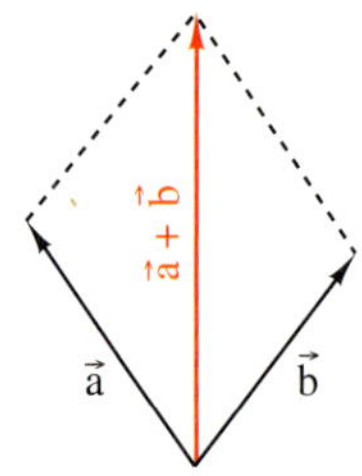


$$\begin{pmatrix} 3 \\ 2 \\ -7 \end{pmatrix} + \begin{pmatrix} 5 \\ -1 \\ 4 \end{pmatrix} = \begin{pmatrix} 8 \\ 1 \\ -3 \end{pmatrix}$$

$$5 \cdot \begin{pmatrix} 4 \\ 2 \\ -3 \end{pmatrix} = \begin{pmatrix} 5 \cdot 4 \\ 5 \cdot 2 \\ 5 \cdot (-3) \end{pmatrix} = \begin{pmatrix} 20 \\ 10 \\ -15 \end{pmatrix}$$

**Rechengesetze**
Für alle Vektoren $\vec{a}, \vec{b}, \vec{c}$ einer Ebene oder des Raumes und alle reelle Zahlen r, s gelten:

| | |
|---|---|
| $\vec{a} + \vec{b} = \vec{b} + \vec{a}$ | (**Kommutativgesetz**) |
| $\vec{a} + \vec{b} + \vec{c} = (\vec{a} + \vec{b}) + \vec{c} = \vec{a} + (\vec{b} + \vec{c})$ | (**Assoziativgesetz**) |
| $r \cdot (s \cdot \vec{a}) = (r \cdot s) \cdot \vec{a}$ | (**Assoziativgesetz**) |
| $r \cdot (\vec{a} + \vec{b}) = r \cdot \vec{a} + r \cdot \vec{b}$; $(r + s) \cdot \vec{a} = r \cdot \vec{a} + s \cdot \vec{a}$ | (**Distributivgesetze**) |

Einen Ausdruck der Art $r_1 \cdot \vec{a_1} + r_2 \cdot \vec{a_2} + \ldots + r_n \cdot \vec{a_n}$ ($n \in \mathbb{N}$) nennt man eine **Linearkombination** der Vektoren $\vec{a_1}, \vec{a_2}, \ldots, \vec{a_n}$; die reellen Zahlen $r_1, r_2, \ldots, r_n$ heißen **Koeffizienten**.

*Der Vektor* $\begin{pmatrix} -7 \\ -21 \\ 17 \end{pmatrix}$ *ist Linearkombination der Vektoren* $\begin{pmatrix} 2 \\ -1 \\ 3 \end{pmatrix}, \begin{pmatrix} 1 \\ -5 \\ 9 \end{pmatrix}, \begin{pmatrix} 7 \\ 2 \\ 8 \end{pmatrix}$, *da gilt*

$$\begin{pmatrix} -7 \\ -21 \\ 17 \end{pmatrix} = 2 \cdot \begin{pmatrix} 2 \\ -1 \\ 3 \end{pmatrix} + 3 \cdot \begin{pmatrix} 1 \\ -5 \\ 9 \end{pmatrix} - 2 \cdot \begin{pmatrix} 7 \\ 2 \\ 8 \end{pmatrix}.$$

**Lineare Abhängigkeit von Vektoren**
Die Vektoren $\vec{a_1}, \vec{a_2}, \ldots, \vec{a_n}$ heißen **linear abhängig**, wenn mindestens einer dieser Vektoren als Linearkombination der anderen darstellbar ist; andernfalls heißen die Vektoren **linear unabhängig**.
Die Vektoren $\vec{a}, \vec{b}$, und $\vec{c}$ sind genau dann linear unabhängig, wenn die Gleichung $r \cdot \vec{a} + s \cdot \vec{b} + t \cdot \vec{c} = 0$ ($r, s, t \in \mathbb{R}$) genau eine Lösung mit $r = s = t = 0$ besitzt.

*Die Vektoren* $\begin{pmatrix} 2 \\ -2 \\ 4 \end{pmatrix}, \begin{pmatrix} 3 \\ 0 \\ 1 \end{pmatrix}, \begin{pmatrix} 1 \\ 1 \\ -0{,}5 \end{pmatrix}$ *sind linear unabhängig, denn die Gleichung*

$$r \cdot \begin{pmatrix} 2 \\ -2 \\ 4 \end{pmatrix} + s \cdot \begin{pmatrix} 3 \\ 0 \\ 1 \end{pmatrix} + t \cdot \begin{pmatrix} 1 \\ 1 \\ -0{,}5 \end{pmatrix} = \begin{pmatrix} 0 \\ 0 \\ 0 \end{pmatrix}$$

*hat als einzige Lösung* $r = s = t = 0$.

**Teilverhältnis**
Ist T ein Punkt der Strecke AB mit $\overrightarrow{AT} = t \cdot \overrightarrow{TB}$, dann nennt man die Zahl t Teilverhältnis des Punktes T bezüglich der Strecke AB.

**Geradengleichung**
g: $\vec{x} = \vec{p} + t \cdot \vec{u}$ ($t \in r$)
$\vec{p}$ ist ein Stützvektor; $\vec{u}$ ($\vec{u} \neq \vec{o}$) ist ein Richtungsvektor.

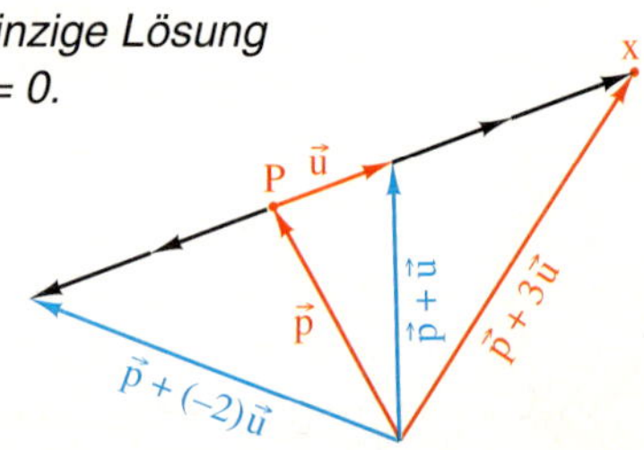

## Aufgaben zum Pflichtteil (ohne GTR und Formelsammlung)

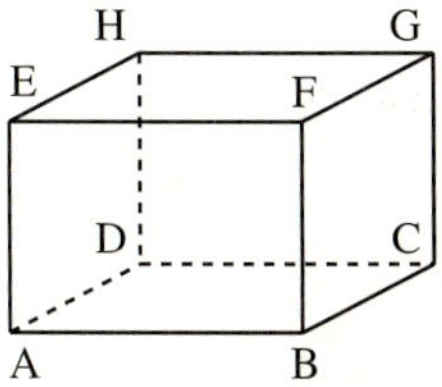

Fig. 1

**1** Ein Quader hat die Ecken A, B, C, D, E, F, G und H (Fig. 1). Mithilfe dieser Ecken kann man Pfeile längs der Diagonalen der Seitenflächen festlegen, z. B. den Pfeil von A nach F.
a) Wie viele solcher Pfeile gibt es?
b) Wie viele verschiedene Vektoren legen diese Pfeile fest?
c) Welche Vektoren sind zueinander Gegenvektoren?

**2** Bestimmen Sie rechnerisch und zeichnerisch jeweils die Summe und eine Differenz der Vektoren $\begin{pmatrix}-4\\3\end{pmatrix}$ und $\begin{pmatrix}3\\1\end{pmatrix}$.

**3** Der Punkt P liegt z Einheiten von A in Richtung $\overrightarrow{BC}$ entfernt. Ermitteln Sie die Koordinaten von P.
a) $A(2|3)$, $B(0|4)$, $C(4|7)$; $z = 15$
b) $A(-1|2|3)$, $B(3|-2|6)$, $C(5|0|7)$; $z = 8$

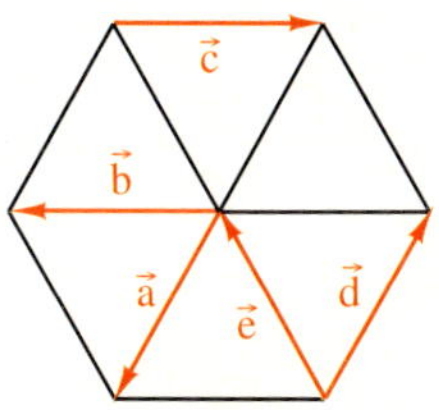

Fig. 2

**4** Stellen Sie $\vec{a} = \begin{pmatrix}1\\2\\4\end{pmatrix}$ als Linearkombination der Vektoren $\begin{pmatrix}1\\2\\1\end{pmatrix}$, $\begin{pmatrix}0\\1\\1\end{pmatrix}$, $\begin{pmatrix}3\\2\\0\end{pmatrix}$ dar.

**5** Fig. 2 zeigt ein regelmäßiges Sechseck, in das Pfeile von Vektoren eingezeichnet sind.
a) Drücken Sie die Vektoren $\vec{c}$, $\vec{d}$ und $\vec{e}$ jeweils durch die beiden Vektoren $\vec{a}$ und $\vec{b}$ aus.
b) Drücken Sie die Vektoren $\vec{a}$, $\vec{b}$ und $\vec{c}$ jeweils durch die beiden Vektoren $\vec{d}$ und $\vec{e}$ aus.

**6** Die Vektoren $\vec{a}$, $\vec{b}$ und $\vec{c}$ sind linear unabhängig. Zeigen Sie die lineare Unabhängigkeit der Vektoren.
a) $\vec{a} + 2\vec{c}$, $\vec{a} - \vec{b} - \vec{c}$ und $\vec{a} + \vec{b} + \vec{c}$
b) $2\vec{a} + 3\vec{b} + 5\vec{c}$, $\vec{a} + 2\vec{b} - \vec{c}$ und $\vec{b}$
c) $\vec{a} + 2\vec{b}$, $3\vec{a} - \vec{c}$ und $\vec{b} + \vec{c}$
d) $\vec{a}$, $3\vec{a} + 2\vec{b} - 7\vec{c}$ und $3\vec{b} - \vec{c}$

**7** Sind die Vektoren linear abhängig oder linear unabhängig?
Stellen Sie, falls möglich, einen Vektor als Linearkombination der anderen dar.
a) $\begin{pmatrix}2\\-2\\4\end{pmatrix}, \begin{pmatrix}1\\1\\2\end{pmatrix}, \begin{pmatrix}2\\0\\-1\end{pmatrix}$
b) $\begin{pmatrix}1\\-1\\-3\end{pmatrix}, \begin{pmatrix}4\\0\\1\end{pmatrix}, \begin{pmatrix}-2\\2\\-7\end{pmatrix}$
c) $\begin{pmatrix}5\\7\\-9\end{pmatrix}, \begin{pmatrix}0\\0\\0\end{pmatrix}, \begin{pmatrix}-1\\-4\\3\end{pmatrix}$

**8** Wie kann die reelle Zahl a gewählt werden, damit die Vektoren linear abhängig sind?
a) $\begin{pmatrix}9a\\3a\end{pmatrix}, \begin{pmatrix}a\\1\end{pmatrix}$
b) $\begin{pmatrix}4\\4\\8\end{pmatrix}, \begin{pmatrix}-3\\-3\\a\end{pmatrix}, \begin{pmatrix}a\\a\\-12\end{pmatrix}$
c) $\begin{pmatrix}a^3\\a^2\\a\end{pmatrix}, \begin{pmatrix}1\\1\\1\end{pmatrix}, \begin{pmatrix}27\\9\\a^5\end{pmatrix}$
d) $\begin{pmatrix}-2\\a\\a-4\end{pmatrix}, \begin{pmatrix}3\\a\\a-3\end{pmatrix}, \begin{pmatrix}4\\a\\a+8\end{pmatrix}$

**9** Der Punkt T liegt auf der Strecke AB. In welchem Verhältnis teilt T die Strecke?
a) $A(1|1|1)$, $B(5|5|9)$, $T(2|2|3)$
b) $A(-2|-3|5)$, $B(1|3|14)$, $T(0|1|11)$

**10** Geben Sie zu der Geraden durch die Punkte A und B eine Parametergleichung an. Liegt der Punkt P auf der Geraden?
a) $A(-1|2|-3)$, $B(5|8|7)$, $P(8|11|12)$
b) $A(-6|5|3)$, $B(4|-2|6)$, $P(5|-1|6)$

**11** Untersuchen Sie die gegenseitige Lage der Geraden g und h.
a) $g: \vec{x} = \begin{pmatrix}1\\0\\3\end{pmatrix} + r\begin{pmatrix}3\\4\\0\end{pmatrix}$, $h: \vec{x} = \begin{pmatrix}5\\6\\1\end{pmatrix} + s\begin{pmatrix}-1\\1\\1\end{pmatrix}$
b) $g: \vec{x} = \begin{pmatrix}7\\1\\0\end{pmatrix} + r\begin{pmatrix}2\\-4\\6\end{pmatrix}$, $h: \vec{x} = \begin{pmatrix}8\\-1\\3\end{pmatrix} + s\begin{pmatrix}-1\\2\\-3\end{pmatrix}$
c) $g: \vec{x} = \begin{pmatrix}1\\3\\4\end{pmatrix} + r\begin{pmatrix}2\\0\\5\end{pmatrix}$, $h: \vec{x} = \begin{pmatrix}3\\3\\9\end{pmatrix} + s\begin{pmatrix}2\\4\\1\end{pmatrix}$
d) $g: \vec{x} = \begin{pmatrix}2\\5\\7\end{pmatrix} + r\begin{pmatrix}2\\1\\-4\end{pmatrix}$, $h: \vec{x} = \begin{pmatrix}1\\5\\1\end{pmatrix} + s\begin{pmatrix}-4\\-2\\8\end{pmatrix}$

## Aufgaben zum Wahlteil

**1** Gegeben sind die Punkte $A(3|4|5)$, $B(5|6|6)$, $C(8|6|6)$.
a) Zeigen Sie, dass das Dreieck ABC gleichschenklig ist.
Bestimmen Sie die Koordinaten von D so, dass die Punkte A, B, C, D Eckpunkte einer Raute sind.
Ermitteln Sie die Koordinaten des Diagonalenschnittpunktes M der Raute ABCD.
b) Die Gerade g durch den Diagonalenschnittpunkt M und mit dem Richtungsvektor $\begin{pmatrix} 0 \\ 1 \\ -2 \end{pmatrix}$ steht senkrecht auf der Raute ABCD.
Die Raute ist Grundfläche von Pyramiden, deren Spitzen auf g liegen.
Bestimmen Sie die Koordinaten der Spitzen so, dass die zugehörigen Pyramiden jeweils die Höhe 10 haben.

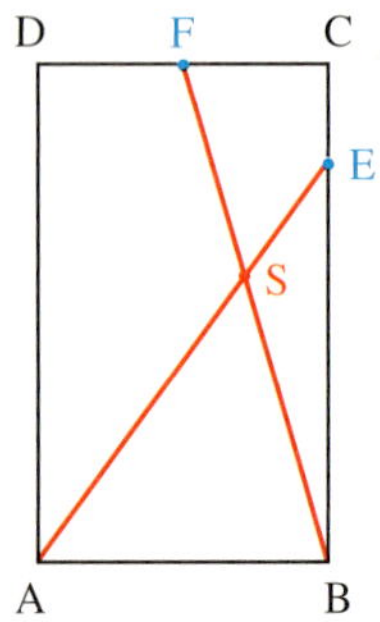

Fig. 1

**2** Ein Objekt bewegt sich geradlinig mit der konstanten Geschwindigkeit $10\,\frac{\text{km}}{\text{h}}$ auf der Geraden durch die Punkte $A(1|2|4)$ und $B(3|4|5)$. (Koordinaten in km)
Der Körper startet in A in Richtung auf B. Wo befindet er sich nach 30 Minuten?

**3** In Fig. 1 teilt der Punkt E die Rechtecksseite BC im Verhältnis 4 : 1. Der Punkt F ist Mittelpunkt der Seite CD. In welchem Verhältnis teilt der Punkt S die Strecke AE (BF)?

**4** Gegeben ist der Würfel ABCDEFGH (Fig. 2). Der Punkt T teilt die Raumdiagonale AG im Verhältnis 2 : 3.
Berechnen Sie die Koordinaten des gemeinsamen Punktes der Geraden durch die Punkte D und T und der Ebene durch die Punkte A, E und F.

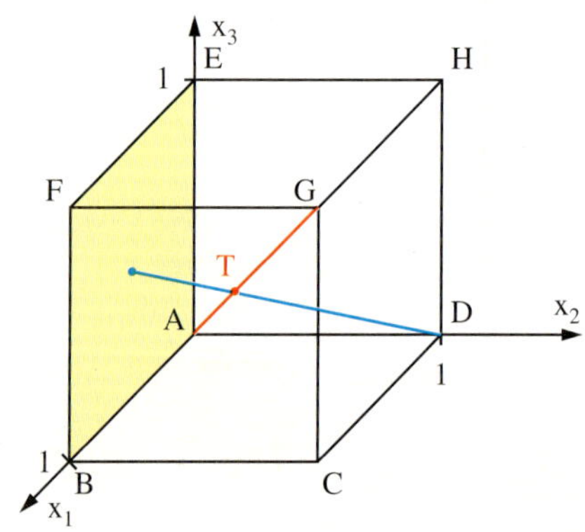

Fig. 2

**5** Die Seitenhalbierenden eines Dreiecks ABC schneiden sich in einem Punkt. Dieser Punkt teilt jede der Seitenhalbierenden im Verhältnis 2 : 1.
Beweisen Sie:
Sind in einem Dreieck ABC die Punkte D, E, F die Seitenmitten, dann schneiden sich die Seitenhalbierenden der Dreiecke ABC und DEF in demselben Punkt S (Fig. 3).

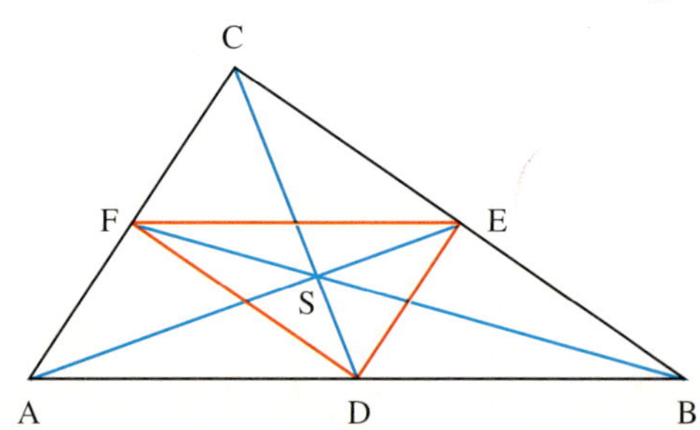

Fig. 3

*Der Begriff Spat kommt aus der Mineralogie. Das Foto zeigt einen Flussspat.*

**6** Ein Prisma, dessen Grundfläche und Deckfläche jeweils ein Parallelogramm ist, nennt man Spat.
Die Raumdiagonalen eines Spats ABCDEFGH schneiden sich in einem Punkt M.
Beweisen Sie:
Die Raumdiagonalen eines Spats ABCDEFGH werden von diesem Punkte M halbiert (Fig. 4).

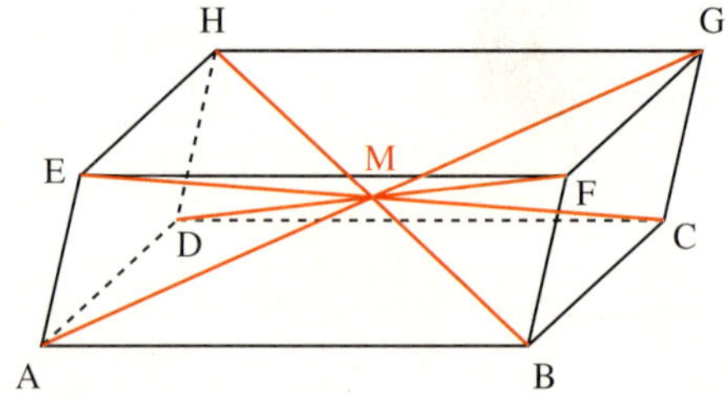

Fig. 4

## René Descartes – Mathematiker und Philosoph

**Themenbereiche:**
1) Das Leben des René Descartes (Fig. 1)
2) Neue Sichtweisen von Descartes in der Philosophie und der Geometrie

**Literatur:**
1) LS Analytische Geometrie mit linearer Algebra
Grund- bzw. Leistungskurs, Klett Nr. 73231 bzw. 73232
2) E. Lojacono: René Descartes
Spektrum der Wissenschaft Verlagsgesellschaft, Heidelberg

René Descartes (1596–1650) Fig. 1

## Ein Satz – viele Beweismöglichkeiten

In der Mathematik gibt es häufig zu einem Satz mehrere Beweismöglichkeiten. So kann man z. B. den Satz von der Mittelparallelen im Dreieck beweisen:
a) mit einer Streifenschar (Fig. 2),
b) mit einer Punktspiegelung (Fig. 3),
c) mit Vektoren (Fig. 4, vgl. auch Seite 245).
Dargestellt werden sollen also verschiedene Beweise zu mathematischen Sätzen, wie z. B.:
1) Satz von der Mittelparallele im Dreieck
(Durchführung der angegebenen Beweismöglichkeiten)
2) Satz vom Schwerpunkt eines Dreiecks (vgl. Seite 246)
3) Satz: In einem Parallelogramm teilen die beiden Strecken von einer Ecke zu den Mitten der gegenüberliegenden Seiten die Diagonale in drei gleich lange Strecken (vgl. Seite 246).
4) Weitere Sätze aus der Geometrie

**Literatur:**
1) LS Klasse 7, Klett Nr. 73137
2) LS Klasse 8, Klett Nr. 73147

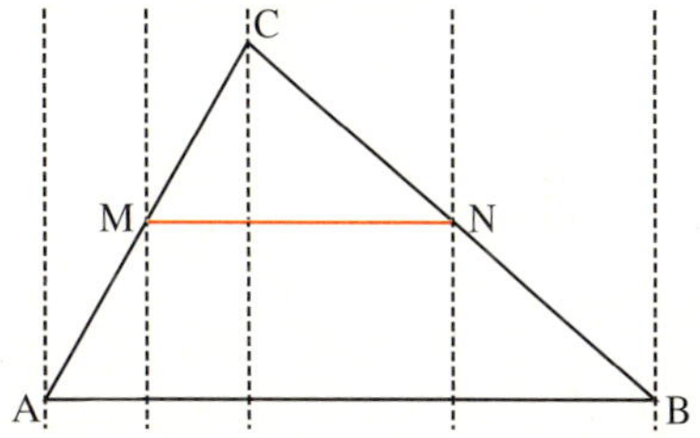

Fig. 2

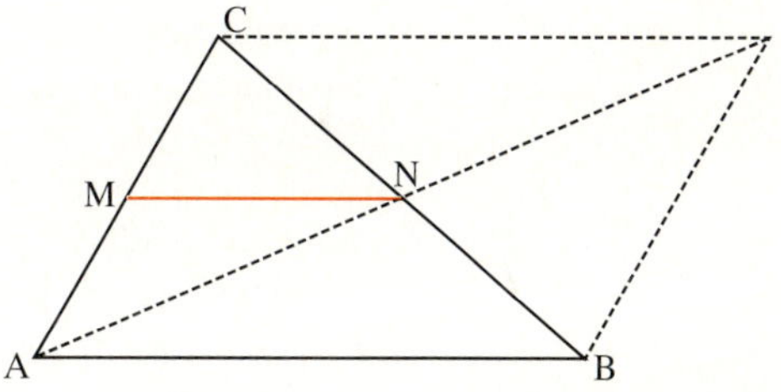

Fig. 3

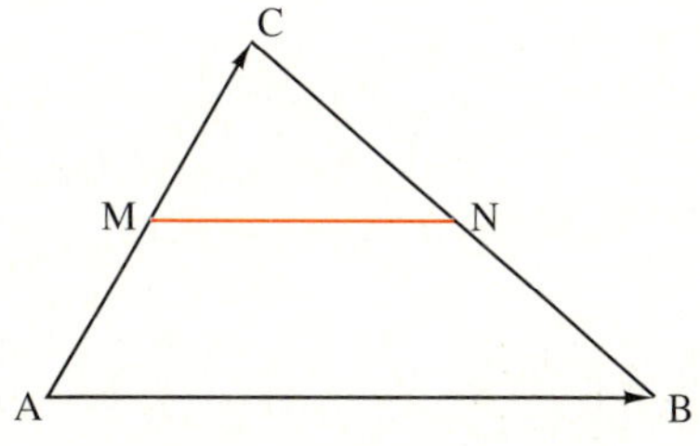

Fig. 4

## Der Satz von Ceva

**Themenbereiche:**
1) Der Satz von Ceva und seine Umkehrung (Fig. 5);
vektorieller und elementargeometrischer Beweis
2) Anwendungen der Umkehrung des Satzes von Ceva

**Literatur:**
1) LS Analytische Geometrie mit linearer Algebra Leistungskurs, Klett Nr. 73232
2) LS Klasse 9, Klett Nr. 73157
3) A. Posamentier: Arbeitsmaterialien Mathematik, Klett Nr. 72239

**Stichworte für Internetrecherche:**
Giovanni Ceva, Satz von Ceva, Cevas Theorem

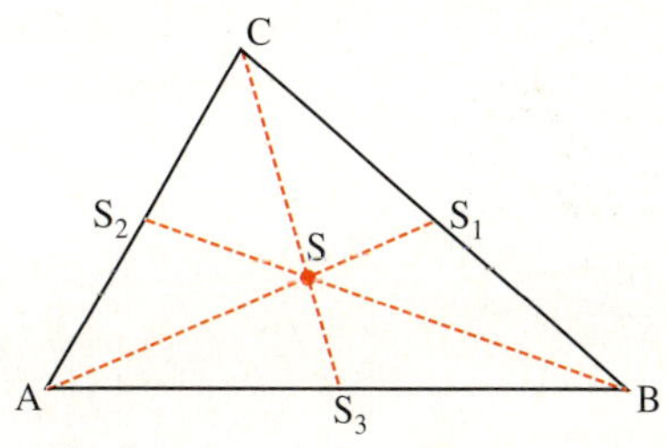

Fig. 5

## 1 Skalarprodukt von Vektoren, Größe von Winkeln

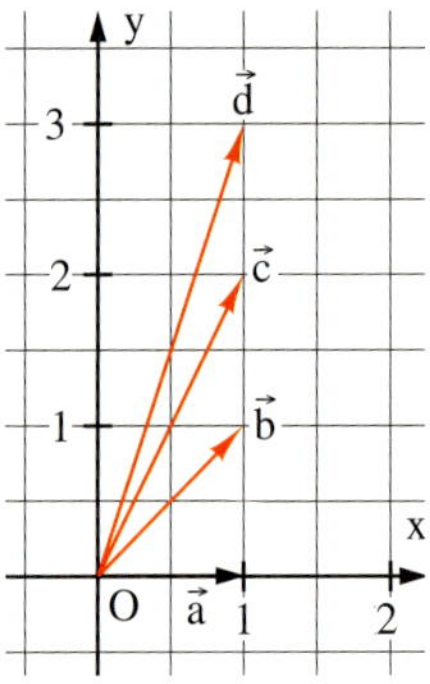

Fig. 1

**1** Wie hängt der Winkel zwischen dem Vektor $\vec{a}$ und Vektoren $\vec{b}$, $\vec{c}$, $\vec{d}$ von der Länge der Vektoren $\vec{b}$, $\vec{c}$, $\vec{d}$ ab (Fig. 1)?

**2** Wie kann man mithilfe des Kosinussatzes aus den Seitenlängen eines Dreiecks einen Winkel berechnen (Fig. 2)?

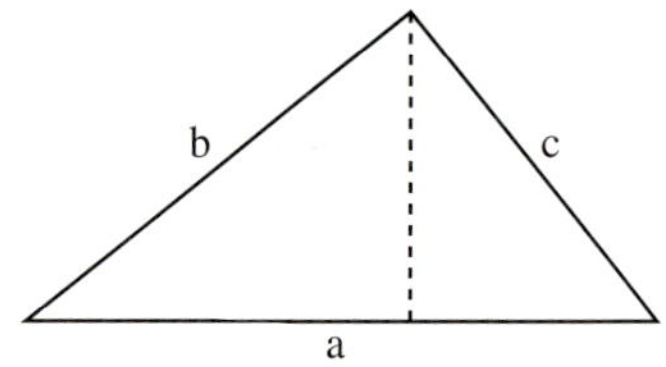

Fig. 2

Im vorangegangenen Kapitel wurden Vektoren addiert sowie Vektoren mit reellen Zahlen multipliziert. Damit kann man z. B. untersuchen, ob Geraden zueinander parallel sind, jedoch nicht, ob z. B. ein Dreieck rechtwinklig ist. Im Folgenden wird gezeigt, wie man Winkel mithilfe von Vektoren berechnen kann.

Unter dem **Winkel φ zwischen den Vektoren $\vec{a}$ und $\vec{b}$** versteht man den kleineren der Winkel zwischen einem Pfeil von $\vec{a}$ und einem Pfeil von $\vec{b}$ mit gleichem Anfangspunkt. φ ist kleiner oder gleich 180°.

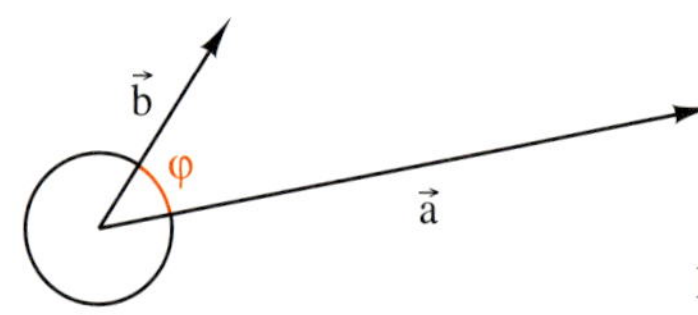

Fig. 3

Die Seitenlängen des Dreiecks OAB in Fig. 4 betragen $|\vec{a}|$, $|\vec{b}|$ und $|\vec{a}-\vec{b}|$. Damit kann man den **Kosinussatz** in der Form schreiben:
$|\vec{a}-\vec{b}|^2 = |\vec{a}|^2 + |\vec{b}|^2 - 2|\vec{a}|\cdot|\vec{b}|\cdot\cos(\varphi)$,
wobei φ der Winkel zwischen den Vektoren $\vec{a}$ und $\vec{b}$ ist.
Den Term $|\vec{a}|\cdot|\vec{b}|\cdot\cos(\varphi)$, der den Winkel φ enthält, nennt man das Skalarprodukt von $\vec{a}$ und $\vec{b}$.

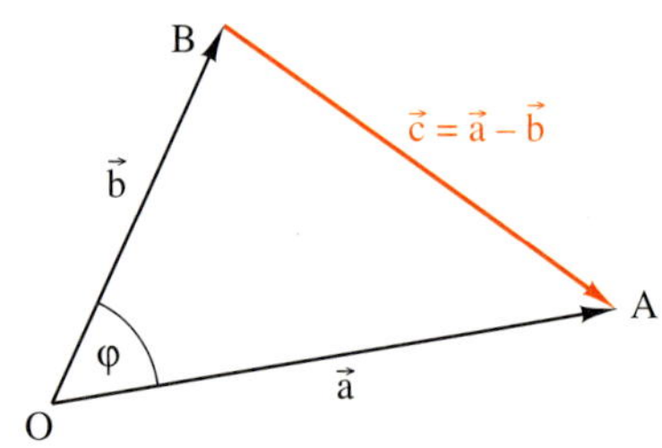

Fig. 4

*Die Bezeichnung **Skalar**produkt erinnert daran, dass dieses Produkt der Vektoren kein Vektor, sondern ein „Skalar" (d. h. eine „Maßzahl"), also hier eine reelle Zahl, ist.*

*Für $0° \leqq \varphi < 90°$ ist das Skalarprodukt positiv, da die Beträge von Vektoren und cos(φ) positiv sind. Für $90° < \varphi \leqq 180°$ ist das Skalarprodukt negativ, da in diesem Bereich cos(φ) negativ ist.*

**Definition:** Ist φ der Winkel zwischen den Vektoren $\vec{a}$ und $\vec{b}$, so heißt
$\vec{a}\cdot\vec{b} = |\vec{a}|\cdot|\vec{b}|\cdot\cos(\varphi)$ das **Skalarprodukt** von $\vec{a}$ und $\vec{b}$.

Sind die Vektoren $\vec{a}$ und $\vec{b}$ durch ihre **Koordinaten** gegeben, so kann man das Skalarprodukt auch durch die Koordinaten von $\vec{a}$ und $\vec{b}$ ausdrücken.

Aus der Definition des Skalarproduktes folgt für $\vec{a} = \begin{pmatrix} a_1 \\ a_2 \\ a_3 \end{pmatrix}$ und $\vec{b} = \begin{pmatrix} b_1 \\ b_2 \\ b_3 \end{pmatrix}$:

$$\begin{aligned}
\vec{a}\cdot\vec{b} &= |\vec{a}|\cdot|\vec{b}|\cdot\cos(\varphi) \\
&= \tfrac{1}{2}(|\vec{a}|^2 + |\vec{b}|^2 - |\vec{a}-\vec{b}|^2) \qquad \text{(Kosinussatz)} \\
&= \tfrac{1}{2}\{[a_1^2 + a_2^2 + a_3^2] + [b_1^2 + b_2^2 + b_3^2] - [(a_1-b_1)^2 + (a_2-b_2)^2 + (a_3-b_3)^2]\} \\
&= \tfrac{1}{2}(2a_1b_1 + 2a_2b_2 + 2a_3b_3) \\
&= a_1b_1 + a_2b_2 + a_3b_3.
\end{aligned}$$

*Die Koordinatenform des Skalarproduktes wurde aus der „geometrischen Form“, der Definition des Skalarproduktes, abgeleitet. Umgekehrt kann man die geometrische Form auch aus der Koordinatenform ableiten.*

**Koordinatenform des Skalarproduktes:**

$$\vec{a} \cdot \vec{b} = \begin{pmatrix} a_1 \\ a_2 \end{pmatrix} \cdot \begin{pmatrix} b_1 \\ b_2 \end{pmatrix} = a_1 b_1 + a_2 b_2; \quad \text{bzw.} \quad \vec{a} \cdot \vec{b} = \begin{pmatrix} a_1 \\ a_2 \\ a_3 \end{pmatrix} \cdot \begin{pmatrix} b_1 \\ b_2 \\ b_3 \end{pmatrix} = a_1 b_1 + a_2 b_2 + a_3 b_3.$$

Die Koordinatenform des Skalarproduktes ermöglicht nun, die Größe des Winkels $\varphi$ zwischen zwei Vektoren aus ihren Koordinaten zu berechnen.
Sind von $\vec{a}$ und $\vec{b}$ die Koordinaten gegeben, so folgt aus $\vec{a} \cdot \vec{b} = |\vec{a}| \cdot |\vec{b}| \cdot \cos(\varphi)$ und der Koordinatenform des Skalarproduktes die
**Formel zur Berechnung des Winkels zwischen Vektoren $\vec{a}$ und $\vec{b}$:**

$$\cos(\varphi) = \frac{a_1 b_1 + a_2 b_2}{\sqrt{a_1^2 + a_2^2} \cdot \sqrt{b_1^2 + b_2^2}} \quad \text{bzw.} \quad \cos(\varphi) = \frac{a_1 b_1 + a_2 b_2 + a_3 b_3}{\sqrt{a_1^2 + a_2^2 + a_3^2} \cdot \sqrt{b_1^2 + b_2^2 + b_3^2}}.$$

Der Betrag eines Vektors ergibt sich als Sonderfall des Skalarproduktes:
Aus $\vec{a} \cdot \vec{a} = |\vec{a}| \cdot |\vec{a}| \cdot \cos(0°) = |\vec{a}|^2$ und $\vec{a} \cdot \vec{a} = a_1^2 + a_2^2 + a_3^2$ folgt
$|\vec{a}| = \sqrt{a_1^2 + a_2^2 + a_3^2}$ (vgl. Seite 235).

***orthos** (griech.): richtig, recht (vgl. auch Orthographie)*
***gonia** (griech.): Ecke*
*Orthogonal bedeutet wörtlich „rechteckig“, wird aber in der Mathematik als Synonym für senkrecht benutzt.*

Zwei Vektoren $\vec{a}$, $\vec{b}$ $(\neq \vec{o})$ heißen zueinander **orthogonal** (senkrecht), wenn ihre zugehörigen Pfeile mit gleichem Anfangspunkt ebenfalls zueinander orthogonal (d. h. senkrecht) sind. In Zeichen: $\vec{a} \perp \vec{b}$ (Fig. 1)

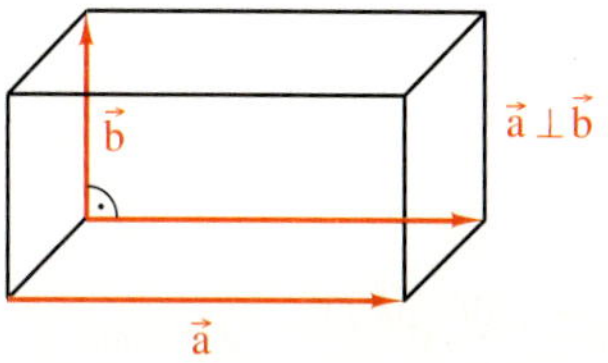

Fig. 1

***normalis** (lat.): rechtwinklig*

Ist ein Vektor $\vec{n}$ orthogonal zu zwei linear unabhängigen Vektoren $\vec{a}$ und $\vec{b}$, so nennt man $\vec{n}$ einen **Normalenvektor** von $\vec{a}$ und $\vec{b}$ (Fig. 2).

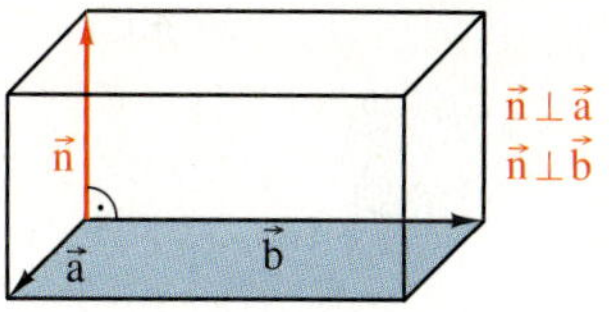

Fig. 2

Für zueinander orthogonale Vektoren gilt:

*cos (90°) = 0!*

**Satz 1:** Für $\vec{a}$, $\vec{b}$ mit $\vec{a} \neq \vec{o}$, $\vec{b} \neq \vec{o}$ gilt: $\vec{a} \perp \vec{b}$ genau dann, wenn $\vec{a} \cdot \vec{b} = 0$.

## Eigenschaften der Skalarmultiplikation

Für die Multiplikation reeller Zahlen gelten eine Reihe von Gesetzen, u. a. das Kommutativgesetz, das Assoziativgesetz und bezüglich der Addition das Distributivgesetz.
Bei einer Übertragung des Assoziativgesetzes auf Vektoren besteht u. a. das Problem, dass in $(\vec{a} \cdot \vec{b}) \cdot \vec{c}$ der erste Malpunkt das Skalarprodukt beschreibt, dessen Ergebnis eine reelle Zahl ist, der zweite Malpunkt aber die (nicht damit zu verwechselnde) Multiplikation eines Vektors mit einer reellen Zahl darstellt. Es gelten jedoch die folgenden Gesetze:

*Der Beweis von Satz 2 erfolgt z. B. durch Nachrechnen mit der Koordinatenform.*

**Satz 2:** Für die Skalarmultiplikation von Vektoren $\vec{a}$, $\vec{b}$, $\vec{c}$ gilt:
(1) $\vec{a} \cdot \vec{b} = \vec{b} \cdot \vec{a}$ (Kommutativgesetz)
(2) $r\vec{a} \cdot \vec{b} = r(\vec{a} \cdot \vec{b})$, für jede reelle Zahl r
(3) $(\vec{a} + \vec{b}) \cdot \vec{c} = \vec{a} \cdot \vec{c} + \vec{b} \cdot \vec{c}$ (Distributivgesetz)
(4) $\vec{a} \cdot \vec{a} \geqq 0$; $\vec{a} \cdot \vec{a} = 0$ nur für $\vec{a} = \vec{o}$

**Beispiel 1:** (Orthogonalität von Vektoren)
Gegeben ist ein Parallelogramm ABCD. Deuten Sie an einer Zeichnung geometrisch:
$(\overrightarrow{AB} + \overrightarrow{BC}) \cdot (\overrightarrow{AB} - \overrightarrow{BC}) = 0$.
Lösung:
Fig. 1 zeigt das Parallelogramm mit den Vektoren $\overrightarrow{AB}$ und $\overrightarrow{BC}$; $\overrightarrow{AB} + \overrightarrow{BC}$ und $\overrightarrow{AB} - \overrightarrow{BC}$ beschreiben die Diagonalen. Diese sind wegen $(\overrightarrow{AB} + \overrightarrow{BC}) \cdot (\overrightarrow{AB} - \overrightarrow{BC}) = 0$ zueinander orthogonal.
Das Parallelogramm ist damit eine Raute.

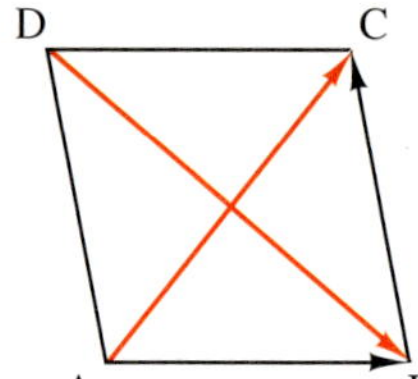

Fig. 1

**Beispiel 2:** (Winkelberechnung)
Berechnen Sie für die Pyramide OABS in Fig. 2 die Größe des Winkels φ.
Lösung:
Der Winkel φ wird eingeschlossen von den Kanten SA und SB.

Aus $\overrightarrow{SA} = \begin{pmatrix} 2 \\ 2 \\ -6 \end{pmatrix}$ und $\overrightarrow{SB} = \begin{pmatrix} -2 \\ 3 \\ -6 \end{pmatrix}$ folgt

$$\cos(\varphi) = \frac{2 \cdot (-2) + 2 \cdot 3 + (-6) \cdot (-6)}{\sqrt{4+4+36} \cdot \sqrt{4+9+36}} \approx 0{,}8184$$

und somit $\varphi \approx 35{,}1°$.

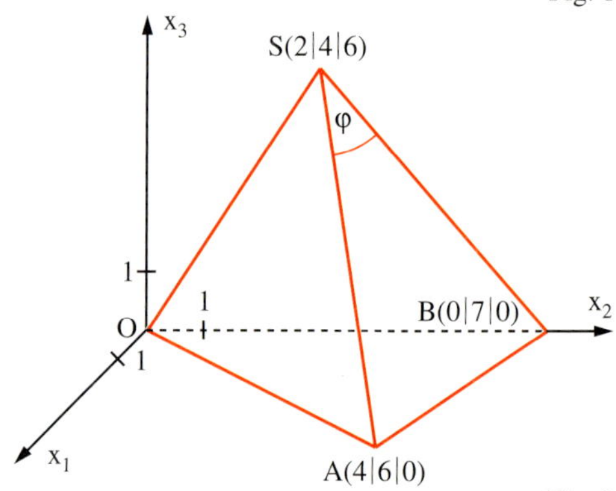

Fig. 2

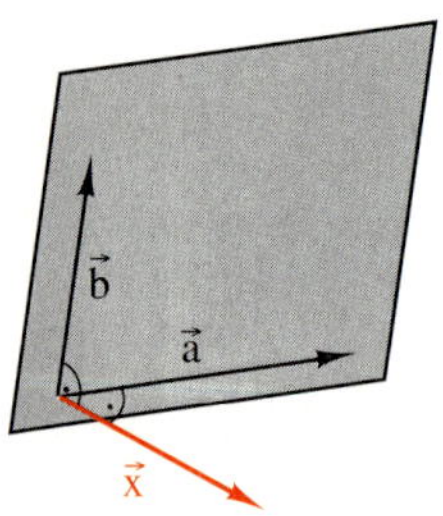

Fig. 3

*$\vec{x}$ soll zu $\vec{a}$ und $\vec{b}$ orthogonal, also ein Normalenvektor von $\vec{a}$ und $\vec{b}$ sein.*

**Beispiel 3:** (Bestimmung von Normalenvektoren)
Bestimmen Sie alle Vektoren, die zu $\vec{a} = \begin{pmatrix} 3 \\ 2 \\ 4 \end{pmatrix}$ und auch zu $\vec{b} = \begin{pmatrix} 6 \\ 5 \\ 4 \end{pmatrix}$ orthogonal sind.

Lösung:

Ist $\vec{x} = \begin{pmatrix} x_1 \\ x_2 \\ x_3 \end{pmatrix}$ zu $\vec{a}$ und zu $\vec{b}$ orthogonal, so gilt:

$$\vec{a} \cdot \vec{x} = 3x_1 + 2x_2 + 4x_3 = 0$$
und $$\vec{b} \cdot \vec{x} = 6x_1 + 5x_2 + 4x_3 = 0.$$

Umwandlung dieses LGS in Stufenform:
$$3x_1 + 2x_2 + 4x_3 = 0$$
$$x_2 - 4x_3 = 0$$
(Bei der Verwendung des GTR erhält man das LGS in reduzierter Stufenform
$$x_1 \qquad + 4x_3 = 0$$
$$x_2 - 4x_3 = 0,$$
siehe Fig. 4. Beide Stufenformen des LGS sind natürlich äquivalent.)
Wählt man $x_3 = t$ als Parameter, so erhält man die Lösungsmenge
$L = \{(-4t; 4t; t) \mid t \in \mathbb{R}\}$.

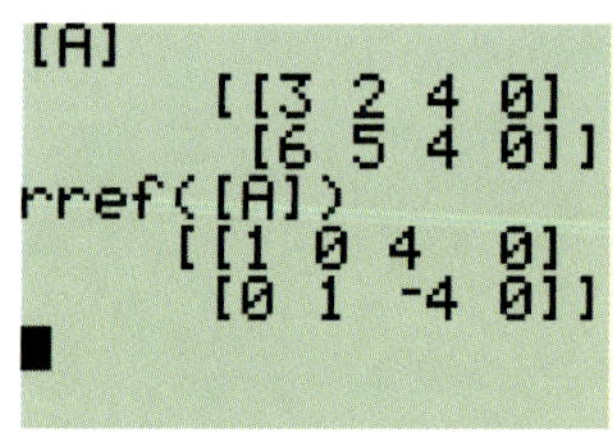

Fig. 4

Für die gesuchten Vektoren gilt damit $\vec{x} = \begin{pmatrix} -4t \\ 4t \\ t \end{pmatrix} = t \cdot \begin{pmatrix} -4 \\ 4 \\ 1 \end{pmatrix}$ $(t \in \mathbb{R})$.

Damit sind alle Vektoren mit der gleichen Richtung wie $\begin{pmatrix} -4 \\ 4 \\ 1 \end{pmatrix}$ oder mit dazu entgegengesetzter Richtung zu $\vec{a}$ und zu $\vec{b}$ orthogonal.

## Aufgaben

***Zur Erinnerung:***

| $\varphi$ | $\cos(\varphi)$ |
|---|---|
| 0° | 1 |
| 30° | $\frac{1}{2}\sqrt{3}$ |
| 45° | $\frac{1}{2}\sqrt{2}$ |
| 60° | $\frac{1}{2}$ |
| 90° | 0 |

**3** Berechnen Sie $\vec{a} \cdot \vec{b}$ für
a) $|\vec{a}| = 3{,}5;\ |\vec{b}| = 4;\ \varphi = 55°$,
b) $|\vec{a}| = 8;\ |\vec{b}| = 4{,}2;\ \varphi = 145°$,
c) $|\vec{a}| = 4{,}5;\ |\vec{b}| = 2 \cdot \sqrt{2};\ \varphi = 45°$.

**4** Berechnen Sie für die Vektoren $\vec{a} = \begin{pmatrix} 1 \\ 2 \\ -1 \end{pmatrix}$, $\vec{b} = \begin{pmatrix} -2 \\ 1 \\ 3 \end{pmatrix}$, $\vec{c} = \begin{pmatrix} 2 \\ 1 \\ 1 \end{pmatrix}$:

a) $\vec{a} \cdot \vec{b}$, b) $\vec{a} \cdot \vec{c}$, c) $\vec{a} \cdot (\vec{b} - \vec{c})$, d) $(\vec{a} + \vec{b}) \cdot (\vec{b} - \vec{c})$.

**5** Gegeben ist ein gleichseitiges Dreieck ABC. Bestimmen Sie $\overrightarrow{AB} \cdot \overrightarrow{AC}$.

**6** Berechnen Sie für das regelmäßige Sechseck PQRSTU in Fig. 1:
a) $\vec{a} \cdot \vec{b}$, $\vec{a} \cdot \vec{g}$, $\vec{b} \cdot \vec{g}$, $\vec{f} \cdot \vec{g}$,
b) $\vec{c} \cdot \vec{d}$, $\vec{a} \cdot \vec{f}$, $\vec{e} \cdot \vec{a}$, $\vec{c} \cdot \vec{f}$.

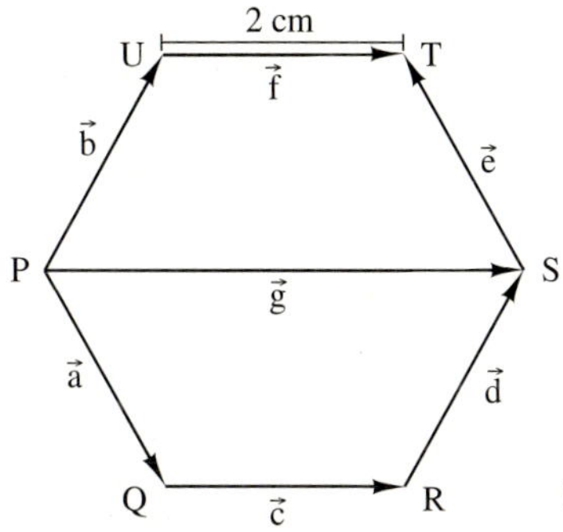

Fig. 1

**7** Welche Beziehung muss zwischen $a_3$ und $b_3$ bestehen, damit der Winkel zwischen $\vec{a} = \begin{pmatrix} 3 \\ 2 \\ a_3 \end{pmatrix}$ und $\vec{b} = \begin{pmatrix} 1 \\ -2 \\ b_3 \end{pmatrix}$ eine Größe von 90° hat?

**8** Beschreiben Sie, in welchen Fällen für das Skalarprodukt zweier Vektoren $\vec{a}$, $\vec{b}$ gilt:
a) $\vec{a} \cdot \vec{b} = |\vec{a}| \cdot |\vec{b}|$, b) $\vec{a} \cdot \vec{b} = -|\vec{a}| \cdot |\vec{b}|$.

### Winkelberechnungen

**9** Berechnen Sie die Größe des Winkels zwischen den Vektoren $\vec{a}$ und $\vec{b}$.
a) $\vec{a} = \begin{pmatrix} 1 \\ 3 \\ 1 \end{pmatrix}$, $\vec{b} = \begin{pmatrix} 5 \\ 0 \\ 3 \end{pmatrix}$ b) $\vec{a} = \begin{pmatrix} 1 \\ 3 \\ 5 \end{pmatrix}$, $\vec{b} = \begin{pmatrix} 5 \\ 3 \\ 1 \end{pmatrix}$ c) $\vec{a} = \begin{pmatrix} -11 \\ 4 \\ 1 \end{pmatrix}$, $\vec{b} = \begin{pmatrix} 1 \\ 2 \\ 3 \end{pmatrix}$

**10** Berechnen Sie die Längen der Seiten und die Größen der Winkel im Dreieck ABC.
a) A(2|1); B(5|−1); C(4|3)
b) A(8|1); B(17|−5); C(10|9)

**11** Berechnen Sie zu Fig. 2 die Längen der Seiten und die Größen der Winkel
a) des Dreiecks ABC,
b) des Dreiecks EDF.

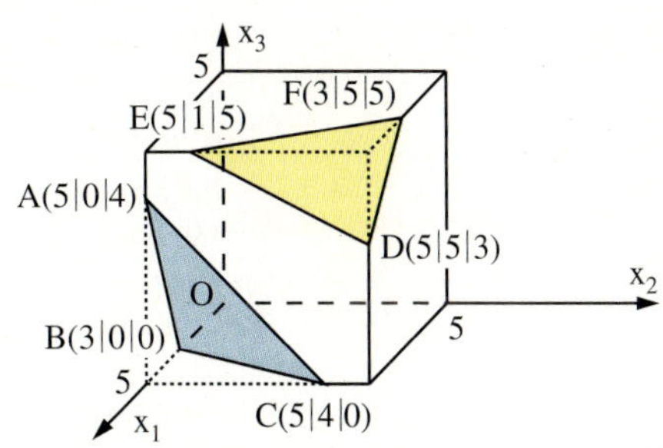

Fig. 2

**12** Ein Viereck hat die Eckpunkte O(0|0|0), P(2|3|5), Q(5|5|6), R(1|4|9).
Berechnen Sie die Längen der Seiten und die Größen der Innenwinkel des Vierecks.

**13** a) Zeichnen Sie die Punkte A(2|−2|−2), B(−2|5,5|−2), C(−6|2|4) und D(1|−2|1) in ein Koordinatensystem. Verbinden Sie der Reihe nach die Punkte A, B, C, D, A.
b) Berechnen Sie die Größen der Winkel ∢BAD, ∢CBA, ∢DCB, ∢CDA und davon die Winkelsumme. Was fällt Ihnen auf? Geben Sie dazu eine Erklärung an.

**14** a) Bestimmen Sie anhand von Fig. 1 die Größe des Winkels $\alpha$ zwischen der Flächendiagonalen CB und der Raumdiagonalen CA.
b) Wie groß ist der Winkel $\beta$ zwischen den Raumdiagonalen CA und OB?

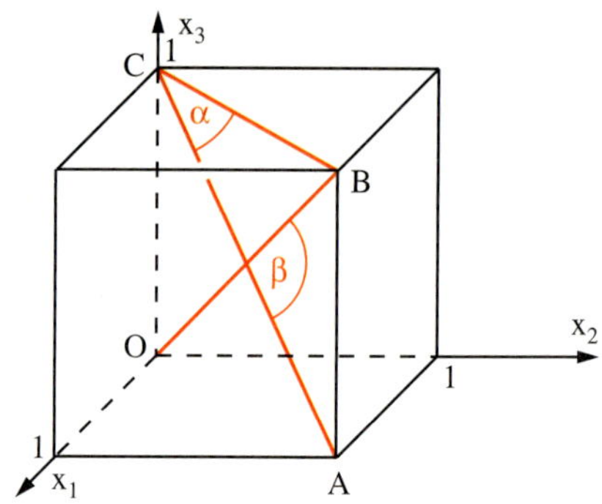

Fig. 1

*Eine Skizze ist hier hilfreich!*

**15** Ein Quader hat als Grundfläche ein Rechteck ABCD mit den Seitenlängen 8 cm und 5 cm. Die Höhe des Quaders beträgt 3 cm. Sei M der Schnittpunkt der Raumdiagonalen. Berechnen Sie $\sphericalangle$AMB und $\sphericalangle$BMC.

**Skalarprodukt und Orthogonalität**

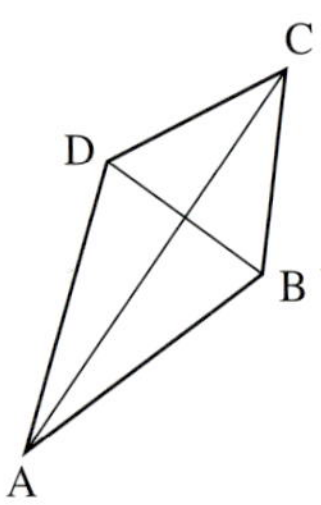

Fig. 2

**16** Beschreiben Sie mithilfe eines geeigneten Skalarproduktes, dass
a) das Dreieck ABC bei C rechtwinklig ist,
b) das Dreieck ABC bei A rechtwinklig ist,
c) das Viereck ABCD ein Rechteck ist,
d) das Viereck ABCD ein Quadrat ist.

**17** Drücken Sie die Diagonalen des Vierecks ABCD mit A(–2|–2), B(0|3), C(3|3) und D(3|0) durch Vektoren aus. Sind sie zueinander orthogonal?

**18** Zeichnen Sie eine Figur, sodass gilt:
a) $\overrightarrow{PQ} \cdot \overrightarrow{QR} = 0$, b) $\overrightarrow{PQ} \cdot \overrightarrow{PR} = 0$, c) $(\overrightarrow{AC} - \overrightarrow{AB}) \cdot \overrightarrow{AB} = 0$, d) $(\overrightarrow{AC} - \overrightarrow{AB}) \cdot (\overrightarrow{AC} - \overrightarrow{AD}) = 0$.

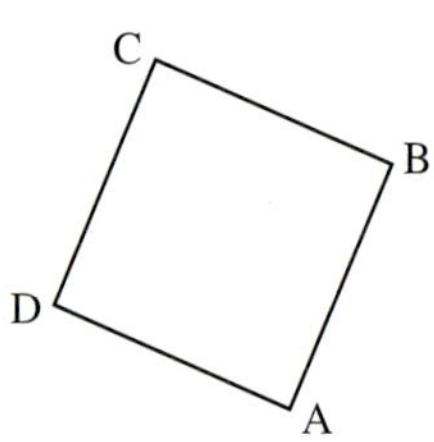

Fig. 3

**19** Zeigen Sie, dass es zu den Punkten A(–2|2|3), B(2|10|4) und D(5|–2|7) einen Punkt C gibt, sodass das Viereck ABCD ein Quadrat ist. Bestimmen Sie die Koordinaten von C.

**20** Gegeben sind die Punkte O(0|0|0), P(2|6|9) und Q(7|6|6).
a) Zeigen Sie, dass das Dreieck OPQ gleichschenklig ist. Berechnen Sie die Größe seiner Innenwinkel.
b) Bestimmen Sie einen Punkt R so, dass das Viereck OPRQ eine Raute ist.
c) Zeigen Sie, dass die Diagonalen OR und PQ zueinander orthogonal sind.

**21** Prüfen Sie, welche der Vektoren zueinander orthogonal sind.

$\vec{a} = \begin{pmatrix} 1 \\ 1 \\ \sqrt{2} \end{pmatrix}$, $\vec{b} = \begin{pmatrix} 1 \\ 1 \\ \sqrt{3} \end{pmatrix}$, $\vec{c} = \begin{pmatrix} 1 \\ 1 \\ -\sqrt{2} \end{pmatrix}$, $\vec{d} = \begin{pmatrix} \sqrt{2} \\ -\sqrt{2} \\ 0 \end{pmatrix}$, $\vec{e} = \begin{pmatrix} -1 \\ -2 \\ \sqrt{3} \end{pmatrix}$

**22** Bestimmen Sie die fehlende Koordinate so, dass $\vec{a} \perp \vec{b}$.

a) $\vec{a} = \begin{pmatrix} 2 \\ 3 \end{pmatrix}$, $\vec{b} = \begin{pmatrix} b_1 \\ -4 \end{pmatrix}$
b) $\vec{a} = \begin{pmatrix} 1 \\ a_2 \\ 3 \end{pmatrix}$, $\vec{b} = \begin{pmatrix} 2 \\ -1 \\ 1 \end{pmatrix}$
c) $\vec{a} = \begin{pmatrix} -1 \\ 4 \\ 2 \end{pmatrix}$, $\vec{b} = \begin{pmatrix} 3 \\ 0 \\ b_3 \end{pmatrix}$

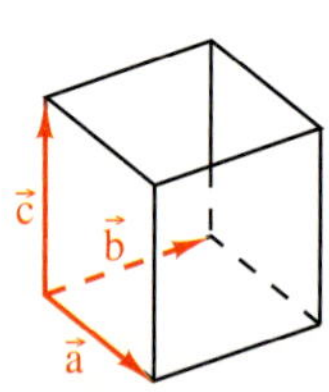

Fig. 4

**23** Der Quader in Fig. 4 wird von den Vektoren $\vec{a}$, $\vec{b}$, $\vec{c}$ aufgespannt.
a) Welche der Vektoren $\vec{b}$, $\vec{c}$, $\vec{b} + \vec{c}$, $\vec{b} - \vec{c}$, $\vec{a} + \vec{b}$, $\vec{a} + \vec{b} + \vec{c}$ sind zu $\vec{a}$ orthogonal?
b) Welche der Vektoren aus a) sind zu $\vec{a}$ und zu $\vec{b}$ orthogonal?

**24** Gegeben sind zwei Vektoren $\vec{a}$ und $\vec{b}$. Beschreiben Sie die Lage aller Vektoren, die zu $\vec{a}$ und zu $\vec{b}$ orthogonal sind. Unterscheiden Sie dabei zwei Fälle:
a) $\vec{a}$ und $\vec{b}$ sind linear unabhängig,
b) $\vec{a}$ und $\vec{b}$ sind linear abhängig.

**25** Bestimmen Sie einen Normalenvektor von $\vec{a}$ und $\vec{b}$.

a) $\vec{a} = \begin{pmatrix} 1 \\ 2 \\ 3 \end{pmatrix}$, $\vec{b} = \begin{pmatrix} 2 \\ 0 \\ 3 \end{pmatrix}$ b) $\vec{a} = \begin{pmatrix} 2 \\ 3 \\ -1 \end{pmatrix}$, $\vec{b} = \begin{pmatrix} 5 \\ -1 \\ -2 \end{pmatrix}$ c) $\vec{a} = \begin{pmatrix} 1 \\ 2 \\ 5 \end{pmatrix}$, $\vec{b} = \begin{pmatrix} 4 \\ -1 \\ 5 \end{pmatrix}$

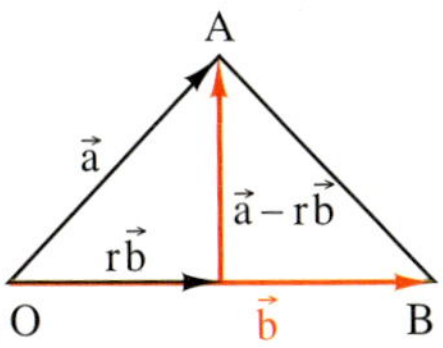

Fig. 1

**26** Gegeben sind $\vec{a} = \begin{pmatrix} 2 \\ 16 \\ -9 \end{pmatrix}$ und $\vec{b} = \begin{pmatrix} -1 \\ 5 \\ 2 \end{pmatrix}$.

a) Bestimmen Sie eine Zahl r so, dass $\vec{a} - r\vec{b}$ orthogonal zu $\vec{b}$ ist (Fig. 1).
b) Berechnen Sie die Höhe h des Dreiecks OBA auf die Seite OB.

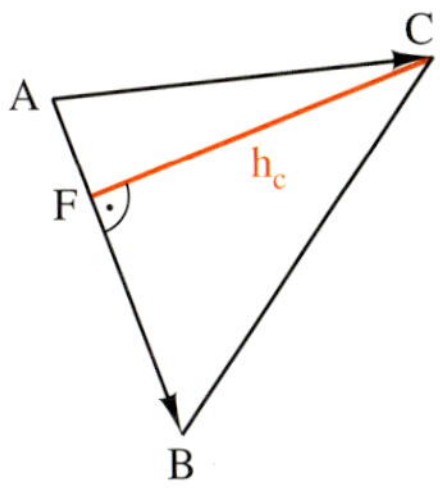

Fig. 2

**27** Gegeben ist ein Dreieck ABC mit $A(-4|8|3)$, $B(5|-4|3)$ und $C(7|10|3)$.
Bestimmen Sie den Fußpunkt F der Höhe $h_c$.
Anleitung: Bestimmen Sie zuerst wie in Aufgabe 26 einen Vektor, der orthogonal zu $\overrightarrow{AB}$ ist.

**28** Die Strecke OA mit $\overrightarrow{OA} = \vec{a}$ wird orthogonal auf die Gerade durch O mit dem Richtungsvektor $\vec{b}$ projiziert. Bestimmen Sie die Länge der projizierten Strecke.

a) $\vec{a} = \begin{pmatrix} -7 \\ 1 \end{pmatrix}$, $\vec{b} = \begin{pmatrix} 3 \\ 1 \end{pmatrix}$ b) $\vec{a} = \begin{pmatrix} 1 \\ 3 \\ 2 \end{pmatrix}$, $\vec{b} = \begin{pmatrix} -1 \\ 3 \\ 2 \end{pmatrix}$ c) $\vec{a} = \begin{pmatrix} 1 \\ -2 \\ 3 \end{pmatrix}$, $\vec{b} = \begin{pmatrix} 2 \\ 3 \\ 6 \end{pmatrix}$

**29** Gegeben sind zwei Geraden g: $\vec{x} = \vec{p} + t \cdot \vec{u}$ und h: $\vec{x} = \vec{p} + t \cdot \vec{v}$ mit demselben Stützvektor $\vec{p}$. Die Gerade h rotiert um g als Achse. Beschreiben Sie möglichst genau die dabei durch h entstehende Fläche, wenn

a) $\vec{u} \cdot \vec{v} = 0$, b) $\vec{u} \cdot \vec{v} = \frac{1}{2}$ und $|\vec{u}| = |\vec{v}| = 1$.

**30** Bestimmen Sie n in Abhängigkeit von m so, dass $\overrightarrow{OP} = \begin{pmatrix} 1 \\ m \end{pmatrix}$ zu $\overrightarrow{OQ} = \begin{pmatrix} 1 \\ n \end{pmatrix}$ orthogonal ist.
Welchen Satz aus der Analysis über zueinander orthogonale Geraden haben Sie damit bewiesen?

### Eigenschaften der Skalarmultiplikation

**31** a) Begründen Sie das Kommutativgesetz der Skalarmultiplikation.
b) Überprüfen Sie das Distributivgesetz mithilfe der Koordinatenform des Skalarproduktes.

**32** Geben Sie Vektoren $\vec{a}$, $\vec{b}$, $\vec{c}$ $(\neq \vec{o})$ an, für die gilt: $\vec{a} \cdot \vec{c} = \vec{b} \cdot \vec{c}$, aber $\vec{a} \neq \vec{b}$.

**33** Begründen Sie mithilfe der Rechenregeln für die Skalarmultiplikation.
a) $\vec{a} \cdot (r \cdot \vec{b}) = r \cdot (\vec{a} \cdot \vec{b})$ (Benutzen Sie zweimal das Kommutativgesetz)
b) $(\vec{a} - \vec{b}) \cdot \vec{c} = \vec{a} \cdot \vec{c} - \vec{b} \cdot \vec{c}$ (Setzen Sie $\vec{a} - \vec{b} = \vec{a} + (-1) \cdot \vec{b}$)

**34** Lösen Sie die Klammern auf.
a) $(3\vec{a} - 5\vec{b}) \cdot (2\vec{a} + 7\vec{b})$ b) $(3\vec{e}) \cdot \vec{f} + \vec{f} \cdot (2\vec{e}) - 4(\vec{e} \cdot \vec{f})$
c) $(3\vec{u} - 2\vec{v}) \cdot (\vec{u} + 2\vec{v}) - 7(\vec{u} \cdot \vec{v})$ d) $(\vec{g} + 3\vec{h})^2 - \vec{g} \cdot (\vec{g} + 6\vec{h})$

**35** Für die Vektoren $\vec{u}$, $\vec{v}$ gelte $\vec{u}^2 = \vec{v}^2 = 1$ und $\vec{u} \cdot \vec{v} = 0$. Berechnen Sie
a) $\vec{u} \cdot (\vec{u} + \vec{v})$, b) $(\vec{u} + \vec{v}) \cdot (\vec{u} - \vec{v})$, c) $(3\vec{u} + 4\vec{v}) \cdot (7\vec{u} - 2\vec{v})$.

**36** Was folgt für die Vektoren $\vec{a}$ und $\vec{b}$, wenn für $\vec{a}$, $\vec{b}$ und einen Vektor $\vec{c}$ gilt:
$\vec{a} \cdot (\vec{b} + \vec{c}) = \vec{a} \cdot \vec{c}$?

# 2 Ebenengleichungen

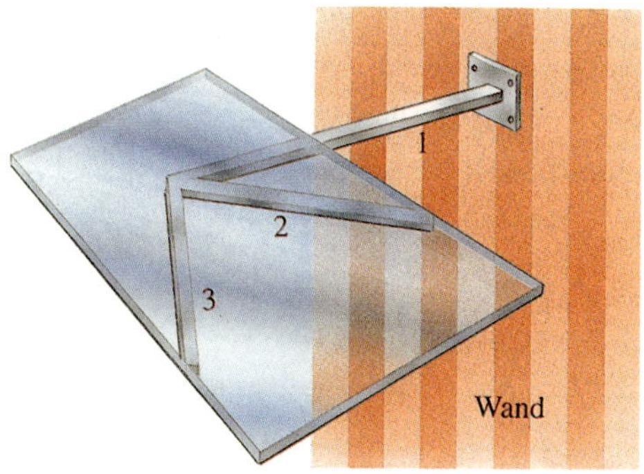


**1** Eine Glasplatte dient im Kundenraum einer Bank als Schreibunterlage. Diese Scheibe wurde mithilfe dreier Metallstangen montiert.

a) Welche Aufgabe hat die Stange 1, die direkt an der Wand befestigt ist?

b) Wie ändert sich die Lage der Scheibe, wenn man die Positionen der Stangen 2 und 3 verändert?

c) Kann man auf eine der Stangen verzichten?

Ebenso wie Geraden kann man auch Ebenen mithilfe von Vektoren beschreiben. Hierbei betrachtet man ebenfalls die Ortsvektoren der Punkte der jeweiligen Ebene.

*__Beachten Sie:__*
*In Fig. 1 und Fig. 2 wird jeweils ein __Ausschnitt__ einer Ebene angedeutet und nicht die gesamte Ebene.*

Fig. 1 verdeutlicht: Sind P, Q und R drei Punkte einer Ebene und liegen P, Q und R nicht auf einer gemeinsamen Geraden, so gilt: Ein beliebig gewählter Punkt X dieser Ebene hat den Ortsvektor $\vec{x}$ mit $\vec{x} = \overrightarrow{OP} + \overrightarrow{PX}$, und somit ist $\vec{x} = \overrightarrow{OP} + r \cdot \overrightarrow{PQ} + s \cdot \overrightarrow{PR}$ mit $r, s \in \mathbb{R}$. Bezeichnet man $\overrightarrow{PQ}$ mit $\vec{u}$ und $\overrightarrow{PR}$ mit $\vec{v}$, so erhält man $\vec{x} = \vec{p} + r \cdot \vec{u} + s \cdot \vec{v}$ mit $r, s \in \mathbb{R}$.

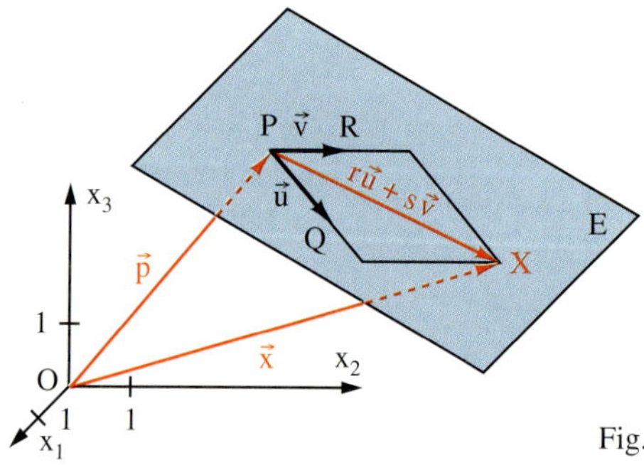


Fig. 1

*Ist ein Vektor Ortsvektor zu einem Ebenenpunkt, so kann er als Stützvektor dieser Ebene verwendet werden.*

Der Vektor $\vec{p}$ heißt **Stützvektor** von E, weil sein Pfeil von O nach P die Ebene E „in dem Punkt P stützt". Die Vektoren $\vec{u}$ und $\vec{v}$ heißen **Spannvektoren** von E, weil sie die Ebene „aufspannen".

*Sind P, Q und R drei Punkte einer Ebene, die nicht auf einer gemeinsamen Geraden liegen, so sind die Vektoren $\overrightarrow{PQ}$ und $\overrightarrow{PR}$ mögliche Spannvektoren dieser Ebene.*

Fig. 2 verdeutlicht: Sind zwei linear unabhängige Vektoren $\vec{u}$ und $\vec{v}$ sowie ein Vektor $\vec{p}$ gegeben, so gilt:
Alle Punkte X, für deren Ortsvektor $\vec{x}$ gilt $\vec{x} = \vec{p} + r \cdot \vec{u} + s \cdot \vec{v}$ $(r, s \in \mathbb{R})$, bilden eine Ebene.

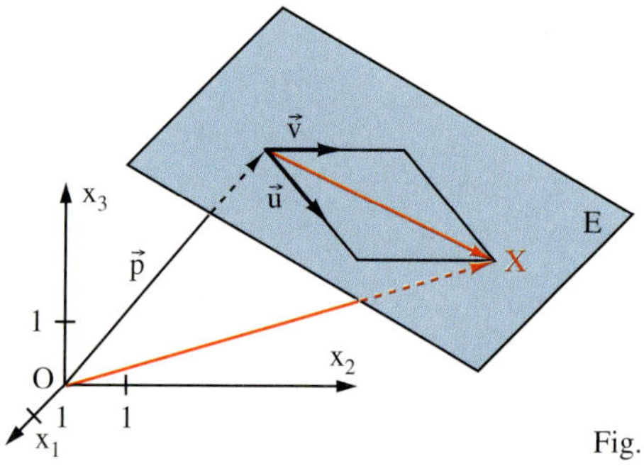


Fig. 2

Zusammenfassend sagt man:

> **Satz 1:** Jede Ebene lässt sich durch eine Gleichung der Form $\mathbf{\vec{x} = \vec{p} + r \cdot \vec{u} + s \cdot \vec{v}}$ $(r, s \in \mathbb{R})$ beschreiben. Hierbei ist $\vec{p}$ ein Stützvektor und die linear unabhängigen Vektoren $\vec{u}$ und $\vec{v}$ sind zwei Spannvektoren.

*Statt Ebenengleichung in Parameterform sagt man auch kurz Parametergleichung.*

Man nennt die Gleichung $\vec{x} = \vec{p} + r \cdot \vec{u} + s \cdot \vec{v}$ eine **Ebenengleichung in Parameterform** der beschriebenen Ebene E mit den Parametern r und s.
Man schreibt kurz E: $\vec{x} = \vec{p} + r \cdot \vec{u} + s \cdot \vec{v}$.

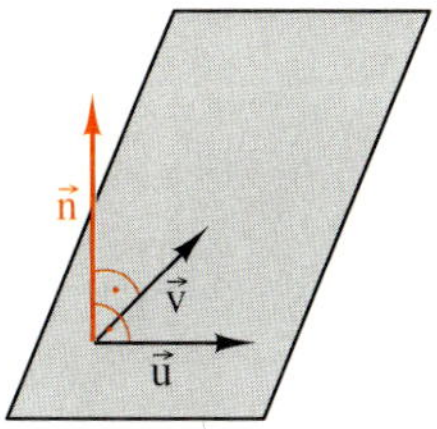

Fig. 1

***normalis*** *(lat.): rechtwinklig*

Eine zweite Möglichkeit, eine Ebene im Raum zu beschreiben, erhält man mithilfe des Normalenvektors von $\vec{u}$ und $\vec{v}$, also des Vektors, der orthogonal zu den (linear unabhängigen) Spannvektoren $\vec{u}$ und $\vec{v}$ ist.
Damit ist $\vec{n}$ orthogonal zu allen Vektoren $\overrightarrow{PQ}$ mit Punkten P und Q der Ebene E. Denn aus $\overrightarrow{PQ} = r\vec{u} + s\vec{v}$ folgt: $\overrightarrow{PQ} \cdot \vec{n} = (r\vec{u} + s\vec{v}) \cdot \vec{n} = r\vec{u} \cdot \vec{n} + s\vec{v} \cdot \vec{n} = 0 + 0 = 0$.

Ist $\vec{n}$ ein Normalenvektor der Ebene E mit
$$\vec{x} = \vec{p} + r\vec{u} + s\vec{v},$$
so liegt ein Punkt X genau dann in E, wenn für den Ortsvektor $\vec{x} = \overrightarrow{OX}$ gilt:
$$\vec{x} - \vec{p} \text{ ist orthogonal zu } \vec{n}.$$
Daher ist auch $(\vec{x} - \vec{p}) \cdot \vec{n} = 0$ eine Gleichung der Ebene E.
Da $\vec{n}$ ein Normalenvektor ist, spricht man von einer Ebenengleichung in **Normalenform**.

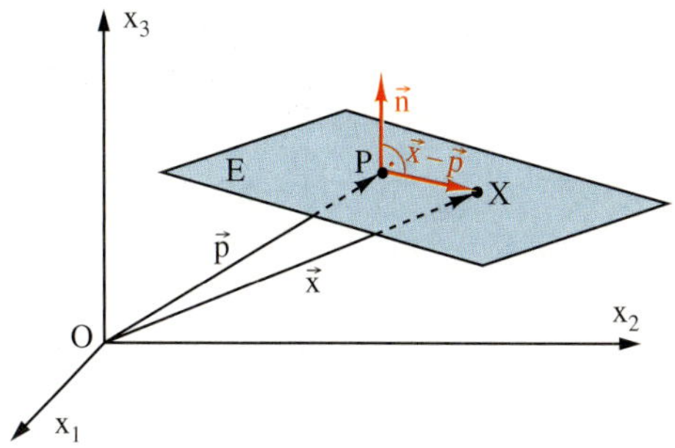

Fig. 2

**Satz 2:** Eine Ebene E mit dem Stützvektor $\vec{p}$ und dem Normalenvektor $\vec{n}$ wird beschrieben durch die Gleichung $(\vec{x} - \vec{p}) \cdot \vec{n} = 0$ (Normalenform der Ebenengleichung).

*Im Gegensatz zur bisherigen Ebenengleichung enthält die Gleichung in Normalenform keine Parameter, sie wird daher auch als „parameterfreie Ebenengleichung“ bezeichnet.*

Eine dritte Möglichkeit, eine Ebene im Raum zu beschreiben, besteht darin, eine Gleichung für die Koordinaten der Punkte der Ebene anzugeben.

Aus der Normalenform der Ebenengleichung $(\vec{x} - \vec{p}) \cdot \vec{n} = 0$ folgt $\vec{x} \cdot \vec{n} = \vec{p} \cdot \vec{n}$.

Setzt man für $\vec{n} = \begin{pmatrix} a_1 \\ a_2 \\ a_3 \end{pmatrix}$ und für $\vec{p} \cdot \vec{n} = b$, so erhält man die **Koordinatengleichung**
$a_1 x_1 + a_2 x_2 + a_3 x_3 = b$.

**Satz 3:** Jede Ebene E lässt sich durch eine Koordinatengleichung $\mathbf{a_1x_1 + a_2x_2 + a_3x_3 = b}$ beschreiben, bei der mindestens einer der drei Koeffizienten $a_1$, $a_2$, $a_3$ ungleich 0 ist.

Umgekehrt enthält die Koordinatengleichung die Koordinaten eines Normalenvektors:
Die Koordinatengleichung $a_1 x_1 + a_2 x_2 + a_3 x_3 = b$ einer Ebene E kann man auch in der Form $\begin{pmatrix} x_1 \\ x_2 \\ x_3 \end{pmatrix} \cdot \begin{pmatrix} a_1 \\ a_2 \\ a_3 \end{pmatrix} = b$ schreiben, d. h. als $\vec{x} \cdot \vec{n} = b$ mit $\vec{x} = \begin{pmatrix} x_1 \\ x_2 \\ x_3 \end{pmatrix}$; $\vec{n} = \begin{pmatrix} a_1 \\ a_2 \\ a_3 \end{pmatrix}$.
Zu $\vec{n}$ und b kann man einen Vektor $\vec{p}$ finden, sodass $\vec{p} \cdot \vec{n} = b$ (vgl. Beispiel 6).
Aus $\vec{x} \cdot \vec{n} = \vec{p} \cdot \vec{n}$ folgt $(\vec{x} - \vec{p}) \cdot \vec{n} = 0$, also ist $\vec{n}$ ein Normalenvektor der Ebene E.

**Satz 4:** Ist $a_1 x_1 + a_2 x_2 + a_3 x_3 = b$ eine Koordinatengleichung der Ebene E, so ist der Vektor mit den Koordinaten $a_1$, $a_2$, $a_3$ ein Normalenvektor von E.

Aus Satz 4 ergibt sich insbesondere:
Unterscheiden sich die Koordinatengleichungen zweier Ebenen nur in der Konstanten b, so sind die Ebenen zueinander parallel.

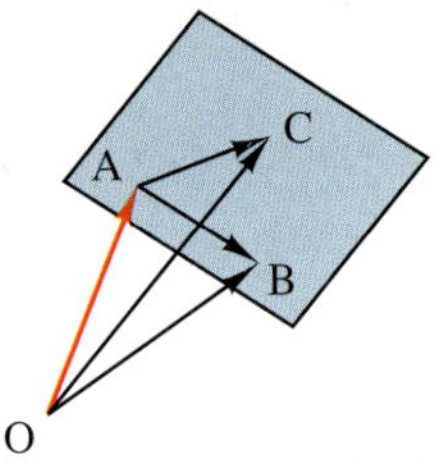


Fig. 1

*Warum sind hier $\overrightarrow{OB}$ und $\overrightarrow{OC}$ als Spannvektoren **nicht** geeignet? In welchem Spezialfall wäre dies nur möglich?*

**Beispiel 1:** (Aufstellen einer Ebenengleichung)

Die Punkte $A(1|1|0)$, $B(1|0|1)$ und $C(0|1|1)$ legen eine Ebene E fest. Bestimmen Sie

a) eine Parametergleichung b) eine Koordinatengleichung dieser Ebene E.

Lösung:

a) Man wählt einen Ortsvektor, z. B. $\overrightarrow{OA}$, als Stützvektor und dann $\overrightarrow{AB}$ und $\overrightarrow{AC}$ als Spannvektoren: $\vec{x} = \begin{pmatrix} 1 \\ 1 \\ 0 \end{pmatrix} + r \cdot \begin{pmatrix} 0 \\ -1 \\ 1 \end{pmatrix} + s \cdot \begin{pmatrix} -1 \\ 0 \\ 1 \end{pmatrix}$.

b) Man setzt in die Koordinatengleichung $a_1 x_1 + a_2 x_2 + a_3 x_3 = b$ die Koordinaten der Punkte A, B, C ein. Man erhält das LGS

$$\left\{\begin{array}{l} a_1 + a_2 = b \\ a_1 + a_3 = b \\ a_2 + a_3 = b \end{array}\right. \quad \text{bzw.} \quad \left\{\begin{array}{l} a_1 + a_2 - b = 0 \\ a_1 + a_3 - b = 0 \\ a_2 + a_3 - b = 0 \end{array}\right. .$$

Wählt man b als Parameter, so erhält man als Lösung $a_1 = a_2 = a_3 = 0{,}5\,b$ (vgl. Fig. 2).

Setzt man nun z. B. $b = 2$, so erhält man die Koordinatengleichung $x_1 + x_2 + x_3 = 2$.

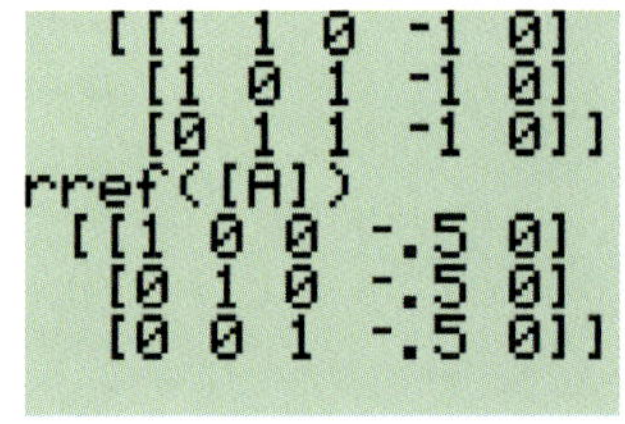


Fig. 2

*Muss man von einer Ebene die Parametergleichung in eine Koordinatengleichung umwandeln, so geht man analog Beispiel 1 b) vor, indem man der Parametergleichung die Koordinaten von drei Punkten entnimmt, z. B. die zu $\vec{p}$, $\vec{p} + \vec{u}$ und $\vec{p} + \vec{v}$ gehörenden.*

**Beispiel 2:** (Punktprobe)

Überprüfen Sie, ob der Punkt $P(7|5|-3)$ in der Ebene E liegt.

a) E: $\vec{x} = \begin{pmatrix} 2 \\ 0 \\ 1 \end{pmatrix} + r \cdot \begin{pmatrix} 1 \\ 3 \\ 5 \end{pmatrix} + s \cdot \begin{pmatrix} 2 \\ -1 \\ 1 \end{pmatrix}$ b) E: $3x_1 - x_2 + 2x_3 = 10$

Lösung:

a) Einsetzen in die Parametergleichung ergibt

$$\begin{pmatrix} 7 \\ 5 \\ -3 \end{pmatrix} = \begin{pmatrix} 2 \\ 0 \\ 1 \end{pmatrix} + r \cdot \begin{pmatrix} 1 \\ 3 \\ 5 \end{pmatrix} + s \cdot \begin{pmatrix} 2 \\ -1 \\ 1 \end{pmatrix}.$$

Dies entspricht dem LGS

$$\left\{\begin{array}{l} 7 = 2 + r + 2s \\ 5 = 3r - s \\ -3 = 1 + 5r + s \end{array}\right. \quad \text{bzw.} \quad \left\{\begin{array}{l} r + 2s = 5 \\ 3r - s = 5 \\ 5r + s = -4 \end{array}\right. .$$

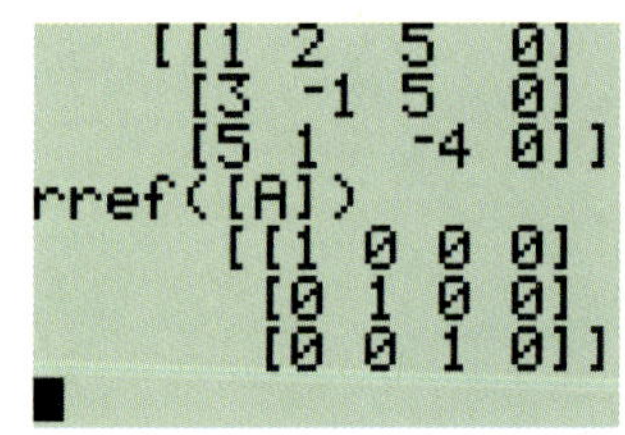


Fig. 3

Dieses LGS hat keine Lösung, denn bringt man das LGS auf Stufenform, so erhält u. a. die Gleichung $0 = 113$ oder im Fall der reduzierten Stufenform $0 = 1$ (vgl. Fig. 3).

Damit liegt der Punkt P nicht in der Ebene E.

b) Einsetzen der Koordinaten von P führt zu der wahren Aussage $3 \cdot 7 - 5 + 2 \cdot (-3) = 10$.

Also liegt P in der Ebene E.

*Eine Ebenengleichung in Normalenform kann man sofort angeben: Man nimmt $\overrightarrow{OA}$ als Stützvektor und den Richtungsvektor von g als Normalenvektor.*

**Beispiel 3:** (Ebene, die zu einer gegebenen Geraden orthogonal ist)

Die Ebene E durch $A(3|5|-2)$ ist zur Geraden g: $\vec{x} = \begin{pmatrix} 0 \\ -3 \\ 7 \end{pmatrix} + t \cdot \begin{pmatrix} 2 \\ -1 \\ 3 \end{pmatrix}$ orthogonal.

Bestimmen Sie eine Koordinatengleichung der Ebene E.

Lösung:

Der Richtungsvektor von g ist zugleich ein Normalenvektor von E. Eine Koordinatengleichung von E hat damit die Form $2x_1 - x_2 + 3x_3 = b$.

Da E durch A gehen soll, müssen die Koordinaten von A die Koordinatengleichung erfüllen: $2 \cdot 3 - 5 + 3 \cdot (-2) = b$, also $b = -5$.

Damit ist $2x_1 - x_2 + 3x_3 = -5$ eine Gleichung von E.

*Welche Form der Ebenengleichung man benutzt, hängt von der jeweiligen Anwendung ab. Häufig kann man die Parametergleichung einer Ebene leicht angeben, benötigt zum Weiterrechnen aber den Normalenvektor oder die Koordinatengleichung.*

**Beispiel 4:** (Von einer Parametergleichung zur Normalenform)

Bestimmen Sie für die Ebene E: $\vec{x} = \begin{pmatrix} 5 \\ 2 \\ 3 \end{pmatrix} + r\begin{pmatrix} 1 \\ 0 \\ 2 \end{pmatrix} + s\begin{pmatrix} 0 \\ -5 \\ 8 \end{pmatrix}$ eine Gleichung in Normalenform.

Lösung:

Jeder Normalenvektor $\vec{n}$ muss zu den Richtungsvektoren orthogonal sein, also muss für $\vec{n} = \begin{pmatrix} n_1 \\ n_2 \\ n_3 \end{pmatrix}$ gelten: $\begin{pmatrix} 1 \\ 0 \\ 2 \end{pmatrix} \cdot \begin{pmatrix} n_1 \\ n_2 \\ n_3 \end{pmatrix} = 0$ und $\begin{pmatrix} 0 \\ -5 \\ 8 \end{pmatrix} \cdot \begin{pmatrix} n_1 \\ n_2 \\ n_3 \end{pmatrix} = 0$.

Ausrechnen der Skalarprodukte ergibt das LGS

$$\begin{cases} n_1 \quad\quad + 2n_3 = 0 \\ \quad -5n_2 + 8n_3 = 0 \end{cases},$$

*Um einen „schönen" Normalenvektor zu erhalten, wählt man $n_3$ so, dass auch $n_2$ und $n_1$ ganzzahlig werden.*

das sich umformen lässt in $\begin{cases} n_1 = -2n_3 \\ n_2 = \frac{8}{5}n_3 \end{cases}$.

Setzt man $n_3 = 5$, so ergibt sich eine ganzzahlige Lösung mit $n_2 = 8$ und $n_1 = -10$.

Damit erhält man als einen Normalenvektor

$\vec{n} = \begin{pmatrix} -10 \\ 8 \\ 5 \end{pmatrix}$ und als eine Normalenform der Ebenengleichung: $\left[\vec{x} - \begin{pmatrix} 5 \\ 2 \\ 3 \end{pmatrix}\right] \cdot \begin{pmatrix} -10 \\ 8 \\ 5 \end{pmatrix} = 0$.

*Den benötigten Stützvektor $\vec{p}$ kann man direkt der gegebenen Gleichung entnehmen.*

**Beispiel 5:** (Von der Normalenform der Ebenengleichung zur Koordinatengleichung)

Eine Ebene durch $P(4|1|3)$ hat den Normalenvektor $\vec{n} = \begin{pmatrix} 2 \\ -1 \\ 5 \end{pmatrix}$.

a) Geben Sie eine Gleichung der Ebene in Normalenform an.

b) Bestimmen Sie aus der Normalenform eine Koordinatengleichung der Ebene.

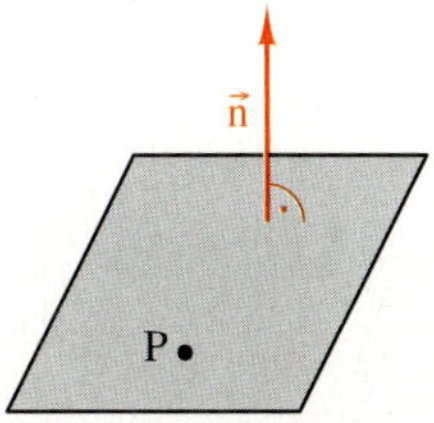


*Ein Punkt und ein Normalenvektor legen bereits die Ebene fest.*

Lösung:

a) Einsetzen von $\vec{p} = \overrightarrow{OP}$ und $\vec{n}$ in $(\vec{x} - \vec{p}) \cdot \vec{n} = 0$ ergibt:

Ebenengleichung in Normalenform: $\left[\vec{x} - \begin{pmatrix} 4 \\ 1 \\ 3 \end{pmatrix}\right] \cdot \begin{pmatrix} 2 \\ -1 \\ 5 \end{pmatrix} = 0$.

b) Einsetzen von $\vec{x} = \begin{pmatrix} x_1 \\ x_2 \\ x_3 \end{pmatrix}$ in $\left[\vec{x} - \begin{pmatrix} 4 \\ 1 \\ 3 \end{pmatrix}\right] \cdot \begin{pmatrix} 2 \\ -1 \\ 5 \end{pmatrix} = 0$ ergibt $\begin{pmatrix} x_1 \\ x_2 \\ x_3 \end{pmatrix} \cdot \begin{pmatrix} 2 \\ -1 \\ 5 \end{pmatrix} = \begin{pmatrix} 4 \\ 1 \\ 3 \end{pmatrix} \begin{pmatrix} 2 \\ -1 \\ 5 \end{pmatrix}$.

Ausrechnen der Skalarprodukte ergibt die Koordinatengleichung: $2x_1 - x_2 + 5x_3 = 22$.

**Beispiel 6:** (Von der Koordinatengleichung zur Normalenform)

Bestimmen Sie für die Ebene mit der Koordinatengleichung $2x_1 + 5x_2 + 3x_3 = 12$ eine Ebenengleichung in Normalenform.

Lösung:

*Ist in der Koordinatengleichung der Koeffizient von $x_1$ gleich 0 und der Koeffizient von $x_3$ ungleich 0, so setzt man $x_1 = x_2 = 0$.*

Bestimmung eines Stützvektors $\vec{p}$:

Es ist geschickt, zwei Koordinaten als 0 zu wählen, z. B. $x_2$ und $x_3$. Die fehlende Koordinate ergibt sich durch Einsetzen in die Koordinatengleichung.

Aus $x_2 = x_3 = 0$ folgt $2x_1 + 5 \cdot 0 + 3 \cdot 0 = 12$, also $x_1 = 6$. Damit ist $\vec{p} = \begin{pmatrix} 6 \\ 0 \\ 0 \end{pmatrix}$.

Die Koeffizienten 2, 5 und 3 der Koordinatengleichung $2x_1 + 5x_2 + 3x_3 = 12$ sind die Koordinaten eines Normalenvektors: $\vec{n} = \begin{pmatrix} 2 \\ 5 \\ 3 \end{pmatrix}$.

Daraus ergibt sich als eine Normalenform der Ebenengleichung: $\left[\vec{x} - \begin{pmatrix} 6 \\ 0 \\ 0 \end{pmatrix}\right] \cdot \begin{pmatrix} 2 \\ 5 \\ 3 \end{pmatrix} = 0$.

## Aufgaben

**2** Geben Sie zwei verschiedene Parametergleichungen der Ebene E an, die durch die Punkte A, B und C festgelegt ist.

a) $A(2|0|3)$, $B(1|-1|5)$, $C(3|-2|0)$
b) $A(0|0|0)$, $B(2|1|5)$, $C(-3|1|-3)$
c) $A(1|1|1)$, $B(2|2|2)$, $C(-2|3|5)$
d) $A(2|5|7)$, $B(7|5|2)$, $C(1|2|3)$

**3** Gegeben ist die Ebene $E: \vec{x} = \begin{pmatrix} 3 \\ 0 \\ 2 \end{pmatrix} + r \cdot \begin{pmatrix} 2 \\ 1 \\ 7 \end{pmatrix} + s \cdot \begin{pmatrix} 3 \\ 2 \\ 5 \end{pmatrix}$.

a) Liegen die Punkte $A(8|3|14)$, $B(1|1|0)$, $C(4|0|11)$ in der Ebene E?
b) Bestimmen Sie für p eine Zahl so, dass der Punkt P in der Ebene E liegt.
(1) $P(4|1|p)$ (2) $P(p|0|7)$ (3) $P(p|2|-2)$ (4) $P(0|p|p)$

**4** a) Begründen Sie: Zwei sich schneidende Geraden legen eine Ebene fest.
b) Die Geraden $g_1: \vec{x} = \vec{p} + t \cdot \vec{u}_1$ und $g_2: \vec{x} = \vec{p} + t \cdot \vec{u}_2$ haben einen gemeinsamen Punkt (warum?). Sie legen daher eine Ebene fest. Geben Sie eine Gleichung dieser Ebene an.

**5** Prüfen Sie, ob die beiden Geraden $g_1$ und $g_2$ sich schneiden. Geben Sie, falls möglich, eine Parametergleichung der Ebene an, die eindeutig durch die Geraden $g_1$ und $g_2$ festgelegt wird.

a) $g_1: \vec{x} = \begin{pmatrix} 1 \\ 1 \\ 2 \end{pmatrix} + t\begin{pmatrix} 2 \\ 3 \\ 1 \end{pmatrix}$; $g_2: \vec{x} = \begin{pmatrix} 3 \\ 4 \\ 3 \end{pmatrix} + t\begin{pmatrix} 1 \\ 0 \\ 1 \end{pmatrix}$
b) $g_1: \vec{x} = \begin{pmatrix} 2 \\ 0 \\ 2 \end{pmatrix} + t\begin{pmatrix} 1 \\ 1 \\ 1 \end{pmatrix}$; $g_2: \vec{x} = \begin{pmatrix} 0 \\ -2 \\ 0 \end{pmatrix} + t\begin{pmatrix} 1 \\ 2 \\ 3 \end{pmatrix}$
c) $g_1: \vec{x} = \begin{pmatrix} 3 \\ 0 \\ 7 \end{pmatrix} + t\begin{pmatrix} 2 \\ 5 \\ 1 \end{pmatrix}$; $g_2: \vec{x} = \begin{pmatrix} 7 \\ 10 \\ 9 \end{pmatrix} + t\begin{pmatrix} 1 \\ 0 \\ 1 \end{pmatrix}$
d) $g_1: \vec{x} = \begin{pmatrix} 1 \\ 2 \\ 5 \end{pmatrix} + t\begin{pmatrix} 3 \\ 4 \\ 0 \end{pmatrix}$; $g_2: \vec{x} = \begin{pmatrix} 2 \\ 3 \\ 1 \end{pmatrix} + t\begin{pmatrix} 3 \\ 4 \\ 5 \end{pmatrix}$

**6** Die Punkte A, B, C legen eine Ebene E fest. Bestimmen Sie eine Koordinatengleichung dieser Ebene E.

a) $A(0|2|-1)$, $B(6|-5|0)$, $C(1|0|1)$
b) $A(7|2|-1)$, $B(4|1|3)$, $C(1|3|2)$
c) $A(1|2|-1)$, $B(6|-5|11)$, $C(3|2|0)$
d) $A(9|3|-3)$, $B(8|4|-9)$, $C(11|13|-7)$

**7** Untersuchen Sie, ob die Punkte A, B, C und D in einer gemeinsamen Ebene liegen.

a) $A(0|1|-1)$, $B(2|3|5)$, $C(-1|3|-1)$, $D(2|2|2)$
b) $A(3|0|2)$, $B(5|1|9)$, $C(6|2|7)$, $D(8|3|14)$
c) $A(5|0|5)$, $B(6|3|2)$, $C(2|9|0)$, $D(3|12|-3)$
d) $A(1|1|1)$, $B(3|3|3)$, $C(-2|5|1)$, $D(3|4|-2)$

**8** Eine Ebene kann nicht nur durch drei geeignete Punkte festgelegt werden, sondern auch durch einen Punkt und eine Gerade.
Welche Bedingung müssen der Punkt und die Gerade erfüllen, damit sie eindeutig eine Ebene festlegen? Begründen Sie Ihre Antwort.

**9** Prüfen Sie, ob die Gerade g und der Punkt P eine Ebene E festlegen (vgl. Aufgabe 8). Falls ja, geben Sie eine Gleichung der Ebene E an.

a) $g: \vec{x} = \begin{pmatrix} 1 \\ 0 \\ 1 \end{pmatrix} + t\begin{pmatrix} 2 \\ 1 \\ 3 \end{pmatrix}$; $P(5|-5|3)$
b) $g: \vec{x} = \begin{pmatrix} 2 \\ 0 \\ 1 \end{pmatrix} + t\begin{pmatrix} 3 \\ 1 \\ 5 \end{pmatrix}$; $P(2|7|11)$
c) $g: \vec{x} = \begin{pmatrix} 1 \\ 2 \\ 5 \end{pmatrix} + t\begin{pmatrix} -1 \\ 2 \\ 7 \end{pmatrix}$; $P(2|5|-3)$
d) $g: \vec{x} = \begin{pmatrix} 1 \\ 0 \\ 3 \end{pmatrix} + t\begin{pmatrix} 2 \\ 1 \\ 0 \end{pmatrix}$; $P(6|3|-1)$

**10** Eine Ebene E geht durch den Punkt $P(7|3|-1)$ und ist zu einer Geraden mit dem Richtungsvektor $\vec{u}$ orthogonal. Geben Sie eine Gleichung von E in Normalenform und eine Koordinatengleichung an.

a) $\vec{u} = \begin{pmatrix} 1 \\ -1 \\ 2 \end{pmatrix}$ b) $\vec{u} = \begin{pmatrix} 1 \\ 0 \\ 1 \end{pmatrix}$ c) $\vec{u} = \begin{pmatrix} 1 \\ 2 \\ 3 \end{pmatrix}$ d) $\vec{u} = \begin{pmatrix} 1 \\ -1 \\ -1 \end{pmatrix}$

**11** Geben Sie eine Koordinatengleichung der Ebene an, für die gilt: Die Ebene geht durch den Punkt P und hat den Normalenvektor $\vec{n}$.

a) $P(-1|2|1)$; $\vec{n} = \begin{pmatrix} 3 \\ -2 \\ 7 \end{pmatrix}$ b) $P(9|1|-2)$; $\vec{n} = \begin{pmatrix} 0 \\ 8 \\ 3 \end{pmatrix}$ c) $P(0|0|0)$; $\vec{n} = \begin{pmatrix} 7 \\ -7 \\ 3 \end{pmatrix}$

**12** Eine Ebene E geht durch den Punkt $P(2|-5|7)$ und hat den Normalenvektor $\begin{pmatrix} 2 \\ 1 \\ -2 \end{pmatrix}$.
Prüfen Sie, ob die folgenden Punkte in der Ebene E liegen.

a) $A(2|7|1)$ b) $B(0|-1|7)$ c) $C(3|-1|10)$ d) $D(4|6|-2)$

**13** Bestimmen Sie für die Ebene E eine Gleichung in Normalenform.
a) E: $2x_1 + 3x_2 + 5x_3 = 10$ b) E: $x_1 - x_2 + x_3 = 1$ c) E: $4x_1 + 3x_2 = 17$
d) E: $4x_2 - 5x_3 = 11$ e) E: $x_1 + x_2 + x_3 = 100$ f) E: $x_2 = -5$

**14** Bestimmen Sie eine Gleichung der Ebene E in Normalenform und daraus eine Gleichung in Koordinatenform.

a) E: $\vec{x} = \begin{pmatrix} 2 \\ 1 \\ 2 \end{pmatrix} + r\begin{pmatrix} 1 \\ 3 \\ 0 \end{pmatrix} + s\begin{pmatrix} -2 \\ 1 \\ 3 \end{pmatrix}$ b) E: $\vec{x} = \begin{pmatrix} 6 \\ 9 \\ 1 \end{pmatrix} + r\begin{pmatrix} 4 \\ 1 \\ -4 \end{pmatrix} + s\begin{pmatrix} 1 \\ -2 \\ -4 \end{pmatrix}$ c) E: $\vec{x} = r\begin{pmatrix} 2 \\ 1 \\ 2 \end{pmatrix} + s\begin{pmatrix} 1 \\ 1 \\ 5 \end{pmatrix}$

**15** Gegeben ist die Koordinatengleichung einer Ebene E. Bestimmen Sie zu E einen Normalenvektor $\vec{n}$, der zugleich ein Stützvektor von E ist.
Geben Sie auch die zugehörigen Ebenengleichung in Normalenform an.
a) E: $3x_1 - x_2 + 5x_3 = 105$ b) E: $x_1 - 3x_2 - 2x_3 = 7$

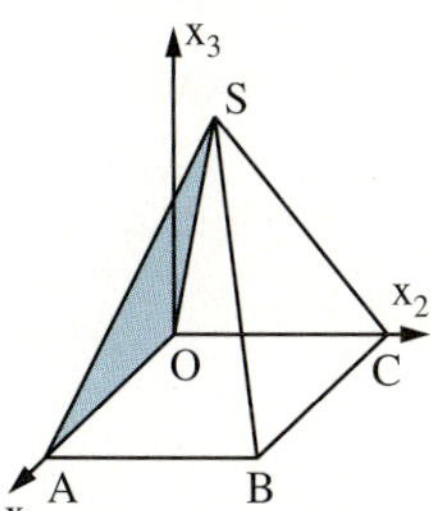

Fig. 1

**16** a) Bestimmen Sie eine Gleichung der Ebene durch die Seitenfläche OAS der quadratischen Pyramide von Fig. 1 für $A(8|0|0)$, $S(4|4|10)$.
b) Der Punkt $P(4|p_2|4)$ soll auf der Seitenfläche durch O, A und S liegen. Bestimmen Sie die fehlende Koordinate $p_2$ des Punktes durch eine elementargeometrische Überlegung. Kontrollieren Sie Ihre Antwort durch eine Punktprobe.

**17** a) In Fig. 2 ist M der Mittelpunkt der Raumdiagonalen BH eines Würfels. Eine Ebene geht durch diesen Punkt M und ist orthogonal zu BH. Geben Sie eine Gleichung dieser Ebene an.
b) Bestimmen Sie rechnerisch die Koordinaten der Schnittpunkte dieser Ebene mit den Kanten des Würfels.
c) Bestimmen Sie auch die Gleichung der durch M gehenden und zu AG (zu CE) orthogonalen Ebene.

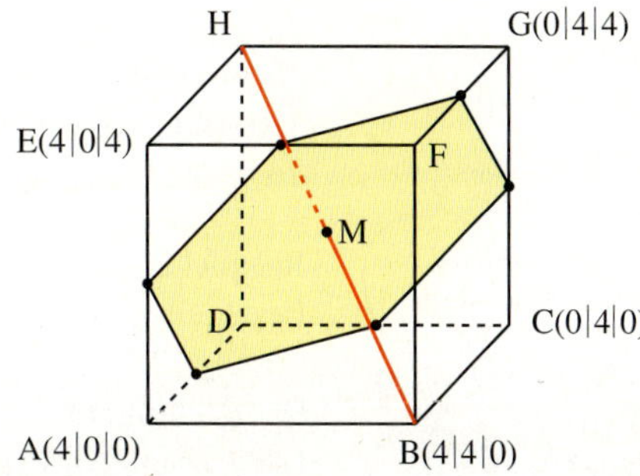

Fig. 2

# 3 Zeichnerische Darstellung von Ebenen

**1** a) Wie viele Punkte legen eine Gerade fest, wie viele Punkte eine Ebene?
b) Bei einer zeichnerischen Darstellung des Raumes kann man eigentlich nur bei Punkten auf den Achsen deren Lage erkennen. Welche Koordinaten haben die Punkte A, B, C in Fig. 1?
c) Kann man Fig. 1 etwas über die Koordinaten von D entnehmen?

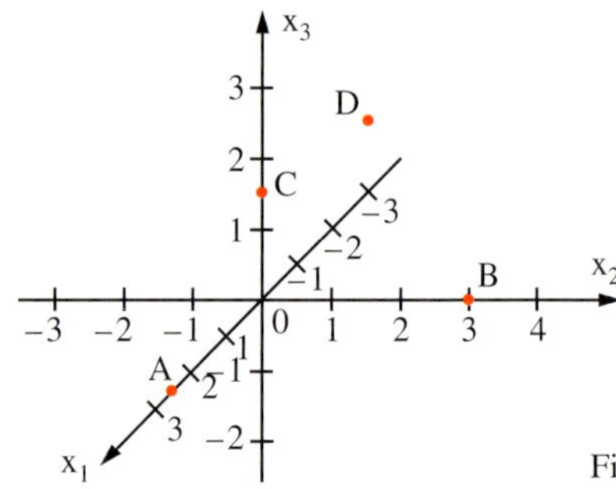

Fig. 1

Um eine Ebene zeichnerisch darzustellen, bestimmt man zuerst die Durchstoßpunkte der Koordinatenachsen mit der Ebene ($S_1$, $S_2$ und $S_3$ in Fig. 2). Diese Punkte nennt man **Spurpunkte** der Ebene.
Verbindet man zwei Spurpunkte, so erhält man Schnittgeraden der Ebene mit den Koordinatenebenen. Diese Schnittgeraden nennt man **Spurgeraden**.
In Fig. 2 ist
- $s_{12}$ die Spurgerade von E mit der $x_1x_2$-Ebene.
- $s_{13}$ die Spurgerade von E mit der $x_1x_3$-Ebene
- $s_{23}$ die Spurgerade von E mit der $x_2x_3$-Ebene.

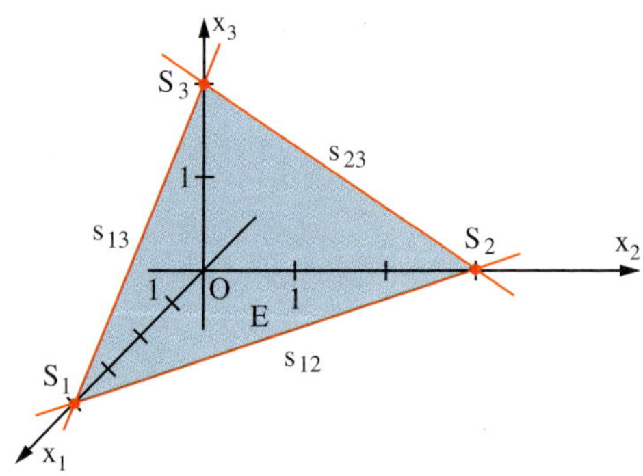

Fig. 2

**Beispiel 1:** (Ebenenausschnitt zeichnen)
Bestimmen Sie die gemeinsamen Punkte der Ebene E: $3x_1 + 2x_2 + 6x_3 = 6$ mit den Koordinatenachsen und zeichnen Sie einen Ausschnitt von E.
Lösung:
Alle Punkte der $x_1$-Achse haben die Koordinaten $x_2 = 0$ und $x_3 = 0$. Setzt man diese Koordinaten in die Gleichung $3x_1 + 2x_2 + 6x_3 = 6$ ein, so erhält man $x_1 = 2$. Also gilt:
Die Ebene E und die $x_1$-Achse haben den gemeinsamen Punkt $S_1(2|0|0)$.
Entsprechend gilt: $S_2(0|3|0)$ ist gemeinsamer Punkt von E und der $x_2$-Achse.
$S_3(0|0|1)$ ist gemeinsamer Punkt von E und der $x_3$-Achse.

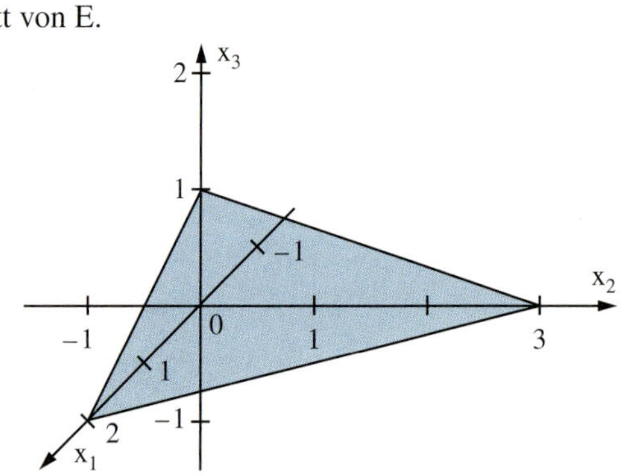

Fig. 3

Das x, das fehlt, zu dessen Achse ist E parallel.

**Beispiel 2:** (Besondere Lage einer Ebene)
Beschreiben Sie die Lage der Ebene E: $4x_1 + 2x_2 = 7$.
Lösung:
Der Schnittpunkt der Ebene E mit der $x_1$-Achse ist $S_1\left(\frac{7}{4}\middle|0\middle|0\right)$, mit der $x_2$-Achse $S_2\left(0\middle|\frac{7}{2}\middle|0\right)$.
Die Ebene E hat keinen Schnittpunkt mit der $x_3$-Achse (es gibt keine Lösung für $0 \cdot x_1 + 0 \cdot x_2 = 7$); sie ist daher zur $x_3$-Achse parallel.

## Aufgaben

*Spricht man in der Geometrie von* ***der Ebene****, so meint man damit die* ***Zeichenebene*** *bzw. die* ***$x_1x_2$-Ebene****.*

**2** Zeichnen Sie einen Ausschnitt der Ebene E.
a) E: $x_1 + x_2 + x_3 = 3$ b) E: $2x_1 + 2x_2 + 3x_3 = 6$ c) E: $-1x_1 - 3x_2 - 2x_3 = -6$
d) E: $-3{,}5x_2 + 7x_3 = 7$ e) E: $5x_1 = 10$ f) E: $3x_1 - 4{,}5x_3 = -9$

**3** Bestimmen Sie eine Koordinatengleichung
a) der $x_2x_3$-Ebene, b) der $x_1x_3$-Ebene.

**4** Welche besondere Lage hat die Ebene
a) E: $x_1 = 0$, b) E: $x_2 = 0$, c) E: $x_3 = 0$, d) E: $x_1 = 5$, e) E: $x_2 = -3$, f) E: $x_3 = 4$?

**5** Bestimmen Sie eine Koordinatengleichung der Ebene E.
a)

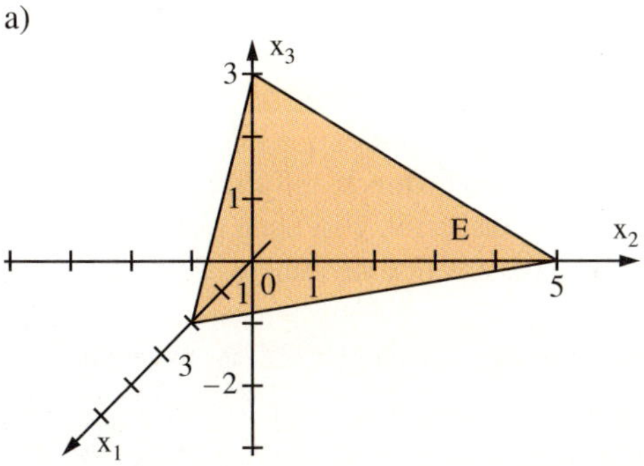

Fig. 1

b)

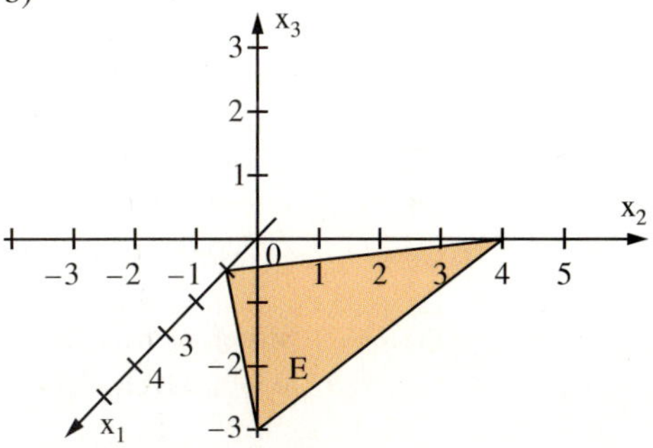

Fig. 2

**6** In Fig. 3 hat die Ebene nur einen Spurpunkt P, in Fig. 4 ist die Ebene parallel zur $x_3$-Achse. Bestimmen Sie jeweils eine Koordinatengleichung für die Ebene E.
a)

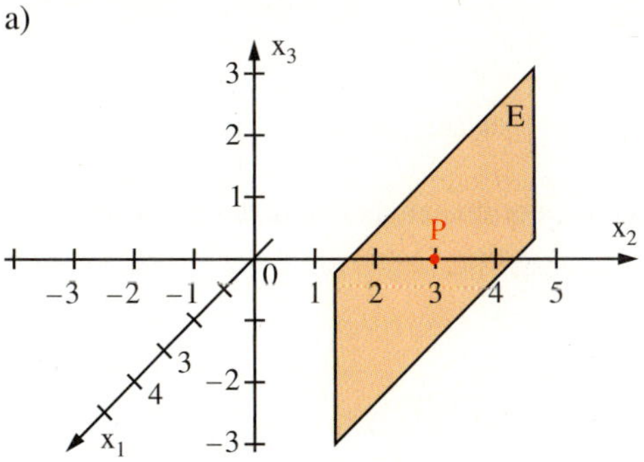

Fig. 3

b)

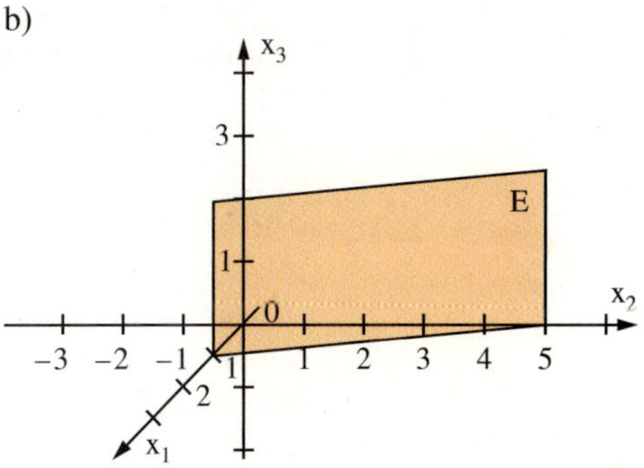

Fig. 4

**7** Gegeben ist die Ebene E: $4x_1 + x_2 = 8$ (E: $2x_1 - 3x_3 = 6$).
a) Wie kann man an der Ebenengleichung erkennen, dass zwei Spurgeraden zueinander parallel sind?
b) Zeichnen Sie die drei Spurgeraden und schraffieren Sie einen Ebenenausschnitt.

**8** Gegeben ist die Ebene E: $3x_1 + 4x_2 + 6x_3 = 0$.
a) Begründen Sie: Die Spurgeraden gehen alle durch den Ursprung.
b) Zeichnen Sie die Spurgeraden. Geben Sie mithilfe von Parallelen zu den Spurgeraden einen Ebenenausschnitt an.

# 4 Gegenseitige Lage von Geraden und Ebenen

**1** Die Gerade g in Fig. 1 geht durch die Punkte $P(-2|0|0)$ und $Q(0|0|2)$.
a) Bestimmen Sie eine Parametergleichung der Geraden g.
b) Bestimmen Sie eine Gleichung der zur $x_3$-Achse parallelen Ebene E.
c) Bestimmen Sie die Koordinaten des Punktes S, in dem die Gerade g die Ebene E durchstößt.

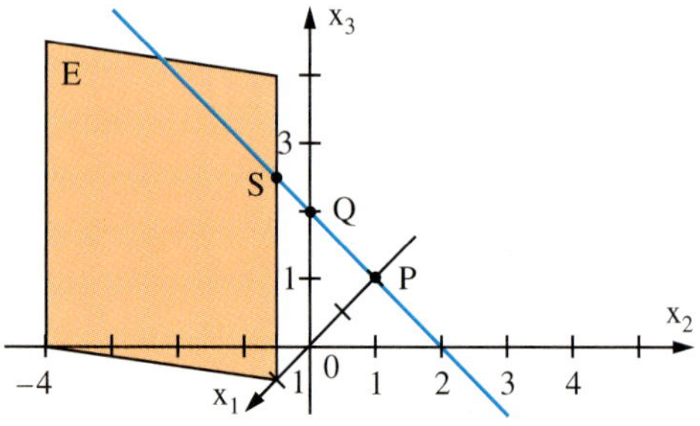

Fig. 1

Bei der Betrachtung der gegenseitigen Lage einer Geraden g und einer Ebene E muss man drei Fälle unterscheiden:
- g und E haben **genau einen** Punkt gemeinsam, g und E schneiden sich also. Diesen Schnittpunkt nennt man auch **Durchstoßpunkt**.
- g und E haben **keinen** Punkt gemeinsam, g ist dann **parallel** zu E und liegt nicht in E.
- g und E haben **unendlich viele** gemeinsame Punkte, g liegt dann ganz **in E**.

Sind eine Gerade g und eine Ebene E zueinander orthogonal, so haben g und E stets genau einen gemeinsamen Punkt.

**Beispiel:** (Bestimmung von Durchstoßpunkten)

Bestimmen Sie die gemeinsamen Punkte der Geraden $g: \vec{x} = \begin{pmatrix} 3 \\ 4 \\ 7 \end{pmatrix} + t \cdot \begin{pmatrix} 2 \\ 1 \\ -1 \end{pmatrix}$ mit der Ebene

a) $E_1: 2x_1 + 5x_2 - x_3 = 49$;  b) $E_2: 2x_1 - 5x_2 - x_3 = 49$.

Lösung:

Der Gleichung $\vec{x} = \begin{pmatrix} 3 \\ 4 \\ 7 \end{pmatrix} + t \cdot \begin{pmatrix} 2 \\ 1 \\ -1 \end{pmatrix}$ entspricht $\begin{matrix} x_1 = 3 + 2t \\ x_2 = 4 + t \\ x_3 = 7 - t \end{matrix}$.

Setzt man $x_1$, $x_2$ und $x_3$ in die Koordinatengleichung der Ebene ein, so erhält man:

a) $2(3 + 2t) + 5(4 + t) - (7 - t) = 49$.
Hieraus folgt:
$10t + 19 = 49$, also $t = 3$.
Setzt man $t = 3$ in die Geradengleichung ein, so ergibt sich der Durchstoßpunkt $D(9|7|4)$.

b) $2(3 + 2t) - 5(4 + t) - (7 - t) = 49$.
Hieraus folgt:
$0 \cdot t - 21 = 49$, es gibt also keine Lösungen.
Damit haben g und $E_2$ keine gemeinsamen Punkte:
g und $E_2$ sind zueinander parallel.

## Aufgaben

**2** Untersuchen Sie die gegenseitige Lage der Ebene E zu der Geraden $g: \vec{x} = \begin{pmatrix} 4 \\ 6 \\ 2 \end{pmatrix} + t \begin{pmatrix} 1 \\ 2 \\ 3 \end{pmatrix}$.
Bestimmen Sie den Durchstoßpunkt, falls g und E sich schneiden.

a) E: $2x_1 + 4x_2 + 6x_3 = 16$  b) E: $5x_2 - 7x_3 = 13$  c) E: $x_1 + x_2 - x_3 = 1$
d) E: $2x_1 + x_2 + 3x_3 = 0$  e) E: $x_1 + x_2 - x_3 = 7$  f) E: $x_1 + x_2 - x_3 = 8$
g) E: $3x_1 - x_3 = 10$  h) E: $3x_1 - x_3 = 12$  i) E: $4x_1 - 5x_2 = 11$

**3** Bestimmen Sie den Durchstoßpunkt von der Geraden g und der Ebene E: $3x_1 + 5x_2 - 2x_3 = 7$.

a) g: $\vec{x} = \begin{pmatrix} 5 \\ 1 \\ 1 \end{pmatrix} + t\begin{pmatrix} 1 \\ 0 \\ 1 \end{pmatrix}$  b) g: $\vec{x} = \begin{pmatrix} 1 \\ 0 \\ 9 \end{pmatrix} + t\begin{pmatrix} 1 \\ 3 \\ 5 \end{pmatrix}$  c) g: $\vec{x} = \begin{pmatrix} 7 \\ 1 \\ 1 \end{pmatrix} + t\begin{pmatrix} 2 \\ 2 \\ 1 \end{pmatrix}$

**4** Bestimmen Sie, falls möglich, den Schnittpunkt der Geraden g mit der $x_1x_2$-Ebene ($x_1x_3$-Ebene; $x_2x_3$-Ebene).

a) g: $\vec{x} = \begin{pmatrix} 2 \\ 4 \\ 1 \end{pmatrix} + t\begin{pmatrix} -2 \\ 2 \\ 1 \end{pmatrix}$  b) g: $\vec{x} = \begin{pmatrix} 2 \\ 2 \\ 2 \end{pmatrix} + t\begin{pmatrix} 1 \\ 3 \\ 0 \end{pmatrix}$  c) g: $\vec{x} = \begin{pmatrix} 7 \\ 0 \\ 7 \end{pmatrix} + t\begin{pmatrix} 1 \\ 1 \\ 1 \end{pmatrix}$  d) g: $\vec{x} = \begin{pmatrix} 7 \\ 1 \\ 9 \end{pmatrix} + t\begin{pmatrix} 1 \\ 0 \\ 0 \end{pmatrix}$

**5** Der Würfel in Fig. 1 hat die Eckpunkte A(0|0|0), B(0|8|0), C(−8|8|0), E(0|0|8). Die Ebene $E_1$ ist durch die Punkte A, F und H, die Ebene $E_2$ durch die Punkte B, D und G festgelegt. Bestimmen Sie die Schnittpunkte der Geraden durch C und E mit den Ebenen $E_1$ und $E_2$.

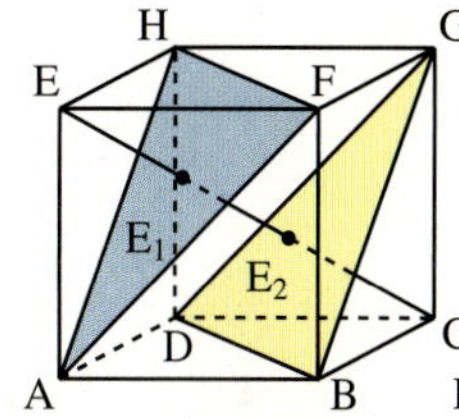

Fig. 1

**6** Die gegenseitige Lage von einer Geraden und einer Ebene kann man auch an den jeweiligen Stützvektoren und Richtungs- bzw. Spannvektoren erkennen. Erläutern Sie die Tabelle.

| g **schneidet** E | g ist **parallel** zu E und **liegt nicht in** E | g **liegt in** E |
|---|---|---|
| 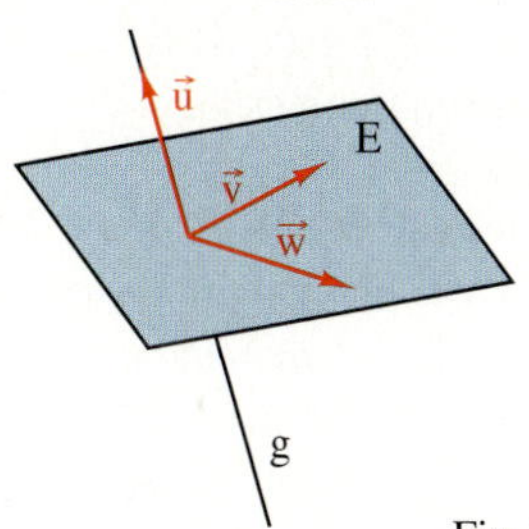  Fig. 2 | 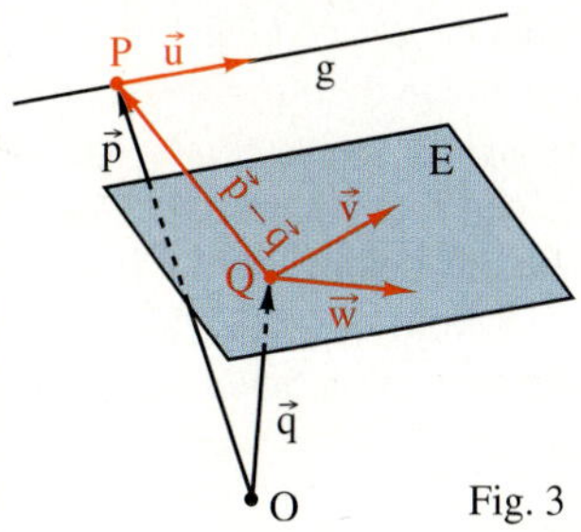  Fig. 3 | 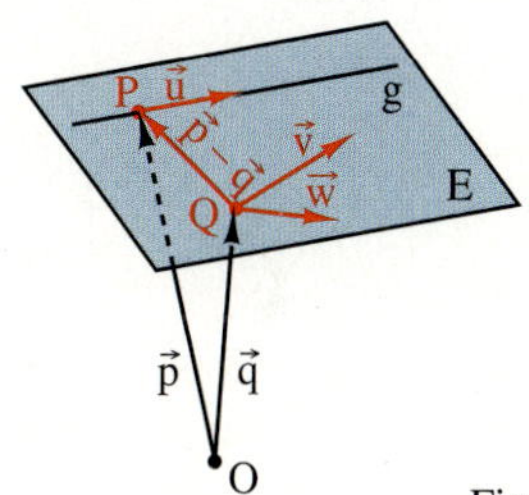  Fig. 4 |
| $\vec{u}$, $\vec{v}$ und $\vec{w}$ sind linear unabhängig | $\vec{u}$, $\vec{v}$ und $\vec{w}$ sind linear abhängig | |
| | $\vec{p} - \vec{q}$, $\vec{v}$ und $\vec{w}$ sind linear unabhängig | $\vec{p} - \vec{q}$, $\vec{v}$ und $\vec{w}$ sind linear abhängig |

**7** Gegeben ist die Ebene E: $\vec{x} = \begin{pmatrix} 3 \\ 4 \\ 7 \end{pmatrix} + r\begin{pmatrix} 1 \\ 0 \\ 1 \end{pmatrix} + s\begin{pmatrix} 4 \\ 7 \\ 2 \end{pmatrix}$. Geben Sie eine Gerade g an, die

a) die Ebene E schneidet,  b) zur Ebene E parallel ist und nicht in E liegt,
c) in der Ebene E liegt.

**8** Untersuchen Sie die Anzahl der gemeinsamen Punkte von g und E. Bestimmen Sie gegebenenfalls den Durchstoßpunkt.

a) g: $\vec{x} = \begin{pmatrix} -2 \\ 1 \\ 4 \end{pmatrix} + t\begin{pmatrix} 7 \\ 8 \\ 6 \end{pmatrix}$,  E: $\vec{x} = \begin{pmatrix} 1 \\ 4 \\ 3 \end{pmatrix} + r\begin{pmatrix} 0 \\ -1 \\ 1 \end{pmatrix} + s\begin{pmatrix} 1 \\ 0 \\ 3 \end{pmatrix}$

b) g: $\vec{x} = \begin{pmatrix} 22 \\ -18 \\ -7 \end{pmatrix} + t\begin{pmatrix} 4 \\ 1 \\ -5 \end{pmatrix}$,  E: $\vec{x} = \begin{pmatrix} 2 \\ 1 \\ 0 \end{pmatrix} + r\begin{pmatrix} 4 \\ -7 \\ 1 \end{pmatrix} + s\begin{pmatrix} 0 \\ 4 \\ -3 \end{pmatrix}$

## Orthogonalität zwischen einer Geraden und einer Ebene

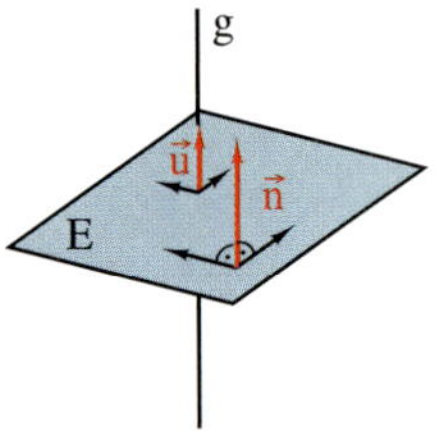

Fig. 1

**9** Eine Gerade g und eine Ebene E sind zueinander orthogonal, wenn ein Richtungsvektor der Geraden zu den Spannvektoren der Ebene orthogonal ist.
Erläutern Sie an Fig. 1:
Eine Gerade g ist auch dann zu einer Ebene E orthogonal, wenn ein Richtungsvektor von g und ein Normalenvektor von E die gleiche oder entgegengesetzte Richtung haben, d. h. wenn Richtungsvektor und Normalenvektor Vielfache voneinander sind.

**10** Untersuchen Sie, ob die Gerade $g\colon \vec{x} = \begin{pmatrix}-2\\0\\1\end{pmatrix} + t\begin{pmatrix}3\\0\\-5\end{pmatrix}$ bzw. $h\colon \vec{x} = \begin{pmatrix}2\\4\\6\end{pmatrix} + t\begin{pmatrix}6\\3\\12\end{pmatrix}$
zur Ebene E orthogonal ist.

a) E: $2x_1 + x_2 + 4x_3 = 5$  b) E: $9x_1 + 7x_3 = 1$  c) E: $3x_2 = -10$
d) E: $4x_1 + 2x_2 + 8x_3 = -15$  e) E: $2x_1 - x_3 = 6$  f) E: $x_1 = 4$

**11** Eine Gerade g durch $A(2|3|-1)$ ist orthogonal zur Ebene E. Bestimmen Sie eine Gleichung von g.

a) E: $5x_1 - x_2 - 3x_3 = 5$  b) E: $x_1 + 2x_2 + 6x_3 = 1$  c) E: $4x_2 + 5x_3 = 3$

**12** Die Grundfläche einer Pyramide liegt in der Ebene E: $x_1 + x_2 + x_3 = 8$. Die Spitze der Pyramide ist $S(10|10|15)$.

a) Bestimmen Sie eine Gleichung der Geraden durch die Höhe der Pyramide.
b) Berechnen Sie die Koordinaten des Höhenfußpunktes.

**13** Gegeben sind ein Punkt $P(4|-1|3)$ und die Ebene E: $3x_1 - 2x_2 + x_3 = 3$.
Gesucht ist das Spiegelbild P′ des Punktes P bei Spiegelung an der Ebene E.

a) Bestimmen Sie eine Gleichung der zu E orthogonalen und durch P gehenden Geraden g.
b) Berechnen Sie den Schnittpunkt S der Geraden g mit der Ebene E.
c) Bestimmen Sie P′ auf der Geraden g so, dass S der Mittelpunkt von PP′ ist.

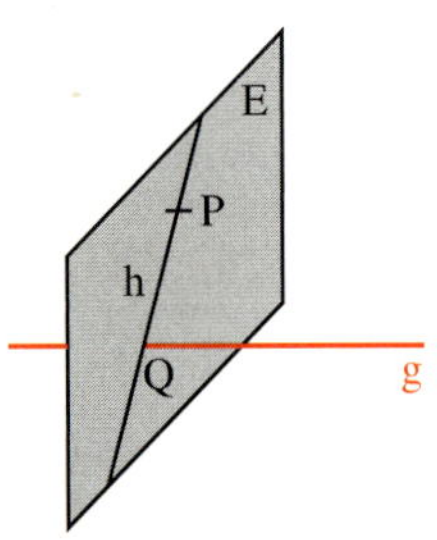

Fig. 2

**Zueinander orthogonale Geraden im Raum**
Zwei Geraden im Raum heißen zueinander orthogonal, wenn ihre Richtungsvektoren zueinander orthogonal sind.
Es ist leicht nachzurechnen, ob zwei gegebene Geraden orthogonal sind, z. B.
$g\colon \vec{x} = \begin{pmatrix}5\\4\\6\end{pmatrix} + t\begin{pmatrix}2\\-1\\4\end{pmatrix}$ und $h\colon \vec{x} = \begin{pmatrix}2\\0\\-3\end{pmatrix} + t\begin{pmatrix}1\\-2\\-1\end{pmatrix}$. Schwieriger ist jedoch die Frage:

Wie lautet die Gleichung einer Geraden k durch $P(2|3|2)$, die zu g orthogonal ist?
Die Idee zur Lösung ist folgende: Die gesuchte Gerade k muss in einer Ebene E liegen, die ebenfalls orthogonal zu g ist und in der der Punkt P liegt (Fig. 2).
Die Koordinatengleichung findet man wie in Beispiel 3: E: $2x_1 - x_2 + 4x_3 = 9$.
Im zweiten Schritt bestimmt man den Durchstoßpunkt Q von g durch E, durch den ja die Gerade k gehen muss. Wie im Beispiel erhält man $Q(3|5|2)$. Aus P und Q ergibt sich eine Gleichung für die Gerade k.
Bestimmen Sie einmal selbst einen Punkt Q so, dass die Gerade durch $P(-4|0|3)$

# 5 Gegenseitige Lage von Ebenen, Orthogonalität

**1** Gegeben sind zwei verschiedene Ebenen $E_1$ und $E_2$.
a) Beschreiben Sie, wie viele gemeinsame Punkte $E_1$ und $E_2$ haben können.
Ist es möglich, dass es genau einen gemeinsamen Punkt gibt?
b) Die Ebenen $E_1$ und $E_2$ haben die Punkte $A(1|2|-3)$ und $B(5|4|2)$ gemeinsam. Geben Sie weitere gemeinsame Punkte an.

Bei der Betrachtung der gegenseitigen Lage von zwei verschiedenen Ebenen $E_1$ und $E_2$ muss man zwei Fälle unterscheiden:
- Es gibt **gemeinsame Punkte** von $E_1$ und $E_2$. Dann liegen diese auf einer Geraden, der **Schnittgeraden** von $E_1$ und $E_2$.
- $E_1$ und $E_2$ haben **keinen Punkt gemeinsam**, $E_1$ und $E_2$ sind dann **parallel** zueinander.

Die Normalenvektoren zueinander paralleler Ebenen haben die gleiche oder entgegengesetzte Richtung, d. h. die Normalenvektoren sind Vielfache voneinander.

Schneiden sich zwei Ebenen $E_1$ und $E_2$ in einer Geraden s, so heißen sie zueinander **orthogonal**, wenn für eine in $E_1$ liegende Gerade $g_1$ mit $g_1 \perp s$ und eine in $E_2$ liegende Gerade $g_2$ mit $g_2 \perp s$ gilt: $g_1 \perp g_2$.
Dies ist stets der Fall, wenn Normalenvektoren von E und F zueinander orthogonal sind (Fig. 1). Diese Eigenschaft lässt sich leichter als die in der Definition prüfen.

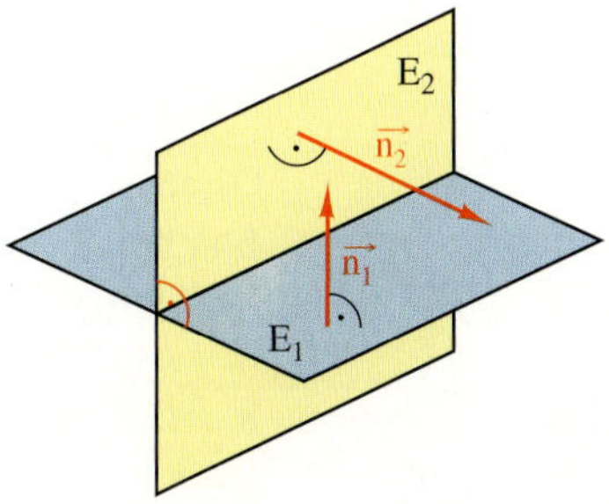

Fig. 1

**Satz:** Zwei Ebenen sind zueinander orthogonal, wenn ihre Normalenvektoren zueinander orthogonal sind.

***Hinweis zu Beispiel 1:***
*Wer gerne mit Brüchen arbeitet, setzt in die Gleichung $3x_1 - 5x_3 = 13$ nicht $x_3 = 13t$ ein, sondern $x_3 = t$. Dann ergibt sich als Geradengleichung*
$$\vec{x} = \begin{pmatrix} 1 \\ \frac{1}{2} \\ 0 \end{pmatrix} + t \cdot \begin{pmatrix} \frac{5}{13} \\ \frac{7}{13} \\ 1 \end{pmatrix}.$$
*Auch mit dem GTR ergibt sich diese Gleichung.*

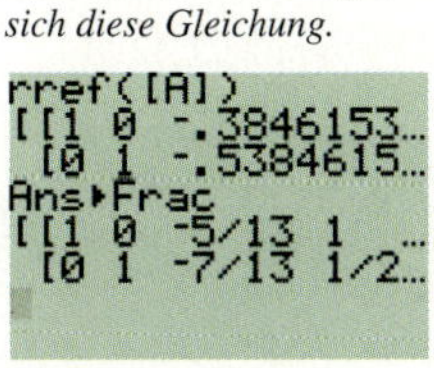


**Beispiel 1:** (Bestimmung der Schnittgeraden, zwei Koordinatengleichungen)
Bestimmen Sie die Schnittgerade der Ebenen $E_1$: $3x_1 - 4x_2 + x_3 = 1$ und $E_2$: $5x_1 + 2x_2 - 3x_3 = 6$.
Lösung:
Man fasst die beiden Ebenengleichungen als ein LGS auf. Die Lösungen für $x_1$, $x_2$, $x_3$ beschreiben die Schnittgerade.

Das LGS $\begin{cases} 3x_1 - 4x_2 + x_3 = 1 \\ 5x_1 + 2x_2 - 3x_3 = 6 \end{cases}$ ist äquivalent zu $\begin{cases} 13x_1 - 5x_3 = 13 \\ 5x_1 + 2x_2 - 3x_3 = 6 \end{cases}$.

Setzt man in die 1. Gleichung $13x_1 - 5x_3 = 13$ für $x_3 = 13t$ ein, so erhält man $x_1 = 1 + 5t$.
Setzt man $x_3 = 13t$ und $x_1 = 1 + 5t$ in die 2. Gleichung $5x_1 + 2x_2 - 3x_3 = 6$ ein,
so erhält man $x_2 = 0{,}5 + 7t$. Insgesamt gilt: $\begin{aligned} x_1 &= 1 + 5t \\ x_2 &= 0{,}5 + 7t \\ x_3 &= 13t \end{aligned}$.

Damit hat die Schnittgerade die Gleichung: $\vec{x} = \begin{pmatrix} 1 \\ 0{,}5 \\ 0 \end{pmatrix} + t \cdot \begin{pmatrix} 5 \\ 7 \\ 13 \end{pmatrix}$.

**Beispiel 2:** (Bestimmung der Schnittgeraden, zwei Parametergleichungen)

Schneiden sich die Ebenen $E_1: \vec{x} = \begin{pmatrix}1\\3\\2\end{pmatrix} + r\begin{pmatrix}1\\-2\\0\end{pmatrix} + s\begin{pmatrix}3\\1\\4\end{pmatrix}$ und $E_2: \vec{x} = \begin{pmatrix}-1\\5\\2\end{pmatrix} + u\begin{pmatrix}1\\1\\2\end{pmatrix} + v\begin{pmatrix}-2\\1\\3\end{pmatrix}$?

Bestimmen Sie gegebenenfalls die Gleichung der Schnittgeraden.

Lösung:

Der Gleichung $\begin{pmatrix}1\\3\\2\end{pmatrix} + r\begin{pmatrix}1\\-2\\0\end{pmatrix} + s\begin{pmatrix}3\\1\\4\end{pmatrix} = \begin{pmatrix}-1\\5\\2\end{pmatrix} + u\begin{pmatrix}1\\1\\2\end{pmatrix} + v\begin{pmatrix}-2\\1\\3\end{pmatrix}$ entspricht das LGS mit drei Gleichungen und vier Variablen:

$$\left\{\begin{array}{l} 1 + r + 3s = -1 + u - 2v \\ 3 - 2r + s = 5 + u + v \\ 2 + 4s = 2 + 2u + 3v \end{array}\right.$$

bzw. $$\left\{\begin{array}{l} r + 3s - u + 2v = -2 \\ -2r + s - u - v = 2 \\ 4s - 2u - 3v = 0 \end{array}\right.$$

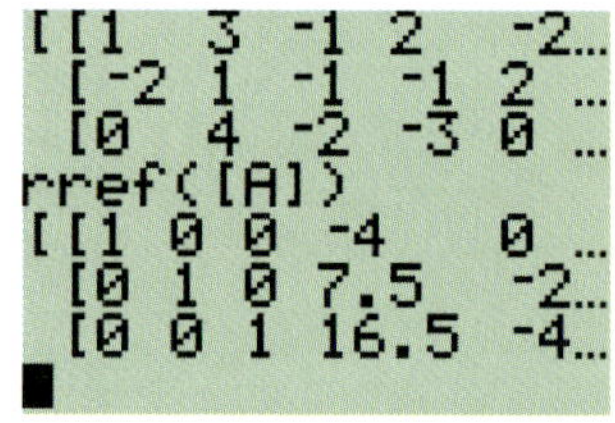

Fig. 1

Mithilfe des GAUSS-Verfahrens erhält man

$$\left\{\begin{array}{l} r - 4v = 0 \\ s + 7{,}5v = -2 \\ u + 16{,}5v = -4 \end{array}\right.$$ (vgl. Fig. 1).

Damit hat das LGS unendlich viele Lösungen, d. h. die Ebenen schneiden sich.
Aus $u + 16{,}5v = -4$ folgt $u = -4 - 16{,}5v$.
Setzt man dies in die Gleichung von $E_2$ ein, so erhält man eine Gleichung der Schnittgeraden:

$g: \vec{x} = \begin{pmatrix}-5\\1\\-6\end{pmatrix} + v\begin{pmatrix}-18{,}5\\-15{,}5\\-30\end{pmatrix}$ bzw. mit $v = -2t$ die Gleichung $\vec{x} = \begin{pmatrix}-5\\1\\-6\end{pmatrix} + t\begin{pmatrix}37\\31\\60\end{pmatrix}$.

**Beispiel 3:** (Zueinander orthogonale Ebenen)
Untersuchen Sie, ob die Ebenen mit den Gleichungen $2x_1 + x_2 - 4x_3 = 7$ und $3x_1 - x_2 + x_3 = 4$ zueinander orthogonal sind.
Lösung:
Die Koeffizienten der Gleichungen sind jeweils die Koordinaten eines Normalenvektors.

Das Skalarprodukt dieser Normalenvektoren $\begin{pmatrix}2\\1\\-4\end{pmatrix} \cdot \begin{pmatrix}3\\-1\\1\end{pmatrix} = 2\cdot 3 + 1\cdot(-1) - 4\cdot 1 = 1$

ist nicht 0. Die Normalenvektoren und damit die Ebenen sind nicht zueinander orthogonal.

## Aufgaben

**2** Bestimmen Sie die Schnittgerade der Ebenen $E_1$ und $E_2$.

a) $E_1: x_1 - x_2 + 2x_3 = 7$, $E_2: 6x_1 + x_2 - x_3 = -7$
b) $E_1: x_1 + x_2 - 2x_3 = -1$, $E_2: 2x_1 + x_2 - 3x_3 = 2$
c) $E_1: x_1 + 5x_3 = 8$, $E_2: x_1 + x_2 + x_3 = 1$

**3** Untersuchen Sie die Lage der Ebenen $E_1$ mit $E_1: -2x_1 + x_2 + x_3 = 5$ und $E_2$.
Bestimmen Sie ggf. eine Gleichung der Schnittgeraden.

a) $E_2: 2x_1 - x_2 - x_3 = 1$
b) $E_2: 5x_1 + 2x_2 + x_3 = -6$
c) $E_2: 4x_2 + 5x_3 = 20$

**4** Bestimmen Sie die Schnittgerade der Ebene E mit der $x_1x_2$-Ebene ($x_1x_3$-Ebene; $x_2x_3$-Ebene).

a) E: $2x_1 - 3x_2 + 5x_3 = 60$
b) E: $x_1 + x_2 + x_3 = 12$
c) E: $4x_1 - 5x_2 + x_3 = 8$

*Kommen in zwei Parametergleichungen die gleichen Bezeichnungen für die Parameter vor, so muss man in einer Gleichung die Parameter umbenennen.*

**5** Bestimmen Sie die Schnittgerade der Ebenen $E_1$ und $E_2$.

a) $E_1: \vec{x} = \begin{pmatrix} 1 \\ 0 \\ 3 \end{pmatrix} + r\begin{pmatrix} 1 \\ 0 \\ 0 \end{pmatrix} + s\begin{pmatrix} 1 \\ 1 \\ 0 \end{pmatrix}$, $\quad E_2: \vec{x} = \begin{pmatrix} 2 \\ 3 \\ 2 \end{pmatrix} + r\begin{pmatrix} 0 \\ 1 \\ 1 \end{pmatrix} + s\begin{pmatrix} 2 \\ 0 \\ 1 \end{pmatrix}$

b) $E_1: \vec{x} = \begin{pmatrix} 1 \\ 7 \\ 3 \end{pmatrix} + r\begin{pmatrix} 1 \\ -1 \\ 2 \end{pmatrix} + s\begin{pmatrix} 2 \\ -5 \\ 8 \end{pmatrix}$, $\quad E_2: \vec{x} = \begin{pmatrix} 3 \\ 5 \\ 7 \end{pmatrix} + r\begin{pmatrix} 2 \\ 3 \\ 0 \end{pmatrix} + s\begin{pmatrix} 1 \\ 1 \\ 2 \end{pmatrix}$

**6** Bestimmen Sie die Schnittgerade der Ebene E mit der $x_1x_2$-Ebene ($x_1x_3$-Ebene; $x_2x_3$-Ebene).

a) $E: \vec{x} = \begin{pmatrix} 4 \\ 5 \\ 0 \end{pmatrix} + s\begin{pmatrix} 1 \\ 3 \\ 5 \end{pmatrix} + t\begin{pmatrix} 1 \\ -1 \\ 1 \end{pmatrix}$ $\qquad$ b) $E: \vec{x} = \begin{pmatrix} -8 \\ -4 \\ -4 \end{pmatrix} + s\begin{pmatrix} 4 \\ -3 \\ 1 \end{pmatrix} + t\begin{pmatrix} 4 \\ 1 \\ -1 \end{pmatrix}$

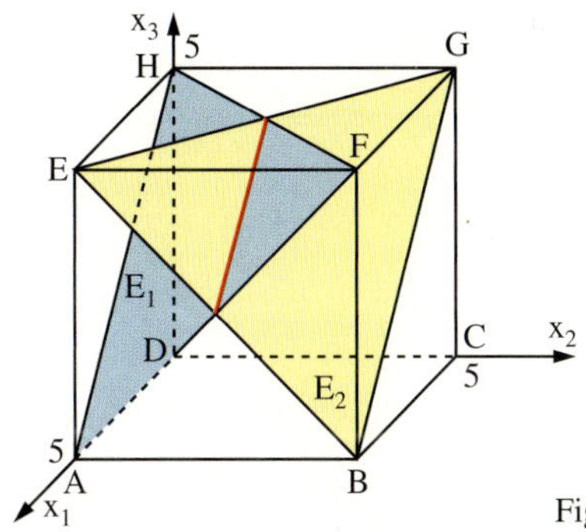


Fig. 1

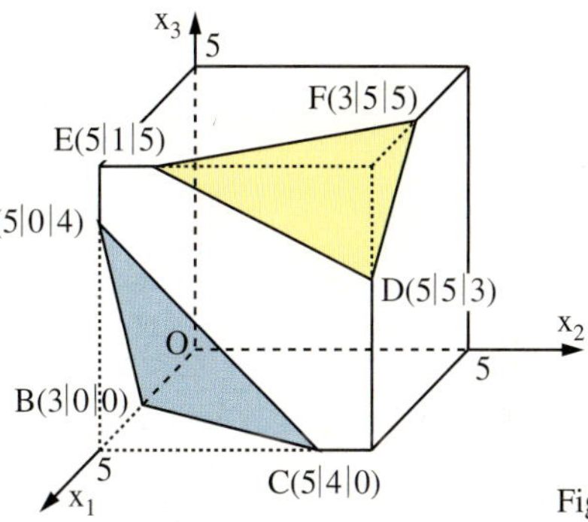


Fig. 2

**7** a) Bestimmen Sie die Schnittgerade der beiden Ebenen $E_1$ und $E_2$ in Fig. 1.
b) Fig. 2 zeigt einen Würfel mit zwei abgeschnittenen Ecken. Die Schnittflächen legen zwei Ebenen fest. Bestimmen Sie die Schnittgerade dieser beiden Ebenen.

**Lage zweier Ebenen**

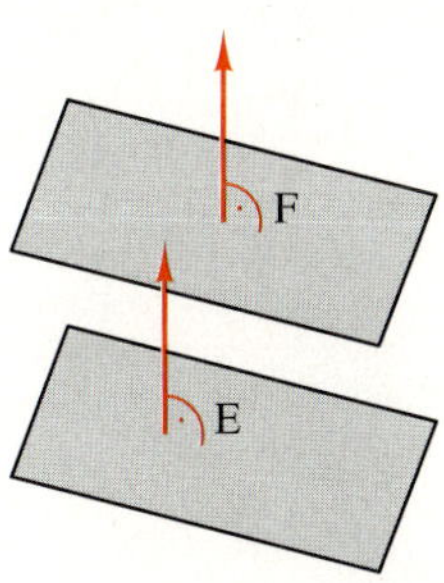


Fig. 3

**8** Zueinander parallele Ebenen haben linear abhängige Normalenvektoren (Fig. 3).
a) Untersuchen Sie, welche der Ebenen $E_1$, $E_2$, $E_3$, $E_4$ zueinander parallel sind.
$E_1: 2x_1 - x_2 + 3x_3 = 10$; $\quad E_2: 3x_1 + 5x_2 + 3x_3 = 1$;
$E_3: -4x_1 + 2x_2 - 3x_3 = -19$; $\quad E_4: -3x_1 - 5x_2 - 3x_3 = 1$.
b) Geben Sie eine Koordinatengleichung einer Ebene F an, sodass F parallel zu $E_1$ (zu $E_2$) ist und durch den Punkt $P(2|3|7)$ geht.

**9** Gegeben ist die Ebene $E_1: 2x_1 - x_2 + 3x_3 = 12$ und eine weitere, von $E_1$ verschiedene Ebene $E_2$. Wie kann man an einer Koordinatengleichung von $E_2$ mit möglichst wenig Aufwand feststellen, ob $E_1$ und $E_2$ eine Gerade als Schnittmenge haben?

**10** Gegeben sind zwei zueinander windschiefe Geraden $g: \vec{x} = \vec{p} + r\vec{u}$ und $h: \vec{x} = \vec{q} + t\vec{v}$. Die Gerade g liegt ganz in einer Ebene E, und E ist parallel zu h. Stellen Sie eine geeignete Gleichung für die Ebene E auf.

**11** a) Schneiden sich zwei Ebenen, so legen ihre zwei Koordinatengleichungen eine Gerade fest. Warum kann eine Gerade im Raum nicht durch eine einzige Koordinatengleichung festgelegt werden?
b) Warum legen die beiden Gleichungen $x_1 + x_2 - x_3 = 1$ und $2x_1 - x_2 + 3x_3 = 0$ eine Gerade fest? Bestimmen Sie eine Parametergleichung dieser Geraden.

**12** Die gegenseitige Lage zweier Ebenen kann man auch an den jeweiligen Stützvektoren und Spannvektoren erkennen. Erläutern Sie die Tabelle.

| E und E* **schneiden** sich | E und E* sind **zueinander parallel** und **haben keine gemeinsamen Punkte** | E und E* sind **identisch** |
|---|---|---|
| 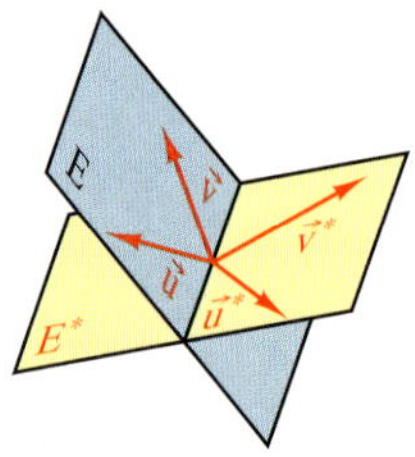 Fig. 1 | 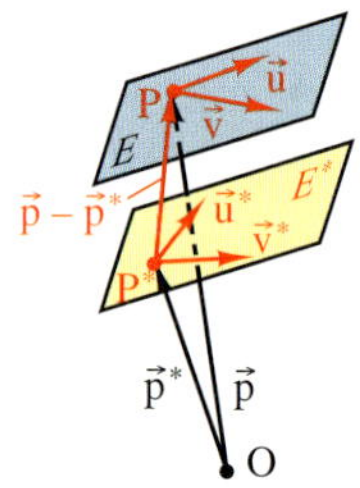 Fig. 2 | 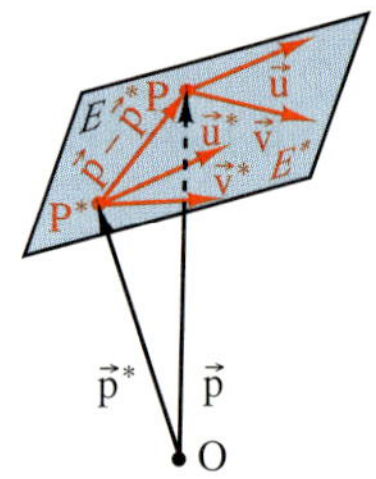 Fig. 3 |
| $\vec{u}, \vec{v}, \vec{u^*}$ **oder** $\vec{u}, \vec{v}, \vec{v^*}$ sind linear unabhängig | $\vec{u}, \vec{v}, \vec{u^*}$ **und** $\vec{u}, \vec{v}, \vec{v^*}$ sind linear abhängig | |
| | $\vec{p} - \vec{p^*}, \vec{u}, \vec{v}$ sind linear unabhängig | $\vec{p} - \vec{p^*}, \vec{u}, \vec{v}$ sind linear abhängig |

**13** Untersuchen Sie die Lage der beiden Ebenen $E_1$ und $E_2$ zueinander mithilfe der Tabelle in der Aufgabe 12. Bestimmen Sie ggf. die Schnittgerade.

a) $E_1: \vec{x} = \begin{pmatrix} 2 \\ 5 \\ 3 \end{pmatrix} + r\begin{pmatrix} 1 \\ 0 \\ 1 \end{pmatrix} + s\begin{pmatrix} 0 \\ 1 \\ 0 \end{pmatrix}$, $E_2: \vec{x} = \begin{pmatrix} 4 \\ 0 \\ 0 \end{pmatrix} + r\begin{pmatrix} 1 \\ 1 \\ 1 \end{pmatrix} + s\begin{pmatrix} 1 \\ 3 \\ 1 \end{pmatrix}$

b) $E_1: \vec{x} = \begin{pmatrix} -1 \\ 0 \\ 0 \end{pmatrix} + r\begin{pmatrix} 1 \\ 3 \\ 1 \end{pmatrix} + s\begin{pmatrix} 0 \\ 2 \\ 1 \end{pmatrix}$, $E_2: \vec{x} = \begin{pmatrix} 1 \\ 4 \\ 1 \end{pmatrix} + r\begin{pmatrix} 1 \\ 1 \\ 0 \end{pmatrix} + s\begin{pmatrix} 2 \\ 8 \\ 3 \end{pmatrix}$

c) $E_1: \vec{x} = \begin{pmatrix} 5 \\ 0 \\ 5 \end{pmatrix} + r\begin{pmatrix} 1 \\ 2 \\ 4 \end{pmatrix} + s\begin{pmatrix} 3 \\ 1 \\ 0 \end{pmatrix}$, $E_2: \vec{x} = \begin{pmatrix} 4 \\ -2 \\ 1 \end{pmatrix} + r\begin{pmatrix} 1 \\ 1 \\ -1 \end{pmatrix} + s\begin{pmatrix} 6 \\ -1 \\ -2 \end{pmatrix}$

**Lage und Schnitt dreier Ebenen**

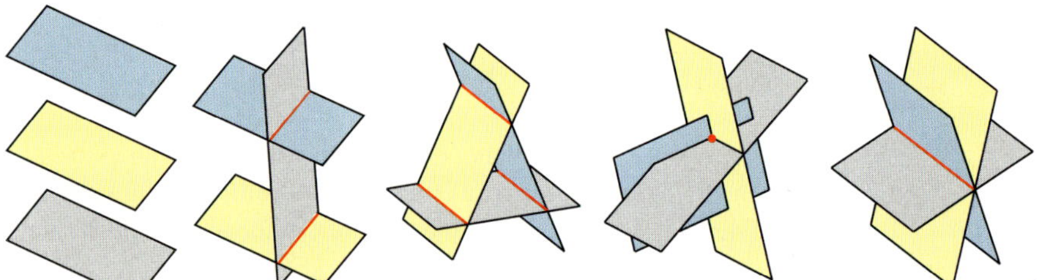

Fig. 4

**14** Fig. 4 verdeutlicht die möglichen Lagen dreier Ebenen zueinander. Geben Sie für jeden Fall mögliche Normalenvektoren dreier Ebenen an.

*Sie können bei Aufgabe 15 wie im Beispiel 1 vorgehen*

**15** Untersuchen Sie die Lage der Ebenen $E_1$, $E_2$ und $E_2$. Bestimmen Sie die gemeinsamen Punkte der drei Ebenen.

a) $E_1: -x_1 + 3x_2 + 2x_3 = 7$; $E_2: 3x_1 - 2x_2 + 4x_3 = -17$; $E_3: 2x_1 + x_2 - 4x_3 = 0$

b) $E_1: 2x_1 - 3x_2 + x_3 = 1$; $E_2: -4x_1 + 3x_2 - x_3 = 7$; $E_3: -3x_2 + x_3 = 9$

c) $E_1: 4x_1 + 9x_2 = 1$; $E_2: -8x_1 - 2x_3 = 2$; $E_3: 9x_2 - 2x_3 = -5$

**16** Gegeben ist ein lineares Gleichungssystem mit 3 Gleichungen und 3 Variablen.
a) Was für Lösungsmengen kann das LGS haben?
b) Jede Gleichung des LGS kann als Koordinatengleichung einer Ebene aufgefasst werden. Beschreiben Sie die Lagen der Ebenen zueinander für die einzelnen Fälle in a).

**Orthogonalität zwischen Ebenen**

**17** Untersuchen Sie, ob die Ebenen $E_1$ und $E_2$ zueinander orthogonal sind.
a) $E_1$: $2x_1 + x_2 - 2x_3 = 6$
$E_2$: $2x_1 - 2x_2 + x_3 = 11$
b) $E_1$: $x_1 + 5x_2 + x_3 = 1$
$E_2$: $3x_1 + x_2 - 15x_3 = 0$
c) $E_1$: $-x_1 + 2x_2 - x_3 = 3$
$E_2$: $9x_1 - x_2 - 11x_3 = 4$

**18** Die Ebenen $E_1$ und $E_2$ sollen zueinander orthogonal sein. Bestimmen Sie den Parameter a in der Gleichung von $E_2$ so, dass dies der Fall ist.
a) $E_1$: $2x_1 - 5x_2 + x_3 = 7$
$E_2$: $3x_1 + x_2 + ax_3 = 10$
b) $E_1$: $3x_1 + 7x_2 - 2x_3 = 3$
$E_2$: $ax_1 + 5x_2 + 10x_3 = 1$
c) $E_1$: $4x_1 + ax_2 - 3x_3 = 12$
$E_2$: $2x_1 - x_2 + ax_3 = 3$

***Tipp zu Aufgabe 19:*** *Überlegen Sie, was Sie einfacher bestimmen können: zwei Spannvektoren von F oder einen Normalenvektor von F.*

**19** Gegeben sind zwei Punkte A und B und eine Ebene E. Bestimmen Sie eine Gleichung einer Ebene F, für die gilt: F geht durch die Punkte A und B und ist zur Ebene E orthogonal.
a) $A(2|-1|7)$; $B(0|3|9)$; E: $2x_1 + 2x_2 + x_3 = 7$
b) $A(1|3|4)$; $B(2|3|2)$; E: $3x_1 - x_2 + 2x_3 = 16$

**20** Gegeben ist die quadratische Pyramide von Fig. 1.
a) Eine Ebene E geht durch die Mittelpunkte der Kanten SB und SC und ist orthogonal zur Seitenfläche BCS. Bestimmen Sie eine Gleichung für E.
b) Eine zweite Ebene F geht durch die Mittelpunkte der Kanten SA und SB und ist orthogonal zur Seitenfläche ABS. Bestimmen Sie eine Gleichung für F.
c) Bestimmen Sie eine Gleichung für die Schnittgerade von E und F.

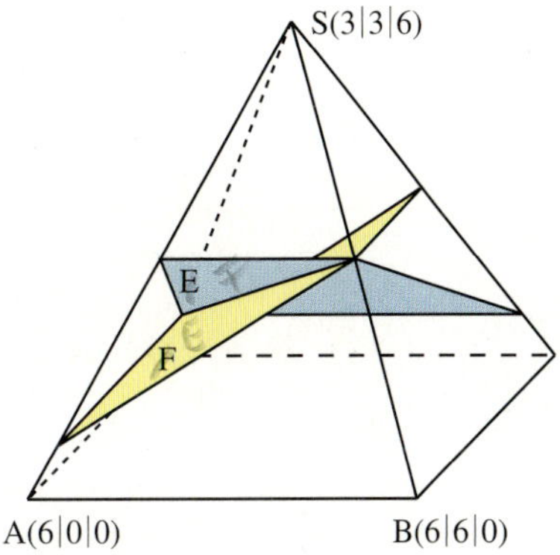

Fig. 1

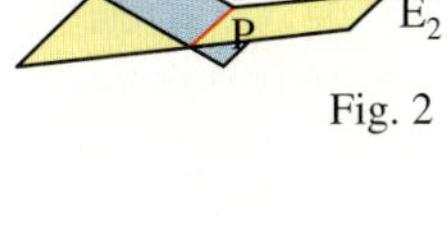

Fig. 2

**21** Die Ebene F durch den Punkt $P(3|-1|4)$ ist orthogonal zu den Ebenen $E_1$ und $E_2$. Bestimmen Sie eine Gleichung von F.
a) $E_1$: $2x_1 - x_2 + 3x_3 = 19$ $E_2$: $2x_1 + x_2 - x_3 = 1$
b) $E_1$: $\vec{x} = \begin{pmatrix} 3 \\ -1 \\ 4 \end{pmatrix} + r\begin{pmatrix} 4 \\ 2 \\ -1 \end{pmatrix} + s\begin{pmatrix} 7 \\ 1 \\ 0 \end{pmatrix}$ $E_2$: $\vec{x} = \begin{pmatrix} 3 \\ -1 \\ 4 \end{pmatrix} + r\begin{pmatrix} 7 \\ 1 \\ 0 \end{pmatrix} + s\begin{pmatrix} 1 \\ 1 \\ 7 \end{pmatrix}$

***Tipp zu Aufgabe 22:*** *Überlegen Sie, wie $\vec{u}$ zu den Spannvektoren der zweiten Ebene liegen kann.*

**22** Bestimmen Sie Koordinaten $u_1$, $u_2$ und $u_3$ von $\vec{u}$ so, dass die Ebene mit den Spannvektoren $\vec{u}$ und $\begin{pmatrix} 2 \\ 3 \\ 1 \end{pmatrix}$ orthogonal zur Ebene mit den Spannvektoren $\begin{pmatrix} 1 \\ -5 \\ 9 \end{pmatrix}$ und $\begin{pmatrix} 3 \\ 0 \\ 2 \end{pmatrix}$ ist.

**23** Gegeben ist eine regelmäßige quadratische Pyramide mit den Ecken $A(a|a|0)$, $B(-a|a|0)$, $C(-a|-a|0)$, $D(a|-a|0)$ und $S(0|0|h)$. Skizzieren Sie die Pyramide mit geeignetem a und h. Bestimmen Sie die Normalenvektoren von zwei benachbarten Seitenflächen. Untersuchen Sie, ob es positive reelle Zahlen a und h gibt, so dass benachbarte Seitenflächen zueinander orthogonal sind.

# 6 Schnittwinkel

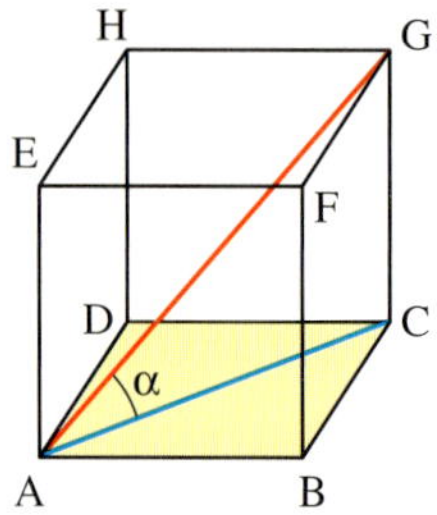

Fig. 1

**1** Die Raumdiagonalen eines Würfels schneiden sich in einem gemeinsamen Punkt. Berechnen Sie mithilfe eines geeigneten Skalarproduktes die Größe des Winkels zwischen zwei der Raumdiagonalen.

**2** Die Raumdiagonale AG des Würfels bildet mit der Grundfläche ABCD einen Winkel $\alpha$.
a) Welcher Zusammenhang besteht zwischen $\alpha$ und dem Winkel zwischen $\overrightarrow{AG}$ und $\overrightarrow{AE}$?
b) Berechnen Sie die Größe von $\alpha$.

*Zu Aufgabe 3a) können Sie auch ein Kantenmodell des Würfels aus z. B. Draht, Holzzahnstochern oder Trinkhalmen basteln und mit einem Blatt Papier die Ebene markieren.*

**3** a) Fig. 2 zeigt einen Würfel mit einer Schnittebene. Alle Kanten, die die Ebene trifft, werden von ihr halbiert. Schätzen Sie, wie groß der Winkel zwischen dieser Ebene und der Grundfläche ABCD sein könnte. Versuchen Sie, Argumente für Ihre Anwort zu finden.
b) Bestimmen Sie geeignete Normalenvektoren dieser Ebene und der Grundfläche. Berechnen Sie die Größe ihres Zwischenwinkels. Wie hängt dieser mit dem Winkel zwischen den Ebenen zusammen?

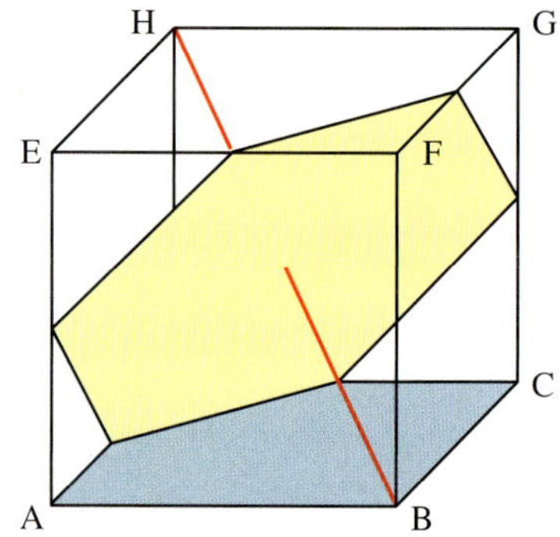

Fig. 2

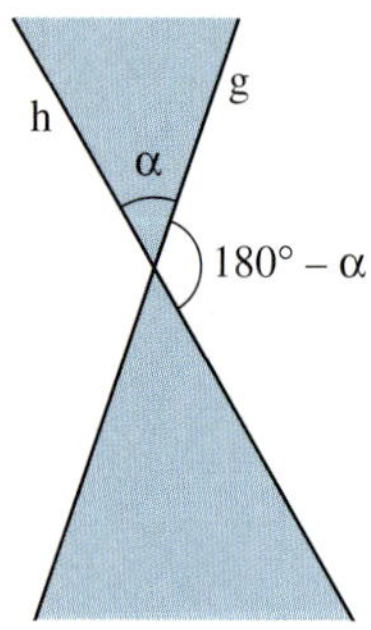

Fig. 3

Schneiden sich zwei Geraden g und h, so entstehen vier Winkel, je zwei der Größe $\sphericalangle(g, h) = \alpha$ und je zwei der Größe $\sphericalangle(h, g) = 180° - \alpha$ (Fig. 3). Im Folgenden wird unter dem **Schnittwinkel zweier Geraden** der Winkel verstanden, der kleiner oder gleich 90° ist.

Aus dem Skalarprodukt der Richtungsvektoren $\vec{u} \cdot \vec{v} = |\vec{u}| \cdot |\vec{v}| \cdot \cos(\alpha)$ ergibt sich:

**Satz 1:** Schneiden sich die Geraden $g\colon \vec{x} = \vec{p} + t\vec{u}$ und $h\colon \vec{x} = \vec{q} + t\vec{v}$,
dann gilt für ihren Schnittwinkel $\alpha$: $\quad \mathbf{\cos(\alpha) = \dfrac{|\vec{u} \cdot \vec{v}|}{|\vec{u}| \cdot |\vec{v}|}}.$

***Beachten Sie:***
*Die Betragsstriche im Zähler der Formel sichern, dass $\cos(\alpha) \geqq 0$ und damit $0° \leqq \alpha \leqq 90°$ ist.*

Betrachtet werden eine Gerade g und eine Ebene E, die sich schneiden. Ist g nicht orthogonal zu E, dann gibt es genau eine zu E orthogonale Ebene F durch g. Unter dem **Schnittwinkel zwischen der Geraden g und der Ebene E** versteht man dann den Schnittwinkel der Geraden g und s (Fig. 4).

In Fig. 4 ist die Ebene F orthogonal zur Ebene E. Die Pfeile des Normalenvektors $\vec{n}$ von E und der Richtungsvektoren $\vec{u}$ und $\vec{v}$ der Geraden g bzw. s liegen alle in der Ebene F. Da $\vec{n} \perp \vec{v}$, gilt für den Winkel zwischen $\vec{u}$ und $\vec{n}$:

$$\cos(90° - \alpha) = \frac{|\vec{u} \cdot \vec{n}|}{|\vec{u}| \cdot |\vec{n}|}$$

Mit $\cos(90° - \alpha) = \sin(\alpha)$ ist:

$$\sin(\alpha) = \frac{|\vec{u} \cdot \vec{n}|}{|\vec{u}| \cdot |\vec{n}|}.$$

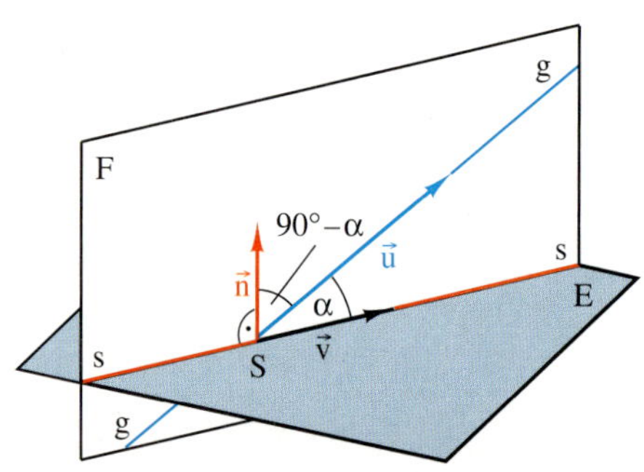

Fig. 4

*Dieser Satz gilt auch dann, wenn $g \perp E$.*
*Rechnen Sie nach!*

**Satz 2:** Schneiden sich die Gerade $g: \vec{x} = \vec{p} + t\vec{u}$ und die Ebene $E: (\vec{x} - \vec{q}) \cdot \vec{n} = 0$, dann gilt für ihren Schnittwinkel $\alpha$ ($\leqq 90°$):

$$\sin(\alpha) = \frac{|\vec{u} \cdot \vec{n}|}{|\vec{u}| \cdot |\vec{n}|}.$$

Betrachtet werden zwei Ebenen $E_1$ und $E_2$, die sich in einer Geraden s schneiden. Zu dieser Geraden s gibt es eine orthogonale Ebene F. Unter dem **Schnittwinkel der Ebenen** $E_1$ und $E_2$ versteht man dann den Schnittwinkel $\alpha$ der Schnittgeraden $s_1$ und $s_2$ von $E_1$ bzw. $E_2$ mit F (Fig. 1).

Fig. 2 zeigt diese Ebene F mit den Schnittgeraden $s_1$ und $s_2$ und dem Schnittwinkel $\alpha$ der Ebenen $E_1$ und $E_2$. Dieser Winkel ist gleich dem Winkel zwischen $\vec{n_1}$ und $\vec{n_2}$, den Normalenvektoren der Ebenen $E_1$ und $E_2$.

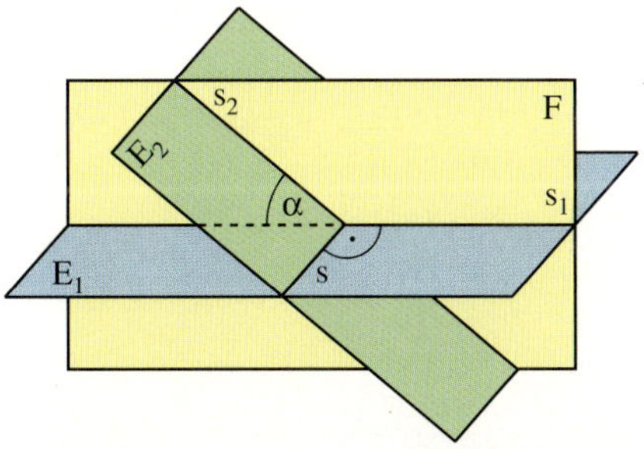

Fig. 1

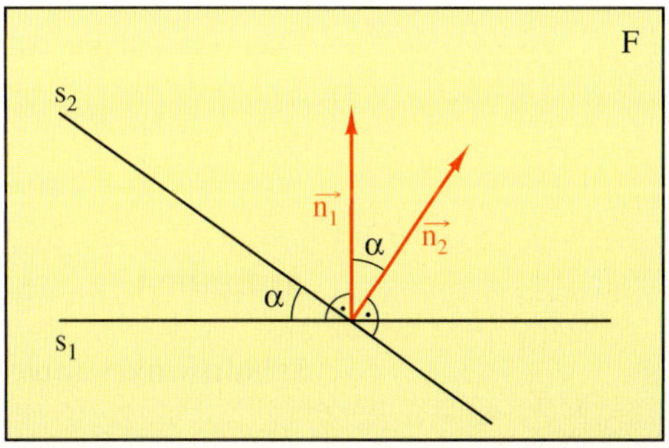

Fig. 2

**Satz 3:** Schneiden sich zwei Ebenen mit den Normalenvektoren $\vec{n_1}$ und $\vec{n_2}$, dann gilt für ihren Schnittwinkel $\alpha$ ($\leqq 90°$):

$$\cos(\alpha) = \frac{|\vec{n_1} \cdot \vec{n_2}|}{|\vec{n_1}| \cdot |\vec{n_2}|}.$$

**Beispiel 1:** (Schnittwinkel zweier Geraden)

Zeigen Sie, dass die Geraden $g: \vec{x} = \begin{pmatrix} 2 \\ 1 \\ -1 \end{pmatrix} + r\begin{pmatrix} 1 \\ 3 \\ 2 \end{pmatrix}$ und $h: \vec{x} = \begin{pmatrix} 5 \\ 3 \\ 0 \end{pmatrix} + s\begin{pmatrix} -2 \\ 1 \\ 1 \end{pmatrix}$ einen Schnittpunkt haben. Berechnen Sie dann den Schnittwinkel von g und h.

Lösung:

Berechnung des Schnittpunktes:

Gleichsetzen der Geradengleichungen ergibt das lineare Gleichungssystem:

*Beachten Sie:* ***Beachten Sie:***
*Die Formel für den Schnittwinkel von Geraden führt auch dann zu einem „Ergebnis", wenn gar kein Schnittpunkt und damit kein Schnittwinkel existiert.*

$$\left\{\begin{array}{l} 2 + r = 5 - 2s \\ 1 + 3r = 3 + s \\ -1 + 2r = s \end{array}\right. \quad \text{bzw.} \quad \left\{\begin{array}{l} r + 2s = 3 \\ 3r - s = 2 \\ 2r - s = 1. \end{array}\right.$$

Aus der Lösung $s = 1$ (und $r = 1$) ergibt sich der Schnittpunkt $P(3|4|1)$.

Berechnung des Schnittwinkels:

$$\cos(\alpha) = \frac{|\vec{u} \cdot \vec{v}|}{|\vec{u}| \cdot |\vec{v}|} = \frac{|1 \cdot (-2) + 3 \cdot 1 + 2 \cdot 1|}{\sqrt{1^2 + 3^2 + 2^2} \cdot \sqrt{(-2)^2 + 1^2 + 1^2}} = \frac{3}{\sqrt{14} \cdot \sqrt{6}} = \frac{3}{2\sqrt{21}} = \frac{1}{14}\sqrt{21} \approx 0{,}3273.$$

und somit $\alpha \approx 70{,}9°$.

***Bemerkung:***
*Ergibt sich beim Einsetzen in die Formel für den Schnittwinkel zwischen Gerade und Ebene $\sin(\alpha) = 0$ und damit $\alpha = 0°$, so ist g parallel zu E. In diesem Fall hat g mit E keinen Punkt gemeinsam oder g liegt ganz in E.*

**Beispiel 2:** (Schnittwinkel einer Geraden mit einer Ebene)

Berechnen Sie den Schnittwinkel zwischen der Geraden g: $\vec{x} = \begin{pmatrix} 3 \\ 0 \\ 1 \end{pmatrix} + t\begin{pmatrix} 1 \\ -1 \\ 2 \end{pmatrix}$ und der Ebene E: $7x_1 - x_2 + 5x_3 = 24$.

Lösung:

Der Ebenengleichung kann man den Normalenvektor $\vec{n} = \begin{pmatrix} 7 \\ -1 \\ 5 \end{pmatrix}$ entnehmen. Damit ist

$$\sin(\alpha) = \frac{|\vec{u} \cdot \vec{n}|}{|\vec{u}| \cdot |\vec{n}|} = \frac{|1 \cdot 7 + (-1) \cdot (-1) + 2 \cdot 5|}{\sqrt{1^2 + (-1)^2 + 2^2} \cdot \sqrt{7^2 + (-1)^2 + 5^2}} = \frac{18}{\sqrt{6} \cdot \sqrt{75}} = \frac{6}{5\sqrt{2}} = \frac{3}{5}\sqrt{2} \approx 0{,}8485, \text{ also } \alpha \approx 58{,}1°.$$

***Bemerkung:***
*Auch für den Schnittwinkel zweier Ebenen gilt: Ergibt sich beim Einsetzen in die Formel $\cos(\alpha) = 1$ und damit $\alpha = 0°$, so sind die Ebenen zueinander parallel.*

**Beispiel 3:** (Schnittwinkel zweier Ebenen)

Berechnen Sie den Schnittwinkel zwischen den Ebenen
$E_1$: $2x_1 + x_2 - x_3 = 12$ und $E_2$: $-3x_1 + x_2 + x_3 = 7$.

Lösung:

Den Gleichungen entnimmt man die Normalenvektoren $\vec{n_1} = \begin{pmatrix} 2 \\ 1 \\ -1 \end{pmatrix}$ und $\vec{n_2} = \begin{pmatrix} -3 \\ 1 \\ 1 \end{pmatrix}$. Damit ist

$$\cos(\alpha) = \frac{|\vec{n_1} \cdot \vec{n_2}|}{|\vec{n_1}| \cdot |\vec{n_2}|} = \frac{|2 \cdot (-3) + 1 \cdot 1 + (-1) \cdot 1|}{\sqrt{2^2 + 1^2 + (-1)^2} \cdot \sqrt{(-3)^2 + 1^2 + 1^2}} = \frac{6}{\sqrt{6} \cdot \sqrt{11}} = \frac{1}{11}\sqrt{66} \approx 0{,}7385, \text{ also } \alpha \approx 42{,}4°.$$

## Aufgaben

### Schnittwinkel zweier Geraden

**4** Zeigen Sie, dass sich die Geraden mit den gegebenen Gleichungen im Raum schneiden, berechnen Sie dazu ihren Schnittpunkt. Berechnen Sie dann ihren Schnittwinkel.

a) $\vec{x} = \begin{pmatrix} 1 \\ 1 \\ 0 \end{pmatrix} + r\begin{pmatrix} 1 \\ 0 \\ 3 \end{pmatrix}$, $\vec{x} = \begin{pmatrix} 2 \\ 2 \\ 3 \end{pmatrix} + s\begin{pmatrix} 1 \\ -1 \\ 3 \end{pmatrix}$

b) $\vec{x} = \begin{pmatrix} 2 \\ 0 \\ 7 \end{pmatrix} + r\begin{pmatrix} 1 \\ 1 \\ 1 \end{pmatrix}$, $\vec{x} = \begin{pmatrix} 0 \\ 4 \\ -5 \end{pmatrix} + s\begin{pmatrix} 5 \\ 2 \\ 10 \end{pmatrix}$

c) $\vec{x} = \begin{pmatrix} 2 \\ 7 \\ 11 \end{pmatrix} + r\begin{pmatrix} 3 \\ 9 \\ -1 \end{pmatrix}$, $\vec{x} = \begin{pmatrix} 0 \\ 6 \\ -5 \end{pmatrix} + s\begin{pmatrix} 1 \\ 2 \\ 3 \end{pmatrix}$

d) $\vec{x} = r\begin{pmatrix} 4 \\ 5 \\ 6 \end{pmatrix}$, $\vec{x} = \begin{pmatrix} 6 \\ 4 \\ 7 \end{pmatrix} + s\begin{pmatrix} -2 \\ 1 \\ -1 \end{pmatrix}$

***Zu Aufgabe 5:***
*In der Ebene haben zwei Geraden stets einen Schnittpunkt oder sind zueinander parallel. Man kann daher sofort die Formel für den Schnittwinkel benutzen. Im Fall der Parallelität ergibt sich $\alpha = 0°$.*

**5** Die durch die folgenden Gleichungen gegebenen Geraden liegen in einer Ebene. Berechnen Sie ihren Schnittwinkel.

a) $\vec{x} = \begin{pmatrix} 2 \\ 1 \end{pmatrix} + r\begin{pmatrix} 1 \\ -1 \end{pmatrix}$, $\vec{x} = \begin{pmatrix} 5 \\ 0 \end{pmatrix} + s\begin{pmatrix} 3 \\ 2 \end{pmatrix}$

b) $\left[\vec{x} - \begin{pmatrix} 2 \\ 5 \end{pmatrix}\right] \cdot \begin{pmatrix} 2 \\ -1 \end{pmatrix} = 0$, $\left[\vec{x} - \begin{pmatrix} 3 \\ 7 \end{pmatrix}\right] \cdot \begin{pmatrix} 4 \\ 1 \end{pmatrix} = 0$

c) $\left[\vec{x} - \begin{pmatrix} 0 \\ 1 \end{pmatrix}\right] \cdot \begin{pmatrix} -2 \\ 5 \end{pmatrix} = 0$, $\vec{x} = \begin{pmatrix} 8 \\ 6 \end{pmatrix} + r\begin{pmatrix} 7 \\ -1 \end{pmatrix}$

d) $\vec{x} = \begin{pmatrix} -6 \\ 5 \end{pmatrix} + r\begin{pmatrix} 1 \\ 1 \end{pmatrix}$, $\vec{x} \cdot \begin{pmatrix} -1 \\ 2 \end{pmatrix} - 5 = 0$

**6** In Fig. 1 sind A, B, C, D, E, F die Mittelpunkte der Flächen des Quaders.
Berechnen Sie die Winkel zwischen den Kanten:

a) AB und BC
b) BC und CD
c) AE und EB
d) EB und BF
e) EC und CF
f) EC und CD

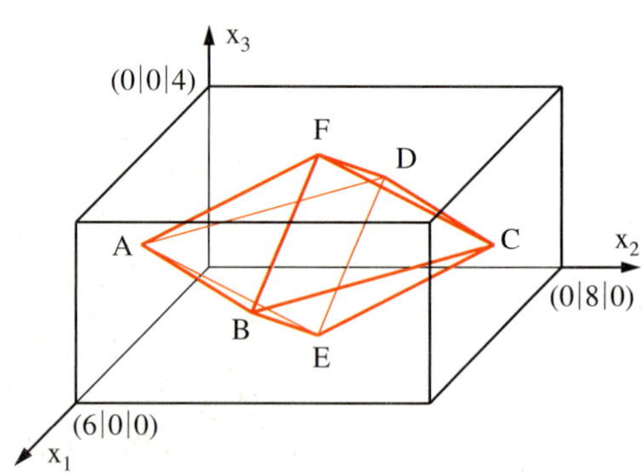

Fig. 1

## Schnittwinkel einer Geraden mit einer Ebene

**7** Berechnen Sie den Schnittwinkel der Geraden $g\colon \vec{x} = \begin{pmatrix}1\\4\\9\end{pmatrix} + t\begin{pmatrix}1\\2\\1\end{pmatrix}$ mit der Ebene E.

a) E: $3x_1 + 5x_2 - 2x_3 = 7$ b) E: $x_1 + 2x_2 + x_3 = 5$ c) E: $2x_1 - 3x_2 + 4x_3 = 12$

**8** In welchem Punkt und unter welchem Winkel schneidet die Gerade g die Ebene E?

a) $g\colon \vec{x} = t\begin{pmatrix}4\\3\\-1\end{pmatrix}$, E: $5x_1 + x_2 + x_3 = 22$ b) $g\colon \vec{x} = \begin{pmatrix}2\\4\\-9\end{pmatrix} + t\begin{pmatrix}1\\4\\-2\end{pmatrix}$, E: $x_1 + 5x_2 + 7x_3 = -27$

c) $g\colon \vec{x} = \begin{pmatrix}6\\0\\0\end{pmatrix} + t\begin{pmatrix}1\\-1\\1\end{pmatrix}$, E: $2x_1 + x_2 + x_3 = 0$ d) $g\colon \vec{x} = \begin{pmatrix}9\\-5\\2\end{pmatrix} + t\begin{pmatrix}6\\1\\3\end{pmatrix}$, E: $6x_1 + x_2 + 3x_3 = 9$

e) $g\colon \vec{x} = \begin{pmatrix}3\\6\\9\end{pmatrix} + t\begin{pmatrix}-1\\2\\0\end{pmatrix}$, E: $\left[\vec{x} - \begin{pmatrix}8\\0\\1\end{pmatrix}\right] \cdot \begin{pmatrix}4\\5\\1\end{pmatrix} = 0$ f) $g\colon \vec{x} = \begin{pmatrix}1\\1\\1\end{pmatrix} + t\begin{pmatrix}4\\5\\1\end{pmatrix}$, E: $\vec{x} = \begin{pmatrix}4\\0\\1\end{pmatrix} + r\begin{pmatrix}7\\1\\0\end{pmatrix} + s\begin{pmatrix}1\\2\\3\end{pmatrix}$

**9** Bestimmen Sie für die dreiseitige Pyramide von Fig. 1 die Winkel
a) zwischen den Kanten AD, BD, CD und der Dreiecksfläche ABC,
b) zwischen den Kanten AC, BC, CD und der Dreiecksfläche ABD.

*Zur Erinnerung:*
*Ein Tetraeder ist eine dreiseitige Pyramide, bei der alle Kanten gleich lang sind.*

**10** Gegeben ist ein Tetraeder mit den Ecken A, B, C, D.
Unter welchem Winkel ist die Kante $\overline{AD}$ zur Fläche ABC geneigt?

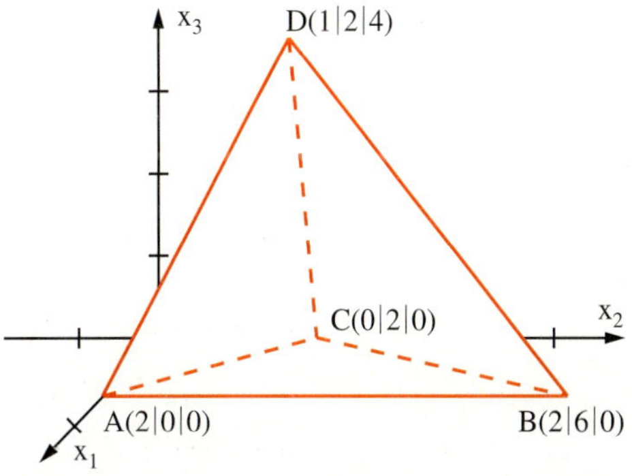

Fig. 1

**11** Untersuchen Sie durch Berechnung des Schnittwinkels, ob die Gerade g zur Ebene E parallel ist und gegebenenfalls ob g in E liegt.

a) $g\colon \vec{x} = \begin{pmatrix}1\\1\\2\end{pmatrix} + t\begin{pmatrix}1\\2\\3\end{pmatrix}$, E: $x_1 - 2x_2 + x_3 = 1$ b) $g\colon \vec{x} = \begin{pmatrix}2\\3\\1\end{pmatrix} + t\begin{pmatrix}1\\9\\3\end{pmatrix}$, E: $3x_1 - x_2 + 2x_3 = 2$

c) $g\colon \vec{x} = \begin{pmatrix}0\\3\\1\end{pmatrix} + t\begin{pmatrix}1\\2\\3\end{pmatrix}$, E: $x_1 + 2x_2 - 3x_3 = 4$ d) $g\colon \vec{x} = t\begin{pmatrix}4\\1\\2\end{pmatrix}$, E: $x_1 - x_2 - x_3 = 1$

**12** Auch wenn zwei Geraden zueinander orthogonal sind, muss nicht unbedingt ein Schnittwinkel von 90° entstehen. Gilt dies auch für eine zu einer Ebene orthogonalen Gerade?

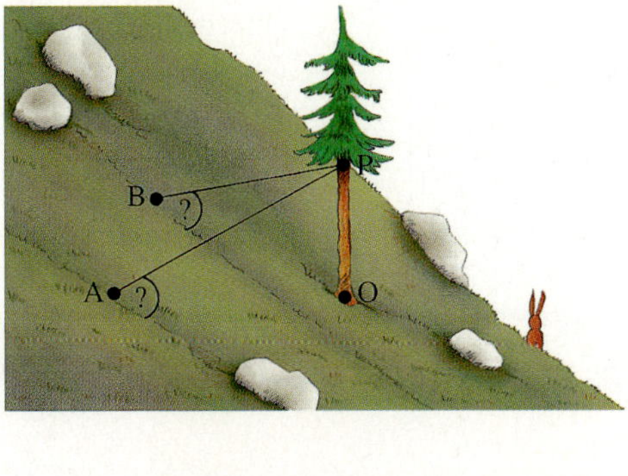


**13** Eine sturmgefährdete Fichte an einem gleichmäßig geneigten Hang soll mit Seilen in den Punkten A und B befestigt werden. Mit einem passenden Koordinatensystem (1 Einheit = 1 m) steht die Fichte im Ursprung O und es ist A(3|−4|2) und B(−5|−2|1). Die Seile werden in einer Höhe von 5 m an der Fichte befestigt. Berechnen Sie die Winkel, die die Seile mit der Hangebene bilden.

## Schnittwinkel zweier Ebenen

**14** Berechnen Sie den Schnittwinkel zwischen den Ebenen $E_1$ und $E_2$.

a) $E_1: \left[\vec{x} - \begin{pmatrix} 1 \\ 2 \\ 0 \end{pmatrix}\right] \cdot \begin{pmatrix} 5 \\ 0 \\ 1 \end{pmatrix} = 0,$ $\quad E_2: \left[\vec{x} - \begin{pmatrix} 2 \\ 3 \\ 7 \end{pmatrix}\right] \cdot \begin{pmatrix} 6 \\ 1 \\ 0 \end{pmatrix} = 0$

b) $E_1: x_1 + x_2 + x_3 = 10,$ $\quad E_2: x_1 - x_2 + 7x_3 = 0$

c) $E_1: 3x_1 + 5x_2 = 0,$ $\quad E_2: 2x_1 - 3x_2 - 3x_3 = 13$

**15** Bestimmen Sie Normalenvektoren der gegebenen Ebenen $E_1$ und $E_2$. Berechnen Sie den Schnittwinkel zwischen den Ebenen.

a) $E_1: 6x_1 - 7x_2 + 2x_3 = 13,$ $\quad E_2: \vec{x} = \begin{pmatrix} 2 \\ 1 \\ 9 \end{pmatrix} + r\begin{pmatrix} 3 \\ 1 \\ 2 \end{pmatrix} + s\begin{pmatrix} 2 \\ -1 \\ 0 \end{pmatrix}$

b) $E_1: \vec{x} = \begin{pmatrix} 2 \\ 4 \\ 9 \end{pmatrix} + r\begin{pmatrix} 5 \\ 1 \\ 0 \end{pmatrix} + s\begin{pmatrix} 6 \\ 2 \\ 1 \end{pmatrix},$ $\quad E_2: \vec{x} = \begin{pmatrix} 7 \\ 11 \\ 1 \end{pmatrix} + r\begin{pmatrix} 1 \\ 0 \\ 1 \end{pmatrix} + s\begin{pmatrix} 6 \\ 1 \\ 5 \end{pmatrix}$

**16** Bestimmen Sie für die dreiseitige Pyramide von Fig. 1 der vorherigen Seite die Winkel zwischen je zwei der vier Flächen der Pyramide.

***Hinweis zu den Aufgaben 20 und 21:***

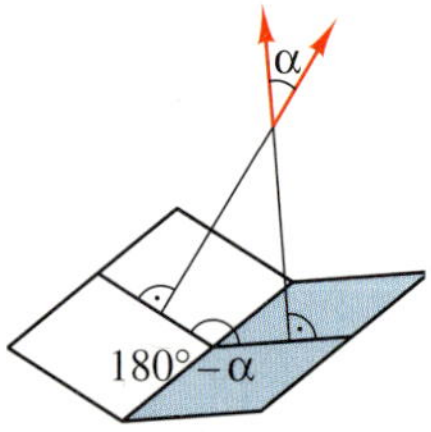

Fig. 1

*Die Winkel zwischen den Flächen geometrischer Körper müssen nicht unbedingt gleich dem Schnittwinkel der Ebenen sein. So ergibt die Formel für den Schnittwinkel der Ebenen stets einen spitzen Winkel. Der Winkel zwischen zwei Flächen kann aber auch der Nebenwinkel dieses Schnittwinkels sein.*

**17** Berechnen Sie für die Ebene E die Winkel $\alpha_1$, $\alpha_2$, $\alpha_3$, die sie mit den Koordinatenebenen einschließt, sowie die Winkel $\beta_1$, $\beta_2$, $\beta_3$, unter denen sie von den Koordinatenachsen geschnitten wird.
a) $E: 2x_1 - x_2 + 5x_3 = 1$ $\quad$ b) $E: 4x_1 + 3x_2 + 2x_3 = 5$ $\quad$ c) $E: 2x_1 + 5x_2 = 7$

**18** Eine Ebene $E: a_1x_1 + a_2x_2 + a_3x_3 = b$ soll durch den Ursprung gehen und mit den drei Koordinatenebenen jeweils den gleichen Winkel einschließen.
Bestimmen Sie die Koeffizienten $a_1$, $a_2$ und $a_3$ sowie b. Berechnen Sie auch den Winkel.

**19** Hat es einen Einfluss auf die Berechnung des Schnittwinkels zweier Ebenen, wenn man den Normalenvektor einer Ebene (beider Ebenen) durch seinen (ihre) Gegenvektor(en) ersetzt?

**20** a) Verbindet man die Mittelpunkte der Flächen eines Würfels, so erhält man ein Oktaeder (Fig. 2). Begründen Sie ohne Rechnung, dass die Flächen des Oktaeders gleichseitige Dreiecke sind.
b) Betrachen Sie zwei der Dreiecksflächen des Oktaeders, die eine gemeinsame Kante haben. Berechnen Sie jeweils den Winkel zwischen den Ebenen durch diese beiden Flächen.
Anmerkung: Der Winkel zwischen den Flächen selbst ist der Nebenwinkel dazu.

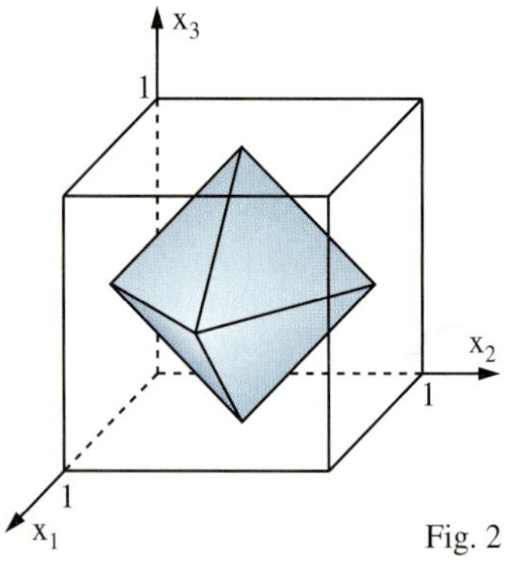

Fig. 2

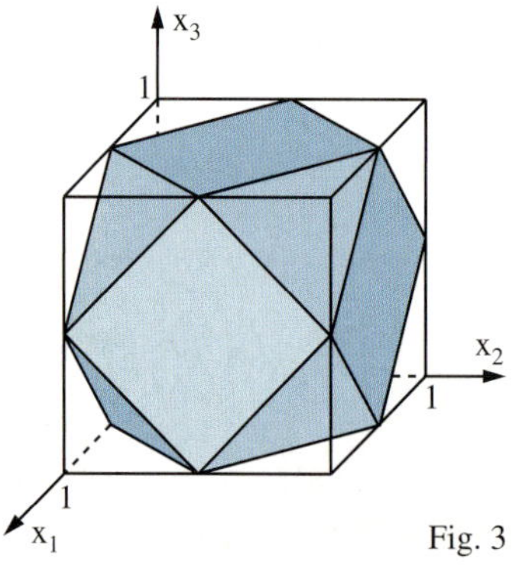

Fig. 3

**21** a) Verbindet man die Mittelpunkte der Kanten eines Würfels, so erhält man ein Kuboktaeder (Fig. 3). Begründen Sie ohne Rechnung, dass die Flächen des Kuboktaeders gleichseitige Dreiecke und Quadrate sind.
b) Betrachten Sie
(1) eine Dreiecksfläche und ein Quadrat mit gemeinsamer Kante,
(2) zwei der Dreiecksflächen mit einem gemeinsamen Punkt.
Berechnen Sie jeweils den Winkel zwischen den beiden Flächen.

# 7 Abstand eines Punktes von einer Ebene

**1** Die Grundfläche ABCD der Pyramide in Fig. 1 liegt in der Ebene E.
a) Welche der Strecken in Fig. 1 entspricht der Höhe der Pyramide?
Beschreiben Sie die Lage dieser Strecke.
b) Zur Berechnung des Volumens der Pyramide benötigt man die Höhe als Abstand.
Wie misst man diesen Abstand?
Wie hängt er mit der in a) bestimmten Strecke zusammen?

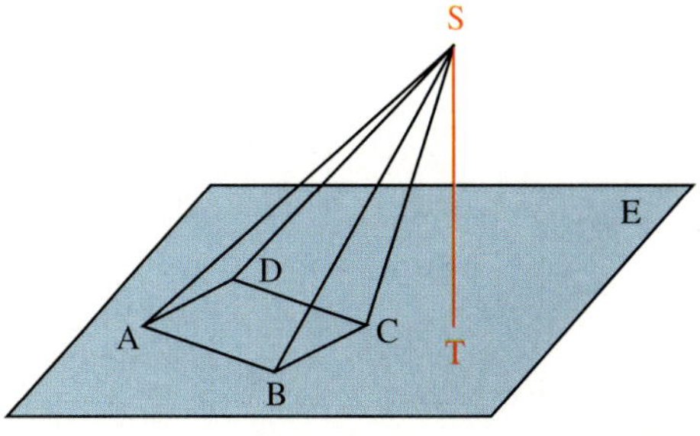

Fig. 1

Unter dem **Abstand** d eines Punktes P von einer Ebene E versteht man die Länge d des Lotes von P auf die Ebene, d. h. die Länge d der Strecke vom Punkt P zum Lotfußpunkt F (Fig. 2).

Den Abstand eines Punktes P von einer Ebene E kann man entsprechend in drei Schritten berechnen:
1. Schritt: Aufstellen einer Gleichung der zu E orthogonalen Geraden durch P, der so genannten Lotgeraden,
2. Schritt: Berechnung der Koordinaten des Schnittpunktes F der Lotgeraden mit der Ebene E,
3. Schritt: Berechnung des Abstandes als Betrag des Vektors $\overrightarrow{PF}$.

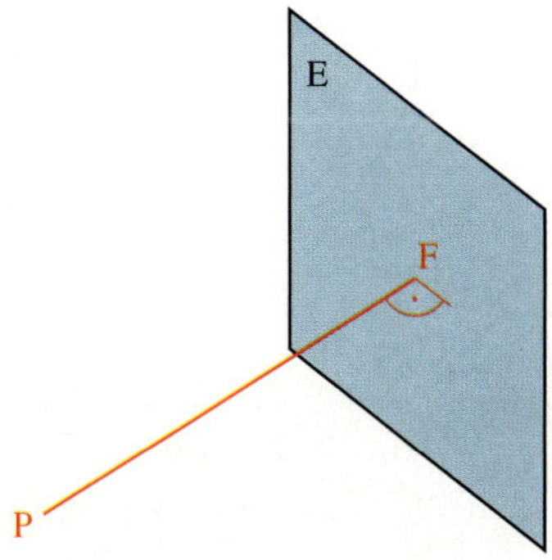

Fig. 2

**Beispiel 1:** (Lotfußpunkt und Abstand bestimmen)
Gegeben sind der Punkt $P(2|0|1)$ und die Ebene $E: x_1 + 8x_2 - 4x_3 = 25$.
Von P aus wird auf die Ebene E ein Lot gefällt. Bestimmen Sie
a) eine Gleichung der Lotgeraden g,
b) die Koordinaten des Lotfußpunktes F,
c) den Abstand des Punktes P von der Ebene E.
Lösung:
a) Jeder Normalenvektor der Ebene E ist ein Richtungsvektor der Lotgeraden g. Der Ebenengleichung entnimmt man $\vec{n} = \begin{pmatrix} 1 \\ 8 \\ -4 \end{pmatrix}$. Also ist $g: \vec{x} = \begin{pmatrix} 2 \\ 0 \\ 1 \end{pmatrix} + t \cdot \begin{pmatrix} 1 \\ 8 \\ -4 \end{pmatrix}$.
b) Der Geradengleichung von g entnimmt man: $x_1 = 2 + t;\ x_2 = 8t;\ x_3 = 1 - 4t$.
Einsetzen in die Ebenengleichung: $2 + t + 8 \cdot 8t - 4 \cdot (1 - 4t) = 25$
Lösen der Gleichung ergibt: $81t - 2 = 25$
$t = \frac{1}{3}$
Einsetzen in die Geradengleichung ergibt den Lotfußpunkt $F\left(\frac{7}{3}\middle|\frac{8}{3}\middle|-\frac{1}{3}\right)$.
c) Der Abstand der Punkte P und F ist gleich dem Betrag des Vektors $\overrightarrow{PF}$:
$$|\overrightarrow{PF}| = \sqrt{\left(\tfrac{7}{3} - 2\right)^2 + \left(\tfrac{8}{3}\right)^2 + \left(-\tfrac{1}{3} - 1\right)^2} = \sqrt{\left(\tfrac{1}{3}\right)^2 + \left(\tfrac{8}{3}\right)^2 + \left(-\tfrac{4}{3}\right)^2} = \tfrac{1}{3}\sqrt{81} = 3.$$
Der Abstand des Punktes P von der Ebene E ist somit 3.

**Beispiel 2:** (Punkt mit gegebenem Abstand bestimmen)
Die Punkte $A(3|5|-1)$, $B(7|1|-3)$, $C(5|-3|1)$ und $D(1|1|3)$ liegen in einer Ebene E und bilden die Ecken eines Quadrats. Es gibt zwei gerade Pyramiden mit ABCD als Grundfläche und der Höhe 6. Berechnen Sie die Koordinaten der zugehörigen Spitzen.

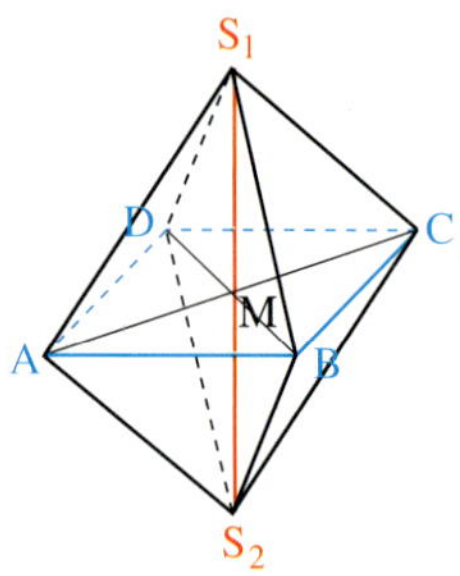

Fig. 1

Lösung:
Aus den Koordinaten von drei der Punkte A, B, C und D erhält man $E: 2x_1 + x_2 + 2x_3 = 9$.

Die Ebene E hat als einen Normalenvektor $\vec{n} = \begin{pmatrix} 2 \\ 1 \\ 2 \end{pmatrix}$.

Der Mittelpunkt M von AC bzw. BD (und damit der Fußpunkt der Höhe) ist $M(4|1|0)$. Die Höhe 6 bedeutet: S hat von der Ebene E bzw. dem Punkt M den Abstand 6.
Man findet die Spitze S, indem man von M aus 6-mal bzw. –6-mal einen Normalen-Einheitsvektor, d. h. einen Einheitsvektor, der zugleich Normalenvektor ist, „anträgt“, z. B. $\vec{n}_0 = \frac{1}{|\vec{n}|} \cdot \vec{n}$:

$$\overrightarrow{OS_1} = \overrightarrow{OM} + 6 \cdot \frac{1}{|\vec{n}|} \cdot \vec{n} = \begin{pmatrix} 4 \\ 1 \\ 0 \end{pmatrix} + 6 \cdot \frac{1}{3} \cdot \begin{pmatrix} 2 \\ 1 \\ 2 \end{pmatrix} = \begin{pmatrix} 4 \\ 1 \\ 0 \end{pmatrix} + \begin{pmatrix} 4 \\ 2 \\ 4 \end{pmatrix} = \begin{pmatrix} 8 \\ 3 \\ 4 \end{pmatrix}, \text{ bzw. } \overrightarrow{OS_2} = \begin{pmatrix} 4 \\ 1 \\ 0 \end{pmatrix} - \begin{pmatrix} 4 \\ 2 \\ 4 \end{pmatrix} = \begin{pmatrix} 0 \\ -1 \\ -4 \end{pmatrix},$$

woraus als mögliche Spitzen folgen: $S_1(8|3|4)$; $S_2(0|-1|-4)$.

## Aufgaben

**2** Gegeben sind ein Punkt P und eine Ebene E. Bestimmen Sie den Fußpunkt des Lotes vom Punkt P auf die Ebene E. Berechnen Sie den Abstand von P zur Ebene E.
a) $P(3|-1|7)$ und $E: 3x_2 + 4x_3 = 0$
b) $P(-2|0|3)$ und $E: 12x_1 + 6x_2 - 4x_3 = 13$

**3** Gegeben sind die Ebene $E: x_1 + 3x_2 - 2x_3 = 0$ und die Punkte $A(0|2|0)$ und $B(5|-1|-2)$.
a) Zeigen Sie, dass die Gerade durch A und B parallel zur Ebene E ist.
b) Bestimmen Sie den Abstand der Punkte der Geraden durch A und B zur Ebene E.

*Wer bei Aufgabe 4 mehr als eine Differenz berechnet, ist selber schuld!*

**4** Bestimmen Sie den Abstand des Punktes $P(5|15|9)$ von der Ebene E durch die Punkte $A(2|2|0)$, $B(-2|2|6)$ und $C(3|2|5)$.

**5** Gegeben sind die Punkte $A(3|3|2)$, $B(5|3|0)$, $C(3|5|0)$ und $O(0|0|0)$.
a) Zeigen Sie, dass das Dreieck ABC gleichseitig ist. Berechnen Sie seinen Flächeninhalt.
b) O ist die Spitze einer Pyramide mit der Grundfläche ABC. Bestimmen Sie den Fußpunkt F der Pyramidenhöhe. Berechnen Sie den Abstand der Punkte O und F.
c) Berechnen Sie das Volumen der Pyramide.

**6** Gegeben ist die Ebene $E: 10x_1 + 2x_2 - 11x_3 = 4$ und der in E liegende Punkt $Q(3|-2|2)$.
a) Stellen Sie eine Gleichung der Geraden g durch den Punkt Q auf, die orthogonal zu E ist.
b) Bestimmen Sie alle Punkte P der Geraden g, die von der Ebene E den Abstand 3 haben.

**7** Bestimmen Sie alle Punkte der $x_3$-Achse, die von der Ebene $E: 4x_1 - x_2 + 8x_3 = 7$ den Abstand 9 haben.

**8** Gegeben sind die Ebene $E: x_1 - 2x_2 + 2x_3 = 8$ und der Punkt $A(-2|1|-3)$.
a) Bestimmen Sie den Fußpunkt des Lotes vom Punkt A auf die Ebene E.
b) Welcher Punkt B ($\neq$ A) der Lotgeraden hat denselben Abstand von der Ebene E wie der Punkt A? Bestimmen Sie seine Koordinaten. Müssen Sie dazu den Abstand berechnen?

# 8 Die HESSE'sche Normalenform

**1** Gegeben sind eine Ebene E und ein Normalenvektor $\vec{n_0}$ von E mit $|\vec{n_0}| = 1$.
Die Punkte A, B, C liegen auf einer Geraden, die parallel zu E ist.
Berechnen und vergleichen Sie:
$\vec{n_0} \cdot \overrightarrow{PA}$, $\vec{n_0} \cdot \overrightarrow{PB}$ und $\vec{n_0} \cdot \overrightarrow{PC}$.
Welche geometrische Bedeutung haben diese Skalarprodukte für die Punkte A, B und C?

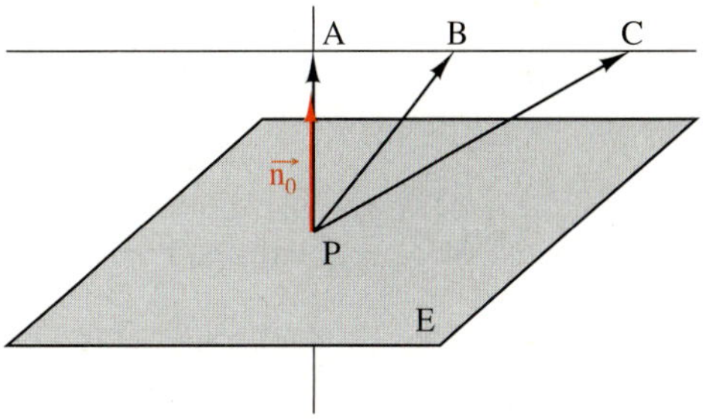

Fig. 1

Der Abstand eines Punktes R von einer Ebene E ist gleich der Länge des Lotes von R auf E. Man kann diesen Abstand auch berechnen, ohne den Lotfußpunkt zu bestimmen.

In Fig. 2 gilt für den Abstand des Punktes R von der Ebene E: $d = |(\vec{r} - \vec{p}) \cdot \vec{n_0}|$.
Denn:
Ist $n_0$ ein Normalenvektor mit $|\vec{n_0}| = 1$ und liegt R zu $\vec{n_0}$ wie in Fig. 2, dann ist
$\overrightarrow{PR} \cdot \vec{n_0} = |\overrightarrow{PR}| \cdot 1 \cdot \cos(\delta) = d$.
Mit $\overrightarrow{PR} = \overrightarrow{OR} - \overrightarrow{OP} = \vec{r} - \vec{p}$ ist somit
$d = (\vec{r} - \vec{p}) \cdot \vec{n_0}$ (1).
Liegt R auf der anderen Seite der Ebene E, so ist $\overrightarrow{PR} \cdot \vec{n_0}$ negativ. Es ergibt sich
$d = -\overrightarrow{PR} \cdot \vec{n_0} = -(\vec{r} - \vec{p}) \cdot \vec{n_0}$ (2).

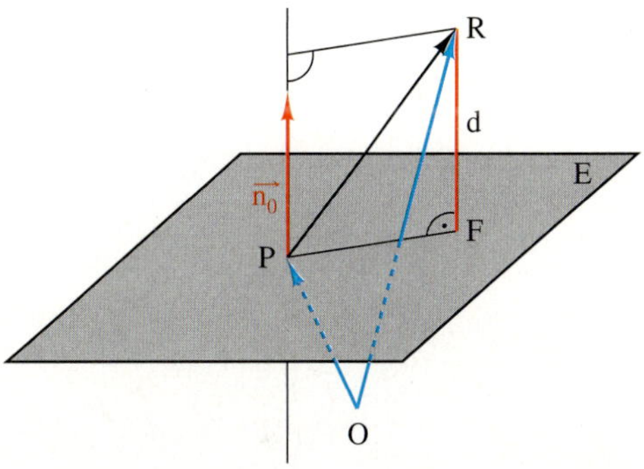

Fig. 2

Der Term $(\vec{r} - \vec{p}) \cdot \vec{n_0}$ entspricht dem Term in der Normalenform der Ebenengleichung $(\vec{x} - \vec{p}) \cdot \vec{n} = 0$, wenn man $\vec{x}$ durch $\vec{r}$ und $\vec{n}$ durch den Normalen-Einheitsvektor $\vec{n}_0 = \frac{1}{|\vec{n}|} \cdot \vec{n}$ ersetzt. Man nennt diese Ebenengleichung $(\vec{x} - \vec{p}) \cdot \vec{n}_0 = 0$ die **HESSE'sche Normalenform**.

*LUDWIG OTTO HESSE (1811 – 1874), deutscher Mathematiker.*
*1861 erschien sein viel beachtetes Buch „Vorlesungen über analytische Geometrie des Raumes".*

Setzt man in die HESSE'sche Normalenform für $\vec{x}$ den Ortsvektor $\vec{r}$ eines Punktes R, so gilt (vgl. die Gleichungen (1) und (2)) für den

**Abstand d von R zur Ebene E: $d = |(\vec{r} - \vec{p}) \cdot \vec{n}_0|$.**

In der Koordinatengleichung $a_1 x_1 + a_2 x_2 + a_3 x_3 = b$ einer Ebene bilden die Koeffizienten $a_1$, $a_2$, $a_3$ die Koordinaten eines Normalenvektors $\vec{n}$. Dividiert man die Koordinatengleichung durch den Betrag von $\vec{n}$, so erhält man die

**Koordinatendarstellung der HESSE'schen Normalenform:** $\frac{a_1x_1 + a_2x_2 + a_3x_3 - b}{\sqrt{a_1{}^2 + a_1^2 + a_3^2}} = 0$.

**Satz:** Ist $a_1 x_1 + a_2 x_2 + a_3 x_3 = b$ eine Koordinatengleichung der Ebene E, so gilt für den Abstand d eines Punktes $R(r_1|r_2|r_3)$ von der Ebene E:

$$\mathbf{d} = \left| \frac{\mathbf{a_1 r_1 + a_2 r_2 + a_3 r_3 - b}}{\sqrt{\mathbf{a_1^2 + a_1^2 + a_3^2}}} \right|.$$

**Beispiel 1:** (Abstandsberechnung mithilfe der HESSE'schen Normalenform)
Bestimmen Sie den Abstand des Punktes $R(1|6|2)$ von der Ebene E mit der Koordinatengleichung $x_1 - 2x_2 + 4x_3 = 1$.
Lösung:

*Hier kann man natürlich auch gleich in die „Koordinatenformel" des Satzes einsetzen.*

1. Schritt: Umwandlung der Koordinatengleichung in die HESSE'sche Normalenform.
Mit $\sqrt{1^2 + (-2)^2 + 4^2} = \sqrt{21}$ ist die HESSE'sche Normalenform $\frac{x_1 - 2x_2 + 4x_3 - 1}{\sqrt{21}} = 0$.
2. Schritt: Berechnung des Abstandes durch Einsetzen in die HESSE'sche Normalenform.
$d = \left|\frac{1 - 2\cdot 6 + 4\cdot 2 - 1}{\sqrt{21}}\right| = \left|\frac{-4}{\sqrt{21}}\right| = \frac{4}{\sqrt{21}} = \frac{4}{21}\sqrt{21} \approx 0{,}87$.

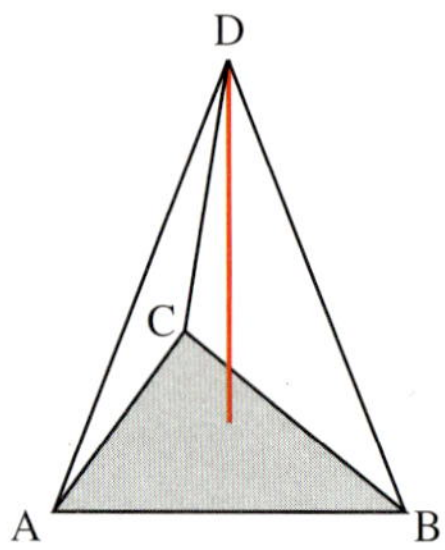
Fig. 1

**Beispiel 2:** (Anwendung: Berechnung der Höhe einer Pyramide)
Berechnen Sie für eine dreiseitige Pyramide mit der Grundfläche ABC und der Spitze D die Höhe für $A(4|0|0)$; $B(4|5|1)$; $C(0|0|1)$ und $D(-1|4|3)$.
Lösung:
1. Schritt: Aufstellung einer Koordinatengleichung der Ebene E durch A, B, C.
Einsetzen der Koordinaten von A, B, C in die Gleichung $a_1x_1 + a_2x_2 + a_3x_3 = b$ ergibt das

LGS: $\begin{cases} 4a_1 = b \\ 4a_1 + 5a_2 + a_3 = b, \\ a_3 = b \end{cases}$ umgeformt in $\begin{cases} 4a_1 = b \\ 5a_2 = -b \quad \text{(II – I – III)}. \\ a_3 = b \end{cases}$

Für $b = 20$ erhält man eine ganzzahlige Lösung mit $a_1 = 5$; $a_2 = -4$ und $a_3 = 20$.
Damit ist $5x_1 - 4x_2 + 20x_3 = 20$ eine Koordinatengleichung von E.
2. Schritt: Umwandlung der Koordinatengleichung in die HESSE'sche Normalenform.
Mit $\sqrt{5^2 + (-4)^2 + 20^2} = \sqrt{441} = 21$ ist die HESSE'sche Normalenform $\frac{5x_1 - 4x_2 + 20x_3 - 20}{21} = 0$.
3. Schritt: Berechnung der Höhe h.
$h = \left|\frac{5\cdot(-1) - 4\cdot 4 + 20\cdot 3 - 20}{21}\right| = \frac{19}{21}$.

## Aufgaben

**2** Bestimmen Sie zur Ebenengleichung die HESSE'sche Normalenform. Berechnen Sie dann die Abstände der Punkte A, B und C von der Ebene E.
a) E: $2x_1 - 10x_2 + 11x_3 = 0$ $\quad A(1|1|-2)$, $\quad B(5|1|0)$, $\quad C(1|3|3)$
b) E: $6x_1 + 17x_2 - 6x_3 = 19$ $\quad A(2|3|1)$, $\quad B(5|6|3)$, $\quad C(0|0|0)$,
c) E: $\left[\vec{x} - \begin{pmatrix} 3 \\ 5 \\ -1 \end{pmatrix}\right] \cdot \begin{pmatrix} 2 \\ -1 \\ 2 \end{pmatrix} = 0$ $\quad A(2|0|2)$, $\quad B(2|1|-8)$, $\quad C(5|5|5)$,
d) E: $\left[\vec{x} - \begin{pmatrix} 5 \\ 1 \\ 0 \end{pmatrix}\right] \cdot \begin{pmatrix} 4 \\ -4 \\ 2 \end{pmatrix} = 0$ $\quad A(2|-1|2)$, $\quad B(2|10|-6)$, $\quad C(4|6|8)$

*Sind zwei Ebenen E und F zueinander parallel, so haben alle Punkte A von E denselben Abstand zu F, und dieser Abstand ist auch gleich dem Abstand aller Punkte B von F zur Ebene E. Diesen gemeinsamen Abstand nennt man den* ***Abstand der Ebenen*** *E und F.*

**3** Berechnen Sie die Abstände der Punkte A, B und C von der Ebene durch die Punkte P, Q und R.
a) $A(3|3|-4)$, $B(-4|-8|-18)$, $C(1|0|19)$, $P(2|0|4)$, $Q(6|7|1)$, $R(-2|3|7)$
b) $A(4|4|-4)$, $B(5|-8|-1)$, $C(0|0|10)$, $P(1|2|6)$, $Q(3|3|4)$, $R(4|5|6)$

**4** Zeigen Sie, dass die Ebenen E und F zueinander parallel sind. Berechnen Sie ihren Abstand.
a) E: $4x_1 + 3x_2 - 12x_3 = 25$ $\quad$ F: $-4x_1 - 3x_2 + 12x_3 = 14$
b) E: $4x_1 - 2x_2 + 4x_3 = 9$ $\quad$ F: $-6x_1 + 3x_2 - 6x_3 = 4{,}5$

**5** Gegeben sind die Punkte $A(12|0|0)$, $B(12|8|6)$, $C(2|8|6)$, $D(2|0|0)$ und $S(7|16|-13)$.
a) Zeigen Sie, dass das Viereck ABCD ein Quadrat ist.
b) Berechnen Sie das Volumen der quadratischen Pyramide mit den Ecken A, B, C, D und S.

**6** Gegeben ist die Ebene $E: 3x_1 + 2x_2 + 4x_3 = 12$.
Die Spurpunkte $S_1$, $S_2$ und $S_3$ der Ebene E bilden zusammen mit dem Ursprung O die Ecken einer dreiseitigen Pyramide. Berechnen Sie das Volumen dieser Pyramide möglichst geschickt. Benötigen Sie dazu die HESSE'sche Normalenform?

**7** Gegeben ist die Ebene $E: 2x_1 + 6x_2 + 3x_3 = 21$.
a) Berechnen Sie den Abstand des Ursprungs O von der Ebene E.
b) Geben Sie einen Normalenvektor der Ebene E an, dessen Betrag gleich dem in a) bestimmten Abstand ist.
c) Der Punkt O wird an der Ebene E gespiegelt. Bestimmen Sie den Bildpunkt von O.

*Der Sicherheitsabstand, der bei Abluftrohren einzuhalten ist, hängt auch von der Temperatur und der Schadstoffbelastung der Abluft ab.*

**8** Fig. 1 zeigt eine Werkstatthalle mit einem Pultdach. Die Koordinaten der angegebenen Ecken entsprechen ihren Abständen in m.
Die Abluft wird durch ein lotrechtes Edelstahlrohr aus der Halle geführt, sein Endpunkt ist $R(10|10|8)$.
a) Berechnen Sie den Abstand des Luftauslasses von der Dachfläche. Ist der Sicherheitsabstand von 1,50 m eingehalten?
b) Berechnen Sie auch die Länge des Edelstahlrohres, das über die Dachfläche hinausragt.

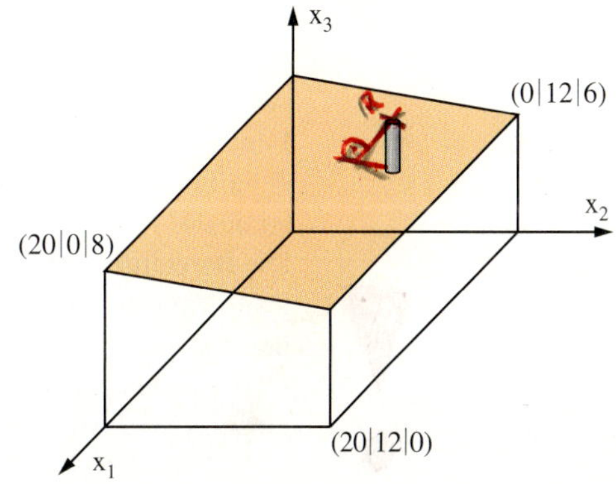

Fig. 1

**9** Gegeben ist der Punkt $S(8|14|8)$ und die Ebene $E: \left[\vec{x} - \begin{pmatrix} -3 \\ 3{,}5 \\ 7 \end{pmatrix}\right] \cdot \begin{pmatrix} 4 \\ 7 \\ 4 \end{pmatrix} = 0$.

a) Bestimmen Sie den Fußpunkt M des Lotes von S auf die Ebene E.
b) Zeigen Sie, dass $R(2|7{,}5|-5)$ ein Punkt der Ebene E ist, und berechnen Sie den Abstand r von R zu M.
c) Berechnen Sie die Länge der Strecke MS auf zwei Arten: einmal direkt aus den Koordinaten von M und S und zur Kontrolle mit der HESSE'schen Normalenform.
d) Berechnen Sie das Volumen des Kegels, der durch Rotation der Strecke RS um das Lot von S auf E entsteht.

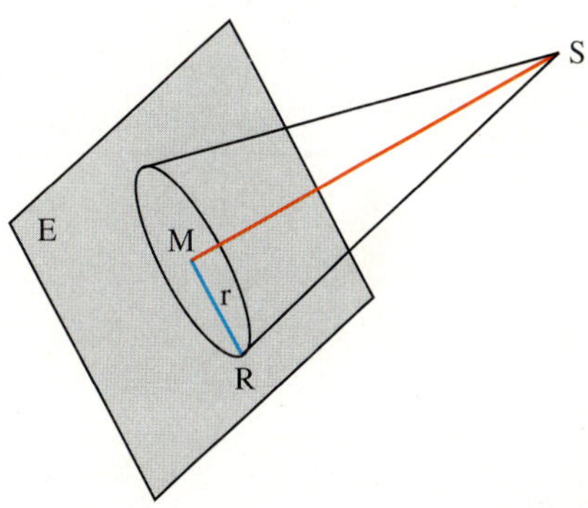

Fig. 2

**10** Welcher Zusammenhang besteht zwischen den Koordinaten eines Punktes $P(p_1|p_2|p_3)$ und den Abständen von P zur $x_1x_2$-Ebene, zur $x_1x_3$-Ebene und zur $x_2x_3$-Ebene?
Überlegen Sie (ohne über eine Ebenengleichung zu gehen), welche Normalen-Einheitsvektoren diese drei Ebenen haben.
Überprüfen Sie mithilfe der HESSE'schen Normalenform, ob Sie die zuerst bestimmten Abstände erhalten.

# 9 Abstand eines Punktes von einer Geraden

**1** Für Bäume in Hausgärten gelten Mindestabstände zu den Grundstücksgrenzen. Bestimmen Sie zu Fig. 1 den Abstand der Mitte des Baumstammes vom Zaun.

**2** Wie viele Geraden im Raum gibt es, die durch einen gegebenen Punkt R gehen und zu einer gegebenen Gerade g orthogonal sind? Beschreiben Sie die Lage dieser Geraden.

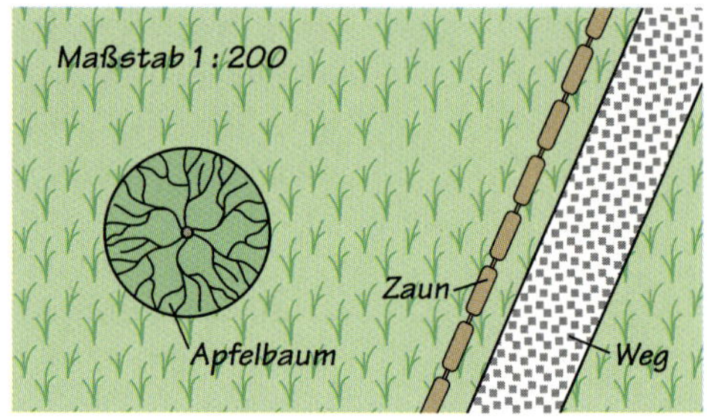


Fig. 1

Unter dem **Abstand d** eines Punktes R von einer Geraden g versteht man die Länge d des Lotes von R auf die Gerade, d. h. die Länge der Strecke von R zum Lotfußpunkt F (Fig. 2).

Alle Lote auf der Gerade g mit dem Fußpunkt F (also nicht nur die Strecke RF) liegen in einer Ebene E. Diese muss man zuerst bestimmen.

Die **Berechnung des Abstandes** eines Punktes R von einer Geraden g erfolgt daher in drei Schritten:
- Aufstellen einer Gleichung der zu g orthogonalen Ebene E durch R,
- Berechnung des Schnittpunktes F,
- Berechnung des Betrages von $\overrightarrow{RF}$.

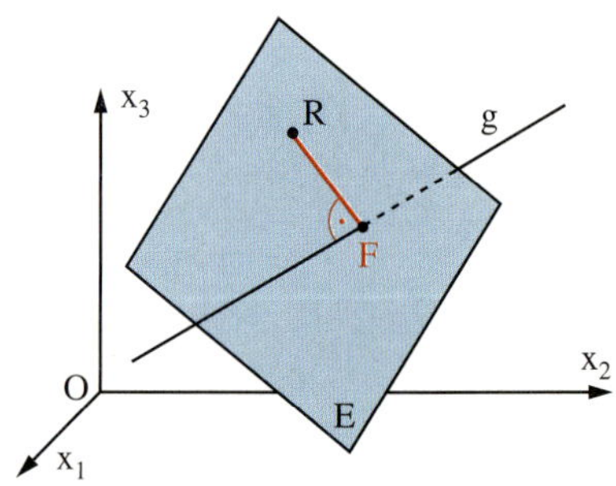


Fig. 2

**Beispiel:** (Abstandsberechnung)

Berechnen Sie den Abstand des Punktes $R(2|-3|5)$ von der Geraden g: $\vec{x} = \begin{pmatrix} 4 \\ 3 \\ 3 \end{pmatrix} + t\begin{pmatrix} 2 \\ 1 \\ -1 \end{pmatrix}$.

Lösung:

1. Schritt: Bestimmung der zu g orthogonalen Ebene E durch R.

Aus dem Richtungsvektor $\begin{pmatrix} 2 \\ 1 \\ -1 \end{pmatrix}$ von g ergibt sich als Gleichung für E: $2x_1 + x_2 - x_3 = b$.

$R(2|-3|5)$ liegt in E, also müssen seine Koordinaten die Gleichung $2x_1 + x_2 - x_3 = b$ erfüllen: $2 \cdot 2 + (-3) - 5 = b$.

Daraus folgt $b = -4$ und damit E: $2x_1 + x_2 - x_3 = -4$.

*Wer hier seinen GTR mit rref benutzt, der schießt mit Kanonen auf Spatzen.*

2. Schritt: Berechnung des Fußpunktes F als Schnittpunkt von g mit E.

Der gegebenen Geradengleichung entnimmt man: $x_1 = 4 + 2t$; $x_2 = 3 + t$; $x_3 = 3 - t$.

Einsetzen in die Ebenengleichung: $2(4 + 2t) + (3 + t) - (3 - t) = -4$.

Lösen der Gleichung ergibt: $t = -2$.

Einsetzen von $t = -2$ in die Geradengleichung führt zu $F(0|1|5)$.

3. Schritt: Berechnung des Abstandes des Punktes R von g als Betrag des Vektors $\overrightarrow{RF}$.

$d = |\overrightarrow{RF}| = \sqrt{(0-2)^2 + (1+3)^2 + (5-5)^2} = \sqrt{20} = 2 \cdot \sqrt{5} \approx 4{,}47$.

## Aufgaben

**3** Berechnen Sie den Abstand des Punktes R von der Geraden g.

a) $R(6|7|-3)$, g: $\vec{x} = \begin{pmatrix}2\\1\\4\end{pmatrix} + t\begin{pmatrix}3\\0\\-2\end{pmatrix}$ b) $R(-2|-6|1)$, g: $\vec{x} = \begin{pmatrix}5\\9\\1\end{pmatrix} + t\begin{pmatrix}3\\2\\2\end{pmatrix}$

c) $R(9|11|6)$, g: $\vec{x} = \begin{pmatrix}-1\\1\\-7\end{pmatrix} + t\begin{pmatrix}2\\-1\\2\end{pmatrix}$ d) $R(9|4|9)$, g: $\vec{x} = \begin{pmatrix}4\\-9\\-2\end{pmatrix} + t\begin{pmatrix}3\\-4\\1\end{pmatrix}$

**4** Berechnen Sie den Flächeninhalt des Dreiecks ABC.

a) $A(1|1|1)$, $B(7|4|7)$, $C(5|6|-1)$ b) $A(1|-6|0)$, $B(5|-8|4)$, $C(5|7|7)$

c) $A(4|-2|1)$, $B(-2|7|7)$, $C(6|6|8)$ d) $A(2|1|0)$, $B(1|1|0)$, $C(5|1|1)$

**5** $A(-7|-5|2)$, $B(1|9|-6)$, $C(5|-2|-1)$ und $D(-2|0|9)$ sind Ecken einer dreiseitigen Pyramide. Berechnen Sie den Inhalt der Grundfläche ABC und das Volumen der Pyramide.

**6** Berechnen Sie den Abstand der zueinander parallelen Geraden mit den Gleichungen

a) $\vec{x} = \begin{pmatrix}-5\\6\\8\end{pmatrix} + t\begin{pmatrix}1\\0\\-2\end{pmatrix}$, $\vec{x} = \begin{pmatrix}6\\4\\1\end{pmatrix} + t\begin{pmatrix}-1\\0\\2\end{pmatrix}$, b) $\vec{x} = \begin{pmatrix}5\\8\\-7\end{pmatrix} + t\begin{pmatrix}-3\\4\\4\end{pmatrix}$, $\vec{x} = \begin{pmatrix}6\\-1\\13\end{pmatrix} + t\begin{pmatrix}3\\-4\\-4\end{pmatrix}$.

*Bei Aufgabe 7: Erst genau hinschauen, bevor Sie losrechnen.*

**7** Bestimmen Sie die Gerade k, die in der gleichen Ebene wie die Geraden g und h liegt und deren Punkte von g und h den gleichen Abstand haben.

a) g: $\vec{x} = \begin{pmatrix}2\\6\\8\end{pmatrix} + t\begin{pmatrix}-4\\3\\-2\end{pmatrix}$, h: $\vec{x} = t\begin{pmatrix}-4\\3\\-2\end{pmatrix}$ b) g: $\vec{x} = \begin{pmatrix}5\\0\\2\end{pmatrix} + t\begin{pmatrix}1\\-1\\-2\end{pmatrix}$, h: $\vec{x} = \begin{pmatrix}-5\\6\\8\end{pmatrix} + t\begin{pmatrix}-1\\1\\2\end{pmatrix}$

**8** Die Gerade g durch $A(5|7|9)$ hat den Richtungsvektor $\vec{u} = \begin{pmatrix}12\\4\\3\end{pmatrix}$.

a) Bestimmen Sie den Fußpunkt F des Lotes von $R(-7|-3|14)$ auf die Gerade g. Berechnen Sie den Flächeninhalt des Dreiecks ARF.

b) Die Strecke AR rotiert um die Gerade g. Berechnen Sie das Volumen des so gebildeten Kegels.

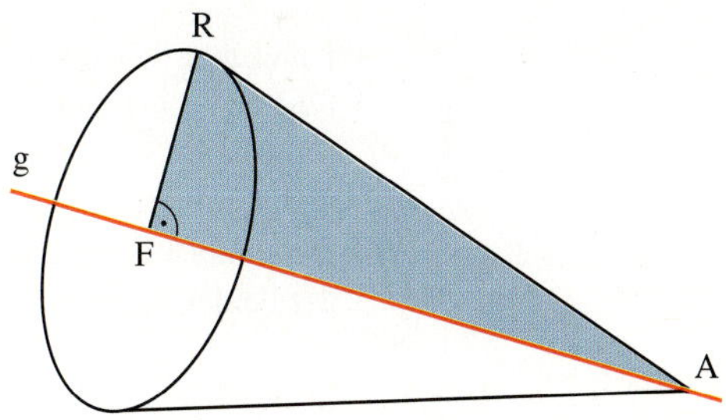


Fig. 1

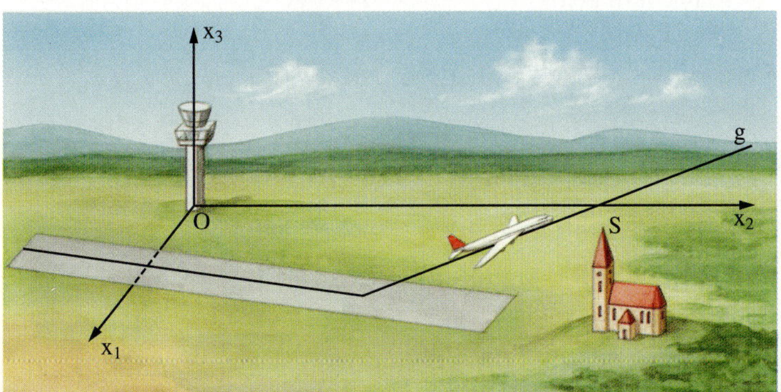


**9** Bezogen auf das eingezeichnete Koordinatensystem befindet sich ein Flugzeug im Steigflug längs der Geraden

g: $\vec{x} = \begin{pmatrix}1\\1\\0\end{pmatrix} + t\begin{pmatrix}2\\3\\1\end{pmatrix}$

(1 Koordinateneinheit = 1 km).

In der Nähe befindet sich ein Berg mit einer Kirche.

Berechnen Sie den minimalen Abstand des Flugzeugs von der Kirchturmspitze im Punkt $S(1|2|0,08)$.

# 10 Abstand windschiefer Geraden

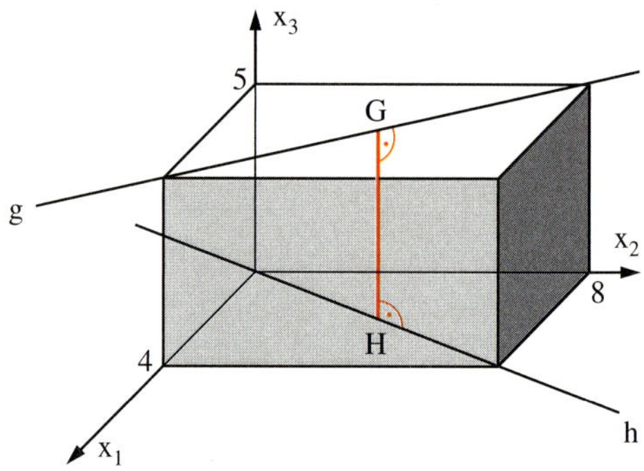


Fig. 1

**1** Die Durchfahrtshöhe zwischen der Straße und der Bahnstrecke soll bestimmt werden. Dazu misst man die Länge einer geeigneten Strecke. Wie muss diese Strecke zur Straße, wie zum Bahngleis liegen?

**2** a) Wie liegen in Fig. 1 die Geraden g und h zueinander? Wie liegt die Strecke GH zu den Geraden g und h? Geben Sie auch die Länge dieser Strecke an.
b) Vergleichen Sie die Abstände
(1) von Grund- und Deckfläche des Quaders in Fig. 1,
(2) von der Geraden g zur Grundfläche des Quaders,
(3) von der Geraden g zur Geraden h.
Wie groß sind diese Abstände?

Unter dem **Abstand** zweier windschiefer Geraden g und h versteht man die kleinste Entfernung zwischen den Punkten von g und den Punkten von h. Dieser Abstand ist gleich der Länge des gemeinsamen Lotes der beiden Geraden.

Diesen Abstand findet man so (Fig. 2):
Zu den windschiefen Geraden g und h gibt es zueinander parallele Ebenen $E_g$ und $E_h$ durch g bzw. h. Der Abstand von $E_g$ und $E_h$ ist gleich dem Abstand von g und h.

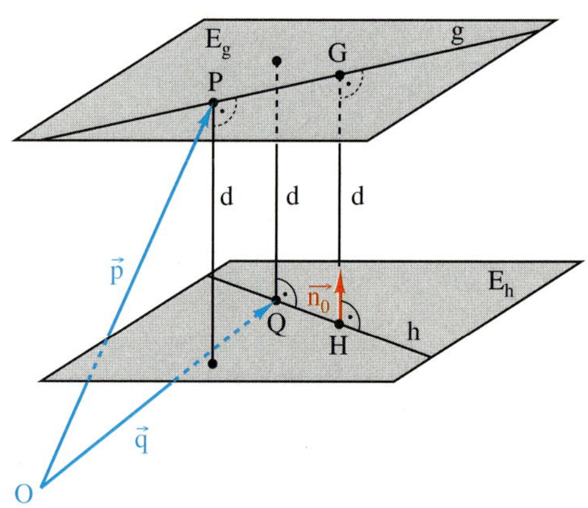


Fig. 2

In Fig. 2 ist der Abstand von g und h auch gleich dem Abstand des Punktes Q von der Ebene $E_g$.
Für den Abstand von Q zu $E_g$ gilt: $d = |(\vec{q} - \vec{p}) \cdot \vec{n_0}|$, wobei $\vec{q}$ und $\vec{p}$ Ortsvektoren von Q bzw. P sind und $\vec{n_0}$ ein gemeinsamer Normalen-Einheitsvektor von $E_g$ und $E_h$.

**Satz:** Sind g und h windschiefe Geraden im Raum mit g: $\vec{x} = \vec{p} + t\vec{u}$ und h: $\vec{x} = \vec{q} + t\vec{v}$ und ist $\vec{n_0}$ ein Einheitsvektor mit $\vec{n_0} \perp \vec{u}$ und $\vec{n_0} \perp \vec{v}$, dann haben g und h den Abstand:
$$\mathbf{d = |(\vec{q} - \vec{p}) \cdot \vec{n_0}|}.$$

**Beispiel:** (Abstandsberechnung)

Berechnen Sie den Abstand der Geraden g: $\vec{x} = \begin{pmatrix} 6 \\ 1 \\ -4 \end{pmatrix} + t\begin{pmatrix} 4 \\ 1 \\ -6 \end{pmatrix}$ und h: $\vec{x} = \begin{pmatrix} 4 \\ 0 \\ 3 \end{pmatrix} + t\begin{pmatrix} 0 \\ -1 \\ 3 \end{pmatrix}$.

Lösung:

*Es ist günstig, $n_3$ so zu wählen, dass sich für $n_1$ und $n_2$ ganzzahlige Werte ergeben.*

Ist $\vec{n} = \begin{pmatrix} n_1 \\ n_2 \\ n_3 \end{pmatrix}$ zu $\begin{pmatrix} 4 \\ 1 \\ -6 \end{pmatrix}$ und zu $\begin{pmatrix} 0 \\ -1 \\ 3 \end{pmatrix}$ orthogonal, so gilt: $\begin{cases} 4n_1 + n_2 - 6n_3 = 0 \\ -n_2 + 3n_3 = 0 \end{cases}$.

Setzt man $n_3 = 4$, so erhält man eine ganzzahlige Lösung des LGS mit $n_2 = 12$ und $n_1 = 3$.

Aus $\vec{n} = \begin{pmatrix} 3 \\ 12 \\ 4 \end{pmatrix}$ ergibt sich $|\vec{n}| = \sqrt{3^2 + 12^2 + 4^2} = 13$ und daraus $\vec{n_0} = \frac{1}{13}\begin{pmatrix} 3 \\ 12 \\ 4 \end{pmatrix}$.

Damit ist der Abstand von g und h:

$$d = \left|\left[\begin{pmatrix} 4 \\ 0 \\ 3 \end{pmatrix} - \begin{pmatrix} 6 \\ 1 \\ -4 \end{pmatrix}\right] \cdot \frac{1}{13}\begin{pmatrix} 3 \\ 12 \\ 4 \end{pmatrix}\right| = \left|\frac{(-2)\cdot 3 + (-1)\cdot 12 + 7\cdot 4}{13}\right| = \frac{10}{13}.$$

## Aufgaben

**3** Berechnen Sie den Abstand zwischen den Geraden mit den Gleichungen

a) $\vec{x} = \begin{pmatrix} 7 \\ 7 \\ 4 \end{pmatrix} + t\begin{pmatrix} 1 \\ -2 \\ 6 \end{pmatrix}$, $\vec{x} = \begin{pmatrix} -3 \\ 0 \\ 5 \end{pmatrix} + t\begin{pmatrix} 1 \\ 0 \\ -3 \end{pmatrix}$,
b) $\vec{x} = \begin{pmatrix} 1 \\ 1 \\ 1 \end{pmatrix} + t\begin{pmatrix} -3 \\ 0 \\ 2 \end{pmatrix}$, $\vec{x} = \begin{pmatrix} 6 \\ 6 \\ 18 \end{pmatrix} + t\begin{pmatrix} 3 \\ -4 \\ 1 \end{pmatrix}$,

c) $\vec{x} = \begin{pmatrix} 2 \\ 5 \\ 5 \end{pmatrix} + t\begin{pmatrix} 1 \\ 1 \\ 3 \end{pmatrix}$, $\vec{x} = t\begin{pmatrix} -1 \\ -1 \\ -3 \end{pmatrix}$,
d) $\vec{x} = \begin{pmatrix} 0 \\ 1 \\ 2 \end{pmatrix} + t\begin{pmatrix} 0 \\ 1 \\ 1 \end{pmatrix}$, $\vec{x} = \begin{pmatrix} 7 \\ 7 \\ 0 \end{pmatrix} + t\begin{pmatrix} 4 \\ -5 \\ 2 \end{pmatrix}$.

**4** a) Die Geraden mit den Gleichungen $\vec{x} = \begin{pmatrix} 5 \\ 11 \\ 17 \end{pmatrix} + t\begin{pmatrix} 1 \\ 2 \\ 0 \end{pmatrix}$ und $\vec{x} = \begin{pmatrix} 7 \\ 12 \\ 23 \end{pmatrix} + t\begin{pmatrix} 9 \\ 11 \\ 0 \end{pmatrix}$ sind beide parallel zu einer Koordinatenebene. Erläutern Sie, wie man den Gleichungen direkt entnehmen kann, dass der Abstand der Geraden 6 beträgt.

b) Bestimmen Sie entsprechend den Abstand der Geraden mit den Gleichungen

$\vec{x} = \begin{pmatrix} -14 \\ 7 \\ 112 \end{pmatrix} + t\begin{pmatrix} 23 \\ 0 \\ 47 \end{pmatrix}$ und $\vec{x} = \begin{pmatrix} 113 \\ 27 \\ -45 \end{pmatrix} + t\begin{pmatrix} 17 \\ 0 \\ 37 \end{pmatrix}$ $\left(\vec{x} = \begin{pmatrix} 3 \\ 7 \\ 5 \end{pmatrix} + t\begin{pmatrix} 1 \\ 0 \\ 0 \end{pmatrix} \text{ und } \vec{x} = \begin{pmatrix} 2 \\ 1 \\ 9 \end{pmatrix} + t\begin{pmatrix} 0 \\ 1 \\ 0 \end{pmatrix}\right)$.

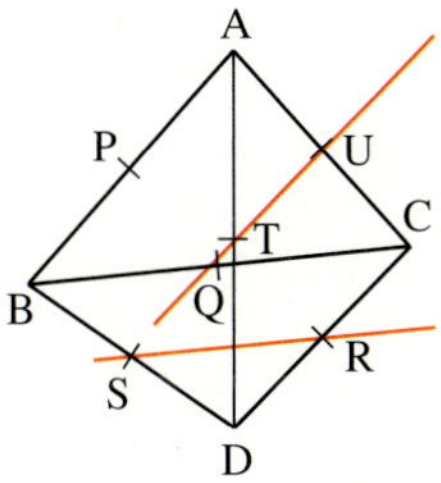

Fig. 1

**5** Gegeben ist eine Pyramide mit den Ecken A(−9|3|−3), B(−3|−6|0), C(−7|5|5) und D(4|8|0). P, Q, R, S, T, U sind jeweils die Kantenmitten der Pyramide (Fig. 1). Berechnen Sie

a) den Abstand der Geraden durch A und C zur Geraden durch B und D,

b) den Abstand des Punktes A zur Ebene durch B, C und D,

c) den Abstand der Geraden durch T und U zur Geraden durch R und S.

**6** Zeichnen Sie ein Schrägbild eines Würfels mit der Kantenlänge a, der Grundfläche ABCD und der Raumdiagonalen AG. Berechnen Sie den Abstand dieser Raumdiagonalen AG von der Flächendiagonalen BD. Wählen Sie dazu das Koordinatensystem geschickt.

*Zu Aufgabe 7 vergleiche Kapitel VIII, S. 252.*

**7** Bezogen auf ein geeignetes Koordinatensystem startet eine Fliege in O zu einem geradlinigen Flug nach P(3|12|4). In derselben Zeit fliegt eine Wespe geradlinig von A(0|10|5) nach B(0|2|5). Beide Tiere fliegen mit konstanter Geschwindigkeit. Berechnen Sie den minimalen Abstand der Tiere und den minimalen Abstand ihrer Flugbahnen.

# 11 Beweise mithilfe des Skalarproduktes

Mithilfe des Skalarproduktes lassen sich viele Sätze der Geometrie, bei denen die Orthogonalität von Geraden oder Strecken eine Rolle spielt, algebraisch beweisen. Die bisher verwendeten Schritte für einen Beweis mithilfe von Vektoren erweisen sich auch hier als günstig.
Ist zu beweisen, dass zwei Geraden zueinander orthogonal sind, so muss man zeigen, dass das Skalarprodukt der zugehörigen Richtungsvektoren null ist (Beispiel 1, 4. Schritt).
Enthält der Satz in der Voraussetzung die Orthogonalität von Geraden, so ist das Skalarprodukt der Richtungsvektoren null zu setzen (Beispiel 2, 2. Schritt).

**Beispiel 1:** (Beweis der Orthogonalität von Strecken bzw. Vektoren)
Beweisen Sie den Satz:
In einem Quader mit quadratischer Grundfläche ist jede Raumdiagonale orthogonal zu der Diagonalen der Grundfläche, die mit der Raumdiagonalen keinen gemeinsamen Punkt hat.
Lösung:
1. Schritt:
Veranschaulichung durch eine Zeichnung, dabei Einführung von Bezeichnungen: Fig. 1.

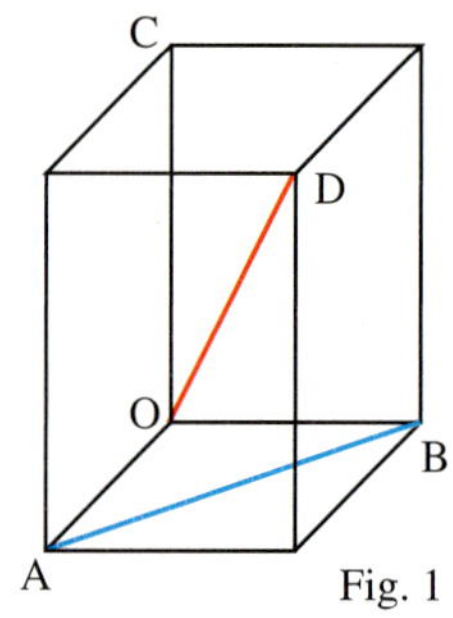

Fig. 1

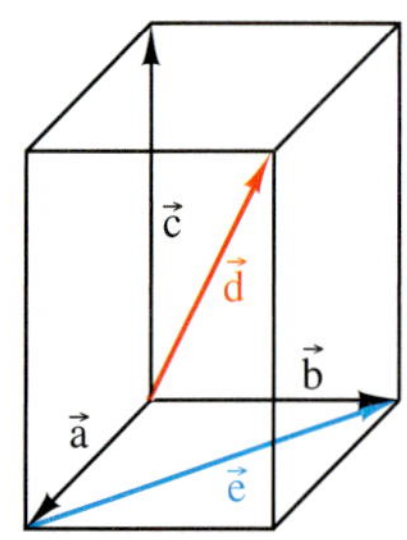

Fig. 2

2. Schritt:
Beschreibung der Voraussetzung durch geeignete Vektoren (vgl. Fig. 2).

Quader bedeutet insbesondere
$OA \perp OB$, $OA \perp OC$, $OB \perp OC$, also
$\vec{a} \cdot \vec{b} = 0$, $\vec{a} \cdot \vec{c} = 0$, $\vec{b} \cdot \vec{c} = 0$.
Quadratische Grundfläche bedeutet
$|\vec{a}| = |\vec{b}|$.

3. Schritt:
Beschreibung der Behauptung durch Vektoren.

$OD \perp AB$, also $\vec{d} \cdot \vec{e} = 0$.

4. Schritt:
a) Aufstellung von Beziehungen zwischen den Vektoren der Behauptung und den Vektoren der Voraussetzung.

$\vec{d} = \vec{a} + \vec{b} + \vec{c}$
$\vec{e} = \vec{b} - \vec{a}$

b) Ableitung der Behauptung aus der Voraussetzung unter Verwendung der aufgestellten Beziehungen.

$$\begin{aligned}\vec{d} \cdot \vec{e} &= (\vec{a} + \vec{b} + \vec{c}) \cdot (\vec{b} - \vec{a})\\ &= \vec{a} \cdot \vec{b} - \vec{a}^2 + \vec{b}^2 - \vec{b} \cdot \vec{a} + \vec{c} \cdot \vec{b} - \vec{c} \cdot \vec{a}\\ &= 0 - \vec{a}^2 + \vec{b}^2 - 0 + 0 - 0\\ &= 0, \quad \text{da } |\vec{a}| = |\vec{b}|.\end{aligned}$$

Aus $\vec{d} \cdot \vec{e} = 0$ folgt:
Die Raumdiagonale OD ist orthogonal zur Diagonalen AB der Grundfläche.

**Beispiel 2:** (Ein Satz über Flächeninhalte von Quadraten bzw. Rechtecken)
Beweisen Sie den **Höhensatz:**
Für jedes rechtwinklige Dreieck gilt: Das Quadrat über der Höhe ist flächengleich zum Rechteck aus den beiden Hypotenusenabschnitten: $h^2 = p \cdot q$ (Fig. 1).
Lösung:

*1. Schritt:*
*Veranschaulichung durch eine Zeichnung.*

*2. Schritt:*
*Beschreibung der Voraussetzung mittels geeigneter Vektoren.*

*3. Schritt:*
*Beschreibung der Behauptung mittels Vektoren.*

*4. Schritt:*
*Aufstellung von Beziehungen zwischen den Vektoren der Behauptung und den Vektoren der Voraussetzung. Ableitung der Behauptung aus der Voraussetzung unter Verwendung der im 4. Schritt aufgestellten Beziehungen.*

(1)

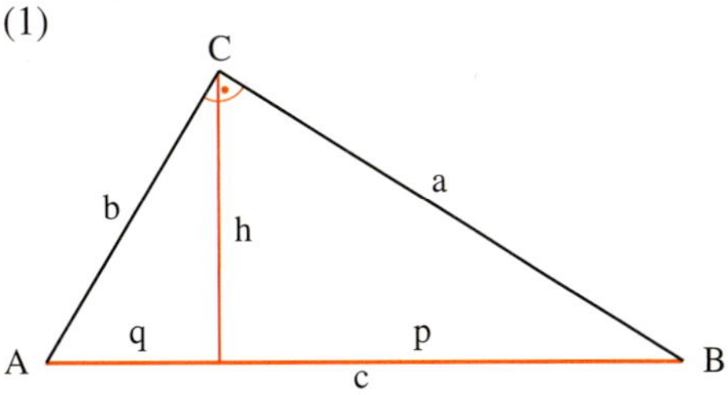

Fig. 1

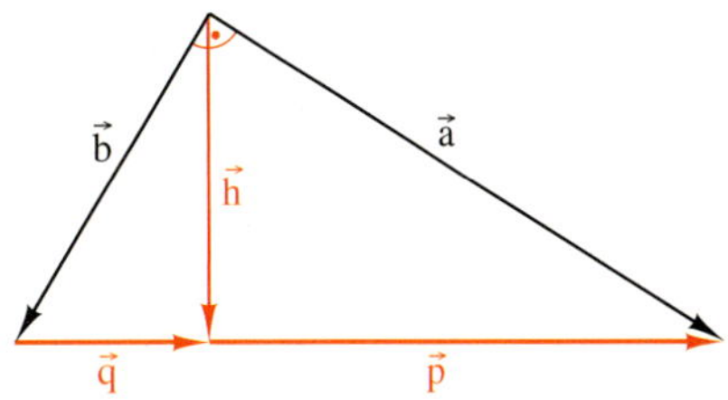

Fig. 2

(2) Nach Voraussetzung ist das Dreieck ABC rechtwinklig, also $\vec{a} \cdot \vec{b} = 0$.
h ist die Höhe auf c, insbesondere ist h orthogonal zu p und q: $\vec{h} \cdot \vec{p} = 0,\ \vec{h} \cdot \vec{q} = 0$.
(3) Es ist $h = |\vec{h}|,\ p = |\vec{p}|,\ q = |\vec{q}|$.
Damit kann die Behauptung geschrieben werden als: $|\vec{h}|^2 = |\vec{p}| \cdot |\vec{q}|$.
(4) Zwischen $\vec{p}$, $\vec{q}$ und $\vec{h}$ sowie $\vec{a}$ und $\vec{b}$ gilt: $\vec{a} = \vec{h} + \vec{p},\ \vec{b} = \vec{h} - \vec{q}$.
Daraus folgt:

$$\vec{a} \cdot \vec{b} = (\vec{h} + \vec{p}) \cdot (\vec{h} - \vec{q})$$
$$= \vec{h}^2 - \vec{h} \cdot \vec{q} + \vec{p} \cdot \vec{h} - \vec{p} \cdot \vec{q}$$

Mit (2) ergibt sich: $0 = \vec{h}^2 - 0 + 0 - \vec{p} \cdot \vec{q}$,
also $\vec{h}^2 = \vec{p} \cdot \vec{q}$.
Wegen $\vec{p} \cdot \vec{q} = |\vec{p}| \cdot |\vec{q}| \cdot \cos(0°) = |\vec{p}| \cdot |\vec{q}|$ folgt daraus $|\vec{h}|^2 = |\vec{p}| \cdot |\vec{q}|$.
Dies entpricht der Behauptung $h^2 = p \cdot q$ des Höhensatzes.

## Aufgaben

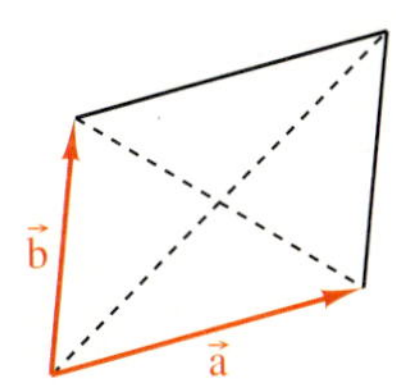

Fig. 5

**1** Eine Raute ist ein Parallelogramm mit gleich langen Seiten. Beweisen Sie mithilfe des Skalarproduktes:
a) In einer Raute sind die Diagonalen zueinander orthogonal.
b) Sind die Diagonalen eines Parallelogramms zueinander orthogonal, dann ist es eine Raute.

**2** Beweisen Sie mithilfe des Skalarproduktes: Ein Parallelogramm mit gleich langen Diagonalen ist ein Rechteck.

**3** Beweisen Sie mithilfe des Skalarproduktes: Im gleichschenkligen Dreieck sind die Seitenhalbierende der Grundseite und die Grundseite selbst zueinander orthogonal.

**4** Der Würfel in Fig. 3 wird von den Vektoren $\vec{a}$, $\vec{b}$, $\vec{c}$ „aufgespannt". Drücken Sie die Vektoren $\overrightarrow{AG}$ und $\overrightarrow{BH}$ durch $\vec{a}$, $\vec{b}$, $\vec{c}$ aus. Untersuchen Sie, ob die Raumdiagonalen AG und BH zueinander orthogonal sind.

**5** In einem Tetraeder sind alle Kanten gleich lang und alle von den Kanten eingeschlossenen Winkel gleich groß.
Beweisen Sie mit den Vektoren von Fig. 4, dass je zwei gegenüberliegende Kanten zueinander orthogonal sind.

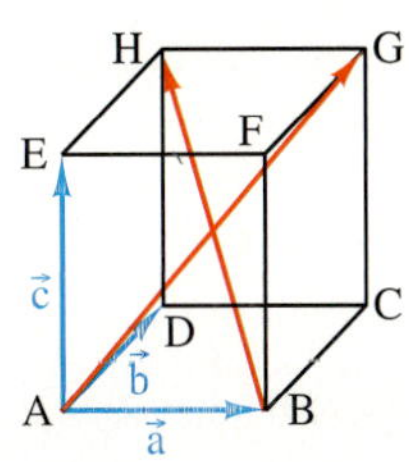

Fig. 3

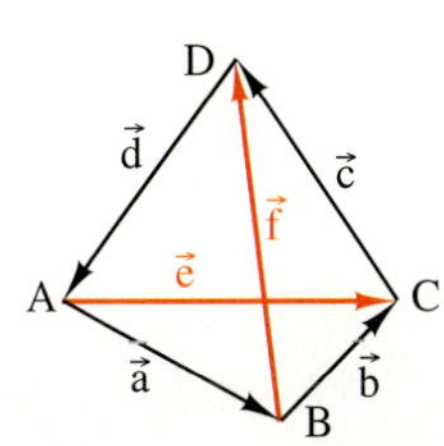

Fig. 4

# 12 Vermischte Aufgaben

**1** Skizzieren Sie das Dreieck ABC in einem Koordinatensystem. Berechnen Sie die Längen der Seiten und die Größe der Winkel des Dreiecks.

a) A(1|1|1), B(6,5|2|5), C(4|8|2)  b) A(4,5|1|4), B(10,5|2|0), C(9|5|−2)

**2** Zeichnen Sie in ein Koordinatensystem einen Würfel OABCDEFG mit O(0|0|0) und der Kantenlänge 6.
Tragen Sie das Dreieck ACG ein. Berechnen Sie die Längen der Seiten und die Größen der Winkel des Dreiecks.

**3** Bestimmen Sie alle Vektoren, die mit $\begin{pmatrix} 1 \\ 1 \\ 0 \end{pmatrix}$ einen Winkel von 60° und mit $\begin{pmatrix} 1 \\ -1 \\ -1 \end{pmatrix}$ einen Winkel von 90° bilden.

**4** Überprüfen Sie, ob die Punkte A, B, C und D in einer gemeinsamen Ebene liegen.

a) A(8|1|−3), B(7|5|9), C(−11|4|3), D(6|−1|0)
b) A(2|1|0), B(8|7|−3), C(5|5|−1), D(−4|−7|2)
c) A(3|−4|1), B(6|7|−13), C(−9|8|1), D(5|−10|5)

**5** Untersuchen Sie die gegenseitige Lage der Ebenen $E_1$ und $E_2$. Bestimmen Sie gegebenenfalls eine Gleichung der Schnittgeraden.

a) $E_1$: $2x_1 - 3x_2 + 5x_3 = 11$,  $E_2$: $4x_1 - x_2 + 10x_3 = 7$
b) $E_1$: $x_1 + x_2 - 2x_3 = 0$,  $E_2$: $x_1 + 10x_2 + 10x_3 = 21$
c) $E_1$: $x_1 + 2x_2 + 2x_3 = 5$,  $E_2$: $x_2 + 2x_3 = 3$

**6** Bestimmen Sie die Spurgeraden der Ebene E. Tragen Sie diese Geraden in ein räumliches Koordinatensystem ein und kennzeichnen Sie alle Punkte von E, deren Koordinaten sämtlich größer null sind.

a) E: $2x_1 + 3x_2 + 5x_3 = 10$  b) E: $-x_1 + 3x_2 + 5x_3 = 7$

**7** Bestimmen Sie a, b, $c \in \mathbb{R}$ in g: $\vec{x} = \begin{pmatrix} 1 \\ 2 \\ 3 \end{pmatrix} + t\begin{pmatrix} 7 \\ a \\ b \end{pmatrix}$, E: $9x_1 + 2x_2 - 3x_3 = 9c + 2$ so, dass gilt:

a) g liegt in E,  b) g ist parallel zu E, liegt aber nicht in E,  c) g schneidet E.

**8** Berechnen Sie den Abstand der Punkte P, Q und R von der Ebene E.

a) P(3|−1|5), Q(2|9|7), R(0|0|0),  E: $7x_1 - 6x_2 + 6x_3 = 2$
b) P(7|0|7), Q(1|1|1), R(2|7|−9),  E: $\vec{x} = \begin{pmatrix} 2 \\ 3 \\ 1 \end{pmatrix} + r\begin{pmatrix} 5 \\ 1 \\ 2 \end{pmatrix} + s\begin{pmatrix} 3 \\ 1 \\ 0 \end{pmatrix}$

**9** Zeigen Sie, dass die Gerade g parallel zur Ebene E ist. Berechnen Sie ihren Abstand von E.

a) g: $\vec{x} = \begin{pmatrix} 1 \\ 1 \\ 1 \end{pmatrix} + t\begin{pmatrix} 5 \\ -4 \\ 2 \end{pmatrix}$  E: $8x_1 + 8x_2 - 4x_3 = 9$

b) g: $\vec{x} = \begin{pmatrix} 1 \\ 3 \\ 3 \end{pmatrix} + t\begin{pmatrix} -1 \\ 2 \\ -1 \end{pmatrix}$  E: $\vec{x} = \begin{pmatrix} 4 \\ 1 \\ 2 \end{pmatrix} + r\begin{pmatrix} 3 \\ -2 \\ -1 \end{pmatrix} + s\begin{pmatrix} 0 \\ 1 \\ -1 \end{pmatrix}$

**10** Die Gerade g durch P ist orthogonal zur Ebene E. Bestimmen Sie den Schnittpunkt Q der Geraden g mit der Ebene E und den Bildpunkt P′ von P bei Spiegelung an der Ebene E.
a) $P(-3|4|0)$; $E: 3x_1 - 2x_2 + x_3 = 11$ b) $P(11|9|-3)$; $E: x_1 + 5x_2 - 2x_3 = 2$

**11** Gegeben sind zwei Punkte A und B. Eine Ebene E hat $\overrightarrow{AB}$ als einen Normalenvektor und geht durch den Mittelpunkt der Strecke AB. Bestimmen Sie eine Gleichung für die Ebene E.
a) $A(0|0|0)$; $B(6|3|-4)$ b) $A(3|-1|7)$; $B(7|3|-7)$

**12** a) Durch Spiegelung an einer Ebene E wird der Punkt $P(6|0|3)$ auf den Punkt $P'(-10|4|3)$ abgebildet. Stellen Sie eine Gleichung der Ebene E auf.
b) Der Punkt $Q(-16|-3|5)$ wird an der Ebene E gespiegelt. Berechnen Sie die Koordinaten des Bildpunktes Q′.

**13** Gegeben sind eine Ebene $E: x_1 - x_2 + 6x_3 = 2$ und eine Gerade
$g: \vec{x} = \begin{pmatrix} 3 \\ 1 \\ 2 \end{pmatrix} + t \begin{pmatrix} 2 \\ 0 \\ -1 \end{pmatrix}$.

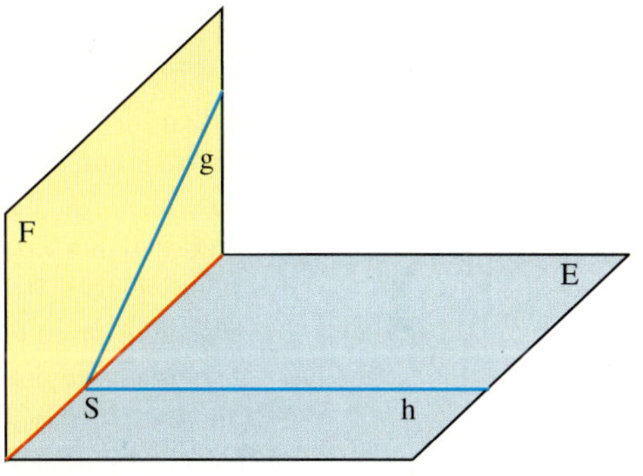

Fig. 1

a) Gesucht ist die zu E orthogonale Ebene F, in der die Gerade g liegt.
Durch welche Vektoren wird die Ebene F aufgespannt? Geben Sie eine Gleichung der Ebene in Parameterform an. Wandeln Sie diese in eine Koordinatengleichung um.
b) Berechnen Sie den Schnittpunkt S der Geraden g mit der Ebene E.
c) Die Gerade h ist orthogonal zu g und liegt in E. Geben Sie eine Gleichung für h an.

**14** Die Ebene $E_1: 2x_1 - x_2 + 2x_3 = 7$ schneidet die Ebene $E_2: 5x_1 + 3x_2 + x_3 = 1$ in einer Geraden g. Bestimmen Sie eine Gleichung der Ebene F, für die gilt:
Die Ebene F schneidet die Ebenen $E_1$ und $E_2$ ebenfalls in der Geraden g und
a) F ist orthogonal zu $E_1$, b) F ist orthogonal zu $E_2$, c) F geht durch $P(5|-3|4)$.

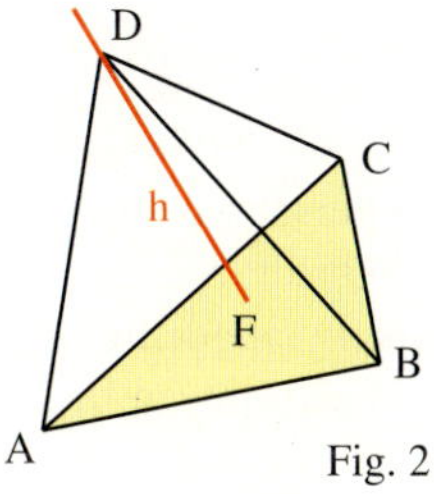

Fig. 2

**15** Eine Pyramide hat als Grundfläche ein Dreieck ABC und die Spitze D. Die Gerade h geht durch D und ist orthogonal zur Grundfläche.
Bestimmen Sie für $A(5|0|0)$, $B(2|5|1)$, $C(-2|2|2)$ und $D(7|4|10)$
a) eine Gleichung der Geraden h, b) den Fußpunkt F von h, c) die Höhe der Pyramide.

**16** Gegeben sind die Punkte $A(0|0|0)$, $B(15|21|3)$, $C(37|5|5)$, $D(22|-16|2)$.
a) Prüfen Sie, ob A, B, C, D die Ecken einer Raute, eines Rechtecks, eines Quadrats bilden.
b) Stellen Sie eine Koordinatengleichung der Ebene durch die Punkte A, B, C, D auf.
c) Das Viereck ABCD ist die Grundfläche einer Pyramide, deren Höhe durch den Diagonalenschnittpunkt des Vierecks geht. Stellen Sie eine Geradengleichung der Höhe auf.
d) Die Spitze S der Pyramide liegt in der $x_1x_3$-Ebene. Bestimmen Sie die Koordinaten von S.

1. Methode zur Abstand!

**17** Bezogen auf ein Koordinatensystem mit einem Flughafen im Ursprung verlaufen die Bahnen zweier Flugzeuge auf den Geraden
$g: \vec{x} = \begin{pmatrix} 0 \\ 5 \\ 1 \end{pmatrix} + t \begin{pmatrix} 1 \\ 2 \\ 2 \end{pmatrix}$ und $h: \vec{x} = \begin{pmatrix} 4 \\ 9 \\ 3 \end{pmatrix} + t \begin{pmatrix} 1 \\ 1 \\ 0 \end{pmatrix}$ (1 Koordinateneinheit = 1 km).
Berechnen Sie, wie nah sich die Flugzeuge im ungünstigsten Fall kommen können.

**18** Gegeben sind die Ebene
E: $x_1 + x_2 + x_3 = 6$ und der Quader in Fig. 1.
a) Die Gerade durch die Punkte O und $Q_2$ schneidet die Ebene E im Punkt S. Berechnen Sie die Koordinaten von S.
b) Bestimmen Sie eine Gleichung der Schnittgeraden von der Ebene E und der Ebene durch die Punkte $P_1$, $P_3$ und $Q_3$.
c) Berechnen Sie die Koordinaten der Punkte, in denen die Ebene E die Kanten $Q_4Q_1$ und $Q_4Q_3$ des Quaders schneidet.

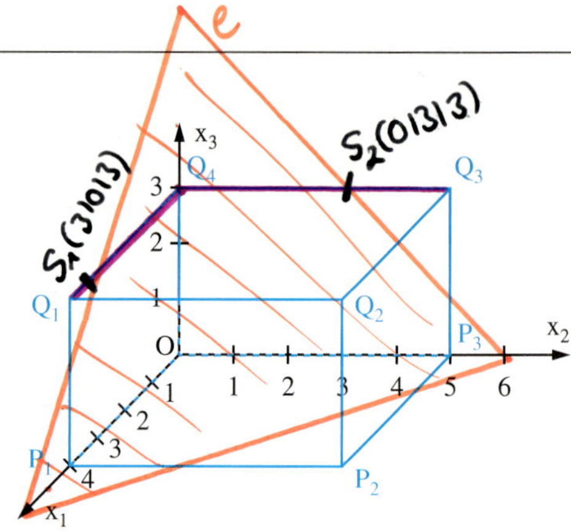

Fig. 1

**19** Fig. 2 zeigt einen Würfel der Kantenlänge 4 und eine ihn schneidende Ebene E.
a) Stellen Sie eine Koordinatengleichung für die Ebene E auf.
b) Berechnen Sie die Winkel zwischen der Ebene E und den Koordinatenebenen.
c) Unter welchen Winkeln schneiden die Koordinatenachsen die Ebene E?
d) Berechnen Sie die Innenwinkel des Schnittvierecks ABCD.
e) Berechnen Sie den Flächeninhalt des Vierecks ABCD. Zerlegen Sie es dazu in die Dreiecke ABD und CDB. Wählen Sie jeweils BD als Grundseite.

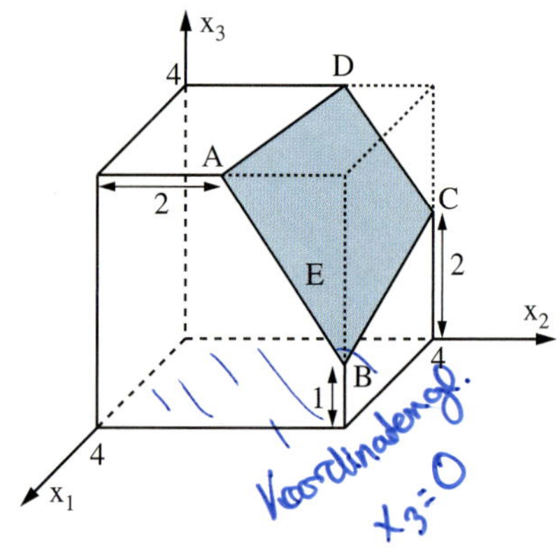

Fig. 2

**20** Zu jeder reellen Zahl a sind zwei Geraden gegeben:

$$g_a\colon \vec{x} = \begin{pmatrix} 0 \\ 0 \\ 7 \end{pmatrix} + t\begin{pmatrix} a \\ 4 \\ -8 \end{pmatrix} \quad \text{und} \quad h_a\colon \vec{x} = \begin{pmatrix} 0 \\ 0 \\ 7 \end{pmatrix} + t\begin{pmatrix} -2 \\ a \\ 2 \end{pmatrix}.$$

a) Berechnen Sie den Winkel zwischen den Geraden $g_0$ und $h_0$ sowie zwischen $g_1$ und $h_1$.
b) Für welche reelle Zahl a sind die Geraden $g_a$ und $h_a$ zueinander orthogonal?

**21** Gegeben sind die Punkte $A(5|4|1)$, $B(0|4|1)$ und $C(0|1|5)$.
a) Zeigen Sie, dass A, B und C Ecken eines gleichschenklig-rechtwinkligen Dreiecks sind.
b) Bestimmen Sie einen Punkt D so, dass die Punkte A, B, C, D Ecken eines Quadrats sind.
c) Das Quadrat ABCD ist die Grundfläche einer regelmäßigen quadratischen Pyramide mit der Höhe $h = 6$. Bestimmen Sie die Koordinaten der beiden möglichen Pyramidenspitzen $S_1$ und $S_2$.
d) Berechnen Sie den Winkel, den die Seitenflächen der Pyramide mit der Grundfläche bilden. Berechnen Sie auch den Winkel zwischen zwei benachbarten Seitenflächen.
e) Zeichnen Sie die Pyramiden als Schrägbild in einem Koordinatensystem.

***Hinweis zu Aufgabe 21:*** *Der Winkel zwischen den Seitenflächen einer regelmäßigen quadratischen Pyramide ist stets größer als 90°. Vgl. auch Aufgabe 22.*

**22** Gegeben ist eine regelmäßige quadratische Pyramide, deren Höhe h das r-fache der Grundkante a ist.
a) Skizzieren Sie eine solche Pyramide in einem Koordinatensystem. Stellen Sie in Abhängigkeit von a und r Gleichungen der Ebenen auf, in der die Seitenflächen liegen.
b) Bestimmen Sie r so, dass der Winkel zwischen je zwei Seitenflächen 120° beträgt.
c) Warum ist ein Winkel von 90° zwischen den Seitenflächen nicht möglich?

*Legen Sie die Pyramide möglichst geschickt in das Koordinatensystem.*

**23** Auf einer ebenen Wiese ist ein rechtwinkliges Dreieck ABC mit dem rechten Winkel bei B abgesteckt. In der Ecke A wird ein Pfahl lotrecht eingeschlagen. Von der Spitze S des Pfahls werden dann Seile zu B und C gespannt (Fig. 1).
Zeigen Sie, dass man zwischen die Seile eine Zeltplane in Form eines rechtwinkligen Dreiecks so spannen kann, dass eine Kante der Plane den Boden berührt. (Sie brauchen hierzu kein Koordinatensystem!)

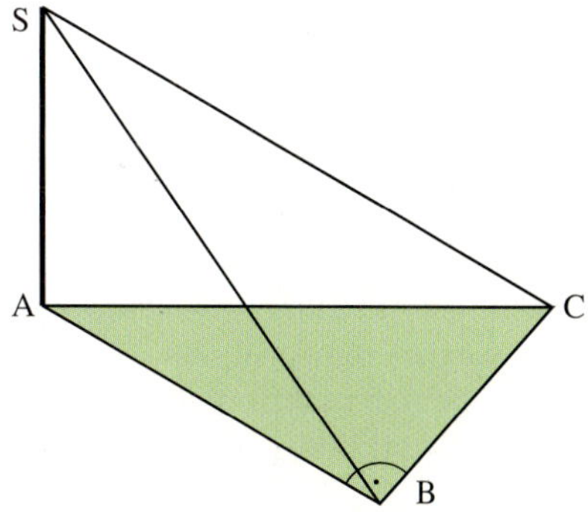

Fig. 1

*__Anleitung zu Aufgabe 24:__*
*Stellen Sie eine Gleichung der Geraden durch M orthogonal zur Ebene durch A, B, C und D auf.*

**24** In einer Ecke zwischen Haus und Garage muss das Fallrohr der Regenrinne im Erdreich erneuert werden. Dazu wird eine Grube ausgehoben und eine rechteckige Spanplatte als Wetterschutz darüber gestellt (Fig. 2).
Zur Stabilisierung soll im Diagonalenschnittpunkt M des Rechtecks der Spanplatte eine zur Platte orthogonale Stütze montiert werden. Wo ist ihr anderes Ende am Haus zu befestigen?

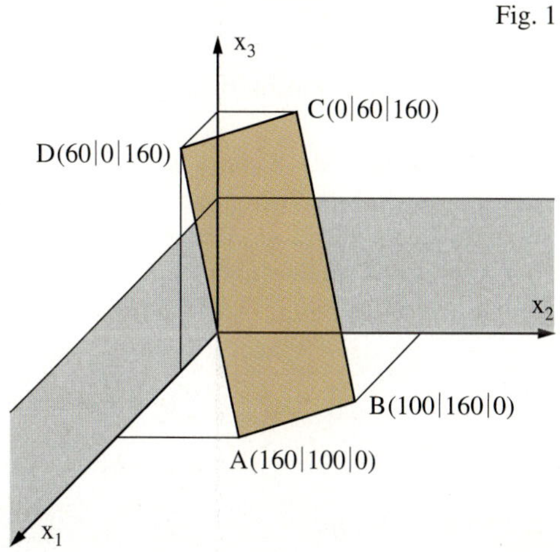

Fig. 2

*__Anleitung zu Aufgabe 25:__*
*Bestimmen Sie Koordinaten des Mittelpunktes M der Kugel. Setzen Sie den Abstand von M zur „Brettebene" gleich r.*

**25** Ein 2,60 m langes und 1,00 m breites Brett liegt schräg an einer Wand. Die Befestigung ist 1,00 m hoch. Wie viel cm darf der Durchmesser eines Balls höchstens betragen, damit der Ball noch unter das Brett passt?

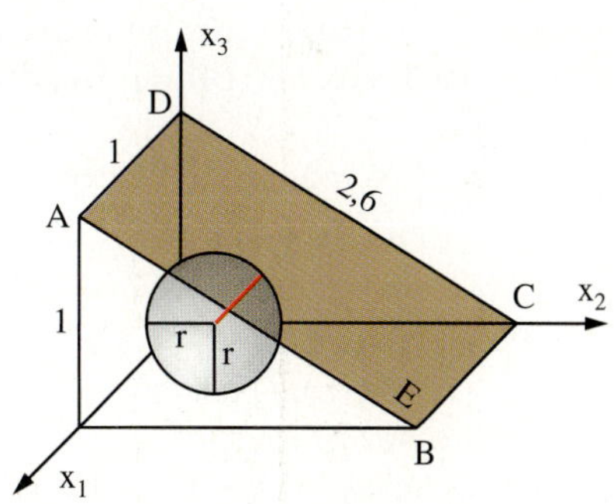

Fig. 3

**26** Fig. 4 zeigt einen Denkmalssockel.
a) Beschreiben Sie die geometrische Form dieses Sockels.
b) Bestimmen Sie die Höhen der Seitenflächen. Berechnen Sie den Inhalt der Mantelfläche.
c) Berechnen Sie den Winkel zwischen jeweils zwei Seitenflächen (zwischen den Seitenflächen und der Deckfläche).
d) Sonnenlicht fällt aus der Richtung des Vektors $\begin{pmatrix}-2\\3\\-2\end{pmatrix}$ auf den Sockel. Bestimmen Sie die „Schattenpunkte" F′ und G′ der Ecken F bzw. G in der $x_1x_2$-Ebene. Welche Form hat das Viereck BCG′F′?
e) Welche Form hat der gesamte Schatten des Körpers? Beschreiben Sie die Figur. Bestimmen Sie dazu auch deren Seitenlängen und Winkel.
f) Berechnen Sie den Winkel zwischen den Sonnenstrahlen und der $x_1x_2$-Ebene.

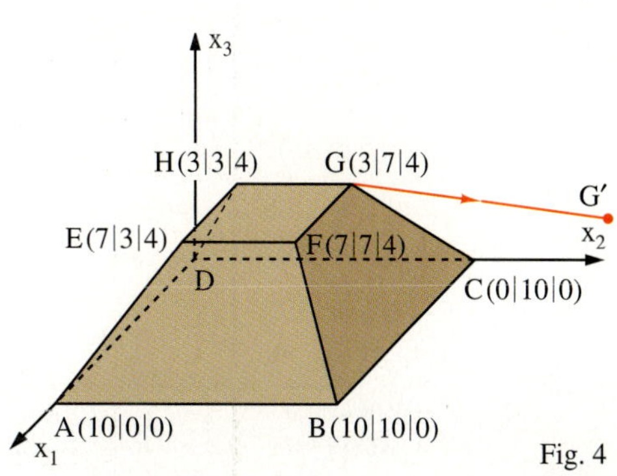

Fig. 4

**Skalarprodukt:**

Geometrische Form: $\vec{a} \cdot \vec{b} = |\vec{a}| \cdot |\vec{b}| \cdot \cos(\varphi)$

Koordinatenform: $\begin{pmatrix} a_1 \\ a_2 \\ a_3 \end{pmatrix} \cdot \begin{pmatrix} b_1 \\ b_2 \\ b_3 \end{pmatrix} = a_1b_1 + a_2b_2 + a_3b_3$

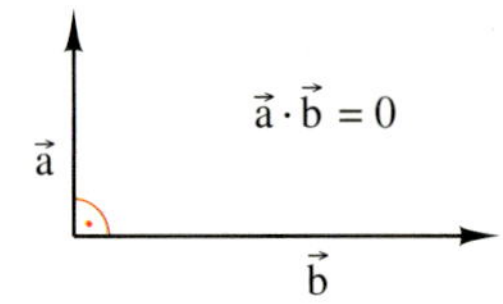


$\vec{a} \perp \vec{b}$ genau dann, wenn $\vec{a} \cdot \vec{b} = 0$ (für $\vec{a} \neq \vec{o}$, $\vec{b} \neq \vec{o}$).
Zwei Geraden sind zueinander orthogonal, wenn ihre Richtungsvektoren zueinander orthogonal sind.
Zwei Ebenen sind zueinander orthogonal, wenn ihre Normalenvektoren zueinander orthogonal sind.

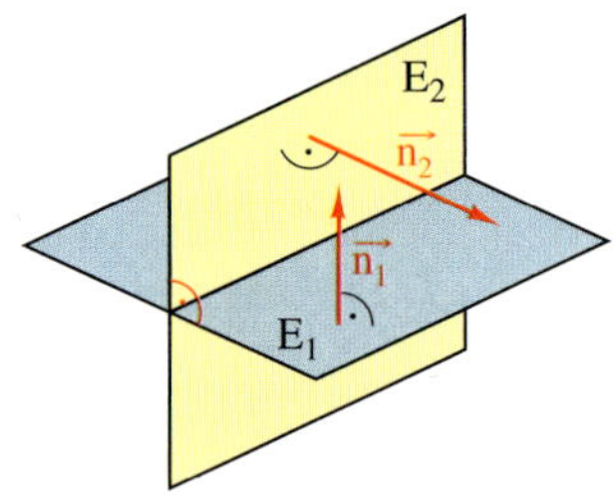


**Ebenengleichungen:**

**Parameterform:** E: $\vec{x} = \vec{p} + r \cdot \vec{u} + s \cdot \vec{v}$.
Dabei ist $\vec{p}$ ein Stützvektor und $\vec{u}$, $\vec{v}$ sind zwei linear unabhängige Spannvektoren.

**Normalenform:** $(\vec{x} - \vec{p}) \cdot \vec{n} = 0$.
Dabei ist $\vec{p}$ ein Stützvektor und $\vec{n}$ ein Normalenvektor.
Sonderfall: Ist $\vec{n} = \vec{n_0}$ ein Einheitsvektor, so spricht man von der **Hesse'schen Normalenform**.

**Koordinatengleichung:** $a_1x_1 + a_2x_2 + a_3x_3 = b$
Hierbei sind die Koeffizienten nicht alle gleich null.
$\begin{pmatrix} a_1 \\ a_2 \\ a_3 \end{pmatrix}$ ist ein Normalenvektor von E.

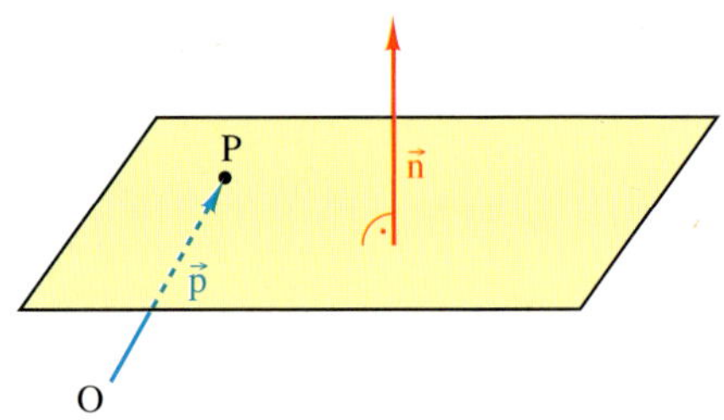


**Abstände im Raum:**

1. Abstand **Punkt–Ebene**:
Ist E: $(\vec{x} - \vec{p}) \cdot \vec{n_0} = 0$ (Hesse'sche Normalenform), so gilt für den Abstand d eines Punktes R mit $\overrightarrow{OR} = \vec{r}$ von der Ebene:
$d = |(\vec{r} - \vec{p}) \cdot \vec{n_0}|$.
Ist E: $a_1x_1 + a_2x_2 + a_3x_3 = b$, so gilt für den Abstand d eines Punktes $R(r_1|r_2|r_3)$ von der Ebene: $d = \left| \frac{a_1r_1 + a_2r_2 + a_3r_3 - b}{\sqrt{a_1^2 + a_2^2 + a_3^2}} \right|$.

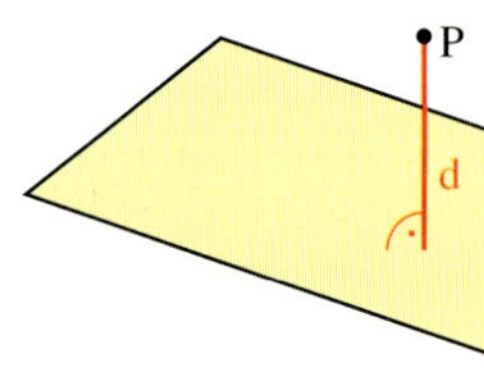


2. Abstand **Punkt–Gerade**:
Zur Bestimmung des Abstands geht man in drei Schritten vor:
- Bestimmung der zur Geraden orthogonalen Ebene,
- Berechnung des Schnittpunktes F von Gerade und Ebene,
- Berechnung von $|\overrightarrow{PF}|$ bei gegebenem Punkt P.

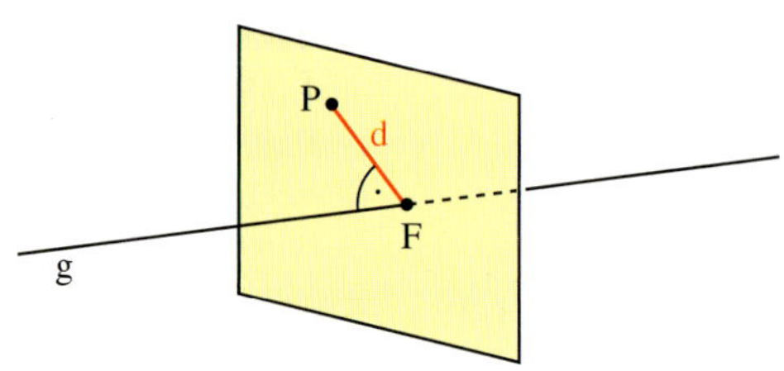


3. Abstand **Gerade–Gerade**:
Sind g und h windschiefe Geraden im Raum mit g: $\vec{x} = \vec{p} + t\vec{u}$ und h: $\vec{x} = \vec{q} + t\vec{v}$ und ist $\vec{n_0}$ ein Einheitsvektor mit $\vec{n_0} \perp \vec{u}$ und $\vec{n_0} \perp \vec{v}$, dann haben g und h den Abstand: $d = |(\vec{q} - \vec{p}) \cdot \vec{n_0}|$.

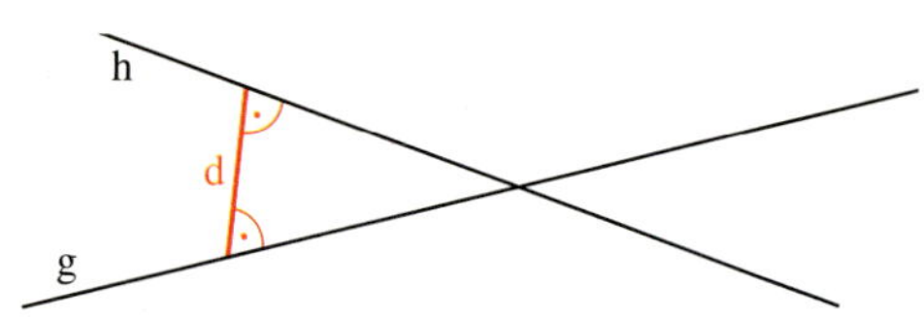


**Schnittwinkel**

| zweier Geraden mit den Richtungsvektoren $\vec{u}$ und $\vec{v}$ | zweier Ebenen mit den Normalenvektoren $\vec{n_1}$ und $\vec{n_2}$ | einer Geraden und einer Ebene mit Richtungsvektor $\vec{u}$ und Normalenvektor $\vec{n}$. |
|---|---|---|
| $\cos(\alpha) = \frac{|\vec{u} \cdot \vec{v}|}{|\vec{u}| \cdot |\vec{v}|}$ | $\cos(\alpha) = \frac{|\vec{n_1} \cdot \vec{n_2}|}{|\vec{n_1}| \cdot |\vec{n_2}|}$ | $\sin(\alpha) = \frac{|\vec{u} \cdot \vec{n}|}{|\vec{u}| \cdot |\vec{n}|}$ |

***Tipp zu Aufgabe 1:***
*Wenn Ihnen an den Ortsvektoren von A, B, C etwas auffällt, sparen Sie viel Arbeit.*

**1** Gegeben sind die Punkte $O(0|0|0)$; $A(6|7|6)$; $B(8|13|15)$ und $C(2|6|9)$.
a) Zeigen Sie, dass die Punkte O, A, B und C in einer Ebene liegen und so ein Viereck OABC bestimmen.
b) Untersuchen Sie, ob die Diagonalen der Vierecke OABC zueinander orthogonal sind.
c) Untersuchen Sie näher, um was für ein Viereck es sich bei OABC handelt.

**2** Die Punkte $P(2|4|7)$, $Q(-3|-5|6)$ und $R(6|12|0)$ legen eine Ebene E fest. Stellen Sie eine geeignete Gleichung für E auf.

**3** Die Ebene E geht durch den Punkt $S(4|-2|1)$ und ist orthogonal zur Geraden
$g: \vec{x} = \begin{pmatrix} 3 \\ -3 \\ 12 \end{pmatrix} + t\begin{pmatrix} 3 \\ -1 \\ 5 \end{pmatrix}$.
a) Stellen Sie eine Gleichung der Ebene E in Normalenform auf.
b) Bestimmen Sie eine Koordinatengleichung der Ebene E.

**4** Die Gerade g durch den Punkt $P(0|-5|2)$ ist orthogonal zur Ebene E mit der Gleichung $2x_1 + 5x_2 + x_3 = 37$. Bestimmen Sie
a) eine Gleichung von g,
b) die Koordinaten des Schnittpunktes F von g mit E.

**5** a) Beschreiben Sie die verschiedenen Möglichkeiten der Lage einer Geraden g und einer Ebene E zueinander.
b) Gegeben sind eine Gerade $g: \vec{x} = \vec{p} + t\vec{u}$ und eine Ebene $E: a_1x_1 + a_2x_2 + a_3x_3 = b$.
Wie kann man erkennen, ob die Gerade g zur Ebene E parallel (orthogonal) ist?
c) Untersuchen Sie die gegenseitige Lage der Geraden $g: \vec{x} = \begin{pmatrix} 4 \\ 4 \\ -7 \end{pmatrix} + r\begin{pmatrix} 5 \\ 1 \\ -1 \end{pmatrix}$ und der Ebene $E: 4x_1 + 3x_2 - 5x_3 = 7$.
Bestimmen Sie gegebenenfalls den Durchstoßpunkt.

**6** Untersuchen Sie die gegenseitige Lage der Ebenen $E_1$ und $E_2$.
a) $E_1: 4x_1 - 6x_2 + 10x_3 = 0$, $E_2: x_1 - x_2 - x_3 = 2$
b) $E_1: x_1 - 3x_2 + 2x_3 = 1$, $E_2: -3x_1 + 9x_2 - 6x_3 = 4$

**7** Gegeben ist das LGS $\begin{cases} a_1x_1 + a_2x_2 + a_3x_3 = b \\ u_1x_1 + u_2x_2 + u_3x_3 = v \end{cases}$.
a) Wie viele Lösungen kann das LGS haben?
Wie viele Fälle sind zu unterscheiden?
b) Fassen Sie die beiden Gleichungen als Koordinatengleichungen zweier Ebenen auf. Ordnen Sie den Fällen in a) passende geometrische Situationen zu.

**8** a) Was versteht man unter dem Abstand eines Punktes von einer Ebene?
b) Berechnen Sie den Abstand des Punktes $R(-2|3|5)$ von der Ebene $E: 2x_1 - x_2 + 2x_3 = 0$, mithilfe des Lotfußpunktes und zur Kontrolle mithilfe der HESSE'schen Normalenform.

**9** Gegeben sind die Punkte $A(1|-2|-7)$, $B(17|-2|5)$, $C(-8|-2|5)$ und $D(1|6|7)$.
a) Welche besondere Form und Lage hat das Dreieck ABC?
b) Berechnen Sie den Flächeninhalt des Dreiecks ABC.
c) Bestimmen Sie den Abstand des Punktes D von der Ebene durch A, B, C.
d) Berechnen Sie das Volumen der dreiseitigen Pyramide mit den Ecken A, B, C, D.

**1** Die Ebene E schneidet die 1., 2. und 3. Achse in A, B bzw. C. Berechnen Sie die Längen der Seiten und die Größen der Winkel des Dreiecks ABC für

a) E: $3x_1 + 5x_2 + 4x_3 = 30$, b) E: $\vec{x} = \begin{pmatrix} 12 \\ 15 \\ 14 \end{pmatrix} + r\begin{pmatrix} 4 \\ -3 \\ 0 \end{pmatrix} + s\begin{pmatrix} -4 \\ 0 \\ 7 \end{pmatrix}$.

**2** Gegeben sind eine Gerade g durch $P(0|0|3)$ und $Q(-5|3|3)$ und eine Gerade h mit der Gleichung $\vec{x} = \begin{pmatrix} 0 \\ -1{,}5 \\ 4{,}5 \end{pmatrix} + t\begin{pmatrix} -5 \\ 6 \\ -3 \end{pmatrix}$.

a) Zeigen Sie, dass g und h einen Schnittpunkt haben und so eine Ebene E aufspannen.
b) Bestimmen Sie für die Ebene E eine Parameter- und eine Koordinatengleichung.
c) Berechnen Sie die Spurpunkte von E und skizzieren Sie die Ebene.
d) Berechnen Sie die Größe des Winkels
(1) zwischen den Geraden g und h,
(2) zwischen der Geraden g und der $x_1$-Achse,
(3) zwischen der Ebene E und der $x_1$-Achse,
(4) zwischen der Ebene E und der $x_1x_2$-Ebene.

**3** Gegeben sind die Ebene E: $3x_1 - 2x_2 + x_3 = 7$ und der Punkt $P(-1|4|8)$.
a) Geben Sie eine Gleichung der zu E parallelen Ebene F durch den Punkt P an.
b) Für welche Zahl k ist die Ebene $E_k$: $kx_1 + 3x_2 + (k-6)x_3 = 1$ orthogonal zu E und damit auch zu F.

**4** Gegeben sind die Gerade g: $\vec{x} = \begin{pmatrix} 3 \\ 0 \\ -1 \end{pmatrix} + t\begin{pmatrix} 5 \\ -2 \\ 3 \end{pmatrix}$ und der Punkt $P(0|5|1)$.

a) Berechnen Sie die Koordinaten des Fußpunktes F des Lotes von P auf die Gerade g sowie den Abstand des Punktes P von der Geraden g.
b) Die Lotgerade durch P auf die Gerade g rotiert um die Gerade g. Beschreiben Sie die Lage der so entstehenden Ebene E.
Geben Sie auch eine Gleichung für E an.

**5** Gegeben sind eine quadratische Pyramide mit den Ecken $A(-3|-3|0)$, $B(3|-3|0)$, $C(3|3|0)$, $D(-3|3|0)$ und der Spitze $S(0|0|9)$ sowie die Ebene E: $3x_2 + 4x_3 = 21$.
a) Berechnen Sie die Koordinaten der Schnittpunkte der Pyramidenkanten mit der Ebene E.
b) Zeichnen Sie die Pyramide mit der Schnittfläche als Schrägbild in einem Koordinatensystem. Beschreiben Sie die Form der Schnittfläche.
c) Berechnen Sie den Flächeninhalt der Schnittfläche.
d) Berechnen Sie den Abstand der Spitze S von der Ebene E.
e) Bestimmen Sie das Volumen der Pyramide und der beiden Teilkörper, in die die Pyramide durch die Ebene E zerteilt wurde.

**6** a) Zeigen Sie, dass die Pyramide in Fig. 1 ein gleichseitiges Dreieck als Grundfläche hat. Begründen Sie, dass $M(\frac{a}{6}\sqrt{3}|\frac{a}{2}|0)$ der Schnittpunkt der Seitenhalbierenden des Dreiecks ABC ist.
b) $S(\frac{a}{6}\sqrt{3}|\frac{a}{2}|h)$ ist die Spitze der Pyramide. Für welche Höhe h in Abhängigkeit von a sind die Seitenflächen der Pyramide zueinander orthogonal?

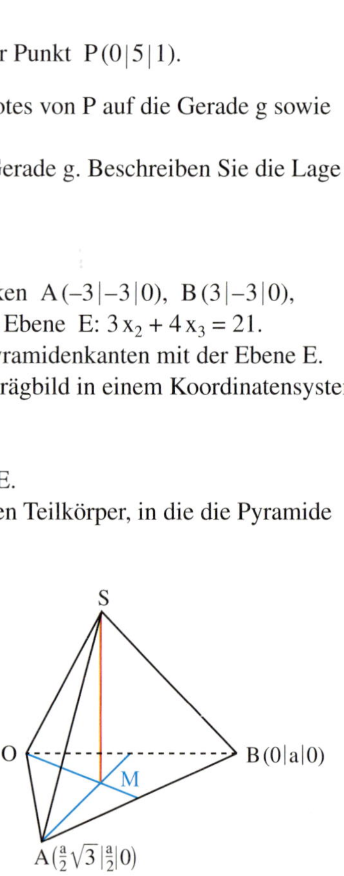


Fig. 1

## Kreise

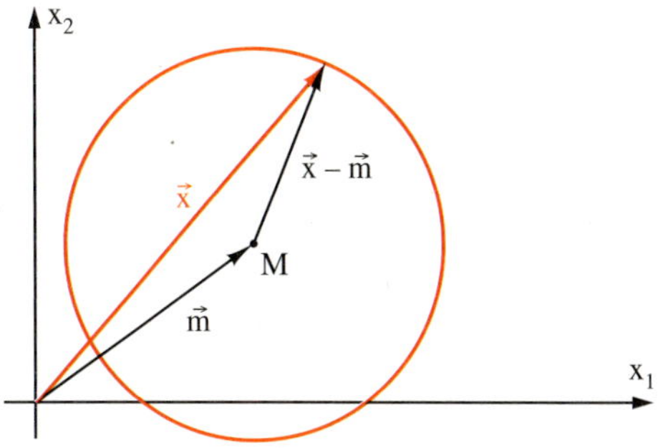

Fig. 1

**Themenbereiche:**
1. Verschiedene Formen der Gleichung eines Kreises in der $x_1x_2$-Ebene: Koordinatenform und Vektorgleichung
2. Kreistangente: Definition, Gleichung, Tangente durch einen gegebenen Punkt
3. Schnittprobleme: Gerade – Kreis, Kreis – Kreis.

**Literatur:**
LS Analytische Geometrie mit linearer Algebra, Grundkurs, Klett Nr. 73231

**Stichworte für Internetrecherche:**
Kreisgleichung, Vektorrechnung

## Vektorprodukt

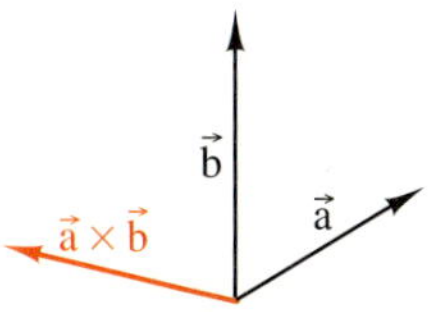

Fig. 2

**Themenbereiche:**
1. Algebraische Definition des Vektorprodukts
2. Geometrische Eigenschaften, insbesondere
   – Lage von $\vec{c} = \vec{a} \times \vec{b}$ zu $\vec{a}$ und zu $\vec{b}$.
   – Vektorprodukt und Flächeninhalt/Volumen
3. Anwendungen des Vektorprodukts in der Physik.

**Literatur:**
LS Analytische Geometrie mit linearer Algebra, Leistungskurs, Klett Nr. 73232
Frank: Anwendungen des Vektorprodukts. In: Mathematik in der Schule, Dezember 1992, S. 662–670 und 675–676

**Stichworte für Internetrecherche:**
Vektorprodukt, crossproduct (die englische Bezeichnung für das Vektorprodukt, auch in Deutschland als Kreuzprodukt zu finden)

## Untersuchungen am Tetraeder

*Der Begriff Tetraeder wird in der Mathematik nicht einheitlich benutzt. Verwenden Sie als Definition: Ein Tetraeder ist eine dreiseitige Pyramide, bei der alle Seitenflächen und die Grundfläche kongruente gleichseitige Dreiecke sind.*
*Die Angabe einer Kantenlänge beschreibt damit ein Tetraeder vollständig.*

**Themenbereiche:**
1. Höhe, Volumen und Oberflächeninhalt eines Tetraeders (Wiederholung aus Klasse 10)
2. Verschiedene Lagen eines Tetraeders im Koordinatensystem: Wie können die Eckpunkte eines Tetraeders mit der Kantenlänge a beschrieben werden?
3. Winkelberechnungen am Tetraeder

**Literatur:**
G. Wittman: Zentrale Ideen der Analytischen Geometrie.
In: mathematik lehren, Heft 119 (August 2003), Seite 47 f.

**Stichworte für Internetrecherche:**
Tetraeder, Platonische Körper

## Aufgaben zum Pflichtteil, Seite 39

**1**

a) Eine Folge mit dem Grenzwert 0 nennt man Nullfolge.
Beispiel: Folge $(a_n)$ mit $a_n = \frac{1}{n}$.

b) $a_n = \frac{1}{n+4}$; es ist $\left|\frac{1}{n+4} - 0\right| = \frac{1}{n+4}$.
Man wählt zu beliebig gegebenem $\varepsilon > 0$ die Zahl $n_0 \in \mathbb{N}$ so, dass $n_0 > \frac{1}{\varepsilon} - 4$. Für alle $n \in \mathbb{N}$ mit $n \geqq n_0$ gilt dann
$\left|\frac{1}{n+4} - 0\right| = \frac{1}{n+4} \leqq \frac{1}{n_0+4} < \frac{1}{\frac{1}{\varepsilon} - 4 + 4} = \varepsilon$.

**2**

a) $\lim\limits_{n\to\infty} b_n = \lim\limits_{n\to\infty} (2 + a_n)$
$= \lim\limits_{n\to\infty} 2 + \lim\limits_{n\to\infty} a_n = 2 + 0 = 2$; $g = 2$

b) $\lim\limits_{n\to\infty} b_n = \lim\limits_{n\to\infty} 2\cdot a_n = \lim\limits_{n\to\infty} 2 \cdot \lim\limits_{n\to\infty} a_n$
$= 2\cdot 0 = 0$; $g = 0$

c) Die Folge $(b_n)$ ist divergent.

d) $\lim\limits_{n\to\infty} b_n = \lim\limits_{n\to\infty} \frac{2}{2+a_n} = \frac{\lim\limits_{n\to\infty} 2}{\lim\limits_{n\to\infty} 2 + \lim\limits_{n\to\infty} a_n}$
$= \frac{2}{2+0} = 1$; $g = 1$

**3**

a) Monotonie; Beschränktheit; Konvergenz

b) Da $1 - \left(\frac{5}{9}\right)^{n+1} > 1 - \left(\frac{5}{9}\right)^n$ ist für alle $n \in \mathbb{N}$, ist $(a_n)$ streng monoton steigend.
$(a_n)$ ist nach unten beschränkt z. B. durch $s = 0$ und nach oben z. B. durch $S = 1$; damit ist $(a_n)$ beschränkt.
Damit ist die Folge konvergent; es ist $g = 1$.

**4**

a)

| $n$ | 1 | 2 | 3 | 4 | 5 | 6 |
|---|---|---|---|---|---|---|
| $a_n$ | 3 | 2,5 | $\frac{7}{3}$ | 2,25 | 2,2 | $\frac{13}{6}$ |

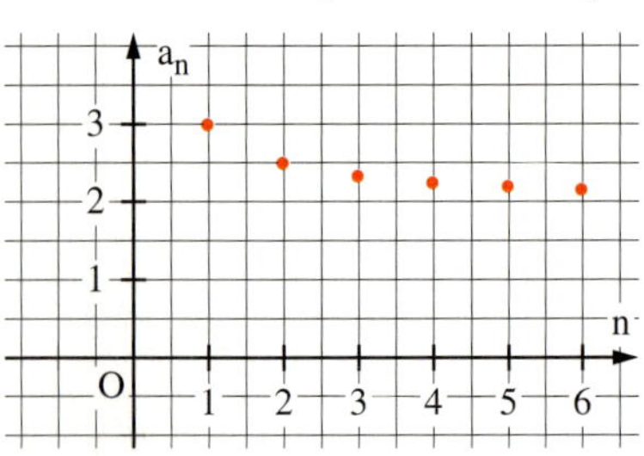


b) $a_n = \frac{2 + \frac{1}{n}}{1}$; $\lim\limits_{n\to\infty} a_n = 2$

c) $\left|\frac{2n+1}{n} - 2\right| < 0{,}001$;
$\left|\frac{2n+1-2n}{n}\right| < 0{,}001$; $n > 1000$

**5**

$a_1 = 1$; $a_n = \frac{1}{2} a_{n-1} + 1$;
$a_2 = 1{,}5$; $a_3 = 1{,}75$; $a_4 = 1{,}875$

**6**

a) $(a_n)$ mit $a_n = \frac{3n^2+1}{n^2}$
b) $(a_n)$ mit $a_n = n^2$
c) $(a_n)$ mit $a_n = 2 + (-1)^n \cdot \frac{1}{n}$.
d) $(a_n)$ mit $a_n = \frac{4}{n+1}$
e) $(a_n)$ mit $a_n = \frac{3n-1}{n+1}$

**7**

a) Falsch!
Gegenbeispiel: $(a_n)$ mit $a_n = \frac{1}{n}$.

b) Richtig! Wäre nämlich $a > 0$ der Grenzwert, so weichen bei Wahl von $\varepsilon = a$ alle Folgenglieder um mehr als $\varepsilon$ von a ab.

c) Falsch! Eine Folge kann keine zwei Grenzwerte haben.

d) Richtig! $(a_n)$ mit $a_n = \left(-\frac{1}{n}\right)^n$ ist beschränkt $-1 \leqq a_n < 1$ und konvergent: $(a_n)$ ist eine Nullfolge.

**8**

a) $\lim\limits_{n\to\infty}\left(2 - \frac{1}{\sqrt{n}}\right) = \lim\limits_{n\to\infty} 2 - \lim\limits_{n\to\infty} \frac{1}{\sqrt{n}}$
$= 2 - 0 = 2$.

b) $\lim\limits_{n\to\infty} \frac{6n+9}{2n+1} = \lim\limits_{n\to\infty} \frac{6 + \frac{9}{n}}{2 + \frac{1}{n}} = \frac{\lim\limits_{n\to\infty}\left(6 + \frac{9}{n}\right)}{\lim\limits_{n\to\infty}\left(2 + \frac{1}{n}\right)}$
$= \frac{6+0}{2+0} = 3$

c) $\lim\limits_{n\to\infty} \frac{5n+9}{2n^2-5} = \lim\limits_{n\to\infty} \frac{\frac{5}{n} + \frac{9}{n^2}}{2 - \frac{5}{n^2}} = \frac{\lim\limits_{n\to\infty}\left(\frac{5}{n} + \frac{9}{n^2}\right)}{\lim\limits_{n\to\infty}\left(2 - \frac{5}{n^2}\right)}$
$= \frac{0+0}{2-0} = 0$

d) $\lim\limits_{n\to\infty} \frac{0{,}5^n + 9}{0{,}9^n + 1} = \lim\limits_{n\to\infty} \frac{\left(\frac{1}{2}\right)^n + 9}{\left(\frac{9}{10}\right)^n + 1} = \frac{\lim\limits_{n\to\infty}\left(\left(\frac{1}{2}\right)^n + 9\right)}{\lim\limits_{n\to\infty}\left(\left(\frac{9}{10}\right)^n + 1\right)}$
$= \frac{0+9}{0+1} = 9$

**9**

a) $2500 \cdot 1{,}052^5$

b) $u(0) = 2500$;
$u(n) = u(n-1) + 0{,}052 \cdot u(n-1) - 200$
$= 1{,}052 \cdot u(n-1) - 200$

**10**

Explizite Darstellung: $a_n = \sqrt{n}$
rekursive Darstellung:
$a_1 = 1$; $a_n = \sqrt{a_{n-1}^2 + 1}$

**11**

a) $\lim\limits_{x\to 0} \frac{6x - 4x^2}{4x + 3x^2} = \lim\limits_{x_n\to 0} \frac{6 - 4x_n}{4 + 3x_n} = \frac{6-0}{4-0} = \frac{3}{2}$

b) $\lim\limits_{h\to 0} \frac{(4+h)^2 - 16}{h} = \lim\limits_{h\to 0} \frac{8h + h^2}{h}$
$= \lim\limits_{h_n\to 0} (8 + h_n) = 8$

c) $\lim\limits_{x\to 2} \frac{(x-2)^2}{x^2-4} = \lim\limits_{x\to 2} \frac{(x-2)^2}{(x-2)(x+2)}$
$= \lim\limits_{x_n\to 2} \frac{x_n - 2}{x_n + 2} = 0$

d) $\lim\limits_{x\to -3} \frac{x^2 + 2x - 3}{2x^2 + 2x - 12} = \lim\limits_{x\to -3} \frac{(x-1)(x+3)}{2(x+3)(x-2)}$
$= \lim\limits_{x_n\to -3} \frac{x_n - 1}{2(x_n - 2)} = \frac{-3-1}{2\cdot(-3-2)} = \frac{-4}{-10} = \frac{2}{5}$

**12**

a) $\lim\limits_{x\to\infty}\left(4 + \frac{1}{x}\right) = \lim\limits_{x_n\to\infty} 4 + \lim\limits_{x_n\to\infty} \frac{1}{x_n}$
$= 4 + 0 = 4$

b) $\lim\limits_{x\to\infty} \frac{x^2 + \sqrt{3}}{2x^2} = \lim\limits_{x_n\to\infty} \frac{1 + \frac{\sqrt{3}}{x_n^2}}{2} = \frac{1+0}{2} = \frac{1}{2}$

c) $\lim\limits_{x\to\infty} \frac{x^2 + 2x}{2x^3 + 1} = \lim\limits_{x_n\to\infty} \frac{\frac{1}{x_n} + \frac{2}{x_n^2}}{2 + \frac{1}{x_n^3}} = \frac{0+0}{2} = 0$

d) $\lim\limits_{x\to\infty} \frac{2 + \sqrt{x}}{2\sqrt{x}} = \lim\limits_{x_n\to\infty} \frac{\frac{2}{\sqrt{x_n}} + 1}{2} = \frac{0+1}{2} = \frac{1}{2}$

## Aufgaben zum Wahlteil, Seite 40

**1**

Es ist $s_n = \frac{1}{2}\pi\cdot\left(\frac{2}{3}\right)^{n-1}\cdot d_0$.
Aus $\frac{1}{2}\pi\cdot\left(\frac{2}{3}\right)^{n-1}\cdot d_0 = 0{,}000001\cdot d_0$ folgt
$n = 1 + \frac{\log\left(\frac{0{,}000002}{\pi}\right)}{\log\left(\frac{2}{3}\right)} \approx 36{,}2$.
Ab dem 37. Halbkreisbogen ist dessen Länge kleiner als 1 Millionstel der Länge des Anfangsbogens.

**2**

$u(0) = 5$ Millionen;
$u(n) = 1{,}01 \cdot u(n-1) + 1000$
$u(10) \approx 5\,533\,573$; $u(20) \approx 6\,122\,969$

**3**

a) SLE-Kraftstoff noch im Tank
nach dem 1. Tanken: $\frac{1}{3}\cdot 60 = 20$ Liter
nach dem 2. Tanken: $\frac{1}{3}\cdot 20 = \frac{60}{3^2}$ Liter
nach dem 3. Tanken: $\frac{1}{3}\cdot\frac{60}{3^2} = \frac{60}{3^3}$ Liter
nach dem n-ten Tanken: $\frac{1}{3}\cdot\frac{60}{3^{n-1}} = \frac{60}{3^n}$ Liter.
Damit befinden sich nach dem 3. Tanken noch $\frac{20}{9} \approx 2{,}22$ Liter SLE im Tank, nach dem 5. Tanken nur noch ungefähr 0,25 Liter.

b)

| n | u(n) |
|---|---|
| 1 | 20 |
| 2 | 6,67 |
| 3 | 2,22 |
| 4 | 0,74 |
| 5 | 0,25 |
| 6 | 0,08 |
| 7 | 0,03 |
| 8 | 0,009 |

$\frac{60}{3^n} \leqq 0{,}01$

$\frac{3^n}{60} \geqq 100$

$3^n \geqq 6000$

$n \geqq \frac{\log(6000)}{\log(3)} \approx 7{,}9$

Nach 8-maligem Tanken beträgt der SLE-Kraftstoff im Tank weniger als 0,01 Liter.

**4**

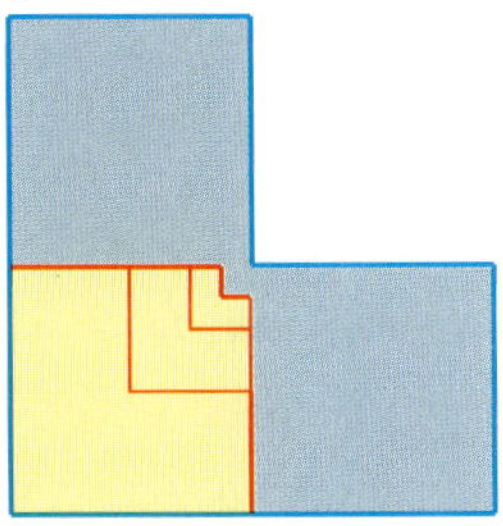

Folge $(a_n)$ (Fig.)

explizit: $a_n = 2 + \left(\frac{1}{4}\right)^{n-1}$;

rekursiv: $a_1 = 3$ und $a_{n+1} = a_n - 3\left(\frac{1}{4}\right)^n$

Folge $(b_n)$

explizit: $b_n = 4\left(3 - \left(\frac{1}{2}\right)^{n-1}\right) = 12 - 2^{3-n}$;

rekursiv: $b_0 = 8$ und

$b_{n+1} = b_n + 4\left(\frac{1}{2}\right)^n = b_n + 2^{2-n}$.

**5**

a) Eine Zahl g heißt Grenzwert der Zahlenfolge $(a_n)$, wenn bei Vorgabe irgendeiner positiven Zahl ε fast alle Folgenglieder die Ungleichung $|a_n - g| < \varepsilon$ erfüllen.

b) Vermutung: $g = -3$

Beweis: $\left|\frac{5-3n}{n+1} - (-3)\right| < \varepsilon$ wird nach n aufgelöst:

$\left|\frac{5-3n}{n+1} + 3\right| < \varepsilon$; $\left|\frac{5-3n+3(n+1)}{n+1}\right| < \varepsilon$;

$\left|\frac{8}{n+1}\right| < \varepsilon$; $\frac{n+1}{8} > \frac{1}{\varepsilon}$; $n > \frac{8}{\varepsilon} - 1$.

Damit erfüllen alle Folgenglieder $a_n$ mit Nummern größer als $\frac{8}{\varepsilon} - 1$ die Bedingung $\left|\frac{5-3n}{n+1} + 3\right| < \varepsilon$.

**6**

a)

| n | $a_n$ |
|---|---|
| 1 | 4 |
| 2 | 2,6458 |
| 3 | 2,3761 |
| 4 | 2,3186 |
| 5 | 2,3062 |
| 6 | 2,3035 |

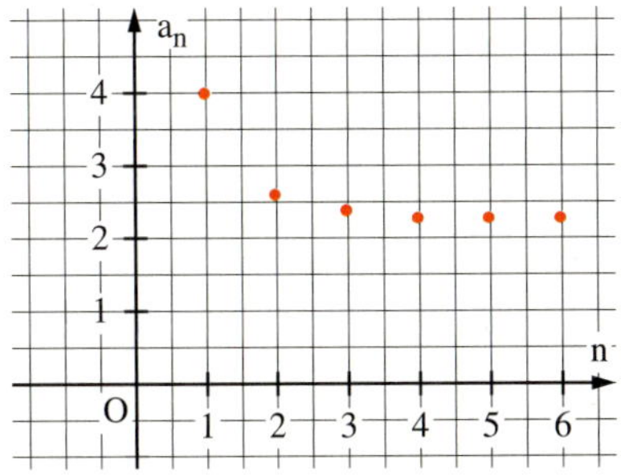


b) Die Folge ist streng monoton abnehmend.

Beweis durch Induktion:

I Für $n = 2$ ist die Aussage wahr, denn es ist $a_2 = \sqrt{3+4} = \sqrt{7} < 4 = a$

II Es sei $k \in \mathbb{N}^*$ und man nimmt an, dass die Aussage für k gilt.

Dies besagt $a_k < a_{k-1}$ und damit muss $a_{k+1} < a_k$ gezeigt werden.

Dies ergibt sich so:

$a_{k+1} = \sqrt{3 + a_k} < \sqrt{3 + a_{k-1}} = a_k$

Die Folge ist beschränkt.

Behauptung: Die Folge ist beschränkt mit $2 \leqq a_n \leqq 4$ für alle $n \in \mathbb{N}^*$.

Beweis durch Induktion:

I Für $n = 1$ ist die Aussage wahr, denn es ist $a_1 = 4$.

II Es sei $k \in \mathbb{N}^*$ und man nimmt an, dass die Aussage für k gilt.

Dies besagt: $2 \leqq a_k \leqq 4$.

Dann ist $a_{k+1} = \sqrt{3 + a_k} \geqq \sqrt{5} > 2$ und $a_{k+1} = \sqrt{3 + a_k} \leqq \sqrt{7} < 4$.

Somit gilt die Aussage auch für k + 1.

Da die Folge streng monoton abnehmend und beschränkt ist, ist sie konvergent.

c) $g = \sqrt{3+g}$; $g^2 = 3 + g$; $g^2 - g - 3 = 0$;

$g = \frac{1}{2} + \frac{1}{2}\sqrt{13} \approx 2{,}303$

**7**

a) $D = \mathbb{R}\setminus\{1; 2\}$

b) Es ist $f(x) = \frac{2(x+1{,}5)\cdot(x-2)}{(x-1)\cdot(x-2)}$.

An der Stelle 2 ist eine Lücke; der Grenzwert ist 7.

Für $x \to 1$ existiert kein Grenzwert.

$\lim\limits_{x \to +\infty} \frac{2x^2 - x - 6}{x^2 - 3x + 2} = 2$

c)

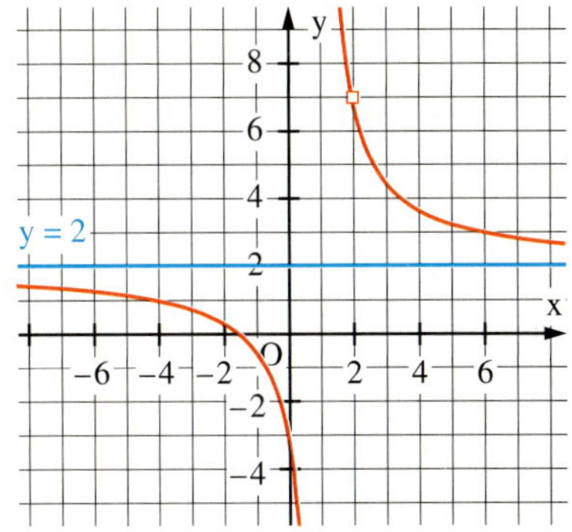


**8**

$a_n = \frac{1}{n^2} + \frac{2}{n^2} + \frac{3}{n^2} + \ldots + \frac{n}{n^2} = \frac{1+2+3+\ldots+n}{n^2}$

$= \frac{\frac{1}{2}n(n+1)}{n^2} = \frac{1}{2} + \frac{1}{2n}$

$\lim\limits_{n\to\infty} a_n = \lim\limits_{n\to\infty}\left(\frac{1}{2} + \frac{1}{2n}\right) = \frac{1}{2}$

**9**

I Für $n = 0$ gilt: $1 = 2 - \frac{1}{2^0} = 1$.

II Es sei $k \in \mathbb{N}$ und man nimmt an, dass die Aussage für k gilt.

Dies besagt: $1 + \frac{1}{2} + \frac{1}{2^2} + \ldots + \frac{1}{2^k} = 2 - \frac{1}{2^k}$, und damit muss

$1 + \frac{1}{2} + \frac{1}{2^2} + \ldots + \frac{1}{2^{k+1}} = 2 - \frac{1}{2^{k+1}}$ gezeigt werden.

Dies ergibt sich so: $1 + \frac{1}{2} + \frac{1}{2^2} + \ldots + \frac{1}{2^{k+1}}$

$= 1 + \frac{1}{2} + \frac{1}{2^2} + \ldots + \frac{1}{2^k} + \frac{1}{2^{k+1}}$

$= 2 - \frac{1}{2^k} + \frac{1}{2^{k+1}} = 2 - \frac{2-1}{2^{k+1}} = 2 - \frac{1}{2^{k+1}}$.

**10**

a) Beweis durch vollständige Induktion:

(I) Induktionsanfang: Für $n = 5$ ist die Aussage wahr, da $5 < 8 = 2^{5-2}$ gilt.

(II) Induktionsschritt: Es sei $k \in \mathbb{N}$ mit $k \geqq 5$ und man nimmt an, dass die Aussage für k gilt. Dies besagt $k < 2^{k-2}$. Dann ist $k + 1 < 2^{k-2} + 1 < 2^{k-2} + 2^{k-2} = 2^{k-1}$.

Somit gilt die Aussage auch für $k + 1$.

Damit ist gezeigt, dass $n < 2^{n-2}$ für alle $n \in \mathbb{N}$ mit $n \geqq 5$ gilt.

b) Beweis durch vollständige Induktion:

(I) Induktionsanfang: Für $n = 5$ ist die Aussage wahr, da $2^{3\cdot 5} - 1 = 32\,767$ durch 7 teilbar ist.

(II) Induktionsschritt: Es sei $k \in \mathbb{N}$ mit $k \geqq 1$ und man nimmt an, dass die Aussage für k gilt. Dies besagt, dass $2^{3k} - 1$ durch 7 teilbar ist. Also gibt es ein $s \in \mathbb{N}$ mit $2^{3k} = 1 + 7s$. Dann gilt
$2^{3(k+1)} - 1 = 2^{3k} \cdot 2^3 - 1 = (1 + 7s) \cdot 2^3 - 1$
$= 7(8s + 1)$,
und folglich ist $2^{3(k+1)} - 1$ durch 7 teilbar. Somit gilt die Aussage auch für $k + 1$. Damit ist gezeigt, dass $2^{3n} - 1$ durch 7 teilbar ist für alle $n \in \mathbb{N}$ mit $n \geqq 5$.

**Aufgaben zum Pflichtteil, Seite 69**

**1**

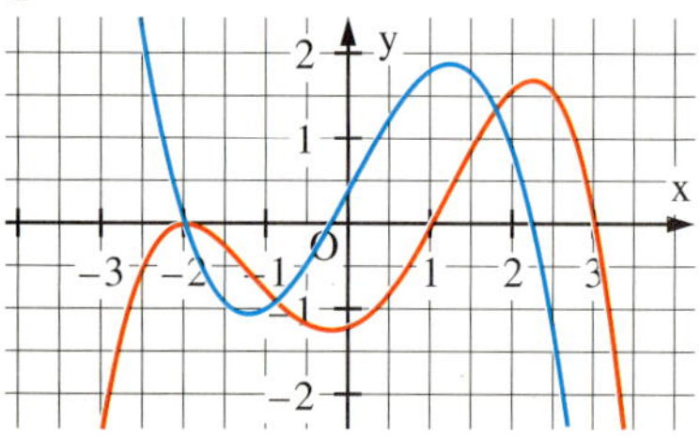


**2**

a) Behälter 1:

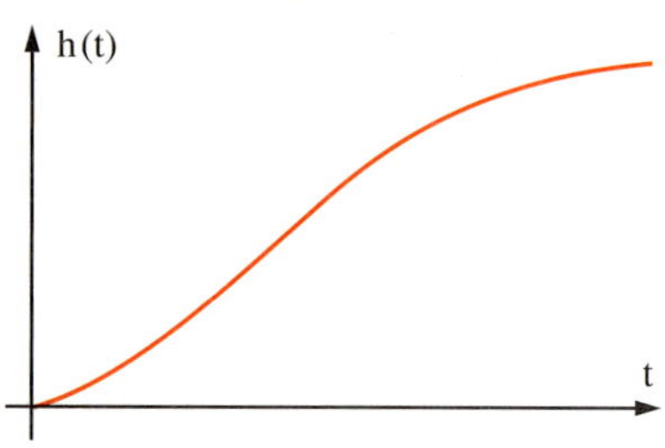


Behälter 2:

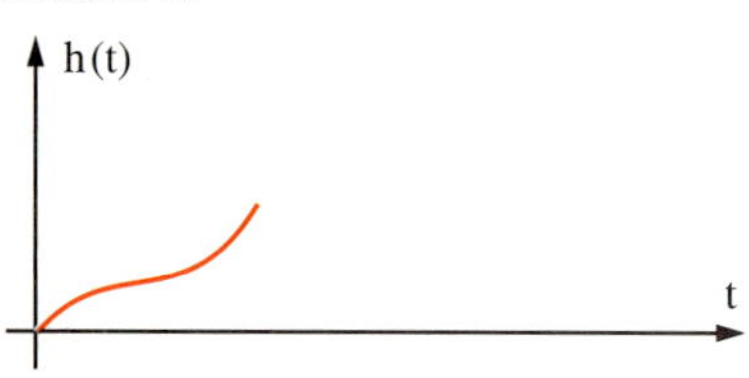


Behälter 3:

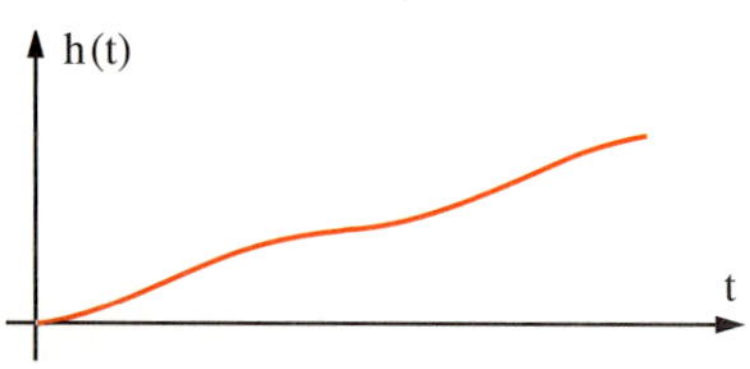


Behälter 4:

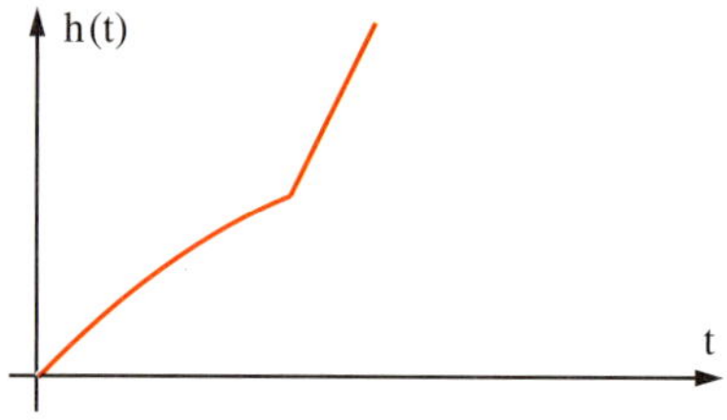


b) An einer Wendestelle der Füllhöhefunktion ist die Wachstumsrate des Wasserstandes am extremsten.

**3**

a)

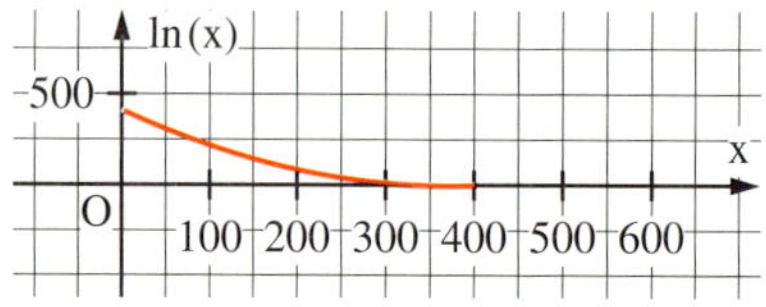


b) $h'(x)$ beschreibt die momentane Änderungsrate der Höhe über NN bezüglich der Entfernung von der Quelle.

c) Das Vorzeichen von $h'(x)$ ist negativ; $h'(x)$ wird in $\frac{\text{m}}{\text{km}}$ gemessen.

**4**

a)

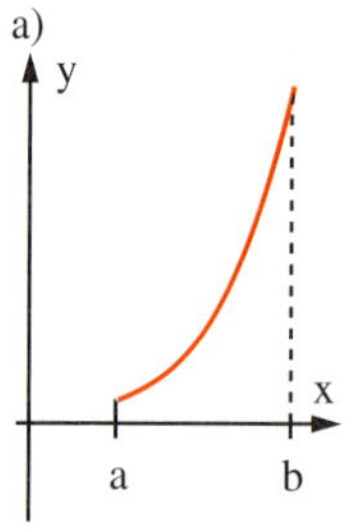


b)

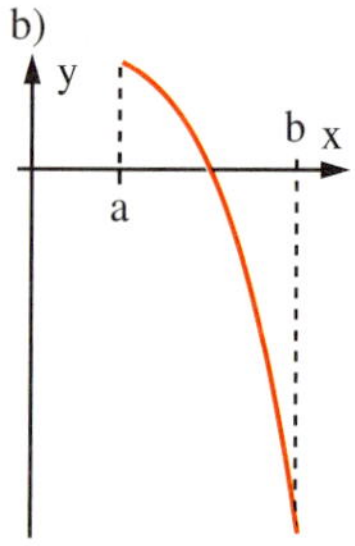


**5**

| x | −3 | −2 | −1 | 0 | 1 | 2 | 3 | 4 |
|---|---|---|---|---|---|---|---|---|
| $(g \circ f)(x)$ | −3 | 0 | −1 | 0 | −1 | −2 | 0 | −2 |
| $(f \circ g)(x)$ | 4 | 2 | 1 | 2 | 1 | 2 | 2 | 4 |

**6**

a) $V = \left(\sqrt{\frac{1}{6}O}\right)^3$     b) $A = \frac{U^2}{4\pi}$

**7**

a) $u(v(x)) = 6x - 1$; $D = \mathbb{R}$
$v(u(x)) = 6x - 3$; $D = \mathbb{R}$

b) $u(v(x)) = \frac{1}{(x^2 + 2)^3}$; $D = \mathbb{R}$
$v(u(x)) = \frac{1}{x^6} + 2$; $D = \mathbb{R} \setminus \{0\}$

c) $u(v(x)) = \frac{1}{x}$; $D = \mathbb{R} \setminus \{0\}$
$v(u(x)) = \sqrt{\frac{x^2}{x^2 - 1}}$; $D = \mathbb{R} \setminus \{x \mid -1 \leqq x \leqq 1\}$

**8**

a) $f_3(2) = \frac{1}{2}$     b) $f_5(-1) = -1$
c) $f_{10}(5) = 5$     d) $f_{100}(20) = 20$

**9**

a) $v(x) = 2x - 5$, $u(x) = x^3$     b) $v(x) = x + 1$, $u(x) = -\frac{2}{x^4}$
c) $v(x) = x^2 + 1$, $u(x) = \frac{1}{2x^2}$     d) $v(x) = 2x^2 + 1$, $u(x) = 3\sqrt{x}$

**10**

a) $f'(x) = -48x(4 - 3x^2)^3$
b) $f'(x) = \frac{64}{(5 - 4x)^3}$
c) $f'(x) = -2x \cdot \sin(x^2)$
d) $f'(x) = -\frac{\cos(x)}{\sin^2(x)}$

**Aufgaben zum Wahlteil, Seite 70**

**1**

a) $\approx 0{,}8$; $\approx 3{,}2$     b) 2; 4

**2**

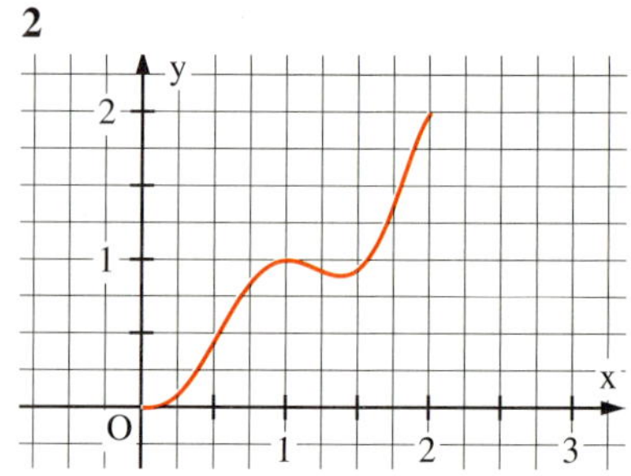


**3**

a) $N(1|0)$; $T(2|-0{,}25)$; $W(3|-0{,}22)$
Asymptoten: $x = 0$; $y = 0$

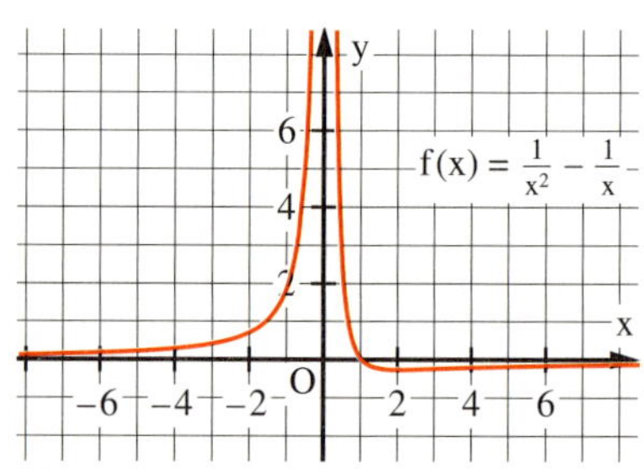


b) $N_1(-1 - \sqrt{2}|0)$; $N_2(-1 + \sqrt{2}|0)$;
$W(0|1)$
Asymptoten: $x = -1$; $x = 1$; $y = 1$

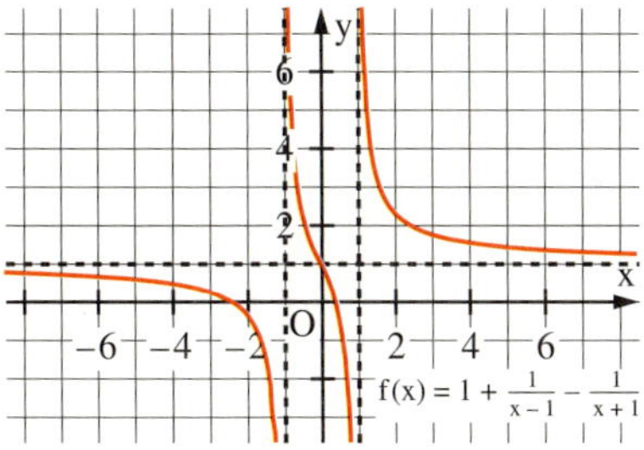


**4**

Startwert 1: keine Konvergenz

Startwert 0: keine Folge von Iterationswerten

Startwert −1: Folge konvergiert gegen die rechte Nullstelle

Startwert −2: Folge konvergiert gegen die linke Nullstelle

Startwert −3: Folge konvergiert gegen die linke Nullstelle

**5**

a) Nach 1 Stunde befindet sich der Körper 4 m links vom Ursprung, er bewegt sich mit einer Geschwindigkeit von $8\,\frac{m}{s}$ vom Ursprung weg.

b) Der Körper durchläuft zu den Zeitpunkten −1; 0,5 und 3 den Ursprung.

c) Zwischen den Zeitpunkten −1 und 0,5 ist der Körper maximal 3,7 m rechts vom Ursprung.

Zwischen den Zeitpunkten 0,5 und 3 ist der Körper maximal 9 m links vom Ursprung.

**6**

a) Ansatz: $y = a \cdot x^b$

1. Möglichkeit: Man wählt sich zwei Messpunkte aus und berechnet aus 2 Gleichungen die Parameter a und b.

2. Möglichkeit: Man führt auf dem GTR eine Regressionsrechnung durch.

b) Mit den Werten des 1. und des letzten Messpunktes ergibt sich:

$a \approx 0{,}009$; $b \approx 3{,}02$.

Eine Regressionsrechnung mit dem GTR ergibt: $a \approx 0{,}004$; $b \approx 3{,}02$.

**7**

a) $V(h(t)) = \frac{200}{\sqrt{3}} \cdot h^2(t)$

b) $V'(h(t)) = \frac{200}{\sqrt{3}} \cdot 2 \cdot h(t) \cdot h'(t)$

Mit $V' = 2000\,\frac{cm^3}{s}$ und $h = 30\,cm$ ergibt sich $h' = \frac{1}{6}\sqrt{3}\,\frac{cm}{s} \approx 0{,}289\,\frac{cm}{s}$.

**Aufgaben zum Pflichtteil, Seite 108**

**1**

a) $\int_{-2}^{2}(x^2+1)\,dx = \left[\frac{1}{3}x^3 + x\right]_{-2}^{2} =$

$\left(\frac{1}{3}\cdot 8 + 2\right) - \left(\frac{1}{3}\cdot(-8) + (-2)\right) = \frac{28}{3}$

Es gilt $\int_{-2}^{2}(x^2+1)\,dx = A$

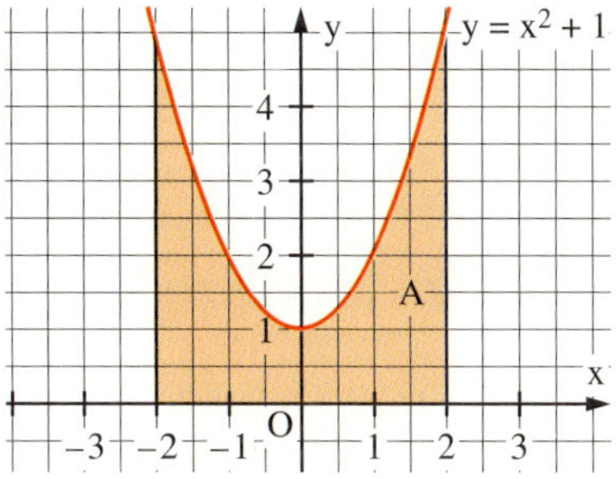


b) $\int_{0}^{2\pi}\cos(x)\,dx = [\sin(x)]_0^{2\pi} =$

$\sin(2\pi) - \sin(0) = 0$

Es gilt $\int_{0}^{2\pi}\cos(x)\,dx = A_1 + A_3 - A_2$

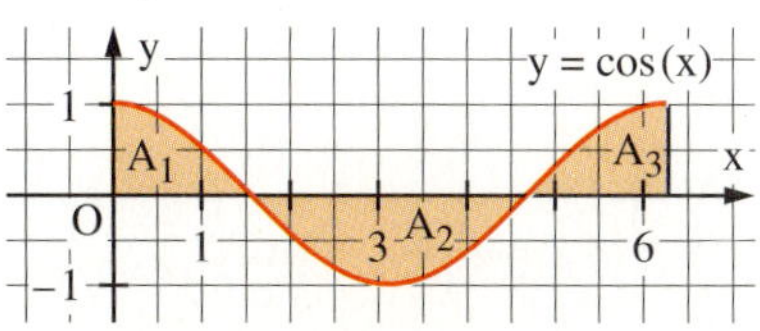


c) $\int_{1}^{2} -\frac{1}{x^2}\,dx = [x^{-1}]_1^2 = \frac{1}{2} - 1 = -\frac{1}{2}$

Es gilt $\int_{1}^{2} -\frac{1}{x^2}\,dx = -A$

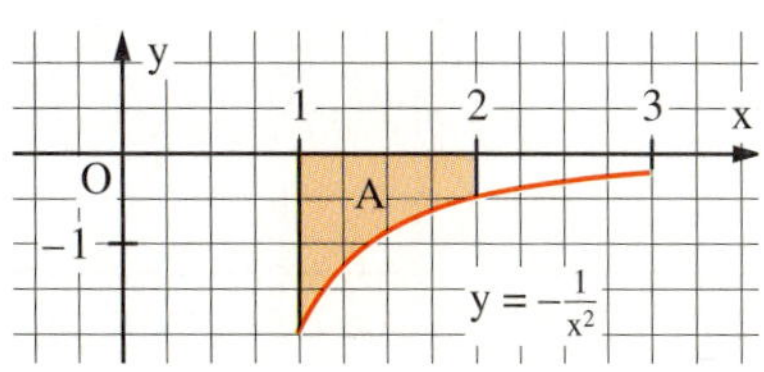


**2**

a) $f(x) = x^2 - 1$. Jede Stammfunktion von f hat die Form $F_c(x) = \frac{1}{3}x^3 - x + c$ mit $c \in \mathbb{R}$.

b) Für die Integralfunktion $J_1$ mit $J_1(x) = \int_1^x f(x)\,dx$ gilt: $J_1$ ist eine Stammfunktion von f und $J_1(1) = 0$.

Also muss c so bestimmt werden, dass $F_c(1) = 0$ gilt: $F_c(1) = \frac{1}{3}\cdot 1^3 - 1 + c = 0$; $c = \frac{2}{3}$. $J_1(x) = \frac{1}{3}x^3 - x + \frac{2}{3}$.

**3**

Schnittstellen der Graphen von f und g:

$-x^2 + 4 = 2x + 1$; $x^2 + 2x - 3 = 0$;

$x_1 = -3$; $x_2 = 1$. Zwischen den Schnittstellen liegt der Graph von f oberhalb des Graphen von g.

Für den Inhalt A der eingeschlossenen Fläche gilt:

$A = \int_{-3}^{1}(f(x) - g(x))\,dx = (-x^2 - 2x + 3)\,dx$

$= \left[-\frac{1}{3}x^3 - x^2 + 3x\right]_{-3}^{1}$

$= -\frac{1}{3} - 1 + 3 - \left(-\frac{1}{3}\cdot(-27) - 9 - 9\right) = \frac{32}{3}$.

**4**

Für $z \geqq 1$ gilt: $A(z) = \int_1^z \frac{10}{x^4}\,dx =$

$\left[-\frac{10}{3}x^{-3}\right]_1^z = -\frac{10}{3}z^{-3} - \left(-\frac{10}{3}\right) = \frac{10}{3} - \frac{10}{3z^3}$.

Für $z \to +\infty$ gilt: $A(z) \to \frac{10}{3}$. Die nach rechts ins Unendliche reichende Fläche hat den Inhalt $\frac{10}{3}$.

**5**

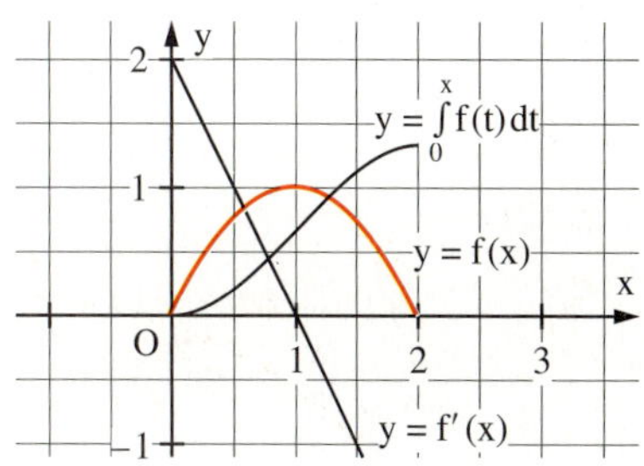


**6**

a) Die Funktion g ist die Ableitung der Funktion G. Also entspricht g(2) der Steigung der Tangente an den Graphen von G an der Stelle 2. Es gilt: $g(2) \approx -1$.

b) $\int_1^4 g(x)\,dx = G(4) - G(1) \approx 0{,}3 - 2{,}4 =$ $-2{,}1$.

**7**

a) Individuelle Lösung; z. B. $f(t) = 1$.

b) Anschaulich: Wenn der Graph von f oberhalb der x-Achse verläuft, dann nimmt der Flächeninhalt unter dem Graphen von f mit wachsendem x zu. D. h.: Die Integralfunktion $J_a(x) = \int_a^x f(t)\,dt$ ist streng monoton steigend, falls $f > 0$ für $x \in \mathbb{R}$ gilt.

**8**

Es gilt $v(t) = t\left(\frac{1}{10}t - 2{,}5\right)$. Nullstellen von v: $t_1 = 0$; $t_2 = 25$. Es gilt $v(t) \geqq 0$ für $t \in [0; 20]$; d. h. das Flugzeug gewinnt während des ganzen Intervalls [0; 20] an Höhe. Für die Höhe H (in m) nach 20 s gilt:

$$H = \int_0^{20}\left(-\frac{1}{10}t^2 - 2{,}5\,t\right)dt = \left[-\frac{1}{30}t^3 + \frac{5}{4}t^2\right]_0^{20}$$
$$= -\frac{20^3}{30} + \frac{5\cdot 20^2}{4} = -\frac{800}{3} + 500 = \frac{700}{3} \approx 233.$$

**9**

a) Für W(t) (in $m^3$) gilt: $W(t) = 80 \cdot h(t) = -80t^2 + 320t$

b) $W'(t) >$ bedeutet: Zum Zeitpunkt t steigt der Wasserspiegel.
$W'(t) <$ bedeutet: Zum Zeitpunkt t fällt der Wasserspiegel .

**10**

Individuelle Lösungen; z. B. $f(x) = 1$; $f(x) = \sqrt{3}\cdot x$; $f(x) = \sqrt{2x}$.

**Aufgaben zum Wahlteil, Seite 109**

**1**

a) Mit dem GTR: Nullstellen von f: $x_1 = -2$; $x_2 = 2$.

$A_1 = -\int_{-2}^{2}(0{,}5x^2(x^2 - 4))\,dx \approx 4{,}27$

(Berechnung mit dem GTR).

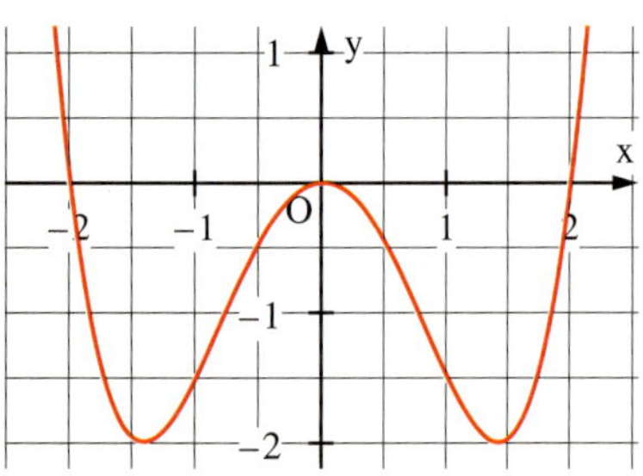


b) Die Tiefpunkte des Graphen von f haben die y-Koordinaten –2 (GTR). Somit verläuft die Gerade mit der Gleichung $y = -2$ durch die Tiefpunkte.
Für den Inhalt $A_2$ gilt:

$A_2 = \int_{-2}^{2}(f(x) - (-2))\,dx \approx 3{,}73$ (GTR).

c) $V = \pi\int_{-2}^{2}(f(x))^2\,dx \approx 20{,}43$ (GTR)

**2**

a) Die folgenden Werte sind mit dem GTR berechnet und gerundet. $T(0|9)$; $H(12|81)$
Für den Wendepunkt werden die Extremstellen von f′ untersucht.
f′ hat ein Maximum bei $x = 6$; $f(9) = 45$; $W(6|45)$. Die Figur unten zeigt den Graphen von f.

b) Q stimmt mit dem Tiefpunkt T des Graphen überein. Gleichung der Tangente in T: $y = 9$.
Schnittpunkt S des Graphen von f mit der Tangente in $T(0|9)$: $S(18|9)$. Inhalt A der Fläche $A = \int_0^9(f(x) - 9)\,dx \approx 729$ (GTR).

c) Für die Länge L der Strecke OP gilt: $L = \sqrt{u^2 + f(u)^2}$. L ist maximal für $u_{max} \approx 12{,}05$ ($L_{max} \approx 81{,}89$).
Es gilt $u_{max} \neq 12$. Begründung:
Wäre $u_{max} = 12$, dann müsste $L'(12) = 0$ gelten. Es gilt $L'(12) = 0$ genau dann, wenn $(L^2)'(12) = 0$.
$(L^2)'(u) = 2u + 2f(u)\cdot f'(u)$;
$(L^2)'(12) = 2\cdot 12 + 2f(12)\cdot 0 = 24 \neq 0$.

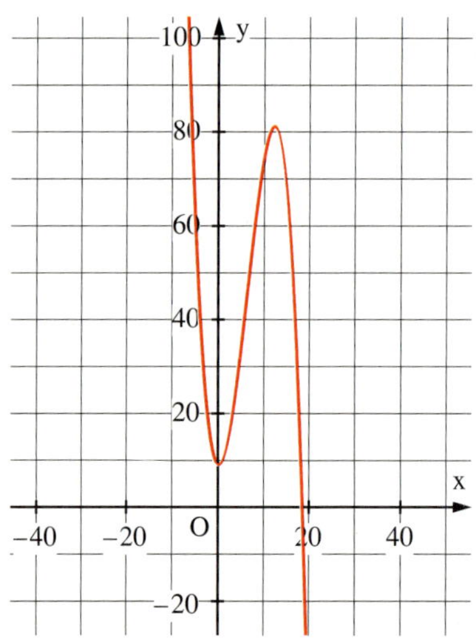


**3**

a) $J_0$ ist die Stammfunktion von f mit $J_0(0) = 0$; $J_0(x) = \frac{1}{3}(x-2)^3 + \frac{8}{3}$.
$J_2$ ist die Stammfunktion von f mit $J_2(2) = 0$; $J_2(x) = \frac{1}{3}(x-2)^3$.
die Figur oben rechts zeigt die Graphen von f, $J_0$ und $J_2$.

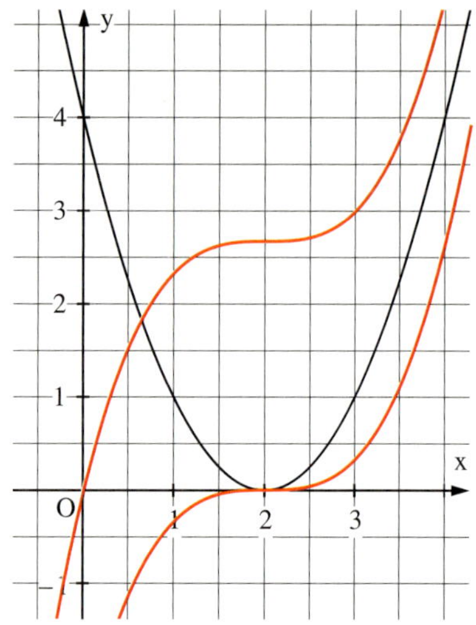


b) $J_a$ ist eine Stammfunktion von f. Also gilt $J_a'(x) = f(x)$ und $J_a''(x) = f'(x)$.
Notwendige Bedingungen für eine Extremstelle von $J_a$ bei $x_0$: $f(x_0) = 0$ und f hat einen Vorzeichenwechsel an der Stelle $x_0$. Es gilt aber $f(x) = (x-2)^2 \geqq 0$ für $x \in \mathbb{R}$; also hat f keinen VZW. $J_a$ hat keine Extremstellen.
Notwendige Bedingungen für eine Wendestelle von $J_a$ bei $x_0$: $f'(x_0) = 0$ und f′ hat einen VZW bei $x_0$.
Mit $f'(x) = 2(x-2)$ gilt: Die notwendigen Bedingungen sind nur für die Stelle $x_0 = 2$ erfüllt.

**4**

a) Für $0 \leqq t \leqq 6$ min zugeführte Wassermenge: $Z = 6\,l$.
Für $2\,\text{min} \leqq t \leqq 4\,\text{min}$ abgeführte Wassermenge: $A_1 = 2\,l$.
Für $4\,\text{min} \leqq t \leqq 6\,\text{min}$ abgeführte Wassermenge: $Z = 4\,l$.
Nach 6 min sind $2\,l$ im Behälter.

b) Die Figur auf S. 313 zeigt den Graphen von f. Man kann ihn erhalten, indem man z. B. in der Figur unten die entsprechenden orientierten Flächeninhalte addiert.

c)

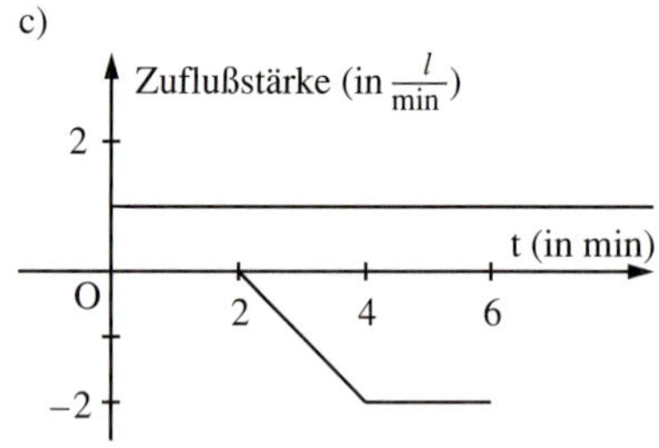

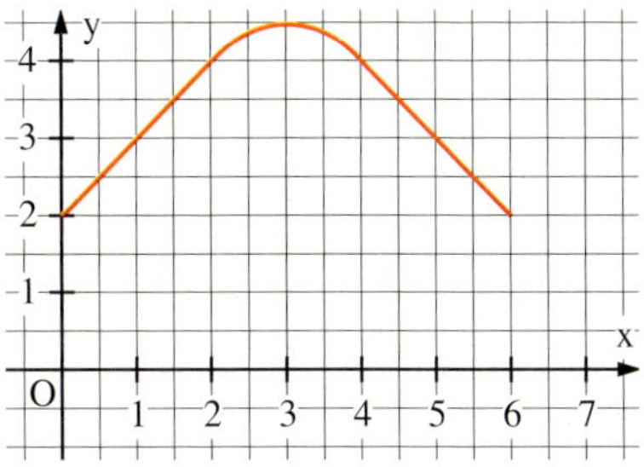


**5**

a) Tiefpunkt T des Graphen von V mithilfe des GTR: $T(16|9{,}52)$. Zum Zeitpunkt $t = 16\,h$ enthält der Behälter die minimale Wassermenge von $9{,}52\,m^3$ Wasser.

b) Mittlere Füllmenge: $\overline{M} = \frac{1}{24}\int\limits_0^{24} V(t)\,dt$.

Mit dem GTR: $\overline{M} \approx 18{,}5\,m^3$.

**6**

a) Flächeninhalt A exakt:
$A = \int\limits_0^{\pi} \sin(x)\,dx = [-\cos(x)]_0^{\pi} =$
$-(-1) - (-1) = 2$. A näherungsweise mit der KEPLER'schen Fassregel:
$A \approx \frac{\pi}{6}\left(\sin(0) + 4\cdot\sin\left(\frac{\pi}{2}\right) + \sin(\pi)\right)$
$= \frac{\pi}{6}(0 + 4 + 0) \approx 2{,}09$. Abweichung vom exakten Flächeninhalt ungefähr 5 %.

b) Für das Volumen gilt:
$V = \pi\int\limits_0^{\pi}(\sin(x))^2\,dx \approx 4{,}93$ (mit dem GTR).
KEPLER'sche Fassregel:
$V \approx \pi\,\frac{\pi}{6}\left((\sin(0))^2 + 4\cdot\left(\sin\left(\frac{\pi}{2}\right)\right)^2 + (\sin(\pi))^2\right)$
$= \pi\,\frac{\pi}{6}(0 + 4 + 0) \approx 6{,}58$.
(Prozentuale Abweichung ungefähr 33 %.
Ursache der starken Abweichung:
Durch die Form des Graphen von $g(x) = \pi\cdot\sin(x)$ ist der Inhalt des Tangententrapezes bei der Fassregel verhältnismäßig groß.)

**7**

Aufsummieren der Einzelzeiten: Die rekursive Folge
$u(n) = u(n-1) + \left(\frac{-5}{\sqrt{0{,}05\,n + 1}} + 10\right)$ gibt die Zeit an, die für die ersten n Schaltungen benötigt wird (Fig. 6). Fig. 7 zeigt: $u(70) = 477{,}05$. Der Monteur kann in 480 min insgesamt 70 Schaltungen verkabeln.
Berechnung mithilfe eines Integrals: Die Zeit für das Verkabeln von x Schaltungen entspricht näherungsweise dem Integral
$J(x) = \int\limits_0^{n}\left(\frac{-5}{\sqrt{0{,}05\,x + 1}} + 10\right)dx$. Gesucht ist die Zahl x mit $J(x) = 480$.

Durch Schnitt des Graphen der Integralfunktion J mit der Funktion g mit $g(x) = 480$ erhält man die Schnittstelle $x_0 \approx 70{,}56$. Der Monteur kann in 480 min insgesamt 70 Schaltungen verkabeln.
Bewertung der Ergebnisse:
$u(70) \approx 477{,}05$; $J(70) \approx 475{,}73$ (mit dem GTR). Es ist also $u(70) > J(70)$. Die exakte Zahl $u(70)$ entspricht der Summe von 70 Rechtecksinhalten. $J(70)$ entspricht dem Inhalt der Fläche unter dem Graphen von f über dem Intervall [0; 70]. Dieser Inhalt ist größer, da der Graph streng monoton steigend ist und jeweils durch die rechte obere Ecke jedes Rechtecks geht.

### Aufgaben zum Pflichtteil, Seite 151

**1**

a) $\ln(x) + \ln\left(\left(\frac{1}{x}\right)^{-1}\right) = 2$ bzw.
$2\ln(x) = 2$ also $x = e$.

b) Mit $u = e^{2x}$ erhält man die quadratische Gleichung $u^2 - 5u + 6 = 0$ mit den Lösungen $u_1 = 2$ und $u_2 = 3$.
Aus $u_1 = e^{2x}$ ergibt sich die Lösung $x_1 = \frac{1}{2}\ln(2)$; aus $u_2 = e^{2x}$ erhält man $x_2 = \frac{1}{2}\ln(3)$

c) Multipliziert man auf beiden Seiten der Gleichung mit $e^x$, so erhält man $e^{2x} - 3e^x - 4 = 0$. Mit $u = e^x$ folgt $u^2 - 3u - 4 = 0$ mit den Lösungen $u_1 = 4$ und $u_2 = -1$. Aus $u_1 = e^x$ erhält man die Lösung $x_1 = \ln(4)$; die Gleichung $u_2 = -1 = e^x$ hat keine Lösung.

**2**

a) $f'(x) = -2e^{-x}$; $f''(x) = 2e^{-x}$

b) $f'(x) = 2x - 2e^{-2x}$; $f''(x) = 2 + 4e^{-2x}$

c) $f'(x) = (2x - x^2)\cdot e^{-x}$;
$f''(x) = (x^2 - 4x + 2)\cdot e^{-x}$

d) $f'(x) = (1 + x\ln(2))\cdot 2^x$;
$f''(x) = (2\ln(2) + x\cdot(\ln(2))^2)\cdot 2^x$;

e) $f'(x) = \frac{1}{x}$; $f''(x) = -\frac{1}{x^2}$

**3**

a) $F(x) = \frac{1}{2}e^x$

b) $F(x) = \frac{3}{2}e^{2x-1}$

c) $F(x) = \frac{1}{15}(5x + 2)^3 - \frac{1}{3}e^{-3x}$

d) $F(x) = \frac{3}{4}\ln(4x - 7) - 2e^{-x}$

**4**

a) Aus $e^{2x} = 1$ folgt $x = 0$

b) Aus $e^{3x-2} = e^1$ folgt $3x - 2 = 1$ und hieraus $x = 1$

c) Aus $e^x \neq 0$ für alle $x \in \mathbb{R}$ folgt aus $e^x - 1 = 9$ die einzige Lösung $x = 0$

d) Multiplikation der Gleichung mit $e^x$ liefert $e^{2x} - 2 = 0$ und hiermit $x = \frac{1}{2}\ln(2)$

**5**

Fig. 1; mögliche Begründung: die Funktion f hat für $x = 2$ eine doppelte Nullstelle, d. h. der Graph hat im Punkt $(2|0)$ einen Extrempunkt.

**6**

a) $f'(x) = e^x$, $P(2|e^2)$;
Tangentengleichung: $y = e^2\cdot x - e^2$

b) $f'(x) = -e^{-2x}$, $P\left(0\middle|\frac{1}{2}\right)$;
Tangentengleichung: $y = -x + \frac{1}{2}$

c) $f'(x) = e^x\cdot(x + 1)$, $P(1|e)$;
Tangentengleichung: $y = 2e\cdot x - e$

**7**

z. B.

| x | 1 | 2 | 3 | 4 |
|---|---|---|---|---|
| f(x) | $\sqrt{6}$ | 6 | $6\sqrt{6}$ | 36 |
| g(x) | 1 | 6 | 36 | 216 |
| h(x) | $\frac{3}{2}$ | 6 | 24 | 96 |

mit $f(x) = \left(\sqrt{6}\right)^x$; $g(x) = \frac{1}{6}\cdot 6^x$;
$h(x) = \frac{3}{8}\cdot 4^x$;

**8**

a) $f(x) = 0$ liefert $x = 2$, also Schnittpunkt mit der x-Achse:
$S_x(2|0)$. Da $f(0) = -2$, ist der Schnittpunkt mit der y-Achse: $S_y(0|-2)$; Lage der y-Achse und Einheiten: vgl. Fig.

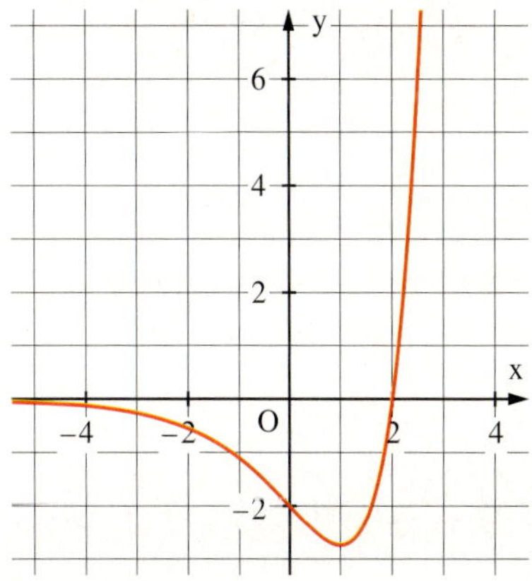

b) $f'(x) = (x-1) \cdot e^x$, $f''(x) = x \cdot e^x$,
$f'''(x) = (x+1) \cdot e^x$
Tiefpunkt: Mit $f'(1) = 0$ und $f''(1) = e > 0$ erhält man $T(1|-e)$
Wendepunkt: Mit $f''(0) = 0$ und $f'''(0) = 1$ erhält man $W(0|-2)$

**9**

a) $f(t) = 50000 \cdot 1{,}1^t$ oder
$f(t) = 50000 \cdot e^{t \cdot \ln(1{,}1)}$ mit t in Tagen
b) $f(2) = 50000 \cdot 1{,}1^2 = 50000 \cdot 1{,}21 = 60500$

**10**

Für die Verdoppelungszeit $T_V$ gilt:
$f(t + T_V) = 2 \cdot f(t)$ mit $f(t) = c \cdot a^t$
Behauptung: $T_V$ ist unabhängig von c.
Beweis:
Aus $f(t + T_V) = 2 \cdot f(t)$ folgt die Gleichung $c \cdot a^{t+T_V} = 2 \cdot c \cdot a^t$ oder $c \cdot a^t \cdot a^{T_V} = 2 \cdot c \cdot a^t$. Hieraus $a^{T_V} = 2$ also $T_V \cdot \ln(a) = \ln(2)$ bzw. $T_V = \frac{\ln(2)}{\ln(a)}$. $T_V$ ist damit unabhängig vom Anfangsbestand c.
Aus $f(t + T) = 4 \cdot f(t)$ folgt $a^T = 4$ und hieraus $T = \frac{\ln(4)}{\ln(a)} = \frac{2\ln(2)}{\ln(4)} = 2 \cdot T_V$.
Für die Vervierfachungsdauer T gilt also $T = 2T_V$.

**11**

a) Da $f(0) = 0$ ist, ist G der Graph zu f.
b) $g(x) = 3 \cdot (x-2) \cdot e^{-x^2}$
c) $f_t(x) = 3 \cdot (x-t) \cdot e^{-x^2}$

**12**

a) $f'(x) = (x+1) \cdot e^{x+2}$,
$f''(x) = (x+2) \cdot e^{x+2}$
Aus $f'(-1) = 0$ und $f''(-1) = e > 0$ erhält man mit $f(-1) = -e$ den Tiefpunkt $T(-1|-e)$.
b) $f'(x) = (2-x) \cdot e^{x-1}$,
$f''(x) = (1-x) \cdot e^{x-1}$;
Aus $f'(2) = 0$ und $f''(2) = -e < 0$ erhält man mit $f(2) = e$ den Hochpunkt $H(2|e)$.
c) $f'(x) = 0{,}5 \cdot (e^{0{,}5x} - e^{-0{,}5x})$,
$f''(x) = 0{,}25 \cdot (e^{0{,}5x} + e^{-0{,}5x})$
Aus $f'(0) = 0$ und $f''(0) = 0{,}5 > 0$ erhält man mit $f(0) = 2$ den Tiefpunkt $T(0|2)$.

**13**

a) $f(t) = S - c \cdot e^{-kt}$, $k > 0$;
Ableitungen: $f'(t) = c \cdot k \cdot e^{-kt}$,
$f''(t) = -c \cdot k^2 \cdot e^{-kt}$

b) $c > 0$ (beschränktes Wachstum)
f ist streng monoton wachsend, da $f'(t) > 0$ für alle $t \in \mathbb{R}$
$G_f$ ist rechtsgekrümmt, da $f''(t) < 0$ für alle $t \in \mathbb{R}$
$c < 0$ (beschränkter Zerfall)
f ist streng monoton fallend, da $f'(t) < 0$ für alle $t \in \mathbb{R}$
$G_f$ ist linksgekrümmt, da $f''(t) > 0$ für alle $t \in \mathbb{R}$
$y = S$ ist die Gleichung der waagrechten Asymptote, da $\lim\limits_{t \to \infty} f(t) = S$
$G_f$ hat weder Extrem- noch Wendepunkte, da $f'(t) \neq 0$ und $f''(t) \neq 0$ für alle $t \in \mathbb{R}$
$f(0) = S - c$

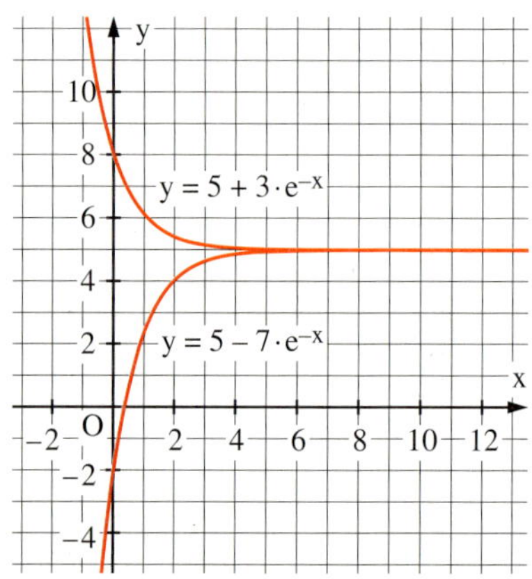


### Aufgaben zum Wahlteil, Seite 152

**1**

a) Eigenschaften des Graphen K: Keine Symmetrie, $y = 0$ ist die Gleichung der waagerechten Asymptote für $x \to -\infty$, Schnittpunkt mit der x-Achse $N(0{,}69|0)$, Tiefpunkt $T(0|-1)$, Wendepunkt $W(-0{,}69|-0{,}75)$.
Exakte Bestimmung:
Schnittpunkt mit der x-Achse: $f(x) = 0$ liefert $N(\ln(2)|0)$.
Mithilfe der Ableitungen
$f'(x) = e^x \cdot (2e^x - 2)$, $f''(x) = e^x \cdot (4e^x - 2)$ und $f'''(x) = e^x \cdot (8e^x - 2)$ erhält man den Tiefpunkt $T(0|-1)$ und den Wendepunkt $W(-\ln(2)|-0{,}75)$.

b) $A = \left| \int_{-e^2}^{0} (e^x \cdot (e^x - 2))\,dx \right|$
$= \left| \int_{-e^2}^{0} (e^{2x} - 2e^x)\,dx \right| = \left| \left[ \frac{1}{2}e^{2x} - 2e^x \right]_{-e^2}^{0} \right|$
$= |-1{,}4988| \approx 1{,}5$.
Der gesuchte Flächeninhalt beträgt etwa 1,5 FE.
c) Eigenschaften die sich übertragen:
$y = 0$ ist die Gleichung der waagerechten Tangente $x \to -\infty$
der Graph hat keine Symmetrie
Mithilfe der Ableitungen
$f_k'(x) = e^x \cdot (2e^x - k)$, $f_k''(x) = e^x \cdot (4e^x - k)$ und $f_k'''(x) = e^x \cdot (8e^x - k)$ erhält man für $k > 0$ den Tiefpunkt $T_k\left(\ln\left(\frac{k}{2}\right)\middle|-\frac{k^2}{4}\right)$ und für $k > 0$ den Wendepunkt $W_k\left(\ln\left(\frac{k}{4}\right)\middle|-\frac{3k^2}{16}\right)$. Für $k \leqq 0$ existieren weder Extrem- noch Wendepunkte.
Ortslinie der Extrempunkte:
Für $k > 0$ gilt: $x = \ln\left(\frac{k}{2}\right)$ bzw. aufgelöst $k = 2e^x$; eingesetzt in $y = -\frac{k^2}{4}$ ergibt $y = -e^{2x}$ als Gleichung der Ortslinie.
d) Aus $f_k(x) = 0$ folgt für $k > 0$ die Nullstelle $x = \ln(k)$. Der Wert von $\ln(k)$ ist ganzzahlig für $k = e^z$ mit $z \in \mathbb{Z}$.

**2**

a) Graph von f: rot,
Graph von f': schwarz
Begründung: z. B. an den Stellen der Extrema von f hat die Ableitungsfunktion f' Nullstellen.
b) Der Graph von f hat an der Stelle $x = 0$ eine doppelte Nullstelle, d. h. eine Nullstelle mit waagerechter Tangente.
c) Symmetrie von f:
$f(-x) = \frac{1}{2}(-x)^2 \cdot e^{-(-x)^2+3} = f(x)$, also ist der Graph von f achsensymmetrisch zur y-Achse.
$f'(x) = (x - x^3) \cdot e^{-x^2+3}$
Symmetrie von f':
$f'(x) = (-x - (-x)^3) \cdot e^{-(-x)^2+3} = -f(x)$, also ist der Graph von f' punktsymmetrisch zum Ursprung.
Extremstellen von f:
$f'(x) = 0$ ergibt $x \cdot (1 - x^2) = 0$ und hieraus die Nullstellen $x_1 = 0$, $x_2 = -1$ und $x_3 = 1$.
Mit $f''(x) = (2x^4 - 5x^2 + 1) \cdot e^{-x^2+3}$ erhält man $f''(0) = e^3 > 0$, $f''(\pm 1) = -2e^2 < 0$.
Also ein Minimum an der Stelle 0, Maxima an den Stellen ±1.

d) Da an den Extremstellen der Ableitungsfunktion $f'$ die Funktion f Wendestellen besitzt, muss der Graph von f 4 Wendepunkte besitzen. Mit dem GTR erhält man:
$W_{1/2}(\pm 1{,}510 \mid 2{,}341)$ und
$W_{3/4}(\pm 0{,}468 \mid 1{,}768)$.

**3**

a) Verwendet man die Wertepaare an den Stellen $t = 2$ und $t = 10$, so erhält man ein Gleichungssystem mit den Gleichungen $S \cdot (1 - e^{-2k}) = 6{,}6$ und $S \cdot (1 - e^{-10k}) = 18{,}8$.
Aus $\frac{S \cdot (1 - e^{-2k})}{S \cdot (1 - e^{-10k})} = \frac{18{,}8}{6{,}6}$ folgt
$18{,}8\,e^{-2k} - 6{,}6\,e^{-10k} = 12{,}2$ mit den Lösungen (GTR) ($k_1 = 0$) oder $k_2 = 0{,}1683$.
Aus $S \cdot (1 - e^{-2k_2}) = 6{,}6$ folgt $S \approx 23{,}09$.
Damit gilt: $f(t) = 23{,}09 \cdot (1 - e^{-0{,}1683 \cdot t})$
mit t in Monaten, f(t) in cm.
Nach einem Jahr: $f(12) \approx 20{,}0\,\text{cm}$.
b) Etwa 23 cm
c) Die Länge einer Forelle nähert sich asymptotisch dem Grenzwert $S \approx 23{,}09$. Damit lässt sich der Zeitpunkt, wann eine Forelle ausgewachsen ist, nicht eindeutig bestimmen.
1. Überlegung: Eine Wertetabelle zeigt, dass die Forellen nach 1,5 Jahren etwa 22 cm lang und nach 2,5 Jahren etwa 23 cm lang sind. Da der Längenzuwachs gering ist, kann man die Forelle spätestens nach 2,5 Jahren als ausgewachsen betrachten.
2. Überlegung: Die Forelle wird als ausgewachsen betrachtet, wenn sie z. B. 99 % des Grenzwertes als Länge erreicht hat. Rechnerisch oder aus der Tabelle erhält man dann etwa 28 Monate. 95 % der Endlänge sind 21,94 cm.
Aus $23{,}09 \cdot (1 - e^{-0{,}1683t}) = 21{,}94$ ergibt sich $t \approx 17{,}8$. Also nach etwa 1,5 Jahren.

**4**

a) Tangente t: $y = e^u \cdot x - u e^u + e^u + 1$;
$Q(-e^{-u} + u - 1 \mid 0)$, $P(u \mid e^u + 1)$
Länge l der Strecke PQ:
$l(u) = \sqrt{y_P^2 + (u - x_Q)^2} =$
$\sqrt{e^{2u} + 2e^u + e^{-2u} + 2e^{-u} + 2}$ mit $u \in \mathbb{R}$

Minimum der Streckenlänge:
1. Möglichkeit (exakt):
$l'(u) = \frac{e^{-u} \cdot (e^{3u} - 1)}{\sqrt{e^{2u} + 1}} = 0$ liefert $u = 0$, Überprüfung mit VZW ergibt ein relatives Minimum mit dem Wert $l(0) = 2\sqrt{2}$. Da $l(u) \to \infty$ für $u \to \pm\infty$ ist dies auch das absolute Minimum.
2. Möglichkeit (GTR): $u = 0$ als Minimum mit $l(0) = 2{,}828$. Eine Entscheidung, ob weitere innere Extremstellen vorliegen, ist grafisch nicht entscheidbar.
b) Flächeninhalt:
$A(u) = \frac{1}{2} \cdot f(u) \cdot (u - (u - e^{-u} - 1)) =$
$\frac{1}{2}(e^u + e^{-u} + 2)$
1. Möglichkeit (exakt):
$A'(u) = \frac{1}{2}(e^u - e^{-u}) = 0$ liefert $u = 0$;
Aus $A''(u) = \frac{1}{2}(e^u + e^{-u})$ folgt mit
$A''(0) = 1$, dass an der Stelle $u = 0$ ein relatives Minimum mit $A(0) = 2$ vorliegt. Da $A(u) \to \infty$ für $u \to \pm\infty$ ist dies auch das absolute Minimum.
2. Möglichkeit (GTR): $u = 0$ als Minimum mit $A(0) = 2$. Eine Entscheidung, ob weitere innere Extremstellen vorliegen, ist grafisch nicht entscheidbar.

**5**

a)

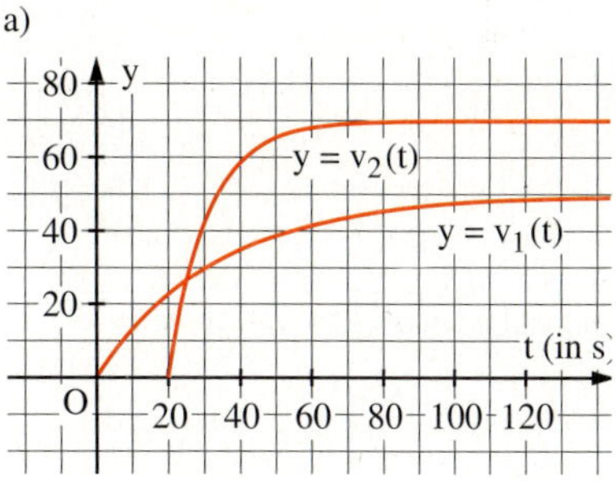


b) Der zurückgelegte Weg lässt sich als Fläche unter der Kurve veranschaulichen.
Es gilt (exakt): $s = \int_0^{20} v_1(t)\,dt =$
$\left[50t + \frac{5000}{3} e^{-0{,}03t}\right]_0^{20} = 248{,}02.$
Der bereits zurückgelegte Weg beträgt etwa 248 m.
c) $v_2(t) = 70 \cdot (1 - e^{-0{,}09 \cdot (t-20)})$;
$v_2(40) - v_1(40) = 58{,}429 - 34{,}940 \approx 23{,}49$. Der Geschwindigkeitsunterschied beträgt zu diesem Zeitpunkt etwa $23{,}5\,\frac{\text{m}}{\text{s}}$.

d) 1. Ansatz: Misst man die Zeit wieder vom Start des Autos 1, so beträgt zum Zeitpunkt t der Abstand d(t) der beiden Autos
$d(t) = \int_0^t v_1(x)\,dx - \int_0^t v_2(x)\,dx =$
$50t + \frac{5000}{3} e^{-0{,}03t} - \frac{5000}{3} -$
$(70t + \frac{7000}{9} e^{-0{,}09(t-20)} - \frac{7000}{9} e^{1{,}8}) =$
$1{,}666{,}\overline{6} \cdot e^{-0{,}03t} - 4705{,}281 \cdot e^{-0{,}09t} - 20t + 3038{,}61$. Den Graphen von d zeigt die Figur.

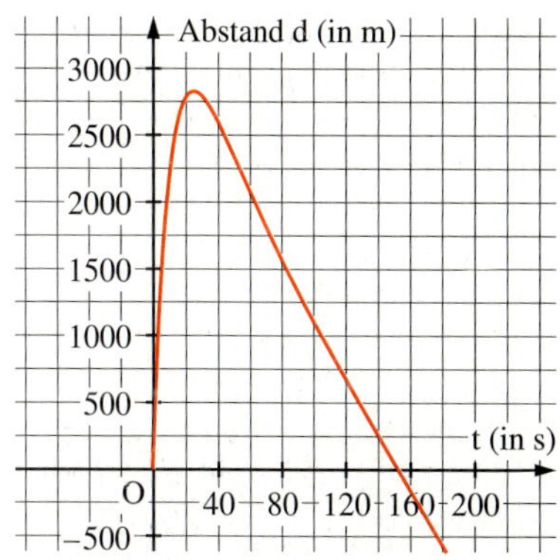


Mit dem GTR erhält man als Stelle des Maximums $t = 25{,}31$ (in s). Der maximale Abstand beträgt dann $d_{max} \approx 2830\,\text{m}$.
2. Ansatz: Der Abstand der beiden Autos wächst so lange an, bis Auto 2 die selbe Geschwindigkeit wie Auto 1 erreicht hat. Aus $v_1(t) = v_2(t)$ folgt mit dem GTR dann ebenfalls die Lösung $t = 25{,}31$ (in s).
e) Ist $d(t) = 0$, so sind die beiden Autos auf gleicher Höhe; Lösung mit dem GTR: $T \approx 152{,}78$ (in s), d. h. nach etwa 153 s überholt Auto 2 das Auto 1.
Entfernung E von der Startlinie:
$E = \int_0^T v_1(x)\,dx \approx 5989{,}32.$
Die Autos sind dann etwa 5990 m von der Startlinie entfernt.

**6**

a) Der Parameter b bestimmt, die „Öffnung“ der Kurve. Wird b größer, so wird die Kurve „breiter“.

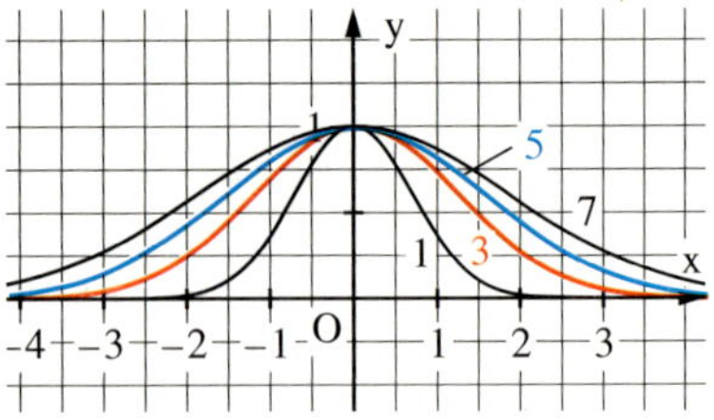


b) Ableitungen:
$f_b'(x) = -\frac{2x}{b} \cdot e^{-\frac{x^2}{b}}$; $f_b''(x) = \frac{2(2x^2-b)}{b^2} \cdot e^{-\frac{x^2}{b}}$

Extrempunkt:
Aus $f_b'(x) = 0$ folgt $x = 0$; mit $f_b''(x) < 0$ erhält man den Hochpunkt $H(0|1)$.

Wendepunkte:
Aus $f_b''(x) = 0$ erhält man $x_{1/2} = \pm\frac{\sqrt{2b}}{2}$; zusammen mit einem VZW und $f_b\left(\pm\frac{\sqrt{2b}}{2}\right) = e^{-\frac{1}{2}}$ erhält man die Wendepunkte $W_{1/2}\left(\pm\frac{\sqrt{2b}}{2}\middle|e^{-\frac{1}{2}}\right)$.

c) Bedeutung des Parameters a:
1. Fall: $a > 0$
Der Graph der Funktion $f_{0,b}$ ist um a Einheiten nach rechts verschoben.
2. Fall: $a < 0$
Der Graph der Funktion $f_{0,b}$ ist um a Einheiten nach links verschoben.
Bedeutung des Parameters b: siehe a)

**Aufgaben zum Pflichtteil, Seite 181**

**1**

a) Diese Aussage ist wahr.
Begründung: Eine ganzrationale Funktion (oder auch eine Sinusfunktion) haben die maximale Definitionsmenge $\mathbb{R}$; damit besitzen ihre Graphen keine senkrechten Asymptoten.
b) Die Aussage ist falsch.
f mit $f(x) = \sin(x) + 2$ besitzt keine einzige Nullstelle.

**2**

Eine gebrochenrationale Funktion besteht aus einem Quotienten von Polynomen. Das Zählerpolynom bestimmt die Anzahl der Nullstellen. Da ein Polynom nur endlich viele Nullstellen hat, gibt es keine rationale Funktion mit unendlich vielen Nullstellen.

**3**

Prinzipiell kann man jede gebrochenrationale Funktion mit der Produkt- und der Potenzregel ableiten, da gilt:
$f(x) = \frac{p(x)}{q(x)} = p(x) \cdot \frac{1}{q(x)} = p(x) \cdot q(x)^{-1}$.
$f'(x) =$
$p'(x) \cdot q(x)^{-1} + p(x) \cdot (-1) \cdot q(x)^{-2} \cdot q'(x) =$
$p'(x) \cdot q(x)^{-1} - p(x) \cdot q(x)^{-2} \cdot q'(x)$.
Beispiele:
$f(x) = \frac{1}{x}$; $D_f = \mathbb{R}\setminus\{0\}$; wegen $f(x) = x^{-1}$ in $D_f$ gilt $f'(x) = (-1) \cdot x^{-2} = -\frac{1}{x^2}$.
oder: $f(x) = \frac{x+1}{x}$; $D_f = \mathbb{R}\setminus\{0\}$; wegen $f(x) = 1 + \frac{1}{x} = 1 + x^{-1}$ in $D_f$ gilt $f'(x) = (-1) \cdot x^{-2} = -\frac{1}{x^2}$.

**4**

Asymptoten des Graphen von f mit $f(x) = \frac{1}{x+2} + 2$ sind die Geraden mit den Gleichungen $x = -2$, da in $x_0 = -2$ ein Pol vorliegt, und $y = 2$, da $\lim\limits_{x \to \pm\infty} \left(\frac{1}{x+2} + 2\right) = 2$ ist.

**5**

$f(x) = \frac{x-1}{x} - 1$ mit $D_f = \mathbb{R}\setminus\{0\}$. Es ist $f(x) = \frac{x-1}{x} - 1 = \frac{x-1-x}{x} = -\frac{1}{x}$. Da der Zähler konstant ist, besitzt f keine Nullstelle.

**6**

$f(x) = 2 \cdot \sin(x)$; $g(x) = 1$. Fig. 1 zeigt den Verlauf der Graphen. Da sich beide Graphen wegen $2 \cdot \sin(x) = 1$ oder $\sin(x) = 0{,}5$ in $x_0 = \frac{1}{6}\pi$ und $x_1 = \frac{5}{6}\pi$ schneiden, stellt das Integral
$$\int_{\frac{1}{6}\pi}^{\frac{5}{6}\pi} (2 \cdot \sin(x) - 1)\,dx$$
die Differenz der Flächen unter den Graphen von f und g über dem Intervall $\left[\frac{1}{6}\pi; \frac{5}{6}\pi\right]$ dar; dies ergibt den Inhalt A in der Figur.

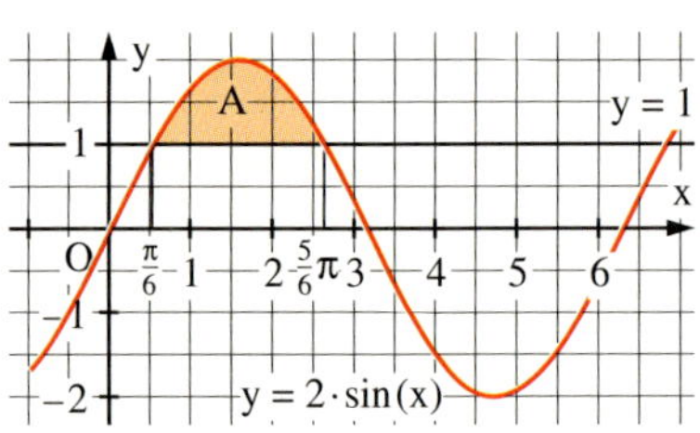


**7**

Wegen $d(1) = \frac{62-2\cdot1}{1+1} = \frac{60}{2} = 30$ beträgt die anfängliche Schüttung $30\frac{\text{Liter}}{\text{min}}$. $d(t) = 0$ ergibt $62 - 2t = 0$, also $t = 31$. Damit kommt nach 31 Minuten kein Wasser mehr.

**8**

Vergleiche Figur

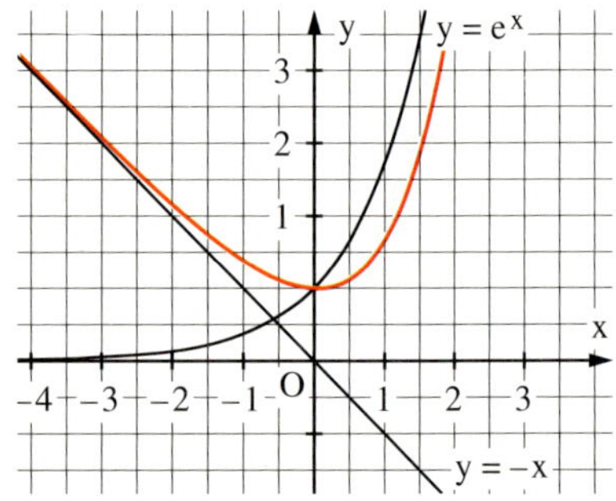


**9**

$g(x) = e^x - x$; $g'(x) = e^x - 1$; $g''(x) = e^x$.
Aus $g'(x) = 0$ folgt $e^x = 1$, also ist $x_0 = \ln(1) = 0$ die einzige Lösung der Gleichung. Wegen $g''(0) \neq 0$ liegt damit genau ein Extremwert (Minimum) in $x_0$ vor.

**10**

$q(x) = \frac{x - e^x}{x}$ ist an der Stelle $x_0 = 0$ nicht definiert. Da $e^x > x$ ist, liegt keine Nullstelle vor. Die Gerade mit der Gleichung $y = x$ verläuft stets unterhalb des Graphen der Exponentialfunktion f mit $f(x) = e^x$.

**11**

$f_a(x) = a \cdot \sin(\pi \cdot x)$ hat die Periode $p = \frac{2\pi}{\pi} = 2$. Skizze von $f_2(x) = 2 \cdot \sin(\pi \cdot x)$ siehe Figur.

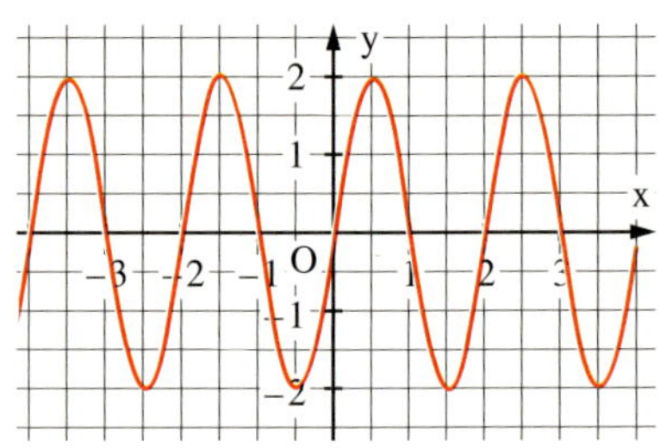

**12**

Die Periode ist $p = 2$.
$H\left(\frac{1}{2}\middle|5\right)$, $T\left(\frac{3}{2}\middle|-5\right)$, $W_1(0|0)$, $W_2(1|0)$, $W_3(2|0)$.

**13**

$f_b(x) = 2\cdot\sin(b\cdot x)$ hat die Periode $p = \frac{2\pi}{b}$. Es ist

$\int_0^{\pi} \sin(x)\,dx = [-\cos(x)]_0^{\pi} =$
$-\cos(\pi) - (-\cos(0)) = 1 + 1 = 2$ und
$\int_0^{\frac{\pi}{b}} 2\cdot\sin(bx)\,dx = \left[-\frac{2}{b}\cos(bx)\right]_0^{\frac{\pi}{b}} =$
$-\frac{2}{b}\cos(\pi) - \frac{2}{b}(-\cos(0)) = \frac{4}{b}$. Damit muss gelten: $\frac{4}{b} = 2$, also $b = 2$.

**14**

Die maximale Definitionsmenge von f mit $f(x) = \frac{2}{x+1}$ ist $D_f = \mathbb{R}\setminus\{-1\}$.
Asymptoten des zugehörigen Graphen sind die Geraden mit den Gleichungen $x = -1$ und $y = 0$.
Die maximale Definitionsmenge von g mit $g(x) = -\frac{2x}{x-1}$ ist $D_f = \mathbb{R}\setminus\{1\}$.
Asymptoten des zugehörigen Graphen sind die Geraden mit den Gleichungen $x = 1$ und $y = -2$.

**15**

$f(x) = (x+1)^{-1}$;
$f'(x) = -2\cdot(x+1)^{-2} = -\frac{2}{(x+1)^2}$.
$g(x) = -\frac{2x}{x+1}$;
$g'(x) = -\frac{2(x+1) - 2x\cdot 1}{(x-1)^2} = -\frac{2x+2-2x}{(x-1)^2}$
$= -\frac{2}{(x-1)^2}$.
Da die Ableitungen von f und g übereinstimmen unterscheidet sich g von f nur um eine Konstante. Es ist in der Tat
$g(x) = -\frac{2x}{x+1} = \frac{-2x-2+2}{x+1} = \frac{-2(x+1)}{x+1} + \frac{2}{x+1} =$
$\frac{2}{x+1} - 2 = f(x) - 2$.

**Aufgaben zum Wahlteil, Seite 205**

**Gebrochenrationale Funktionen**

**1**

a) $f(x) = \frac{x^2-1}{x^2-4x+4} = \frac{(x-1)\cdot(x+1)}{(x-2)^2}$ hat die Nullstellen $x_1 = 1$ und $x_2 = -1$ und die Polstelle $x_0 = 2$. Es liegt ein Pol ohne VZW vor. Wegen $f(1{,}5) = 5$ und $f(4) = 3{,}75$ erfolgt eine Annäherung im positiven y-Bereich an die Asymptote.
b) Gleichungen der Asymptoten: $x = 2$ und $y = 1$.
c) Skizze siehe Figur

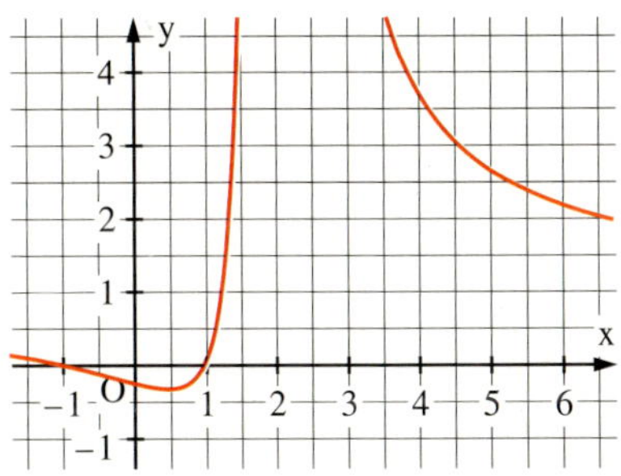


**2**

a) $f(x) = \frac{ax^2+bx+3}{x^2}$. Wegen $f(x) = a + b\cdot x^{-1} + 3x^{-2}$ ist $f'(x) = -b\cdot x^{-2} - 6\cdot x^{-3} = -\frac{b}{x^2} - \frac{6}{x^3}$. Es muss gelten $f(-1) = 0$; also $a - b + 3 = 0$ und $f'(-1) = -2$, also $-b + 6 = -2$.
Damit ist $b = 8$, $a = 5$ und $f(x) = \frac{5x^2+8x+3}{x^2}$ mit $D_f = \mathbb{R}\setminus\{0\}$.
b) $5x^2 + 8x + 3 = 0$ hat die Lösungen $x_1 = -1$ und $x_2 = -\frac{3}{5}$. Dies sind die Nullstellen von f.
$f(x) = 5 + \frac{8}{x} + \frac{3}{x^2}$; $f'(x) = -\frac{8}{x^2} - \frac{6}{x^3}$;
$f''(x) = \frac{16}{x^3} + \frac{18}{x^4}$; $f'''(x) = -\frac{48}{x^4} - \frac{72}{x^5}$.
Aus $f'(x) = 0$ ergibt sich $-8x - 6 = 0$, also $x_3 = -\frac{3}{4}$; wegen $f''\left(-\frac{3}{4}\right) > 0$ liegt in $x_3$ ein relatives Minimum vor.
Einziger Extrempunkt ist also der Tiefpunkt $T\left(-\frac{3}{4}\middle|-\frac{1}{3}\right)$.
Aus $f''(x) = 0$ ergibt sich $16x + 18 = 0$, also $x_4 = -\frac{9}{8}$; wegen $f'''\left(-\frac{9}{8}\right) \neq 0$ liegt in $x_4$ eine Wendestelle vor.
Einziger Wendepunkt ist $W\left(-\frac{9}{8}\middle|\frac{7}{27}\right)$.
Asymptoten sind die Geraden mit den Gleichungen $x = 0$ und $y = 5$.
c) $f(x) = 1$ ergibt die Gleichung $4x^2 + 8x + 3 = 0$; sie besitzt die Lösungen $x_5 = -1{,}5$ und $x_6 = -0{,}5$. Damit ergeben sich die Schnittpunkte $S_1(-1{,}5|1)$ und $S_2(-0{,}5|1)$.

**3**

$f(x) = \frac{1-2x}{x^2}$; $g(x) = -\frac{2}{x}$;
$D_f = D_g = \mathbb{R}\setminus\{0\}$.
Berechnung des Inhalts der Fläche A aus der Figur.
$A = \int_{0,5}^{2}\left(\frac{1-2x}{x^2} - \left(-\frac{2}{x}\right)\right)dx = \int_{0,5}^{2}\left(\frac{1}{x^2} - \frac{2}{x} + \frac{2}{x}\right)dx$
$= \int_{0,5}^{2}\frac{1}{x^2}\,dx = \left[-\frac{1}{x}\right]_{0,5}^{2} = -\frac{1}{2} - (-2) = 1{,}5$

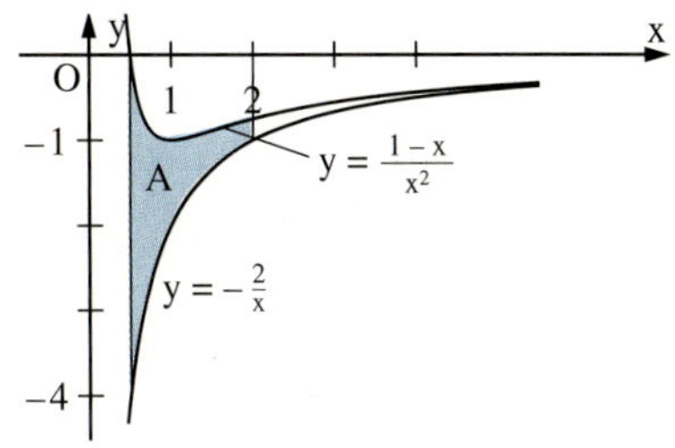


**4**

a) $f(x) = \frac{4-x^2}{x^2} = \frac{4}{x^2} - 1$. Schnittpunkte mit der x-Achse $S_1(-2|0)$, $S_2(2|0)$.
$f'(x) = -\frac{8}{x^3}$, damit $f'(-2) = 1$ und $f'(2) = -1$.
Tangente in $S_1$: $y = x + 2$; Tangente in $S_2$: $y = -x + 2$.
Zeichnung siehe Figur auf S. 318.
b) Radius des Kreises $r = \sqrt{8}$.
Der Mittelpunkt ist der Schnittpunkt der Normalen in $S_1$ und $S_2$:
$n_1$: $y = -x - 2$; $n_2$: $y = x - 2$. Daraus erhält man $2y = -4$, also $y = -2$ und $x = 0$. Damit ist $M(0|-2)$.
Radius ist $\overline{MS_1} = \sqrt{2^2 + 2^2} = \sqrt{8}$.
c) Die Gerade $y = 3$ schneidet den Graphen von f in den Punkten $P_1(-1|3)$ und $P_2(1|3)$. Es genügt aus Symmetriegründen die Teilfläche rechts von der y-Achse zu berechnen:
$\frac{1}{2}A =$
$1\cdot 3 + \int_1^2\left(\frac{4}{x^2} - 1\right)dx + 8\cdot\pi\cdot\frac{135°}{360°} + \frac{1}{2}\cdot 2\cdot 2 =$
$= 3 + \left[-\frac{4}{x} - x\right]_1^2 + 3\cdot\pi + 2$
$= 3 + (-2-2) - (-4-1) + 3\cdot\pi + 2 =$
$3 - 4 + 5 + 3\cdot\pi + 2 = 6 + 3\cdot\pi \approx 15{,}4$
Damit ist $A = 12 + 6\cdot\pi \approx 30{,}85$.

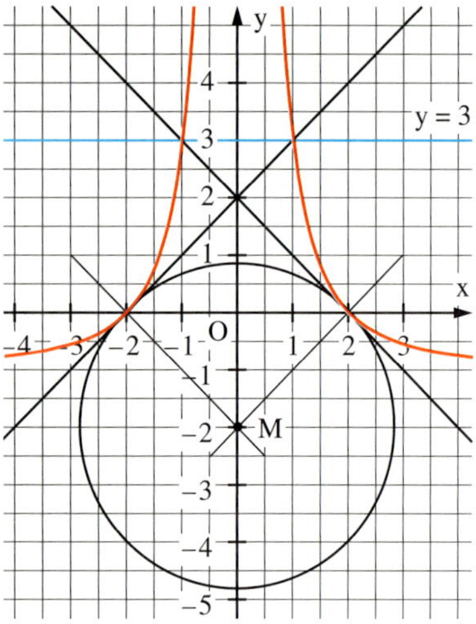


**5**

a) $f(x) = \frac{x^3+4x-1}{x+1}$. Da das Zählerpolynom $z(x) = x^3 + 4x - 1$ von $f(x)$ vom Grad 3 ist, können höchstens drei Nullstellen vorliegen. Wegen $z'(x) = 3x^2 + 4 > 0$ für alle $x \in D_f$ ist z streng monoton steigend und besitzt damit nur eine Nullstelle. Mit dem GTR erhält man die Nullstelle $x_0 \approx 0{,}246\,266\,17 \approx 0{,}246$

b) $f'(x) = \frac{(3x^2+4)\cdot(x+1)-(x^3+4x-1)\cdot 1}{(x+1)^2} = \frac{2x^3+3x^2+5}{(x+1)^2}$. Mit dem GTR errechnet man die Nullstelle der Ableitungsfunktion $f'$: $x_1 \approx -2{,}078\,617 \approx -2{,}079$. Es ist $f(x_1) \approx 16{,}961\,944\,50 \approx 16{,}962$. Der Graph von f besitzt damit den Tiefpunkt $T(-2{,}0791 \mid 16{,}962)$.

c) Es ist

$$\begin{array}{l} (x^3+4x-1):(x+1) = x^2 - x + 5 - \frac{6}{x+1} \\ \underline{-(x^3+x^2)} \\ \quad -x^2+4x \\ \quad \underline{-(-x^2-\ \ x)} \\ \qquad\quad 5x-1 \\ \qquad\quad \underline{-(5x+5)} \\ \qquad\qquad -6 \end{array}$$

Damit ist die Näherungskurve für große $|x|$ die Parabel mit der Gleichung $y = x^2 - x + 5$.

**6**

$f_t(x) = \frac{x}{x^2-t}$; $t \in \mathbb{R}^+$. $D_{f_t} = \mathbb{R}\setminus\{-\sqrt{t}, \sqrt{t}\}$

a) Gemeinsamer Punkt: $f_t(x) = f_u(x)$, d.h. $\frac{x}{x^2-t} = \frac{x}{x^2-u}$ oder $x^3 - u\cdot x = x^3 - t\cdot x$ oder $(t-u)\cdot x = 0$. Dies ergibt für $t \neq u$: $x = 0$. Gemeinsamer Punkt aller Graphen ist $A(0|0)$.

b) Da $\frac{1}{1-t} = 0$ unlösbar ist, verläuft kein Graph durch $P(11|0)$.

**7**

$f_t(x) = \frac{(x^2+t)^2}{2x}$; $x \in \mathbb{R}^+$. $D_{f_1} = \mathbb{R}\setminus\{0\}$.

a) Wegen $f_t(-x) = \frac{((-x)^2+t)^2}{2(-x)} = -\frac{(x^2+t)^2}{2x} = -f_t(x)$ ist der Graph $K_t$ punktsymmetrisch zum Nullpunkt.

Einzige senkrechte Asymptote ist $x = 0$.

Wegen $t > 0$ ist $x^2 + t > 0$ und damit existieren keine Schnittpunkte mit der x-Achse.

Wegen

$f_t(x) = \frac{(x^2+t)^2}{2x} = \frac{x^4+2tx^2+t^2}{2x} = \frac{x^3}{2} + tx + \frac{t^2}{2x}$

erhält man $f_t'(x) = \frac{3}{2}x^2 + t - \frac{t^2}{2x^2}$;

$f_t''(x) = 3x + \frac{t^2}{x^3}$.

$f_t'(x) = \frac{3}{2}x^2 + t - \frac{t^2}{2x^2} = 0$ ergibt

$3x^4 + 2t\cdot x^2 - t^2 = 0$. Daraus folgt

$x^2 = -t$ oder $x^2 = \frac{t}{3}$, also

$x_1 = \sqrt{\frac{t}{3}}$ und $x_2 = -\sqrt{\frac{t}{3}}$.

Da $f_t''\left(\sqrt{\frac{t}{3}}\right) = 3\cdot\sqrt{\frac{t}{3}} + \frac{t^2}{\frac{t}{3}\sqrt{\frac{t}{3}}} > 0$ und

$f_t\left(\sqrt{\frac{t}{3}}\right) = \frac{\frac{16}{9}t^2}{2\cdot\sqrt{\frac{t}{3}}} = \frac{8\sqrt{3}\cdot\sqrt{t^3}}{9}$ ist, liegt ein Tiefpunkt in $T\left(\sqrt{\frac{t}{3}} \,\middle|\, \frac{8\sqrt{3}\cdot\sqrt{t^3}}{9}\right)$ vor. Wegen der Punktsymmetrie liegt in $H\left(-\sqrt{\frac{t}{3}} \,\middle|\, -\frac{8\sqrt{3}\cdot\sqrt{t^3}}{9}\right)$ ein Hochpunkt vor.

Wegen $f_t''(x) = 3x + \frac{t^2}{x^3} = \frac{3x^4+t^2}{x^3} \neq 0$ für alle $x \in D_{f_1} = \mathbb{R}\setminus\{0\}$ existiert kein Wendepunkt.

b) Näherungskurve für große $|x|$ ist der zu $n_t(x) = \frac{x^3}{2} + tx$ gehörige Graph.

c) Aus $x = \pm\sqrt{\frac{t}{3}}$ und $y = \frac{8\sqrt{3}\cdot\sqrt{t^3}}{9}$ erhält man $t = 3x^2$ und damit $y = \pm\frac{8\sqrt{3}\cdot\sqrt{(3x^2)^3}}{9} = \frac{8\cdot\sqrt{3^4}\cdot x^3}{9} = 8x^3$.

Ortslinie der Extrempunkte ist somit $y = 8x^3$.

**8**

a) $f(x) = x + \frac{1}{x} = \frac{x^2+1}{x}$ oder $f(x) = x - \frac{1}{x^2}$ oder $f(x) = x + \frac{3}{x^5}$ oder $f(x) = x - \frac{x-3}{x^2}$

b) $f(x) = 0{,}5x + \frac{1}{x-2} = \frac{x^2-2x+2}{2\cdot(x-2)}$ oder $f(x) = 0{,}5x - \frac{2}{(x-2)^4}$

c) $f(x) = 2x + 1 + \frac{1}{(x-1)^2}$ oder $f(x) = 2x + 1 - \frac{4}{x-1}$

d) $f(x) = x^2 + \frac{2}{x}$ oder $f(x) = x^2 - \frac{10}{x^{10}}$

e) $f(x) = x^3 + \frac{1}{x-1}$ oder $f(x) = x^3 + \frac{x}{(x-1)^3}$

f) $f(x) = 2x^2 + x + \frac{2}{x-1}$ oder $f(x) = 2x^2 + x + x + \frac{3(2x-5)}{(x-1)^2}$

Wichtig ist, dass der Funktionsterm, der die senkrechte Asymptote repräsentiert, für $x \longrightarrow \pm\infty$ gegen 0 strebt.

## Aufgaben zum Wahlteil, Seite 206

### Trigonometrische Funktionen

**1**

a) Die Amplitude des Graphen ist 1,5, die Periode 4. Damit scheidet Funktion (1) aus. Da $f(0) = 1$ ist, scheidet Funktion (2) aus, da für diese Funktion $f(2) = -0{,}5$ ist. (3) ist eine zum Graphen von Fig. 1 gehörige Funktion, da der Graph die Amplitude 1,5 und die Periode 4 hat und um 2 Einheiten nach rechts und 1 nach oben verschoben ist.

Da gilt:

$\sin\left(\frac{\pi}{2}\cdot(x-2)\right)$

$= \sin\left(\frac{\pi}{2}\cdot x - \pi\right) = \sin\left(\frac{\pi}{2}\cdot x\right)\cdot\cos(\pi)$

$- \cos\left(\frac{\pi}{2}\cdot x\right)\cdot\sin(\pi))$

$= \sin\left(\frac{\pi}{2}\cdot x\right)\cdot(-1) - \cos\left(\frac{\pi}{2}\cdot x\right)\cdot 0$

$= -\sin\left(\frac{\pi}{2}\cdot x\right)$

ist der Funktionsterm (3) mit dem Funktionsterm (4) identisch:

$1{,}5\cdot\sin\left(\frac{\pi}{2}\cdot(x-2)\right) + 1$

$= -1{,}5\cdot\sin\left(\frac{\pi}{2}\cdot x\right) + 1$.

b) Ein Wendepunkt des Graphen der Funktion s mit $s(x) = \sin(x)$ ist der Punkt $W(0|0)$. Er entspricht bei dem Graphen von f dem Punkt $W(0|1)$. Da $f'(x) = -\frac{3}{4}\pi\cdot\cos\left(\frac{\pi}{2}\cdot x\right)$ erhält man $f'(0) = -\frac{3}{4}\pi\cdot\cos\left(\frac{\pi}{2}\cdot 0\right) = -\frac{3}{4}\pi\cdot 1 = -\frac{3}{4}\pi$.

Damit ist die Gleichung der Wendetangente in $W(0|1)$: $y - 1 = -\frac{3}{4}\pi \cdot x$, also $y = -\frac{3}{4}\pi \cdot x + 1$.

c) Mit dem GTR errechnet man z. B. zuerst die Nullstellen von f: $x_0 \approx 0{,}46456$; $x_1 \approx 1{,}53544$; $x_2 \approx 4{,}46455$.

Damit bestimmt man die unterhalb der x-Achse gelegene Fläche zu

$A_u = -\int_{x_0}^{x_1} f(x)\,dx \approx 0{,}3526$ und die oberhalb der x-Achse gelegene Fläche

$A_o = \int_{x_1}^{x_2} f(x)\,dx \approx 4{,}3526$.

Man erhält dann das Verhältnis $V = \frac{0{,}3526}{4{,}3526} \approx 0{,}081 = \frac{81}{1000} = \frac{8{,}1}{100}$. Damit beträgt der Inhalt der unterhalb der x-Achse gelegenen Fläche ca. 8,1 % der oberhalb der x-Achse gelegenen Fläche.

Anmerkung: Man kann die Flächen auch ohne die Nullstellen näherungsweise mit dem GTR bestimmen.

## 2

a) Es ist $a = \frac{1+3}{2} = 2$ und $b = \frac{3-1}{2} = 1$.
Damit gilt $h(t) = 2 + \cos\left(\frac{\pi}{6} \cdot t\right)$.
Die Periode $p = \frac{2\pi}{\frac{\pi}{6}} = 12$.

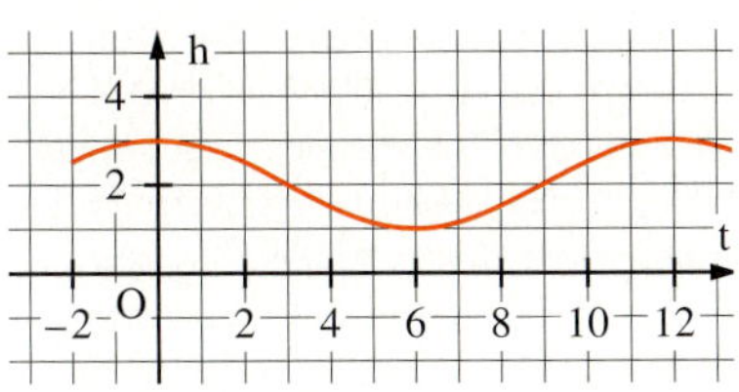


b) Gesucht $h(t) \leqq 1{,}5$, also $2 + \cos\left(\frac{\pi}{t} \cdot t\right) \leqq 1{,}5$, also $\cos\left(\frac{\pi}{6} \cdot t\right) \leqq -0{,}5$. Dazu bestimmt man die Schnittstellen der Funktionen $c(t) = \cos\left(\frac{\pi}{6} \cdot t\right)$ und $g(t) = -0{,}5$:
Man zeichnet mit dem GTR ihre Graphen und erhält die Stellen $t_0 = 4$ und $t_1 = 8$. Damit liegt der Pegel 4 Stunden unter 1,5 m.

c) Das Wasser steigt maximal dort, wo die Steigung $h'(t) = -\sin\left(\frac{\pi}{6} \cdot t\right) \cdot \frac{\pi}{6}$ maximal ist, also an der Wendestelle bei $t_2 = 9$. Es ist dort $h'(9) = -\sin\left(\frac{\pi}{6} \cdot 9\right) \cdot \frac{\pi}{6} = \frac{\pi}{6} \approx 0{,}524$. Die zugehörige Einheit ist $\frac{m}{h}$.
Wir rechnen also um:
$0{,}524 \cdot \frac{\pi}{6} = 0{,}524 \frac{100\,cm}{60\,min} = \frac{5{,}24}{6} \frac{cm}{min} \approx 0{,}87 \frac{cm}{min}$.

Der Pegel steigt maximal knapp 1 cm pro Minute.

d) Das zweite Drittel der Zeitspanne zwischen Niedrig- und Hochwasser beginnt bei $t = 8$ und endet bei $t = 10$.
Es ist $h(8) = 2 + \cos\left(\frac{\pi}{6} \cdot 8\right) = 1{,}5$ und $h(12) = 2 + \cos\left(\frac{\pi}{6} \cdot 10\right) = 2{,}5$. Damit ist die Differenz 1 m und dies ist die Hälfte der Gesamtzunahme der Wasserhöhe. Damit ist die Faustregel richtig.

## 3

a) $2 \cdot \cos(2x) = -1$. Man zeichnet mit dem GTR die Graphen von $f(x) = 2 \cdot \cos(2x)$ und $g(x) = -1$ und schneidet sie: Man erhält $x_0 \approx 1{,}0471976$; $x_1 \approx 2{,}0943951$.
Exakt: $\cos(2x) = -\frac{1}{2}$; also $2x_1 = \frac{2}{3}\pi$ oder $2x_2 = \frac{4}{3}\pi$. Damit $x_1 = \frac{1}{3}\pi$, $x_2 = \frac{2}{3}\pi$.

b) $\sin^3(x) - 0{,}75 \cdot \sin(x) = 0$. GTR: Graphen von $f(x) = \sin^3(x)$ und $g(x) = 0{,}75 \cdot \sin(x)$ zum Schnitt bringen: $x_0 = 0$; $x_1 \approx 1{,}0472$; $x_2 \approx 2{,}0944$; $x_3 \approx 3{,}1416$; $x_4 \approx 4{,}1888$; $x_5 \approx 5{,}2360$; $x_6 \approx 6{,}2832$
Exakt: $\sin(x) \cdot \left(\sin^2(x) - \frac{3}{4}\right) = 0$ ergibt $\sin(x) = 0$ und $\sin(x) = \frac{1}{2}\sqrt{3}$ und $\sin(x) = -\frac{1}{2}\sqrt{3}$.
Daraus erhält man: $x_0 = 0$; $x_3 = \pi$; $x_6 = 2\pi$; $x_1 = \frac{1}{3}\pi$; $x_5 = \frac{5}{3}\pi$; $x_2 = \frac{2}{3}\pi$; $x_4 = \frac{4}{3}\pi$.

c) $2 \cdot \cos^2(x) = 1 + \sin(x)$. Man zeichnet mit dem GTR die Graphen von $f(x) = 2 \cdot \cos^2(x)$ und $g(x) = 1 + \sin(x)$ und schneidet sie: Man erhält $x_0 \approx 0{,}5236$; $x_1 \approx 2{,}6180$; $x_2 \approx 4{,}7124$ (geht nur über Funktionswerte).
Exakt: $2 \cdot (1 - \sin^2(x)) = 1 + \sin(x)$ oder $2 \cdot \sin^2(x) + \sin(x) - 1 = 0$. Daraus folgt $\sin(x) = \frac{1}{2}$ und $\sin(x) = -1$.
Daraus $x_0 = \frac{1}{6}\pi$; $x_1 = \frac{5}{6}\pi$; $x_3 = \frac{3}{2}\pi$.

## 4

$f_t(x) = t \cdot \cos(x)$ mit $-\frac{\pi}{2} \leqq x \leqq \frac{\pi}{2}$.
$f_t'(x) = -t \cdot \sin(x)$.

a) Der Graph von $f_t$ ist achsensymmetrisch zur y-Achse. Schnittpunkte mit der x-Achse sind $S_1\left(-\frac{\pi}{2}\middle|0\right)$ und $S_2\left(\frac{\pi}{2}\middle|0\right)$.
Steigungen in $S_1$: $f_t'\left(-\frac{\pi}{2}\right) = t$ und $S_2$: $f_t'\left(\frac{\pi}{2}\right) = -t$.
Ansatz für $g_t$: $g_t(x) = ax^2 + bx + c$; $g_t'(x) = 2ax + b$. Es muss gelten:
I. $g_t\left(-\frac{\pi}{2}\right) = 0$; also $a \cdot \frac{\pi^2}{4} - b \cdot \frac{\pi}{2} + c = 0$
II. $g_t\left(\frac{\pi}{2}\right) = 0$; also $a \cdot \frac{\pi^2}{4} + b \cdot \frac{\pi}{2} + c = 0$
III. $g_t'\left(-\frac{\pi}{2}\right) = -\frac{1}{t}$, also $-a \cdot \pi + b = -\frac{1}{t}$
IV. $g_t'\left(\frac{\pi}{2}\right) = \frac{1}{t}$, also $a \cdot \pi + b = \frac{1}{t}$
IV–III ergibt $2 \cdot a \cdot \pi = \frac{2}{t}$, also $a = \frac{1}{\pi \cdot t}$; $b = 0$; $c = -\frac{1}{\pi \cdot t} \cdot \frac{\pi^2}{4} = -\frac{\pi}{4t}$.
Damit ist $g_t(x) = \frac{1}{\pi \cdot t} \cdot x^2 - \frac{\pi}{4t}$.

b) Wegen der Achsensymmetrie gilt:

$$A(t) = 2 \cdot \int_0^{\frac{\pi}{2}} \left(t \cdot \cos(x) - \left(-\frac{1}{\pi \cdot t} \cdot x^2 - \frac{\pi}{4t}\right)\right) dx$$

$$= 2 \cdot 2 \cdot \left[t \cdot \sin(x) + \frac{1}{3\pi \cdot t} \cdot x^3 + \frac{\pi}{4t} x\right]_0^{\frac{\pi}{2}}$$

$$= 2 \cdot \left(t + \frac{\pi^3}{24\pi \cdot t} + \frac{\pi^2}{8t} - 0\right) = 2t + \frac{\pi^2}{3t}.$$

$A'(t) = 2 - \frac{\pi^2}{3t^2}$ und $A''(t) = \frac{2\pi^2}{3t^3}$.
Aus $A'(t) = 0$ ergibt sich wegen $t > 0$: $t_0 = \frac{\pi}{\sqrt{6}}$. Wegen $A''(x_0) = \frac{2\pi^2}{3x_0^3} > 0$ liegt nur für $t_0 = \frac{\pi}{\sqrt{6}}$ ein Inhaltsminimum vor.

## 5

$f(x) = 3 \cdot \sin(x) - 3 \cdot \sin(x) \cdot \cos(x)$

a) f hat dem Graphen nach wahrscheinlich die Periode $p = 2\pi$ (Fig. 2).
Nachweis: $3 \cdot \sin(x + 2\pi) - 3 \cdot \sin(x + 2\pi) \cdot \cos(x + 2\pi)$

b) Nullstellen:
$3 \cdot \sin(x) - 3 \cdot \sin(x) \cdot \cos(x) = 3 \cdot \sin(x) \cdot (1 - \cos(x)) = 0$
ergibt im Intervall $[0; 2\pi]$ aus $\sin(x) = 0$: $x_0 = 0$; $x_1 = \pi$; $x_2 = 2\pi$ und aus $\cos(x) = 1$: $x_0 = 0$ und $x_2 = 2\pi$.
Ableitungen: $f'(x) = 3 \cdot \cos(x) - 3 \cdot (\cos(x) \cdot \cos(x) + \sin(x) \cdot (-\sin(x)))$
$= 3 \cdot \cos(x) - 3 \cdot \cos^2(x) + 3\sin^2(x)$
$= 3\cos(x) - 3\cos^2(x) + 3 \cdot (1 - \cos^2(x))$
$= -6 \cdot \cos^2(x) + 3\cos(x) + 3$;
$f''(x) = -12 \cdot \cos(x) \cdot (-\sin(x)) - 3\sin(x)$
$= \sin(x) \cdot (12 \cdot \cos(x) - 3)$;
$f'''(x) = 24 \cdot \cos^2(x) - 3\cos(x) - 12$.
Extrempunkte: $f'(x) = -6 \cdot \cos^2(x) + 3 \cdot \cos(x) + 3 = 0$ ergibt $\cos(x) = -\frac{1}{2}$ und $\cos(x) = 1$, also $x_3 = \frac{2}{3}\pi$ und $x_4 = \frac{4}{3}\pi$ sowie $x_0 = 0$ und $x_2 = 2\pi$. Wegen $f''(x_3) = -\frac{9}{2}\sqrt{3} < 0$ liegt in $x_3$ ein Hochpunkt vor: $H\left(\frac{2}{3}\pi\middle|\frac{9}{4}\sqrt{3}\right)$.
Wegen $f''(x_4) = \frac{9}{2}\sqrt{3} > 0$ liegt in $x_4$ ein Tiefpunkt vor: $T\left(\frac{4}{3}\pi\middle|-\frac{9}{4}\sqrt{3}\right)$. An den anderen Stellen $x_0$ und $x_2$ liegen Wendestellen vor.

$f''(x) = \sin(x) \cdot (12 \cdot \cos(x) - 3) = 0$ ergibt $\sin(x) = 0$ und $\cos(x) = \frac{1}{4}$, also $x_0 = 0$ und $x_2 = 2\pi$ und $x_5 \approx 1{,}3181$ und $x_6 \approx 4{,}9651$. Wegen $f'''(x) \neq 0$ liegen an diesen Stellen Wendepunkte vor: $W_1(0|0)$; $W_1(2\pi|0)$; $W_1(1{,}318|2{,}1786)$; $W_1(4{,}9651|-2{,}1786)$.
Man könnte auch nur mit dem GTR zu diesen Ergebnissen gelangen.

c) $f(-x) = 3 \cdot \sin(-x) - 3 \cdot \sin(-x) \cdot \cos(-x)$ $= -3 \cdot \sin(x) + 3 \cdot \sin(x) \cdot \cos(x) = -f(x)$.
Damit ist der Graph von f punktsymmetrisch zum Ursprung. Wegen der Periodizität ist der Graph auch punktsymmetrisch bzgl. $W_2$. Ferner liegt eine Punktsymmetrie auch zu $P(\pi|0)$ vor.

d) $A = \int_0^{\pi} (3 \cdot \sin(x) - 3 \cdot \sin(x) \cdot \cos(x))dx$
$= \left[-3\cos(x) + \frac{3}{2}\cos^2(x)\right]_0^{\pi}$
$= \left(3 + \frac{3}{2}\right) - \left(-3 + \frac{3}{2}\right) = 6$
Man kann den Inhalt auch mit dem GTR bestimmen.

e) Für das Volumen des Drehkörpers gilt
$V = \pi \cdot \int_0^{\pi} (3 \cdot \sin(x) - 3 \cdot \sin(x) \cdot \cos(x))^2 dx.$
Mit dem GTR errechnet man:
$V \approx 55{,}5165$.

**6**

Man denkt sich das Rohr in einen Teil x rechts und in einen Teil y links der Ecke E zerlegt; dann gilt:
$r = x + y$ mit $\sin(\varphi) = \frac{4}{x}$, also $x = \frac{4}{\sin(\varphi)}$, und $\sin\left(\frac{\pi}{2} - \varphi\right) = \frac{1{,}8}{y}$, also $y = \frac{1{,}8}{\sin\left(\frac{\pi}{2} - \varphi\right)} = \frac{1{,}8}{\cos(\varphi)}$. Damit ist das Minimum von $r(\varphi) = \frac{4}{\sin(\varphi)} + \frac{1{,}8}{\cos(\varphi)}$ zu bestimmen. Möglichkeiten:
(1) Man zeichnet mit dem GTR den Graphen der Funktion r für $0 < \varphi < \frac{\pi}{2}$ und bestimmt das Minimum. Es ergibt sich demnach eine Rohrlänge von 8 m.
(2) Man berechnet mit dem GTR die Ableitung von $r(\varphi)$ und bestimmt die Nullstelle in $0 < \varphi < \frac{\pi}{2}$. $r \approx 8$.
(3) Man kann auch die Ableitung von $r(\varphi)$ bilden: $r'(\varphi) = -\frac{4 \cdot \cos(\varphi)}{\sin^2(\varphi)} + \frac{1{,}8 \cdot \sin(\varphi)}{\cos^2(\varphi)}$.
Aus $r'(\varphi) = -\frac{4 \cdot \cos(\varphi)}{\sin^2(\varphi)} + \frac{1{,}8 \cdot \sin(\varphi)}{\cos^2(\varphi)} = 0$ erhält man $-4 \cdot \cos^3(\varphi) + 1{,}8 \cdot \sin^3(\varphi) = 0$, also $4 \cdot \cos^3(\varphi) = 1{,}8 \cdot \sin(\varphi)$ oder $\tan^3(\varphi) = \frac{4}{1{,}8}$, also $\tan(\varphi) = \sqrt[3]{\frac{20}{9}}$; daraus ergibt sich $\varphi \approx 0{,}91693865$ im Bogenmaß oder $\varphi \approx 52{,}5°$. Dass ein Minimum vorliegt, ersieht man daraus, dass für $\varphi = 0$ bzw. $\varphi = \frac{\pi}{2}$ das Rohr beliebig lang sein kann. Daraus errechnet man $r_{min} = 7{,}998708067$, also $r_{min} \approx 8$.
Dieses Minimum ist damit die maximale Länge des Rohres, nämlich 8 m.

### Aufgaben zum Pflichtteil, Seite 223

**1**

a) Lösung: $(11; 1; 3)$
b) Lösung: $\left(\frac{82}{19}; \frac{-16}{19}; \frac{-9}{19}\right)$
c) Lösung: $\left(\frac{54}{43}; -\frac{138}{43}; \frac{304}{43}\right)$

**2**

a) Lösungsmenge:
$L = \left\{\left(\frac{25-7t}{11}; \frac{5t-21}{11}; t\right) \middle| t \in \mathbb{R}\right\}$
b) Lösungsmenge:
$L = \left\{\left(\frac{17t-18}{16}; \frac{5t+6}{8}; t\right) \middle| t \in \mathbb{R}\right\}$
c) Lösungsmenge:
$L = \left\{\left(\frac{t+63}{31}; \frac{19t-74}{31}; t\right) \middle| t \in \mathbb{R}\right\}$

**3**

a) Lösungsmenge: $L = \{(-1; 2)\}$
b) Lösungsmenge: $L = \{\ \}$
c) Lösungsmenge: $L = \left\{\left(\frac{6-3t}{2}; t\right) \middle| t \in \mathbb{R}\right\}$
d) Lösungsmenge: $L = \{(1; -1)\}$

**4**

a) LGS:
$$\begin{aligned} \alpha + \beta + \gamma + \delta &= 360° \\ \alpha - \gamma &= 0° \\ \alpha - 2\beta &= 0° \\ \beta - 2\gamma + \delta &= 0° \end{aligned}$$
Winkel: $\alpha = 90°$, $\beta = 45°$, $\gamma = 90°$, $\delta = 135°$.

b) LGS:
$$\begin{aligned} \alpha + \beta + \gamma + \delta &= 360° \\ \alpha - \gamma &= 0° \\ \alpha - \beta &= -40° \\ \beta - 4\gamma + \delta &= 0° \end{aligned}$$
Winkel: $\alpha = 60°$, $\beta = 100°$, $\gamma = 60°$, $\delta = 140°$.

**5**

a) $L_r = \left\{\left(\frac{14r+18}{5}; \frac{24r+18}{5}; 4r+6\right)\right\}$ $r \in \mathbb{R}$
b) $L_r = \left\{\left(5 - r; \frac{9r-12}{2}; \frac{25r-32}{2}\right)\right\}$ $r \in \mathbb{R}$
c) $L_r = \left\{\left(\frac{28-14r}{r^2-r}; \frac{18r-46}{r-1}; \frac{r+13}{r^2-r}\right)\right\}$
$r \in \mathbb{R}\setminus\{0, 1\}$

**6**

$f(x) = 2x^2 + 8x - 3$, Scheitel: $S(-2|-11)$

**7**

z. B.: $\begin{cases} x + y + z = 1 \\ x + y + z = 2 \end{cases}$

**8**

a) falsch, b) falsch, c) falsch, d) falsch

**9**

$$\begin{cases} x_1 + x_2 + x_3 + x_4 = 1 \\ 2x_1 + 3x_2 + 4x_3 + 5x_4 = 2 \\ 3x_1 + 4x_2 + 5x_3 + 6x_4 = 3 \\ x_1 + 2x_2 + 3x_3 + 4x_4 = 1 \end{cases}$$
Die beiden letzten Gleichungen sind Summe und Differenz der beiden ersten.

**10**

a) $L = \{(t; 3 - 2t) | t \in \mathbb{R}\}$. Der Graph ist eine Gerade mit der Steigung −2 durch den Punkt $P(0|3)$.
b) Jede der beiden Gleichungen hat für sich eine Lösungsmenge, die der Graph einer Geraden ist. Da die Geraden verschiedene Steigungen haben, existiert ein eindeutiger Schnittpunkt. Dessen Koordinaten entsprechen der eindeutigen Lösung des LGS. Ein Gleichungssystem mit zwei Variablen hat keine Lösung, wenn die zu zwei seiner Gleichungen gehörenden Geraden parallel sind (oder die Geraden bei mehr als zwei Gleichungen verschiedene Schnittpunkte haben). Die Lösung ist eindeutig, wenn die zu den Gleichungen gehörenden Geraden alle durch einen gemeinsamen Punkt gehen. Die Lösungsmenge ist unendlich, wenn alle Gleichungen die gleiche Gerade darstellen.

### Aufgaben zum Wahlteil, Seite 224

**1**

a) $L = \{(10; -4; -12; 0)\}$
b) $L = \left\{\left(\frac{-5}{2}; \frac{3}{2}; 0; -\frac{1}{2}\right)\right\}$

**2**

a) $L = \left\{\left(\frac{37}{11}; -\frac{30}{11}; -3; \frac{97}{11}\right)\right\}$
b) $L = \left\{\left(\frac{199}{11}; -36; -\frac{233}{11}; \frac{34}{11}\right)\right\}$
c) $L = \{\ \}$

**3**

a) $L_r = \left\{\left(\frac{14r+18}{5}; \frac{12r+9}{5}; 3+2r\right)\right\}\ r \in \mathbb{R}$

b) $L_r = \left\{\left(5-r; \frac{9r-12}{2}; \frac{25r-32}{2}\right)\right\}\ r \in \mathbb{R}$

c) $L = \{\ \}$ für $r \neq 0$,
$L_0 = \left\{\left(\frac{-2-t}{3}; \frac{t-4}{3}; t\right) \middle| t \in \mathbb{R}\right\}$ für $r = 0$

**4**

a) $f(x) = 2x^3 - 4x^2 - 2x + 4$
b) $f(x) = 4x^3 - 4x^2 - 36x - 4$

**5**

$f(-2) = 3,\ f'(-2) = 0,\ f(2) = 1$ und $f'(2) = 0$ liefert: $f(x) = \frac{1}{16}x^3 - \frac{3}{4}x + 2$

**6**

7454

**7**

$\frac{1}{4}n^4 + \frac{1}{2}n^3 + \frac{1}{4}n^2$

**8**

a) Jede Lösung $(2+r; 1+r; 3-r) \in L_1$ gehört zu $L_2$ $\left(\text{man setze } s = -r + \frac{1}{2}\right)$ und jede Lösung $(1-2s; -2s; 5+2s) \in L_2$ gehört zu $L_1$ (man setze $r = -1 - 2s$). Also gilt $L_1 = L_2$.
b) Jede Lösung $(s + 2t; 5t; s + 7t) \in L_1$ gehört zu $L_2$ $\left(\text{man setze } u = \frac{1}{7}s + \frac{3}{7}t \text{ und } v = \frac{1}{7}s - \frac{1}{14}t\right)$. Jede Lösung $(5u + 2v; 10u - 10v; 15u - 8v) \in L_2$ gehört zu $L_2$ (man setze $s = u + 6v$ und $t = 2u - 2v$). Also gilt $L_1 = L_2$.

**9**

a) LGS: $\begin{aligned} a + \quad b + \quad c &= 5 \\ 0{,}4a + 0{,}3b + 0{,}5c &= 2{,}25 \end{aligned}$

$L = \{(7{,}5 - 2t; t - 2{,}5; t) \mid t \in \mathbb{R}\}$

b) Die billigste Mischung besteht aus 2,5 kg A, 0 kg B und 2,5 kg C. Sie kostet 8,25 €. Die teuerste Mischung besteht aus 3,75 kg A, 1,25 kg B und 1,25 kg C. Sie kostet etwa 8,63 €.

**Aufgaben zum Pflichtteil, Seite 259**

**1**

a) Je Seitenfläche 4 Pfeile; also insgesamt 24 Pfeile (Deck- und Grundfläche werden als Seitenflächen gezählt).
b) Je Seitenflächenpaar 4 Vektoren; also 12 Vektoren.
c) Jeweils die beiden Vektoren, deren Pfeile parallel zu einer Diagonalen sind.

**2**

$\vec{a} = \begin{pmatrix}-4\\3\end{pmatrix};\ \vec{b} = \begin{pmatrix}3\\1\end{pmatrix};\ \vec{a} + \vec{b} = \begin{pmatrix}-4+3\\3+1\end{pmatrix} = \begin{pmatrix}-1\\4\end{pmatrix};$

$\vec{a} - \vec{b} = \begin{pmatrix}-4-3\\3-1\end{pmatrix} = \begin{pmatrix}-7\\-2\end{pmatrix};$

$\vec{b} - \vec{a} = \begin{pmatrix}3+(-4)\\1-3\end{pmatrix} = \begin{pmatrix}7\\-2\end{pmatrix}$

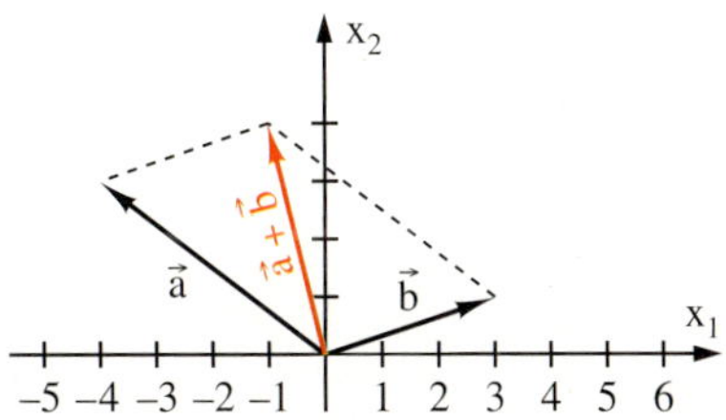


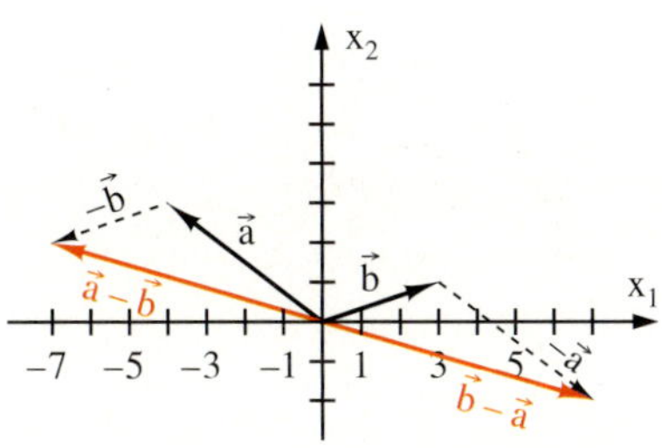


**3**

a) $P(14|12)$ b) $P\left(\frac{13}{3}\middle|\frac{22}{3}\middle|\frac{17}{3}\right)$

**4**

$\begin{pmatrix}1\\2\\4\end{pmatrix} = (-8)\cdot\begin{pmatrix}1\\2\\1\end{pmatrix} + 12\cdot\begin{pmatrix}0\\1\\1\end{pmatrix} + 3\cdot\begin{pmatrix}3\\2\\0\end{pmatrix}$

**5**

a) $\vec{c} = -\vec{b};\ \vec{d} = -\vec{a};\ \vec{e} = \vec{b} - \vec{a}$
b) $\vec{a} = -\vec{d};\ \vec{b} = \vec{e} - \vec{d};\ \vec{c} = \vec{d} - \vec{e}$

**6**

a) $r(\vec{a} + 2\vec{c}) + s(\vec{a} - \vec{b} - \vec{c}) + t(\vec{a} + \vec{b} + \vec{c})$

$= \vec{o} \Rightarrow \begin{cases} r + s + t = 0 \\ 2r - s + t = 0 \\ -s + t = 0 \end{cases} \Rightarrow r = s = t = 0$

b) $r(2\vec{a} + 3\vec{b} + 5\vec{c}) + s(\vec{a} + 2\vec{b} - \vec{c}) + t\vec{b}$

$= \vec{o} \Rightarrow \begin{cases} 2r + s = 0 \\ 3r + 2s + t = 0 \\ 5r - s = 0 \end{cases} \Rightarrow r = s = t = 0$

c) $r(\vec{a} + 2\vec{b}) + s(3\vec{a} - \vec{c} + t(\vec{b} + \vec{c}) =$

$= \vec{o} \Rightarrow \begin{cases} r + 3s = 0 \\ 2r + t = 0 \\ -3s + t = 0 \end{cases} \Rightarrow r = s = t = 0$

d) $r\vec{a} + s(3\vec{a} + 2\vec{b} - 7\vec{c}) + t(3\vec{b} - \vec{c})$

$= \vec{o} \Rightarrow \begin{cases} r + s = 0 \\ 2s + 3t = 0 \\ -7s - t = 0 \end{cases} \Rightarrow r = s = t = 0$

**7**

a) Die Vektoren sind linear unabhängig.
b) Die Vektoren sind linear unabhängig.
c) Die Vektoren sind linear abhängig.

$\begin{pmatrix}0\\0\\0\end{pmatrix} = 0\cdot\begin{pmatrix}5\\7\\-9\end{pmatrix} + 0\cdot\begin{pmatrix}-1\\-4\\3\end{pmatrix}$

**8**

a) $a = 3$ b) $a = -6$ c) $a = 1$ d) $a = 0$

**9**

a) $\frac{1}{3}$ b) 2

**10**

a) g: $\vec{x} = \begin{pmatrix}-1\\2\\-3\end{pmatrix} + t\begin{pmatrix}6\\6\\10\end{pmatrix}$; P liegt auf g.

b) g: $\vec{x} = \begin{pmatrix}-6\\5\\3\end{pmatrix} + t\begin{pmatrix}10\\-7\\3\end{pmatrix}$; P liegt nicht auf g.

**11**

a) g und h sind zueinander windschief.
b) g und h sind identisch.
c) g und h schneiden sich in dem Punkt $S(3|3|9)$.
d) g und h sind zueinander parallel und haben keine gemeinsamen Punkte.

**Aufgaben zum Wahlteil, Seite 260**

**1**

a) $\overrightarrow{AB} = \begin{pmatrix}2\\2\\1\end{pmatrix};\ |\overrightarrow{AB}| = 3;$

$\overrightarrow{BC} = \begin{pmatrix}3\\0\\0\end{pmatrix};\ |\overrightarrow{BC}| = 3$

$D(6|4|5);\ M(5{,}5|5|5{,}5)$

b) $S_1\left(5{,}5\middle|5 + 2\sqrt{5}\middle|5{,}5 - 4\sqrt{5}\right);$
$S_2\left(5{,}5\middle|5 - 2\sqrt{5}\middle|5{,}5 + 4\sqrt{5}\right)$

**2**

Das Objekt befindet sich nach 30 Minuten im Punkt $P\left(\frac{13}{3}\middle|\frac{16}{3}\middle|\frac{17}{3}\right)$.

**3**

Der Punkt S teilt die Strecke AE im Verhältnis 5 : 2 und die Strecke BF im Verhältnis 4 : 3.

**4**

Der gemeinsame Punkt der Geraden durch D und T und der Ebene, in der die Punkte A, E und F liegen, ist $P\left(\frac{2}{3}\middle|0\middle|\frac{2}{3}\right)$.

**5**

Der Schnittpunkt der Seitenhalbierenden des Dreiecks ABC wird mit $S_1$ bezeichnet. Der Schnittpunkt der Seitenhalbierenden des Dreiecks DEF wird mit $S_2$ bezeichnet. Die Mitte der Strecke DE wird mit M bezeichnet

Voraussetzung: $\overrightarrow{FS_1} = \frac{1}{3}\overrightarrow{FB}$ und $\overrightarrow{FS_2} = \frac{2}{3}\overrightarrow{FM}$.

Gezeigt wird: $\overrightarrow{FS_1} = \overrightarrow{FS_2}$ (hieraus folgt dann, dass $S_1 = S_2$).

Umbenennung von Vektoren: $\overrightarrow{AB} = \vec{a}$ und $\overrightarrow{AC} = \vec{b}$.

Es gilt: $\overrightarrow{FB} = \vec{a} - \frac{1}{2}\vec{b}$; $\overrightarrow{DM} = \frac{1}{2}\overrightarrow{DE} = \frac{1}{2}\left(\frac{1}{2}\vec{b}\right) = \frac{1}{4}\vec{b}$ (Strahlensatz).

$\overrightarrow{FM} = -\frac{1}{2}\vec{b} + \frac{1}{2}\vec{a} + \frac{1}{4}\vec{b} = \frac{1}{2}\vec{a} - \frac{1}{4}\vec{b}$.

Also ist: $\overrightarrow{FS_1} = \frac{1}{3}\left(\vec{a} - \frac{1}{2}\vec{b}\right) = \frac{1}{3}\vec{a} - \frac{1}{6}\vec{b}$

und $\overrightarrow{FS_2} = \frac{2}{3}\left(\frac{1}{2}\vec{a} - \frac{1}{4}\vec{b}\right) = \frac{1}{3}\vec{a} - \frac{1}{6}\vec{b}$.

Somit ist $\overrightarrow{FS_1} = \overrightarrow{FS_2}$, das heißt $S_1 = S_2$.

**6**

Beweisidee: Es sei $\overrightarrow{AB} = \vec{a}$, $\overrightarrow{AD} = \vec{b}$ und $\overrightarrow{AE} = \vec{c}$. $\overrightarrow{AG} = \vec{a} + \vec{b} + \vec{c}$,

$\overrightarrow{FD} = -\vec{a} + \vec{b} - \vec{c}$

Wegen $\overrightarrow{AM} + \overrightarrow{MD} + \overrightarrow{DA} = \vec{o}$ ist

$m(\vec{a} + \vec{b} + \vec{c}) + n(-\vec{a} + \vec{b} - \vec{c}) - \vec{b} = \vec{o}$

und somit

$\vec{a}(m - n) + \vec{b}(m + n - 1) + \vec{c}(m - n) = \vec{o}$.

Da $\vec{a}$, $\vec{b}$, $\vec{c}$ linear unabhängig sind, gilt: $m - n = 0$ und $m + n - 1 = 0$.

Hieraus folgt $m = n = 0{,}5$, d. h. M ist Mittelpunkt der Diagonalen AG und FD. Der Nachweis für die anderen Diagonalen erfolgt analog.

Hinweis: In dem Parallelogramm AFGD sind AG und FD die Diagonalen. Da sich in einem Parallelogramm sich die Diagonalen halbieren, ist M der Mittelpunkt von AG und von FD.

## Aufgaben zum Pflichtteil, Seite 305

**1**

a) Da

$$\overrightarrow{OA} + \overrightarrow{OC} = \begin{pmatrix} 6 \\ 7 \\ 7 \end{pmatrix} + \begin{pmatrix} 2 \\ 6 \\ 9 \end{pmatrix} = \begin{pmatrix} 8 \\ 13 \\ 15 \end{pmatrix} = \overrightarrow{OB}$$

liegen O, A, B und C in einer Ebene.

b) Da $\overrightarrow{OB} \cdot \overrightarrow{AC} = \begin{pmatrix} 8 \\ 13 \\ 15 \end{pmatrix} \cdot \begin{pmatrix} -4 \\ -1 \\ 3 \end{pmatrix} = 0$, sind die Diagonalen OB und AC zueinander orthogonal.

c) Da $|\overrightarrow{OA}| = 11 = |\overrightarrow{OB}|$, aber $\overrightarrow{OA} \cdot \overrightarrow{OB} \neq 0$, ist das Viereck eine Raute, aber kein Quadrat.

**2**

Am günstigsten ist hier die Parameterform. Z. B. $\vec{x} = \begin{pmatrix} 2 \\ 4 \\ 7 \end{pmatrix} + r\begin{pmatrix} -5 \\ -9 \\ -1 \end{pmatrix} + s\begin{pmatrix} 4 \\ 8 \\ -7 \end{pmatrix}$;

**3**

a) $\left[\vec{x} - \begin{pmatrix} 4 \\ -2 \\ 1 \end{pmatrix}\right] \cdot \begin{pmatrix} 3 \\ -1 \\ 5 \end{pmatrix} = 0$.

b) $3x_1 - x_2 + 5x_3 = 19$

**4**

a) $\vec{x} = \begin{pmatrix} 0 \\ -5 \\ 2 \end{pmatrix} + t\begin{pmatrix} 2 \\ 5 \\ 1 \end{pmatrix}$

b) (Zwischenergebnis: $t = 2$)

$F(4|5|4)$

**5**

a) g und E schneiden sich, sie haben genau einen gemeinsamen Punkt (Sonderfall: g und E sind zueinander orthogonal.) oder

g und E sind zueinander parallel und sie haben keine gemeinsamen Punkte oder

g liegt ganz in E, alle Punkte von g gehören zu E.

b) Ist der Normalenvektor $\vec{n} = \begin{pmatrix} a_1 \\ a_2 \\ a_3 \end{pmatrix}$ der Ebene ein Vielfaches von $\vec{u}$, so ist g orthogonal zu E.

Ist $\vec{n} \cdot \vec{u} = 0$, so ist g parallel zu E.

c) g und E schneiden sich im Punkt $S(-6|2|-5)$.

**6**

a) Die Ebenen sind zueinander orthogonal.

b) Die Ebenen sind zueinander parallel.

**7**

a) 2 Fälle sind zu unterschieden: keine Lösung oder unendlich viele Lösungen. (Der Fall genau einer Lösung kann bei 2 Gleichungen mit 3 Variablen nicht auftreten, vgl. Kapitel IX.)

b) Keine Lösung: die Ebenen sind zueinander parallel.

Unendlich viele Lösungen: Die Ebenen schneiden sich in einer Geraden oder fallen zusammen.

**8**

a) Die Länge des Lotes vom Punkt zur Ebene, d. h. bis zum Lotfußpunkt.

b) Gleichung der Lotgeraden:

$$\vec{x} = \begin{pmatrix} -2 \\ 3 \\ 5 \end{pmatrix} + t\begin{pmatrix} 2 \\ -1 \\ 2 \end{pmatrix}.$$

(Zwischenergebnis $t = -\frac{1}{3}$ ergibt den)

Lotfußpunkt: $F\left(-2\frac{2}{3}\middle|3\frac{1}{3}\middle|4\frac{1}{3}\right)$

Abstand: $|\overrightarrow{RF}| = 1$.

**9**

a) Form: Rechtwinklig mit rechtem Winkel bei A.

Lage: Es liegt ganz in der Ebene E: $x_2 = -2$.

b) Flächeninhalt:

$\frac{1}{2} \cdot |\overrightarrow{AB}| \cdot |\overrightarrow{AC}| = \frac{1}{2} \cdot 20 \cdot 15 = 150$

c) Da das Dreieck ABC in der Ebene E: $x_2 = -2$ liegt, ergibt sich der Abstand sofort als Koordinatendifferenz:

$6 - (-2) = 8$.

Dieser Abstand ist zugleich die Höhe der Pyramide.

d) $V = \frac{1}{3} \cdot 150 \cdot 8 = 400$

**Aufgaben zum Wahlteil, Seite 306**

**1**

a) $\overline{AB} = 2\sqrt{34} \approx 11{,}7$,
$\overline{BC} = \frac{3}{2}\sqrt{41} \approx 9{,}6$, $\overline{AC} = 12{,}6$,
$\alpha = 46{,}7°$, $\beta \approx 71{,}3°$, $\gamma = 62{,}1°$
b) $\overline{AB} = 50$, $\overline{BC} = 10\sqrt{58} \approx 76{,}2$,
$\overline{AC} = 10\sqrt{65} \approx 80{,}6$,
$\alpha \approx 66{,}6°$, $\beta \approx 76{,}3°$, $\gamma = 37{,}1°$

**2**

a) g: $\vec{x} = \begin{pmatrix} 0 \\ 0 \\ 3 \end{pmatrix} + s\begin{pmatrix} -5 \\ 3 \\ 0 \end{pmatrix}$.
Gleichsetzen mit der Gleichung von h ergibt das LGS

$$\begin{cases} -5s = -5t \\ 3s = -1{,}5 + 6t \\ 3 + 3s = 4{,}5 - 3t \end{cases}$$

Als Lösung folgt $s = 0{,}5$ und $t = 0{,}5$.
Einsetzen in einer der Geradengleichungen ergibt den Schnittpunkt $P(-2{,}5\,|\,1{,}5\,|\,3)$.
b) Z.B.: $\vec{x} = \begin{pmatrix} 0 \\ 0 \\ 3 \end{pmatrix} + s\begin{pmatrix} -5 \\ 3 \\ 0 \end{pmatrix} + t\begin{pmatrix} -5 \\ 6 \\ -3 \end{pmatrix}$,
$3x_1 + 5x_2 + 5x_3 = 15$
c) Spurpunkte:
$S_1(5\,|\,0\,|\,0)$; $S_2(0\,|\,3\,|\,0)$; $S_3(0\,|\,0\,|\,3)$

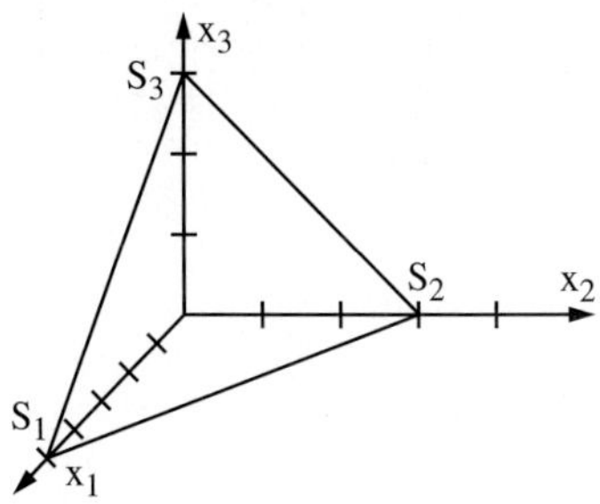


d) (1): $\approx 28{,}2°$
(2): $\approx 31{,}0°$
(3): $\approx 23{,}0°$
(4): $\approx 49{,}4°$

**3**

a) $3x_1 - 2x_2 + x_3 = 3$
b) $k = 3$

**4**

a) Ebene durch P orthogonal zu g:
E: $5x_1 - 2x_2 + 3x_3 = -7$;
aus $t = -\frac{1}{2}$ folgt $F(0{,}5\,|\,1\,|\,-2{,}5)$.
b) Die Ebene ist orthogonal zu g und geht durch P. Es handelt sich um die in a) bestimmte Ebene, also
E: $5x_1 - 2x_2 + 3x_3 = -7$

**5**

a) $A'(-1\,|\,-1\,|\,6)$; $B'(1\,|\,-1\,|\,6)$;
$C'\left(\frac{5}{3}\,|\,\frac{5}{3}\,|\,4\right)$; $D'\left(-\frac{5}{3}\,|\,\frac{5}{3}\,|\,4\right)$
b)

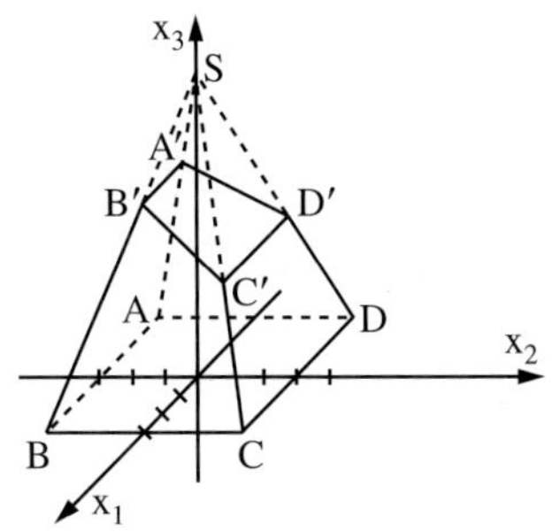


Die Schnittfläche ist ein Trapez.
c) $A = \frac{80}{9}$
d) $d = 3$
e) Pyramide: $V = 108$
Spitze: $V = \frac{80}{9}$
Restkörper: $V = \frac{892}{9}$

**6**

a) Es ist $|\overrightarrow{OA}| = |\overrightarrow{OB}| = |\overrightarrow{AB}| = a$.
M liegt auf $s_a$ und drittelt diese. Ferner ist $s_a$ parallel zur $x_1$-Achse.
Man erhält daher die Koordinaten von M aus den von A, indem man die erste drittelt, die übrigen beibehält.
b) Die Ebene durch O, B, S hat als einen
Normalenvektor $\overrightarrow{n_1} = \begin{pmatrix} -h \\ 0 \\ \frac{a}{6}\sqrt{3} \end{pmatrix}$,
die Ebene durch O, A, S hat als einen
Normalenvektor $\overrightarrow{n_2} = \begin{pmatrix} h \\ -h\cdot\sqrt{3} \\ \frac{a}{3}\sqrt{3} \end{pmatrix}$.
Aus $\overrightarrow{n_1}\cdot\overrightarrow{n_2} = -h^2 + \frac{a^2}{6} = 0$ folgt $h = \frac{a}{6}\sqrt{6}$.

# Wichtige GTR-Verfahren

Dieser Abschnitt stellt die wichtigsten Verfahren für den TI83 und den Casio CFX-9850GB zusammen, mit denen die Aufgaben dieses Buches bearbeitet werden können. Grundkenntnisse in der Bedienung der GTR werden vorausgesetzt. Weitergehende Informationen können in den Handbüchern nachgeschlagen werden, für die dieser Abschnitt kein Ersatz ist.
Die Befehle werden anhand der zu bearbeitenden Aufgabenstellungen vorgestellt. In der linken Spalte werden die Verfahren für den TI83 (und verwandte Rechner), in der rechten Spalte die für den CFX-9850GB dargestellt.

## Folgen definieren, berechnen und grafisch darstellen

*Folgen*

Mit **MODE** den Folgenmodus **Seq** einstellen. Danach mit **Y=** die Folgen definieren.
Es können bis zu 3 Folgen definiert werden. Die Folgenvariablen u, v und w können mit **2nd 7**, **2nd 8** und **2nd 9** eingegeben werden. Die Folgen können explizit oder rekursiv eingegeben werden. Auch gegenseitige Rekursion ist möglich. Die grafische Darstellung erfolgt mit **GRAPH**, Tabellen erhält man mit **2nd GRAPH**.

Mit dem Menü **RECUR** können explizite und rekursive Folgen definiert werden (maximal 2 Folgen). Der Folgentyp wird mit **F3** ausgewählt. Gegenseitige Rekursion ist nur eingeschränkt möglich. Mit **F5** können die Anfangswerte und die Längen der Folgen festgelegt werden. Mit **F6** erhält man eine Tabelle, die dann (mit **F5** oder **F6**) grafisch dargestellt werden kann.

## Listen definieren und bearbeiten

*Listen*

Mit **STAT-EDIT** können Listen angezeigt und bearbeitet werden. Man bringt den Cursor auf das einzugebende Listenelement und gibt den gewünschten Wert ein. Für globale Definitionen bringt man den Cursor auf den Listenkopf und gibt einen Term ein, der die Liste definiert. Dazu wird man in der Regel die Funktion **seq** aus dem Menü **2nd-STAT-OPS** verwenden, oder Bezug auf eine vorhandene Liste nehmen. Schreibt man die Definition in Anführungszeichen und verwendet Variablen, so wird die Liste nach Änderungen der Variablenwerte neu berechnet. Man kann auch in der Standardeingabe mit **STO** direkt Werte in eine Liste schreiben. Hängen die Werte einer Liste von denen einer anderen Liste ab, so kann man diese Abhängigkeit über das **STAT**-Menü grafisch darstellen.

Das Menü **LIST** zeigt die Tabelle der Listen an. Im Listenkopf kann man Definitionen eingeben, innerhalb der Liste lassen sich die Werte verändern. Mit **OPTN-F1** kann man eine Funktionstastenbelegung für Listenoperationen anzeigen, die man zur Eingabe benutzen kann. Einen dynamischen Modus, der bei Variablenänderungen Neuberechnungen auslöst, gibt es nicht. Mit der Funktion **Seq** (Taste **F5**) kann man die Liste mithilfe eines Terms füllen. Weitere Belegungen der Funktionstasten erlauben viele Operationen auf Listen auch im **RUN**-Modus. Allerdings kann man in diesem Modus keine Listen definieren. Hängen die Werte einer Liste von denen einer anderen Liste ab, so kann man diese Abhängigkeit über das **STAT**-Menü grafisch darstellen. (Taste **F1** liefert zugehörige Funktionstastenbelegungen.)

## Graphen und Wertetabellen von Funktionen anzeigen

*Graphen und Wertetabellen*

Die Funktionen werden im **Y=**-Menü definiert. Mit **2nd-GRAPH** erhält man eine Wertetabelle. Startwert der Tabelle und Differenz zwischen zwei x-Werten kann man mit **2nd-WINDOW** einstellen. Mit **GRAPH** erhält man die Graphen der ausgewählten Funktionen. Die Wertebereiche und Eigenschaften der Darstellung kann man über **WINDOW** einstellen.

Im Menü **GRAPH** stellt man zunächst (mit **F3**) den Grafiktyp ein. Dann definiert man die Funktionen, die angezeigt werden sollen.
Mit **SHIFT-F3** gelangt man in ein Menü zur Einstellung des Koordinatensystems. Mit **F6** werden die Graphen angezeigt. Im **TABLE**-Menü kann man eine Wertetabelle der ausgewählten Funktionen anzeigen (**F6**).
Einstellungen der Tabelle kann man vorher mit **F5 (Rang)** vornehmen.

## Bestimmung von Nullstellen von Funktionen

*Nullstellen*

Wenn der Graph mit **GRAPH** angezeigt ist, kann man mit dem **CALC**-Menü (zu erreichen mit **2nd TRACE**) Nullstellen näherungsweise berechnen. Man muss dazu Unter- und Obergrenze des zu untersuchenden Intervalls und einen Schätzwert eingeben. Dies kann man entweder mit den Pfeiltasten oder durch direkte Eingabe mit der Tastatur bewerkstelligen. Die Nullstelle wird angezeigt und in der Variablen x gespeichert.

Wenn der Graph angezeigt wird, kann man mit **SHIFT-F5** eine Funktionstastenbelegung einstellen, bei der man mit **F1** die in der Anzeige befindlichen Nullstellen von links nach rechts berechnen kann. Zur nächsten Nullstelle gelangt man mit der rechten Pfeiltaste. Im **RUN**-Menü kann man mit **OPTN-F4-F1** die **SOLVE**-Funktion aufrufen. Man muss hier allerdings den Funktionsterm neu eingeben und einen Näherungswert.

## Ableitungsfunktionen

*Ableitungen*

Im **Y=**-Menü erhält man mit **MATH-8** die Funktion nDeriv, die als Eingabe eine Funktion (über das **VAR**-Menü), die Variable, nach der differenziert wird und die Funktionsvariable erwartet.
Beispiel: Y2=nDeriv(Y1,X,X) definiert die erste Ableitung von Y1 als Funktion Y2.
Man kann nDeriv auch direkt verwenden, um die Ableitung näherungsweise an bestimmten Stellen zu bestimmen. Für das zweite X wird dann die entsprechende X-Koordinate eingegeben.
Höhere Ableitungen erhält man, indem man diesen Vorgang wiederholt und die Ableitung der Ableitung definiert. Da alle diese Funktionen nicht symbolisch berechnet werden, ist mit wachsenden Ungenauigkeiten zu rechnen.

Im Funktionsdefinitionsmodus des Menüs **GRAPH** mit **OPTN-F2-F1** den Ableitungsoperator auswählen, dann über **VARS-F4-F1** und die Funktionsnummer die abzuleitende Funktion eingeben und, durch ein Komma getrennt, die Variable.
Man kann einzelne Funktionswerte der Ableitung auch im **RUN**-Menü berechnen (über **OPTN-F4-F2**), muss dabei aber den Funktionsterm jeweils neu eingeben. Man kann die zweite Ableitung analog mit **OPTN-F2-F2** definieren und berechnen.
Höhere Ableitungen lassen sich nicht bilden.

## Kurvenscharen anzeigen

*Kurvenscharen*

Man definiert im **Y=**-Menü eine Funktion mit Parameter, indem man anstelle des Parameters einen Listennamen einsetzt (mit **2nd-1** bis **2nd-6**). In die Liste trägt man die gewünschten Parameter ein und zeigt dann die Funktionenschar mit **GRAPH** an. Auch mithilfe der so definierten Funktionenschar definierte weitere Funktionen (etwa Ableitungen) werden als Schar angezeigt.
Beispiel: Y1=$L_1$*sin($L_1$*X), wobei in $L_1$ die Werte 1, 2 und 3 stehen, liefert die Graphen von sin(x), 2 sin(2 x) und 3 sin(3 x).
Im Eingabemodus liefert diese Funktion mit dem Aufruf Y1(1) eine Liste mit den zugehörigen Funktionswerten der Schar. Im Trace-Modus kann man mit den Pfeiltasten zwischen den Graphen umschalten.

Im Funktionsdefinitionsmodus des Menüs **GRAPH** gibt man die Funktion mit einem Parameter (eine beliebige Variable) ein und schreibt dahinter, von einem Komma abgetrennt, in einer eckigen Klammer den Parameter, ein Gleichheitszeichen und eine durch Kommata getrennte Liste von Werten. Die Anzeige erfolgt mit **F6**.
Von so definierten Funktionenscharen können keine Ableitungen definiert werden.
Beispiel: Y1=A*sin(A*X),[A=1,2,3] liefert die Graphen von sin(x), 2 sin(2 x) und 3 sin(3 x). Die Funktionswerte der Scharfunktionen können nicht gezielt berechnet werden, es wird jeweils nur die erste Scharkurve berechnet.
Im Trace-Modus kann man mit den Pfeiltasten zwischen den Graphen umschalten.

## Schnittpunkte von Graphen berechnen

*Schnittpunkte von Graphen*

Nachdem die Graphen angezeigt sind, gelangt man mit **2nd-TRACE-5** zur Berechnung der Schnittpunkte. Man muss (auch wenn nur zwei Funktionen definiert sind) die zu schneidenden Graphen auswählen und einen Schätzwert für die x-Koordinate des Schnittpunktes angeben. Der Schnittpunkt wird berechnet und seine Koordinaten in den Variablen X und Y gespeichert.

Die Schnittpunkte zweier Graphen erhält man im **GRAPH**-Menü mit **SHIFT-F5-F5**. Im Anzeigebereich befindliche Schnittpunkte werden von links nach rechts berechnet. Mit der rechten Pfeiltaste gelangt man von einem Schnittpunkt zum nächsten. Sind mehr als zwei Graphen in der Anzeige, muss man vor Berechnungsbeginn die beiden zu schneidenden mit den Pfeiltasten auswählen.

## Lokale Extrema berechnen. Hierzu verwendet man mit dem GTR nicht die Ableitung der Funktion, sondern ermittelt direkt Näherungswerte der Extrema. Die Bestimmung der Art der Extrema erfolgt direkt aus dem angezeigten Graphen.

*Extrema*

Mit **2nd-TRACE** erhält man ein Menü aus dem man mit Punkt 3 die Berechnung eines Minimums und mit Punkt 4 die eines Maximums auswählen kann. Sind mehrere Graphen angezeigt, so kann man mit den Pfeiltasten den gewünschten Graphen auswählen. Anschließend muss man den linken und rechten Rand des zu untersuchenden Intervalls und einen Schätzwert eingeben. Die Koordinaten des ermittelten Extremums werden in den Variablen X und Y gespeichert und angezeigt.

Bei angezeigtem Graphen erhält man mit **SHIFT-F5** eine Funktionstastenbelegung, die mit **F2** die Berechnung von Maxima und mit **F3** die Berechnung von Minima ermöglicht. Mit den Pfeiltasten wählt man den gewünschten Graphen. Die in der Anzeige sichtbaren Extrema werden von links nach rechts ermittelt. Mit der rechten Pfeiltaste gelangt man zum nächsten Extremum.

## Wendepunkte berechnen. Hierzu verwendet man die Tatsache, dass Wendepunkte des Funktionsgraphen Extrema des Graphen der ersten Ableitung sind. Die Betrachtung der zweiten Ableitung kann bei Verwendung des GTR daher entfallen, die Krümmungsrichtungen sind am Graphen direkt abzulesen.

*Wendepunkte*

Man definiert wie oben beschrieben die Ableitungsfunktion und bestimmt ihre Extrema.
Um die Funktionswerte an diesen Stellen zu erhalten, wechselt man mit den Pfeiltasten zum Graphen der Funktion.

Man definiert wie oben beschrieben die Ableitungsfunktion und bestimmt ihre Extrema.
Um die Funktionswerte an diesen Stellen zu erhalten, muss eine neue Berechnung durchgeführt werden.

## Tangente und Normale in einem Punkt eines Funktionsgraphen

*Tangente, Normale*

Nur die Bestimmung der Tangente in einem Punkt des Graphen ist möglich. Dazu verwendet man bei angezeigtem Graphen **2nd-PRGM-5**. Mit den Pfeiltasten wählt man den gewünschten Graphen aus und gibt dann über die Tastatur den x-Wert des Berührpunktes der gewünschten Tangente ein. Die Tangente wird eingezeichnet und ihre Gleichung im Fenster angezeigt. Da die Ableitung näherungsweise berechnet wird, sind Steigung und y-Achsenabschnitt in der Regel auch nur näherungsweise gültig. Ohne Neueingabe der Gleichung kann sie nicht zur weiteren Rechnung verwendet werden.

Man kann die Tangente und Normale in einem Punkt des Graphen einzeichnen lassen. Dazu verwendet man bei angezeigter Grafik **SHIFT-F4** und danach **F2** (für die Tangente) oder **F3** (für die Normale). Man kann die x-Koordinate des gewünschten Punktes nicht direkt eingeben, sondern muss den Punkt mithilfe des Cursors auswählen. Die zugehörigen Gleichungen werden nicht angegeben. Nullstellen der angezeigten Tangente und Normale lassen sich nicht berechnen.

## Integralfunktionen

*Integralfunktion*

Integralfunktionen der Form $J_a(x) = \int_a^x f(t)\,dt$ definiert man im **Y=**-Menu mit **MATH-9**. Die damit aufgerufene Funktion fnInt erwartet als Parameter einen Term, die Integrationsvariable, die Untergrenze und die Obergrenze der Integration. Gibt man für die Obergrenze die Variable X ein, so erhält man eine Funktion, die gezeichnet werden kann und mit der man wie mit anderen Funktionen rechnen kann.
Beispiel: Y2=fnInt(Y1(T),T,A,X) definiert die Integralfunktion von Y1 , deren untere Grenze der Wert der Variablen A ist. Verwendet man statt A eine Liste, so erhält man eine Schar von Integralfunktionen.

Integralfunktionen können nicht berechnet werden. Nur die näherungsweise Berechnung bestimmter Integrale ist möglich.

## Bestimmte Integrale im Grafikmodus

*Bestimmte Integrale (Grafikmodus)*

Im **GRAPH**-Modus kann man mit **2nd-TRACE-7** die Integralberechnung aufrufen. Man muss die Funktion auswählen, die integriert werden soll und dann die Integrationsgrenzen eingeben (mit Pfeiltaste oder über Tastatur). Die zum Integral gehörende (orientierte) Fläche wird eingefärbt und der Wert des Integrals wird angezeigt.

Wenn der Graph angezeigt ist, kann man mit **SHIFT-F5-F6-F3** die Integralberechnung aufrufen, mit den Pfeiltasten die zu integrierende Funktion auswählen und ebenfalls mit den Pfeiltasten die Integrationsgrenzen festlegen. Eine direkte (und damit exakte) Eingabe der Grenzen ist nicht möglich.

## Bestimmte Integrale außerhalb des Grafikmodus

*Bestimmte Integrale (ohne Grafik)*

In der Standardeingabe steht mit **MATH-F9** die Funktion fnInt zur Verfügung. Sie erwartet als Eingabe einen Funktionsterm, die Integrationsvariable und die untere und obere Integrationsgrenze. Der Funktionsterm darf auch Y-Variablen enthalten, sofern diese nicht selbst als Integral definiert sind.

Im **RUN**-Menü kann mit **OPTN-F4-F4** die Integralberechnung aufgerufen werden. Es muss ein Funktionsterm, die Unter- und die Obergrenze eingegeben werden. Im Grafikmodus definierte Y-Funktionen sind nicht zulässig.

## Lineare Gleichungssysteme

*LGS*

Lineare Gleichungssysteme werden als Matrizen eingegeben. Mit **2nd-x$^{-1}$-EDIT** erhält man 10 Matrizenvariablen, die nach Auswahl dimensioniert und belegt werden können. Hier gibt man die zu einem LGS gehörende Matrix ein. **2nd-x$^{-1}$-NAMES** erlaubt die Auswahl einer Matrix für Anzeige oder Berechnungen. Mit **2nd-x$^{-1}$-MATH-B** wird die Funktion rref aufgerufen, die die Matrix in reduzierte Stufenform bringt. Hier kann die Lösung des LGS abgelesen werden. Nicht und nicht eindeutig lösbare LGS sind zulässig.

Im **EQUA**-Menü wird zunächst mit **F1** der Typ LGS ausgewählt. Danach kann man über Funktionstasten die Variablenanzahl eingeben (maximal 6). In der dann erscheinenden Matrix des LGS füllt man die Koeffizienten ein. Mit **F1** wird das LGS dann gelöst, falls eine eindeutige Lösung existiert. Nicht und nicht eindeutig lösbare LGS können so nicht behandelt werden. Für solche Systeme muss man das GAUSS-Verfahren schrittweise durch Anwendung von Zeilenoperationen durchführen.

# Register